설비보전산업기사
필기 총정리

설비보전시험연구회 엮음

 일진사

산업 현장에서는 생산성 향상과 고품질 및 다기능화를 요구하며 안전이 우선되는 산업 현장으로 더욱 변화하고 있다. 이에 따라 설비의 보전을 매우 중요하게 다루게 되었으며 여기에 필요한 인력 양성을 목표로 한국산업인력공단에서는 설비보전산업기사 자격 검정을 개설하였다.

특히 프로세스화되어 있는 생산 설비 업체 및 발전소, 제철소 등이 대형화, 전문화되면서 신입 사원 선발 시 설비보전산업기사 자격 취득자에게 가산점을 주는 산업체가 늘어가고 있다. 뿐만 아니라 경력 사원들에게도 설비보전산업기사 자격 취득자에게 승진 기회를 주는 등 보전 팀의 자가 능력 향상을 강력하게 요구하고 있다.

이러한 흐름에 따라 이 책은 설비보전산업기사 자격 시험을 준비하는 수험생들에게 훌륭한 지침서가 될 수 있도록 다음 사항에 중점을 두어 구성하였다.

첫째, 2025년 한국산업인력공단에서 제시한 새로운 출제기준에 맞춰 공유압 및 자동제어/설비 진단 및 관리/기계 보전, 용접 및 안전의 과목별 핵심 이론을 일목요연하게 요약·정리하였다.

둘째, 이론을 학습하고 이어서 연관성 있는 문제를 풀어볼 수 있도록 정리하여 수험자의 이해도를 높였다.

셋째, CBT 대비 실전문제를 출제기준에 따라 제시하여 출제 경향을 파악할 수 있도록 함으로써 실전에 대비하였다.

이 책을 통하여 설비보전산업기사 자격을 취득하여 산업 사회의 유능한 기술인으로서의 소질을 기르고, 이 분야에 대한 지식과 기술의 발전에 이바지하기를 바란다. 끝으로 이 책을 출판하기까지 여러모로 도와주신 도서출판 **일진사** 관계자 여러분께 깊은 감사를 드린다.

저자 씀

설비보전산업기사 출제기준(필기)

직무분야	기계	중직무분야	기계장비 설비·설치	자격종목	설비보전산업기사	적용기간	2025.1.1.~ 2028.12.31.
○ 직무내용 : 생산시스템이나 설비(장치)의 설비보전에 관한 이론 및 실무 지식을 가지고, 설비의 장치 및 기계를 효율적으로 관리하기 위해 예측, 예방 및 사후 정비 등을 통하여 정비작업 등을 수행하는 직무이다.							
필기검정방법	객관식		문제수	60문제		시험시간	1시간 30분

필기과목명	문제수	주요항목	세부항목	세세항목
공유압 및 자동제어	20	1. 공기압 제어	1. 공기압 제어 방식 설계	1. 공기압 기초 2. 공기압 제어 3. 공기 압축기 4. 공기압 밸브 5. 공기압 액추에이터 6. 공기압 기타 기기
			2. 공기압 제어 회로 구성	1. 공기압 제어 회로 기호 2. 공기압 제어 회로
			3. 시험 운전	1. 공기압 기기 관리
		2. 유압 제어	1. 유압 제어 방식 설계	1. 유압 기초 2. 유압 제어 3. 유압 펌프 4. 유압 밸브 5. 유압 액추에이터 6. 유압 기타 기기
			2. 유압 제어 회로 구성	1. 유압 제어 회로 기호 2. 유압 제어 회로
			3. 시험 운전	1. 유압기기 관리
		3. 제어 기초	1. 제어의 기초 이론	1. 자동 제어의 기본 개념 2. 제어계의 전달 함수 3. 주파수 응답

필기과목명	문제수	주요항목	세부항목	세세항목
			4. 전기 전자 장치 조립	1. 전기 전자 장치 조립	1. 전기 전자 조립 공구와 장비 2. 전기 전자 부품
			2. 전기 전자 장치 기능 검사	1. 전류 · 전압 · 저항 측정
			3. 전기 전자 장치 안전성 검사	1. 전기 전자 장치 검사 방법 2. 계측 기기 유지 보수
		5. 센서 활용 기술	1. 센서 선정	1. 센서의 종류와 특성
			2. 센서 회로 구성	1. 신호 변환, 전송, 처리, 출력
			3. 센서 신호	1. 센서 신호 측정 방법
			4. 센서 관리	1. 센서 관리
		6. 모터 제어	1. 제어 방식 설계	1. 모터 구조와 특성
			2. 제어 회로 구성	1. 모터 제어기
			3. 시험 운전	1. 제어기 간 상호 인터페이스
			4. 유지 보수	1. 모터 관리
설비 진단 및 관리	20	1. 설비 진단	1. 설비 진단의 개요	1. 설비 진단 기술의 기초 2. 설비 진단 기법
			2. 진동 이론	1. 진동의 기초 2. 진동의 물리량
			3. 진동 측정	1. 진동 측정의 개요 2. 진동 측정 시스템 3. 진동 측정용 센서
			4. 소음 이론과 측정	1. 소음의 개요 2. 소음의 물리적 성질 3. 음의 발생과 특성
			5. 진동 소음 제어	1. 기계 진동 방지 대책 2. 공장 소음 방지 대책 3. 공장 소음과 진동 발생원

필기과목명	문제수	주요항목	세부항목	세세항목
			6. 회전기계의 진단	1. 회전기계 진단의 개요 2. 회전기계의 간이 진단 3. 회전기계의 정밀 진단
			7. 윤활 관리 진단	1. 윤활의 개요 2. 윤활의 종류와 특성 3. 윤활제의 급유·급지법 4. 윤활유의 열화와 관리 기준
		2. 설비 관리	1. 설비 관리 개요	1. 설비 관리의 이해 2. 설비의 범위와 분류 3. 설비 관리의 조직과 구성원
			2. 설비 계획	1. 설비 계획의 개요 2. 설비 배치 3. 설비의 신뢰성 및 보전성 관리 4. 설비의 경제성 평가 5. 정비 계획 수립 방법
			3. 설비 보전의 계획과 관리	1. 설비 보전과 관리 시스템 2. 설비 보전 조직과 표준 3. 설비 보전의 본질과 추진 방법 4. 설비의 예방 보전 5. 공사 관리 6. 보전용 자재 관리와 보전비 관리 7. 보전 작업 관리와 보전 효과 측정
			4. TPM	1. TPM의 개요 2. 설비 효율 개선 방법 3. 만성 손실 개선 방법 4. 제조 부문의 자주 보전 활동 5. 보전 부문의 계획 보전 활동
기계 보전, 용접 및 안전	20	1. 기계 장치 보전	1. 기계 요소 보전	1. 체결용 기계 요소 2. 축 기계 요소 3. 전동용 기계 요소 4. 제어용 기계 요소 5. 관계 기계 요소

필기과목명	문제수	주요항목	세부항목	세세항목
			2. 기계 장치 보전	1. 밸브의 점검 및 정비 2. 펌프의 점검 및 정비 3. 송풍기의 점검 및 정비 4. 압축기의 점검 및 정비 5. 감속기의 점검 및 정비 6. 전동기의 점검 및 정비
		2. 기본 측정기 사용	1. 기본 측정기 사용	1. 측정기 선정 2. 기본 측정기 사용
		3. 탭·드릴·보링 가공	1. 탭·드릴·보링 가공	1. 탭·드릴·보링 가공 작업 2. 절삭 공구의 특성과 종류 3. 공구 수명 및 마모
		4. 기계 부품 조립	1. 기계 부품 조립	1. 조립 작업 계획 2. 도면 해독 3. 공구 활용 4. 조립 측정 검사
		5. 용접 일반 이론	1. 아크 용접	1. 용접의 총론 2. 피복 금속 아크 용접 3. 서브머지드 아크 용접 4. 가스·텅스텐 아크 용접 5. 가스·금속 아크 용접 6. 플럭스 코어드 아크 용접 7. 기타 아크 용접
		6. 용접 시공	1. 용접 시공 및 검사	1. 용접 이음과 결함의 종류 2. 용접 변형과 잔류 응력 3. 용접 결함의 생성과 특성 및 방지 대책
		7. 안전관리	1. 작업 안전관리	1. 기계 작업 안전 2. 용접 및 가스 작업 안전 3. 전기 취급 안전 4. 산업 시설 안전 5. 안전 보호구 6. 산업안전보건법령

제1편 공유압 및 자동 제어

제1장 공기압 제어

1. 공기압 제어 방식 설계 ·················· 14
   1-1 공기압 기초 ························· 14
   1-2 공기압 제어 ························· 16
   1-3 공기 압축기 ························· 20
   1-4 공기압 밸브 ························· 21
   1-5 공기압 액추에이터 ··············· 24
   1-6 공기압 기타 기기 ················ 26

2. 공기압 제어 회로 구성 ·················· 46
   2-1 공기압 제어 회로 기호 ········ 46
   2-2 공기압 제어 회로 ················ 49

3. 시험 운전 ······································ 62
   3-1 공기압 기기 관리 ················ 62

제2장 유압 제어

1. 유압 제어 방식 설계 ······················ 67
   1-1 유압 기초 ····························· 67
   1-2 유압 제어 ····························· 68
   1-3 유압 펌프 ····························· 69
   1-4 유압 밸브 ····························· 71
   1-5 유압 액추에이터 ·················· 73
   1-6 유압 기타 기기 ···················· 75

2. 유압 제어 회로 구성 ······················ 95
   2-1 유압 제어 회로 기호 ··········· 95
   2-2 유압 제어 회로 ·················· 100

3. 시험 운전 ···································· 113
   3-1 유압기기 관리 ···················· 113

제3장 제어 기초

1. 제어의 기초 이론 ························ 117
   1-1 자동 제어의 기본 개념 ······ 117
   1-2 제어계의 전달 함수 ··········· 119
   1-3 주파수 응답 ························ 121

제4장 전기 전자 장치 조립

1. 전기 전자 장치 조립 ···················· 139
   1-1 전기 전자 조립 공구와 장비 ······· 139
   1-2 전기 전자 부품 ··················· 142

2. 전기 전자 장치 기능 검사 ············ 164
   2-1 전류·전압·저항 측정 ········· 164

3. 전기 전자 장치 안전성 검사 ········ 175
   3-1 전기 전자 장치 검사 방법 ··· 175
   3-2 계측 기기 유지 보수 ·········· 177

제5장 센서 활용 기술

1. 센서 선정 ···································· 187
   1-1 센서의 종류와 특성 ··········· 187

2. 센서 회로 구성 ···························· 198
   2-1 신호 변환, 전송, 처리, 출력 ······· 198

3. 센서 신호 ···································· 205
   3-1 센서 신호 측정 방법 ·········· 205

4. 센서 관리 ···································· 208
   4-1 센서 관리 ··························· 208

제6장 모터 제어

1. 제어 방식 설계 ······················ 214
   1-1 모터 구조와 특성 ············ 214
2. 제어 회로 구성 ······················ 222
   2-1 모터 제어기 ···················· 222
3. 시험 운전 ······························ 228
   3-1 제어기 간 상호 인터페이스 ······ 228
4. 유지 보수 ······························ 236
   4-1 모터 관리 ······················ 236

제2편 설비 진단 및 관리

제1장 설비 진단

1. 설비 진단의 개요 ·················· 248
   1-1 설비 진단 기술의 기초 ······ 248
   1-2 설비 진단 기법 ················ 249
2. 진동 이론 ······························ 252
   2-1 진동의 기초 ···················· 252
   2-2 진동의 물리량 ················ 253
3. 진동 측정 ······························ 259
   3-1 진동 측정의 개요 ············ 259
   3-2 진동 측정 시스템 ············ 259
   3-3 진동 측정용 센서 ············ 261
4. 소음 이론과 측정 ·················· 269
   4-1 소음의 개요 ···················· 269
   4-2 소음의 물리적 성질 ········ 269
   4-3 음의 발생과 특성 ············ 273
5. 진동 소음 제어 ······················ 277
   5-1 기계 진동 방지 대책 ········ 277
   5-2 공장 소음 방지 대책 ········ 279
   5-3 공장 소음과 진동 발생원 ······ 281
6. 회전기계의 진단 ···················· 289
   6-1 회전기계 진단의 개요 ······ 289
   6-2 회전기계의 간이 진단 ······ 289
   6-3 회전기계의 정밀 진단 ······ 289
7. 윤활 관리 진단 ······················ 298
   7-1 윤활의 개요 ···················· 298
   7-2 윤활의 종류와 특성 ········ 299
   7-3 윤활제의 급유·급지법 ······ 305
   7-4 윤활유의 열화와 관리 기준 ······ 306

제2장 설비 관리

1. 설비 관리 개요 ······················ 316
   1-1 설비 관리의 이해 ············ 316
   1-2 설비의 범위와 분류 ········ 317
   1-3 설비 관리의 조직과 구성원 ······ 318
2. 설비 계획 ······························ 327
   2-1 설비 계획의 개요 ············ 327
   2-2 설비 배치 ························ 327
   2-3 설비의 신뢰성 및 보전성 관리 ······ 328
   2-4 설비의 경제성 평가 ········ 331
   2-5 정비 계획 수립 방법 ········ 331
3. 설비 보전의 계획과 관리 ······ 345
   3-1 설비 보전과 관리 시스템 ······ 345
   3-2 설비 보전 조직과 표준 ······ 346

3-3 설비 보전의 본질과 추진 방법 ····· 347
3-4 설비의 예방 보전 ····················· 349
3-5 공사 관리 ······························ 351
3-6 보전용 자재 관리와 보전비 관리 ·· 354
3-7 보전 작업 관리와 보전
　　　효과 측정 ························· 354

4. TPM ·· 371
　4-1 TPM의 개요 ························· 371
　4-2 설비 효율 개선 방법 ················ 371
　4-3 만성 손실 개선 방법 ················ 373
　4-4 제조 부문의 자주 보전 활동 ······ 374
　4-5 보전 부문의 계획 보전 활동 ······ 375

제3편 기계 보전, 용접 및 안전

제1장 기계 장치 보전

1. 기계 요소 보전 ··························· 384
　1-1 체결용 기계 요소 ···················· 384
　1-2 축 기계 요소 ························· 387
　1-3 전동용 기계 요소 ···················· 390
　1-4 제어용 기계 요소 ···················· 392
　1-5 관계 기계 요소 ······················ 393
2. 기계 장치 보전 ··························· 424
　2-1 밸브의 점검 및 정비 ················ 424
　2-2 펌프의 점검 및 정비 ················ 426
　2-3 송풍기의 점검 및 정비 ·············· 436
　2-4 압축기의 점검 및 정비 ·············· 438
　2-5 감속기의 점검 및 정비 ·············· 441
　2-6 전동기의 점검 및 정비 ·············· 444

제2장 기본 측정기 사용

1. 기본 측정기 사용 ························ 469
　1-1 측정기 선정 ·························· 469
　1-2 기본 측정기 사용 ···················· 471

제3장 탭·드릴·보링 가공

1. 탭·드릴·보링 가공 ····················· 489
　1-1 탭·드릴·보링 가공 작업 ·········· 489
　1-2 절삭 공구의 특성과 종류 ··········· 495
　1-3 공구 수명 및 마모 ··················· 498

제4장 기계 부품 조립

1. 기계 부품 조립 ··························· 506
　1-1 조립 작업 계획 ······················ 506
　1-2 도면 해독 ····························· 507
　1-3 공구 활용 ····························· 514
　1-4 조립 측정 검사 ······················ 517

제5장 용접 일반 이론

1. 아크 용접 ·································· 530
　1-1 용접의 총론 ·························· 530
　1-2 피복 금속 아크 용접 ················ 532
　1-3 서브머지드 아크 용접 ·············· 542
　1-4 가스 텅스텐 아크 용접 ············· 564

1-5 가스 금속 아크 용접·················· 571
1-6 플럭스 코어드 아크 용접············ 574
1-7 기타 아크 용접······················· 577

제6장 용접 시공

1. 용접 시공 및 검사···················· 599
   1-1 용접 이음과 결함의 종류·········· 599
   1-2 용접 변형과 잔류 응력············ 604
   1-3 용접 결함의 생성과 특성 및
        방지 대책·························· 607

제7장 안전관리

1. 작업 안전관리························ 625
   1-1 기계 작업 안전····················· 625
   1-2 용접 및 가스 작업 안전············ 628
   1-3 전기 취급 안전····················· 632
   1-4 산업 시설 안전····················· 635
   1-5 안전 보호구························ 638
   1-6 산업안전보건법령·················· 643

부록 CBT 대비 실전문제

제1회 CBT 대비 실전문제·· 674
제2회 CBT 대비 실전문제·· 684
제3회 CBT 대비 실전문제·· 695
제4회 CBT 대비 실전문제·· 706
제5회 CBT 대비 실전문제·· 718

설비보전산업기사

제1편

공유압 및 자동 제어

제1장 공기압 제어

제2장 유압 제어

제3장 제어 기초

제4장 전기 전자 장치 조립

제5장 센서 활용 기술

제6장 모터 제어

제1장 | 공기압 제어

1. 공기압 제어 방식 설계

1-1 공기압 기초

(1) 공압 장치의 구성 및 작동 유체
① 공압 장치의 구성

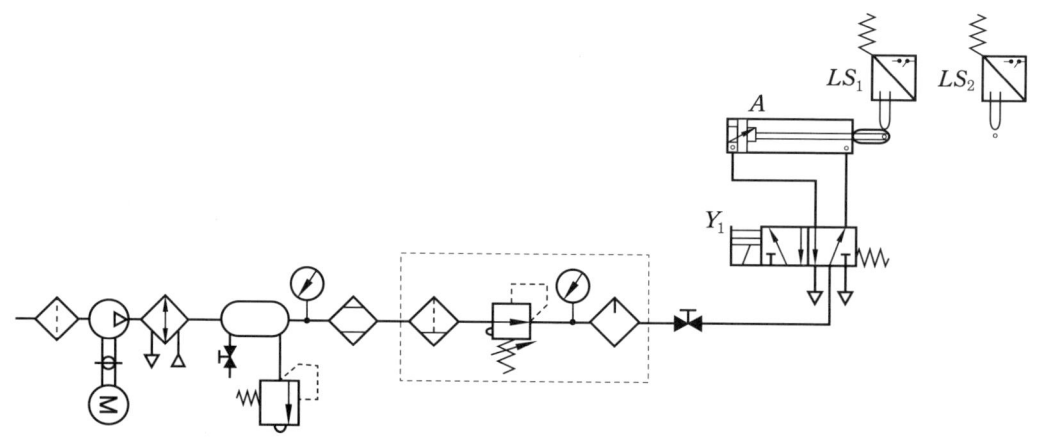

공압 장치의 기본 구성

② **작동 유체**
　㈎ 공기 : 공압 장치에 사용되는 공기는 수분이나 오염물질이 포함되지 않은 좋은 질의 것이어야 한다.
　　㉮ 공기의 상태 변화 : 기체의 압력, 체적, 온도의 3요소에는 일정한 관계가 있는데 이들 중의 2요소가 정해지면 나머지 요소는 필연적으로 정해진다. 이 3요소 간의 관계를 나타내는 식을 상태식이라 하고, 이들의 변화를 상태 변화라 한다.
　㈏ 유체의 성질
　　㉮ 비중량, 밀도, 비중
　　　㉠ 유체의 비중량은 단위 체적당의 무게로 정의된다.

$$\gamma[\text{kgf/m}^3] = \frac{W}{V} \qquad \text{여기서, } W : \text{무게(kgf)}, V : \text{체적(m}^3\text{)}$$

㉡ 밀도는 단위 체적당 유체의 질량으로 정의된다.

$$\rho[\text{kg/m}^3] = \frac{M}{V} \qquad \text{여기서, } M : \text{질량(kg)}$$

㉢ 비중은 물질의 밀도를 물의 밀도로 나눈 값으로 유체의 밀도를 ρ, 물의 밀도를 ρ'라고 하면, 비중 S는 다음과 같이 나타낸다.

$$S = \frac{\rho}{\rho'}$$

즉, 물의 밀도를 1로 보고 유체의 상대적 무게를 나타낸 것이다.

㉣ 체적탄성계수(bulk modulus of elasticity) : 유체가 얼마나 압축되기 어려운가 하는 정도를 나타내는 것이며, 체적 탄성 계수가 크면 압축이 잘되지 않는다.

㉤ 점성계수(coefficient of viscosity) : 온도의 변화에 따라 크게 변화한다.

(2) 공·유압의 기초

① **파스칼의 원리** : 정지된 유체 내의 모든 위치에서의 압력은 방향에 관계없이 항상 같으며, 직각으로 모든 방향에서 작용한다는 원리이다.

$$P = \frac{F_1}{A_1} = \frac{F_2}{A_2}$$

② **연속의 법칙(law of continuity)** : 단면적을 A_1, $A_2[\text{m}^2]$, 유체의 비중량을 $\gamma[\text{kgf/m}^3]$, 유속을 V_1, $V_2[\text{m/s}]$라 하면, 유체의 중량 $G[\text{kg/s}]$는 다음과 같이 나타낸다.

$$\frac{G}{\gamma} = A_1 V_1 = A_2 V_2 = Q = \text{일정}[\text{m}^3/\text{s, m}^3/\text{min, L/min}]$$

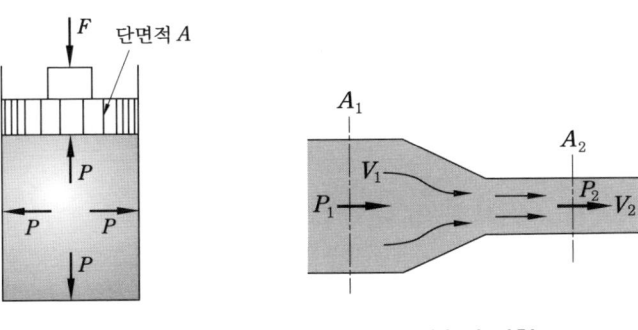

파스칼의 법칙   연속의 법칙

1-2 공기압 제어

(1) 공압의 특성

장점	단점
• 사용 에너지를 쉽게 얻을 수 있다. • 동력 전달이 간단하며, 먼 거리 이송이 쉽다. • 에너지 저장성이 좋다. • 힘의 증폭이 간단하며 속조 조절도 간단하다. • 제어가 간단하고, 취급이 용이하다. • 폭발과 인화의 위험이 없다. • 과부하에 대해 안전하다. • 환경오염의 우려가 없다.	• 압축성으로 위치 제어성이 나쁘다. • 힘에 대한 사용 한계가 있다. • 응답성이 떨어진다. • 배기 소음이 발생한다. • 균일한 속도를 얻기 힘들다. • 초기 에너지 비용이 많이 든다.

(2) 압력

대기 압력을 0으로 하여 측정한 압력을 게이지 압력(gauge pressure)이라 하고, 완전한 진공을 0으로 하여 측정한 압력을 절대 압력(absolute pressure)이라 한다.

절대 압력＝대기압＋게이지 압력

게이지 압력에서는 대기 압력보다 높은 압력을 정압(＋), 대기 압력보다 낮은 압력을 부압(－) 또는 진공압(vacuum pressure)이라 한다. 공학에서는 부압을 진공으로 표시하는데, 수은주(mmHg) 또는 백분율(%)을 사용한다.

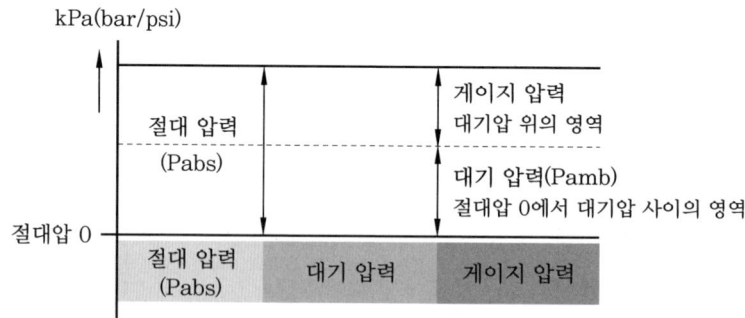

절대 압력과 게이지 압력

(3) 유체의 교축

① **오리피스로부터의 공기의 흐름** : 면적을 줄인 부분의 길이가 단면 치수에 비하여 짧은 경우 흐름의 교축

② **초크(chocke)** : 면적을 줄인 부분의 길이가 단면 치수에 비하여 비교적 긴 경우 흐름의 교축으로 이때 압력강하는 액체의 점도에 따라 크게 영향을 받는다.

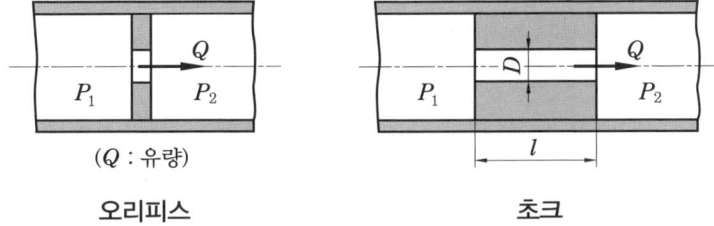

(Q : 유량)

오리피스　　　　　　　　초크

(4) 공기 중의 수분과 공기의 질

대기 중에는 수증기를 비롯하여, 먼지, 매연 등의 오염물질이 많이 혼합되어 있다. 따라서 압축공기는 공기가 압축됨과 동시에 이들 오염물질도 압축, 농축되므로 오염도가 매우 높은 공기로 된다. 공기 압축기의 고장 원인이 이 공기의 질에 기인되는 일이 많으므로 압축공기의 질을 유지하는 관리가 중요하다.

① **공기 중의 수증기** : 공기 중의 수분이 수증기로서 존재할 수 있는 양을 포화 수증기량이라 하고, $1\,m^3$의 공기 중의 수증기량을 [g]으로 표시한다.

수분을 포함하지 않는 공기를 건조 공기, 수분을 포함하는 공기를 습공기라 하고, 습공기 중에 수분(수증기량)이 어느 정도 포함되어 있는가를 습도로 표시한다. 습도의 표시에는 절대 습도와 상대 습도가 사용되며, 일반적으로 사용되는 것은 상대 습도를 의미한다.

$$절대\ 습도 = \frac{습공기\ 중의\ 수증기의\ 중량(g)}{습공기\ 중의\ 건조\ 공기의\ 중량(g)} \times 100(\%)$$

$$= \frac{습공기의\ 비중량(g/m^3)}{포화\ 증기의\ 비중량(g/m^3)} \times 100(\%)$$

② **노점(露點, 영점 零點)** : 일정한 압력 하의 공기의 온도가 내려가면 공기 중에 포함되어 있는 수증기는 응축하여 물방울이 생기기 시작하며 포화 상태(saturated state)에 이르게 되고 이때의 온도를 노점이라 한다.

③ **응축수(drain)의 발생** : 응축수는 압축공기를 만들 때 발생되는 액체상의 불순물을 말하며 압축 또는 외부로부터의 냉각에 의해 발생된다.

공기가 냉각되면 온도가 내려가고 동시에 공기의 포화 수증기량이 감소되므로, 그 공기가 포함하는 수증기량이 이 포화 수증기량을 넘으면 그 분량만큼이 물방울로 된다. 이 냉각에 의한 현상을 이용하여 압축공기 중의 수분을 강제적으로 제거하는 것이 바로 건조기(air drier)이다.

압축 직후의 공기는 온도와 압력이 매우 높아 습도가 100% 이하에도 대량의 수분이 포함되어 있다. 이 공기가 점차로 냉각되는 과정에서 대량의 응축수가 발생하게 되며, 이때 발생되는 응축수량은 다음의 식에 따라 구해진다.

$$Dr = \gamma_s \cdot \frac{\phi}{100} - \gamma_s' \cdot \frac{P}{P'} \cdot \frac{T'}{T}$$

$$= \left(\gamma_s - \frac{T'}{T} \cdot \frac{P}{P'} \cdot \gamma_s'\right) V$$

$$V' = \frac{T'}{T} \cdot \frac{P}{P'} \cdot V$$

여기서, Dr : 발생된 응축수량(g/m³), ϕ : 초기 상태의 상대 습도(%), P : 초기 상태의 절대 압력(kgf/cm²), P' : 압축 냉각 후의 절대 압력(kgf/cm²), T : 초기 상태의 절대 온도(°K), T' : 압축 냉각 후의 절대 온도(°K), V : 최초 상태의 체적(압력 하)(m³), V' : 압축 냉각 후의 체적(압력 하)(m³), γ_s : 초기 상태의 포화 수증기량(g/m³), γ_s' : 압축 냉각 후의 포화 수증기량(g/m³)

보통 초기 상태의 압력은 대기압이므로 $P = 1.033\,\text{kgf/cm}^2$로 하고, 온도차가 크지 않을 때에는 온도의 항을 무시하고 계산한다.

  예제 01 공기 온도 30℃, 상대 습도 85%, 압축기가 흡입하는 공기 유량 10m³/min일 때의 수증기량은 얼마인가? (단, 30℃에서의 포화 수증기량은 30.3g/m³이다.)

해설 공기 중에 포함된 수증기량은,
$30.3 \times 0.85 = 25.755\,\text{g/m}^3$
압축기가 흡입하는 수증기량은,
$25.755 \times 10 = 257.55\,\text{g/min}$

  예제 02 냉각기에서 냉각 온도 39℃, 냉각기에 들어가는 압력이 7kgf/cm²일 때 드레인량은 얼마인가? (단, 39℃일 때 포화 수증기량은 48.5g/m³이다.)

해설 대기압 상태에서의 대기 압력 $1.033\,\text{kgf/cm}^2$으로 환산하면,
$48.5 \times \dfrac{1.033}{7 + 1.033} \fallingdotseq 6.27\,\text{g/m}^3$

> 즉, 압축기가 흡입하는 대기 중의 $6.27\,g/m^3$ 이상의 수증기가 응축하는 것이므로 이에 냉각기의 응축 드레인량은,
> $25.755 - 6.27 = 19.485\,g/m^3$

④ **압축공기의 질** : 압축공기에 오염물질이 혼입되는 경로는 다음과 같다.
  ㈎ 시스템 외부에서의 혼입 경로
    ㉮ 먼지(분진, 매연, 모래먼지, 금속미분, 시멘트분, 섬유조각 등)
    ㉯ 유해 가스(황화수소, 아황산가스, 용제가스, 오존 등)
    ㉰ 유해 물질(습기, 염분, 기타)
  ㈏ 시스템 내부에서의 혼입 경로
    ㉮ 수분(드레인)
    ㉯ 압축기 윤활유 및 산화성 타르상 물질
    ㉰ 파이프의 부식물, 고무 또는 수지 튜브 내의 잔류 먼지, 열화 박리물
    ㉱ 미끄럼에서 발생되는 금속 가루, 실재 미분 또는 파손 조각
    ㉲ 필터 엘리먼트의 부스러기 등
  ㈐ 기기 제작 시, 설치 시 또는 수리 시의 혼입 경로
    ㉮ 부품 가공 시의 금속분(절삭분, 플래시, 나사부의 젖혀짐)
    ㉯ 기계 가공, 래핑 등의 보조재 잔류물
    ㉰ 주물 부품의 잔류 모래, 용접 등의 스케일
    ㉱ 웨이스 등의 잔류 섬유
    ㉲ 실재 또는 그 파손 조각 등
  ㈑ 압축공기 내 오염물질의 영향
    ㉮ 필터, 윤활기 등의 합성수지 파손
    ㉯ 필터 엘리먼트의 눈막힘 및 드레인 밸브의 배수 기능 저하
    ㉰ 녹의 발생에 의한 작동 불량 및 스프링의 절손
    ㉱ 냉각 시 수분 동결에 의한 기기의 작동 불량
    ㉲ 먼지의 퇴적에 의한 관로 면적 감소 및 가동부의 작동 불량
    ㉳ 슬라이딩부 등의 흠집이나 부식 발생
    ㉴ 드레인에 의해 막힌 윤활제를 세척
    ㉵ 실재나 다이어프램의 팽윤 이상 마모 또는 파손

1-3 공기 압축기

공압 에너지를 만드는 기계로서 공압 장치는 이 압축기를 출발점으로 하여 구성된다. 공기 압축기(air compressor)는 대기압의 공기를 흡입, 압축하여 $100\,\text{kPa}(1\,\text{kgf/cm}^2)$ 이상의 압력을 발생시키는 것을 말한다.

(1) 공기 압축기의 분류

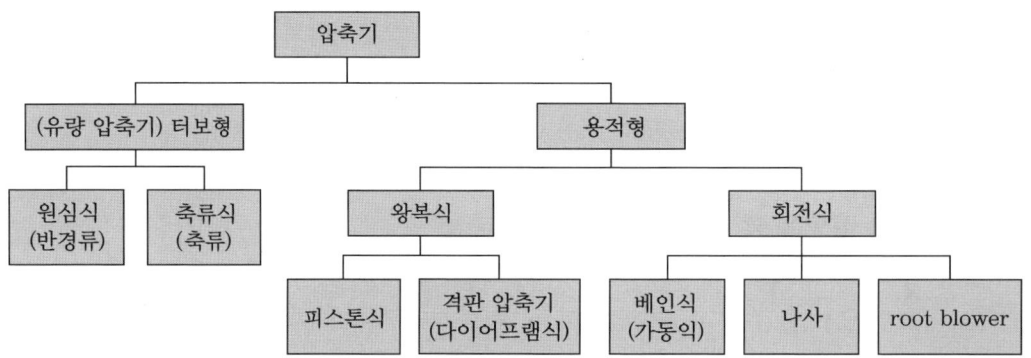

(2) 공기 압축기의 특징

구분	왕복식	나사식	터보식
진동	비교적 크다	작다	작다
소음	크다	작다	크다
맥동	크다	비교적 작다	작다
토출 압력	높다	낮다	낮다
비용	작다	높다	높다
이물질	먼지, 수분, 유분, 탄소	유분, 먼지, 수분	먼지, 수분
정기 수리 시간	3000~5000	12000~20000	8000~15000

(3) 공기 압축기의 사용 수량 결정 시 고려할 사항

① 고장 시 작업 중지에 의한 손해 방지
② 부하 변동에 의한 대처
③ 보전과 사용 효율면에 대한 고려
④ 일반적 방식으로는 2대가 최량의 방법

1-4 공기압 밸브

(1) 압력 제어 밸브(pressure control valve)

① **압력 조절 밸브(감압 밸브, reducing valve)** : 압력을 일정하게 유지하는 기기로서, 배기공이 없는 압력 조절 밸브가 많이 사용되며 압축공기는 밖으로 배기되지 않는다.

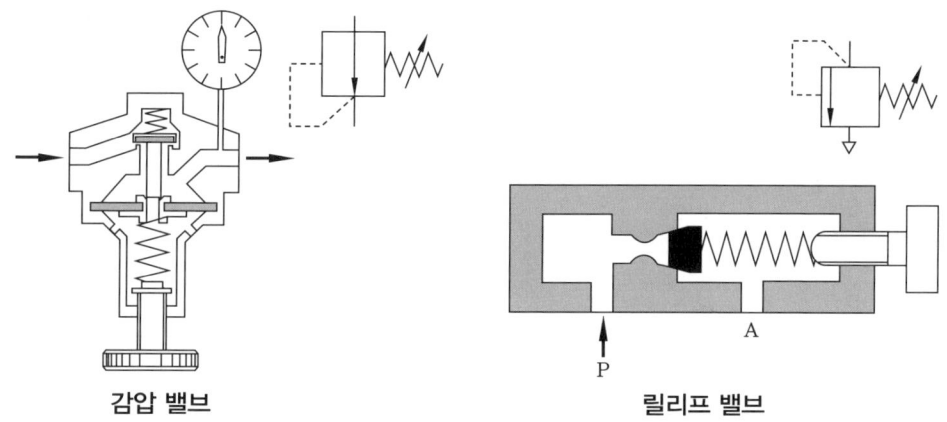

감압 밸브　　　　　　　　　릴리프 밸브

② **릴리프 밸브** : 직동형 압력 제어 밸브에 보완 장치를 갖춘 것으로 시스템 내의 압력이 최대 허용 압력을 초과하는 것을 방지해 주며, 교축 밸브의 아래쪽에는 압력이 작용하도록 하여 압력 변동에 의한 오차를 감소시키며, 주로 안전 밸브로 사용된다.

③ **시퀀스 밸브** : 공기압 회로에 다수의 실린더나 액추에이터를 사용할 때 각 작동 순서를 미리 정해 놓고 그 순서에 따라 움직이게 하는 경우에 그 순서를 압력의 축압(蓄壓) 상태에 따라 순차로 작동을 전달해 가면서 작동시킨다.

④ **압력 스위치** : 일명 전공 변환기라고도 하며, 회로 중의 공기 압력이 상승하거나 하강할 때 어느 압력이 되면 전기 스위치가 변환되어 압력 변화가 전기 신호로 보내진다.

(2) 유량 제어 밸브(flow control valve)

공기의 유량은 관로의 저항의 대소에 따라 정해지는데, 이 저항을 가지게 하는 기구를 교축(throttle)이라 하고, 이 교축을 목적으로 하여 만든 밸브를 스로틀 밸브 (throttle valve)라고 부른다. 이 스로틀 밸브는 유량의 제어를 목적으로 하고 있으므로 유량 제어 밸브라고도 부른다.

① **양방향 유량 제어 밸브(throttle valve, needle valve)** : 나사 손잡이를 돌려 그 끝의 니들(또는 콕, 원추형 등)을 상하로 이동시키면 유로의 단면적을 바꾸어 스로틀의 정도를 조정하게 되어 있는 간단한 구조로 되어 있다.

② **한 방향 유량 제어 밸브(speed control valve)** : 스로틀 밸브와 체크 밸브를 조합한 것으로 흐름의 방향에 따라서 교축 작용이 있기도 하고 없기도 하는 밸브이다.

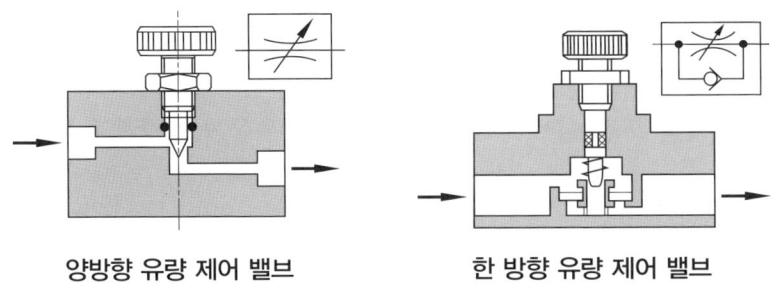

양방향 유량 제어 밸브   한 방향 유량 제어 밸브

(3) 방향 제어 밸브(directional valves or way valves)

방향 제어 밸브는 실린더나 액추에이터로 공급하는 공기의 흐름 방향을 변환시키는 밸브이다.

① 방향 제어 밸브의 분류

(가) 기능에 의한 분류

㉮ 포트의 수 : 밸브에 뚫려 있는 공기 통로의 개구부를 포트(port)라 한다.

밸브의 기호 표시법

라인	ISO 1219	ISO 5509/11
작업 라인	A, B, C –	2, 4, 6 –
공급 라인	P	1
배기구	R, S, T	3, 5, 7
제어 라인	Y, Z, X	10, 12, 14

㉯ 위치의 수 : 위치(position)라고 하는 것은 밸브의 전환 상태의 위치를 말하며, 2위치 및 3위치가 대부분이고 4위치, 5위치 등의 특수 밸브도 있다.

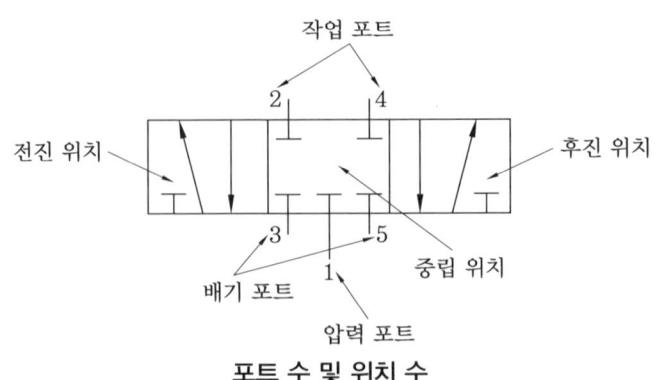

포트 수 및 위치 수

(내) 조작 방식에 의한 분류 : 유체의 흐름을 변환하기 위해서는 조작력이 필요하고 이 조작력의 종류에 따라 분류되며 이들의 기본 조작 방식을 조합하여 사용하는 것이 대부분이다.

㉮ 솔레노이드 밸브(solenoid valve) : 전자석의 힘을 이용하여 밸브를 움직이게 하는 전환 밸브로 직동식과 파일럿식이 있다. 솔레노이드는 비교적 행정이 큰 경우에 사용되는 것으로 교류용과 직류용이 있다.

(다) 구조에 의한 분류

㉮ 포핏식 밸브(poppet valves) : 볼, 디스크, 평판(plate) 또는 원추에 의해 연결구가 열리거나 닫히게 되는 것으로 구조가 간단하여 이물질의 영향을 잘 받지 않고, 전환 거리가 짧고, 배압에 의해 밸브의 밀착이 완전하게 되며, 윤활이 불필요하고 수명이 길다. 그러나 큰 변환 조작이 필요하고, 다방향 밸브로 되면 구조가 복잡하게 되는 결점도 있다.

㉯ 슬라이드 밸브(스풀식)(slide valves, spool type) : 압력에 따른 힘을 거의 받지 않기 때문에 작은 힘으로 밸브를 변환할 수 있으나, 소량의 공기 누출이 있으며 미끄럼면이 정밀한 치수로 가공되어 있어 이물질의 침입을 최대한 방지하여야 하고 윤활유의 관리가 필요하다.

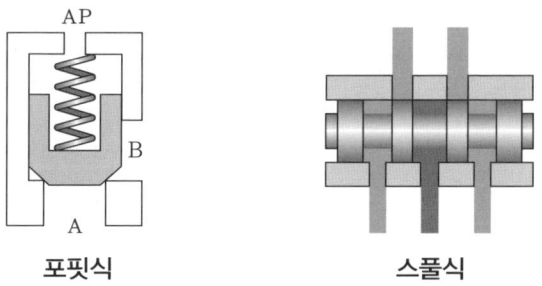

포핏식   스풀식

(4) 그 밖의 밸브

① **체크 밸브(check valve)** : 역류 방지 기능을 가진 밸브이다.
② **셔틀 밸브(shuttle valve, OR valve)** : 3방향 체크 밸브, OR 밸브, 고압 우선 셔틀 밸브라고도 한다.

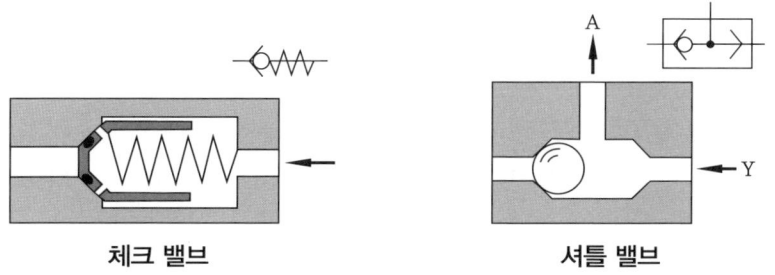

체크 밸브   셔틀 밸브

③ **2압 밸브**(two pressure valve) : AND 요소로서 저압 우선 셔틀 밸브라고도 한다.
④ **급속 배기 밸브**(quick release valve 또는 quick exhaust valve) : 액추에이터의 배출 저항을 적게 하여 속도를 빠르게 하는 밸브로 가능한 액추에이터 가까이에 설치하며, 충격 방출기는 급속 배기 밸브를 이용한 것이다.

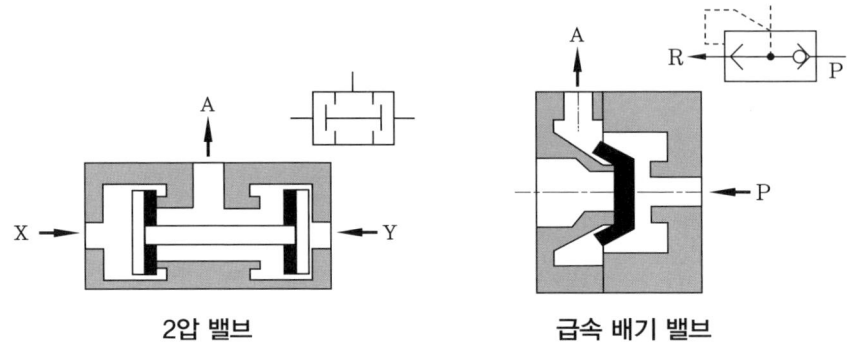

2압 밸브   급속 배기 밸브

1-5 공기압 액추에이터

(1) 공기압 실린더

액추에이터 가운데에서 가장 많이 사용되는 것으로 압력 에너지를 직선 운동으로 변환하는 기기이다.

공기압 실린더의 종류

분류		기호	기능
피스톤 형식	피스톤 실린더		가장 일반적인 실린더로 단동, 복동, 차동형이 있다.
	램형 실린더		피스톤 지름과 로드 지름 차가 없는 수압 가동 부분을 갖는 것으로 좌굴 등 강성을 요할 때 사용한다.
	다이어프램형 실린더		수압 가동 부분에 피스톤 대신 다이어프램을 사용한다. 스트로크는 작으나 저항으로 큰 출력을 얻을 수 있다.
	벨로즈형 실린더		피스톤 대신 벨로즈를 사용한 실린더로 섭동부 마찰 저항이 작고 내부 누출이 없다.

분류	명칭	기호	설명
작동 방식	단동 실린더		한쪽 방향만의 공기압에 의해 운동하는 것을 단동 실린더라 하며 보통 자중 또는 스프링에 의해 복귀한다.
	복동 실린더		공기압을 피스톤 양쪽 모두에 공급하여 피스톤의 왕복 운동이 모두 공기압에 의해 행해지는 것으로서 가장 일반적인 실린더이다.
	차압 작동 실린더		지름이 다른 두 개의 피스톤을 갖는 실린더로서 피스톤과 피스톤 단면적이 회로 기능상 매우 중요하다.
복합 실린더	텔레스코프 실린더		긴 행정을 지탱할 수 있는 다단 튜브형 로드를 갖췄으며, 튜브형의 실린더가 두 개 이상 서로 맞물려 있는 것으로서 높이에 제한이 있는 경우에 사용한다.
	탠덤 실린더		꼬치 모양으로 연결된 복수의 피스톤을 n개 연결시켜 n배의 출력을 얻을 수 있도록 한 실린더이다.
	듀얼 스트로크 실린더		2개의 스트로크를 가진 실린더, 즉 다른 2개의 실린더를 직결로 조합한 것과 같은 기능을 갖고 있어 여러 방향의 위치를 결정한다.
피스톤 로드식	편로드형		피스톤 한쪽에만 피스톤 로드가 있다.
	양로드형		피스톤 양쪽 모두에 피스톤 로드가 있다.
쿠션의 유무	쿠션 없음		쿠션 장치가 없다.
	한쪽 쿠션		한쪽에만 쿠션 장치가 있다.
	양쪽 쿠션		양쪽 모두에 쿠션 장치가 있다.

(2) 공기압 모터 및 요동 액추에이터

① **공기압 모터** : 공기 압력 에너지를 기계적인 연속 회전 에너지로 변환시키는 액추에이터로 시동, 정지, 역회전 등은 방향 제어 밸브에 의해 제어된다.

 (가) 종류 : 공기압 모터에는 피스톤형, 베인형, 기어형, 터빈형 등이 있다. 주로 피스톤형과 베인형이 사용되고 있으며, 피스톤형은 반경류(radial)와 축류(axial)로 구분된다.

 (나) 특징 : 공기 모터의 발생 토크는 회전 속도에 정비례하며 시동 토크와 연속 구동 토크가 다른 경우에는 큰 양의 토크로부터 모터의 크기를 결정한다. 출력은 무부하 회전 속도의 약 1/2에서 최대로 된다.

② **요동 액추에이터(oscillating actuator, oscillating motor)**

 (가) 종류 : 베인형, 피스톤형(랙피니언형, 스크루형, 크랭크형, 요크형)

 (나) 특징 : 한정된 각도 내에서 반복 회전 운동을 하는 기구로 공압 실린더와 링크를 조합한 것에 비해 훨씬 부피가 적게 든다.

1-6 공기압 기타 기기

(1) 공기 탱크(air tank)

① 압축기로부터 배출된 공기 압력의 맥동을 방지하거나 평준화한다.
② 일시적으로 다량의 공기가 소비되는 경우의 급격한 압력강하를 방지한다.
③ 정전 등 비상시에도 일정 시간 공기를 공급하여 운전이 가능하게 한다.
④ 주위의 외기에 의해 냉각되어 응축수를 분리시킨다.
⑤ 공기 탱크는 압력 용기이므로 법적 규제를 받는다.

(2) 공기 정화 시스템

공기 정화 장치는 압축공기 중에 함유된 먼지, 기름, 수분 등의 오염물질을 요구 정도의 기준치 이내로 제거하여 최적 상태의 압축공기로 정화하는 기기이다.

① **냉각기(after cooler)** : 공랭식과 수랭식이 있다.
② **공기 건조기(air dryer)** : 냉매를 사용하는 냉동식 공기 건조기와 실리카 겔, 활성 알루미나 등을 이용한 흡착식 공기 건조기 및 화학적 건조 방법을 사용하는 흡수식 공기 건조기가 있다.

③ **공기 여과기**(air filter) : 공기에 있는 수분, 먼지 등의 이물질이 공압기기에 들어가지 못하도록 하기 위해 입구부에 공기 여과기를 설치한다.
④ **윤활기**(lubricator) : 공압기기의 작동을 원활하게 하고, 내구성을 향상시키기 위해 급유를 공급하는 장치로 최근에는 그리스 등이 미리 봉입되어 있는 무급유식이 많이 사용되고 있다.
⑤ **공기 조정 유닛**(air control unit, service unit) : 공기 필터, 압축공기 조정기, 윤활기, 압력계가 한 조로 이루어진 것으로 기기가 작동할 때 선단부에 설치하여 기기의 윤활과 이물질 제거, 압력 조정, 드레인 제거를 행할 수 있도록 제작된 것이다.

(3) 공유압 변환기(pneumatic hydraulic converter)

공기 압력을 동일 압력의 유압으로 변환하는 것으로, 비교적 저압의 유압이 쉽게 얻어지게 하는 것을 특징으로 하고 있다.

(4) 하이드로릭 체크 유닛(hydraulic check unit)

공압 실린더에 연결된 스로틀 밸브를 조정하여 공압 실린더의 속도를 제어하는데 사용된다.

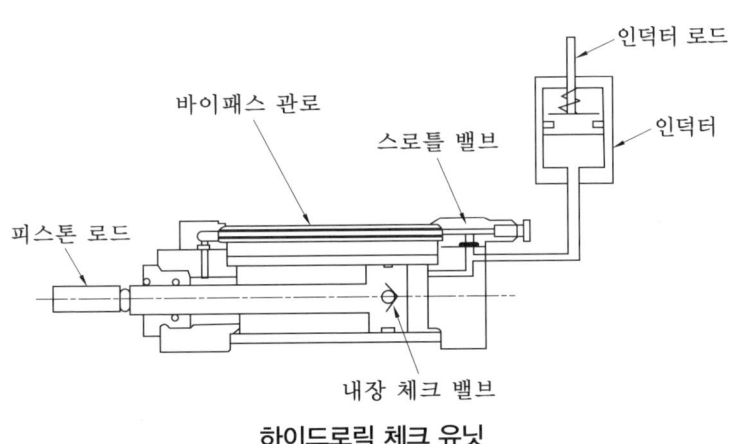

하이드로릭 체크 유닛

예|상|문|제

1. 다음 중 공기압 장치의 구성 요소가 아닌 것은? [14-2]
① 원심 펌프   ② 애프터 쿨러
③ 공기 탱크   ④ 공기 압축기

[해설] 원심 펌프는 액체의 양수용 또는 유압용으로 사용된다.

2. 공기 필터 또는 탱크의 응축수를 배출하는 기기는? [17-3]
① 윤활기   ② 압력 조절기
③ 에어드라이어   ④ 드레인 분리기

3. 공압 장치의 구성 요소 중 공압 발생 장치와 거리가 먼 것은? [09-2]
① 압축기   ② 냉각기
③ 공기 탱크   ④ 레귤레이터

[해설] 공압 발생 장치에는 압축기, 공기 탱크, 냉각기, 건조기 등이 있으며 레귤레이터는 공기압 조정 기기, 필터는 공기 청정화 기기이다.

4. 다음 중 단위 면적에 작용하는 수직 방향의 힘을 무엇이라 하는가? [07-1]
① 압력   ② 하중
③ 실린더   ④ 피스톤

[해설] $P = \dfrac{F}{A}$

5. 면적이 $1\,m^2$인 곳을 50N의 무게로 누를 때 면적에 작용하는 압력은? [14-3]
① 50 Pa   ② 100 Pa
③ 500 Pa   ④ 1000 Pa

[해설] $P = \dfrac{F}{A} = \dfrac{50\,N}{1\,m^2} = 50\,Pa$

6. 공학 기압 1atm과 크기가 다른 것은 어느 것인가? [15-3, 18-1]
① 10 bar   ② 10 mAq
③ 1 kgf/cm²   ④ 10000 kgf/m²

[해설] 1표준기압 = 1 atm = 760 mmHg(수은주) = 10.33 mAq(물기둥) = 1.033 kgf/cm² = 1.013 bar

7. 1표준기압은 수은주 760mmHg이다. 상온의 물이라면 이것의 수주는 약 얼마인가? [07-1, 11-1]
① 0.76 m   ② 1.04 m
③ 7.6 m   ④ 10.33 m

8. 1bar의 압력값과 다른 것은? [07-1]
① 750.061 mmHg   ② 14.504 psi
③ 100000 Pa   ④ 101325 N/m²

[해설] 1 bar = 750 mmHg = 14.504 psi = 100000 Pa(N/m²)

9. 절대 압력을 올바르게 표현한 것은? [17-2]
① 절대 압력은 게이지 압력을 말한다.
② 절대 압력은 표준 대기 압력보다 항상 높다.
③ 절대 압력은 대기압을 '0'으로 하여 측정한 압력이다.
④ 절대 압력은 완전한 진공을 '0'으로 하여 측정한 압력이다.

정답 1. ① 2. ④ 3. ④ 4. ① 5. ① 6. ① 7. ④ 8. ④ 9. ④

10. 공기압 시스템에 부착된 압력 게이지의 눈금이 0.5MPa을 나타낼 때 절대 압력은 몇 MPa인가? [20-3]

① 0.3　② 0.4　③ 0.5　④ 0.6

해설 절대압=게이지압+대기압
=0.5+0.1=0.6MPa

11. 밀도의 의미로 옳은 것은? [18-2]

① 단위 용적당 면적
② 단위 면적당 체적
③ 단위 체적당 질량
④ 단위 질량당 점성계수

12. 단위 질량당 유체의 체적(SI 단위) 또는 단위 중량당 유체의 체적(중력 단위)을 무엇이라 하는가? [12-1]

① 비중　　　② 비체적
③ 밀도　　　④ 비중량

해설 밀도는 단위 체적당 질량, 비중량은 단위 체적당 중량을 의미한다.

13. A_1의 면적이 20cm²일 때 이곳에서 흐르는 물의 속도 V_1은 10m/s이다. A_2의 면적이 5cm²라면, 이곳에서 흐르는 물의 속도 V_2[m/s]는? [17-1]

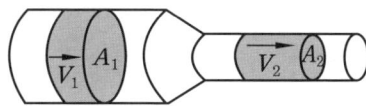

① 2　② 40　③ 100　④ 1000

해설 $Q=A_1V_1=A_2V_2$

14. 안지름이 60mm인 관 내에 유체가 3m/s로 흐르고 있을 때, 유량(m³/s)은 약 얼마인가? [18-2]

① 4.24×10^{-2}　② 4.24×10^{-3}
③ 8.48×10^{-2}　④ 8.48×10^{-3}

해설 $Q=\pi r^2 v$
$=3.14\times(0.03)^2\times3=8.48\times10^{-3}$m³/s

15. 양 끝의 지름이 다른 관이 수평으로 놓여 있다. 왼쪽에서 오른쪽으로 물이 정상류를 이루고 매초 2.8L가 흐른다. B 부분의 단면적이 20cm²이라면 B 부분에서 물의 속도는 얼마나 되겠는가? [13-2, 16-3]

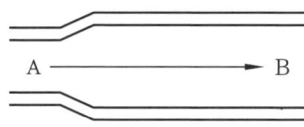

① 14cm/s　② 56cm/s
③ 140cm/s　④ 560cm/s

해설 2.8L=2800cm³
∴ 2800÷20=140cm/s

16. 압축성이 좋은 것부터 차례로 나열한 것은 어느 것인가? [12-1]

① 액체 → 고체 → 기체
② 기체 → 액체 → 고체
③ 고체 → 액체 → 기체
④ 기체 → 고체 → 액체

해설 압축성이란 압축률을 나타내는 것으로 체적이 감소한 비율을 말한다.

17. 압축공기의 특징에 관한 설명으로 옳지 않은 것은? [16-2]

① 비압축성이다.
② 저장성이 좋다.
③ 인화의 위험이 없다.
④ 대기 중으로 배출할 수 있다.

해설 압축공기는 압축성이다.

정답 10. ④　11. ③　12. ②　13. ②　14. ④　15. ③　16. ②　17. ①

18. 공기의 체적과 온도의 관계를 표현한 것은? [19-1]
① 보일의 법칙　② 샤를의 법칙
③ 베르누이의 법칙　④ 파스칼의 법칙

해설 ㉠ 보일의 법칙 : 온도가 일정하면 일정량의 기체의 압력과 체적을 곱한 값은 일정하다.
㉡ 샤를의 법칙 : 압력이 일정하면 일정량의 체적은 그 절대 온도에 비례한다.

19. 기체는 압력을 일정하게 유지하면서 온도를 상승시키면 체적이 증가되는 것을 알 수 있으며 체적 증가는 온도 1℃ 증가함에 따라 체적이 1/273.1씩 증가한다. 이 법칙을 무엇이라고 하는가? [12-2]
① 보일의 법칙　② 샤를의 법칙
③ 연속의 법칙　④ 베르누이 정리

해설 샤를의 법칙 : 압력이 일정하면 일정량의 체적은 그 절대 온도에 비례한다.

20. 다음 중 온도가 일정할 때 절대 압력과 체적과의 관계는? [11-3]
① 공기의 체적은 절대 압력에 비례한다.
② 공기의 체적은 절대 압력에 반비례한다.
③ 공기의 체적은 절대 압력의 제곱에 비례한다.
④ 공기의 체적은 절대 압력의 제곱에 반비례한다.

해설 보일의 법칙 : 온도가 일정하면 일정량의 기체의 압력과 체적을 곱한 값은 일정하다.

21. 절대 압력이 일정할 때 절대 온도와 체적과의 관계는? [15-1, 19-3]
① 공기의 체적은 절대 온도에 비례한다.
② 공기의 체적은 절대 온도에 반비례한다.
③ 공기의 체적은 절대 온도의 제곱에 비례한다.
④ 공기의 체적은 절대 온도의 제곱에 반비례한다.

해설 샤를의 법칙 : 압력이 일정하면 일정량의 체적은 그 절대 온도에 비례한다.

22. 밀폐된 용기 내의 압력을 동일한 힘으로 동시에 전달하는 것을 증명한 법칙을 무엇이라 하는가? [10-3]
① 뉴턴의 법칙　② 베르누이 정리
③ 파스칼의 원리　④ 돌턴의 법칙

해설 파스칼의 원리 : 정지된 유체 내의 모든 위치에서의 압력은 방향에 관계없이 항상 같으며, 또한 유체를 통하여 전달된다.

23. 공압 장치가 유압 장치에 비해 특히 좋은 점은? [12-2]
① 온도에 민감하다.
② 저압이기에 효율이 좋다.
③ 공기를 사용하기 때문에 인화의 위험이 없다.
④ 작동 요소의 구조가 복잡하다.

24. 공압 장치에서 압축공기의 설명으로 옳은 것은? [09-3]
① 압축공기는 온도가 상승해도 팽창하지 않는다.
② 에너지 손실이 적어서 가격이 저렴하다.
③ 압축공기는 저장될 수 없다.
④ 압축공기를 배출할 때 소음이 발생한다.

해설 소음 발생은 공압의 단점 중 하나이다.

정답 18. ②　19. ②　20. ②　21. ①　22. ③　23. ③　24. ④

제1장 공기압 제어

25. 압축공기가 가지고 있는 특징을 설명한 것이다. 맞지 않는 것은? [07-3]
① 비압축성이다.
② 난연성이다.
③ 저장성이 좋다.
④ 공기 중으로 배출할 수 있다.

해설 공압은 압축성 때문에 균일한 속도를 얻을 수 없다.

26. 유체의 교축에서 관의 면적을 줄인 부분의 길이가 단면 치수에 비하여 비교적 긴 경우의 교축을 무엇이라 하는가? [13-1]
① 오리피스(orifice)
② 다이어프램(diaphragm)
③ 벤투리(venturi)
④ 초크(choke)

해설 오리피스는 관의 길이가 짧은 교축이며, 초크는 관의 길이가 비교적 긴 교축이다. 다이어프램은 격막, 벤투리는 윤활기에서 사용된다.

27. 유체의 관로 중 짧은 줄임 기구로 면적을 줄인 길이가 단면 치수에 비하여 비교적 짧은 것은? [16-3, 19-2]
① 초크
② 벤투리
③ 피토관
④ 오리피스

28. 절대 습도를 구하는 식은? [15-2]
① $\dfrac{\text{습공기 중의 증기의 중량(g)}}{\text{습공기 중의 건공기의 중량(g)}} \times 100$
② $\dfrac{\text{습공기 중의 건공기의 중량(g)}}{\text{습공기 중의 증기의 중량(g)}} \times 100$
③ $\dfrac{\text{습공기 중의 건공기의 중량(g)}}{\text{포화 수증기량(g)}} \times 100$
④ $\dfrac{\text{포화 수증기량(g)}}{\text{습공기 중의 건공기의 중량(g)}} \times 100$

29. 압축공기의 질을 높이는 방법으로 틀린 것은? [16-1]
① 제습기를 사용한다.
② 응축수를 제거한다.
③ 공압 필터를 사용한다.
④ 압축공기의 흐름을 빠르게 한다.

해설 압축공기의 흐름을 빠르게 하면 질이 낮아진다.

30. 공압기기 및 관로 내에서 유동 또는 침전 상태에 있는 물 또는 기름의 혼합 액체를 무엇이라고 하는가? [10-2]
① 누설
② 드레인
③ 개스킷
④ 오일 미스트

31. 다음 중 공압에서 드레인이 발생하는 이유는? [10-4]
① 사용 압력의 과다
② 밸브의 가공 공차
③ 수증기의 응축
④ 조작 오류

해설 공압에서 드레인이란 압축공기를 만들 때 발생되는 액체상의 불순물을 말한다.

32. 공압에서 사용되는 압축공기에는 오염된 물질이 혼입되는 경우가 있다. 시스템 외부에서 혼입되는 오염물질로 볼 수 없는 것은? [13-3]

정답 25. ① 26. ④ 27. ④ 28. ① 29. ④ 30. ② 31. ③ 32. ③

① 먼지(분진, 매연, 모래먼지 등)
② 유해 가스(황화수소, 아황산가스 등)
③ 파이프의 부식물(필터의 부스러기, 마모분 등)
④ 유해 물질(습기, 염분 등)

[해설] 파이프의 부식물은 시스템 내부에서 혼입된다.

33. 압축공기 내 오염물질의 영향 중 적합하지 않은 것은? [07-1]
① 필터, 윤활기 등의 합성수지 파손
② 슬라이딩부 등의 흠집이나 부식 발생
③ 밸브의 고착, 마모, 실 불량 발생
④ 실린더의 진동 발생

[해설] 압축공기 내 오염물질의 영향
㉠ 필터, 윤활기 등의 합성수지 파손
㉡ 필터 엘리먼트의 눈막힘 및 드레인 밸브의 배수 기능 저하
㉢ 녹의 발생에 의한 작동 불량 및 스프링의 절손
㉣ 냉각 시 수분 동결에 의한 기기의 작동 불량
㉤ 먼지의 퇴적에 의한 관로 면적 감소 및 가동부의 작동 불량
㉥ 슬라이딩부 등의 흠집이나 부식 발생
㉦ 드레인에 의해 막힌 윤활제를 세척
㉧ 실재나 다이어프램의 팽윤 이상 마모 또는 파손

34. 공기 압축기에서 표준 대기압 상태의 공기를 시간당 10m³씩 흡입한다. 이 공기를 700kPa로 압축하면 압축된 공기의 체적은 약 몇 m³인가? (단, 압축 시 온도의 변화는 무시한다.) [08-1, 15-3]
① 0.43
② 1.25
③ 2.43
④ 3.25

[해설] $P_1V_1 = P_2V_2$ (보일의 법칙)

$$\therefore V_2 = \frac{101 \times 10}{700} = 1.44 \, m^3$$

35. 일반적으로 압축기에서 압축의 정도를 나타낼 때에는 흡입 공기 압력과 배출 공기 압력의 비를 사용한다. 압축기는 얼마의 압력비로 압축된 것을 말하는가? [07-3]
① 0.1~0.3
② 0.5~1.1
③ 1.3~1.8
④ 2.0 이상

[해설] ㉠ 압력비 = $\frac{\text{토출 절대 압력}}{\text{흡입 절대 압력}}$
㉡ 압축기는 압력비 2 이상, 압력 상승이 100kPa 이상의 것

36. 토출 압력의 크기로 송풍기와 압축기를 구분할 때, 압축기에 해당하는 압력(kgf/cm²)은? [17-3]
① 0.01~0.3
② 0.3~0.5
③ 0.5~0.7
④ 1.0 이상

[해설] 압축기는 압력비 2 이상, 압력 상승이 100kPa(1.0kgf/cm²) 이상의 것

37. 다음 중 용적형 공기 압축기가 아닌 것은? [19-1]
① 격판 압축기
② 베인 압축기
③ 터보 압축기
④ 피스톤 압축기

[해설] 터보형은 유량 압축기이다.

38. 다음 그림과 같이 2개의 회전자를 서로 90° 위상으로 설치하고, 회전기 간의 미소한 틈을 유지하고 역방향으로 회전시키는 방식의 공기 압축기는? [16-1]

정답 33. ④ 34. ② 35. ④ 36. ④ 37. ③ 38. ①

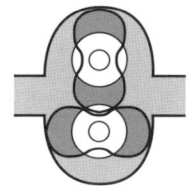

① 루츠 블로어
② 베인형 공기 압축기
③ 축류식 공기 압축기
④ 회전식 공기 압축기

39. 공압 루츠 블로어(roots blower)에 대한 설명으로 옳은 것은? [14-2]
① 소음이 작다.
② 토크 변동이 작다.
③ 비접촉형으로 무급유식이다.
④ 대형이고, 고압 송풍을 할 수 없다.

40. 날개의 회전 운동에 따라 공기 흐름이 회전축과 평행으로 흐르는 압축기는 어느 것인가? [16-3]
① 사류식 압축기
② 원심식 압축기
③ 축류식 압축기
④ 혼류식 압축기

41. 다음 압축기의 종류 중 왕복 피스톤 압축기에 해당되는 것은? [08-3]
① 원심식   ② 다이어프램식
③ 스크루식 ④ 베인식

해설 왕복 피스톤 압축기에는 피스톤 압축기, 격판 압축기(다이어프램식)가 있으며, 고압 성향은 피스톤 압축기이다.

42. 다음 중 왕복형 공기 압축기의 특징으로 맞는 것은? [07-1]
① 진동이 적다.
② 고압에 적합하다.
③ 소음이 적다.
④ 맥동이 적다.

해설 왕복식 공기 압축기는 고압용이다.

43. 다음 중 베인형 압축기의 특징이 아닌 것은? [20-3]
① 소음과 진동이 작다.
② 압력을 일정하게 공급한다.
③ 소형으로 제작이 가능하다.
④ 압축기 벽면에 냉각핀을 부착하여야 한다.

해설 베인형 압축기는 실린더 역할을 하는 하우징 내에서 베인이 부착된 편심된 로터가 고속 회전한다. 하우징 내에 분사되는 오일은 베인과 케이싱 사이의 밀봉과 압축공기의 냉각을 돕는다.

44. 공기 압축기의 용량 제어 방식이 아닌 것은? [17-2]
① 고속 제어   ② 배기 제어
③ 차단 제어   ④ ON-OFF 제어

해설 용량 제어 방식 : 배기 제어, 차단 제어, ON-OFF 제어

45. 일반적인 압축공기의 생산과 준비 단계가 옳은 것은? [10-3, 18-1]
① 압축기 → 건조기 → 서비스 유닛 → 애프터 쿨러 → 저장 탱크
② 압축기 → 애프터 쿨러 → 저장 탱크 → 건조기 → 서비스 유닛
③ 압축기 → 건조기 → 서비스 유닛 → 저장 탱크 → 애프터 쿨러
④ 압축기 → 서비스 유닛 → 애프터 쿨러 → 건조기 → 저장 탱크

정답 39. ③ 40. ③ 41. ② 42. ② 43. ④ 44. ① 45. ②

46. 압축기 설치 장소에 관한 설명으로 옳지 않은 것은? [15-2]
① 통풍이 양호한 장소에 설치한다.
② 옥외 설치 시 직사광선을 피한다.
③ 쿨링 타워 부근에 설치하여야 한다.
④ 건축물과는 벽면에 30cm 이상 떨어져 있어야 한다.

해설 압축기의 설치 조건
㉠ 저온, 저습 장소에 설치하여 드레인 발생을 억제한다.
㉡ 지반이 견고한 장소에 설치한다($5\,t/m^2$를 받을 수 있어야 되고, 접지 설치).
㉢ 유해 물질이 적은 곳에 설치한다.
㉣ 압축기 운전 시 진동을 고려한다(방음, 방진벽 설치).
㉤ 우수, 염풍, 일광의 직접 노출을 피하고 흡입 필터를 부착한다.
㉥ 건축물과는 벽면에 30cm 이상 이격시킨다.

47. 공유압 시스템에서 기본적인 3가지 제어가 아닌 것은? [11-3]
① 압력 제어   ② 유량 제어
③ 위치 제어   ④ 방향 제어

48. 방향 제어 밸브의 구조에 의한 분류에 해당되지 않는 것은? [11-1]
① 포핏 형식   ② 로터리 형식
③ 파일럿 형식 ④ 스풀 형식

해설 구조에 의한 분류 : 포핏 형식, 스풀 형식, 로터리 형식

49. 다음 중 공압 포핏식 밸브의 단점으로 옳은 것은? [09-1, 14-1]
① 이물질의 영향을 잘 받는다.
② 윤활이 필요하고 수명이 짧다.
③ 짧은 거리에서 개폐를 할 수 있다.
④ 다방향 밸브일 때는 구조가 복잡하다.

해설 포핏 밸브(poppet valves)
㉠ 구조가 간단하여 이물질의 영향을 잘 받지 않는다.
㉡ 짧은 거리에서 밸브의 개폐를 할 수 있다.
㉢ 시트(seat)는 탄성이 있는 실에 의해 밀봉되기 때문에 공기가 새어나가기 어렵다.
㉣ 활동부가 없어 윤활이 불필요하고 수명이 길다.
㉤ 공급 압력이 밸브에 작용하기 때문에 큰 변환 조작이 필요하다.
㉥ 다방향 밸브로 되면 구조가 복잡하게 된다.

50. 방향 제어 밸브의 작동을 위한 조작 방식이 아닌 것은? [12-3]
① 유량 제어 방식   ② 인력 조작 방식
③ 기계 방식   ④ 전자 방식

해설 밸브의 조작 방식에는 인력 조작 방식, 기계 방식, 공압 방식, 보조 방식, 전자 방식 등이 있다.

51. 방향 제어 밸브의 연결구 표시 방법 중 'R'이 의미하는 것은? [17-2]
① 배출구   ② 작업 라인
③ 제어 라인   ④ 에너지 공급구

해설 밸브의 기호 표시법

라인	ISO 1219	ISO 5509/11
작업 라인	A, B, C -	2, 4, 6 -
공급 라인	P	1
배기구	R, S, T	3, 5, 7
제어 라인	Y, Z, X	10, 12, 14

정답 46. ③ 47. ③ 48. ③ 49. ④ 50. ① 51. ①

52. 유량 제어 밸브가 아닌 것은? [19-2]
① 스로틀 밸브 ② 시퀀스 밸브
③ 급속 배기 밸브 ④ 속도 제어 밸브
해설 시퀀스 밸브는 압력 제어 밸브이다.

53. 작은 지름의 파이프에서 유량을 미세하게 조정하기에 적합한 밸브는? [10-1]
① 니들 밸브 ② 체크 밸브
③ 셔틀 밸브 ④ 소켓 밸브

54. 압축공기의 출입구가 있는 본체에 끝부분이 원추 형상을 한 조절 나사가 설치되어 밸브 본체 통로와 원추체 간의 틈새를 변화시켜 양방향으로 공기량을 조절 가능하게 한 밸브는? [09-1]
① 스톱 밸브
② 스로틀 밸브
③ 체크 밸브
④ 파일럿 작동 체크 밸브

55. 교축 밸브에 체크 밸브를 붙인 것으로, 공압 회로에서 실린더의 속도를 제어하기 위한 밸브는? [15-1]
① 급속 배기 밸브
② 한 방향 유량 제어 밸브
③ 방향 제어 밸브
④ 양방향 유량 제어 밸브

56. 양 제어 밸브라고도 하며 다음 그림과 같이 압축공기가 입구 Y에 작용할 경우 볼에 의해 다른 입구 X를 차단하면서 공기의 통로를 Y에서 A로 개방하는 구조의 밸브는? [19-1]

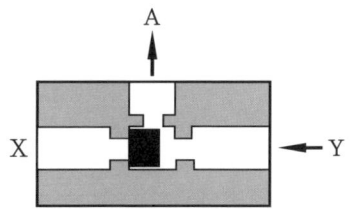

① 2압 밸브 ② 셔틀 밸브
③ 차단 밸브 ④ 체크 밸브

57. AND 밸브라고도 불리며 연동 제어, 안전 제어에 사용되는 밸브는? [18-1]
① 2압 밸브 ② 셔틀 밸브
③ 차단 밸브 ④ 체크 밸브
해설 2압 밸브(two pressure valve) : AND 요소로서 저압 우선 셔틀 밸브라고도 한다.

58. 다음 중 시간 지연 밸브의 구성 요소가 아닌 것은? [08-1, 10-2, 20-2]
① 압력 증폭기 ② 3/2-way 밸브
③ 속도 조절 밸브 ④ 공기 저장 탱크
해설 시간 지연 밸브 : 3/2-way 밸브, 속도 제어 밸브, 공기 저장 탱크로 구성되어 있으나 3/2-way 밸브가 정상 상태에서 열려 있는 점이 공기 제어 블록과 다르다.

59. 공압 시퀀스 제어 회로를 구성할 때 사용되는 스테퍼 모듈의 구성 요소가 아닌 것은? [06-1]
① OR 밸브 ② 타이머
③ 메모리 밸브 ④ 3/2-way밸브

60. 전기 신호로 전자석을 조작해서 그 힘으로 전자 밸브 내의 스풀(spool)을 변환시켜 공기의 흐름 방향을 제어하는 밸브는? [16-2]

정답 52. ② 53. ① 54. ② 55. ② 56. ② 57. ① 58. ① 59. ② 60. ④

① 배압 센서　　② 리밋 스위치
③ 공기압 실린더　④ 솔레노이드 밸브

61. 다음 중 공압 선형 액추에이터의 특징이 아닌 것은? [12-3]
① 20mm/s 이하의 저속 운전 시 스틱 슬립 현상이 발생한다.
② 사용하는 압력이 높지 않아 큰 힘을 낼 수 없다.
③ 비압축성 작업 매체를 이용하므로 균일한 속도를 얻을 수 있다.
④ 일반적인 작업 속도가 1~2m/s이다.

[해설] 압축성을 사용하므로 균일한 속도를 얻을 수 없다.

62. 공압 선형 액추에이터 중 단동 실린더에 속하지 않는 것은? [11-2]
① 피스톤 실린더　② 충격 실린더
③ 격판 실린더　　④ 벨로스 실린더

[해설] 충격 실린더는 복동형 실린더이다.

63. 직선 왕복 운동용 액추에이터가 아닌 것은? [18-1]
① 다단 실린더　② 단동 실린더
③ 복동 실린더　④ 요동 실린더

[해설] 요동 실린더는 요동 모터 또는 요동 액추에이터라 한다.

64. 단동 실린더에 대한 설명으로 틀린 것은? [15-1]
① 피스톤의 전진 및 후진 운동을 통해 일을 해야 할 경우에 사용된다.
② 피스톤의 귀환은 스프링의 힘으로 이루어진다.
③ 공압의 경우, 귀환 스프링으로 인하여 최대 행정 거리가 100mm 정도로 제한된다.
④ 공압의 경우 귀환 장치로 탄력 있는 인조 고무를 사용하기도 한다.

[해설] 한쪽 방향만의 공기압에 의해 운동하는 것을 단동 실린더라 하며 보통 자중 또는 스프링에 의해 복귀한다.

65. 공압 단동 실린더의 특징으로 틀린 것은? [14-1, 18-3]
① 귀환 장치를 내장한다.
② 행정 거리의 제한을 받는다.
③ 압축공기를 한쪽에서만 받는다.
④ 압축공기의 유량을 조절하여도 전·후진 속도가 동일하다.

[해설] 단동 실린더의 최대 행정 거리는 100 mm 정도이며 한쪽 방향만의 공기압에 의해 운동한다. 고정(clamping), 추출(ejecting), 프레싱(pressing), 리프팅(lifting), 이송(feeding) 등의 작업에 주로 사용된다.

66. 미끄럼 밀봉이 필요 없으며 단지 재료가 늘어나는 것에 따라 생기는 마찰이 있을 뿐인 실린더로 클램핑 실린더라고도 하는 것은? [06-1]
① 탠덤 실린더
② 격판 실린더
③ 피스톤 실린더
④ 벨로스 실린더

67. 다음 그림과 같이 두 개의 복동 실린더가 한 개의 실린더 형태로 조립되어 있고 실린더의 지름이 한정되고 큰 힘을 요하는 곳에 사용되는 실린더는? [13-1, 17-3]

정답 61. ③　62. ②　63. ④　64. ①　65. ④　66. ②　67. ①

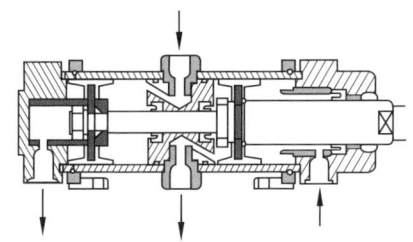

① 탠덤 실린더
② 양로드형 실린더
③ 쿠션 내장형 실린더
④ 텔레스코프형 실린더

해설 탠덤형 실린더는 길이 방향으로 연결된 복수의 복동 실린더를 조합시킨 것으로 2개의 피스톤에 압축공기가 공급되기 때문에 실린더의 출력은 합이 되므로 큰 힘이 얻어진다. 또한 단계적 출력의 제어도 할 수 있어 직경은 한정되고, 큰 힘이 필요한 곳에 사용된다.

68. 두 개의 복동 실린더가 직렬로 하나의 유니트에 조합되어 가압하면 약 2배의 추력을 얻을 수 있는 구조의 실린더는 무엇인가? [17-1]
① 격판 실린더   ② 충격 실린더
③ 탠덤 실린더   ④ 다위치 제어 실린더

해설 탠덤 실린더는 꼬치 모양으로 연결된 복수의 피스톤을 n개 연결시켜 n배의 출력을 얻을 수 있도록 한 실린더이다.

69. 전진 및 후진 완료 위치에서 가해지는 충격을 방지하기 위한 실린더는 무엇인가? [20-3]
① 충격 실린더   ② 탠덤 실린더
③ 양로드 실린더 ④ 쿠션 내장형 실린더

해설 쿠션 내장형 실린더는 충격 방지용 실린더이다.

70. 피스톤에 공기 압력을 급격하게 작용시켜 피스톤을 고속으로 움직이며 이때의 속도 에너지를 이용한 실린더는? [17-2]
① 충격 실린더
② 로드리스 실린더
③ 다위치 제어 실린더
④ 텔레스코프 실린더

71. 그림과 같은 공기압 실린더의 올바른 명칭은? [06-1, 14-2]

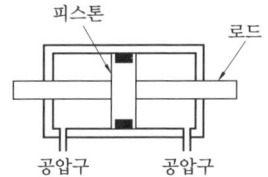

① 단동 실린더
② 편로드 복동 실린더
③ 탠덤형 실린더
④ 양로드 복동 실린더

72. 다음 실린더 중 전진 운동과 후진 운동의 속도와 힘을 같게 할 수 있는 것은?
① 탠덤 실린더 [14-3, 18-2, 19-1]
② 충격 실린더
③ 복동 양로드 실린더
④ 단동 텔레스코프 실린더

해설 양로드형 실린더는 복동 실린더이고, 격판 실린더는 단동 실린더이다.

73. 텔레스코프 실린더의 특징으로 틀린 것은? [16-2]
① 긴 행정 거리를 낼 수 있다.
② 단동 및 복동 형태로 작동된다.
③ 전진 끝단에서 출력이 떨어진다.
④ 다른 실린더에 비해 속도 제어가 용이하다.

정답 68. ③ 69. ④ 70. ① 71. ④ 72. ③ 73. ④

해설 텔레스코프 실린더는 다른 실린더에 비해 속도 제어가 어렵다.

74. 다단형 피스톤 로드를 가진 형태로 실린더 길이에 비해 긴 행정 거리를 얻을 수 있는 실린더는? [15-2, 19-1]
① 충격 실린더
② 탠덤 실린더
③ 텔레스코프 실린더
④ 복동 양로드 실린더

해설 텔레스코프형 실린더 : 유압 실린더의 내부에 또 하나의 다른 실린더를 내장하고, 유압이 유입되면 순차적으로 실린더가 이동하도록 되어 있어 실린더 길이에 비하여 큰 스트로크를 필요로 하는 경우에 사용된다. 이 경우에 포트가 하나이고, 중력에 의해서 돌아가는 것을 단동형이라 한다.

75. 짧은 실린더 본체로 긴 행정 거리를 낼 수 있는 다단 튜브형의 로드로 구성되어 있는 실린더는? [09-1, 17-2]
① 충격 실린더
② 로드리스 실린더
③ 텔레스코프 실린더
④ 다위치 제어 실린더

해설 74번 해설 참조

76. 제한된 공간상에서 긴 행정 거리가 요구되는 곳에서 사용하며 외부와 피스톤 사이의 강한 자력에 의해 운동을 전달하므로 내·외부의 실링 효과가 우수하고 비접촉식 센서에 의해서 위치 제어가 가능한 실린더는? [08-1]
① 텔레스코프 실린더 ② 케이블 실린더
③ 로드리스 실린더 ④ 충격 실린더

해설 로드리스 실린더 : 실린더의 설치 면적을 최소화하기 위해 로드 없이 영구자석이 내장되어 있어 내·외부의 실링 효과가 우수하다. 제한된 공간상에 최대 10m의 긴 행정 거리를 가지고 있고 비접촉식 센서의 의해 위치 제어가 가능하다.

77. 로드리스 실린더의 설명으로 틀린 것은? [16-3]
① 설치 공간을 줄일 수 있다.
② 빠른 속도를 얻을 수 있다.
③ 임의의 위치에서 정지시키기 유리하다.
④ 양방향의 운동에서 균일한 힘과 속도를 얻기에 유리하다.

해설 실린더의 속도는 유량에 의해 결정된다.

78. 다음의 그림은 복동 실린더를 나타낸 것이다. 번호가 붙여진 부분 중에서 7, 8, 9번 위치의 명칭으로 맞는 것은? [06-3]

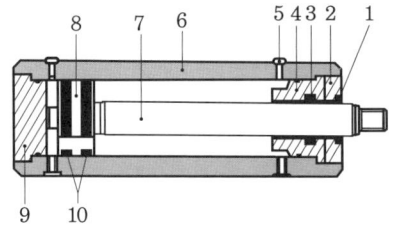

① 와이퍼 실-실린더 배럴-피스톤 실
② 엔드캡-피스톤 로드-피스톤 로드 실
③ 피스톤-피스톤 실-공기빼기 스크립
④ 피스톤-로드-피스톤-엔드캡

79. 로드 커버와 피스톤에 연결되어 피스톤 출력 및 변위를 외부에 전달하는 공압 실린더의 구성 요소는? [19-2]
① 로드 부싱 ② 타이 로드
③ 실린더 튜브 ④ 피스톤 로드

80. 실린더 튜브와 커버를 체결하는 것으로, 공기 압력이나 피스톤 왕복 운동 시 충격력을 흡수할 수 있는 충분한 강도를 가져야 하는 부품은? [20-3]

① 쿠션 링
② 타이 로드
③ 피스톤 로드
④ 피스톤 패킹

해설 타이 로드(tie rod) : 튜브와 커버를 체결하는 것으로 공기 압력이나 피스톤 왕복 운동 시 충격력을 흡수할 수 있는 충분한 강도가 있어야 하며, 튜브와 커버를 일체로 제작하는 일체형도 있다.

81. 다음 중 실린더의 부하 운동 방향이 고정형인 것은? [13-2, 18-2]

① 축방향 풋형
② 분납식 아이형
③ 로드 측 트러니언형
④ 분납식 클레비스형

해설 풋형은 고정 실린더이다.

82. 유압 실린더 피스톤 로드의 추력 방향이 실린더 축심 끝을 기준으로 원주상 일정 각도로 회전할 수 있도록 하기 위한 실린더 설치 형식은? [20-3]

① 풋형   ② 램형
③ 플랜지형   ④ 클레비스형

해설 클레비스형은 부하가 한 평면 내에서 요동할 경우 사용한다.

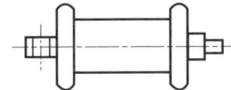

83. 실린더의 지지 방식 중 피스톤 로드의 중심선에 대해서 직각으로 이루는 실린더의 양측으로 뻗은 1개의 원통상의 피벗(pivot)으로 지탱하는 설치 형식은? [16-2]

① 풋형   ② 용접형
③ 플랜지형   ④ 트러니언형

해설 트러니언형은 축심 요동형이다.

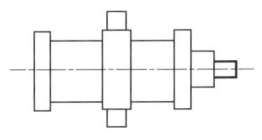

▲ 중간 트러니언형

84. 공기압 실린더의 고정 방법 중 가장 강력한 부착이 가능한 형식은? [11-3, 20-2]

① 풋형   ② 플랜지형
③ 클레비스형   ④ 트러니언형

해설 플랜지형은 축심이 고정된 것이다.

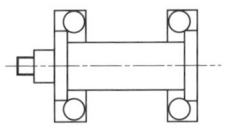

85. 다음 중 공압 실린더의 호칭사항이 아닌 것은? [13-1]

① 쿠션 유무   ② 지지 형식
③ 튜브 안지름   ④ 로드 지름

해설 실린더의 호칭법 : 규격 번호 – 지지 형식 – 튜브 안지름 – 쿠션 유무 – 행정 길이

86. 다음 공기압 실린더의 호칭 방법에서 "LB"가 뜻하는 것은? [07-3, 10-1]

| KS | B | 6373 | LB | 50 | B | 100 |

① 패킹의 재질   ② 지지 형식
③ 쿠션의 형식   ④ 규격 형태

정답 80. ② 81. ① 82. ④ 83. ④ 84. ② 85. ④ 86. ②

해설 KS B 6373에 규정되어 있는 것은 공기압 실린더이다.

87. 공압 실린더가 전·후진 시 낼 수 있는 힘과 관계없는 것은? [15-2]
① 공기 압력
② 실린더 속도
③ 실린더 튜브 지름
④ 피스톤 로드의 지름

88. 실린더가 전진할 때 이론 출력을 구하는 식으로 옳은 것은? (단, D : 실린더 안지름, P : 사용 공기 압력, d : 로드 지름, 마찰력은 무시하고, 로드 측 압력은 대기압이다.) [11-3, 20-2]
① $\dfrac{\pi D^2}{4} \times P$
② $\dfrac{\pi}{4} \times (D^2 - d^2) \times P$
③ $\dfrac{\pi}{4} \times (D^2 - d^2) \times P^2$
④ $\dfrac{\pi}{4 \times (D-d)} \times P^2$

해설 ①은 전진 시, ②는 후진 시의 이론 출력을 구하는 식을 나타낸다.

89. 공압 실린더의 출력을 결정하는 요소 중 후진 시의 출력을 구하는데 필요 없는 요소는 어느 것인가? [10-3]
① 실린더의 튜브 안지름
② 피스톤 로드의 바깥지름
③ 사용 유체의 압력
④ 실린더의 추력 계수

해설 88번 해설 참조

90. 공기압 조정 유닛에서 공급되는 공기압이 0.6MPa이고 실린더의 단면적이 10cm²라고 하면 작용할 수 있는 하중은 몇 N인가? [09-1]
① 60N
② 600N
③ 6000N
④ 60000N

해설 $P = \dfrac{F}{A}$
∴ $F = 0.6\,\text{MPa} \times 1000\,\text{mm}^2 = 600\,\text{N}$

91. 다음 중 공압 모터의 종류가 아닌 것은? [09-2, 19-3]
① 기어 모터
② 나사 모터
③ 베인 모터
④ 피스톤 모터

해설 공압 모터에는 피스톤형, 베인형, 기어형, 터빈형 등이 있다. 주로 피스톤형과 베인형이 사용되고 있으며, 피스톤형은 반경류(radial)와 축류(axial)로 구분된다.

92. 다음 중 공압 모터의 특징으로 틀린 것은? [15-1, 19-2]
① 배기 소음이 크다.
② 모터 자체의 발열이 적다.
③ 에너지 변환 효율이 높으며 제어성이 좋다.
④ 폭발의 위험성이 있는 환경에서도 안전하다.

해설 공압 모터는 에너지의 변환 효율이 낮고, 배출음이 큰 단점이 있다.

93. 공압 모터의 장점이 아닌 것은? [11-1]
① 회전 방향을 쉽게 바꿀 수 있다.
② 회전 속도와 관계없이 일정한 공기를 소모한다.
③ 속도 조절 범위가 크다.
④ 과부하에 대하여 안전하다.

정답 87. ② 88. ① 89. ④ 90. ② 91. ② 92. ③ 93. ②

해설 공압 모터는 공기 압력 에너지를 기계적인 연속 회전 에너지로 변환시키는 액추에이터이며, 시동, 정지, 역회전 등은 방향 제어 밸브에 의해 제어된다.

94. 공압 모터의 단점에 대한 설명으로 틀린 것은? [12-3, 18-2]
① 배기음이 크다.
② 에너지 변환 효율이 낮다.
③ 과부하 시 위험성이 크다.
④ 공기의 압축성으로 인해 제어성이 나쁘다.
해설 공압 모터는 과부하 동작 시에도 고장이 적다.

95. 구조가 간단하고 무게가 가벼우며, 3~10개의 날개가 삽입되어 있는 구조로 대부분의 공압 회로에 사용되는 모터는 어느 것인가? [14-1, 19-3]
① 기어 모터 ② 베인 모터
③ 터빈 모터 ④ 피스톤 모터
해설 베인 모터 : 3~10개의 회전 날개를 갖고 있으며 정·역회전이 가능한 공압 모터

96. 공압 모터 중 3~10개의 회전 날개를 갖고 있으며 정·역회전이 가능한 공압 모터는 어느 것인가? [10-3]
① 미끄럼 날개 모터 ② 기어 모터
③ 터빈 모터 ④ 피스톤 모터
해설 미끄럼 날개 모터는 베인 모터이다.

97. 피스톤형 공기압 모터에 대한 설명으로 틀린 것은? [17-3]
① 요동형 액추에이터에 속한다.
② 시계 방향이나 반시계 방향의 회전이 가능하다.
③ 공기의 압력 에너지를 회전 운동으로 변환한다.
④ 공기 압력이나 피스톤의 수에 의해 출력이 결정된다.
해설 공압 요동 액추에이터 : 연속 회전 운동을 하지 않고 한정된 회전각 내에서 회전 운동을 하는 공압 액추에이터

98. 연속 회전 운동을 하지 않고 한정된 회전각 내에서 회전 운동을 하는 공압 액추에이터는? [16-2]
① 공압 모터
② 공압 실린더
③ 공압 전기 모터
④ 공압 요동 액추에이터

99. 공압 요동 액추에이터에서 피스톤형 요동 액추에이터 종류가 아닌 것은?
① 나사형 [13-3, 18-3]
② 베인형
③ 크랭크형
④ 래크와 피니언형
해설 피스톤형 요동 액추에이터 : 래크와 피니언형, 나사형, 스크루형, 크랭크형, 요크형 등

100. 공압 회전 액추에이터의 종류 중 요동형 액추에이터는? [10-2]
① 회전 실린더 ② 피스톤 모터
③ 기어 모터 ④ 터빈 모터
해설 ㉠ 요동 액추에이터 : 회전 실린더(720°), 회전 날개 실린더(300°)
㉡ 모터 : 피스톤 모터, 미끄럼 날개 모터, 기어 모터, 터빈 모터

정답 94. ③ 95. ② 96. ① 97. ① 98. ④ 99. ② 100. ①

101. 다음 공압 액추에이터 중 회전 각도의 범위가 가장 큰 것은? [10-1, 12-1, 15-2]
① 피스톤형
② 크랭크형
③ 베인형
④ 래크와 피니언형

해설 스크루형은 100~370°, 크랭크형은 110° 이내, 베인형에서 싱글형은 300° 이내, 더블형은 90~120°, 래크와 피니언형은 45~720°이며, 상업화된 회전 범위는 45°, 90°, 180°, 290°~720°이고, 270°는 사용하지 않는다.

102. 공압 요동형 액추에이터 중 피스톤 로드에 기어의 형상이 있으며, 피스톤의 직선 운동을 피니언의 회전 운동으로 변화시키는 것은? [11-1]
① 베인 실린더
② 회전 실린더
③ 공압 모터
④ 터빈 모터

해설 회전 실린더 : 피스톤 로드가 기어의 형상을 하고 있으며 기어를 구동시켜 직선 운동을 회전 운동으로 변화시키는 실린더

103. 피스톤의 왕복 운동을 회전 운동으로 변환하며 양방향의 출력 토크가 같은 요동형 액추에이터는? [14-3, 17-3]
① 베인형 액추에이터
② 기어형 액추에이터
③ 스크루형 액추에이터
④ 래크와 피니언형 액추에이터

해설 래크와 피니언형 액추에이터 : 피스톤 로드의 직선 왕복 운동이 래크와 피니언의 상대 운동에 의해 회전 운동으로 변환되는 요동 액추에이터

104. 공기압 요동형 액추에이터에 관한 설명으로 틀린 것은? [20-2]
① 속도 조정은 속도 제어 밸브를 미터 인 방식으로 접속한다.
② 부하의 운동 에너지가 기기의 허용 운동 에너지보다 큰 경우에는 외부 완충기구를 설치한다.
③ 외부 완충기구는 부하 쪽 지름이 큰 곳에 설치하여 내구성의 향상과 정지 정밀도를 확보할 수 있게 한다.
④ 축과 베어링에 과부하가 작용되지 않도록 과대 부하를 직접 액추에이터 축에 부착하지 않고, 부하가 축에 적게 작용하도록 부착한다.

해설 속도 조정은 미터 아웃 방식으로 접속한다.

105. 흡착식 건조기에 관한 설명으로 옳은 것은? [06-3, 16-2]
① 일시적으로 사용한다.
② 외부 에너지 공급이 필요하다.
③ 사용되는 건조제는 염화리튬 수용액, 폴리에틸렌 등이 있다.
④ 물리적 방식을 사용하여 반영구적으로 사용할 수 있다.

해설 흡착식 건조기(드라이어)는 −70℃의 저노점이 가능하며, 물리적 방식을 사용하여 반영구적으로 사용할 수 있다.

106. 압축공기 중에 포함된 수분을 제거하기 위한 공기 건조기의 건조 방식이 아닌 것은? [14-1]
① 냉동식
② 흡수식
③ 흡착식
④ 압력식

해설 공기 건조기의 건조 방식에는 냉동식, 흡수식, 흡착식이 있다.

정답 101. ④ 102. ② 103. ④ 104. ① 105. ④ 106. ④

107. 공기압 조정 유닛의 구성 기기로 적합하지 않은 것은? [13-1]
① 공압 필터　② 건조기
③ 압력 조절 밸브　④ 윤활기

[해설] 건조기는 공기 청정화 기구이다.

108. 공기압 조정 유닛에 대한 설명 중 잘못된 것은? [09-3]
① 윤활기에 공급되는 기름은 스핀들 오일이 적당하다.
② 에어 서비스 유닛이라고도 한다.
③ 공압 필터-압력 조절 밸브-윤활기 순서로 조립한다.
④ FRL 콤비네이션이라고도 한다.

[해설] 공기 조정 유닛(air control unit, air service unit)은 공기 필터, 압력계가 부착된 압축공기 조정기, 윤활기가 한 조로 이루어진 것으로 윤활유로는 터빈 오일을 권장한다.

109. 다음 중 서비스 유닛의 구성 요소에 포함되지 않는 것은? [20-2]
① 필터　② 소음기
③ 압력 조절기　④ 드레인 배출기

[해설] 서비스 유닛의 구성 : 필터, 압력 조절기, 윤활기

110. 공기압 기기 중 서비스 유닛에 있는 압력 조절기에 대한 설명으로 맞는 것은 어느 것인가? [13-3]
① 압력 조절기는 방향 전환 밸브의 일종이다.
② 일정 압력 이상이 되어야 순차적으로 동작되는 밸브이다.
③ 높은 압력의 1차 측 압력을 2차 측에서 설정압에 맞게 일정한 저압으로 조절한다.
④ 설정 압력보다 낮은 압력이 1차 측에 공급되면 설정 압력이 출력된다.

[해설] 압력 조절기는 공기의 압력을 사용 공기압 장치에 맞는 압력으로 공급하기 위해 사용된다.

111. 공기압 기기 중 압력 조절기에 대한 설명으로 맞는 것은? [11-2]
① 압력 조절기는 방향 전환 밸브의 일종이다.
② 일정 압력 이상으로 압력이 상승하는 것을 방지하기 위하여 사용한다.
③ 공기의 압력을 사용 공기압 장치에 맞는 압력으로 공급하기 위해 사용된다.
④ 설정 압력보다 낮은 압력이 1차 측에 공급되면 설정 압력이 출력된다.

112. 다음 중 공기 압축기에서 공급되는 공기압을 보다 낮은 일정의 적정한 압력으로 감압하여 안정된 공기압으로 하여 공압기기에 공급하는 기능을 하는 밸브는? [09-1]
① 감압 밸브　② 릴리프 밸브
③ 교축 밸브　④ 시퀀스 밸브

[해설] 공기압에 사용되는 압력 조절 밸브(감압 밸브)는 회로 내의 압력을 감압, 일정하게 유지시킨다.

113. 다음은 감압 밸브에 대하여 설명한 것이다. 맞는 것은? [09-3]
① 입구 압력을 일정하게 유지하는 밸브이다.
② 감압 밸브는 무부하 밸브로 사용될 수 있다.
③ 감압 밸브는 정상 상태 열림형이다.
④ 2-way 감압 밸브는 출구의 스스로 과도한 압력을 제거한다.

[해설] 릴리프 밸브는 정상 닫힘 밸브이고, 감압 밸브는 정상 열림 밸브이다.

정답 107. ②　108. ①　109. ②　110. ③　111. ③　112. ①　113. ③

114. 진공 발생기에서 진공이 형성되는 원리와 가장 관련이 깊은 것은? [15-1]
① 샤를의 법칙　② 보일의 법칙
③ 파스칼의 원리　④ 벤투리의 원리

해설 ㉠ 벤투리의 원리 : 관 내 유체가 직경이 작은 좁은 부분을 지날 때 압력이 감소하는 현상이다.
㉡ 파스칼의 원리 : 정지된 유체 내의 모든 위치에서의 압력은 방향에 관계없이 항상 같으며, 또한 유체를 통하여 전달된다.

115. 윤활유를 분무 급유하는 루브리케이터(lubricator)의 작동 원리는? [12-2]
① 파스칼 원리　② 베르누이 원리
③ 벤투리 원리　④ 연속의 원리

해설 루브리케이터는 벤투리 원리를 이용한 것으로 전량식과 선택식 등이 있고, 전량식에는 고정 벤투리식, 가변 벤투리식이 있다.

116. 공압 장치의 윤활기에 관한 일반적인 사항 중 잘못 설명된 것은? [12-1]
① 과도한 윤활은 부품의 오동작을 야기한다.
② 윤활기의 세척은 중성세제를 사용한다.
③ 윤활기는 밸브나 실린더 가까운 곳에 설치한다.
④ 윤활기의 원리는 베르누이의 정리를 응용한 것이다.

해설 베르누이의 정리(Bernoulli's theorem) : 손실이 없는 경우에 유체의 위치, 속도 및 압력 수두의 합으로 표시된다. 오리피스 유량계도 이 원리를 이용한 것이다.

117. 다음 중 윤활기의 목적으로 적합하지 않은 것은? [16-1]
① 내구성 향상　② 마찰력 감소
③ 기기 효율 상승　④ 실(seal)의 고착

해설 윤활 관리의 주요 기능
㉠ 마찰 손실 방지
㉡ 마모 방지
㉢ 녹아 붙음 및 소부 현상 방지
㉣ 밀봉 작용
㉤ 냉각 효과
㉥ 방청 및 방진 작용

118. 공압 윤활기에서 사용되는 윤활유의 설명으로 틀린 것은? [12-2]
① 윤활성이 좋아야 한다.
② 마찰계수가 적어야 한다.
③ 열화의 정도가 적어야 한다.
④ 일반적으로 윤활유는 ISO VG 45 이상을 사용한다.

해설 윤활유는 마찰계수가 적고 윤활성이 있으며, 마멸, 발열화의 정도가 적을 것 등을 필요로 한다. 공압기기 내에 실(seal) 등을 침식시켜서도 안 된다. 즉, 공압 장치를 구성하는 모든 기기에 좋지 않은 영향을 끼치지 않는 것도 중요하며, 윤활유로는 터빈 오일 1종(무첨가) ISO VG 32와 터빈 오일 2종(첨가) ISO VG 32를 권장하고 있다.

119. 공기 압축기로부터 애프터 쿨러 또는 공기 탱크까지 연결되는 라인이며, 고온 고압과 진동이 수반되는 부분은? [16-2]
① 이송 라인　② 제어 라인
③ 토출 라인　④ 흡입 라인

해설 압축기 토출 이후 라인으로 토출 라인이다.

120. 공기압 저장 탱크의 기능으로 적합하지 않은 것은? [06-3, 10-1, 11-3, 13-2]

정답 114. ④　115. ③　116. ④　117. ④　118. ④　119. ③　120. ④

① 넓은 표면적에 의해 압축공기를 냉각시킨다.
② 공기 압력의 맥동을 없애는 역할을 한다.
③ 정전에 대비 짧은 시간 운전이 가능하다.
④ 공기의 소모량을 줄인다.

해설 공압 탱크의 기능
㉠ 압축기로부터 배출된 공기 압력의 맥동을 방지하거나 평준화한다.
㉡ 일시적으로 다량의 공기가 소비되는 경우의 급격한 압력강하를 방지한다.
㉢ 정전 등 비상시에도 일정 시간 공기를 공급하여 운전이 가능하게 한다.

121. 공유압 변환기 사용 시 주의사항으로 옳은 것은? [09-1, 14-2]
① 수평 방향으로 설치한다.
② 열원에 가까이 설치한다.
③ 반드시 액추에이터보다 낮게 설치한다.
④ 실린더나 배관 내의 공기를 충분히 뺀다.

해설 공유압 변환기는 수직으로 높게, 열원에서 멀리 설치한다.

122. 공압 회로에서 얻어지는 압력보다 큰 압력이 필요할 때 사용하는 것은? [19-2]
① 증압기
② 공기배리어
③ 어큐뮬레이터
④ 하이드로릭 체크 유닛

해설 증압기는 공압 회로에서 압력을 증대시켜 큰 힘을 얻고 싶을 때 사용하는 기기로, 공작물의 지지나 용접 전의 이송 등에 사용된다.

123. 공기압 회로에서 압축공기를 대기 중으로 방출할 경우 배기 속도를 줄이고 배기음을 작게 하기 위하여 사용되는 것은 무엇인가? [10-3, 19-3]
① 소음기
② 완충기
③ 진공 패드
④ 원터치 피팅

해설 소음기 : 소음기는 일반적으로 배기 속도를 줄이고 배기음을 저감하기 위하여 사용되고 있으나, 소음기로 인한 공기의 흐름에 저항이 부여되고 배압이 생기기 때문에 공기압 기기의 효율면에서는 좋지 않다. 이것은 자동차의 머플러를 제거하면 마력이 증가하는 것으로도 알려졌지만 배기음이 높아지므로 부득이 소음기를 설치해야 한다.

124. 공압기기 중 소음기에 대한 설명으로 옳은 것은? [11-1, 14-3, 18-3]
① 흡입 속도를 빠르게 한다.
② 공압기기의 수명이 길어진다.
③ 공압 작동부의 출력이 커진다.
④ 배기 속도를 줄일 수 있고, 효율이 나빠진다.

해설 소음기는 공기압 회로에서 일을 마친 압축공기를 대기 중에 방출할 때 발생하는 소음을 작게 하는 장치로 공기 흐름에 저항이 부여되고 배압이 생기기 때문에 공기압 기기의 효율면에서는 좋지 않다. 팽창형, 흡수형, 간섭형 등의 종류가 있다.

125. 분사 노즐과 수신 노즐이 같이 있으며 배압의 원리에 의하여 작동되는 공압기기는 무엇인가? [12-3]
① 공압 제어 블록
② 반향 감지기
③ 공압 근접 스위치
④ 압력 증폭기

해설 반향 감지기 : 배압 원리에 의해 작동되며 구조가 간단하고 분사 노즐과 수신 노즐이 같이 있다.

정답 121. ④ 122. ① 123. ① 124. ④ 125. ②

2. 공기압 제어 회로 구성

2-1 공기압 제어 회로 기호

에너지-용기

명칭	기호
공기 탱크	
보조 가스 용기	

동력원

명칭	기호
공기압(동력)원	
전동기	
원동기	

조작 방식

명칭	기호	명칭	기호	명칭	기호
인력 조작		기계 조작		전기 조작 직선형 전기 액추에이터	
일반 기호		플런저		단동 솔레노이드	
누름 버튼		가변 행정 제한 기구		복동 솔레노이드	
당김 버튼		스프링		단동 가변식 전자 액추에이터	
누름-당김 버튼					
레버		롤러		복동 가변식 전자 액추에이터	
페달					
2방향 페달		편측 작동 롤러		회전형 전기 액추에이터	

펌프 및 모터

명칭	기호	명칭	기호
모터		진공 펌프	
2방향 정용량형 공기압 모터		2방향 요동형 공기압 액추에이터	

실린더

| 명칭 | 기호 | | 명칭 | 기호 |
	상세 기호	간략 기호		
공기압 편로드 단동 실린더			공기압 단동 텔레스코프형 실린더	
편로드 공기압 복동 실린더			램형 실린더	
양로드 공기압 복동 실린더			다이어프램형 실린더	

셔틀 밸브, 배기 밸브

| 명칭 | 기호 | |
	상세 기호	간략 기호
고압 우선형 셔틀 밸브		
급속 배기 밸브		
저압 우선형 셔틀 밸브		

압력 제어 밸브

명칭	기호
릴리프 붙이 감압 밸브	

유량 제어 밸브

명칭	기호	명칭	기호
교축 밸브 (가변 교축 밸브)	상세 기호 / 간략 기호	스톱 밸브	
감압 밸브 (기계 조작 가변 교축 밸브)		1방향 교축 밸브 속도 제어 밸브 (공기압)	

유체 조정 기기

명칭	기호	명칭	기호
필터		자동 배출 기름 분무 분리기	
자동 배출 드레인 배출기		수동 배출 기름 분무 분리기	
수동 배출 드레인 배출기		루브리케이터	
드레인 자동 배출기 붙이 필터		에어드라이어	
드레인 수동 배출기 붙이 필터		공기압 조정 유닛	상세 기호 간략 기호

보조 기기

명칭	기호	명칭	기호
압력 표시기		압력계	
온도계		유면계	

기타 기기

명칭	기호	명칭	기호
아날로그 변환기		소음기	

2-2 공기압 제어 회로

(1) 제어 회로의 구성 방법
① **직관적 설계 방법** : 축적된 경험을 바탕으로 설계하는 방법이다.
② **조직적 설계 방법** : 미리 정해진 규칙에 의하여 설계하는 방법으로 설계자 개개인의 역량에 의한 영향이 적다.

(2) 직관적 방법에 의한 회로 구성
① **운동 상태 및 개폐 조건의 표현 방법** : 순서별 서술적 묘사 형태, 도표 형태, 약식 기호 형태, 도식 표현 형태 등이 있다.
  (개) 순서별 서술적 묘사 형태의 예
    ㉮ 실린더 A 전진
    ㉯ 실린더 B 전진
    ㉰ 실린더 A 후진
    ㉱ 실린더 B 후진

(나) 도표 형태

작동 순서	실린더 A의 운동	실린더 B의 운동
1	전진	–
2	–	전진
3	후진	–
4	–	후진

(다) 약식 기호 형태(전진은 +, 후진은 –) : A+, B+, A–, B–
(라) 도식 표현 형태
  ㉮ 운동 도표
    ㉠ 변위 단계 도표 : 작업 요소의 순차적 작동 상태로 나타내는 것
    ㉡ 변위 시간 도표 : 작업 요소의 변위를 시간의 기능으로 나타내는 것
  ㉯ 제어 도표 : 신호 입력 요소와 신호 진행 요소의 개폐 상태를 단계의 기능으로 나타내는 것

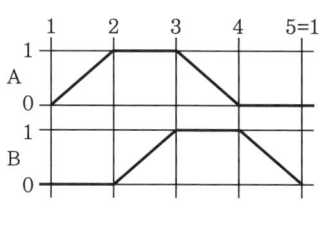

변위 단계 도표

② **제어 신호 간섭 현상** : 중첩 현상이란 셋(set) 신호와 리셋(reset) 신호가 동시에 존재하는 것이다. 간섭 신호의 배제에는 작용 신호의 억제(suppression)와 제거(elimination)의 두 가지 방법이 있다.
  ㉮ 신호 억제 회로 : 존재하는 제어 신호를 더 강력한 신호로 억압하는 것으로 차동 압력기를 갖는 방향 제어 밸브 이용 방법과 압력 조절 밸브를 이용하는 두 가지 방법이 있다.
  ㉯ 신호 제거 회로 : 기계적인 방식을 사용하거나 제어 회로를 적절하게 구성하여 불필요한 신호를 제거하는 방법이다.
    ㉮ 기계적인 신호 제거 방법[오버 센터 장치(over center device)를 이용하는 것]
    ㉯ 방향성 리밋 스위치
    ㉰ 타이머에 의한 신호 제거(정상 상태 열림형 시간 지연 밸브)

(3) 조직적 설계 방법

불필요한 신호를 제거함으써 단계별 독립적 제어 기능을 얻을 수 있는 간단한 방법은 각 운동 단계별로 하나의 제어 신호만을 추출하는 것으로 캐스케이드 회로가 그 대표적인 예이다.

이 캐스케이드 회로의 특징은 가장 흔한 밸브를 이용할 수 있고 신뢰성이 높으며 고

장 시 진단이 쉽다. 또한 제어되는 순차적 운동을 그룹별로 나누어 제어 회로를 구성함으로써 사용되는 제어 요소를 줄일 수 있다. 그러나 신호가 너무 길어질 수 있는 것이 단점이다.

(4) 공기압 제어 회로

① **공압원 설정 회로** : 대상으로 하는 공압 액추에이터를 목적대로 바르게 작동시키기 위해서 공기 압축기 주위에서의 공기 청정 이외에 공압원의 조정 회로를 두고 공기의 질을 안정시킨다.

② **1방향 흐름 회로** : 1방향으로 흐르는 공압의 ON-OFF 제어에는 2구멍 밸브를 사용한다.

③ **단동 실린더(single acting cylinder) 작동 회로**

④ **복동 실린더(double acting cylinder) 작동 회로**

⑤ **복동 실린더의 속도 조절 회로**
  ㈎ 미터-인 회로 : 실린더로 들어가는 공기를 교축시키는 회로
  ㈏ 미터-아웃 회로 : 실린더에서 나오는 공기를 교축시키는 회로

⑥ **논리 제어 회로**
  ㈎ AND 회로(AND circuit)
  ㈏ OR 회로(OR circuit)
  ㈐ NOT 회로(NOT circuit)
  ㈑ NOR 회로(NOR circuit)
  ㈒ 부스터 회로(booster circuit)

⑦ **순차 작동 제어 회로(시퀀스 회로)** : 미리 정해진 순서에 따라서 제어 동작의 각 단계를 점차 추진해 나가는 회로

⑧ **카운터 회로(counter circuit)** : 입력으로서 가해진 펄스 신호의 수를 계수로 하여 기억하는 회로

⑨ **레지스터 회로(register circuit)** : 2진수로서의 정보를 일단 내부로 기억하여 적시에 그 내용이 이용될 수 있도록 구성한 회로

⑩ **온-오프 제어 회로(ON-OFF control circuit)** : 제어 동작이 밸브의 개폐와 같은 2개의 정해진 상태만을 취하는 제어 회로

⑪ **방향 제어 회로(directional control circuit)** : 공기압 회로 내의 흐름 방향을 바꾸는 제어 회로

⑫ **압력 제어 회로(pressure control circuit)** : 공기압 회로 내의 압력 제어를 목적으로 한 회로

⑬ **속도 제어 회로(speed control circuit)** : 공기압 회로 내의 흐름 제어에 의해 액추에이터의 작동 속도를 제어하는 것을 목적으로 한 회로

   (가) 미터 – 인 회로(meter – in circuit) : 액추에이터의 공급 쪽 관로에 설치한 바이패스 관로의 흐름을 제어함으로써 속도(또는 힘)를 제어하는 회로

   (나) 미터 – 아웃 회로(meter – out circuit) : 액추에이터의 배출 쪽 관로에 설치한 바이패스의 흐름을 제어함으로써 속도(또는 힘)를 제어하는 회로

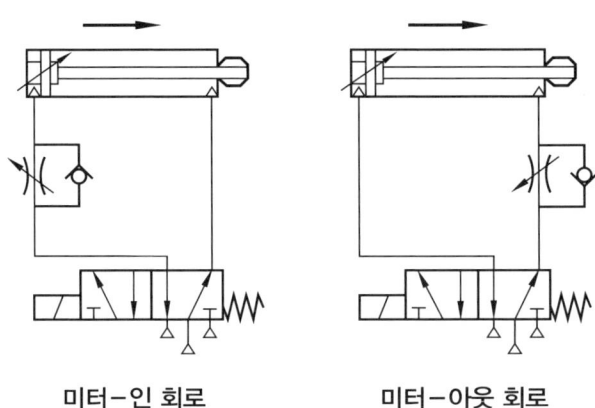

미터 – 인 회로   미터 – 아웃 회로

   (다) 블리드 – 오프 회로(bleed – off circuit) : 액추에이터의 공급 쪽 관로에 바이패스 관로를 설치하여 입구 측의 불필요한 압유를 배출시켜 일정량의 오일을 블리드 오프하고 있어 작동 효율을 증진시킨 회로

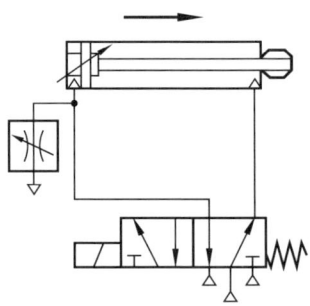

블리드 – 오프 회로

⑭ **안전 회로(safety circuit)** : 우발적인 이상 운전, 과부하 운전 등일 때 사고를 방지하여 정상 운전을 확보하는 회로

⑮ **인터록 회로(interlock circuit)** : 인터록을 목적으로 한 회로

⑯ **비상 정지 회로(emergency stop circuit)** : 장치가 위험 상태로 되면 자동적 또는 인위적으로 장치를 정지시키는 회로

예|상|문|제

1. 공·유압 도면의 기호 요소에 대한 설명으로 옳은 것은? [17-3]
① 기기 장치의 상세한 기능을 명시하는 경우에 사용되는 기호
② 기기 장치의 상세한 기능을 명시할 필요가 없을 때 사용되는 기호
③ 기기, 장치, 유로 등의 종류를 기호로 표시할 때 사용하는 기본적인 선 또는 도형
④ 기기, 장치의 특성, 작동 등을 기호로 표시할 때 사용하는 기본적인 선 또는 도형

2. 기호의 표시 방법과 해석에 관한 설명으로 틀린 것은? [20-3]
① 포트는 관로나 기호 요소의 접점으로 나타낸다.
② 기호는 기기의 실제 구조를 나타내는 것이 아니다.
③ 기호는 기능·조작 방법 및 외부 접속구를 표시한다.
④ 기호는 압력, 유량 등의 수치 또는 기기의 설정값을 표시한 것이다.

3. 공유압 회로 작성 방법 중 2개 이상의 기능을 갖는 유닛을 포위하는 선으로 맞는 것은? [07-3, 17-2]
① 실선   ② 파선
③ 1점 쇄선   ④ 2점 쇄선

[해설] 2개 이상의 기호가 1개의 유닛에 포함되어 있는 경우에는 특정한 것을 제외하고 전체를 1점 쇄선의 포위선 기호에 둘러싼다. 단일 기능의 간략 기호에는 통상 포위선을 필요로 하지 않는다.

4. 기호 요소 중 대원의 용도는? [09-3]
① 제어기기
② 특수한 형태의 롤러
③ 에너지 변환기기
④ 체크 밸브의 기호 중 원의 표시

[해설] KS B 0054의 기호 요소
㉠ 대원 : 에너지 변환기
㉡ 중간원 : 계측기, 회전 이음
㉢ 소원 : 체크 밸브, 링크, 롤러
㉣ 점 : 관로의 접속, 롤러의 축

5. KS B 0054(유압·공기압 도면 기호)의 기호 요소 중 정사각형의 용도가 아닌 것은? [15-3]
① 실린더
② 제어기기
③ 유체 조정기기
④ 전동기 이외의 원동기

[해설] 정사각형의 용도 : 제어기기, 전동기 이외의 원동기, 유체 조정기기(필터 드레인 분리기, 주유기, 열 교환기 등), 실린더 내의 쿠션, 어큐뮬레이터 내의 추

6. 기능을 나타내는 기호와 용도가 옳게 연결된 것은? [06-1, 08-1, 10-3]
① ▷ : 유압
② ▶ : 공압
③ M : 스프링
④ ⌒ : 교축

[해설] ▷ : 공압, ▶ : 유압

정답 1. ③ 2. ④ 3. ③ 4. ③ 5. ① 6. ④

7. 다음 공유압 기호에서 온도계 기호로 옳은 것은? [14-2]

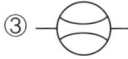 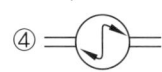

해설 ②는 유면계, ③은 유량계, ④는 토크계이다.

8. 다음 공유압 도면 기호는 어떤 보조 기기의 기호인가? [07-1]

① 압력계
② 차압계
③ 온도계
④ 유량계

9. 다음 기호의 명칭으로 맞는 것은 어느 것인가? [06-3, 11-1]

① 적산 유량계
② 회전 속도계
③ 토크계
④ 유면계

10. 다음 기호의 명칭으로 옳은 것은 어느 것인가? [14-1]

① 루브리케이터 ② 공기압 조정 유닛
③ 드레인 배출기 ④ 기름 분무 분리기

11. 다음 조작 방식의 명칭은? [19-1]

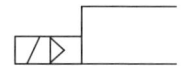

① 유압 2단 파일럿
② 전자·유압 파일럿
③ 전자·공기압 파일럿
④ 공기압·유압 파일럿

12. 다음 밸브 작동 방법 기호의 의미는 무엇인가? [18-1]

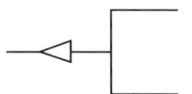

① 감압 작동   ② 레버 작동
③ 압축공기 작동 ④ 롤러 레버 작동

해설 ㉠ 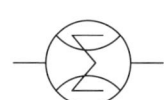 : 압력에 의한 작동으로 압력을 가하는 것

㉡ 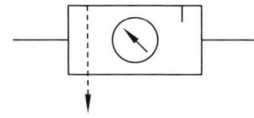 : 압력을 제거하는 것

13. 다음 조작 방식 중 레버를 나타내는 것은? [08-3]

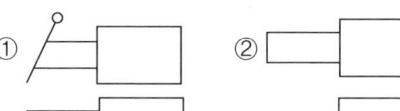

14. 다음 기호 중 공압 필터를 나타내는 것은? [10-4]

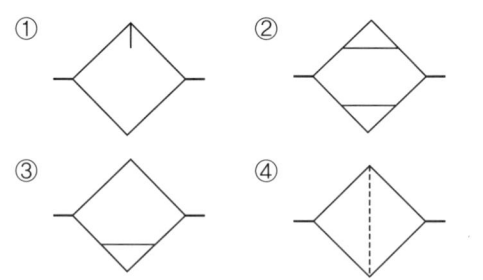

해설 ①은 윤활기, ②는 건조기, ③은 드레인 배출기

정답 7. ① 8. ② 9. ① 10. ② 11. ③ 12. ① 13. ① 14. ④

15. 다음 밸브의 설명으로 틀린 것은 어느 것인가? [11-2]

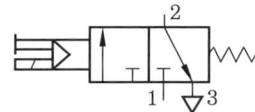

① 솔레노이드 작동　② 스프링 귀환형
③ 정상 상태 열림　④ 수동 조작 가능

해설 그림의 밸브는 정상 상태 닫힘형이다.

16. 다음 밸브의 설명으로 틀린 것은 어느 것인가? [10-2, 16-2]

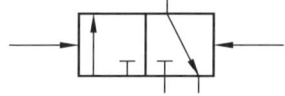

① 메모리형　② 3/2way 밸브
③ 정상 상태 닫힘형　④ 유압에 의한 작동

해설 공압에 의한 작동이다.

17. 다음 그림의 기호는 어떤 밸브를 나타내는가? [07-3, 17-1]

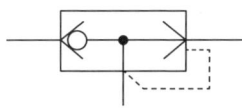

① 급속 배기 밸브
② 고압 우선형 밸브
③ 저압 우선형 밸브
④ 파일럿 조작 체크 밸브

18. 다음 기호의 명칭으로 적합한 것은? [11-3]

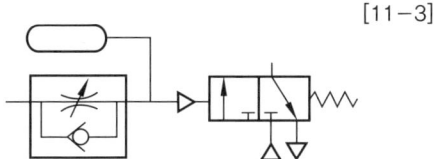

① 정상 상태 열림 한시복귀형 시간 제어 밸브
② 정상 상태 열림 한시작동형 시간 제어 밸브
③ 정상 상태 닫힘 한시복귀형 시간 제어 밸브
④ 정상 상태 닫힘 한시작동형 시간 제어 밸브

19. 다음의 기호가 나타내는 것은? [13-3]

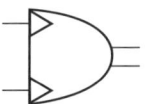

① 요동형 공기압 액추에이터
② 요동형 공기압 펌프
③ 요동형 유압 모터
④ 요동형 공기압 압축기

20. 다음 공압 기호의 명칭은? [16-3]

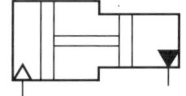

① 증압기　② 복동 실린더
③ 차동 실린더　④ 다이어프램 실린더

21. 다음의 기호가 의미하는 기기는 어느 것인가? [18-3]

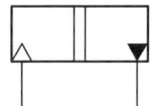

① 증압기
② 공기 유압 변환기
③ 텔레스코프형 실린더
④ 고압 우선형 셔틀 밸브

22. 제어 작업이 주로 논리 제어의 형태로 이루어지는 곳에 AND, OR, NOT, 플립플롭 등의 기본 논리 연결을 표시하는 기호도를 무엇이라고 하는가? [09-2, 14-3]

① 논리도　② 회로도
③ 제어 선도　④ 변위-단계 선도

정답 15. ③　16. ④　17. ①　18. ③　19. ①　20. ①　21. ②　22. ①

23. 공압 기본 논리 회로에서 입력되는 복수의 조건 중에 어느 한 개라도 입력 조건이 충족되면 출력이 되는 회로는 다음 중 어느 것인가? [06-3]
① AND 회로 ② OR 회로
③ NOT 회로 ④ NOR 회로

24. 다음 그림은 논리를 전기적으로 표현한 것이다. 어떤 논리에 해당되는가? [13-2]

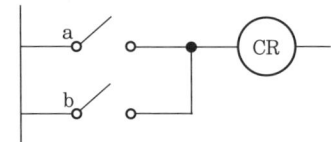

① AND 논리 ② OR 논리
③ NOT 논리 ④ AND OR 논리

해설 OR 논리 : 두 개의 입력 신호 중 1개만 만족해도 출력이 발생한다.

25. 두 개의 입력 신호 A와 B에 대하여 미리 정한 복수의 조건을 동시에 만족하였을 때에만 출력되는 회로는? [09-1]
① AND 회로 ② OR 회로
③ NOT 회로 ④ NOR 회로

26. 다음 회로와 같은 동작을 하는 논리 회로는? [17-3]

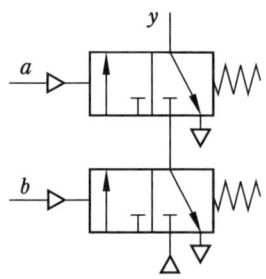

① OR ② AND
③ NOT ④ EX-OR

해설
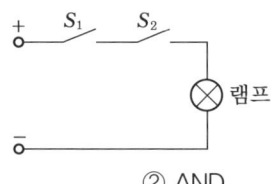
AND 게이트   AND 밸브

27. 다음 그림과 같이 S_1과 S_2를 동시에 누른 경우 램프에 불이 들어오는 논리 회로는 어느 것인가? [07-3, 12-1, 16-3]

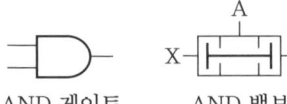

① OR ② AND
③ NOR ④ NOT

해설 이 회로는 S_1과 S_2가 직렬 연결이므로 AND 회로이다.

28. 다음 그림과 같은 타이밍 차트(timing chart)에서 입력이 A와 B이며, 출력은 Y일 때 이 타이밍 차트는 어떤 회로인가? (단, 입 · 출력 모두 양논리로 동작한다.)
[06-3, 14-2, 17-2]

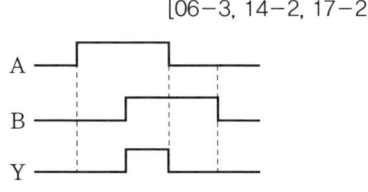

① OR 회로 ② AND 회로
③ NOT 회로 ④ NAND 회로

해설 AND 회로는 2개의 입력을 가질 때에도 연결이 가능하며, 이때의 모든 입력 신호가 만족되어야만 출력이 발생한다.

29. 다음 표에 나타낸 결과 Z는 어떤 연산의 수행을 나타낸 것인가? [12-1]

정답 23. ② 24. ② 25. ① 26. ② 27. ② 28. ② 29. ①

X	Y	Z
0	0	0
0	1	0
1	0	0
1	1	1

① AND ② OR
③ NOT ④ 플립플롭

30. 다음의 진리표가 나타내고 있는 논리는 어느 것인가? [14-3]

입력(input)		출력(output)
A	B	Z
0	0	0
0	1	1
1	0	1
1	1	0

① NOR ② NAND
③ EX-OR ④ EQUIVALENT

해설 NAND 논리 : 두 개의 입력 신호 A와 B가 있을 때 A와 B가 모두 입력되는 경우에만 출력이 없어지는 회로로서 AND 논리의 역을 의미한다.

31. 입력을 A, B라 하고 출력을 C라 할 때 다음 진리표를 충족시키는 회로는 어느 것인가? [12-3, 17-3]

입력		출력
A	B	C
0	0	1
0	1	0
1	0	0
1	1	0

① OR 회로
② AND 회로
③ NOT 회로
④ NOR 회로

해설 NOR 회로 : OR 게이트와 NOT 게이트가 합친 동작을 수행하며, 입력 신호가 모두 없을 때 출력이 있는 것, 즉 두 개의 입력 모두가 0이 되어야만 출력이 1이 된다.

32. 다음 회로와 동일한 동작의 논리는? (단, 입력은 X_1, X_2, 출력은 Y이다.) [19-3]

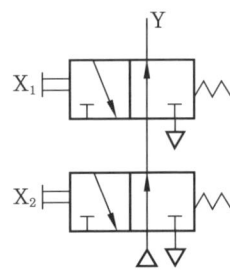

① OR 논리
② AND 논리
③ NOR 논리
④ NAND 논리

33. 다음 그림과 같은 회로의 명칭은? (단, A, B는 입력, C는 출력이다.) [15-1]

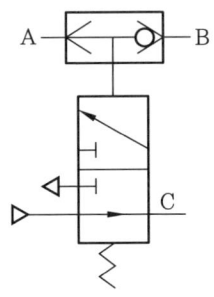

① AND ② NOT
③ NOR ④ NAND

정답 30. ② 31. ④ 32. ③ 33. ③

34. 다음 그림과 같은 전기 회로도에 해당하는 논리식은? [10-3, 15-2]

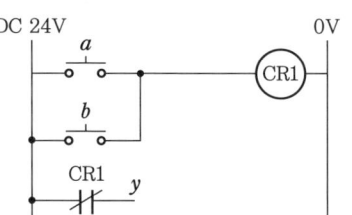

① $y = a + b$
② $y = a \cdot b$
③ $y = \overline{a + b}$
④ $y = (a+b) \cdot \overline{(a+b)}$

[해설] y에 출력이 있으려면 CR1이 소자된 상태, 즉 a와 b 두 스위치가 OFF되어야 한다.

35. 다음 회로의 명칭은? (단, A와 B는 입력이다.) [20-3]

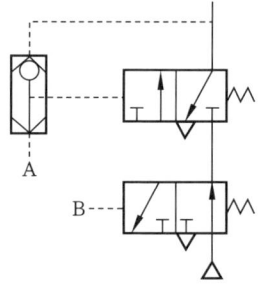

① NAND 회로
② FLIP-FLOP 회로
③ CHECK VALVE 회로
④ EXCLUSIVE OR 회로

[해설] 플립플롭 회로(flip-flop circuit) : 주어진 입력 신호에 따라 정해진 출력을 내는 것으로, 기억(memory) 기능을 겸비한 것으로 되어 있다.

36. 작업 요소의 변위가 순서에 따라 표시되며, 제어 시스템에 여러 개의 작업 요소가 표시되면 같은 방법으로 여러 줄로 표시하는 것은? [08-3]

① 변위-단계 선도
② 논리도
③ 기능 선도
④ 제어 선도

37. 작업 요소의 작업 순서가 표시되고, 각 요소의 관계는 스텝별로 비교될 수 있는 것은? [17-1]

① 논리도
② 제어 선도
③ 파레토도
④ 변위-단계 선도

38. 기기 간 접속보다 단지 액추에이터의 동작 순서를 표시하는 것은? [08-1, 11-1]

① 논리도
② 래더 다이어그램
③ 변위-단계 선도
④ 제어 선도

[해설] 변위-단계 선도 : 작업 요소의 순차적 작동 상태로 나타내는 것으로, 변위 작업 요소의 상태 변화인 각 단계의 기능으로 표현한다. 작업 요소가 제어 장치에 많이 들어가면 차례로 같은 방법으로서 밑으로 나타낸다.

39. 다음 중 변위 단계 선도(displacement step diagram)에 대한 설명으로 옳은 것은? [17-3]

① 단순한 논리 연결을 표현한다.
② 순차 제어에서 시간에 대한 정보를 제공한다.
③ 스텝에 따른 작업 요소의 작동 순서를 표현한다.
④ 플래그, 카운터, 타이머의 기능을 가지고 있다.

40. 다음 그림과 같은 변위 단계 선도에 맞는 동작 순서는? [07-3, 14-3]

정답 34. ③ 35. ② 36. ① 37. ④ 38. ③ 39. ③ 40. ②

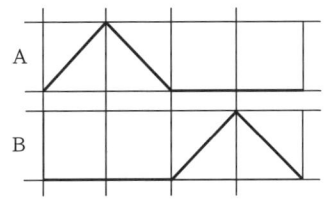

① A+, B+, B-, A
② A+, A-, B+, B
③ A+, B+, A-, B
④ A+, B-, B+, A

41. 신호 발생 요소의 신호 영역을 프로그램 플로 차트의 기호 ON-OFF 표시 방식으로 표현함으로써 각 입력 신호 발생 요소의 작동 상태를 알 수 있으며 아울러 각 신호 발생 요소 간의 신호 간섭 현상을 예측할 수 있는 것은? [10-2, 16-3]
① 논리 선도
② 제어 선도
③ 플로 차트
④ 변위 단계 선도

해설 ㉠ 논리 선도 : AND, OR, 스텝부, 명령부의 명령을 이용하여 순차 제어를 표시하는 데 적절하게 쓰이는 동작 상태 표현법이다.
㉡ 플로 차트 : 기계나 장치의 동작을 순서적으로 표현한 방법이다.
㉢ 변위-단계 선도 : 작업 요소의 작업 순서가 표시되고 변위는 순서에 따라 표시된다.

42. 시스템 회로의 구성 중 동작 상태 표현법에 관한 설명으로 틀린 것은? [14-3]
① 기능 선도 : 논리 제어 문제를 표시하는 적절한 방법이다.
② 래더 다이어그램 : 릴레이 시퀀스 제어 회로 표시에 이용된다.
③ 변위-단계 선도 : 작업 순서가 표시되고 그 변위는 순서에 따라 선도에 표시되며 각 요소의 관계는 스텝별로 비교할 수 있다.
④ PFC(program flow chart) : 실험용, 기술용으로 논리 순서를 표현하는 방법 중 가장 광범위하게 사용된다.

해설 기능 선도는 순차 제어 문제를 표시하는 적절한 방법이다.

43. 회로 설계를 하고자 할 때 부가 조건의 설명이 잘못된 것은 무엇인가? [10-1]
① 리셋(reset) : 리셋 신호가 입력되면 모든 작동 상태는 초기 위치가 된다.
② 비상 정지(emergency stop) : 비상 정지 신호가 입력되면 대부분의 경우 전기 제어 시스템에서는 전원이 차단되나 공압 시스템에서는 모든 작업 요소가 원위치된다.
③ 단속 사이클(single cycle) : 각 제어 요소들을 임의의 순서로 작동시킬 수 있다.
④ 정지(stop) : 연속 사이클에서 정지 신호가 입력되면 마지막 단계까지는 작업을 수행하고 새로운 작업을 시작하지 못한다.

해설 단속 사이클(single cycle) : 시작 신호가 입력되면 제어 시스템이 첫 단계에서 마지막 단계까지 1회 동작된다.

44. 직관적인 회로 구성 방법 중 실린더의 운동 방법을 나타내는 것이 아닌 것은? [16-1]
① 수식적 표현법
② 서술적 표현법
③ 테이블 표현법
④ 약식기호 표현법

45. 순수한 공압으로 시퀀스 제어 회로를 구성할 때 신호의 간섭을 제거할 수 있는 방법을 열거한 것 중 틀린 것은? [13-1]
① 방향성 롤러 리밋 스위치의 설치
② 상시 닫힘형의 공압 타이머 설치
③ 캐스케이드 회로의 사용
④ 오버센터 장치를 사용

정답 41. ② 42. ① 43. ③ 44. ① 45. ②

해설 신호의 간섭을 제거할 수 있는 방법
㉠ 방향성 롤러 리밋 스위치 사용
㉡ N/O형의 타이머 사용
㉢ 캐스케이드 회로의 사용
㉣ 오버센터 장치의 사용

46. 제어 신호의 간섭을 제거하기 위해 캐스케이드 회로 설계 방법을 이용하였을 때의 특징이 아닌 것은? [15-1]
① 오버센터 작동 기구를 사용한다.
② 특정한 밸브를 사용하지 않고 일반적인 밸브를 사용한다.
③ 입력 신호와 출력 신호가 각각 반응되어 제어의 신뢰성이 보장된다.
④ 제어 회로가 복잡하여 밸브가 많아지면 회로 내의 압력강하로 인한 스위칭 시간의 지연과 배선이 복잡해진다.

47. 다음 그림과 같은 복동 실린더의 설명으로 잘못된 것은? [06-3]

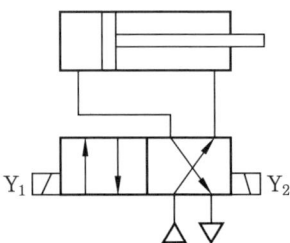

① 전진 행정보다 후진 행정 시 추력이 더 크다.
② 솔레노이드 Y_1에 전기가 공급되면 실린더는 전진한다.
③ 간접 작동형 밸브를 사용한다.
④ 전진 시보다 후진 시 속도가 빠르다.

48. 다음 회로도의 명칭으로 가장 적합한 것은? [13-3]

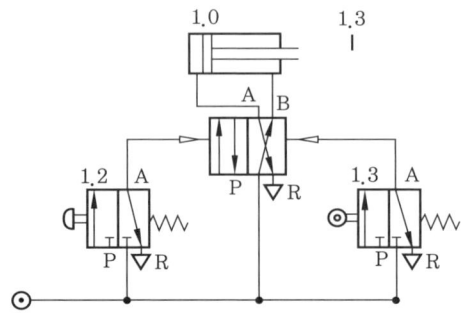

① 단동 실린더 전진 회로
② 복동 실린더 자동 복귀 회로
③ 미터-인 회로
④ 차동 회로

해설 1.2 푸시 버튼을 ON-OFF하면 실린더가 전진하고, 1.3 롤러 리밋 스위치가 ON 되면서 자동적으로 후진한다.

49. 다음 회로도에 대한 설명으로 틀린 것은? [12-3]

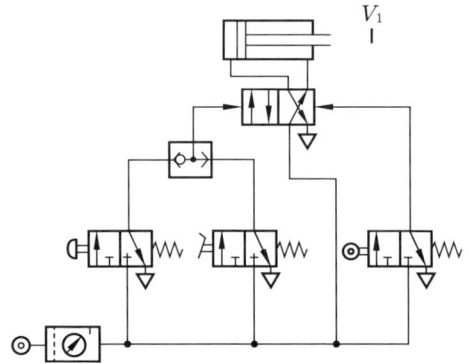

① 푸시 버튼을 누르면 실린더는 전진한다.
② 페달을 밟으면 실린더는 전진한다.
③ 롤러 리밋 스위치(V_1)가 작동되면 실린더는 후진한다.
④ 푸시 버튼과 페달을 동시에 누르면 실린더는 전진하지 않는다.

해설 푸시 버튼과 페달을 동시에 누르면 실린더는 전진한다.

정답 46. ① 47. ① 48. ② 49. ④

50. 다음의 공압 및 전기 회로도는 상자이송 장치 회로도이다. 이 회로도에서 실린더의 동작 순서로 옳은 것은? (단, 실린더 전진은 +, 실린더 후진은 -로 한다.) [14-3]

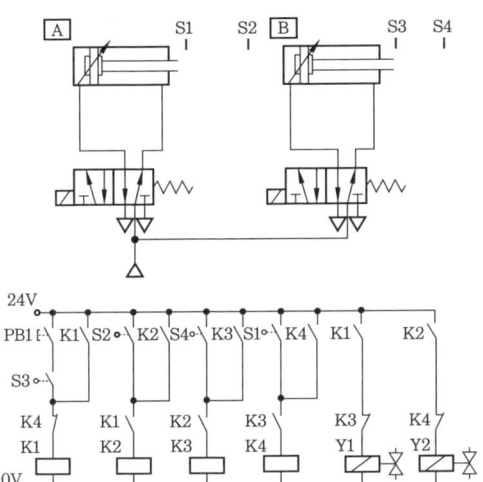

① A+, B+, B-, A-
② A+, B+, A-, B-
③ A+, A-, B+, B-
④ A+, B-, B+, A-

51. 다음 회로에서 단동 실린더의 후진 속도를 증속시키기 위해 비어 있는 부분에 사용해야 할 요소는? [09-3]

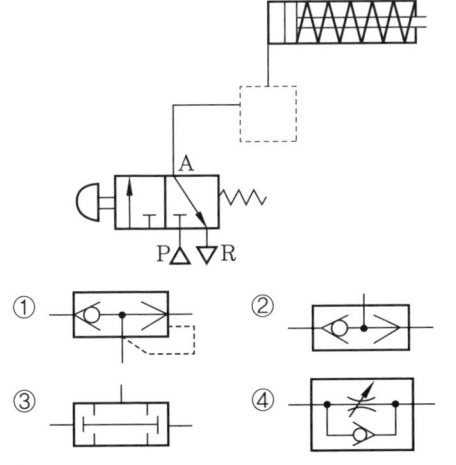

해설 급속 배기 밸브에 의한 후진 속도 증가 회로이다.

52. 그림과 같은 회로에서 속도 제어 밸브의 접속 방식은? [12-2]

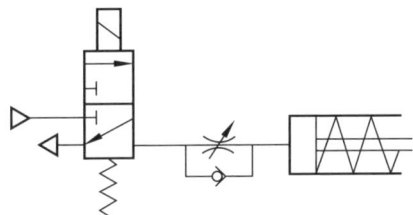

① 미터 인 방식　② 미터 아웃 방식
③ 블리드 오프 방식　④ 파일럿 오프 방식

해설 ㉠ 미터 인 방식 : 실린더 양단에 유입되는 공기를 교축하여 제어
㉡ 미터 아웃 방식 : 실린더 양단에 유출되는 공기를 교축하여 제어
㉢ 블리드 오프 방식 : 병렬 연결 방식

53. 다음 회로의 속도 제어 방식으로 옳은 것은? [17-2]

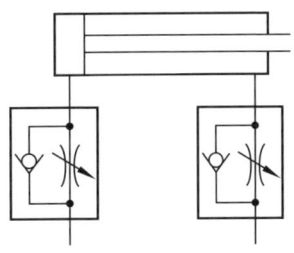

① 전진 시 미터-인, 후진 시 미터-인 제어 회로
② 전진 시 미터-인, 후진 시 미터-아웃 제어 회로
③ 전진 시 미터-아웃, 후진 시 미터-인 제어 회로
④ 전진 시 미터-아웃, 후진 시 미터-아웃 제어 회로

정답　50. ②　51. ①　52. ①　53. ④

3. 시험 운전

3-1 공기압 기기 관리

(1) 공압 시스템의 보수 유지
① **오동작 및 고장**
　㈎ 오동작 및 고장은 공압 부품과 배관의 자연 마모 및 손상 상태 하에서 일어날 가능성이 크다.
　㈏ 자연 마모 및 손상은 외부 환경의 영향과 압축공기의 상태에 의해 가속화된다.
　　㉮ 마모가 발생되면 기능 장애, 공압의 누설, 부품의 파손의 원인
　　㉯ 오염된 공기는 공압 부품 내부의 마모 증가, 막힘, 폐색 등의 원인
　　㉰ 배관은 내, 외부 환경 요인에 의해 막힘, 갈라짐 구부러짐의 원인
　　㉱ 이물질들이 누적되면 배관이나 공압 부품에서 저항을 받아 압력 강하와 그로 인한 부정확한 스위칭 발생
　㈐ 처음 제어 시퀀스를 구성할 때 충분한 검토가 있어야 하며 그 대책은 다음과 같다.
　　㉮ 주변 환경 조건과 제어 시퀀스에 잘 조화되는 올바른 부품 사용
　　㉯ 큰 부하나 횡 방향의 부하를 받는 경우 적절할 마운팅 선택 및 견고한 실린더 사용
　　㉰ 먼지와 이물질이 많은 경우에는 자체 정화 커버를 사용
　　㉱ 가속력이 큰 경우에는 완충 장치를 달아 작동력을 흡수
　　㉲ 실린더와 신호 입력 요소의 마운틴 조절 나사는 확실하게 고정
　　㉳ 배관을 가능한 한 짧게 하여 신호의 지연을 방지
　　㉴ 제어 및 파워 밸브의 배기 보장
② **공압 시스템에서의 고장**
　㈎ 공급 유량 부족으로 인한 고장 : 산발적인 오동작이 발생되어 고장 파악의 곤란이 야기되며, 압력강하로 인한 실린더의 추력 감소 및 밸브 오동작으로 시퀀스가 틀려지며 배관 내 이물질 축적, 공기 누설도 발생할 수 있다.
　㈏ 수분으로 인한 고장 : 부식 및 고착으로 밸브 오동작
　㈐ 이물질로 인한 고장
　　㉮ 슬라이드 밸브의 고착
　　㉯ 포핏 밸브의 시트부 융착으로 누설
　　㉰ 유량 제어 밸브에 융착되어 속도 제어를 방해

㈑ 공압기기의 고장
  ㉮ 공압 타이머의 고장 : 공기 누설 또는 밸브 고착으로 인하여 제어 신호가 있어도 출력 신호가 발생되지 않는다.
  ㉯ 솔레노이드 밸브에서의 고장
    ㉠ 전압이 있어도 아마추어 미작동 : 아마추어 고착, 고전압, 고온도 등으로 인한 코일 소손 및 저전압 공급
    ㉡ 솔레노이도 소음 : AC 솔레노이드에서만 발생하는데 아마추어가 완전히 작동되지 않았기 때문이며, 솔레노이드에서 미열이 발생하므로 조치한다. 응급조치로는 솔레노이드 액추에이터 주위에 구리선을 감으면 된다.
  ㉰ 공압 밸브에서의 고장 : 포핏 밸브의 경우 밸브 전환 제어가 안 되는 것으로 실링 시트 손상, 과도한 마찰이나 스프링 손상으로 기계적 스위칭 오동작, 실링 플레이트에 구멍 발생 또는 너무 유연하여 충분한 힘을 가하지 못하는 경우 발생한다.
  ㉱ 슬라이드 밸브에서의 고장
    ㉠ 과도한 마찰이나 스프링 손상으로 기계적 스위칭 오동작
    ㉡ 배기공의 막힘으로 배압 발생
    ㉢ 실링 손상, 평판 슬라이드 밸브의 압력 스프링 손상으로 누설 발생
  ㉲ 실린더에서의 고장 : 행정 거리가 길고 무거운 하중을 달고 운동하는 경우에는 로드 실의 마모가 발생되고 로드의 윤활유가 고착되어 실린더의 불안정한 운전이 되므로 실린더 피스톤 로드에 윤활유 피막이 형성되어 있는가를 점검하여야 한다. 실린더의 이상을 예방하기 위한 방법은 다음과 같다.
    ㉠ 보수 유지 및 실링을 교체할 때에는 실린더 내부를 청결하게 하여 일과 이물질을 제거한 후 새 그리스를 주입한다.
    ㉡ 레이디얼 하중이 작용하지 않도록 한다. 이 하중이 작용하면 피스톤 로드 베어링이 쉽게 마모되어 내구 수명이 단축된다.
    ㉢ 윤활된 공기를 사용하고 과도한 윤활은 피한다.

(2) 시운전 절차

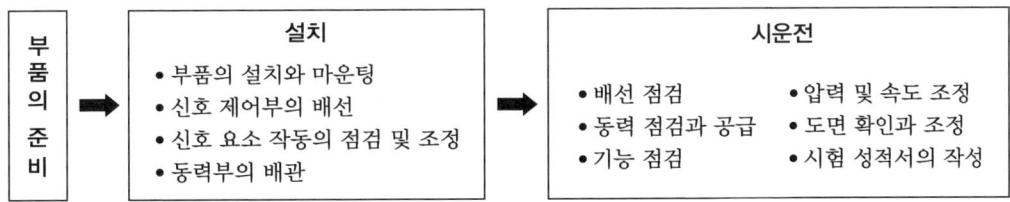

예|상|문|제

1. 공압 모터의 설치 및 유의사항에 대한 설명으로 틀린 것은? [14-1, 17-3]
① 윤활기를 반드시 설치하여야 한다.
② 저온에서 사용할 경우 빙결(氷結)에 주의한다.
③ 배관 및 밸브는 될 수 있는 한 유효 단면적이 큰 것을 사용한다.
④ 밸브는 될 수 있는 한 공압 모터에서 멀리 떨어지도록 설치한다.

[해설] 공압 모터의 사용상 주의사항
㉠ 배관과 밸브는 되도록 유효 단면적이 큰 것을 사용하고, 밸브는 공압 모터 가까이에 설치한다.
㉡ 루브리케이터를 반드시 사용하고, 윤활유 부족 등으로 토크 저하, 융착, 내구성 저하, 소결 등을 일으키지 않도록 한다.
㉢ 공압 모터의 내부는 압축공기의 단열 팽창으로 냉각되므로 빙결에 주의하고, 공기 건조기를 사용하도록 한다.
㉣ 실제 사용 공압의 70~80%의 토크 출력, 공기 소비율은 최대 출력의 70~80% 정도로 하며 회전수 영역도 같은 방법으로 용량을 선정한다.
㉤ 공압 모터에 사용되는 소음기는 연속 배기이므로 큰 유효 단면적을 가진 것을 사용하며, 브레이크를 같이 사용하여 로킹이 되도록 한다.
㉥ 공기 압축기는 이론 토출량에 효율을 곱한 실토출량으로 선정하고, 장시간 무부하 운전 시 수명이 단축되므로 가급적 피한다.
㉦ 공압 모터의 출력 축에 발생된 하중은 허용 용량값 이내로 사용하며 필요에 따라 적당한 커플링을 사용한다.
㉧ 관로 내부를 깨끗이 청소한 후 배관하고 필터를 반드시 사용하며, 저속 사용 시 스틱 슬립 현상으로 최소 사용 회전수가 제한되어 있으므로 확인한 후 사용한다.
㉨ 베인형 공기 모터는 시동할 때나 저속 회전 시에 공기 누설로 인한 토크 저하를 시동 특성에 비교하여 확인한 후 설치하여 사용한다.

2. 공압 모터의 사용상 주의사항으로 가장 거리가 먼 것은? [17-1]
① 저온에서 사용 시 결빙에 주의한다.
② 모터의 진동 및 소음 문제로 밸브는 모터에서 먼 곳에 설치한다.
③ 윤활기를 반드시 사용하고 윤활유 공급이 중단되어 소손되지 않도록 한다.
④ 모터의 성능이 충분히 확보되도록 배관 및 밸브는 가능한 한 유효 단면적이 큰 것을 사용한다.

[해설] 밸브는 가급적 공압 모터 가까이에 설치한다.

3. 공압 실린더 취급 시 주의사항으로 잘못된 것은? [10-1]
① 로드 선단과 연결부에 자유도가 없도록 한다.
② 작업 환경의 주위 온도는 5~60℃가 적당하다.
③ 피스톤 로드는 가로 하중과 굽힘 모멘트가 걸리지 않도록 고려한다.
④ 부하의 운동 방정식과 실린더의 작동 방향이 추종하도록 한다.

정답 1. ④ 2. ② 3. ①

해설 실린더를 설치할 때는 부하의 운동 방향으로 실린더의 작동 방향이 추종하도록 하고, 로드 선단과 부하의 연결부에 자유도를 가지게 하는 방법이나, 스트로크가 길 경우의 로드 지지 방법을 고려해야 한다.

4. 공유압 변환기와 에어 하이드로 실린더를 조합하여 사용할 때의 주의사항으로 옳은 것은? [15-3]
① 공유압 변환기는 수평으로 설치한다.
② 공유압 변환기는 수직으로 설치한다.
③ 공유압 변환기는 30° 경사를 주어 설치한다.
④ 공유압 변환기는 45° 경사를 주어 설치한다.

해설 공유압 변환기의 사용상 주의점
㉠ 공유압 변환기는 액추에이터보다 높은 위치에 수직 방향으로 설치한다.
㉡ 액추에이터 및 배관 내의 공기를 충분히 뺀다.
㉢ 열원의 가까이에서 사용하지 않는다.

5. 공압 시스템에서의 고장을 빨리 발견하고 조치를 취하기 위한 방법으로 가장 거리가 먼 것은? [16-3]
① 회로도를 알기 쉬운 형태로 제작한다.
② 배관을 길게 하여 가능한 많은 수분을 응축시킨다.
③ 사용 부품은 쉽게 교체가 가능한 범용 제품을 사용한다.
④ 배관은 제어 캐비닛 배치도와 회로도가 일치하도록 한다.

해설 배관은 가능한 짧게 하고 응축수를 없애야 한다.

6. 공압 시스템에서 공급 유량 부족으로 인한 고장 발생 상황으로 옳은 것은? [15-1]
① 갑작스런 압력강하로 실린더가 충분한 추력을 발생시킬 수 없다.
② 밸브가 고착을 일으켜 제로 동작이 일어나지 못하게 한다.
③ 과도한 마찰이나 스프링의 손상으로 기계적 스위칭 동작에 이상이 발생한다.
④ 반지름 방향의 하중이 작용하면 피스톤 로드 베어링이 빨리 마모된다.

7. 서비스 유닛의 구성 중 윤활기 내에 있는 윤활유가 과도할 경우 발생되는 사항이 아닌 것은? [10-2]
① 진동 소음 발생
② 공기압 부품의 오동작
③ gumming 현상 발생
④ 작업장 내 환경오염

8. 공압 시스템에 있어서 윤활유 등과 섞여 에멀전(emulsion) 상태나 수지 상태가 되어 밸브의 동작을 가로막을 우려가 있는 고장은? [07-1, 17-2]
① 수분으로 인한 고장
② 이물질로 인한 고장
③ 공급 유량 부족으로 인한 고장
④ 배관 불량에 의한 공기의 유출로 인한 고장

9. 다음 중 슬라이드 밸브에서의 고장이 아닌 것은? [07-3]
① 배기공의 막힘으로 인한 배압 발생
② 실링 손상으로 인한 누설의 발생
③ 압력 스프링의 손상으로 누설의 발생
④ 밸브의 위치가 정확하지 않을 때

해설 슬라이드 밸브에서의 고장
㉠ 과도한 마찰이나 스프링 손상으로 기계적 스위칭 오동작

정답 4. ② 5. ② 6. ① 7. ① 8. ① 9. ④

ⓒ 배기공의 막힘으로 배압 발생
ⓒ 실링 손상으로 누설 발생
ⓔ 평판 슬라이드 밸브의 압력 스프링 손상으로 누설 발생

10. 요동형 액추에이터의 선정과 보수 유지 시 고려사항과 거리가 먼 것은? [12-1]
① 속도 조절은 미터 인 방식으로 접속한다.
② 부하의 운동 에너지가 기기의 허용 운동 에너지보다 큰 경우에는 외부 완충기구를 설치한다.
③ 외부 완충기구는 부하 쪽의 지름이 큰 곳에 설치하여 내구성의 향상과 정지 정밀도를 확보할 수 있게 한다.
④ 축과 베어링에 과부하가 작용되지 않도록 과부하를 직접 액추에이터 축에 부착하지 않고 축에 부하가 적게 작용하도록 부착한다.

해설 유량 조절 밸브를 미터 아웃 방식으로 구성하여 속도 조절을 행한다.

11. 솔레노이드 밸브에서 전압이 걸려있는데도 아마추어가 작동되지 않는 원인과 가장 거리가 먼 것은? [07-3, 15-3]
① 코일의 소손
② 아마추어의 고착
③ 전압이 너무 낮음
④ 실링 시트의 마모

해설 솔레노이드 밸브에서의 고장
㉠ 전압이 있어도 아마추어 미작동 : 아마추어 고착, 고전압, 고온도 등으로 인한 코일 소손 및 저전압 공급
㉡ 솔레노이드 소음 : AC 솔레노이드에서만 발생하는데, 아마추어가 완전히 작동되지 않았기 때문이며, 솔레노이드에서 미열이 발생하므로 조치한다. 응급조치로는 솔레노이드 액추에이터 주위에 구리선을 감으면 된다.

12. 윤활된 부품들이 일정 시간(주말이나 공휴일 등) 정지 후에 윤활유 및 기타 이물질이 고착되어 제 기능을 발휘하지 못하는 것을 무엇이라 하는가? [09-2, 11-3]
① gumming 현상
② jumping 현상
③ chattering 현상
④ cavitation 현상

정답 10. ① 11. ④ 12. ①

제2장 유압 제어

1. 유압 제어 방식 설계

1-1 유압 기초

(1) 유압 장치의 구성

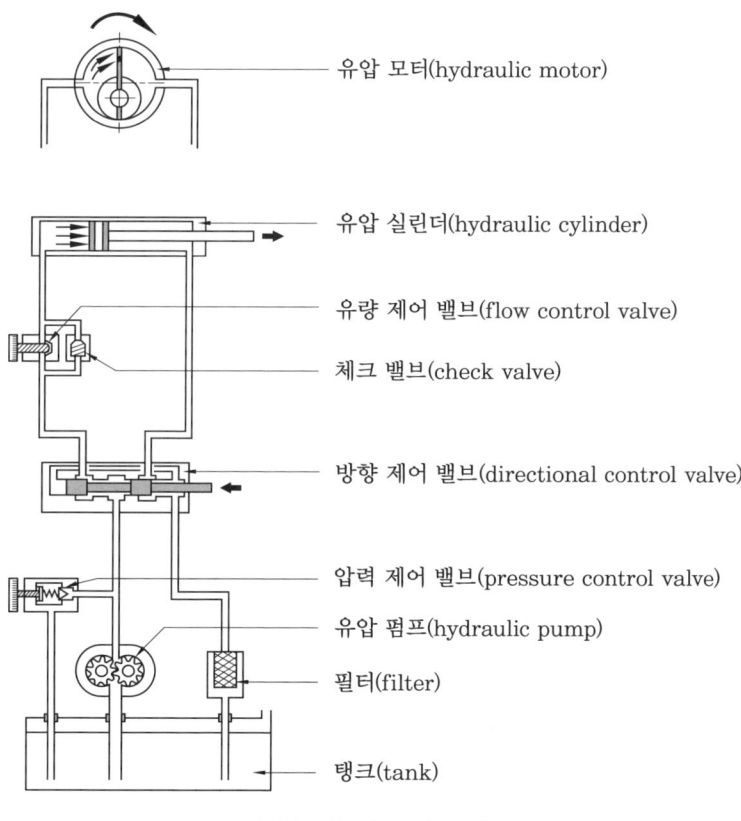

유압 장치의 기본 구성

(2) 유압의 기초
① 파스칼의 원리(공기압 제어 참조)

② **연속의 법칙**(공기압 제어 참조)
③ **베르누이의 정리**(Bernoulli's theorem) : 관 속에서 에너지 손실이 없다고 가정하면, 즉 점성이 없는 비압축성의 액체는 에너지 보존의 법칙(law of conservation of energy)으로부터 유도될 수 있다.

1-2 유압 제어

(1) 유압의 특성

장점	단점
• 소형으로 큰 출력을 얻을 수 있다. • 제어가 쉽고 조작이 간단하다. • 동력 전달 방법 및 기구가 간단하다. • 자동 제어와 원격 제어가 가능하다. • 입력에 대한 출력의 응답성이 좋다. • 윤활과 방청이 자동으로 이루어진다. • 무단 변속이 가능하다.	• 누유의 염려가 있다. • 온도에 민감하다. • 화재의 위험이 있다. • 공압보다 작동 속도가 떨어진다. • 전기 회로에 비해 구성 작업이 어렵다. • 오일 내 기포에 의한 작동 불량이 될 수 있다.

(2) 유압 회로에서의 손실

① **유체의 흐름**
  ㈎ 난류 : 유체의 레이놀즈 수(Re)가 큰 경우, 즉 점성 계수가 작고, 유속이 크고, 굵은 관을 흐를 때 일어나기 쉬우며 에너지를 많이 소비한다.
  ㈏ 층류 : 층류는 원통형의 층을 이룬 형태로 배관 내를 흐르게 된다. 유체의 동점도가 크고, 유속이 비교적 작고, 가는 관이나 좁은 틈새를 통과할 때, 레이놀즈 수가 작은 경우, 즉 점성계수가 큰 경우에 잘 일어나며, 유체의 점성만이 압력 손실의 원인이 된다.

② **유체의 손실 수두**(loss head) : 관의 지름을 D[m], 길이를 L[m], 관 내 유체의 평균 속도를 V[m/s]라 하고, f는 마찰계수, g는 중력가속도 $9.8\,\mathrm{m/s^2}$라 하면, 관 내에서의 손실 수두 H_L[m]을 나타내는 식은 다음과 같다.

$$H_L = f\left(\frac{L}{D}\right)\left(\frac{V^2}{2g}\right)$$

관을 흐르는 유체는 레이놀즈 수(Reynolds number, $Re = \dfrac{VD}{v}$)에 따라 층류와 난류로 구별되며, 레이놀즈 수가 작은 경우, 즉 상대적으로 유속과 지름이 작거나 점성

계수가 큰 경우에 층류가 되고, 레이놀즈 수가 큰 경우에는 난류가 된다. 그 경계값은 보통 $Re=2320$ 정도이며, 층류인 경우 이론적으로 $f=\dfrac{64}{Re}$이고, 난류인 경우 f는 Re와 벽면의 거칠기에 따라 달라진다.

(3) 작동 유체

유압 장치의 작동 유체에는 오일(또는 유압유)이 사용된다. 유압 장치에서 가장 중요한 물질인 오일은 유압 장치의 성능과 수명에 크게 영향을 끼친다. 유압 장치를 효율적으로 운전하려면 깨끗하고 질이 좋은 오일을 사용하여야 한다. 그리고 대부분의 오일은 필요한 요구 조건이 만족되도록 기본 오일에 여러 가지 물질을 첨가한 것으로 되어 있다.

① **점성(viscosity)** : 유체의 점성은 오일의 가장 중요한 성질의 하나로, 점성이 작으면 그만큼 유체는 흐르기가 쉽고, 점성이 크면 흐르기가 어렵게 된다. 실제로 유압 장치에서 점성이 너무 크거나 작으면 좋지 않으며, 다음과 같은 현상이 나타난다.

㈎ 점성이 지나치게 큰 경우
  ㉮ 유동의 저항이 지나치게 많아진다.
  ㉯ 마찰 손실에 의해서 펌프의 동력 손실이 많이 소비된다.
  ㉰ 밸브나 파이프를 통과할 때 압력 손실이 커진다.
  ㉱ 마찰에 의한 열이 많이 발생된다.

㈏ 점성이 지나치게 작은 경우
  ㉮ 각 부품 사이에서 누출 손실(leakage loss)이 커진다.
  ㉯ 부품 사이의 윤활 작용을 하지 못하므로 마멸이 심해진다.

1-3 유압 펌프

(1) 유압 펌프(hydraulic oil pump)

① 펌프의 종류와 특징

㈎ 기어 펌프
  ㉮ 외접 기어 펌프(external gear pump) : 펌프 유량은 기어의 회전수에 따라 증가된다. 보통 체적 효율은 90% 이상이다.

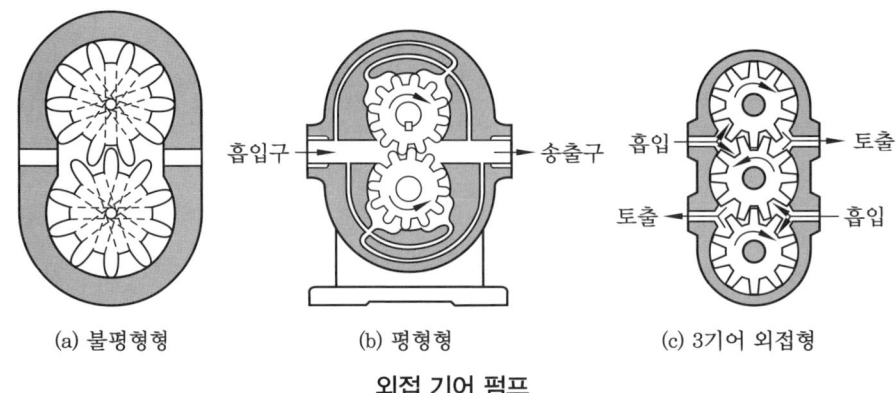

(a) 불평형형　　(b) 평형형　　(c) 3기어 외접형

외접 기어 펌프

　㈏ 내접 기어 펌프(internal gear pump) : 기본적 작동 원리는 외접 기어 펌프와 같으나, 두 기어가 같은 방향으로 회전하는 것이 다른 점이다.

　　그 밖에 기어 펌프에는 로브 펌프, 트로코이드 펌프가 있다.

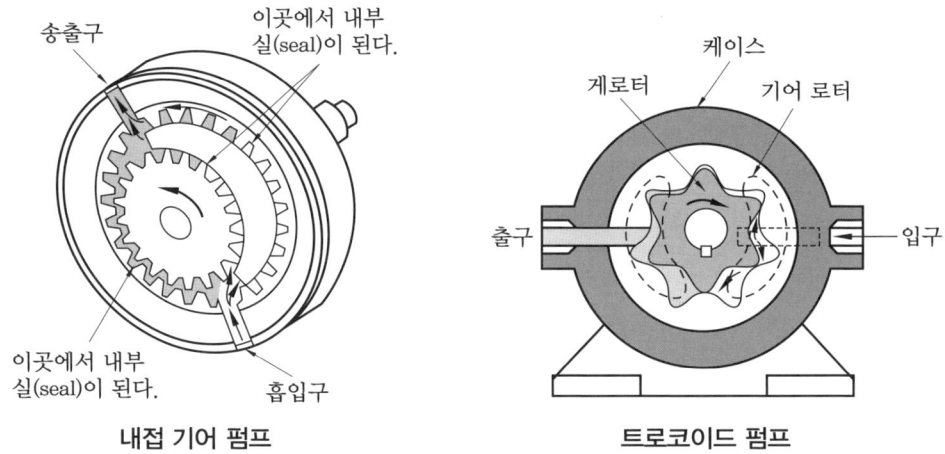

　　　　내접 기어 펌프　　　　　　　트로코이드 펌프

㈐ 베인 펌프(vane pump) : 로터의 회전에 의한 원심 작용으로 베인은 케이싱의 내벽과 밀착된 상태가 되므로 기밀이 유지되며, 로터를 회전시켜 로터와 케이싱 사이의 공간에 의해 흡입 및 배출을 하게 된다.

㈑ 피스톤 펌프(piston pump, plunger pump) : 고속, 고압에 적합하나, 복잡하여 수리가 곤란하며 값이 비싸다. 이 펌프는 고정 체적형이나 가변 체적형 모두 할 수 있으며, 효율이 매우 좋고 높은 압력과 균일한 흐름을 얻을 수 있어서 성능이 우수하다.

　㈎ 축방향 피스톤 펌프 : 사판식과 사축형의 두 가지가 있다.

　㈏ 반지름 방향 피스톤 펌프 : 구조가 가장 복잡한 펌프로 고압, 용량 가변형에 적합하다.

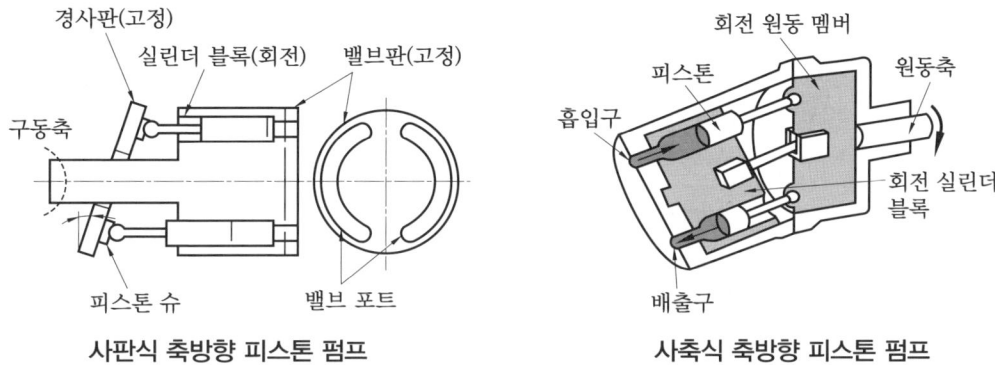

사판식 축방향 피스톤 펌프 　　　사축식 축방향 피스톤 펌프

1-4 유압 밸브

(1) 압력 제어 밸브

① 릴리프 밸브

　㈎ 직동형 릴리프 밸브

　㈏ 평형 피스톤형 릴리프 밸브(balanced piston type relief valve)

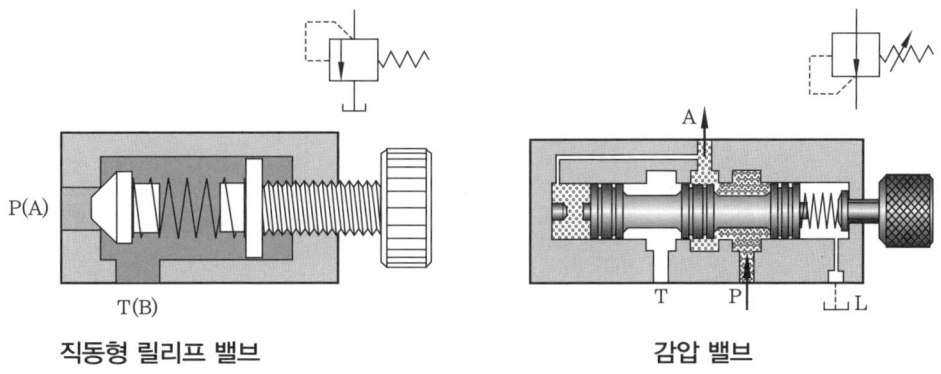

직동형 릴리프 밸브 　　　감압 밸브

② **감압 밸브**(pressure reducing valve) : 이 밸브는 유압 회로에서 어떤 부분 회로의 압력을 주 회로의 압력보다 저압으로 해서 사용하고자 할 때 사용한다.

③ **시퀀스 밸브**(sequence valve) : 이 밸브는 주 회로의 압력을 일정하게 유지하면서 유압 회로에 순서적으로 유체를 흐르게 하여 2개 이상의 실린더를 차례대로 동작하도록 하는 것이다.

④ **카운터 밸런스 밸브**(counter balance valve) : 이 밸브는 회로의 일부에 배압을 발생시키고자 할 때 사용하는 밸브로, 조작 중 부하가 급속하게 제거되어 연직 방향으로

작동하는 램이 중력에 의하여 낙하하는 것을 방지하고자 할 경우에 사용한다.

⑤ **무부하 밸브(unloading valve)** : 이 밸브는 펌프의 송출 압력을 지시된 압력으로 조정되도록 한다. 따라서 원격 조정되는 파일럿 압력이 작용하는 동안 펌프는 오일을 그대로 탱크로 방출하게 되어 펌프에 부하가 걸리지 않게 되므로 동력을 절약할 수 있다.

⑥ **압력 스위치(pressure switch)**
　(개) 소형 피스톤과 스프링과의 평형을 이용하는 것
　(내) 부르동관(bourdon tube)을 사용하는 것
　(대) 벨로즈(bellows)를 사용하는 것

⑦ **유압 퓨즈(fluid fuse)** : 전기 퓨즈와 같이 유압 장치 내의 압력이 어느 한계 이상이 되는 것을 방지한다.

(2) 유량 제어 밸브(flow control valve)

① **교축 밸브(flow metering valve, 니들 밸브)**
　(개) 스톱 밸브(stop valve) : 작동유의 흐름을 완전히 멎게 하거나 흐르게 하는 것을 목적으로 할 때 사용한다.
　(내) 스로틀 밸브(throttle valve) : 미소 유량부터 대유량까지 조정할 수 있는 밸브이다.
　(대) 스로틀 체크 밸브(throttle and check valve) : 한쪽 방향으로의 흐름은 제어하고 역방향의 흐름은 자유로 제어가 불가능한 것으로 압력 보상 유량 제어 밸브로 사용한다.

② **압력 보상 유량 제어 밸브(pressure compensated valve)** : 이 밸브는 압력 보상 기구를 내장하고 있으므로 압력의 변동에 의하여 유량이 변동되지 않도록 회로에 흐르는 유량을 항상 일정하게 자동적으로 유지시켜 주면서 유압 모터의 회전이나 유압 실린더의 이동 속도 등을 제어한다.

③ **바이패스식 유량 제어 밸브** : 이 밸브는 오리피스와 스프링을 사용하여 유량을 제어하며, 유동량이 증가하면 바이패스로 오일을 방출하여 압력의 상승을 막고, 바이패스된 오일은 다른 작동에 사용되거나 탱크로 돌아가게 된다.

④ **유량 분류 밸브** : 이 밸브는 유량을 제어하고 분배하는 기능을 하며, 작동상의 기능에 따라 유량 순위 분류 밸브, 유량 조정 순위 밸브 및 유량 비례 분류 밸브의 세 가지로 구분된다.

⑤ **압력 온도 보상 유량 조정 밸브(pressure and temperature compensated flow control valve)** : 온도가 변화하면 오일의 점도가 변화하여 유량이 변하는 것을 막기 위해 열팽창률이 다른 금속봉을 이용하여 오리피스 개구 넓이를 작게 함으로써 유량 변화를 보정하는 밸브이다.

⑥ 인라인형(in line type) 유량 조정 밸브 : 소형이며 경량이므로 취급이 편리하고 특히 배관라인에 직결시켜 사용함으로써 공간을 적게 차지하며 조작이 간단하다.

(3) 방향 제어 밸브(directional control valve)
① **방향 전환 밸브의 형식** : 전환 밸브에 사용되는 밸브의 기본 구조는 포핏 밸브식(poppet valve type), 로터리 밸브식(rotary valve type), 스풀 밸브식(spool valve type)으로 구별할 수 있다.
② **방향 전환 밸브의 위치 수, 포트 수, 방향 수** : 공압기기와 같다.

(4) 체크 밸브(check valve)
역류 방지 밸브로 흡입형, 스프링 부하형, 유량 제한형, 파일럿 조작형으로 나눈다.

① **흡입형** : 이 형의 밸브는 공동 현상 발생을 방지할 목적으로 사용한다. 즉, 펌프 흡입구 또는 유압 회로의 부(-)압 부분에 이 밸브를 사용하여 유압이 어느 정도 압력 이하로 내려가면 포핏이 열려 압유를 보충한다.
② **스프링 부하형 체크 밸브** : 앵글형과 인라인형이 있는 이 밸브는 관로 내에 항상 압류를 충만시켜 놓고자 할 경우 또는 열 교환기나 필터에 급격한 고압유가 흐르는 것을 막고 기기를 보호할 목적으로 사용하는 일종의 안전 밸브이다.
③ **유량 제한형 체크 밸브(throttle and check valve)** : 이 형식의 밸브는 한 방향의 유동은 허용되고 역류는 오리피스를 통하게 하여 유량을 제한하는 밸브이다.
④ **파일럿 조작 체크 밸브(pilot operated check valve)** : 이 형식의 밸브는 작동면에서 스프링 부하형과 같으나, 파일럿으로서 작용되는 유체 압력에 의해 그 기능을 변화시키는 것이 가능한 체크 밸브이다.

1-5 유압 액추에이터

(1) 유압 실린더(hydraulic cylinder)
① **종류**
　⑴ 작동 형식에 따른 분류
　　㉮ 단동 실린더 : 공압 단동 실린더와 유사하다.
　　㉯ 복동 실린더 : 공압 복동 실린더와 유사하다.
　　㉰ 다단 실린더 : 텔레스코프(telescopic)형과 디지털(digital)형이 있다.

㉠ 텔레스코프형 : 유압 실린더의 내부에 또 하나의 다른 실린더를 내장하고 유압이 유입하면 순차적으로 실린더가 이동하도록 되어 있다.

㉡ 디지털형 : 하나의 실린더 튜브 속에 몇 개의 피스톤을 삽입하고, 각 피스톤 사이에는 솔레노이드 전자 조작 3방면으로 유압을 걸거나 배유한다.

② **유압 실린더의 호칭** : 규격 명칭 또는 규격 번호, 구조 형식, 지지 형식의 기호, 실린더 안지름, 로드경 기호, 최고 사용 압력, 쿠션의 구분, 행정의 길이, 외부 누출의 구분 및 패킹의 종류에 따르고 있다.

(2) 유압 모터

① **기어 모터(gear motor)** : 유압 모터 중 구조면에서 가장 간단하며 유체 압력이 기어의 이에 작용하여 토크가 일정하고, 또한 정회전과 유체의 흐름 방향을 반대로 하면 역회전이 가능하다. 그리고 기어 펌프의 경우와 같이 체적은 고정되며, 압력 부하에 대한 보상 장치가 없다.

② **베인 모터(vane motor)** : 이 모터는 구조면에서 베인 펌프와 동일하며 공급 압력이 일정할 때 출력 토크가 일정, 역전 가능, 무단 변속 가능, 가혹한 운전 가능 등의 장점이 있으며, 회전축과 함께 회전하는 로터에 있는 베인이 압력을 받아 토크를 발생시키게 되어 있다.

③ **회전 피스톤 모터(rotary piston moter)** : 회전 피스톤(플런저) 모터는 고속, 고압을 요하는 장치에 사용되는 것으로 다른 형식에 비하여 구조가 복잡하고 비싸며, 유지 관리에도 주의를 요한다. 펌프와 마찬가지로 축 방향 모터와 반지름 방향 모터로 구분된다.

④ **요동 모터(rotary actuator motor)** : 일명 로터리 실린더라고도 하며, 가동 베인이 칸막이가 되어 있는 관을 왕복하면서 토크를 발생시키는 구조로 되어 있으며 360° 전체를 회전할 수는 없으나 출구와 입구를 변화시키면 보통 ±50° 정, 역회전이 가능하며 가동 베인의 양측의 압력에 비례한 토크를 낼 수 있다.

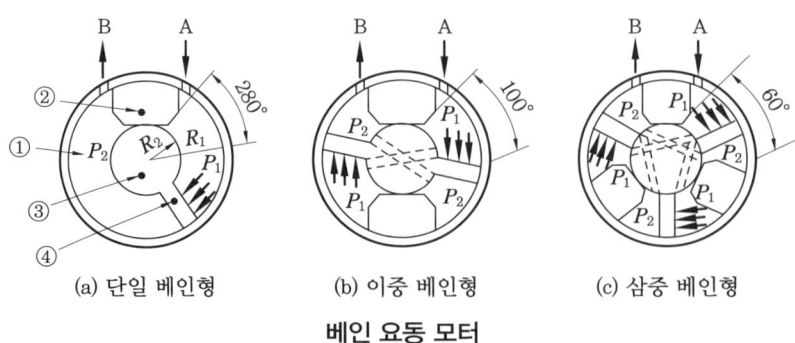

(a) 단일 베인형   (b) 이중 베인형   (c) 삼중 베인형

베인 요동 모터

1-6 유압 기타 기기

(1) 오일 탱크
유압 장치는 모두 오일 탱크를 가지고 있다. 오일 탱크는 오일을 저장할 뿐만 아니라, 오일을 깨끗하게 하고 공기의 영향을 받지 않게 하며, 가벼운 냉각 작용도 한다.

(2) 여과기(filter)
① 오일 여과기의 형식
  (가) 분류식(bypass type) : 이것은 펌프로부터의 오일의 일부를 작동부로 흐르게 하고, 나머지는 여과기를 경유한 다음 탱크로 되돌아가게 되어 있다.
  (나) 전류식(full-flow type) : 가장 많이 사용하는 형식으로 펌프에서 오일이 전부 여과기를 거쳐 동력부와 윤활부로 흐르게 되어 있어 여과기가 자주 막히므로, 릴리프 밸브를 설치하여 여과되지 않은 오일이 작동부나 윤활부로 흐르게 한다. 여과기가 막히는 것은 불순물이 퇴적되었거나 오일의 점도가 너무 높기 때문이다.
② **여과기의 구조 및 작동 원리** : 유압 장치에 사용되는 여과기는 설치 위치에 따라 탱크용과 관로용으로 나누어진다. 또한 표면식, 적층식, 자기식으로 대별되기도 한다.

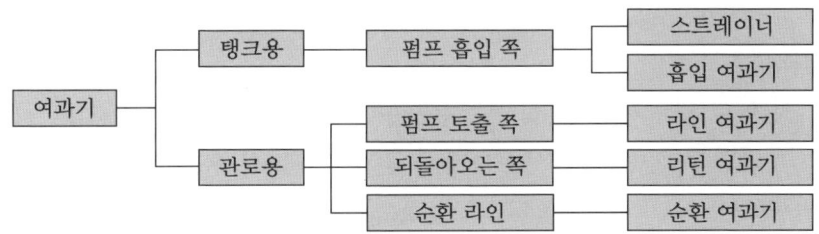

③ 사용 조건
  (가) 여과 입도
    ㉮ 보통의 유압 장치 : 20~25μm 정도의 여과
    ㉯ 미끄럼면에 정밀한 공차가 있는 곳 : 10μm까지 여과
    ㉰ 세밀하고 고감도의 서보 밸브를 사용하는 곳 : 5μm 정도의 여과
    ㉱ 특수 경우 : 2μm까지 여과
  (나) 불연성 작동 오일
    ㉮ 흡착성이 있는 산성, 활성 백토, 규조토를 이용한 여과재를 사용하면 작동 오일의 첨가제를 제거하게 되므로 피하여야 한다.
    ㉯ 석유계 작동 오일에 비하여 비중이 크므로, 펌프의 흡입 쪽에 사용되는 여과기는 40~60메시(340~230μm) 정도의 것을 사용하는 것이 좋다.

㈐ 세밀한 여과는 압력 회로, 리턴 회로 또는 독립의 여과 회로에서 한다.
④ **필터 성능 표시** : 통과 먼지 크기, 먼지의 정격 크기, 여과율(정격 크기), 여과 용량, 압력 손실, 먼지 분리성에 의하여 표시된다.

(3) 축압기(accumulator)

축압기는 에너지의 저장, 충격 흡수, 압력의 점진적 증대 및 일정 압력의 유지에 이용된다. 축압기는 위의 네 가지 기능 가운데에서 어느 것이든 할 수 있으나, 실제의 사용에 있어서는 어느 한 가지 일만 하게 되어 있다.

(4) 오일 냉각기 및 가열기

① **오일 냉각기(oil cooler)** : 유압 장치를 작동시키면 오일의 온도가 상승하여 점도의 저하, 윤활제의 분해 등을 초래하여 작동부가 녹아 붙는 등의 고장을 일으키게 된다. 또한, 유압 펌프의 효율 저하와 오일 누출 등의 원인도 된다. 일반적으로 60℃ 이상이 되면 오일의 산화에 의해 수명이 단축되며, 70℃가 한계로 생각되고 있다. 열의 발생이 적을 경우에는 열을 발산시킬 수 있으나 발열량이 많은 경우에는 강제적으로 냉각할 필요가 있으며, 이 역할을 하는 것이 오일 냉각기이다.

오일 냉각기는 회로의 되돌아오는 쪽에 설치하며, 내압은 대략 500~1000 kPa이다. 또한 냉각기의 안전을 위해 바이패스 회로를 설치한 것도 있다.

② **가열기(heater)**
㈎ 가열기의 와트 밀도가 높은 것일수록 작동체 상온의 열화가 빨라지고 냄새가 난다.
㈏ 가열기의 발열부를 완전히 오일 속에 담그고 발열시킨 후, 오일이 대류되도록 한다.
　㉮ 투입 가열기
　　㉠ 소형이며 설치가 용이하다.
　　㉡ 보수 관리가 간단하고 가격이 싸다.
　　㉢ 100~500 L 정도의 기름 탱크로 한다.
　　㉣ 히터 둘레의 기름을 강제적으로 순환시킨다.
　㉯ 밴드 가열기
　　㉠ 소형이나 설치가 어렵다.
　　㉡ 화재의 위험성이 높으며 보수 관리가 간단하다.
　　㉢ 주배관의 보온에 사용된다.
　　㉣ 히터의 보호막에 상처를 내지 않고, 이물질이 묻지 않도록 주의한다.
　㉰ 증기 가열기 : 증기를 열원으로 하므로 대형이고 인화성이 없는 곳에 사용하며, 설치가 어렵고 고가이다.

예|상|문|제

1. 유압 시스템의 파워 유닛에 속하지 않는 것은? [10-2]
① 릴리프 밸브   ② 유량 제어 밸브
③ 펌프   ④ 오일 탱크

해설 파워 유닛 : 오일 탱크, 릴리프 밸브, 펌프

2. 유압기기에 적용되는 파스칼 원리에 대한 설명으로 맞는 것은? [13-2, 17-1]
① 일정한 부피에서 압력은 온도에 비례한다.
② 일정한 온도에서 압력은 부피에 반비례한다.
③ 밀폐된 용기 내의 압력은 모든 방향에서 동일하다.
④ 유체의 운동 속도가 빠를수록 배관의 압력은 낮아진다.

해설 파스칼의 원리 : 정지된 유체 내의 모든 위치에서의 압력은 방향에 관계없이 항상 같으며, 직각으로 작용한다.

3. 점성계수의 단위로 옳은 것은? [19-2]
① kgf · m   ② kgf/cm^2
③ kgf · s/m^2 ④ kgf/s · m^4

4. 유체의 동역학에 대한 설명 중 옳은 것은 어느 것인가? [06-1, 09-2]
① 유체의 속도는 단면적이 큰 곳에서는 빠르다.
② 점성이 없는 비압축성의 액체가 수평관을 흐를 때 압력 수두+위치 수두+속도 수두 =일정하다.
③ 유속이 크고 굵은 관을 통과할 때 층류가 발생한다.
④ 유속이 작고 가는 관을 통과할 때 난류가 발생한다.

5. 수평 원관 속을 흐르는 유체에 대한 다음 설명 중 옳은 것은? (단, 에너지 손실은 없다고 가정한다.) [10-1, 11-2]
① 유체의 압력과 유체의 속도는 제곱 특성에 비례한다.
② 유체의 속도는 압력과의 관계가 없다.
③ 유체의 속도는 압력에 비례한다.
④ 유체의 속도가 빠르면 압력이 낮아진다.

6. 공동 현상(cavitation)의 발생 원인 중 거리가 먼 것은? [06-3]
① 펌프를 규정 속도 이상으로 고속 회전시켰을 때
② 패킹부에 공기 흡입
③ 흡입 필터가 막히거나 유온이 저하된 경우
④ 과부하이거나 급격히 유로를 차단한 경우

해설 공동 현상은 기포가 발생하는 현상으로 회전 날개의 과도한 침식과 노킹, 진동에 의한 소음을 유발하고 유동 형태를 변화시켜 효율을 급격히 감소시킨다. 물의 온도가 높을 때 발생된다.

7. 펌프의 캐비테이션에 대한 설명으로 틀린 것은? [08-3]
① 캐비테이션은 펌프의 흡입저항이 크면 발생하기 쉽다.

정답 1. ② 2. ③ 3. ③ 4. ② 5. ④ 6. ③ 7. ②

② 캐비테이션의 방지를 위하여 흡입관의 굵기는 펌프 본체 연결구의 크기보다 작은 것을 사용한다.
③ 캐비테이션의 방지를 위하여 펌프 흡입 라인을 가능한 한 짧게 한다.
④ 캐비테이션의 방지를 위하여 펌프의 운전 속도는 규정 속도 이상으로 해서는 안 된다.

해설 캐비테이션의 방지를 위하여 흡입관의 굵기는 유압 펌프 본체 연결구의 크기와 같은 것을 사용해야 한다.

8. 유압 펌프의 종류가 아닌 것은? [10-2]
① 기어 펌프 ② 베인 펌프
③ 피스톤 펌프 ④ 마찰 펌프

9. 유압 펌프의 형식 중 비용적형에 해당되는 것은? [09-2]
① 베인 펌프 ② 원심 펌프
③ 로브 펌프 ④ 피스톤 펌프

해설 원심 펌프는 비용적형이다.

10. 톱니바퀴처럼 한 쌍의 로터가 케이싱 내에서 맞물려 회전하며 유압유를 흡입 및 토출시키는 원리의 유압 펌프가 아닌 것은 어느 것인가? [17-2]
① 기어 펌프 ② 로브 펌프
③ 터빈 펌프 ④ 트로코이드 펌프

해설 기어 펌프에는 내접, 외접 기어 펌프, 로브 펌프, 트로코이드 펌프 등이 있다.

11. 구조가 간단하고 값이 저렴하며, 차량, 건설기계, 운반기계 등에 널리 사용되고 외접, 내접 등의 구조를 갖는 펌프는 어느 것인가? [10-2, 19-3]
① 기어 펌프 ② 베인 펌프
③ 피스톤 펌프 ④ 플런저 펌프

해설 기어 펌프의 특징
㉠ 구조가 간단하며, 다루기가 쉽고 가격이 저렴하다.
㉡ 기름의 오염에 비교적 강한 편이며, 흡입 능력이 가장 크다.
㉢ 피스톤 펌프에 비해 효율이 떨어지고, 가변 용량형으로 만들기가 곤란하다.

12. 유압 펌프에서 강제식 펌프의 장점이 아닌 것은? [06-1]
① 비강제식에 비해 크기가 대형이며 체적 효율이 좋다.
② 높은 압력(70 bar 이상)을 낼 수 있다.
③ 작동 조건의 변화에도 효율의 변화가 적다.
④ 압력 및 유량의 변화에도 원활하게 작동한다.

해설 강제식 펌프의 특징
㉠ 체적 효율이 높다.
㉡ 조건에 따라 효율의 변화가 작다.
㉢ 높은 압력을 낼 수 있다.
㉣ 크기가 작다.

13. 소용량 펌프와 대용량 펌프를 동일 축 선상에 조합시킨 펌프는? [18-2]
① 2연 베인 펌프 ② 3단 베인 펌프
③ 단단 베인 펌프 ④ 복합 베인 펌프

14. 베인 펌프의 종류가 아닌 것은? [11-2]
① 단단(單段) 펌프 ② 복합 베인 펌프
③ 2단 베인 펌프 ④ 로브 펌프

해설 로브 펌프 : 작동 원리는 외접 기어 펌프와 같으나, 연속적으로 접촉하여 회전하므로 소음이 적고, 기어 펌프보다 1회전당의 배출량은 많으나 배출량의 변동이 다소 크다.

정답 8. ④ 9. ② 10. ③ 11. ① 12. ① 13. ① 14. ④

15. 다음의 조건으로 유압 펌프를 선정하고자 할 때 적합하지 않은 펌프는? [11-3]

- 사용 압력 : 120 bar
- 토출량 : 250 L/min

① 나사 펌프 ② 회전 피스톤 펌프
③ 왕복동 펌프 ④ 베인 2단 펌프

해설 회전 피스톤, 왕복동, 베인 2단 펌프는 70~140 bar의 압력과 200 L/min 이상의 토출량이 가능하다. 일반적으로 나사 펌프의 토출량은 200 L/min 이상이 가능하나 70 bar 이하의 압력을 쓰고자 할 때 사용한다. 나사 펌프는 3개의 정한 스크루가 꼭 맞는 하우징 내에서 회전하며 매우 조용하고 효율적으로 유체를 배출한다. 안쪽 스크루가 회전하면 바깥쪽 로터는 같이 회전하면서 유체를 밀어내게 된다.

16. 다음 펌프 중 다른 펌프와 비교하여 비교적 높은 압력까지 형성할 수 있는 펌프는? [10-3]

① 베인 펌프 ② 내접 기어 펌프
③ 외접 기어 펌프 ④ 피스톤 펌프

해설 피스톤 펌프(piston pump, plunger pump) : 피스톤을 실린더 내에서 왕복시켜 흡입 및 토출을 하는 것으로 고속, 고압에 적합하나, 복잡하여 수리가 곤란하며 값이 비싸다. 이 펌프는 고정 체적형이나 가변 체적형 모두 가능하며, 효율이 매우 좋고, 높은 압력과 균일한 흐름을 얻을 수 있어서 성능이 우수하다.

17. 고압 소용량 펌프 및 저압 대용량 펌프와 릴리프 밸브, 무부하 밸브, 체크 밸브를 1개의 본체에 조합시킨 펌프로 오일의 온도 상승을 방지하는 효율적인 펌프이나 가격이 고가이고 체적이 큰 단점이 있는 펌프는? [09-1]

① 다단 펌프 ② 다련 펌프
③ 기어 펌프 ④ 복합 펌프

해설 복합 베인 펌프(combination vane pump) : 고압 소용량 펌프로 저압 대용량 펌프와 릴리프 밸브, 무부하 밸브, 체크 밸브를 1개의 본체에 조합시킨 펌프이다. 압력 제어가 자유롭고 온도 상승을 방지할 수 있으나 가격이 비싸고 체적이 크다.

18. 유압 펌프에 관련되는 용어로서 가변 용량형 펌프를 올바르게 설명한 것은? [09-2]

① 토출 에너지가 일정한 펌프 토출량을 변화시킬 수 있는 펌프
② 기어가 내접 물림하는 형식의 펌프
③ 기어가 외접 물림하는 형식의 펌프
④ 가변형은 토출량을 조절할 수 있는 것

19. 240 kgf/cm²의 사용 압력으로 50000 kgf의 힘을 내고 0.5 m의 행정 거리를 0.01 m/s의 속도로 움직이는 유압 프레스를 설계할 때 필요한 실린더 지름 및 펌프의 토출 유량은 약 얼마인가? [07-1]

① 16.3 mm, 11 L/min
② 163 mm, 12 L/min
③ 17.3 mm, 11 L/min
④ 273 mm, 12 L/min

해설 ㉠ $P = \dfrac{F}{A}$에서

$A = \dfrac{F}{P} = \dfrac{50000}{240} \fallingdotseq 208.3 \text{ cm}^2$

$A = \dfrac{\pi d^2}{4} = 208.3 \text{ cm}^2$

정답 15. ① 16. ④ 17. ④ 18. ④ 19. ②

$$\therefore d = \sqrt{\frac{4 \times 208.3}{\pi}} \fallingdotseq 16.3\,\text{cm} = 163\,\text{mm}$$

ⓒ $Q = AV$
$= 208.3 \times 0.01 \times 100 \times 60$
$= 12498\,\text{cm}^3/\text{min} \fallingdotseq 12\,\text{L/min}$

20. 유압 펌프의 동력(L_P)을 구하는 식으로 맞는 것은? (단, P=펌프 토출압(kgf/cm²), Q=이론 토출량(L/min), η=전효율이다.) [07-1]

① $L_P = \dfrac{P \times Q}{450\eta}$ [kW] ② $L_P = \dfrac{P \times Q}{612\eta}$ [kW]
③ $L_P = \dfrac{P \times Q}{7500\eta}$ [kW] ④ $L_P = \dfrac{P \times Q}{10200\eta}$ [kW]

21. 그림에서 A측에 압력 50 kgf/cm²의 유압유를 12 L/min씩 보낼 때 그 동력(힘)은 약 몇 N·m/s인가? [14-1]

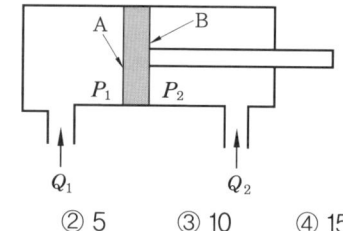

① 1 ② 5 ③ 10 ④ 15

해설 $L = PQ$
$= 50 \times \dfrac{12 \times 10^3}{60} = 10000\,\text{kgf} \cdot \text{cm/s}$
$= 100\,\text{kgf} \cdot \text{m/s} = 10\,\text{N} \cdot \text{m/s}$

22. 유압 펌프의 이론 토출량에 대한 실제 토출량의 비는? [15-2]
① 전효율 ② 기계 효율
③ 용적 효율 ④ 동력 효율

23. 12 kW의 전동기로 구동되는 유압 펌프가 토출압이 70 kgf/cm², 토출량은 80 L/min, 회전수가 1200 rpm일 때, 전효율은 약 몇 %인가? [09-3, 16-1]
① 59 ② 68 ③ 76 ④ 87

해설 $\text{kW} = \dfrac{1000 \times Q \times H}{102 \times 60 \times \eta}$ 이므로
$12 = \dfrac{1000 \times 0.08 \times 700}{102 \times 60 \times \eta}$,
$\therefore \eta = 0.7625 \fallingdotseq 76\%$

24. 밸브의 조작력이나 제어 신호를 가하지 않은 상태를 무엇이라 하는가? [09-3]
① 정상 상태 ② 복귀 상태
③ 조작 상태 ④ 누름 상태

해설 정상 상태(normal position) : 조작력 또는 제어 신호가 걸리지 않을 때의 밸브 몸체의 위치

25. 밸브에 조작력이 작용하고 있을 때의 위치를 나타내는 용어는? [18-3]
① 과도 위치 ② 노멀 위치
③ 작동 위치 ④ 초기 위치

해설 작동 위치(actuated position) : 조작력이 걸려 있을 때의 밸브 몸체의 최종 위치

26. 밸브의 구조에 의한 분류에 해당되지 않는 것은? [11-1, 16-3]
① 포핏 형식 ② 스풀 형식
③ 로터리 형식 ④ 파일럿 형식

해설 파일럿 형식은 방향 제어 밸브의 조작 방식에 의한 분류이다.

27. 유압의 제어 밸브 중 포핏 밸브 구조가 아닌 것은? [14-3]
① 콘(cone) 내장 밸브

정답 20. ② 21. ③ 22. ③ 23. ③ 24. ① 25. ③ 26. ④ 27. ③

② 볼(ball) 내장 밸브
③ 스풀(spool) 내장 밸브
④ 디스크(disk) 내장 밸브

해설 스풀(spool) 내장 밸브는 밸브 구조상 슬라이드형 밸브이다.

28. 포핏식(poppet type) 방향 전환 밸브의 장점은? [13-2]

① 밸브의 이동 거리가 길다.
② 밸브의 내부 누설이 작다.
③ 밸브의 조작력을 평형시키기 적당하다.
④ 조작의 자동화가 쉽다.

해설 포핏식은 완전한 밀착된다.

29. 다음은 유압 제어 밸브의 분류이다. 잘못 연결된 것은? [12-1]

① 일의 크기-압력 제어 밸브
② 일의 방향-방향 제어 밸브
③ 일의 종류-유량 제어 밸브
④ 일의 속도-유량 제어 밸브

30. 다음 중 유압 구동기구의 제어 밸브가 아닌 것은? [13-3]

① 방향 제어 밸브   ② 회로 지시 밸브
③ 유량 제어 밸브   ④ 압력 제어 밸브

해설 제어 밸브에는 압력 제어 밸브, 유량 제어 밸브, 방향 제어 밸브가 있다.

31. 압력 제어 밸브로 옳은 것은? [14-2]

① 체크 밸브   ② 리듀싱 밸브
③ 셔틀 밸브   ④ 감속 밸브

32. 압력 제어 밸브가 아닌 것은? [08-3]

① 교축 밸브

② 감압 밸브
③ 시퀀스 밸브
④ 카운터 밸런스 밸브

해설 교축 밸브는 유량 제어 밸브이다.

33. 다음 유압 밸브 중 주 회로의 압력보다 저압으로 사용할 경우 쓰이는 밸브는 어느 것인가? [07-1, 18-2]

① 감압 밸브   ② 릴리프 밸브
③ 무부하 밸브   ④ 시퀀스 밸브

해설 감압 밸브(pressure reducing valve) : 이 밸브는 유압 회로에서 어떤 부분 회로의 압력을 주 회로의 압력보다 저압으로 해서 사용하고자 할 때의 분기 회로로 사용한다.

34. 유압 회로 내에 설정 압력 이상으로 유압유가 동작될 때 설정 압력 초과분의 압력을 탱크로 바이패스시켜 회로 내의 과부하를 방지하는 기능을 가진 압력 제어 밸브는 어느 것인가? [12-2]

① 릴리프 밸브   ② 시퀀스 밸브
③ 리듀싱 밸브   ④ 압력 스위치

해설 릴리프 밸브 : 직동형 압력 제어 밸브에 보완 장치를 갖춘 것으로 시스템 내의 압력이 최대 허용 압력을 초과하는 것을 방지해 준다.

35. 유압 제어 밸브 중 회로의 최고 압력을 제한하는 밸브는? [18-3]

① 감압 밸브
② 릴리프 밸브
③ 시퀀스 밸브
④ 카운터 밸런스 밸브

해설 릴리프 밸브는 실린더 내의 힘이나 토크를 제한하여 부품의 과부하(over load)를

정답 28. ② 29. ③ 30. ② 31. ② 32. ① 33. ① 34. ① 35. ②

방지하고 최대 부하 상태로 최대의 유량이 탱크로 방출되기 때문에 작동 시 최대의 동력이 소요된다.

36. 압력 제어 밸브는 유압 시스템의 전체 또는 일부의 압력을 제어한다. 다음 중 압력 릴리프 밸브의 사용 목적에 따른 밸브 명칭이 아닌 것은? [06-1]
① 카운터 밸런스 밸브
② 브레이크 밸브
③ 로딩 밸브
④ 시퀀스 밸브

37. 직동형 압력 릴리프 밸브의 특징이 아닌 것은? [09-2]
① 원격 제어가 가능하다.
② 구조가 간단하다.
③ 압력 오버라이드 특성이 크다.
④ 저압 소용량에 적합하다.

[해설] 직동형은 원격 제어가 불가능하다.

38. 압력 릴리프 밸브에서 압력 오버라이드는 어떻게 표현되는가? [13-1]
① 전유량 압력 – 크래킹 압력
② 크래킹 압력 – 전유량 압력
③ 크래킹 압력 ÷ 전유량 압력
④ 전유량 압력 × 크래킹 압력

39. 무부하 밸브(unloading valve)에 대한 설명으로 틀린 것은? [18-1]
① 동력을 절감시키는 역할을 한다.
② 유압의 상승을 방지하는 역할을 한다.
③ 실린더의 부하를 감소시키는 역할을 한다.
④ 펌프 송출량을 탱크로 되돌리는 역할을 한다.

[해설] 무부하 밸브(언로드 밸브, unloader pressure control valve) : 일정한 조건으로 펌프를 무부하로 주기 위해 사용되는 밸브

40. 압력의 조정을 통하여 실린더를 순서대로 작동시키기 위해 사용되는 밸브는? [20-2]
① 시퀀스 밸브
② 카운터 밸런스 밸브
③ 파일럿 작동 체크 밸브
④ 일방향 유량 제어 밸브

[해설] 시퀀스 밸브는 순차 밸브이다.

41. 자중에 의한 낙하 등을 방지하기 위한 배압을 생기게 하고, 역방향의 흐름이 자유롭도록 체크 밸브의 기능이 내장되어 있는 밸브는? [07-3, 10-3, 16-1, 19-3]
① 방향 제어 밸브
② 유압 서보 밸브
③ 유량 제어 밸브
④ 카운터 밸런스 밸브

[해설] 카운터 밸런스 밸브(counter balance valve) : 회로의 일부에 배압을 발생시키고자 할 때 사용하는 밸브로, 조작 중 부하가 급속하게 제거되어 연직 방향으로 작동하는 램이 중력에 의하여 낙하하는 것을 방지하고자 할 경우에 사용한다.

42. 회로의 일부에 배압을 발생시키고자 할 때 사용하는 밸브로서 한 방향의 흐름에 대해서는 설정된 배압을 부여하고 다른 방향의 흐름은 자유 흐름을 행하는 밸브는?
① 브레이크 밸브 [08-1]
② 카운터 밸런스 밸브
③ 디플레이션 밸브
④ 파일럿 릴리프 밸브

정답 36. ③ 37. ① 38. ① 39. ③ 40. ① 41. ④ 42. ②

43. 카운터 밸런스 밸브 및 시퀀스 밸브를 설명한 것 중 옳은 것은? [16-3]
① 원격 제어가 가능한 시퀀스 밸브는 내부 파일럿 드레인이다.
② 카운터 밸런스 밸브는 릴리프 밸브와 체크 밸브의 조합이다.
③ 카운터 밸런스 밸브는 무부하, 시퀀스 밸브는 배압 발생 밸브이다.
④ 카운터 밸런스 밸브는 압력 제어 밸브, 시퀀스 밸브는 방향 제어 밸브이다.

해설 원격 제어가 가능한 시퀀스 밸브는 외부 파일럿 드레인, 카운터 밸런스 밸브는 배압 발생 밸브, 시퀀스 밸브는 순차 제어용이며, 카운터 밸런스 밸브와 시퀀스 밸브는 모두 압력 제어 밸브이다.

44. 다음 중 유압 신호를 전기 신호로 전환시키는 기기는? [20-3]
① 압력 스위치   ② 유압 실린더
③ 방향 제어 밸브   ④ 압력 제어 밸브

해설 압력 스위치는 유압 신호를 전기 신호로 전환시키는 일종의 스위치이다.

45. 압력 스위치는 유압 신호를 전기 신호로 전환시키는 일종의 스위치이다. 이 스위치의 구조상 종류에 해당되지 않는 것은? [11-2]
① 소형 피스톤과 스프링과의 평형을 이용하는 것
② 부르동관(bourdon tube)을 사용한 것
③ 벨로스(bellows)를 사용한 것
④ 오리피스(orifice)를 사용한 것

해설 오리피스를 사용하는 곳은 유량 제어 밸브이다.

46. 회로압이 설정압을 초과하면 유체압에 의해 파열되어 압유를 탱크로 귀환시키고 동시에 압력 상승을 막아 기기를 보호하는 역할을 하는 유압기기는? [10-1, 14-3, 20-3]
① 유압 퓨즈   ② 체크 밸브
③ 압력 스위치   ④ 릴리프 밸브

해설 유압 퓨즈(fluid fuse) : 전기 퓨즈와 같이 유압 장치 내의 압력이 어느 한계 이상이 되는 것을 방지하는 것으로 얇은 금속막을 장치하여 회로압이 설정압을 넘으면 막이 유체압에 의하여 파열되어 압유를 탱크로 귀환시킴과 동시에 압력 상승을 막아 기기를 보호하는 역할을 한다. 그러나 맥동이 큰 유압 장치에서는 부적당하다. 급격한 압력 변화에 대하여 응답이 빨라 신뢰성이 좋고, 설정압은 막의 재료 강도로 조절한다.

47. 유압의 방향 제어 밸브 중 슬라이드 밸브 구조의 특징은? [08-1]
① 밀봉이 우수하다.
② 누유가 발생한다.
③ 이물질에 둔감하다.
④ 작동 거리가 짧다.

해설 슬라이드 밸브는 밸브 안을 스풀이 미끄러지며 운동하여야 하므로 약간의 간격을 필요로 하기 때문에 누유가 따르게 되는 결점이 있어 로크(lock) 회로에는 이용하지 않고 포핏 형식을 사용하여 장시간 확실한 로크를 하도록 한다.

48. 4포트 3위치 방향 제어 밸브 중 탠덤 센터형에 대한 설명이 아닌 것은? [19-2]
① 펌프를 무부하시킬 수 있다.
② 센터 바이패스형이라고도 한다.
③ 실린더를 임의의 위치에서 정지시킬 수 있다.

정답 43. ②　44. ①　45. ④　46. ①　47. ②　48. ④

④ 중립 위치에서 액추에이터 배관에 압력이 걸리지 않는다.

해설 탠덤 센터형은 중립 위치에서 펌프와 탱크 사이 배관에는 압력이 걸리지 않고, 액추에이터에는 압력이 걸린다.

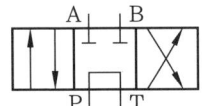

49. 건설기계 중 굴삭기는 붐 실린더나 버킷 실린더가 정지된 상태에서 굴삭기가 회전하는 경우가 있다. 4/3-way 밸브를 사용 한다면 중간 정지가 가능한 중립 위치의 형식은? [13-3]
① 펌프 클로즈드 센터형(pump closed center type)
② 오픈 센터형(open center type)
③ 클로즈드 센터형(closed center type)
④ 오픈 탠덤 센터형(open tandem center type)

50. 다음 중 중립 위치에서 모든 포트가 막힌 형식은? [08-3]
① 세미 오픈 센터형
② 클로즈드 센터형
③ 펌프 클로즈드 센터형
④ 탠덤 센터형

해설 클로즈드 센터형

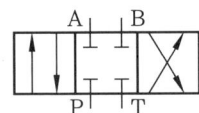

51. 다음의 3위치 4방향 제어 밸브 중 중간 정지용으로 사용할 수 있고 밸브의 전환 시 서지압이 발생될 수 있는 밸브는 무엇인가? [09-2]
① 펌프 클로즈드 센터형(pump closed center type)
② 오픈 센터형(open center type)
③ 클로즈드 센터형(closed center type)
④ 오픈 탠덤 센터형(open tandem center type)

해설 오픈 탠덤 센터형

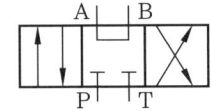

52. 유압 장치 작동 중 관로의 흐름이 밸브 등에 의해 순간적으로 차단될 때, 유체의 운동 에너지가 탄성 에너지로 변하여 나쁜 영향을 미치는 것은? [15-1]
① 오리피스(orifice)
② 채터링(chattering)
③ 캐비테이션(cavitation)
④ 서지 압력(surge pressure)

53. 유압 액추에이터의 속도 조절용 밸브는 어느 것인가? [08-3, 15-3]
① 축압기
② 압력 제어 밸브
③ 방향 제어 밸브
④ 유량 제어 밸브

54. 외부의 압력 부하가 변하더라도 회로에 흐르는 유량을 항상 일정하게 유지시켜 주면서 유압 모터의 회전이나 유압 실린더의 이동 속도를 제어하는 밸브는? [12-2, 19-1]

정답 49. ③　50. ②　51. ④　52. ④　53. ④　54. ③

① 분류 밸브
② 단순 교축 밸브
③ 압력 보상형 유량 조절 밸브
④ 온도 보상형 유량 조절 밸브

해설 압력 보상형 유량 조절 밸브 : 압력 보상 기구를 내장하고 있으므로 압력의 변동에 의하여 유량이 변동되지 않도록 회로에 흐르는 유량을 항상 일정하게 자동적으로 유지시켜 주면서 유압 모터의 회전이나 유압 실린더의 이동 속도 등을 제어한다.

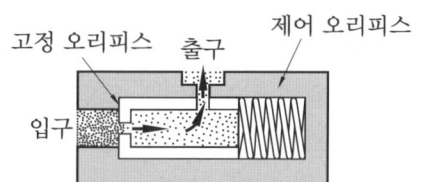

55. 두 개의 실린더를 동조시키는데 사용되며, 정확도가 크게 요구되지 않는 경우에 사용되는 밸브는? [12-3, 17-2]
① 감속 밸브 ② 감압 밸브
③ 체크 밸브 ④ 분류 및 집류 밸브

해설 분류 및 집류 밸브 : 공급되는 유량을 분류 또는 집류하며 10% 내에서 균등하게 분배되는 것으로 두 개의 실린더를 동조시키는데 사용되며, 정확도가 크게 요구되지 않는 경우에 사용되는 밸브

56. 한쪽 방향으로의 흐름은 제어하지만 역방향으로의 흐름은 제어가 불가능한 밸브는? [20-3]
① 감속 밸브 ② 니들 밸브
③ 셔틀 밸브 ④ 체크 밸브

57. 로킹 회로에서 큰 외력에 대항해서 정지 위치를 확실히 유지하기 위해 사용되는 밸브는? [10-3]
① 셔틀 밸브
② 시퀀스 밸브
③ 감압 밸브
④ 파일럿 조작 체크 밸브

해설 파일럿 조작 체크 밸브(pilot operated check valve) : 파일럿으로서 작용되는 유체 압력에 의해 그 기능을 변화시키는 것이 가능한 체크 밸브

58. 다음 그림과 같은 구조의 밸브 명칭은 무엇인가? [19-2]

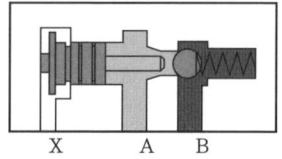

① 셔틀 밸브
② 릴리프 밸브
③ 파일럿 조작 체크 밸브
④ 압력 보상형 유량 조정 밸브

해설 파일럿 조작 체크 밸브(pilot operated check valve) : 파일럿으로서 작용되는 유체 압력에 의해 그 기능을 변화시키는 것이 가능한 체크 밸브

59. 적당한 캠 기구로 스풀을 이동시켜 유량의 증감 또는 개폐 작용을 하는 밸브로서 상시 개방형과 상시 폐쇄형이 있으며 귀환 운동을 자유롭게 하기 위하여 체크 밸브를 내장한 것도 있는 유압기기는? [12-3]
① 스로틀 변환 밸브
② 감속(deceleration) 밸브
③ 파일럿 조작 체크 밸브
④ 셔틀 밸브

정답 55. ④ 56. ④ 57. ④ 58. ③ 59. ②

해설 감속 밸브 : 캠 기구를 이용하여 스풀을 이동시킴으로써 유량을 증감 또는 개폐할 수 있는 작용을 하는 밸브

60. 서보 유압 밸브의 특징으로 볼 수 없는 것은? [10-1]
① 소형으로서 대출력을 얻을 수 있다.
② 빠른 응답성을 가지고 있다.
③ 작동기와 부하 장치를 보호하는 효과가 있다.
④ 소형으로서 가격이 저렴하다.

해설 서보 밸브(servo valve) : 전기 그 밖의 입력 신호에 따라 유량 또는 압력을 제어하는 밸브로 소형이며 고응답성이다.

61. 유압 에너지를 직선 왕복 운동으로 변환하는 기계 요소는? [06-3, 16-3, 17-2]
① 실린더   ② 축압기
③ 회전 모터   ④ 스트레이너

해설 유압 실린더 : 유압 동력을 직선 왕복 운동으로 변환하는 기구

62. 다음 중 유압 실린더의 사용 목적으로 가장 적절한 것은? [16-1]
① 유체의 양을 조절하기 위한 것
② 유체의 흐름 방향을 제어하기 위한 것
③ 유체의 압력 에너지의 압력을 조절하는 것
④ 유체의 압력 에너지를 전진 운동으로 변환하는 것

63. 유압을 피스톤의 한쪽 면에만 공급해 주는 실린더는? [12-3, 16-1]
① 복동 실린더   ② 단동 실린더
③ 탠덤 실린더   ④ 양로드 실린더

64. 피스톤이 없이 로드 자체가 피스톤 역할을 하는 것으로 로드가 굵기 때문에 좌굴하중을 받을 수 있고, 공기 구멍을 두지 않아도 되는 유압 단동 실린더는? [16-2]
① 램형 실린더(ram cylinder)
② 디지털 실린더(digital cylinder)
③ 양로드 실린더(double rod cylinder)
④ 텔레스코프 실린더(telescope cylinder)

해설 램형 실린더 : 같은 크기의 실린더일 때 로드의 좌굴하중을 가장 크게 받을 수 있는 실린더

65. 유압 실린더의 실린더 전진과 후진 속도를 일정하게 하는 방법으로 옳은 것은?
① 양로드 실린더를 사용한다. [19-3]
② 브레이크 회로를 사용한다.
③ 블리드 오프 회로를 사용한다.
④ 카운터 밸런스 회로를 사용한다.

66. 유압 실린더의 쿠션 장치에 대한 설명으로 틀린 것은? [16-1]
① 체크 밸브 : 복귀하기 위한 운동 속도를 촉진한다.
② 쿠션 링 : 로드 엔드축에 흐르는 오일을 차단한다.
③ 쿠션 플런저 : 헤드 엔드축에 흐르는 오일을 차단한다.
④ 쿠션 밸브 : 완충 장치로 서지압은 발생하지 않는다.

해설 쿠션 밸브는 감속 범위 조정용이다.

67. 유압 실린더를 선정함에 있어서 유의할 사항이 아닌 것은? [19-2]
① 행정 길이   ② 설치 형식
③ 실린더 색상   ④ 튜브의 안지름

정답 60. ④ 61. ① 62. ④ 63. ② 64. ① 65. ① 66. ④ 67. ③

68. 유압 실린더를 선정함에 있어서 유의할 사항으로 거리가 먼 것은? [13-2]
① 부하의 크기 ② 속도
③ 스트로크 ④ 설치 방법

69. 유압 실린더의 호칭을 표시할 때 포함되지 않는 정보는? [13-3, 20-2]
① 규격 명칭 ② 로드 무게
③ 쿠션 구분 ④ 실린더 안지름

해설 로드 지름은 기호로 나타내고 무게는 표시하지 않는다.

70. 유압 실린더를 구성하는 기본적인 부품이 아닌 것은? [15-3]
① 커버 ② 피스톤
③ 스풀 ④ 실린더 튜브

해설 유압 실린더는 사용 목적, 조건에 따라 여러 가지 구조가 있으나 이것을 구성하고 있는 기본적인 부품에는 실린더 튜브, 피스톤, 피스톤 로드, 커버, 패킹 등이 있다.

71. 다음 중 유압 실린더의 지지 형식에 따른 기호에 해당되지 않는 것은? [14-1]
① LA ② FA ③ LC ④ TC

해설 ㉠ 고정 실린더 : 풋형(LA, LB), 플랜저형(FA, PB)
㉡ 요동 실린더 : 클레비스형(CA, CB), 트러니언형(TA, TC, TB)

72. 유압 실린더에서 면적비가 1 : 0.5(피스톤 측 면적 : 피스톤 로드 측 면적)이라면 유량이 일정할 때 피스톤의 후진 운동 속도는 전진 속도의 몇 배인가? [15-1]
① 0.5 ② 1.5 ③ 2 ④ 3

해설 피스톤의 속도는 피스톤 면적에 반비례한다.

73. 다음 중 유압 실린더의 수축 과정에서 발생하는 힘을 나타내는 수식 표현으로 옳은 것은? [14-3]
① 압력×피스톤 면적
② 유량÷피스톤 면적
③ 압력×(피스톤 면적−로드 면적)
④ 유량÷(피스톤 면적−로드 면적)

74. 실린더에 적용된 사양이 다음과 같을 때 실린더의 전진 추력(N)은 얼마인가? (단, 배압은 작용하지 않는다.) [13-3, 20-2]

- 피스톤 지름 : 10 cm
- 공급 압력 : 1000 kPa
- 로드 지름 : 2 cm

① 250π ② 500π
③ 2500π ④ 5000π

해설 $F = P_1 A_1$에서
$P_1 = 10\,\text{bar} = 1,000,000\,\text{Pa}$
$= 1,000,000\,\text{N/m}^2 = 100\,\text{N/cm}^2$
$A_1 = \frac{\pi}{4} \times D^2 = \frac{\pi}{4} \times 10^2\,\text{cm}^2$
$\therefore F = 100 \times \frac{\pi}{4} \times 10^2 = 2500\pi\,[\text{N}]$

75. 내경 10 cm, 추력 3140 kgf, 피스톤 속도 40 m/min인 유압 실린더에서 필요로 하는 유압은 최소 몇 kgf/cm²인가? [17-2]
① 40 ② 60
③ 80 ④ 160

정답 68. ④ 69. ② 70. ③ 71. ③ 72. ③ 73. ④ 74. ③ 75. ①

해설 $P = \dfrac{F}{A} = \dfrac{3140}{\dfrac{\pi}{4} \times 10^2} ≒ 40 \,\text{kgf/cm}^2$

76. 그림에서 팽창 측과 수축 측의 부하가 같고, 로드 측의 밸브 C를 닫았을 때 압력 P_2는? (단, $D = 50\,\text{mm}$, $d = 25\,\text{mm}$, $P_1 = 30\,\text{kgf/cm}^2$) [17-1]

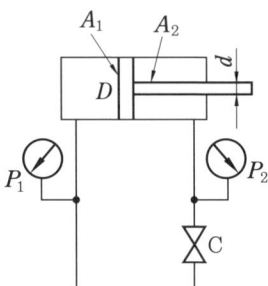

① $10\,\text{kgf/cm}^2$ ② $20\,\text{kgf/cm}^2$
③ $30\,\text{kgf/cm}^2$ ④ $40\,\text{kgf/cm}^2$

해설 $A_1 = \dfrac{\pi D^2}{4} = \dfrac{\pi \times 5^2}{4} = 19.63\,\text{cm}^2$

$A_2 = \dfrac{\pi (D^2 - d^2)}{4} = \dfrac{\pi \times (5^2 - 2.5^2)}{4}$
$= 14.73\,\text{cm}^2$

$F_1 = F_2,\ P_2 = \dfrac{A_1 \times P_1}{A_2}$

$= \dfrac{19.63 \times 30}{14.73} = 39.98\,\text{kgf/cm}^2$

77. 펌프의 토출량이 15 L/min이고 유압 실린더에서의 피스톤 지름이 32 mm, 배관경이 6 mm일 때 배관에서의 유속(A)과 피스톤의 전진 속도(B)는 각각 몇 m/s인가? [15-1]

① (A) 0.88, (B) 0.03
② (A) 5.31, (B) 1.87
③ (A) 8.84, (B) 0.31
④ (A) 53.1, (B) 18.7

해설 $Q = \dfrac{15 \times 10^{-3}\,\text{m}^3}{60\,\text{s}} = 2.5 \times 10^{-4}\,\text{m}^3/\text{s}$

㉠ 배관에서의 유속(A)

$\dfrac{Q}{A} = \dfrac{2.5 \times 10^{-4}\,\text{m}^3/\text{s}}{\dfrac{\pi}{4} \times (6 \times 10^{-3}\,\text{m})^2} = 8.84\,\text{m/s}$

㉡ 피스톤의 전진 속도(B)

$\dfrac{Q}{A} = \dfrac{2.5 \times 10^{-4}\,\text{m}^3/\text{s}}{\dfrac{\pi}{4} \times (32 \times 10^{-3}\,\text{m})^2} = 0.31\,\text{m/s}$

78. 유압 모터의 효율을 감소시키는 사항이 아닌 것은? [16-3]

① 유체의 유량 변화
② 유체 접촉부와 유체의 마찰
③ 유체의 난류성에 의한 마찰
④ 흡입구와 토출구 사이의 내부 누설

해설 유압 모터의 성능은 제조상의 정도뿐만 아니라 설계 작동 조건과의 가까운 공차 유지에 의해 좌우된다. 흡입구와 토출구 사이의 내부 누설은 유압 모터의 용적 효율을 감소시킨다. 한편, 접촉부의 마찰과 유체의 난류성에 의한 마찰은 유압 모터의 기계적 효율을 감소시킨다.

79. 다음 중 유압 모터의 장점으로 틀린 것은? [18-3]

① 기계식 모터에 비해 효율이 높다.
② 소형 경량으로 큰 출력을 낼 수 있다.
③ 무단으로 회전 속도를 낼 수 있다.
④ 회전체의 관성이 작아 응답성이 빠르다.

해설 접촉부의 마찰과 유체의 난류성에 의한 마찰은 유압 모터의 기계적 효율을 감소시킨다.

정답 76. ④ 77. ③ 78. ① 79. ①

80. 다음 중 유압 모터의 특징으로 옳지 않은 것은? [17-1]
① 점도 변화에 영향이 적다
② 소형·경량으로서 큰 출력을 낼 수 있다.
③ 작동유 내에 먼지나 공기가 침입하지 않도록, 특히 보수에 주의하여야 한다.
④ 작동유는 인화하기 쉬우므로 화재 염려가 있는 곳에서의 사용은 곤란하다.

[해설] 작동유의 점도 변화에 의해서 유압 모터의 사용에 제약을 받는다.

81. 유압 모터의 종류가 아닌 것은? [12-2]
① 기어형   ② 베인형
③ 피스톤형 ④ 나사형

[해설] 유압 모터의 종류에는 기어(gear)형, 베인(vane)형, 피스톤(piston)형이 있다.

82. 유압 모터 중 가장 간단하며 출력 토크가 일정하고 정역회전이 가능하며 토크 효율이 약 75~85%, 전효율은 약 80% 정도이고 최저 회전수는 150rpm으로 정밀한 서보기구에는 부적합한 모터는 어느 것인가? [08-1, 10-1, 12-1]
① 베인 모터
② 기어 모터
③ 액시얼 피스톤 모터
④ 레이디얼 피스톤 모터

[해설] 기어 모터는 유압 모터 중 구조면에서 가장 간단하며 유체 압력이 기어의 이에 작동하여 출력 토크가 일정하고, 정회전과 역회전이 가능하다.

83. 유압 모터의 한 종류인 기어 모터의 특징이 아닌 것은? [13-2]

① 유압 모터 중 구조가 가장 간단하다.
② 출력 토크가 일정하다.
③ 정밀한 서보기구에 적합하다.
④ 정·역회전이 가능하다.

[해설] 기어 모터는 토크 효율이 약 75~85%, 전효율은 약 80% 정도이고 최저 회전수는 150rpm으로 정밀 서보기구에는 부적합하다.

84. 유압 모터에서 가장 효율이 높으며 고압에서도 사용할 수 있는 유압 모터는 어느 것인가? [09-3, 11-2]
① 피스톤 모터   ② 기어 모터
③ 대칭형 베인 모터 ④ 베인 모터

[해설] 피스톤형 모터(piston type motor)
㉠ 원리 : 압축공기를 순차적으로 실린더 피스톤 단면에 공급하여 피스톤 사판이나 캠 크랭크축 등을 회전시켜, 왕복 운동을 기계적으로 회전 운동으로 변환함으로써 회전력을 얻는 것이다. 변환 방식은 크랭크를 사용한 것(레이디얼 피스톤형), 경사판을 이용한 것(액시얼 피스톤형), 캠의 반력을 이용한 것(멀티 스트로크, 레이디얼 피스톤형) 등이 있다.
㉡ 특징 : 중저속회전(20~400rpm), 대용량 고토크형으로 최고 회전 속도는 3000rpm, 출력은 1.5~2.6kW이다.
㉢ 용도 : 각종 반송 장치에 이용한다.

85. 다음 ( ) 안의 ㉠, ㉡ 내용으로 적절한 것은? [06-1]

> 유압 모터의 토크는 (㉠)으로 제어하고, 회전 속도는 (㉡)으로 제어한다.

① 1방향 2유량   ② 1압력 2유량
③ 1유량 2압력   ④ 1유량 2볼트

정답 80. ① 81. ④ 82. ② 83. ③ 84. ① 85. ②

86. 유압 베인 모터의 1회전당 유량이 50 cc일 때 공급 압력 8MPa, 유량 30L/min으로 할 경우 회전수(rpm)는? [07-3, 09-1]
① 700   ② 650
③ 625   ④ 600

[해설] $Q_T = V_D \cdot N$

∴ $N = \dfrac{30 \times 1000}{50} = 600\,\text{rpm}$

87. 유압 에너지를 이용하여 한정된 회전 운동을 하는 액추에이터는? [14-3]
① 유압 모터
② 유압 실린더
③ 유압 펌프
④ 유압 요동 액추에이터

[해설] 유압 모터는 연속 회전 운동, 유압 실린더는 직선 운동을 한다.

88. 유압 베인형 요동 모터 중 더블 베인형의 출력 축의 회전 각도 범위는 얼마 이내인가? [12-3]
① 280°   ② 100°   ③ 60°   ④ 360°

[해설] ㉠ 싱글 베인 : 280° 이내
㉡ 더블 베인 : 100° 이내
㉢ 트리플 베인 : 60° 이내

89. 오일 히터의 최대 열용량 와트 밀도로 적당한 것은? [12-2]
① 2W/cm² 이하   ② 5W/cm² 이하
③ 7W/cm² 이하   ④ 10W/cm² 이하

90. 그림의 회로와 같이 필터를 설치했을 때 특징으로 적합한 것은? [15-2]

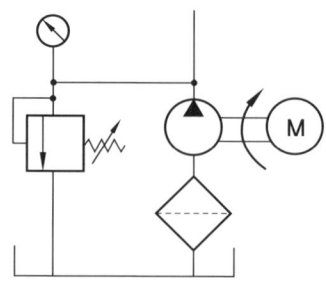

① 유압 밸브 보호를 주 목적으로 한다.
② 오염으로부터 펌프를 보호할 수 있다.
③ 복귀관 필터라고 하며 가격이 비싸다.
④ 필터 오염 시 캐비테이션이 발생하지 않는다.

91. 비교적 큰 먼지를 제거할 목적으로 사용되는 기기로, 유압 회로에서 펌프의 흡입 관로에 사용되는 것은? [14-2]
① 탱크   ② 스트레이너
③ 필터   ④ 어큐뮬레이터

[해설] 스트레이너(strainer) : 펌프를 고장나게 할 염려가 있는 약 100메시 이상의 먼지를 제거하기 위하여 오일 필터와 조합하여 사용하며, 오일 탱크 내의 펌프 흡입 쪽에 설치되는 것으로, 케이스를 사용하지 않고 엘리먼트를 직접 탱크 내에 부착하는 구조로 되어 있다. 스트레이너의 여과 능력은 펌프 흡입량의 2배 이상이어야 하고, 여과 입도는 100~150μm의 것이 많이 사용되고 있다. 여과 재료로는 철망이나 와이어 메시(wire mesh)가 사용되고, 압력강하는 50~100mmHg 이하에서 사용되는 것이 바람직하다. 보통 오일 탱크의 펌프 흡입 관로에 연결된다.

92. 오일의 점도를 알맞게 유지하기 위해 온도를 제어하는 것은? [16-3]

[정답] 86. ④   87. ④   88. ②   89. ①   90. ②   91. ②   92. ②

① 필터 　　　　② 가열기
③ 윤활기 　　　④ 축압기

93. 유압 펌프 토출 측 관로에 설치하는 필터는 어느 것인가? [15-2]
① 보조 필터 　　② 압력 라인 필터
③ 바이패스 필터　④ 복귀 라인 필터

94. 다음 중 오일 탱크의 용도로 적합하지 않은 것은? [15-3]
① 유압 에너지 축적
② 유온 상승의 완화
③ 기름 내의 기포 분리
④ 기름 내의 불순물 제거

해설 유압 장치는 모두 오일 탱크를 가지고 있다. 오일 탱크는 오일을 저장할 뿐만 아니라 오일을 깨끗하게 하고, 공기의 영향을 받지 않게 하며, 가벼운 냉각 작용도 한다.

95. 유압 시스템에서 기름 탱크 내의 유온이 안전 온도 영역에 해당되는 것은 몇 ℃ 범위인가? [12-1]
① 80~100 　　　② 65~80
③ 55~65 　　　　④ 45~55

해설 ㉠ 0~20℃ : 저온 영역
㉡ 20~30℃ : 상온 영역
㉢ 30~46℃ : 이상 온도 영역
㉣ 45~55℃ : 안전 온도 영역
㉤ 55~65℃ : 주의 온도 영역
㉥ 65~80℃ : 한계 온도 영역
㉦ 80~100℃ : 위험 온도 영역

96. 오일 탱크에 설치되어 있는 방해판의 일반적 기능이 아닌 것은? [10-3, 16-1]
① 오일의 냉각을 양호하게 한다.
② 오일에 포함된 오염 입자의 침전을 돕는다.
③ 오일 탱크로 이물질이 흡입되는 것을 방지한다.
④ 오일 중에 함유된 기포를 방출하는데 도움이 된다.

해설 오일 탱크 내에는 방해판으로 펌프 흡입 측과 복귀 측을 구별하여 오일 탱크 내에서의 오일의 순환 거리를 길게 하고 기포의 방출이나 오일의 냉각을 보존하며 먼지의 일부가 침전될 수 있도록 한다.

97. 오일 탱크의 바닥면과 지면의 최소 유지 간격으로 가장 바람직한 것은? [11-1]
① 300 mm 　　② 250 mm
③ 150 mm 　　④ 100 mm

해설 오일 탱크의 구비 요건
㉠ 오일 탱크 내에서는 먼지, 절삭분, 윤활유 등의 이물질이 혼입되지 않도록 주유구에는 여과망과 캡 또는 뚜껑을 부착하고 오일로부터 분리할 수 있는 구조이어야 한다.
㉡ 공기(빼기) 구멍에는 공기 청정기를 부착하여 먼지의 혼입을 방지하고 오일 탱크 내의 압력을 언제나 대기압으로 유지하는 데 충분한 크기인 것으로 비말유입(飛沫流入)을 방지할 수 있어야 한다. 공기 청정기의 통기 용량은 유압 펌프 토출량의 2배 이상이면 된다.
㉢ 소형 오일 탱크는 에어블리저가 주유구를 공용시켜도 무방하고, 오일 탱크의 용량은 장치 내의 작동유가 모두 복귀하여도 지장이 없을 만큼의 크기를 가져야 한다.
㉣ 오일 탱크 내에는 방해판으로 펌프 흡입 측과 복귀 측을 구별하여 오일 탱크 내에서의 오일의 순환 거리를 길게 하고 기포의 방출이나 오일의 냉각을 보존하며 먼지의 일부가 침전될 수 있도록 한다.

정답 93. ② 　94. ① 　95. ④ 　96. ③ 　97. ③

㉣ 오일 탱크의 바닥면은 바닥에서 최소 간격 15cm를 유지하는 것이 바람직하다.
㉮ 운전 중에도 보기 쉬운 곳에 유면계를 설치하고 최고와 최저 위치를 표시한다.
㉯ 오일 탱크는 완전히 세척할 수 있도록 제작한다.
㉰ 오일 탱크에는 스트레이너의 삽입이나 분리를 용이하게 할 수 있는 출입구를 만든다.
㉱ 스트레이너의 유량은 유압 펌프 토출량의 2배 이상의 것을 사용한다.
㉲ 오일 탱크의 내면은 방청과 수분의 응축을 방지하기 위하여 양질의 내유성 도료를 도장 또는 도금한다.
㉳ 업세팅 운반용으로서 적당한 곳에 훅을 단다.
㉴ 정상적인 작동에서 발생한 열을 발산할 수 있어야 한다.

98. 다음 중 어큐뮬레이터의 용도로 적합하지 않은 것은? [08-1, 12-1, 19-1]
① 압력 증대용
② 에너지 축적용
③ 펌프 맥동 완화용
④ 충격 압력의 완충용

해설 어큐뮬레이터(accumulator)의 일반적인 기능 : 유압 에너지의 축적, 서지압 흡수, 압력 보상, 맥동 제거, 충격 완충, 액체의 수송, 유체의 반송 및 증압

99. 다음 중 어큐뮬레이터의 용도로 옳지 않은 것은? [06-3]
① 에너지 저장
② 유압의 맥동 증대
③ 충격의 흡수
④ 일정 압력의 유지

해설 유압의 맥동 제거

100. 다음 중 어큐뮬레이터의 사용 목적이 아닌 것은? [13-1, 17-1]
① 일정 압력 유지
② 충격 및 진동 흡수
③ 유압 에너지의 저장
④ 실린더 추력의 증가

해설 실린더 추력이 증가하려면 압력이 높아져야 하는데 이는 어큐뮬레이터 사용과 관계가 없다.

101. 기체 봉입형 어큐뮬레이터(accumulator)에 밀봉하여 넣는 기체의 종류는?
① 산소 [07-3, 10-2, 16-2]
② 수소
③ 질소
④ 이산화탄소

102. 피스톤형 축압기의 특징으로 옳지 않은 것은? [15-3]
① 대용량도 제작이 용이하다.
② 공기 에너지를 저장할 수 있다.
③ 형상이 간단하고 구성품이 적다.
④ 유실에 가스 침입의 염려가 있다.

해설 피스톤형 축압기 : 피스톤 로드가 없는 유압 실린더와 같은 구조로 되어 있으며, 자유 부동 피스톤이 오일과 가스를 분리하고 있다. 피스톤은 매끈한 내면을 따라 운동하게 되어 있고, 오일과 가스를 분리하기 위한 패킹이 끼워져 있으며, 이중 패킹인 경우는 오일 압력을 줄이기 위해 브리더(breather)를 두고 있다. 이 축압기는 크기에 비해 높은 출력을 내고 또한 작동이 매우 정확하지만, 가스 혼입 및 오일 누출의 문제가 있다.

정답 98. ① 99. ② 100. ④ 101. ③ 102. ②

103. 다음 중 유압 작동유의 구비 조건으로 맞는 것은? [06-1]

① 압축성일 것
② 녹이나 부식의 발생을 촉진시킬 것
③ 적당한 유막 강도를 가질 것
④ 휘발성이 좋을 것

104. 유압 시스템에서 사용되는 작동유에 대한 수분의 영향과 가장 거리가 먼 것은 어느 것인가? [15-1]

① 밀봉 작용이 저하된다.
② 작동유의 방청성을 저하시킨다.
③ 금속 촉매 작용을 저하시킨다.
④ 작동유의 산화 및 열화를 촉진시킨다.

해설 수분은 금속의 부식을 촉진시킨다.

105. 유압 시스템에 사용되는 작동유에 대한 수분의 영향과 거리가 먼 것은? [11-2]

① 작동유의 윤활성을 향상시킨다.
② 작동유의 방청성을 저하시킨다.
③ 밀봉 작용이 저하된다.
④ 작동유의 산화 및 열화를 촉진시킨다.

해설 수분은 작동유의 윤활성을 저하시킨다.

106. 다음 설명에서 (   )에 알맞은 용어는 무엇인가? [09-3]

- 유압 장치의 최적 온도는 45~55℃이다.
- 작동유가 60℃ 이하에서는 (   )가(이) 비교적 완만하다.
- 60℃를 넘으면 (   )가(이) 크다.
- 0.5℃ 상승 때마다 수명이 반감하므로 펌프 흡인력의 온도는 55℃를 넘겨서는 안 된다.

① 마찰계수   ② 산화 속도
③ 동력   ④ 기계적 효율

해설 유압 장치의 작동유 최적 온도는 45~55℃로 알려져 있으며, 작동유가 60℃ 이하에서는 산화 속도가 비교적 완만하나, 60℃를 넘으면 산화 속도가 크다.

107. 작동유의 점도가 너무 높은 경우 어떤 현상이 발생하는가? [12-3]

① 내부 마찰 증대와 온도 상승
② 내부 누설 및 외부 누설
③ 동력 손실의 감소
④ 마찰 부분의 마모 증대

해설 작동유의 점도

점도가 너무 낮은 경우	점도가 너무 높은 경우
• 내부 누설 및 외부 누설 • 마찰력 증대 • 조절과 제어 곤란	• 온도 상승 • 내부 마찰 증대 • 압력 및 동력 손실 증대 • 작동유의 비활성

108. 유압 장치에서 유압유의 점성이 지나치게 큰 경우에 나타날 수 있는 현상은 어느 것인가? [13-1]

① 각 부품 사이에서 누출 손실이 커진다.
② 부품 사이의 윤활 작용을 하지 못하므로 마멸이 심해진다.
③ 유동의 저항이 급격히 감소한다.
④ 밸브나 파이프를 통과할 때 압력 손실이 커진다.

109. 유압 작동유의 점도가 너무 낮을 경우 발생되는 현상이 아닌 것은? [09-1]

① 내부 누설 및 외부 누설

정답 103. ③   104. ③   105. ①   106. ②   107. ①   108. ④   109. ④

② 마찰 부분 마모 증대
③ 정밀한 조절과 제어 곤란
④ 작동유의 응답성 저하

110. 윤활유에 사용되는 소포제로 가장 적당한 것은? [11-2, 13-2]
① 실리콘유 ② 나프텐계유
③ 파라핀유 ④ 중화수유

해설 소포성(消泡性) : 작동유에는 보통 용적 비율로 5~10%의 공기가 용해되어 있고 용해량은 압력 증가에 따라 증량한다. 이러한 작동유를 고속 분출시키거나 압력을 저하시키면 용해된 공기가 분리되어 물거품이 일어나 작동유의 손실뿐만 아니라, 펌프의 작동을 불능하게 한다. 작동유 중에 공기가 혼입하면 물의 경우와 마찬가지로 윤활 작용의 저하, 산화 촉진을 야기시키고, 압축성이 증대되어 유압기기의 작동이 불규칙하게 되고, 펌프에서 공동 현상 발생의 원인이 된다. 그러므로 작동유는 소포성이 좋아야 하고 만일 물거품이 발생하더라도 유조 내에서 빠르게 소멸되어야 한다. 작동유의 소포제로서 실리콘유가 사용된다.

111. 다음 유압 배관 중 내식성 또는 고온용으로 사용되며 열처리하여 관의 굽힘 가공, 플레어 가공에 가장 적합한 배관은?
① 동관 [18-3]
② 합성고무관
③ 알루미늄관
④ 스테인리스 강관

해설 스테인리스 강관은 난연성 작동 오일을 사용하는 경우 부식을 일으키기 쉬운 곳에 사용한다. 동관은 산화 작용으로 인하여 유압 작동유 관으로 사용하지 않는다. 즉, 동관은 재료 특성상 석유계 유압유의 산화 작용을 촉진하여 윤활유의 열화 현상을 극대화시켜 유압 배관용에는 사용하지 않는다.

정답 110. ① 111. ④

2. 유압 제어 회로 구성

2-1 유압 제어 회로 기호

에너지-용기

명칭	기호		
어큐뮬레이터	기체식	중량식	스프링식

동력원

명칭	기호
유압(동력)원	

펌프 및 모터

명칭	기호	명칭	기호
펌프		2방향 가변 용량형 유압 펌프·모터 (인력 조작)	
1방향 정용량형 유압 펌프		1방향 가변 용량형 유압 전도 장치	
1방향 가변 용량형 외부 드레인 유압 모터		1방향 가변 용량형 외부 드레인 유압 펌프 (압력 보상 제어)	
1방향 정용량형 유압 펌프·모터		2방향 가변 용량형 외부 드레인 유압 펌프·모터 (파일럿 조작)	

실린더

명칭	기호
유압 스프링 붙이 편로드형 단동 실린더	
쿠션 붙이 유압 복동 실린더	2:1 2:1
유압 복동 텔레스코프형 실린더	

기름 탱크

명칭	기호
기름 탱크 (통기식)	
기름 탱크 (밀폐식)	

압력 제어 밸브

명칭	기호	명칭	기호
릴리프 밸브		시퀀스 밸브	
파일럿 작동형 릴리프 밸브	상세 기호 / 간략 기호	시퀀스 밸브 (보조 조작 장치)	1/8

전자 밸브 장착(파일럿 작동형) 릴리프 밸브		파일럿 작동형 시퀀스 밸브	
비례전자식 릴리프 밸브 (파일럿 작동형)		무부하 밸브	
감압 밸브		양방향 릴리프 밸브	
파일럿 작동형 감압 밸브		무부하 릴리프 밸브	
비례전자식 릴리프 감압 밸브(파일럿 작동형)		카운터 밸런스 밸브	
일정 비율 감압 밸브		브레이크 밸브	

전환 밸브

명칭	기호	명칭	기호
상시 폐쇄 가변 교축 2포트 밸브	상세 기호 / 일반 기호	2포트 2위치 수동 전환 밸브	
상시 개방 가변 교축 2포트 밸브	상세 기호 / 일반 기호	3포트 2위치 외부 파일럿 전환 밸브	
상시 개방 가변 교축 3포트 밸브	상세 기호 / 일반 기호	3포트 3위치 전자 전환 밸브	
4포트 3위치 교축 전환 밸브	중앙 위치 언더랩 / 중앙 위치 오버랩	5포트 2위치 파일럿 전환 밸브	
서보 밸브		4포트 2위치 전자 파일럿 전환 밸브	

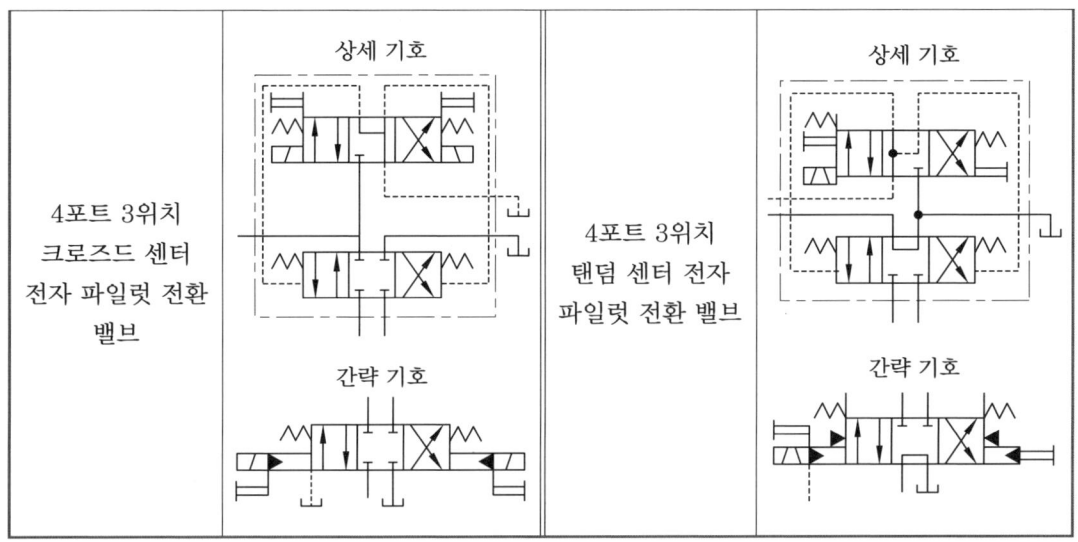

체크 밸브

명칭	기호		명칭	기호	
	상세 기호	간략 기호		상세 기호	간략 기호
체크 밸브			스프링 붙이 체크 밸브		
파일럿 조작 체크 밸브			스프링 붙이 파일럿 조작 체크 밸브		

유체 조정 기기

명칭	기호
열 교환기 냉각기	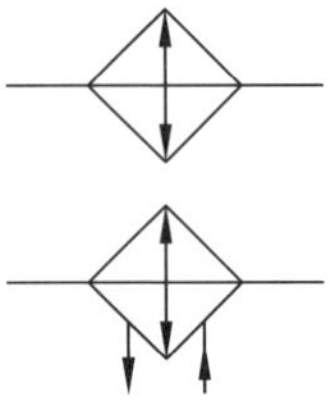
온도 조절기	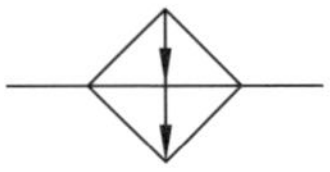
가열기	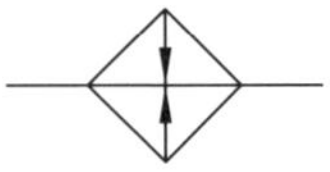

특수 에너지-변환 기기

명칭	기호
압력 전달기	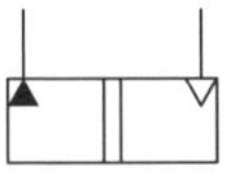
공기 유압 변환기	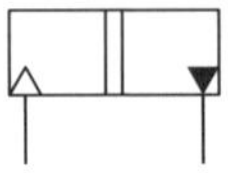 단동형 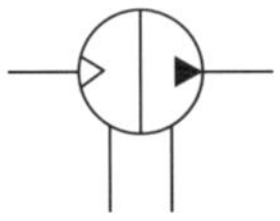 / 연속형
2종 유체용 증압기 (압력비 1 : 2)	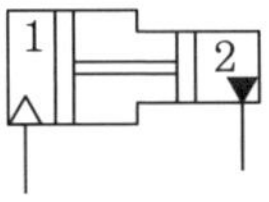 단동형 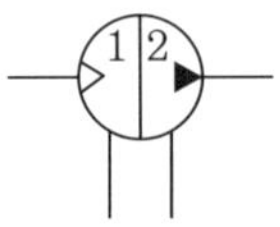 / 연속형

기타 기기

명칭	기호	명칭	기호
압력 스위치	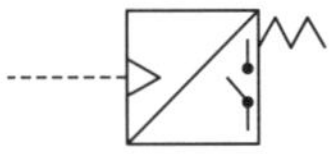	리밋 스위치	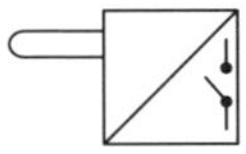

2-2 유압 제어 회로

(1) 유압 장치의 기본 회로

① **압력 제어 회로**
  ㈎ 압력 설정 회로
  ㈏ 압력 가변 회로
  ㈐ 충격압 방지 회로
  ㈑ 고저압 2압 회로

② **언로드 회로**(unload circuit, 무부하 회로 unloading hydraulic circuit) : 유압 펌프의 유량이 필요하지 않게 되었을 때, 즉 조작단의 일을 하지 않을 때 작동유를 저압으로

탱크에 귀환시켜 펌프를 무부하로 만드는 회로로서 펌프의 동력 절약, 장치의 발열 감소, 펌프의 수명을 연장시키며, 장치 효율의 증대, 유온 상승 방지, 압유의 노화 방지 등의 장점이 있다.

③ **축압기 회로** : 유압 회로에 축압기를 이용하면 축압기는 보조 유압원으로 사용된다. 이것에 의해 동력을 크게 절약할 수 있으며 압력 유지, 회로의 안전, 사이클 시간 단축, 완충 작용은 물론, 보조 동력원으로 효율을 증진시킬 수 있고, 콘덴서 효과로 유압 장치의 내구성을 향상시킨다.

　(가) 안전 장치 회로

　(나) 보조 동력원 회로(secondary source of energy)

　(다) 압력 유지 회로

　(라) 사이클 시간 단축 회로

　(마) 동력 절약 회로

　(바) 충격 흡수 회로(shock absorption circuit)

④ **속도 제어 회로**

　(가) 미터-인 회로(meter-in circuit)

　(나) 미터-아웃 회로(meter-out circuit)

　(다) 블리드-오프 회로(bleed-off circuit)

　(라) 재생 회로(regenerative circuit, 차동 회로 differential circuit) : 전진할 때의 속도가 펌프의 배출 속도 이상으로 요구되는 것과 같은 특수한 경우에 사용된다. 피스톤이 전진할 때에는 펌프의 송출량과 실린더의 로드 쪽의 오일이 함유해서 유입되므로 피스톤 진행 속도는 빠르게 된다.

　(마) 카운터 밸런스 회로(counter balance circuit) : 일정한 배압을 유지시켜 램의 중력에 의하여 자연 낙하하는 것을 방지한다.

　(바) 유 보충 밸브와 보조 실린더의 회로 : 큰 추력을 필요로 하는 대형 프레스에서는 램의 속도를 빠르게 작동시키기 위하여 키커 실린더(kicker cylinder)를 보조 실린더로 하는 회로이다.

　(사) 중력에 의한 급속 이송 회로 : 카운터 밸런스 밸브를 생략하면 램은 자중에 의하여 급속한 하강 동작을 한다. 그러나 펌프를 무부하시키기 위하여 오픈 센터형 3위치 4포트 밸브를 사용하면 밸브의 중립 위치에서도 램이 하강하므로 2위치 4포트 밸브를 사용하여 상승 행정 끝에서만 하강하도록 하는 회로이다.

　(아) 이중 실린더에 의한 급속 이송 회로 : 이 회로는 설치 장소가 제한되어 있어 보조 실린더를 외측에 설치할 수 없는 경우 이중 실린더를 사용하여 키커 실린더와 동일한 작용을 하는 회로이다.

⑤ **로크 회로** : 실린더 행정 중에 임의의 위치에서 혹은 행정 끝에서 실린더를 고정시켜 놓을 필요가 있을 때 피스톤의 이동을 방지하는 회로이다.

⑥ **시퀀스 회로(sequence circuit)**

⑦ **증압 및 증강 회로(booster and intensifier circuit)**

   (가) 증압 회로 : 이 회로는 4포트 밸브를 전환시켜 펌프로부터 송출압을 증압기에 도입시키고 증압된 압유를 각 실린더에 공급시켜 큰 힘을 얻는 회로이다.

   (나) 증강 회로(force multiplication circuit) : 유효 면적이 다른 2개의 탠덤 실린더를 사용하거나, 실린더를 탠덤(tandem)으로 접속하여 병렬 회로로 한 것인데, 실린더의 램을 급속히 전진시켜 그리 높지 않은 압력으로 강력한 압축력을 얻을 수 있는 힘의 증대 회로이다.

⑧ **동조 회로** : 래크와 피니언에 의한 동조 회로, 실린더의 직렬 결합에 의한 동조 회로, 2개의 펌프를 사용한 동조 회로, 2개의 유량 조절 밸브에 의한 동조 회로, 2개의 유압 모터에 의한 동조 회로, 유량 제어 밸브와 축압기에 의한 동조 회로가 있다.

⑨ **유압 모터 회로**

   (가) 일정 출력 회로

   (나) 일정 토크 회로

   (다) 제동 회로(brake circuit)

   (라) 유 보충 회로 : 펌프와 유압 모터를 폐회로로 연결하였을 경우 소형의 정용량형 펌프에 의하여 압유를 공급시키면 효율이 좋아지며, 공급용 펌프가 없을 경우에는 탱크로부터 직접 압유를 흡입시켜 보충시킨다.

   (마) 유압 모터의 직렬 회로 : 회로의 일부 관지름은 병렬 배치 경우보다 작아지고 입력관, 귀환관과 각 한 개의 관으로 충분하다. 각 유압 모터는 펌프 송출 압력이 압력강하의 합이 되므로 높아진다.

   (바) 유압 모터의 병렬 회로 : 병렬 배치 미터-인 회로는 각 유압 모터를 독립적으로 구동, 정지, 속도 제어가 가능하고, 각각의 모터에 걸리는 부하가 같은 경우에 유리하다. 병렬 배치 미터-아웃 회로는 각 유압 모터의 부하 변동에 따라 다른 유압 모터의 회전 속도에 영향을 주기 쉽다.

예 | 상 | 문 | 제

1. 다음 공·유압 기호의 명칭은? [19-2]

① 공압 펌프   ② 유압 펌프
③ 유압 모터   ④ 요동 모터

2. 다음 그림의 기호는 어떤 심벌(symbol)인가? [09-2]

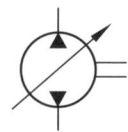

① 고정형 유압 펌프
② 가변 용량형 유압 펌프
③ 공기 압축기
④ 기어 모터

[해설] 고정 용량형 유압 펌프

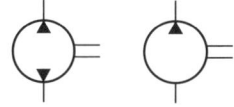

3. 다음 도면 기호의 명칭으로 맞는 것은 어느 것인가? [14-1]

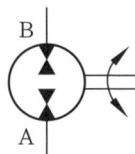

① 기어 모터
② 정용량형 펌프·모터
③ 공기 압축기
④ 가변 용량형 펌프·모터

4. 다음 기호의 명칭으로 옳은 것은? [19-3]

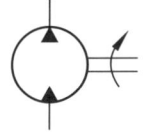

① 공기압 모터
② 요동형 액추에이터
③ 정용량형 펌프·모터
④ 가변 용량형 펌프·모터

5. 다음 기호의 명칭으로 적합한 것은 어느 것인가? [15-3]

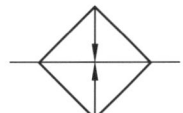

① 냉각기   ② 온도 조절기
③ 가열기   ④ 드레인 배출기

6. 다음 중 가열기를 나타낸 공·유압 기호는? [19-1]

① 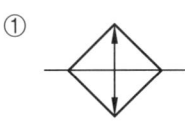   ②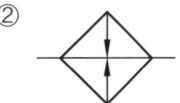

③ 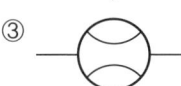   ④

[해설] ① 냉각기, ③ 유량계, ④ 압력계

정답 1. ② 2. ② 3. ② 4. ③ 5. ③ 6. ②

7. 다음의 기호가 나타내는 것은? [14-3]

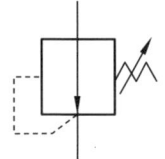

① 체크 밸브
② 무부하 밸브
③ 감압 밸브
④ 급속 배기 밸브

해설 그림의 기호는 직동형의 일반 기호인 감압 밸브를 나타낸다.

8. 다음 밸브 기호의 명칭은? [19-3]

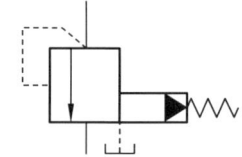

① 감압 밸브
② 릴리프 밸브
③ 카운터 밸런스 밸브
④ 파일럿 작동형 시퀀스 밸브

9. 다음 기호 중 릴리프 밸브는? [07-1]

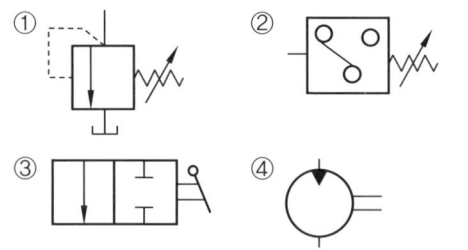

해설 ② 압력 스위치, ③ 2/2way 밸브, ④ 유압 모터

10. 실린더에 인장하중이 걸리거나 부하의 관성에 의한 인장하중 효과가 발생되면 피스톤 로드가 끌리게 되는데, 이를 방지하기 위하여 구성하는 회로는? [20-2]

① 감압 회로
② 언로딩 회로
③ 압력 시퀀스 회로
④ 카운터 밸런스 회로

해설 카운터 밸런스 회로 : 실린더를 조작하는 도중 부하가 급속히 제거될 경우, 배압을 발생시켜 피스톤의 급속 전진을 방지하려 할 때 사용하는 회로

11. 다음 기호의 명칭은? [12-1]

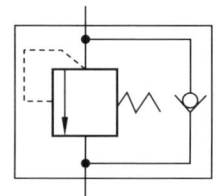

① 양방향 릴리프 밸브
② 무부하 릴리프 밸브
③ 카운터 밸런스 밸브
④ 1방향 교축 밸브

12. 실린더의 부하가 급격히 감소하더라도 피스톤이 급속히 전진하는 것을 방지하기 위하여 귀환 쪽에 일정한 배압을 걸어 주기 위한 회로를 구성하고자 한다. 이때 가장 적합하게 사용할 수 있는 밸브는? [10-2]

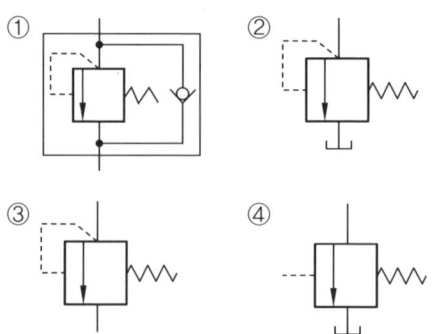

정답 7.③ 8.④ 9.① 10.④ 11.③ 12.①

13. 유압 카운터 밸런스 회로의 특징이 아닌 것은? [14-1]
① 부하가 급격히 감소되더라도 피스톤이 급발진되지 않는다.
② 카운터 밸런스 밸브는 릴리프 밸브와 체크 밸브로 구성되어 있다.
③ 이 회로는 실린더 포트에 카운터 밸런스 밸브를 병렬로 연결시킨 회로이다.
④ 일정한 배압을 유지시켜 램의 중력에 의해서 자연 낙하하는 것을 방지한다.

[해설] 속도 제어 밸브를 실린더와 병렬로 연결하여 실린더로 유입되는 유량을 조절하는 블리드 오프 방식이 있다.

14. 유압 카운터 밸런스 회로의 특징이 아닌 것은? [06-3, 11-2]
① 부하가 급격히 감소되더라도 피스톤이 급발진되지 않는다.
② 일정한 배압을 유지시켜 램의 중력에 의해서 자연 낙하하는 것을 방지한다.
③ 같은 치수의 복동 실린더 두 개를 배관하여 두 실린더의 전·후진 속도를 같도록 한 회로이다.
④ 카운터 밸런스 밸브는 릴리프 밸브와 체크 밸브로 구성되어 있다.

[해설] 카운터 밸런스 회로는 자동 낙하 방지 회로이며, ③은 동조 회로의 특징이다.

15. 다음 유압 밸브에서 알 수 없는 것은 무엇인가? [06-1, 11-3, 18-1]

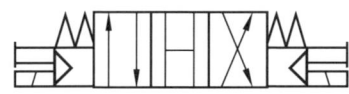

① 3위치　② 4포트
③ 개스킷　④ 오픈 센터

[해설] 이 밸브는 센터 4port 3way 밸브로 open center 타입이다.

16. 다음과 같은 밸브를 사용하는 목적으로 옳은 것은? [20-2]

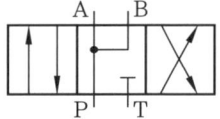

① 중립 위치에서 펌프의 부하를 줄이기 위해 사용된다.
② 중립 위치에서 실린더의 힘을 증대시키기 위해 사용된다.
③ 중립 위치에서 실린더의 후진 속도를 제어하기 위해 사용된다.
④ 중립 위치에서 실린더의 전진 속도를 빠르게 하기 위해 사용된다.

[해설] PAB 접속으로 P포트와 실린더 전진 및 후진 포트가 서로 연결되어 있어 후진할 때 P에서 공급되는 유량과 실린더 후진 측 B에서 공급되는 유량이 더해져 실린더의 전진이나 후진 속도가 빠르게 된다.

17. 4포트 3위치 밸브 중 중립 위치에서 펌프를 무부하시킬 수 있는 것은? [17-1]

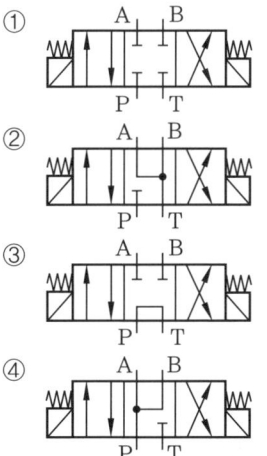

정답 13. ③　14. ③　15. ③　16. ④　17. ③

18. 그림은 4포트 전자 파일럿 전환 밸브의 상세 기호이다. 이것을 간략 기호로 나타낸 것은? [16-2]

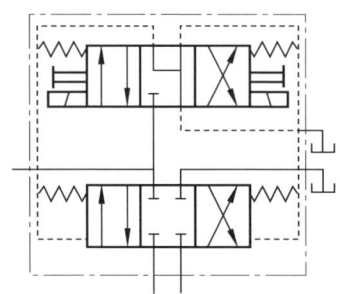

①

②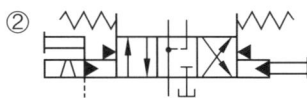

③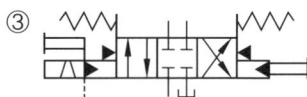

④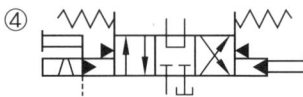

19. 다음 유량 제어 밸브 상세 기호의 명칭은? [16-2]

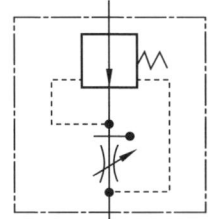

① 분류형 유량 조정 밸브
② 체크 붙이 유량 조정 밸브
③ 바이패스형 유량 조정 밸브
④ 온도 보상 붙이 직렬형 유량 조정 밸브

20. 다음의 그림은 무엇을 나타내는 것인가? [07-3]

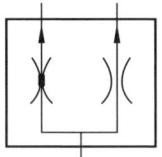

① 집류 밸브　② 분류 밸브
③ 스톱 밸브　④ 감압 밸브

해설 분류 밸브(flow dividing valve) : 유압원으로부터 2개 이상의 유압 관로로 나누어 흐르게 할 때 각각의 관로 압력의 크기에 관계없이 일정 비율로 유량을 분할시켜서 흐르게 하는 밸브이다.

21. 압력이 설정 압력 이상이 되면 작동유를 탱크로 귀환시키는 회로는? [19-1]

① 단락 회로　② 미터 인 회로
③ 압력 설정 회로　④ 미터 아웃 회로

해설 압력 설정 회로 : 모든 유압 회로의 기본으로 회로 내의 압력을 설정 압력으로 조정하는 회로로서 설정 압력 이상이 되면 릴리프 밸브가 열려 탱크에 작동유를 귀환시키는 회로이므로 안전 측면에서도 필수적이다.

22. 다음 유압 회로에서 실린더에 70 kgf/cm² 압력이 가해지고 있다. 이 실린더의 동작으로 옳은 것은? (단, 마찰저항은 무시한다.) [19-1]

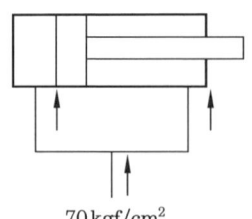

① 전진한다.　② 정지한다.
③ 후진한다.　④ 전진 후 후진한다.

정답 18. ③　19. ④　20. ②　21. ③　22. ①

해설 압력이 가해지므로 피스톤이 오른쪽으로 밀려 전진한다.

23. 유압 펌프 전체 송출량의 작동유가 필요하지 않게 되었을 때 오일을 저압으로 하여 탱크에 귀환시키는 회로는? [14-1]
① 시퀀스 회로 ② 신호 설정 회로
③ 언로드 회로 ④ 저압 제어 회로

24. 유압 회로에서 유압 작동유를 필요로 하지 않고 실린더가 동작하지 않을 때 유압 작동유를 탱크로 귀환시켜 펌프의 구동력을 절약하는 회로는? [13-1]
① 미터 아웃 회로
② 무부하 회로
③ 일정 토크 구동 회로
④ 로킹 회로

25. 무부하 회로를 사용하는 이유로 적당하지 않은 것은? [14-1]
① 유온의 상승 방지 ② 펌프의 수명 연장
③ 장치의 가열 방지 ④ 펌프의 구동력 증가

해설 ①, ②, ③ 외에 펌프의 구동력 절약, 압유의 노화 방지 등이 무부하 회로의 장점이다.

26. 다음 유압 회로의 명칭은? [11-3]

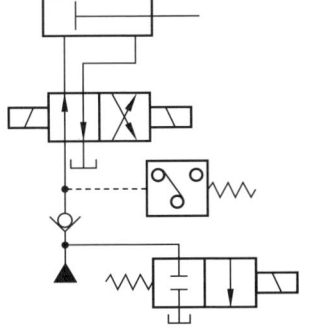

① 최대 압력 제한 회로
② 단락에 의한 무부하 회로
③ Hi-Lo에 의한 무부하 회로
④ 탠덤 센터 밸브에 의한 무부하 회로

27. 다음 회로의 명칭은? [06-3, 07-3, 17-1]

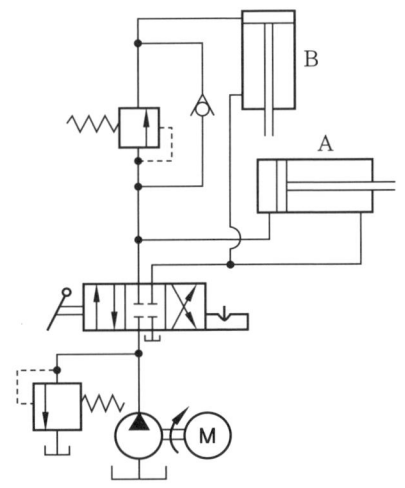

① 시퀀스 회로   ② 미터 아웃 회로
③ 블리드 오프 회로 ④ 카운터 밸런스 회로

해설 시퀀스 회로(sequence circuit)에는 전기, 기계, 압력에 의한 방식과 이들의 조합으로 된 것이 있다. 전기는 거리가 떨어져 있는 경우나 환경이 좋고 또한 가격면에서 조금이라도 유압 밸브를 절약하고 싶을 때, 또는 특히 시퀀스 밸브의 간섭을 받고 싶지 않을 때 사용된다. 그리고 기계 방식은 전기 방식보다 고장이 적고 작동도 확실하며, 밸브 간섭의 염려도 없다. 또한 압력 방식은 주위 환경의 영향을 좀처럼 받지 않고, 실린더 등의 작동부 가까이까지 배치하지 않아도 임의의 배관으로 가능하게 할 수 있다.

28. 다음 블리드 오프 방식의 회로에서 점선 안에 들어갈 기호로 적절한 것은? [19-2]

정답 23. ③ 24. ② 25. ④ 26. ② 27. ① 28. ④

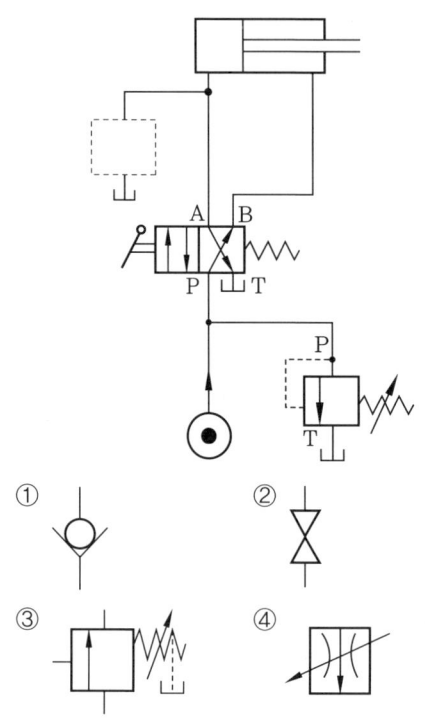

① 릴리프 밸브를 통해 여분의 기름이 탱크로 복귀하지 않는다.
② 릴리프 밸브를 통해 여분의 기름이 탱크로 복귀하므로 유온이 떨어진다.
③ 릴리프 밸브를 통해 여분의 기름이 탱크로 복귀하므로 동력 손실이 크다.
④ 릴리프 밸브를 통해 여분의 기름이 탱크로 복귀하지 않으므로 동력 손실이 있다.

29. 다음 회로의 명칭으로 옳은 것은? [18-2]

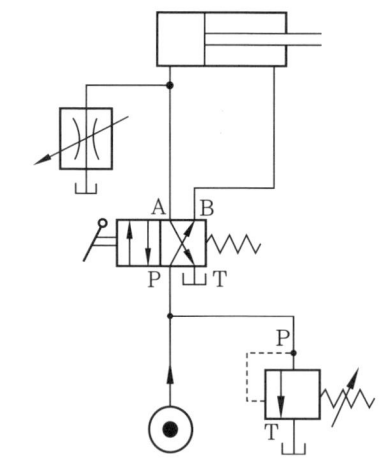

① 동조 회로　② 미터 인 회로
③ 브레이크 회로　④ 블리드 오프 회로

30. 미터 인 회로와 미터 아웃 회로의 공통점이란? [06-3]

31. 다음 회로에서 실린더의 속도 제어 방식은? [19-2]

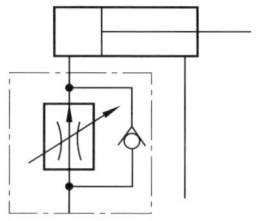

① 블리드 오프 방식
② 파일럿 오프 방식
③ 전진 시 미터 인 방식
④ 후진 시 미터 아웃 방식

32. 그림과 같은 회로에 대한 설명으로 옳은 것은? [15-1]

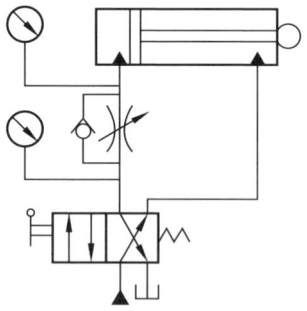

① 미터 인(meter-in) 방식의 전진 속도 조절 회로이다.
② 미터 인(meter-in) 방식의 후진 속도 조절 회로이다.

정답　29. ④　30. ②　31. ③　32. ①

③ 미터 아웃(meter-out) 방식의 전진 속도 조절 회로이다.
④ 미터 아웃(meter-out) 방식의 후진 속도 조절 회로이다.

해설 유량 제어 밸브를 실린더의 입구 측에 설치한 미터 인 방식의 속도 조절 회로이며, 체크 밸브가 작동하여 전진 행정 시에만 속도가 제어된다.

33. 다음과 같은 유압 회로에 대한 설명 중 틀린 것은? [12-1]

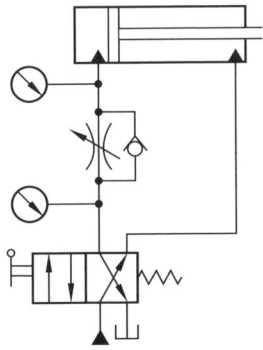

① 실린더의 속도를 항상 정확하게 제어할 수 있다.
② 실린더의 인장하중의 작용 시 카운터 밸런스 회로를 필요로 한다.
③ 전진 운동 시 실린더에 작용하는 부하 변동에 따라 속도가 달라진다.
④ 시스템에 형성되는 모든 압력은 항상 설정된 최대 압력 이내이다.

해설 도면의 회로는 유압 실린더의 미터-인 속도 조절 회로로 미터-아웃 회로에 비해 속도 조절면에서 유리하고, 동작 시 시스템의 압력은 항상 설정된 최대 압력 이내에서 작동된다. 그러나 인장하중의 작용 시에는 피스톤의 속도가 조절되지 않음으로 인하여 카운터 밸런스 회로를 필요로 하고 부하 변동에 따라 운동 속도가 달라진다.

34. 유량 제어 밸브를 사용해서 실린더 속도를 제어하는 다음 그림의 회로 명칭은 무엇인가? [13-1]

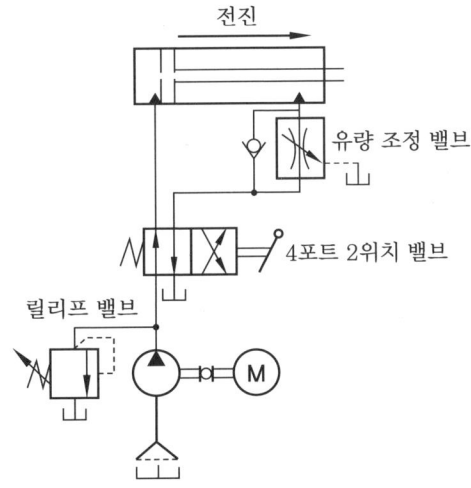

① 미터 아웃 방식 회로
② 미터 인 방식 회로
③ 블리드 오프 방식 회로
④ 블리드 온 방식 회로

해설 미터-아웃은 실린더 출구 측에 유량 제어 밸브를 설치한다.

35. 다음 회로의 속도 제어 방식으로 맞는 것은? [13-2]

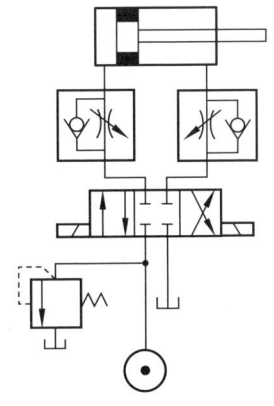

① 미터-인 방식

정답 33. ① 34. ① 35. ③

② 블리드-오프 방식
③ 미터-아웃 방식
④ 카운터 밸런스 방식

해설 미터-아웃 회로는 실린더에서 토출되는 유량을 제어하는 회로이다.

36. 드릴 및 보링 공구를 이용하여 구멍을 뚫거나 구멍을 확장시키는 다축 보링 머신과 같은 공작 기계에서 관통 구멍의 경우 부하가 급격히 감소하므로 스핀들이 급진된다. 이를 방지하기 위하여 실린더에 유량 조절 밸브를 설치한다. 이러한 회로를 무엇이라 하는가? [14-2]
① 감속 회로(deceleration circuit)
② 미터 인 회로(meter in circuit)
③ 미터 아웃 회로(meter out circuit)
④ 블리드 오프 회로(bleed off circuit)

37. 미터-아웃 유량 제어 방식의 특징으로 틀린 것은? [18-1]
① 부하가 카운터 밸런스되어 있어 끄는 힘에 강하다.
② 교축 요소에 의하여 발생된 열은 탱크로 옮겨진다.
③ 낮은 속도 조절면에서 미터-인 방식보다 불리하다.
④ 유압유의 압축성 측면에서 미터-인 방식보다 유리하다.

해설 유압유는 비압축성이다.

38. 실린더의 면적 차를 이용하여 피스톤의 전진 방향을 급속히 이동시키는 회로는 어느 것인가? [10-3]
① 시퀀스 회로   ② Hi-Lo 회로
③ 차동 회로   ④ 증압 회로

해설 차동 회로(differential circuit) : 전진할 때의 속도가 펌프의 배출 속도 이상이 요구되는 것과 같은 특수한 경우에 사용된다. 피스톤이 전진할 때에는 펌프의 송출량과 실린더의 로드 쪽의 오일이 함유되어 유입되므로 피스톤 진행 속도는 빠르게 된다. 또한, 피스톤을 미는 힘은 피스톤 로드의 단면적에 작용되는 오일의 압력이 되므로 전진 속도가 빠른 반면, 그 작용력은 작게 되어 소형 프레스에 간혹 사용된다.

39. 실린더의 행정 중 임의의 위치에서 피스톤의 이동을 방지하는 회로는 어느 것인가? [08-3, 11-2, 13-2]
① 미터 인 회로   ② 압력 설정 회로
③ 압력 유지 회로   ④ 로킹 회로

해설 실린더의 행정 중 임의의 위치에서 피스톤의 이동을 방지하거나 또는 행정 끝에서 실린더를 고정시키는 회로는 로킹 회로이다.

40. 다음 그림의 회로는? [16-2]

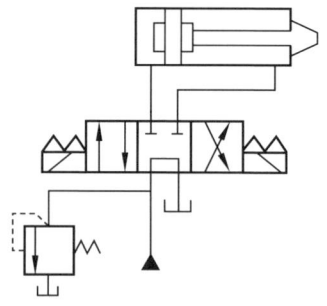

① 차동 회로
② 펌프 회로
③ 브레이크 회로
④ 임의의 위치 로크 회로

해설 이 회로는 언로드 회로도 될 수 있다. 4/3way 밸브 중 탠덤형을 사용하고 있는데

정답 36. ③ 37. ④ 38. ③ 39. ④ 40. ④

이 밸브는 작업 라인을 차단시킬 수 있어 실린더를 로크할 수 있다.

41. 로킹 회로는 액추에이터 작동 중에 임의의 위치에 정지 또는 최종 단계에 로크(lock)시켜 놓은 회로이다. 다음 그림에서 로킹을 위하여 사용한 밸브는? [13-3]

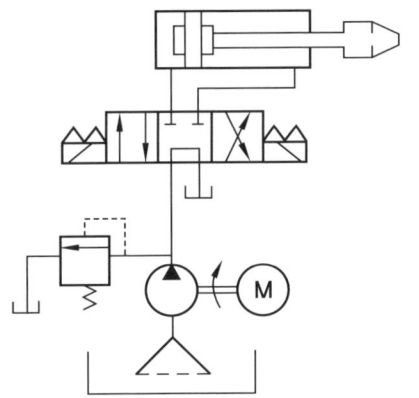

① 올 포트 블록형 변환 밸브
② 탠덤 센터형 변환 밸브
③ PB 포트 블록형 변환 밸브
④ 파일럿 조작 체크 밸브

해설 탠덤 센터형(센터 바이패스형) 변환 밸브를 사용한 회로이다.

42. 동조 회로(싱크로나이징)란? [07-1]
① 복수 실린더나 모터를 가변 속도로 동작시킬 때
② 복수 실린더나 모터를 등속도로 동작시킬 때
③ 단일 실린더나 모터를 가변 속도로 동작시킬 때
④ 단일 실린더나 모터를 등속도로 동작시킬 때

해설 같은 크기의 2개 유압 실린더에 같은 양의 압유를 유입시켜도 실린더의 치수, 누유량, 마찰 등이 완전히 일치하지 않기 때문에 완전한 동조 운동이란 불가능한 일이다. 또한 같은 양의 압유를 2개의 실린더에 공급한다는 것도 어려운 일이다. 이 동조 운동의 오차를 최소로 줄이는 회로를 동조 회로라 한다. 동조 회로에서 동기를 방해하는 요인은 실린더 내의 안지름의 차이, 마찰의 차이, 내부 누설 등이다.

43. 유압의 동조 회로에서 동조 운전을 방해하는 요소로 보기에 가장 거리가 먼 것은? [14-2]
① 마찰 차이
② 펌프 토출량
③ 내부 누설의 양
④ 실린더 안지름 차이

해설 동조 회로 방해 요소 : 실린더 크기, 마찰, 내부 누설 등

44. 다음 중 유압 회로에 발생하는 서지(surge) 압력을 흡수할 목적으로 사용되는 회로는? [08-1]
① 블리드 오프 회로
② 압력 시퀀스 회로
③ 어큐뮬레이터 회로
④ 동조 회로

해설 어큐뮬레이터 회로 : 펌프를 운전하지 않고 장시간 동안 고압으로 유지시켜 서지 탱크용으로도 사용한다.

45. 유압 회로 구성에 필요한 동력 공급 회로 중에서 실린더를 급속하게 작동시킬 때 단시간에 작은 동력으로 용량의 유압유를 공급할 수 있는 것은? [10-2]

정답 41. ② 42. ② 43. ② 44. ③ 45. ④

① 단일 펌프 회로
② 시퀀스 회로
③ 가변 용량형 펌프 회로
④ 어큐뮬레이터와 고압 펌프 회로

[해설] 단일 펌프 회로는 동력 손실이 많은 회로이며, 동력을 절약할 수 있는 것으로 고압, 저압 펌프 회로와 가변 용량형 펌프 회로가 있다. 해당 문제의 어큐뮬레이터에서 방출되는 유량은 사이클 중에 충전되는 어큐뮬레이터와 고압 펌프를 이용한 것이다.

46. 유압 모터 제어 회로의 종류 중 옳지 않은 것은? [16-1]

① 정출력 회로   ② 정토크 회로
③ 급속 배기 회로   ④ 브레이크 회로

[해설] 유압 모터 제어 회로 : 정출력 회로, 정토크 회로, 유보충 회로, 브레이크 회로, 속도 제어 회로 등

47. 유압 모터를 급정지하고자 할 때, 관성으로 인한 과부하를 방지하는 회로는 어느 것인가? [18-3]

① 직렬 회로   ② 브레이크 회로
③ 일정 출력 회로   ④ 일정 토크 회로

[해설] 브레이크 회로 : 유압 모터의 동작 시 회전 운동 중 정지하거나 역회전 운동을 하려고 할 때 모터 내에 발생되는 서지 압력을 제거할 수 있는 회로

48. 릴리프 밸브를 이용한 유압 브레이크 회로에서 유압 모터를 정지시키고자 오일의 공급을 중단했을 때 유압 모터의 현상은? (단, 모토축의 부하 관성이 크다.) [18-1]

① 바로 정지한다.
② 잠시동안 고정된다.
③ 얼마간 회전을 지속하다가 정지한다.
④ 급정지했다가 관성에 의해 다시 회전한다.

[해설] 시동 시 서지압 방지, 정지할 경우 유압적으로 제동 부여, 주된 구동기계의 관성 때문에 이상 압력이 생기거나 이상음이 발생되어 유압 장치가 파괴되는 것을 방지하기 위해 제동 회로(brake circuit)를 둔다.

49. 그림은 건설기계에서 사용되고 있는 유압 모터 회로이다. 이 회로의 적당한 명칭은? [15-2]

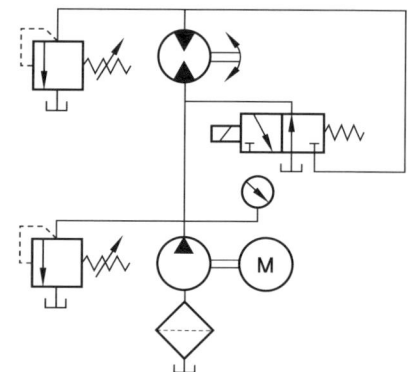

① 정토크 회로   ② 직렬 배치 회로
③ 탠덤형 배치 회로   ④ 병렬 배치 회로

정답 46. ③ 47. ② 48. ③ 49. ①

3. 시험 운전

3-1 유압기기 관리

(1) 유압 시스템 보수 유지

결함	원인
비금속 실의 파손	• 이탈 : 고압, 틈새 과다, 삽입구 불량, 삽입 불량 • 실의 노화 : 고유온, 저온 경화, 자연 노화 • 회전, 비틀림 : 굽힘하중 발생 • 실 표면 손상, 마모 : 연삭 마모, 윤활 불량 • 실의 팽윤 : 부적합 작동유, 부적당한 운전 조건, 윤활 불량, 삽입 불량 • 실의 파손, 접착, 변형 : 고압, 부적당한 운전 조건, 윤활 불량, 삽입 불량 • 실의 부적당 : 재질, 치수 불량
금속 실의 불량	• 실린더 내면 불량 : 진원도 불량, 직각도 불량, 치수 과다 • 마모 증대 : 재질 불량, 이물질에 의한 연삭 마모, 표면 다듬질 불량 • 삽입 불량 : 부착 불량, 엔드 클리어런스 불량, 위치 불량, 홈 가공 치수 불량 • 내부 누설 증대 : 실린더 내면 불량, 마모 증대, 삽입 모양 불량
작동유 불량	• 작동 온도 불량 • 작동유 오염 • 이물질, 물, 공기 흡입 • 제어 회로 설계 불량·재질 적합성 불량 • 물리적, 화학적 성질 변화
배관 불량	• 기름 누설 : 배관 접속 불량, 배관 재질 불량, 시일 불량, 기계적 파손 • 공기 흡입 : 배관 접속 불량, 시일 불량 • 배관 진동 : 펌프, 밸브의 진동으로 인한 공진, 충격 • 배관 파손 : 배관 접속 불량, 강도 부족, 재질 불량
밸브 작동 불량	밸브 습동 불량, 밸브 스프링 작동 불량, 파일럿 작동의 부정확한 속도, 내부 누설 증대, 솔레노이드 과열 또는 소손, 장치 자체 불량, 작동유 고온
펌프 소음	펌프 흡입 불량, 공기 흡입, 필터 막힘, 펌프 부품의 마모 또는 손상, 이물질 침입, 작동유 점성 증대, 구동 방식 불량, 펌프 고속 회전, 외부 진동
펌프의 마모, 파손	부적절한 작동유 사용, 작동유 오염, 펌프 흡입 불량, 공기 흡입, 구동 방식 불량, 작동유 저점성, 고압 사용 및 발생, 작동유 부족에 의한 공운전, 이물질 침입, 펌프 케이싱의 지나친 조임

예|상|문|제

1. 다음 회로에서 점선 안에 있는 제어기의 명칭은? [17-1]

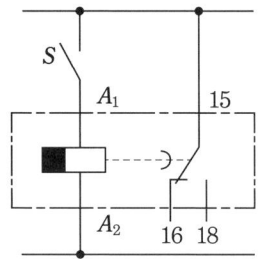

① 카운터
② 플리커 릴레이
③ ON 지연 타이머
④ OFF 지연 타이머

2. 다음 그림의 기호가 의미하는 것은 무엇인가? [15-3]

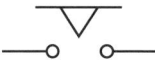

① 한시 동작 타이머 a접점
② 한시 동작 타이머 b접점
③ 한시 복귀 타이머 a접점
④ 한시 복귀 타이머 b접점

3. 전기를 이용하여 기계에서 정지 스위치를 ON하여도 기계가 정지하지 않는 고장의 원인으로 가장 적합한 것은? [16-1]
① 과전압, 내부 누설의 감소
② 구동 동력 부족, 과부하 작동, 고압 운전
③ 펌프의 흡입 불량, 내부 누설의 감소, 공기의 침입
④ 접촉자 접촉면의 오손, 접촉 불량, 푸시 버튼 장치와 제어기기의 결손 착오

4. 실린더가 불규칙적으로 작동할 경우, 고려해야 할 고장 원인으로 적합하지 않은 것은? [12-2]
① 작동유 점성 감소
② 밸브의 작동 불량
③ 펌프의 성능 불량
④ 배관 내의 공기 흡입

[해설] 실린더가 불규칙적으로 작동하는 원인 : 공기 흡입, 밸브의 작동 불량, 펌프의 성능 불량, 배관 내의 공기 흡입, 마찰저항 증대, 과부하 작동, 축압기 압력 변화, 작동유 점성 증대

5. 유압기기를 보수 관리할 때 일상 점검 요소가 아닌 것은? [09-1]
① 유압 펌프 토출 압력
② 기름 탱크 유면 높이
③ 기기 배관 등의 누유
④ 작동유의 샘플링 검사

6. 다음 중 기름이 누설되는 원인이 아닌 것은? [11-1]
① 배관 재질이 불량한 경우
② 밸브의 작동이 불량한 경우
③ 배관 접속법이 불량한 경우
④ 실(seal)이 불량한 경우

7. 유압 펌프 운전 시 점검사항에 대한 설명으로 틀린 것은? [19-2]
① 작동유의 온도는 유온계로 점검한다.
② 오일 탱크 속에 이물질이 있는지 확인한다.

정답 1. ④ 2. ③ 3. ④ 4. ① 5. ④ 6. ② 7. ③

③ 유면계를 이용하여 작동유의 점도를 점검한다.
④ 배관의 연결부가 완전히 연결되었는지 확인한다.

해설 유면계는 오일 탱크에 설치하여 유면을 지시하는 기기이다.

8. 유압 시스템에서 기름 탱크 내 유면이 낮을 때 발생하는 현상은? [13-2]
① 펌프의 흡입 불량
② 실린더의 추력 증대
③ 외부 누설의 증대
④ 토출 유량 감소

해설 토출 유량 감소 원인
㉠ 펌프 회전 방향의 오류
㉡ 구동축의 마모 또는 절손
㉢ 펌프의 늦은 회전 속도
㉣ 탱크 내 유면이 낮은 경우
㉤ 작동유의 점도가 높은 경우
㉥ 펌프 흡입 불량
㉦ 펌프 내 손상

9. 유압기기의 고장 원인이 되는 유압 작동유의 오염 원인과 거리가 먼 것은? [13-2]
① 기기의 부식과 녹
② 유압 작동유의 산화
③ 외부로부터 침입하는 고형 이물질
④ 유압 필터의 주기적인 교체

10. 유압 시스템에서 펌프의 구동 동력이 부족할 때 발생되는 현상은? [10-1, 19-1]
① 작동유가 과열된다.
② 토출 유량이 많아진다.
③ 실린더 추력이 감소된다.
④ 유압유의 점도가 높아진다.

11. 다음 중 유압 펌프의 이상 마모 원인이 아닌 것은? [13-1]
① 유압 작동유의 열화
② 유압 작동유의 오염
③ 유압 작동유의 종류
④ 유압 작동유의 고온

12. 유압 펌프에서 압력이 상승하지 않는 경우 점검사항이 아닌 것은? [18-1]
① 언로드 회로의 점검
② 릴리프 밸브의 압력 설정 점검
③ 유량 조절 밸브의 조절 상태 점검
④ 펌프축 및 카트리지 등의 파손 점검

해설 압력이 상승하지 않을 때 점검사항
㉠ 기름이 토출되고 있는지 점검
㉡ 유압 회로 점검
㉢ 릴리프 밸브 점검
㉣ 언로드 밸브 점검
㉤ 펌프 점검

13. 유압 시스템에서 압력 저하의 원인이 아닌 것은? [10-3]
① 내부 누설의 증가
② 펌프의 흡입 불량
③ 구동 동력의 부족
④ 펌프 회전이 빠름

해설 압력 부족의 원인
㉠ 부적절한 작동유 사용
㉡ 작동유 오염
㉢ 펌프 흡입 불량
㉣ 내부 누설
㉤ 구동 방식 불량
㉥ 작동유 저점성
㉦ 고압 사용 및 발생
㉧ 작동유 부족에 의한 공운전

정답 8. ④ 9. ④ 10. ③ 11. ③ 12. ③ 13. ④

㉣ 공기 흡입 및 이물질 침입
㉤ 펌프 케이싱의 지나친 조임

14. 다음 중 유압 펌프에서 소음이 나는 원인은? [10-3]
① 에어브리더의 막힘
② 이종유 사용
③ 장시간 저압에서의 운전
④ 회로가 국부적으로 교축

해설 펌프의 소음 결함의 원인
㉠ 펌프 흡입 불량
㉡ 공기 흡입
㉢ 필터 막힘
㉣ 펌프 부품의 마모, 손상
㉤ 이물질 침입
㉥ 작동유 점성 증대
㉦ 구동 방식 불량
㉧ 펌프 고속 회전
㉨ 외부 진동

15. 유압 펌프의 소음 발생 원인으로 적절하지 않은 것은? [14-2, 18-2]
① 이물질의 침입
② 펌프 흡입 불량
③ 작동유 점성 증가
④ 펌프의 저속 회전

해설 펌프의 고속 회전

16. 펌프에서 소음이 나는 원인으로 적합하지 않은 것은? [17-1]
① 공기의 침입
② 이물질의 침입
③ 작동유의 과열
④ 펌프의 흡입 불량

해설 작동유의 점성이 큰 경우 소음이 발생한다.

17. 유압 펌프의 고장 중 소음이 증대되는 원인이라고 할 수 없는 것은? [12-1]
① 흡입관이 가늘거나 혹은 막혀 있다.
② 탱크 안에 기포가 있다.
③ 흡입 필터를 설치하지 않았다.
④ 전동기축과 펌프축의 중심이 잘 맞지 않았다.

해설 흡입 필터가 막히거나 또는 용량이 부족하면 소음 발생의 원인이 되며, 이 경우 필터를 청소하거나 용량이 큰 것으로 교체한다.

18. 유압 펌프가 기름을 토출하지 못하고 있다. 점검 항목이 아닌 것은? [08-1]
① 오일 탱크에 규정량의 오일이 있는지 확인
② 흡입 측 스트레이너 막힘 상태
③ 유압 오일의 점도
④ 릴리프 밸브의 압력 설정

해설 릴리프 밸브가 잠겨 있는 경우 유압 토출이 안 된다.

19. 유압 작동유에 공기가 침입할 경우 발생하는 현상으로 적절한 것은? [14-1, 19-3]
① 작동유의 과열
② 토출 유량의 증대
③ 비금속 실(seal)의 파손
④ 실린더의 불규칙적인 작동

해설 많은 공기 침입은 펌프 각 부품들의 불규칙적인 운동의 원인이 된다.

제3장 | 제어 기초

1. 제어의 기초 이론

1-1 자동 제어의 기본 개념

(1) 제어(control)

"시스템 내의 하나 또는 여러 개의 입력 변수가 약속된 법칙에 의하여 출력 변수에 영향을 미치는 공정"으로 제어를 정의하며 개회로 제어 시스템(open loop control system) 특징을 갖는다.

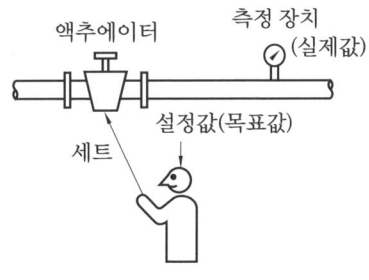

개회로 제어 시스템의 예

(2) 제어 시스템의 분류
① 제어 정보 표시 형태에 따른 분류

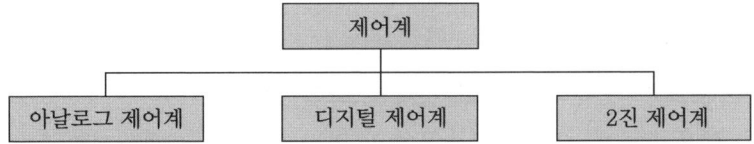

② 신호 처리 방식에 따른 분류

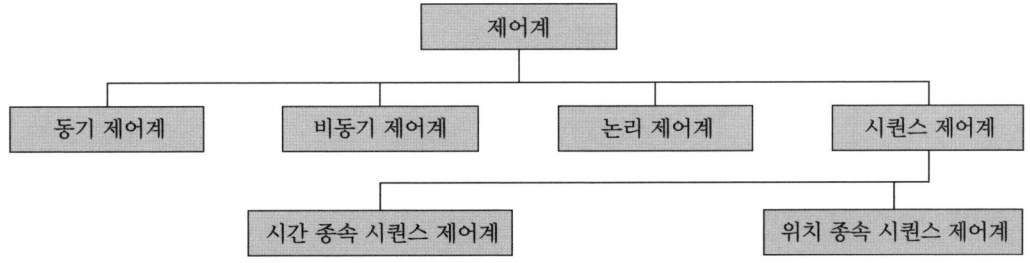

③ 제어 과정에 따른 분류

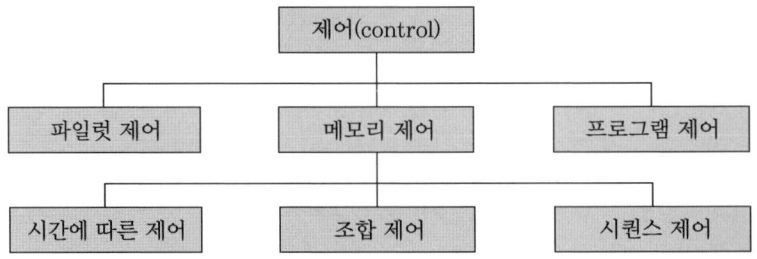

(3) 자동 제어(automatic control)

자동 제어는 "제어하고자 하는 하나의 변수가 계속 측정되어서 다른 변수, 즉 지령치와 비교되며 그 결과가 첫 번째의 변수를 지령치에 맞추도록 수정을 가하는 것"이라고 정의되고 있으며, 폐회로 제어 시스템의 특징을 갖는다. 피드백 제어란 "피드백에 의하여 제어량과 목표값을 비교하고 그들이 일치되도록 정정 동작을 하는 제어"로 되어 있다.

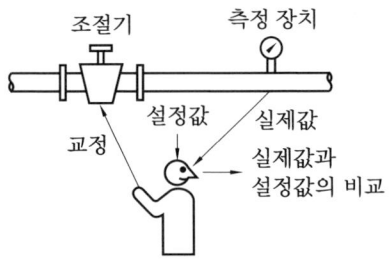

폐회로 제어 시스템의 예

① **제어 시스템의 선택 경우**
  (가) 외란 변수에 의한 영향이 무시할 정도로 작을 때
  (나) 특징과 영향을 확실히 알고 있는 하나의 외란 변수만 존재할 때
  (다) 외란 변수의 변화가 아주 작을 때

② **자동 제어 시스템의 선택 경우**
  (가) 여러 개의 외란 변수가 존재할 때
  (나) 외란 변수의 특징과 값이 변화할 때

1-2 제어계의 전달 함수

(1) 블록 선도

제어계의 구성 요소를 블록과 신호 흐름을 나타내는 선으로 표시하는데, 이것을 블록 선도(block diagram)라고 한다.

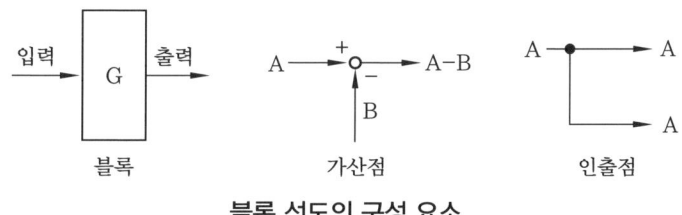

블록 선도의 구성 요소

① **블록** : 입·출력 사이의 전달 특성을 나타내는 신호 전달 요소로 사각의 블록과 화살표 선을 가지고 있다.
② **가산점** : 신호의 부호에 따라 가산을 한다. 따라서 신호의 차원은 일치되어야 한다.
③ **인출점** : 신호의 분기를 말한다.

(2) 전달 함수

신호 전달 요소를 표현하는 것으로서 보통 전달 함수(transfer function)가 사용되며 라플라스 변환에 의해 정의된다.

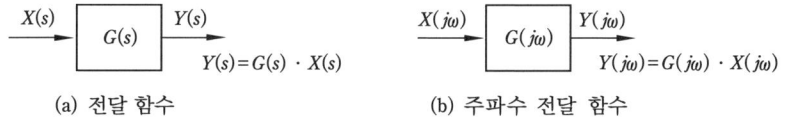

(a) 전달 함수   (b) 주파수 전달 함수

전달 요소

(3) 라플라스 변환

전달 함수는 전달 요소의 특성을 주파수 영역에서 표현한 것으로, 시간 영역에서 어떤 특성을 가지는 것은 주파수 영역에서도 특정한 특성을 나타낸다.

시간 함수 $f(t)$와 주파수 함수 $F(\omega)$ 사이의 변환에는 푸리에 변환(Fourier transform)이 사용된다.

$$F(\omega) = \int_{-\infty}^{\infty} f(t)e^{-j\omega t}dt \ : \ (\text{푸리에 변환})$$

$$f(t) = \frac{1}{2\pi}\int_{-\infty}^{\infty} F(w)e^{j\omega t}d\omega \ : \ (\text{푸리에 역변환})$$

$$\mathcal{L}[f(t)] = F(s) = \int_{0}^{\infty} e^{-st}f(t)dt \ : \ (\text{라플라스 변환})$$

$$\mathcal{L}^{-1}[F(s)] = f(t) = \frac{1}{2\pi j}\int_{-j\infty}^{+j\infty} F(s)e^{st}ds \ : \ (\text{라플라스 역변환})$$

(4) 과도 응답

입력 신호가 어떤 정상 상태에서 다른 상태로 변화했을 때 출력 신호가 정상 상태에 도달하기까지의 특성을 과도 특성이라고 하며, 과도 응답(transient response)으로 표시한다. 과도 응답을 얻기 위한 입력 신호에 스텝 응답(step response), 임펄스 응답(impulse response), 램프 응답(ramp response) 등이 있으며, 단위 스텝 신호 $u(t)$를 가했을 때의 스텝 응답은 많이 사용된다.

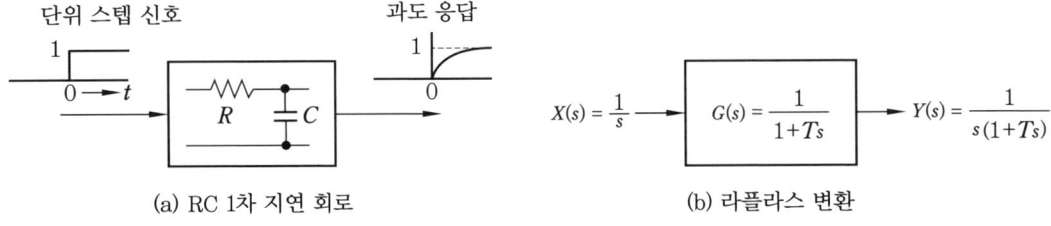

(a) RC 1차 지연 회로 (b) 라플라스 변환

RC 1차 지연 회로

R, C로 된 1차 지연 회로의 콘덴서 초기 전압은 0이다. 단위 스텝 신호의 라플라스 변환은 $u(t) = \frac{1}{s}$, 단위 스텝 신호는 $t>0$에서 1이므로,

$$F(s) = \int_{0}^{\infty} e^{-st}u(t)dt = -\frac{1}{s}[e^{-st}]_{0}^{\infty} = \frac{1}{s}$$

또한 전기 회로 소자의 s 변환을 사용하면,

$$Y(s) = G(s) \cdot X(s) = \frac{1/Cs}{R+(1/Cs)} \cdot X(s)$$

$$\therefore G(s) = \frac{1}{1+CRs} = \frac{1}{1+Ts} \quad \text{여기서, 시정수 } T=RC$$

전기 회로 소자의 s 변환

	전기 회로 소자		s 변환
(a)	저항	R (저항 기호)	$Z(s) = R$
(b)	콘덴서	C (콘덴서 기호)	$Z(s) = \dfrac{1}{Cs}$
(c)	인덕턴스	L (인덕턴스 기호)	$Z(s) = Ls$

또한 이러한 1차 지연 회로는 미분 방정식을 사용하면,

$$T = \frac{dy}{dt} + y(t) = x(t) \qquad 여기서, T=RC, x(t) : 입력 신호, y(t) : 출력 신호$$

라플라스 변환의 제 정리에서 미분 변환을 적용하면 다음과 같은 전달 함수가 얻어진다.

$$Ts \cdot Y(s) + Y(s) = X(s) \qquad \therefore G(s) = \frac{Y(s)}{X(s)} = \frac{1}{1+Ts}$$

(5) 피드백 제어와 안정성

① **1차 전달 함수의 게인** : 조절계의 게인을 충분히 크게 하면 제어량은 목표값과 일치되며 외란의 영향은 0이 된다. 제어량이 감쇠 진동을 하는 경우를 안정, 일정 진폭의 지속 진동을 하는 경우를 안정 한계, 발산 진동을 하는 경우를 불안정이라 한다.

② **게인 여유와 위상 여유**

(개) 게인 여유(GM : gain margin) : 위상이 -180°가 되는 주파수에서의 게인이 1에 대하여 어느 정도 여유가 있는지를 표시하는 값이다.

(내) 위상 여유(PM : phase margin) : 게인이 1이 되는 주파수에서의 위상이 -180°에 대하여 어느 정도의 여유가 있는지를 표시하는 값이다.

1-3 주파수 응답

라플라스 변환에 의하여 전달 요소의 과도 응답이 구해지면, 전달 요소의 주파수 응답(frequency response)을 아는 것도 중요하다. 정현파 입력 신호를 가한 경우 정상 상태에서 출력 신호의 입력 신호에 대한 진폭비(gain) 및 위상 지연이 입력 신호의 주파수에 의하여 변화하는 특성을 주파수 특성이라고 하며 주파수 응답에 의해 표시한다.

1차 지연 회로의 주파수 응답을 구하기 위해서는 주파수 전달 함수 $G(j\omega)$에서 다음과 같이 계산하면 된다.

$$G(j\omega) = \frac{1}{1+j\omega T} = \frac{1}{1+\omega^2 T^2} - j\frac{\omega T}{1+\omega^2 T^2}$$

주파수 응답을 표시하는 방법에는 벡터 궤적, 보드 선도 등이 있다. 벡터 궤적은 복소 평면상에 주파수 ω를 대수 눈금으로 가로축에 잡고 이득과 위상의 지연을 별도로 세로 축으로 한 선도이다. 이득은 데시벨(dB : $20\log 10K$)로 눈금을 취하는 수가 많고, 위상의 지연은 도(度) 또는 라디안(radian)을 눈금으로 한다.

전달 요소의 특성

구분	전달 요소	전달 함수	스텝 응답	벡터 궤적	보드 선도
(a)	비례 요소	K			
(b)	1차 지연 요소	$\dfrac{1}{1+Ts}$			
(c)	2차 지연 요소	$\dfrac{1}{(1+T_1 s)(1+T_2 s)}$			
(d)	불감 시간 요소	e^{-Ls}			
(e)	적분 요소	$\dfrac{1}{1+T_1 s}$			
(f)	미분 요소	$T_D s$			

예|상|문|제

1. 컴퓨터를 도입한 디지털 제어에 대한 설명으로 맞는 것은? [12-1]
① 연속적인 정보를 가지고 있다.
② 제어 정보는 카운터, 레지스터 등의 기구를 통해 입력된다.
③ 아날로그 신호를 사용한다.
④ 온도, 속도 등의 값이 포함된다.

[해설] ㉠ 아날로그 제어계 : 이 제어 시스템은 연속적 물리량의 온도, 속도, 길이, 조도, 질량 등의 정보가 아날로그 신호로 처리되는 시스템을 말한다.
㉡ 디지털 제어계 : 이 시스템은 정보의 범위를 여러 단계로 등분하여 각각의 단계에 하나의 값을 부여한 디지털 제어 신호에 의하여 제어되는 시스템으로 입력 정보는 카운터, 레지스터, 메모리 등을 통해 입력된다.

2. 제어 시스템 분류 중 신호 처리 방식에 의한 분류가 아닌 것은? [19-3]
① 논리 제어계
② 비동기 제어계
③ 시퀀스 제어계
④ 파일럿 제어계

[해설] ㉠ 동기 제어계(synchronous control system) : 실제의 시간과 관계된 신호에 의하여 제어가 행해지는 시스템이다.
㉡ 비동기 제어계(asynchronous control system) : 시간과는 관계없이 입력 신호의 변화에 의해서만 제어가 행해지는 시스템이다.
㉢ 논리 제어계(logic control system) : 요구되는 입력 조건이 만족되면 그에 상응하는 신호가 출력되는 시스템이다.
㉣ 시퀀스 제어계(sequence control) : 제어 프로그램에 의해 미리 결정된 순서로 제어 신호가 출력되어 순차적인 제어를 행하는 시스템이다.

3. 실제의 시간과 관계된 신호에 의해서 제어가 이루어지는 것은? [17-1]
① 논리 제어
② 동기 제어
③ 비동기 제어
④ 시퀀스 제어

[해설] 2번 해설 참조

4. 신호 처리 방식에 따른 제어계의 분류로 옳은 것은? [13-2]
① 동기 제어계, 비동기 제어계, 논리 제어계, 시퀀스 제어계
② 동기 제어계, 파일럿 제어계, 논리 제어계, 시퀀스 제어계
③ 동기 제어계, 비동기 제어계, 메모리 제어계, 시퀀스 제어계
④ 동기 제어계, 프로그램 제어계, 논리 제어계, 시퀀스 제어계

[해설] 신호 처리 방식에 따른 제어계의 분류

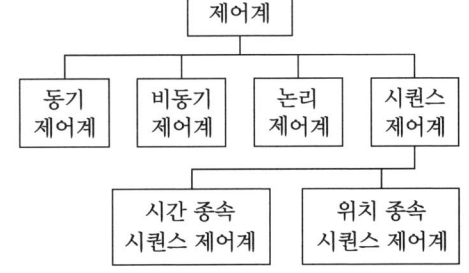

정답 1. ② 2. ④ 3. ② 4. ①

5. 다음 중 프로그램에 의한 제어가 아닌 것은? [19-1]
① 조합 제어
② 시퀀스 제어
③ 파일럿 제어
④ 시간에 따른 제어

해설 프로그램 제어 방식으로는 시간에 따른 제어, 조합 제어, 시퀀스 제어가 있다.

6. 제어를 행하는 과정에 따라 제어 시스템을 분류한 것 중 설명이 틀린 것은 어느 것인가? [11-1, 15-2]
① 메모리 제어-출력에 영향을 줄 반대되는 입력 신호가 들어올 때까지 이전에 출력된 신호는 유지된다.
② 시퀀스 제어-이전 단계 완료 여부를 센서를 이용하여 확인 후 다음 단계의 작업을 수행한다.
③ 조합 제어-요구되는 입력 조건에 관계없이 그에 관련된 모든 신호가 출력된다.
④ 파일럿 제어-메모리 기능이 없고 이의 해결을 위해 불(boolean) 논리 방정식을 이용한다.

해설 조합 제어(coordinated motion control) : 목표치(command variable)가 캠축이나 프로그래머에 의해 주어지나 그에 상응하는 출력 변수는 제어계의 작동 요소에 의해 영향을 받는다.

7. 다음 중 메모리 기능이 없고 여러 입·출력 요소가 있을 때는 논리적인 해결을 위해 불 대수가 이용되므로 논리 제어라고도 하는 것은? [03-1, 04-3, 14-1]
① 조합 제어
② 파일럿 제어
③ 시퀀스 제어
④ 메모리 제어

해설 파일럿 제어 : 입력 조건이 만족되면 그에 상응하는 출력 신호가 발생하는 형태의 제어이며, 논리 제어라고도 한다.

8. 다음 중 메모리 제어의 설명으로 옳은 것은? [18-1]
① 이전 단계 완료 여부를 센서를 이용하여 확인 후 다음 단계의 작업을 수행하는 제어
② 시스템 내의 하나 또는 여러 개의 입력 변수가 약속된 법칙에 의하여 출력 변수에 영향을 미치는 공정
③ 어떤 신호가 입력되어 출력 신호가 발생한 후에는 입력 신호가 없어져도 그때의 출력 상태를 유지하는 제어
④ 제어하고자 하는 하나의 변수가 계속 측정되어 다른 변수, 즉 지령치와 비교되며 그 결과가 첫 번째의 변수를 지령치에 맞추도록 수정을 가하는 것

해설 메모리 제어는 출력에 영향을 줄 반대되는 입력 신호가 들어올 때까지 이전에 출력된 신호는 유지된다.

9. 다음 중 정성적 제어 방식으로 분류되는 것은? [18-2]
① 비교 제어
② 되먹임 제어
③ 시퀀스 제어
④ 폐루프 제어

해설 시퀀스 제어는 정성적 제어 방식이다.

10. 전 단계의 작업 완료 여부를 리밋 스위치 또는 센서를 이용하여 확인한 후 다음 단계의 작업을 수행하는 제어 방식은 어느 것인가? [12-2, 16-2]
① 메모리 제어
② 시퀀스 제어
③ 파일럿 제어
④ 시간에 따른 제어

해설 시퀀스 제어는 순차 제어이다.

정답 5. ③ 6. ③ 7. ② 8. ③ 9. ③ 10. ②

11. 미리 정해 놓은 순서에 따라 제어의 각 단계를 차례로 진행시켜 가는 제어는 어느 것인가? [13-1, 15-2, 16-3]
① 정치 제어　② 추종 제어
③ 시퀀스 제어　④ 피드백 제어

12. 전기세탁기, 승강기 및 자동판매기는 다음 중 어떤 제어에 가장 적합한가? [14-3]
① 폐회로 제어　② 공정 제어
③ 시퀀스 제어　④ 되먹임 제어

13. 시퀀스 제어계에서 위치 종속 시퀀스 제어계란 무엇인가? [08-1]
① 순차적인 작업이 이전 단계의 작업 완료 여부를 확인하여 수행하는 제어 시스템
② 순차적인 제어가 시간의 변화에 따라서 행해지는 제어 시스템
③ 프로그램 벨트나 캠축을 모터로 회전시켜 일정한 시간이 경과되면 다음 작업이 행해지도록 하는 시스템
④ 실제의 시간과 관계없이 입력 신호 변화에 의해서만 제어가 행해지는 시스템

[해설] 위치 종속 시퀀스 제어계(process ependent sequence control system) : 순차적인 작업이 이전 단계의 작업 완료 여부를 확인하여 수행하는 제어 시스템

14. 시퀀스 제어의 작동 상태를 나타내는 방식이 아닌 것은? [07-1, 16-2]
① 릴레이 회로도　② 타임 차트
③ 플로 차트　④ 나이퀴스트 선도

15. 시퀀스 제어에 관한 설명 중 옳지 않은 것은? [11-3, 14-3]

① 전체 계통에 연결된 제어 신호가 동시에 동작할 수도 있다.
② 시간 지연 요소도 사용된다.
③ 기계적 계전기도 사용된다.
④ 조합 논리 회로도 사용된다.

[해설] 시퀀스 제어는 순차 제어이다.

16. 다음 중 유접점 시퀀스 제어의 특징이 아닌 것은? [15-1, 19-1]
① 개폐 부하의 용량이 크다.
② 제어반의 외형과 설치 면적이 작아진다.
③ 온도 특성이 좋다.
④ 입·출력이 분리된다.

[해설] 제어반의 외형과 설치 면적이 크다.

17. 다음 중 시퀀스도 작성 방법의 설명으로 틀린 것은? [15-1]
① 각 기기는 전원이 투입되어 작동되는 상태로 작성한다.
② 각 기호는 전원이 투입되지 않은 상태로 작성한다.
③ 기기명으로 첨가시키는 문자 기호는 시퀀스 제어 기호를 사용한다.
④ 각 접속선은 동작 순서에 따라 좌로부터 우로 배열하여 그린다.

18. 다음 시퀀스 회로를 논리식으로 나타낸 것은? [10-1, 11-2]

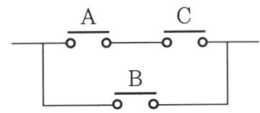

① A+B+C　② (A·C)+B
③ A·(B+C)　④ (A+B)·C

19. 그림의 시퀀스 회로를 논리식으로 나타내면? [19-2]

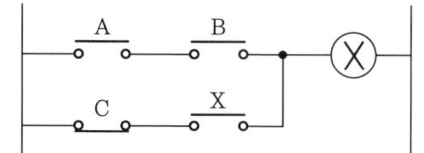

① X=AB+C̄X   ② X=AB+CX
③ X=ĀB+C̄X   ④ X=ĀB̄+CX̄

20. 입력 회로가 "0"이면 출력은 "1", 입력 신호가 "1"이면 출력이 "0"이 되는 논리 회로는? [10-1, 18-3]

① OR 회로   ② AND 회로
③ NOT 회로   ④ NAND 회로

21. 2개 이상의 논리 변수들을 논리적으로 합하는 연산으로서 논리 변수 중에서 어느 것이라도 "1"이면 그 결과가 "1"이 되는 논리 연산은? [14-1]

① NOT 연산   ② OR 연산
③ AND 연산   ④ NOR 연산

22. 출력 파형이 다음 그림과 같다면 논리 기호는? [13-2, 19-3]

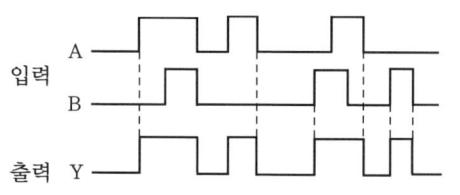

① OR   ② AND
③ NOR   ④ NAND

해설 OR 연산 : 논리 변수 중에서 어느 것이라도 "1"이면 그 결과가 "1"이 되는 논리 연산

23. 그림은 접점에 의한 논리 회로를 표현한 것이다. 알맞은 논리 회로는? [11-2, 19-1]

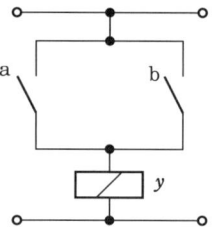

① OR 논리 회로   ② AND 논리 회로
③ NOT 논리 회로   ④ X-OR 논리 회로

24. A와 B가 입력되고 X가 출력일 때 다음 그림과 같이 타임 차트(time chart)가 그려졌다면 어느 회로인가? [06-1, 16-1]

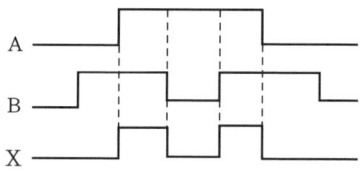

① AND 회로
② OR 회로
③ flip-flop 회로
④ exclusive-OR 회로

해설 AND 연산 : 논리 변수가 모두 "1"이면 그 결과가 "1"이 되는 논리 연산

25. 다음 그림과 같이 입력이 동시에 ON되었을 때에만 출력이 ON되는 회로를 무슨 회로라고 하는가? [18-1]

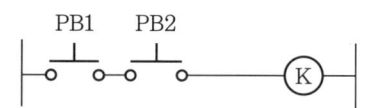

① OR 회로   ② AND 회로
③ NOR 회로   ④ NAND 회로

정답 19. ① 20. ③ 21. ② 22. ① 23. ① 24. ① 25. ②

26. 다음 그림은 어떤 논리 회로를 나타낸 것인가? [05-3, 13-1, 18-3]

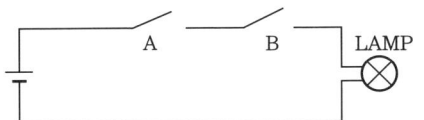

① OR 회로 ② AND 회로
③ NOR 회로 ④ NAND 회로

27. 다음 논리 회로 중 두 개의 입력이 모두 "0"일 때에만 출력이 "1"이 되는 회로는 어느 것인가? [13-1]

① NAND 회로
② NOR 회로
③ AND 회로
④ OR 회로

28. 다음의 진리표가 나타내는 논리 게이트는 어느 것인가? [12-3, 17-3, 19-2]

입력		출력
A	B	Y
0	0	1
0	1	0
1	0	0
1	1	0

① AND ② OR
③ NAND ④ NOR

[해설] 입력 신호가 모두 없을 때 출력이 있는 것은 NOR 회로이다.

29. 다음의 진리표를 만족하는 논리 게이트는 어느 것인가? (단, A와 B는 입력단이고, S는 출력단이다.) [16-3]

A	B	S
0	0	1
0	1	1
1	0	1
1	1	0

① NOR ② XOR
③ NAND ④ XNOR

[해설] 입력 신호가 모두 있을 때만 출력이 없는 것은 NAND 회로이다.

30. 입력 신호가 서로 다른 경우에만 출력이 나타나는 조합 논리 회로는? [13-3]

① NAND 회로
② EX-OR 회로
③ EX-NOR 회로
④ AND 회로

31. 비상 업무 처리를 위한 기능으로 어떤 특정의 입력이 들어왔을 때 즉시 응답되는 제어 동작을 수행하도록 요구하는 용도로 쓰이는 것은? [14-1]

① 병행 처리 기능
② 사이클릭 처리 기능
③ 시퀀스 처리 기능
④ 인터럽트 처리 기능

[해설] 인터럽트 처리 : 입력 신호, 타이머, 카운터 등에 의하여 지정될 수 있는 이 기능은 신호가 입력되거나 조건이 만족할 경우 수행 중인 프로그램은 즉시 중단되고 미리 지정되어 있는 인터럽트 프로그램이 수행되며, 인터럽트 프로그램이 완료됨과 동시에 인터럽트 전에 수행되던 프로그램으로 복귀하여 계속 프로그램이 진행되는 기능으로 비상 업무 처리를 위해 아주 중요한 기능이다.

정답 26. ② 27. ② 28. ④ 29. ③ 30. ② 31. ④

32. 논리 방정식을 간략하게 한 것으로 틀린 것은? [16-2]
① A+0=A   ② A+1=1
③ A·0=0   ④ A·$\overline{A}$=1

해설 A·$\overline{A}$=0

33. 다음 논리식 중 틀린 것은? [15-3]
① A·0=0   ② A·$\overline{A}$=0
③ A+1=1   ④ A+$\overline{A}$=0

해설 A+$\overline{A}$=1

34. 논리 방정식 X+XY를 간략하게 하면 어떠한 논리로 대체할 수 있는가? [13-2]
① 0   ② 1   ③ X   ④ Y

해설 X+XY=[1+Y]X=1·X=X와 같이 된다.

35. 시퀀스 제어 회로에서 입력에 의해 작동된 후 입력을 제거하여도 계속 작동되는 회로는? [14-1, 19-1]
① 인터록 회로
② 타이머 회로
③ 자기 유지 회로
④ 수동 복귀 회로

해설 자기 유지 회로(기억 회로, 自己維持回路, self holding circuit, latching circuit) : 시간적으로 변화하지 않는 일정한 입력 신호를 단속 신호로 변환하는 회로로서 변환 신호를 상태 신호로 변환하는 회로이다. 릴레이를 작동시키기 위한 전기 신호가 짧은 기간 동안만 존재하다가 없어지거나, 또는 스위치를 작동하는 시간보다 오랫동안 릴레이를 동작시키기 위해 필요한 자기 유지 회로는 ON 우선 회로와 OFF 우선 회로가 있다.

36. 다음 그림과 같은 논리 회로의 동작 설명으로 옳은 것은? [12-3, 15-3]

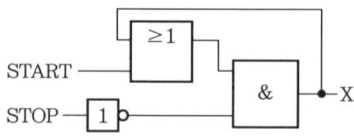

① STOP을 누를 때만 출력 X에 신호가 나온다.
② START를 누를 때만 출력 X에 신호가 나온다.
③ START를 한 번 누르면 출력 X에는 펄스 신호가 발생한다.
④ START를 한 번 누르면 STOP 버튼을 누르기 전까지 출력 X에는 신호가 존재한다.

해설 이 논리 회로는 OFF 우선 방식의 자기 유지 회로를 말한다.

37. 다음 그림과 같은 논리 회로도의 명칭은? [14-1]

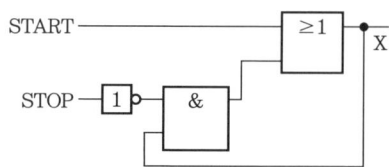

① 계수 회로
② 세트 우선 자기 유지 회로
③ 시간 지연 회로
④ 리셋 우선 자기 유지 회로

해설 START 버튼을 ON-OFF해도 출력 신호가 유지되며 STOP 버튼을 누를 때 출력이 사라지는 자기 유지 회로로 START와 STOP 버튼을 동시에 누르면 출력이 발생되는 세트 우선 회로이다.

38. 2개의 계전기 중에서 먼저 여자된 쪽에 우선순위가 주어지고 다른 쪽의 동작을 금지하는 회로로서 기기의 보호와 조작의 안전을 주목적으로 하는 회로는? [07-3, 13-2]

정답 32. ④ 33. ④ 34. ③ 35. ③ 36. ④ 37. ② 38. ④

① 자기 유지 회로 ② AND 회로
③ 시간 지연 회로 ④ 인터록 회로

39. 다음 회로의 명칭은? [06-3]

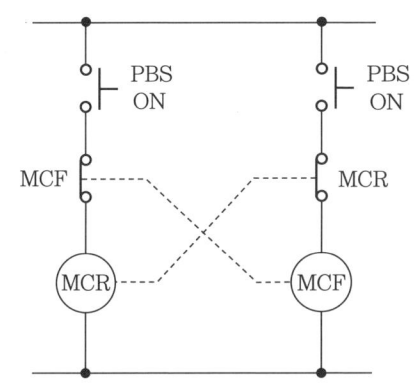

① 자기 유지 회로 ② 인터록 회로
③ 정지 회로   ④ 병렬 회로

40. 다음 그림의 시스템 방식은? [18-3]

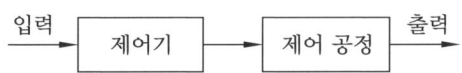

① 서보 시스템(servo system)
② 피드백 제어 시스템(feedback control system)
③ 개회로 제어 시스템(open loop control system)
④ 폐회로 제어 시스템(closed control system)

41. 개회로 제어 시스템(open loop control system)을 적용하기에 적합하지 않는 제어계는? [10-1, 15-3]
① 외란 변수의 변화가 매우 적은 경우
② 여러 개의 외란 변수가 존재하는 경우
③ 외란 변수에 의한 영향이 무시할 정도로 적은 경우
④ 외란 변수의 특징과 영향을 확실히 알고 있는 경우

해설 ㉠ 개회로 제어 시스템의 적용
- 외란 변수에 의한 영향이 무시할 정도로 작을 때
- 특징과 영향을 확실히 알고 있는 하나의 외란 변수만 존재할 때
- 외란 변수의 변화가 아주 작을 때
㉡ 폐회로 제어 시스템의 적용
- 여러 개의 외란 변수가 존재할 때
- 외란 변수들의 특징과 값이 변화할 때

42. 제어(control)에 대한 설명 중 옳은 것은 어느 것인가? [07-1]
① 측정 장치, 제어 장치 등을 정비하는 것
② 어떤 목적에 적합하도록 대상이 되어 있는 것에 필요한 조작을 가하는 것
③ 어떤 양을 기준으로 하여 사용하는 양과 비교하여 수치나 부호로 표시하는 것
④ 입력 신호보다 높은 레벨의 출력 신호를 주는 것

해설 제어의 정의 : 시스템 내의 하나 또는 여러 개의 입력 변수가 약속된 법칙에 의하여 출력 변수에 영향을 미치는 공정

43. 어떤 시스템에서 목표값과 비교할 수 있는 장치가 있어 외부 조건 변화에 수정 동작을 할 수 있는 제어계는? [12-2]
① 폐회로 제어계
② 개회로 제어계
③ 시퀀스 제어계
④ 정성적 제어계

해설 수정 동작을 할 수 있는 제어를 되먹임 제어라 하며, 이는 폐회로 제어계이다.

정답 39. ② 40. ③ 41. ② 42. ② 43. ①

44. 개회로 제어와 폐회로 제어에 대한 설명으로 틀린 것은? [12-1]
① 개회로 제어는 외란의 영향을 무시하고 제어계의 출력을 유지한다.
② 외란의 영향에 응하는 제어가 폐회로 제어이다.
③ 개회로 제어는 센서를 통해 출력을 연속적으로 감시한다.
④ 폐회로 제어는 개회로 제어에 비해 설치에 많은 비용이 소요된다.

해설 외란의 영향을 감지하여 원래의 목적한 값으로 시스템이 동작하도록 하는 제어는 폐회로 제어이고, 외란의 영향을 무시하고 한 번 발생한 출력을 계속 유지하는 제어는 개회로 제어이다. 폐회로 제어는 외란에 대한 제어계의 출력을 감시해야 하고 이를 위해 센서가 필요하며, 개회로 제어보다는 센서의 부가 설치와 센서의 정보를 비교 분석하여 새로운 출력을 발생시켜야 하므로 설치에 상대적으로 많은 비용이 든다.

45. 자동 제어에 대한 설명으로 맞지 않는 것은? [08-3]
① 외란에 의한 출력값 변동을 입력 변수로 활용한다.
② 제어하고자 하는 변수가 계속 측정된다.
③ 개회로 제어(오픈 루프 : open loop) 시스템을 말한다.
④ 피드백(feedback) 신호를 필요로 한다.

해설 자동 제어 : 제어하고자 하는 하나의 변수가 계속 측정되어서 다른 변수, 즉 지령치와 비교되며 그 결과가 첫 번째의 변수를 지령치에 맞추도록 수정을 가하는 것이라고 정의한다. 즉, 목표값과 실제값을 비교한다. 폐회로 제어 시스템의 특징을 갖으며, 설계가 복잡하고 제작 비용이 비싸다. 피드백을 하면 외란이나 잡음 신호의 영향을 줄일 수 있고 피드백은 시스템의 상태나 출력 신호를 검출하여야 하므로 반드시 센서가 필요하다.

46. 자동 제어의 분류 중 폐루프 제어에 해당되는 내용으로 적합한 것은? [16-3]
① 시퀀스 제어 시스템이다.
② 피드백(feed back) 신호가 요구된다.
③ 출력이 제어에 영향을 주지 않는다.
④ 외란에 대한 영향을 고려할 필요가 없다.

47. 다음 중 자동 제어를 설명한 것과 거리가 먼 것은? [09-1]
① 귀환 신호(피드백 신호)가 필요하다.
② 개회로(오픈 루프) 시스템이다.
③ 서보 시스템이 여기에 속한다.
④ 목표치에 맞추어 오차를 수정한다.

해설 자동 제어는 폐회로 제어 시스템이다.

48. 다음 중 자동 제어에 대한 설명으로 틀린 것은? [17-3]
① 피드백(feed back) 신호를 필요로 한다.
② 제어하고자 하는 변수가 계속 측정된다.
③ 출력이 제어 자체에 영향을 미치지 않는다.
④ 여러 개의 외란 변수가 존재할 때 사용한다.

해설 개회로 제어 시스템에서 출력이 제어 자체에 아무런 영향을 미치지 않는다.

49. 생산 공정이나 기계 장치 등에 자동 제어계를 도입하여 자동화를 추진했을 때의 장점이 아닌 것은? [16-1]
① 생산 원가를 줄일 수 있다.

정답 44. ③ 45. ③ 46. ② 47. ② 48. ③ 49. ④

② 생산량을 증대시킬 수 있다.
③ 인건비를 감축시킬 수 있다.
④ 시설 투자비를 감소시킬 수 있다.

해설 자동 제어계는 시설 투자비가 비싸다.

50. 자동 제어 시스템의 피드백(feedback)에 대한 설명 중 틀린 것은? [10-1]
① 목표값과 실제값을 비교한다.
② 피드백 제어는 정성적 제어이다.
③ 설계가 복잡하고 제작 비용이 비싸다.
④ 피드백을 하면 외란이나 잡음 신호의 영향을 줄일 수 있다.

해설 정량적 제어 : 제어량이 현재 값을 시시각각으로 자동 수정하여 일정하게 유지하거나 정해진 목표값에 따라 변화시키는 제어

51. 폐회로 자동 제어 시스템의 특징으로 옳은 것은? [19-2]
① 외란 변수의 변화가 적다.
② 작은 에너지로 큰 에너지를 조절한다.
③ 외란 변수에 의한 영향을 제어할 수 없다.
④ 출력 신호의 일부가 시스템에 보내져 오차를 수정하는 피드백 통로가 있다.

52. 되먹임 제어계(feedback control system)의 특징이 아닌 것은? [17-2]
① 전체 제어계는 항상 일정하다.
② 목표값에 정확히 도달할 수 있다.
③ 제어계의 특성을 향상시킬 수 있다.
④ 외부 조건 변화에 대한 영향을 줄일 수 있다.

해설 피드백 제어계는 제어계의 특성 변화에 대한 입력 대 출력비의 감도가 감소하고 비선형성과 왜형에 대한 효과가 감소하며, 발진을 일으키고 불안정한 상태로 되어가는 경향이 있다.

53. 궤한 제어계(feedback control system)의 일반적인 특징이다. 다음 중 장점이 아닌 것은? [06-3]
① 생산 품질의 향상이 현저하며 균일한 제품을 얻을 수 있다.
② 생산 속도를 상승시키고 생산량을 크게 증대시킬 수 있다.
③ 제어 장치의 운전, 수리에 고도의 지식이 있어야 한다.
④ 원료, 연료 및 동력을 절약하고, 인건비를 줄일 수 있다.

해설 궤한 제어계는 설비의 일부에 고장이 있으면 전체 설비에 영향을 주는 단점이 있다.

54. 되먹임 제어(feed back control)에서 반드시 필요한 장치는? [14-2, 17-3]
① 구동기   ② 조작기
③ 검출기   ④ 비교기

해설 피드백 제어에서 반드시 필요한 장치는 입·출력 비교 장치이며, 비교기는 기준량과 출력량을 비교하여 편차를 가려내는 장치이다.

55. 피드백 제어에서 반드시 필요한 장치는 어느 것인가? [14-3]
① 조작기   ② 비교기
③ 검출기   ④ 조절기

56. 피드백 제어 시스템에서 반드시 필요한 장치는? [11-2, 18-3]
① 조작 장치
② 안정도 향상 장치
③ 속응성 향상 장치
④ 입·출력 비교 장치

정답 50. ② 51. ④ 52. ① 53. ② 54. ④ 55. ② 56. ④

57. 피드백 제어에서 가장 핵심적인 역할을 수행하는 장치는? [13-2, 16-1]
① 신호를 전송하는 장치
② 안정도를 증진하는 장치
③ 제어상에 부가되는 장치
④ 목표치와 제어량을 비교하는 장치

58. 미리 정해진 공정에 따라 제어를 진행하는 것은? [17-1]
① 정치 제어　② 추종 제어
③ 비율 제어　④ 프로그램 제어

해설 프로그램 제어 : 제어량을 미리 정하는 프로그램에 따라 변화시키는 것을 목적으로 하는 제어를 말한다. 예를 들면 온도를 제어할 경우 캠을 이용하여 기계적으로 목표값을 이동시키거나 또는 타이머에 의해서 전기적으로 제어하는 것이다.

59. 제어량이 온도, 유량, 압력 및 액면 등과 같은 일반 공업량일 때의 제어 방식을 무엇이라 하는가? [06-3, 12-1]
① 프로그램 제어　② 프로세스 제어
③ 시퀀스 제어　④ 추종 제어

60. 제어량에 따른 분류에서 프로세스 제어라고 볼 수 없는 것은? [13-1, 17-2]
① 온도　② 압력　③ 방향　④ 유량

61. 다음 중 프로세스 제어의 제어량으로 틀린 것은? [19-2]
① 속도　② 온도　③ 유량　④ 압력

62. 제어량을 목표값으로 유지하기 위해 조작량이 너무 크거나 작아 진동이 생길 수 있어 실제로는 동작 간격(히스테리시스 : hysteresis)을 가지며, 정밀도가 높은 공정 제어에는 사용이 곤란한 제어는? [09-1]
① 비례 제어　② 온/오프 제어
③ 비례 적분 제어　④ 비례 미분 제어

해설 프로세스 공압에 사용되는 탱크 내의 압력은 일정 범위 내에서만 있으면 만족되는 경우가 많다. 예를 들면 계장용 공기 탱크 내의 필요 압력은 $6 \sim 7\,kgf/cm^2$ 사이의 압력이면 되므로 제어 회로를 ON-OFF 회로로 해도 좋다.

63. 하나의 제어 변수에 ON/OFF와 같이 두 가지의 값으로 제어하는 제어계는 어느 것인가? [09-2, 17-3]
① 2진 제어계　② 동기 제어계
③ 디지털 제어계　④ 아날로그 제어계

해설 2진 제어계 : 사이클링이 있는 제어로 하나의 제어 변수에 2가지의 가능한 값 신호의 유/무, ON/OFF, YES/NO, 1/0 등과 같은 2진 신호를 이용하여 제어하는 시스템을 의미한다.

64. 제어 요소의 동작 중 연속 동작이 아닌 것은? [15-2, 19-1]
① 미분 동작　② ON-OFF 동작
③ 비례 미분 동작　④ 비례 적분 동작

해설 액위 제어에 ON-OFF 제어와 연속 제어가 있다.

65. 피드백 프로세스 제어에서 검출부에서 검지하여 조절계에 가하는 검출량을 나타내는 것은? [10-3, 16-3]
① 변량(PV)　② 설정값(SV)
③ 조작 신호(MV)　④ 제어 편차(DV)

정답　57. ④　58. ④　59. ②　60. ③　61. ①　62. ②　63. ①　64. ②　65. ①

해설 프로세스 제어에서의 제어량은 검출부에서 검지하여 프로세스 변량(PV : process variable)으로서 조절계에 가한다. 조절계는 설정값(SV : setting value)과 비교하여 편차를 조절부에서 연산하여 조작 신호(MV : manipulate variable)로 조작부에 상당하는 조절 밸브에 가한다. 조절 밸브는 조작 신호에 따라 개폐하여 조작량을 조정한다. 이에 의하여 외란으로 생긴 제어 편차(DV : differential variable)를 정정한다.

66. 피드백 제어계에서 설정값을 표시하는 것은? [07-3]
① PV   ② SV   ③ MV   ④ DV
해설 65번 해설 참조

67. 피드백 제어계의 구성에서 제어 요소가 제어 대상에 주는 양은? [14-1]
① 제어량   ② 조작량   ③ 검출량   ④ 기준량

68. 피드백 제어계의 특성 방정식의 근에 의하여 안정도 판별을 할 수 있다. 계가 안정하기 위한 특성 근의 특성은? [10-1]
① 근의 허수부가 양(+)의 부분에 위치하여야 한다.
② 근이 실수축 위에 모두 위치하여야 한다.
③ 근의 실수부가 모두 음수(-)이어야 한다.
④ 근의 허수부가 음(-)의 부분에 위치하여야 한다.
해설 계가 안정되기 위해서는 특성 근의 실수부는 모두 부(-)이어야 한다.

69. 피드백 제어계에서 제어 요소를 나타낸 것으로 가장 알맞은 것은 어느 것인가?
[06-1, 09-2, 11-1, 15-1, 19-3]
① 검출부와 조작부   ② 조절부와 조작부
③ 검출부와 조절부   ④ 비교부와 검출부

70. 제어량을 검출하고 기준 입력 신호와 비교시키는 피드백 제어의 구성 요소는 무엇인가? [10-1]
① 조작부   ② 검출부
③ 조작량   ④ 명령 처리부

71. 피드백 제어 시스템에서 안정도와 관련이 있는 것은? [12-2]
① 전압   ② 주파수 특성
③ 이득 여유   ④ 효율
해설 조절계의 이득을 충분히 크게 하면 제어량은 목표값과 일치되며, 외란의 영향은 0이 된다.

72. 자동 제어의 분류 중 미사일의 유도 제어는 어디에 속하는가? [17-2]
① 자동 조정   ② 서보기구
③ 시퀀스 제어   ④ 프로세스 제어
해설 서보기구 : 물체의 위치, 방위, 자세 등의 기계적인 변위를 제어량으로 하고 목표치의 임의의 변화에 추종하도록 구성된 제어계

73. 서보기구의 제어량은? [07-3]
① 위치, 방향, 자세   ② 온도, 유량, 압력
③ 조성, 품질, 효율   ④ 각도, 농도, 속도

74. 래더 다이어그램(ladder diagram)의 회로 구성에 사용되지 않는 논리 조건은 어느 것인가? [12-2]
① AND   ② OR   ③ NOT   ④ STC

정답 66. ② 67. ② 68. ③ 69. ② 70. ② 71. ③ 72. ② 73. ① 74. ④

해설 래더 다이어그램에는 AND, OR, NOT 등이 널리 사용된다.

75. 공장 자동화가 확장됨에 따라 릴레이 제어(유접점)에서 전자 제어(무접점)로 전환되어 가는 주된 이유는? [10-1]
① 작업환경의 개선
② 품질의 고급화
③ 부품 수명과 동작 시간
④ 노동력의 감소

76. PLC(programmable logic control)는 어느 영역을 담당하는 장치인가? [15-1]
① 센서(sensor)
② 액추에이터(actuator)
③ 프로세서(processor)
④ 소프트웨어(software)

77. PLC 제어를 이용 시 릴레이(relay) 제어보다 좋은 점이 아닌 것은? [08-3]
① 제어 장치의 크기를 소형화한다.
② 노이즈(noise)에 강하다.
③ 제어반의 보수가 용이하다.
④ 제어의 변경이 쉽게 이루어진다.

해설 PLC 제어
㉠ 제어 변경이 용이하다.
㉡ 프로그램의 변경으로 제어 동작의 변경이 가능하다.
㉢ 입·출력 장치의 착탈이 용이하다.
㉣ 장치 구성 시간이 적게 소요된다.

78. 다음 중 릴레이에 의한 제어 시스템과 비교하여 PLC의 특징으로 볼 수 없는 것은? [13-1]
① 프로그램의 변경으로 제어 동작의 변경이 가능하다.
② 기계적인 접촉이 없으므로 신뢰성이 높다.
③ 고장 발견이 쉽다.
④ 장치 구성에 시간이 많이 소요된다.

해설 PLC 제어는 장치 구성에 시간이 적게 소요된다.

79. 다음 중 하드 와이어드한 제어(릴레이 제어)와 소프트 와이어드한 제어(PLC 제어)의 차이점에 대한 설명으로 옳지 않은 것은? [10-2, 14-1]
① 릴레이 제어의 경우 회로도는 배선도이다.
② 제어 내용의 변경이 용이한 것은 PLC 제어이다.
③ 릴레이 제어가 PLC 제어의 경우보다 배선이 간단하다.
④ 소프트웨어와 하드웨어 구성을 동시에 할 수 있는 것이 PLC 제어이다.

해설 PLC 제어의 경우 입출력 할당표에 의하여 배선하므로 간단하다.

80. 다음 중 제어 장치의 기능을 실행하고자 PLC 프로그램을 작성할 때, 고려사항이 아닌 것은? [18-3]
① 공진 주파수의 중역 공진과 고역 공진
② 릴레이와 PLC의 특성 및 사용 방법
③ 그림 기호, 기구 번호, 상태 등에 대한 약속(규칙)
④ 제어 목적, 운전 방법, 동작 등의 각종 전기적인 조건

81. 산업현장에서 외부 기계나 장치에 직접 연결하여 사용되는 PLC의 입·출력부가 갖추어야 할 기본 조건이 아닌 것은? [16-1]

정답 75. ③ 76. ③ 77. ② 78. ④ 79. ③ 80. ① 81. ①

① 입출력 신호의 증폭을 할 것
② 외부 기기와 전기적 규격이 일치할 것
③ 입·출력부의 상태를 감시할 수 있어야 할 것
④ 외부 기기로부터의 노이즈가 CPU 쪽에 전달되지 않도록 해야 할 것

[해설] PLC의 입·출력부 요구사항
㉠ 외부 기기와 전기적 규격이 일치해야 한다.
㉡ 외부 기기로부터의 노이즈가 CPU 쪽에 전달되지 않도록 해야 한다.
㉢ 외부 기기와의 접속이 용이해야 한다.
㉣ 입·출력의 각 접점 상태를 감시할 수 있어야 한다(LED 부착). 입력부는 외부 기기의 상태를 검출하거나 조작 패널을 통해 외부 장치의 움직임을 지시하고 출력부는 외부 기기를 움직이거나 상태를 표시한다.

82. PLC의 시스템 구축 시 문제가 발생하였을 때 다음 조치사항 중 틀린 것은? [13-2]
① 배터리 전압이 저하된 경우 배터리를 교환한다.
② 노이즈 발생 대책으로 접지를 한다.
③ CPU가 해독 불가능한 명령이 포함된 경우는 틀린 명령을 수정한다.
④ 최대 실행이 가능한 입출력 모듈의 개수가 정해진 수량을 초과한 경우 프로그램의 스텝 수를 줄인다.

[해설] 최대 실행이 가능한 입출력 모듈의 수량을 줄이거나 CPU 모듈을 상위 기종으로 업그레이드한다.

83. PLC 프로그램에서 카운터의 출력은 어떻게 OFF시키는가? [06-1, 09-1]
① 카운터의 계수치가 설정치와 같아지면 OFF된다.
② 카운터의 리셋 입력을 ON으로 한다.
③ 카운터의 계수 입력을 설정 시간 동안 ON으로 한다.
④ 카운터의 계수 입력을 설정 시간 동안 OFF로 한다.

84. PLC 입출력 모듈에서 절연 회로에 사용되지 않는 것은? [13-1]
① 포토 커플러
② 트랜스포머
③ 리드 릴레이
④ 트라이액

85. PLC에서 내장된 프로그램에 따라 입력 신호가 만족되면 해당 출력 신호를 발생하기 위해 연속적으로 프로그램을 진행하는 기능은? [06-3, 10-3]
① 스캐닝   ② 인출 사이클
③ ALU   ④ 실행 사이클

86. PLC 프로그램의 최초 단계인 0스텝에서 최후 스텝까지 진행하는데 걸리는 시간을 무엇이라 하는가? [17-2]
① 리드 타임(read time)
② 스캔 타임(scan time)
③ 스텝 타임(step time)
④ 딜레이 타임(delay time)

87. PLC 프로그램의 최초 단계인 0스텝에서 최후 스텝까지 진행하는데 걸리는 시간을 스캔 타임이라 한다. $6\mu s$의 처리 속도를 가진 PLC가 1000스텝을 처리하는데 걸리는 스캔 타임은? [06-3]
① 6×10^{-3} s   ② 6×10^{-4} s
③ 6×10^{-5} s   ④ 6×10^{-5} s

정답 82. ④ 83. ② 84. ④ 85. ① 86. ② 87. ①

88. 일상 용어와 가까운 니모닉으로 작성한 소스 프로그램을 기계어로 바꾸는 번역기(번역 프로그램)는 무엇인가? [11-2, 13-3]
① 파스칼 ② 베이직
③ 어셈블러 ④ 에디터

해설 파스칼과 베이직은 소스 프로그램을 작성하기 위한 언어이며, 에디터는 일종의 프로그램 편집기이다.

89. PLC를 이용하여 시스템을 제어하는 과정에서 프로그램 에러를 찾아내어 수정하는 작업은? [08-3, 09-1, 11-3, 15-1]
① 코딩 ② 디버깅
③ 모니터링 ④ 프로그래밍

해설 래더도를 기본으로 프로그램을 작성하는 것을 코딩, 로더 등의 입력 장치로 프로그램을 입력하는 것을 프로그래밍 또는 로딩, 시스템의 동작 상태를 점검하는 것을 모니터링이라 한다.

90. 다음 중 PLC의 입력 신호 변환 과정으로 맞는 것은? [08-3]
① I/O 모듈 단자 → 입력 신호 변환 → 모듈 상태 표시 → 전기적 절연
② I/O 모듈 단자 → 멀티플렉서 → 모듈 상태 표시 → 전기적 절연
③ I/O 모듈 단자 → 전기적 절연 → 입력 신호 변환 → 모듈 상태 표시
④ I/O 모듈 단자 → 전기적 절연 → 멀티플렉서 → 입력 신호 변환

91. 1차 지연 요소의 스텝 응답이 시정수 τ를 경과했을 때, 그 값의 최종 도달값에 대한 비율은 약 몇 %인가? [09-3, 18-3]
① 50 ② 63 ③ 90 ④ 98

해설 $t=0$에서 응답 곡선에 접선을 그리고 그것이 최종값에 도달하기까지의 시간이 시정수 τ가 된다. 또한 시정수 τ를 경과했을 때의 값은 최종 도달값의 63.2%가 된다.

92. 1차 지연 요소에서 시정수의 응답을 바르게 설명한 것은? [13-1]
① 시정수가 크면 응답 시간이 길어진다.
② 시정수가 크면 응답 시간이 짧아진다.
③ 시정수는 응답 시간과 무관하다.
④ 시정수가 작으면 응답 시간이 길어진다.

해설 $t=0$에서 응답 곡선에 접선을 그리고 그것이 최종값에 도달하기까지의 시간이 시정수 τ가 된다.

93. 어떤 제어계의 응답이 지수 함수적으로 증가하고 일정값으로 되었다면, 이 제어계는 어떤 요소인가? [14-1, 19-1]
① 미분 요소 ② 부동작 요소
③ 1차 지연 요소 ④ 2차 지연 요소

해설 1차 지연 요소의 응답이 나타나는 전달 요소

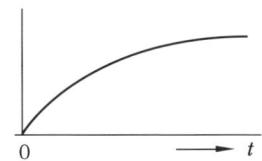

94. 그림과 같은 액면계에서 $q(t)$를 입력, $h(t)$를 출력으로 했을 때 전달 함수는? [06-1]

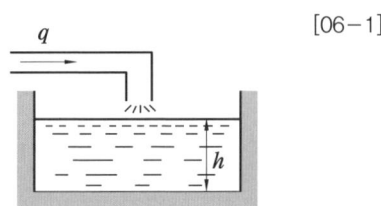

정답 88. ③ 89. ② 90. ① 91. ② 92. ① 93. ③ 94. ②

① Ks ② K/s
③ $K/1+s$ ④ $1+Ks$

95. 적분 요소의 전달 함수는? [08-1, 10-2]

① Ts ② $\dfrac{1}{Ts}$
③ $\dfrac{K}{1+Ts}$ ④ K

해설 미분 요소는 $T_D s$, 1차 지연 요소는 $\dfrac{1}{1+Ts}$, 비례 요소는 K, 2차 지연 요소는 $\dfrac{1}{(1+T_1 s)(1+T_2 s)}$, 불감 시간 요소는 e^{-Ls}이다.

96. 단위 계단 함수 $u(t)$의 라플라스 변환은 어느 것인가? [11-2]

① e ② $\dfrac{1}{s}e$
③ $\dfrac{1}{e}$ ④ $\dfrac{1}{s}$

해설 $F(s) = \displaystyle\int_0^\infty e^{-st} u(t) dt$
$= -\dfrac{1}{s}[e^{-st}]_0^\infty = \dfrac{1}{s}$

97. 전달 함수 $G(s) = \dfrac{1}{s+1}$인 제어계 응답을 시간 함수로 맞게 표현한 것은? [12-2]

① e^{-t} ② $1+e^{-t}$
③ $1-e^{-t}$ ④ $e^{-t}-1$

해설 1차 지연 요소의 전달 함수는 $\dfrac{1}{1+Ts}$이며, 1차 지연 요소의 스텝 응답은 $y = R(1-e^{-t/T})$ 곡선이다.

98. 피드백 제어계에서 다음 그림과 같은 블록 선도의 구성 요소를 무엇이라 하는가? [08-3, 12-1, 17-2]

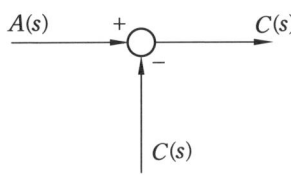

① 전달 요소 ② 가산점
③ 인출점 ④ 출력점

해설 ㉠ 가산점 : 신호의 부호에 따라 가산을 한다. 따라서 신호의 차원은 일치되어 있어야 한다.
㉡ 인출점 : 신호의 분기를 말한다.

99. 다음과 같은 블록 선도에서 전달 함수로 알맞은 것은? [09-1, 14-3]

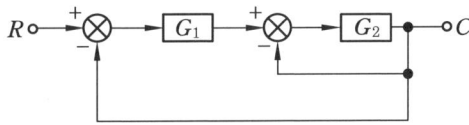

① $\dfrac{G_1 G_2}{1+G_1 G_2}$ ② $\dfrac{G_1 G_2}{1+G_1+G_2}$
③ $\dfrac{G_1 G_2}{1+G_1+G_1 G_2}$ ④ $\dfrac{G_1 G_2}{1+G_2+G_1 G_2}$

해설 전달 함수의 기본 식
$G(s) = \dfrac{\text{전향 경로}}{1 - \text{피드백 요소}}$

100. 미분 시간 3분, 비례 이득 10인 PD 동작의 전달 함수는? [09-2, 15-2, 18-2]

① $1+3s$ ② $5+2s$
③ $10(1+2s)$ ④ $10(1+3s)$

해설 PD 동작의 전달 함수
$G(s) = K_p (1+T_D s)$
여기서, K_p : 비례 이득, T_D : 미분 시간

정답 95. ② 96. ④ 97. ③ 98. ② 99. ④ 100. ④

101. 입력 신호가 어떤 정상 상태에서 다른 상태로 변화했을 때 출력 신호가 정상 상태에 도달하기까지의 특성을 무엇이라 하는가? [12-1]
① 임펄스 응답 ② 과도 응답
③ 램프 응답 ④ 스텝 응답

해설 입력 신호가 어떤 정상 상태에서 다른 상태로 변화했을 때 출력 신호가 정상 상태에 도달하기까지의 특성을 과도 특성이라고 하며 과도 응답(transient response)으로 표시한다.

102. 일반적인 제어계의 기본적 구성에서 조절부와 조작부로 표현되는 것은? [07-1]
① 비교부 ② 외란
③ 제어 요소 ④ 작동 신호

해설 제어 요소는 조절부와 조작부로 구성되어 있다.

103. 복합 루프 제어계가 아닌 것은 어느 것인가? [14-2]
① 캐스케이드 제어 ② 선택 제어
③ 비율 제어 ④ 비례 적분 제어

해설 비례 적분 제어는 복합 루프 제어계가 아닌 제어로 잔류 편차를 제거하기 위해 사용한다.

104. 조절계의 제어 동작 중 단일 루프 제어계에 속하지 않는 것은? [16-1]
① 비율 제어 ② 비례 제어
③ 적분 제어 ④ 미분 제어

해설 비율 제어는 복합 루프 제어계이다.

105. 구조는 간단하나 잔류 편차가 생기는 제어 요소는? [07-1, 10-1, 10-3, 18-1]
① 적분 제어
② 미분 제어
③ 비례 제어
④ 온/오프 제어

해설 비례 제어 : 압력에 비례하는 크기의 출력을 내는 제어 동작을 비례 동작(proportional action) 또는 P 동작이라 한다. 조절계의 출력값은 제어 편차에 대응하여 특정한 값을 취하므로 편차 0일 때의 출력값에 상당하는 조작량에 의해 제어량이 목표값에 일치되지 않는 한 잔류 편차가 발생한다.

106. 다음 중 응답 속도가 빠르고 안정도가 가장 좋은 동작은? [07-3]
① 온 오프 동작
② 비례 미분 동작
③ 비례 적분 동작
④ 비례 적분 미분 동작

107. 보드(bode) 선도의 횡축에 대하여 옳은 것은? [11-3]
① 이득-균등 눈금
② 이득-대수 눈금
③ 주파수-균등 눈금
④ 주파수-대수 눈금

정답 101. ② 102. ③ 103. ④ 104. ① 105. ③ 106. ④ 107. ④

제4장 | 전기 전자 장치 조립

1. 전기 전자 장치 조립

1-1 전기 전자 조립 공구와 장비

(1) 게이지(gauge)
① **와이어 게이지(wire gauge)** : 전선의 굵기를 측정하는 것으로, 측정할 전선을 홈에 끼워 맞는 곳의 숫자가 전선 굵기의 표시가 된다.
② **버니어 캘리퍼스(vernier calipers)** : 어미자와 아들자의 눈금을 이용하여 길이, 바깥지름, 안지름, 깊이 등을 하나의 측정기로 측정할 수 있다.
③ **외측 마이크로미터(out side micrometer)** : 전선의 굵기, 철판, 절연지 등의 두께를 측정하는 것이다.

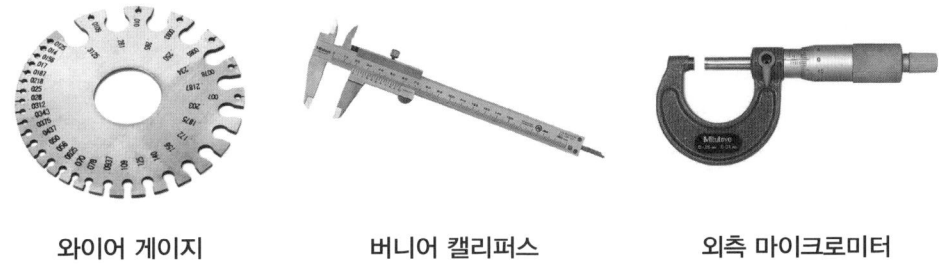

　　와이어 게이지　　　　　　버니어 캘리퍼스　　　　　외측 마이크로미터

(2) 공구와 장비
① **드라이버(driver)** : 나사 또는 볼트 등을 조이거나 푸는데 사용한다. 십자(+)형과 일자(-)형이 있으며, 나사 또는 볼트의 크기에 맞추어 사용한다.
② **펜치(cutting plier)** : 전선의 절단, 전선 접속, 전선 바인드 등에 사용한다.
③ **니퍼(nipper)** : 전선이나 부품의 리드선을 절단하거나, 전선의 피복을 벗길 때 사용한다.
④ **롱 노즈 플라이어(long nose plier)** : 니퍼와 같이 사용하여 전선의 피복을 벗기거나 원하는 형태로 부품의 리드를 구부리는 공구이다. 또한 작은 나사를 잡거나 너트를

조이거나 풀 때도 유용하게 사용한다.
⑤ **와이어 스트리퍼(wire striper)** : 절연 전선의 피복 절연물을 벗기는 자동 공구이다.
⑥ **프레셔 툴(pressure tool)** : 솔더리스(solderless) 커넥터 또는 솔더리스 터미널을 압착할 때 사용한다.

롱 노즈 플라이어   와이어 스트리퍼   프레셔 툴

⑦ **홀 소(hole saw)** : 녹아웃 펀치와 같은 용도로 배·분전반 등의 캐비닛에 구멍을 뚫을 때 사용한다.
⑧ **클리퍼(clipper, cable cutter)** : 굵은 전선을 절단할 때 사용하는 가위이다.
⑨ **녹아웃 펀치(knock out punch)** : 배전반, 분전반 등의 배관을 변경하거나 이미 설치되어 있는 캐비닛에 구멍을 뚫을 때 사용한다. 수동식과 유압식이 있으며, 크기는 15, 19, 25 mm 등으로 각 금속관에 맞는 것을 사용한다.

홀 소   클리퍼   녹아웃 펀치

⑩ **토치 램프(torch lamp)** : 전선 접속의 납땜과 합성수지관의 가공에 열을 가할 때 사용한다.
⑪ **피시 테이프(fish tape)** : 전선관에 전선을 넣을 때 사용되는 평각 강철선이다.
⑫ **전선 피박기** : 가공 배전선에서 활선 상태인 전선의 피복을 벗길 때 사용한다.

토치 램프   피시 테이프   전선 피박기

⑬ **벤더**(bender, 히키 hickey) : 금속관을 구부릴 때 사용한다.
⑭ **파이프 커터**(pipe cutter) : 금속관을 절단할 때 사용한다.
⑮ **오스터**(oster) : 금속관 끝에 나사를 내는 공구로, 손잡이가 달린 래칫(ratchet)과 나사 날의 다이스(dies)로 구성된다.

벤더　　　　　　파이프 커터　　　　　　오스터

⑯ **파이프 렌치**(pipe wrench) : 금속관을 커플링으로 접속할 때, 금속관과 커플링을 물고 조일 때 사용한다.
⑰ **파이프 리머**(pipe reamer) : 금속관을 쇠톱이나 커터로 끊은 다음, 관 안의 날카로운 것을 다듬을 때 사용한다.
⑱ **펌프 플라이어**(pump plier) : 전선의 슬리브 접속에 있어서 펜치와 같이 사용되고, 금속관 공사에서 로크 너트를 죌 때 사용한다.
⑲ **스패너**(spanner) : 너트를 죄는데 사용한다.
⑳ **소켓 렌치 셋**(socket wrench set) : 볼트나 너트의 머리에 씌우는 소켓과 그 소켓을 돌리는 스티어링 휠의 총칭이다.
㉑ **전동 드릴**(motor drill) : 금속, 목재 등에 구멍을 뚫는 용도로 쓰이는 공구로, 충전용과 전원용이 있다. 진동 드릴, 드릴, 드라이버의 세 가지 기능과 정·역 변환 기능, 자동 속도 조절 기능이 있다.
㉒ **파이프 바이스**(pipe vise) : 파이프를 고정할 때 사용한다.
㉓ **파이어 포트**(fire pot) : 납땜 인두를 가열하거나 납땜 냄비를 올려놓아 납물을 만드는데 사용되는 일종의 화로이다.
㉔ **철망 그립**(pulling grip) : 여러 가닥의 전선을 넣을 때는 철망 그립을 사용하면 매우 편리하다.
㉕ **드라이베이트 툴**(driveit tool)
　㈎ 큰 건물의 공사에서 드라이브 핀을 콘크리트에 경제적으로 박는 공구이다.
　㈏ 화약의 폭발력을 이용하기 때문에 취급자는 보안상 훈련을 받아야 한다.
㉖ **인두 받침대**(iron support) : 인두를 고정할 때 사용한다.
㉗ **납 흡입기**(solder sucker) : 잘못 납땜한 납을 흡입할 때 사용한다.

1-2 전기 전자 부품

(1) 각종 소자의 성능

① **저항기(resister)**

  (가) 고정 저항기

    ㉮ 카본 저항기 : 탄소 피막 저항기라고도 하며, 자기 막대 파이프의 외부에 탄소(카본)의 얇은 막을 입히고 피막 보호와 절연을 위해 전면에 도료가 칠해져 있는 구조로 되어 있다. 값이 싸서 많이 사용되며, 주변 환경에 의해 저항값의 변화가 많아 정밀 회로에서는 사용되지 않는다.

    ㉯ 솔리드 저항기 : 몰드 저항기라고도 하며, 저항체를 막대 모양으로 만들어 단자를 붙이고 절연성 수지 등의 보호용 케이스에 넣은 구조로 되어 있다. 정밀 회로에서 잘 사용되지 않는다.

    ㉰ 시멘트 저항기 : 세라믹(자기) 저항기라고도 하며, 절연과 열 발산을 위해 권선 저항기를 세라믹(자기)으로 만든 케이스에 넣고 굳힌 형태로 되어 있다. 주로 소비 전력이 큰 회로에 사용된다.

          솔리드 저항기   시멘트 저항기

    ㉱ 금속 피막 저항기 : 자기 막대 파이프의 외부에 금속의 얇은 막을 입히고 피막 보호와 절연을 위해 전면에 도료가 칠해져 있는 구조로 되어 있다. 주변 환경에 의해 저항값의 변화가 적어 정밀급 저항으로 사용된다.

    ㉲ 권선 저항기 : 자기나 합성수지 등의 절연물 위에 저항선을 감고, 그 위에 절연 도료를 칠한 구조로 되어 있다. 소모 전력이 크거나 정밀 회로에 사용이 가능하나 권선 간의 분포 용량 때문에 고주파용으로는 부적당하다.

    ㉳ 어레이(array) 저항기 : 네트워크 저항기라고도 하며, 동일한 저항값의 저항기를 대량으로 사용하는 경우에 사용되며 종류로는 공통형과 분리형이 있다.

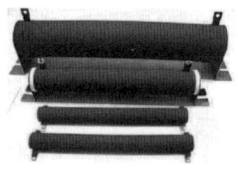 

          권선 저항기   어레이 저항기

㊃ 칩(chip) 저항기 : 칩 저항기는 길이가 1~6.3mm, 폭이 0.5~3.15mm, 두께가 0.35~0.55mm인 박막(thin film)으로 된 저항기이다. 주로 SMT(surface mounted technology, 표면 실장 기법) 회로에 사용된다.

㈏ 가변 저항기 : 저항에 의한 전압강하나 전류 등을 분배할 때 사용하는 것으로, 3개의 단자가 있는 구조로 되어 있으며 최대의 저항값이 숫자로 표시되어 있다. 가변저항은 볼륨(volume)이라고 하는 가변저항과 반고정 저항으로 구분된다.

② **콘덴서(condenser)** : 콘덴서는 직류 전류를 저지하고 교류 전류만을 흐르게 하거나 공진 회로를 구성하여 특정 주파수만 취급하는 곳에 사용되며, 고정 콘덴서와 가변 콘덴서로 구분된다.

㈎ 고정 콘덴서 : 고정 콘덴서는 극성이 있는 유극성 콘덴서와 극성이 없는 무극성 콘덴서로 크게 구분되며 유전체의 종류, 용도, 특성 등에 따라 여러 가지로 분류된다.

㉮ 유극성 콘덴서

㉠ 전해(electrolytic) 콘덴서 : 유극성이므로 직류 회로에서만 사용하고 극성에 주의해야 하며, 특히 정류 회로에서는 출력 전압의 2배 이상인 내압을 견딜 수 있는 정격 전압의 것을 사용해야 한다.

㉡ 탄탈(tantalum) 콘덴서 : 유극성이며 전해 콘덴서에 비해 주파수의 특성, 온도 특성, 누설 전류의 특성 등이 좋으며, 소형이므로 커플링 회로, 필터 회로 등에 많이 사용된다.

 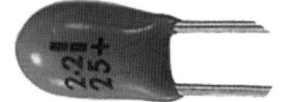

전해 콘덴서　　　　　　　　　탄탈 콘덴서

㉯ 무극성 콘덴서

㉠ 세라믹(ceramic) 콘덴서 : 온도에 대해 안정성이 좋으므로 온도 보상 회로 등에 사용된다. SMT 회로용의 chip capacitor도 있으며 chip resister와 같은 형태를 하고 있다.

㉡ 마일러(mylar) 콘덴서 : 양면에 금속 전극을 부착한 구조로 되어 있으며 고주파용으로 사용된다.

㉢ 필름(film) 또는 스티롤(styrol) 콘덴서 : 절연저항이 높고 손실이 적으며 용량 오차가 적고 고주파 특성이 좋으나 사용 온도 범위가 60℃ 정도로 낮은 결점이 있다. 펄스 회로 등에 사용된다.

ⓔ 마이카(mica) 콘덴서 : 전기적인 특성이 좋고 내압이 높으며 정전 용량의 온도계수와 손실이 작아 고주파 회로에 사용된다.
　　　ⓜ 종이(paper) 콘덴서 : 주석박 또는 알루미늄박을 교대로 겹쳐서 만든 전극 사이에 종이를 끼워 감고, 거기에 침투제로 파라핀(또는 왁스)을 합침시켜 방습 처리한 구조로 되어 있다.
　(나) 가변 콘덴서(variable condenser) : 가변 콘덴서는 송수신기나 발진기의 동조 회로에 사용되는데, 공기를 유전체로 하는 에어 바리콘과 양전극 간의 폴리에틸렌계 필름을 유전체로 넣은 폴리 바리콘이 사용되고 있다.
　　용량은 AM용 바리콘의 경우 25~430 pF이고, FM용 바리콘의 경우 15~25 pF이며 2련으로 되어 있다.
　(다) 반고정 콘덴서 : 반고정 콘덴서는 고주파 회로나 발진 회로의 주파수 세밀 조정에 사용되는데, 한 번만 조정하면 변화가 거의 필요 없는 곳에 사용된다. 사용된 기기의 특성이 변동 또는 변화 시 조정봉이나 드라이버를 사용하여 조정할 수 있다. 트리머(trimmer) 콘덴서라고도 한다.

③ **인덕터(inducter)** : 인덕터는 인덕턴스(inductance, 도선이나 코일의 전기 전자적 성질)를 가지는 코일을 말하며, 교류에 대해 저항력을 가진 저항력을 유도 리액턴스라고 한다. 코일 간의 유도 작용을 원리로 사용한다. 코어(core, 권심)에 의해 공심 코일, 자심 코일, 성층 철심, 페라이트 등의 종류가 있으며, 용도에 따라 동조 코일, 초크 코일, 발진 코일, 트랜스포머 등으로 구분된다.

　(가) 동조 코일 : 안테나 코일이라고도 하며, 중파 방송 수신용의 동조 코일은 페라이트 코어에 리츠선을 감은 바(bar) 안테나가 많이 사용되고, 300~430 m의 인덕턴스를 갖는다. 또한 안테나 코일은 수신 동조 측(1차)이 55~60회 정도, 베이스 픽업 코일(2차)이 5~6회 정도 감겨 있으며 바리콘과 함께 사용된다.
　(나) 잡음 방지용 코일 : 전원이나 신호 라인에 콘덴서와 함께 삽입하여 잡음의 진입을 방지하는 코일을 말하며 트로이덜 코어나 EI 코어에 감겨져 있다. 트로이덜 코일은 자속이 코어에서 외부로 누설되기 어렵고 잡음을 외부에 방출시키지 않으므로 잡음 방지에 사용되지만 코어의 재질이 다르므로 고주파로는 사용하기 어렵다.
　(다) 초크(choke) 코일 : 초크 코일은 회로에서 교류 성분을 제거하는데 사용되는 코일로 고주파용과 저주파용이 있다.
　(라) 발진 코일 : 슈퍼 헤테로다인 수신기의 국부 발진을 하기 위한 코일로, AM용은 중간 주파 트랜스와 외형이 같고, FM용은 동조 주파수가 높으므로 3~7회 정도로 감은 코일을 사용한다. 인덕턴스는 코일 간의 간격을 조정하여 사용하며 형태는 중간 주파 트랜스와 같다.

㈕ 트랜스포머(transformer) : 트랜스포머는 입력 전압을 전자 유도 작용으로 높이거나 낮추기 위한 것으로, 트랜스 또는 변압기라 하며 중간 주파 트랜스, 입력 트랜스, 출력 트랜스, 전원 트랜스 등이 있다.

④ **릴레이(relay)** : 릴레이는 전자석의 원리를 이용한 스위치로 여자 코일에 전류가 흐르면 가동 철편이 달라붙어 접점이 ON/OFF되므로 회로 결선을 전환시킬 수 있다. 시그널(signal) 릴레이, 파워(power) 릴레이, 리드(reed) 릴레이, photo MOS 릴레이 등이 있다.

시그널 릴레이　　　　　리드 릴레이　　　　　photo MOS 릴레이

⑤ **스위치(switch)**

㈎ 토글(toggle) 스위치 : 토글 스위치는 스냅(snap) 스위치라고도 한다. 손잡이(lever)를 밀어 제치면 스위치 내 스프링의 힘으로 가동 접점이 움직여 ON, OFF된다. 단순히 ON/OFF되는 것과 손잡이가 중앙에 있을 때 OFF되고 상하로 ON되는 ON/OFF/ON용이 있으며, 접점에 따라 single pole(SPDT)과 double pole(DPDT)이 있다.

㈏ 슬라이드(slide) 스위치 : 슬라이드 스위치는 손잡이를 좌우(또는 상하)로 슬라이딩하면 접점이 미끄러져서 접촉하거나 전환된다. 접점에 따라 3p, 6p 등으로 구분된다.

㈐ 푸시 버튼(push button) 스위치 : 푸시 버튼 스위치는 누름 버튼 스위치라고도 하며, 버튼을 누르면 접점이 접촉하고 떼면 떨어지거나 회로가 전환된다. a접점 한 개만 가진 1a형, a접점과 b접점을 가진 1a1b형이 있다.

㈑ 로터리(rotary) 스위치 : 로터리 스위치는 셀렉터(selector) 스위치라고도 하며, 고정 접점과 회전 접점이 있고 회전축을 돌리면 회전 접점이 고정 접점에 접촉되는 구조로 되어 있다. 접점의 수가 많으므로 다입력 선택 스위치 등에 사용된다.

㈒ DIP(dual in-line package) 스위치 : 디지털 회로에서 다수의 스위치가 필요할 때 사용하는 스위치로 DIP 형태로 되어 있으며 슬라이드형, 피아노형 등이 있다. 접점 수에 따라 2p부터 10p까지 있으며 ON type과 OFF type이 있다.

㈓ 디지털(digital) 스위치 : 디지털 스위치는 2진 또는 BCD 신호를 만드는 스위치로

10 position과 16 position의 두 종류가 있으며, 소형 드라이버나 조정봉을 출력하고자 하는 2진수 또는 16진수에 해당하는 위치로 돌리면 출력 핀에서 선택된 위치의 신호가 출력된다.

(2) 반도체 소자의 구조와 특성

① **다이오드(diode)** : 다이오드는 전류를 한 방향으로만 흐르게 하고 역방향으로 흐르지 못하게 하는 성질을 가진 반도체 소자를 말한다.

반도체 내에서 전기를 운반하는 역할을 하는 것을 캐리어(carrier, 반송자)라 하며, 정공(hole)이 전기 전도의 역할을 하는 P형 반도체와 전자(electron)가 전기 전도의 역할을 하는 N형 반도체를 접합한 것을 PN접합 다이오드라고 한다.

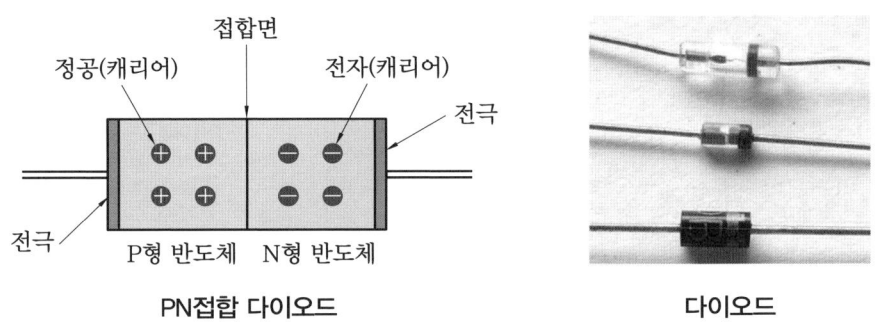

PN접합 다이오드 　　　　　 다이오드

　(가) **제너 다이오드(zener diode)** : 다이오드의 제너 항복 현상(역방향 포화 전류가 흐르는 상태에서 역방향 전압을 더 증가시키면 어느 전압에서 역방향의 큰 전류가 흐르는 현상)을 이용한 다이오드로, 정전압을 얻는데 사용된다.

　　제너 다이오드는 역방향 전압을 이용하므로 일반 다이오드와 반대로 캐소드에 (+) 전압을 인가하여 사용한다.

　(나) **가변 용량 다이오드(variable capacitance diode)** : PN접합 다이오드에 역방향 전압을 가하면 공간 전하 영역이 콘덴서 역할을 하는 것으로 직류 전압에 비례하여 용량이 변화하는 다이오드이다. 가변 용량 다이오드는 역방향 전압을 이용하므로 일반 다이오드와 반대로 캐소드에 (+) 전압을 인가하여 사용한다.

　(다) **터널 다이오드(tunnel diode)** : 도너 밀도를 매우 높게 하여 공핍층을 좁게 하고 전계의 세기를 증가하게 한 것이므로 응답 속도가 빠르다.

② **트랜지스터(transistor)** : 트랜지스터는 transfer-resister의 준말로 TR이라 한다.

구조는 PN접합의 한쪽 면에 P형 또는 N형 반도체를 접합하여 PNP 또는 NPN 접합을 한 형태로 되어 있다. 트랜지스터는 전자와 정공의 양극성 전하가 캐리어로 동작하므로 바이폴러 트랜지스터(bi-polar transistor)라고도 한다.

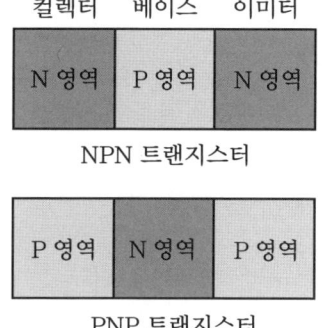

트랜지스터의 구조와 기호

여기서, B : base, C : collector, E : emitter

③ **전계 효과 트랜지스터(FET, field effect transistor)** : FET는 게이트 전압에 의해 다수 반송자의 전류를 제어하는 전압 제어형 소자로, 입력 임피던스가 매우 높고 저잡음 특성을 가지며 출력이 크고 동작 속도가 매우 빠르다.

④ **광 소자(photo device)** : 광 소자는 빛을 이용하여 신호를 발생시키거나 검출하기 위한 소자를 말하며 신호 변환, 제어 등에 사용된다.

   (가) 발광 다이오드(LED, light emission diode) : LED는 GaP, GaAsP 등의 화합물 반도체로 PN접합을 만들고, 여기에 순방향 전압을 인가하여 접합면에서 발광하는 소자이다.

   (나) 포토 트랜지스터(photo transistor) : 포토 트랜지스터는 빛에 의해 컬렉터 전류가 제어되는 수광 소자로, 그림과 같은 구조로 되어 있으며 상단에 빛을 투과시키는 투명 렌즈가 있다. 또한 바이어스를 가하기 위해 베이스 전극이 있는 것과 없는 것이 있으며 다이오드 형태로 된 포토 다이오드도 있다.

포토 트랜지스터

   (다) 포토 인터럽터(photo interrupter)

   ㉮ 구조 : 발광 소자와 수광 소자가 하나의 패키지에 내장되어 수 mm의 간격을 두고 마주보도록 배치되어 있다. 발광 소자에는 적외선 LED가 사용되고 수광 소자에는 포토 트랜지스터가 사용된다.

포토 인터럽터

   ㉯ 특징 : 비접촉 물체 감지, 무접점으로 신뢰성이 높고 수명이 길며, 소형으로 가볍고 TTL 또는 C-MOS IC와 접속이 용이하다. 패키지 구성에 따라 투과형과 반사형이 있으며, 투과형은 포토 인터럽터라 하고, 반사형은 반사형 포토 인터럽터 또는 포토 리플렉터라 한다.

   (라) 포토 커플러(photo coupler) : 회로 간 전기적으로 절연한 상

포토 커플러

태에서 전기 신호를 전달하는 목적으로 발광 소자(LED)와 수광 소자를 광학적으로 결합하여 하나의 패키지에 내장한 광복합 소자를 말한다.

㈐ CdS 광도전 소자 : CdS 광도전 소자는 카드뮴(Cd)과 황(S)의 화합물을 기판에 증착하고, 그 양단에 리드선을 붙인 구조로 되어 있다. 빛을 받으면 저항값이 감소하는 성질을 가지고 있으며, 주로 빛을 검출하는 회로 등에 사용된다.

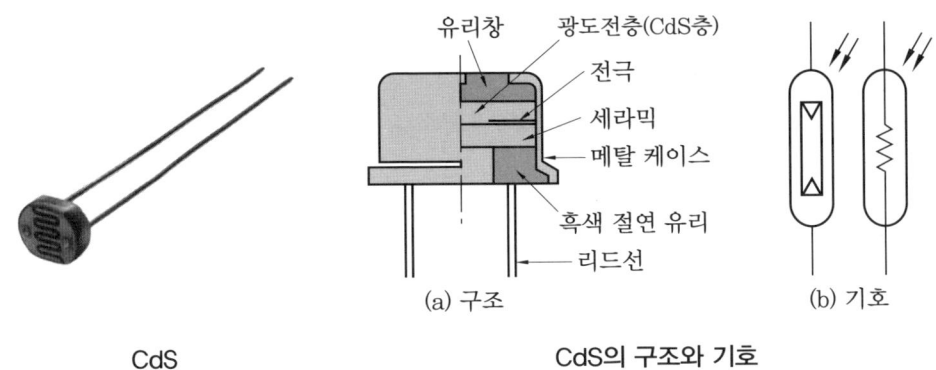

CdS의 구조와 기호

⑤ **트리거 소자(trigger device)** : 상태 변화의 계기가 되는 신호를 말하며, 사이리스터(thyristor)를 동작시키기 위한 신호를 발생하는 SBS, SUS, DIAC, UJT, PUT 등이 있다.

㈎ SBS(silicon bilateral switch) : SBS는 쌍방향성 트리거 소자로, SCR과 제너 다이오드를 1조로 하여 2개를 서로 역방향으로 연결한 구조이다. 주로 저전압 트리거 제어 회로에 사용되며 브레이크 오버 전압은 약 8V이고 DIAC보다 낮은 브레이크 오버 전압을 갖는다.

㈏ SUS(silicon unilateral switch) : SUS 및 PNPN(four-layer) 다이오드는 단방향 트리거 소자이다. PNPN 다이오드는 브레이크 오버 전압을 10~400V까지 제조하며, SUS는 저전압, 저전류용으로 브레이크 오버 전압은 8V, 전류는 1A 이하에서 사용된다.

㈐ DIAC : DIAC(다이액)은 2단자 교류 스위치를 의미하며, 3층 구조로 이루어져 있고 전압-전류 특성이 대칭인 쌍방향성 트리거 소자이다. 순방향 브레이크 오버 전압보다 작은 전류에서는 다이액에 전류가 흐르지 않는다.

그러나 일단 브레이크 오버 전압에 도달하면 다이액은 도통되어 단자 간의 전압이 약간 떨어지면서 전류가 급상승한다. 역방향도 역시 같은 동작을 하며 교류 공급 전원의 양반파 주기에서 트리거 신호를 발생한다. 브레이크 오버 전압은 30~36V이며 브레이크 오버 전류는 50A인 것이 대부분 사용된다.

DIAC의 구조와 기호

㈘ 단접합 트랜지스터(UJT, uni-junction transister) : 단접합 트랜지스터는 접합부가 하나인 트랜지스터를 말하는 것으로, 일종의 브레이크 오버 소자로 더블 베이스 다이오드(double base diode)라고도 한다. 일반적으로 UJT는 타이머, 발진기, 파형 발생기, 사이리스터의 게이트 제어 회로 등에 널리 사용된다.

㈙ PUT(programmable uni-junction transistor) : PUT는 실제 구조와 동작 모드가 UJT와 다르나 각각의 전압-전류 특성과 응용이 비슷하여 UJT의 명칭을 사용하고 있다. PUT도 UJT와 같이 트리거 소자로서 매우 적은 전류로 트리거할 수 있다. 구조는 샌드위치된 N형 반도체 층에 게이트가 직접 접속된 PNPN형 반도체 소자이다.

⑥ **사이리스터(thyristor)** : 사이리스터는 하나의 스위치 작용을 하는 반도체로서 PN접합을 여러 개 적당히 결합한 소자이다. 주로 전력 제어용으로 사용되며, 대표적인 소자로 SCR과 트라이액이 있다.

㈎ 실리콘 제어 정류기(SCR, silicon controlled rectifier) : SCR은 게이트 전극을 갖는 PNPN의 4층 다이오드로 구성되어 있으며, 반도체 스위칭 소자로 역내 전압이 높아 전력용 대전류 제어에 사용된다.

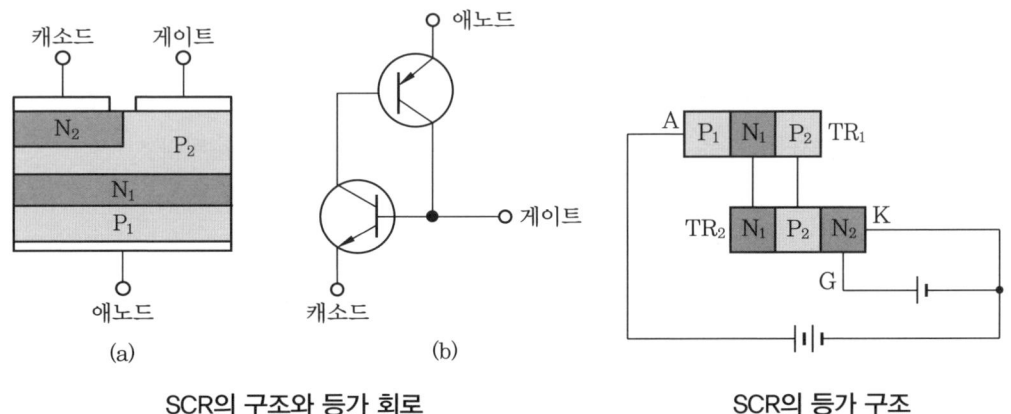

SCR의 구조와 등가 회로   SCR의 등가 구조

㈏ 광 SCR : 광 SCR은 트리거할 때 게이트에 전기 신호를 인가하지 않고 근적외선 광이 공핍 영역에 조사됨에 따라 ON 상태가 된다. 공급된 신호가 전기가 아닌 빛인 것 이외에는 일반 SCR과 구조 및 동작 원리가 같다. 게이트 신호 전송부의 전기 절연 구성이 용이하며, 트리거 시 전기 잡음의 영향이 작다. 주로 직류 송전용 변환 장치나 무효 전력 보상 장치에 사용된다.

㈐ 게이트 턴 오프 사이리스터(GTO 사이리스터) : GTO(gate turn off) 사이리스터는 자기 소호 기능을 가진 스위칭 소자이다.

㈑ 트라이액(TRIAC, triode AC switch) : 2개의 SCR을 역병렬로 접속한 형태로

(+) 또는 (−) 게이트 신호에 의해 전원의 정방향 또는 역방향으로 턴 온이 가능하므로 쌍방향성 전력 제어 소자이다.

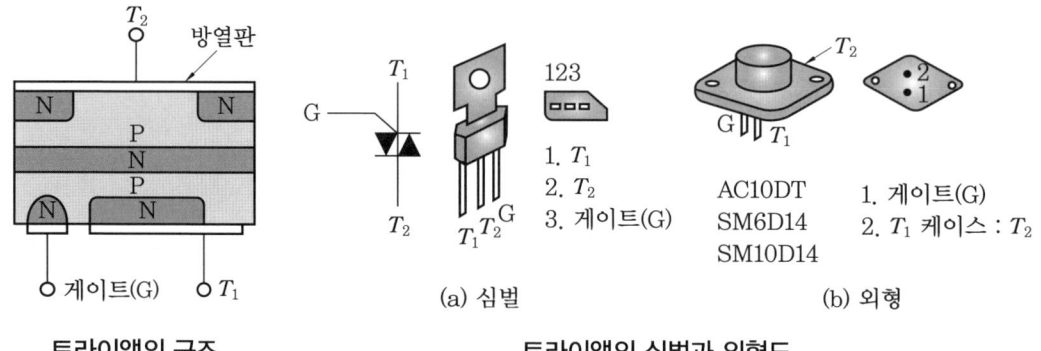

트라이액의 구조

트라이액의 심벌과 외형도

⑦ **기타 여러 소자**

㈎ 반도체 레이저(LD) : 레이저 다이오드(laser diode)라 하며, 레이저 유도 방출에 의해 빛을 증폭시키는 소자이다. 반도체 레이저는 유도 방출이라 불리는 발광 과정이 주체가 되기 때문에 파장이나 위상이 깨끗하게 정렬되어진 일관된 빛이 얻어진다. 이 때문에 지향성이나 에너지 집중성이 얻어진다.

㈏ 서미스터(Th, thermistor) : 온도의 변화에 따라 저항값이 변화하는 반도체의 성질을 이용한 감온 소자를 말한다. 서미스터는 온도 검출 및 조정, 트랜지스터 회로의 온도 보상, 자동 진폭 조정, 자동 이득 조정 회로에 주로 사용된다.

㈐ 배리스터(varistor) : 배리스터는 전압에 의해 저항값이 크게 변화하는 가변저항 소자로 variable resistor의 합성어이다.

㈑ LED 디스플레이 : LED 여러 개를 조합하여 숫자나 문자 등의 정보를 표현하는 것으로 7−segment 디스플레이와 도트 매트릭스(dot matrix) 디스플레이가 있다.

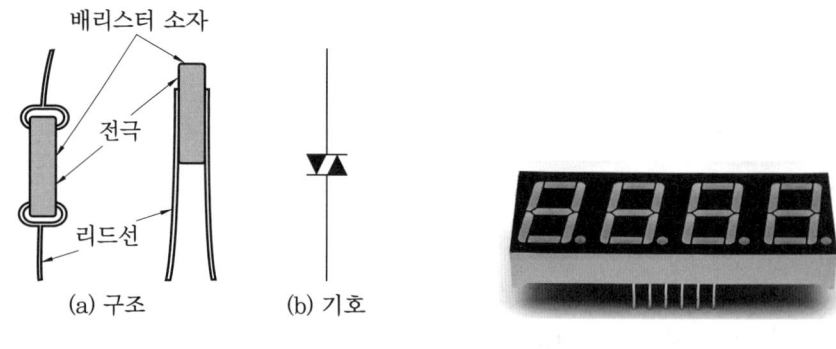

배리스터의 구조와 기호

LED 디스플레이의 외관

예 | 상 | 문 | 제

1. 옥내 배선 공사에서 절연 전선의 피복을 벗길 때 사용하면 편리한 공구는?
① 드라이버　② 플라이어
③ 압착 펜치　④ 와이어 스트리퍼

해설 와이어 스트리퍼(wire striper)
㉠ 절연 전선의 피복 절연물을 벗기는 자동 공구이다.
㉡ 도체의 손상 없이 정확한 길이의 피복 절연물을 쉽게 처리할 수 있다.

2. 금속관을 절단할 때 사용되는 공구는?
① 오스터　② 녹아웃 펀치
③ 파이프 커터　④ 파이프 렌치

해설 파이프 커터(pipe cutter)는 금속관을 절단할 때 사용한다.

3. 다음 중 전선에 압착 단자를 접속시키는 공구는?
① 와이어 스트리퍼
② 프레셔 툴
③ 볼트 클리퍼
④ 드라이베이트 툴

해설 프레셔 툴(pressure tool)은 솔더리스(solderless) 커넥터 또는 솔더리스 터미널을 압착하는 것이다.

4. 배전반, 분전반 등의 배관을 변경하거나 이미 설치되어 있는 캐비닛에 구멍을 뚫을 때 필요한 공구는?
① 오스터　② 클리퍼
③ 파이어 포트　④ 녹아웃 펀치

해설 녹아웃 펀치(knock out punch) : 배전반, 분전반 등의 배관을 변경하거나 이미 설치되어 있는 캐비닛에 구멍을 뚫을 때 필요한 공구

5. 녹아웃 펀치와 같은 용도로 배전반이나 분전반 등에 구멍을 뚫을 때 사용하는 것은?
① 클리퍼(cliper)
② 홀 소(hole saw)
③ 프레스 툴(pressure tool)
④ 드라이베이트 툴(driveit tool)

해설 홀 소(hole saw) : 녹아웃 펀치와 같은 용도로 배전반, 분전반 등의 캐비닛에 구멍을 뚫을 때 사용된다.

6. 다음 중 소형 분전반이나 배전반을 고정시키기 위하여 콘크리트에 구멍을 뚫어 드라이브 핀을 박는 공구는?
① 드라이베이트 툴　② 익스팬션
③ 스크루 앵커　④ 코킹 앵커

해설 드라이베이트 툴(driveit tool)
㉠ 큰 건물의 공사에서 드라이브 핀을 콘크리트에 경제적으로 박는 공구이다.
㉡ 화약의 폭발력을 이용하기 때문에 취급자는 보안상 훈련을 받아야 한다.

7. 다음 공구 중 조립용 공구가 아닌 것은?
① 드라이버　② 기어 풀러
③ 스패너　④ 파이프 렌치

해설 기어 풀러는 분해용 공구이다.

정답 1. ④　2. ③　3. ②　4. ④　5. ②　6. ①　7. ②

8. 끊어진 회로를 연결하는데 사용하는 것으로, 테스트되는 회로 보호를 위해 퓨즈 용량 이상의 것은 사용하지 말아야 하는 것은?
① 저항계
② 점프 와이어
③ 테스트 램프
④ 자체 전원 테스트 램프

해설 계기를 이용한 점검 중 점프 와이어는 끊어진 회로를 연결하는데 사용된다. 개방(open)된 회로를 통과할 때는 점프 와이어를 사용한다. 테스트되는 회로 보호를 위해 퓨즈 용량 이상의 것은 사용하지 말아야 한다.

9. 단위 유닛 제작을 할 때 사용되는 것으로 납땜을 원활하게 해 주는 역할을 하며, 고온에서 작업하는 인두 팁은 시간이 지나면 산화하게 되어 납이 잘 붙지 않게 되는데, 이를 방지하는 역할을 하는 것은?
① 솔더 위크
② 솔더 압착기
③ 솔더 스트리퍼
④ 솔더링 페이스트

해설 ㉠ 솔더링 페이스트 : 납땜을 원활하게 해 주는 역할을 한다. 고온에서 작업하는 인두 팁은 시간이 지나면 산화하게 되어 납이 잘 붙지 않게 되는데, 이를 방지하는 역할을 하게 된다.
㉡ 솔더 위크 : 납 흡입기를 쓸 수 없는 환경에서 쉽게 납을 제거하는 일종의 심지이다.

10. 다음 중 PLC 제어반의 특징이 아닌 것은? [11-2, 18-1]
① 유닛 교환으로 수리를 할 수 있다.
② 복잡한 제어라도 설계가 용이하다.
③ 완성된 장치는 다른 곳에서 사용할 수 없다.
④ 프로그램으로 복잡한 제어 기능도 할 수 있다.

해설 PLC 제어
㉠ 제어 변경이 용이하다.
㉡ 프로그램의 변경으로 제어 동작의 변경이 가능하다.
㉢ 입·출력 장치의 착탈이 용이하다.
㉣ 장치 구성 시간이 적게 소요된다.

11. PLC의 특징이 아닌 것은? [11-1, 18-2]
① 설비의 변경, 확장이 쉽다.
② 제어반 설치 면적이 크다.
③ 안정성 및 신뢰성이 높다.
④ 노이즈에 대한 대책이 필요하다.

해설 PLC 제어는 릴레이 제어보다 제어 장치의 크기를 소형화한다.

12. PLC 제어의 특징이 아닌 것은? [11-3]
① 복잡한 제어라도 설계가 용이하다.
② 신뢰성이 우수하다.
③ 접촉 불량 발생 우려가 있으며 수명의 제약이 있다.
④ 프로그램 변경만으로 제어 내용을 가변할 수 있다.

해설 릴레이 제어가 유접점 제어이다.

13. PLC(programmable logic controller)의 특징이 아닌 것은? [12-3]
① 릴레이 제어반에 비해 가격이 매우 저가이다.
② 릴레이 제어반에 비해 배선 및 설치가 용이하다.
③ 릴레이 제어반에 비해 유지 보수가 용이하다.
④ 릴레이 제어반에 비해 높은 신뢰성을 갖는다.

정답 8. ② 9. ④ 10. ③ 11. ② 12. ③ 13. ①

해설 PLC는 사양이 높아질수록 가격이 비싸다.

14. 다음 중 PLC 기본 모듈(CCU)의 구성이 아닌 것은? [11-1]
① 전원부   ② A/D 변환부
③ CPU   ④ 입·출력부

15. PLC에 사용되는 CPU의 내부 구성 요소에서 ALU의 역할은? [19-3]
① 스파크 방지
② 데이터의 저장
③ 아날로그의 영상화
④ 산술이나 논리 연산

16. 다음 중 PLC의 입력부에 연결될 기기는 어느 것인가? [12-1]
① 솔레노이드 밸브   ② 광전 스위치
③ 경보 벨   ④ 표시 램프

17. 다음 중 PLC의 입력부에 연결되는 기기가 아닌 것은? [08-3]
① 솔레노이드 밸브   ② 광전 스위치
③ 근접 스위치   ④ 리밋 스위치

18. PLC의 구성 중 입력(input) 측에 해당되지 않는 것은? [14-1, 18-3]
① 광 센서
② 전자 접촉기
③ 리밋 스위치
④ 푸시 버튼 스위치

19. PLC에서 사용되는 부품 중 출력기기와 관계가 없는 것은? [16-3]
① 벨
② 리밋 스위치
③ 전자 개폐기
④ 솔레노이드 밸브

해설 리밋 스위치는 입력기기이다.

20. PLC용 프로그램 작성 중 프로그램 오류를 찾아서 수정하는 작업을 무엇이라 하는가? [08-3]
① 입·출력기기의 할당
② 시퀀스 회로 조립
③ 디버깅
④ 코딩

21. 다음 중 PLC의 전원부에 대한 잡음 대책이 아닌 것은? [14-3]
① 스파크 킬러를 사용한다.
② 필터를 사용한다.
③ 트랜스를 사용한다.
④ 트랜스와 필터를 사용한다.

해설 노이즈의 발생원은 주로 사이리스터, 전자 개폐기의 코일이나 접점이다.

22. 다음 중 직류 발전기의 주요 3요소라 할 수 있는 것은? [10-2, 17-1]
① 전기자, 계자, 브러시
② 브러시, 계자, 정류자
③ 전기자, 브러시, 정류자
④ 전기자, 계자, 정류자

23. 다음 중 직류 발전기의 구성 요소 중 자속을 만들어 주는 부분은? [14-3]
① 계자   ② 전기자
③ 정류자   ④ 브러시

정답 14. ② 15. ④ 16. ② 17. ① 18. ② 19. ② 20. ③ 21. ① 22. ④ 23. ①

24. 다음 중 직류기에서 기전력을 유도하는 부분은? [12-1]
① 계자 ② 전기자
③ 정류자 ④ 계철

25. 다음 중 직류 발전기에서 전기자의 주된 역할은? [11-2]
① 교류를 직류로 변환한다.
② 자속을 만든다.
③ 회전자를 지지한다.
④ 기전력을 유도한다.

26. 직류 발전기에서 전기자 반작용을 방지하는 대책으로 볼 수 없는 것은? [09-1]
① 브러시의 위치를 전기적 중성축까지 이동한다.
② 정류자를 설치한다.
③ 보상 권선을 설치한다.
④ 보극을 설치한다.

해설 전기자 반작용 방지 대책
㉠ 브러시를 전기적 중성축으로 이동시킨다.
㉡ 보상 권선을 설치한다.
㉢ 보극을 설치한다.
㉣ 자기저항 및 기자력을 크게 한다.

27. 직류 발전기에서 전기자 철심을 성층 철심으로 하는 이유는? [09-1, 18-1]
① 동손의 감소
② 철손의 감소
③ 풍손의 감소
④ 기계손의 감소

해설 전기자가 회전할 때 자속을 끊게 되면 와류가 발생하여 철심이 가열되는 것을 방지한다.

28. 직류 발전기의 규약 효율은? [10-3]
① $\dfrac{출력}{입력} \times 100\%$
② $\dfrac{출력}{출력+손실} \times 100\%$
③ $\dfrac{입력-손실}{입력} \times 100\%$
④ $\dfrac{출력}{입력+손실} \times 100\%$

해설 효율 : 출력과 입력과의 비로서 실측 효율과 규약 효율이 있다.
㉠ 실측 효율
$\eta = \dfrac{출력}{입력} \times 100\% = \dfrac{P_0}{P_1} \times 100\%$
㉡ 규약 효율
- 발전기의 효율 $= \dfrac{출력}{출력+손실} \times 100\%$
- 전동기의 효율 $= \dfrac{입력-손실}{입력} \times 100\%$

29. 직류 발전기에서 계자 철심에 잔류 자기가 없어도 발전할 수 있는 발전기는 어느 것인가? [11-1]
① 분권 발전기 ② 복권 발전기
③ 직권 발전기 ④ 타여자 발전기

30. 회전수 1200rpm인 6극 교류 발전기와 병렬 운전하는 8극 교류 발전기의 회전수는 몇 rpm인가? [17-3]
① 900 ② 1000
③ 1100 ④ 1200

해설 ㉠ $f = \dfrac{p \cdot N_s}{120} = \dfrac{6 \times 1200}{120} = 60\,\text{Hz}$
㉡ $N_s' = \dfrac{120f}{p} = \dfrac{120 \times 60}{8} = 900\,\text{rpm}$

정답 24. ② 25. ④ 26. ② 27. ② 28. ② 29. ④ 30. ①

31. 타여자 발전기의 용도로 적당하지 않은 것은? [18-1]
① 고전압 발전기
② 승압기(booster)
③ 저전압 대전류 발전기
④ 동기 발전기의 주 여자기

32. 타여자 발전기의 전기자 저항 0.1Ω에 50A의 부하 전류를 공급하여 단자 전압 200V를 얻었다. 발전기의 유도 기전력은 몇 V인가? [12-2]
① 200 ② 450 ③ 195 ④ 205

[해설] $V = E - R_a \cdot I$
∴ $E = V + R_a \cdot I$
$= 200 + (0.1 \times 50) = 205\,V$

33. 외력이 없을 때는 닫혀 있고 외력이 가해지면 열리는 접점은? [14-2, 15-2]
① a접점 ② b접점
③ c접점 ④ d접점

[해설] b접점 : 접점이 항상 닫혀 있어 통전되고 있다가 외력이 작용하면 열리는 것, 즉 통전이 차단되는 것을 상시 닫힘형, 정상 상태 닫힘형(normally closed, N/C형), break 접점이라고도 부른다.

34. 다음 중 수동 조작 자동 복귀 접점 심벌은? [16-2]

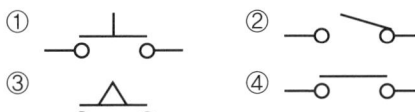

35. 다음 그림 기호 중 한시 동작형 a접점은 어느 것인가? [14-2, 19-3]

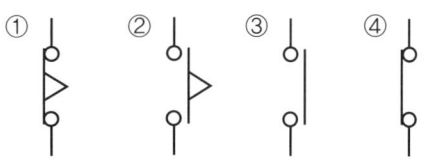

36. 그림의 타임 차트(time chart)가 나타내는 접점 기호로 알맞은 것은? [08-1]

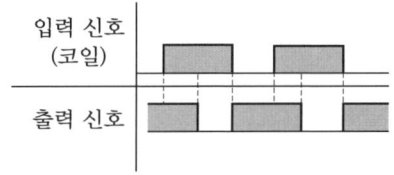

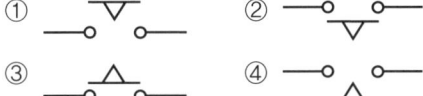

37. 그림과 같은 기호를 나타내는 것으로서 옳은 것은? [09-3, 07-3, 15-3]

① 수동 조작 자동 복귀 b접점
② 전자 접촉기 b접점
③ 보조 계전기 b접점
④ 수동 복귀 b접점

38. 시퀀스 제어에 사용되는 조작용 기기에 속하지 않는 것은? [07-1, 20-2]
① 캠 스위치   ② 압력 스위치
③ 토글 스위치 ④ 선택 스위치

39. 다음 중 제어 지령용 주요 기기가 아닌 것은? [06-1, 07-1]
① 누름 버튼 스위치 ② 캠 스위치
③ 마이크로 스위치   ④ 리밋 스위치

[해설] 리밋 스위치는 입력기기이다.

정답 31. ③ 32. ④ 33. ② 34. ① 35. ② 36. ④ 37. ④ 38. ② 39. ④

40. 검출용 기기가 아닌 것은? [17-3]
① 캠 스위치 ② 리밋 스위치
③ 근접 스위치 ④ 플로트 스위치

해설 캠 스위치(cam switch) : 캠의 작동에 의하여 접점이 개폐되는 스위치이며 여러 개의 단자를 이용할 수 있다.

41. 검출용 기기가 아닌 것은? [18-2]
① 리밋 스위치
② 근접 스위치
③ 광전 스위치
④ 푸시 버튼 스위치

해설 푸시 버튼 스위치는 인력에 의한 접촉 스위치로 입력 스위치이다.

42. 검출용 기기에서 접촉식 검출기기에 해당되는 것은? [08-3, 19-3]
① 근접 센서 ② 광전 센서
③ 리밋 스위치 ④ 초음파 센서

43. 비접촉 검출 스위치의 종류에 해당되지 않는 것은? [07-1, 09-3]
① 광전 스위치
② 마이크로 스위치
③ 초음파 스위치
④ 근접 스위치

44. 자기장의 에너지를 이용하여 검출 헤드에 접근하는 금속체를 기계적으로 접촉시키지 않고 검출하는 스위치는? [10-3, 19-2]
① 근접 스위치
② 플로트레스 스위치
③ 광전 스위치
④ 리밋 스위치

45. 검출 대상 물체가 검출면 가까이 왔을 때 검출 신호를 출력하는 비접촉식 검출 스위치는? [13-3]
① 플로트레스 스위치
② 근접 스위치
③ 리밋 스위치
④ 온도 스위치

46. 입력 신호가 주어지고 일정 시간 경과 후에 내장된 접점을 ON, OFF시키는 시퀀스 제어용 기기는? [16-3]
① 스위치 ② 타이머
③ 릴레이 ④ 전자 개폐기

47. 전하를 축적할 목적으로 두 개의 도체 사이에 절연물 또는 유전체를 삽입한 것을 무엇이라 하는가? [12-2, 17-2]
① 저항 ② 콘덴서
③ 코일 ④ 변압기

해설 콘덴서 : 전하를 축적할 목적으로 두 개의 도체 사이에 절연물 또는 유전체를 삽입한 것으로 회로에 가해진 전기 에너지를 정전 에너지로 변환하여 축적하는 소자

48. 회로에 가해진 전기 에너지를 정전 에너지로 변환하여 축적하는 소자는? [12-3]
① 콘덴서 ② 인덕터
③ 변압기 ④ 저항

49. 다음 중 콘덴서에 대한 설명으로 옳은 것은? [19-1]
① 단위로는 F가 사용된다.
② 발열 작용을 하므로 전구로도 사용된다.
③ 자기 작용을 하므로 전자석으로 사용된다.

정답 40. ① 41. ④ 42. ③ 43. ② 44. ① 45. ② 46. ② 47. ② 48. ① 49. ①

④ 직렬 연결은 가능하나 병렬 연결은 할 수 없다.

해설 콘덴서의 용량을 나타내는 단위로 F(패럿)를 사용한다.

50. 다음 중 콘덴서의 용량을 나타내는 단위는? [12-2]
① A　　② F　　③ W　　④ mH

51. 다음 중 극성을 가지는 콘덴서는? [08-1]
① 전해 콘덴서　　② 세라믹 콘덴서
③ 마일러 콘덴서　　④ 마이카 콘덴서

52. 다음 중 강자성체에 속하는 것은? [06-1]
① C　　② Zn
③ Pd　　④ Ni

해설 강자성 : 자기장의 방향으로 강하게 자화되는 성질이며, 철, 니켈, 코발트가 있다.

53. 계전기(relay) 접점의 불꽃을 소거할 목적으로 사용하는 반도체 소자는 어느 것인가? [08-3, 09-2, 15-1, 16-3]
① 배리스터　　② 서미스터
③ 터널 다이오드　　④ 버랙터 다이오드

해설 DC 전자석을 이용하는 기기를 사용할 때는 스파크가 발생되지 않도록 스파크 방지 회로를 채택해 주어야 한다. 그 방법에는 저항 이용법, 저항과 커패시터의 조합 방법, 다이오드 사용법, 제너 다이오드 사용법, 배리스터 사용법 등이 있다.

54. 전자 코일에 전원을 주어 형성된 자력을 이용하여 접점을 즉시 개폐하는 역할을 하는 것은? [10-2, 17-3]
① 카운터　　② 릴레이
③ 열동형 계전기　　④ 셀렉터 스위치

해설 전자 계전기(electromagnetic relay) : 코일 단자에 전류를 가하면 철심이 여자되어 전자석의 힘에 의하여 가동 철편 단자를 끌어당겨 접점의 개폐를 변환하는 계전기로 릴레이(relay)라 한다.

55. 다음 중 전자 계전기의 기능이라 볼 수 없는 것은? [09-3, 12-2]
① 증폭 기능　　② 전달 기능
③ 연산 기능　　④ 충전 기능

56. 물 탱크의 수위를 조절하는 자동 스위치를 표시하는 것은? [12-1]
① FS　　② FCB　　③ FLTS　　④ FTS

해설 ㉠ 계자 스위치 : FS(field switch)
㉡ 계자 차단기 : FCB(foot circuit breaker)
㉢ 플로트 스위치 : FLTS(float switc)
㉣ 발 밟음 스위치 : FTS(foot breaker)

57. 다음 중에서 압력 스위치의 표시 문자 기호는? [14-2]
① PS　　② FS　　③ PXS　　④ PHS

해설 ㉠ 압력 스위치 : PS(pressure switch)
㉡ 계자 스위치 : FS(field switch)
㉢ 근접 스위치 : PXS(proximity switch)

58. 다음 전력 증폭기 중 효율이 가장 높은 것은? [14-1, 17-3]
① A급 전력 증폭기　　② B급 전력 증폭기
③ C급 전력 증폭기　　④ AB급 전력 증폭기

해설 C급 전력 증폭기는 효율이 매우 높다.

정답 50. ②　51. ①　52. ④　53. ①　54. ②　55. ④　56. ③　57. ①　58. ③

59. LED(light emitting diode)란? [07-3]
① 역방향 바이어스일 때 광을 감지한다.
② 역방향 바이어스일 때 광을 방출한다.
③ 순방향 바이어스일 때 광을 감지한다.
④ 순방향 바이어스일 때 광을 방출한다.

해설 발광 다이오드(LED, light emitting diode) : 순방향 바이어스가 되는 경우 전기적인 에너지를 빛에너지로 바꾸는 소자

60. 도너(donor)와 억셉터(accepter)의 설명 중 틀린 것은? [09-2, 19-1]
① 반도체 결정에서 Ge나 Si에 넣는 5가의 불순물을 도너라고 한다.
② N형 반도체의 불순물은 억셉터이고, P형 반도체의 불순물이 도너이다.
③ 반도체 결정에서 Ge나 Si에 넣는 3가의 불순물에는 In, Ga, B 등이 있다.
④ Ge나 Si에 도너 불순물을 넣어 결정하면 과잉 전자(excess electron)가 생긴다.

해설 N형 반도체에 혼입된 불순물을 도너, P형 반도체에 혼입된 불순물을 억셉터라 하며, 진성 반도체는 자유전자와 정공이 같은 수로 존재한다.

61. 반도체에 대한 설명 중 맞는 것은 어느 것인가? [15-3]
① N형 반도체에 혼입된 불순물을 억셉터라 한다.
② P형 반도체에 혼입된 불순물을 도너라 한다.
③ 불순물 반도체에는 P형과 N형이 있다.
④ 진성 반도체는 자유전자와 전공의 수가 다르다.

62. 반도체의 성질을 설명한 것으로 옳지 않은 것은? [08-1]

① 반도체는 온도가 상승하면 전기저항이 감소한다.
② 반도체에서 전기 전도는 전자와 정공으로 이루어진다.
③ 반도체에 열이나 빛을 가하면 전기저항이 변한다.
④ 반도체는 불순물이 증가하면 전기저항이 현저하게 증가한다.

해설 반도체는 불순물이 증가하면 전기저항이 작아진다.

63. 불순물이 전혀 첨가되지 않은 순수 반도체로 구성된 것은? [13-3]
① Ge, B   ② Ge, Sb
③ Si, As   ④ Si, Ge

해설 반도체 결정에서 Si나 Ge에 넣는 불순물로 P형 반도체의 경우 인듐(In), 갈륨(Ga), 알루미늄(Al), 붕소(B)이며, N형 반도체의 경우 비소(As), 인(P), 안티몬(Sb)이다.

64. 진성 반도체에 첨가 물질을 도핑하여 n형 반도체를 만들기 위한 도핑 물질은 무엇인가? [12-2]
① 갈륨   ② 인듐
③ 붕소   ④ 비소

해설 N형 반도체의 불순물 : 비소(As), 인(P), 안티몬(Sb)

65. 실리콘(Si)의 진성 반도체에 극히 적은 불순물을 혼합하여 N형 반도체를 만들려고 한다. 다음 중 사용할 수 없는 불순물은 어느 것인가? [09-3, 13-2, 19-2]
① 비소(As)   ② 인(P)
③ 인듐(In)   ④ 안티몬(Sb)

정답 59. ④ 60. ② 61. ③ 62. ④ 63. ④ 64. ④ 65. ③

해설 N형 반도체의 불순물 : 비소(As), 인(P), 안티몬(Sb)

66. P형 반도체의 다수 반송자(carrier)는?
① 전자   ② 정공   [19-1]
③ 중성자   ④ 억셉트

해설 P형 반도체 : 순수 실리콘에 알루미늄(Al), 붕소(B), 인듐(In), 갈륨(Ga)과 같은 3가의 불순물을 첨가한다. 첨가된 불순물의 3개의 가전자들은 인접한 실리콘 원자의 4개의 가전자들과 공유 결합을 이루지만 하나의 전자가 부족하여 전자를 받아들일 수 있는 빈 자리가 발생하며, 이것을 정공이라 한다. 이러한 정공은 전기 전도도에 관계되며 (+)인 전기적 성질을 갖는다.

67. P형 반도체와 N형 반도체를 접합시키면 반송자가 결핍되는 공핍층이 생성된다. Si의 경우 이러한 접합면 사이의 전위차는 얼마인가?   [13-2, 15-3]
① 약 0.2V   ② 약 0.3V
③ 약 0.7V   ④ 약 0.9V

해설 Si(실리콘) 다이오드는 일반적으로 순방향 바이어스에서 PN 접합면 사이의 전위 장벽을 극복하는데 약 0.7V의 전압강하가 일어난다.

68. 실리콘(Si) 다이오드의 순방향 전압강하는 대개 몇 V 정도인가?   [13-3]
① 0.1~0.2   ② 0.3~0.4
③ 0.6~0.7   ④ 0.9~1.0

69. 다이오드 PN 접합을 하고 순 바이어스 전압 공급 시 나타나는 현상은?   [16-2]
① 전기장이 강해진다.
② 전위 장벽이 낮아진다.
③ 전류의 흐름이 어렵다.
④ 공간 전하 영역의 폭이 넓어진다.

해설 순방향 바이어스 전압 공급 시 전기장을 약화시켜 전위 장벽을 낮추어, 큰 확산 전류를 발생시킨다.

70. 다이오드의 최대 정격 중 연속적으로 가할 수 있는 직류 전압의 최대 허용값을 나타내는 것은?   [14-3]
① 최대 첨두 역방향 전압
② 최대 직류 역방향 전압
③ 최대 첨두 순방향 전압
④ 최대 평균 정류 전압

71. 다음 중 정전압용으로 사용하는 반도체 소자는?   [09-2, 12-3]
① 발광 다이오드   ② 터널 다이오드
③ P-N 다이오드   ④ 제너 다이오드

해설 제너 다이오드 : 순방향으로 바이어스 되면 일반 다이오드처럼 동작된다. 온도와 전류 용량이 크기 때문에 보통 실리콘이 사용된다. 역방향 바이어스를 걸어 주면 어느 한도 이상의 역방향 바이어스를 넘어서면 전류가 급속히 증가하고 전압이 일정하게 된다.

72. 전원 전압을 안정하게 유지하기 위해서 사용되는 소자는? [12-2, 16-1, 16-2, 18-3]
① 제너 다이오드   ② 터널 다이오드
③ 포토 다이오드   ④ 쇼트키 다이오드

해설 제너 다이오드는 일반 다이오드와는 달리 역방향 항복에서 동작하도록 설계된 다이오드로서 전압 안정화 회로로 사용된다.

정답 66. ② 67. ③ 68. ③ 69. ② 70. ② 71. ④ 72. ①

73. 불순물 농도가 가장 큰 반도체는? [15-1]
① 제너 다이오드   ② 터널 다이오드
③ FET   ④ SC

해설 터널 다이오드(tunnel diode) : 도너 밀도를 매우 높게 하여 공핍층을 좁게 하고 전계의 세기를 증가하게 한 것이므로 응답 속도가 빠르다.

74. 다음 회로의 다이오드의 양단에 걸리는 전압(V)은? [06-1, 19-3]

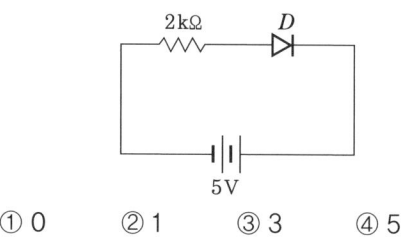

① 0   ② 1   ③ 3   ④ 5

75. 4층 이상의 pnpn 구조로 이루어졌으며, 전류의 도통과 저지 상태를 가진 반도체 스위치 소자는? [18-2]
① 저항   ② 다이오드
③ 사이리스터   ④ 트랜지스터

해설 사이리스터 : 애노드와 캐소드를 갖는 pnpn 구조의 4층 반도체로 일정값 이상으로 전압이 인가되면 ON 상태가 되어 일정값 이하로 전류가 감소될 때까지 ON 상태가 유지된다.

76. 실리콘 제어 정류기(SCR)에 관한 설명으로 틀린 것은? [12-3, 17-2]
① PNPN 소자이다.
② 스위칭 소자이다.
③ 쌍방향성 사이리스터이다.
④ 직류, 교류 전력 제어에 사용된다.

해설 SCR : 애노드와 캐소드, 게이트를 갖는 pnpn 구조의 4층 반도체로 한 방향으로만 전류가 흐른다.

77. 그림의 회로에서는 SCR을 동작시키려면 X점의 전압을 몇 V로 하면 되는가? (단, 다이오드를 동작시키는데 필요한 게이트 전류는 정상 상태에서 20mA이다.) [12-2]

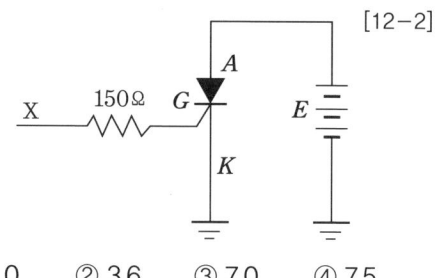

① 3.0   ② 3.6   ③ 7.0   ④ 7.5

해설 게이트 G의 직렬 저항 $R=150\,\Omega$, 게이트 G의 전류 $I=20\,\text{mA}$일 때,
X점 전압 $V=IR+0.6$
$=20\times 10^{-3}\times 150+0.6=3.6\,\text{V}$
여기서, 0.6은 SCR을 도통하기 위한 계수

78. 그림의 트랜지스터 기호에서 A가 표시하는 것은? [20-2]

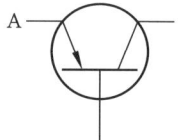

① 게이트   ② 베이스
③ 컬렉터   ④ 이미터

해설 트랜지스터에서 전류의 방향은 이미터의 화살표 방향으로 알 수 있다.

79. 소자 상태에서 트랜지스터의 이미터와 컬렉터 사이의 이상적인 저항값(Ω)은 얼마인가? [13-1, 17-3]
① 0   ② 20   ③ 50   ④ ∞

정답 73. ② 74. ④ 75. ③ 76. ③ 77. ② 78. ④ 79. ④

80. 다음 중 트랜지스터의 최대 정격으로 사용하지 않는 것은? [20-3]
① 접합 온도
② 최고 사용 주파수
③ 컬렉터 전류
④ 컬렉터-베이스 전압

해설 트랜지스터의 최대 정격으로는 컬렉터-베이스 간 전압, 이미터-베이스 간 전압, 컬렉터 전류, 컬렉터 손실, 접합부 온도, 주위 온도 등이 있다.

81. 트랜지스터가 증폭을 하기 위해 동작점은 어느 동작 영역에 있어야 하는가? [12-1]
① 차단 영역
② 활성 영역
③ 포화 영역
④ 항복 영역

해설 트랜지스터는 활성 영역에서 증폭기와 같은 기능을 수행한다.

82. 다음 중 트랜지스터의 접지 방식이 아닌 것은? [14-3, 19-2]
① 게이트 접지
② 이미터 접지
③ 베이스 접지
④ 컬렉터 접지

83. 트랜지스터에서 베이스 접지 시 전류 증폭률이 0.99인 트랜지스터를 이미터 접지 회로에 사용할 때 전류 증폭률은? [16-3]
① 97
② 98
③ 99
④ 100

해설 $\alpha = \dfrac{\beta}{1+\beta} = 0.99$이므로
$0.01\beta = 0.99$ ∴ $\beta = 99$

84. 트랜지스터의 일본식 명칭 표기가 (2SC1815Y)로 되어 있다면, 이것은 어떤 형식인가? [16-1]
① pnp 저주파 전력용
② npn 저주파 전력용
③ pnp 고주파 소신호용
④ npn 고주파 소신호용

85. 다음 중 전력용 트랜지스터의 종류가 아닌 것은? [11-2]
① RCT
② BJT
③ MOSFET
④ IGBT

86. 입력 임피던스가 높고, 100kHz 정도의 고속 스위칭이 가능하며, 전류의 출력 특성을 고루 갖추고 있는 사이리스터의 대체 소자로서, 범용 인버터, 스위칭 모드 전원 장치, 무정전 전원 장치 등의 대폭적인 성능 개선에 기여한 전력 제어용 반도체 소자는? [14-3]
① 실리콘 제어 정류기(SCR)
② 단접합 트랜지스터(UJT)
③ 프로그램 가능 단접합 트랜지스터(PUT)
④ 절연 게이트형 양극성 트랜지스터(IGBT)

87. 트랜지스터 증폭 회로 중 입력과 출력 전압이 동위상이고 큰 입력저항과 작은 출력을 가지며 전압 이득이 1에 가까워 임피던스 매칭용 버퍼로 사용되는 회로는?
① 공통 이미터 회로 [10-3, 19-3]
② 공통 베이스 회로
③ 공통 컬렉터 회로
④ 공통 소스 회로

해설 공통 컬렉터 증폭기 : 이미터 폴로어(emitter follower)라고도 하며, 전압 이득이 거의 1이고 높은 전력 이득과 입력저항을 갖는다는 점에서 높은 입력 임피던스를 갖

정답 80. ② 81. ② 82. ① 83. ③ 84. ④ 85. ① 86. ④ 87. ③

는 전원과 낮은 임피던스를 갖는 부하 사이의 완충단 역할을 하는 버퍼(buffer)로 사용된다.

88. 다음 중 FET(field effect transistor) 기호를 나타내는 것은? [09-1]

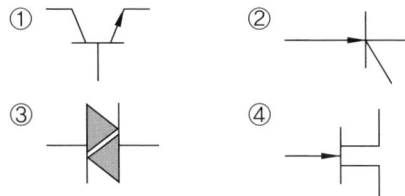

[해설] FET는 전계 효과 트랜지스터이다.

89. 전계 효과 트랜지스터(FET)의 설명과 거리가 먼 것은? [12-3]
① 극성이 1개만 존재하는 단극성 트랜지스터이다.
② N채널 JFET의 경우 게이트는 N형이다.
③ 소스, 드레인, 게이트 3개의 전극이 있다.
④ 게이트 음(-)전압에 의해 채널이 막히는 것이 핀치 오프이다.

[해설] N채널 JFET의 경우 게이트는 P형이다.

90. 전계 효과 트랜지스터의 특징에 해당되지 않는 것은? [14-3]
① 유니폴라(unipolar) 소자이다.
② 바이폴라(bipolar) 소자이다.
③ 전압 제어 소자이다.
④ 저전력 증폭기의 입력단에 적합하다.

[해설] 트랜지스터의 동작 구조상 차이에 따라 바이폴라 트랜지스터와 유니폴라 트랜지스터로 분류되며, 전계 효과 트랜지스터는 유니폴라 소자이다.

91. 접합 전계 효과 트랜지스터(JFET)의 드레인 소스 간 전압을 0에서부터 증가시킬 때 드레인 전류가 일정하게 흐르기 시작할 때의 전압은? [18-1]
① 차단 전압(cutoff voltage)
② 임계 전압(threshold voltage)
③ 항복 전압(breakdown voltage)
④ 핀치 오프 전압(pinch-off voltage)

92. 다음 기호가 나타내는 것으로 알맞은 것은? [08-1]

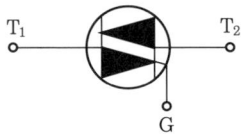

① 실리콘 제어 정류기(SCR)
② 다이액(diac)
③ 트라이액(triac)
④ 실리콘 양방향 스위치(SBS)

[해설] 트라이액(triac) : 5층 구조로 게이트 단자를 가진 특성이 더해진 다이액의 특성을 지닌 교류 제어용이다. SCR과는 달리 (+) 또는 (-) 게이트 신호로 전원의 정역방향으로도 동작이 가능하기 때문에 양방향 3단자 사이리스터 또는 AC 사이리스터라고도 한다.

93. 반도체 결정에 빛이 닿으면 전자가 증가하여 전기저항이 낮아지고, 전류를 쉽게 통과시키는 광도전 현상을 나타내는 소자는? [10-3]
① DIAC
② CdS
③ TRIAC
④ SCR

94. 연산 증폭기를 사용한 전압 폴로어의 특징이 아닌 것은? [11-3]

정답 88. ④ 89. ② 90. ② 91. ④ 92. ③ 93. ② 94. ②

① 이득이 1에 가까운 비반전 증폭기이다.
② 추종성이 좋아 입력과 다른 극성의 출력을 얻는다.
③ CMRR의 영향을 받기 쉽다.
④ 출력 임피던스를 낮게 잡을 수 있다.

[해설] 전압 폴로어 : 모든 출력이 입력으로 귀환되는 비반전 증폭기로 버퍼 증폭기라고도 한다. $V_i = V_a$이고, 따라서 이득은 1이 된다. 이미터 폴로어처럼 완충단으로 사용되며, 입력 임피던스가 높고 출력 임피던스는 낮다.

95. 연산 증폭기를 이용한 회로 중 전압 폴로어(voltage follower)에 관한 설명으로 틀린 것은? [15-2]
① 높은 입력 임피던스를 갖는다.
② 낮은 출력 임피던스를 갖는다.
③ 이득이 1에 가까운 비반전 증폭기이다.
④ 입력과 극성이 반대로 되는 출력을 얻을 수 있다.

[해설] 전압 폴로어는 입력 전압의 크기 및 위상이 그대로 출력 전압에 전달된다.

96. 차동 증폭기의 동상 신호 제거비에 대한 설명으로 틀린 것은? [19-2]
① 증폭기의 잡음을 제거하는 능력을 말한다.
② 차동 신호 이득은 크고, 동상 신호 이득은 가능한 작아야 좋다.
③ CMRR(common-mode rejection ratio)로 표현된다.
④ 동상 입력 시 출력 전압은 2배가 된다.

[해설] 동상 입력 시 출력 전압의 차이는 0이 되므로 차동 증폭기의 출력은 0이 된다.

97. 다음 중 부궤환 증폭기의 특징이 아닌 것은? [11-2]
① 이득이 증가한다.
② 찌그러짐이 감소한다.
③ 입력저항이 증가한다.
④ 출력저항이 감소한다.

[해설] 이득 편차의 영향이 작아진다.

98. 컬렉터 접지 증폭기의 일반적인 특징이 아닌 것은? [15-1]
① 입력 임피던스는 크다.
② 출력 임피던스는 작다.
③ 입력과 출력 전압 신호는 역위상이다.
④ 안정적이고 왜곡이 적다.

[해설] 입력과 출력 전압 신호는 동위상이다.

99. 다음 중 읽기와 쓰기의 양쪽이 가능한 기억 소자는? [09-1, 12-1, 15-2]
① RAM   ② ROM
③ PROM   ④ TTL

100. 디지털 시스템에서 여러 가지 연산 동작을 위하여 1비트 이상의 2진 정보를 임시로 저장하기 위해 사용되는 기억 장치는? [10-2, 15-2]
① 계수기
② 플립플롭
③ 부호기
④ 레지스터

[해설] 레지스터 : 데이터를 한 장치에서 다른 장치로 전송할 때 또는 다른 장치로부터 전송되어 온 데이터를 받아들일 때 일시적으로 기억되는 직렬 기억 소자로 사용하는 것

정답 95. ④ 96. ④ 97. ① 98. ③ 99. ① 100. ④

2. 전기 전자 장치 기능 검사

2-1 전류 · 전압 · 저항 측정

(1) 전류·전압 측정

① **아날로그 멀티미터** : 측정하려는 여러 가지 전기량, 즉 전압, 전류, 전력, 역률, 주파수 등을 지침으로 직접 눈금판에 지시하는 계기

㈎ 아날로그 멀티미터의 특징

㉮ 보조 전원이나 특별한 조작이 필요 없다. 단, 저항 측정 시 필요할 때가 있다.

㉯ 취급이 쉽고 구조가 비교적 간단하다.

㉰ 수명이 길고 값이 싸기 때문에 정밀 측정을 요구하지 않는 공업 계측이나 현장 계측에 사용된다.

아날로그 멀티미터

② **디지털 전압계** : 측정하기가 매우 쉽고 신속히 이루어지며, 측정값을 읽을 때 오차가 발생하지 않는다. 그리고 잡음에 대하여 덜 민감하며, 측정 정도를 높일 수 있다. 측정에서 얻어진 디지털 정보를 직접 전자계산기에 넣어서 데이터 처리를 할 수 있다.

③ **디지털 멀티미터**

㈎ 디지털 멀티미터의 특징

㉮ 직류 전압 이외에 직류 전류, 교류 전압, 교류 전류, 저항을 1대로 측정할 수 있게 한 측정기이다.

㉯ 측정값의 직접적인 디지털 지시가 가능하며, 즉 지싯값을 읽을 때 개인 오차를 줄이기 위해 주의할 필요가 없다.

디지털 멀티미터

㉰ 3자리 또는 그 이상의 소수 자리로 읽을 수 있으므로 아날로그 계기보다 더욱 정확한 분해능을 가진다.

㉱ 적당한 측정 범위를 선택하기 위해 자동 범위 조작 회로를 가지고 있어 높은 정확도를 얻을 수 있다.

㉮ 교류 전압, 전류 이외에 변위, 회전각, 하중 등의 기계량이나 온도, 압력 등의 물리량, 농도, PH 등의 화학량도 측정이 가능하다.

㉯ A/D 변환기의 디지털 신호를 계산기로 처리하여 데이터 처리나 계측의 자동화가 가능하다.

(나) 디지털 멀티미터의 특성

㉮ 측정 결과를 읽을 때 개인 오차가 적다.

㉯ 비트 수에 따라 양자화 오차가 결정되므로, 고정도의 측정이 가능하다.

㉰ 대부분의 측정이 자동적으로 수행되며, 마이크로컴퓨터와의 병용으로 데이터 처리를 하거나 디지털 신호로 외부에 전송할 수 있다.

㉱ 프린터에 의한 출력 보존 및 데이터의 기록 등 아날로그 계기에서는 할 수 없는 기능을 발휘할 수 있다.

④ **오실로스코프**

(가) 일반 계기로는 측정할 수 없는 주파수, 펄스 전압, 충격성 전압, 주기, 파형 등을 측정할 수 있는 계기이며, 전자기기의 특성 관측이나 수리, 조정 등에도 많이 쓰이는 측정기이다.

(나) 브라운관에서 교류의 순간순간의 전압 변화를 연속적인 파형으로 관측할 수 있다.

(다) 오실로스코프는 전원부, 수직 증폭부, 동기부 등으로 다음 그림과 같은 앞면으로 구성되어 있다.

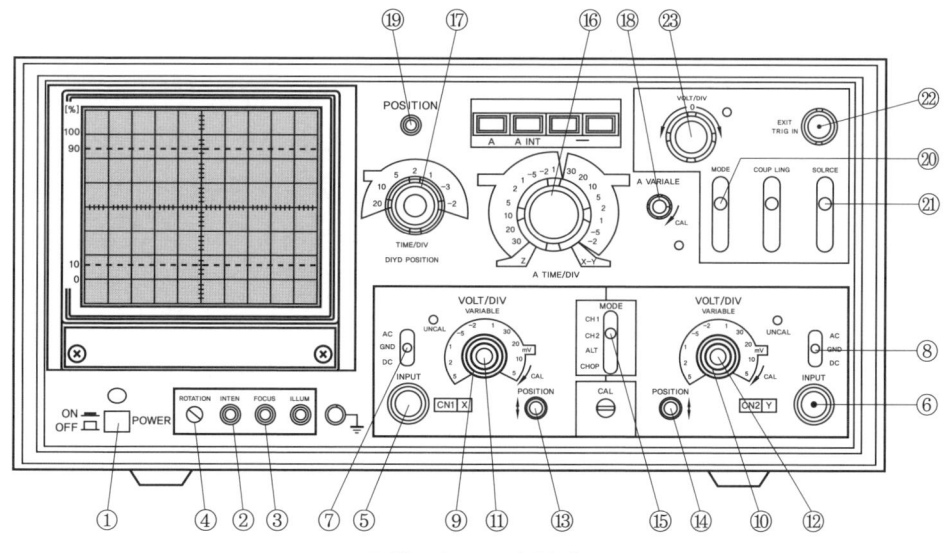

오실로스코프의 앞면

⑤ **후크 미터** : 전원 선을 분리하지 않고 활선(전기가 흐르고 있는) 상태에서 전류를 측정할 수 있으므로 현장에서 널리 사용되는 계기이다.

⑥ **계기용 변류기**

후크 미터

(가) 교류 대전류를 측정하는 것으로 변압기의 원리를 이용하여 2차 측 권선이 1차 측 권선과 절연되어 있기 때문에 고전압부의 전류도 용이하게 측정할 수 있다.

(나) 특성이 좋고 값이 저렴하므로 널리 사용되며, 전류 측정에 사용하는 것으로 취급상 주의할 점으로는 통전 중에 변류기 2차 측을 절대로 개방해서는 안 된다. 2차 측 계기를 바꾸어 넣을 때에는 2차 측 권선을 단락하고 계기를 떼어내어야 한다.

⑦ **계기용 변압기** : 전압비(E_2/E_1)가 권선비(N_2/N_1)에 비례하는 원리를 이용한 것으로 2차 전압을 측정하여 1차 전압을 알 수 있다.

(2) 저항, 인덕턴스, 커패시턴스 측정

① **저저항 측정기**

(가) 전압강하법 : 단면적이 균일한 도체의 어떤 길이 L의 저저항 R_X를 측정할 경우에 전압계와 전류계를 접속하여 측정한다.

(나) 전위차계법 : 표준 저항(R_S)을 이용하는 방법으로 측정 저항(R_X)과 표준 저항을 직렬로 연결하여 전류(I)에 의한 표준 저항 양단의 전위차(E_S)와 측정 저항 양단의 전위차(E_X)를 상대적으로 비교하여 측정 저항을 구하는 방법이다.

(다) 켈빈 더블 브리지법 : 측정 오차를 최소화하기 위한 측정 방법인 켈빈 더블 브리지법(Kelvin double brige)의 켈빈 더블 브리지는 휘트스톤 브리지(Wheatstone-bridge)에 보조 저항을 첨가한 것으로 1Ω 이하의 저저항의 정밀 측정에 사용된다. 일반적으로 켈빈 더블 브리지는 1Ω 이하 10^{-5}Ω까지 ±0.2% 정도의 오차를 갖도록 측정할 수 있다.

② **중저항 측정기** : 중저항은 1Ω~1MΩ 정도의 저항값을 가지며, 측정 방법으로는 전압강하법, 지시계기 사용법, 브리지법 등이 있다.

(가) 전압강하법 : 측정 소자에 외부 회로를 이용하여 일정한 전류를 흐르게 하고 저항 양단에서 생기는 전압강하와 소자에 흐르는 전류를 측정하여 옴(ohm)의 법칙에 의하여 측정 소자의 저항값을 구하는 방법이다. 측정 방법으로 전압·전류계법과 편위법이 있다.

(나) 지시계기 사용법

㉮ 저항계 : 저항계(ohm-meter)는 가동 코일형 계기를 이용하여 저항값을 측정하는 방법으로 브리지법에 의한 측정만큼 정확하게 측정할 수는 없지만, 측정값을 직접 지시하므로 신속한 측정이 가능하다.

㉯ 회로계(회로 시험기) : 회로계(tester)는 가동 코일형 전류계를 지시계기로 하여 전지를 내장하고 있으며, 외부에 접속한 저항을 측정하게 되어 있는 소형 휴대용 측정기이다.

(다) 브리지법 : 중저항 측정용 브리지로는 휘트스톤 브리지가 주로 사용되고, 미끄럼줄 브리지(side wire bridge), 미터 브리지 등이 있으나, 이들은 휘트스톤 브리지의 일종이다.

㉮ 휘트스톤 브리지 : 직류 브리지 중에서 대표적인 것으로, 검류계의 전류가 영(zero)이 되도록 평형시키는 영위법을 이용하여 측정 소자의 저항을 구하는 방법이다.

㉯ 미끄럼줄 브리지 : 휘트스톤 브리지에서 측정 소자 X와 연결되는 표준변의 저항 R을 일정한 값으로 하고 비례변 QP을 슬라이드형 저항기로 대체한 것으로 그 비를 연속적으로 변화시켜 평형시키는 브리지이다.

③ **고저항 측정기** : 1MΩ 이상의 고저항이나 절연저항의 측정에는 직편법, 전압계법, 충격 검류계법, 진공관법 등이 있고 계기로는 절연 저항계가 사용되고 있다.

(가) 직편법 : 측정 소자의 고저항 R_X와 표준 소자의 고저항 R_S, 검류계, 전원을 이용하며, 검류계법이라고도 한다.

고저항 R_X는 $R_X = \dfrac{d_1 m_1}{d_2 m_2} R_S [\Omega]$이다.

(나) 전압계법 : 전압계를 사용한 것으로 감편법이라 한다.

(다) 절연 저항계

㉮ 절연 재료의 고유저항이나 전선 전기기기 옥내 배선들의 절연저항을 측정하는 계기이다.

㉯ 메거(megger)라고도 하며, 수동 발전식인 기계식과 트랜지스터를 이용한 전자식이 있다.

④ **인덕턴스 측정기**

(가) 교류 브리지법 : 기본 회로 구성은 휘트스톤 브리지와 동일하나, 각 변의 저항을 임피던스로, 측정용 전지를 교류 전원으로, 검출기(null detector, 또는 검류계)도 교류를 검출할 수 있는 것으로 사용한다.

(나) 자기 인덕턴스 측정
  ㉮ 표준 소자를 이용한 측정 : 표준 가변저항을 가변하여 교류 브리지가 평형이 되면, 평형 조건식에 의하여 $L_S = \dfrac{L_1 R_4}{R_3}$[H]가 된다.
  ㉯ 맥스웰 브리지법 : 표준 소자를 이용하여 측정 소자의 인덕턴스를 측정하는 것이 보편적이나 코일의 품질계수가 작고 정밀한 측정이 필요할 경우 맥스웰 브리지법을 이용한다.
  ㉰ 헤이 브리지법 : 헤이 브리지는 맥스웰 브리지와 유사하나, 표준 측정 소자의 직렬 등가 회로를 사용하고, 미지의 측정 소자는 병렬 등가 회로를 사용한다.
  ㉱ 헤비사이드 브리지법 : 자기 인덕턴스와 상호 인덕턴스를 비교하는 브리지로서 가변 상호 표준기를 표준으로 하여 측정 소자의 자기 인덕턴스를 측정한다.
(다) 상호 인덕턴스 측정
  ㉮ 맥스웰법과 캠벌법
  ㉯ 하트숀 브리지법 : 하트숀 브리지는 상호 인덕턴스를 비교하는 교류 브리지로 가장 완전한 방법이다.

⑤ 커패시턴스 측정기
  (가) 교류 브리지법 : 기본 측정법이 영위법을 사용하기 때문에 평형 조건식이 성립하기 위해서는 마주보는 변의 진폭의 곱과 위상의 합이 동일해질 수 있도록 구성되어야 한다.
  (나) 셰링 브리지법 : 정전 용량이나 유전체 손실각의 측정에 사용되는 셰링 브리지(Schering bridge)이다.
  (다) 콘덴서의 정전 용량
    ㉮ Q 미터에 보조 코일 L_S를 접속하면 표준 가변 콘덴서 C_v가 변하여 공진된다.
    ㉯ C_v값을 C_{v2}라 하면 $C_x = C_{v1} - C_{v2}$[F]가 된다.

⑥ L-C-R 미터
  (가) LCR 미터, 커패시턴스 미터(capaciter meter), 저항계, 임피던스 분석기는 다양한 연구 및 설계 어플리케이션과 부품 제조에서 부품과 자재를 테스트하는데 유용하다.
  (나) LCR 미터는 스폿 주파수에서 임피던스(인덕턴스, 커패시턴스, 저항)를 측정한다.
  (다) 커패시턴스 미터는 스폿 주파수에서 커패시턴스를 측정한다.
  (라) 저항계는 고저항 또는 저저항 측정에 최적화되어 있다.
  (마) 임피던스 분석기는 일정 주파수 범위에서 임피던스(인덕턴스, 커패시턴스, 저항)를 측정할 수 있는 가장 강력한 도구이다.

예 | 상 | 문 | 제

1. 다음 중 전기 계측기의 프로세스용 공업 계기가 아닌 것은? [09-2]
① 조절계　　② 유량계
③ 조작기　　④ 마이크로미터

2. 다음 중 도체의 저항에 대한 설명으로 틀린 것은? [12-3]
① 도체 저항의 단위는 Ω이다.
② 도체의 저항은 길이에 반비례한다.
③ 도체의 저항은 단면적에 반비례한다.
④ 도체의 저항은 고유저항에 비례한다.

해설 $R = \rho \dfrac{l}{A}$ [Ω]

3. 도선의 전기저항에 관한 설명으로 옳은 것은? [19-3]
① 도선의 길이에 비례한다.
② 도선의 길이에 반비례한다.
③ 도선의 길이에 제곱에 비례한다.
④ 도선의 길이에 제곱에 반비례한다.

4. 절연저항 측정 시 가장 많이 사용되는 계기는? [14-3, 15-1, 17-2, 18-3]
① 메거　　② 켈빈 더블
③ 휘트스톤 브리지　　④ 코올라시 브리지

5. 저항의 직렬 접속 회로에 대한 설명 중 틀린 것은? [16-3]
① 직렬 회로의 전체 저항값은 각 저항의 총합계와 같다.
② 직렬 회로 내에서 각 저항에는 같은 크기의 전류가 흐른다.
③ 직렬 회로 내에서 각 저항에 걸리는 전압 강하의 합은 전원 전압과 같다.
④ 직렬 회로 내에서 각 저항에 걸리는 전압의 크기는 각 저항의 크기와 무관하다.

해설 직렬 회로 내에서 각 저항에 걸리는 전압의 크기는 각 저항의 크기에 비례한다.

6. 2개의 합성저항 R_1과 R_2를 병렬로 접속하면 합성저항 R은 어떻게 되는가? [18-3]
① $R_1 + R_2$　　② $\dfrac{R_1 + R_2}{2}$
③ $\dfrac{R_1 + R_2}{R_1 \cdot R_2}$　　④ $\dfrac{R_1 \cdot R_2}{R_1 + R_2}$

해설 합성저항 값의 역수는 병렬 연결된 각 저항의 역수의 합과 같다.

7. 40 Ω과 60 Ω의 저항이 병렬로 연결된 경우 합성저항(Ω)은? [15-1]
① 24　　② 32
③ 50　　④ 100

해설 $\dfrac{1}{R} = \dfrac{1}{40} + \dfrac{1}{60} = \dfrac{1}{24}$　∴ $R = 24$ Ω

또는 $R = \dfrac{R_1 \times R_2}{R_1 + R_2} = \dfrac{40 \times 60}{40 + 60} = 24$ Ω

8. 범위(0.1~10 Ω)의 저항을 측정할 때 가장 적합한 계기는? [11-1]
① 절연 저항계　　② 코올라시 브리지
③ 켈빈 더블 브리지　　④ 휘트스톤 브리지

정답 1. ④　2. ②　3. ①　4. ①　5. ③　6. ④　7. ①　8. ④

9. 다음 그림과 같이 휘트스톤 브리지 회로가 구성되었다. 슬라이드 저항의 브러시 위치를 움직여 검류계 G가 0을 지시하고 브리지가 평형을 이루었을 경우의 관계식은 어느 것인가? [14-3]

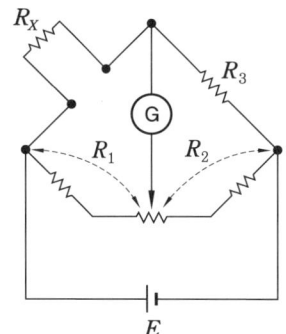

① $R_X R_2 = R_1 R_3$
② $R_1 R_2 = R_X R_3$
③ $R_X + R_2 = R_1 + R_3$
④ $R_1 + R_2 = R_X + R_3$

10. 다음 그림의 휘트스톤 브리지(Wheatston bridge) 회로에서 검류계의 지침이 0을 지시할 때 미지저항 R_X의 값(Ω)은 얼마인가? [16-3]

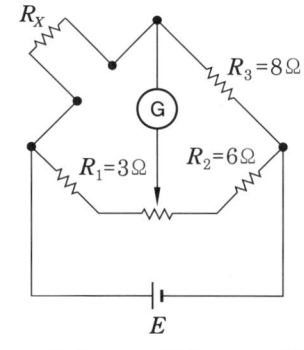

① 1   ② 2   ③ 3   ④ 4

해설 $R_X \times R_2 = R_1 \times R_3$
∴ $R_X = \dfrac{R_1 \times R_3}{R_2} = \dfrac{3 \times 8}{6} = 4\,\Omega$

11. 전압계로 전압의 측정 범위를 확대하기 위하여 전압계 내부에 배율기의 저항은 전압계와 어떻게 연결해야 하는가? [16-1]
① 전류계와 병렬로 연결한다.
② 전압계와 직렬로 연결한다.
③ 전압계와 병렬로 연결한다.
④ 전압계와 연결하지 않는다.

12. 전압계의 측정 범위를 넓히기 위해 전압계에 직렬로 저항을 접속하는데 이 저항을 무엇이라고 하는가? [06-1]
① 미소저항   ② 가변저항
③ 배율기   ④ 분류기

13. 전류계의 측정 범위를 확대하기 위하여 사용하는 것은? [08-3]
① 분류기   ② 검진기
③ 배율기   ④ 전류기

해설 분류기 : 큰 전류를 측정하고자 하는 경우 가동 코일과 병렬로 저항을 접속시켜 저항을 통해 전류의 일부를 분류시킨 것

14. 다음 (   )에 알맞은 것으로 나열한 것은? [07-3, 13-1]

전류의 측정 범위를 늘리기 위하여 (㉠)와 (㉡)로 저항을 접속하여 사용한다. 이 때 사용되는 저항을 (㉢)라 한다.

① ㉠ : 전압계, ㉡ : 직렬, ㉢ : 배율기
② ㉠ : 전류계, ㉡ : 병렬, ㉢ : 분류기
③ ㉠ : 전압계, ㉡ : 병렬, ㉢ : 배율기
④ ㉠ : 전류계, ㉡ : 직렬, ㉢ : 분류기

15. 최대 눈금 5mA의 직류 전류계로 50A

까지의 전류를 측정하려면 약 몇 Ω의 분류기가 필요한가? (단, 직류 전류계의 내부 저항은 10Ω이다.) [15-1]

① 0.001 ② 0.01 ③ 0.1 ④ 0.2

해설 $R_S = \dfrac{R_A}{M-1} = \dfrac{10}{\dfrac{50}{5\times 10^{-3}} - 1} ≒ 0.001\,Ω$

16. 옴의 법칙(Ohm's law)에 관한 설명 중 옳은 것은? [14-1, 18-1]

① 전압은 전류에 비례한다.
② 전압은 저항에 반비례한다.
③ 전압은 전류에 반비례한다.
④ 전압은 전류의 2승에 비례한다.

해설 옴의 법칙(Ohm's law) : 도체(conductor)를 흐르는 전류의 크기는 도체의 양 끝에 가한 전압에 비례하고 그 도체의 전기저항에 반비례한다.

17. 40Ω의 저항에 5A의 전류가 흐르면 전압은 몇 V인가? [13-1, 17-1]

① 8 ② 100 ③ 200 ④ 400

해설 $V = IR = 5\,A \times 40\,Ω = 200\,V$

18. 그림에서 검류계의 지침이 0을 지시하고 있다면 미지 전압 E_X은 몇 V인가? [18-1]

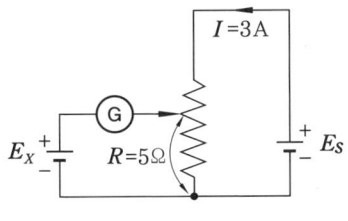

① 10 ② 15 ③ 20 ④ 30

해설 $V = IR = 3\,A \times 5\,Ω = 15\,V$

19. 변류기(CT)의 2차 정격 전류는 몇 A인가? [10-2]

① 3 ② 5 ③ 8 ④ 10

해설 계기용 변류기(CT) : 교류 대전류를 측정하는 것으로 높은 전류를 5A로 낮추어 전류계가 측정할 수 있도록 공급해 주는 역할을 한다.

20. 통전 중인 변류기를 교체하고자 할 때 어떻게 해야 되는가? [13-2]

① 1차 측 권선을 개방하고 계기를 바꾼다.
② 1차 측 권선을 단락하고 계기를 바꾼다.
③ 2차 측 권선을 개방하고 계기를 바꾼다.
④ 2차 측 권선을 단락하고 계기를 바꾼다.

21. 다음 중 오실로스코프로 측정할 수 없는 것은? [09-1, 12-1]

① 주파수 ② 전압
③ 위상 ④ 임피던스

해설 오실로스코프는 일반 계기로는 측정할 수 없는 주파수, 펄스 전압, 충격성 전압, 주기, 파형 등을 측정할 수 있는 계기이다.

22. 0~150V 전압계가 최대 눈금의 1% 확도를 갖는다. 이 계기를 사용해서 측정한 전압이 60V일 때 제한 오차를 백분율로 계산하면 얼마인가? [09-1, 13-3]

① 1.0% ② 1.5%
③ 2.0% ④ 2.5%

해설 오차 크기는 $150 \times 0.01 = 1.5\,V$이다. 따라서 제한 오차는 $\dfrac{1.5}{60} = 0.025 = 2.5\%$ 이다.

정답 16. ① 17. ③ 18. ② 19. ② 20. ④ 21. ④ 22. ④

23. 최대 눈금의 1% 확도를 갖는 0~300V 전압계를 사용해서 측정한 전압이 120V일 때 제한 오차를 백분율로 계산하면 약 몇 %인가? [17-1]

① 1.0　　② 1.5
③ 2.0　　④ 2.5

해설 오차 크기는 $300 \times 0.01 = 3.0\,\text{V}$이다. 따라서 제한 오차는 $\dfrac{3.0}{120} = 0.025 = 2.5\,\%$ 이다.

24. 어떤 회로에서 저항 양단 전압의 참값이 40V이나 회로 시험기로 전압을 측정한 결과 39V를 지시했다면 이 회로 시험기의 백분율 오차는 몇 %인가? [08-3, 15-1]

① −1.0　　② +1.0
③ −2.5　　④ +2.5

해설 오차율(%)
$= \dfrac{측정값(M) - 참값(T)}{참값(T)} \times 100$
$= \dfrac{39 - 40}{40} \times 100 = -2.5\,\%$

25. 참값 25.00A인 직류 전류를 측정하여 24.85A의 값을 얻었다. 이 측정치의 백분율 오차는? [12-1]

① 0.3　　② 0.6
③ 0.9　　④ 1.0

해설 오차율(%) $= \dfrac{M - T}{T} \times 100$
$= \dfrac{24.85 - 25}{25} \times 100 = -0.6\,\%$

26. % 오차가 −2%인 전압계로 측정한 값이 100V라면 참값은 약 몇 V인가? [11-1]

① 98　　② 102
③ 104　　④ 106

해설 $-2 = \dfrac{M - T}{T} \times 100$
∴ $T = 102.04\,\text{V}$

27. 회로 시험기로 전압을 측정하면 230V를 나타낸다. 참값이 220V이면 오차는 몇 V인가? [15-2]

① 20　　② 10
③ −10　　④ −20

해설 오차 = 측정값 − 참값
$= 230 - 220 = 10\,\text{V}$

28. 도선에 흐르는 교류 전류를 측정하기 위한 계기는? [07-1, 10-1]

① 절연 저항계　　② 클램프미터
③ 회로 시험기　　④ 접지 저항계

29. 회로 내 임의의 분기점에 유입, 유출되는 전류의 대수합은 같다는 법칙은? [10-2]

① 옴의 법칙
② 키르히호프의 법칙
③ 렌츠의 법칙
④ 플레밍의 오른손 법칙

30. 다음 중 회로 시험기로 측정할 수 없는 것은? [11-1, 11-3, 14-1]

① 교류 전압　　② 직류 전류
③ 직류 전압　　④ 교류 전류

해설 회로 시험기로 측정할 수 있는 내용은 주로 직류 전류, 직류 전압, 교류 전압 및 저항이다.

정답 23. ④　24. ③　25. ②　26. ②　27. ②　28. ②　29. ②　30. ④

31. 교류 기전력과 전류의 크기를 나타내는 값이 아닌 것은? [11-1]
① 순싯값
② 최댓값
③ 파고값
④ 실효값

32. 가동 코일형 계기의 지시는? [06-3]
① 평균값
② 파형값
③ 파고값
④ 실효값

33. 다음 (　)에 알맞은 내용은? [18-2]

> 교류의 전압 전류의 크기를 나타낼 때 일반적으로 특별한 언급이 없을 때는 (　)을 가리킨다.

① 평균값
② 최댓값
③ 순싯값
④ 실효값

해설 실효값(effective value): 교류 전류 i를 저항에 임의의 시간 동안 흘렸을 때의 발열량이 같은 저항 R에 직류 전류 $I[A]$를 같은 시간 동안 흘렸을 때의 발열량과 같을 때, 그 교류 i를 실효값이라고 하며, 순싯값의 제곱에 대한 평균값의 제곱근으로 표현한다.

34. 순싯값의 제곱에 대한 평균값의 제곱근으로 표현되는 것은? [16-1]
① 파고값
② 최대값
③ 실효값
④ 평균값

해설 실효값
㉠ 1주기에서 순싯값의 제곱의 평균을 평방근으로 표시한다.
㉡ $V=\sqrt{(순싯값)^2 의 합의 평균}[V]$

35. 교류의 최댓값이 100V인 경우 실효값은 약 몇 A인가? [08-3, 10-2, 18-3]
① 141
② 80
③ 70.7
④ 63.7

해설 교류의 최댓값, 평균값, 실효값의 관계

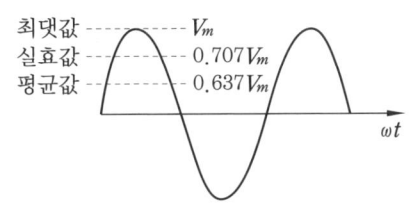

$$\therefore V=\frac{V_m}{\sqrt{2}}=0.707V_m=0.707\times100=70.7$$

36. 200V를 사용하는 가정집 전압의 최댓값은 약 몇 V인가? [09-1]
① 220V
② 283V
③ 346V
④ 440V

해설 실효값 V와 최댓값 V_m의 관계
$V_m=\sqrt{2}\,V=\sqrt{2}\times200=282.8V$
※ 문제에서 교류 200V란 실효값이다.

37. 어느 교류 전압의 순싯값이 $v=311\sin(2\pi\times60t)[V]$라고 하면, 이 전압의 실효값은 약 몇 V인가? [15-3]
① 110
② 125
③ 220
④ 311

해설 ㉠ 순싯값 $v=V_m\sin\theta=V_m\sin\omega t$
㉡ $V=\frac{V_m}{\sqrt{2}}=0.707V_m$
　$=0.707\times311≒220$

38. 그림과 같이 정전 용량 C_1, C_2를 병렬로 접속하였을 때의 합성 정전 용량은? [07-3, 15-3, 19-3]

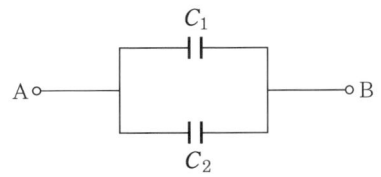

정답 31. ③　32. ④　33. ④　34. ③　35. ③　36. ②　37. ③　38. ①

① C_1+C_2 ② $\dfrac{1}{C_1+C_2}$

③ $\dfrac{C_1 \times C_2}{C_1+C_2}$ ④ $C_1 \times C_2$

39. 전해 콘덴서 $3\mu F$와 $5\mu F$을 병렬로 접속했을 때의 합성 정전 용량은 몇 μF인가? [08-3, 11-2]

① $1.9\mu F$ ② $2\mu F$
③ $8\mu F$ ④ $15\mu F$

해설 $C_1+C_2=3+5=8\mu F$

40. $4\mu F$와 $6\mu F$의 콘덴서를 직렬로 접속했을 때 합성 정전 용량(μF)은 얼마인가?

① 2   ② 2.4   [13-3]
③ 10   ④ 24

해설 $C_S=\dfrac{C_1 \times C_2}{C_1+C_2}=\dfrac{24}{10}=2.4\mu F$

41. $R_1=10\,\Omega$, $R_2=20\,\Omega$의 저항이 병렬로 연결된 회로에 전압을 인가하면 전체 전류가 6A이다. 저항 R_2에 흐르는 전류(A)는 얼마인가? [19-2]

① 1   ② 2
③ 3   ④ 4

해설 ㉠ $I_1=\dfrac{R_2}{R_1+R_2}\times I=\dfrac{20}{10+20}\times 6=4\,\text{A}$
㉡ $I_2=\dfrac{R_1}{R_1+R_2}\times I=\dfrac{10}{10+20}\times 6=2\,\text{A}$

42. 다음 그림과 같은 $R_1=140\,\Omega$, $R_2=10\,\Omega$인 회로에 $V=150\text{V}$를 인가하면 R_2 양단에 걸리는 전압 V_2는? [09-3]

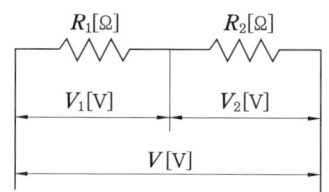

① 10V   ② 20V
③ 30V   ④ 40V

해설 ㉠ 합성저항 $R_t=140+10=150\,\Omega$
㉡ 전류 $I=\dfrac{V}{R}=\dfrac{150}{150}=1\,\text{A}$
㉢ $V_1=R_1 I=140\times 1=140\,\text{V}$
    $V_2=R_2 I=10\times 1=10\,\text{V}$

43. 저항 $R_1=5\,\Omega$, $R_2=10\,\Omega$, $R_3=15\,\Omega$을 직렬로 접속하고 전압 120V을 인가하였을 때 저항 R_3에 분배되는 전압(V)은?

① 20   ② 40   [14-2]
③ 60   ④ 80

해설 전체 전류 $I=\dfrac{V}{R}=\dfrac{120}{5+10+15}=4\,\text{A}$,
따라서 R_3에 분배되는 전압은 $4\times 15=60\,\text{V}$이다.

44. 내부 저항이 $20\text{k}\Omega$인 전압계에 $40\text{k}\Omega$의 배율기를 접속하여 어떤 전압을 측정하였더니 전압계의 지시가 50V였다면 측정 전압(V)은? [14-2]

① 50   ② 100
③ 150   ④ 200

해설 ㉠ 배율 $m=1+\dfrac{R_m}{R_v}=1+\dfrac{40}{20}=3$
㉡ 측정값 $=m\times V=3\times 50=150\,\text{V}$

3. 전기 전자 장치 안전성 검사

3-1 전기 전자 장치 검사 방법

(1) 내전압 시험
① 내전압 시험
  ㈎ 내전압 시험은 온도 시험 직후 절연저항 측정을 하고 시험한다.
  ㈏ 내전압 시험은 기기의 충전 부분과 대지 간 또는 충전 부분 상호 간의 절연물의 세기를 보증하기 위한 시험으로서 특별히 지정하지 않는 한 기계 제조 공장에서 행하는 것이 관례이고, 절연저항 시험처럼 자주 실시해서는 안 된다.

② 유도기 내전압 시험
  ㈎ puncture test, hipo(high potential voltage) test, withstanding voltage test 라고도 한다.
  ㈏ 일반적으로 내전압(耐電壓, 또는 내압) 시험이란 전기적으로 접촉되어 있지 않은 두 개의 도체 사이에 얼마나 높은 전압을 인가해 보아도 견딜 수 있는가를 시험해 보는 것이다.
  ㈐ 두 개의 전선 사이나, 적어도 한 개의 도체에 전기가 인입되어 있어 그 두 도체가 서로 닿거나 그 사이의 절연이 불량해서 누전되면 위험하거나 감전될 우려가 있을 때 내전압 시험이 필요하다.

③ 직류 내전압 시험
  ㈎ 전동기에서 충전부(전기 인입선)와 비충전부(접지될 수 있거나 사람의 손이 닿는 외부 금속체) 사이에, 전동기에서는 권선과 코어 사이에 얼마만한 전압이 인가되어도 견딜 수 있는가를 시험해 보는 일이며, 이러한 시험을 통해 절연의 완벽성 여부, 파손 위험 여부, 이물질 개입 또는 비정상적인 근접 부위가 있는지를 미리 알아보아 제품의 전기적 안전성, 품질을 가늠해 보기 위한 것이다.
  ㈏ 직류 절연내력 검사는 고전압을 전동기에 인가하는 것이므로 1회만 실시하여야 하며, 여러 번 실시하면 절연 파괴가 일어나 고장의 원인이 된다.

(2) 절연저항 시험
절연저항 시험은 절연물의 흡습이나 오손 상태를 파악할 수 있으며, 회전기가 운전에 필요한 충분한 절연저항을 가지고 있는가의 여부, 운전에 따른 절연저항 저하의 정도를 점검하는 시험이다.

(3) 직류 전류 시험

직류 전류 시험은 직류 전압을 인가했을 때의 전류-시간 특성으로부터 절연물의 흡습, 도전성 불순물의 흡입, 생성, 오손과 절연물의 결함 등 절연물의 상태를 판정하는 시험으로 성극지수 시험이라고도 한다.

(4) 교류 전류 시험

교류 전류 시험은 절연물에 교류 전압을 인가했을 때 흐르는 전류와 전압과의 관계, 즉 $I-V$ 특성으로부터 절연 상태를 평가하기 위한 시험으로 전류 급증 전압 및 전류 급증률로부터 절연물의 흡습 및 열화 정도를 측정할 수 있다.

(5) 유전 정접(tanδ) 시험

유전 정접은 충전 전류를 누설 전류로 나눈 값으로, 절연물에 교류 전압을 인가하여 측정되는 tanδ로부터 흡습, 건조, 오손, 미소 공극 유무 등의 절연 상태 및 열화 정도를 측정할 수 있다.

(6) 개폐기 특성 시험

개폐기 및 차단기의 보수 작업을 완료한 뒤 그 작업 결과를 평가하기 위해서는 반드시 특성 시험을 진행하여 규정의 성능이 확보되었는지 확인하여야 한다.

① 상간 개리차
② 투입 속도, 개방 속도
③ 개방 시 접점의 바운스 정도
④ 투입 후 발생되는 오버트래블(overtravel) 정도

(7) 부분 방전(partial discharges) 검출 시험

배전반의 열화를 진단할 때는 절연 파괴의 전조 현상으로 나타나는 부분 방전을 측정하는 것이 효과적이다.

배전반 내부에 취부한 센서를 통해 부분 방전 시 발생하는 전자기파나 자외선 파장을 검출함으로써 결함의 유무를 판단한다.

부분 방전 센서 및 측정기

(8) 절연 열화 측정(유전 정접)

절연 열화 측정기를 이용하여 설비의 교류 유전 손실(dielectric loss)과 절연 역률(power factor)을 측정하여 효과적으로 기기의 절연 열화 정도와 이상 유무를 판단할 수 있다.

3-2 계측 기기 유지 보수

(1) 계측의 개요

① **계측의 정의** : 계측(instrumentation)이란 플랜트의 제어 변수를 측정·제어하거나 통신하는데 필요한 장치 또는 시스템으로서의 기기를 뜻하며 오늘날 계측을 계장(計裝)이라고도 표현한다.

② **계측계의 구성** : 계측의 목적은 측정량에 관한 신호의 검출로부터 시작해서 전송된 신호를 지시 또는 기록하여 측정값을 구하거나 신호를 조절계로 보내어 제어 동작을 행하게 하는 것이다. 검출된 신호가 사용하기 쉬운 형태로 변환되고 전송되어 결과를 지시, 기록하는 시스템을 계측계라 한다.

　㈎ 계측계의 기본 구성 : 계측계는 검출기, 전송기, 수신기 등으로 구분된다.

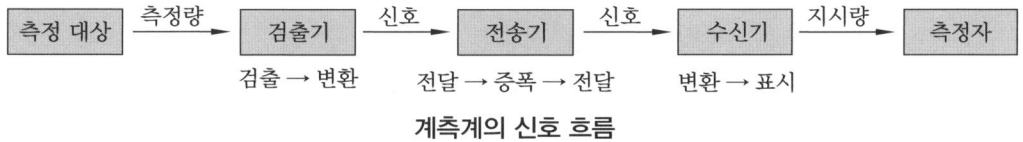

계측계의 신호 흐름

　㈏ 계측계의 구성 요소
　　㉮ 검출기 : 측정량을 측정 대상으로부터 검출하는 장치로 보통 측정량이 이것에 대응하는 다른 물리량으로 변환되어 검출된다.
　　　검출기로부터 입력 신호는 각각의 측정 대상에 따라 여러 가지이며 검출기에서 나오는 출력 신호도 변위, 압력, 전압 등의 신호로 되어 전송기 또는 수신기로 보내진다.
　　㉯ 전송기 : 전송기는 검출기에서 얻어진 신호에 대하여 전송에 필요한 신호 크기로 변환하여 수신기에 전달하는 장치로 대부분 신호 변환기와 전송기가 동일 구조 형태로 되어 있어 분리할 수 없는 경우가 많다.
　　　전송기에서 얻어지는 신호는 공기압의 경우 20~100 kPa이고 전기식의 경우 DC 4~20 mA가 많이 사용된다.

㈐ 수신기 : 검출·변환하여 전송된 신호를 지시 또는 기록하는 계기이다. 수신기의 신호 표시 형태는 크게 나누어 아날로그식과 디지털식의 두 가지가 있다.

㈑ 조작부 : 조작부는 조절기 또는 수동 조작기에서 조절 신호를 조작량으로 바꾸어 제어 대상을 움직이는 부분으로, 조절기로부터 신호를 받아 그에 대한 조작량으로 바꾸는 부분과 조작량을 받아 제어 대상에 직접 작용하는 부분으로 구성되어 있다.

(2) 온도 계측상의 주의

① **정적 오차** : 보호관의 열전도에 의해 생기는 오차이다.
② **동적 오차** : 피측정물 온도 → 보호관 → 열전대 또는 측온 저항체 → 신호의 온도 검출 프로세스로, 각 부분의 피측정물 온도가 시간적으로 변화하고 있는 경우 열전대 또는 측온 저항체로 검출한 온도는 피측정물 온도의 정확한 온도를 나타내지 않고 시간적으로 늦은 값을 나타내기 때문에 오차를 일으키는데, 이것을 동적 오차라고 한다.

(3) 온도 변환기의 특성

입력 도선은 3선식으로 하여 각 도선의 저항값을 균등히 하는 것이 필요하나 브리지의 전원 측에 들어오는 도선 저항을 무시할 수 없으므로 오차가 발생한다.

(4) 신호 전송의 노이즈

신호 전송 중 특히 낮은 레벨의 신호를 전송할 때에는 전송 라인의 임피던스와 그 사이의 노이즈(noise) 문제가 발생한다.

일반적으로 프로세스 제어 시스템에서의 노이즈는 측정 대상 노이즈, 측정기 내부 노이즈, 신호 전송 라인에서 발생하는 노이즈가 있다.

① **노이즈의 발생 원인**
  ㈎ 전도(傳導) : 수분이나 절연 불량에 의한 리크(leak)로 인해 수신 측의 입력 단자 사이에 전압이 발생한다.
  ㈏ 정전 유도 : 전력선이나 그 외의 외부 전원에 의한 전계(電界)가 신호 전송 라인과 정전 결합되어 노이즈와 전압으로서 신호에 중첩된다.
  ㈐ 전자 유도 : 전력선, 모터 릴레이 등에 의한 자계를 신호 전송 라인에 통할 때 유도 전류가 흘러 노이즈로 된다.
  ㈑ 중첩(cross link) : 서로 접근하고 있는 신호 전송 라인의 전자적(電磁的), 정전적(靜電的)인 결합에 의하여 한쪽에 다른 쪽의 신호가 중첩하는 현상으로서 양자의 신호 레벨이 다른 만큼 크게 되는 현상을 말한다.

㈐ 접지 루프(loop) : 측정점이 2점 이상 접지되어 있을 때 각 접지점의 전위가 다르면 신호 전송 라인에 전류가 흘러 노이즈 전압이 발생한다.

㈑ 접합 전위차 : 각종 금속 결합부에 노이즈 전압이 발생하여 온도에 의해 그 크기가 변화한다.

② **노이즈의 종류** : 노이즈의 종류를 크게 나누면 신호 전송 라인에서 나타나는 정상 모드(normal mode) 노이즈와 접지와 라인 사이에서 나타나는 일반 모드(common mode) 노이즈의 두 가지가 있다.

③ **노이즈 대책**

㈎ 신호 전송 라인의 격리 : 신호 전송 라인을 노이즈 원(源)으로부터 멀리 두며, 각각에 다른 덕트(duct)로 배선한다.

㈏ 실드(shield)선의 사용 : 강(steel)으로 된 실드선이나 구리로 된 실드선은 정전 유도의 제거에 대한 효과를 얻을 뿐, 전자 유도계에 대한 효과는 거의 없다.

㈐ 접지 : 접지는 보통 판넬이나 계기를 접지하는 것과 SN비의 개선으로 노이즈에 의한 장애를 막기 위한 접지가 있으며 주의점은 다음과 같다.

㉠ 1점으로 접지할 것

㉡ 가능한 굵은 도선(도체)을 사용할 것

㉢ 직렬 배선을 피하고 병렬로 할 것

㉣ 실드 피복, 판넬류는 필히 접지할 것 등

㈑ 회로 밸런스 : 수신 계기의 접지 임피던스가 매우 높으면 일반 모드 노이즈로 변환될 염려가 없고, 충분히 높지 않더라도 회로 밸런스를 잡음으로써 2차적으로 발생하는 노이즈를 소거할 수 있다.

예|상|문|제

1. 다음 중 케이블 절연 진단 방법이 아닌 것은?
① 교류 전류 시험 ② 부분 방전 시험
③ 내전압 시험   ④ 연동 시험

2. 유도기의 내전압 시험에서 필요한 절연저항은 최소한 얼마 이상의 저항치가 필요한가?
① 10 $\mu\Omega$ ② 10 Ω ③ 10 kΩ ④ 10 MΩ

해설 유도기의 내전압 시험은 부품에 의한 조립이 완료된 것을 확인한 후 즉시 절연저항을 측정하고, 상당한 절연저항(최소한 10 MΩ 이상의 저항치가 필요함)을 갖고 있는 것을 확인한 후 실시한다.

3. 내전압 시험에서 인가하는 전기는 무엇인가?
① AC 전압   ② DC 전압
③ 3상 전압   ④ 단상 DC 9V

해설 내전압 시험은 AC 전압을 이용하여 제품의 누전 여부뿐만 아니라 외부의 어느 정도 전기적 충격에도 견딜 수 있는지를 미리 시험해 보아 품질 보증과 함께 수명 보장, 안전성을 보장한다.

4. 유도기의 내전압 시험에서 60Hz의 정현파에 가까운 교류 전압을 가한 상태의 시험 하에서 얼마나 견디어야 하는가?
① 10초 ② 1분 ③ 10분 ④ 60분

해설 유도기의 내전압 시험은 60Hz의 정현파에 가까운 교류 전압을 가한 상태의 시험 하에서 1분간 견디어야 한다.

5. 절연저항 시험에서 인가하는 전기는 무엇인가?
① AC 전압 500V
② DC 전압 500V
③ AC 전압 10000V
④ DC 전압 10000V

해설 절연저항 시험(insulation test) : 누전 여부를 시험하는 것으로 시험에는 DC 전압(500V, 또는 1000V)이 사용되며, 시험 결과를 [MΩ]으로 나타내어 누전 여부(감전 가능성 여부)를 알아보는 시험

6. 절연 저항기의 사용법 중 틀린 것은?
① 사용 전압보다 낮은 외부 전압을 인가하여 발생하는 누설 전류를 역으로 계산하여 저항으로 표시
② 전원 미차단 시에는 측정 회로에 계측기에서 발생한 전압의 인가 불가
③ 전원이 인가되지 않은 상태에서만 절연저항 측정이 가능하므로 반드시 전원을 차단한 상태에서 측정
④ 계측기 발생 전압이 DC 500V 이상이므로 인체에 직접 접촉 금지

해설 외부 전원이 인가되지 않은 전로의 대지 간에 사용 전압보다 높은 외부 전압 DC 500V 또는 1000V 계측기에서 인가하여 발생하는 누설 전류를 역으로 계산하여 저항으로 표시

7. 절연 저항계의 용도가 아닌 것은?
① 감전 재해 조사 시 재해 발생 기인물의 절연저항 측정

정답 1.④ 2.④ 3.① 4.② 5.② 6.① 7.④

② 각종 저압 전로, 조명 전로, 전동기 권선 등의 절연 성능 확인
③ 컨베이어 호퍼 로더 등 절연 손상 가능성이 높은 설비의 절연저항 측정
④ 이동식 전기 설비 핸드 그라인더, 핸드 드릴 등의 합성저항 측정

해설 이동식 전기 설비 핸드 그라인더, 핸드 드릴 등의 절연저항 측정

8. 교류 전류 시험으로 할 수 있는 것 중 틀린 것은?
① 코일 단락
② 절연물의 열화 정도
③ 전류 급증률
④ 전류 급증 전압

해설 교류 전류 시험으로 전류 급증 전압 및 전류 급증률로부터 절연물의 흡습 및 열화의 정도를 알 수 있다.

9. 개폐기 특성 시험으로 알 수 없는 것은?
① 상간 개리차
② 개방 시 접점의 바운스 정도
③ 미소 공극 유무
④ 투입 후 발생되는 오버트래블(overtravel) 정도

해설 미소 공극 유무는 유전 정접(tanδ) 시험에서 알 수 있다.

10. 변압기의 온도 상승 시험 중 가장 옳은 방법은?
① 유도 시험법
② 단락 시험법
③ 절연 내력 시험법
④ 고조파 억제법

해설 단락 시험법(등가 부하법) : 정격 전류를 흘려서 상승된 유온 상태에서 권선의 온도 상승을 구하는 시험 방법

11. 변압기 온도 시험을 하는데 가장 좋은 방법은?
① 반환 부하법
② 실 부하법
③ 단락 시험법
④ 내전압 시험법

해설 반환 부하법 : 전력을 소비하지 않고, 온도가 올라가는 원인이 되는 철손과 구리손만을 공급하여 시험하는 방법으로 가장 좋은 방법이다.

12. 변압기의 절연 내력 시험법이 아닌 것은?
① 유도 시험
② 가압 시험
③ 단락 시험
④ 충격 전압 시험

해설 변압기의 절연 내력 시험법 : 유도 시험, 가압 시험, 충격 전압 시험

13. 절연 내력 시험 중 권선의 층간 절연 시험은?
① 충격 전압 시험
② 무부하 시험
③ 가압 시험
④ 유도 시험

해설 유도 시험 : 변압기의 층간 절연을 시험하기 위하여 권선의 단자 사이에 정상 유도 전압의 2배가 되는 전압을 유도시켜 유도 절연 시험을 실시한다.

14. 변압기의 무부하 시험, 단락 시험에서 구할 수 없는 것은?
① 동손
② 철손
③ 절연 내력
④ 전압 변동률

해설 ㉠ 무부하 시험 – 철손
㉡ 단락 시험 – 동손, 전압 변동률, % 전압 강하
㉢ 무부하 시험 · 단락 시험 – 변압기 효율

15. 연료전지 및 태양전지 모듈의 절연 내력 시험에서, 충전 부분과 대지 사이에 연속하여 몇 분간 가하여 절연 내력을 시험하였을 때에 이에 견디는 것이어야 하는가?
① 10 ② 25 ③ 50 ④ 60

해설 연속하여 10분간 가하여 이에 견디는 것이어야 한다.

16. 최대 사용 전압이 220V인 3상 유도 전동기가 있다. 이것의 절연 내력 시험 전압은 몇 V로 하여야 하는가?
① 330 ② 500
③ 750 ④ 1050

해설 회전기의 절연 내력 시험 전압(최대 사용 전압이 7kV 이하인 경우)
㉠ 최대 사용 전압의 1.5배의 전압
㉡ 500V 미만으로 되는 경우에는 500V

17. 전류 검출용 센서로 사용되는 클램프형에 대한 설명으로 옳은 것은?
① 분류 저항기의 전압강하에 따라 전류를 검출하는 것이다.
② 간단한 구조로 직류와 교류를 검출할 수 있다.
③ 피측정 전로와 절연이 되지 않기 때문에 고압 전로 등에서는 안전성에 문제가 있다.
④ 전로의 절단 없이 검출하는 방식으로 교류 센서로 많이 사용된다.

해설 클램프형 : 전로의 절단 없이 검출하는 방식으로 구조가 비교적 간단하기 때문에 수[mA]~수천[A]까지 교류 센서로서 많이 사용되고 있으며 용도에 따라 여러 가지 형태가 있다.

18. 전류 검출용 센서 중 변류기식 방식에 대한 설명으로 틀린 것은?
① 직류 검출은 불가능하다.
② 주파수 특성상 오차가 크다.
③ 구조가 복잡하고 견고하지 않다.
④ 피측정 전로에 대한 절연이 가능하다.

해설 변류기식 : 트랜스 결합에 따라 전류를 검출하기 때문에 피측정 전로와 절연을 할 수 있는 것이 최대의 이점이며, 구조가 간단하고 견고하여 전력 계통 등의 교류 전로에서 사용되고 있다. 동작 원리상 직류의 검출은 불가능하다. 용도에 따라서는 주파수 특성상 오차가 큰 단점이 있다.

19. 측정하려고 하는 전압원에 계측기를 접속하면, 전압원의 내부 저항으로 실제 전압보다 낮은 전압이 측정되는 현상을 무엇이라 하는가?
① 표피 효과 ② 제어백 효과
③ 압전 효과 ④ 부하 효과

해설 계측기 접속에 의한 부하 효과라 한다. 이 같은 오차를 줄이기 위해서는 계측기나 측정기를 입력 임피던스가 큰 것으로 사용해야 한다.

20. 계측계의 기본 구성 요소에 속하지 않는 것은?
① 검출기 ② 전송기
③ 수신기 ④ 발신기

해설 계측계의 기본 구성 요소 : 검출기 → 전송기 → 수신기

21. 변환기에서 노이즈 대책이 아닌 것은?
① 실드의 사용 ② 비접지
③ 접지 ④ 필터의 사용

정답 15. ① 16. ② 17. ④ 18. ③ 19. ④ 20. ④ 21. ②

해설 보통 판넬이나 계기를 접지하는 것과 SN비의 개선으로 노이즈에 의한 장애를 막기 위한 접지가 있다.

22. 신호 전송 라인에서 노이즈의 대책으로 실드선을 사용하면 어떠한 효과가 있는가?

① 임피던스의 경감
② 유도 장애 경감
③ 자기 유도의 제거
④ 정전 유도의 제거

해설 실드(shield)선의 사용 : 강(steel)으로 된 실드선이나 구리로 된 실드선은 정전 유도의 제거에 대한 효과를 얻을 뿐, 전자 유도계에 대한 효과는 거의 없다.

23. 전자 유도에 의한 잡음이 아닌 것은?

① 편조 케이블
② 실드 케이블
③ 트위스트 케이블
④ 습기, 수분 제거

해설 전자 유도 : 전력선, 모터 릴레이 등에 의한 자계를 신호 전송 라인이 통할 때 유도 전류가 흘러 노이즈로 된다.

24. 압력계의 설치 장소를 선정할 때의 고려사항이 아닌 것은?

① 진동이 적고 가능한 청결한 곳
② 주위 온도 변화가 적고 전송기 허용 온도 범위 내
③ 도압관의 길이는 가능한 짧게
④ 보수, 점검이 용이하게

해설 도압관은 일반적으로 내경은 6~10 mm이고 길이는 3~5m이다.

25. 계장 배선의 장·단점에서 MI 케이블의 장점이 아닌 것은? [10-2]

① 전선관에 넣을 필요가 없다.
② 방폭 공사 시에 피팅(fitting)이 불필요하다.
③ 피복이 없고 불에 전혀 타지 않는다.
④ 방습을 위하여 단말 처리가 필요하다.

해설 MI 케이블은 습기 흡수에 민감하므로 방습 처리를 해야 하는 단점이 있다.

26. 조절기 또는 수동 조작기기에서 조절 신호를 조작량으로 바꾸어 제어 대상을 움직이는 부분으로 구성된 계측계의 구성 요소는? [13-1]

① 검출기   ② 전송기
③ 수신기   ④ 조작부

27. 조절계로부터 신호와 구동축 위치 관계를 외부의 힘에 대하여 항상 정확하게 유지시키고, 조작부가 제어 루프 속에서 충분한 기능을 발휘할 수 있도록 하기 위해 사용하는 것은? [09-1]

① 구동부 제어   ② 밸브
③ 포지셔너   ④ 변환기

해설 조작부의 구성은 조절계로부터 신호를 받아 그에 대한 조작량으로 바꾸는 부분과 조작량을 받아 제어 대상에 직접 작용하는 부분으로 되어 있다. 필요에 따라 신호를 조작량으로 변화시키는 부분에 포지셔너라고 부르는 일종의 비례 동작 조절기를 쓰는 경우도 있다.

28. 다음 중 밸브에 포지셔너를 사용하게 된 이유로 볼 수 없는 것은? [09-2, 17-2]

① 조절계 신호와 구동부 신호가 다른 경우

정답 22. ④ 23. ③ 24. ③ 25. ④ 26. ④ 27. ③ 28. ②

② 그랜드 패킹의 마찰이 적고 유체의 영향을 받기 어려운 경우
③ 제어 밸브의 특성을 개선할 필요가 있는 경우
④ 하나의 신호로 2대 이상의 제어 밸브를 동작시킬 경우

해설 포지셔너의 역할
㉠ 밸브 전후의 차압이 크고 유체압 변동의 영향을 받기 쉬운 경우
㉡ 조절계 신호와 구동부 신호가 다른 경우
㉢ 제어 밸브의 특성을 개선할 필요가 있는 경우
㉣ 하나의 신호로 2대 이상의 제어 밸브를 동작시킬 경우
㉤ 그랜드 패킹의 마찰이 크고, 히스테리시스가 있으며 직선성을 나쁘게 하는 경우
㉥ 공기압 신호에서 응답이 지연되는 경우
㉦ 제어 밸브의 지름이 100mm 이상 커서 부하 용량이 크고 응답이 지연되는 경우
㉧ 큰 조작력이 필요하여 작동 신호를 확대할 경우
㉨ 구조상 유체의 영향을 받기 쉬운 경우

29. 전동 밸브의 제어성을 양호하게 하기 위하여 사용되는 포지셔너(positioner)는 어느 것인가? [07-1, 15-1, 18-2]
① 전기-전기식 포지셔너
② 전기-유압식 포지셔너
③ 전기-공기식 포지셔너
④ 공기-공기식 포지셔너

30. 계측기의 측정량을 증가시킬 때와 감소시킬 때 동일 측정량에 대하여 지싯값이 다른 경우의 오차는? [13-3]
① 비직선성 오차
② 히스테리시스 오차
③ 정상 상태 오차
④ 동오차

해설 히스테리시스 오차 : 이력(履歷)에 의하여 생기는 동일 측정량에 대한 지시의 차

31. 그림에서와 같이 계측기의 측정량을 증가시킬 때와 감소시킬 때 동일 측정량에 대하여 지싯값이 다른 경우가 있는데 이와 같이 생기는 오차로서 (   ) 안에 맞는 것은 어느 것인가? [12-2]

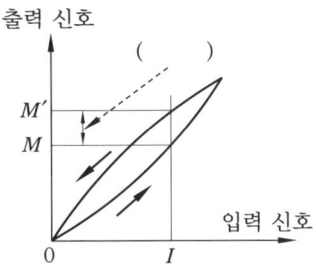

① 히스테리시스 오차
② 직선적 오차
③ 정특성 오차
④ 감특성 오차

해설 히스테리시스 오차 : 이력(履歷)에 의하여 생기는 동일 측정량에 대한 지시의 차

32. 다음 중 계장 제어 시스템의 제어 밸브 조작부의 구비 조건으로 틀린 것은 어느 것인가? [07-3, 08-3, 10-3, 11-2, 19-3]
① 제어 신호에 정확하게 동작할 것
② 히스테리시스 현상이 클 것
③ 현장의 환경 조건에 충분히 견딜 것
④ 보수 점검이 용이할 것

해설 히스테리시스가 작을 것

33. 조작기기의 요소가 구비해야 할 조건으로 적절하지 않은 것은? [08-1, 11-3]

① 신뢰성이 높고 보수가 쉬울 것
② 요소에 가해지는 반력에 대하여 작동하는 조작력이 있을 것
③ 동작 범위, 특성 및 크기가 적당할 것
④ 움직이는 부분의 이력 현상(hysteresis)이 있고 반응 속도가 빠를 것

[해설] 이력 현상은 조작기기의 정확도를 저하시킨다.

34. 히스테리시스(hysteresis) 차에 의한 오차에 해당되는 것은? [16-3]
① 이론 오차
② 관측 오차
③ 계측기 오차
④ 환경적 오차

[해설] 계측기 오차 : 측정기 본래의 기기 차이에 의한 것과 히스테리시스 차에 의한 것이 있다.

35. 계측기가 미소한 측정량의 변화를 감지할 수 있는 최소 측정량의 크기를 무엇이라 하는가? [10-2, 14-3, 18-3]
① 정밀도
② 정확도
③ 오차
④ 분해능

36. 일정한 환경 조건 하에서 측정량이 일정함에도 불구하고 전기적인 증폭기를 갖는 계측기의 지시가 시간과 함께 계속적으로 느슨하게 변화하는 현상은? [15-2, 18-3]
① 비직선성
② 과도 특성
③ 히스테리시스
④ 드리프트(drift)

[해설] 드리프트는 자기 가열이나 재료의 크리프 현상에 기인한다.

37. 계측계를 기능적으로 크게 분류했을 때 해당되지 않는 것은? [15-3]

① 검출기
② 조작기
③ 전송기
④ 수신기

38. 다음 중 온도 변환기에 요구되는 기능으로 옳은 것은?
① [mA] 레벨 신호를 안정하게 낮은 레벨까지 증폭할 수 있을 것
② 입력 임피던스(impedance)가 높고 장거리 전송이 가능할 것
③ 입출력 간은 교류적으로 절연되어 있을 것
④ 온도와 출력 신호의 관계를 비직선화시킬 수 있을 것

[해설] 온도 변환기의 요구 성능
㉠ 낮은 신호를 안정하게 높은 레벨까지 증폭할 수 있을 것
㉡ 입력 임피던스가 높고 장거리 전송이 가능할 것
㉢ 외부의 노이즈 영향을 받지 않을 것
㉣ 입출력 간은 직류적으로 절연되어 있을 것

39. 신호 변환기에서 변위 센서로 많이 사용되며, 변위를 전압으로 변환하는 장치는 어느 것인가?
① 벨로즈
② 서미스터
③ 노즐 플래퍼
④ 차동 변압기

[해설] 차압 전송기라고 하는 차압 변환기는 유량, 압력, 액면, 밀도 등을 공기압 신호나 전기 신호로 변환할 수 있는 변환기로서 널리 사용되는 유량 변환기이다.

40. 차압 변환기를 이용하여 공기압 신호나 전기 신호로 변환할 수 없는 것은? [09-2]
① 온도
② 유량
③ 밀도
④ 액면(레벨)

[정답] 34. ③ 35. ④ 36. ④ 37. ② 38. ② 39. ④ 40. ①

41. 조절 밸브(제어 요소)가 프로세스(제어 대상)에 주는 신호는? [16-2]
① 조작량 ② 제어량
③ 기준 입력 ④ 동작 신호

42. 방폭형이고 본질적으로 안정하지만 전송 거리가 먼 경우에는 적용하기 곤란한 조작부의 종류는? [18-3]
① 공압식 ② 전기식
③ 유압식 ④ 전자식

해설 공압은 압축성(compressible) 때문에 특성 변화가 크므로 균일한 피스톤 속도를 얻는 것이 불가능하다.

43. 제어 밸브 구동부의 동력원으로 공기압이 많이 사용되는 이유로 적합하지 않은 것은? [12-2]
① 구조가 간단하다.
② 방폭성을 보유하고 있다.
③ 비용이 저렴하다.
④ 고정밀도가 있다.

해설 고압은 압력 변동이 쉬우므로 정밀도가 낮다.

44. 다음 중 공기식 조작기는? [11-1, 18-1]
① 전자 밸브 ② 전동 밸브
③ 서보 전동기 ④ 다이어프램 밸브

해설 공기식 조작기 : 다이어프램식 스프링형, 실린더식 스프링 리스형, 에어 모터식 스프링 리스형 등

45. 계측계의 조작부 구성에서 조작 신호에 따라 응답성이 좋고 큰 조작력을 가지고 있는 것은? [13-3]
① 전기식 ② 유압식
③ 공기식 ④ 냉동식

46. 제어기기에는 검출기, 변환기, 증폭기, 조작기기 등으로 구성된다. 이때 서보 모터는 어디에 해당되는가? [15-3, 16-2]
① 증폭기 ② 변환기
③ 검출기 ④ 조작기기

47. 다음 중 지시계기의 3요소와 거리가 먼 것은? [09-2, 11-2]
① 제어 장치 ② 제동 장치
③ 지지 장치 ④ 구동 장치

해설 지시계기는 제어 장치, 제동 장치, 구동 장치의 3대 요소로 구성된다.

48. 지시 전기계기의 일반적인 특징이 아닌 것은? [11-3]
① 기계적으로 강할 것
② 지침의 흔들림이 빨리 정지할 것
③ 내전압이 낮을 것
④ 과부하에 강할 것

해설 내접압이 높을 것

정답 41. ① 42. ① 43. ④ 44. ④ 45. ② 46. ④ 47. ③ 48. ③

제5장 | 센서 활용 기술

1. 센서 선정

1-1 센서의 종류와 특성

(1) 센서의 종류

① 측정 또는 검출하고자 하는 양에 따른 분류
  ㈎ 화학 센서 : 효소 센서, 미생물 센서, 면역 센서, 가스 센서, 습도 센서, 매연 센서, 이온 센서
  ㈏ 물리 센서 : 온도 센서, 방사선 센서, 광 센서, 컬러 센서, 전기 센서, 자기 센서
  ㈐ 역학 센서 : 길이 센서, 압력 센서, 진공 센서, 속도·가속도 센서, 진동 센서, 하중 센서

② 대상물의 정보 획득 방법에 따른 분류
  ㈎ 능동형 센서(active sensor) : 외부로부터 에너지를 공급해야 하는 형태로서 측정하고자 하는 대상물에 에너지를 공급하고 정보를 감지하거나 변환 에너지의 정보를 검출하는 기기로 레이저 센서나 광 센서 등이 있다.
  ㈏ 수동형 센서(passive sensor) : 외부로부터 별도의 에너지 공급이 필요하지 않은 형태로서 대상물에서 나오는 정보를 그대로 받아들이는 기기로 초전 센서, 적외선 센서 등이 있다.

센서의 분류

분류 방법	센서 구분
구성 분류	기본 센서, 조립 센서, 응용 센서
기구 분류	기구형(또는 구조형), 물성형, 기구·물성 혼합형
검출 신호 분류	아날로그 센서, 디지털 센서, 주파수형 센서, 2진형 센서
감지 기능 분류	공간량, 역학량, 열역학량, 전자기학량, 공학량, 화학량, 시각, 촉각
변환 방법 분류	역학적, 열역학적, 전기적, 자기적, 전자기적, 광학적, 전기화학적, 촉매화학적, 효소화학적, 미생물학적

재료별 분류	반도체 센서, 세라믹 센서, 금속 센서, 고분자 센서, 효소 센서, 미생물 센서 등
용도별 분류	계측용, 감시용, 검사용, 제어용 등
구성·기능의 특징별 분류	다차원 센서, 다기능 센서
용도 분야별 분류	산업용, 민생용, 의료용, 이화학용, 우주용, 군사용 등

역학 센서

감지 대상	센서
변위	차동 트랜스, 이미지 센서, 콘덴서 변위계, 퍼텐쇼미터
속도·가속도	회전형 속도계, 동전형 가속도계
회전수·진동	로터리 인코더, 스코프, 압전형 검출기
압력	다이어프램, 로드 셀, 수정 압력계, 스트레인 게이지
힘·토크	저울, 천칭, 토션 바

물리 센서

감지 대상	센서	주요 효과
온도	열전쌍, 서미스터, 온도계	열저항, 열복사
빛·색	광전도, 광 결합형, 이미지 센서, 포토 다이오드	광전도, 패러데이, 필터
자기	Hall 소자, 자기저항 소자	Hall, Josephson
전류	분류기, 변류기	-
자외선·방사선	조도계, 광량계, GM계수계	-

이외에도 면역 센서, 미생물 센서, 효소 센서 등의 생물 센서가 있다.

(2) 센서의 특성

센서의 특정 대상은 온도, 광, 힘, 길이, 각도, 압력, 자기, 속도 등의 절댓값이나 변위 등을 감지하고 그 대표적인 것은 온도, 광, 자기 센서이다.

① **온도 센서** : 기체, 액체, 고체, 플라스마, 생체 등 측정 대상은 다양하며 접촉식과 비접촉식으로 구분한다.

② **광 센서** : 자외광에서 적외광까지 광 파장 영역의 광 에너지를 검지하는데, 그 분류는 광 변환 원리에 기초를 두고 광기전력 효과형, 광도전 효과형, 광전자 방출형 등으로 구분한다.
③ **자기 센서** : 자계에 관련된 물리적 현상을 이용한 것으로 단순히 자기력을 이용한 실린더의 리드 스위치와 전기량으로 자계를 변환시키는 홀 소자 등이 있다.
④ **압력 센서** : 대상물이 가지고 있는 압력의 정보를 감지하는 것으로 스트레인 게이지, 반도체 압력 센서, 다이어프램식 및 압전 소자 등이 있다.
⑤ **습도 센서** : 수분 흡착에 의한 도전성의 변화인 전기저항의 변화를 이용한 것과 적외선의 흡수율 변화를 이용한 것, 또는 어느 습도 이상에서는 물질이 착색하는 원리를 이용한 것 등이 있으며 가열성, 비가열성의 세라믹 습도 센서 및 고분자 습도 센서가 있다.
⑥ **속도 센서** : 속도 및 가속도를 감지하기 위한 것으로 대상물에 음파나 마이크로파를 보내고 그 음파 또는 마이크로파 에너지로부터 속도를 검출하며, 길이에 대한 변위를 측정하여 변위 시간의 미분값을 연산 처리한 간접 측정도 하고, 간단하게 인코더를 이용하기도 한다.
⑦ **음파 센서** : 사람이 들을 수 있는 $20\,\text{Hz} \sim 20\,\text{kHz}$ 사이의 가청음부터 초음파까지의 음파를 검출 및 측정하고, 물체 유무를 검출하기 위해 대상물에 음파를 보낸 후 되돌려지는 신호를 검출하여 정보를 얻을 수 있는데, 초음파 센서는 물체 내부의 결함까지도 검출할 수 있다.
⑧ **화학 센서** : 전기 화학 작용, 촉매 반응, 이온 교환, 광 화학 작용 등을 이용하는 것으로 습도 센서, 가스 센서(산소, 매연, 독성, 반도체 가스 센서 등) 및 이온 센서(pH 전극, 가스 감응 전극) 등이 있다.
⑨ 이외에 방사능 센서, 레벨 센서, 물체 유무 판별용 센서 등이 있다.

예상문제

1. 물리 화학량을 전기적 신호로 변환하거나, 역으로 전기적 신호를 다른 물리적인 양으로 바꾸어 주는 장치는? [14-2, 19-1]
① 트랜스듀서 ② 액추에이터
③ 포지셔너   ④ 오리피스

해설 트랜스듀서(transducer) : "측정량에 대응하여 처리하기 쉬운 유용한 출력 신호를 주는 변환기(converter)"로 정의

2. 센서에서 감각기관의 수용기에 해당하는 부분은? [11-2]
① 트랜스듀서 ② 신호 전송기
③ 수신 장치   ④ 정보 처리 장치

해설 수용기와 트랜스듀서는 변환의 역할을 한다.

3. 다음 중 수동형 센서(passive sensor)에 속하는 것은? [14-2, 19-3]
① 포토 커플러 ② 포토 리플렉터
③ 레이저 센서 ④ 적외선 센서

해설 ㉠ 수동형 센서(passive sensor) : 대상물에서 나오는 정보를 그대로 입력하여 정보를 감지 또는 검지하는 기기로 적외선 센서가 대표적이다.
㉡ 능동형 센서(active sensor) : 대상물에 어떤 에너지를 의식적으로 주고 그 대상물에서 나오는 정보를 감지 또는 검지하는 기기로 레이저 센서가 대표적이다.

4. 다음 중 능동 센서가 아닌 것은? [19-2]
① 서미스터   ② 측온 저항체

③ 포토 다이오드 ④ 스트레인 게이지

해설 열전대나 포토 다이오드는 수동 센서이다.

5. 온도 센서에 해당하는 것은? [12-1]
① 리드 스위치 ② PTC
③ 홀 소자   ④ 스트레인 게이지

해설 리드 스위치는 자석식 근접 스위치, 홀 소자는 자기 센서이며, 스트레인 게이지는 압력 센서이다.

6. 온도 센서가 아닌 것은? [09-3, 16-1]
① 열전대(thermocouple)
② 서미스터(thermistor)
③ 측온 저항체
④ 홀 소자

해설 홀 소자는 자기 센서이다.

7. 열팽창계수가 다른 두 개의 금속판을 접합시켜 온도 변화에 따른 변형 또는 내부 응력을 이용한 온도 센서는? [17-2]
① 홀 센서   ② 바이메탈
③ 서미스터   ④ 측온 저항체

8. 다음 중 온도를 저항으로 변환시키는 것은? [12-1, 13-2, 16-3]
① 열전대   ② 전자 코일
③ 인덕턴스   ④ 서미스터

해설 서미스터(thermistor) : 온도 변화에 의해서 저항값이 변화하는 소자로 전자 회로에서 온도 보상용으로 많이 사용된다.

정답 1. ① 2. ① 3. ④ 4. ③ 5. ② 6. ④ 7. ② 8. ④

9. 온도가 변화함에 따라 저항값이 변화하는 특성을 이용하여 온도를 검출하는데 사용되는 반도체는? [14-2, 17-1, 19-2]
① 발광 다이오드
② CdS(황화카드뮴)
③ 배리스터(varistor)
④ 서미스터(thermistor)

해설 서미스터(thermistor) : 온도 변화에 의해서 소자의 전기저항이 크게 변화하는 표적 반도체 감온 소자로 열에 민감한 저항체(thermal sensitive resistor)이다.

10. 다음 중 서미스터의 분류에 해당되지 않는 것은? [06-3, 09-1, 15-1]
① NTC ② PNP ③ CTR ④ PTC

해설 서미스터는 NTC, PTC, CTR 3가지로 분류한다.

11. 서미스터에서 온도의 상승에 따라 저항이 감소하는 요소는? [13-1]
① PTC ② NTC ③ Pt 100 ④ CdS

해설 NTC(negative temperature coefficient) 서미스터는 온도가 상승함에 따라 전기저항이 지수 함수적으로 감소하는 부(−)의 온도계수를 갖는 것으로 단순히 서미스터라고 부를 때는 NTC 서미스터를 가리키는 경우가 많다.

12. 측온 저항체의 특징이 아닌 것은? [10-2]
① 출력 신호는 전압이다.
② 최고 사용 온도가 600℃ 정도이다.
③ 전원을 공급하여야 한다.
④ 백금 측온 저항체는 표준용으로 사용한다.

해설 측온 저항체는 백금 측온 저항체가 가장 안전하고 온도 범위가 넓으며 높은 정확도가 요구되는 온도 계측에 많이 사용된다. 측온 저항체는 백금, 니켈, 구리 등의 순금속을 사용하며, 표준 온도계나 공업 계측에 널리 이용되고 있는 것은 고순도(99.999% 이상)의 백금선이다. 가격이 비싸고 응답 속도가 느리며, 충격 진동에 약하고 출력 신호는 저항이다.

13. 측온 저항 온도계에서 사용되는 금속 저항체가 아닌 것은? [10-1, 17-3]
① 백금 ② 니켈 ③ 안티몬 ④ 구리

해설 측온 저항체는 백금, 니켈, 구리 등의 순금속을 사용한다.

14. 측온 저항체로 이용되기 위한 요구 조건이 아닌 것은? [19-3]
① 저항 온도계수가 작을 것
② 소선의 가공이 용이할 것
③ 사용 온도 범위가 넓을 것
④ 화학적, 기계적으로 안정될 것

해설 저항 온도계수가 커야 한다.

15. 두 종류의 금속을 접합하여 폐회로를 만들고 두 접합점의 온도차를 다르게 유지했을 때 두 금속의 사이에 기전력이 발생하여 전류가 흐르는 현상은? [19-1]
① 제베크 효과 ② 초전 효과
③ 톰슨 효과   ④ 펠티어 효과

16. 제베크 효과(Seebeck effect)를 이용한 온도계는? [19-1]
① 2색 온도계   ② 열전 온도계
③ 저항 온도계 ④ 방사 온도계

정답 9. ④ 10. ② 11. ② 12. ① 13. ③ 14. ① 15. ① 16. ②

해설 제베크 효과(Seebeck effect)를 이용하여 온도를 측정하기 위한 소자가 열전대(thermocouple)이다. 한쪽 접점의 온도를 알면 다른 접점의 온도는 열기전력을 측정하면 알 수 있다. 기준 측의 접점을 기준 접점(냉접점), 측온 측의 접점을 측온 접점(온접점)이라 한다.

17. 두 종류의 금속을 접속하고 양 접점에 온도차를 주어 단자 사이에 발생되는 기전력을 이용한 온도계는? [15-2, 18-2]
① 광 온도계 ② 열전 온도계
③ 방사 온도계 ④ 액정 온도계

해설 열전 온도계는 측온 저항체와 같이 비교적 안정되고 정확하며 일부 원격 전송 지시를 할 수 있는 특징이 있다.

18. 열전대의 특징이 아닌 것은? [08-1]
① 제베크 효과를 이용한다.
② 열저항을 측정하여 온도를 알 수 있다.
③ 기준 접점에 대한 온도와 열기전력을 이용하여 온도를 측정한다.
④ B형은 온도 변화에 대한 열기전력이 매우 작다.

해설 대표적인 온도 센서인 열전대(thermocouple)는 제베크 효과라고 불리는 것으로, 재질이 다른 두 금속을 연결하고 양 접점 간에 온도 차를 부여하면 그 사이에 열기전력이 발생하여 회로 내에 열전류가 흐르는데 이러한 물질을 말한다.

19. 두 가지 서로 다른 금속선의 양 끝을 상호 융착시켜 회로를 만든 것을 무엇이라 하는가? [13-1]
① 저항선 ② 열전쌍
③ 서미스터 ④ 바이메탈

20. 열전대에 사용하는 열전쌍의 조합이 틀린 것은? [12-1, 12-2, 14-2, 15-3, 19-2]
① 구리-백금
② 철-콘스탄탄
③ 크로멜-알루멜
④ 크로멜-콘스탄탄

해설 열전쌍의 조합 : 백금-로듐, 크로멜-알루멜, 철-콘스탄탄, 구리-콘스탄탄, 크로멜-콘스탄탄 등

21. 다음의 열전대 조합에서 가장 높은 온도까지 측정할 수 있는 것은? [13-2, 19-3]
① 백금 로듐-백금
② 크로멜-알루멜
③ 철-콘스탄탄
④ 구리-콘스탄탄

해설 R형 열전쌍 : 백금 87%와 로듐 13%의 합금으로 구성된 열전쌍으로, 내열성이 좋고 산화성, 불활성 분위기 중에서도 강하며 공기 중에서 1400℃ 이상으로 가열하면 재결정이 발생하기 시작하여 특성에 변화를 가져오므로 사용 한도를 1400℃로 정하고 있다.

22. 전기로의 온도를 900℃로 일정하게 유지시키기 위하여 열전 온도계의 지싯값을 보면서 전압 조정기로 전기로에 대한 인가 전압을 조절하는 장치가 있다. 이 경우 열전 온도계는 다음 중 어디에 해당하는가?
① 제어량 ② 외란 [11-1]
③ 목표값 ④ 검출부

23. 압력 검출기와 관계가 없는 것은? [15-3]
① 부르동관 ② 벨로즈
③ 다이어프램 ④ 서미스터

해설 서미스터는 온도 센서이다.

정답 17. ② 18. ② 19. ② 20. ① 21. ① 22. ④ 23. ④

24. 압력을 검출할 수 있는 센서는? [17-1]
① 리졸버 ② 유도형 센서
③ 용량형 센서 ④ 스트레인 게이지

25. 외부 압력에 대한 탄성체의 기계적 변위를 이용한 압력 검출기에 해당되지 않는 것은? [08-3, 13-1, 18-1]
① 벨로스(bellows)
② 다이어프램(diaphragm)
③ 부르동관(bourdon tube)
④ 스트레인 게이지(strain gauge)

해설 금속체를 잡아당기면 늘어나면서 전기저항이 증가하며, 반대로 압축하면 줄어 전기저항은 감소한다. 이러한 전기저항의 변화 원리를 이용한 검출기가 스트레인 게이지이다.

26. 전기 에너지와 탄성 에너지의 가역 변환에 의해 변형량을 측정하는데 이용되는 센서는? [15-2]
① 서미스터 ② 초음파 센서
③ 퍼텐쇼미터 ④ 스트레인 게이지

27. 투광기와 수광기로 되어 있으며 검출 방식에 따라 투과형, 직접 반사형, 거울 반사형으로 구분되는 것은? [12-2]
① 광 센서 ② 리드 센서
③ 유도형 센서 ④ 정전 용량형

해설 센서 리드 스위치는 자계에 의해 작동하고, 유도형 센서는 고주파 자계 중에 금속체가 접근할 때 발생하는 전자 유도 현상에 의해 생기는 와전류에 의한 물체 유무를 검출하며, 정전 용량형 센서는 분극 작용에 의한 정전 용량 변화로 물체 유무를 검출한다.

28. 광 센서의 종류가 아닌 것은? [18-2]
① 포토 다이오드 ② 광위치 검출기
③ 포토 트랜지스터 ④ 스트레인 게이지

해설 스트레인 게이지는 압력 센서이다.

29. 빛을 이용하는 센서로 사용되는 것만을 나열한 것은? [06-1, 15-1]
① 열전쌍, 초전 센서
② 포토 커플러, 조도 센서
③ 퍼텐쇼미터, 차동 트랜스
④ 초음파 센서, 파이로 센서

30. 빛을 이용하여 물체 유무를 검출하거나 속도, 위치 결정에 응용되는 센서는 어느 것인가? [12-2, 15-3]
① 포토 센서 ② 리드 스위치
③ 유도형 센서 ④ 용량형 센서

해설 포토 센서(photo sensor) : 빛을 이용하여 물체 유무, 속도나 위치 검출, 레벨, 특정 표시 식별 등을 하는 곳에 사용되며, 광 센서 또는 광학 센서(optical sensor)라고도 한다. 자외광에서 적외광까지 넓은 영역에 걸쳐 광 에너지를 검출하며, 제어의 용이함 때문에 전기 신호로 변환되는 경우가 많아 광기전력 효과형, 광도전 효과형, 광전자 방출형으로 분류하기도 한다.

31. 복합형 광 센서의 일종이며 물체 유무의 검출이나 회전체의 속도 검출 및 위치 판단용으로 사용하는 센서는? [10-3]
① 바이메탈 ② 리드 스위치
③ 다이오드 ④ 포토 커플러

해설 포토 커플러(photo coupler) : 발광 다이오드(LED, lighted emitting diode)를 발광부에 사용하고 수광부에 포토 다이오드를

정답 24. ④ 25. ④ 26. ④ 27. ① 28. ④ 29. ② 30. ① 31. ④

사용한 복합형이며 물체 유무의 검출, 회전체의 속도 검출 및 위치 검출에 사용된다.

32. 다음 중 광전 스위치의 특징으로 가장 거리가 먼 것은? [13-2]
① 광도전 효과를 이용한다.
② 검출 거리가 길다.
③ 높은 정밀도를 얻을 수 있다.
④ 금속 물체만 검출이 가능하다.

해설 모든 물체의 검출이 가능하다.

33. 광파이버 센서의 종류에서 광파이버의 형상에 따라 분류하는 방식이 아닌 것은 어느 것인가? [04-1]
① 분할형   ② 평행형
③ 랜덤 확산형   ④ 투과형

해설 광파이버 센서는 접근하기 어려운 위치나 미세한 물체도 분해능이 높게 검출될 수 있다. 설치 장소에 제약이 없고 유도 잡음에 강하며, 앰프 내장형이고 고감도이다.

34. 확산 반사형 또는 직접 반사형 광 센서를 사용할 때, 다음 중 감지 거리가 가장 긴 것은? [15-3]
① 목재   ② 금속
③ 면직물   ④ 폴리스틸렌

35. 다음 중 각도 검출용 센서로 사용되는 센서가 아닌 것은? [08-3, 09-2, 13-3, 16-1]
① 퍼텐쇼미터(potentiometer)
② 싱크로(synchro)
③ 리졸버(resolver)
④ 리드(reed) 스위치

해설 각도 검출용 센서 : 퍼텐쇼미터, 싱크로, 리졸버, 로터리 인코더 등

36. 회전량을 펄스수로 변환하는데 사용되며 기계적인 아날로그 변화량을 디지털량으로 변환하는 것은? [17-2]
① 서보 모터   ② 포토 센서
③ 매트 스위치   ④ 로터리 인코더

해설 인코더란 변위량을 펄스수로 출력하여 검출하는 센서이다.

37. 출력 특성이 좋고 사용하기 쉬우므로 기계 및 지반 진동에 가장 많이 사용되는 진동 센서는? [13-1]
① 압전형 가속도 센서
② 동전형 속도 센서
③ 서보형 가속도 센서
④ 와전류형 변위 센서

38. 사람의 귀에 들리지 않을 정도로 높은 주파수의 소리를 이용한 센서는? [16-1]
① 온도 센서   ② 초음파 센서
③ 파이로 센서   ④ 스트레인 게이지

해설 초음파란 보통 20 kHz 이상의 주파수를 갖는 음파를 말하며, 사람이 들을 수 있는 가청 음파(20 Hz~20 kHz)와 같이 매질 중의 탄성파이다.

39. 다음 중 초음파 센서의 특징으로 틀린 것은? [12-2]
① 비교적 검출 거리가 길다.
② 투명체도 검출할 수 있다.
③ 먼지나 분진, 연기에 둔감하다.
④ 특정 형상, 재질, 색깔은 검출할 수 없다.

해설 ㉠ 초음파 센서의 장점
• 비교적 검출 거리가 길고, 검출 거리의 조절이 가능하다.

정답 32. ④ 33. ③ 34. ② 35. ④ 36. ④ 37. ② 38. ② 39. ④

- 검출체의 형상, 재질 및 색깔에 영향이 없으며, 투명체(예 유리병)도 검출할 수 있다.
- 먼지나 분진, 연기에 둔감하다.
- 옥외에 설치가 가능하고, 검출체의 배경에 무관하다.

ⓒ 초음파 센서의 단점
- 검출체의 표면이 경사진 경우 검출이 곤란하여 투과형 센서를 이용하여야 한다.
- 스위칭 주파수가 1~125 Hz 정도로 낮아 센서 동작이 느리다.
- 광 근접 센서에 비해 고가(약 2배)이다.
- 물체가 센서 표면에 너무 근접하면 센서 출력에 오차를 가져올 수 있다.

ⓒ 초음파 센서의 특징
- 초음파의 발생과 검출을 겸용하는 가역 형식이 많다.
- 전기 음향 변환 효율을 높이기 위하여 보통 공진 상태로 되므로 센서로서 사용할 경우 감도가 주파수에 의존한다.
- 음파압의 절댓값보다는 초음파 존재의 유무, 또는 초음파 펄스 파면의 상대적 크기를 이용하는 경우가 많다.

40. 다음 중 저항 변화형 센서가 아닌 것은? [13-3]
① 스트레인 게이지 ② 리드 스위치
③ 서미스터 ④ 퍼텐쇼미터

[해설] 저항 변화형 센서는 외부 환경 변화에 따라 저항값이 변하는 원리를 이용한 센서로, 온도 센서, 압력 센서, 습도 센서 등 다양한 종류가 있다. 센서 리드 스위치의 검출 대상은 자기이다.

41. 자계에 관련한 물리 현상을 이용하여 자기 센서로 이용되는 소자가 아닌 것은 어느 것인가? [09-2]
① 홀 IC ② 자기저항 소자
③ 조셉슨 소자 ④ 서미스터

[해설] 자기 센서

감지 대상	센서	주요 효과
자기	Hall 소자, 자기저항 소자	Hall, Josephson

42. 구동 전원을 필요로 하지 않고 2개의 자성체 조각으로 구성되어 자계에 반응하는 스위치는? [07-3]
① 광전 스위치
② 리드 스위치
③ 유도형 근접 스위치
④ 용량형 근접 스위치

[해설] 리드 스위치는 일반적인 상태에서는 접점이 열려 있지만, 외부 자기장이 가해지면 내부의 자성체가 서로 당김으로 인해 접점이 닫히는 것을 이용한다. 검출 대상은 자기이며, 비접촉식이다.

43. 실린더의 피스톤 위치를 영구자석의 힘으로 검출하는 것은? [18-3]
① 광 센서
② 리드 스위치
③ 리밋 스위치
④ 정전 용량형 센서

44. 물체에 직접 접촉하지 않고 그 위치를 검출하여 전기적 신호를 발생시키는 장치는? [06-1]

정답 40. ② 41. ④ 42. ② 43. ② 44. ①

① 리드 스위치
② 인터럽터
③ 바이메탈
④ 리밋 스위치

45. 다음 중 리드 스위치의 특징으로 틀린 것은? [19-3]
① 반복 정밀도가 낮다.
② 회로 구성이 간단하다.
③ 사용 온도 범위가 넓다.
④ 내전압 특성이 우수하다.

해설 리드 센서의 특징
㉠ 접점부가 완전히 차단되어 있으므로 가스나 액체 중, 고온 고습 환경에서 안정되게 동작한다.
㉡ ON/OFF 동작 시간이 비교적 빠르고 ($<1\mu m$), 반복 정밀도가 우수하여($\pm 0.2mm$) 접점의 신뢰성이 높고 동작 수명이 길다.
㉢ 사용 온도 범위가 넓다($-270\sim+150℃$).
㉣ 내전압 특성이 우수하다($>10kV$).
㉤ 리드의 겹친 부분은 전기 접점과 자기 접점으로의 역할도 한다.
㉥ 가격이 비교적 저렴하고 소형, 경량이며, 회로가 간단해진다.

46. 다음 중 비접촉식 근접 센서의 특징이 아닌 것은? [18-3]
① 빠른 스위칭 주기를 갖는다.
② 비교적 수명이 길고, 신뢰성이 높다.
③ 접점부의 개방으로 내환경성이 나쁘다.
④ 비접촉 감지 동작으로 마모의 염려가 없다.

해설 접점부의 밀봉으로 내환경성이 우수하다.

47. 물체가 접근하면 진폭이 감소하는 고주파 LC 발진기에 의해 센서 표면에 전자계를 형성하고 감지하는 센서는? [21-1]
① 광전 센서
② 리드 스위치
③ 용량형 센서
④ 유도형 센서

해설 유도형 센서는 물리적인 값, 즉 자계의 변화를 이용하여 검출하는 센서로 물체가 접근하면 진폭이 감소하는 고주파 LC 발진기에 의해 센서 표면에 전자계를 형성하고 감지 거리 이내에 물체가 감지되면 출력을 보낸다.

48. 다음 중 유도형 센서의 특징이 아닌 것은? [16-2]
① 전력 소모가 적다.
② 자석 효과가 없다.
③ 감지 물체 안에 온도 상승이 없다.
④ 비금속 재료 감지용으로 사용된다.

해설 유도형 센서는 비금속 재료를 감지하지 못한다.

49. 유도형 센서의 감지 거리에 대한 설명으로 옳지 않은 것은? [14-2]
① 공칭 검출 거리-제조 공정, 온도, 공급 전압에 의한 허용치를 고려하지 않은 상태의 거리
② 정미 검출 거리-정격 전압과 정격 주위 온도일 때 측정하는 거리
③ 유효 검출 거리-공급 전압과 주위 온도의 허용 한도 내에서 측정한 거리
④ 정격 검출 거리-어떠한 전압 변동 또는 온도 변화에도 관계없이 표준 검출체를 검출할 수 있는 거리

정답 45. ① 46. ③ 47. ④ 48. ④ 49. ④

해설 정격 검출 거리 – 전압 변동 또는 온도 변화를 고려하여 표준 검출체를 검출할 수 있는 거리

50. 플라스틱, 유리, 도자기, 목재 등과 같은 절연물의 위치를 검출할 수 있는 센서는 무엇인가? [19-1]
① 압력 센서
② 리드 스위치
③ 유도형 센서
④ 용량형 센서

해설 용량형 근접 센서 : 정전 용량형 센서(capacitive sensor)라고도 하며, 전계 중에 존재하는 물체 내의 전하 이동, 분리에 따른 정전 용량의 변화를 검출하는 것으로 센서의 분극 현상을 이용하므로 플라스틱, 유리, 도자기, 목재와 같은 절연물과 물, 기름, 약물과 같은 액체도 검출이 가능하다.

51. 서보량(위치, 속도, 가속도 등)을 정밀하게 제어하는 서보 제어계에 사용되는 서보 센서의 종류가 아닌 것은? [11-1]
① 열전대   ② 퍼텐쇼미터
③ 태코미터   ④ 리졸버

해설 열전대는 온도 센서이다.

52. 기계적인 변위를 제어하는 서보(servo) 센서의 종류가 아닌 것은? [15-2]
① 리졸버   ② 태코미터
③ 퍼텐쇼미터   ④ 파이로 센서

해설 파이로 센서는 비접촉식 방식으로 피측정물에서 방사되는 적외선의 양을 검출해서 온도를 측정한다.

53. 다음 중 서보 센서가 아닌 것은? [18-1]
① 리졸버
② 인코더
③ 서미스터
④ 태코미터

해설 서미스터는 온도 센서이다.

54. 다음 중 비접촉식 공압 근접 센서의 원리는 어느 것인가? [15-1]
① 파스칼의 원리
② 에너지 보존의 법칙
③ 자유 분사 원리
④ 뉴턴의 운동 방정식

55. 역학 센서에 해당하지 않는 것은 어느 것인가? [08-3, 17-3, 12-1]
① 변위 센서   ② 압력 센서
③ 자기 센서   ④ 진동 센서

해설 ㉠ 물리 센서 : 온도 센서, 방사선 센서, 광 센서, 컬러 센서, 전기 센서, 자기 센서 등
㉡ 화학 센서 : 습도 센서, 가스 센서 등
㉢ 역학 센서 : 길이 센서, 압력 센서, 진동 센서, 변위 센서, 진공 센서, 속도 센서, 가속도 센서, 하중 센서 등

56. 다음 중 역학 센서의 범주에 해당하지 않는 것은? [12-1]
① 습도 센서   ② 길이 센서
③ 압력 센서   ④ 진동 센서

해설 습도 센서는 화학 센서의 일종이며, 역학 센서에는 ②, ③, ④ 외에 변위 센서, 진공 센서, 속도 센서, 가속도 센서, 하중 센서 등이 있다.

정답 50. ④ 51. ① 52. ④ 53. ③ 54. ③ 55. ③ 56. ①

2. 센서 회로 구성

2-1 신호 변환, 전송, 처리, 출력

(1) 신호 변환

온도차 등 변화된 크기와 일치되는 전압값(전기적)이 요구되는 기술 분야에서는 적합하지 않기 때문에 변위를 감지하고 그것을 적정한 전압값으로 변환하는 것이 필요하다. 이러한 측정값을 이진 신호 또는 디지털 신호의 값으로 변환할 수 있는 시스템이 필요하다. 경우에 따라서는 신호의 증폭, 선형화, 필터 또는 브리지 회로 등을 특성에 따라 부가할 경우가 발생한다.

① **아날로그-디지털 변환기** : A/D 변환기는 입력 측에 공급되는 아날로그 신호(전압값)를 등가의 비트 조합값으로 변환하여 출력 측에 전달하는 회로가 내장되어 있다. A/D 변환기의 중요한 특성은 다음과 같다.

  ㈎ 변환 속도이며, 빠른 변환의 경우 마이크로 초(μs) 단위이다.

  ㈏ 워드(word)는 출력 측에서 디지털 정보의 크기(word-width, 비트의 수)이다. 이것은 신호의 신뢰성, 즉 입력 아날로그 신호의 정확한 표현을 결정하며, 일반적인 값은 8, 12 그리고 16비트이다.

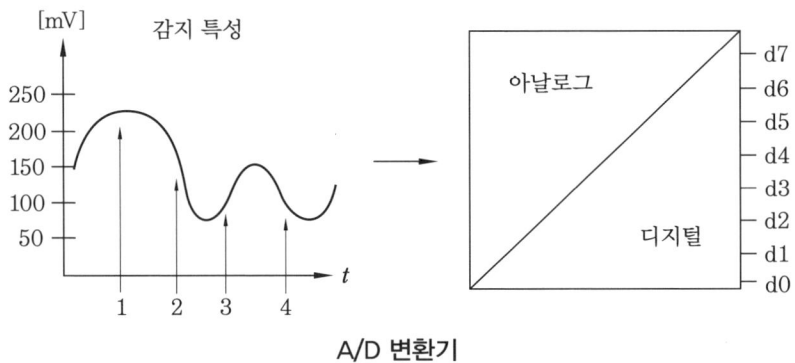

A/D 변환기

② **신호의 증폭** : 센서는 구동기기를 구동시킬 수 없을 정도로 작은 범위의 신호값을 출력하므로 신호를 증폭시켜야 한다. 증폭은 대개 트랜지스터(transistor)나 연산 증폭기(operational amplifier) 등을 이용하여 수행되는데 온도에 따른 변화가 적은 연산 증폭기를 이용하는 방법이 정확한 측정을 위하여 좋은 방법이다. 연산 증폭기는 전압 차동형으로 노이즈 영향을 받을 우려가 있어 센서의 경우 전류 차동형 증폭기인 노튼

앰프를 증폭기로 사용한다. 신호 증폭기는 전기적, 공압적 그리고 유압 신호 증폭기가 있다.

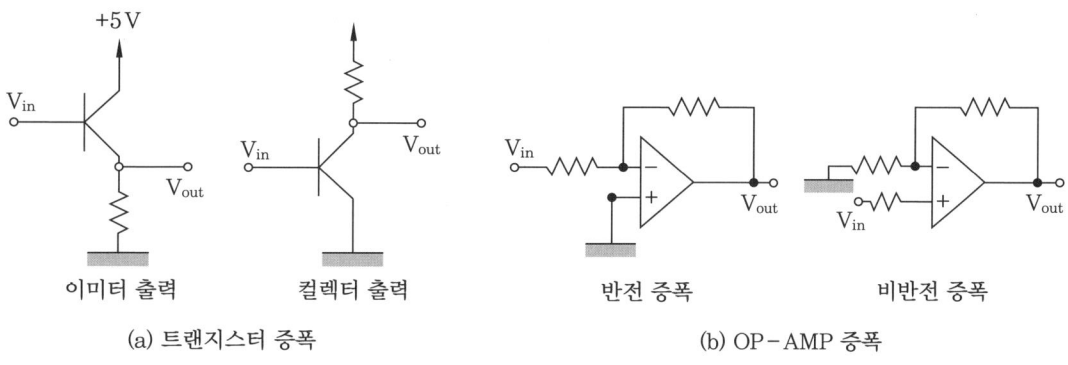

신호 증폭 회로

③ **신호의 선형화** : 센서는 비선형 신호를 출력하며 같은 센서라도 그 측정값의 변화량에 따라 변형된 출력의 크기가 범위에 따라 다르므로 이 시스템에 적용하기 위해서는 선형적 신호로 전달되는 것이 필요하며, 이 경우 선형화 작업은 적당한 회로를 통해 작업이 이루어진다.

이러한 전기 신호를 사용하는 방법 외에도 불필요한 신호를 제거하는 필터 회로, 측정 저항값의 변화량이 전압으로 변환되어 출력되는 브리지 회로 등이 신호 변환에 사용되며, 스프링이나 벨로즈, 다이어프램 등의 탄성 변형을 이용한 하중, 토크, 압력 등의 변화 검출, 열변형 원리를 이용한 온도 변화 검출의 바이메탈, 변위 확대용인 기어나 레버 등의 기계적 변환도 신호 변환의 일종이다.

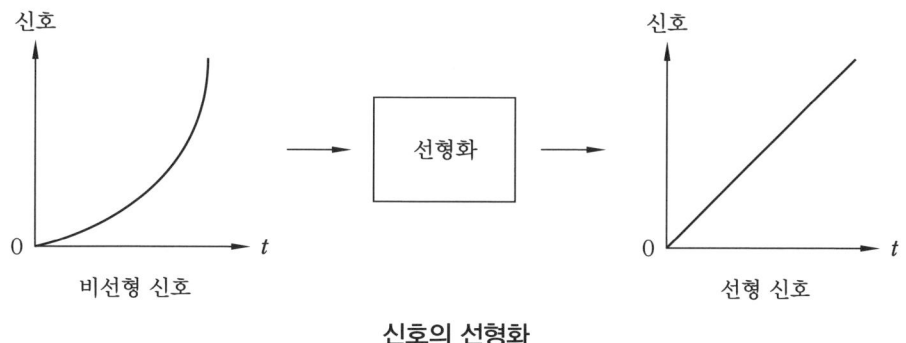

신호의 선형화

㈎ 저항형 : 물리량의 변화가 센서의 저항값 변화로 나타나는 것으로 측온 저항체, 서미스터, CdS 조도 센서 등이 있으며, 이들의 변화는 브리지 회로 등을 부가하여 전압값으로 출력하기도 한다.

(나) 기전력형 : 물리량의 변화를 기본 전기 회로 전원과 같이 스스로 전위차를 줄 수 있는 기전력값으로 표현하는 것으로 열전쌍, 태양전지 등이 있다.

(다) 스위치형 : 물리량의 변화에 의해 전원 회로의 스위치 동작과 같은 역할을 시킬 수 있는 것으로 리드 스위치나 감열 페라이트, 바이메탈 스위치 등이 있다. 그러나 홀 소자와 증폭기, 슈미트 트리거 회로가 내장된 홀 IC와 같이 저항값의 변화에 의한 것, 전압이나 전류값의 변화에 의한 것 등 주변 회로를 거쳐 스위치 동작을 하는 것은 제외한다.

(2) 신호 전송
① 공간 배치의 형태
(가) 포인트 대 포인트 방식 : 하나의 주 프로세서가 1개의 통신선회망과 하나의 입출력 장치와 연결된 가장 단순한 통신망 구조

(나) 멀티 포인트 방식 : 2개 이상의 단말기가 동일 통신 회선을 통하여 주 프로세서와 연결된 것으로 전용 통신의 경우에 통용되며, 주로 중앙 집중형을 사용하고 비교적 소량의 데이터가 분산되어 있을 때 효과적이다.

② 제어 기술의 형태
(가) 단방향 통신(simplex) : 이 방식은 데이터를 항상 한 방향으로만 전송한다.

(나) 반이중 통신(half-duplex) : 이 방식은 데이터를 양방향으로 전송할 수 있지만, 동시에는 전송이 불가능하다. 데이터의 전송 방향을 바꾸기 위해서는 송수신 반전 시간(turn around time)이라는 방향 전환을 위한 단절 시간(100 m/s 정도)이 필요하다.

(다) 전이중 통신(full-duplex) : 이 방식은 전송에 필요한 송수신 반전 시간이 없어도 되는 효율적인 전송 방식이다.

③ 데이터 전송 신호 형태
(가) 아날로그 방식 : 연속적으로 변화하는 신호를 전송 매체를 통해 전송하는 것으로 전송 거리에 비례하여 감쇠 현상이 일어날 수 있다.

(나) 디지털 방식 : 아날로그에서 할 수 없는 고품질 전송 방식으로 전송 매체 신호가 2진 신호 형태를 취하는 전송 방식이다. 중계기(증폭기)를 설치하면 신호를 복원하거나 증폭시켜 디지털 신호가 가지고 있는 단거리 전송 문제를 해결하여 장거리 전송이 가능하다.

(다) 동기식과 비동기식
㉮ 동기식(synchronous transmission) : 송수신기 양측에 설치된 변복조기(modem)가 제공하는 타이밍 신호에 의해 정해진 수 만큼의 글자열을 한 그룹으

로 하여 한 번에 전송하는 방식이다.

㉴ 비동기식(asynchronous transmission) : 송신 측과 수신 측의 동기를 맞추어 정확한 데이터 전송을 위해 한 번에 한 글자씩 전송하는 스타트-스톱 전송 방식이다.

(3) 신호 처리

① **아날로그 신호(analog signal)** : 정보의 정의역(domain)이 어느 구간에서 모든 점으로 표시되는 신호로 시간과 정보가 연속적인 신호이므로 연속 시간 신호라고도 한다.

② **연속 신호(continuance signal)** : 시간은 연속이나 그 정보량은 불연속적인 신호이며, 정보의 정의역은 기준 단위의 정수배로 표현된다.

③ **이산 시간 신호(discrete-time signal)** : 아날로그 신호를 일정한 간격의 표본화를 통하여 정보를 얻을 수 있으며, 시간은 불연속, 정보는 연속적인 신호이다.

④ **디지털 신호(digital signal)** : 시간과 정보 모두 불연속적인 신호로, 아날로그 신호를 일정한 샘플링 주기로 표본화하고 기준 단위의 정수배로 정보량을 표시한다. 유한한 정보를 표현하기 위해 2진 신호를 이용한다.

⑤ **2진 신호(binary signal)** : 신호의 유무, 1과 0, ON-OFF, 전진과 후진, 위와 아래, 클램핑과 풀림 등 정보 또는 위치나 상태에 대한 정보로서 두 가지 값으로 가정될 수 있는 신호를 2진 신호라 한다.

(4) 신호 출력

출력 정보가 연속적인 값을 갖는 것으로, 측정하고자 하는 값과 신호값 모두 등비 관계에 따라 연속적으로 변화가 선형으로 나타나는 신호이다.

센서는 온도 또는 그 밖의 다른 물리량을 측정하여도 그 변위 자체가 연속적이므로 출력 신호 자체도 아날로그적으로 발생되는데, 2진 신호 출력인 경우 슈미트 트리거 회로 등의 파형 정형을 위한 기준값들을 바꾸어 히스테리시스 레벨을 바꾼 출력을 내는 것이며, 아날로그 신호는 센서의 출력값들을 이들이 가진 정보 그대로 전압, 전류 또는 저항값의 변화로 내보낸다.

예 | 상 | 문 | 제

1. 정보의 정의역이 어느 구간에서 모든 점으로 표시되는 신호로서 시간과 정보가 모두 연속적인 신호는?
① 연속 신호   ② 이산 시간 신호
③ 디지털 신호   ④ 아날로그 신호

해설 아날로그 신호(analog signal) : 정보의 정의역(domain)이 어느 구간에서 모든 점으로 표시되는 신호로 시간과 정보가 연속적인 신호이므로 연속 시간 신호라고도 한다.

2. 신호 처리 중 최근 DSP(digital signal processing) 기술의 발달로 음향기기, 통신, 제어 계측 등의 분야에 응용되는 신호 형태는?
① 계수 신호(counting signal)
② 연속 신호(coutinuous signal)
③ 아날로그 신호(analog signal)
④ 이산 시간 신호(discrete-time signal)

해설 이산 시간 신호(discrete-time signal) : 아날로그 신호를 일정한 간격의 표본화를 통하여 정보를 얻을 수 있으며, 시간은 불연속, 정보는 연속적인 신호이다.

3. 단방향(simplex) 통신을 하고 있는 것은 데이터 통신을 동시 전송은 불가능하지만 비동기식으로 양방향 전송이 가능하도록 변경하고자 할 때의 통신 방식은 무엇인가?
① 병렬 통신(parallel-duplex)
② 반이중 통신(harf-duplex)
③ 전이중 통신(full-duplex)
④ 유연 통신(flexible-duplex)

해설 반이중 통신은 데이터를 양방향으로 전송할 수 있지만 동시에는 전송이 불가능하고, 데이터의 전송 방향을 전환시키기 위해서는 송수신 반전 시간이라는 방향 전환을 위한 단절 시간이 필요하다.

4. 검출 물체가 센서의 작동 영역(감지 거리 이내)에 들어올 때부터 센서의 출력 상태가 변화하는 순간까지의 시간 지연을 무엇이라 하는가? [14-1, 18-1]
① 동작 주기   ② 복귀 시간
③ 응답 시간   ④ 초기 지연

5. 검출 물체가 검출면으로 접근하여 출력이 동작한 지점에서 검출 물체가 검출면에서 멀어져 출력이 복귀한 지점 사이의 거리는? [16-1]
① 검출 거리   ② 설정 거리
③ 응차 거리   ④ 공칭 동작 거리

6. 제어 시스템에서 감지 장치의 주요 역할은? [09-2]
① 생산 공정의 장비와 생산되고 있는 부품, 조작하는 오퍼레이터로부터 정보를 수집하는 역할을 한다.
② 생산 공정의 장비와 생산되고 있는 부품, 조작하는 오퍼레이터로부터 정보를 분석하는 역할을 한다.
③ 생산 공정의 장비를 구동시키는 역할을 한다.
④ 생산된 부품 또는 제품에 대한 검사를 시행한다.

정답 1. ④ 2. ④ 3. ② 4. ③ 5. ④ 6. ①

해설 센서(sensor)란 라틴어로 지각한다, 느낀다 등의 의미를 갖는 센스(sense)에서 유래된 말로 사람의 5관(눈, 코, 귀, 혀, 피부)을 통해 외계의 자극을 느끼는 5감(시각, 후각, 청각, 미각, 촉각)과 같이 자연 대상 가운데서의 물리 또는 화학적량을 감지하여, 전기량으로 변환 전달되어 자동화 시스템에서 공정 처리가 자동적으로 제어될 때 이 제어를 위해 공정 처리에 관한 정보를 받도록 하는 검출기이다.

7. 센서 시스템의 구성에서 신호 전달 순서가 대상으로부터 제어로 진행하는 과정이 맞는 것은? [08-1, 12-3]
① 신호 전송 요소 → 신호 처리 요소 → 변환 요소 → 정보 출력 요소
② 변환 요소 → 신호 전송 요소 → 신호 처리 요소 → 정보 출력 요소
③ 신호 처리 요소 → 변환 요소 → 신호 전송 요소 → 정보 출력 요소
④ 신호 처리 요소 → 신호 전송 요소 → 변환 요소 → 정보 출력 요소

해설 현상 → 변환 요소 → 신호 전송 요소 → 신호 처리 요소 → 정보 출력 요소 → 인간/컴퓨터 → 액추에이터 → 제어

8. 센서에서 입력된 신호를 전기적 신호로 변환하는 방법에 속하지 않는 것은? [18-1]
① 변조식 변환
② 전류식 변환
③ 직동식 변환
④ 펄스 신호식 변환

해설 센서에서 입력된 신호를 전기적 신호인 전압 또는 저항으로는 변환하지만 전류 변환은 하지 않는다.

9. 공업 계측에서 측정량의 쉬운 변환과 확대, 증폭이나 전송에 편리한 기본 신호가 아닌 것은? [18-3]
① 변위 ② 전압 ③ 압력 ④ 주파수

10. 제어 시스템에서 쓰이는 트랜지스터, 연산 증폭기, 노튼 앰프의 공통적인 역할로 타당한 것은? [09-3]
① 신호 저장   ② 신호 제한
③ 신호 증폭   ④ 신호의 선형화

해설 신호 증폭은 대개 트랜지스터(transistor)나 연산 증폭기(operational amplifier) 등을 이용하여 수행되며, 연산 증폭기는 센서의 경우 전류 차동형 증폭기인 노튼 앰프를 증폭기로 사용한다.

11. 증폭기에서 잡음의 크기는 어떤 값으로 환산하여 표시하는가? [12-1]
① 저항 ② 온도 ③ 전류 ④ 전압

12. 다음 중 연산 증폭기의 특징이 아닌 것은? [15-3, 18-2]
① 2개의 입력 단자를 가진 차동 증폭기이다.
② 일반적으로 비반전 입력을 (−)로 표기한다.
③ 2개의 입력 단자와 1개의 출력 단자를 가지고 있다.
④ 일반적으로 연산 증폭기는 2개의 전원 단자(+, −)를 가지고 있다.

해설 OP 앰프에서 반전 입력은 (−), 비반전 입력은 (+)로 표기한다.

13. 연산 증폭기에 계단파 입력(step function)을 인가하였을 때 시간에 따른 출력 전압의 최대 변화율을 무엇이라 하는가?
[09-1, 15-2, 16-2, 18-3]

정답 7. ② 8. ② 9. ④ 10. ③ 11. ④ 12. ② 13. ③

① 오프셋(offset)
② 드리프트(drift)
③ 슬루율(slew rate)
④ 대역폭(bandwidth)

해설 슬루율 : 증폭기에서 방형과 계단 신호 입력에 대해 출력 전압이 변하는 비율의 최댓값

14. 연산 증폭기(op-amp)의 입력단과 출력 단의 구성은? [14-3, 17-1]
① 1개의 입력과 1개의 출력
② 1개의 입력과 2개의 출력
③ 2개의 입력과 1개의 출력
④ 2개의 입력과 2개의 출력

해설 비반전 (+) 및 반전 (-) 전원 2개와 1개의 출력 단자를 가지고 있다.

15. 연산 증폭기(op-amp)의 특징으로 틀린 것은? (단, 연산 증폭기는 이상적인 연산 증폭기이다.) [15-2, 17-1, 17-3, 19-3]
① 전압 이득이 무한대이다.
② 단위 이득 대역폭은 0이다.
③ 입력저항이 무한대이다.
④ 출력저항이 0이다.

해설 주파수 대역폭, 동상 신호 제거비 (CMRR), 입력 임피던스, 전압 이득은 무한대, 출력 임피던스는 0이다.

16. 연산 증폭기의 응용 회로 중 타이밍 회로나 A/D 변환기에 유용하게 사용되는 것은? [11-2]
① 적분기   ② 미분기
③ 감산기   ④ 가산기

17. OP 앰프는 0V의 입력차에 대하여 출력이 0V로 되지 않으므로 차동 입력단에 고정 전압을 인가하여 출력 전압이 0V로 되게 한다. 이를 무엇이라 하는가? [09-2]
① 공통 입력 모드
② 공통 모드 제거율
③ 폐루프 전압 이득
④ 오프셋 조절

해설 오프셋 조절 : OP 앰프가 0V 입력에 대하여 출력이 0V로 주어지지 않는 경우를 오프셋 전압이라 하며, 출력이 0이 되도록 오프셋 전압을 조절한다.

18. 다음 프로세스 제어 시스템에서 일반적으로 사용되는 신호가 아닌 것은? [06-1]
① 0~10V DC의 전압 신호
② 1~5V DC의 전압 신호
③ 4~20mA DC의 전류 신호
④ 0.2~1.0kgf/cm²의 공기압 신호

19. 전기식 조절 밸브의 구동 신호로 사용되는 전류 신호의 크기는 몇 [mA] DC인가? [06-3]
① 0.2~1.0   ② 0.4~2.0
③ 1.0~4.0   ④ 4.0~20

20. 계측기의 전송기에 사용되는 전기 신호의 크기는? [12-3]
① DC 0.4~1mA
② DC 1.5~3mA
③ DC 4~20mA
④ DC 20~40mA

정답 14. ③ 15. ② 16. ① 17. ④ 18. ④ 19. ④ 20. ③

3. 센서 신호

3-1 센서 신호 측정 방법

(1) 2진 신호

한 개의 2진 신호를 사용하면 0~10V 아날로그 전압 범위는 2개의 균등한 간격으로 나누어진다.

전압 범위	신호
0~4.9V	0
5.0~10.0V	1

이것은 불안정한 전압 범위를 나타내므로 2개의 2진 신호를 사용하여 다음과 같은 전압 범위로 나눈다.

전압 범위	신호 1	신호 2	전압 범위	신호 1	신호 2
0~2.4V	0	0	5.0~7.4V	1	0
2.5~4.9V	0	1	7.5~10.0V	1	1

이것은 2개의 전압 범위를 더 추가하여 세분화한 것으로 세분화 수는 다음과 같이 결정된다.

$$\text{조합의 갯수} = 2^n (n\text{은 이진 신호의 갯수})$$

2개의 2진 신호를 사용하면, 아날로그 신호는 $2^2 = 4$개의 간격으로 나누어질 수 있다. 8개의 이진 신호를 사용하면 $2^8 = 256$개의 간격으로 나누어지며, 이 경우 0~10V 의 아날로그 값의 최소 범위는 $\frac{10}{256} = 0.039\text{V}$이다.

(2) 최소 정보 단위

최소 단위는 2진 신호에 의해 표현되어 1bit라 하며 8개의 2진 신호로 데이터가 전송될 때 8bit 데이터이다. 8개의 bit 조합을 워드(word) 또는 코드 워드(code word)라 하며, 한 개의 8bit 코드 워드가 전송되기 위해서는 8개의 신호선이 필요하다.

예 | 상 | 문 | 제

1. 하나의 제어 변수에 ON/OFF와 같이 두 가지의 값으로 제어하는 제어계는? [09-2, 17-3]
① 2진 제어계
② 동기 제어계
③ 디지털 제어계
④ 아날로그 제어계

해설 2진 제어계 : 사이클링이 있는 제어로 하나의 제어 변수에 2가지의 가능한 값 신호의 유/무, ON/OFF, YES/NO, 1/0 등과 같은 2진 신호를 이용하여 제어하는 시스템을 의미한다.

2. 제어 정보 표시 형태에 의한 분류 중 해당되지 않는 것은? [06-1]
① 아날로그 제어계
② 디지털 제어계
③ 2진 제어계
④ 10진 제어계

3. 8개의 비트(bit)로 표현 가능한 정보의 최대 가짓수는? [07-3, 19-3]
① 211   ② 256   ③ 285   ④ 512

해설 8bit 사용 시 분해능 = 2^8 = 256개

4. 8비트의 2진 신호로 표현되는 0~10V의 아날로그 값의 최소 범위는? [15-3]
① 0.039V
② 0.042V
③ 0.045V
④ 0.048V

해설 ㉠ 8bit 사용 시 분해능 = 2^8 = 256
㉡ 0~10V의 최소 범위 = $\dfrac{10}{256}$ = 0.039V

5. 어느 제어계에서 0~10V 아날로그 신호를 센서를 통하여 읽어 들이기 위하여 8비트 A/C 변환기를 사용한다면 아날로그 신호를 몇 V 간격으로 읽어 들일 수 있는가? [13-2]
① 1.25
② 0.625
③ 0.078
④ 0.039

해설 4번 해설 참조

6. 0~5V 사이의 아날로그 입력을 8bit 출력으로 변환할 때 아날로그 입력이 2V라면 디지털 출력값은 얼마인가? [13-3]
① 20
② 51
③ 102
④ 204

해설 8bit 사용 시 분해능 = 2^8 = 256이며, 최댓값인 5V까지 변환하기 위한 최소 전압값의 범위 = $\dfrac{5}{256}$ = 0.01953V이 되고 입력 2V를 나타내기 위해서는 $\dfrac{2}{0.01953}$ ≒ 102.4가 된다.

7. 어떤 제어 시스템에서 0~5V를 4개의 2진 신호만을 사용하여 간격을 나눌 때 표시되는 최솟값은? [17-3]
① 0.139V
② 0.313V
③ 0.625V
④ 1.250V

해설 조합의 개수 = 2^n(n은 이진 신호의 개수) → 2^4 = 16
∴ $\dfrac{5}{16}$ = 0.3125V

정답 1.① 2.④ 3.② 4.① 5.④ 6.③ 7.②

8. 다음 중 일반적으로 아날로그 신호로 사용되지 않는 것은? [11-3]
① AC 0~24V
② DC -10V~+10V
③ DC 0~+10V
④ 4~20mA

해설 아날로그 신호는 일반적으로 DC 1~5V, DC 0~5V, DC 0~10V, DC -10~10V, DC 4~20mA을 사용한다.

9. 다음 중 데이터 단위에 대한 설명으로 옳은 것은? [09-2, 18-2]
① 1 byte는 2 bit로 구성되고, 1 kbyte는 1012 byte이다.
② 1 byte는 2 bit로 구성되고, 1 kbyte는 1024 byte이다.
③ 1 byte는 8 bit로 구성되고, 1 kbyte는 1012 byte이다.
④ 1 byte는 8 bit로 구성되고, 1 kbyte는 1024 byte이다.

해설 1 byte = 8 bit, 1 kbyte = 1024 byte

10. 메모리의 단위를 크기순으로 올바르게 나열한 것은? [11-3, 17-3]
① bit < kbyte < Mbyte < Gbyte
② kbyte < Mbyte < Gbyte < bit
③ Mbyte < Gbyte < byte < bit
④ Mbyte < bit < kbyte < Gbyte

11. 다음 중 2Kbit에 대한 설명으로 맞는 것은? [11-3, 17-1]
① 1024 bit
② 2000 bit
③ 125 byte
④ 256 byte

해설 1Kbit는 1024 bit이고, 8 bit가 1 byte 이므로 2Kbit 256 byte이다.

12. 컨베이어에서 1분에 3000개의 검출체가 이동할 때 통과한 검출체를 계수하기 위한 근접 센서의 최소 감지 주파수(Hz)는 얼마인가? [12-2]
① 20
② 30
③ 40
④ 50

해설 $\dfrac{3000}{60} = 50\,\text{Hz}$

13. 회전 속도 전송기에서 얻어지는 공기압 신호는 얼마인가? [08-3]
① 0.2~1.0 kgf/cm²
② 1.0~2.2 kgf/cm²
③ 3~4 kgf/cm²
④ 10~20 kgf/cm²

해설 전송기에서 얻어지는 신호는 공기압의 경우 $0.2 \sim 1.0\,\text{kgf/cm}^2$이고 전기식의 경우 DC 4~20mA가 많이 사용된다.

14. 다음 중 신호 변환기의 기능이 아닌 것은? [16-2, 20-4]
① 필터링
② 비선형화
③ 신호 레벨 변환
④ 신호 형태 변환

해설 센서는 비선형 신호를 출력하며 같은 센서라도 그 측정값의 변화량에 따라 변형된 출력의 크기가 범위에 따라 다르므로 이 시스템에 적용하기 위해서는 선형적 신호로 전달되는 것이 필요하며 이 경우 선형화 작업은 적당한 회로를 통해 작업이 이루어진다.

정답 8. ① 9. ④ 10. ① 11. ④ 12. ④ 13. ① 14. ②

4. 센서 관리

4-1 센서 관리

(1) 센서의 선정

센서는 과학과 기술의 다양한 분야에서 이용되고 있다. 연구 분야에서는 실험을 목적으로 하여 고정도의 특수 센서들이 사용되고, 자동화 기술 분야에서는 표준형과 특정 목적의 센서가 모두 사용되고 있다. 일반 설비에는 범용성의 센서가 주로 사용되는데, 이들은 신뢰할 수 있는 기능과 무보수의 특징을 요구한다.

따라서 센서를 잘 선정하여 활용함으로써 설비 이상 진단 및 예방 보전, 품질 관리의 자동화, 산업 공정의 최적화, 생산의 유연화, 작업환경의 안전 등의 효과를 기대할 수 있다. 일반적으로 센서의 선정에 대한 기준 다음과 같다.

① **대상 물체에 따른 선정 기준** : 물체의 재질, 형상, 색상 등
② **용도에 따른 선정 기준** : 위치 결정, 투명체 검출, 단차 판별, 색상 판별 등
　㈎ 반복 정도(repeat accuracy)
　㈏ 응차 거리(hysteresis)
　㈐ 응답 시간(response time)
　㈑ 검출 거리(detection distance)
③ **작업 조건에 따른 선정 기준** : 설치 장소, 배경 영향, 내구성 등

(2) 멀티미터의 사용

전류, 전압 및 저항의 측정은 모든 전기, 전자 회로를 측정하고 분석하여 이해하는 데 가장 기본이 된다. 전류를 측정하는 검류계에 적절한 회로를 덧붙이면 전압과 저항도 측정할 수 있으므로 하나의 측정기로 전류, 전압 및 저항을 측정하도록 만들 수 있다. 이렇게 전류, 전압, 저항과 다른 전기량을 함께 측정할 수 있는 기구를 멀티미터 (multimeter)라고 부르며, 테스터(tester) 또는 VOM(volt-ohm-milliampere)라고도 부른다. 멀티미터에는 눈금판 위에 지침이 움직이는 아날로그형과 숫자로 전기량을 표시해 주는 디지털형이 있다.

① **측정**
　㈎ 교류 전압 측정 : 각종 전기 설비 관련 기기, 콘센트 등에 몇 볼트의 전압이 오고 있는지를 확인하기 위해서 필요하다. 전압이 높을 경우는 백열등이나 형광등이 빨

리 소모될 수 있다. 또한 교류는 동력(380V, 480V 등)과 일반 가정용(220V)을 구분할 때 많이 사용한다.
㈏ 직류 전압과 직류 전류 측정 : 직류를 사용하는 곳은 한정되어 있다. 주로 건전지나 차량의 배터리 전압, 직류를 사용하는 자동 제어 관련 회로 보호기와 센서 등을 측정할 때 사용한다. 직류 전류는 10A까지 측정할 수 있는 것도 있다.
㈐ 저항 측정 : 저항을 측정함으로써 단선이 되었는지 알 수 있다. 단선되었다는 것은 선이 끊어져 있다는 것을 의미한다. 벽 속에 매입된 오래된 전선의 전원을 차단하고 끝을 이은 후 반대편에서 저항을 재면 측정값이 나타난다. 이러한 방법으로 오래된 건물의 전선이나 인터폰선 등의 배선 사용 가능 여부 등을 판별할 수 있다.
㈑ 기타 : 제품에 따라 다이오드, 트랜지스터 검침, 데시벨, 조도 등 별도의 측정 기능이 있다.

② 측정 시 유의사항
㈎ 직류를 측정할 때는 플러스(+)와 마이너스(-)를 거꾸로 측정하면 안 된다. 디지털인 경우는 극성이 거꾸로 표시되겠지만 아날로그 방식은 바늘이 역방향으로 이동하게 되고 경우에 따라서는 바늘이 휘어지거나 고장날 수 있다.
㈏ 측정하기 전에 레인지는 적절한지 반드시 확인하는 습관을 갖도록 한다. 부적절한 레인지로 측정하면 멀티미터의 고장을 초래한다.
㈐ 사용하지 않을 때는 OFF 위치로 하거나 OFF 위치가 없는 멀티미터라면 저항 측정 레인지 외에 다른 레인지로 스위칭한 후 보관하는 것이 좋다.

(3) 전기 안전

① 인체의 접촉저항

저항값(Ω)	손은 건조한 상태이고, 안전화를 착용한 경우	맨발에 젖은 손인 경우
손의 접촉저항	2500	1000
몸의 접촉저항	500	500
발의 접촉저항	100000	500

※ 땀에 젖으면 $\frac{1}{12}$로 감소하고, 물속에서는 $\frac{1}{25}$로 감소한다.

② 전류에 따른 인체의 영향

전류값(mA)	영향
1 이하	전기적 충격이나 저림을 느낀다.
5	아픔을 느끼고, 나른함을 느낀다.
10	견딜 수 없는 통증, 유입점에 외상이 남는다(근육 수축).
20	근육 수축, 경련, 자유롭지 못하다(근육 마비).
50	호흡 정지, 때로는 심장 기능 정지(심장 마비).
70	심장에 큰 충격이 가해진다.

(4) 센서 관리를 위한 점검

① 광전 스위치의 점검

광전 스위치의 점검 지침

점검 항목	점검 시기	점검 방법	판단 기준	처치 방법	점검 · 복원 · 개선 필요성
렌즈면의 더러움, 손상	정기 점검	육안 점검	이물질, 손상이 없을 것	이물질 제거, 교환	• 렌즈면의 손상 → 검출에 불균형 발생 → 액추에이터의 작동 불균형 → 가공점 이동의 불균형 → 품질 불량, 고장 정지
결선부의 더러움, 손상	정기 점검	육안 점검	결선부에 손상이 없을 것	분해 수리	• 결선부에 손상 발생 → 검출에 불균형 발생 → 액추에이터의 작동 불균형 → 가공점 이동의 불균형 → 품질 불량, 고장 정지
취부 나사의 느슨함	정기 점검	육안 점검, 촉수 점검	취부 나사의 느슨함으로 흔들림이 없을 것	취부 나사 완전히 조이기	• 취부 나사의 느슨함 → 검출에 불균형 발생 → 액추에이터의 작동 불균형 → 품질 불량, 고장 정지

② **센서 점검차트 작성** : 센서의 일상, 정기 점검을 위한 점검차트를 작성하여 센서의 이력 관리를 한다.

③ **센서 고장 시 점검 절차** : 센서가 출력 신호를 발생하지 않는 경우는 다음의 순서에 따라 각 항목을 확인 점검한다.

(가) 배선은 잘 되어 있는가?
(나) 접속부는 이상이 없는가?
(다) 전원, 전압은 이상이 없는가?
(라) 센서 조정에는 이상이 없는가?
(마) 광전 센서인 경우 수광부 측의 외란광의 상호 간섭(설정 거리, 감도 조정, 광축)은 없는가?
(바) 센서의 성능에 따른 검출 조건, 검출 물체의 크기 관계(통과 속도, 응답 시간, 명도의 차)는 올바른가?

(5) 센서 관리를 위한 올바른 사용 방법
① 센서가 검출 물체나 다른 부품들과 부딪히거나 충격이 가지 않도록 한다.
② 케이블에 무리한 힘을 가하거나 당기지 않는다.
③ 센서에 필요 이상의 힘을 가해 취부하지 않는다.
④ 센서 배선 시에 동력선, 고압선과는 분리한다(동일 덕트 또는 동일 전선관을 사용하면 노이즈에 따른 오동작의 원인이 됨).
⑤ 동작의 신뢰성과 긴 수명 유지를 위해 규정 외의 온도와 실외에서의 사용은 피한다.
⑥ 물이나 수용성 절삭유 등이 직접 묻지 않도록 덮개를 부착하여 사용한다(신뢰성과 수명을 유지시킬 수 있음).
⑦ 출력 단자를 쇼트시키지 않는다(트랜지스터 및 SSR 등 반도체를 내장한 출력 회로의 파손을 유발).

예|상|문|제

1. 센서 선정 시 고려해야 할 사항으로 거리가 먼 것은? [10-3, 10-3]
① 센서의 재질 ② 정확성
③ 감지 거리 ④ 반응 속도

해설 ㉠ 센서에 요구되는 특성

항목	내용
특성	검출 범위, 감도 검출 한계, 선택성, 구조의 간략화, 과부하 보호, 다이내믹 레인지, 응답 속도, 정도, 복합화, 기능화
신뢰성	내환경성, 경시 변화, 수명
보수성	호환성, 보수, 보존성
생산성	제조 산출률, 제조 원가

㉡ 센서의 기본 요구 조건
- 감지 거리
- 신뢰성과 내구성
- 단위 시간당 스위칭 사이클
- 반응 속도
- 선명도
- 정확성

2. 다음 중 센서 선정 시 고려할 사항이 아닌 것은? [07-3]
① 감지 거리 ② 반응 속도
③ 제조 일자 ④ 정확성

3. 센서 선정 시 고려해야 할 기본사항으로 틀린 것은? [18-2]
① 정밀도 ② 응답 속도
③ 검출 범위 ④ 폐기 비용

4. 센서 응용 시 그 분야에 따라 선정할 때 고려해야 할 사항이 아닌 것은?
① 정확성
② 인간의 감각기능
③ 신뢰성과 내구성
④ 단위 시간당 스위칭 사이클

5. 자동화를 위한 센서의 선정 기준이 아닌 것은? [09-1]
① 생산 원가의 절감
② 생산 공정의 합리화
③ 생산 설비의 자동화 생산
④ 체제의 전형화

6. 일반적으로 메카트로닉스계에서 사용될 센서가 갖추어야 하는 조건이 아닌 것은 어느 것인가? [09-2]
① 선형성, 응답성이 좋을 것
② 안정성과 신뢰성이 높을 것
③ 외부 환경의 영향을 적게 받을 것
④ 가격이 비싸며 취급성이 우수할 것

7. 다음 중 센서의 사용 목적과 가장 거리가 먼 것은? [11-3, 14-3]
① 정보의 수집
② 연산 제어 처리
③ 정보의 변환
④ 제어 정보의 취급

해설 센서의 사용 목적은 크게 정보의 수집, 정보의 변환, 제어 정보의 취급으로 요약할 수 있다.

정답 1. ① 2. ③ 3. ④ 4. ② 5. ④ 6. ④ 7. ②

8. 다음 중 온도 센서에 요구되는 특성으로 틀린 것은? [10-3]
① 검출단과 소자의 열 접촉성이 좋을 것
② 검출단에서 열방사가 클 것
③ 열용량이 적고 열을 빨리 전달할 것
④ 피측정체에 외란으로 작용하지 않을 것

해설 측정 대상에서의 방사가 충분히 검출 소자에 도달해야 한다.

9. 다음 중 노이즈를 막기 위한 접지 방법으로 옳지 않은 것은? [07-3, 12-3]
① 실드 접지는 1점으로 접지한다.
② 가능한 굵은 도선(도체)을 사용한다.
③ 병렬 배선을 피하고 직렬로 한다.
④ 실드 피복이나 패널류는 필히 접지한다.

해설 접지 : 보통 패널이나 계기를 접지하는 것과 SN비의 개선으로 노이즈에 의한 장애를 막기 위한 접지가 있다. 접지할 때의 주의사항은 다음과 같다.
㉠ 1점으로 접지할 것
㉡ 가능한 굵은 도선(도체)을 사용할 것
㉢ 직렬 배선을 피하고 병렬로 할 것
㉣ 실드 피복, 패널류는 필히 접지할 것

10. 접지에 의하여 노이즈를 개선할 때의 주의할 점으로 맞는 것은? [10-1]
① 한 점으로 접지한다.
② 가능한 가는 선을 사용한다.
③ 직렬 배선을 한다.
④ 실드 피복은 접지하지 않는다.

11. 다음 중 접지선의 색은? [15-1]
① 청색   ② 적색   ③ 황색   ④ 녹색

12. 출력 측의 한쪽을 부하와 연결하고 다른 쪽 단자(공통 단자)를 0V에 접지시키는 센서는? (단, 센서 작동 시 (+)전압 출력됨) [10-1]
① NP형   ② PN형
③ NPN형   ④ PNP형

해설 PNP형의 출력은 (+), NPN형의 출력은 (-)이다.

13. 신호 전송의 노이즈 대책의 방법 중 정전 유도의 제거에 효과가 있는 것은 어느 것인가? [06-1, 09-1]
① 필터 사용   ② 연선 사용
③ 관로 사용   ④ 실드선 사용

해설 실드(shield)선의 사용 : 강(steel)으로 된 실드선이나 구리로 된 실드선은 정전 유도의 제거에 대한 효과를 얻을 뿐, 전자 유도계에 대한 효과는 거의 없다.

14. 자동화 기기는 센서, 제어 장치, 액추에이터 등의 전원선 입력선, 출력선을 경유하여 들어오는 전기적, 잡음에 대하여 대책을 세워야 한다. 다음 설명 중 틀린 것은? [06-1]
① 기계적 접점의 개폐에 의한 전기적 잡음인 경우는 부하 또는 기계적 접점과 병렬로 다이오드 또는 RC 회로를 부가한다.
② 전원으로부터 유입되는 전기적 잡음은 노이즈 필터를 사용하여 제거한다.
③ 낙뢰에 의해 인가되는 서지 전압은 산화아연 바리스터나 피뢰관을 사용하여 기기를 보호한다.
④ 정전기에 의한 전기적 잡음은 케이블을 모두 차폐선으로 교체하여 제거한다.

해설 정전기에 의한 전기적 잡음은 접지를 통해 제거한다.

정답 8. ② 9. ③ 10. ① 11. ④ 12. ④ 13. ④ 14. ④

제6장 모터 제어

1. 제어 방식 설계

1-1 모터 구조와 특성

(1) 전동기의 분류

전동기의 분류

전동기는 플레밍(Fleming)의 왼손 법칙에 따라 전기 에너지를 운동 에너지로 변환시켜 주는 회전 운동 액추에이터이다. 즉, 전원으로부터 전력을 입력 받아 도체가 축을 중심으로 회전 운동을 하는 기기를 말하며, 공급 전원의 종류에 따라 직류 전동기와 교류 전동기로 구분하고 이 외 특수 목적의 전동기가 있다.

(2) 교류 전동기

교류 전동기는 상용 전원인 교류 전원을 사용하여 운전하기 때문에 전원 공급 장치가 필요 없고 기본적인 구조가 고정자와 회전자로 구성되어 있어 견고하다. 고정자 권선에 전원이 공급되면 전자 유도 작용에 의하여 맴돌이 전류가 발생하고, 회전 자기장에 의해 회전자에 전류가 흐르는 순간 토크가 발생하여 축을 중심으로 회전한다. 교류 전동기는 공급 전원에 따라 단상과 3상으로 나누며, 회전자의 형태에 따라 유도 전동기와 동기 전동기로 구분된다.

① 유도 전동기

㈎ 유도 전동기의 원리[아라고(arago)의 원판 실험] : 유도 전동기는 1차 권선(고정자 권선)에 흐르는 전류에 의하여 회전 자장이 만들어지고 그 회전 자장에 의해서 2차 권선(회전자)에 전압이 유도되어 2차 전류가 흐르게 되는데, 2차 전류와 회전 자장 사이에서 전자력에 의한 회전 토크가 발생한다. 이와 같은 전압, 전류, 자속 관계가 변압기와 비슷하다. 고정자는 동기 전동기와 같다.

㈏ 유도 전동기가 가장 많이 쓰이고 있는 이유는 사용 전원인 교류 전원을 사용한다는 것과 전동기의 구조가 튼튼하면서도 가격이 싸고 취급도 쉬워 다른 전동기에 비하여 편리하게 이용할 수 있기 때문이다.

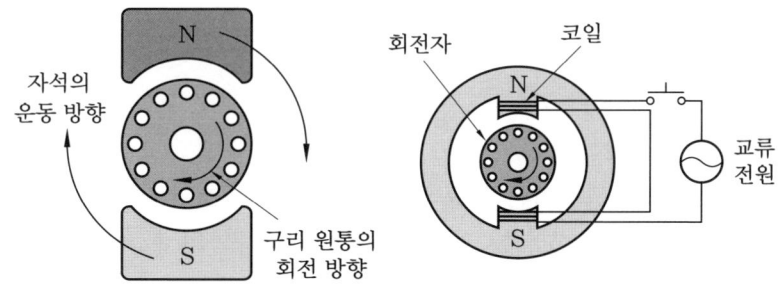

단상 유도 전동기의 회전 원리

② 동기 전동기

㈎ 직류 전동기의 계자 고정, 전기자 회전의 역할을 역전하여 계자를 회전시키고 전기자를 고정시킬 수 있다.

㉮ 계자 : 계자가 전자석으로 구성될 경우에는 계자 코일은 슬립링을 거쳐 외부의 직류 전원에 접속된다.

㉯ 전기자 : 전기자의 각 도체는 N극과 S극 아래에 올 때마다 전류 방향이 역전해 있었으므로 전기자를 고정시키기 위해 전기자 권선에 교류 전원을 접촉시키고 N극, S극의 움직임에 동조시켜 전기자 도체의 전류 방향을 바꿔야 한다.

㉯ 영구자석을 회전자로 하고, 회전자의 자극 가까이에 반대 극성의 자극을 가까이 가져다 놓고 회전시키면 회전자는 이동하는 자석의 흡인력으로 같은 속도로 회전한다.

㉰ 단상 동기 전동기는 180° 간격으로 고정자 권선을 배치하고 영구자석을 회전자로 하여 단상 전원을 공급받아 회전력을 얻는 방식으로 고정자 권선에 전류를 흘려 회전 자기장을 얻는다.

㉱ 3상 동기 전동기는 여자기를 필요로 하며, 값이 비싸지만 속도가 일정하고 역률 조정이 쉽기 때문에 정속도 대동력용으로 사용한다.

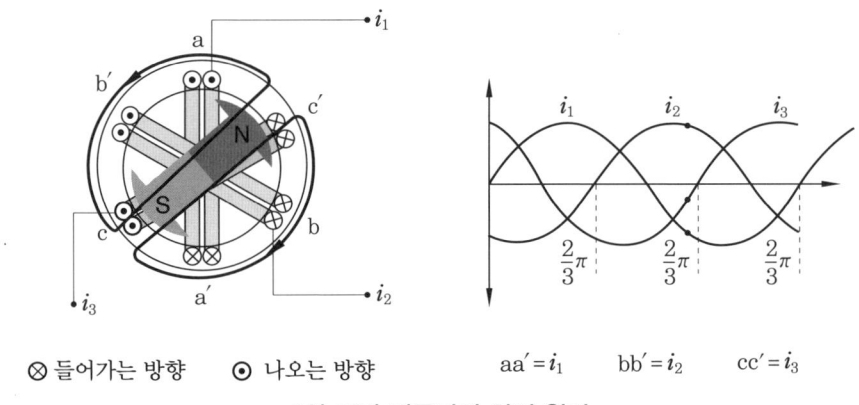

3상 동기 전동기의 회전 원리

(3) 직류 전동기

- 계자 : 강한 자계를 만드는 부분이다.
- 전기자 : 회전력을 발생시키는 부분으로 주 전류를 통하게 한다.
- 정류자 : 전기자 코일에 흐르는 전류의 방향을 계자와의 관계에 따라 바꾸는 부분으로 전기자 코일에 흐르는 전류를 정류하는 장치이다.

① **직류 전동기의 구조 원리** : 직류 전동기는 외함, 브러시 및 계자극이 포함된 비회전 고정자 부분인 주 프레임과 전기자, 정류자 및 전기자 도체로 이루어진 회전자 부분인 전기자 장치로 구성되어 있다.

② **직류 전동기의 종류** : 직류 전동기는 계자의 전류 공급 방법에 따라 크게 타여자 전동기와 자여자 전동기로 구분하고, 자여자 전동기는 전기자 및 계자 권선 접속 방법에 따라 직권, 분권, 가동 복권, 차동 복권 전동기로 분류한다.

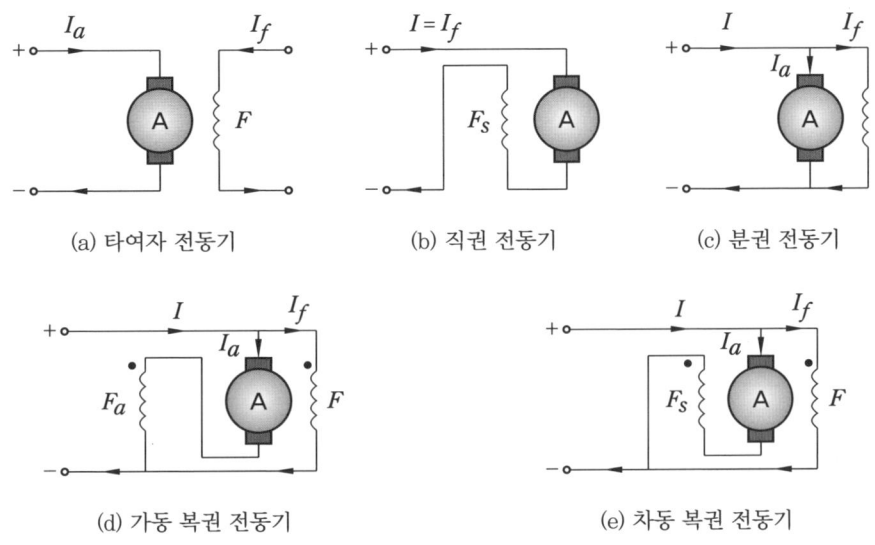

직류 전동기의 종류

㈎ 타여자 직류 전동기 : 전기자 권선과 계자 권선을 각각 별도의 전원에 접속므로 계자 제어와 전압 제어가 모두 가능하여 주로 큰 출력이 요구되는 산업용 공작기계 등에 사용하나, 설비가 복잡하여 가격이 비싸고 유지 보수가 어려운 단점이 있다.

㈏ 직권 직류 전동기 : 이 전동기는 전기자 권선과 계자 권선이 전원에 직렬로 접속하고 있어, 부하 전류가 증가하면 현저히 속도가 감소하고 부하 전류가 감소하면 급격히 속도가 상승하는 가변 특성으로 무부하 시 속도가 매우 높아져 위험하게 된다. 직류, 교류 양용이 가능하며 진공청소기, 전기드릴, 믹서, 컷팅기, 그라인더, 크레인, 전동차 등에 주로 사용된다.

㈐ 분권 직류 전동기 : 이 전동기는 전기자 권선과 계자 권선을 전원에 병렬로 접속하므로 여자 전류가 일정하여 부하에 의한 속도 변동이 거의 없어서 정밀한 속도 제어가 요구되는 공작기계, 압연기 등에 사용된다.

㈑ 가동 복권 직류 전동기 : 이 전동기는 직권 계자 권선에 의하여 발생되는 자속과 분권 계자 권선에 의하여 발생되는 자속이 같은 방향으로 합성되어 자속이 증가하는 구조의 전동기이다. 토크가 크고, 무부하가 되어도 직권 전동기와 같이 위험 속도가 되지 않으므로 주로 절단기, 엘리베이터, 공기 압축기 등에 사용된다.

㈐ 차동 복권 직류 전동기 : 이 전동기는 직권 계자 권선과 분권 계자 권선의 자속이 서로 반대가 되어 상쇄하는 구조로 부하 전류의 증가로 인하여 자속의 방향이 반대로 되어 역회전하는 경우가 있으므로 특수한 경우 외에는 사용하지 않는다.

(4) 서보 모터

서보 모터는 직류 서보 모터와 교류 서보 모터로 구분되고, 특히 교류 서보 모터를 브러시리스 서보 모터라고 하는데 동기형과 유도형으로 나눈다.

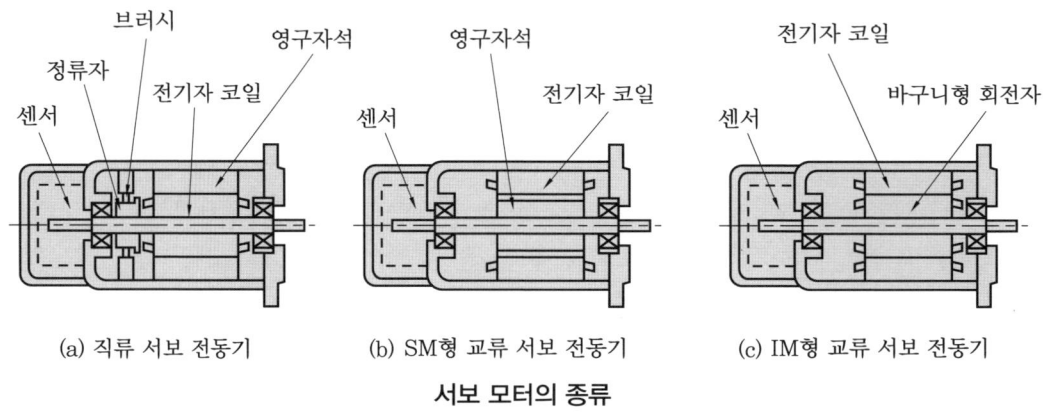

서보 모터의 종류

① **직류 서보 모터** : 이 서보 모터는 전류에 대하여 발생 토크가 비례하므로 선형 제어계의 구성이 가능하여 비교적 간단한 회로로 안정된 제어계 설계가 가능하다. 제어성이 좋고 제어 장치의 경제성은 양호하지만, 브러시의 마모에 대한 유지 보수가 필요하고 발열과 냉각, 정류 불꽃, 섬락 등으로 수명이 짧고 불안정하다.

② **교류 서보 모터** : 정류자와 브러시 없이도 외부로부터 직접 전원을 공급받을 수 있는 구조로 브러시리스 서보 모터라고도 한다. 이 모터에는 동기형 서모 모터와 유도형 서보 모터가 있는데, 동기형 교류 서보 모터의 구조는 일반 동기 모터의 구조와 같다. 회전자에 영구자석을 사용하는 구조이므로 복잡하고, 제어 시 회전자 위치를 검출해야 할 필요가 있어 광학식 인코더나 리졸버를 회전 속도 검출기로 사용한다. 또한 전기자 전류에는 고주파 성분이 포함되어 있어서 토크 리플 및 진동의 원인이 되는 경우가 있다.

(5) 스테핑 모터

① 스텝 모터, 펄스 모터 등으로 불리는 전동기로서 값이 싸고, 회전축 위치를 검출하기 위한 피드백 없이 정해진 각도로 회전할 수 있으며 상당히 높은 정확도로 정지할 수 있다.

② 1개의 전기 펄스가 가해질 때, 1스텝만 회전하고 그 위치에서 일정 토크로 정지하는 모터로서 구조가 간단하고 완전한 브리스 모터로 견고하며 신뢰성이 높다. 펄스수에 비례하는 회전 각도를 얻을 수 있어 스테핑 모터는 프린터나 디스크 장치의 D/A 변환기, 디지털 플로터, CNC 공작기계 등에 이용되고 있다.
③ 큰 힘이 필요한 대용량의 구동계에서는 사용되기 어렵고, 모터 자체에 피드백 장치가 없어 실제로 움직인 거리를 알아낼 수 없다. 또한 크고 무거우며 크기에 비해 토크가 적고, 과부하에서 난조를 일으키며 고속 회전이 곤란하고 저속 회전 시 진동이 발생한다.
④ 스테핑 모터를 가속하기 위해서는 펄스의 주파수를 빠르게 하면 된다.

(6) 직선 모터

① **전기-기계 구동 장치** : 1차 구동 요소로서 전기 모터를 사용하고 웜과 웜휠을 통해 나선식 스핀들을 구동시키는 전기-기계 구동 장치이다. 전기 모터에 의해 나선식 스핀들이 회전하면서 피스톤 로드를 왕복 이동시킨다.
② **리니어 모터** : 리니어 모터는 직선 운동을 일으키는 전기 선형 모터이다.
③ **선형 스텝 모터** : 나선식 스핀들이 내장된 기어로 구성되고, 각 회전(회전 스텝)은 나선식 스핀들을 정해진 거리만큼 전·후진시킨다. 회전각과 이송 거리는 스핀들 리드 h를 360°로 나눈 값과 회전값 α의 곱으로 나타낸다.

정확한 위치 제어가 가능하며 한 스텝당 최소 이송 거리는 0.05mm까지 얻을 수 있다. 즉, 총 이송 거리에 따라 스텝의 횟수가 결정되며 명령치와 실행치의 비교를 위한 피드백 신호가 필요하다.

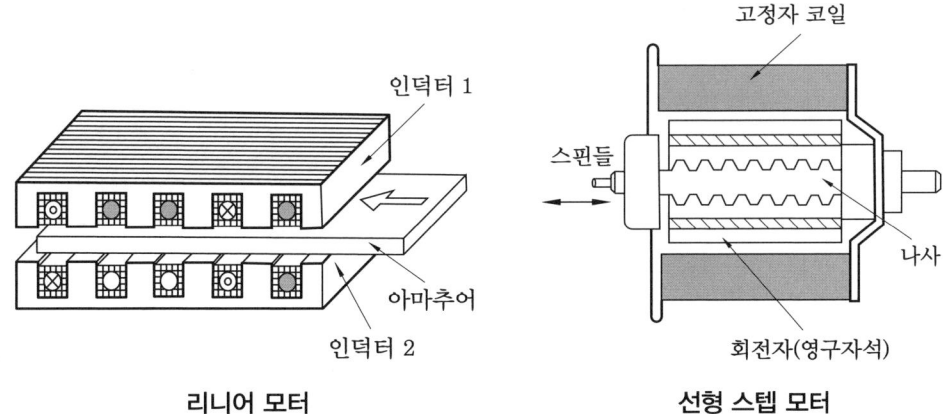

리니어 모터   선형 스텝 모터

예 | 상 | 문 | 제

1. 광범위하고 높은 정밀도의 속도 제어가 요구되는 장소에 적합한 전동기의 종류로 맞는 것은? [11-4]
① 유도 전동기   ② 동기 전동기
③ 정류자 전동기   ④ 직류 전동기

2. 다음 중 직류 전동기가 아닌 것은?
① 직권형   ② 정류자형
③ 복권형   ④ 타여자형

해설 정류자형 모터는 교류 전동기이다.

3. 직류 전동기의 구성 요소 중 주 전류를 통하게 하며 회전력을 발생시키는 부분은 어느 것인가? [07-3]
① 계자   ② 브러시   ③ 전기자   ④ 정류자

해설 전기자 : 전동기에서 자기장으로부터 유도 기전력을 발생시키는 코일을 가진 회전하는 부분으로 전류를 흐르게 하여 회전을 얻는 부분이다.

4. 직류 전동기에서 정류자의 역할로 타당한 것은? [15-3]
① 전기자 코일의 전류의 방향을 계자와의 관계에 따라 바꾸는 장치이다.
② 계자를 회전시키고 전기자를 고정시킨다.
③ 축수 부하를 작게 하기 위해 사용된다.
④ 회전력을 발생시키는 부분으로 주 전류를 통하게 한다.

해설 정류자의 역할은 도선 고리가 180도 회전해도 여전히 S극 쪽 도선과 N극 쪽 도선의 전류 방향이 유지되도록 만들어 준다.

5. 다음 중 직류 전동기의 주요 구성 요소가 아닌 것은? [20-2]
① 계자   ② 격자   ③ 전기자   ④ 정류자

해설 ㉠ 전기자 : 주 전류를 통하게 하며 회전력을 발생시키는 부분, 토크를 발생하여 회전력을 전달하는 요소
㉡ 정류자 : 전기자 코일에 흐르는 전류를 정류하는 장치
㉢ 계자 : 자속을 발생시키는 부분

6. 다음 중 교류 전동기가 아닌 것은?
① 동기 전동기   ② 유도 전동기
③ 펄스 전동기   ④ 가동 복권 전동기

해설 가동 복권 전동기는 직류 전동기이다.

7. 다음 그림의 아라고(Arago)의 회전 원판 실험과 같이 비자성체인 알루미늄 또는 구리로 만들어진 원판 위에서 화살표 방향으로 영구자석을 회전시키면 원판도 자석의 방향으로 함께 회전하는 원리를 이용한 전동기는? [10-1]

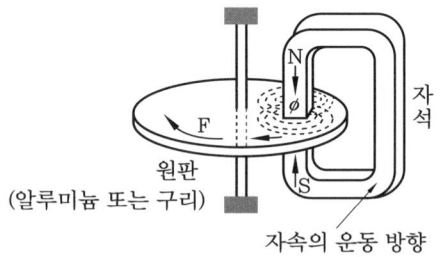

① 유도 전동기   ② 직류 전동기
③ 스테핑 전동기   ④ 선형 전동기

해설 아라고의 원판 : 와전류는 일정한 자계 내에 있으면 발생한다. 아라고의 원판은 축

정답 1. ④ 2. ② 3. ③ 4. ① 5. ② 6. ④ 7. ①

을 중심으로 원판이 회전할 수 있는 구조로 말굽자석이 정지된 상태에서 왼쪽으로 회전하면 자석이 움직이는 앞쪽에는 자속이 증가하는데, 렌츠의 법칙에 의해 자속의 증감을 반대하는 쪽으로 유도 기전력에 의한 전류가 형성되어야 하므로 와전류가 발생하며, 자석의 뒤편에는 반대 방향, 즉 접선 방향의 와전류가 형성되어 금속체 전체에 축 방향의 합성 전류가 흐르게 된다. 결국 이 전류와 자계에 의하여 금속 도체 역시 자석 방향으로 회전을 하는 유도 전동기, 적산 전력계와 같은 원리이다.

8. 자석이 회전에 의해 도체에 유도 전류가 흐르고 이 유도 전류와 자속의 상호 작용에 의해 회전하는 현상을 이용한 전동기는? [18-3]
① 복권 전동기 ② 분권 전동기
③ 유도 전동기 ④ 직권 전동기

9. 다음 중 유도 전동기의 보호 방식에 속하지 않는 것은? [06-3, 12-1]
① 전개형 ② 보호형
③ 방수형 ④ 방진형

해설 보호 방식에 의한 분류 : 보호형, 차폐형, 방수형, 방진형, 방폭형 등

10. 회전 방향을 바꿀 수 없고 기동 토크와 효율이 낮으나 구조가 간단하여 전자 밸브, 녹음기 및 가정용 전동기에 많이 사용되는 것은? [06-3, 09-3, 10-1, 12-3]
① 반발 기동형 전동기
② 셰이딩 코일형 전동기
③ 콘덴서 기동형 전동기
④ 분상 기동형 전동기

11. 셰이딩 코일형 전동기의 특성이 아닌 것은? [09-3, 13-3, 18-1]
① 구조가 간단하다.
② 효율이 좋지 않다.
③ 기동 토크가 매우 작다.
④ 회전 방향을 바꿀 수 있다.

해설 셰이딩 코일형 전동기는 회전 방향을 바꿀 수 없다.

12. 다음 중 스테핑 모터의 속도를 결정하는 요소는? [19-1]
① 펄스의 방향
② 펄스의 전류
③ 펄스의 주파수
④ 펄스의 상승 시간

해설 스테핑 모터는 미세각 구동(스텝 구동)을 할 수 있다. 회전 각도는 펄스와 정비례하며 입력 펄스의 총수에 비례한다. 주파수에 비례한 회전 속도를 얻을 수 있으므로 속도 제어가 용이하다.

13. 다음 중 스테핑 모터가 사용되는 곳이 아닌 것은? [18-2]
① D/A 변환기
② 디지털 X-Y 플로터
③ 정확한 회전각이 요구되는 NC 공작기계
④ 저속과 큰 힘을 필요로 하는 유압 프레스

해설 스테핑 모터는 D/A 변환기, 디지털 플로터, 정확한 회전각이 요구되는 CNC 공작기계 등에 이용되고 있다.

14. 다음 중 선형 스텝 모터의 구성 요소가 아닌 것은? [19-2]
① 스핀들 ② 인덕터
③ 고정자 코일 ④ 회전자(영구자석)

정답 8. ③ 9. ① 10. ② 11. ④ 12. ③ 13. ④ 14. ②

2. 제어 회로 구성

2-1 모터 제어기

(1) 배선용 차단기(MCCB : molded-case circuit breaker)
① **개요** : 배선용 차단기는 저압 배선의 보호를 목적으로 한 차단기이다. 동일한 보호 목적을 가진 퓨즈가 용단 특성의 산포, 재사용의 어려움이 있는데 비해 배선용 차단기는 개폐기구를 가지며 동작 후에는 리셋 투입에 의해 계속해서 사용할 수 있는 재용성, 과전류에 대한 적합한 보호 성능, 산포가 적은 동작 특성을 가지며 또한 큰 차단 용량을 갖는 특징이 있다.

② **구조와 동작**
  - ㈎ 소호 장치 : 병렬로 배치된 소호 grid에 의하여 대전류를 차단할 때 접점 간의 아크를 분산, 냉각시켜 효과적으로 소호할 수 있는 구조이다.
  - ㈏ 한류 작용 장치 : 단락 전류에 의한 전자 반발력과 구동 구조에 의해 단락 시 회로의 임피던스를 크게 증가시킴에 따라 단락 전류 피크치를 크게 한류시킨다.
  - ㈐ 과전류 트립 장치 : 선로에 이상 과전류가 흐르면 회로를 차단하는 역할을 하며, 열동 전자식과 완전 전자식, 전자식의 세 종류가 있다.
  - ㈑ 핸들 : 수동으로 ON-OFF시켜 전원의 투입, 차단 동작을 시키며, 사고 전류에 의해 자동 차단 시 핸들은 ON과 OFF의 중간 위치에 있게 된다. 차단기가 트립된 경우에는 사고 원인을 제거한 후 핸들을 OFF로 한 번 움직여 리셋시킨 후 ON 조작하면 재투입된다.

(2) 개폐기
① **전자 접촉기** : 전동기나 저항 부하의 개폐에 널리 사용되고 있는 기기로서 주 접촉부, 보조 접촉부, 조작 전자석부로 구성되며, 교류용과 직류용이 있다. 즉, 전자 접촉기는 원리상으로 보면 플런저형 릴레이이며, 큰 개폐 전류와 고개폐 빈도, 긴 수명이 요구되기 때문에 전자석의 충돌 시 충격 완화, 접점면에 아크 잔류 방지 등의 구조상 그 배려가 되어 있는 릴레이의 일종이다.

전자 접촉기의 주요 구성은 가동 접점과 고정 접점으로 구성되는 접촉자부, 조작 코일과 철심으로 구성되는 전자석부로 구성되어 있다.

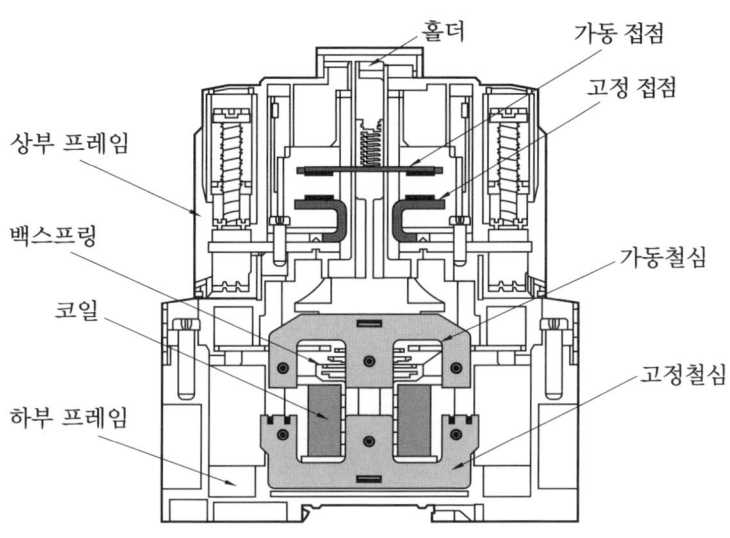

전자 접촉기의 내부 구조도

㈎ 케이스 : 합성수지로 몰드한 것으로 각 구성품을 취부하는 역할을 한다.

㈏ 전자 코일 : 코일을 보빈에 여러 번 감은 것으로 이 코일에 전류를 흐르게 하여 플런저를 전자석으로 만드는 역할을 하며, AC 코일과 DC 코일의 두 종류가 있다.

㈐ 플런저 : 전자 코일에 의해 형성된 자력으로 가동 철편을 움직여 주 접점과 보조 접점을 가동시키는 역할을 한다.

㈑ 주 접점 : 주 회로의 전류를 개폐하는 부분으로 고정 접점과 가동 접점을 조합하여 한 쌍이 되며, 통상 3개의 a접점 형식이 가장 많고, 단상 회로의 부하 개폐용인 2개의 a접점 형식도 있다.

㈒ 보조 접점 : 자기 유지나 인터록 접점, 전자 접촉기 동작 신호 전송용 등의 제어 회로 전류를 개폐하는 접점을 말하며, 1a1b접점 형식과 2a2b접점 형식이 주종이다.

㈓ 접점 스프링 : 가동 접점을 누름으로써 고정 접점과의 접촉 압력을 얻는 역할을 한다.

㈔ 복귀 스프링 : 전자 코일에 전류가 차단되었을 때 고정 접점에 흡착되어 있는 가동 접점을 초기 상태로 되돌리는 역할을 한다.

② **인버터**

㈎ 인버터의 정의 : 인버터는 전기적으로는 직류 전력을 교류 전력으로 변환하는 전력 변환기로서 직류로부터 원하는 크기의 전압 및 주파수를 갖는 교류를 발생시키는 장치이다. 즉, 인버터란 상용 전원으로부터 공급된 전력을 받아 자체 내에서 전압과 주파수를 가변시켜 전동기에 공급함으로써 전동기의 속도를 고효율로 제어하는 일련의 제어기를 말한다.

(내) 인버터의 구성과 원리 : 인버터는 컨버터(converter)부와 인버터(inverter)부 및 제어 회로부로 구성되어 있다.

외부의 상용 전원을 컨버터가 받아 직류 전원으로 변환하고, 평활 회로부에서 리플을 제거한 후 다시 인버터부에서 교류로 변환하여 교류 전력인 전압과 주파수를 제어한다. 교류를 직류로 변환하는 순변환 장치를 컨버터라 하고 직류를 교류로 변환하는 역변환 장치를 인버터라 하는데, 범용 인버터 장치에서는 컨버터부도 포함된 장치 전체를 일컬어서 인버터라고 말하고 있는 것이다.

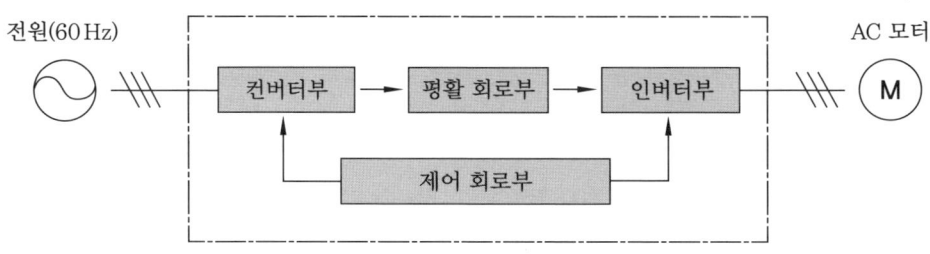

인버터의 구성 원리

(대) 인버터의 사용 목적
 ㉮ 에너지 절약   ㉯ 제품 품질의 향상
 ㉰ 생산성 향상   ㉱ 설비의 소형화
 ㉲ 승차감의 향상 ㉳ 보수성의 향상

(래) 인버터 적용 시 얻어지는 이점
 ㉮ 가격이 싸고 보수가 용이한 유도 전동기를 가변속 운전으로 사용할 수 있다.
 ㉯ 유도 전동기의 가변속 제어로 DC 모터를 사용할 때 브러시나 슬립링 등이 필요 없어 보수성과 내환경성이 우수하다.
 ㉰ 연속적인 광범위 가감속 운전이 가능하다.
 ㉱ 시동 전류가 저하된다. 직입(전전압) 기동 시 발생하는 시동 전류를 억제함으로써 직입 기동 시에 발생하는 전원 전압강하의 대책이 된다.
 ㉲ 시동과 정지가 소프트하게 이루어지므로 기계 설비에 충격을 주지 않는다.
 ㉳ 회생 제동이나 직류 제동에 의한 전기적 제동이 용이하다.
 ㉴ 1대의 인버터로 여러 대의 전동기를 운전하는 병렬 운전이 가능해진다.
 ㉵ 운전 효율이 높아지고, 고속 운전이 가능해진다.
 ㉶ 전력이 절감되므로 에너지를 절약할 수 있다.
 ㉷ 회전 속도 제어에 의한 품질이 향상된다.
 ㉸ 공조 설비의 적절한 제어에 의해 쾌적한 환경을 만들 수 있다.

(3) 보호기

① **열동형 계전기** : 열동형 계전기(熱動形 繼電器)란 주로 전동기의 과부하로 인한 소손을 방지하는 목적으로 사용되며, 서멀 릴레이(thermal relay)라고도 한다.

열동형 계전기는 전자 접촉기의 2차 측 주 접점에 접속하여 사용하는 경우가 많으며, 이와 같이 전자 접촉기와 열동형 과부하 계전기를 조립한 것을 특별히 전자 개폐기(magnetic switch)라고 한다.

전자 접촉기 　　　열동형 과부하 계전기 　　　전자 개폐기

전자 개폐기

② **EOCR** : EOCR이란 전자식 과부하 릴레이(electronic overload relay)를 말한다. 반응 속도가 빠르고 반응 속도를 임의로 조절할 수 있을 뿐만 아니라 접점 수명이 길며, 가볍고 미세한 전류의 변화에도 반응하게 할 수 있도록 정밀하게 조절할 수 있는 편리함을 가지고 있다.

여러 형상의 EOCR

예 | 상 | 문 | 제

1. 전동기의 직입 기동에 속하지 않는 것은?
① 기동 버튼   ② 전자 접촉기
③ 배선용 차단기   ④ 집적 회로

[해설] 집적 회로(集積回路, integrated circuit) : 특정의 복잡한 기능을 처리하기 위해 많은 소자를 하나의 칩 안에 집적화한 전자 부품

2. 단락 보호와 과부하 보호에 사용되는 기기는?
① 전자 개폐기   ② 한시 계전기
③ 전자 릴레이   ④ 배선용 차단기

[해설] 배선용 차단기(molded case circuit breaker) : 과부하 및 단락 보호를 겸한 차단기

3. 제어 조작용 기기로서 큰 전류가 흘러도 안전한 큰 전류 용량의 접점을 가지고 있는 조작용 기기는?
① 전자 타이머   ② 전자 릴레이
③ 전자 개폐기   ④ 전자 밸브

[해설] 전자 개폐기 : 전자 접촉기와 과부하 보호 장치 등을 하나의 용기 안에 수용한 것으로, 전동기 회로 등의 개폐에 사용된다.

4. 유접점 방식의 시퀀스 제어에 사용되는 것은?
① 다이오드
② 트랜지스터
③ 사이리스터
④ 전자 개폐기

[해설] 다이오드, 트랜지스터, 사이리스터 등은 무접점 방식 부품이다.

5. 전압과 주파수를 가변시켜 전동기의 속도를 고효율로 쉽게 제어하는 장치로 사용되는 것은?
① 인버터
② 다이오드
③ 배선용 차단기
④ 카운터

[해설] 인버터(inverter)
㉠ 증폭기의 일종으로, 입력 신호와 출력 신호의 극성을 반전시키는 장치
㉡ 전력 변환 장치의 일종으로, 직류 전력을 교류 전력으로 교환하는 장치
㉢ 논리 회로에서의 부정 회로

6. 누전 차단기의 설치 및 취급에 대한 사항과 관계가 먼 것은?
① 1개월에 1회 정도 테스터 버튼에 의하여 동작 상태를 확인한다.
② 누전 차단기를 설치하면 부하기기는 접지하지 않는다.
③ 습기나 부식성이 있는 장소는 피한다.
④ 전원은 전원 측에 부하는 부하 측에 확실히 접속한다.

[해설] 누전 차단기는 기기의 내부에서 누전 사고가 발생했을 때나 외부 상자나 프레임 등에 접촉할 때 감전되는 것을 예방하기 위하여 사용한다. 전기기기의 금속제 외함, 금속제 외피 등 금속 부분은 누전 차단기를 설치한 경우에도 접지한다.

정답 1. ④   2. ④   3. ③   4. ④   5. ①   6. ②

7. 과전류 계전기가 트립된다면 그 원인은 무엇인가?

① 과부하
② 퓨즈 용단
③ 시동 스위치 불량
④ 배선용 차단기 불량

해설 과전류 계전기(over-current relay) : 부하 전류가 규정치 이상 흘렀을 때 동작하여 전기 회로를 차단하고 기기를 보호하는 계전기

8. 전동기의 과부하 보호 장치로 사용되는 계전기는?

① 지락 계전기(GR)
② 열동 계전기(THR)
③ 부족 전압 계전기(UVR)
④ 래칭 릴레이(LR)

해설 열동 계전기(THR)는 과부하 발생 시 전동기의 코일 소손 방지 목적으로 사용된다.

9. 다음 중 열동 계전기의 문자 기호로 알맞은 것은?

① TDR ② THR
③ TLR ④ TR

해설 ㉠ 시연 계전기(time delay relay)
㉡ 열동 계전기(thermal heter relay)
㉢ 한시 계전기(time lag relay)
㉣ 온도 계전기(temperature relay)

10. 다음 계전기의 기기 기호 중 전류 계전기는?

① R   ② OVR
③ OCR ④ GR

해설 ㉠ 계전기(R, relay)
㉡ 과전압 계전기(OVR, over voltage relay)
㉢ 과전류 계전기(OCR, over current relay)
㉣ 지락 계전기(GR, ground relay)

11. 시퀀스 제어기기에서 문자기로 CB는 무엇을 뜻하는가?

① 차단기
② 전자 개폐기
③ 기름 차단기
④ 공기 차단기

해설 차단기(CB, circuit breaker)

12. 다음 중 서보 전동기용 검출기가 아닌 것은?

① 태코제너레이터
② 인코더
③ 리졸버
④ 조속기

해설 조속기 : 원심 작용과 스프링 작용을 이용하여 원동기의 회전수를 하중 여하에 관계없이 항상 일정하게 유지하도록 하는 기기

13. 전기자 도체에 전류는 전기자 도체가 브러시를 통과할 때마다 반대 방향으로 바뀐다. 이러한 전기자 권선의 교류 기전력을 직류 기전력으로 변환하는 것을 무엇이라 하는가?

① 정류 ② 교번
③ 점호 ④ 섬락

정답 7. ① 8. ② 9. ② 10. ③ 11. ① 12. ④ 13. ①

3. 시험 운전

3-1 제어기 간 상호 인터페이스

(1) 배선용 차단기

① **배선용 차단기 선정 순서** : 배선용 차단기는 그 선로를 통과하는 단락 전류를 차단 가능할 것, 즉 단락 전류치 이상의 정격 단락 용량을 갖는 것을 선정한다는 것이 원칙이다. 이것을 전용량 차단 방식이라고 한다. 또한 단일의 배선용 차단기에서는 단락 용량이 부족한 경우 그 전원 측에 설치된 과전류 차단기와 협조하여 단락 차단하는 방식이 있으며, 이 방식은 cascade(back-up) 차단 방식이라 하며 차단기의 경제적인 적용 방법이다.

② **전동기 회로 간선용 차단기의 선정**

전동기 회로용 차단기 선정식

부하의 종류 (I_L: 전동기 이외의 부하 전류, I_M: 전동기의 부하 전류)	전선의 허용 전류(I_W)	차단기의 정격 전류(I_b)
$\sum I_M \leq \sum I_L$의 경우	$I_W \geq I_M + \sum I_L$	$I_b \leq 3\sum I_M + \sum I_L$ 또는 $I_b \leq 2.5 I_W$ 두 개의 식 중에서 작은 값으로 한다. 단, $I_W > 100\text{A}$ 일 때, 차단기의 표준 정격 전류치에 해당하지 않는 경우 바로 위의 정격으로 해도 무방하다.
$\sum I_M > \sum I_L$, $\sum I_M \leq 50\text{A}$의 경우	$I_W \geq 1.25\sum I_M + \sum I_L$	
$\sum I_M > \sum I_L$, $\sum I_M > 50\text{A}$의 경우	$I_W \geq 1.1\sum I_M + \sum I_L$	

③ **인버터 회로용 차단기의 선정** : 고주파 성분이 포함된 통전 전류는 인버터 입력 전류의 약 1.4배의 정격 전류로 차단기를 선정한다.

(2) 전자 접촉기

① **전자 접촉기 선정 요점**
   ㈎ 사용 장소에 대한 고려 : 전자 접촉기의 설치 장소, 사용 분위기에 대하여 고려할 필요가 있다.
   ㈏ 정격 용량 선정 : 적용 부하의 종류, 전압, 주파수, 용량에 의하여 선정한다. 전동기 보호를 위한 과부하 열동형 계전기는 전부하 전류를 기준으로 선정한다.
   ㈐ 사용 조건에 대한 고려 : 전자 접촉기, 개폐기는 폐로 및 차단 용량에 따른 급별, 개폐 빈도에 의한 호별, 수명에 의한 종별 등이 KS나 IEC에 규정되어 있다. 예를 들면 A4급, 1호, 1종은 차단 전류의 10배, 개폐 빈도가 1200회/h, 전기적 50만 회, 기계적 500만 회를 표시한 것으로, 다음과 같은 항목에 충분한 검토를 요한다.
      ㈎ 회로 구성
      ㈏ 1시간당 개폐 빈도, 최고 개폐 빈도
      ㈐ 투입 전류, 차단 전류
      ㈑ 미동 운전, 역상 제동의 실행
      ㈒ 교체는 어느 정도의 기간을 요구하는가
   ㈑ 회로 구성에 대한 고려 : 전자 접촉기, 개폐기를 사용하는 한 전동기의 과부하는 보호되어야 하나, 단락이 발생하였을 때 단락 회로를 차단할 능력이 없고 또한 과부하 열동형 계전기의 가열자가 용단될 염려가 있는 것은 회로 보호 배선용 차단기 사용이 필요하다.

(3) 인버터

① **인버터의 종류** : 유도 전동기의 개폐를 인버터 구동으로 할 것인지를 먼저 검토한다. 인버터의 기종을 선정할 때에는 먼저 용도에 따라 범용 인버터인지, 전용이나 고주파 인버터인지를 결정한 후, 동력 전원의 종류에 따라 단상 입력형 또는 3상 입력형 인버터인지 결정한다.

② **인버터의 운전 제어 방법**
   ㈎ 키패드(로더) 운전법 : 시운전의 한 방법으로 인버터의 상태 체크, 배선 체크, 모터의 회전 방향 등을 체크하기 위해 인버터 로더로 각종 파라미터 설정과 운전, 정지를 실시하는 운전법이다.

㈏ 외부 신호에 의한 운전법 : 인버터 외부 입력 신호 단자를 통해 각종 운전 지령 신호와 주파수 설정용 볼륨 등을 사용하여 주파수 설정 볼륨에서 조정된 주파수 속도로 모터를 운전·정지시키는 운전법이다. 조건에 따라 다단속 제어나 인버터 1대로 여러 대의 모터를 제어하는 병렬 운전 등을 실시·운전할 수 있다.

㈐ 통신에 의한 운전법 : 인버터는 PLC는 물론 PC나 FA컴퓨터 등과 RS-422나 RS-485 통신, 디바이스 넷 통신을 통해 인버터의 운전, 모니터링, 파라미터 읽기, 쓰기를 할 수 있다. PLC와 인버터의 통신 운전을 위해서는 PLC에 통신 모듈이 장착되어 있어야 하며, RS-485 통신의 경우는 통신 모듈 1매당 32대의 인버터를 접속하여 약 750m까지 전송할 수 있기 때문에 여러 대의 인버터가 분산 설치되어 있는 경우라면 PLC 통신에 의한 운전이 경제적일 수 있다.

(4) 보호기

① **열동형 과부하 보호기** : 전동기의 고장은 단순히 정지만을 의미하는 것이 아니라 그것을 사용하고 있는 전력 공급 시스템의 전체 down까지 파급하는 위험성이 있기 때문에 전동기 보호에 대해서는 대상 전동기의 열 특성, 운전 방식 등을 충분히 검토한 후에 적용 조건에 맞는 적절한 보호 방식을 선택하여야 한다.

예|상|문|제

1. 직류 전동기의 회전수를 일정하게 유지하기 위해 전압을 변화시킨다. 이때 회전수는 자동 제어계의 구성에서 무엇과 같은가? [05-1]
① 제어 대상   ② 제어량
③ 조작량   ④ 입력값

2. 다음 중 유도 전동기를 기동할 때 필요한 조건은? [18-2]
① 기동 토크를 크게 할 것
② 기동 토크를 작게 할 것
③ 천천히 가속시키도록 할 것
④ 기동 전류가 많이 흐르도록 할 것

3. 다음 중 단상 유도 전동기의 기동 방법으로 틀린 것은? [08-3, 19-3]
① 분상 기동형
② 직권 기동형
③ 셰이딩 코일형
④ 콘덴서 기동형

해설 단상 유도 전동기 : 분상 기동형, 콘덴서 기동형, 반발 기동형, 셰이딩 코일형 특수 전동기

4. 다음 중 유도 전동기의 속도 제어법이 아닌 것은? [07-3, 13-1, 15-3]
① 계자 제어   ② 주파수 제어
③ 2차 저항 조정   ④ 극수 변환

해설 직류 전동기의 회전 속도를 변화시킬 때 전압 변화, 저항 제어, 계자 제어로 가능하다.

5. 유도 전동기의 회전 속도에 영향을 주지 못하는 것은? [15-1]
① 극수   ② 슬립(slip)
③ 주파수   ④ 정전기

해설 유도 전동기의 회전 속도는 극수, 슬립, 주파수에 의해 제어할 수 있다.

6. 3상 유도 전동기의 회전 속도 제어와 관계없는 요소는? [11-2, 19-2]
① 전압   ② 극수
③ 슬립   ④ 주파수

7. 농형 유도 전동기의 기동법으로 사용되지 않는 것은? [07-3, 11-3]
① 전 전압 기동법   ② 기동 보상 기법
③ Y-Δ 기동법   ④ 2차 저항법

해설 농형 유도 전동기의 기동법
㉠ 전 전압 기동법
㉡ 기동 보상 기법
㉢ Y-Δ 기동법
㉣ 리액터 기동법
㉤ 콘도르파법

8. 10~15kW 정도의 3상 농형 유도 전동기의 기동 방식으로 사용하는 것은?
① 반발 기동   [17-3, 20-3]
② Y-Δ 기동
③ 전 전압 기동
④ 기동 보상기를 사용한 기동

해설 Y-Δ 기동은 10~15kW 정도의 전동기에 적합하다.

정답 1. ② 2. ① 3. ② 4. ① 5. ④ 6. ① 7. ④ 8. ②

9. 다음 중 유도 전동기의 Y-Δ 기동과 관계없는 것은? [12-3]
① 전동기의 기동 전류를 제한한다.
② 정격 전압을 직접 전동기에 가해 기동한다.
③ 기동 시 전동기의 고정자 권선을 Y로 결선한다.
④ 기동 전류가 감소하면 Δ로 전환한다.

해설 Y로 결선하여 기동시키고, 회전 속도가 가속되면 결선을 Δ로 전환한다.

10. 3상 유도 전동기의 Y-Δ 기동에 대한 설명 중 틀린 것은? [19-1]
① 기동 시 선전류는 $\dfrac{1}{\sqrt{3}}$로 감소된다.
② 10~15kW 정도의 전동기에 적합하다.
③ 기동 전류는 전부하 전류보다 매우 크다.
④ 기동 시는 고정자 권선을 Y로 결선하고 정상 운전 시 Δ로 결선하는 방법이다.

해설 이 방법은 기동할 때 1차 각 상의 권선에는 정격 전압의 $\dfrac{1}{\sqrt{3}}$의 전압이 가해진다.

11. 다음의 그림은 3상 유도 전동기의 단자를 표시한 것이다. 이 전동기를 Δ로 결선하고자 한다면? [15-2, 18-1]

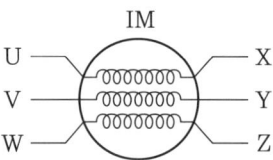

① X-Y-Z, U-V-W를 연결한다.
② U-W, Z-Y, V-X를 연결한다.
③ U-Y, V-W, X-Z를 연결한다.
④ U-Y, V-Z, W-X를 연결한다.

해설 Y 결선은 X, Y, Z를 연결한다.

12. 소용량 농형 유도 전동기에 정격 전압을 가하면 기동 전류가 정격 전류의 4~6배의 기동 전류가 흐르지만 용량이 작기 때문에 정격 전압을 가해서 기동하는 방식은? [16-1]
① Y-Δ 기동
② 전 전압 기동
③ 리액터 기동
④ 2차 저항 기동

13. 10kW 이하의 소용량 농형 유도 전동기에 정격 전압을 가하면 기동 전류는 정격 전류의 몇 배가 흐르는가? [13-3]
① 1~2배
② 3~4배
③ 4~6배
④ 7~10배

해설 전 전압 기동에서 기동 전류는 정격 전류의 4~6배로 흐른다.

14. 다음 설명 중 틀린 것은? [14-2]
① 3상 유도 전동기는 운전 중 전원이 1선 단선되어도 운전이 계속된다.
② 단상 유도 전동기는 기동을 위해 보조 권선을 사용한다.
③ 콘덴서 전동기는 콘덴서에 의해 역률이 높고, 토크가 균일하며 소음이 적다.
④ 분상 기동형 단상 유도 전동기의 회전 방향 변경은 전원의 접속을 바꾼다.

해설 분상 기동형 유도 전동기(phase split start type induction motor) : 전기각이 90°인 곳에 기동형 권선을 감고 여기에 저항을 직렬로 연결하여 이의 자속에 의하여 불완전한 2상의 회전자계를 만들어 농형 회전자를 가동하는 유도 전동기로 기동 후에는 원심력 스위치가 개방된다. 단상 유도 또는 동기 전동기에서는 주 권선이나 보조 권선 어느 한쪽의 접속을 반대로 하면 회전 방향이 변경된다.

정답 9. ② 10. ① 11. ④ 12. ② 13. ③ 14. ④

15. 3상 유도 전동기의 회전 방향은 전동기에서 발생되는 회전자계의 회전 방향과 어떤 관계가 있는가? [20-3]
① 부하 조건에 따라 회전 방향이 변화한다.
② 특별한 관계가 없다.
③ 회전자계의 회전 방향으로 회전한다.
④ 회전자계의 반대 방향으로 회전한다.

16. 3상 유도 전동기의 회전 방향을 시계 방향에서 반시계 방향으로 변경하는 방법은? [18-3]
① 3상 전원선 중 1선을 단락시킨다.
② 3상 전원선 중 2선을 단락시킨다.
③ 3상 전원선 모두를 바꾸어 접속한다.
④ 3상 전원선 중 임의의 2선의 접속을 바꾼다.

해설 3상 유도 또는 동기 전동기를 역전시키려면 3가닥 선 중에서 임의의 2가닥 선의 접속을 바꾸어 접속하면 된다. 이렇게 하면 회전 자기장의 방향이 반대로 되고 회전자도 반대 방향으로 회전한다.

17. 회전자에 슬립링을 설치하고 외부에 기동 저항을 접속하여 기동 전류를 제한하는 전동기는? [11-1]
① 농형 유도 전동기
② 권선형 유도 전동기
③ 단상 유도 전동기
④ 반발 유도 전동기

18. 유도 전동기에서 슬립링이 필요한 전동기는? [17-3]
① 농형 유도 전동기
② 단상 유도 전동기
③ 권선형 유도 전동기
④ 2중 농형 유도 전동기

19. 6극 유도 전동기에 60Hz의 교류 전압을 가하면 동기 속도(rpm)는? [11-1]
① 1800 ② 3600
③ 2400 ④ 1200

해설 $N_s = \dfrac{120f}{P} = \dfrac{120 \times 60}{6} = 1200 \, \text{rpm}$

20. 60Hz, 4극 유도 전동기의 회전자 속도가 1728rpm일 때 슬립은 얼마인가? [18-3]
① 0.04 ② 0.05
③ 0.08 ④ 0.10

해설 ㉠ $N_s = \dfrac{120f}{P} = \dfrac{120 \times 60}{4} = 1800 \, \text{rpm}$
㉡ $s = \dfrac{N_s - N}{N_s} = \dfrac{1800 - 1728}{1800} = 0.04$

21. 유도 전동기의 동기 속도가 3600rpm이고, 실제 회전자 속도가 3492rpm일 때 슬립은 몇 %인가? [12-3]
① 9 ② 6
③ 3 ④ 0.03

해설 $s = \dfrac{N_s - N}{N_s} \times 100$
$= \dfrac{3600 - 3492}{3600} \times 100 = 3\%$

22. 60Hz, 4극, 3상 유도 전동기가 있다. 슬립이 4%일 때 전동기의 회전수는? [12-1]
① 3600 rpm ② 1800 rpm
③ 1728 rpm ④ 1228 rpm

해설 ㉠ $N_s = \dfrac{120f}{P} = \dfrac{120 \times 60}{4} = 1800 \, \text{rpm}$
㉡ $N = N_s(1-s) = 1800(1-0.04)$
$= 1728 \, \text{rpm}$

정답 15. ③ 16. ④ 17. ② 18. ③ 19. ④ 20. ① 21. ③ 22. ③

23. 60Hz, 4극 유도 전동기의 회전자 속도계가 1710rpm일 때 슬립은 약 얼마인가? [09-3, 16-3]
① 5% ② 8% ③ 10% ④ 14%

해설 ㉠ $N_s = \dfrac{120f}{P}$, $N = N_s(1-s)$

㉡ $N = \dfrac{120f}{P}(1-s)$,

$1710 = \dfrac{120 \times 60}{4}(1-s)$

∴ $s = 0.05 = 5\%$

24. 3상 유도 전동기의 정역 운전 회로에서 정역 동시 투입에 의한 단락 사고를 방지하기 위하여 사용하는 회로는? [16-3, 17-1]
① 인터록 회로   ② 자기 유지 회로
③ 플러깅 회로   ④ 시한 동작 회로

25. 다음 모터의 정·역회로에서 사용된 것은?

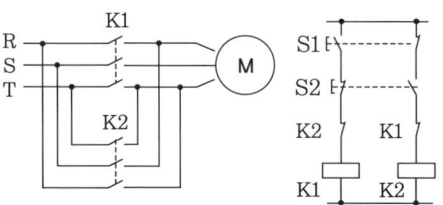

① 인터록 회로   ② 시간 지연 회로
③ 양수 안전 회로   ④ 자기 유지 회로

해설 문제에서 사용한 회로는 인터록 회로이다.

26. 직류 전동기에서 정류자와 접촉해서 전기자 권선과 외부 회로를 연결하여 주는 것은? [09-2, 18-2]
① 계자   ② 전기자
③ 브러시 ④ 계자 철심

27. 브러시와 접촉하여 전기자 권선에 유도되는 교류 기전력을 직류로 만드는 부분은? [13-3]
① 계철   ② 계자
③ 전기자 ④ 정류자

28. 직류 전동기에서 저항 기동을 하는 목적으로 가장 옳은 것은? [14-2]
① 전압을 제어한다.
② 저항을 제한한다.
③ 속도를 제어한다.
④ 기동 전류를 제한한다.

29. 직류 전동기를 급정지 또는 역전시키는 전기적 제동법은? [17-2]
① 역상 제동 ② 회생 제동
③ 발전 제동 ④ 단상 제동

해설 역상 제동(플러깅 제동) : 입력의 (+), (-) 단자를 갑자기 바꾸면 전동기 양단에 역전압이 걸려 전동기는 점점 정지하며 계속 걸려 있으면 역회전을 한다. 이것은 과전류로 인한 전동기 손실 우려가 있어서 잘 사용하지 않는다.

30. 회전하고 있는 전동기를 역회전 되도록 접속을 변경하면 급정지한다. 압연기의 급정지용으로 이용되는 제동 방식은? [15-3]
① 플러깅 제동 ② 회생 제동
③ 다이나믹 제동 ④ 와류 제동

31. 다음 중 직류 전동기의 속도 제어법에 속하지 않는 것은? [08-1, 09-2, 14-1, 18-3]
① 계자 제어법 ② 저항 제어법
③ 전압 제어법 ④ 주파수 제어법

정답 23. ① 24. ① 25. ① 26. ③ 27. ④ 28. ④ 29. ① 30. ① 31. ④

[해설] 직류 전동기의 회전 속도 제어 방법

$$N = K\frac{V - I_a R_a}{\phi}[\text{rpm}]$$

㉠ 계자 자속 ϕ를 변화
㉡ 단자 전압 V를 변화
㉢ 전기자 회로의 저항 R_a를 변화

32. 직류 전동기의 속도 제어법에 해당되지 않는 것은? [13-2, 18-2]
① 계자 제어 ② 저항 제어
③ 전압 제어 ④ 전류 제어

[해설] ㉠ 계자 제어 : 계자 저항기(R_f)로 계자 전류(I_f)를 조정하여 자속 ϕ를 변화시키는 방법
㉡ 전압 제어 : 전기자에 가한 전압을 변화시키는 방법
㉢ 저항 제어 : 전기자 회로에 직렬로 가변 저항을 넣어 회전 속도를 조정

33. 로터의 피치가 60, 극수가 8, 회전자의 치수가 6인 4상 스테핑 모터의 스텝각은 얼마인가? [18-1]
① 15° ② 24° ③ 32° ④ 48°

[해설] ㉠ 1회전당 각도 $= \frac{360°}{6상} = 60°$
㉡ 스텝각 $= \frac{60°}{4상} = 15°$

34. 스테핑 전동기는 1개의 펄스를 부여하면 정해진 각도만큼 회전하며 이 각도를 스텝각이라 한다. 다음 그림과 같이 극수가 8, 회전자의 치수가 6개인 4상 스테핑 전동기의 스텝각은 얼마인가? [14-3]
① 10° ② 15° ③ 20° ④ 25°

[해설] 스텝각 $= \frac{360°}{6 \times 4} = 15°$

35. 스텝각 1.8°인 스테핑 모터에서 펄스당 이동량이 0.01 mm일 때 2 mm를 이동하려면 필요한 펄스수는? [08-3, 16-1]
① 100 ② 200
③ 300 ④ 400

[해설] 펄스수 $= \frac{2}{0.01} = 200$

36. 다음 그림과 같은 선형 스텝 모터에서 스핀들 리드가 0.36 cm이고, 회전각이 1°라고 하였을 때 이송 거리는 몇 mm인가? [10-2, 14-2]

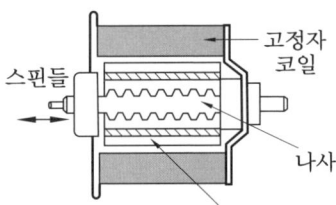

① 0.01 ② 0.02
③ 0.03 ④ 0.04

[해설] 이송 거리 $S = \frac{h}{360°} \times \alpha$

$= \frac{0.36 \text{cm}}{360°} \times 1° = 0.001 \text{cm} = 0.01 \text{mm}$

여기서, h : 스핀들 리드, α : 회전각

37. 스핀들 리드가 20 mm이고, 회전각이 180°인 스텝 모터의 이송 거리(mm)는 얼마인가? [17-1]
① 5 ② 10
③ 15 ④ 20

[해설] 이송 거리 $S = \frac{h}{360°} \times \alpha$

$= \frac{20}{360°} \times 180 = 10 \text{mm}$

[정답] 32. ④ 33. ① 34. ② 35. ② 36. ① 37. ②

4. 유지 보수

4-1 모터 관리

(1) 모터의 유지 보수

① **모터의 고장 원인** : 모든 기기는 정상적으로 사용하지 않으면 수명 기간 이내라도 고장이 발생되고, 또한 일정 기간 사용하면 부품의 노후화에 따른 고장이나 기능 저하를 일으키기 때문에 사고를 예방하고 장기간 고장 없이 사용하려면 관리가 충분해야 한다. 모터의 고장 원인은 다양하며 고장 원인을 분류하면 다음과 같다.

 ㈎ 주 회로 조건에 기인하는 것
  : 전압 변동, 배선의 단선, 개폐기나 보호기의 이상 등이 주 원인이다.
 ㈏ 부하 또는 운전 조건에 기인하는 것
  : 과부하, 고빈도 시동, 중관성 부하 등이 원인이 된다.
 ㈐ 주위 환경 조건에 기인하는 것
  : 고온도, 고습도, 먼지, 부식성 가스, 진동 등이 원인이 된다.
 ㈑ 설치 및 시공 불량에 기인하는 것
  : 취약한 기초 공사, 센터링 불량, 벨트 장력의 부적정 등이 원인이 된다.
 ㈒ 보수 점검 정비의 불량에 기인하는 것
  : 그리스 보급 또는 브러시 교환의 시기 부적절 등이 원인이 된다.
 ㈓ 모터 제조상의 결함에 기인하는 것
  : 모터 조립 불량, 조립 시 이물 혼입 등이 원인이 된다.
 ㈔ 운전 조작 미스에 기인하는 것
 ㈕ 경년 변화, 수명에 기인하는 것
  : 절연물의 열화, 베어링의 마모 등이 원인이 된다.

② **점검**

 ㈎ 일상 점검 : 일정 시간마다 매일 실시는 점검으로, 전동기 설비의 운전 중에는 주로 인간의 감각과 전동기 제어반 등에 부착되어 있는 감시기기를 이용하여 이상의 유무나 운전 상황을 파악하기 위해 실시하는 점검이다.
 ㈏ 정기 점검 : 매주, 매월, 매분기, 매년마다 각 정해진 주기에 실시하는 점검으로, 전동기 설비를 정지시키고 주로 일상 점검의 결과, 수리할 필요가 인정된 개소의 점검 조정 및 공구나 측정계기를 이용한 기능 점검 측정을 실시하는 점검이다.
 ㈐ 정밀 점검 : 정해진 간격의 주기로 실시하는 분해 점검으로 비교적 장시간 운전을

정지하여 마모된 부품의 교환, 이상 개소의 손질, 보수를 말하며, 정기 점검보다 상세한 내부 진단이나 성능 시험을 실시하는 점검이다.

㈐ 특별 점검 : 사고나 재해 등에 의한 이상의 염려가 있을 때 임시로 행하는 점검으로 주기에 관계없이 필요할 때마다 필요한 점검을 실시한다.

③ 2상, 3상 유도 전동기의 고장
   ㈎ 기동 불능의 원인
      ㉮ 퓨즈 단락
      ㉯ 베어링 불량 또는 고착
      ㉰ 과부하
      ㉱ 상 결선의 단락
      ㉲ 코일 단락
      ㉳ 회전자 움직임
      ㉴ 내부 코일의 오류
      ㉵ 제어반 불량
      ㉶ 권선의 접지
   ㈏ 회전 이상의 원인
      ㉮ 퓨즈 단락
      ㉯ 베어링 불량
      ㉰ 병렬 결선의 단락
      ㉱ 상 결선의 단락 및 오류
      ㉲ 코일 단락
      ㉳ 회전자 움직임
      ㉴ 전압 또는 주파수 부적당
      ㉵ 권선의 접지
   ㈐ 저속 회전의 원인
      ㉮ 과부하
      ㉯ 베어링 불량
      ㉰ 결선 착오
      ㉱ 코일 결선 반대
      ㉲ 코일 단락
      ㉳ 회전자 움직임
   ㈑ 전동기 과열의 원인
      ㉮ 과부하
      ㉯ 베어링 불량 또는 축 조임 과다
      ㉰ 단상 운전
      ㉱ 회전자 움직임
      ㉲ 코일 단락

④ 2상, 3상 전동기 제어 시스템의 고장
   ㈎ 주 접촉자를 폐로했을때 기동 불능의 원인
      ㉮ 접촉자 접촉 불량
      ㉯ 주 접촉자 불완전 폐로
      ㉰ 열동 계전기 코일의 단선 또는 결선 착오
      ㉱ 저항 요소 또는 단권 변압기 단선
      ㉲ 단자 결선 부분 단선 또는 접촉 불량, 단자 파손
      ㉳ 기계적 고장, 연동 장치 동작 불량
      ㉴ 피그테일(pigtail) 결선 불량 또는 단선

㈏ 기동 버튼 누른 후 접촉자 폐로하지 못함의 원인
　㉮ 과부하 계전기 접촉자의 개로
　㉯ 저전압
　㉰ 코일 단락
　㉱ 지지 코일 단선
　㉲ 단자 결선 불량 또는 단선
　㉳ 기계적 고장
　㉴ 기동 버튼 접촉자 파손 또는 접촉 불량
㈐ 기동 버튼 개방 후 주 접촉자 개로의 원인
　㉮ 접촉자 접촉면 오손, 접촉 불량
　㉯ 누름 버튼과 제어기기의 결선 착오
㈑ 기동 버튼 누를 때 전원 퓨즈 융단의 원인
　㉮ 접촉자 정지·단락
　㉯ 코일 단락
㈒ 전자 계폐기 동작 중 소음의 원인
　㉮ 셰이딩 코일 단선으로 오작동
　㉯ 철심면의 오손
㈓ 전자석 코일 소손 또는 단락의 원인
　㉮ 과전압
　㉯ 사용 빈도 과다
　㉰ 오손, 이물질 혼입
　㉱ 기계적 공장으로 공극 거리가 커서 과전류 통전

⑤ **직류 전동기의 고장**
　㈎ 스위치 ON 후 기동 불능의 원인
　　㉮ 퓨즈 단락　　　　　　　㉯ 브러시 오손 또는 고착
　　㉰ 과부하　　　　　　　　㉱ 계자 권선 단선, 단락 또는 접지
　　㉲ 전기자 회로 단선　　　㉳ 전기자 권선 또는 정류자편의 단락
　　㉴ 베어링 불량　　　　　　㉵ 제어기 불량
　　㉶ 브러시 지지기에서의 접지
　㈏ 전동기 저속 회전의 원인
　　㉮ 전압 부적당　　　　　　㉯ 중성축으로부터 브러시의 벗어난 고정
　　㉰ 과부하　　　　　　　　㉱ 전기자 또는 정류자의 단락
　　㉲ 전기자 코일의 단선　　㉳ 베어링 불량

㈐ 전동기 과속 회전의 원인
  ㉮ 계자 권선 단락 또는 접지   ㉯ 분권 계자 회로 단선
  ㉰ 직권 전동기 무부하 운전   ㉱ 차동 복권 전동기로 결선
㈑ 운전 중 브러시 스파크 발생의 원인
  ㉮ 정류자와 브러시 접촉 불량   ㉯ 운모 돌출
  ㉰ 계자 회로 단선   ㉱ 계자 권선 단선, 단락 또는 접지
  ㉲ 전기자 리드선 결선 착오   ㉳ 정류자 면의 오손
  ㉴ 보극의 극성 불량   ㉵ 브러시 고정 불량
  ㉶ 브러시 지지기에서의 접지
㈒ 소음의 원인
  ㉮ 베어링 불량   ㉯ 정류자 면의 거침
  ㉰ 정류자 면의 높이 불균일
㈓ 전동기 과열의 원인
  ㉮ 과부하   ㉯ 스파크
  ㉰ 베어링 조임 과다   ㉱ 코일 단락
  ㉲ 브러시 압력 과다

⑥ **직류 전동기 제어 시스템의 고장**
  ㈎ 핸들 이동 후 전동기 기동 불능의 원인
    ㉮ 퓨즈 단락   ㉯ 저항 요소 단선
    ㉰ 과부하   ㉱ 암과 접촉점 사이의 접촉 불량
    ㉲ 저전압   ㉳ 전기자 회로 또는 계자 회로상의 단선
    ㉴ 전동기 결선 착오   ㉵ 단자 결선 풀림 또는 파손
    ㉶ 지지 코일의 단선
  ㈏ 핸들 최종 위치 후 핸들 고정 안 됨의 원인
    ㉮ 저전압
    ㉯ 코일 단락
    ㉰ 결선 착오
    ㉱ 과부하 접촉자의 개로
    ㉲ 소손, 리드선 단선, 접촉 불량으로 지지 코일 단선
  ㈐ 핸들 돌릴 때 퓨즈 용단의 원인
    ㉮ 저항 단락
    ㉯ 핸들 이송 속도 과다
    ㉰ 저항 요소, 접촉자 또는 결선에 접지

(라) 전동기 과열의 원인
  ㉮ 전동기 과부하
  ㉯ 핸들 이송 속도 느림
  ㉰ 저항 요소 또는 접촉자 단락

(2) 인버터 구동 시 이상 조치

① 인버터의 보호 기능

(가) 과전류 : 인버터의 출력 전류가 인버터 과전류 보호 레벨 이상이 되면 인버터의 출력을 차단하여 모터의 운전을 정지시킨다.

(나) 지락 전류 : 인버터 출력 측에 지락이 발생하여 지락 전류가 흐르면 인버터 출력을 차단한다.

(다) 인버터 과부하 : 인버터 출력 전류가 인버터 정격 전류의 150% 이상으로 1분 이상 연속적으로 흐르면 인버터 출력을 차단한다.

(라) 과부하 트립 : 인버터의 출력 전류가 전동기 정격 전류의 설정된 크기 이상으로 흐르면 인버터 출력을 차단한다.

(마) 냉각핀 과열 : 인버터 주위 온도가 규정치보다 높아져 인버터 냉각핀이 과열되면 인버터 출력을 차단한다.

(바) 출력 결상 : 인버터 출력 단자 U, V, W 중에 한 쌍 이상이 결상되면 인버터 출력을 차단하여 모터의 소손을 방지한다.

(사) 과전압 : 인버터 내부 주 회로의 직류 전압이 규정 전압 이상(200 V급은 400 V DC, 400 V급은 820 V DC)으로 상승하면 인버터 출력을 차단하는데, 감속 시간이 너무 짧거나 입력 전압이 규정치 이상일 때 주로 발생한다.

(아) 저전압 : 규정치 이하의 입력 전압은 인버터 내부 주 회로의 직류 전압이 200 V급은 180 V DC, 400 V급은 360 V DC 이하로 내려가면 인버터 출력을 차단한다.

(자) 전자 써멀 : 전동기 과부하 운전 시 전동기의 과열을 막기 위하여 반한시 특성에 맞추어 인버터 출력을 차단한다.

(차) 입력 결상 : 3상 입력 전원 중 1상이 결상되거나, 인버터 내부에 있는 평활용 콘덴서를 교체할 시기가 되면 인버터 출력을 차단한다.

② 고장 진단

(가) 모터가 회전하지 않음
  ㉮ 인버터 출력 U, V, W 단자에 전압이 출력되는가?

(나) 모터 회전 방향이 역으로 되어 있음
- ㉮ 출력 단자 U, V, W는 올바른가?
- ㉯ 모터 단독 상수는 U, V, W로 정방향인가?

(다) 모터의 회전수가 올라가지 않음
- ㉮ 부하가 무겁지 않은가?

(라) 운전 중에 회전이 흔들림
- ㉮ 부하 변동이 크지 않은가?
- ㉯ 전원 전압이 변동하고 있지 않은가?
- ㉰ 특정 주파수에서 발생하고 있지 않은가?

(마) 모터 회전이 맞지 않음
- ㉮ 파라미터 설정은 올바른가?
- ㉯ 최고 주파수 설정은 바르게 되어 있는가?

③ 고장 대책
- (가) 과전류 보호
- (나) 지락 전류 보호
- (다) 과전압 보호
- (라) 전류 제한 보호(과부하 보호)
- (마) 퓨즈 교체
- (바) 저전압 보호
- (사) 전자 써멀

(3) 전자 개폐기 이상 시 조치

① 전자 개폐기의 일상 점검
(가) 일상 점검은 배전반 문 또는 커버를 열거나 떼어내지 않고 폐쇄 배전반의 외부에서 이상한 소리, 이상한 냄새, 파손 등의 이상이 없는지 점검사항의 대상 항목에 따라서 점검한다.

(나) 이상을 발견했을 경우는 폐쇄 배전반의 문을 여는 등 이상 개소와 이상 정도를 확인한다.

(다) 이상 내용이 기능 불량 전에 즉시 발전할 경우를 제외하고 이상 내용을 기록해 두어 정기 또는 정밀 점검 시의 운용에 참고 자료로 사용하여야 한다.

② **전자 개폐기의 정기 점검**
　㈎ 전체 정전 및 무전압 상태에서 내부 분해를 하지 않고 기기 외부에서 육안에 의한 체크로 이상이 없는지 점검사항의 대상 항목에 따라서 점검한다.
　㈏ 모선 정전이 없는 상태로 점검하는 경우에는 안전 확인에 대해 충분히 주의해야 한다.
③ **전자 개폐기의 상세 점검** : 일상·정기 점검에 따라 상세히 점검할 필요가 생겼을 경우나 사고 발생의 경우 정밀 점검을 실시한다.

(4) 소형 인덕션 모터 유지 보수하기
① **설치 조건**
- 주위 온도가 −10℃~+40℃ 이내로서 동결되지 않은 장소
- 주의 습도가 85 % 이하인 곳(단, 결로하지 않을 것)
- 폭발성 가스, 인화성 가스, 부식성 가스의 영향을 받지 않는 곳
- 연속적인 진동, 과도한 충격을 받지 않는 곳
- 물, 오일 등이 튀지 않는 곳
- 직사광선을 받지 않는 곳
- 먼지가 쌓이지 않는 곳
- 표고 1000 m 이하인 곳

② **사용상 주의사항**
- 모터나 제어 장치의 사양을 넘어서 사용하지 말아야 한다. 감전, 부상, 장치 파손의 위험이 있다.
- 모터, 제어 장치의 개구부에 손가락과 물건을 넣지 말아야 한다. 감전, 부상, 화재의 위험이 있다.
- 젖은 손으로 조작하지 말아야 한다. 감전의 위험이 있다.
- 운반 시는 모터의 출력 축, 가동부, 리드선을 잡지 말아야 한다. 낙하에 의한 부상의 위험이 있다.
- 모터는 확실하게 고정시킨 후에 사용하여야 한다. 부상, 장치 파손의 위험이 있다.
- 회전 부분에 닿지 않도록 커버 등을 설치하여야 한다. 부상의 위험이 있다.
- 기계와의 결합 전에 회전 방향을 확인하여야 한다. 부상, 장치 파손의 위험이 있다.

- 모터, 제어 장치에 올라가거나, 매달리지 않도록 하여야 한다. 부상의 위험이 있다.
- 모터 출력 축(키홈, 치절부)은 맨손으로 만지면 안 된다. 부상의 위험이 있다.
- 기계와 결합하여 운전을 시작할 경우에 언제라도 비상 정지할 수 있는 상태로 하여야 한다. 사고의 위험이 있다.
- 이상이 발생한 경우에는 곧바로 전원을 꺼야 한다. 감전, 부상, 화재의 위험이 있다.
- 운전 중, 회전체(출력 축)에는 접촉하지 말아야 한다. 감겨들어 가 부상의 위험이 있다.
- 운전 중, 운전 직후는 모터, 제어 장치에 손과 몸을 접촉하지 말아야 한다. 화상의 위험이 있다.
- 전류가 흐르는 상태에서 이동, 접속, 점검의 작업을 하지 않는다.
- 접속은 결선도에 기초를 두고 확실하게 한다. 감전, 화재의 위험이 있다.
- 전원 케이블과 리드선을 무리하게 휘거나 잡아당기거나, 끼우지 않는다. 감전, 화재의 위험이 있다.
- 모터, 제어 장치를 기기에 붙이는 경우에는 손이 닿지 않도록 하거나 접지한다. 감전의 위험이 있다.
- 전류가 흐르는 부분이 노출된 상태에서의 운전은 하지 않는다. 감전의 위험이 있다.
- 정전 시와 과열 보호 장치가 작동한 경우 전원을 끈다. 갑자기 재시동할 때 부상, 장치 파손의 위험이 있다.
- 전원을 끈 후 30초 간은 제어 장치의 출력 단자에 닿지 말아야 한다. 잔류 전압에 의한 감전의 위험이 있다.

예상문제

1. 전기자 철심용으로 얇은 규소 강판을 성층하는 이유는? [07-1, 10-1, 10-3, 17-3]
① 비용 절감
② 기계손 감소
③ 와류손 감소
④ 가공 용이

2. 전기기기에서 히스테리시스손을 경감시키기 위한 방법은 어느 것인가? [12-2]
① 성층 철심 사용
② 보상 권선 설치
③ 규소 강판 사용
④ 보극 설치

3. 전동기 구동 동력이 부족할 때 발생하는 현상은? [13-3]
① 실린더 추력이 감소된다.
② 작동유가 과열된다.
③ 토출 유량이 많아진다.
④ 유압유의 점도가 높아진다.

4. 전동기 과열의 원인이 아닌 것은? [06-3]
① 과부하
② 결선 착오
③ 단상 운전
④ 회전자 동봉의 움직임

[해설] 전동기 과열의 원인
㉠ 전동기 과부하
㉡ 베어링 불량 또는 축 조임 과다
㉢ 코일 단락 및 단상 운전
㉣ 회전자 움직임

5. 직류 전동기가 저속으로 회전할 때 그 원인에 해당하지 않는 것은? [07-1]
① 축받이의 불량
② 단상 운전
③ 코일의 단락
④ 과부하

[해설] 직류 전동기 저속 회전의 원인
㉠ 전압 부적당
㉡ 중성축으로부터 브러시의 벗어난 고정
㉢ 과부하
㉣ 전기자 또는 정류자의 단락
㉤ 전기자 코일의 단선
㉥ 베어링 불량

6. 직류 전동기에 과부하가 걸리면 발생하는 현상은? [09-2]
① 브러시에서 스파크 발생
② 저속 회전
③ 정격 속도 이상으로 회전
④ 회전 방향 불량

[해설] 직류 전동기 저속 회전의 원인으로 과부하가 있다.

7. 직류 전동기가 회전 시 소음이 발생하는 원인으로 틀린 것은? [09-3, 11-2]
① 축받이의 불량
② 정류자 면의 높이 불균일
③ 전동기의 과부하
④ 정류자 면의 거칠음

[해설] 직류 전동기 소음의 원인
㉠ 베어링 불량
㉡ 정류자 면의 거침
㉢ 정류자 면의 높이 불균일

정답 1. ③ 2. ③ 3. ① 4. ② 5. ② 6. ② 7. ③

8. 다음 중 직류 전동기의 과열의 원인이 아닌 것은? [11-1, 14-2]
① 퓨즈의 융단
② 베어링 조임 과다
③ 전동기 과부하
④ 브러시 압력 과다

해설 직류 전동기 과열의 원인
㉠ 과부하   ㉡ 스파크
㉢ 베어링 조임 과다   ㉣ 코일 단락
㉤ 브러시 압력 과다

9. 운전 중 직류 전동기가 과열하는 고장 원인으로 거리가 먼 것은? [13-3]
① 축받이 불량
② 코일의 절연 증가
③ 과부하
④ 중성축으로부터 브러시 이탈

10. 다음 중 직류 전동기 운전 시 브러시로부터 스파크가 일어나는 경우와 거리가 먼 것은? [03-1]
① 전압의 부적당
② 보극의 극성 불량
③ 정류자 면의 오손
④ 정류자와 브러시 접촉 불량

해설 운전 중 브러시 스파크 발생의 원인
㉠ 정류자와 브러시 접촉 불량
㉡ 운모 돌출
㉢ 계자 회로 단선
㉣ 계자 권선 단선, 단락 또는 접지
㉤ 전기자 리드선 결선 착오
㉥ 정류자 면의 오손
㉦ 보극의 극성 불량
㉧ 브러시 고정 불량
㉨ 브러시 지지기에서의 접지

11. 직류 직권 전동기의 벨트 운전을 금하는 이유는? [12-2, 17-1]
① 손실이 많이 발생하므로
② 출력이 감소하므로
③ 벨트가 벗겨지면 무구속 속도가 되므로
④ 과전압이 유기되므로

12. 3상 유도 전동기가 운전 중 갑자기 정지하였다. 대책 방법이 아닌 것은? [11-3]
① 전원의 정전 유무를 조사한다.
② 전동기 전원을 다시 넣어 전동기가 운전되면 그냥 사용한다.
③ 전동기를 기동해 보아 이상이 없는가를 조사한다.
④ 전동기 단자의 전압을 측정한다.

13. 다음 중 서보 전동기의 노이즈 대책이 아닌 것은? [18-3]
① 접지   ② 서지 킬러
③ 실드선 처리   ④ 인버터 사용

해설 인버터 : 주파수를 가변시켜 전동기의 속도를 고효율로 쉽게 제어하는 장치

14. 인버터의 보호 기능으로 인버터 출력 전류가 인버터 정격 전류의 150% 이상으로 1분 이상 연속적으로 흐르면 인버터 출력이 차단된다. 그 원인은 무엇인가? [20-2]
① 과전압
② 인버터 과부하
③ 냉각핀 과열
④ 출력 결상

해설 인버터 과부하 시 인버터 출력 전류가 인버터 정격 전류의 150% 이상으로 1분 이상 연속적으로 흐르면 인버터 출력이 차단된다.

정답 8. ① 9. ② 10. ① 11. ③ 12. ② 13. ④ 14. ②

설비보전산업기사 **제2편**

설비 진단 및 관리

제1장 설비 진단
제2장 설비 관리

제1장 설비 진단

1. 설비 진단의 개요

1-1 설비 진단 기술의 기초

(1) 설비 진단의 정의

① 설비 관리의 중요 업무
  ㈎ 보수나 교환의 시기나 범위의 결정   ㈏ 수리 작업이나 교환 작업의 신뢰성 확보
  ㈐ 예비품 발주 시기의 결정   ㈑ 개량 보전 방법의 결정
② 설비 진단 기술 :「설비의 상태」, 즉 다음 사항을 정량적으로 파악하여 이상 원인 등 정비 수행 범위 결정
  ㈎ 설비에 걸리는 스트레스   ㈏ 고장이나 열화   ㈐ 강도 및 성능

(2) 설비 진단 기술의 구성

① 설비 진단 기술 시스템
  ㈎ 간이 진단 기술 : 1차 진단에 해당하는 것으로 설비의 상태를 사람의 오감을 통해서 관찰 또는 간이 진동 측정기를 가지고 설비의 상태를 정기적으로 측정하는 것
  ㈏ 정밀 진단 기술

정밀 진단 기술				
행동을 결정하기 위한 상태 분석 기술로서 전문 스태프 요원이 실시한다.				
스트레스 정량화 기술		고장 검출 해석 기술		강도·성능의 정량화 기술
스트레스 측정	스트레스 계산	고장 해석 기술	고장 검출 기술	
• 기계 스트레스 계측 • 화학 스트레스 계측 • 온도 스트레스 계측 • 전기 스트레스 계측	• 기계 스트레스 계산 • 화학 스트레스 계산 • 온도 스트레스 계산 • 전기 스트레스 계산	• 강제 열화 시험 • 파괴 시험 • 파단면 해석 • 화학 분석	• 회전기계 진단 기술 • 전동기 진단 기술 • 정지기계 진단 기술 • 배관류 진단 기술	• 피로 강도 추정 기술 • 내열 강도 추정 기술 • 절연 내력 추정 기술 • 내부식 강도 추정 기술

(3) 진동 상태 감시(vibration condition monitoring)
① 목적은 기계의 작동 상태에 있어서 보호와 예지 보전(predictive maintenance)을 위한 정보를 제공하는데 있다.
② 상태 감시에서 진동 계측의 변화는 불평형(unbalance), 축정렬 불량(misalignment), 베어링, 저널의 손상 및 마모, 기어 손상, 축 및 날개 등의 균열, 과도 운전, 유체 유동의 교란 및 전기기계의 과도한 여자, 접촉(rubbing) 등에 의하여 발생된다.

1-2 설비 진단 기법

(1) 진동 분석법
① 회전기계에 생기는 각종 이상(언밸런스, 미스얼라인먼트 등)의 검출, 평가 기술
② 블로워, 팬 등의 밸런싱 기술
③ 유압 밸브의 리크 진단 기술
④ 진동 이외의 파라미터(온도, 압력 등)의 설비 이상 원인의 해석 기술 등

(2) 오일 분석법
베어링 등 금속과 금속이 습동하는 부분의 마모에 대한 진행 상황을 윤활유 중에 포함된 마모 금속의 양, 형태, 성분 등으로 판단하는 방법이다.

① **페로그래피법** : 채취한 오일 샘플링을 용제로 희석하고 경사진 고정 슬라이드에 흘려 슬라이드 아래에 강력한 자석에 의하여 자력선으로 채취된 마모 입자를 페로스코프 현미경으로 마모 입자의 크기, 형상, 성분을 관찰하여 분석한다.
② **SOAP법** : 오일 SOAP법은 채취한 시료유를 연소 시 발생되는 금속 성분의 발광 또는 흡광 현상을 분석하여 오일 중 마모 성분과 농도를 검출하는 방법이다.

(3) 응력법
① 각 설비의 실제 응력을 측정한다.
② 설비 내부에 실제 응력의 분포를 해석한다.
③ 설비의 피로에 의한 수명을 해석한다.

예|상|문|제

1. 설비 진단 기술의 정의로 가장 적합한 것은? [15-3, 18-3]
① 설비를 규정하는 것
② 설비의 경제성을 평가하는 것
③ 설비를 투자할 것인지 결정하는 것
④ 설비의 상태를 정량적으로 관측하여 예측하는 것

2. 다음 중 설비 진단 기술의 목적으로 틀린 것은? [17-3]
① 설비의 상태를 파악한다.
② 설비의 미래 상태를 예측한다.
③ 설비를 분해하여 열화를 찾는다.
④ 설비의 이상이나 고장의 원인을 파악한다.

3. 설비의 제1차 건강 진단 기술로서 현장 작업원이 수행하는 기술은? [14-1, 17-3]
① 간이 진단 기술 ② 정밀 진단 기술
③ 고장 해석 기술 ④ 응력 해석 기술

[해설] 간이 진단 기술은 설비의 제1차 진단 기술을 의미하며, 정밀 진단 기술은 전문 부서에서 열화 상태를 검출하여 해석하는 정량화 기술을 의미한다.

4. 설비 진단 기술의 기본 시스템 구성에서 간이 진단 기술이란? [10-2, 13-3, 19-1]
① 작업원이 실시하는 고장 검출 해석 기술
② 전문 요원이 실시하는 스트레스 정량화 기술
③ 전문 요원이 실시하는 강도, 성능의 정량화 기술
④ 현장 작업원이 사용하는 설비의 제1차 건강 진단 기술

[해설] 간이 진단 기술(condition monitering tech)은 설비의 제1차 건강 진단 기술로서 현장 작업원이 실시한다.

5. 설비의 이상 진단 방법 중 정밀 진단에 속하는 것은? [06-3]
① 주파수에 의한 판정
② 경험에 의한 판정
③ 절댓값 기준에 의한 판정
④ 상댓값 기준에 의한 판정

[해설] 정밀 진단 기술 : 행동을 결정하기 위한 상태 분석 기술로서 전문 스태프 요원이 실시한다.

6. 다음 중 설비 진단 기술의 도입 효과는?
① 설비의 자동화 [08-1, 15-2]
② 돌발적인 사고 방지
③ 현장 작업자의 감소
④ 오버홀 주기의 단축

[해설] 설비 진단 기술을 이용한 결과는 돌발 고장 감소이다.

7. 다음 중 설비 진단 기술을 도입할 때 나타나는 일반적인 효과와 관련이 가장 적은 것은? [11-1, 16-2, 19-2]
① 경향 관리를 통하여 설비의 수명 예측이 가능하다.
② 열화가 심한 설비에 효과적이며 오감에 의한 진단이 일반적이다.
③ 중요 설비, 부위를 상시 감시함에 따라 돌발 사고를 미연에 방지할 수 있다.
④ 점검원이 경험적인 기능과 진단기기를 사

정답 1. ④ 2. ③ 3. ① 4. ④ 5. ① 6. ② 7. ②

용하면 보다 정량화할 수 있으므로 쉽게 이상 측정이 가능하다.

해설 열화 초기 단계의 설비에 효과적이며, 점검원이 경험적인 기능과 진단기기를 사용하면 보다 정량화할 수 있어 누구라도 능숙하게 되면 동일 레벨의 이상 판단이 가능해진다.

8. 설비의 노화를 나타내는 파라미터에 해당되지 않는 것은? [07-1, 18-3]
① 진동　　　　② 소음
③ 가격　　　　④ 기름의 오염도

9. 설비 진단 기법이 아닌 것은? [19-1]
① 진동법　　　② 응력법
③ 회절법　　　④ 비율 경향법

해설 설비 진단 기법 : 진동 분석법, 오일 분석법, 응력법

10. 설비 진단 기법 중 진동 분석법으로 알 수 없는 것은? [15-1]
① 송풍기의 언밸런스(unbalance)
② 설비의 피로에 의한 수명 해석
③ 유압 밸브의 누설(leak) 진단
④ 베어링 결함

해설 진동법을 응용한 진단 기술
㉠ 회전기계에 생기는 각종 이상(언밸런스, 미스얼라인먼트 등)의 검출, 평가 기술
㉡ 블로워, 팬 등의 밸런싱 기술
㉢ 유압 밸브의 리크 진단 기술
㉣ 진동 이외의 파라미터(온도, 압력 등)의 설비 이상 원인의 해석 기술 등

11. 설비의 진단 기술 중 진동 진단 기술로 알 수 있는 것은? [10-1]
① 펌프 축의 불평형
② 윤활유의 열화
③ 전력 케이블의 절연 상태
④ 균열 및 부식 진단

해설 진동 진단 기술은 회전기계에 생기는 각종 이상(언밸런스, 미스얼라인먼트 등)을 검출·평가한다.

12. 설비 진단 방법 중 금속 성분 특유의 발광 또는 흡광 현상을 이용하는 방법은 무엇인가? [14-2, 18-2]
① 진동법　　　② 응력법
③ SOAP법　　　④ 페로그래피법

해설 SOAP법 : 시료유를 채취하여 연소시킨 뒤 그때 생기는 금속 성분 특유의 발광 또는 흡광 현상을 분석하는 것으로 특정 파장과 그 강도에서 오일 속의 마모 성분과 농도를 알 수 있다.

13. 회전기계에서 채취한 오일 샘플링에서 마모 입자를 자석으로 검출하여 크기, 형상 및 재질 등을 분석하여 이상 원인을 규명하는 설비 진단 기법은? [11-3]
① 원자 흡광법　② 회전 전극법
③ 페로그래피법　④ 응력법

14. 다음 설비 진단 기법 중 응력법에 해당하지 않는 것은? [9-2]
① SOAP　　　　② 응력 측정
③ 응력 분포 해석　④ 피로 수명 예측

해설 SOAP법은 오일 분석법이다.

15. 열화상 측정 장비(thermography)를 이용하여 발견하기에 가장 적절한 결함은?
① 구조적 헐거움(looseness)　[09-1]
② 공진
③ 회전체의 질량 불균형
④ 과전압 차단기의 고정 상태 불량

정답 8. ③　9. ③　10. ②　11. ①　12. ③　13. ③　14. ①　15. ④

2. 진동 이론

2-1 진동의 기초

(1) 기계 진동

① **자유 진동(free vibration)** : 외부로부터 힘이 작용하지 않는 상태에서의 진동
  (가) 비감쇠 자유 진동(undamped free vibration)
  (나) 감쇠 자유 진동(damped free vibration)
② **강제 진동(forced vibration)** : 외부로부터 주기적인 힘이 가해짐으로써 발생하는 진동으로 모터의 회전 진동 등
③ **전달률** : 주파수비와 힘의 전달률과의 관계에서 주파수비(ω/ω_n)에 대한 힘의 전달률 T의 변화는 주파수비가 $\sqrt{2}$일 때 감쇠비에 관계없이 1이 된다.
  스프링 강재와 같이 비감쇠($c=0$)인 경우 주파수비가 1일 때 공진이 발생하여 힘의 전달은 최대가 된다. 따라서 시스템의 공진 발생 또는 힘의 전달률이 1보다 큰 경우에는 감쇠비가 주강재 등의 재료를 사용하면 효과적이다.
④ **고유 진동 (proper vibration)** : 진동체에 물리량이 주어졌을 때 그 진동체가 갖는 특정한 값을 가진 진동수와 파장의 진동만이 허용될 때의 진동을 말하며, 이때의 진동수를 고유 진동수라고 한다.

$$\text{고유 진동 주파수 } f_n = \frac{\omega_n}{2\pi} = \frac{1}{2\pi}\sqrt{\frac{k}{m}}$$

⑤ **공진 (resonance)** : 물체가 갖는 고유 진동수와 외력의 진동수가 일치하여 진폭이 증가하는 현상이며, 이때의 진동수를 공진 주파수라고 한다.

(2) 진동의 기초

① **진폭(amplitude)** : 진동의 정도를 나타내는 특성
  (가) 편진폭(p, peak) : 절댓값이며, 짧은 시간 충격 등의 크기를 나타내기에 유용하나 단지 최댓값만을 표시할 뿐이며, 시간에 대한 변화량은 나타나지 않는다.
  (나) 양진폭($p-p$, peak to peak) : 최댓값으로서 $2p$이며, 기계 부속이 최대 응력 기계 공차 측면에서 진동 변위가 중요시될 때 사용된다.
  (다) 실효값(RMS, root mean square) : 진동의 에너지를 표현할 때 적합한 값으로 정현파의 경우 $\frac{p}{\sqrt{2}}$ 배이며, $X_s = \sqrt{\frac{1}{T}\int_0^T X^2(t)dt}$로 정의하고 있다.

㈑ **평균값(ave)** : 순간 측정값 자체의 시간 평균을 구하는 것이며, 정현파의 경우 $\frac{2p}{\pi}$ 배이고, 시간에 대한 변화량을 표시하지만 실제적으로 사용 범위가 국한된다.

② **주파수(frequency)** : 1초당 사이클 수(f)로 단위는 [Hz]이다.

㈎ 진동 주기 $T = \frac{2\pi}{\omega}$ [s/cycle] 여기서, ω : 각진동수(rad/s)

㈏ 진동 주파수 $f = \frac{1}{T} = \frac{\omega}{2\pi}$ [cycle/s 또는 Hz], 1Hz = 1cps(cycle per second)

㈐ 축의 분당 회전수 N[rpm]의 주파수 표현 : $f = \frac{N}{60}$ [Hz]

③ **진동 위상(vibration phase)** : 진동체상의 고정된 기준점에 대하여 다른 정점의 순간적인 위치 및 시간의 지연

2-2 진동의 물리량

(1) 진동의 물리량

① **진동 변위(displacement)** : 진동 변위의 편진폭을 A로 표시할 때 D[mm]로 표시하며, 단위는 μm, mm, 진동 주파수는 10Hz 이하의 저주파수에서 발생한다.
② **진동 속도(velocity)** : 시간의 변화에 대한 진동 변위의 변화율이며, 진동 진폭은 시간 함수이므로 기계 시스템의 피로 및 노후화와 관련이 크다. 단위 초당 변위량으로 V[mm/s, m/s], 진동 주파수는 10~1000Hz 범위에서 발생한다.
③ **진동 가속도(acceleration)** : 시간의 변화에 대한 진동 속도의 변화율이며, A[mm/s^2, m/s^2]로 표시한다. 가진력과 관계된 기어나 베어링 등 회전기계의 정밀 진단에 널리 사용되고, 진동 주파수는 1kHz 이상에서 발생한다.

(2) 진동 단위

① 진동 측정량의 ISO 단위

진동 진폭	ISO 단위	설명
변위	m, mm, μm	회전체의 운동(10Hz 이하의 저주파 진동)
속도	m/s, mm/s	피로와 관련된 운동(10~1000Hz의 중간 주파수)
가속도	m/s^2, mm/s^2	가진력과 관련된 운동(고주파 진동 측정 용이)

② **진동 측정량의 [dB] 단위** : 진동 측정량을 ISO 단위가 아닌 [dB] 단위로 표현하면 진동 측정값을 대수로 표현하는데 유용하게 사용할 수 있다.

㈎ 진동 변위 D의 [dB] 단위

$$L_D = 20\log_{10}\left(\frac{D}{D_0}\right)[\text{dB}]$$

여기서, $D[\mu\text{m}]$: 측정된 진동 변위, $D_0 = 10^{-5}\mu\text{m}$: 기준 진동 변위

㈏ 진동 속도 V의 [dB] 단위

$$L_V = 20\log_{10}\left(\frac{V}{V_0}\right)[\text{dB}]$$

여기서, $V[\mu\text{m/s}]$: 측정된 진동 속도, $V_0 = 10^{-2}\mu\text{m/s}$: 기준 진동 속도

㈐ 진동 가속도 A의 [dB] 단위

$$L_A = 20\log_{10}\left(\frac{A}{A_0}\right)[\text{dB}]$$

여기서, $A[\mu\text{m/s}^2]$: 측정된 진동 가속도, $A_0 = 10\mu\text{m/s}^2$: 기준 진동 가속도

예|상|문|제

1. 내연기관이 작동할 때 주로 발생하는 진동은 어떤 진동인가? [12-1, 16-1]
① 자유 진동   ② 이상 진동
③ 불규칙 진동 ④ 강제 진동
해설 어떤 계가 연속적으로 외력을 받고 진동한다면 강제 진동이다.

2. 외란(disturbance)이 가해진 후에 계가 스스로 진동하고 반복되며 외부 힘이 이 계에 작용하지 않는 진동은? [16-1, 20-3]
① 강제 진동   ② 자유 진동
③ 감쇠 진동   ④ 선형 진동
해설 자유 진동 : 외란(disturbance)이 가해진 후에 계가 스스로 진동하고 있다면, 이 진동을 자유 진동(free vibration)이라 하며 반복되는 외부 힘이 이 계에 작용하지 않는다. 진자의 진동이 자유 진동의 한 예이다.

3. 마찰이나 저항 등으로 인하여 진동 에너지가 손실되는 진동은? [13-2, 20-2]
① 감쇠 진동   ② 규칙 진동
③ 선형 진동   ④ 자유 진동
해설 감쇠 자유 진동(damped free vibration) : 내부 마찰이나 감쇠에 의해서 그 진동 에너지의 일부를 상쇄하게 되어 있어 진폭이 점차 감소하는 진동이다.

4. 진동하는 동안 마찰이나 다른 저항으로 에너지가 손실되지 않는 진동을 무엇이라 하는가? [12-3]
① 자유 진동   ② 강제 진동
③ 비감쇠 진동 ④ 선형 진동

해설 비감쇠 자유 진동(undamped free vibration) : 저항이 없는 진동, 저항이 있으면 감쇠 진동을 한다. 대부분의 물리계에서 감쇠의 양이 매우 적어 공학적으로 감쇠를 무시한다.

5. 정현파 신호의 진동 파형에서 중심으로부터 제일 높은 부분의 최댓값의 진동 크기를 나타내는 것은? [11-1]
① 편진폭   ② 양진폭
③ 실효값   ④ 평균값
해설 정현파 진동

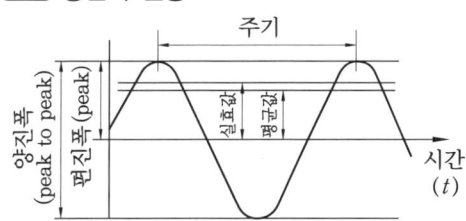

6. 정현파 신호에서 양진폭(peak to peak)은 피크 진폭값의 몇 배인가? [15-1]
① $\frac{1}{\sqrt{2}}$배 ② $\sqrt{2}$배 ③ 1배 ④ 2배
해설 양진폭은 편진폭(피크값)의 2배이다.

7. 다음 중 진동의 변위를 측정할 때 사용되는 값은? [07-3]
① 속도값   ② 평균값
③ 실효값   ④ 피크-피크
해설 피크-피크(양진폭, 전진폭) : 정측의 최댓값에서 부측의 최댓값까지의 값으로 정현파의 경우는 피크값의 2배이다.

정답 1. ④ 2. ② 3. ① 4. ③ 5. ① 6. ④ 7. ④

8. 순간순간의 신호 레벨을 서로 더해 측정 시간으로 나눈 값은? [06-1]
① 실효값　　② 편진폭값
③ 양진폭값　　④ 평균값

9. 정현파의 경우 평균값은 피크값의 몇 배인가? [06-3, 15-3]
① π　　② 2π　　③ $\dfrac{2}{\pi}$　　④ $\dfrac{\pi}{2}$

10. 진동 에너지를 표현하는데 가장 적합한 것은? [07-3, 14-3]
① 피크값　　② 평균값
③ 실효값　　④ 최댓값

해설 실효값(rms) : 시간에 대한 변화량을 고려하고, 에너지량과 직접 관련된 진폭을 표시하는 것으로 진동의 에너지를 표현하는데 가장 적합한 값이다.

11. 정현파 신호에서 피크값(편진폭)을 기준 한 진동의 크기가 1일 때 실효값의 크기는 얼마인가? [07-1, 14-2]
① 2　　② $\dfrac{1}{2}$　　③ $\dfrac{1}{\pi}$　　④ $\dfrac{1}{\sqrt{2}}$

해설 실효값은 편진폭의 $\dfrac{1}{\sqrt{2}}$ 만큼의 크기를 가진다.

12. 한 개의 진동 사이클에 걸린 총 시간을 무엇이라고 하는가? [18-2]
① 주기　　② 진폭
③ 주파수　　④ 진동수

해설 주기 $T=\dfrac{2\pi}{\omega}$ [s/cycle]
여기서, ω : 각진동수(rad/s)

13. 단위 시간당 사이클의 횟수를 나타내는 것은? [11-3]
① 진폭　　② 주기
③ 변위　　④ 주파수

해설 주파수는 1초당 사이클 수를 나타내며, 단위는 Hz이다.
진동수 $f=\dfrac{1}{T}=\dfrac{\omega}{2\pi}$ [cycle/s 또는 Hz]

14. 주기(T), 주파수(f), 각진동수(ω)의 관계가 옳은 것은? [12-2, 17-1]
① $\omega=2\pi T$　　② $\omega=2\pi f$
③ $\omega=\pi T$　　④ $\omega=\pi f$

해설 $f=\dfrac{1}{T}=\dfrac{\omega}{2\pi}$ 에서 $\omega=2\pi f$ 이며 $\omega=\dfrac{2\pi}{T}$ 이다.

15. 주기, 진동수, 각진동수에 관한 설명으로서 올바른 것은? [10-2]
① 진동수란 단위 시간당 사이클(cycle)의 횟수를 말한다.
② 각진동수(ω)란 진동의 한 사이클(cycle)에 걸린 총 시간을 나타낸다.
③ 각진동수(ω)는 $2\pi \times$ 주기로 구할 수 있다.
④ 주기는 $\dfrac{각진동수(\omega)}{2\pi}$ 로 구할 수 있다.

해설 ② : 주기란 진동의 한 사이클에 걸린 총 시간을 나타낸다.
③, ④ : 진동수 $f=\dfrac{각진동수(\omega)}{2\pi}$

16. 다음 중에서 진동의 기본량에 대한 설명 중 옳은 것은? [06-3]
① 진폭은 일정한 정점에 대하여 다른 정점의 순간적인 위치 및 시간의 지연이다.

정답 8. ④　9. ③　10. ③　11. ④　12. ①　13. ④　14. ②　15. ①　16. ②

② 진동수 f는 진동 주기 T의 역수이다.
③ 위상이란 진동의 크기를 알아내는데 매우 중요하며, 진폭 표시의 파라미터로서는 변위, 속도, 가속도가 있다.
④ 주파수란 단위 시간당 사이클의 횟수에 대한 역수이다.

해설 진동수 $f = \dfrac{1}{T} = \dfrac{\omega}{2\pi}$

17. 다음 중 진동 주파수에 대한 설명으로 옳은 것은? [07-3, 10-2]
① 주기가 길면 주파수가 높다.
② 주기가 짧으면 주파수가 높다.
③ 회전수를 높이면 주파수는 낮아진다.
④ 회전수를 낮추면 주파수는 높아진다.

해설 $f = \dfrac{1}{T}$이므로 주기(T)가 짧으면 주파수 (f)가 높아지고, $f = \dfrac{N}{60}$이므로 N을 높이면 f는 높아지고 N을 낮추면 f는 낮아진다.

18. 기계의 결함을 분석하기 위하여 사용되는 진동수의 단위는? [19-1]
① g   ② Hz
③ mm/s   ④ micrion

19. 시스템의 고유 진동 주파수 f를 2배로 증가시키기 위한 정적 처짐량의 δ의 값은 무엇인가? [14-3]
① 2배로 증가시킨다.
② $\dfrac{1}{2}$로 감소시킨다.
③ 4배로 증가시킨다.
④ $\dfrac{1}{4}$로 감소시킨다.

해설 고유 진동 주파수 $f_n = \dfrac{1}{2\pi}\sqrt{\dfrac{k}{m}} = \dfrac{1}{2\pi}\sqrt{\dfrac{k}{\delta}}$ 이므로 δ를 $\dfrac{1}{4}$로 감소시키면 2배로 증가하게 된다.

20. 진동을 표시할 때 log 눈금을 주로 사용하는데, 이러한 로그 눈금상의 크기를 비교하여 표시한 데시벨(dB) 산출 공식으로 맞는 것은? (단, a : 측정치, a_{ref} : 참고치) [06-1]
① $20\log_{10}(a/a_{ref})$
② $20\log_{10}(a_{ref}/a)$
③ $10\log_{10}(a/a_{ref})$
④ $10\log_{10}(a_{ref}/a)$

21. 다음 중 회전수를 나타내는 의미가 아닌 것은? [07-3]
① rpm   ② cpm
③ cps   ④ ppm

22. 다음 중 진동의 크기를 알아내는데 필요한 진폭 표시의 파라미터에 속하지 않는 것은? [09-2, 19-1]
① 변위   ② 속도
③ 가속도   ④ 위상

해설 진폭을 나타내는 요소는 변위, 속도, 가속도가 있다.

23. 다음 진폭을 나타내는 파라미터 중 거리로 측정하는 것은? [08-1, 11-2, 17-3]
① 속도   ② 변위
③ 가속도   ④ 중력

정답 17. ② 18. ② 19. ④ 20. ① 21. ④ 22. ④ 23. ②

해설 진폭을 나타내는 요소는 변위, 속도, 가속도가 있는데 그 중에서 거리는 변위로 나타낸다.

24. 다음 중 변위 진동의 표현 단위가 아닌 것은? [16-2]
① m ② mm ③ μm ④ mm/s

해설 mm/s는 속도 진동의 단위이다.

25. 진동의 측정에서 진동 속도의 단위로 맞는 것은? [13-1]
① g ② μm
③ mm/s ④ mm/s^2

26. 변위(μm)와 속도(mm/s)의 관계식으로 옳은 것은? (단, V : 속도, D : 변위, f : 주파수이다.) [12-3]

① $V=\left(\dfrac{1.59}{f}\right)\times 10^2$

② $V=2\pi fD\times 10^{-3}$

③ $V=\dfrac{D}{(2\pi f)^2}\times 10^6$

④ $V=\dfrac{(2\pi f)^2 D}{9.81}\times 10^{-6}$

해설 속도(V)는 변위(D)에 회전 각속도(ω)를 곱한 값이다($\omega=2\pi f$).

27. 다음 용어에 대한 설명 중 틀린 것은 어느 것인가? [13-1]
① 변위란 진동의 상한과 하한의 거리를 말한다.
② 속도란 거리를 몇 초에 지나가는가를 의미한다.
③ 가속도란 단위 시간당 거리의 증가를 말한다.
④ 실효값이란 진동의 에너지를 표현하는데 적합한 값이다.

해설 가속도란 단위 시간당 속도의 증가를 말한다.

28. 구름 베어링의 상태 감시 수단으로 적절한 진동 측정 변수(parameter)는 어느 것인가? [11-2]
① 변위 ② 속도
③ 가속도 ④ 위상

해설 구름 베어링은 높은 주파수가 발생하므로 가속도 파라미터를 사용한다.

29. 일정한 정점에 대하여 다른 정점의 순간적인 위치 및 시간의 지연을 나타내는 것은 무엇인가? [14-1]
① 변위 ② 위상
③ 댐핑 ④ 주기

해설 위상 : 일정한 정점(부품)에 대하여 다른 정점의 순간적인 위치 및 시간의 지연(time delay)이다.

30. 교류 신호에서 반복 파형의 한 주기 사이에서 어느 순간 지점의 위치를 나타내는 것은? [14-2, 21-1]
① 위상 ② 주기
③ 진폭 ④ 주파수

정답 24. ④ 25. ③ 26. ② 27. ③ 28. ③ 29. ② 30. ①

3. 진동 측정

3-1 진동 측정의 개요

(1) 개요

진동 측정은 측정 절차, 측정 위치, 측정 방향, 센서 선정, 센서 설치를 정확히 하여 측정하여야 한다.

① **오실로스코프(oscilloscope)** : 실시간으로 변화하는 진동 현상을 파형으로 관측할 수 있다. 이것은 진동을 진폭 대 시간으로 취하는 것이며 시간을 중심으로 하는 해석이 된다. 대부분의 진동은 많은 주파수 성분이 서로 중복되어서 진동 현상으로 나타나고 있기 때문에 이러한 시간 역의 해석에서는 주파수(진동수)를 정량적으로 파악할 수 없다.

② **디지털 FFT(digital fast fourier transform)** : 디지털 FFT 분석기에는 시간 역과 함께 그 신호로부터 나오는 특징적인 성분을 각 주파수마다 레벨로 분해하며 표시하는 주파수 역도 관측할 수 있다.

3-2 진동 측정 시스템

측정 시스템은 측정 및 분석의 결과에 큰 영향을 미치므로 이는 센서로부터 데이터를 받아 전치 증폭기를 통해 필터에서 적정한 신호를 걸러서 검출한 다음 신호 처리하여 모니터에 보여 주는 단계를 걸친다.

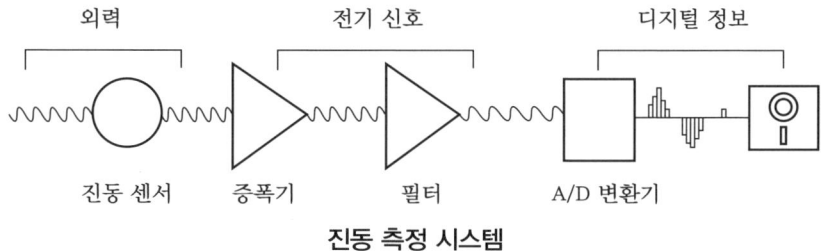

진동 측정 시스템

(1) 신호 처리 시스템

신호 처리 시스템은 세 부분으로서, 회전기계 진동의 물리량을 검출하는 검출부, 아날로그 신호를 디지털 신호로 변화시키는 변환부, 변환된 신호를 보여 주는 신호 처리부로 구성된다.

① **신호 처리 기능** : 진동 신호를 분석할 때 측정된 복합 진동 성분을 시간 대역, 주파수 대역 그리고 전달 특성을 FFT 분석기 1대만으로 해석할 수 있지만, 진동들의 상대적인 관계를 알기 위해서는 2채널 이상의 분석기가 필요하게 된다.

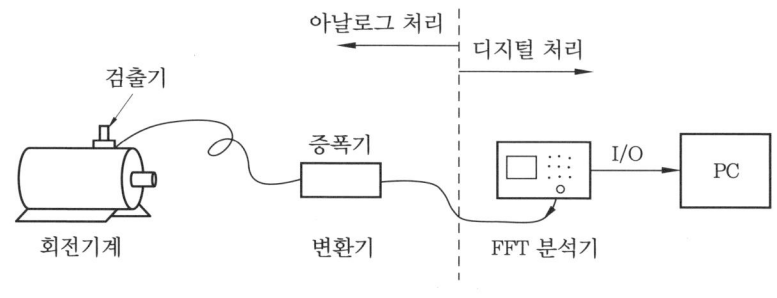

신호 처리 시스템의 구성

② **디지털 신호 해석** : 고속 푸리에 변환(fast fourier transform : FFT)은 신호를 고속도로 처리하고 해석 주파수 범위를 쉽게 조절할 수 있는 디지털 신호 해석이다.

③ **디지털 신호 처리**

  (가) 신호의 샘플링 : 컴퓨터를 이용하여 어떤 신호로부터 원하는 정보를 추출하기 위하여 신호 처리를 할 때는 A/D 변환기를 사용하여 연속적 신호를 이산적 신호로 바꾸어야 한다.

    ㉮ 샘플링 시간과 분석에 필요한 데이터의 개수의 양을 결정해야 한다.

    ㉯ 신호에 내포된 가장 높은 주파수와 신호 처리 주파수 대역을 알아야 한다.

    ㉰ 엘리어싱(aliasing) 현상 방지 : 데이터 샘플링 시간이 큰 경우 높은 주파수 성분의 신호를 낮은 주파수 성분으로 인지하는 현상을 방지하기 위해 샘플링 시간을 작게 해야 한다.

  (나) 데이터의 경향(trend) 제거 방법 : 일반적으로 데이터의 경향을 제거하는 방법은 최소 자승법을 이용하는 것이 보통이다.

  (다) 주밍(zooming) : FFT를 이용하여 스펙트럼 해석을 하는 경우 비교적 큰 주파수 성분을 내포하는 신호를 매우 작은 분해능(resolution)으로 해석하고자 할 때 데이터의 개수 N이 매우 커야만 한다. 그러므로 FFT를 행할 때 처리할 수 있는 최대 데이터 개수가 2048개일 경우 문제점을 극복하는 방법으로 데이터 주밍(data zooming) 방법이 사용된다.

④ FFT 분석기

㈎ 40 kHz 대역까지 사용할 수 있다.

㈏ 엘리어싱의 샘플링 정리 : 엘리어싱은 아날로그 신호를 디지털로 변환할 때 발생되는 현상으로 아날로그 신호의 고주파 성분이 디지털로 변환되는 과정에서 저주파 성분과 뒤섞여 구분할 수 없게 되는 현상이다. 이것을 주파수의 반환 현상이라 한다.

㈐ 샘플링 비(sampling rate)는 샘플링되는 신호에서 가장 높은 성분의 2배 이상이어야 한다.

㈑ 주파수의 전대역이 DC~50 kHz이고 설정된 주파수 대역폭이 1~3 kHz일 때 디지털 필터를 사용한다면 다음과 같다.

　㉮ 저주파 통과 필터 : 0~3 kHz로 설정된 4 kHz 이하의 주파수 성분만 통과

　㉯ 고주파 통과 필터 : 1~50 kHz로 설정된 1 kHz 이상의 주파수 성분만 통과

　㉰ 대역 통과 필터 : 1~3 kHz로 설정된 주파수 대역의 성분만 통과

　㉱ 대역 소거 필터 : 1.5~2 kHz로 설정된 주파수 대역을 제외한 성분만 통과

㈒ 시간 윈도(time window)

　㉮ 주기 신호에는 플랫 톱 윈도(flat top window)

　㉯ 랜덤 신호에는 해닝 윈도(hanning window)

　㉰ 트랜젠트 신호에는 구형 윈도(rectangular window)

㈓ 피켓펜스 효과 : 주파수 영역에서 1/3 옥타브 분석과 같이 분리된 필터를 사용하여 샘플링하기 때문에 발생한다.

3-3 진동 측정용 센서

- 전하 감도 센서 : 단위 물리량에 대해 발생시키는 전하를 측정하며 단위는 $\dfrac{pC}{g}$ 이다.

- 전압 감도 센서 : 단위 물리량에 대해 발생시키는 전압을 측정하며 단위는 $\dfrac{mV}{g}$ 이다.

- 사용 단위 mV, pC(pico coulomb)는 전기량의 단위로서 $1pC=10^{-12}$이며, 전하 감도 가속도계 센서는 용량성 부하의 영향을 받지 않으므로 케이블의 길이가 변해도 감도는 변하지 않으나, 전압 감도 가속도계 센서는 케이블의 길이가 용량에 영향을 받으므로 감도가 변한다.

(1) 센서의 종류

① **접촉형** : 속도, 가속도 검출형

(가) 속도 센서

㉮ 다른 센서보다 형태가 커서 자체 질량의 영향을 받는다.

㉯ 외부의 전원이 없어도 영구자석에서 전기 신호가 발생한다.

㉰ 감도가 안정적이지만 출력 임피던스가 낮다.

㉱ 자장이 강한 장소에서는 사용하기 힘들다.

㉲ 내부에 스프링과 자석을 장기간 동안 사용하면 내구성이 짧아진다.

(나) 가속도 센서

㉮ 적은 출력 전압에서 가속도 레벨이 낮아지는 취약성이 나타나고, 높은 주파수 대역에서는 저주파 결함이 나타난다(약 5 Hz로 제한).

㉯ 매우 고감도이므로 정교하게 나사나 밀랍으로 고정해야 한다.

㉰ 중·고주파수 대역(10 kHz 이하)의 가속도 측정에 사용한다.

㉱ 소형 경량이고 출력 임피던스가 커서 높은 주파수 측정에 알맞다.

㉲ 충격, 온도, 습도, 바람, 큰 소음과 진동, 방사선 등의 영향을 받는다.

㉳ 케이블의 용량에 따라 감도가 변화할 수 있다.

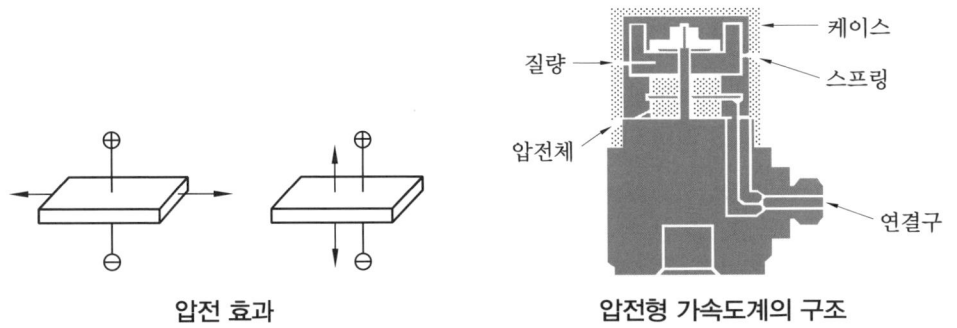

압전 효과　　　　　압전형 가속도계의 구조

② **비접촉형** : 변위 검출형

(가) 변위 센서 : 진동의 변위를 측정하며, 축의 운동이 직선일 경우 고감도 와전류형 변위 센서가 사용된다.

(2) 진동 센서의 선정 조건

① 축이 돌출되었을 때 또는 플렉시블 로터 베어링 시스템에서 시간 신호를 해석할 때는 변위 센서를 사용한다.

② 축이 돌출되지 않은 경우(기어 박스 내에 있는 내부 축 등) 또는 로터의 경우 베어링

시스템이 강성일 때는 속도 센서나 가속도 센서를 사용한다.
③ 주요 진동이 1 kHz 이상의 주파수일 때 가속도 센서 사용, 10~1000 Hz의 주파수일 때는 속도 센서나 가속도 센서를 사용한다.

(3) 진동 센서의 설치

① **변위 센서** : 회전기계의 진단을 행할 경우 그 회전축의 중심 위치와 운동 방향을 알 필요가 있어 회전축의 반경 방향의 진동 범위를 서로 90° 떨어진 2개의 변위계로 측정해야 한다.

② **속도 센서** : 통상 1000 Hz 이하에서 사용되지만, 그림 B, C와 같은 부착법을 사용할 때는 우선 접촉 공진을 고려할 필요가 있으며 하이패스 필터를 사용하여 1 kHz 이상의 주파수 성분을 출력하면 좋다.

③ **가속도 센서** : 가속도계는 원하는 측정 방향과 주 감도축이 일치하도록 부착되어야 한다.

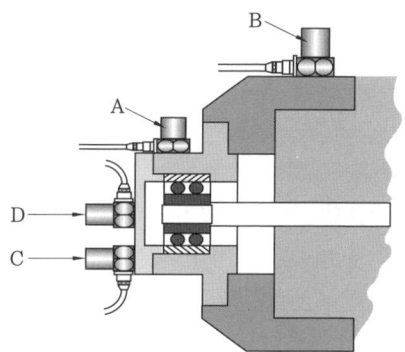

압전형 가속도계의 부착법

 ㈎ 나사 고정   ㈏ 에폭시 시멘트 고정
 ㈐ 밀랍 고정   ㈑ 자석 고정
 ㈒ 절연 고정
  ㉠ 운모 와셔와 나사못은 센서의 몸체가 측정물로부터 전기적으로 절연되어야 하는 곳에 사용된다.
  ㉡ 접지 루프를 방지하는 역할을 하고 주위의 영향을 받는 곳에서는 더욱 필요하다.
  ㉢ 두꺼운 운모 와셔로부터 얇은 막을 벗겨 내어 사용한다.
 ㈓ 손 고정
  ㉠ 꼭대기에 가속도계가 고정된 막대 탐촉자는 빠른 측정에는 편리하다.
  ㉡ 가속도계의 고정 및 이동이 쉽다.
  ㉢ 손의 흔들림으로 인해서 전체적인 측정 오차가 생길 수 있다.
  ㉣ 사용 주파수 영역이 좁으며 정확도가 떨어져 측정 오차가 크다.

(4) 진동 센서의 영향

① **온도의 영향** : 가속도계 사용 환경의 온도가 급격히 변하면 온도 영향이 가속도계의 출력으로 나타나는 수가 있다.
② **마찰 전기 잡음** : 가속도계 사용 중 가속도계의 케이블이 진동하게 되면 케이블 내부의 철망이 내부 절연체로부터 벗어나게 되며, 이때 철망과 내부 절연체 사이에 전기

장이 발생하여 이것이 철망에 전류를 유도하여 가속도계를 사용할 때 잡음 성분으로 나타나게 된다.

③ 환경 조건의 영향

(가) 기저부 응력 상태 : 기저부의 응력에 의한 영향은 가속도계의 기저부를 두껍게 설계하여 줄일 수 있다. 이때는 델타 전단형 센서를 사용한다.

(나) 습기 : 습기 센서 자체는 기밀이 아주 잘 유지된 상태이지만 커넥터와의 연결 부위에서 문제가 생길 우려가 있으므로 습기가 많을 때는 실리콘 접착제를 연결 부위에 도포해 주는 것이 좋다.

(다) 음향 : 가속도계가 측정하는 진동 신호에 비해 그 영향은 무시될 수 있다.

(라) 내식성 : 가속도계의 외곽은 부식성 물질에 대한 내식성이 강한 재질로 만들어져 있다.

(마) 자기장 : 자기장에 대한 민감도는 $0.01 \sim 0.25\,\mathrm{ms}^{-2}$/K. Gauss 이하이다.

(바) 방사능 : 10KRad/h 이내 및 누적 조사량 2MRad 이내의 환경에서는 영향 없이 사용될 수 있다.

예 | 상 | 문 | 제

설비보전산업기사

1. 기어, 베어링 및 축 등으로부터의 검출된 시간 영역의 여러 진동 신호를 주파수 영역의 신호로 변환하는 분석기는? [10-2]
① 디지털 신호 분석기
② FFT 분석기
③ 소음 분석기
④ 유 분석기

2. 다음 중 디지털 신호 처리에서 일반적으로 데이터의 경향을 제거하는 방법으로 옳은 것은? [17-2]
① 최소 자승법 ② 최대 자승법
③ 이산적 신호법 ④ 데이터 주밍법

해설 일반적으로 데이터의 경향을 제거하는 방법은 최소 자승법을 이용하는 것이 보통이다.

3. 신호 처리를 하는 경우 최소 주파수와 최고 주파수 구간을 설정하여 사용하는 필터는 어느 것인가? [15-2]
① 로우 패스 필터(low pass filter)
② 밴드 제거 필터(band stop filter)
③ 하이 패스 필터(high pass filter)
④ 밴드 패스 필터(band pass filter)

4. 전치 증폭기의 기능은? [16-3, 19-3]
① 전류 증폭과 리액턴스 결합
② 전압 증폭과 리액턴스 결합
③ 신호 증폭과 임피던스 결합
④ 전압 증폭과 임피던스 결합

5. 진동 측정을 할 때 사용하는 진동 센서의 종류가 아닌 것은? [13-1]
① 가속도 검출형 센서
② 속도 검출형 센서
③ 변위 검출형 센서
④ 고주파 검출형 센서

해설 진동 센서의 종류에는 속도, 가속도, 변위 검출형이 있다.

6. 다음 중 설명이 옳은 것은? [08-1]
① 변위 측정-기어 및 베어링 진동 측정
② 가속도 측정-회전체의 불평형 및 구조 진동 측정
③ 속도 측정-전동기의 전기적 진동과 같이 2kHz 이하의 진동 측정
④ 절대 위상 측정-설비의 결함 원인 분석

해설 가속도를 파라미터로 한 진동 특성은 고주파 성분의 영향을 강조하는 경향이 있다. 반면에 변위를 파라미터로 하는 경우에는 저주파 성분이 상대적으로 강조된다.

7. 다음 중 변위 센서에 사용되는 것은 어느 것인가? [07-1, 11-2, 17-3]
① 동전형 센서   ② 압전형 센서
③ 기전력 센서   ④ 와전류형 센서

해설 변위 센서는 저속으로 회전하는 저널 베어링 상태 감시용으로 가장 많이 사용하는 진동 센서로 와전류식, 전자 광학식, 정전 용량식 등이 있다. 축의 운동과 같이 직선 관계 측정 시 고감도 오실레이터는 와전류형 변위 센서가 사용된다.

정답 1. ② 2. ① 3. ④ 4. ③ 5. ④ 6. ③ 7. ④

8. 변위 센서의 종류가 아닌 것은 어느 것인가? [16-2, 18-1]
① 압전형 ② 와전류형
③ 전자 광학형 ④ 정전 용량형

해설 변위 센서는 와전류식, 전자 광학식, 정전 용량식 등이 있다.

9. 진동 측정용 센서 중 비접촉형으로 변위 검출용에 사용되는 센서가 아닌 것은?
① 용량형 센서 [16-3]
② 동전형 센서
③ 와전류형 센서
④ 전자 광학형 센서

해설 동전형 속도 센서의 측정에 사용하는 법칙은 발생 기전력이 도체의 속도에 비례하는 패러데이의 전자 유도 법칙을 사용한 것이다.

10. 다음 중 속도 센서로 널리 사용되는 동전형 센서의 측정에 사용하는 법칙 또는 효과는 무엇인가? [06-3, 11-3, 17-2]
① 압전의 법칙
② 렌츠의 법칙
③ 오른 나사의 법칙
④ 패러데이의 전자 유도 법칙

해설 가동 코일이 붙은 추가 스프링에 매달려 있는 구조로 진동에 의해 가동 코일이 영구자석의 자계 내를 상하로 움직이면 코일에는 추의 상대 속도에 비례하는 기전력이 발생한다. 이것은 Faraday의 전자 유도 법칙에 의하여 발생하는 기전력을 이용한 것이며, 기전력 e는 $e \propto B \times V$이다.

11. 다음 센서 중 가속도 센서로 사용되는 것은? [18-2]
① 압전형 ② 동전형
③ 와전류형 ④ 전자 광학형

해설 압전형 가속도 센서의 특징은 적은 출력 전압에서 가속도 레벨이 낮아지는 취약성과 높은 주파수 대역에서는 저주파 결함이 나타난다(약 5 Hz로 제한). 또한 마운팅에 매우 고감도이므로 손으로 고정할 수 없고 정교하게 나사로 고정해야 한다.

12. 베어링의 결함 유무를 측정하고자 할 때 사용되는 진동 측정용 센서는? [14-2]
① 변위계 ② 속도계
③ 가속도계 ④ 레벨계

해설 베어링에서 발생시키는 주파수는 고주파이므로 고주파 측정에 적합한 센서는 가속도계이다.

13. 진동 측정기기의 검출단 설치 방법 중 주파수 특성이 가장 넓은 것은? [10-2]
① 접착제
② 비왁스(bee wax)
③ 마그네틱(magnetic)
④ 손 고정

해설 주파수 영역 : 나사 고정 31 kHz, 접착제 29 kHz, 비왁스 28 kHz, 마그네틱 7 kHz, 손 고정 2 kHz

14. 다음과 같은 가속도계의 설치 방법 중 가장 높은 주파수 응답 범위를 얻을 수 있는 것은? [08-3, 10-1]
① 손 고정 ② 나사 고정
③ 접착제 고정 ④ 자석 고정

해설 가속도 센서 부착 방법 중 주파수 영역이 넓은 순서 : 나사 > 에폭시 시멘트 > 밀랍 > 자석 > 손

정답 8. ① 9. ② 10. ④ 11. ① 12. ③ 13. ① 14. ②

15. 다음 가속도계 센서 부착 방법 중 사용 주파수 영역이 가장 좁은 방법은? [20-3]
① 손 고정
② 밀랍 고정
③ 자석 고정
④ 나사 고정

[해설] 가속도 센서 부착 방법 중 주파수 영역이 넓은 순서 : 나사＞에폭시 시멘트＞밀랍＞자석＞손

16. 가속도계를 기계에 설치하려 하나 드릴이나 탭을 사용하여 구멍을 뚫을 수 없을 때 사용하는 센서 고정법으로 고정이 빠르고, 장기적 안정성이 좋으나 먼지와 습기는 접착에 문제를 일으킬 수 있고, 가속도계를 분리할 때 구조물에 잔유물이 남을 수 있는 방법은? [13-3, 16-1]
① 손 고정
② 절연 고정
③ 마그네틱 고정
④ 에폭시 시멘트 고정

17. 센서 부착 방법 중 일반적인 에폭시 시멘트 고정의 특징으로 틀린 것은? [17-1]
① 고정이 빠르다.
② 먼지와 습기가 많아도 접착에는 문제가 없다.
③ 사용할 수 있는 주파수 영역이 넓고 정확도와 안정성이 좋다.
④ 에폭시를 사용할 경우 고온에서 문제가 발생될 수 있다.

[해설] 먼지와 습기를 제거하고 시공하여야 접착에 문제가 없다.

18. 센서 부착 방법 중 일반적인 밀랍 고정의 특징으로 틀린 것은? [12-1, 19-3]
① 장기적 안정성이 좋다.
② 고정 및 이동이 용이하다.
③ 사용 후 구조물의 접착면을 깨끗이 할 수 있다.
④ 먼지, 습기, 고온은 접착에 문제를 발생시키지 않는다.

[해설] 밀랍 고정에서 먼지, 습기, 고온은 접착에 문제를 발생시킨다.

19. 가속도 센서의 부착 방법 중 마그네틱 고정 방식의 특징이 아닌 것은? [16-1]
① 습기에 문제가 없다.
② 먼지와 온도에 문제가 없다.
③ 가속도계의 고정 및 이동이 용이하다.
④ 작은 구조물에는 자석의 질량 효과가 크다.

[해설] 가속도 센서의 부착법은 먼지와 높은 온도 등 장기적인 안정성에 문제가 많다.

20. 진동을 측정할 때 축을 기준으로 진동 센서를 부착하여 측정하려 한다. 사용되는 측정 방향이 아닌 것은? [07-3]
① 축 방향
② 수직 방향
③ 임의 방향
④ 수평 방향

[해설] 진동 센서를 이용하여 기계 설비의 진동을 측정하는 경우에 수평(H) 방향, 수직(V) 방향, 축(A) 방향으로 측정한다.

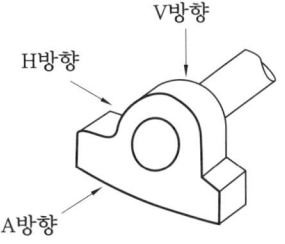

정답 15. ① 16. ④ 17. ② 18. ④ 19. ② 20. ③

21. 베어링이 스러스트 하중을 받고 있는 경우 진동 센서는 어느 방향으로 부착하는 것이 좋은가? [12-3]

① 수직 방향 ② 수평 방향
③ 축 방향 ④ 45° 방향

해설 베어링이 스러스트 하중을 받고 있는 경우 진동 센서는 축 방향에 부착되는 쪽이 감도가 좋다.

22. 기계 설비의 진동을 측정할 때 진동 센서의 부착 위치가 올바른 것은? [09-3, 13-3]

① 베어링 하우징 부위
② 커플링의 연결 부위
③ 플라이 휠(fly wheel)의 외주 부위
④ 맞물림 기어의 구동 부위

해설 커플링, 플라이 휠, 기어 구동부에는 센서를 설치할 수 없으므로 인접한 베어링부 또는 움직이지 않는 부분에 설치하여 측정한다.

23. 다음 중 진동 측정 시 주의해야 할 점이 아닌 것은? [11-1, 15-2, 16-3]

① 항상 동일한 방향으로 측정한다.
② 진동계를 바꿔가면서 측정한다.
③ 항상 동일한 장소를 측정한다.
④ 언제나 같은 센서를 사용한다.

해설 다수의 진동 측정에는 동일 진동 측정기를 사용하여야 한다.

정답 21. ③ 22. ① 23. ②

4. 소음 이론과 측정

4-1 소음의 개요

(1) 소음과 음향
 소리는 음악을 듣는다거나 새의 노래 소리를 듣는 것과 같이 즐거움을 주는 소리를 음향(acoustic)이라 하고, 우리 인간의 귀에 거슬리는 소리, 즉 문이 삐걱거리는 소리나 기계에서 발생하는 시끄러운 소리를 소음(noise)이라 한다.

(2) 소음과 진동의 관련성
① 소음과 진동은 매질 내의 한 부분에 외부 힘을 가할 때 매질의 탄성에 의해서 초기 에너지가 매질의 다른 부분으로 전달되는 현상이다.
② 이때 가해지는 외부 힘은 어떠한 형태라도 상관없다. 예를 들어서 대기 중을 진행하는 음파와 동일한 주파수의 진동을 발생시킨다.
③ 이와는 반대로 진동을 하는 벽은 벽 바로 앞의 대기 입자에 힘을 가해서 소음을 발생시킨다.
④ 소음과 진동은 진행 과정에서 상호 교환 발생이 가능하다. 따라서 효과적인 공장 소음 대책은 소음과 진동을 동시에 고려하는 것이 바람직하다.
⑤ 소음과 진동은 본질적으로 원리가 비슷하다. 그러나 실제로 소음 측정은 대기 중에서 행하여지고, 진동 측정은 고체를 대상으로 이루어지기 때문에 소음과 진동의 측정과 분석 "방법"에는 큰 차이가 있다.

4-2 소음의 물리적 성질

(1) 소음의 물리적 성질
① **음파의 종류**
 ㈎ 평면파 : 음파의 파면들이 서로 평행한 파, 그 예로 긴 실린더의 피스톤 운동에 의해 발생하는 파
 ㈏ 발산파 : 음원으로부터 거리가 멀어질수록 더욱 넓은 면적으로 퍼져나가는 파
 ㈐ 구면파 : 음원에서 모든 방향으로 동일한 에너지를 방출할 때 발생하는 파

㈑ **진행파** : 음파의 진행 방향으로 에너지를 전송하는 파

㈒ **정재파** : 둘 또는 그 이상의 음파의 간섭에 의해 시간적으로 일정하게 음압의 최고와 최저가 반복되는 패턴의 파, 그 예로 튜브 악기, 파이프 오르간 등에서 발생하는 파

② **음의 굴절** : 음파가 한 매질에서 다른 매질로 통과할 때 구부러지는 현상을 말한다.

㈎ 온도차에 의한 굴절

㈏ 풍속차에 의한 굴절

③ **반사, 투과와 흡수** : 매질을 통과하는 음파가 어떤 장애물을 만나면 일부는 반사되고 일부는 장애물을 투과하면서 흡수되고, 나머지는 장애물을 투과하게 된다. 이와 같이 평탄한 장애물이 있을 경우 입사파와 반사파는 동일 매질 내에 있고, 입사각과 동일한 것을 반사 법칙이라 한다.

- 입사음의 세기 I_i, 입사음압 P_i
- 반사음의 세기 I_r, 반사음압 P_r
- 투과음의 세기 I_t, 투과음압 P_t
- 흡수음의 세기 I_a, 흡수음압 P_a

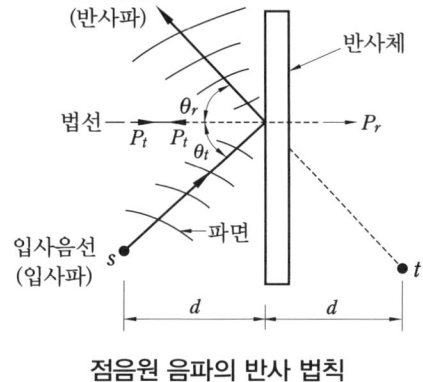

점음원 음파의 반사 법칙

㈎ 반사율 $\alpha_r = \dfrac{\text{반사음의 세기}}{\text{입사음의 세기}} = \dfrac{I_r}{I_i}$

㈏ 투과율 $\tau = \dfrac{\text{투과음의 세기}}{\text{입사음의 세기}} = \dfrac{I_t}{I_i}$

㈐ 흡음률 $\alpha = \dfrac{(\text{입사음} - \text{반사음})\text{의 세기}}{\text{입사음의 세기}} = \dfrac{I_i - I_r}{I_i}$

④ **간섭** : 두 개 이상의 음파가 서로 다른 파동 사이의 상호작용으로 나타나는 현상으로서 음파가 겹쳐질 경우 진폭이 변하는 상태를 말한다. 음의 간섭에는 보강 간섭, 소멸 간섭 및 맥놀이 현상이 있다.

⑤ **호이겐스 원리** : 어떤 점에서 빛이 나갈 때, 빛이 일정 시간(t) 후에 퍼진 면(포락선)이 생기면, 그 포락선의 모든 점에서 빛이 또 다시 나가는 현상을 말한다.

⑥ **마스킹 효과** : 음원이 두 개인 경우 소리의 크기가 서로 다른 소리를 동시에 들을 때 큰 소리만 들리고 작은 소리는 듣지 못하는 현상이다.

⑦ **음의 회절** : 회절은 투과되지 않은 음이 장애물에 입사한 경우 장애물의 크기가 입사음의 파장보다 크면 음이 장애물 뒤쪽으로 전파하는 현상을 말한다. 즉, 물체에 있는 틈새 구멍이 작을수록 회절이 잘 일어난다.

⑧ **도플러 효과** : 음원이 이동할 경우 음원이 이동하는 방향 쪽에서는 원래 음보다 고주파음(고음)으로 들리고, 음이 이동하는 반대쪽에서는 저주파음(저음)으로 들리는 현상을 말한다.

(2) 음의 제량 및 단위

① 음파(sound wave)

㈎ 기본음(fundamental tone) : 물체가 진동하여 소리를 낼 때 진동수가 가장 적은 기본 진동에 해당하는 소리를 말한다.

㈏ 파장(λ, wavelength) : 음파의 한 주기에 대한 거리 또는 위상의 차이가 360°가 되는 거리로 정의되며, 단위는 [m]이다. 음의 전달 속도를 음속 c[m/s]라 하면 파장은 $\lambda = \dfrac{c}{f}$이다.

㈐ 주파수(f, frequency) : 음파가 1초에 몇 번 진동하는지를 측정하는 단위이며, 초당 사이클을 의미한다.

㈑ 주기(T, period) : 진동 현상에서 정현파의 왕복 운동이 한 번 이루어지거나 물리적인 값의 요동이 한 번 일어날 때까지 걸리는 시간을 의미한다.

㈒ 진폭(A, amplitude) : 파형의 산이나 골과 같이 진동하는 입자에 의해 발생하는 최대 변위값을 말하며, 단위는 [m]이다. 음파에 의한 공기 입자의 진동 진폭은 실제로 매우 작은 값인 0.1 nm 정도이다.

㈓ 변위(D, displacement) : 진동하는 공기의 어떤 순간의 위치와 그것의 평균 위치와의 거리로 입자 변위라고도 하며, 단위는 [m]이다.

㈔ 음의 전파 속도(c, speed of sound) : 음의 전파 속도(음속)는 음파가 1초 동안에 전파하는 거리를 말하며, 단위는 [m/s]이다. 공기 중에서의 음속은 기압과 공기 밀도에 따라 변하게 된다.

㈕ 음의 세기(I, sound intensity) : 단위 시간에 음의 진행 방향에 수직하는 단위 면적을 통과하는 음의 에너지를 말하며, 단위는 [W/m^2]이다.

㈖ 음압(P, sound pressure) : 소밀파의 압력 변화의 크기를 말하며, 단위는 [N/m^2(=Pa)]이다.

㈗ 음향 출력(W, acoustic power) : 단위 시간에 음원으로부터 방출되는 음의 에너지를 말하며, 단위는 [W(watt)]이다.

② 음의 [dB] 단위

(가) dB(decibel) : 음의 크기를 파스칼(Pa)의 압력 단위로 나타낼 경우 숫자가 너무 커 사용하기 불편하여 [dB]을 사용한다.

$$1dB = 10\log_{10}\left(\frac{P}{P_0}\right)$$

여기서, P : power, P_0 : 기준 power이며, dB는 음압의 r.m.s.값에 의해서 정의된다. P_0는 정상 청력을 가진 사람이 1000 Hz에서 가청할 수 있는 최소 음압 실효값 ($2 \times 10^{-5} N/m^2$)이며, P는 대상음의 음압 실효값이다. 가청 한계는 $60 N/m^2$, 즉 130 dB 정도이다.

(나) dB의 대수법 : 두 음압을 합하고자 할 때 다음과 같은 식을 이용한다.

두 개의 음압이 L_{P1}, L_{P2}일 때,

합성음 $L_{Pt} = 10\log_{10}\left(10^{\frac{L_1}{10}} + 10^{\frac{L_2}{10}}\right)$

(다) 음의 세기 레벨(SIL, sound intensity level) : I_0는 최저 가청 압력 $P_0 = 2 \times 10^{-5} N/m^2$에 해당하는 기준 세기로서 $I_0 = 10^{-12} W/m^2$로 정의하며, I는 대상음의 세기이다.

(라) 음압 레벨(음압도, SPL, sound pressure level) : $SPL = 20\log_{10}\left(\frac{P}{P_0}\right)[dB]$

(마) 음향 파워 레벨(PWL, sound power level) : $PWL = 10\log_{10}\left(\frac{W}{W_0}\right)[dB]$

여기서, W_0 : 기준 음향 파워($10^{-12} W$), W : 대상 음원의 음향 파워

(바) 음의 크기 레벨(L_L, loudness level) : 감각적인 음의 크기를 나타내는 양으로 같은 음압 레벨이라도 주파수가 다르면 같은 크기로 감각되지 않는다. 단위는 [pone]이다.

(사) 음의 크기(S, loudness) : 1000 Hz 순음의 음의 세기 레벨 40 dB의 음 크기를 1 sone으로 정의하며, 단위는 [sone]이다. S의 값이 3배, 4배 등으로 증가하면 감각량의 크기도 3배, 4배 등으로 증가한다.

(아) 소음 레벨(소음도, SL, sound level) : 소음계의 청감 보정 회로 A, B, C 등을 통하여 측정한 값을 소음 레벨이라 말하며, 단위는 [dB(A)], [dB(B)] 등이다.

4-3 음의 발생과 특성

(1) 음의 발생과 특성
① **음의 발생**
  ㈎ 고체음 : 북이나 타악기, 스피커, 기계의 충격음, 마찰음과 같이 물체의 진동에 의한 기계적 원인으로 발생한다.
  ㈏ 기체음 : 관악기나 불꽃의 폭발음, 선풍기음, 압축기음 및 음성과 같이 직접적인 공기의 압력 변화에 의한 유체 역학적 원인으로 발생한다.
② **공명** : 2개의 진동체의 고유 진동수가 같을 때 한쪽을 진동시키면, 다른 쪽도 공명하여 진동하는 현상이다.
③ **진동에 의한 고체음 방사**
④ **기체에 의한 공기음 방사**
  ㈎ 개구부로부터의 방사음
  ㈏ 개구부의 기류음

(2) 소음의 거리 감쇠
① 점음원의 경우
② 선음원의 경우
③ 면음원의 경우
④ 대기 조건에 따른 감쇠
⑤ 수목 기타에 의한 감쇠

예|상|문|제

1. 음파의 종류 중 음원으로부터 거리가 멀어질수록 더욱 넓은 면적으로 퍼져나가는 파는? [18-3]
① 평면파　　② 구면파
③ 진행파　　④ 발산파

해설 모든 음은 음원으로부터 거리가 멀어질수록 넓은 면적으로 퍼져나가므로 전부 정답
㉠ 평면파(plane wave) : 음파의 파면들이 서로 평행한 파, 그 예로 긴 실린더의 피스톤 운동에 의해 발생하는 파
㉡ 구면(형)파(spherical wave) : 음원에서 모든 방향으로 동일한 에너지를 방출할 때 발생하는 파, 그 예로 공중에 있는 점음원
㉢ 진행파(progressive wave) : 음파의 진행 방향으로 에너지를 전송하는 파
㉣ 발산파(diverging wave) : 음원으로부터 거리가 멀어질수록 더욱 넓은 면적으로 퍼져나가는 파, 즉 음의 세기가 음원으로부터 거리에 따라 감소하는 파

2. 음의 전파 중 장애물 뒤쪽으로 음이 전파되는 현상은? [15-3]
① 음의 간섭
② 음의 굴절
③ 음의 확산
④ 음의 회절

해설 음의 회절(diffraction of sound wave) : 장애물 뒤쪽으로 음이 전파하는 현상이다. 음의 회절은 파장과 장애물의 크기에 다르며, 파장이 크고, 장애물이 작을수록(물체의 틈 구멍에 있어서는 그 틈 구멍이 작을수록) 회절은 잘 일어난다.

3. 다음 현상 중 음의 간섭 현상에 속하지 않는 것은? [10-3]
① 보강 간섭
② 소멸 간섭
③ 맥놀이
④ 굴절 현상

해설 음의 간섭 : 보강 간섭, 소멸 간섭, 맥놀이

4. 서로 다른 파동 사이의 상호작용으로 나타나는 음의 현상을 무엇이라 하는가? [12-2]
① 음의 반사　　② 음의 굴절
③ 음의 간섭　　④ 음의 회절

해설 두 개 이상의 음파가 서로 다른 파동 사이의 상호작용으로 나타나는 현상으로서 음파가 겹쳐질 경우 진폭이 변하는 상태를 음의 간섭이라 한다. 음의 간섭에는 보강 간섭, 소멸 간섭 및 맥놀이 현상이 있다.

5. 다음 중 공장 소음에서 마스킹(masking) 효과의 특징이 아닌 것은? [08-3]
① 두 음의 주파수가 비슷할 때는 마스킹 효과가 대단히 커진다.
② 두 음의 주파수가 거의 비슷할 때는 맥동이 생겨 효과가 감소한다.
③ 저음이 고음을 잘 마스킹한다.
④ 발음원이 이동할 때 그 진행 방향 쪽에서는 원래 발음원의 음보다 고음으로 나타난다.

해설 마스킹의 특징
㉠ 저음이 고음을 잘 마스킹한다.
㉡ 두 음의 주파수가 비슷할 때는 마스킹 효과가 대단히 커진다.

정답　1. 모두　2. ④　3. ④　4. ③　5. ④

ⓒ 두 음의 주파수가 거의 같을 때는 맥동이 생겨 마스킹 효과가 감소한다.
※ ④는 도플러 효과에 대한 설명이다.

6. 음의 한 파장이 전파되는데 소요되는 시간을 무엇이라 하는가? [07-1]
① 파장　　　② 주파수
③ 주기　　　④ 변위

해설 주기(period) : 한 파장이 전파되는데 소요되는 시간을 말하며, 그 표시 기호는 T, 단위는 초(s)이다.
$$T = \frac{1}{f} [\text{s}]$$

7. 음파가 1초 동안에 전파하는 거리를 무엇이라 하는가? [07-1]
① 음압　　　② 음량
③ 음속　　　④ 음향 임피던스

해설 음의 전파 속도(speed of sound) : 음속은 음파가 1초 동안에 전파하는 거리를 말하며, 그 표시 기호는 c, 단위는 [m/s]이다.

8. 음향 진단에서 주파수를 나타내는 관계식으로 옳은 것은? [07-1]
① $\frac{\text{소리 속도}}{\text{파장}}$　　② $\frac{\text{파장}}{\text{소리 속도}}$
③ $\frac{\text{밀도}}{\text{소리 속도}}$　　④ $\frac{\text{소리 속도}}{\text{밀도}}$

해설 주파수(frequency) : 한 고정점을 1초 동안에 통과하는 마루(산) 또는 골(곡)의 평균 수 또는 1초 동안의 사이클(cycle) 수를 말하며, 그 표시 기호는 f, 단위는 [Hz(cycle/s)]이다.
$$f = \frac{1}{T} = \frac{c}{\lambda} [\text{Hz}]$$

9. 음에너지에 의해 매질에 미소한 압력 변화가 생기는 부분은? [16-2, 07-3]
① 음장　　　② 음원
③ 음의 세기　　④ 음압

해설 음에너지에 의해 매질에는 미소한 압력 변화가 생기며 이 압력 변화 부분을 음압이라 하고, 그 표시 기호는 P, 단위는 [N/m²(= Pa)]이다. 음압 진폭 P_m(피크값)과 음압 실효값(rms) P와의 관계는 다음과 같다.
$$P = \frac{P_m}{\sqrt{2}} [\text{N/m}^2]$$

10. 다음 중 음원으로부터 단위 시간당 방출되는 총 음에너지를 무엇이라고 하는가? [09-1, 13-1, 16-3]
① 음향 출력　　② 음향 세기
③ 음향 입력　　④ 음의 회절

해설 음향 출력(acoustic power) : 음원으로부터 단위 시간당 방출되는 총 음에너지를 말하며, 그 표시 기호는 W, 단위는 [W(watt)]이다. 음향 출력 W의 무지향성 음원으로부터 r[m] 떨어진 점에서의 음의 세기를 I라 하면, $W[\text{W}] = I \times S$이며, 여기서 $S[\text{m}^2]$는 표면적이다.

11. 다음 중 소음의 크기를 나타내는 단위로 맞는 것은? [13-2]
① Hz　　　② dB
③ ppm　　　④ fc

12. 음압을 표시할 때 log 눈금을 주로 사용하는데, 이러한 로그 눈금상의 크기를 비교하여 표시한 음압도(SPL) 산출 공식은? (단, P : power, P_0 : 기준 power) [16-3]

정답 6. ③　7. ③　8. ①　9. ④　10. ①　11. ②　12. ①

① $20\log\left(\dfrac{P}{P_0}\right)$ ② $20\log\left(\dfrac{P_0}{P}\right)$

③ $10\log\left(\dfrac{P}{P_0}\right)$ ④ $10\log\left(\dfrac{P_0}{P}\right)$

13. dB 단위로 음압 레벨(SPL)의 정의로 맞는 것은? (단, P는 측정값, P_0는 최저 가청 압력이다.) [12-2]

① $SPL = 20\log\left(\dfrac{P}{P_0}\right)$[dB]$(P_0 = 20\mu\text{Pa})$

② $SPL = 10\log\left(\dfrac{P}{P_0}\right)$[dB]$(P_0 = 20\mu\text{Pa})$

③ $SPL = 20\log\left(\dfrac{P}{P_0}\right)$[dB]$(P_0 = 2\times10^{-6}\text{N/m}^2)$

④ $SPL = 10\log\left(\dfrac{P}{P_0}\right)$[dB]$(P_0 = 2\times10^{-6}\text{N/m}^2)$

14. 사람이 가청할 수 있는 최소 가청음의 세기(W/m²)는 얼마인가? (단, W/m² = 음향 출력/표면적) [06-1, 15-1]

① 10^{-12} ② 20^{-12}
③ 100^{-12} ④ 200^{-12}

해설 사람이 가청할 수 있는 최대 가청음의 세기는 10W/m^2, 최소 가청음의 세기는 10^{-12}W/m^2이다.

15. 정상적인 사람이 들을 수 있는 가청 음압의 변화 범위는 얼마인가? [08-1]

① $20\mu\text{Pa} - 200\text{Pa}$
② $11\mu\text{Pa} - 15\text{Pa}$
③ $2\mu\text{Pa} - 10\text{Pa}$
④ $0.1\mu\text{Pa} - 1\text{Pa}$

해설 사람이 들을 수 있는 소리의 크기는 최저 가청 압력인 $2\times10^{-5}\text{N/m}^2$에서 통증을 느끼기 시작하는 압력인 200N/m^2까지 광범위하기 때문에 소리의 압력 자체로서 소리의 크기를 정의하는데는 불편이 따른다.

16. 등청감 곡선(equal loudness contours)이란 무엇인가? [06-1, 15-1]

① 소음의 크기를 음압에 따라 표시한 곡선
② 사람이 귀로 듣는 같은 크기의 음압을 주파수별로 구하여 작성한 곡선
③ 정상 청력을 가진 사람이 1000Hz에서 들을 수 있는 최소 음압의 실효치
④ 음의 진행 방향에 수직하는 단위 면적을 단위 시간에 통과하는 음에너지의 양

17. 두 물체의 고유 진동수가 같을 때 한쪽을 울리면 다른 쪽도 울리는 현상은 무엇인가? [11-1]

① 음의 지향성
② 공명
③ 맥동음
④ 보강 간섭

해설 공명 : 2개의 진동체의 고유 진동수가 같을 때 한쪽을 진동시키면, 다른 쪽도 공명하여 진동하는 현상

18. 직접적인 공기의 압력 변화에 의한 유체역학적 원인에 의해 난류음을 발생시키는 것은? [12-1, 17-2]

① 압축기
② 송풍기
③ 진공 펌프
④ 엔진 배음기

해설 압축기, 진공 펌프, 엔진 배음기는 맥동음을 발생시킨다.

정답 13. ① 14. ① 15. ① 16. ② 17. ② 18. ②

5. 진동 소음 제어

5-1 기계 진동 방지 대책

(1) 개요
① 기계 진동 방지는 진동이 인체에 도달하는 경로를 파악하여 다음과 같은 순서로 대책을 세운다.
  (가) 발생원에 대해서는 진동 발생이 적은 기계를 사용한다.
  (나) 발생한 가진력에 대하여 기초가 절대로 진동하지 않도록 한다.
  (다) 기초의 진동이 지반 및 구조물에 절대로 전달되지 않도록 한다.
  (라) 지반에 전달된 진동의 전파를 방지한다.
② **진동 방지의 목적**
  (가) 진동원에서의 진동 제어, 외부로 진동이 전달되는 것을 방지
  (나) 진동 전달 경로를 차단하여 방지

(2) 일반적 진동 방지 기술
① 진동 차단기
② 질량이 큰 경우 거더(girder)의 이용
③ 2단계 차단기의 사용
④ 기초의 진동을 제어하는 방법

(3) 진동 차단기의 선택
일반적으로 강철 스프링, 천연고무 혹은 네오프렌과 같은 합성고무로 만들어진다.

(4) 댐핑
① **댐핑판의 설치 위치를 선정함에 있어서의 주의사항**
  (가) 댐핑판은 구조물이 진동할 때 현저한 변형을 받을 수 있는 곳에 설치해야 한다. 만약, 특별한 위치 선정에 대한 기준 설정이 곤란하다면 구조물의 판 전체에 감쇠 처리를 함으로써, 실제로 큰 진동을 할 수 있는 부분을 놓치지 말아야 한다.
  (나) 댐핑판을 구조물에 완전히 부착시킴으로써 진동 에너지의 상당 부분을 흡수할 수 있도록 해야 한다.
  (다) 댐핑판은 그것이 흡수한 에너지의 상당 부분을 열로 발산할 수 있는 높은 손실 계수를 갖는 재료이어야 한다. 댐핑판의 두께가 증가함에 따라서 댐핑은 커진다. 댐

핑의 크기는 판두께의 1~2 사이의 지수의 승으로 주어지며, 구조물 판두께의 2 내지 4배 정도 두께의 댐핑판을 사용한다. 접착제로서는 에폭시(epoxy)와 같은 강한 접착제를 얇은 막으로 하여 사용한다.

(5) 방진 지지 이론

① **완충 지지** : 중량 W의 물체가 속도 v로 충돌하고 있을 때 스프링을 넣을 경우, 그 운동 에너지가 스프링에 전부 흡수된다고 하면, 스프링의 최대 변형량 δ_{max}, 최대 충격력 $F_{max} = k \cdot \delta_{max} = \sqrt{\dfrac{KW}{g}} v$ 이다.

이 식에서 스프링 상수 K를 정할 수 있고, K를 $\dfrac{1}{4}$로 하면 F_{max}는 $\dfrac{1}{2}$로 저감되어 충돌이 완화될 수 있다.

② **방진 지지**

㈎ 고유 각진동수 f_n과 강제 각진동수 f의 관계

　㉮ $f_n > f$일 때 스프링의 강도, 즉 스프링 정수를 크게 하고, $f > f_n$일 때는 질량(기계의 중량)을 크게 하여 각각의 진폭 크기를 제어할 수 있으며, 공진 시에는 감쇠기를 부착하여 감쇠비를 크게 함으로써 제어할 수 있다.

　㉯ f와 f_n에 따른 방진 효과(T : 전달률의 변화)

　　㉠ $\dfrac{f}{f_n} = 1$일 때(공진 상태) : 진동 전달률이 최대이다.

　　㉡ $\dfrac{f}{f_n} < \sqrt{2}$일 때 : 전달력은 항상 외력(강제력)보다 크다.

　　㉢ $\dfrac{f}{f_n} = \sqrt{2}$일 때 : 전달력은 외력과 같다.

　　㉣ $\dfrac{f}{f_n} > \sqrt{2}$일 때 : 전달력은 항상 외력보다 작기 때문에 방진의 유효 영역이다.

㈏ 방진 대책 시 고려사항 : 방진 대책은 $\dfrac{f}{f_n} > 3$이 되도록 설계(이 경우 전달률은 12.5% 이하가 됨)한다.

㈐ 방진 지지에 미치는 강제 진동 주파수(f)

　㉮ 축 : $f = \dfrac{N}{60}$ (N : rpm)　　㉯ 송풍기 : $f = \dfrac{날개수 \times N}{60}$

　㉰ 기어 : $f = \dfrac{ZN}{60}$ (Z : 잇수)　　㉱ 내연기관 : $f =$ 매초 폭발 횟수 $\times$ 실린더 수

5-2 공장 소음 방지 대책

(1) 공장 건물의 방음 대책
① 건물 내외벽의 흡음관, 차음관 시공
② 천장에 부착된 환기팬 등의 소음기 및 흡음 덕트 시공

(2) 소음 방지 대책
소음 방지의 5가지 기본 방법에는 흡음, 차음, 소음기, 진동 차단, 진동 댐핑이 있다.

① **흡음(sound absorption)** : 음파의 파동 에너지를 감쇠시켜 매질 입자의 운동 에너지를 열에너지로 전환하는 것이다. 흡음 재료는 밀도와 투과 손실이 극히 작은 것이 일반적이다.
  (가) 흡음률(absorption coefficient) : 입사 에너지 중 흡수되는 에너지의 비를 흡음률(α)이라 하며 0~1의 값을 갖는다.
  (나) 흡음재의 흡음률 측정 : 난입사 흡음률 측정법으로 잔향실법에 의한 흡음률이 현장에 활용된다.
  (다) 흡음 재료 : 다공질형 흡음재, 얇은 판의 흡음재, 공명기형 흡음재, 유공판 흡음재가 있으며, 흡음 재료 사용상의 유의점은 다음과 같다.
    ㉮ 흡음률은 공기층 상황에 따라 변화되므로 시공할 때와 동일 조건의 흡음률 재료를 이용해야 한다.
    ㉯ 흡음 재료를 전체 내벽에 분산해서 부착하여 흡음력을 증가시키고 반사음을 확산시킨다.
    ㉰ 흡음 텍스 등 다공질 재료를 접착제보다 못으로 시공하는 것이 좋다.
    ㉱ 방의 구석이나 가장자리 부분에 흡음재를 부착하면 효과가 크다.
    ㉲ 막 진동이나 판 진동형의 것은 도장해도 차이가 없다.
    ㉳ 다공질 재료는 산란하기 쉬우므로 표면을 거칠고 얇은 직물로 피복하는 것이 바람직하다.
    ㉴ 다공질 재료의 표면을 도장하면 고음역의 흡음률을 저하시킨다.
    ㉵ 다공질 재료의 표면에 종이로 도배하는 것은 피해야 한다.

② **차음**
  (가) 투과 손실(TL, transmission loss) : 투과되지 않고 반사되거나 흡수된 에너지를 의미한다.

(나) 단일 벽의 투과 손실
  ㉮ 음파가 벽면에 수직 입사할 경우
  ㉯ 음파가 벽면에 랜덤하게 입사할 경우
  ㉰ 입사음의 파장과 굴곡파의 파장이 일치할 때
(다) 이중벽의 차음 특성 : 두 개의 얇은 벽이라 할지라도 공기층을 사이에 두면 투과 손실은 단일 벽의 2배에 달하며, 질량 법칙의 효과뿐만 아니라 높은 차음 효과를 얻을 수 있다.
(라) 차음 대책
  ㉮ 경계 벽 근처의 차음
  ㉯ 경계 벽에서 떨어진 곳의 차음
  ㉰ 외부에서 들어오는 소음에 대한 차음
  ㉱ 벽의 틈새에 의한 누설음에 대한 차음
(마) 차음 대책 수립 시 유의사항
  ㉮ 틈새는 차음에 큰 영향을 미치므로 틈새 관리가 매우 중요하다.
  ㉯ 차음 재료는 질량 법칙에 의해 벽체의 질량이 큰 재료를 선택한다.
  ㉰ 큰 차음 효과를 위해서는 다공질 재료를 삽입한 이중벽 구조로 시공하고, 공명 주파수에 유의한다.
  ㉱ 진동이 발생하는 차음벽은 차음 효과가 저하되므로, 방진 처리 및 제진 처리가 요구된다.
  ㉲ 효율적인 차음 효과를 위하여 음원의 발생부에 흡음재 처리를 한다.
  ㉳ 콘크리트 블록을 차음벽으로 사용할 경우 한쪽 표면에 모르타르를 바르면, 한 쪽 면은 5dB의 투과 손실이 증가하고, 양쪽 면에 모르타르를 바르면 10dB의 투과 손실이 증가한다.
(바) 방음벽 대책 : 고주파수의 음의 대책의 경우에는 낮은 방음벽이라도 효과가 있으나, 저주파수의 음의 경우에는 높은 방음벽이 아니면 효과가 적다. 따라서 방음벽의 설계를 위해서는 반드시 소음의 주파수 분석을 해야 한다. 문제가 되는 기계와 소음 방지가 필요한 지역 사이에 방음벽을 설치하면 10~20dB 정도의 소음 감소 효과를 기대할 수 있다.

③ 소음기(muffler, silencer)
  (가) 흡음형(absorption type) 소음기 : 소음기의 내면에 파이버 글라스와 암면 등과 같은 섬유성 재료의 흡음재를 부착하여 소음을 감소시키는 장치이다.
  (나) 팽창형(expanding type) 소음기 : 관의 입구와 출구 사이에서 큰 공동이 발생하도록 급격한 관의 지름을 확대시켜 공기의 유속을 낮추어 소음을 감소시키는 장치

이다. 이 소음기는 흡음형 소음기가 사용되기 힘든 나쁜 상태의 가스를 처리하는 덕트 소음 제어에 효과적으로 이용될 수 있다. 반면에 넓은 주파수 폭을 갖는 흡음형 소음기와는 달리 팽창형 소음기는 일반적으로 낮은 주파수 영역의 소음에 대해서 높은 효과를 갖는다.

㈐ 간섭형(interference type) 소음기 : 음파의 간섭을 이용한 것으로서 입구에서 흡입된 소음이 L_1과 L_2로 분기되었다가 재차 합류시키면 음의 간섭으로 인해서 감쇠되는 원리이다. L_1 음의 파장을 L_2 음의 파장보다 $\frac{1}{2}$ 정도 길게 하여 두 음의 간섭이 발생하면 감쇠된다.

㈑ 공명형(resonance type) 소음기 : 내관의 작은 구멍과 그 배후 공기층이 공명기를 형성하여 흡음함으로써 감쇠시킨다.

㈒ 취출구 소음기 : 압축공기나 보일러의 고압 증기의 대기 방출 등과 같이 취출 유속이 대단히 큰(음속 정도) 경우의 발생 소음은 취출구 부근에서는 고주파 음이, 좀 떨어진 곳에서는 저주파 음이 발생한다. 보통 취출구 지름 D의 15배 정도까지의 하류가 소음원이 된다.

5-3 공장 소음과 진동 발생원

(1) 기계 소음의 발생원

① **마력과 소음** : 공기 압축기 혹은 펌프의 마력을 두 배 증가시키면 소음은 4~5 dB 증가한다. 즉, 일반적으로 기계는 마력이 증가함에 따라서 소음 발생 효율이 증가하게 된다. 소음도 증가량(dB) = $17\log_{10}$(마력 증가비)

② **회전 속도** : 공기 압축기, 송풍기, 펌프 등의 소음도 증가량(dB) = $(20\sim50)\log_{10}$(회전 속도 증가비)

③ **구조물의 공진** : 구조물의 공진 현상을 방지하기 위해서는 감쇠계수가 큰 주철재와 같은 재료로 변경하거나 구조를 변경하여 강제 진동 주파수와 고유 진동 주파수가 멀리 떨어지도록 하는 설계가 필요하다.

④ **회전체의 불균형** : 회전체의 불균형은 재료의 밀도 차이와 기공 등에 의한 불균형과 편심이나 조립 불량 등의 불균형으로 나눌 수 있다. 이에 의해서 회전 주파수의 1차 성분의 강제 진동 주파수가 발생된다.

$$f = \frac{N}{60} [\text{Hz}]$$ 여기서, N : 축의 회전수(rpm)

⑤ **베어링** : 베어링이 회전할 때 전동체와 회전체의 표면의 불균형으로 발생된다. 이들 베어링 요소들의 표면상의 불균일한 점들은 베어링의 회전 속도에 의해서 정해지는 주파수를 갖는 충격음이 발생된다.

　베어링의 소음 방지를 위해서는 베어링 자체가 좋아야 함은 물론, 베어링에 걸리는 하중의 크기와 방향을 고려한 적절한 배치에 주의해야 한다. 이때 베어링이 설치된 축의 정렬(alignment)에 주의해야 한다.

⑥ **기어** : 두 개의 맞물린 기어의 접촉 부분에서는 항상 어느 정도의 금속 사이에 미끄럼이 발생하며 이에 의해서 소음과 진동이 발생한다.

⑦ **기계의 패널** : 기계의 표면을 덮고 있는 패널들은 진동을 포함한 소음이 발생된다. 소음의 크기는 패널 표면 운동의 속도와 패널 크기에 따라서 결정된다. 큰 패널에 구멍을 뚫어서 패널 양쪽으로의 공기의 흐름을 도움으로써 저주파 소음 발생을 방지할 수 있다.

⑧ **충격** : 기계 표면에 가해지는 대기 중의 충격음은 표면을 진동시키고 이 진동은 기계의 다른 부위로 전달되어서 다시 소음의 형태로 발산될 수 있다.

⑨ **왕복 운동형 내연기관** : 공기 역학적 소음 발생은 주로 공기 흡입과 배기 과정이 큰 원인이다. 내연기관의 피스톤 점화 주파수에서 발생하며, 흡입 소음보다 대체로 8~10dB 정도 높다.

　내연기관 소음 발생원에는 크랭크 축의 연결봉, 연료 분사 시스템, 밸브, 피스톤 헤드의 과도한 틈, 부적절한 윤활, 어긋남(misalignment), 휘어진 부품, 지나치게 조인 부품, 연결이 풀어진 부품, 부적절한 설치 방법 등이 있다. 내연기관의 기계적 소음은 대체로 마력의 상용 대수의 10배에 비례해서 증가한다. 즉, 마력을 두 배 증가시키면 소음도는 3dB 정도 증가한다. 또한 내연기관 가동 속도는 기계적 소음과 직접적인 관련이 있으며, 대체로 속도 증가비의 상용 대수의 30배 증가한다. 즉, 속도를 두 배 증가시키면 소음도는 9dB 정도 증가한다.

⑩ **공기 동력학적 발생원**

　㈎ 추진 날개의 회전 속도 : 소음도 증가량은 속도 증가비와 상용대수의 20~50배이다.

　㈏ 날개 통과 주파수 : 회전 주파수에 날개수를 곱한 값의 주파수가 발생한다.

　㈐ 불균일한 날개 간격 : 날개 간격을 불균일하게 하여 날개 통과 주파수의 소음을 방지할 수는 있으나, 기계의 동적 균형과 제작 비용 등으로 실용적이지 못하다.

　㈑ 날개의 수 : 날개수를 증가시킴에 따라서 소음은 감소한다. 특히 날개수가 적고 날개 면적이 작은 경우에는 날개수 증가에 의한 소음도 감소가 대체로 날개수 증가비의 상용대수의 10배로 주어진다.

$$소음도\ 감소량(NR) = 10\log_{10}(날개수\ 증가비)[dB]$$

예 | 상 | 문 | 제

설비보전산업기사

1. 다음 중 진동 방지의 방법으로 옳지 않은 것은? [06-1, 16-1]
① 진동 전달 경로 차단
② 진동원에서의 진동 제어
③ 진동 발생 설비의 자동화
④ 외부 진동으로부터의 보호

해설 진동 방지
㉠ 진동원에서의 진동 제어
㉡ 외부로 진동이 전달되는 것을 방지
㉢ 진동 전달 경로를 차단하여 방지

2. 다음과 같이 기계의 진동 방지 대책 중 가장 효과적인 것은? [09-2]
① 진동 전달 경로의 차단
② 진동원에서의 진동 제어
③ 고유 진동 주파수의 증가
④ 스프링 마운트의 설치

3. 기계 진동의 방진 대책으로 발생원에 대한 대책과 거리가 먼 것은? [13-1]
① 가진력을 감쇠시킨다.
② 진동원 위치를 멀리하여 거리 감쇠를 크게 한다.
③ 불평형의 힘이 존재하는 곳을 힘이 균형을 유지하도록 한다.
④ 기초 부분의 중량을 부가하거나 경감한다.

해설 ②는 전파 경로에 대한 대책이다.

4. 구조 설계에 의한 진동 제어를 설명함에 있어 적용되는 요소로 틀린 것은? [08-3]
① 구조물의 질량을 고려하여 진동이 최소화되도록 설계한다.
② 구조물의 강성의 크기를 진동이 최소화되도록 설계한다.
③ 구조물의 강성의 분포를 고려하여 진동이 최소화되도록 설계한다.
④ 구조물의 형태를 고려하여 진동이 최소화되도록 설계한다.

해설 모든 구조물은 그에 고유한 공진 주파수를 갖는다. 만일 구조물에 가해지는 힘이 이 공진 주파수와 동일한 주파수를 갖는다면 구조물의 큰 진동과 함께 소음이 발생할 수 있다. 기계 구조물의 이러한 공진 현상은 회전체의 불균형, 충격, 마찰 등에 의해서 발생되는 주기적 힘이 해당 구조물에 전달됨으로써 일어난다. 구조물의 공진 현상을 방지하는 최선의 방법은 중요한 구조물의 공진 주파수가 예상되는 강한 여진 주파수(회전 속도 등)와 일치하지 않도록 적절한 설계를 하는 것이다.

5. 기계 진동의 발생에 따른 문제점으로 가장 관련성이 적은 것은? [14-1, 17-1]
① 기계의 수명 저하
② 고유 진동수의 증가
③ 기계 가공 정밀도의 저하
④ 진동체에 의한 소음 발생

해설 기계 진동으로 인하여 진동체에 의한 소음 발산, 기계 가공 정도 문제 및 기계 수명에 영향을 준다.

6. 다음 중 진동 차단기의 기본 요건 중 옳은 것은? [07-3, 17-3]
① 온도, 습도에 의해 견딜 수 있어야 한다.

정답 1. ③ 2. ② 3. ② 4. ④ 5. ② 6. ①

② 화학적 변화에 따라 변형되어야 한다.
③ 강성은 충분히 커야 하고 하중은 고려하지 않는다.
④ 차단하려는 진동의 최저 주파수보다 큰 고유 진동수를 가져야만 한다.

해설 진동 차단기의 기본 요건
㉠ 강성이 충분히 작아서 차단 능력이 있어야 한다.
㉡ 강성은 작되 걸어준 하중을 충분히 지지할 수 있어야 한다.
㉢ 온도, 습도, 화학적 변화 등에 의해 견딜 수 있어야 한다.
㉣ 차단기의 강성은 그에 부착된 진동 보호 대상체의 구조적 강성보다 작아야 하며, 차단하려는 진동의 최저 주파수보다 작은 고유 진동수를 가져야만 한다.

7. 진동 차단기의 기본 요구 조건과 가장 거리가 먼 것은?   [12-2, 19-2]
① 온도, 습도, 화학적 변화 등에 견딜 수 있어야 한다.
② 강성을 충분히 크게 하여 차단 능력이 있어야 한다.
③ 차단기의 강성은 그에 부착된 진동 보호 대상체의 구조적 강성보다 작아야 한다.
④ 차단기의 강성은 차단하려는 진동의 최저 주파수보다 작은 고유 진동수를 가져야 한다.

해설 강성을 충분히 작게 하여 차단 능력이 있어야 한다.

8. 진동 차단기의 재료로 합성고무를 사용했을 때 강철 코일 스프링 보다 유리한 점은 무엇인가?   [17-2]
① 정적 변위가 크다
② 주파수 폭이 넓다.
③ 고온 강도에 강하다.
④ 측면으로 미끄러지는 하중에 강하다.

9. 진동 방지재 중 실리콘 합성고무의 가장 큰 약점은?   [06-1]
① 값이 비싸다.
② 시간에 따라 강성이 변한다.
③ 무게가 무겁다.
④ 미끄럽다.

10. 진동 차단기로 이용되는 패드의 재료로 부적합한 것은?   [15-3]
① 스프링
② 코르크
③ 스펀지 고무
④ 파이버 글라스

해설 진동 차단기의 패드
㉠ 스펀지 고무 : 스펀지 고무는 액체를 흡수하려는 경향이 있으므로, 발화 물질 등의 액체가 있는 곳에서 이용할 때는 플라스틱 등으로 밀폐된 패드를 이용해야 하며 가벼운 물체일 경우에 사용한다.
㉡ 파이버 글라스(fiber glass) : 파이버 글라스는 1600℃로 용융된 유리를 고속으로 인출하여 와인딩한 실로서 패드의 강성은 주로 파이버의 밀도와 지름에 의해서 결정된다. 파이버 글라스는 많은 수의 모세관을 포함하고 있으므로 습기를 흡수하려는 경향이 있다. 따라서 파이버 글라스 패드는 PVC 등 플라스틱 재료를 밀폐해서 사용하는 것이 바람직하다.
㉢ 코르크(cork) : 코르크는 비대생장(肥大生長)을 하는 식물의 줄기나 뿌리의 주변부에 만들어지는 보호 조직으로 코르크 형성층의 분열에 의하여 생기는 것으로서, 단열·방음·전기적 절연·탄력성 등에서 뛰

정답 7. ② 8. ④ 9. ② 10. ①

어난 성질을 가지고 있으며, 스페인 등 남유럽에서 산출되는 너도밤 나무과의 코르크 참나무에서 얻는 것이 가장 질이 좋다.
㉣ 공기 스프링 : 주 공기실의 스프링 작용을 이용한 것으로서 벨로즈식, 피스톤식 등이 있다. 벨로즈식이 널리 쓰이며, 차량에 많이 사용되고 성능이 좋아 기계류나 고급 방진 지지용으로 쓰인다.

11. 흡진 재료인 파이버 글라스(fiber glass)에 대한 설명 중 옳은 것은? [11-1]
① 습기를 흡수하려는 성질이 있다.
② 강성은 밀도에 따라 결정되지 않는다.
③ 파이버의 지름과 상관없다.
④ 모세관이 소량 포함되어 있다.

해설 파이버 글라스는 많은 수의 모세관을 포함하고 있으므로 습기를 흡수하려는 경향이 있다.

12. 다음 중 진동 차단기를 설명한 것 중 옳은 것은? [10-3]
① 나선형으로 제작된 스프링은 측면 하중에 잘 견딘다.
② 파이버 글라스 패드는 습기에 잘 견딘다.
③ 천연고무는 탄화수소와 오존에 잘 견딘다.
④ 코르크로 만든 패드는 수분에 잘 견딘다.

13. 진동 시스템에 대한 댐핑 처리의 효과가 크지 않은 것은? [13-3]
① 시스템이 그의 고유 진동수에서 강제 진동을 하는 경우
② 시스템이 많은 주파수 성분을 갖는 힘에 의해서 강제 진동되는 경우
③ 시스템이 충격과 같은 힘에 의해서 진동되는 경우
④ 시스템을 지지한 댐핑(damping) 재료가 공진할 경우

해설 진동 시스템에 대한 댐핑 처리가 효과적인 경우
㉠ 시스템이 그의 고유 진동수에서 강제 진동을 하는 경우
㉡ 시스템이 많은 주파수 성분을 갖는 힘에 의해서 강제 진동되는 경우
㉢ 시스템이 충격과 힘에 의해서 진동되는 경우

14. 진동 방지 대책으로 스프링 차단기 위에 놓아 고유 진동수를 낮추는 역할을 하는 것은? [24-2]
① 거더   ② 고무
③ 패드   ④ 파이버 글라스

15. 기초와 진동 보호 대상 물체 사이에 스프링형 진동 차단기를 설치하였더니 진동 보호 대상 물체에 진동이 발생하여 그림과 같이 진동 보호 대상 물체와 스프링 사이에 블록을 설치하였다. 블록을 설치한 이유로 옳은 것은? [18-2]

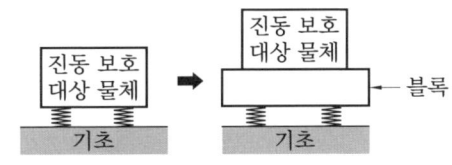

① 강성을 높이기 위해
② 진동을 차단하기 위해
③ 고유 진동수를 낮추기 위해
④ 고유 진동수를 높이기 위해

해설 블록과 같은 거더는 진동 방지 대책으로 스프링 차단기 위에 놓아 고유 진동수를 낮추는 역할을 하는 것이다.

정답 11. ① 12. ④ 13. ④ 14. ① 15. ③

16. 진동 차단 효과는 고유 진동수인 값에 따라 다르다. 진동 차단 효과가 가장 큰 값으로 맞는 것은? (단, R = 외부 진동 주파수 / 시스템 고유 진동수) [13-2]
① R = 1.4 이하
② R = 3~6
③ R = 6~10
④ R = 10 이상

17. 진동 차단기의 변위가 걸리는 힘에 비례할 때 시스템의 고유 진동수(ω)와 정적 변위(δ)의 관계식으로 옳은 것은 어느 것인가? [15-1, 20-2]
① $\omega = \dfrac{5\pi}{\delta}$
② $\omega = 5\pi\delta$
③ $\omega = \dfrac{10\pi}{\delta}$
④ $\omega = \dfrac{10\pi}{\sqrt{\delta}}$

18. 다음 중 강철 시스템의 고유 진동수와 차단기의 정적 변위와의 관계가 올바른 것은? [10-1, 16-3]
① 고유 진동수 = $\dfrac{15\pi}{\sqrt{정적\ 변위}}$
② 고유 진동수 = $\dfrac{10\pi}{\sqrt{정적\ 변위}}$
③ 고유 진동수 = $\dfrac{\sqrt{동적\ 변위}}{15\pi}$
④ 고유 진동수 = $\dfrac{\sqrt{동적\ 변위}}{10\pi}$

19. 다음 중 소음 방지 기본 방법이 아닌 것은 어느 것인가? [15-2]
① 흡음
② 차음
③ 방풍망
④ 소음기(silencer)

[해설] 소음 방지의 5가지 기본 방법 : 흡음, 차음, 소음기, 진동 차단, 진동 댐핑

20. 공장에서 소음을 방지하기 위한 방법이 아닌 것은? [07-3]
① 흡음과 차음
② 진동원의 차단
③ 소음원의 차단
④ 소음기의 제거

21. 다음 중 흡음에 대한 설명으로 옳은 것은? [20-3]
① 흡음재의 종류가 같을 경우 흡음률은 항상 일정하다.
② 흡음판에서 일부 음향 에너지는 열로 소멸된다.
③ 부드럽고 다공성 표면을 갖는 재질일수록 흡음률은 낮다.
④ 흡음률은 손실 에너지에 대한 전체 음향 에너지의 비이다.

[해설] 부드럽고 다공성 표면을 갖는 재질일수록 흡음률은 높다. 흡음 재료는 주파수, 재료의 구성, 표면 처리, 두께 등에 따라 흡음 특성이 다르게 나타나며, 흡음율은 입사 에너지 중 흡수되는 에너지의 비이다.

흡음률 $\alpha = \dfrac{\text{흡수된 에너지}}{\text{입사 에너지}}$
$= \dfrac{(\text{입사음} - \text{반사음})의\ 세기}{\text{입사음의 세기}}$

22. 소음을 거의 완전하게 투과시키는 유공판의 개공율과 효과적인 구멍의 크기 및 배치 방법은? [08-1, 16-1]
① 개공율 30%, 많은 작은 구멍을 균일하게 분포
② 개공율 10%, 많은 작은 구멍을 균일하게 분포
③ 개공율 30%, 몇 개의 큰 구멍을 균일하게 분포

정답 16. ④ 17. ④ 18. ② 19. ③ 20. ④ 21. ② 22. ①

④ 개공율 50%, 몇 개의 큰 구멍을 균일하게 분포

해설 30% 정도의 개공율은 소음을 거의 완전히 통과시킨다. 동일한 개공율에 대해서는 몇 개의 큰 구멍을 주는 것보다 많은 작은 구멍을 균일하게 분포시키는 것이 일반적으로 더욱 효과적이다.

23. 차음벽이 고유 진동 모드의 주파수로 입사한 소음과 공진하는 영향 요소와 거리가 먼 것은? [12-2]
① 차음벽의 강성   ② 차음벽의 무게
③ 차음벽의 표면   ④ 내부 댐핑

해설 결정 요소 : 차음벽 재료의 강성, 차음벽의 무게, 내부 댐핑, 공진 현상, 소음의 주파수

24. 공장 내의 차음벽이 공진하면 일어나는 현상은? [09-2]
① 공진 주파수의 소음은 거의 그대로 투과한다.
② 소음을 대부분 흡수한다.
③ 공진 주파수는 차음벽과는 관계없다.
④ 차음벽의 강성과 전혀 상관없다.

해설 차음벽의 고유 진동수가 소음 주파수와 일치할 때 공진이 발생하며 소음이 증가한다.

25. 소음을 차단시키기 위하여 차음벽을 설치하였더니 소음이 증가하였다. 소음이 증가하는 요인으로 적당한 것은? [13-1]
① 차음벽 재료의 강성이 크다.
② 차음벽에 공진이 발생한다.
③ 차음벽의 무게가 무겁다.
④ 차음벽의 내부 댐핑이 크다.

26. 투과계수가 0.001일 때 투과 손실량은 얼마인가? [14-2]
① 20 dB   ② 30 dB
③ 40 dB   ④ 50 dB

해설 $10 \times \log \dfrac{1}{0.001} = 30\,dB$

27. 차음벽의 무게는 중간 이상 주파수 소음의 투과 손실을 결정한다. 무게를 2배 증가시킬 때 투과 손실은 이론적으로 얼마나 증가하는가? [07-1, 13-2, 18-2]
① 2 dB   ② 6 dB
③ 12 dB ④ 24 dB

해설 차음벽의 무게는 중간 이상 주파수 소음의 투과 손실을 결정한다. 이론에 의하면 무게를 2배 증가시키면 투과 손실은 6 dB 증가하나, 실제로는 4~5 dB 증가한다.

28. 차음벽 재료의 강성을 두 배 증가시킬 때 투과 손실은? [20-3]
① 3 dB 증가한다.   ② 3 dB 감소한다.
③ 6 dB 증가한다.   ④ 6 dB 감소한다.

29. 덕트(duct) 소음이나 배기 소음을 방지하기 위해서 사용되는 장치로 맞는 것은 어느 것인가? [11-2, 20-3]
① 소음기   ② 유공판
③ 공명판   ④ 진동 차단기

30. 석면과 암면 등 섬유성 재료의 흡음력을 이용해서 소음을 감소시키는 장치는 어느 것인가? [06-3, 16-3]
① 반사 소음기   ② 충격식 소음기
③ 흡음식 소음기 ④ 흡진식 소음기

정답 23. ③ 24. ① 25. ② 26. ② 27. ② 28. ③ 29. ① 30. ③

31. 흡음식 소음기를 사용하기에 가장 적합한 곳은? [10-3, 18-2]
① 헬름홀츠 공명기
② 실내 냉난방 덕트
③ 집진 시설의 배출기
④ 내연기관의 송기구

해설 흡음식 소음기는 넓은 주파수 폭을 갖는 소음 감소에 효과적이어서 실내 냉난방 덕트 소음 제어에 흔히 이용된다. 내연기관 배기 소음이나 집진 시설의 송풍기 소음 같은 경우에는 내부의 흡음재가 손상될 우려가 있기 때문에 사용이 힘들다.

32. 팽창식 체임버의 소음 흡수 능력을 결정 하는 기본 요소는? [07-1, 09-3]
① 진동비 ② 체적비
③ 면적비 ④ 소음비

해설 팽창식 체임버의 소음 흡수 능력을 결정하는 기본 요소는 면적비(m)이다.

33. 팽창식 체임버(chamber)의 소음기 면적비는? [18-1]
① $\dfrac{\text{팽창식 체임버의 단면적}}{\text{연결 길이}}$
② $\dfrac{\text{연결 길이}}{\text{팽창식 체임버의 단면적}}$
③ $\dfrac{\text{연결 덕트의 단면적}}{\text{팽창식 체임버의 단면적}}$
④ $\dfrac{\text{팽창식 체임버의 단면적}}{\text{연결 덕트의 단면적}}$

34. 진동 시스템에서 질량은 그대로 유지하고, 강성을 증가시키면 고유 주파수는 어떻게 되는가? [15-3]
① 고유 주파수가 증가한다.
② 고유 주파수가 감소한다.
③ 고유 주파수는 변하지 않는다.
④ 고유 주파수는 증가하다가 감소한다.

35. 공장 소음 특히 저주파 소음을 방지할 수 있는 방법은? [08-3]
① 재료의 강성을 높여야 한다.
② 재료의 무게를 늘린다.
③ 재료의 내부 댐핑을 줄인다.
④ 재료의 무게를 줄인다.

36. 산업 현장에서 소음의 증가 원인으로 해석할 수 있는 사항은? [06-3]
① 종류가 같은 기계를 출력이 큰 기계로 교체했다.
② 같은 기계를 회전 속도를 낮추어 작업을 하였다.
③ 밸런싱 작업을 하여 불균형을 바로 잡았다.
④ 소음 방지를 위해 항상 수지 기어로 교체했다.

정답 31. ② 32. ③ 33. ④ 34. ① 35. ① 36. ①

6. 회전기계의 진단

6-1 회전기계 진단의 개요

(1) 기계의 고장 원인
조립 불량, 운전 불량, 설계 결함, 재료 결함, 생산 결함, 정비 결함 등이다.

(2) 이상 현상의 특징
① **저주파** : 언밸런스 (unbalance), 미스얼라인먼트(misalignment), 풀림(looseness), 오일 휩 (oil whip)
② **중간 주파** : 압력 맥동, 러너 날개 통과 진동
③ **고주파** : 공동(cavitation), 유체음, 진동

6-2 회전기계의 간이 진단

(1) 측정 주기의 결정
① 기계 고장이 발생되지 않을 정도로 짧게 선정한다.
② 대상 설비의 수, 점검점의 수, 점검점과의 거리 등을 충분히 고려하여 결정한다.
③ 항상 일정할 필요는 없다.

(2) 판정 기준의 결정
① 절대 판정 기준
② 상대 판정 기준
③ 상호 판정 기준

6-3 회전기계의 정밀 진단

(1) 진동 분석 방법
① **주파수 분석** : 시간축의 복합된 파형을 주파수 축으로 변환시켜 각각의 이상 주파수별로 분해한 후 이 중에서 가장 특징적인 주파수를 찾아내어 이상 원인을 밝혀내는 방법이다.

② **위상 분석** : 각 베어링에 발생하는 위상의 패턴을 보는 방법이다. 여기서 위상이란 축에 표시한 회전 표시와 진동의 특징적인 주파수 성분과의 위상각을 말한다. 즉, 각 베어링각 위치에 대하여 위상각을 측정하여 기계가 어떠한 움직임으로 진동하고 있는가를 분석하는 방법이다.

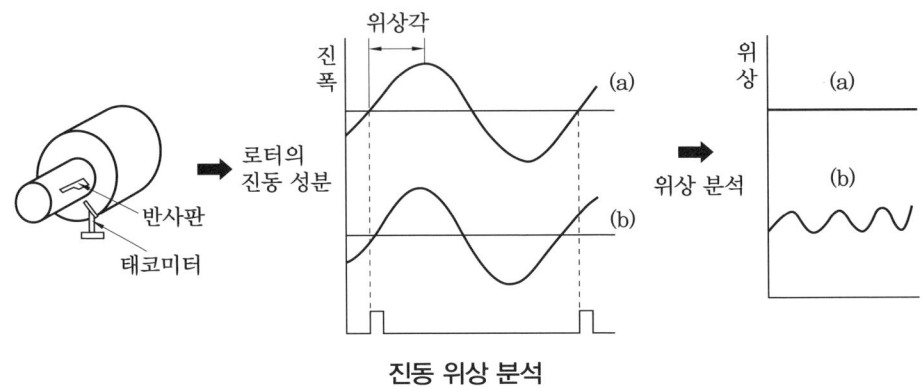

진동 위상 분석

③ **진동 방향 분석** : 진동의 이상 발생 원인 중에서 어떤 경우에는 특징적인 방향으로 진동을 일으키므로 진동이 주로 발생하는 방향을 찾아내서 이상 원인을 밝혀내는 효과적인 방법이다.

④ **세차 운동 방향 분석** : 회전축은 베어링 내부에서 베어링 중심에 대하여 회전축 중심이 흔들리며 회전하는 운동을 일으킨다. 즉, 태양이 베어링의 축 중심이 되고 지구가 회전축이 되어 자전은 회전축의 회전이고 공전은 회전축이 흔들리며 도는 현상이 세차 운동에 해당된다.

세차 운동의 방향은 회전축의 회전 방향에 대하여 같은 방향으로 공전하거나 반대 방향으로 공전하게 된다. 따라서 이 방향을 알아냄으로써 몇 가지 진동 원인을 파악할 수 있다. 단, 이 세차 운동의 방향을 측정하기 위해서는 가속도계나 속도계보다 축의 변위를 측정할 수 있는 비접촉식 변위계로 측정한다.

(2) 이상 진동 주파수

① **언밸런스(unbalance)** : 진동 중 가장 일반적인 원인으로 모든 기계에 약간씩 존재하며 회전 주파수의 $1f$ 성분의 탁월 주파수가 나타난다.

② **미스얼라인먼트(misalignment)** : 커플링 등에서 서로의 회전중심선(축심)이 어긋난 상태로서 일반적으로는 정비 후에 발생하는 경우가 많다.

③ **기계적 풀림(looseness)** : 기계적 풀림은 부적절한 마운드나 베어링의 케이스에서 주로 발생된다. 그 결과 많은 수의 조화 진동 스펙트럼이 나타나며 충격적인 피크 파

형을 볼 수 있다. 회전기계에서는 기계적 풀림의 존재에 따라 축 떨림이 생기고 1회전 중의 특정 방향으로 크게 변하므로 축의 회전 주파수 f와 그 고주파 성분($2f$, $3f$, $4f$, …) 또는 분수 주파수 성분$\left(\dfrac{1}{2}f, \dfrac{1}{3}f, \dfrac{1}{4}f, \cdots\right)$이 나타난다.

④ **울림(rubbing)** : 기계의 고장부와 회전부의 울림에 의해 발생하는 진동이 $1f(2f)$로 나타난다. 만약 울림이 연속적으로 발생하면 마찰이 시스템의 고유 진동수를 유발하게 하여 높은 주파수의 소음이 발생하게 된다.

⑤ **편심** : 진동 특성은 언밸런스와 같고 중심의 한쪽이 다른 쪽보다 무거워진다. 베어링의 편심, 기어의 편심, 아마추어의 편심 등이 있다.

⑥ **슬리브 베어링** : 슬리브 베어링에서의 진동은 윤활유 관계의 문제, 과도한 베어링 간극, 기계적 헐거움, 부적당한 베어링 부하에 의한 것이다.

⑦ **공진(resonance)** : 고유 진동수와 강제 진동수가 일치할 경우 진폭이 크게 발생하는 현상으로 제거하는 방법은 다음과 같다.

　㈎ 회전수 변경을 통해서 주파수를 기계의 고유 진동수와 다르게 한다.
　㈏ 기계의 강성과 질량을 바꾸고 고유 진동수를 변화시킨다.
　㈐ 우발력을 없앤다.

⑧ **오일 휩(oil whip)** : 고속 운전하는 기계의 미끄럼 베어링에서 발생하며, 진동은 $\dfrac{1}{2}f$보다 약간 적은 $(0.45 \sim 0.48)f$의 주파수로 검출된다.

⑨ **캐비테이션(cavitation)** : 공동 현상(空洞現象)으로 회전 날개의 과도한 침식과 노킹, 진동에 의한 소음을 유발하고 유동 형태를 변화시켜 효율을 급격히 감소시킨다.

⑩ **상호 간섭** : 2개 이상의 다른 진동·소음이 발생하는 경우 상호 간섭이 없어도 진폭과 주파수가 항상 변하는 경우가 있다.

예 | 상 | 문 | 제

1. 다음 중 회전기계의 진단을 위하여 적용되는 기술은 무엇인가? [06-3]
① FEM 해석 기술
② 진동 진단 기술
③ 잔류 응력 계측 기술
④ 정지 응력 계측 기술

2. 회전기계에서 발생하는 이상 현상 중 언밸런스나 베어링 결함 등의 검출에 가장 널리 사용되는 설비 진단 기법은 어느 것인가? [14-3, 17-1]
① 진동법
② 오일 분석법
③ 응력 해석법
④ 페로그래피법

3. 회전기계에서 발생한 불균형(unbalance)이나 축 정렬 불량(misalignment) 시 널리 사용되는 설비 진단 기법은? [13-2]
① 진동법
② 페로그래피 진단 기술
③ 오일 SOAP법
④ 응력법

4. 회전체의 무게 중심이 축 중심과 일치하지 않아 회전 주파수 성분이 높게 나타났을 때 발생하는 현상은? [16-3]
① 풀림
② 압력 맥동
③ 언밸런스
④ 미스얼라인먼트

5. 다음 회전기계의 이상 현상에서 발생 주파수 영역이 저주파가 아닌 것은? [06-3]
① 압력 맥동
② 언밸런스(unbalance)
③ 미스얼라인먼트(misalignment)
④ 풀림
[해설] 저주파에서 발생하는 이상 현상 : 언밸런스, 미스얼라인먼트, 풀림 등

6. 진동 현상의 특징 중 저주파에서 발생되는 이상 현상이 아닌 것은? [06-1, 11-2]
① 언밸런스(unbalance)
② 캐비테이션(cavitation)
③ 미스얼라인먼트(misalignment)
④ 풀림
[해설] 캐비테이션은 고주파에서 나타난다.

7. 회전기계 진동에서 고주파의 발생 원인으로 적합한 것은? [06-3]
① 오일 휩
② 미스얼라인먼트
③ 언밸런스
④ 유체음, 진동
[해설] 고주파에서 발생하는 이상 현상 : 유체음, 베어링 진동, 공동 현상

8. 진동 현상의 특징 중 고주파에서 발생하는 이상 현상인 것은? [15-2]
① 풀림(looseness)
② 언밸런스(unbalance)
③ 공동 현상(cavitation)
④ 미스얼라인먼트(misalignment)

9. 회전기계에서 발생하는 이상 현상의 설명으로 틀린 것은? [20-2]

정답 1.② 2.① 3.① 4.③ 5.① 6.② 7.④ 8.③ 9.④

① 언밸런스 : 로터 축심 회전의 질량 분포 부적정에 의한 것으로 통상 회전 주파수가 발생
② 미스얼라인먼트 : 커플링으로 연결된 2개의 회전축 중심선이 엇갈려 있는 경우로 통상 회전 주파수 발생
③ 풀림 : 기초 볼트의 풀림이나 베어링 마모 등에 의하여 발생하는 것으로 통상 회전 주파수의 고차 성분 발생
④ 캐비테이션 : 유체기계에서 국부적 압력 저하에 의하여 기포가 발생하고 고압부에서 파괴될 때 규칙적인 저주파 발생

해설 캐비테이션은 불규칙적인 고주파가 발생된다.

10. 다음 중 회전기계의 진동 측정 방법 중 변위를 측정해야 하는 경우로 가장 적합한 것은? [08-1, 18-1]
① 회전축의 흔들림   ② 캐비테이션 진동
③ 베어링 홈 진동   ④ 기어의 홈 진동

해설 진동 측정 변수

측정 변수	이상의 종류	예
변위	변위량 또는 움직임의 크기가 문제로 되는 이상	공작기계의 떨림 현상, 회전축의 흔들림
속도	진동 에너지나 피로도가 문제로 되는 이상	회전기계의 진동
가속도	충격력 등과 같이 힘의 크기가 문제로 되는 이상	베어링의 홈 진동, 기어의 홈 진동

11. 회전기계의 간이 진단에서 설비의 열화와 관련해서 속도에 대한 판정 기준을 많이 활용하고 있는 이유에 대한 내용으로 틀린 것은? [13-1]
① 진동에 의한 설비의 피로는 진동 속도에 비례한다.
② 진동에 의해 발생하는 에너지는 진동 속도의 제곱에 비례한다.
③ 회전수에 관계없이 기준값을 설정할 수 있다.
④ 인체의 감도는 일반적으로 진동 속도에 반비례한다.

해설 인체의 감도는 일반적으로 속도에 비례한다.

12. 공장 내의 회전기계 간이 진단 대상 설비 중 주요 진단 대상으로 가장 거리가 먼 것은? [07-3, 14-3]
① 생산과 직접 관련된 설비
② 부대 설비인 경우라도 고장이 발생하면 큰 손해가 예측되는 설비
③ 고장 발생 시 2차 손실이 예측되는 설비
④ 정비비가 낮은 설비

13. 주로 베어링 등 동일 부위에서 측정한 값을 판정 기준과 비교하여 양호/주의/위험을 판정하는 것을 무엇이라 하는가? [16-2]
① 절대 판정 기준   ② 상대 판정 기준
③ 상호 판정 기준   ④ 0점 판정 기준

14. 회전기계의 정격 회전 속도가 1800 rpm일 때 이 설비가 5400rpm의 진동 성분을 발생한다면 이에 대한 설명으로 옳은 것은 어느 것인가? [15-1]
① 30Hz 진동 성분이다.
② 60Hz 진동 성분이다.
③ 1차 배수 성분이다.
④ 3차 배수 성분이다.

정답 10. ①   11. ④   12. ④   13. ①   14. ④

[해설] 1800 rpm은 정격 회전 속도이고, $\frac{5400\,rpm}{1800\,rpm}=3$차 배수 성분이다.

15. 설비의 이상 진단 방법 중 정밀 진단에 속하는 것은? [06-3, 20-2]
① 상대 판정법 ② 상호 판정법
③ 절대 판정법 ④ 주파수 분석법

[해설] 절대 판정법, 상대 판정법, 상호 판정법은 설비의 판정 기준법이다.

16. 다음은 진동 주파수에 대한 설명이다. 틀린 것은? [09-1, 10-3]
① 회전체가 불평형 시 그 물체의 회전 주파수의 정수배와 동일한 진동수를 유발시킨다.
② 기계 부품 이완 시 축 회전 주파수의 정수배와 동일한 진동수를 형성한다.
③ 베어링에 손상이 있는 경우 베어링 회전에 해당하는 고주파의 진동을 일으킨다.
④ 진동 주파수는 단위 시간당 사이클의 횟수이다.

[해설] ① 회전체가 불평형일 경우는 그 물체의 회전 속도와 동일한 진동수($1f$)를 유발시킨다.
② 기계 부품이 이완되었을 경우는 회전 속도의 정수배와 동일한 진동수($2f$)를 형성한다.
③ 베어링이나 기어에 손상이 있을 경우는 베어링 회전당 또는 기어 잇수에 해당하는 고주파의 진동을 일으킨다.

17. 다음 중 회전기계에서 발생하는 진동 신호의 주파수 분석에 대한 설명으로 잘못된 것은? [09-1]
① 시간 신호를 푸리에 변환하여 주파수를 분석한다.
② 회전기계에서 발생하는 여러 가지의 진동 신호의 분석이 가능하다.
③ 언밸런스의 이상 현상은 회전 주파수 $1f$의 특성으로 나타난다.
④ 진동 주파수는 회전축의 회전수와 반비례한다.

[해설] 회전수를 증가시키면 진동 주파수는 증가한다.

18. 회전기계에서 발생하고 있는 진동을 측정할 때 변위, 속도, 가속도의 측정 변수 선정에 대한 설명 중 옳은 것은? [09-3]
① 주파수가 높을수록 변위의 검출 감도가 높아진다.
② 주파수가 낮을수록 가속도의 검출 감도가 높아진다.
③ 주파수가 낮을수록 속도의 검출 감도가 높아진다.
④ 주파수가 높을수록 가속도의 검출 감도가 높아진다.

[해설] 주파수가 낮을수록 변위의 검출 감도가 높아지며, 주파수가 높아지면 가속도의 검출 감도가 높아진다.

19. 다음 중 손상된 기어에서 나타나는 주파수의 특징은? [07-3, 15-1]
① 축회전 주파수가 나타난다.
② 축회전 주파수의 배수로 나타난다.
③ 축회전 주파수의 분수로 나타난다.
④ 축회전 주파수×기어 잇수로 나타난다.

20. 7개의 깃을 가진 축류 펌프가 2400 rpm으로 회전하고 있을 때 깃 통과 주파수는 얼마인가? [20-2]
① 40 Hz ② 80 Hz ③ 280 Hz ④ 310 Hz

정답 15. ④ 16. ① 17. ④ 18. ④ 19. ④ 20. ③

[해설] $f = \dfrac{N \times RPM}{60} = \dfrac{7 \times 2400}{60} = 280\,\text{Hz}$

21. 기계 진동의 가장 일반적인 원인으로서 진동 특성의 1f 성분이 탁월한 회전기계의 열화 원인은 무엇인가? (단, f = 회전 주파수) [06-1, 08-1, 11-1, 16-1, 19-3]
① 공진 ② 언밸런스
③ 기계적 풀림 ④ 미스얼라인먼트

[해설] 언밸런스(unbalance) : 로터의 축심 회전의 질량 분포의 부적정에 의한 것으로 회전 주파수(1f)가 발생한다.

22. 회전체의 회전수와 동일한 주파수를 나타내는 것은? [11-3, 13-3]
① 축정렬 불량(misalignment)
② 불평형(unbalance)
③ 풀림(looseness)
④ 베어링 불량

23. 회전체 질량 중심의 불균형으로 인해 회전체의 회전 주파수가 가장 크게 나타나는 것은? [14-3]
① 미스얼라인먼트(misalignment)
② 언밸런스(unbalance)
③ 공진(resonance)
④ 윤활(lubrication) 부족

24. 회전기계의 열화 시 발생되는 주파수 특성에서 언밸런스에 의한 설명으로 틀린 것은? [18-3]
① 언밸런스는 회전 벡터이다.
② 회전 주파수의 1f 성분의 탁월 주파수가 나타난다.
③ 휨 축이거나 베어링의 설치가 잘못되었을 때 나타난다.
④ 언밸런스에 의한 진동은 수평·수직 방향에 최대의 진폭이 발생한다.

[해설] 언밸런스는 질량 불평형이며, 휨 축이거나 베어링 설치의 오류는 미스얼라인먼트로 나타난다.

25. 커플링으로 연결되어 있는 2개의 회전축의 중심선이 엇갈려 있을 경우로서 통상 회전 주파수 또는 고주파가 발생하는 이상 현상은? [12-2]
① 언밸런스 ② 미스얼라인먼트
③ 풀림 ④ 오일 휩

[해설] 미스얼라인먼트는 커플링 등에서 서로의 회전 중심선(축심)이 어긋난 상태로서 일반적으로는 정비 후에 발생하는 경우가 많다. 미스얼라인먼트 측정은 축 방향에 센서를 설치하여 측정되므로 진동 특성은 다음과 같다.
㉠ 항상 회전 주파수의 2f 또는 3f의 특성으로 나타나며, 2차 진동 성분은 정렬 불량이 심한 경우에 1차 성분보다 커질 수 있다.
㉡ 높은 축 진동이 발생한다.

26. 커플링 등에서 축심이 어긋난 상태를 말하며 이것으로 야기된 진동이 회전 주파수의 배수 성분으로 나타나는 것을 무엇이라 하는가? [12-3]
① 미스얼라인먼트(misalignment)
② 언밸런스(unbalance)
③ 기계적 풀림
④ 편심

[해설] 미스얼라인먼트는 커플링 등을 정비한 후에 많이 발생하며 진동은 2f, 3f 성분으로 나타난다.

정답 21. ② 22. ② 23. ② 24. ③ 25. ② 26. ①

27. 미스얼라인먼트(misalignment)의 주요 발생 원인이 아닌 것은? [15-2, 18-2]
① 윤활유 불량
② 축심의 어긋남
③ 휨 축(bent shaft)
④ 베어링 설치 불량

해설 미스얼라인먼트는 커플링 등에서 서로의 회전 중심선(축심)이 어긋난 상태를 말한다.

28. 롤링 베어링에서 발생하는 진동의 종류에 해당되지 않는 것은? [09-2, 19-2]
① 신품의 베어링에 의한 진동
② 다듬면의 굴곡에 의한 진동
③ 베어링 구조에 기인하는 진동
④ 베어링의 비선형성에 의해 발생하는 진동

해설 구름 베어링에서 발생하는 진동 특성
㉠ 베어링의 구조에 기인하는 진동
㉡ 베어링의 비선형성에 의하여 발생하는 진동
㉢ 다듬면의 굴곡에 의한 진동
㉣ 베어링의 손상에 의하여 발생하는 진동

29. 다음 중 슬리브 베어링의 진동 원인으로 틀린 것은? [11-3]
① 축과 틈새의 과다
② 기계적 헐거움
③ 전동체의 결함
④ 윤활유 관계의 문제

해설 ③은 구름 베어링의 진동 원인이다.

30. 미끄럼 베어링에서 나타날 수 있는 진동 현상은? [07-1]
① 오일 휩(oil whip)
② 미스얼라인먼트(misalignment)
③ 압력 맥동
④ 공동(cavitation)

해설 오일 휩은 강제 윤활을 하고 있는 미끄럼 베어링에는 반드시 있는 문제로 비교적 고속 운전하는 기계에서 발생한다.

31. 회전기계에서 발생하는 이상 현상 중 유체기계에서 국부적 압력 저하에 의하여 기포가 생기며 일반적으로 불규칙한 고주파 진동 음향이 발생하는 현상은? [18-3]
① 공동 ② 풀림
③ 언밸런스 ④ 미스얼라인먼트

해설 공동 현상(cavitation)은 일반적으로 불규칙한 고주파 진동 음향이 발생한다.

32. 회전기계 정밀 진단 시 진동 방향 분석으로 잘못 짝지어진 것은? [09-3, 11-2]
① 언밸런스 – 수평 방향
② 풀림 – 수직 방향
③ 미스얼라인먼트 – 축 방향
④ 캐비테이션 – 회전 방향

해설 언밸런스의 경우는 수평 방향(H), 풀림의 경우는 수직 방향(V), 미스얼라인먼트의 경우는 축 방향(A)으로 특징적인 진동이 발생한다.

33. 고유 진동수와 강제 진동수가 일치할 경우 진동이 크게 발생하는 현상을 무엇이라 하는가? [17-2]
① 울림 ② 공진
③ 외란 ④ 상호 간섭

해설 공진(resonance) : 물체가 갖는 고유 진동수와 외력의 진동수가 일치하여 진폭이 증가하는 현상이며, 이때의 진동수를 공진 주파수라고 한다.

정답 27. ① 28. ① 29. ③ 30. ① 31. ① 32. ④ 33. ②

34. 공진(resonance)에 관한 설명으로 옳은 것은? [17-1]
① 진동 파형의 순간적인 위치 및 시간의 지연
② 수직과 수평 방향으로 동시에 발생하는 진동
③ 고유 진동수와 강제 진동수가 일치할 때 진폭이 증가하는 현상
④ 연결된 두 개의 축 중심이 일치하지 않을 때 발생하는 진동

35. 주파수, 진폭 및 위상이 같은 두 진동 파형이 합성되면 진동 형태는 어떻게 변화되는가? [07-3, 10-1, 15-3]
① 주파수, 진폭 및 위상이 두 배로 증가한다.
② 주파수와 진폭은 변하지 않고 위상이 변한다.
③ 주파수와 위상은 변동이 없고 진폭만 두 배로 증가한다.
④ 진폭과 위상은 변동이 없고 주파수만 두 배로 증가한다.

해설 주파수, 진폭 및 위상이 같은 두 진동이 합성되면 진폭만 두 배로 증가한다.

36. 기계의 공진을 제거하는 방법으로 맞지 않는 것은? [17-3, 20-2]
① 우발력을 없앤다.
② 기계의 질량을 바꾸어 고유 진동수를 변화시킨다.
③ 기계의 강성을 바꾸어 고유 진동수를 변화시킨다.
④ 우발력의 주파수를 기계의 고유 진동수와 같게 한다.

해설 공진 현상이란 고유 진동수와 강제 진동수가 일치할 경우 진폭이 크게 발생하는 현상이다. 기계나 부품에 충격을 가하면 공진 상태가 존재하므로 공진 상태를 제거하는 방법에는 다음 3가지 방법이 있다.
㉠ 우발력의 주파수를 기계의 고유 진동수와 다르게 한다(회전수 변경).
㉡ 기계의 강성과 질량을 바꾸고 고유 진동수를 변화시킨다(보강 등).
㉢ 우발력을 없앤다(실제로 밸런싱과 센터링으로는 충분하지 않은 경우 고유 진동수와 우발력의 주파수는 되도록 멀리 한다).

37. 기계의 공진을 제거하는 방법으로 맞지 않는 것은? [17-1]
① 우발력을 증대시킨다.
② 기계의 강성을 보강한다.
③ 기계의 질량을 바꾸어 고유 진동수를 변화시킨다.
④ 우발력의 주파수를 기계의 고유 진동수와 다르게 한다.

해설 우발력을 없앤다(실제로 밸런싱과 센터링으로는 충분하지 않은 경우 고유 진동수와 우발력의 주파수는 되도록 멀리 한다).

38. 기계 진동이 공진으로 인하여 높은 경우, 다음 중 진동을 저감하는 방법으로 잘못된 것은? [14-2]
① 구조물의 강성을 높여 고유 진동 주파수를 낮은 영역으로 변화시킨다.
② 구조물의 질량을 크게 하여 고유 진동 주파수를 낮은 영역으로 변화시킨다.
③ 구조물의 강성을 낮추어 고유 진동 주파수를 낮은 영역으로 변화시킨다.
④ 구조물의 강성과 질량을 적절히 조절하여 현재 가지되고 있는 공진 주파수 영역을 피하도록 한다.

해설 구조물의 강성을 높이면 공진 주파수는 높은 영역으로 이동된다.

정답 34. ③ 35. ③ 36. ④ 37. ① 38. ①

7. 윤활 관리 진단

7-1 윤활의 개요

(1) 마찰과 윤활
① **마찰(friction)**: 접촉하고 있는 두 물체가 상대 운동을 하려고 하거나 또는 상대 운동을 하고 있을 때 그 접촉면에서 운동을 방해하려는 저항이 생기는데, 이러한 현상을 '마찰'이라 하며, 이때의 저항력을 마찰력(frictional force)이라 한다. 마찰이 크다는 것은 동력의 손실을 가져오고, 다음에 마모가 생기며, 기계 요소의 파괴는 물론 녹아 붙음과 같은 치명적 사고를 가져온다.

② **윤활(lubrication)**: 마찰이 일어날 때 그 접촉면에 유막(油膜)을 조성해 마모나 발열 등을 감소시키는 것을 의미하며, 마찰면 사이에 삽입하는 다양한 물질을 윤활제(lubricant)라 한다.

(2) 윤활의 목적과 방법
① **윤활의 목적**: 기계에 올바른 윤활과 정기적인 점검을 통하여 제반 고장이나 성능 저하를 없애고, 기계나 설비의 완전 운전을 도모함으로써 생산성을 향상시키고 생산비를 절감하는데 있다.

② **윤활 관리의 4원칙**: 적유, 적법, 적량, 적기

③ **윤활 관리의 주요 기능**
  (가) 마찰 손실 방지와 마모 방지
  (나) 녹아 붙음 및 소부 현상 방지
  (다) 밀봉 작용과 냉각 효과 및 방청 및 방진 작용

④ **윤활 관리의 효과**
  (가) 제품 정도의 향상
  (나) 윤활 사고의 방지
  (다) 윤활 의식의 고양
  (라) 기계 정도와 기능의 유지
  (마) 동력비 및 윤활비의 절약
  (바) 구매 업무의 간소화
  (사) 안전 작업의 철저
  (아) 보수 유지비의 절감

(3) 윤활 작용
① **윤활 상태**: 상대 운동을 하는 표면에서의 윤활 상태는 윤활제의 유막 두께에 따라

유체 윤활, 경계 윤활, 극압 윤활로 분류된다.
  (가) 유체 윤활(fluid lubrication)
  (나) 경계 윤활(boundary lubrication)
  (다) 극압 윤활(extreme-pressure lubrication)
② **윤활유의 작용** : 감마 작용, 냉각 작용, 응력 분산 작용, 밀봉 작용, 청정 작용, 녹 및 부식 방지, 방청 작용, 방진 작용, 동력 전달 작용

7-2 윤활의 종류와 특성

(1) 원유의 분류

① **물리적 성질에 의한 분류** : API(american petroleum institute) 수치가 클수록 가벼운 원유이며, 황의 함유율이 1% 이하인 것을 저유황 원유, 2%를 넘는 것을 고유황 원유라 한다.

② **화학적 성질에 의한 분류** : 원유를 화학적 성분에 따라 분류하면 석유의 주성분인 탄화수소의 종류에 따라 나프텐계 원유(아스팔트계 원유), 파라핀계 원유, 혼합계(중간) 원유로 나뉜다.

  (가) 파라핀계 원유 : 파라핀계의 탄화수소를 많이 함유한 원유로서 등유, 세탄가가 높은 경유의 품질은 우수하나 휘발유의 옥탄가는 낮다. 중유분은 비교적 응고점이 높으나 탈납함으로써 고품질의 윤활유를 제조할 수 있다. 일반적으로 아스팔트분은 적고 파라핀 왁스분은 많다.

  (나) 나프텐계 원유 : 나프텐계의 탄화수소를 비교적 많이 함유하고, 휘발유의 옥탄가가 높아 품질이 좋으며, 아스팔트분이 많아 아스팔트계 원유라고도 한다. 다량의 아스팔트를 생산할 수 있으나 등유, 경유는 세탄가가 낮아 품질이 그다지 좋지 않다.

  (다) 중간기 원유 : 위의 두 가지 계통의 중간적 성상의 원유를 말한다.

(2) 윤활기유의 분류

윤활기유(base oil)는 모든 석유계 윤활유 제품의 주원료가 되는 물질로서, 석유계 윤활유는 첨가제가 함유되지 않은 순광유와 첨가유의 두 가지로 분류된다.

나프텐계 원유의 생산이 줄어들고 있으며, 최근에 생산되는 다수의 윤활유 제품은 파라핀계의 기유가 사용되고 있다.

윤활기유의 특성

항목	파라핀계	나프텐계
점도 지수(VI)	높음	낮음
인화점, 발화점, 유동점	높음	낮음
잔류 탄소	많음	적음
색상	밝음	어두움
부분 분리성	좋음	나쁨
산화 안정도	높음	낮음
밀도, 휘발성, 증기압	낮음	높음
왁스 함량	높음	낮음

(3) 윤활제의 종류

외관 형태로 분류하면 액상의 윤활유, 반고체상의 그리스 및 고체 윤활제로 분류하며, 윤활제로서 가장 많이 사용되는 것은 액상의 윤활유이다.

윤활제의 종류

윤활제의 분류		종류
액체 윤활제 (윤활유)	광유계	순광유 및 순광유에 첨가제가 함유된 윤활유
		유압 작동유, 기어, 엔진 오일 등
	합성계	광유에 지방유를 합성한 윤활유
		PAO, 에스테르 등
		특수 엔진유, 항공용 윤활유 등
	천연 유지계	동식물 유지(에스테르 화합물), 압연유, 절삭유용
	동식물계	지방유
반고체 윤활제	그리스	윤활유로 적합하지 않은 곳, 기어, 베어링 등
고체 윤활제	고체 자체	MoS, PbO, 흑연, 그라파이트 등
	반고체 혼합	그리스와 고체 물질의 혼합
	액체와 혼합	광유와 고체 물질의 혼합

① 액상의 윤활유 구비 조건

(가) 사용 상태에서 충분한 점도를 가질 것

(나) 한계 윤활 상태에서 견디어 낼 수 있는 유성이 있을 것

(다) 산화나 열에 대한 안정성이 높고 화학적으로 안정될 것

② 윤활유의 분류

(개) 원료에 의한 분류

㉮ 석유계 윤활유 : 파라핀계 윤활유, 나프텐계 윤활유, 혼합 윤활유

㉯ 비광유계 윤활유 : 동식물계 윤활유, 합성 윤활유

(내) 점도에 의한 분류 : 석유계 윤활유를 점도에 따라 경질 윤활유(light stocks), 중간질 윤활유(medium stocks), 중질 윤활유(heavy stocks)로 분류한다.

㉮ SAE의 분류 : 윤활유의 점도에 따라 분류하는 방법으로 SAE 분류법이 널리 사용된다. SAE 등급에서 W자는 겨울용이라는 뜻으로 숫자의 크기가 클수록 점성이 커진다.

㉯ ISO 점도 분류 : ISO의 점도 분류는 18등급으로 분류한다.

㉰ API에 의한 분류 : 미국석유협회의 API 서비스 분류이며, 기관의 종류와 사용조건에 따라 크게 가솔린 기관과 디젤기관으로 분류된다.

(대) 용도에 의한 분류

㉮ 전기 절연유(KS C 2301) : 오일 속의 콘덴서나 케이블, 변압기 등에 사용되는 것을 전기 절연유라고 하며, 1종에서 7종까지 구분하고 있다.

㉯ 금속 가공유 : 금속 가공용 윤활유에는 절삭유, 연삭유, 열처리유, 압연유 등이 있다.

㉰ 방청유 : 금속에 녹이 스는 것을 방지하기 위한 윤활유이다.

㉱ 유압 작동유 : 작동유는 광유계 작동유와 불연성 작동유로 나누어지며, 불연성 작동유에는 수분 함유형 작동유와 합성 작동유가 있다.

(4) 윤활제의 성질

① **비중(specific gravity)** : 윤활유의 비중은 성능에는 관계없으나 규정의 기름인지 또는 연료유 등의 이물질이 혼입되었는지의 여부를 확인하는데 유용하게 사용된다.

② **점도(viscosity)** : 액체 내의 전단 속도가 있을 때 그 전단 속도 방향의 수직면에서 속도 방향으로 단위 면적에 따라 생기는 전단 응력의 크기로서 표시하는 액체의 내부 저항을 말한다.

③ **점도 지수(VI, viscosity index)** : 점도 지수는 온도의 변화에 따른 윤활유의 점도 변화를 나타내는 수치, 즉 지수로서 단위를 사용하지 않는다. VI값은 100을 기준으로 점도 지수가 클수록 온도가 변할 때 점도 변화의 폭이 작다는 것을 의미한다. 동일한 조건의 윤활유인 경우 점도 지수가 높은 윤활유일수록 고급유에 해당한다. 점도 지수는 40℃ 동점도와 100℃ 동점도의 계산에 의하여 구해진다.

④ **유동점(pour point)** : 윤활유가 유동성을 잃기 직전의 온도, 즉 유동할 수 있는 최저의 온도를 말한다.

⑤ **인화점(flash point)** : 석유 제품은 모두 그들의 온도에 상당하는 증기압을 갖기 때문에 이들은 어느 온도까지 가열하게 되면 증기가 발생하게 되고 그 증기는 공기와의 혼합 가스로 되어 인화성 또는 약한 폭발성을 갖게 된다. 이 혼합 가스에 외부로부터 화염을 접근시키면 순간적으로 섬광을 내면서 인화되어 발생 증기가 소멸된다. 이때의 온도를 인화점이라고 한다. 표준 시료는 프탈산디옥틸을 사용한다.

⑥ **전산가(TAN, total acid number)** : 오일 중에 포함되어 있는 산성 성분의 양을 나타내며, 시료 1g 중에 함유된 전 산성 성분을 중화하는데 소요되는 수산화칼륨(KOH)의 양을 mg 수로 표시한 것이다. 전산가의 값이 클수록 윤활유의 산화가 증가되었음을 의미한다.

⑦ **전알칼리가(TBN, total base number)** : 시료 1g 중에 함유된 전 알칼리 성분을 중화하는데 소요되는 산과 같은 당량의 수산화칼륨(KOH)의 양을 mg 수로 표시한 것이다.

⑧ **잔류 탄소분(carbon residue)** : 기름의 증발, 오일을 공기가 부족한 상태에서 불완전 연소시켜 열분해 후에 발생되는 탄화 잔류물이다. 고온으로 작동되는 내연기관용 윤활유는 잔류 탄소분으로 인하여 윤활유의 산화와 부식을 촉진하게 한다. 보통 휘발성이 높고 점도가 낮은 윤활유는 잔류 탄소분이 적다.

⑨ **동판 부식(copper strip corrosion)** : 동판 부식 시험은 기름 중에 함유된 유리 유황 및 부식성 물질로 인한 금속의 부식 여부에 관한 시험이다. 시험 방법은 잘 연마된 동판을 시료에 담그고 규정 시간, 규정 온도로 유지한 후 이것을 꺼내어 세정하고 동판 부식 표준 시험편과 비교하여 시료의 부식성을 판정한다.

⑩ **황산회분(sulfated ash content)** : 황산회분이란 시료가 연소하고 남은 탄화 잔류물에 황산을 가하여 가열한 후 황량으로 된 회분을 말한다. 따라서 황산회분은 윤활유의 첨가제를 정량적으로 측정하는데 그 목적이 있다.

⑪ **산화 안정도(oxidation stability)** : 윤활유는 탄화수소 화합물이므로 공기 중의 산소와 반응해서 산화되기 쉽다. 특히 산화 조건인 온도 촉매에서 반응 속도가 빨라지며 윤활유가 산화를 받으면 물질 특성의 변화를 가져온다. 따라서 윤활유의 산화 안정도 시험은 내산화도를 평가하는 방법이고, 이것은 윤활유를 일정 조건(온도, 시간, 촉매)에서 산화시킨 후 신유와의 점도비, 전산가 증가 등을 시험하여 오일의 산화 안정성을 평가한다.

⑫ **주도(cone penetration)** : 그리스의 주도는 윤활유의 점도에 해당하는 것으로 그리스의 단단한 정도를 나타낸다.

⑬ **적점(dropping point)** : 그리스를 가열했을 때 반고체 상태의 그리스가 액체 상태로

되어 떨어지는 최초의 온도를 말한다.
⑭ 이유도(oil segregation) : 그리스를 장시간 사용하지 않고 저장할 경우 또는 사용 중에 그리스를 구성하고 있는 기름이 분리되는 현상을 말한다. 이것을 또한 이장(離漿) 현상이라 한다. 이장 현상은 그리스의 제조 시 농축이 잘못된 경우와 사용 과정에서 외력이 작용하여 온도가 상승한 경우 발생된다.
⑮ 혼화 안정도(working stability) : 그리스의 전단 안정성, 즉 기계적 안정성을 평가하는 방법이다. 시험 방법은 혼화기에 시료를 채우고 혼화 장치에서 10만 회 혼화한 후 주도를 측정해서 변화를 비교 측정하는 방법이 있다.

(5) 윤활제의 첨가제

① 윤활 성능 보강제
(가) 점도 지수 향상제(viscosity index improvers) : 온도 변화에 따른 점도 변화의 비율을 낮게 하기 위하여 점도 지수 향상제를 사용한다.
(나) 유성 향상제(oilness improvers) : 유성 향상제는 금속의 표면에 유막을 형성시켜 마찰계수를 작게 하여 유막이 끊어지지 않도록 한다.
(다) 유동점 강하제(pour point depressants) : 저온일 때 왁스분의 성장을 저지시켜 유동성을 높여 주는 첨가제이다.

② 표면 보호제
(가) 청정제, 분산제(detergent, dispersant) : 산화에 의하여 금속 표면에 붙어 있는 슬러지나 탄소 성분을 녹여 기름 중의 미세한 입자 상태로 분산시켜 내부를 깨끗이 유지하는 역할을 한다.
(나) 방청제(rust inhibitor, antirust additives) : 금속에 피막을 이루어 녹의 발생을 억제하는데 사용된다.
(다) 극압성 첨가제(EP, agent, extreme pressure additives)
(라) 부식 방지제(corrosion inhibitor)
(마) 내마모성 첨가제(anti-wear agent)

③ 윤활유 보호제
(가) 산화 방지제(antioxidant) : 공기 중의 산소에 의하여 산화되는 것을 방지하고 슬러지 생성을 억제한다.
(나) 기포 방지제(소포제, antifoam agent) : 윤활유가 밸브 등을 통과할 때 발생되는 거품을 빨리 소포시킨다.
(다) 착색제(dye) : 윤활유의 누설을 쉽게 파악하기 위하여 오일에 색소를 넣어 사용한다.
(라) 유화제(emulsifier) : 물과 안정된 유화액을 이루도록 사용되는 첨가제이다.

(6) 그리스

그리스(grease)는 액체 상태의 윤활제에 증주제를 혼합한 후 각종 첨가제를 배합하여 생산한 반고체 윤활제이며, 금속 비누와 윤활유로 되어 있다.

① **그리스의 성분** : 그리스는 기유(base oil)와 증주제(thickener) 및 각종 첨가제로 구분되며 그 조성은 다음과 같다.

　㈎ 기유 : 기유는 그리스에서 윤활 주체가 되며 전체 조성의 80~90%를 차지한다. 기유는 정제 광유와 합성유로 구분되며, ISO VG 10의 낮은 점도에서부터 ISO VG 159의 높은 점도유가 사용되고 있다.

　㈏ 증주제 : 그리스의 특성을 결정하는데 매우 중요한 요소가 증주제이며, 그리스의 주도는 증주제의 양에 따라 결정된다. 증주제에는 비누기 증주제와 비비누기 증주제가 있다. 비누기(soap) 증주제는 알칼리 금속과 지방산으로 만들어지며 칼슘, 나트륨, 알루미늄 및 리튬 등이 있다. 지방산으로서는 동식물 유지의 지방산이 많이 사용된다. 비비누기(non soap) 증주제는 무기계와 유기계의 두 종류가 있다.

　㈐ 첨가제 : 그리스 첨가제는 그리스의 물리, 화학적인 성능을 향상시켜 주며, 그리스의 수명 연장과 함께 윤활 부위의 금속 재질에 대한 마모, 부식 및 녹 발생 등의 손상을 최소화시켜 주는 역할을 한다.

　　㈎ 유성 향상제　　　　㈏ 산화 방지제
　　㈐ 구조 안정제　　　　㈑ 극압 첨가제
　　㈒ 방청제　　　　　　㈓ 마모 방지제
　　㈔ 녹, 부식 방지제　　 ㈕ 고체 첨가제

② **그리스의 주도** : 윤활유의 점도에 해당하고 무르고 단단한 정도를 나타낸 값이며, 규격으로 정한 원추를 시료에 일정한 높이에서 낙하시켜 5초 동안 침투한 깊이(mm)의 10배의 단위로 나타낸다.

③ **그리스의 충전** : 베어링에 필요 이상의 충전을 하면 교반 때문에 발열하여 그리스의 열화, 연화, 누설 등의 원인이 된다. 그러므로 그리스 충전량은 베어링이 부착된 상태에서 하우징 공간의 약 $\frac{1}{3} \sim \frac{1}{2}$이 적당하다. 베어링의 그리스 충전량은 다음 식으로 구할 수 있다.

　　충전량 $Q = 0.005 dB$

　　여기서, Q : 그리스량(g), d : 베어링의 내경, B : 베어링의 외경

7-3 윤활제의 급유·급지법

(1) 윤활유 급유법
윤활유의 급유법은 크게 비순환 급유법과 순환 급유법으로 분류된다. 비순환 급유법은 사용한 윤활유를 회수하지 않고 폐기하는 방식의 급유법이며, 순환 급유법은 사용된 윤활유를 회수하여 반복하여 공급하는 순환 방식의 급유법이다.
① 비순환 급유법
② 순환 급유법

(2) 그리스 급유법
① **개요** : 그리스 급유법에는 손 급유법, 그리스 컵, 그리스 건 및 집중 그리스 윤활 장치가 있으며, 300 이상의 주도를 갖는 그리스를 선택하여 사용한다. 그리스를 새로운 것으로 교환할 때는 용제로 완전히 닦아내고 새 그리스를 충전한다.

② **급유법의 종류**
  (개) 그리스 급유 : 그리스 윤활은 유 윤활에 비해 몇 가지 장단점이 있다. 장점은 급유 간격이 길고 누설이 적으며, 밀봉성과 먼지 등의 침입이 적다는 점이고, 단점은 냉각 작용이 적고 질의 균일성이 떨어진다는 점이다.
  (내) 그리스 충진(充塡) 베어링 : 슬라이딩 베어링의 메탈 상부에 그리스를 충전하여 뚜껑을 덮어 두는 방식으로 저속의 베어링과 선박의 저널 베어링 및 압연기의 롤 베어링 등에 사용된다. 이 베어링은 뚜껑을 닫아 불순물의 침입을 방지하고 베어링이 발열하여 그리스가 적하점(dropping point) 이상의 온도로 되면 그리스가 유출되므로 유의해야 한다.
  (대) 그리스 컵 : 다음 그림과 같이 ㉠은 그리스, ㉡은 그리스 컵이며, 여기에 스프링이 달려 있다. 컵 속의 그리스가 열에 녹아 ㉢에서 마찰면으로 공급된다.

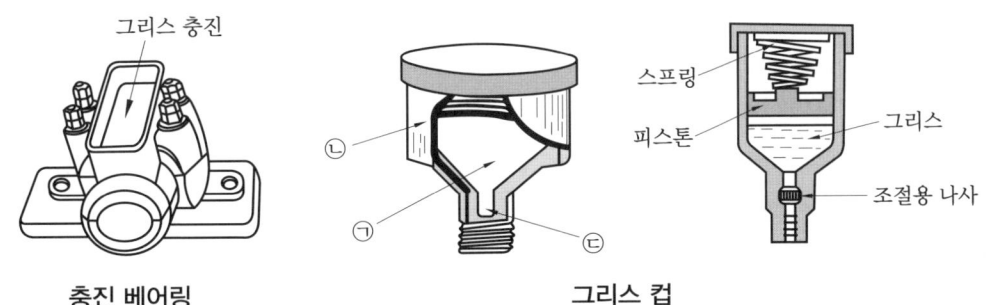

충진 베어링   그리스 컵

(라) 그리스 건 : 베어링에 그리스를 충진하는 휴대용 그리스 펌프로서 1회의 공급으로 적정 시간 운전에 적합할 경우 그리스 건이 사용된다.

(마) 그리스 펌프 : 여러 개의 펌프 유닛을 가지고 상당수의 마찰면에 자동적으로 일정량의 그리스를 압송할 수 있으므로 그리스 건보다 훨씬 우수한 방법이다.

(바) 집중 그리스 윤활 장치 : 그리스 펌프에 의해 관 지름이 50mm 정도의 주관을 시공하고 분배관을 배열하여 다수의 베어링에 동시 일정량의 그리스를 확실히 급유하는 방법이다. 자동으로 전동기의 스위치가 제어되어 규정된 시간대로 간헐적으로 급유된다

7-4 윤활유의 열화와 관리 기준

(1) 윤활유의 열화 원인

윤활유는 사용 중에 변질되어 그 성질이 저하되는데, 이것을 윤활유의 열화라 한다. 첫째는 윤활유 자체에서 일으키는 화학적 열화이고, 둘째는 외부적 요인에 의하여 생기는 열화로서 윤활유의 훼손이다.

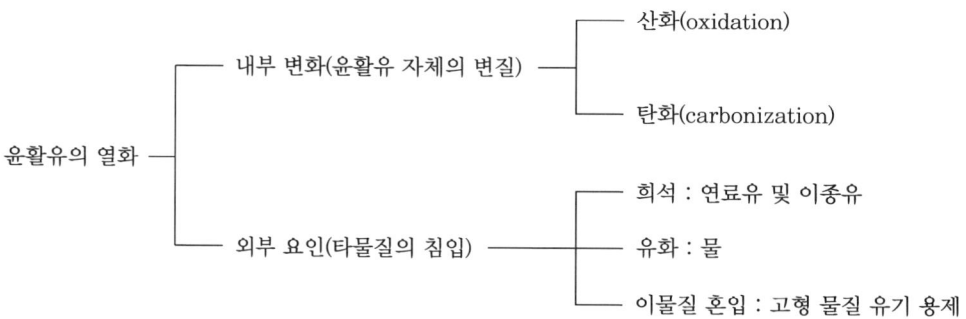

(2) 윤활유 열화에 미치는 인자

① **산화(oxidation)** : 윤활유는 사용 중 공기 중의 산소를 흡수하여 화학적 반응을 일으켜 산화한다. 이때 산화를 촉진시키는 조건은 온도, 사용 시간, 촉매 등이 유분자의 산화를 일으키는 원인이 되는 것이다. 윤활유가 산화를 받으면 물리적으로 우선 색의 변화를 가져옴과 동시에 점도의 증가, 산의 증가 그리고 표면 장력의 저하 등을 초래한다.

② **탄화(cabonization)** : 윤활유가 탄화되면서 윤활유가 가열 분해되어 다량의 탄소 잔류가 생기게 된다.

③ **희석(dilution)** : 내연기관에 있어서 연료의 연소 잔류물과 수분이 많으면 연료가 크랭크 케이스로 침입하여 윤활유를 희석하여 윤활 작용을 방해한다.
　㈎ 사용 연료의 품질이 불량하여 분사 상태가 나쁘고, 따라서 연소 불량이 되어 그 일부가 윤활유 중에 혼입하였을 경우
　㈏ 윤활유 가열 온도가 적절하지 않거나 분사 압력이 너무 낮고, 분사 장치의 불량 등에 의하여 분사 상태의 불량에서 오는 연료유의 혼입
　㈐ 엔진의 정비 불량에 의한 연료유 또는 수분이 윤활유 중에 혼입한 경우
④ **유화(emulsification)** : 윤활유가 수분과 혼합해서 유화액을 만드는 현상은 유 중에 존재하는 미세한 이물질 입자의 극성(일종의 응집력)에 의해서 물과 기름의 표면 장력이 저하해서 W/O형 에멀전이 생성되어 점차 강인한 보호막이 형성되는 결과로 일어나는 것으로, 유화 입자는 보통 1개의 크기가 $10^{-5} \sim 10^{-6}$mm 정도이며 큰 것도 있어, 이것이 집합해서 유화액이 형성되는 것으로 생각된다.
　윤활유가 유화되는 원인으로는 오일의 산화가 상당히 일어났을 때, 윤활유의 열화로 이물질이 증가하여 고점도유에 이르렀을 때, 운전 조건이 가혹해서 탄화수소분의 변질을 가져왔을 때, 수분과의 접촉이 많을 때 등이 있다.

(3) 윤활유의 열화 판정법
① **직접 판정법**
　㈎ 신유(新油)의 성상(性狀)을 사전에 명확히 파악해 둔다.
　㈏ 사용유의 대표적 시료를 채취하여 성상을 조사한다.
　㈐ 신유와 사용유의 성상을 비교 검토한 후에 관리 기준을 정하고 교환하도록 한다.
② **간이 판정법**
　㈎ 냄새를 맡아 보고 강한 냄새가 있으면 연료 기름의 혼입이나 불순물의 함유량이 많다고 판단한다.
　㈏ 시험관 중에 적당량의 기름을 넣고 그의 선단부를 110℃ 정도로 가열해서 함유 수분의 존재를 물이 튀는 소리로 듣는다.
　㈐ 손으로 기름을 찍어 보고 경험으로 점도의 대소, 협잡물의 다소를 판단한다.
　㈑ 투명한 2장의 유리판에 기름을 넣고 투시해서 수분의 존재 또는 이물질의 발생 유무를 조사한다.
　㈒ 시험관에 기름과 물을 같은 양으로 넣고 심하게 교반한 후 방치해서 기름과 물이 완전히 분리할 때까지 시간을 측정하여 항유화성을 조사한다.
　㈓ 기름을 소량의 증류수로 씻어낸 수분을 취하여 리트머스 시험지를 적셔 판단하며 이때 적색으로 변하면 산성이다.

⑷ 시험관에 기름과 농유산을 같은 양으로 넣고 잘 교반한 다음 잠시 후에 흑색의 침전물이 되는 양 및 관벽 온도의 상승 정도로써 불순물의 혼입 비율 및 열화의 정도를 알 수 있다.

⑸ 적당한 용기에 소량의 시료를 채취하여 이것을 60~70℃로 가열하고 지름이 2~3mm의 금속 또는 유리막대를 이용하여 그 유적을 로지상에 적하하고, 15분 후 침투된 유폭을 측정하여 유폭이 2mm 이하로 되면 이용 한도가 넘은 것으로 판정한다.

⑹ 현장에서 간이식 점도계, 중화가 시험기, 비중계, 비색계가 있으면 적극 활용하거나 간이 시험기를 이용한다.

(4) 윤활유의 사용 한계

① **윤활유의 사용 한계** : 윤활유를 장기간에 걸쳐 사용하게 되면 윤활유는 내적 또는 외적인 요인에 의하여 열화되므로 윤활유로서의 기능을 상실하고 만다. 이때는 신유로 교환하여야 되나 일반적으로 성상의 변화에 관계없이 일정 기간이 지나면 자동적으로 교환하는 방법과 또한 관리 기준을 정해 놓고 수시로 관리항목을 체크해서 교환하는 방법 등이 있다.

② **실험실에서 오염 정도 측정**

㈎ 중량법 : 시료유 100mL 중의 오염 물질의 중량 측정

㈏ 계수법 : 시료유 100mL 중의 오염 물질의 크기 개수를 측정

㈐ 오염 지수법 : 오일 중의 미립자 또는 젤라틴상의 물질에 따라 필터의 눈이 막혀 여과 시간이 변화하는 현상을 이용하여 시료의 오염도를 산출하는 방법으로 SAE에 측정법이 규정되어 있다.

㈑ 수분 측정법 : 크실렌 등의 용제와 혼합한 시료를 가열, 증류하여 검수관에 분리된 수분을 측정하여 시료에 대한 용량 또는 중량으로 표시한다.

㈒ 기포성 측정법 : 기포성이란 규정 온도에서 5분간 공기를 불어 넣은 직후의 거품량(mL)을 말하며, 기포 안정도란 기포도 측정 후 10분간 방치한 후의 거품량을 말한다.

③ **윤활유 트러블 대책** : 윤활유의 오염은 언제나 될 수 있다. 공기와 열, 수분이 그 주요 원인이다.

윤활유 트러블 대책

트러블 현상	원인	대책
동점도 증가	• 고점도유 혼입 • 산화로 인한 열화	• 다른 윤활유 순환 계통 점검 • 동점도 과도 시 윤활유 교환
동점도 감소	• 저점도유 혼입 • 연료유 혼입에 의한 희석	• 다른 윤활유 순환 계통 점검 • 연료 계통 누유 상태 점검
수분 증가	• 공기 중의 수분 응축 • 냉각수 혼입	• 수분 제거 • 수분 혼입원의 점검
외관 혼탁	• 수분이나 고체의 혼입	• 점검 후 윤활유 교환
소포성 불량	• 고체 입자 혼입 • 부적합 윤활유 혼입	• 윤활유 교환
전산가 증가	• 열화가 심한 경우 • 이물질 혼입	• 열화 원인 파악 • 이물질 파악 및 교환
인화점 증가	• 고점도유 혼입	• 점검 후 윤활유 교환
인화점 감소	• 저점도유 혼입 • 연료유 혼입	• 점검 후 윤활유 교환

예 | 상 | 문 | 제

1. 윤활 관리 목적에 대한 설명과 관련이 가장 적은 것은? [18-3]
① 기계에 대한 올바른 급유
② 고점도유 사용으로 누유 방지
③ 정기적 점검을 통한 고장 감소
④ 시설 관리의 절감과 생산성 향상

[해설] 윤활 관리의 목적은 기계에 올바른 급유를 하고 정기적(定期的)인 점검을 하여 고장 감소와 윤활한 가동을 도모하여 그 효과를 시설 관리의 절감과 생산성의 향상에 반영(反映)시키는 것이다.

2. 다음 중 윤활 관리의 최종적인 목적은 무엇인가? [06-3]
① 올바른 급유   ② 정기적 급유
③ 고장의 감소   ④ 생산성 향상

3. 윤활 관리의 효과에 대한 설명으로 틀린 것은? [10-3, 17-2]
① 동력비 증가
② 제품 정도의 향상
③ 보수 유지비의 절감
④ 기계의 정도와 기능 유지

[해설] ㉠ 기본적 효과 : 윤활 사고의 방지, 윤활비의 절약, 기계 정도와 기능의 유지, 구매 업무의 간소화, 제품 정도의 향상, 안전 작업의 철저, 보수 유지비의 절감, 윤활 의식의 고양(高揚), 동력비의 절감
㉡ 경제적인 효과 : 기계나 설비의 유지 관리비(수리비 및 정비 작업비) 절감, 완전 운전에 의한 유지비의 경감, 작업 능률 향상에 의한 이익 및 휴지 손실 방지에 따른 생산성 향상

4. 다음 중 윤활유의 목적으로 적합하지 않은 것은? [09-1]
① 실(seal)을 고착시킬 것
② 내구성을 향상시킬 것
③ 마찰력을 감소시킬 것
④ 장치의 부식을 방지할 것

5. 다음 중 윤활유를 사용하는 목적이 아닌 것은 어느 것인가? [17-1, 19-3]
① 감마 작용   ② 냉각 작용
③ 방청 작용   ④ 응력 집중 작용

[해설] 윤활유의 작용 : 감마 작용, 냉각 작용, 응력 분산 작용, 밀봉 작용, 청정 작용, 녹 및 부식 방지, 방청 작용, 방진 작용, 동력 전달 작용

6. 다음 중 윤활유의 작용이 아닌 것은 어느 것인가? [09-1, 20-3]
① 감마 작용   ② 냉각 작용
③ 방독 작용   ④ 응력 분산 작용

[해설] 5번 해설 참조

7. 윤활 상태 중 기름의 점도에 대하여 유체 역학적으로 설명할 수 없는 유막의 성질, 즉 유성(oilless)에 관계되며 시동이나 정지 전·후에 반드시 일어나는 윤활 상태는 어느 것인가? [07-1]
① 유체 윤활   ② 극압 윤활
③ 경계 윤활   ④ 완전 윤활

정답 1. ② 2. ④ 3. ① 4. ① 5. ④ 6. ③ 7. ③

해설 ㉠ 유체 윤활(fluid lubrication) : 마찰면 사이에 유체 역학적으로 점성 유막이 형성된 윤활 상태이므로 완전 윤활 또는 후막 윤활이라고도 한다. 이것은 이상적인 유막에 의해 마찰면이 완전히 분리되어 베어링 간극 중에서 균형을 이루게 되며, 마찰 계수는 0.01~0.05로서 최저이다.
㉡ 극압 윤활(extreme-pressure lubrication) : 마찰면의 접촉 압력이 높아, 유막의 파단이 일어나기 쉬운 상태가 되면 융착과 소부 현상이 일어나게 된다. 이때의 마찰계수는 0.25~0.4 정도이다.
㉢ 경계 윤활(boundary lubrication) : 윤활 부위에 하중이 증가하거나 속도가 저하될 경우 윤활제의 점도가 낮아지고 유막의 두께는 점점 얇아져서 국부적으로 금속 접촉점이 발생하고 있는 상태를 말하며, 고하중 저속 상태 또는 시동 정지 전·후에 반드시 일어난다. 이때의 마찰계수는 0.08~0.14 정도이다.

8. 윤활 상태를 표현하는 유체 윤활에 대한 설명으로 적합한 것은? [13-2]
① 유막에 의하여 윤활면이 완전 분리되어 베어링 간극 중에서 균형을 이루는 상태
② 유온 상승 혹은 하중의 증가로 점도가 떨어져 유압만으로 하중을 지탱할 수 없는 상태
③ 유막이 파괴되어 금속 간의 접촉이 일어나는 상태
④ 금속에 융착과 소부 현상이 발생하여 극압제인 유기 화합물의 첨가가 필요한 상태

9. 윤활유를 선정할 때 가장 기본적으로 검토해야 할 사항은? [06-1, 14-3, 19-2]
① 적정 점도 ② 운전 속도
③ 다양한 유종 ④ 관리 방법

10. 다음 중 윤활유가 갖추어야 할 성질이 아닌 것은? [13-3]
① 충분한 점도를 가질 것
② 한계 윤활 상태에서 견디어 낼 수 있을 것
③ 화학적으로 활성이고 안정할 것
④ 청정하고 균질할 것
해설 물리·화학적 변화가 없을 것

11. 방청유의 종류가 아닌 것은 어느 것인가? [16-2, 16-3]
① 용제 희석형 ② 지문 제거형
③ 기화성 방청제 ④ 열처리 방청제
해설 열처리에는 방청제가 사용되지 않는다.

12. 금속 가공유에 속하지 않는 것은 어느 것인가? [13-3]
① 절삭유 ② 연삭유
③ 압연유 ④ 방청유
해설 금속 가공유 : 금속 가공용 윤활유에는 절삭유, 연삭유, 열처리유, 압연유 등이 있다.

13. 윤활제 중 그리스의 상태를 평가하는 항목이 아닌 것은? [14-1, 19-1]
① 점도 ② 주도
③ 이유도 ④ 적하점
해설 점도는 액체 윤활유에 사용되는 평가 항목이다.

14. 다음 윤활유에 관한 설명 중 올바르지 않은 것은? [08-1]
① 윤활유의 비중은 성능에는 관계없고 물과 비교한 무게비이다.
② 절대 점도는 동점도를 윤활유의 밀도로 나눈 값을 나타낸다.

정답 8. ① 9. ① 10. ③ 11. ④ 12. ④ 13. ① 14. ②

③ 윤활유의 온도를 낮추게 되면 유동성이 없어지고 응고되며 유동성을 잃기 직전의 온도를 유동점이라고 한다.
④ 점도는 윤활유의 기본이 되는 성질이며 점도의 단위로는 절대 점도와 동점도 단위를 사용한다.

[해설] 점도란 윤활유가 유동할 때 나타나는 내부 저항의 크기를 나타낸 것이다. 동점도는 스톡(stoke)을 사용하며 [cm²/s]로 나타낸다.

$$동점도 = \frac{절대\ 점도}{밀도}$$

절대 점도는 푸아즈(poise)를 사용하여 표시하며 g/cm·s의 중력 단위로 나타내고 동점도×밀도이다.

15. 다음 중 동점도를 나타내는 단위로 옳은 것은? [14-2, 20-2]
① cm^2/s ② s/cm^2
③ m/s^2 ④ s/m^2

16. 석유 제품의 산성 또는 알칼리성을 나타내는 것으로써 산화 조건 하에서 사용되는 동안 기름 중에 일어난 변화를 알기 위한 척도로 사용되는 것은? [15-3, 19-1]
① 점도 ② 중화가
③ 산화 안정도 ④ 혼화 안정도

[해설] 중화가(neutralization number) : 석유 제품의 산성 또는 알칼리성을 나타내는 것으로써 산화 조건 하에서 사용되는 동안 기름 중에 일어난 변화를 알기 위한 척도로 사용된다(중화가란 산가와 알칼리성가의 총칭).

17. 그리스의 굳은 정도를 나타내는 것을 무엇이라고 하는가? [08-3]
① 부식 ② 응고 ③ 공석 ④ 주도

[해설] 주도(penetration) : 윤활유의 점도에 해당하는 것으로서 그리스의 굳은 정도를 나타내며, 이것은 규정된 원추를 그리스 표면에 떨어뜨려 일정 시간(5초)에 들어간 깊이(mm)를 측정하여 그 깊이에 10을 곱한 수치로서 나타낸다.

18. 그리스의 내열성을 평가하는 기준이 되는 것은? [12-1]
① 전산가 ② 알칼리가
③ 산화 안정도 ④ 적하점

[해설] 적점(dropping point) : 그리스를 가열했을 때 반고체 상태의 그리스가 액체 상태로 되어 떨어지는 최초의 온도를 말한다. 적점은 그리스의 내열성 및 사용 온도를 결정하는 기준이 된다.

19. 그리스를 장기간 저장 또는 사용 중에 기름이 분리되는 현상을 무엇이라고 하는가? [06-1]
① 혼화 안정도 ② 이유도
③ 산화 안정도 ④ 주도

[해설] 이유도(oil segregation) : 그리스를 장시간 사용하지 않고 저장할 경우 또는 사용 중에 그리스를 구성하고 있는 기름이 분리되는 현상을 말한다.

20. 윤활유의 첨가제가 갖추어야 할 일반적인 성질과 가장 거리가 먼 것은 어느 것인가? [08-1, 15-2]
① 증발이 많아야 한다.
② 색상이 깨끗하여야 한다.
③ 기유에 용해도가 좋아야 한다.
④ 유연성이 있어 다목적이어야 한다.

[해설] 증발은 가능한 적어야 한다.

정답 15. ① 16. ② 17. ④ 18. ④ 19. ② 20. ①

21. 하중과 마찰이 증대하여 유막이 파괴되는 것을 방지하기 위해 사용되는 극압제가 아닌 것은? [12-2]
① 염소(Cl) ② 규소(Si)
③ 유황(S) ④ 인(P)

해설 극압 첨가제(extreme pressure additives) : EP유라고 하며, 큰 하중을 받는 베어링의 경우 유막이 파괴되기 쉬우므로 이를 방지하기 위하여 일반적으로 염소(Cl), 유황(S), 인(P) 등을 사용한다.

22. 윤활유 내에 산소를 감소시키는 윤활유 보호용 첨가제는? [10-3]
① 부식 방지제
② 산화 방지제
③ 극압성 첨가제
④ 내마모성 첨가제

해설 윤활유 보호제
㉠ 산화 방지제 ㉡ 기포 방지제
㉢ 착색제   ㉣ 유화제

23. 윤활유 사용 중에 거품이 발생하지 않도록 해주는 윤활유 첨가제는? [17-2]
① 청정제 ② 분산제
③ 소포제 ④ 유동점 강하제

해설 소포제는 거품을 방지해 주는 첨가제이다.

24. 유(oil) 윤활과 비교한 그리스 윤활의 장점으로 옳은 것은? [09-1, 18-1]
① 누설이 적다.
② 냉각 작용이 크다.
③ 급유가 용이하다.
④ 이물질 혼입 시 제거가 용이하다.

해설 윤활유와 그리스 윤활의 비교

구분	윤활유	그리스
회전 속도	범위가 넓다	초고속에는 곤란하다
회전 저항	작다	초기 저항이 크다
냉각 효과	크다	작다
누설	많다	적다
밀봉 장치	복잡	용이
순환 급유	용이	곤란
먼지 여과	용이	곤란
교환	용이	곤란

25. 다음 윤활유 급유 방식 중에서 비순환 급유법은? [10-3]
① 유욕 급유법 ② 원심 급유법
③ 적하 급유법 ④ 패드 급유법

해설 비순환 급유법 : 이 급유법은 윤활유의 열화가 쉽게 발생되는 경우나 고온으로 인하여 윤활유의 증발이 쉽게 생길 경우 또는 기계의 구조상 순환 급유법을 채용할 수 없는 경우 등에 사용된다. 급유법에는 손 급유법, 적하 급유법, 가시부상(可視浮上) 유적 급유법 등이 있다.

26. 순환 급유를 할 수 없는 곳에 사용하는 윤활유 급유법은? [16-3]
① 체인 급유법
② 칼라 급유법
③ 패드 급유법
④ 사이펀 급유법

해설 비순환 급유법의 적하 급유법에 사이펀 급유법, 바늘 급유법 등이 있다.

정답 21. ② 22. ② 23. ③ 24. ① 25. ③ 26. ④

27. 윤활제의 공급 방식 중 순환 급유법으로만 짝지어진 것은? [10-2]
① 패드 급유법, 사이펀 급유법
② 체인 급유법, 비말 급유법
③ 원심 급유법, 손 급유법
④ 바늘 급유법, 나사 급유법

해설 순환 급유법 : 윤활유를 반복하여 마찰면에 공급하는 방식으로 기름 용기 속에서 기름을 반복하여 사용하는 급유법과 펌프에 의해 강제 순환시켜 도중에 오일을 여과하여 세정(洗淨) 또는 냉각하는 방법으로 패드 급유법, 체인 급유법, 유륜식 급유법, 원심 급유법, 나사 급유법, 비말 급유법, 중력 순환 급유법, 강제 순환 급유법 등이 있다.

28. 윤활유 급유법 중 순환 급유법에 해당되는 것은? [17-3]
① 적하 급유법
② 유륜식 급유법
③ 사이펀 급유법
④ 가시 부상 유적 급유법

29. 축면에 나선상의 홈을 만들고 축의 회전에 따라 나선상의 기름 홈을 통해서 윤활유가 급유되는 방식은? [11-3, 20-3]
① 나사 급유법
② 원심 급유법
③ 유욕 급유법
④ 롤러 급유법

해설 나사 급유법(screw oiling) : 축면에 나선 홈을 만들고 축을 회전시키면 기름이 홈을 따라 올라가 급유되는 방법

30. 물 또는 적당한 액체를 가득 채운 유리관 속에서 유적이 서서히 떠오르게 하는 급유기를 사용한 것으로서 급유 상태를 뚜렷이 볼 수 있는 이점이 있는 급유법은?
① 제트 급유법 [08-3, 17-2]
② 유륜식 급유법
③ 강제 순환 급유법
④ 가시 부상 유적 급유법

해설 가시 부상 유적 급유법 : 유적으로 물 또는 적당한 액체를 가득 채운 유리관 속에서 서서히 떠오르게 하는 급유기를 사용한 것으로서 급유 상태를 뚜렷이 볼 수 있는 이점이 있다.

31. 패킹을 가볍게 저널에 접촉시켜 급유하는 방법으로 일종의 모세관 현상에 의하여 기름을 마찰면에 보내게 되는데 이때 털실이 직접 마찰면에 접촉하게 되는 급유법은?
① 패드 급유법 [18-3]
② 칼라 급유법
③ 버킷 급유법
④ 비말 급유법

해설 패드 급유법(pad oiling) : 패킹을 가볍게 저널에 접촉시켜 급유하는 방법으로 모사(毛絲) 급유법의 일종이며, 패드의 모세관 현상에 의하여 각 윤활 부위에 직접 접촉하여 공급하는 형태의 급유 방식으로 경하중용 베어링에 많이 사용된다.

32. 모세관 현상을 이용하여 윤활시키며 윤활유를 순환시켜 사용하는 급유 방법은 어느 것인가? [11-1]
① 손 급유법
② 가시 부상 유적 급유법
③ 패드 급유법
④ 적하 급유법

해설 패드 급유법은 순환 급유법에 해당된다.

정답 27. ② 28. ② 29. ① 30. ④ 31. ① 32. ③

33. 설비의 대형, 자동화로 분배 밸브를 지관에 설치하고 임의의 양을 공급할 수 있는 급유 방법으로 맞는 것은? [16-4]
① 집중 그리스 윤활 장치
② 그리스 프레스 공급 장치
③ 강제 순환 급유법
④ 중력 순환 급유법

해설 집중 그리스 윤활 장치 : 센트럴라이즈드 그리스 공급 시스템(centralized grease supply system)으로서 강압 그리스 펌프를 주체로 하여 다수의 베어링에 동시 일정량의 그리스를 확실히 급유하는 방법이다.

34. 미끄럼 베어링에 그리스를 사용할 경우 고려하지 않아도 될 사항은? [06-3, 10-1]
① 급유 방법   ② 하중
③ 재질   ④ 용도

해설 미끄럼 베어링에 그리스를 사용할 경우 온도, 하중, 급유 방법, 용도를 고려해야 한다.

35. 고온에서 사용되는 윤활유의 주된 열화 현상은? [16-1]
① 산화   ② 희석
③ 유화   ④ 탄화

해설 탄화(carbonization) : 윤활유가 특히 고온 하에 놓이게 되는 부분, 즉 디젤기관의 실린더 윤활 등에 이용되는 윤활유에서 발생한다. 윤활유가 탄화되는 현상은 윤활유가 가열 분해되어 기화된 기름 가스가 산소와 결합할 때에 열전도 속도보다 산소와의 반응 속도 쪽이 늦으면 열 때문에 기름이 건류되어 탄화됨으로써 다량의 잔류 탄소를 발생하게 된다. 또한 지극히 고점도유인 경우는 기화 속도가 열을 받는 속도보다 늦으며 탄화 작용은 한층 빨라진다. 따라서 디젤기관 또는 공기 압축기의 실린더 내부 윤활에는 특히 탄화 경향이 적은 윤활유를 선정할 필요가 있다. 기화 속도가 큰 쪽, 즉 점도가 낮은 쪽은 탄화 경향이 적다.

36. 윤활유의 열화 방지법 중 옳은 것은 어느 것인가? [09-2]
① 기름을 혼합 사용한다.
② 교환을 할 때에는 열화유와 혼합하여야 한다.
③ 기계를 새로 도입하여 사용할 경우에는 충분히 세척을 한 후 사용한다.
④ 고온에서 사용한다.

해설 윤활유의 열화 방지법
㉠ 고온은 가능한 피한다.
㉡ 기름의 혼합 사용은 극력 피한다.
㉢ 신기계 도입 시는 충분히 세척(flushing)을 행한 후 사용한다.
㉣ 교환 시 열화유를 완전히 제거한다.
㉤ 협잡물(挾雜物)(수분, 먼지, 금속 마모분, 연료유) 혼입 시는 신속히 제거한다.
㉥ 연 1회 정도는 세척을 실시하여 순환 계통을 청정하게 유지한다.
㉦ 사용유는 가능한 원심 분리기 백토 처리 등의 재생법을 사용하여 재사용한다.
㉧ 경우에 따라 적당한 첨가제를 사용한다.
㉨ 급유를 원활하게 한다.

제2장 | 설비 관리

1. 설비 관리 개요

1-1 설비 관리의 이해

(1) 설비 관리의 의의와 발전 과정

① **설비 관리의 의의** : 설비 관리란 유형 고정 자산의 총칭인 설비를 활용하여, 기업의 최종 목적인 수익성을 높이는 활동을 말한다.

$$생산성 = \frac{생산량}{사람 수} = \frac{자본 투자}{사람 수} \times \frac{생산 능력}{자본 투자} \times \frac{생산량}{생산 능력}$$

시스템의 라이프 사이클

시스템의 탄생에서 사멸까지의 라이프 사이클		시스템 연구의 방법	의사 결정 단계
제1단계 ↓	시스템의 개념 구성과 규격 결정	시스템 해석 (system analysis)	최고(top) 관리의 전략적 의사 결정
제2단계 ↓	시스템의 설계 · 개발	시스템 공학 (system engineering)	중간(middle) 관리의 전략적 의사 결정
제3단계 ↓	제작 · 설치		
제4단계	운용 · 유지	시스템 관리 (system management)	제일선의 일상적 의사 결정

② **설비 관리의 발전 과정** : BM(사후 보전) → PM(예방 보전) → PM(생산 보전) → CM(개량 보전) → MP(보전 예방) → TPM(종합적 생산 보전)

(2) 설비 관리의 목적과 필요성

① **설비 관리의 목적** : 최고의 설비를 선정 도입하여 설비의 기능을 최대한으로 활용, 기업의 생산성 향상을 도모하는데 있다.

$$생산성 = \frac{산출}{투입}$$

즉, 설비 관리의 목적은 최고 경영자로부터 제일선 종업원에 이르기까지 전원이 참가하여 설비 관리를 함으로써 생산 계획 달성, 품질 향상, 원가 절감, 납기 준수, 재해 예방, 환경 개선 등에 기인, 종업원의 근무 의욕을 높일 수 있어 회사의 이윤 증대의 효과를 꾀하는 것이다.

② 설비 관리의 필요성

 (가) 설비 고장 시 손실

  ㉮ 돌발 고장의 수리비의 지출

  ㉯ 정지 기간 중 작업자의 작업이 없어서 기다리는 시간

  ㉰ 생산 정지 시간의 감산(減産)에 의한 손실

  ㉱ 가동 중 원재료의 손실

  ㉲ 제품 불량에 의한 손실

  ㉳ 품질 저하에 따른 손실

  ㉴ 고장 수리 후부터 평상 생산에 들어가기까지의 복구 기간 중의 저능률 조업에 따른 복구 손실

  ㉵ 생산 계획 착오로 인한 납기 연장, 신용의 저하 등에서 오는 유형, 무형 손실

(3) 설비 관리 기능

① 일반 기능 ② 기술 기능 ③ 실행 기능 ④ 지원 기능

1-2 설비의 범위와 분류

(1) 설비의 범위 및 분류

설비는 그 목적에 따라 분류해야 하며 그 이유는 다음과 같다.

- 설비 투자를 합리적으로 할 수 있다.
- 설비 원가, 평가, 통계 자료의 파악이 잘된다.
- 예산화, 예산 통계 및 고정 자산 관리가 편리하다.

① 설비의 범위

 (가) 생산 설비 (나) 유틸리티 설비 (다) 연구 개발 설비

 (라) 수송 설비 (마) 판매 설비 (바) 관리 설비

1-3 설비 관리의 조직과 구성원

(1) 설비 관리 조직의 개념
① 설비 관리의 목적을 달성하기 위한 수단이다.
② 설비 관리의 목적을 달성하는데 지장이 없는 한 될수록 단순해야 한다.
③ 인간을 목적 달성의 수단이라는 요소로서만 인식해야 한다.
④ 구성원을 능률적으로 조절할 수 있어야 한다.
⑤ 그 운영자에게 통제상의 정보를 제공할 수 있어야 한다.
⑥ 구성원 상호 간을 효과적으로 연결할 수 있는 합리적인 조직이어야 한다.
⑦ 환경의 변화에 끊임없이 순응할 수 있는 산 유기체이어야 한다.

(2) 설비 관리의 조직 계획
① 분업의 방식
  ㈎ 설비 관리의 기능
    ㉮ 직접 기능 : 설계, 건설, 수리 등을 직접 수행하는 실무적인 기능
    ㉯ 관리 기능 : 직접 기능을 수행하기 위한 계획, 통제, 조정 등과 같은 관리적인 기능
  ㈏ 기능 분업

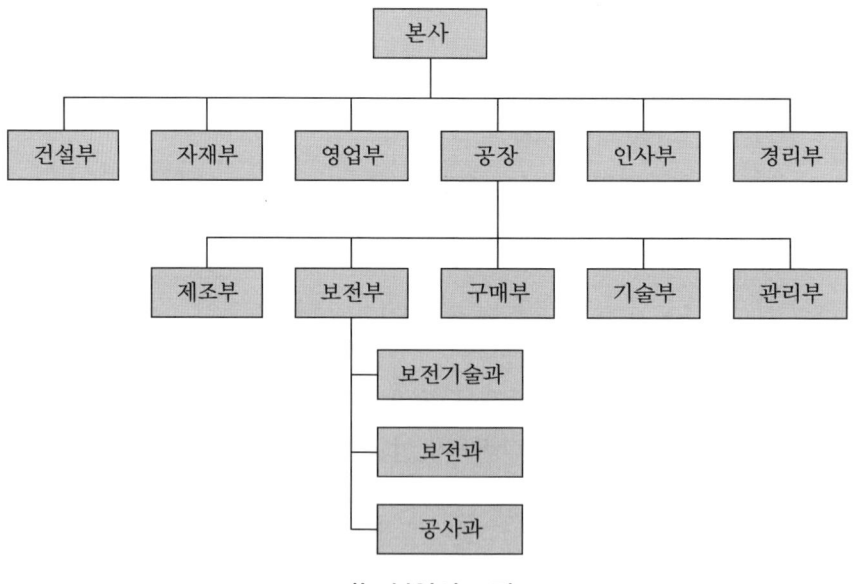

기능 분업의 조직

㈐ 전문 기술 분업
㈑ 지역(제품별, 공정별) 분업 : 지역이나 제품, 공정 등에 따라서 설비를 분류하여 그 관리를 담당하는 방식으로 공장 내를 몇 개의 지구로 나누어서 각 지구마다 보전과를 두는 경우이다.

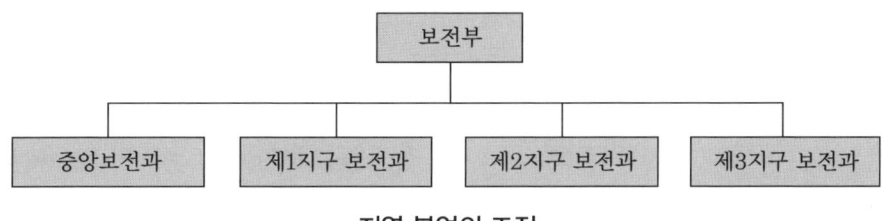

지역 분업의 조직

② 조직 계획상의 고려할 사항
㈎ 제품의 특성 : 원료, 반제품, 제품의 물리적·화학적·경제적 특성
㈏ 생산 형태 : 프로세스, 계속성
㈐ 설비의 특징 : 구조, 기능, 열화의 속도, 열화의 정도
㈑ 지리적 조건 : 입지, 분산의 비율, 환경
㈒ 기업의 크기, 또는 공장의 규모
㈓ 인적 구성과 그의 역사적 배경 : 기술 수준, 관리 수준, 인간관계
㈔ 외주 이용도 : 외주 이용의 가능성, 경제성

(3) 설비 관리의 요원 대책
① 최고 부하(peak load)를 없앤다.
② 긴급 돌발적인 것을 없앤다.
③ 작업자(operator)의 협력 자세
④ 보전 관리 요원의 능력 개발
⑤ 외주업자의 이용
⑥ IE적 연구

예 | 상 | 문 | 제   설비보전산업기사

1. 여러 대의 공작기계를 1대의 컴퓨터에 결합시켜 제어하는 생산 설비 시스템으로 머시닝 센터의 기초가 된 생산 설비를 무엇이라 하는가? [20-3]
① 수치 제어기계(numerical control machine)
② 유연 기술 시스템(flexible technological system)
③ 직접 제어기계(DNC : direct numerical control machine)
④ 컴퓨터 수치 제어(CNC : computerized numerical control machine)

2. 일반적으로 시스템을 구성하는 기본적 요소에 속하지 않는 것은? [14-2]
① 투입   ② 처리기구
③ 산출   ④ 품질

해설 시스템 구성 요소 : 투입, 산출, 처리기구, 관리, 피드백

3. 시스템 구성 요소와 설비 시스템을 서로 연결하여 놓은 것 중 잘못된 것은? [09-3]
① 투입-원료
② 산출-제품
③ 처리기구-설비
④ 관리-제품 특성의 측정치

해설 시스템 구성 요소에서 제품 특성의 측정치는 피드백에 속한다.

4. 설비 관리의 시스템을 구성하는 기본적 요소 중 기계 장치나 설비에 해당하는 것은 어느 것인가? [06-3, 11-2]
① 투입   ② 처리기구
③ 관리   ④ 피드백

해설 시스템 구성 요소에서 처리기구는 설비에 속한다.

5. 다음 [보기]에서 설비의 탄생에서 사멸까지의 라이프 사이클(life cycle) 4단계 순서를 바르게 나열한 것은? [18-3]

| 보기 |
㉠ 설비 개념의 구성과 규격의 결정
㉡ 제작 · 설치
㉢ 설비의 설계 · 개발
㉣ 설비의 운용 · 유지

① ㉠ → ㉡ → ㉢ → ㉣
② ㉠ → ㉢ → ㉡ → ㉣
③ ㉡ → ㉠ → ㉢ → ㉣
④ ㉡ → ㉣ → ㉢ → ㉠

해설 설비 관리의 라이프 사이클

광의의 설비 관리						
					협의의 설비 관리	
조사	연구	설계	제작	설치	운전	보전	폐기
설비 투자 계획 과정	건설 과정				조업 과정		
시스템 해석	시스템 공학				시스템 관리		

6. 설비의 라이프 사이클 중 설비 투자 계획 과정에 속하는 것은? [12-3, 19-3]

정답 1. ② 2. ④ 3. ④ 4. ② 5. ② 6. ③

① 설계, 제작　　② 설치, 운전
③ 조사, 연구　　④ 보전, 폐기

해설 ㉠ 설비 투자 계획 과정 : 조사, 연구
㉡ 건설 과정 : 설계, 제작, 설치
㉢ 조업 과정 : 운전, 보전, 폐기

7. 다음 중 좁은 의미의 설비 관리에 해당하는 것은? [09-2]
① 운전　　② 보전
③ 설치　　④ 폐기

해설 ㉠ 설비 관리의 협의적 개념 : 설비 보전 관리
㉡ 광의(廣義)의 개념 : 설비 계획에서 보전에 이르는 '종합적 관리'

8. 설비 보전의 발전 순서가 올바르게 나열된 것은? [17-1]
① 사후 보전-예방 보전-생산 보전-개량 보전-보전 예방-TPM
② 사후 보전-생산 보전-보전 예방-개량 보전-예방 보전-TPM
③ 예방 보전-사후 보전-생산 보전-개량 보전-보전 예방-TPM
④ 예방 보전-사후 보전-보전 예방-개량 보전-생산 보전-TPM

9. 설비나 부품의 고장 결과를 다시 원상태로 회복시키기 위한 설비 보전 방법은 어느 것인가? [10-3, 14-3]
① 개량 보전　　② 사후 보전
③ 예방 보전　　④ 자주 보전

해설 사후 보전(BM) : 설비 및 장치, 기기가 기능이 저하되었거나 기능의 정지, 즉 고장 정지된 후에 보수나 교체를 실시하는 것

10. 설비를 주기적으로 검사하여 유해한 성능 저하 상태를 미리 발견하고 성능 저하의 원인을 제거하거나 원상태로 복구시키는 보전은? [07-3, 08-1, 12-3]
① 보전 예방　　② 개량 보전
③ 생산 보전　　④ 예방 보전

해설 주기적인 점검으로 이상 상태를 발견하고 복구시키는 보전 기법은 예방 보전(PM)이다.

11. 생산의 정지 또는 유해한 성능 저하를 초래하는 상태를 발견하기 위한 설비의 정기적인 검사를 무엇이라 하는가? [18-1]
① 개량 보전　　② 사후 보전
③ 예방 보전　　④ 보전 예방

해설 예방 보전은 주기적인 점검으로 이상 상태를 발견한다.

12. 1950년 미국의 GE사에서 제창한 것으로 생산성을 높이기 위한 보전으로 경제성을 강조하는 보전 방식은? [12-2]
① 예방 보전　　② 생산 보전
③ 개량 보전　　④ 보전 예방

해설 생산 보전(PM) : 생산성이 높은 보전, 즉 최경제 보전

13. 설비의 수명이 길고 고장이 적으며 보전 절차가 없는 재료나 부품을 사용할 수 있도록 설비의 체질을 개선해서 열화 손실을 줄이도록 하는 설비 관리 기법은? [09-1]
① 예방 보전(preventive maintenance)
② 생산 보전(productive maintenance)
③ 보전 예방(maintenance prevention)
④ 개량 보전(corrective maintenance)

정답 7. ②　8. ①　9. ②　10. ④　11. ③　12. ②　13. ④

14. 다음 중 설비의 체질 개선을 위하여 실시하는 보전 활동은? [07-1, 09-1, 18-1]
① 예방 보전 ② 생산 보전
③ 개량 보전 ④ 고장 보전

해설 개량 보전(CM) : 설비 자체의 체질 개선으로 수명이 길고, 고장이 적으며, 보전 절차가 없는 재료나 부품을 사용할 수 있도록 개조, 갱신을 해서 열화 손실 또는 보전에 쓰이는 비용을 인하하는 것

15. 고장이 없고, 보전이 필요하지 않은 설비를 설계, 제작하기 위한 설비 관리 방법은 무엇인가? [07-3, 17-2]
① 사후 보전(BM) ② 생산 보전(PM)
③ 개량 보전(CM) ④ 보전 예방(MP)

해설 보전 예방(MP) : 신 설비의 PM 설계, 고장이 없고, 보전이 필요하지 않은 설비를 설계, 제작 또는 구입하는 것

16. 기본적으로 새로운 설비일 때부터 고장이 일어나지 않으면서도 보전비가 소요되지 않는 설비로 해야 한다는 신 설비의 PM 설계는? [08-3]
① 생산 보전(PM : productive maintenance)
② 예방 보전(PM : prevention maintenance)
③ 개량 보전(CM : corrective maintenance)
④ 보전 예방(MP : maintenance prevention)

17. 보전 측면에서 MP(보전 예방) 설계 시 확인사항과 관계가 없는 것은? [12-2]
① 부품 교환이 용이한가
② 유닛(unit) 교환이 되는가
③ 도면 관리가 간편한가
④ 윤활유의 교환 및 급유가 편리한가

해설 도면 관리는 무관하다.

18. 다음 중 설비 관리의 목표는? [15-3]
① 손실 감소
② 품질 향상
③ 기업의 생산성 향상
④ 기업의 이윤 극대화

해설 설비 관리의 목표는 기업의 생산성 향상이다.

19. 설비 관리의 목표인 생산성을 나타내는 것은? [14-1]
① $\dfrac{투입}{산출}$ ② $\dfrac{산출}{투입}$
③ $\dfrac{제품 생산량}{보전비}$ ④ $\dfrac{보전비}{제품 생산량}$

20. 체계적인 설비 관리를 수행함으로써 얻을 수 있는 효과가 아닌 것은? [10-2, 13-1]
① 돌발 고장이 증가하나 수리비가 감소한다.
② 설비 고장 시 복구 시간이 단축된다.
③ 작업 능률이 향상되고 생산성이 증대된다.
④ 생산 계획이 달성되고 품질이 향상된다.

해설 설비 관리를 수행하면 고장이 감소된다.

21. 설비 상태를 정확히 알고 기술적 근거에 의해 수행하는 설비 관리의 중요 업무에 해당되지 않는 것은? [18-2]
① 예비품 발주 시기의 결정
② 보수나 교환의 시기 또는 범위 결정
③ 생산 원자재 수급 및 재고 관리 결정
④ 수리 작업 또는 교환 작업의 신뢰성 확보

해설 원자재는 설비 관리의 업무가 아니다.

22. 다음 중 설비 관리 기능과 가장 거리가 먼 것은? [11-1, 15-1, 18-3]

정답 14. ③ 15. ④ 16. ④ 17. ③ 18. ③ 19. ② 20. ① 21. ③ 22. ③

① 실행 기능　　② 기술 기능
③ 개발 기능　　④ 일반 관리 기능

해설 설비 관리 기능 : 일반 기능, 기술 기능, 실행 기능, 지원 기능

23. 설비 관리 기능을 일반 관리 기능, 기술 기능, 실시 기능 및 지원 기능으로 분류할 때 일반 관리 기능이라고 볼 수 없는 것은 어느 것인가? [09-1]
① 보전 정책 결정 및 보전 시스템 수립
② 자산 관리와 연동된 설비 관리 시스템 수립
③ 보전 업무의 경제성 및 효율성 분석
④ 측정 보전 업무 분석 및 보전 기술 개발

해설 일반 관리 기능
㉠ 보전 정책 기능
㉡ 전 조직과 시스템 수립
㉢ 보전 업무의 일정 계획 및 통제
㉣ 보전 요원의 교육 훈련 및 동기 부여
㉤ 보전 자재 관리 및 공구와 보전 설비의 대체 분석
㉥ 보전 업무를 위한 외주 관리
㉦ 공급망 관리(supply chain management)에서의 설비 역할 규명
㉧ 자산 관리와 연동된 설비 관리 시스템 수립
㉨ 예산 관리
㉩ 보전 전산화 계획 및 관리
㉪ 보전 업무의 경제성 및 효율성 분석·측정 및 평가
㉫ TPM에 대한 추진 및 지원

24. 설비 관리 기능을 일반 관리 기능, 기술 기능, 실시 기능 및 지원 기능으로 분류할 때 다음 중 일반 관리 기능이라고 볼 수 없는 것은? [13-2, 19-1]
① 보전 업무 분석 및 검사 기준 개발
② 보전 정책 결정 및 보전 시스템 수립
③ 자산 관리와 연동된 설비 관리 시스템 수립
④ 보전 업무의 경제성 및 효율성 분석·측정

25. 설비 관리 기능은 일반 관리 기능, 기술 기능, 실시 기능, 지원 기능 등이 있다. 기술 기능에 해당하지 않는 것은? [12-3, 18-2]
① 설비 성능 분석
② 설비 진단 기술 이전 및 개발
③ 고장 분석 방법 개발 및 실시
④ 주유, 조정, 수리 업무 등의 준비 및 실시

해설 기술 기능
㉠ 설비 성능 분석과 고장 분석 방법 개발 및 실시
㉡ 보전도 향상 및 연구 부품 교체 분석
㉢ 설비 진단 기술 이전 및 개발
㉣ 설비 간의 네트워킹(networking) 구축 및 정보 체제의 전산화 구축
㉤ 보전 업무 분석 및 검사 기준 개발
㉥ 보전 기술 개발 및 매뉴얼 갱신
㉦ 보전 자료와 정보의 설계로의 피드백(feedback)

26. 설비를 관리하기 위해서는 생산 현장에서 보전 요원이나 엔지니어가 보전 업무를 실시하는 기능이 필요하다. 다음 중 설비 보전의 실시 기능과 관계가 가장 먼 것은 무엇인가? [12-2]
① 고장 분석 방법 개발
② 점검 및 검사
③ 주유, 조정 및 수리 업무
④ 설비 개조를 위한 가공 업무

해설 실시 기능
㉠ 점검 및 검사 실행
㉡ 주유, 조정, 수리 업무 등의 준비 및 실행
㉢ 가공, 용접, 마무리 등의 기술 작업

정답 23. ④　24. ①　25. ④　26. ①

27. 설비 관리 기능 중 지원 기능으로 가장 거리가 먼 것은? [15-1, 19-3]
① 부품 대체(교체) 분석
② 보전 자재 선정 및 구매
③ 보전 인력 관리 및 교육 훈련
④ 포장, 자재 취급, 저장 및 수송

[해설] 지원 기능
㉠ 보전 요원 인력 관리
㉡ 교육 및 훈련 지원
㉢ 보전 자재 선정 및 구매
㉣ 보전 자재 포장 및 취급과 저장 및 수송
㉤ 측정 장비 및 보전용 설비

28. 설비를 분류하고 기호를 명백히 하였을 때의 장점이라 볼 수 없는 것은? [11-2]
① 설비 대상이 명백히 파악된다.
② 설비 계획을 수립하기가 쉬워진다.
③ 사무적인 처리는 어려워지나 착오가 적다.
④ 통계적인 각종 데이터를 얻기가 쉽다.

[해설] 설비를 분류하고 기호를 명백히 해 두면 다음과 같은 이점이 있다.
㉠ 설비 대상이 명백히 파악된다.
㉡ 설비 계획을 수립하기가 손쉬워진다.
㉢ 사무적인 처리가 쉬워지며, 착오가 감소된다.
㉣ 통계적인 각종 데이터를 얻기가 쉬워진다.

29. 유형 고정 자산이 아닌 것은? [06-3]
① 토지, 건물
② 유틸리티(utility) 설비
③ 원료
④ 생산 설비

30. 설비의 목적에 따른 분류에서 부대 설비로서 배관 설비, 발전 설비, 수처리 시설 등과 같은 설비란 무엇인가? [06-1]
① 생산 설비
② 관리 설비
③ 유틸리티 설비
④ 공장 설비

[해설] 유틸리티란 증기, 전기, 공업 용수, 냉수, 불활성 가스, 연료 등을 말하며, 유틸리티 설비에는 증기 발생 장치 및 배관 설비, 발전 설비, 공업용 원수·취수(原水取水) 설비, 수처리 시설(공업, 식수용 등) 냉각탑 설비, 펌프 급수 설비 및 주 배분관 설비, 냉동 설비 및 주 배분관 설비, 질소 발생 설비, 연료 저장 수송 설비, 공기 압축 및 건조 설비 등이 있다.

31. 다음 중 유틸리티 설비와 관계없는 것은 어느 것인가? [10-3, 13-3]
① 원수 취수 펌프
② 보일러
③ 공기 압축기
④ 호이스트

[해설] 30번 해설 참조

32. 다음 중 설비의 범위에 속하지 않는 것은 어느 것인가? [12-3]
① 생산 설비
② 원자재
③ 운반기계
④ 냉동기

[해설] 설비는 계속적·반복적으로 사용할 수 있는 것이며, 원자재는 설비에 포함되지 않는다.

33. 설비 관리의 기능 분업 방식 중 직접 기능에 속하지 않는 것은? [16-1]
① 조립
② 설계
③ 건설
④ 수리

[해설] ㉠ 직접 기능 : 설계, 건설, 수리 등을 직접 수행하는 실무적인 기능
㉡ 관리 기능 : 직접 기능을 수행하기 위한 계획, 통제, 조정 등과 같은 관리적인 기능

[정답] 27. ① 28. ③ 29. ③ 30. ③ 31. ④ 32. ② 33. ①

34. 설비 관리의 분업 방식으로 가장 거리가 먼 것은? [14-3]
① 기능 분업   ② 절충 분업
③ 전문 기술 분업   ④ 지역 분업

해설 분업의 방식 : 기능 분업, 전문 기술 분업, 지역(제품별, 공정별) 분업

35. 설비를 제품별, 공정별 또는 지역별로 나누어 계획과 관리를 담당하는 설비 관리의 조직 형태는? [13-1]
① 기능별 조직
② 전문 기술별 조직
③ 매트릭스(matrix) 조직
④ 대상별 조직

36. 설비 관리의 조직 계획에서 지역이나 제품, 공정 등에 따라 설비를 분류하여 그 관리를 담당하는 방식은? [15-2, 18-1]
① 기능 분업   ② 지역 분업
③ 직접 분업   ④ 전문 기술 분업

해설 지역(제품별, 공정별) 분업 : 지역이나 제품, 공정 등에 따라 설비를 분류하여 그 관리를 담당하는 방식으로 공장 내를 몇 개의 지구로 나누어서 각 지구마다 보전과를 두는 경우이다.

37. 다음 그림과 같은 설비 관리의 조직 형태는? [12-1, 18-1]

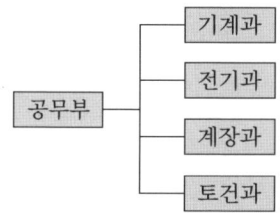

① 기능별 조직

② 대상별 조직
③ 전문 기술별 조직
④ 매트릭스(matrix) 조직

38. 다음 그림은 설비 관리 조직 중에서 어떤 형태의 조직인가? [14-1, 17-2]

① 제품 중심 조직
② 기능 중심 조직
③ 설계 보증 조직
④ 제품 중심 매트릭스 조직

해설 제품 사업에 따라 독립적으로 운영하는 제품 중심 조직이다.

39. 다음은 설비 관리 조직을 설명한 것이다. 맞는 것은? [07-1]
① 매트릭스(matrix) 조직은 상사가 1인 이상이다.
② 제품 중심 조직은 특정 사업에 대한 집중적 기술 투자가 쉽지 않다.
③ 기능 중심 조직은 전반적인 기술 개발에 대한 총괄 업무의 부족 현상이 발생한다.
④ 제품 중심 조직은 고객 지향이 되지 못한다.

40. 설비 관리의 조직 계획상 고려할 사항이 옳게 연결된 것은? [11-3, 20-3]
① 제품의 특성-프로세스, 계속성
② 설비의 특징-입지, 분산의 비율, 환경

정답 34. ② 35. ④ 36. ② 37. ③ 38. ① 39. ① 40. ④

③ 외주 이용도-구조, 기능, 열화의 속도 및 정도
④ 인적 구성과 그의 역사적 배경-기술 수준, 관리 수준, 인간관계

[해설] ㉠ 제품의 특성 : 원료, 반제품, 제품의 특성
㉡ 생산 형태 : 프로세스, 계속성
㉢ 설비의 특징 : 구조, 기능, 열화의 속도 및 정도
㉣ 지리적 조건 : 입지, 분산의 비율, 환경
㉤ 기업의 크기, 또는 공장의 규모
㉥ 인적 구성과 그의 역사적 배경 : 기술 수준, 관리 수준, 인간관계
㉦ 외주 이용도 : 외주 이용의 가능성, 경제성

41. 설비 관리 조직 설계상 고려 요인이 아닌 것은? [11-2, 15-2]
① 공장 규모 또는 기업의 크기
② 설비의 특징(구조, 기능, 열화 속도)
③ 제품의 특성(원료, 반제품, 완제품)
④ 설비의 취득부터 폐기까지의 관리

42. 다음 중 설비 관리 조직의 계획상 고려되어야 할 사항으로 가장 거리가 먼 것은? [15-1, 19-3]
① 제품의 품질   ② 설비의 특징
③ 지리적 요건   ④ 외주 이용도

43. 설비 관리 업무에 있어서 최고 부하(peak load)를 없애는 방법에 해당되지 않는 것은? [16-2]
① OSI(on stream inspection) : 기계 장치 운전 중 검사
② OSR(on stream repair) : 기계 장치 운전 중 수리
③ SD(shut down) : 부분적으로 설비를 정지시켜 수리
④ CD(cost down) : 원가 절감을 위한 오버홀(overhaul) 실시

[해설] 원가 절감을 위한 오버홀은 실시하지 않으며 개량 보전에서 이루어져야 한다.

44. 운전 중에 실시되는 수리 작업을 무엇이라고 하는가? [20-2]
① SD(shut down)
② 유닛(unit) 방식
③ OSR(on stream repair)
④ OSI(on stream inspection)

[해설] OSR(on stream repair) : 기계 장치 운전 중 수리 작업

45. 설비 관리 요원이 가져야 할 업무 자세가 아닌 것은? [08-1]
① 작업량의 변동이 크므로 최고 부하를 없앤다.
② 다직종에 걸쳐 풍부한 경험과 기능을 필요로 한다.
③ 긴급 돌발을 없애고 작업자와 협력하는 자세를 가져야 한다.
④ 광범위한 전문 기술을 필요로 하므로 다수의 요원이 독자적인 전문 기술을 가지고 협력해야 한다.

[해설] 작업자(operator)의 협력 자세 : 운전자와 보전자의 기능을 너무 지나치게 분리하여, 모든 보전 업무는 보전 부문이 담당, 운전 부문은 단순한 운전만을 한다면 비효율적인 것은 당연하다. 급유, 외관 점검 등의 작업은 운전의 일부로 작업자가 하는 것은 물론, 설비의 휴지 시 보전 업무 중 청소나 보전 등의 작업을 작업자가 담당하면 보전의 피크 해소에 크게 이바지할 수 있다.

2. 설비 계획

2-1 설비 계획의 개요

설비 계획은 새로운 사업의 개발, 기존 사업의 혁신, 확장에 따른 공장의 증설일 때에는 물론, 제품의 품종 변경 또는 설계 변경이나 생산 규모를 변경할 경우, 공장의 생산 능률 향상을 위해서 설비의 경제성을 고려하여 설비의 신설과 갱신에 대한 계획을 할 필요가 있다.

2-2 설비 배치

(1) 설비 배치의 형태
① 기능별 배치
② 제품별 배치
③ 제품 고정형 배치

(2) GT 흐름 라인(group technology layout)
GT 설비 배치는 제품의 종류(P)와 생산량(Q)이 제품별과 기능별의 중간인 경우로서, 유사한 부품을 그룹으로 모아 하나의 로트(lot)로서 가공하기 위한 효율적인 설비 배치이다.

(3) 설비 배치의 분석 기법
① 제품 수량 분석(product-quantity analysis : P-Q 분석)
② 자재 흐름 분석
③ 활동 상호 관계 분석(activity relationship chart)
④ 흐름 활동 상호 관계 분석
⑤ 면적 상호 관계 분석

(4) 설비 배치 순서
방침 설정 → 입지 계획 → 기초 자료 수집 → 물건의 흐름 검토 → 운반 계획 → 건물

형식의 고찰 → 소요 설비의 산출 → 소요 면적의 산정 → 서비스 분야의 계획 → 배치의 구성

① **운반 계획의 순서** : 운반 작업 요소의 계획 → 운반 방법의 계획 → 운반 설비의 계획 → 운반 설비, 시설의 보수 계획 → 작업원의 계획
② **소요 설비의 산정** : 기계의 소요 대수를 결정하려면 기계 자체의 능력, 기계의 가동률, 1인당 기계 보유 수, 수율(收率) 또는 불량률, 조업의 피크, 재고 방침, 기계의 전용화, 실 가동 시간 등을 고려해야 한다.

$$\text{소요 기계 대수} = \frac{\text{계획 생산량}}{\text{기계 1시간당 생산 능력}}$$

③ **소요 면적의 산정** : 소요 면적의 결정 방법에는 계산법, 변환법, 표준 면적법, 개략 레이아웃법, 비율 경향법 등이 있으나, 계산법과 변환법이 많이 사용되고 있다.

2-3 설비의 신뢰성 및 보전성 관리

(1) 신뢰성의 의의

신뢰성(reliability)이란 '어떤 특정 환경과 운전 조건 하에서 어느 주어진 시점 동안 명시된 특정 기능을 성공적으로 수행할 수 있는 확률'이다.

(2) 신뢰성의 평가 척도

① **고장률(failure)** : 고장률$(\lambda) = \dfrac{\text{고장 횟수}}{\text{총 가동 시간}}$

② **평균 고장 간격 시간**(MTBF, mean time between failures)

$$\text{MTBF} = \frac{1}{F(t)} \quad \text{여기서, } F(t) : \text{고장률}$$

③ **평균 고장 시간**(MTTF, mean time to failure)

$$\text{MTTF} = \frac{\text{장비의 총 가동 시간}}{\text{특정 시간으로부터 발생한 총 고장 수}}$$

④ **평균 고장 수리 시간**(MTTR, mean time to repair)

$$\text{MTTR} = \frac{\text{수리 시간 합계}}{\text{고장 발생 수}} = \frac{1}{\text{수리율}(\mu)}$$

(3) 신뢰성의 수리적 판단

신뢰성은 일정 조건 하에서 일정 기간 동안 기능을 고장 없이 수행할 확률로 신뢰도를 $R(t)$, 불신뢰도를 $F(t)$라고 하면 $R(t)+F(t)=1$이다.

고장률을 $\lambda(t)$라고 하면, $\lambda(t) = \dfrac{\text{그 기간의 고장 횟수}}{\text{그 기간의 동작 시간 합계}}$ 로 표현한다.

(4) 보전성과 유용성

① **보전성(保全性, maintainability)** : 보전도 $M(t)$가 지수 분포에 따른다면,

$$M(t) = 1 - e^{-\mu t}$$

여기서, μ : 수리율(신뢰도에서의 고장률 λ에 대응하는 값)
 t : 시간(보전 작업)
 $1/\mu$: 평균 고장 수리 시간(MTTR, mean time to repair)

② **유용성(有用性, availability)**

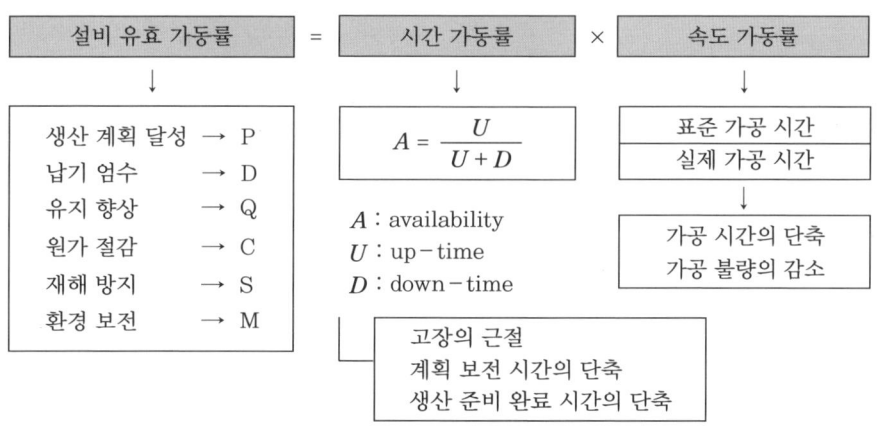

설비 유효 가동률

시스템이 정상 상태(steady state)에 있을 경우 정상 상태의 유용성 ASS는 다음과 같다.

$$ASS = \dfrac{E(U)}{E(U)+E(D)} = \dfrac{\text{MTBF}}{\text{MTBF}+\text{MTTR}}$$

여기서, $E(U)$: mean up-time
 $E(D)$: mean down-time

즉, 유용성을 최대로 유지하려면 고장률을 줄이거나 고장 시간(수리 시간)을 감소시켜야 한다.

(5) 신뢰성과 보전성의 설계 시 고려사항

항목	요목
스트레스에 대한 고려	• 환경 스트레스 : 온도, 습도, 압력, 외부 온도, 화학적 분위기, 방사능, 진동, 충격, 가속도 • 동작 스트레스 : 전압, 전류, 주파수, 자기 발열, 마찰, 진동
통계적 여유	사용 부품의 규격에 대해서 충분한 여유가 있는 사용 조건
부하의 경감	기기나 부품을 여분으로 구비
신뢰도의 배분	서브 시스템에 대한 신뢰도의 배분
결합의 신뢰도	결합 부분 : 나사 체결, 용접, 플러그와 잭, 납땜, 와이어로프, 압착 단자
안전에 대한 고려	안전계수, 안전율
인간 요소	• 사용상의 오조작 문제 　- 페일 세이프(fail safe) : 고장이 일어나면 안전 측에 표시하는 설계 　- 풀 프루프(fool proof) : 오조작하면 작동되지 않는 설계 • 인간 공학
경제성	라이프 사이클 코스팅(life cycle costing) 설계, 제작, 운전, 안전의 총 비용을 최소로 하는 설계
보전에 대한 고려, 과잉도	-

(6) 설비 보전을 위한 설비의 신뢰성과 보전성

① **설비의 신뢰성** : 고유의 신뢰성과 사용의 신뢰성으로 구분된다.
② **설비의 고장률과 열화 패턴** : 기계 장치의 라이프 사이클과 인간의 사망률 곡선은 유사하며 이 곡선을 서양 욕조 곡선, 즉 배스터브(bath tub) 곡선이라 부른다.
③ **신뢰성 향상을 위한 설비 연구**
　(가) MQ 분석(machine quality analysis) : 제품 변동을 설비 열화와 관련하여 분석하고 설비 개선이나 일상 보전 방식을 표준화하는 것이다.
　(나) MTBF 분석(mean time between failures analysis) : 물리적 정지형 고장으로 인한 성능 저하를 분석하는 것으로 설비 개량이나 일상 보전 방식의 재검토를 통해 각 작업자의 행동 기준을 표준화하는 것이다. 일상 점검 기준서, 조정·청소 기준서, 윤활 기준서, 분해 보전 기준서 등이 여기에 해당된다.

(7) 고장 분석과 대책

① **고장 분석의 필요성** : 설비 관리의 궁극적인 목적은 최소의 보전 비용으로 최대의 설비 효율을 얻는 것이다.

② **고장 분석의 순서와 방법** : 상황 분석법 → 특성 요인 분석법 → 행동 개발법 → 의사 결정법 → 변화 기획법

2-4 설비의 경제성 평가

(1) 경제성 평가의 필요성
설비 투자를 결정할 때에는 그 투자에 의한 이익의 대소, 비용 절감, 손익 분배점, 유리한 투자안, 자본 회수 기간 등을 정량적인 계산에 의한 경제성 평가가 필요하다. 또한, 투자 결정에서 야기되는 기본 문제에는 다음 사항을 고려해야 한다.
① 미래의 불확실한 현금 수익을 비교적 명백한 현금 지출에 관련시켜 평가한다.
② 자금의 시간적 가치는 현재의 자금이 미래 자금보다 가치가 높다.
③ 투자의 경제적 분석에 있어서 미래의 기대액은 그 금액과 상응되는 현재의 가치로 환산되어야 한다.

(2) 설비의 경제성 평가 방법
① 비용 비교법 ② 자본 회수법 ③ MAPI 방식 ④ 신 MAPI 방식

2-5 정비 계획 수립 방법

(1) 보전 계획에 필요한 요소
① 점검과 보전 계획
② 고장 관리와 보전 계획
③ 예비품 관리와 보전 계획
 ㈎ 부품 예비품
 ㈏ 부분적 세트(set) 예비품
 ㈐ 단일 기계 예비품 : 전 공장에 영향을 미치는 동력 설비에서 많이 볼 수 있다.
 ㈑ 라인 예비품 : 특수한 고장을 제외하면 없다.

(2) 보전 계획 수립 방법
보전 계획은 생산 계획, 수리 능력, 수리 형태, 수리 요원 등 주어진 조건을 잘 조합하여 최적 보수 비용, 최적 고장 시기를 1~2년간에 대해서 산출한다.

예 | 상 | 문 | 제

1. 공장의 증설 및 신설, 휴지 공사 등에 임시로 편성하는 설비 관리 조직은 어느 것인가? [04-3, 17-3]
① 정상 조직 ② 기능별 조직
③ 경상적 조직 ④ 프로젝트 조직

2. 원자재의 양, 질, 비용, 납기 등의 확보가 곤란할 경우 원자재를 자사생산(自社生産)으로 바꾸어 기업 방위를 도모하는 투자는 어느 것인가? [16-1]
① 제품 투자 ② 합리적 투자
③ 방위적 투자 ④ 공격적 투자

3. 설비 배치를 하는 목적이 아닌 것은?
① 생산량 및 원가의 증가 [10-2]
② 작업 환경 및 공장 환경의 정비
③ 공간의 경제적 사용
④ 우량품의 제조 및 설비비의 절감
[해설] 설비 배치의 목적은 생산 원가의 감소에 있다.

4. 다음 중 설비 배치 계획이 필요하지 않은 것은? [13-2]
① 신제품을 개발할 때
② 공장을 증설할 때
③ 작업 방법을 개선할 때
④ 작업장을 축소할 때
[해설] 설비 배치 계획이 필요한 경우
㉠ 새 공장의 건설
㉡ 새 작업장의 건설
㉢ 작업장의 확장 및 축소
㉣ 작업장의 이동
㉤ 신제품의 제조
㉥ 설계 변경
㉦ 작업 방법의 개선 등

5. 다음 중 설비 배치 계획이 필요하지 않은 경우는? [16-2]
① 새 공장의 건설 ② 작업장의 확장
③ 설비 개선 ④ 신제품의 제조

6. 다음 중 설비 배치 계획이 필요하지 않은 것은? [11-3]
① 새 원료의 투입 ② 새 공장의 건설
③ 신제품의 제조 ④ 작업장의 확장

7. 제품의 종류가 많고 수량이 적으며, 주문 생산과 표준화가 곤란한 다품종 소량 생산일 경우에 알맞은 설비 배치 형식은? [07-3]
① 기능별 배치 ② 제품별 배치
③ 제품 고정형 배치 ④ 혼합형 배치
[해설] 기능별 배치(process layout, functional layout) : 일명 공정별 배치라고도 하는 이 배치는 주문 생산과 표준화가 곤란한 다품종 소량 생산일 경우에 알맞은 배치 형식으로 생산 효율을 극대화하기 위해서 운반 거리의 최소화가 주안점이 된다. 이 배치는 동일 공정 또는 기계가 한 장소에 모여진 형으로, 동일 기종이 모여진 경우를 갱 시스템(gang system)이라고 하고, 제품 중심으로 그 제품을 가공하는데 소요되는 일련의 기계로 작업장을 구성하고 있을 경우에는 이를 블록 시스템(block system)이라고 한다.

정답 1. ④ 2. ③ 3. ① 4. ① 5. ③ 6. ① 7. ①

8. 다음 특징의 설비 배치 형태는? [15-3]

- 유사한 기계 설비나 기능을 한 곳에 모아 배치함
- 각 주문 작업은 가공 요건에 따라 필요한 작업장이나 부서를 찾아 이동하므로 작업 흐름이 서로 다르고 혼잡함
- 단속 생산이나 개별 주문 생산과 같이 다양한 제품이 소량으로 생산되고 각 제품의 작업 흐름이 서로 다른 경우에 적합함

① 공정별 배치 ② 제품별 배치
③ 혼합형 배치 ④ 고정위치 배치

[해설] 기능별 배치를 공정별 배치라고도 한다.

9. 제품의 종류가 많고 수량이 적으며, 주문 생산과 표준화가 곤란한 다품종 소량 생산일 경우에 알맞은 설비 배치 형태는? [19-2]

① 공정별 배치 ② 제품별 배치
③ 라인별 배치 ④ 제품 고정형 배치

10. 다음 중 기능별 설비 배치의 특징에 대한 설명으로 맞지 않는 것은? [11-1]

① 다품종 소량 생산 형태로서 불규칙한 비율로 생산한다.
② 다품종 대량의 원자재 재고, 재고품이 발생한다.
③ 운반 거리가 길고 운반 형식이 다양하다.
④ 공간 활용이 효과적이고 단위 면적당 생산량이 높다.

[해설] 각 주문 작업은 가공 요건에 따라 필요한 작업장이나 부서를 찾아 이동하므로 작업 흐름이 서로 다르고 혼잡하다.

11. 다음 중 공정별 배치에 대한 설명으로 틀린 것은? [16-1]

① 같은 종류의 기계들이 한 작업장에 같은 기능별로 배치되어 있다.
② 다품종 소량 생산에 적합한 배치 방법이다.
③ 생산 효율을 높이기 위해 운반 거리의 최소화가 주안점이다.
④ 제품이 규칙적인 비율로 생산되어 원자재 재고, 재고품 등이 발생하지 않는다.

[해설] 제품이 불규칙한 비율로 생산되며, 다품종 대량의 원자재 재고, 재고품이 발생한다.

12. 생산하는 제품의 흐름에 따라 설비를 배치하여 운반 거리가 짧고 가공물의 흐름이 빠르며 대량 생산하는 경우에 가장 적합한 설비 배치는? [10-3, 16-2]

① 그룹별 배치
② 공정별 배치
③ 제품별 배치
④ 제품 고정형 배치

[해설] 제품별 배치(product layout) : 일명 라인(line)별 배치라고도 하며, 공정의 계열에 따라 각 공정에 필요한 기계가 배치되는 형식으로 생산량이 많고 표준화되고 작업의 균형이 유지되며, 재료의 흐름이 원활할 경우 잘 이용된다.

13. 작업이 표준화되고 대량 생산에 적합한 설비 배치로 일명 라인별 배치라고도 하는 것은? [17-1, 19-3]

① 기능별 설비 배치
② 혼합형 설비 배치
③ 제품별 설비 배치
④ 제품 고정형 설비 배치

[정답] 8. ① 9. ① 10. ④ 11. ④ 12. ③ 13. ③

14. 다음 중 제품별 배치 형태의 장점을 설명한 것은? [08-3, 10-2]
① 수요 변화가 있는 경우에 설비 변경이 어렵다.
② 단순 작업으로 인하여 작업자의 직무 만족이 떨어진다.
③ 생산 라인 중에서 한 부분이 고장나거나 원자재가 부족한 경우 전체 공정에 영향을 준다.
④ 재공품 재고의 수준이 낮고, 보관 면적이 적다.

[해설] 제품별 배치의 장점
㉠ 공정 관리의 철저 ㉡ 분업 전문화
㉢ 간접 작업의 제거 ㉣ 정체 감소
㉤ 공정 관리 사무의 간소화
㉥ 품질 관리의 철저
㉦ 훈련의 용이성
㉧ 작업 면적의 집중

15. 설비 배치의 분류 중 제품별 배치의 특징으로 틀린 것은? [08-3, 14-3, 18-2]
① 기계 대수가 많아지고 공구의 가동률이 저하된다.
② 작업자의 보전 간접 작업이 적어지므로 실질적 가동률이 향상된다.
③ 정체 시간이 길기 때문에 재공품이 많아지고 공정이 복잡해진다.
④ 작업의 흐름 판별이 용이하며 설비의 이상 상태 조기 발견, 예방, 회복 등을 쉽게 할 수 있다.

[해설] 한 공정의 작업물이 직접 다음 공정으로 공급되므로 재공품이 적어진다.

16. 제품별 배치(product layout)의 장점으로 틀린 것은? [09-3, 12-3]
① 배치가 작업 순서에 응하므로 원활하고 논리적인 유선이 생긴다.
② 한 공정의 작업물이 직접 다음 공정으로 공급되므로 재공품이 적어진다.
③ 단위당 총 생산 시간이 짧다.
④ 전문적인 감독이 가능하다.

[해설] ④는 공정별 배치(process layout)의 장점이다.

17. 제품별 설비 배치에 대한 특징이 아닌 것은? [13-2, 17-3]
① 하나 또는 소수의 표준화된 제품을 대량으로 반복 생산하는 라인 공정에 적합함
② 작업 흐름은 미리 정해진 패턴을 따라 가며, 각 작업장은 소품종 작업을 수행함
③ 하나의 기계 고장 시에도 유연하게 생산을 수행하며 고임금 기술자를 필요로 함
④ 작업 흐름이 원활하고, 생산 기간이 짧고, 작업장 간 거리 축소로 재고 감소, 비용 감소, 생산 통제가 용이함

[해설] 하나의 기계 고장 시에도 전체 공정에 영향을 주며 작업을 단순화할 수 있으므로 작업자의 훈련이 용이하다.

18. 다음 중 제품별 배치의 장점에 속하지 않는 것은? [15-3]
① 1회의 대규모 사업에 많이 이용된다.
② 정체 시간이 짧기 때문에 재공품(在工品)이 적다.
③ 공정이 단순화되고 직접 확인 관리를 할 수 있다.
④ 작업을 단순화할 수 있으므로 작업자의 훈련이 용이하다.

[해설] 설비의 제품별 배치는 소품종 대량 생산에 적합하다.

[정답] 14. ④ 15. ③ 16. ④ 17. ③ 18. ①

19. 설비 배치의 형태 중 제품별 배치 형태의 특징으로 틀린 것은? [19-1]
① 기계 대수가 적어지고 공구의 가동률이 증가한다.
② 작업을 단순화할 수 있으므로 작업자의 훈련이 용이하다.
③ 공정이 확정되므로 검사 횟수가 적어도 되며 품질 관리가 쉽다.
④ 작업의 융통성이 적고 공정 계열이 다르면 배치를 바꾸어야 한다.

해설 기계 대수가 많아지고 공구의 가동률이 저하된다.

20. 다음 중 제품별 설비 배치의 장점이 아닌 것은? [20-3]
① 정체 시간이 짧기 때문에 재공품이 적다.
② 공정이나 설비가 집중되고 소요 면적이 적어진다.
③ 작업자의 간접 작업이 적어지므로 실질적 가동률이 향상된다.
④ 작업의 융통성이 적고 공정 계열이 다르면 배치를 바꾸어야 한다.

해설 ④는 제품별 설비 배치의 단점이다.

21. 제품의 물리적 특성이 기계와 사람을 제품으로 가져오도록 강요하는 설비 배치 방식은? [03-3, 12-1, 20-3]
① 제품별 배치(product layout)
② 공정별 배치(process layout)
③ 정지 제품 배치(static product layout)
④ 혼합 방식 배치(mixed model layout)

해설 제품 특성으로 기계와 사람을 제품으로 가져오도록 하는 방식의 배치는 정지 제품 배치로 조선업에서 주로 사용한다.

22. 유사한 부품 그룹의 가공 공정이 같아서 가공의 흐름이 동일한 경우의 설비 배치로서 대량 생산에서의 흐름 생산 형식에 가깝고, GT 설비 배치 중 가장 바람직하며 생산 효율도 높은 것은? [12-3]
① GT 셀
② GT 흐름 라인
③ GT 센터
④ GT 계획

해설 ㉠ GT 셀 : 여러 종류의 기계 그룹에 속하는 모든 부품 또는 부분의 부품 가공을 할 수 있는 경우의 설비 배치
㉡ GT 센터 : 어느 한 종류의 작업에서 가공 방법이 유사한 부품의 그룹을 가공할 수 있도록 같은 성능의 기계를 각각 모아서 배열한 설비 배치로 GT 설비 배치 중 가장 수준이 낮은 것

23. 다음은 컴퓨터를 이용한 설비 배치 기법이다. 자재 운송 비용을 최소화시키기 위한 배치 기법으로 운반 비용은 운반 장비의 효율성과 무관하고 운반 비용은 운반 거리에 비례하여 증가한다는 가정으로 정량적으로 분석하는 기법은? [13-1]
① CRAFT(computerized relative allocating of facilities technique)
② COFAD(computerized facilities design)
③ PLANET(plant layout analysis and evaluation technique)
④ CORELAP(computerized relationship layout planning)

해설 COFAD - 장비 효율, PLANET - 정량적, 정성적 입력, CORELAP - 정성적 입력

24. 컴퓨터를 이용한 설비 배치 기법이 아닌 것은? [10-1, 14-1]
① PERT/CPM
② CRAFT

정답 19. ① 20. ④ 21. ③ 22. ② 23. ① 24. ①

③ CORELAP   ④ ALDEP

해설 PERT/CPM은 일정 관리 기법이다.

25. 설비 배치 계획자가 설비 배치의 기초 자료 수집 및 유형을 선택하는 것을 돕기 위해서 쓰이는 방법은? [09-1, 11-2, 15-2]
① ABC 분석   ② P-Q 분석
③ 일정 계획법   ④ 활동 관련 분석

해설 제품 수량 분석(P-Q 분석, product-quantity analysis) : 설비 배치 계획을 수립할 때 처음 해야 할 분석 기법이다. 배치를 결정하는 기본적 요소는 제품(products : P), 수량(quantity : Q), 공정(routine, process : R), 공간(service space : S), 시간(time : T)을 들 수 있다. 이들 요소 중 가장 중요한 분석은 제품-수량(P-Q) 분석이다.

26. 자재 흐름 분석의 P-Q 분석에 의하여 분류가 결정되면 그 분류 내에 있는 제품들에 대하여 개별적인 분석을 행할 때 그 분류와 내용이 옳은 것은? [14-2, 19-3]
① A급 분류 : 제품의 종류는 많고 생산량은 적다. 유입 유출표를 작성한다.
② B급 분류 : 제품의 종류는 중간이고 생산량도 중간이다. 다품종 공정표를 작성한다.
③ C급 분류 : 제품의 종류는 적고 생산량이 많다. 단순 작업 공정표 다음 조립 공정표를 작성한다.
④ D급 분류 : 제품의 종류도 적고 생산량도 적다. 소품종 공정표를 작성한다.

해설 자재 흐름 분석
㉠ A급 분류 : 제품의 종류는 적고 생산량이 많다. 단순 작업 공정표 다음 조립 공정표를 작성한다.
㉡ B급 분류 : 제품의 종류는 중간이고 생산량도 중간이다. 다품종 공정표를 작성한다.
㉢ C급 분류 : 제품의 종류는 많고 생산량이 적다. 유입 유출표(from to chart)를 작성한다.

27. 리차드 무더(richard muther)에 의한 총체적 공장 배치 계획 단계가 순서대로 된 것은? [08-1, 12-2]
① P-Q 분석 → 흐름-활동 상호 관계 분석 → 면적 상호 관계 분석
② P-Q 분석 → 면적 상호 관계 분석 → 흐름-활동 상호 관계 분석
③ 흐름-활동 상호 관계 분석 → P-Q 분석 → 면적 상호 관계 분석
④ 흐름-활동 상호 관계 분석 → 면적 상호 관계 분석 → P-Q 분석

28. 설비를 배치할 때 소요 면적 산정법으로 기계 1대의 소요 면적을 계산하여 전체 면적을 산출하는 방식은? [19-1]
① 변환법   ② 계산법
③ 표준 면적법   ④ 비율 경향법

해설 계산법 : 설비 자체가 차지하는 면적, 작업이나 보전을 위한 면적, 재료나 제품을 두기 위한 면적 등을 산출하여 이것을 전부 합해 기계 1대당 소요 면적을 계산한 후 소요 기계 대수로 곱해 전체의 실질 면적을 산출한다. 그리고 여기에 서비스 면적을 더해서 전체 소요 면적을 산정한다.

29. 기계가 고장을 일으키지 않는 성질은 무엇인가? [07-3]
① 신뢰성   ② 보전성
③ 생산성   ④ 경제성

정답 25. ②   26. ②   27. ①   28. ②   29. ①

해설 신뢰성(reliability) : 어떤 특정 환경과 운전 조건 하에서 어느 주어진 시점 동안 명시된 특정 기능을 성공적으로 고장 없이 수행할 수 있는 확률

30. 다음 중 설비의 신뢰성을 나타내는 척도가 아닌 것은? [14-1, 20-2]
① 고장률
② 폐입률
③ 평균 고장 간격 시간
④ 평균 고장 수리 시간

해설 설비의 신뢰성 평가 척도
㉠ 고장률(λ) = $\dfrac{\text{고장 횟수}}{\text{총 가동 시간}}$
㉡ 평균 고장 간격 시간(MTBF) = $\dfrac{1}{\text{고장률}}$
㉢ 평균 고장 시간(MTTF)
= $\dfrac{\text{장비의 총 가동 시간}}{\text{특정 시간으로부터 발생한 총 고장 수}}$
㉣ 평균 고장 수리 시간(MTTR)
= $\dfrac{\text{수리 시간 합계}}{\text{고장 발생 수}}$ = $\dfrac{1}{\text{수리율}(\mu)}$

31. 설비의 신뢰성 정도를 측정하는 기준이 아닌 것은? [20-3]
① 고장률
② 관리도
③ 평균 고장 간격 시간
④ 평균 고장 수리 시간

해설 30번 해설 참조

32. 설비의 신뢰성 평가 척도에 대한 설명으로 적절한 것은? [07-1]

① 평균 고장 간격이란 신뢰성의 대상물이 사용되어 처음 고장이 발생할 때까지의 평균 시간을 말한다.
② 평균 고장 시간이란 설비의 고장 수에 대한 전 사용 시간의 비율을 말한다.
③ 고장률이란 일정 기간 동안 발생하는 단위 시간당 고장 횟수를 말한다.
④ 보전성이란 어느 특정 순간에 기능을 유지하고 있는 확률을 말한다.

해설 ㉠ 평균 고장 간격 : 어떤 신뢰성의 대상물에 대해 전체 고장 횟수에 대한 총 가동 시간의 비
㉡ 평균 고장 시간 : 시스템이나 설비가 사용되어 최초 고장이 발생할 때까지의 평균 시간
㉢ 고장률 : 일정 기간 동안 발생하는 단위 시간당 고장 횟수
㉣ 유용성 : 어느 특정 순간에 기능을 유지하고 있는 확률

33. 신뢰성을 평가하기 위한 기준에 관한 설명으로 옳은 것은? [15-2]
① 신뢰성이란 일정 조건 하에서 일정 기간 동안 고장 없이 기능을 수행할 확률을 나타낸다.
② 고장률이란 신뢰성의 대상물에 대한 전 고장 수에 대한 사용 시간의 비율을 나타낸다.
③ 평균 고장 시간(mean time to failures)이란 일정 기간 중 발생하는 단위 시간당 고장 횟수를 나타낸다.
④ 평균 고장 간격(mean time between failures)이란 설비 또는 중요 부품이 사용되기 시작하여 처음 고장이 발생할 때까지의 평균 시간을 말한다.

해설 32번 해설 참조

정답 30. ② 31. ② 32. ③ 33. ①

34. 전기 스위치나 퓨즈(fuse) 등 수리하지 않고 고장이 나면 교체하는 부품의 신뢰성 평가 척도는? [10-3, 20-2]
① 고장률　　② 유용성
③ 평균 고장 간격　　④ 평균 고장 시간

해설 평균 고장 시간 : 시스템이나 설비가 사용되어 최초 고장이 발생할 때까지의 평균 시간

35. 유용도는 부하 시간에서 설비가 실제로 얼마나 가동되는가를 나타내는 것으로 설비의 고유 유용도(inherent availability)라고 한다. 다음 중 유용도 함수(A)를 정확히 나타낸 수식은 어느 것인가? (단, MTTR =mean time to repair, MTBF=mean time between failure, MTBM=mean time between maintenance, MTFF= mean time to first failure이다.) [13-3]

① $A = \dfrac{\text{MTTR}}{\text{MTTR}+\text{MTBF}}$

② $A = \dfrac{\text{MTFF}}{\text{MTFF}+\text{MTTR}}$

③ $A = \dfrac{\text{MTBF}}{\text{MTBF}+\text{MTTR}}$

④ $A = \dfrac{\text{MTBM}}{\text{MTBM}+\text{MTTR}}$

36. 기계를 가동하여 직접 생산하는 시간을 무엇이라 하는가? [08-3, 20-2]
① 직접 조업 시간　　② 실제 생산 시간
③ 정미 가동 시간　　④ 실제 조업 시간

해설 ㉠ 정미 가동 시간 : 기계를 가동하여 직접 생산하는 시간
㉡ 정지 시간 : 준비 시간, 대기 시간, 수리 시간, 불량 수정 시간 등
㉢ 부하 시간 : 정미 가동 시간에 정지 시간을 부가한 시간
㉣ 무부하 시간 : 기계가 정지하고 있는 시간
㉤ 조업(操業) 시간 : 잔업을 포함한 실제 가동 시간
㉥ 캘린더 시간 : 공휴일을 포함한 1년 365일
㉦ 기타 시간 : 조업 시간 내에 전기, 압축기 등이 정지하여 작업 불능 시간이나 조회, 건강 진단 등의 시간

37. 다음 중 부하 시간을 나타낸 것은 어느 것인가? [08-1, 18-2]
① 부하 시간=조업 시간+정지 시간
② 부하 시간=정미 가동 시간-무부하 시간
③ 부하 시간=조업 시간+무부하 시간
④ 부하 시간=정미 가동 시간+정지 시간

해설 부하 시간 : 정미 가동 시간에 정지 시간을 부가한 시간

38. 부하 시간에서 고장, 품목 변경에 의한 작업 준비, 금형 교체, 그리고 예방 보전 등의 시간을 뺀 실제 설비가 가동된 시간을 의미하는 것은? [11-2]
① 가동 시간　　② 휴지 시간
③ 조업 시간　　④ 캘린더 시간

해설 정미 가동 시간=부하 시간-정지 시간

39. 다음 중 조업 시간을 올바르게 표현한 것은? [10-1]
① 부하 시간+무부하 시간+기타 시간
② 부하 시간+정미 가동 시간+정지 시간+기타 시간
③ 정미 가동 시간+무부하 시간+기타 시간
④ 부하 시간+정지 시간+무부하 시간+기타 시간

정답 34. ④　35. ③　36. ③　37. ④　38. ①　39. ①

해설 조업 시간이란 잔업을 포함한 실제 가동 시간을 말하며, 부하 시간＋무부하 시간＋기타 시간으로 나타낸다.

40. 설비의 신뢰성 향상을 위한 대책으로 틀린 것은? [19-2]
① 예방 보전의 철저
② 예지 기술의 향상
③ 폐기품 관리 기준의 설정 개정
④ 윤활 관리, 급유 기준의 설비 개정

41. 설비의 신뢰성 설계 시 풀 프루프(fool proof) 방식이란 무엇인가? [13-3]
① 고장이 일어나면 안전 측에 표시하는 설계
② 오조작하면 작동되지 않는 설계
③ 최소 비용으로 하는 설계 방식
④ 스트레스에 대한 고려

42. 설비의 전형적인 고장률 곡선과 유사한 곡선은? [09-1]
① 로그 곡선(log)
② 정현 곡선(sine)
③ 배스터브(bath tub) 곡선
④ 하이포이드(hypoid) 곡선

해설 예방 보전에 의한 사전 교체를 하지 않으면 인간의 사망률과 유사한 곡선인 배스터브(bath tub) 곡선이 나타난다. 처음에는 고장률이 높은 초기 고장기, 안정되어 고장률이 거의 일정하게 되는 우발 고장기, 구성 부품의 마모 열화에 의하여 고장률이 상승하는 마모 고장기의 3단계로 나타난다.

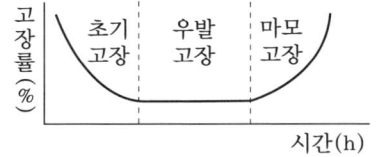

43. 설비의 고장률 곡선에서 시간이 지날수록 고장률이 감소하며 예방 보전이 거의 필요 없는 고장기는? [06-3]
① 초기 고장기   ② 우발 고장기
③ 마모 고장기   ④ 노후 고장기

해설 초기 고장기 : 부품의 수명이 짧은 것, 설계 불량, 제작 불량에 의한 약점 등의 원인에 의한 고장률 감소형으로 이 고장기에는 예방 보전이 필요 없다.

44. 설비의 고장률과 열화 패턴에서 시간의 경과와 함께 고장 발생이 감소되는 고장률 감소형의 기간으로 설계 불량, 제작 불량에 의한 약점 등이 나타나는 고장기는? [18-3]
① 우발 고장기   ② 초기 고장기
③ 마모 고장기   ④ 혼합 고장기

45. 초기 고장 기간에 발생할 수 있는 고장의 원인과 가장 거리가 먼 것은? [18-2]
① 설비의 혹사   ② 부적정한 설치
③ 설계상의 오류   ④ 제작상의 오류

46. 새 펌프를 구입하여 설치 후 시험 가동 중에 축봉부에 누설이 생겨 목표한 양정으로 올리지 못하여 메커니컬 실(mechanical seal)을 교체하여 가동하였다. 표에서 어느 구역의 고장기에 해당하는가? [03-1, 11-1]

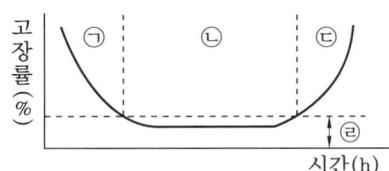

① ㉠ 구역   ② ㉡ 구역
③ ㉢ 구역   ④ ㉣ 구역

정답 40. ③　41. ②　42. ③　43. ①　44. ②　45. ①　46. ①

해설 ㉠ : 초기 고장, ㉡ : 우발 고장, ㉢ : 마모 고장, ㉣ : 규정 고장률

47. 안전계수가 낮거나 스트레스가 기대 이상인 경우에 발생하며, 설비의 열화 패턴에서 개선 개량과 예비품 관리가 중요시되는 기간으로 유효 수명이라고도 하는 것은 어느 것인가? [16-1]
① 우발 고장기 ② 초기 고장기
③ 돌발 고장기 ④ 마모 고장기

해설 우발 고장기 : 예측할 수 없는 고장률 일정형으로 유효 수명이라고 한다. 설비 보전원의 고장 개소의 감지 능력을 향상시키기 위한 교육 훈련과 고장률을 저하시키기 위한 개선, 개량이 절대 필요하며, 예비품 관리가 중요하다.

48. 제품에 대한 전형적인 고장률 패턴인 욕조 곡선 중 우발 고장 기간에 발생할 수 있는 원인이 아닌 것은? [10-1, 12-1, 17-1]
① 안전계수가 낮은 경우
② 사용자 과오가 발생한 경우
③ 스트레스가 기대 이상인 경우
④ 디버깅 중에 발견된 고장이 발생된 경우

해설 디버깅 중에 발견되지 못한 고장이 발생한 경우가 우발 고장 기간에 발생될 수 있는 원인이다.

49. 제품에 대한 전형적인 고장률 패턴은 욕조 곡선으로 나타낼 수 있다. 우발 고장 기간에 발생될 수 있는 원인과 관계가 없는 것은? [14-3]
① 안전계수가 낮은 경우
② 스트레스가 기대 이상인 경우
③ 사용자 과오가 발생한 경우
④ 폐기되었을 경우

50. 설비를 구성하고 있는 부품의 피로, 노화 현상 등에 의해서 시간의 경과와 함께 고장률이 증가하는 시기는? [12-2, 19-3]
① 초기 고장기 ② 우발 고장기
③ 마모 고장기 ④ 라이프 사이클

해설 마모 고장기 : 설비를 구성하고 있는 부품의 마모나 피로, 노화 현상 등의 열화에 의하여 고장이 증가하는 고장률 증가형이다. 사전에 열화 상태를 파악하고 청소, 급유, 조정 등 일상 점검을 잘 해두면 열화 속도는 현저히 늦어지고, 부품의 수명은 길어진다. 또한 미리 어느 시간에서 마모가 시작되는가를 예지하여 사전 교체를 하면 고장률을 낮출 수 있다. 예방 보전의 효과는 마모 고장기에서 가장 높으며, 초기 고장기나 우발 고장기에서는 큰 효과가 없다.

51. 대부분의 설비는 어느 기간 동안 수명을 유지한다. 그러다 어느 기간이 지나면 설비가 고장나기 시작한다. 다음 중 초기 고장기와 우발 고장기가 지난 후, 마모 고장기에 발생하는 고장 원인과 가장 거리가 먼 것은 어느 것인가? [11-1, 16-3]
① 불충분한 오버홀
② 부품들 간의 변형
③ 열화에 의한 고장
④ 부적절한 설비의 설치

해설 부적절한 설비의 설치에 의한 고장은 초기 고장기에서 나타난다.

52. 예방 보전의 효과가 가장 높게 나타나는 시기는? [14-1, 17-3]

정답 47. ① 48. ④ 49. ④ 50. ③ 51. ④ 52. ③

① 새로운 원료를 투입할 때
② 설비를 새로 제작하여 시운전할 때
③ 설비가 유효 수명을 초과하여 가동 중일 때
④ 설비가 유효 수명 내에서 정상 가동 중일 때

[해설] 예방 보전의 효과가 높은 시기는 유효 수명이 지난 마모 고장기이다.

53. 부품은 고장률을 알면 보전에 의하여 제품의 수명을 연장시킬 수 있다. 다음 중 부품을 사전 교환 등에 의한 예방 보전(preventive maintenance)을 실시하여 제품의 수명을 연장시키기에 가장 합당한 고장률의 유형은 무엇인가? [10-1]
① 감소형(decreasing failure rate)
② 증가형(increasing failure rate)
③ 일정형(constant failure rate)
④ 랜덤형(random failure rate)

[해설] 증가형으로 고장이 집중적으로 일어나기 전에 예방 보전으로 교환하면 유효하다.

54. 설비의 고장률에 관한 설명으로 올바른 것은? [12-1]
① 설비의 도입 초기에는 고장이 없다.
② 우발 고장기의 고장률 곡선은 고장률 증가형이다.
③ 마모 고장기에서 예방 정비의 효과가 크다.
④ 설계 불량으로 인한 고장은 우발 고장기에 주로 발생한다.

[해설] ① 설비의 도입 초기에는 고장률이 감소한다.
② 우발 고장기에서는 고장률이 일정하다.
④ 설계 불량으로 인한 고장은 초기 고장기에 주로 발생한다.

55. 설비의 돌발적 고장이 발생하였을 때의 손실이 아닌 것은? [07-1]
① 제품의 불량에 의한 손실
② 품질 저하에 따른 손실
③ 열화로 인한 손실
④ 돌발 고장의 수리비 지출

[해설] 돌발 고장으로 인한 손실
㉠ 돌발 고장의 수리비의 지출
㉡ 생산 정지 시간의 감산(減産)에 의한 손실
㉢ 가동 중 원재료의 손실
㉣ 제품 불량에 의한 손실
㉤ 품질 저하에 따른 손실
㉥ 정지 기간 중 작업자의 작업이 없어서 기다리는 시간
㉦ 고장 수리 후부터 평상 생산에 들어가기까지의 복구 기간 중의 저능률 조업에 따른 복구 손실
㉧ 생산 계획 착오로 인한 납기 연장, 신용의 저하 등에서 오는 유형, 무형 손실

56. 설비의 돌발적인 고장으로 인한 손실이 아닌 것은? [18-3]
① 생산 정지로 인한 원료 절약
② 돌발 고장으로 인한 수리비의 지출
③ 생산 정지 시간의 감산에 의한 손실
④ 설비 수리로 인한 저능률 조업에 따른 복구

[해설] 55번 해설 참조

57. 설비의 돌발 고장을 방지하기 위한 조치로 적절하지 않은 것은? [18-2]
① 고장에 대비하여 예비 설비를 보유한다.
② 설비를 사용하기 전에 점검을 실시한다.
③ 충격, 피로의 원인을 없애고 규정된 취급 방법을 지킨다.
④ 설비의 만성적인 부하 요인을 제거한다.

[정답] 53. ② 54. ③ 55. ③ 56. ① 57. ①

58. 최소의 비용으로 최대의 설비 효율을 얻기 위하여 고장 분석을 실시한다. 다음 중 고장 분석을 행하는 이유가 아닌 것은? [07-3, 10-1, 19-2]
① 설비의 고장을 없애고 신뢰성을 향상시키기 위하여
② 설비의 가동 시간을 늘리고 열화 고장을 방지하기 위하여
③ 설비의 보수 비용을 늘려 경제성을 향상시키기 위하여
④ 설비의 고장에 의한 휴지 시간을 단축시켜 보전성을 향상시키기 위하여

59. 고장 원인을 분석하기 위하여 많이 쓰이는 방법으로 일명 생선뼈와 같다고 하여 생선뼈 그림이라고도 하는데 특정 문제나 그 상황의 원인을 규명하여 그림으로 보여줌으로써 문제 해결을 위한 전반적인 흐름을 볼 수 있는 방법으로 맞는 것은? [13-2]
① 특성 요인 분석법 ② 상황 분석법
③ 의사 결정법 ④ 변환 기획법

60. 고장의 빈도가 높은 설비의 고장률을 감소시키고자 한다. 다음 중 올바른 대책이 아닌 것은? [07-3]
① 응력을 집중시킨다.
② 온도, 습도 등 주변 환경을 개선시킨다.
③ 작업 방법, 치공구 등의 조건을 개선시킨다.
④ 검사 주기 및 검사 방법을 개선시킨다.

61. 설비 투자에 대한 경제성 평가 방법에 해당되지 않는 것은? [14-1]
① 비용 비교법 ② 자본 회수법
③ MTBF법 ④ MAPI법

[해설] 설비의 경제성 평가 방법 : 비용 비교법, 자본 회수법, MAPI 방식, 신 MAPI 방식

62. 다음 중 설비 투자의 합리적인 투자 결정에 필요한 경제성 평가 방법이 아닌 것은? [10-1, 12-1, 17-2]
① MAPI법 ② 자본 회수법
③ 비용 비교법 ④ 처분 가치법

[해설] 처분 가치법은 설비 투자의 경제성 평가 방법이 아니다.

63. 다음 중 MAPI(machinert & allied products institute) 방식에 관한 설명으로 옳은 것은? [20-2]
① 긴급도의 산출 방식이다.
② 연간 생산량의 결정 방식이다.
③ 설비 교체의 경제 분석 방법이다.
④ 인플레이션을 고려하여 분석한다.

[해설] MAPI 방식 : 자본 배분에 관련된 투자 순위 결정이 주제이고, 긴급률이라고 불리는 일종의 수익률을 구하여 이의 대소에 따라서 설비 투자안 상호 간의 우선순위를 평가한다.

64. 설비의 경제성을 평가하기 위한 방법으로 가장 거리가 먼 것은? [13-2, 17-3]
① 자본 회수 기간법 ② 수익률 비교법
③ 미래 가치법 ④ 원가 비교법

65. 고정 자산의 구입 가격에서 법정 잔류 가치를 뺀 차액을 법정 내용 연수 기간 동안에 매년 분할하여 손금(損金)의 일종으로 취급하는 비용은? [14-3]
① 자본 회수비 ② 감가 상각비
③ 이익 할인비 ④ 처분 가치비

정답 58. ③ 59. ① 60. ① 61. ③ 62. ④ 63. ③ 64. ③ 65. ①

66. 다음은 내용 연수의 각 단위별로 감가되는 원가를 결정하는 기법이다. 시간을 기준으로 하는 감가 상각법이 아닌 것은 어느 것인가? [09-3]
① 정액법 ② 정률법
③ 연수 합계법 ④ 생산량 비례법

67. 경제안을 수학적으로 비교하는 방법으로 어떤 투자 활동의 수입의 현재(또는 연간) 등가가 지출의 현재(또는 연간) 등가와 똑같게 되는 이자율로 경제성을 평가하는 방법은 무엇인가? [08-3, 13-1]
① 자본 회수 기간법 ② 수익률 비교법
③ 원가 비교법 ④ 이익률법

68. 설비 투자의 경제성 평가에 있어서 각 대안의 미래의 모든 수입과 지출을 일정 동일액으로 바꿔서 비교 평가하는 방법은 무엇인가? [15-1]
① 연차 등가액법 ② 수익률법
③ 현가 비교법 ④ 자본 회수 기간법

69. 경제안의 평가를 위한 방법으로 자본 사용의 여러 가지 방법에 대하여 창출되는 수입 액수를 기준으로 평가하는 기법이다. 즉, 미래의 모든 비용의 현재 가치와 미래의 모든 수입의 현재 가치를 같게 하는 방법은 무엇인가? [13-3]
① 현가액법 ② 연차 등가액법
③ 회수 기간법 ④ 수익률법

70. 설비 투자의 경제성 평가를 위하여 중요한 비용 개념으로서 주어진 상황에서 회수할 수 없는 과거의 원가로서 고려 대상이 되는 어떠한 대안에도 부과할 수 없는 비용은 무엇인가? [12-2]
① 기회 비용 ② 매몰 비용
③ 대체 비용 ④ 생애 비용

71. 정비 계획 수립 시 검토할 사항이 아닌 것은? [06-1]
① 생산 계획을 파악하고 증산 체제 시 정비 계획을 무기한 연기한다.
② 설비의 능력을 파악한다.
③ 수리 형태를 파악하고 점검 계획을 세운다.
④ 수리 요원을 능력과 인원을 검토하여 정비 계획을 수립하고 필요시 외주 업자를 이용한다.

72. 정비 계획 수립 시 고려할 사항이 아닌 것은? [09-2, 11-3, 20-3]
① 수리 요원 ② 제품 성분 분석
③ 생산 계획 확인 ④ 설비 능력 파악

해설 정비 계획 수립 시 고려할 사항
㉠ 정비 및 보전 비용
㉡ 수리 시기 및 시간
㉢ 수리 요원
㉣ 설비 능력
㉤ 생산 및 수리 계획
㉥ 일상 점검 및 주간, 월간, 연간 등의 정기 수리 구분

73. 보전 계획을 수립할 때 검토해야 할 사항이 아닌 것은? [16-1, 18-3]
① 보전 비용
② 수리 시간
③ 운전원 역량
④ 생산 및 수리 계획

해설 72번 해설 참조

정답 66. ④ 67. ② 68. ① 69. ④ 70. ② 71. ① 72. ② 73. ②

74. 보전 작업 계획은 연간, 월간, 주간, 개별 설비 보전 계획을 수립한다. 이 중 연간 보전 계획 항목이 아닌 것은? [10-1]
① 조업 계획, 설비 능력 및 가동 시간 계획
② 보전 작업 및 설비 표준의 개량
③ 분해 검사 및 외주 계획
④ 작업량에 의한 설비 가동 시간 계획

해설 ④는 월간 보전 계획 항목이다.

75. 설비의 정비 계획 시에 주간 보전 계획의 6S 활동이 아닌 것은? [08-1]
① 정리   ② 의식화
③ 분석   ④ 청소

해설 정기 점검은 기계 정지 중에 주로 행해지며 각종 계측기를 사용하여 설비의 정도 유지, 부품의 사전 교환을 목적으로 정비원을 중심으로 행해진다. 각 설비마다 점검표(check list)를 작성하고 그 점검 결과를 자료로 저장하여 이 자료들을 해석하고 검토하여 교환 주기, 분해 점검 주기 등을 정확히 판단해서 정비 계획을 경제성이 높게 수립하는 것이 정비원에게 부여된 중요한 임무이다. 6S 활동은 정리, 정돈, 청소, 청결, 습관화, 안전 운동을 말한다.

76. 정비의 시기에 맞추어 필요한 예비품을 준비해 두어야 하는데 해당되는 예비품이 아닌 것은? [14-1, 17-3]
① 부품 예비품
② 연료 예비품
③ 라인 예비품
④ 부분적 세트(set) 예비품

해설 예비품에는 부품 예비품, 부분적 세트 예비품, 단일 기계 예비품, 라인 예비품 등이 있다.

77. 정비 계획에 필요한 예비품의 종류 중 전 공장에 영향을 미치는 동력 설비에서 많이 볼 수 있는 것은 무엇인가? [07-1]
① 부분 예비품
② 라인 예비품
③ 단일 기계 예비품
④ 부분적 세트(set) 예비품

해설 예비품에는 부품 예비품, 부분적 세트 예비품, 단일 기계 예비품, 라인 예비품 등이 있다. 라인 예비품은 특수한 고장을 제외하면 없으나, 단일 기계 예비품은 전 공장에 영향을 미치는 동력 설비에서 많이 볼 수 있다.

정답 74. ④ 75. ③ 76. ② 77. ③

3. 설비 보전의 계획과 관리

3-1 설비 보전과 관리 시스템

(1) 설비 보전의 의의
설비 보전이란 설비 열화에 대한 대책이며, 설비를 가장 유효하게 활용함으로써 기업의 생산성을 높이는 것이다.

(2) 설비 보전의 목적
설비 보전의 목적은 설비를 가장 유효하게 활용해서 생산량(P : production), 품질(Q : quality), 원가(C : cost), 납기(D : delivery), 안전(S : safety), 의욕(M : morale)의 여섯 가지 요소들에 대하여 항상 현상을 파악하고 개선하여 기업의 생산성을 향상시키는데 있다.

(3) 설비 보전 시스템의 개요
예방 보전(preventive maintenance)과 생산 보전(productive maintenance) 중 PM은 생산 보전 시스템을 가리키는 것이 보통이다.

① **중점 설비 · 개소의 선정**
② **설비 보전의 표준 설정** : 설비 보전의 직접적 기능으로서는 설비 검사(점검), 설비 보전(일상 보전), 설비 수리(공작)의 세 가지로 대별할 수 있다.
③ **설비 보전의 계획** : 설비 검사, 설비 보전, 설비 수리를 하기 위해서는 일정 계획, 인원 계획, 자료 계획 등과 같은 계획을 수립하고 실행해야 한다.
④ **설비 보전의 실시** : 설비 검사의 결과에 따라서 설비 수리를 요구하여 수리를 실시하고 돌발 고장에 대한 사후 수리도 실시한다.
⑤ **설비 보전의 기록** : 관리에는 데이터가 필요하며, 데이터는 기록 · 정리에 의해 확정될 수 있다.
⑥ **보전비 관리** : 보전 계획에 의해 보전비에 대한 예산 편성을 하고 기록하여 효율적 · 합리적으로 관리해야 한다.
⑦ **보전 효과 측정과 개선 조치**

3-2 설비 보전 조직과 표준

(1) 설비 보전 조직
① **설비 보전 조직의 기능**
  ㈎ 직접 기능 : '설비가 열화하고 고장 정지를 일으켜 유해한 성능 저하를 가져오는 상태를 제거, 조정 또는 회복하여 설비 성능을 최경제적으로 유지하는 활동'으로 설비 검사(점검), 설비 보전(일상 보전), 설비 수리(공작)의 세 가지로 대별한다.
  ㈏ 관리 기능 : 경제적 측면은 가치 관리, 기술적 측면은 성능 관리이다.
② **설비 보전 조직의 기본형과 특색** : 보처(H. F. Bottcher)는 보전 조직을 집중 보전, 지역 보전, 부분 보전 및 절충 보전으로 분류하고 있다.

(2) 설비 보전 표준화
① **설비 관계의 제 표준** : 표준이란 '작업자가 이룩해야 할 작업 기준이 되는 사항을 표시하는 것'이다.
② **설비 표준의 종류**
  ㈎ 설비 설계 규격   ㈏ 설비 성능 표준
  ㈐ 설비 자재 구매 규격 ㈑ 설비 자재 검사 표준
  ㈒ 시운전 검수 표준   ㈓ 설비 보전 표준
  ㈔ 보전 작업 표준
③ **설비 보전 표준의 분류**
  ㈎ 설비 검사 표준 : 예방 보전을 위해 하는 검사를 점검이라고 한다.
    ㉮ 주기에 따른 구분 : 일상 검사는 매일, 매주 하는 것으로 검사 주기가 1개월 이내인 것, 정기 검사는 1개월 이상의 것으로서 3개월, 6개월 주기의 것이다.
    ㉯ 검사 항목에 따른 구분 : 성능 검사, 정밀 검사 등으로 구분된다.
    ㉰ 대상 설비에 따른 구분 : 검사 대상이 되는 설비에 따라 기계 설비, 배관, 전기 설비, 계장 설비 등으로 분류한다.
  ㈏ 보전 표준 : 보전의 조건이나 방법의 표준을 정한 것이다.
  ㈐ 수리 표준 : 수리 조건, 방법에 대한 표준이다.

3-3 설비 보전의 본질과 추진 방법

(1) 설비 보전의 효과
① 정지 손실 감소　　② 보전비 감소
③ 제작 불량 감소　　④ 가동률 향상
⑤ 예비 설비의 필요성 감소　　⑥ 재고품 감소
⑦ 제조 원가 절감　　⑧ 보상비나 보험료 감소
⑨ 납기 지연 감소

(2) 설비 보전에 의한 설비의 유지 관리
① **설비의 열화 현상과 원인** : 설비의 성능 열화(性能劣化)란 사용에 의한 열화(운전 조건, 조작 방법), 자연 열화(녹, 노후화 등), 재해에 의한 열화(폭풍, 침수, 지진 등)로 대별할 수 있다.
② **설비 열화의 대책** : 열화 방지(일상 보전), 열화 측정(검사), 열화 회복(수리)

(3) 설비의 최적 보전 계획
① 설비 보전의 비용 개념
　㈎ 기회 손실 : 보전비를 사용하여 설비를 만족한 상태로 유지하여 막을 수 있었던 생산성의 손실
　　㉮ 생산량 감소 손실 : 생산 감소 손실은 감산량×(판매 단가−변동비)로 계산되며, (판매 단가−변동비)는 한계 이익이다.
　　㉯ 품질(quality) 저하 손실 : 저하 손실액 외에 저하로 인한 회사의 신용이 저하되는 것도 고려하여야 한다.
　　㉰ 원 단위 증대 손실 : 원료의 보유 감소, 기계의 효율 저하에 따른 동력비 증가, 노무원 단위 증가 등에 의하여 발생하는 손실
　　㉱ 납기(delivery) 지연 손실 : 생산 감소로 인한 납기 지연, 계약상 지체료의 지불, 선적의 체선료(滯船料) 지불 등에 의하여 발생하는 손실
　　㉲ 안전(safety) 저하에 의한 재해 손실 : 안전 저하 때문에 발생하는 재해 보상비에 의한 손실
　　㉳ 환경 조건의 악화로 인한 의욕 저하 손실
　㈏ 보전 비용을 분류 목적별로 분류하면 일상 보전비(열화 방지비), 검사비(열화 측정비), 수리비(열화 회복비)가 되며, 요소별은 노무비, 재료비, 외주비, 휴지(정지)

손실비, 준비 손실비, 회복 손실비, 재고 관리비로 분류할 수 있다. 여기서 휴지 손실, 준비 손실, 회복 손실을 기회 손실이라 한다.
　㈐ 생산의 3요소, 즉 사람(man), 설비(machine), 재료(material)의 조합을 가장 효과적으로 하는 것이 최적의 방법이다.
　　㉮ 일상 보전 : 정기적인 점검, 급유, 교환, 조정, 청소 등의 적정 실시
　　㉯ 정상 운전 : 운전자에게 훈련과 지도 실시
　　㉰ 예방 보전 : 주기적 검사와 예방 수리의 적정 실시
　　㉱ 개량 보전 : 보전면에 중점을 둔 설비 자체의 적정 체질 개선
　　㉲ 설비 갱신 : 갱신 분석의 조직화
　　㉳ 보전 예방 : 신 설비의 PM 설계
② **최적 수리 주기의 결정 방법**
　㈎ 설비의 보전비와 열화 손실비의 합계를 최소로 하는 것이 가장 경제적인 방법이다.
　㈏ 단위 시간당의 보전비는 수리 주기(시간 또는 처리량)를 길게 하면 할수록 감소한다.
　㈐ 단위 시간당의 열화 손실비는 시간(처리량)의 증대와 더불어 증대한다.
　㈑ 이 두 가지 비용 곡선의 합계 곡선으로부터 최소 비용점을 구할 수 있다.
　㈒ 이 최소 비용점까지의 주기에서 수리하는 것이 가장 경제적이며, 이를 설비의 최적 수리 주기라고 한다.
③ **부품의 최적 대체법** : 최적 수리 주기의 계산은 주로 성능 저하형의 열화에 대하여 적용되며, 돌발 고장형의 열화에 대해서는 부품의 최적 대체법을 적용하고 세 가지 부품 대체 방식을 생각할 수 있다.
　㈎ 각개 대체(사후 대체) : 부품이 파손되면 신품과 대체하는 방식
　㈏ 개별 사전 대체 : 일정 기간만큼 경과하여도 파손되지 않은 부품만을 신품과 대체하는 방식
　㈐ 일제 대체 : 일정 기간만큼 경과했을 때 모든 부품을 신품과 대체하는 방식

(4) 보전 시간

① **고장 시간**
② **예방 보전 시간**
　㈎ 정기 점검　　　　　　　㈏ 오버홀(overhaul)
　㈐ 수리　　　　　　　　　　㈑ 부품 교체
　㈒ 정기 교정　　　　　　　㈓ 연료 보급
　㈔ 셧다운(shutdown)

(5) 설비 보전의 추진 방법
① 현 보유 설비와 현존 기술 범위 내에서 가장 설비 비용이 적게 드는 보전의 최소 비용점을 찾아내야 한다.
② 열화 손실비를 최소화해야 한다.
③ 최소의 보전비로 보전 효과를 높이는 방법을 찾아내야 한다.

(6) 기본 설비 보전 업무
① 고장 점검 수리(trouble shooting) ② 교정(calibration)
③ 기능 시험   ④ 대체 또는 교체
⑤ 수리   ⑥ 오버홀(overhaul)
⑦ 윤활 관리   ⑧ 재설치
⑨ 제거   ⑩ 점검
⑪ 조정

3-4 설비의 예방 보전

(1) 예방 보전의 기능
① **취급되어야 할 대상 설비의 결정**
　㈎ 중요 점검 대상 설비
　㈏ 예방 보전의 비용이 고장 수리 비용보다 적은 설비
　㈐ 대기 장비가 쉽게 준비될 수 있는 설비
　㈑ 설비의 상태가 수명이 한계에 도달되지 않은 설비
② **대상 설비 점검 개소의 결정** : 생산 설비에 대한 점검 목록 작성
③ **보전 작업에서 점검 주기의 결정** : 보전 주기는 설비의 노후화에 따라 점검 빈도가 높아져야 하며, 마찰, 침식, 진동, 과부하 또는 압력, 가동 부하의 변동에 따라 주기를 조정한다.
④ **점검 시기에 관한 결정** : 연간 작업 총괄 계획을 작성하고, 합리적으로 점검 일정이 주기를 충족할 수 있어야 한다.
⑤ **조직에 관한 결정** : 이상의 네 가지 기능을 수행하기 위하여 어떠한 조직이 적합한가는 공장의 규모 및 종류에 따라 결정되며, 예방 보전을 포함하여 일반 보전 작업의 계획을 수립하고 이를 위해 하자 없는 구성 인원의 자격이 고려된다.

(2) 예방 보전의 효과

① 설비의 정확한 상태 파악(예비품의 적정 재고 제도 확립)
② 수리의 감소
③ 긴급용 예비기기의 필요성 감소와 자본 투자의 감소
④ 예비품 재고량의 감소
⑤ 비능률적인 돌발 고장 수리로부터 계획 수리로 이행 가능
⑥ 고장 원인의 정확한 파악
⑦ 보전 작업의 질적 향상 및 신속성
⑧ 유효 손실의 감소와 설비 가동률의 향상(경제적인 계획 수리 가능)
⑨ 작업에 대한 계몽 교육, 관리 수준의 향상(취급자 부주의에 의한 고장 감소)
⑩ 설비 갱신 기간의 연장에 의한 설비 투자액의 경감
⑪ 보전비의 감소, 제품 불량의 감소, 수율의 상승, 제품 원가의 절감
⑫ 작업의 안전, 설비의 유지가 좋아져 보상비나 보험료 감소
⑬ 작업자와의 관계가 좋아져서 빈번한 고장으로 인한 작업 의욕의 감퇴 방지와 돌발 고장의 감소로 안도감 고취
⑭ 고장으로 인한 생산 예정의 지연으로 발생하는 납기 지연의 감소

(3) 중점 설비의 분석

① 중점도 설정 기준의 수립
② 현 설비의 이론 능력, 최대 능력, 조건 능력, 기대 능력 등의 능력 파악
③ 예비기의 유무로 휴지(정지) 손실의 영향이 큰 중점 설비의 파악
④ 기준 생산량을 위배한 생산 감소 손실을 주는 것, 수리비가 큰 것 등 과거의 고장 통계 분석
⑤ 설비 열화가 저하 또는 원 단위에 미치는 영향이 큰 설비
⑥ 설비 환경과 작업 조건이 열화에 미치는 영향이 큰 설비
⑦ 안전상의 중점 설비

(4) 예방 보전 검사 제도

① PM 검사 표준의 설정
  ㈎ 설비의 열화 정도를 조사하는 검사 방법과 측정 방법의 표준을 말한다.
  ㈏ 설비 표준에는 검사 부위, 항목, 주기, 검사 방법, 기구, 판정 기준 처리 등이 포함된다.
  ㈐ 검사의 종류
    ㉠ 방법별 : 외관, 분해, 정밀 검사 등

㉯ 주기별 : 일상, 정기, 임시 검사 등
㉰ 항목별 : 성능, 정밀 검사 등
㉱ 대상 설비별 : 기계 설비, 배관, 전기 설비, 계장 설비 검사 등
② **PM 검사 계획** : 검사 계획은 설비 검사 표준에 입각해서 조업 현장의 생산성에 대한 사정과 검사 요원의 부하에 대한 양쪽을 고려해서 언제, 무엇을 검사할 것인가에 대해서 계획을 하는 것이다.
③ **PM 검사의 실시** : 비파괴 검사법은 X선 탐상기, 초음파 탐상기, 자기 탐상기, 침투 탐상액 등이 널리 이용되고 있으며, 최근에 이르러서는 아이소톱을 이용해서 운전 중에 검사할 수 있는 수준에 도달하고 있다.
④ **검사에 따르는 수리 요구** : 설비에 대한 검사를 하는 것은 수리 요구를 계획적으로 하기 위한 것이다.
⑤ **수리의 검수** : 수리 요구자는 요구한 대로의 수리가 되었는지의 여부에 대해서 확실히 체크하여야 한다.
⑥ **설비 보전의 기록 보고** : 설비 보전 기록의 역할은 다음과 같다.
㉮ 수리 주기의 예측 및 소요 비용의 견적에 도움이 되며 예산 편성의 근거가 된다.
㉯ 설비마다 매년 수리비를 파악할 수 있으므로 갱신 분석의 기초 자료가 된다.
㉰ 수리용 자재의 상비수 계산의 기초가 된다.

3-5 공사 관리

(1) 공사의 목적 분류
① **자본적 지출** : 신설, 증설, 확장, 갱신, 개조 등과 같은 자산 공사비를 말한다.
② **경비 지출** : 설비 성능을 유지 보전하기 위한 수리 공사비 등을 말하는 것으로, 보통 수선 또는 보수라고도 한다.

(2) 공사 관리 제도의 개요
① 공사의 완급도를 정확하게 결정한다.
② 소요의 순서와 공수를 견적한다.
③ 완급도, 견적 공수 능력에 기초를 두고 여력 관리를 하여 일정을 결정한다.
④ 일정을 표시한 작업 명령을 내리고 진도를 통제한다.
⑤ 실적을 조사하여 원가 절감을 도모한다.

(3) 공사 전표의 역할

① **원 라이팅 시스템(one writing system)** : 공사의 요구에서부터 실적에 대한 집계에 이르기까지 처음에 발행한 전표를 끝까지 일괄해서 사용하는 것
② **공사 전표의 필요 조건**
   ㈎ 공사 요구를 위해서는 공사 요구 부서에서 공사 내용을 작성하여 공사 담당 부서에 보낸다.
   ㈏ 공사 담당 부서에서는 작업원에 대한 공사 명령서로 사용한다.
   ㈐ 공사비 실적을 집계하는 데에도 사용한다.

(4) 공사의 완급도

완급도	명칭	설명	사무 수속
1	긴급 공사	즉시 착수해야 할 공사	구두 연락으로 즉시 착공하고, 착공 후 전표를 제출한다. 여력표에 남기지 않는다.
2	준급 공사	당 계절에 착수하는 공사	전표를 제출할 여유가 있다. 여력표에 남기지 않고, 당 계절에 착공한다.
3	계획 공사	일정 계획을 수립하여 통제하는 공사	당 계절에 접수하여 공수 견적을 한다. 다음 계절 이후로 넘긴다.
4	예비 공사	한가할 때 착수하는 공사	예비적으로 직장이 전표를 보관하고 있다가 한가할 때 착공한다.

(5) 공사의 견적

  공사 견적법으로는 경험법, 실적 자료법, 표준 자료법의 세 가지가 있다.
① 절차의 지정은 직종별 정도로 분류한다.
② 공정 견적은 1일 단위에서는 그 정밀도가 지나칠 경우가 있다. 일반적으로 3일이라던가, 5일 단위로 하는 것이 실제적이다.
③ 공사 견적은 1인 시간 단위 또는 1인 일 단위의 정도로 한다.

(6) 여력 관리와 일정 계획

① **여력 관리** : 여력 관리의 목적은 계획 공사의 견적 공수와 현 보유 표준 능력을 비교하여 이월량이 거의 일정하게 되도록 공사 요구의 접수를 조정, 예비 공사 중간 차입, 외주 발주량을 조정하며, 여력 관리의 기본이 되는 공수 계획을 세우기 위해 다음과 같이 한다.

㉮ 작업 직종별 기준 공수를 결정해 둔다.
㉯ 직종별 현 보유 표준 능력을 확실히 파악한다.
㉰ 작업량과 능력의 균형을 도모한다.
② **일정 계획** : 일정 계획은 공정 담당자의 희망 납기에 맞도록 세워야만 한다.
㉮ 여유표에서 기존 일정을 정한다.
㉯ 일별 또는 월별 공사 일정표를 작성한다.
　㉮ 공사 단위별 일정표
　㉯ 작업자 개인 또는 그룹별 공사 일정표
㉰ 공사 일정의 합리적인 일정 계획을 세우기 위해서는 다음의 4항목을 들 수 있다.
　㉮ 납기의 정확화
　㉯ 관계 각 업무의 동기화
　㉰ 작업량의 안정화
　㉱ 공사 기간의 단축

(7) 진도 관리

진도 관리란 일정 계획에 결정된 착수·완성의 예정에 따라 작업자에게 작업 분배를 하고, 당해 공사의 납기대로 완성해 가는지 시간상 진행에 있어서 통제를 하는 것으로, 납기의 확정과 공사 기일의 단축이 그 목적이며 납기 관리, 일정 관리라고도 한다.

(8) 휴지 공사

장치 공업과 같이 프로세스 연속 생산 공장에서는 공장 전체 또는 일련의 장치를 휴지(운전 정지)하여 한 번에 보전 공사를 실시하는 방법이 채택된다. 이것을 휴지 공사, 정기 수리, 수리 공사, SD(shut-down) 공사라고 한다.

(9) 긴급 돌발 공사와 외주 공사

① 긴급 돌발 공사
㉮ 긴급 돌발 공사는 계획 공사와는 별도로 예외적으로 처리해야 한다.
㉯ 긴급 돌발 공사는 고장 정지에 의해서 적지 않은 휴지 손실을 일으키는 경우에 한정하여 실시한다.
② 외주 공사

3-6 보전용 자재 관리와 보전비 관리

(1) 보전용 자재 관리

① **보전용 자재의 관리상 특징**
  ㉮ 보전용 자재는 연간 사용 빈도 또는 창고로부터의 불출 횟수가 적으며, 소비 속도가 늦은 것이 많다.
  ㉯ 자재 구입의 품목, 수량, 시기의 계획을 수립하기 곤란하다.
  ㉰ 보전 기술 수준 및 관리 수준이 보전 자재의 재고량을 좌우하게 된다.
  ㉱ 불용 자재의 발생 가능성이 크다.
  ㉲ 소모, 열화되어 폐기되는 것과 예비기 및 예비 부품과 같이 순환 사용되는 것이 있다.
  ㉳ 재고 유지비와 수리 기간 중의 정지 손실비의 합계를 최소화시켜 가장 경제적인 것에 따라 정한다.

② **보전용 자재의 관리상 구분**
  ㉮ 형태 분류 : 소재, 유닛 등과 같은 형태 분류가 일반적으로 널리 쓰이고 있다.
  ㉯ 관리 중점에 의한 구분 : ABC 분석 또는 팔레트 그림 등이 사용된다.
  ㉰ 상비품과 비상비품의 구분
  ㉱ 상비품의 발주 방식에 의한 구분
    ㉮ 정량 발주 방식
    ㉯ 사용고 발주 방식
    ㉰ 정기 발주 방식
  ㉲ 자사 제품과 업자 예치품의 구분 : 업자 예치품 방식과 사용고 불출 방식이 있다.
  ㉳ 불출 방법에 따른 구분 : 개별 불출품과 일괄 불출품이 있다.

3-7 보전 작업 관리와 보전 효과 측정

(1) 보전 작업 관리

① **보전 작업 표준의 설정** : 보전 작업 표준이란 보전 작업에 대한 작업 순서와 표준 시간을 표시하는 것이다. 보전 작업 표준 대상 작업은 다음과 같다.
  • 정기 보전(수리)에 의한 공사 계획이 시간적으로 애로가 있는 작업

- 공사 지연에 의해 생산에 미치는 영향이 큰 작업
- 비용면에 미치는 영향이 큰 작업
- 비교적 작업 능률이 나쁘다고 생각되는 작업
- 고도의 기술을 요하는 작업

㈎ 경험법 : 경험자의 견적에 의하여 작업 표준을 설정하는 것으로서, 수리 공사에 많이 사용되는 방법이다.

㈏ 실적 자료법 : 실적 기록에 입각해서 작업의 표준 시간을 결정하는 방법이다.

㈐ 작업 연구법 : 작업 연구에 의해서 표준 시간을 결정하는 방법으로서, 작업 순서나 시간이 모두 신뢰적인 방법이다. 사용되는 기법에는 PTS(predetermined time standard)법이 있으며, PTS법에서 WF(work factor)법과 MTM(methods-time measurement)법이 대표적인 방법이며, MTM법에서 UMS(universal maintenance standard)가 보전 작업을 위한 작업 표준 시간 설정법이다.

(2) 보전 효과 측정

① 효과 측정 제도화의 절차

㈎ 보전 효과 측정 대상을 그룹으로 나눈다.

㈏ 보전 효과의 평가 요소를 선택한다.

㈐ 보전의 목표를 결정한다.

㈑ 평가 요소에 대한 소자료를 결정한다.

㈒ 기록 보고의 절차 양식을 결정한다.

② 보전 효과 측정을 위한 듀폰 방식

㈎ 자기 진단에 따라 보전 효과를 높이는 것에 중점을 두고 있다.

㈏ 도식 평가를 하는 것이 특징이다.

㈐ 보전 효과를 네 가지 기본 기능, 즉 계획(planning), 작업량(work load), 비용(cost), 생산성(productivity)에 따라 표시한다.

㈑ 16가지의 요소는 작업량의 두 가지 요소를 제외하고 어느 것이나 비율에 의해 표시된다.

㈒ 기본적인 기능의 성적을 E : 우수, G : 양(良), +A : 보통 이상, A : 보통, -A : 보통 이하, P : 불량으로 표시한다.

㈓ 정기적으로 평가하여 개선 목표를 수립하고, 이 목표를 달성하기 위한 개선 계획을 작성한다.

예 | 상 | 문 | 제

1. 설비 보전 관리 시스템의 지속적인 개선을 위한 사이클로 맞는 것은? [14-1, 17-1]
① P(계획)-D(실시)-A(재실시)-C(분석)
② P(계획)-D(실시)-C(분석)-A(재실시)
③ P(계획)-A(재실시)-C(분석)-D(실시)
④ P(계획)-A(재실시)-D(실시)-C(분석)

해설 지속적인 관리 사이클은 P-D-C-A 이다.

2. 제조 원가를 추정하기 위해서는 제조 직접비와 제조 간접비를 산출해야 한다. 다음 중 일반적으로 간접비라고 할 수 없는 항목은? [11-2]
① 간접 자재비
② 외주 및 임가공 비용
③ 생산 보전비
④ 간접 노무비

3. 다음 중 설비 보전 조직의 직접 기능이 아닌 것은? [12-1, 17-3]
① 일상 보전
② 원가 보전
③ 사후 보전
④ 예방 보전 검사

해설 설비 보전의 직접 기능은 예방 보전 검사, 일상 보전, 사후 보전, 계량 보전, 예방 수리, 검수 등이 있다.

4. 고장 예방 또는 조기 처치를 위해서 실시되는 급유, 청소, 조정, 부품 교체에 해당하는 설비 보전은? [09-3]
① 일상 보전
② 예방 수리
③ 사후 수리
④ 개량 보전

5. 다음 중 일상 보전에서 취급하지 않는 것은 어느 것인가? [15-2]
① 정기 점검
② 정기적 갱유
③ 정기적인 정밀 진단
④ 정기적 부품 교환

해설 일상 보전 : 정기적인 점검, 급유, 교환, 조정, 청소 등의 적정 실시

6. 다음 중 설비 보전의 관리 기능에 속하는 것은? [09-3]
① 보전 표준 설정
② 예방 보전 검사
③ 일상 보전 및 점검
④ 사후 보전 및 개량 보전

해설 관리 기능 : 설비 보전 목표 평가는 관리의 경제적 측면이며, 이 결과가 나타나도록 하는 실제 활동의 원천은 기술적 측면이다. 경제적 측면은 설비와 화폐 가치 측면에서 관리하는 가치 관리이고, 기술적 측면은 설비 성능의 면을 관리하는 성능 관리이다. 이 양 측면은 칼의 양면과 같아 양 측면의 조화를 이룬 활동이 절대 필요하다.

7. 보전 조직의 기본 형태를 분류한 것 중 틀린 것은? [10-3, 16-1]
① 집중 보전
② 지역 보전
③ 설비 보전
④ 부문 보전

정답 1. ② 2. ② 3. ② 4. ① 5. ③ 6. ① 7. ③

해설 보전 조직을 집중 보전, 지역 보전, 부분 보전 및 절충 보전으로 분류한다.

8. 설비 보전 조직 중 공장의 모든 보전 요원을 한 사람의 관리자 밑에 조직하고 모든 보전을 관리하는 보전 방식을 무엇이라 하는가? [08-3]
① 집중 보전 ② 지역 보전
③ 부분 보전 ④ 절충 보전

해설 집중 보전(central maintenance) : 공장의 모든 보전 요원을 한 사람의 관리자인 보전 부문의 장 밑에 두고, 모든 보전 요원을 집중 관리하는 보전 방식으로 기동성, 이원 배치의 유연성, 보전비 통제의 확실성, 보전 요원 1인이 보전에 관한 전 책임성이 좋으나, 보전 요원이 공장 전체에서 작업을 하기 때문에 적절한 관리 감독이 어렵고, 전 요원이 생산 작업에 대하여 우선순위를 가질 수 있으며, 작업 표준을 위한 시간 손실이 많고, 일정 작성 및 조정이 곤란하다.

9. 일반적인 집중 보전의 특징으로 옳은 것은? [17-3]
① 일정 작성이 용이하다.
② 긴급 작업을 신속히 처리할 수 있다.
③ 작업 의뢰와 완성까지의 시간이 매우 짧다.
④ 자본과 새로운 일에 대하여 통제가 불확실하다.

해설 ① 일정 작성이 곤란하다.
③ 작업 의뢰와 완성까지의 시간이 길다.
④ 자본과 새로운 일에 대하여 통제가 확실하다.

10. 집중 보전의 장점을 설명한 것 중 틀린 것은? [09-1, 12-3]

① 작업의 신속성
② 인원 배치의 유연성
③ 보전 책임의 명확성
④ 작업 일정 조정 용이성

해설 집중 보전은 작업 일정의 조정이 곤란하다.

11. 집중 보전의 장점이 아닌 것은 어느 것인가? [16-2, 18-3]
① 노동력의 유효 이용
② 보전 책임의 명확성
③ 현장 감독의 용이성
④ 보전용 설비 공구의 유효 이용

해설 보전 요원이 공장 전체에서 작업을 하기 때문에 적절한 관리 감독이 어렵다.

12. 설비 보전 조직 중에서 공장의 모든 보전 요원을 한 관리자 밑에 조직하고 모든 보전을 집중 관리하는 보전 방식의 특징과 거리가 가장 먼 것은? [12-2]
① 부품과 자재 관리의 집중화가 가능하며 적은 재고로도 가능하다.
② 인재가 집중되어 분업 전문화가 진전되며, 기술의 추진 속도가 빠르다.
③ 보전 대상이 특정 설비이기 때문에 작업의 숙련도가 높다.
④ 보전에 관한 책임이 확실하다.

해설 ③은 지역 보전의 장점이다.

13. 다음 중 집중 보전에 대한 특징으로 틀린 것은? [15-3]
① 보전 요원이 용이하게 생산 요원에게 접근할 수 있다.
② 긴급 작업, 고장, 신규 작업을 신속히 처리할 수 있다.

③ 보전 요원의 기술 향상을 위한 교육 훈련이 보다 잘 행해진다.
④ 보전 요원이 생산 작업에 있어서 생산 요원에 비해 우선순위를 갖는다.

해설 ①은 지역 보전의 장점이다.

14. 집중 보전에 대한 특징(장·단점)으로 잘못된 것은? [13-3]
① 보전 요원의 기동적인 활용이 가능하다.
② 전(全)공장적인 판단으로 중점 보전이 수행될 수 있다.
③ 대공장에서도 보행의 손실이 적다.
④ 직종 간의 연락이 좋고, 공사 관리가 쉽다.

해설 집중 보전은 보행 손실에 대한 단점이 있다.

15. 다음 그림은 어떤 보전 조직을 나타낸 것인가? [09-3, 14-2, 19-1]

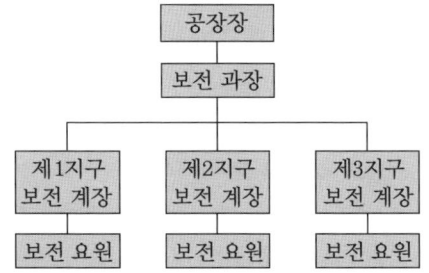

① 집중 보전 조직   ② 부분 보전 조직
③ 절충 보전 조직   ④ 지역 보전 조직

16. 조직상으로 집중 보전과 같이 한 관리자 밑에 조직되어 있지만 배치상 각 지역에 분산된 보전 조직은? [13-2, 17-3]
① 지역 보전   ② 부문 보전
③ 설비 보전   ④ 절충형 보전

17. 공장의 특정 지역에 보전 요원이 배치되어 그 지역의 예방 보전, 검사, 급유, 수리 등을 담당하는 보전 방식은? [16-3]
① 부분 보전   ② 지역 보전
③ 절충 보전   ④ 집중 보전

18. 설비 보전 조직에 있어서 지역 보전의 특징이 아닌 것은? [08-3, 17-1]
① 근무 시간의 교대가 유기적이다.
② 생산 라인의 공정 변경이 신속히 이루어진다.
③ 1인으로 보전에 관한 전 책임을 지고 있다.
④ 보전 감독자나 보전 작업원들은 생산 계획, 생산성의 문제점, 특별 작업 등에 관하여 잘 알게 된다.

해설 ③은 집중 보전의 장점이다.

19. 설비 보전 요원이 제조 부문의 감독자 밑에 배치되어 보전을 행하는 보전 방식은 어느 것인가? [10-3, 19-2]
① 절충 보전   ② 지역 보전
③ 부분 보전   ④ 집중 보전

20. 부분 보전의 단점을 설명한 것이다. 단점이 아닌 것은? [10-2]
① 생산 우선에 의한 보전 경시
② 보전 기술의 향상이 곤란
③ 보전 책임의 분할
④ 현장 왕복 시간

해설 ④는 집중 보전의 단점이다.

21. 설비 보전 조직의 유형에서 전문 보전원에 대하여 보전 책임이 집중인지 분산인지에 대한 분류 중 조직상·배치상 모두 분산 형태인 보전 조직은? [14-3]

정답 14. ③ 15. ④ 16. ① 17. ② 18. ③ 19. ③ 20. ④ 21. ③

① 집중 보전 ② 지역 보전
③ 부분 보전 ④ 절충 보전

해설 설비 보전 조직의 분류

분류	조직상	배치상
집중 보전	집중	집중
지역 보전	집중	분산
부분 보전	분산	분산
절충 보전	조합	조합

22. 다음 중 부분 보전과 집중 보전을 조합시킨 절충 보전에 대한 장·단점으로 잘못된 것은? [10-1]
① 집중 그룹의 기동성에 대한 장점
② 집중 그룹의 보행 손실에 대한 단점
③ 지역 그룹의 운전과의 일체감에 대한 장점
④ 지역 그룹의 노동 효율에 대한 장점

해설 지역 그룹의 노동 효율에 대한 단점

23. 보전 작업 관리의 특징을 설명한 것 중 틀린 것은? [12-2]
① 다양성 및 복잡성 ② 가혹한 조건
③ 투입 비용 과다 ④ 표준화 곤란

해설 표준화의 이점이 많다.

24. 설비 표준화를 위한 설비 위치 코드 부여 순서가 바르게 나열된 것은? [08-3, 20-2]

| ㉠ 공장 | ㉡ 부서 |
| ㉢ 작업장 | ㉣ 생산 라인 |

① ㉠ → ㉢ → ㉡ → ㉣
② ㉡ → ㉢ → ㉣ → ㉠
③ ㉣ → ㉡ → ㉢ → ㉠
④ ㉣ → ㉢ → ㉠ → ㉡

25. 설비 표준화를 위한 설비 코드의 부여 순서로 옳은 것은? [20-3]
① 계정 분류 → 기종 분류 → 특성 분류 → 규격 분류 → 일련번호
② 기종 분류 → 특성 분류 → 계정 분류 → 규격 분류 → 일련번호
③ 계정 분류 → 특성 분류 → 기종 분류 → 규격 분류 → 일련번호
④ 기종 분류 → 계정 분류 → 특성 분류 → 규격 분류 → 일련번호

26. 다음 중 설비 보전의 표준화가 가져오는 직접적인 이점과 가장 거리가 먼 것은? [09-2, 14-2]
① 설비 보전 기술의 축적
② 설비 개량 또는 설계 능력 향상
③ 생산 제품의 불량률 증대
④ 설비 보전 작업의 효율성 증대

해설 표준화 작업 과정에서 확보되는 점검 기준, 수리 표준 또는 측정 방법 개발 등은 보전 기술의 축적을 가져오는 기초가 된다. 또한 이들은 설비 개량 또는 설계 능력 향상에 큰 역할을 하게 된다.

27. 설비 표준의 종류가 아닌 것은? [18-3]
① 설비 성능 표준
② 시운전 검수 표준
③ 설비 보전원 표준
④ 설비 자재 검사 표준

해설 설비 보전 표준의 종류 : 설비 설계 규격 표준, 설비 성능 표준(설비 사양서), 설비 자재 구매 규격 표준, 설비 자재 검사 표준, 시운전 검수 표준, 설비 보전 표준, 보전 작업 표준 등

정답 22. ④ 23. ④ 24. ① 25. ③ 26. ③ 27. ③

28. 설비 표준의 종류에 대한 내용 중 옳은 것은? [16-3]
① 설비 설계 규격 : 설비 사양서, 설비 열화 측정, 열화 회복을 위한 조건의 표준
② 설비 자재 구매 규격 : 설비 설계 규격, 설비 성능 표준에 따라 규정되는 것으로의 표준
③ 시운전 검수 표준 : 표준에 일치되는지의 시험 방법, 검사 방법에 대한 표준
④ 보전 작업 표준 : 설비 열화 측정(점검 검사), 열화 진행 방지(일상 보전) 및 열화 회복(수리)을 위한 조건의 표준

29. 설비의 기술적 표준으로서 설비의 공통 요소와 설비 능력 계산 방식의 기준 등을 표시하는 것은? [14-1]
① 설비 설계 규격
② 설비 성능 표준
③ 설비 보전 표준
④ 보전 작업 표준

30. 설비 정비 표준을 결정할 때 기술적인 면에 속하는 것은? [08-1]
① 규격 사양서   ② 조직 규정
③ 관리 규정   ④ 책임 한계
[해설] 기술적인 표준을 규격이라 한다.

31. 기술면의 표준 중 목표가 되는 표준을 지칭하는 것은? [14-2]
① 규격   ② 사양서
③ 지도서   ④ 조직 규정
[해설] 목표가 되는 표준은 기술면의 표준으로 기준과 지도서 등을 의미한다. 규격과 사양서는 준수하여야 할 표준이며, 조직 규정은 경영 관리의 표준으로 조직의 표준이다.

32. 설비의 열화 측정, 열화 진행 방지, 열화 회복 등을 하기 위한 제 조건의 표준으로서 보전 직능마다 각기 설비 검사 표준, 정비 표준, 수리 표준으로 구분하여 명시하는 표준은? [11-2, 16-2]
① 설비 설계 규격
② 설비 성능 표준
③ 설비 보전 표준
④ 시운전 검수 표준

33. 보전 작업의 낭비를 제거하여 효율성을 증대시키기 위한 것으로 보전 작업 측정, 검사 및 일정 계획을 위해서 반드시 필요한 것은? [11-3, 15-2, 20-2]
① 설비 보전 표준
② 설비 효율 측정
③ 로스(loss) 관리
④ 설비 경제성 평가
[해설] 설비 보전 표준 : 설비 열화 측정(점검 검사), 열화 진행 방지(일상 보전) 및 열화 회복(수리)을 위한 조건의 표준이다.

34. 보전 작업 표준화의 목적은 보전 작업의 낭비를 제거하여 효율성을 증대시키기 위한 것이다. 다음 중 보전 표준의 종류가 아닌 것은? [13-1]
① 작업 표준   ② 수리 표준
③ 일상 점검 표준 ④ 자재 표준
[해설] 설비 보전 표준의 분류
㉠ 설비 검사 표준
㉡ 보전 표준
㉢ 수리 표준

35. 다음 중 설비 보전 표준의 분류에 포함되지 않는 것은? [15-1, 18-2, 20-3]

[정답] 28. ② 29. ① 30. ① 31. ③ 32. ③ 33. ① 34. ④ 35. ④

① 수리 표준　　② 정비 표준
③ 설비 검사 표준　④ 설비 성능 표준

36. 설비 보전 표준 설정의 직접 기능에 속하지 않는 것은? [06-3, 08-1, 11-3]
① 설비 검사　　② 설비 정비
③ 설비 수리　　④ 설비 교체

해설 직접 기능은 설비 검사, 설비 정비, 설비 수리의 3가지로 대별된다.

37. 보전 요원의 각 보전 작업에 대한 표준화로 수리 표준 시간, 준비 작업 표준 시간 또는 분해 검사 표준 시간을 결정하는 것은? [10-3, 12-3, 15-3]
① 보전 작업 표준　② 설비 성능 표준
③ 설비 점검 표준　④ 일상 점검 표준

해설 보전 작업 표준 : 표준화하기 가장 어려우나 가장 중요한 표준으로 수리 표준 시간, 준비 작업 표준 시간, 분해 검사 표준 시간을 결정하는 것, 즉 검사, 보전, 수리 등의 보전 작업 방법과 보전 작업 시간의 표준이다.

38. 다음 설비 보전 표준 중 검사, 정비, 수리 등의 보전 작업 방법과 보전 작업 시간의 표준을 말하는 것은? [12-1, 18-1]
① 설비 성능 표준　② 일상 점검 표준
③ 설비 점검 표준　④ 보전 작업 표준

39. 보전 작업 표준에서 표준 시간의 결정 방법이 아닌 것은? [07-1, 14-2, 18-3]
① 경험법　　② 실적 자료법
③ 작업 연구법　④ 관적 자료법

해설 보전 작업 표준을 설정하기 위해서는 경험법, 실적 자료법, 작업 연구법 등이 사용된다.

40. 보전 작업 표준을 설정하고자 할 때 사용하지 않는 방법은? [17-2, 20-2]
① 경험법　　② 공정 실험법
③ 실적 자료법　④ 작업 연구법

41. 보전 표준의 종류 중 진단(diagnosis) 방법, 항목, 부위, 주기 등에 대한 것이 표준화 대상인 것은? [14-3, 17-1, 20-2]
① 수리 표준
② 작업 표준
③ 설비 점검 표준
④ 일상 점검 표준

해설 진단 방법, 항목, 부위, 주기 등에 대한 표준화 대상은 설비 점검 표준이다.

42. 설비 보전 표준에서 급유 표준, 청소 표준, 조정 표준은 어디에 속하는가? [16-2]
① 설비 검사 표준
② 정비 표준
③ 수리 표준
④ 설비 성능 표준

43. 설비 보전상 청소, 급유, 조정, 부품 교체 등의 적절한 시기를 산정하는 기준은 어느 것인가? [10-3, 14-2]
① 성능 기준　　② 검사 기준
③ 예방 기준　　④ 정비 기준

44. 설비 보전의 효과로서 적합하지 않은 것은? [09-2, 17-3]
① 가동률이 향상된다.
② 설비 보전 비용이 감소된다.
③ 예비 설비의 필요성이 증가된다.
④ 설비 고장으로 인한 정지 손실이 감소된다.

정답 36. ④　37. ①　38. ④　39. ④　40. ②　41. ③　42. ②　43. ④　44. ③

해설 설비 보전의 효과
㉠ 정지 손실 감소
㉡ 보전비 감소
㉢ 제작 불량 감소
㉣ 가동률 향상
㉤ 예비 설비의 필요성 감소
㉥ 재고품 감소
㉦ 제조 원가 절감
㉧ 보상비나 보험료 감소
㉨ 납기 지연 감소

45. 설비 보전의 효과가 아닌 것은? [15-2]
① 보전비 및 제작 불량 감소
② 가동률 향상 및 자본 투자 감소
③ 제조 원가 절감 및 보험료 증가
④ 재고품 및 납기 지연 감소

46. 다음 중 설비의 열화 중 피로 현상의 원인은? [09-3, 19-1]
① 사용에 의한 열화 ② 자연적인 열화
③ 재해에 의한 열화 ④ 비교적인 열화

해설 설비의 열화 현상과 원인 : 설비의 성능 열화(性能劣化)는 사용에 의한 열화, 자연 열화(녹, 노후화 등), 재해에 의한 열화(폭풍, 침수, 지진 등)로 대별할 수 있으며, 이들의 결과에 의하여 마모, 부식 등의 감모(減耗), 충격, 피로 등에 의한 파손(破損), 원료 부착, 진애(塵埃) 등에 의한 오손(烏孫) 현상이 일어난다.

사용 열화	운전 조건	온도, 압력, 회전수, 설비 기능과 재질, 마모, 부식, 충격, 피로, 원료 부착, 진애
	조작 방법	취급, 반자동 등의 오조작

47. 설비의 열화 현상의 종류 중 방치에 의한 녹 발생, 절연 저하 등 재질 노후화에 의해 발생되는 열화는? [10-3, 16-1]
① 사용 열화 ② 자연 열화
③ 재해 열화 ④ 강제 열화

해설 자연 열화 : 방치에 의한 녹 발생, 방치에 의한 절연 저하 등 재질 노후화

48. 설비가 신품일 때와 비교하여 점차로 열화되어 가는 것을 무엇이라고 하는가?
① 절대적 열화 [09-2]
② 돌발 고장형 열화
③ 기능 정지형 열화
④ 우발적 열화

해설 절대적 열화는 노후화이다.

49. 설비의 열화 현상 중 돌발 고장의 현상이 아닌 것은? [17-1]
① 기계 축 절단
② 전기 회로 단선
③ 압축기 피스톤 링 마모
④ 과부하로 인한 모터 소손

50. 설비 열화를 방지하기 위한 조치로서 부적절한 것은? [13-1]
① 전원 스위치를 정기적으로 교체한다.
② 패킹, 실 등을 정기적으로 점검한다.
③ 가동 전에 베어링, 기어 등 회전부에 윤활유를 공급한다.
④ 오일 필터를 규정된 시간마다 정기적으로 교환한다.

51. 보전비의 요소 중 수리비와 가장 관계가 깊은 것은? [11-2]

정답 45. ③ 46. ① 47. ② 48. ① 49. ③ 50. ① 51. ③

① 열화의 방지 ② 열화의 측정
③ 열화의 회복 ④ 열화의 경향

해설 ㉠ 열화의 방지 : 일상 보전
㉡ 열화의 측정 : 검사비
㉢ 열화의 회복 : 수리비

52. 보전 비용을 들여 설비를 안정된 상태로 유지하기 위하여 발생되는 생산 손실을 무엇이라 하는가? [12-3]
① 매몰 손실 ② 이익 손실
③ 차액 손실 ④ 기회 손실

해설 기회 손실 : 보전비를 사용하여 설비를 만족한 상태로 유지하여 막을 수 있었던 생산성의 손실로, 기회 원가(opportunity cost)라고도 한다.

53. 보전비를 들여 설비를 안정된 상태로 유지하기 위하여 발생되는 생산 손실을 무엇이라 하는가? [15-3, 16-1]
① 단위 원가 ② 기회 원가
③ 열화 원가 ④ 수리 한계 초과

54. 다음 중 생산의 3요소가 아닌 것은 어느 것인가? [10-1, 16-2]
① 사람(man) ② 자본(capital)
③ 설비(machine) ④ 재료(material)

55. 설비는 사용 기간이 길면 길수록 자본 회수비는 감소하나 열화에 의한 보전비와 운영비는 증가한다. 이 두 비용의 총 비용이 최소가 되는 수명은? [14-2]
① 경제 수명 ② 실질 유효 수명
③ 내용 연수 ④ 운전 수명

56. 아래 그림은 최적 수리 주기를 나타낸 것으로 ( ) 안에 들어갈 내용은? [14-3]

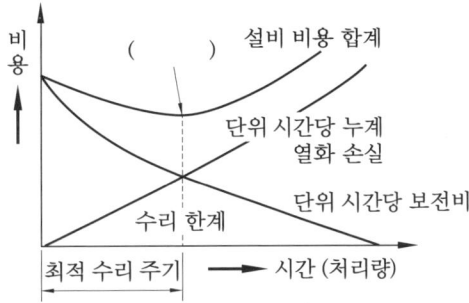

① 최소 비용점 ② 최소 수리점
③ 적정 비용점 ④ 최고 효율점

해설 열화 손실을 감소시키기 위해서는 보전비가 필요하며, 보전비를 사용하지 않으면 설비의 열화 손실은 증대되는 상반되는 경향이 있는 두 가지 요소의 조합(설비 비용의 합계)에서 최적 방법(최소 비용점)을 구한다.

57. 다음 중 가장 경제적인 최적 수리 주기는 어느 것인가? [07-1]
① 보전비가 최소일 때
② 열화 손실이 최소일 때
③ 열화로 인한 고장 간격이 가장 길 때
④ 열화 손실과 보전비의 합이 최소일 때

해설 경제적인 관리는 불합리한 보전비의 삭감보다는 보전비와 설비의 열화에 따른 기회 손실(열화 손실)의 합계를 최소한으로 줄이는 것이 가장 효과적이다.

58. A=1회에 소요되는 검사 비용, B=고장으로 인한 단위 기간당 손실, C=손실계수 $\dfrac{B}{A}$, γ=단위 기간당 장해 발생 빈도 수일 때 설비의 최적 검사 주기를 구하는 식은? [09-1]

정답 52. ④ 53. ② 54. ② 55. ① 56. ① 57. ④ 58. ①

① $\sqrt{\dfrac{2}{C\times\gamma}}$ ② $\sqrt{\dfrac{2C}{\gamma}}$
③ $\sqrt{\dfrac{2}{A\times\gamma}}$ ④ $\sqrt{\dfrac{2}{B\times\gamma}}$

해설 최적 설비 검사(점검) 주기의 결정 방법
$T ≒ \sqrt{\dfrac{2\times A}{\gamma\times B}} = \sqrt{\dfrac{2}{C\times\gamma}}$

59. 설비 보전의 추진 방법으로 적합하지 않은 것은? [08-3]
① 보전 작업은 계획적으로 시행한다.
② 보전 작업 방법을 개선한다.
③ 열화 손실 비용은 가급적 적게 한다.
④ 외주업자의 활용은 배제한다.

60. 오버홀(overhaul)은 설비의 효율을 높이기 위하여 관리하는데 매우 중요한 활동이다. 다음 중 오버홀은 어떤 보전 활동에 포함되는가? [09-1]
① 일상 보전 활동   ② 사후 보전 활동
③ 예방 보전 활동   ④ 개량 보전 활동

해설 예방 보전 시간
㉠ 정기 점검
 • 내부 검사 또는 특정 장비 없이 자체 점검
 • 외부 검사 또는 특정 장비로 외주 점검
㉡ 수리   ㉢ 오버홀(overhaul)
㉣ 부품 교체   ㉤ 정기 교정
㉥ 연료 보급   ㉦ 셧다운(shutdown)

61. 다음 중 중점 설비 분석에 관한 설명이 잘못된 것은? [12-2]
① 현재 사용되고 있는 설비의 능력을 파악한다.
② 정지 손실의 영향이 큰 설비를 파악한다.
③ 설비 환경과 작업 조건이 열화에 미치는 영향이 큰 설비를 파악한다.
④ 원재료의 불량이 품질에 영향을 미치는 상태를 파악한다.

해설 원재료의 적합·부적합 유무는 수입 검사 항목이다.

62. 계획 공사의 견적 공수와 현 보유 표준 능력을 비교하여 이월량이 거의 일정하게 되도록 공사 요구의 접수 조정, 예비 공사 중간 차입, 외주 발주량 조정 등을 하는 것은? [19-2]
① 일정 계획   ② 휴지 공사
③ 진도 관리   ④ 여력 관리

63. 다음 설비 보전 활동 중 필요한 수리, 정비, 개수 등을 위한 제 기능을 수행하여 설비에 투입되는 비용을 최소화하는데 목적을 두고 있는 것은? [15-2, 19-1]
① 공사 관리   ② 부하 관리
③ 외주 관리   ④ 일정 관리

해설 공사 관리 : 미리 정해진 사양에 따라 소정의 기일까지 가장 경제적으로 공사를 수행하는데 필요한 일시 계획을 세우고, 공사를 통제, 감독, 조정해서 공사의 실적 집계, 결과, 검토, 공사 수행의 문제점을 분석하여 항상 최경제적인 공사를 실시하는 것이다.

64. 공사 관리에서 활동 시간 추정 시에 가정하는 분포는? [11-4]
① 정규 분포
② 지수 분포
③ 포아송 분포
④ 베타 분포

해설 베타 분포를 따른다는 전제하에 활동 시간을 추정한다.

정답 59. ④ 60. ③ 61. ④ 62. ④ 63. ① 64. ④

65. 공사의 완급도를 결정하기 위하여 고려해야 할 판정 기준이 아닌 것은? [18-1]
① 공사가 지연됨으로써 발생하는 만성 로스의 비용
② 공사가 지연됨으로써 발생하는 생산 변경의 비용
③ 공사를 급히 진행함으로써 발생하는 공수나 재료의 손실
④ 공사를 급히 진행함으로써 발생하는 타 공사의 지연에 따른 손실

해설 이외에 공사를 급히 진행함으로써 발생하는 계획 변경의 비용이 있다.

66. 다음 중 수리 공사에 대한 설명으로 틀린 것은? [17-4, 22-1]
① 일반 보수 공사는 조업상의 요구에 의한 개량 공사이다.
② 사후 수리 공사는 설비 검사를 하지 않은 생산 설비의 수리이다.
③ 돌발 수리 공사는 설비 검사에 의해 계획하지 못했던 고장의 수리이다.
④ 예방 수리 공사는 설비 검사에 의해서 계획적으로 하는 수리이다.

해설 일반 보수 공사는 제조의 부속 설비의 공정, 사무, 연구, 시험, 복리, 후생 등의 수리 공사이고, 조업상의 요구에 의한 개량 공사는 개수 공사라 한다.

67. 수리 공사의 목적에 따른 분류 중 설비 검사를 하지 않은 생산 설비의 수리를 무슨 공사라고 하는가? [19-4]
① 개수 공사   ② 사후 수리 공사
③ 예방 수리 공사   ④ 보전 개량 공사

해설 사후 수리 공사 : 설비 검사를 하지 않은 생산 설비의 수리

68. 공사의 완급도에 따라 구분할 때 설비 검사 및 공사 실시 시기가 충분한 여유를 가지고 지정된 공사로서 일정 계획을 세워서 통제하는 예방 보전 공사는? [12-4]
① 긴급 공사   ② 준급 공사
③ 계획 공사   ④ 예비 공사

해설 계획 공사 : 일정 계획을 수립하여 통제하는 공사

69. 공사의 완급도에 따라 구분할 때 예비적으로 직장이 전표를 보관하고 있다가 한가할 때 착공하는 공사는? [10-4, 20-4]
① 계획 공사   ② 긴급 공사
③ 예비 공사   ④ 준급 공사

해설 예비 공사 : 예비적으로 직장이 전표를 보관하고 있다가 한가할 때 착공한다.

70. 공사를 완급도에 따라 구분할 때 구두 연락으로 즉시 착공하고, 착공 후 전표를 제출하는 공사는? [18-4]
① 예비 공사   ② 긴급 공사
③ 준급 공사   ④ 계획 공사

해설 긴급 공사 : 즉시 착수해야 할 공사로 사무 수속은 구두 연락으로 즉시 착공하고, 착공 후 전표를 제출하며 여력표에 남기지 않는다.

71. 공사의 완급도에 대한 내용이다. 다음에서 설명하는 공사의 명칭은? [21-1]

당 계절에 착수하는 공사로, 전표를 제출할 여유가 있고 여력표에 남기지 않는다.

① 계획 공사   ② 긴급 공사
③ 준급 공사   ④ 예비 공사

72. 합리적인 공사 일정 계획을 세우기 위한 항목과 가장 거리가 먼 것은? [19-4]
① 납기의 정확화
② 공사 기간의 단축
③ 작업량의 안정화
④ 관계된 각 업무의 독립화

해설 공사 일정의 합리적인 일정 계획을 세우기 위해서는 납기의 정확화, 관계 각 업무의 동기화, 작업량의 안정화, 공사 기간의 단축 등이 필요하다.

73. 수리 공사를 하기 위해서는 절차, 재료, 공수 등 공사 견적을 실시하게 되는데 다음 중 수리 공사 견적법으로 사용되지 않는 것은? [07-4]
① 경험법
② 실적 자료법
③ 보전 자료법
④ 표준 품셈법

해설 ㉠ 경험법 : 경험자의 견적에 의하여 작업 표준을 설정하는 것으로서, 수리 공사에 많이 사용되는 방법이다.
㉡ 실적 자료법 : 실적 기록에 입각해서 작업의 표준 시간을 결정하는 방법이다.
㉢ 작업 연구법 : 작업 연구에 의해서 표준 시간을 결정하는 방법으로서, 작업 순서나 시간이 모두 신뢰적인 방법이다.

74. 휴지 공사 계획 시 필요 없는 대기를 없애고 공사의 진행 관리를 쉽도록 하기 위해 가장 경제적인 일정 계획을 세울 때 사용하는 순수 작업 기법은? [14-1]
① TPM   ② PERT
③ MTBT   ④ MTTR

해설 PERT 기법 : 어떤 목표를 예정 시간대로 달성하기 위한 계획·관리·통제의 새로운 수법으로 네트워크 공정표를 이용하여 공정 상황을 한눈에 보기 쉽게 그리는 기법

75. 설비의 공사 관리 기법 중 PERT 기법에 대한 설명으로 틀린 것은? [21-3]
① 전형적 시간(most likely time)은 공사를 완료하는 최빈치를 나타낸다.
② 낙관적 시간(optimistic time)은 공사를 완료할 수 있는 최단 시간이다.
③ 비관적 시간(pessimistic time)은 공사를 완료할 수 있는 최장 시간이다.
④ 위급 경로(critical path)는 공사를 완료하는 데 가장 시간이 적게 걸리는 경로를 말한다.

해설 위급 경로 또는 주 공정 경로(critical path)는 공사를 완료하는데 가장 시간이 많이 걸리는 경로를 말한다.

76. 예방 보전을 실시하는 공장에서는 휴지 공사 계획과 검사 계획을 포함시키는데 이를 위한 일정 계획을 위해서 사용하는 기법은? [14-2]
① JIT   ② TPM
③ PERT&CPM   ④ MAPI

해설 PERT&CPM은 일정 관리 기법이다. 일정 계획은 원칙적으로 공정 담당자의 희망 납기에 맞도록 해야 한다.

77. 다음 중 보전용 자재의 특징으로 옳은 것은? [10-2, 17-2]
① 연간 사용 빈도가 많고 소비 속도가 빠르다.
② 베어링, 그랜드 패킹 등은 교체 후 재활용할 수 있다.
③ 설비 개선, 설비 변경 등으로 불용 자재가 발생하지 않는다.

정답 72. ④ 73. ④ 74. ② 75. ④ 76. ③ 77. ④

④ 자재 구입의 품목, 수량, 시기에 관한 계획을 수립하기 곤란하다.

78. 다음 중 보전 자재 관리상의 특징으로 틀린 것은? [09-1, 18-1]
① 불용 자재의 발생 가능성이 적다.
② 자재 구입 품목, 구입 수량, 구입 시기 계획을 수립하기 곤란하다.
③ 보전 기술 수준 및 관리 수준이 보전 자재의 재고량을 좌우하게 된다.
④ 보전 자재의 연간 사용 빈도가 낮으며, 소비 속도가 늦은 것이 많다.

[해설] 불용 자재의 발생 가능성이 크다.

79. 다음 중 보전용 자재 관리상의 특징이 아닌 것은? [15-3]
① 불용 자재 발생 가능성이 높다.
② 보전용 자재는 비순환성이 높다.
③ 연간 사용 빈도가 적고, 소비 속도가 늦다.
④ 자재 구입의 품목, 수량, 시기 등의 계획 수립이 어렵다.

[해설] 보전용 자재는 순환 사용되는 것이 있다.

80. 보전 자재 관리의 경제성을 보증하는 시스템 설계에서 기본적으로 고려해야 할 사항이 아닌 것은? [08-1, 12-3]
① 자재의 표준화
② 자재 조달과 사용의 실태에 맞는 자재 관리 방식 적용
③ 자재의 재고 비용보다 자재 품질로 인한 비용을 크게 함
④ 자재 관리에 관계하는 각 부서 업무의 적절한 분배

[해설] 자재의 재고 비용과 품질에 따른 비용은 적정하게 균형을 유지해야 한다.

81. 보전용 상비품의 품목 결정 요인으로 옳지 않은 것은? [09-2]
① 여러 공정의 부품에 공통적으로 사용될 것
② 사용량이 비교적 적으며 일시적으로 사용될 것
③ 단가가 낮을 것
④ 보관에 지장이 없을 것

[해설] 사용량이 많고 계속적으로 사용되는 부품일 것

82. 원활한 보전을 위하여 보전용 자재의 일부를 상비품으로 준비하고자 한다. 상비품으로 고려할 사항이 아닌 것은? [11-1]
① 여러 공정의 부품에 공통적으로 사용되는 부품
② 사용량이 많고 계속적으로 사용되는 부품
③ 단가가 비싼 부품
④ 보관상(중량, 변질 등) 지장이 없는 부품

[해설] 단가가 낮을 것

83. 보전 자재 관리 중에서 가장 중요한 요소는 보전 자재에 대한 재고 관리이다. 그러나 모든 자재를 동일하게 관리할 수 없기 때문에 금액이나 중요도에 의하여 구분한다. 다음 중 중요도에 의한 구분에서 A 등급에 포함되지 않는 것은? [11-3]
① 수입 자재
② 납기 기간이 2개월 이상인 자재
③ 즉시 확보 가능 자재
④ 생산에 지대한 영향을 주는 자재

[해설] ③은 C등급에 포함된다.

[정답] 78. ①　79. ②　80. ③　81. ②　82. ③　83. ③

84. 설비 보전 자재 관리의 활동 영역과 거리가 먼 것은? [13-1, 17-1]
① 보전 자재 범위 결정
② 보전 자재 재고 관리
③ 설비 손실(loss) 관리
④ 구매 또는 제작 의사 결정

85. 보전용 자재는 재고 품절로 생기는 손실의 대소, 자재 단가, 자재 유지비의 대소 등에 따라 등급을 붙여 중점 관리를 실시한다. 이를 위해 실시하는 분석 기법은 무엇인가? [13-2]
① ABC 분석   ② PERT/CPM
③ 유입 유출표   ④ 유통도

86. 보수 자재 예비 부품 관리에서 재고율 분석사항으로 틀린 것은? [16-3]
① 상비품 재고량의 적합성
② 상비품 항목의 타당성
③ 예비품의 사용고 발주 방식 표준화
④ 보관 창고 배치나 공간 효율 등의 적합성

[해설] 예비품의 사용고 발주 방식은 발주 시기, 발주량이 정해져 있지 않기 때문에 표준화를 할 수 없다.

87. 보전용 자재의 상비품 발주 방식 중 발주량은 일정하고 발주의 시기가 변화되는 방식은? [19-3]
① 정량 발주 방식
② 정기 발주 방식
③ 적소 발주 방식
④ 비상 발주 방식

[해설] 정량 발주 방식 : 발주량은 일정하지만 발주의 시기를 변화시키는 방식으로 주문점법이라고도 한다. 재고량이 있는 양(주문점)까지 내려가면 일정량만큼 보충의 주문을 하고, 계획된 최고·최저의 사이에서 언제든지 재고를 보유해 가는 방식으로 복책법(더블 빈 방법) 및 포장법이 있다.

88. 보전용 자재의 상비품 발주 방식에 해당 되는 것은? [12-1]
① 정량 발주 방식   ② 순환 발주 방식
③ 적소 발주 방식   ④ 비상 발주 방식

[해설] 정량 발주법 : 발주량은 일정하지만 발주의 시기를 변화시키는 방식으로 주문점법이라고도 한다.

89. 다음 상비품의 발주 방식 중 주문점에 해당하는 양만큼을 복수로 포장해 두고, 차츰 소비되어 다음 포장을 풀 때에 발주하는 발주 방식은? [16-2, 20-4]
① 포장법   ② 정수형
③ 정량 유지 방식 ④ 정기 발주 방식

[해설] ㉠ 포장법 : 주문점에 해당하는 양만큼을 복수로 포장해 두고, 차츰 소비되어 다음 포장을 풀어야 할 때에 발주하는 기법
㉡ 복책법(더블 빈 방법) : 주문량과 주문점을 균등하게 한 것으로서 용량이 균등한 두 개의 같은 용량, 용기를 상호적으로 사용하여, 한쪽 용기 내의 물품을 다 소모했을 경우(주문점)에 용량분의 주문(주문량)을 한다는 기법

90. 보전용 자재의 재고 문제에 정량 발주 방식의 형태 중 주문량과 주문점을 균등하게 한 것으로서 용량이 같은 저장 용기를 교대로 사용하는 방식은? [15-1]
① double-bin 방식   ② 추출 후 발주법
③ 사용고 발주 방식 ④ 정기 발주 방식

정답 84. ③ 85. ① 86. ③ 87. ① 88. ① 89. ① 90. ①

91. 정비 자재 보충 방식에서 일정 시기에 재고 조사를 해서 발주하는 방식은? [12-3]
① 개별 구입 방식 ② 정량 발주 방식
③ 정기 발주 방식 ④ 정수 발주 방식

해설 정량 발주 방식은 필요시마다 일정량을 발주하고, 정기 발주 방식은 일정 시기에 재고 조사를 해서 필요량을 발주한다.

92. 최고 재고량을 일정량으로 정해 놓고, 사용할 때마다 사용량만큼 발주해서 언제든지 일정량을 유지하는 방식은 무엇인가? [08-3, 19-1]
① 2궤법 방식
② 정량 발주 방식
③ 정기 발주 방식
④ 사용고 발주 방식

해설 사용고 발주 방식 : 발주량과 발주의 시기가 같이 변화하는 방식으로 최고 재고량을 일정량으로 정해 놓고, 사용할 때마다 사용량만큼을 발주해서 언제든지 일정량을 유지하는 방식으로 정량 유지 방식, 정수형 또는 예비품 방식이라고도 한다.

93. 상비품 보전 자재에 대한 발주 방식에 관한 설명으로 맞는 것은? [06-1, 09-3]
① 사용하면 사용한만큼 즉시 보충하는식은 정량 발주 방식이다.
② 발주 시기는 일정하고 소비의 실적 및 예상 변화에 따라 발주 수량을 바꾸는 방식은 사용고 발주 방식이다.
③ 발주량을 항상 일정하게 하는 방식은 정기 발주 방식이다.
④ 재고량이 항상 일정한 방식은 사용고 발주 방식이다.

94. 다음 중 연간 불출 횟수가 4회 이상인 정량 발주 방식의 주문점 계산식으로 옳은 것은? (단, P : 주문점, $\bar{x}$: 월 평균 사용량, D : 기준 조달 기간, m : 예비 재고이다.) [16-2, 18-3]
① $P = \bar{x} \times D + m$ ② $P = \bar{x} \times D - m$
③ $P = \bar{x} \times m + D$ ④ $P = \bar{x} \times m - D$

95. 어떤 보전 자재의 연간 자료가 다음과 같다. 경제적 주문량은? [11-1]

- 연간 평균 수요량 : 2000개
- 보전 자재 단가 : 3000원
- 1회 발주 비용 : 20000원

① 152 ② 164
③ 203 ④ 244

해설 경제적 주문량(EQQ)
$= \sqrt{\dfrac{2 \times 2000 \times 20000}{3000}} \fallingdotseq 163.3$

96. 월간 사용량이 적고 단가가 높은 품목에 적용되는 보전 자재 관리법은? [12-1]
① 정량 발주법 ② 정기 발주법
③ 2궤법 ④ 불출 후 발주법

97. 보전 효과 측정을 위한 항목과 거리가 먼 것은? [11-2]
① MTBF ② 고장 강도율
③ 설비 가동률 ④ 자동화율

98. 보전 효과를 측정하는 기준 중 틀린 것은? [13-1]
① 예방 보전 수행률
② 고장 강도율

정답 91. ③ 92. ④ 93. ④ 94. ① 95. ② 96. ④ 97. ④ 98. ④

③ 설비 가동률
④ 제조 원가당 인건비

[해설] 제품 단위당 보전비 = $\dfrac{\text{보전비 총액}}{\text{생산량}}$

99. 설비 보전에서 효과 측정을 위한 척도로서 널리 사용되는 지수 중 고장 도수율의 공식은? [14-3, 17-2]
① (정미 가동 시간/부하 시간)×100
② (고장 횟수/부하 시간)×100
③ (고장 정지 시간/부하 시간)×100
④ (보전비 총액/생산량)×100

100. 보전 효과 측정 방법에서 항목별 계산식이 틀린 것은? [11-3, 15-2, 19-1]
① 설비 가동률 = $\dfrac{\text{부하 시간}}{\text{가동 시간}} \times 100$
② 고장 빈도율 = $\dfrac{\text{고장 건수}}{\text{부하 시간}} \times 100$
③ 고장 강도율 = $\dfrac{\text{고장 정지 시간}}{\text{부하 시간}} \times 100$
④ 예방 보전 수행률
= $\dfrac{\text{예방 보전 건수}}{\text{예방 보전 계획 건수}} \times 100$

[해설] 설비 가동률 = $\dfrac{\text{정미 가동 시간}}{\text{부하 시간}} \times 100$

101. 설비의 보전 효과를 측정하는 방법에는 여러 가지가 있다. 다음 중 보전 효과 측정 항목 중 틀린 것은? [16-3]
① 평균 고장 간격 = $\dfrac{1}{\text{고장률}}$
② 고장 도수율 = $\dfrac{\text{고장 횟수}}{\text{부하 시간}} \times 100$
③ 고장 빈도 회수율 = $\dfrac{\text{보전비 총액}}{\text{생산량}}$
④ 설비 가동률 = $\dfrac{\text{정미 가동 시간}}{\text{부하 시간}} \times 100$

[해설] 제품 단위당 보전비 = $\dfrac{\text{보전비 총액}}{\text{생산량}}$

102. 다음 중 자재를 취급하는데 공간적인 면에서 가장 유연성이 우수한 장비는 무엇인가? [14-2]
① 자동 저장/반출 시스템(AS/RS)
② 호이스트(hoist)
③ 무인 반송차(AGV)
④ 팰릿 트럭(pallet truck)

[해설] 팰릿 트럭은 작업자가 걷거나 탈 수 있고 유연성이 우수한 자재 취급 장비이다.

103. 듀폰(Dupont)사에 의해 제시된 보전 요원 자신이 스스로 계획, 작업량, 비용, 생산성 측면으로 평가하여 미래의 목표를 제시하는 목표 관리(MBO : management by object) 시스템에서 계획의 기능에 해당되는 측정 요소는 무엇인가? [10-2, 14-3]
① 노동 효율
② 계획 달성률(예상 효율)
③ 월당 총 공수에 대한 예방 보전 공수의 비율
④ 총 설비 투자에 대한 보전비의 비율

[해설] 보전 효과 측정을 위한 듀폰 방식은 자기 진단에 따라 보전 효과를 높이는 것에 중점을 두고 있으며, 정기적으로 평가하여 개선 목표를 수립하고, 이 목표를 달성하기 위한 개선 계획을 작성한다.

정답 99. ② 100. ① 101. ③ 102. ④ 103. ①

4. TPM

4-1 TPM의 개요

(1) 종합적 생산 보전의 의의
　종합적 생산 보전(TPM : total productive maintenance)이란 설비의 효율을 최고로 높이기 위하여 설비의 라이프 사이클을 대상으로 한 종합 시스템을 확립하고, 설비의 계획 부문, 사용 부문, 보전 부문 등 모든 부문에 걸쳐 최고 경영자로부터 제일선의 작업자에 이르기까지 전원이 참가하여 동기 부여 관리, 다시 말해서 소집단의 자주 활동에 의하여 생산 보전을 추진해 나가는 것을 말한다.

(2) TPM의 특징
① **TPM의 5가지 활동**
　㈎ 설비의 효율화를 위한 개선 활동
　㈏ 작업자의 자주 보전 체제의 확립
　㈐ 계획 보전 체제의 확립
　㈑ 기능 교육의 확립
　㈒ MP 설계와 초기 유동 관리 체제의 확립
② **TPM의 특징** : '제로(0) 목표'에 있다. 즉, '고장 제로', '불량 제로'의 달성을 의미하며 이를 위하여 '예방하는' 것이 필수 조건이다.

4-2 설비 효율 개선 방법

(1) 설비의 효율화 6대 저해 로스(loss)
① **고장 로스** : 돌발적 또는 만성적으로 발생하는 고장에 의하여 발생, 효율화를 저해하는 최대 요인을 말한다.
② **작업 준비, 조정 로스**
　㈎ 오차의 누적에 의한 것
　㈏ 표준화의 미비에 의한 것
③ **일시 정체 로스**

④ 속도 로스
⑤ 불량 수정 로스
⑥ 초기, 수율 로스 : 생산 개시 시점으로부터 안정화될 때까지의 사이에 발생하는 로스로 가공 조건의 불안정성, 지그·금형의 정비 불량, 작업자의 기능 등에 따라 그 발생량은 다르지만, 의외로 많이 발생하며 대책은 불량 로스와 비슷하다.

(2) 로스 계산 방법

① 시간 가동률 $= \dfrac{\text{부하 시간} - \text{정지 시간}}{\text{부하 시간}} = \dfrac{\text{가동 시간}}{\text{부하 시간}}$

② 성능 가동률 = 속도 가동률 × 실질 가동률

　(가) 속도 가동률 $= \dfrac{\text{기준 사이클 시간}}{\text{실제 사이클 시간}}$

　(나) 실질 가동률 $= \dfrac{\text{생산량} \times \text{실제 사이클 시간}}{\text{부하 시간} - \text{정지 시간}}$

③ 종합 효율(overall equipment effectiveness) = 시간 가동률 × 성능 가동률 × 양품률

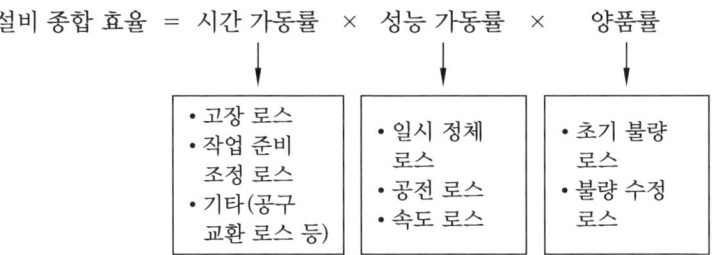

효율화를 위한 지표

(3) 로스의 6대 개선 목표

로스 대책	목표	설명
고장 로스	제로	모든 설비에 있어서 제로
작업 준비, 조정 로스	극소화	가능한 짧은 시간, 10분 이하의 단순 조정 제조
속도 저하 로스	제로	설계 시방과의 차이를 제로, 개량에 의한 그 이상의 속도
일시 정체 로스	제로	모든 설비에 있어서 제로
불량 수정 로스	제로	정도 차이는 있어도 [ppm]으로 논할 수 있는 범위
초기 로스	극소화	불량 로스의 대책과 비슷함

4-3 만성 손실 개선 방법

(1) 만성 로스의 개요
① 돌발형과 만성형

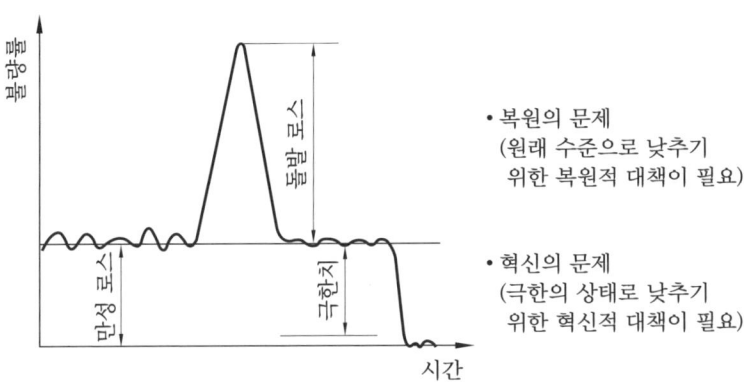

돌발형 로스와 만성형 로스의 차이

② 만성 로스의 특징
 (가) 원인은 하나이지만 원인이 될 수 있는 것이 수없이 많으며, 그때마다 달라진다.
 (나) 복합 원인으로 발생하며, 그 요인의 조합이 그때마다 달라진다.
③ 만성 로스의 대책
 (가) 현상의 해석을 철저히 한다.
 (나) 관리해야 할 요인계를 철저히 검토한다.
 (다) 요인 중에 숨어 있는 결함을 표면으로 끌어낸다.

(2) PM 분석 단계
- 제1단계 : 현상을 명확히 한다.
- 제2단계 : 현상을 물리적으로 해석한다.
- 제3단계 : 현상이 성립하는 조건을 모두 생각해 본다.
- 제4단계 : 각 요인의 목록을 작성한다.
- 제5단계 : 조사 방법을 검토한다.
- 제6단계 : 이상 상태를 발견한다.
- 제7단계 : 개선안을 입안(立案)한다.

(3) 결함의 발견 방법
① 이상적인 상태의 개념
② 이상적인 상태의 검토
③ 미소 결함으로부터의 접근
④ 미소 결함을 발견하는 방법

(4) 복원
설비의 고장이 연속적으로 발생하는 경우 기구, 부품의 변경 전에 반드시 복원을 하고, 그 결과를 확인하여 좋아지지 않았으면 개선을 하는 것이 바람직하다.

4-4 제조 부문의 자주 보전 활동

(1) 자주 보전의 개요
자주 보전(autonomous maintenance)이란 작업자 개개인이 '자기 설비는 자신이 지킨다'는 것을 목표로 자기 설비를 평상시 점검, 급유, 부품 교환, 수리, 이상의 조기 발견, 정밀도 체크 등을 행하는 것이다.

(2) 자주 보전의 진행 방법
① 진행 방식의 특징
　㈎ 단계(step) 방식으로 진행시킨다.
　㈏ 진단을 실시한다.
　㈐ 직제 지도형으로 한다.
　㈑ 활동판을 활용한다.
　㈒ 전달 교육을 한다.
　㈓ 모임을 갖는다.
② 자주 보전의 전개 단계
　㈎ 제1단계 : 초기 청소
　㈏ 제2단계 : 발생 원인·곤란 개소 대책
　㈐ 제3단계 : 점검·급유 기준의 작성과 실시
　㈑ 제4단계 : 총 점검

㈒ 제5단계 : 자주 점검
㈓ 제6단계 : 자주 보전의 시스템화
㈔ 제7단계 : 자주 관리의 철저

4-5 보전 부문의 계획 보전 활동

(1) 보전 부문과 제조 부문의 분담
자주 보전 활동의 TPM 활동에서의 활동 범위는 한정되므로 다음과 같은 점검, 측정은 자주 보전에서는 할 수 없다.
① 특수한 기능을 요하는 것
② 오버홀을 요하는 것
③ 분해, 부착이 어려운 것
④ 특수한 측정을 필요로 하는 것
⑤ 고공 작업처럼 안전상 어려운 것

(2) 계획 보전의 활동 내용
① **현장에 적응하는 체제**
  ㈎ 정기 보전
    ㉮ 정기 점검(주·월·연간 단위)
    ㉯ 정기적 부품 교환
    ㉰ 정기적 오버홀
    ㉱ 정기적 정밀도 측정(정적·동적)
    ㉲ 정기적 갱유
  ㈏ 예지 보전
    ㉮ 간이 진단 : 간이 진동계의 기기를 사용하여 측정한 후 이상으로 판별된 것은 수리한다.
    ㉯ 정밀 진단 : 정밀 진동계 등을 사용하여 주파수 분석 등을 통한 이상 여부의 판별과 진동계의 원인 계통을 파악한다.
② **고장을 재발시키지 않는 활동**
  ㈎ 만성화된 고장을 줄이기 위한 개별적 개선
    → 현 설비의 약점 파악, 개선 계획 활동 추진

㈏ 수명 연장을 위한 개별적 개선
  → 재질 검토, 부품 선택, 시스템 및 기구 검토
③ **수리 시간의 단축을 위한 활동**
  ㈎ 고장 진단의 연구
  ㈏ 부품 교환 방법의 연구
  ㈐ 예비품 관리
④ **그 밖의 활동** : 윤활 관리, 도면 관리, 보전 정보의 수집과 활용 시스템 등

(3) 기능 교육

TPM을 보다 효율적으로 추진하기 위해서는 작업자가 자주 보전을 실시하고 작업자와 보전 요원 전원에게 기초적 기능을 교육하여 확실한 수리 작업을 할 수 있도록 육성하는 것이 중요하다.

(4) MP 설계와 초기 유동 관리 체제

① **MP 설계** : 자주 보전을 하기 편한 면에서, 신뢰성 면에서, 조작성 면에서, 품질 면에서, 보전 면에서, 안전 면에서, 운전성, 환경성, 라이프 사이클 코스팅(life cycle costing) 면에서 한다.
② **초기 유동 관리** : 신설비가 설치, 시운전, 양산에 이르기까지의 기간, 즉 안전 가동(고장, 불량이 모두 낮은 상태)에 들어가기까지의 기간을 최소로 하기 위한 활동

예|상|문|제

설비보전산업기사

1. top-down으로서의 회사 목표와 bottom-up으로서의 전 종업원이 참가하여 활동을 일체화하고 동기 부여로 현장 설비에 대한 자주 보전을 통하여 설비 종합 효율 향상을 추진하는 활동은? [16-2]
① 벤치 마킹   ② QC 분임조
③ 안전 분임조 ④ TPM 분임조

2. TPM의 특징 및 목표가 아닌 것은? [15-2]
① output을 지향할 것
② 현장의 체질을 개선할 것
③ 맨·머신·시스템을 극한 상태까지 높일 것
④ 설비가 변하고, 사람이 변하고, 현장이 변하는 것

해설 TPM의 목표는 크게 나누면,
㉠ 맨·머신·시스템을 극한 상태까지 높일 것
㉡ 현장의 체질을 개선할 것 : TPM에서 설비가 변하고, 사람이 변하고, 현장이 변하는 것이다.
※ TPM 관리는 input 지향이다.

3. 다음 설명 중에서 TPM 특징이 아닌 전통적 관리에 해당하는 것은? [13-2]
① INPUT 지향, 원인 추구 시스템
② 현장 사실에 입각한 관리
③ 사전 활동, 로스 측정
④ 상벌 위주의 동기 부여

4. TPM 관리와 전통적 관리의 차이점 중 TPM 관리에 속하지 않는 것은? [12-1, 13-3]
① input 지향
② 원인 추구 시스템
③ 전사적 조직과 전사원 참여
④ 문제를 해결하려는 접근 방법

해설 문제가 발생한 후 해결하려는 접근 방법은 전통적인 방법이다. 이에 반해 TPM 관리에서는 사전에 문제를 제거하려고 예방 활동을 추진한다.

5. TPM 관리와 전통적 관리의 차이점 중 TPM 관리에 속하지 않는 것은? [19-1]
① 결과 측정
② 사전 활동
③ 원인 추구 시스템
④ 전사적 조직과 전사원 참여

해설 결과 측정은 전통적인 방법이다. 이에 반하여 TPM 관리는 손실을 측정한다.

6. TPM의 특징은 "고장 제로, 불량 제로"이다. 이를 위해서는 예방이 가장 좋은 방법인데 다음 중 이 예방의 개념과 거리가 먼 것은? [16-3]
① 조기 대처
② 이상 조기 발견
③ 고장 및 정지의 방치
④ 정상적인 상태 유지

해설 예방 개념에서 고장 및 정지는 방치하지 않아야 한다.

7. 종합적 생산 보전(TPM)에 대한 설명 중 틀린 것은? [09-1, 18-3]
① 전원이 참가하여 동기 부여 관리
② 작업자의 자주 보전 체계의 확립

정답 1. ④ 2. ① 3. ④ 4. ④ 5. ① 6. ③ 7. ④

③ 설비 효율을 최고로 높이기 위한 보전 활동
④ 생산 설비의 라이프 사이클만 관리하는 활동

[해설] TPM은 설비의 효율을 최고로 높이기 위하여 설비의 라이프 사이클을 대상으로 한 종합 시스템을 확립하고, 설비의 계획 부문, 사용 부문, 보전 부문 등 모든 부문에 걸쳐 전 종업원이 참여한다.

8. TPM(total productive maintenance)의 활동으로 볼 수 없는 것은? [10-1]
① 설비의 효율화를 위한 개선 활동
② 작업자의 자주 보전 체제의 확립
③ 계획 보전 체제의 확립
④ 사후 보전(BM : breakdown maintenance) 설계와 초기 유동 관리 체제의 확립

[해설] MP 설계와 초기 유동 관리 체제의 확립

9. 종합적 생산 보전 활동과 가장 거리가 먼 것은? [11-1, 18-1]
① 계획 보전 체제를 확립하다.
② 작업자를 보전 전문 요원으로 활용한다.
③ 설비에 관계하는 사람은 빠짐없이 참여한다.
④ 설비의 효율화를 저해하는 로스(loss)를 없앤다.

[해설] 작업자의 자주 보전 체제의 확립

10. 다음 중 TPM에서 자주 보전에 해당되는 것은? [16-2]
① 특수한 기능을 요하는 것
② 오버홀을 요하는 것
③ 분해, 부착이 어려운 것
④ 일상 점검

11. TPM의 목표인 "맨, 머신, 시스템(man, machine, system)을 극한 상태까지 높일 것"에서 머신이 고장, 일시정지를 발생시키지 않도록 하여 최대한 설비 가동률을 높이고자 할 때의 방법으로 틀린 것은 어느 것인가? [17-3]
① 현장의 체질 개선
② 설비의 성능을 항상 최고 상태로 유지
③ 설비의 성능을 최고로 하여 장기간 유지
④ 주기적인 오버홀(over haul)을 수행하여 생산량 증가

12. 다음 중 설비의 효율화를 저해하는 가장 큰 로스(loss)는? [08-3, 13-3, 16-3, 19-2]
① 고장 로스
② 조정 로스
③ 일시 정체 로스
④ 초기 수율 로스

[해설] 고장 로스 : 돌발적 또는 만성적으로 발생하는 고장에 의하여 발생, 효율화를 저해하는 최대 요인으로 고장 제로를 달성하기 위한 7가지 대책이 필요하다.
㉠ 강제 열화를 방치하지 않는다.
㉡ 청소, 급유, 조임 등 기본 조건을 지킨다.
㉢ 바른 사용 조건을 준수한다.
㉣ 보전 요원의 보전 품질을 높인다.
㉤ 긴급 처리만 끝내지 말고 반드시 근본적인 조치를 취한다.
㉥ 설비의 약점을 개선한다.
㉦ 고장 원인을 철저히 분석한다.
※ 현상을 잘 봐야 하는 것은 일시 정체 로스, 불량 수정 로스에 해당된다.

13. 프로세스형 설비의 로스는 9대 로스로 구분된다. 그 중 이론 사이클 시간과 실제 사이클 시간의 차이를 나타내는 것은 어떤 로스를 말하는가? [11-1, 15-2]
① 계획 정지 로스
② shut down 로스
③ 순간 정지 로스
④ 속도 저하 로스

정답 8. ④ 9. ② 10. ④ 11. ④ 12. ① 13. ④

14. 가공 및 조립 설비에서 부품 막힘, 센서의 오작동에 의한 일시적인 설비 정지 또는 설비만 공회전함으로써 발생되는 로스에 해당하는 것은? [12-3, 20-2]
① 고장 로스
② 속도 저하 로스
③ 수율 저하 로스
④ 순간 정지 로스

15. 가공 및 조립형 설비의 6대 로스에 속하지 않는 것은? [12-2]
① 고장 로스
② 속도 저하 로스
③ 순간 정지 로스
④ 계획 정지 로스

해설 계획 정지 로스는 프로세스형 설비의 9대 로스에 속한다.

16. 일반적으로 가공 및 조립형 산업에서 설비의 효율을 저해하는 6대 로스(loss)와 거리가 가장 먼 것은? [11-3]
① 시가동 로스
② 고장 로스
③ 순간 정지 로스
④ 속도 저하 로스

해설 시가동 로스는 프로세스형 설비 로스로 구분된다. 가공 및 조립형 설비 로스에 관한 6대 로스에는 고장 로스, 준비·교체·조정 로스, 속도 저하 로스, 순간 정지 로스, 수율 저하 로스 그리고 공정 불량 로스가 포함된다.

17. 제품 생산 중 만성적인 불량품이 발생되어 대책을 세우고자 한다. 불량 수정 로스(loss)에 대한 대책이 아닌 것은? [06-3]
① 강제 열화를 방치한다.
② 불량품이 발생하는 모든 요인에 대하여 대책을 세운다.
③ 불량 현상의 관찰을 충분히 한다.
④ 불량 요인의 계통을 재검토한다.

18. 설비 종합 효율을 산출하기 위한 공식으로 옳은 것은? [17-2]
① 설비 종합 효율=공정 효율×수율×양품률
② 설비 종합 효율=공정 효율×시간 가동률×양품률
③ 설비 종합 효율=시간 가동률×성능 가동률×양품률
④ 설비 종합 효율=시간 가동률×수율×양품률

해설 종합 효율(overall equipment effectiveness) : TPM에서는 설비의 가동 상태를 측정하여 설비의 유효성을 판정한다. 즉, 유효성은 설비의 종합 효율로 판단된다.

19. 설비 종합 효율은 개별 설비의 종합적 이용 효율이다. TPM에서의 종합 효율을 측정하는 지수가 아닌 것은? [11-1]
① 에너지 효율
② 시간 가동률
③ 성능 가동률
④ 양품률

해설 ㉠ 종합 효율=시간 가동률×성능 가동률×양품률
㉡ 양품률 : 총 생산량 중 재가공 또는 공정 불량에 의해 발생된 불량품의 비율

20. 다음 중 로스(loss) 계산 방법이 잘못된 것은? [09-2, 11-2, 19-3]

① 속도 가동률 = $\dfrac{\text{기준 사이클 시간}}{\text{실제 사이클 시간}}$

② 시간 가동률 = $\dfrac{\text{부하 시간} - \text{정지 시간}}{\text{부하 시간}}$

③ 실질 가동률 = $\dfrac{\text{생산량} \times \text{실제 사이클 시간}}{\text{부하 시간} - \text{정지 시간}}$

④ 성능 가동률 = $\dfrac{\text{속도 가동률} \times \text{실질 가동률}}{\text{부하 시간} - \text{정지 시간}}$

정답 14. ④ 15. ④ 16. ① 17. ① 18. ③ 19. ① 20. ④

해설 ㉠ 성능 가동률＝속도 가동률×실질 가동률

㉡ 속도 가동률＝$\dfrac{\text{기준 사이클 시간}}{\text{실제 사이클 시간}}$

㉢ 실질 가동률 : 단위 시간 내에서 일정 속도로 가동하고 있는지를 나타내는 비율로 $\dfrac{\text{생산량×실제 사이클 시간}}{\text{부하 시간－정지 시간}}$ 이다.

㉣ 시간 가동률 : 설비 가동률이라고도 하며, 부하 시간(설비를 가동시켜야 하는 시간)에 대한 가동 시간의 비율이다.

21. 설비 효율을 저하시키는 손실 계산에 대한 설명으로 옳은 것은? [19-2]

① 실질 가동률은 부하 시간에 대한 가동 시간의 비율이다.
② 성능 가동률은 속도 가동률에 대한 시간 가동률을 곱한 수치이다.
③ 시간 가동률은 단위 시간당 일정 속도로 가동하고 있는 비율이다.
④ 속도 가동률은 설비가 본래 갖고 있는 능력에 대한 실제 속도의 비율이다.

해설 속도 가동률＝$\dfrac{\text{기준 사이클 시간}}{\text{실제 사이클 시간}}$

22. 다음 중 설비의 유효 가동률을 나타낸 것은? [09-3, 11-2, 19-2]

① 설비 유효 가동률＝$\dfrac{\text{시간 가동률}}{\text{속도 가동률}}$
② 설비 유효 가동률＝시간 가동률×속도 가동률
③ 설비 유효 가동률＝시간 가동률＋속도 가동률
④ 설비 유효 가동률＝시간 가동률－속도 가동률

23. 다음 중 만성 로스의 대책으로 거리가 먼 것은? [08-1, 19-3]

① 현상 해석을 철저히 한다.
② 로스의 발생량을 정확하게 측정한다.
③ 관리해야 할 요인계를 철저히 검토한다.
④ 요인 중에 숨어 있는 결함을 표면으로 끌어낸다.

해설 ㉠ 만성 로스의 대책
  • 현상의 해석을 철저히 한다.
  • 관리해야 할 요인계를 철저히 검토한다.
  • 요인 중에 숨어 있는 결함을 표면으로 끌어낸다.
㉡ 미소 결함을 발견하는 방법
  • 원리, 원칙에 의해 다시 본다.
  • 영향도에 구애받지 않는다.

24. 설비의 만성 로스의 대책 중 잘못된 것은 어느 것인가? [12-1]

① 현상 해석 철저
② 관리 요인계 철저한 검토
③ 요인 중 숨어 있는 결함의 표면화
④ 속도 저하 로스 극대화

해설 만성 로스는 복합 원인으로 발생하며, 그 요인의 조합이 그때마다 달라진다.

25. PM 초기에 검사 주기를 결정하기 위해 선결되어야 하는 것은? [13-2]

① 설비 성능 표준 작성
② 프로세스 개선
③ 급유 개소 표시
④ 정확한 자료 축적

26. 다음 중 PM 분석의 특징으로 맞는 것은? [15-2]

정답 21. ④ 22. ② 23. ② 24. ④ 25. ④ 26. ④

① 현상은 포괄적으로 파악한다.
② 원인 추구 방법은 과거의 경험이다.
③ 각각의 원인을 나열식으로 하여 요인을 발견한다.
④ 원리 및 원칙을 수립하므로 필요한 대책을 수립하기가 용이하다.

27. PM(phenomena mechanism) 분석의 단계별 내용에 해당되지 않는 것은 어느 것인가? [18-1]
① 현상을 명확히 한다.
② 조사 방법을 검토한다.
③ 이상한 점을 파악한다.
④ 최적 조건을 파악한다.

해설 PM 분석 단계
㉠ 제1단계 : 현상을 명확히 한다.
㉡ 제2단계 : 현상을 물리적으로 해석한다.
㉢ 제3단계 : 현상이 성립하는 조건을 모두 생각해 본다.
㉣ 제4단계 : 각 요인의 목록을 작성한다.
㉤ 제5단계 : 조사 방법을 검토한다.
㉥ 제6단계 : 이상 상태를 발견한다.
㉦ 제7단계 : 개선안을 입안(立案)한다.

28. 설비 가동 부문의 운전자들이 소집단 활동을 중심으로 운전자 또는 작업자 스스로 전개하는 생산 보전 활동을 무엇이라고 하는가? [10-3, 14-2]
① 일상 보전   ② 예방 보전
③ 자주 보전   ④ 개량 보전

29. 자주 보전을 설명한 것 중 틀린 것은 어느 것인가? [17-3]
① 작업자에게 가장 중요한 것은 "이상을 발견할 수 있는 능력"이다.

② 자주 보전이란 "작업자 개개인이 자기 설비는 자신이 지킨다."이다.
③ 자주 보전을 하기 위해서는 "설비에 강한 작업자"가 되어야 한다.
④ 작업자는 단순한 운전 조직원의 구성원으로 "설비 보전 업무는 설비 요원"만 하도록 한다.

30. 자주 보전을 추진하기 위한 7단계로 맞는 것은? [13-3]
① 초기 청소-점검·급유 기준 작성-발생원 곤란 개소 대책-총 점검-자주 보전의 시스템화-자주 점검-자주 관리의 철저
② 초기 청소-점검·급유 기준 작성-발생원 곤란 개소 대책-자주 점검-총 점검-자주 보전의 시스템화-자주 관리의 철저
③ 초기 청소-발생원 곤란 개소 대책-점검·급유 기준 작성-총 점검-자주 점검-자주 보전의 시스템화-자주 관리의 철저
④ 초기 청소-발생원 곤란 개소 대책-점검·급유 기준 작성-자주 보전의 시스템화-자주 점검-총 점검-자주 관리의 철저

31. 자주 보전 활동 7단계 내용 중 단계에 대한 활동 내용이 틀린 것은? [15-3]
① 제1단계-초기 청소
② 제2단계-청소, 급유 기준 작성과 실시
③ 제4단계-총 점검
④ 제5단계-자주 점검

해설 자주 보전 제2단계는 발생 원인·곤란 개소 대책이다.

32. 자주 보전의 7전개 단계 중 마지막 단계에 해당되는 것은? [16-1]

정답 27. ④ 28. ③ 29. ④ 30. ③ 31. ② 32. ①

① 자주 관리의 철저
② 자주 보전의 시스템화
③ 발생 원인·곤란 개소 대책
④ 점검 급유 기준의 작성과 실시

33. 신규 설비가 설치, 시운전, 양산에 이르기까지의 기간, 즉 안전 가동에 들어가기까지의 최소로 하기 위한 활동을 무엇이라 하는가? [16-1]
① 복원 관리
② 로스 관리
③ 자주 보전 관리
④ 초기 유동 관리

34. 대응하는 두 개의 데이터가 있을 때 두 데이터가 상관 관계에 있는지의 여부를 판단하는 현상 파악에 사용되는 방법은 무엇인가? [18-2]
① 관리도
② 산정도
③ 체크시트
④ 히스토그램

35. 문제 해결 방식에 대한 순서로 ( ) 내용으로 옳은 것은? [07-3, 15-1]

> 테마 선정-(㉠)-목표 설정-활동 계획의 입안-요인 분석-대책 검토 및 실시-(㉡)-표준화 및 사후 관리

① ㉠ : 현상 파악, ㉡ : 효과 파악
② ㉠ : 문제 분석, ㉡ : 데이터 정리
③ ㉠ : 문제 분석, ㉡ : 개선 활동
④ ㉠ : 현상 파악, ㉡ : 개선 활동

36. 품질 보전의 전개에 있어서 요인 해석의 방법에 해당하지 않는 것은? [11-3]
① FMECA 분석
② PM 분석
③ 특성 요인도
④ 경제성 분석

해설 경제성 분석은 건설, 설비 구입, 생산 보전 등에서 고려할 사항이다.

정답 33. ④ 34. ② 35. ① 36. ④

설비보전산업기사

기계 보전, 용접 및 안전

제1장 기계 장치 보전
제2장 기본 측정기 사용
제3장 탭 · 드릴 · 보링 가공
제4장 기계 부품 조립
제5장 용접 일반 이론
제6장 용접 시공
제7장 안전관리

제1장 기계 장치 보전

1. 기계 요소 보전

1-1 체결용 기계 요소

(1) 나사

① 볼트 너트의 이완 방지
- ㈎ 분할 핀 고정에 의한 방법
- ㈏ 홈 붙이 너트에 의한 방법(KS B 1015)
- ㈐ 절삭 너트에 의한 방법
- ㈑ 로크 너트에 의한 방법
- ㈒ 특수 너트에 의한 방법
- ㈓ 와셔를 이용한 풀림 방지

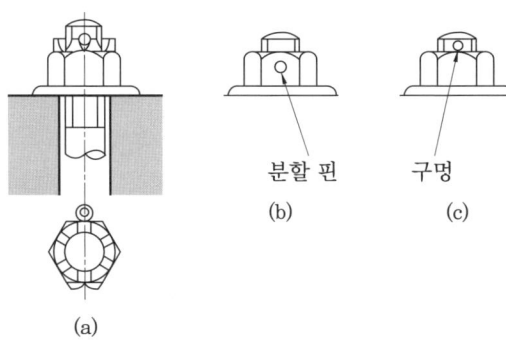

분할 핀 고정

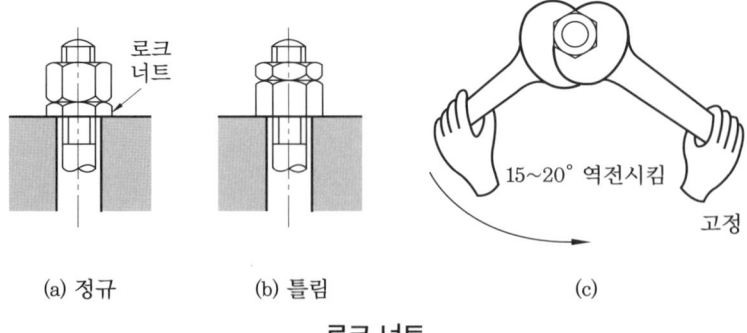

로크 너트

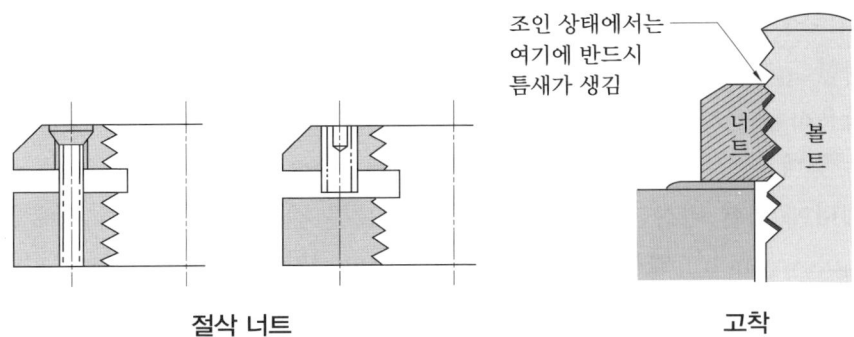

절삭 너트   고착

② **고착(固着)된 볼트 너트 빼는 방법**

  (개) 고착의 원인 : 나사 부분에 수분, 부식성 가스, 부식성 액체가 침입해서 녹이 발생하여 고착의 원인이 된다.

  (내) 고착 방지법 : 산화 연분을 기계유로 반죽한 페인트를 나사 부분에 칠해서 죄는 방법이 쓰인다.

  (대) 고착된 볼트의 분해법

    ㉮ 너트를 두드려 푸는 방법 : 해머 두 개를 사용, 한 개의 해머는 너트의 각에 강하게 밀어 대고 반쪽을 두드렸을 때 강하게 튀어나오게끔 지지한다. 또 한편의 해머로 몇 번씩 순차적으로 위치를 바꾸어 가며 두드리면 상당히 녹이 많이 난 너트도 풀 수 있다.

    ㉯ 너트를 잘라 넓히는 방법 : 너트를 두드려 푸는 방법으로 너트가 풀리지 않는 경우 너트를 정으로 잘라 넓힌다.

    ㉰ 죔용 볼트를 빼는 방법 : 죔용 볼트가 고착된 경우 보통은 볼트의 목 밑의 구멍 부분에 녹이 나서 잘 빠지지 않을 때가 많다. 이 경우 너트를 두드려 푸는 방법으로 뺄 수 있다.

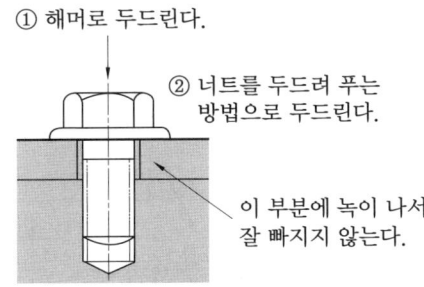

죔용 볼트를 빼는 방법

    ㉱ 부러진 볼트를 빼는 방법 : 죔용 볼트가 밑부분에서 부러져 있을 경우 스크루 엑스트랙터를 사용한다.

③ 볼트 너트의 적정한 죔 방법

㈎ 적정한 토크(torque)로 죄는 방법 : 볼트, 너트의 다수의 죔은 스패너로 죄지만 힘이 작용하는 점까지의 길이 L과 돌리는 힘 F로부터 죔 토크 $T=L \times F[N-m]$를 구할 수 있다.

㈏ 스패너에 의한 적정한 죔 방법 : 볼트, 너트를 신속 확실히 죄기 위해 토크 렌치(torque wrench), 임팩트 렌치(impact wrench)가 많이 쓰이고 있다.

(2) 키의 맞춤 방법(KS B 1311, KS B ISO 2491)

① 맞춤의 기본적인 주의

㈎ 키의 치수, 재질, 형상, 규격 등을 참조하여 충분한 강도를 검토해서 규격품을 사용한다.

㈏ 축과 보스의 끼워 맞춤이 불량한 상태에서는 키 맞춤을 하지 않는다.

㈐ 키는 측면에 힘을 받으므로 폭(h7), 치수의 마무리가 중요하다.

㈑ 키 홈은 축과 보스 모두 기계 가공에 의해 축심과 완전히 평행으로 깎아내고 축의 홈 폭은 H9, 보스 측의 홈 폭은 D10의 끼워 맞춤 공차로 한다.

㈒ 키의 각(角)모서리는 면 따내기를 하고, 또한 양단은 타격에 의한 밀림 방지 때문에 큰 면 따내기를 한다.

㈓ 키의 재료는 인장강도가 $600 N/mm^2$인 KS D 3752(기계 구조용 탄소강)의 S42C이나 S55C를 사용한다.

(3) 핀(pin)

① 테이퍼 핀의 사용법(KS B 1308) : 테이퍼 핀은 다음 그림(a)와 같이 관통 구멍의 밑에서 때려 뺄 수 있는 것과, (b)와 같이 밑에서 때려 뺄 수 없을 경우에는 핀의 머리에 나사를 내고 너트를 걸어서 뺀다.

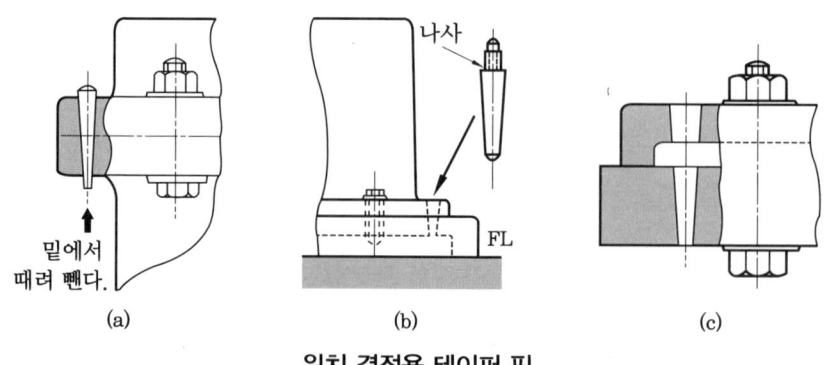

위치 결정용 테이퍼 핀

② **평행 핀의 사용법**(KS B 1310, 1320) : 평행 핀도 사용 방법의 기본은 테이퍼 핀과 같으며 관통 구멍에 넣고 핀 펀치로 밑에서 때려 빠지게끔 해서 사용한다. 핀 구멍은 드릴로 구멍을 낸 다음 스트레이트 리머로 관통시켜 정확한 구멍 지름으로 다듬질하며, 핀과의 끼워 맞춤은 m6으로 한다.

③ **분할 핀의 사용법** : 분할 핀의 경우는 결합이나 위치 결정이라기보다 이음 핀의 빠짐 방지 또는 볼트 너트의 풀림 방지 등에 사용되지만 큰 강도에는 적합하지 않다. 한 번 사용한 것은 사용하지 않아야 하며, 부착할 때에는 끝을 충분히 넓혀 두어 빠짐 방지의 분할 핀이 빠지거나 또는 넣는 것을 잊어 사고가 나지 않도록 한다.

(4) 코터(cotter)

최근 들어 사용하는 간단하고 확실한 방법이며, 특히 플런저 펌프 등에서는 크로스 헤드(cross head)와 플런저의 결합 부분에 많이 쓰이고 있다. 코터는 양쪽 구배와 편 구배(片句配)가 있으며 편 구배가 많이 쓰인다.

1-2 축 기계 요소

(1) 축의 보전

① **축의 고장 원인과 대책**
  (가) 조립, 정비 불량 : 보스 내경을 절삭하고 축을 덧살 붙이기, 교체하여 정확한 끼워 맞춤, 수리 또는 교체, 적당한 유종 선택, 유량 및 급유 방법 개선
  (나) 설계 : 재질 변경(주로 강도), 크기 변경, 노치부 형상 개선
  (다) 기타 : 외관 검사로 판명, 수리 또는 교체

② **축의 고장 방지**
  (가) 정확한 끼워 맞춤 공차의 설정
  (나) 억지 끼워 맞춤에서 조립 분해

③ **축과 보스의 수리법**
  (가) 끼워 맞춤부 보스의 수리법
    ㉮ 보스 내부의 부시 부착 평행 핀
    ㉯ 슈링 케이지 피트로 보스 보강

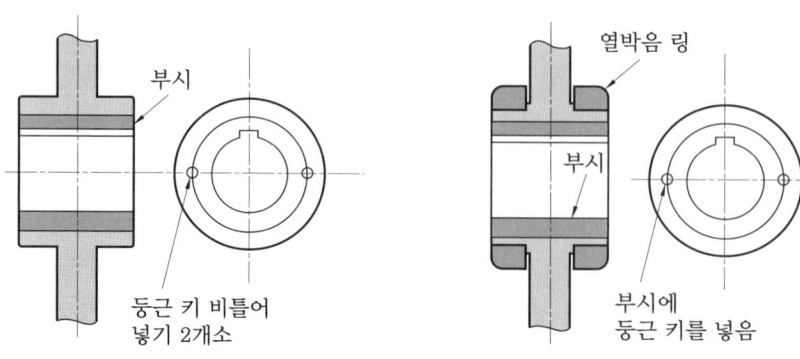

| 보스 내부의 부시 부착 평행 핀 | 슈링 케이지 피트로 보스 보강 |

(나) 축의 구부러짐의 수리 : 다음 그림(a)와 같이 바닥면에 V블록을 2개 놓는다. 그 위에 축을 올려 놓고 손으로 돌리면서 다이얼 게이지로 그 정도를 확인한 후 흔들림이 제일 심한 곳에 (b)와 같이 짐 크로(jim crow)를 설치하고 약간씩 힘을 가하면서 구부러짐을 수정하는 것이다. 이 방법으로 신중히 하면 0.1~0.2mm 정도까지 수정할 수 있다.

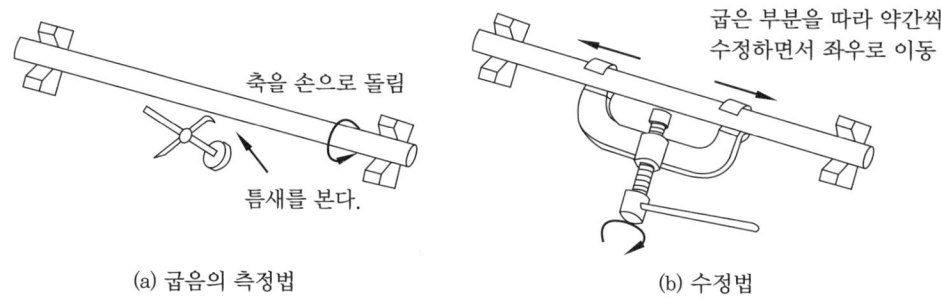

(a) 굽음의 측정법   (b) 수정법

축 굽힘의 측정법과 수리법

(2) 축 이음(shaft coupling) 보전

① 커플링의 점검 기준

센터링의 기준

	센터링(centering) 기준	
RPM	1800까지	3600까지
A	0.06 mm/m	0.03 mm/m
B	0.03 mm/m	0.02 mm/m
C	3~5 mm/m	3~5 mm/m

A : 원주 간 방향
B : 면간 차, C : 면간

② **이음에서 중요한 중심내기** : 센터링(centering) 작업은 양호한 동심(同心) 상태를 유지하기 위한 것으로서 진동, 소음을 최소한으로 억제하고 기계의 손상을 적게 하여 설비의 수명을 연장하려는 것이다.
  (가) 센터링 방법
    ㉠ 두 축을 동시에 회전하여 센터를 측정하는 방법
    ㉡ 축 하나를 회전하여 센터를 측정하는 방법
  (나) 센터링이 불량할 때의 현상
    ㉠ 진동이 크다.
    ㉡ 축의 손상(절손 우려)이 심하다.
    ㉢ 베어링부의 마모가 심하다.
    ㉣ 구동의 전달이 원활하지 못하다.
    ㉤ 기계 성능이 저하된다.
  (다) 플렉시블 커플링의 중심내기 : 플렉시블 축이라고 해도 정확한 중심내기가 되어 있어야 수명이 길어지므로 최적의 점을 찾아내야 한다.

(3) 베어링(bearing) 점검 및 정비하기

① **베어링의 점검**
  (가) 일상 점검 : 온도, 소리, 진동, 윤활(양, 압력, 색, 이물질, 오일링 등 작동 상황)
  (나) 정기 점검 : 구름 베어링(전동체·레이스 흠, 전동체·레이스 마모, 소부, 지지기기 파손, 베어링 상자·축과의 감합 등), 미끄럼 베어링(마모·박리, 흠, 소부, 오일링 벗겨짐, 변형)

② **베어링의 조립**
  (가) 베어링 조립의 요점 : 일반적으로 내륜과 축은 억지 끼워 맞춤을, 또 외륜과 하우징은 헐거운 끼워 맞춤이 사용된다.
  (나) 베어링의 장착 방법
    ㉠ 가열에 의한 방법 : 열판에 의한 가열, 오일 욕조에 의한 가열, 열풍 캐비닛에 의한 가열, 유도 가열기에 의한 가열
    ㉡ 기계적인 방법 : 유압에 의한 방법(오일 인젝션법), 정압 프레스 압입에 의한 방법
  (다) 테이퍼 안지름 베어링의 설치 : 테이퍼 안지름 베어링은 테이퍼 진 축에 직접 설치되거나, 어댑터 슬리브나 해체 슬리브를 이용하여 원통 축에 설치한다.

③ **베어링의 해체**
  (가) 소형 베어링의 해체는 고무망치 또는 플라스틱 해머로 가볍게 두드려 해체하며 이때 풀러(puller)나 드리프트(drift)를 사용한다.

㈎ 베어링 풀러 및 프레스에 의한 방법을 사용하는 것이 능률적이다.
㈐ 끼워 맞춤면에 유압을 이용해서 행하는 오일 인젝션 방법
㈑ 내륜만을 국부적으로 급격히 가열 및 팽창시켜 해체하는 유도 가열기를 이용하는 방법

1-3 전동용 기계 요소

(1) 기어의 보전

사용 중의 기어 손상은 이의 피칭(pitting), 파손(breakage), 장시간의 마모(long-range wear), 소성 변형(plastic deformation), 스코어링(scoring) 그리고 비정상적인 파괴적인 마모(destructive wear) 등을 원인으로 볼 수 있다.

① **이 면에 일어나는 주요 손상과 대책**

㈎ 이 접촉과 백래시(back lash) : 정확한 이 접촉은 이의 축 방향 길이의 80% 이상, 유효 이 높이의 20% 이상 닿거나, 이의 축 방향 길이의 40% 이상, 유효 이 높이의 40% 이상이 닿아야 한다. 이 때에 두 가지 조건 어느 것이나 피치원을 중심으로 유효 이 높이의 1/3 이상 강하게 닿아야 한다. 이 접촉과 백래시는 적색 페인트를 칠해 두면 모두 측정할 수 있다.

㈏ 이의 면의 초기 마모

㉮ 초기 마모의 체크 : 새 기어는 운전 개시 후 대략 500시간이 경과했을 때 이 면의 상태를 체크한다. 이의 접촉 기준에 합치된 가벼운 마모 상태는 적색 페인트로 접촉면이 부각된 상태보다 약간 작으면 초기 마모로서 양호한 것이다.

㉯ 초기 이상과 이의 면의 수정 : 산업용 기계는 기어의 제작, 조립 불량과 윤활 불량이 주 원인으로 작용하여 운전 초기에 접촉 마모, 스코어링(scoring), 진행성 피팅(pitting)이나, 스폴링(spalling)을 일으킬 때가 있다. 접촉 면적의 대소는 제작상의 문제이며, 윤활은 정비 부문에서 취급해야 한다.

이 면의 열화가 가벼울 때는 수리하고 이후의 경과를 보면서 500~1000시간마다 2~3회 같은 방법으로 수리를 하면 안전하게 운전시킬 수 있다. 그러나 이 경우, 이 폭의 거의 양 끝에서 백래시를 측정했을 때 그 차가 $50\mu m$ 이내이어야 하고 그 이상이면 교체해야 한다.

㉰ 소성 유동(plastic flow) : 과부하 상태에서 접촉면이 항복이나 변형될 때 높은 접촉 응력 하에 맞물림의 구름과 미끄럼 동작으로 발생한다. 이런 소성 유동은

기어 이의 끝과 가장자리 부분에서 얇은 금속의 돌출 상태로 나타나며 작용 하중을 줄이고 접촉 부분의 경도를 높이면 줄일 수 있다.

㉱ 스코어링(scoring) : 고속 · 고하중 기어에서 이면의 유막이 파단되어 국부적으로 금속 접촉이 일어나 마찰에 의해 그 부분이 용융되어 뜯겨나가는 현상으로 마모가 활동 방향에 생긴다. 심한 경우는 운전 불능을 초래하기도 하며 일명 스커핑(scuffing)이라고도 한다.

㉲ 표면 피로(surface fatigue)

㉳ 파손(breakage)

② **기어의 손상**

㉮ 정상 마모(normal wear)

㉯ 리징(ridging)

㉰ 리플링(rippling) : 리징은 마모적인 활동 방향과 평행하게 되지만, 리플링은 활동 방향과 직각으로 잔잔한 과도 또는 린상 형상이 되며 소성 항복의 일종이다. 이 현상은 윤활 불량이나 극하중 또는 진동 등에 의해 이면에 스틱 슬립을 일으켜 리플링이 되기 쉽다.

㉱ 긁힘(scratching)

㉲ 스코어링(scoring)

㉳ 피팅(pitting) : 이면에 높은 응력이 반복 작용된 결과 이면상에 국부적으로 피로된 부분이 박리되어 작은 구멍을 발생하는 현상으로 운전 불능의 위험이 생기는데, 이 현상은 윤활유의 성상 이면의 거칠음 등에는 거의 무관하다.

㉴ 스폴링(spalling) : 피팅과 같이 이면의 국부적인 피로 현상에서 나타나지만, 피팅보다 약간 큰 불규칙한 형상의 박리를 발생하는 현상을 말한다.

㉵ 부식(corrosion) : 윤활제 중에 함유된 수분, 산분, 알칼리 성분 그 밖의 불순물에 의해 이면의 표면이 화학적으로 침해되는 현상을 말한다. 부식을 일으키게 되면 기계 가공 특유의 광택을 잃고 표면 거칠음이 발생되며 높은 온도에서 운전, 해수, 부식성 산 등의 접촉이 많은 경우에 이 같은 현상이 발생한다. 또한 윤활유 중의 극압 첨가제의 질이나 양이 적합하지 않을 경우 문제가 되기도 한다.

(2) V벨트의 정비

① V벨트 종류 : M, A, B, C, D, E의 여섯 가지가 있다.
② 2줄 이상을 건 벨트는 균등하게 처져 있어야 한다.
③ 풀리의 홈 마모에 주의한다.
④ V벨트는 장기간 보관하면 열화된다.

(3) 체인 전동의 보전
① 체인의 사용상 주의점
- (가) 용량에 맞는 체인을 사용한다.
- (나) 무게 중심을 맞추고 모서리는 피한다.
- (다) 과부하는 피하고 작업 전에 이상 유무를 확인한다.
- (라) 정격 하중의 70~75%, 충격 하중은 1/4 이하로 사용한다.
- (마) 체인 블록을 2개 사용 시 무게 중심이 한곳으로 쏠리지 않도록 한다.
- (바) 물건을 장시간 걸어 두지 않는다.
- (사) 비꼬임이나 비틀림이 없어야 한다.

② 체인의 검사 시기
- (가) 체인의 길이가 처음보다 5% 이상 늘어났을 때
- (나) 롤러 링크 단면의 지름이 10% 이상 감소했을 때
- (다) 균열이 발생했을 때

1-4 제어용 기계 요소

(1) 클러치 및 브레이크 용어
클러치란 동심축상에 있는 구동 측에서 피동 측으로 기계적 접촉에 의해 동력을 전달·차단하는 기능을 가진 요소라 하고, 브레이크는 운동체와 정지체의 기계적 접촉에 의해 운동체를 감속하고 정지 또는 정지 상태로 유지하는 기능을 가진 요소라고 정의할 수 있다.

(2) 클러치 및 브레이크의 분류
클러치 및 브레이크에는 기계 다판 클러치, 유압 다판 클러치(습식), 습식 전자 클러치 등 크게 3종류가 있다.

1-5 관계 기계 요소

(1) 관 이음
① 관의 종류
- ㈎ 주철관 : 주철관은 강관보다 무겁고 약하나, 내식성이 풍부하고, 내구성이 우수하며 가격이 저렴하여 수도, 가스, 배수 등의 배설관과 지상 및 해저 배관용으로 미분탄, 시멘트 등을 포함하는 유체 수송에 사용된다.
- ㈏ 강관 : 제조에 의한 이음매 없는 강관과 이음매 있는 강관으로 구별한다. 이음매 없는 강관은 바깥지름이 500 mm까지, 이음매 있는 강관은 500 mm 이상의 큰 지름관이며, 이음매를 나선형인 스파이럴 용접 강관으로 구조용 및 강관 갱목용 등에 사용된다.
- ㈐ 동관 : 냉간 인발로 제작된 이음매 없는 관으로 내식성, 굴곡성이 우수하며 전기 및 열전도성이 좋고 내압성도 상당히 있어 열 교환기용, 급수용, 압력계용 배관, 급유관 등 화학 공업용으로 사용된다.
- ㈑ 황동관 : 냉간 인발로 제작된 이음매 없는 관으로 작은 직경이 많다. 특징은 동관과 거의 같고, 가격이 싸며 강도가 커서 가열기, 냉각기, 복수기, 열 교환기 등에 사용된다. 호칭은 바깥지름×두께로 보통 3~7 cm 정도이다.
- ㈒ 연관 및 연합금관 : 연관은 압출제관기로 이음매 없는 제작을 하며, 내산성이 강하고 굴곡성이 우수하여 공작이 용이하므로 상수도, 가스의 인입관, 산성 액체, 오수 수송용관에 사용된다.
- ㈓ 알루미늄관 : 냉간 인발로 제작된 이음매 없는 관으로 비중이 작고 동, 황동 다음으로 열과 전기 전도도가 높다. 고순도일수록 내식성과 가공성이 우수하여 화학공업용, 전기기기용, 건축용 구조재로 널리 사용된다.
- ㈔ 염화비닐관 : 압출제관기로 이음매 없는 제작을 하며 연질과 경질이 있다. 연질은 내약품성, 내알칼리성, 내유성, 내식성이 우수하여 고무 호스 대신 사용된다.
- ㈕ 고무 호스 : 진공용은 압궤 방지를 위하여 코일상으로 강선을 넣은 흡입 호스가 있다.
- ㈖ 특수관 : 강관의 내면에 고무 또는 유리를 라이닝한 라이닝관은 내약품, 내산, 내알칼리용으로 널리 사용된다. 토관, 목관, 콘크리트관은 배기 배수용으로 사용되며, 원심 유입법에 의한 철근 콘크리트관인 흄관은 강도가 크다. 목관은 내산성의 배기·배수관으로 화학공장에서 사용된다.

(차) KD관 : 자외선 안정제(UV)를 혼합한 고밀도 합성수지(HDPE)를 원료로 외부를 파형으로 한 관벽과 평활한 내부 관벽을 압출 성형으로 일체적 접착시킨 역학적 이중 구조로 된 관이다.

② 관 이음
  (가) 관 이음의 종류
    ㉮ 영구 이음(용접 이음) : 파이프의 이음부를 용접하여 사용하는 것
    ㉯ 분리 가능 이음 : 나사 이음, 패킹 이음(생 이음), 턱걸이 이음, 플랜지 이음, 고무 이음, 신축 이음
  (나) 관 이음쇠 : 영구관 이음쇠, 착탈관 이음쇠, 주철관 이음쇠, 신축관 이음쇠

(2) 배관 정비

① 나사 이음부의 누설
  (가) 누설 방지 요점 : 반복적인 나사부 탈·부착에 의한 마모, 증기, 물 등의 나사부 누설은 관의 나사 부분을 부식시켜 강도 저하, 균열, 파단의 원인이 된다.
  (나) 더 죄기로 인한 누설 방지 : 배관에서 나사부 누설이 생겼을 경우 그 상태로 밸브나 관을 더 죄면 반드시 반대 측의 나사부에 풀림이 발생되므로 플랜지로부터 순차적으로 비틀어 넣기부를 분리하여 교체 여부를 확인한다. 교체가 불필요할 때는 실 테이프를 감고 순차적으로 비틀어 넣어 최후에 플랜지부를 접속한다. 또한 그러기 위해서는 플랜지나 유니온 이음쇠가 적당히 설치되어야 한다.

② **누설의 발견** : 1~2년에 한 번 정도 공장이 가동되지 않을 때 공기 압축기를 운전하여 공장 내의 공기 누설 소리를 발견하고, 또한 각 이음부에 비눗물칠을 하여 거품으로 누설의 여부를 본다.

③ 배관의 부식
  (가) 방식이 필요한 배관 : 지하에 매몰된 배관이나 200A 이상이 되는 큰 직경의 파이프 라인 등
  (나) 배관 재료에 의한 방식 대책 : 아연 도금 이외에 배관은 옥내·외 관계없이 다른 철강 구조물과 같이 외면을 도장해서 녹 부식으로부터 보호한다.

④ 보온·보냉 부분의 보전
  (가) 방열에 의한 손실 방지(경제적 이유)
  (나) 배관 계통에 요구되는 온도의 유지
  (다) 사람이 고온관에 접촉하는 것을 방지(위험 방지)
  (라) 배관의 표면이 결로돼서 오염되는 것을 방지(방노)
  (마) 한랭지에서의 동결 방지

예 | 상 | 문 | 제

1. 피치가 2mm인 세 줄 나사 스크루 잭을 2회전시켰을 때 이동 거리는 다음 중 얼마인가? [09-1, 12-2, 18-2]
① 2mm   ② 4mm
③ 6mm   ④ 12mm

해설 $L=nP=$ 세 줄 $\times$ 2회전 $\times$ 2mm $=$ 12mm

2. 강관의 양 끝에 나사를 절삭하여 관 이음을 할 때 많이 사용하는 나사는 무엇인가? [13-1]
① 톱니 나사   ② 사각 나사
③ 관용 나사   ④ 둥근 나사

3. 무거운 기계나 전동기를 들어 올릴 때 로프, 체인, 훅 등을 거는데 사용되는 볼트는 무엇인가? [14-1]
① 아이 볼트   ② 충격 볼트
③ 기초 볼트   ④ 스테이 볼트

4. 두 물체 사이의 거리를 일정하게 유지시키면서 결합하는데 사용되는 볼트는? [19-1]
① 스터드 볼트(stud bolt)
② 스테이 볼트(stay bolt)
③ 리머 볼트(reamer bolt)
④ 관통 볼트(through bolt)

5. 양 끝에 오른나사와 왼나사가 있어 배관 지지 장치의 높낮이를 조절할 때 사용되는 너트는? [06-3]
① 홈 붙이 너트   ② 나비 너트
③ 턴버클   ④ T 너트

6. 볼트와 너트의 다듬질 정도에 따라 어떻게 세 가지로 구분되는가? [14-2]
① 3A, 2A, 1A   ② 상, 중, 흑피
③ 3B, 2B, 1B   ④ 1급, 2급, 3급

해설 볼트와 너트는 다듬질 정도에 따라 상, 중, 흑피 세 가지로 구분되고, 정도 등급에 따라 미터나사는 1급, 2급, 3급, 유니파이드 수나사는 3A, 2A, 1A, 유니파이드 암나사는 3B, 2B, 1B로 나누어진다.

7. 다음 중 볼트의 호칭 길이를 나타내는 것은 어느 것인가? [13-2]
① 머리 부분에서 선단까지의 길이
② 선단에서 불완전 나사부까지의 길이
③ 머리부를 제외한 전체 길이
④ 선단에서 완전 나사부까지의 길이

해설 ④는 나사부 유효 길이를 나타낸다.

8. 다음 플랜지에 볼트 8개의 조임 순서로 가장 적합한 것은? [10-2, 16-2]

① 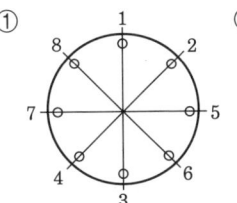   ②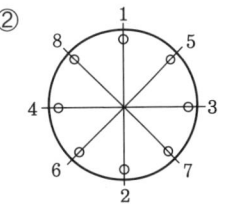

③ 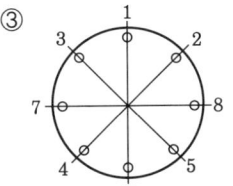   ④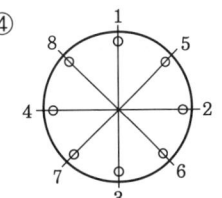

정답 1. ④ 2. ③ 3. ① 4. ② 5. ③ 6. ② 7. ③ 8. ②

9. 스패너를 사용하여 볼트를 체결할 때 힘이 작용하는 점까지의 스패너 길이를 L, 볼트에 작용하는 토크를 T라고 하면 가하는 힘 F는? [10-2, 17-1]

① $F = \dfrac{T}{L}$ ② $F = \dfrac{L}{T}$

③ $F = L^2 \times T$ ④ $F = \dfrac{T}{L^2}$

10. 어떤 볼트를 조이기 위해 50 kgf·cm 정도의 토크가 적당하다고 할 때 길이 10 cm의 스패너를 사용한다면 가해야 하는 힘은 약 얼마 정도가 적정한가? [19-2]

① 5 kgf   ② 10 kgf
③ 50 kgf   ④ 100 kgf

해설 $F = \dfrac{T}{L} = \dfrac{50}{10} = 5\,\text{kgf}$

11. 다음 그림과 같이 스패너를 이용하여 볼트, 너트를 체결하고자 한다. 볼트의 규격에 따른 적정 죔 방법으로 맞지 않는 것은? [10-3]

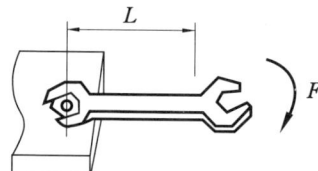

① M6 이하의 볼트 : $L = 10\,\text{cm}$, $F = $ 약 10 kgf
② M10까지의 볼트 : $L = 12\,\text{cm}$, $F = $ 약 20 kgf
③ M12~14까지의 볼트 : $L = 15\,\text{cm}$, $F = $ 약 50 kgf
④ M20 이상의 볼트 : $L = 20\,\text{cm}$ 이상, $F = $ 100 kgf

해설 ① M6 이하의 볼트 : 인지, 중지, 엄지 손가락의 3개로 스패너를 잡고 손목의 힘만으로 돌린다. L : 10 cm, F : 약 5 kgf
② M10까지의 볼트 : 스패너의 머리를 잡고 팔꿈치의 힘으로 돌린다. L : 12 cm, F : 약 20 kgf
③ M12~14까지의 볼트 : 스패너 손잡이 부분의 끝을 꽉 잡고 팔의 힘을 충분히 써서 돌린다. L : 15 cm, F : 약 50 kgf
④ M20 이상의 볼트 : 한쪽 손은 확실한 지지물을 잡고 몸을 지지하며 발을 충분히 벌리고 체중을 실어서 스패너를 돌린다. 이때 손끝과 발끝이 미끄러지지 않게 주의한다. L : 20 cm 이상, F : 100 kgf 이상

12. M22 볼트를 스패너로 체결할 경우 가장 적절한 죔 방법은? [19-1]

① 팔꿈치의 힘으로 돌린다.
② 손목의 힘만 사용하여 돌린다.
③ 팔의 힘을 충분히 써서 돌린다.
④ 발을 충분히 벌리고 체중을 실어서 돌린다.

13. 너트 풀림 방지용으로 사용되는 와셔로 적절하지 않은 것은? [20-3]

① 사각 와셔   ② 스프링 와셔
③ 이붙이 와셔   ④ 혀붙이 와셔

해설 사각 와셔는 목재용이다.

14. 강판을 정형하여 만든 너트로서 혀 부분이 나사 밑에 파고들어 풀림을 방지하는 것은? [12-1]

① 절삭 너트   ② 더블 너트
③ 홈 달림 너트   ④ 플레이트 너트

해설 강판 정형(鋼板整形)한 플레이트 너트를 비틀어 넣으면 혀의 부분이 나사 밑에 파고들어 풀림 방지가 된다. 경량이므로 항공기, 차량, 고속 회전체 등에 쓰인다.

정답 9. ①   10. ①   11. ①   12. ④   13. ①   14. ④

15. 다음 체결용 기계 요소 중 볼트의 이완 방지법이 아닌 것은? [17-3]
① 절삭 너트에 의한 방법
② 로크 너트에 의한 방법
③ 테이퍼 핀에 의한 방법
④ 홈 달림 너트에 의한 방법

해설 볼트 너트의 이완 방지 : 홈 달림 너트에 의한 방법, 분할 핀 고정에 의한 방법, 절삭 너트에 의한 방법, 로크 너트에 의한 방법, 특수 너트에 의한 방법, 철사로 죄어 매는 방법 등

16. 볼트, 너트의 풀림을 방지하기 위해 사용하는 방법으로 틀린 것은? [19-1]
① 캡 너트에 의한 방법
② 로크 너트에 의한 방법
③ 자동 죔 너트에 의한 방법
④ 분할 핀 고정에 의한 방법

해설 캡 너트는 유밀 방지용이다.

17. 너트의 이완을 방지하는 방법 중 높이가 다른 2개의 너트를 사용하여 이완을 방지하는 방법은? [11-1, 14-2, 17-2]
① 턴버클에 의한 방법
② 절삭 너트에 의한 방법
③ 로크 너트에 의한 방법
④ 홈 붙이 너트에 의한 방법

해설 로크 너트는 더블 너트라고도 하며, 높이가 서로 다른 2개의 너트를 사용하여 풀림(이완)을 방지한다.

18. 체결 후 장기간 방치한 볼트와 너트가 고착되는 가장 주된 원인은? [20-2]
① 조임 시 적절한 체결용 공구를 사용하지 않았을 때
② 너트 조임 시 수용성 절삭유를 사용하지 않고 조임했을 때
③ 볼트와 너트 가공 시 재질이 고르지 않고 표면 거칠기가 클 때
④ 틈새로 수분, 부식성 가스가 침입하거나 가열 시 산화철이 발생했을 때

해설 볼트를 분해하려고 할 경우 때에 따라서는 굳어서 쉽게 풀리지 않는다. 이것은 너트를 조일 때 나사 부분에 반드시 틈이 발생하는데 이 틈새로 수분, 부식성 가스, 부식성 액체가 침입해서 녹이 발생하여 고착의 원인이 된다. 녹은 산화철이며, 이것은 원래 체적의 몇 배나 팽창하기 때문에 틈새를 메워서 너트가 풀리지 않게 된다. 또한 높은 온도로 가열했을 때도 산화철이 생기므로 풀리지 않게 된다.

19. 나사부의 녹에 의한 고착을 방지하기 위한 방법으로 잘못된 것은? [08-1]
① 산화 연분을 기계유로 반죽하여 나사부에 칠한다.
② 나사부에 유성 페인트를 칠한다.
③ 나사부에 개스킷을 사용한다.
④ 스테인리스강 등의 내식성 금속을 사용한다.

20. 고착 또는 부러진 볼트의 분해법으로 거리가 먼 것은? [14-1, 17-2]
① 너트를 두드려서 푸는 방법
② 너트를 잘라 넓히는 방법
③ 가스 용접기로 가열하는 방법
④ 스크루 엑스트랙터를 사용하는 방법

21. 볼트의 밑 부분이 부러졌을 때 빼내기 위해 사용하는 공구는? [16-2, 20-3]
① 탭 ② 드릴

정답 15. ③ 16. ① 17. ③ 18. ④ 19. ③ 20. ③ 21. ④

③ 스크루 바이스   ④ 스크루 엑스트랙터

[해설] 볼트의 밑 부분이 부러졌을 경우 스크루 엑스트랙터를 사용하여 빼낸다.

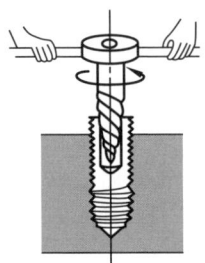

22. 육각 홈이 있는 둥근 머리 볼트를 체결할 때 사용하는 공구는? [11-2, 20-2]
① 훅 스패너   ② 육각 L-렌치
③ 조합 스패너   ④ 더블 오프셋 렌치

[해설] L-렌치 : 육각 홈이 있는 둥근 머리 볼트를 빼고 끼울 때 사용한다. 6각형 공구강 막대를 L자형으로 굽혀 놓은 것으로 크기는 볼트 머리의 6각형 대변 거리이며, 미터계는 1.27~32 mm, 인치계는 1/16″~1/2″로 표시한다.

23. 기계의 분해 조립 시 나사 체결은 필연적이다. 나사 체결 트러블의 원인으로 볼 수 없는 것은? [10-3]
① 사용 조건에 대한 조이기 불량
② 패킹의 불량
③ 열화 및 부식
④ 공작 정밀도 불량

24. 키의 설명으로 잘못된 것은? [07-1]
① 축에 기어 풀리 등을 조립할 때 사용한다.
② 원활한 작동을 위해 원주 방향 이동 틈새를 둔다.
③ 축의 재료보다 약간 강한 재료를 사용한다.
④ 보통 키에는 테이퍼를 주고 축과 보스에는 키 홈을 설치한다.

[해설] 키는 측면에 힘을 받으므로 폭, 치수의 마무리가 중요하다.

25. 키를 조립하였을 경우 축과 보스가 가볍게 이동할 수 있는 키는? [06-1]
① 묻힘 키   ② 접선 키
③ 반달 키   ④ 슬라이딩 키

26. 다음 중 페더 키라고도 하며, 키를 조립하였을 경우 보스가 가볍게 이동하는 키는? [18-3]
① 묻힘 키   ② 접선 키
③ 반달 키   ④ 미끄럼 키

27. 접선 키에서 120°의 각도로 두 곳에 한 쌍의 키를 사용하는 가장 큰 이유는 무엇인가? [20-2]
① 큰 회전력을 전달하기 위하여
② 축에서 보스를 이동하기 위하여
③ 축의 강도 저하를 방지하기 위하여
④ 정·역회전을 가능하게 하기 위하여

[해설] 축의 접선 방향에 설치하는 접선 키(tangential key)는 $\frac{1}{40} \sim \frac{1}{45}$의 기울기를 가진 2개의 키를 한 쌍으로 하여 키의 압축력을 높이고, 회전 방향이 양방향일 때 사용하도록 중심각이 120°로 되는 위치에 두 쌍을 설치한다. 즉, 정·역회전을 가능하게 하기 위한 것이며 세레이션, 스플라인보다 작은 전달력에 사용된다.

정답 22. ②   23. ②   24. ②   25. ④   26. ④   27. ④

28. 분할 핀의 사용 방법 중 적당하지 않은 것은? [03-3, 09-2, 18-3, 19-3]
① 부착 후 양 끝을 충분히 넓혀 둔다.
② 볼트, 너트의 풀림 방지용으로 사용한다.
③ 이음 핀의 빠짐 방지용으로 사용한다.
④ 볼트 또는 기계 부품의 위치 결정용으로 사용된다.

[해설] 분할 핀의 경우는 결합이나 위치 결정이라기보다 이음 핀의 빠짐 방지 또는 볼트 너트의 풀림 방지 등에 사용되지만 큰 강도에는 적합하지 않다. 볼트 또는 기계 부품의 위치 결정용은 평행 핀이다.

29. 테이퍼 핀을 밑에서 때려서 뺄 수 없을 경우에 적합한 분해 방법은? [14-2, 17-2]
① 테이퍼 핀을 정으로 잘라서 뺀다.
② 스크루 엑스트랙터를 사용하여 뺀다.
③ 테이퍼 핀 머리 부분에 용접을 하여 뺀다.
④ 테이퍼 핀 머리 부분에 나사를 내어 너트를 걸어 뺀다.

[해설] 테이퍼 핀은 주로 치공구나 두 부품의 조립 위치 결정용으로 사용되는 요소로 관통 구멍의 밑에서 때려 뺄 수 있게끔 쓰는 것이 기본이다. 밑에서 때려 뺄 수 없을 경우에는 핀의 머리에 나사를 내고 너트를 걸어서 뺀다.

30. 한쪽 또는 양쪽의 기울기를 갖는 평판 모양의 쐐기로 인장력이나 압축력을 받는 2개의 축을 연결하는 결합용 기계 요소는 무엇인가? [14-3, 19-1]
① 키　　　　② 핀
③ 코터　　　④ 리벳

[해설] 코터는 양쪽 구배와 편 구배가 있으며, 편 구배가 많이 쓰인다.

31. 코터의 빠짐을 방지하기 위한 방법으로 가장 적합한 것은? [18-1]
① 코터를 용접한다.
② 코터에 나사를 만든다.
③ 코터에 분할 핀을 조립한다.
④ 코터를 편 구배로 가공한다.

[해설] 분할 핀의 구멍을 내고 빠짐 방지용 분할 핀을 부착하는 것이 중요하다.

32. 축에 고정된 기어, 커플링, 풀리 등을 분해하려고 할 때 가장 적절한 방법은?
① 기어 풀러를 사용한다. [20-3]
② 황동 망치로 가볍게 두드린다.
③ 쇠붙이를 대고 쇠망치로 두드린다.
④ 가열하여 팽창되었을 때 충격을 주어 빼낸다.

[해설] 기어 풀러(gear puller) : 축에 고정된 기어, 커플링, 풀리 등의 분해가 곤란할 때 사용한다.

33. 기계 요소에 대한 설명 중 틀린 것은 어느 것인가? [13-3, 17-3]
① 분할 핀은 풀림 방지용으로 사용한다.
② 테이퍼 핀은 위치 결정용으로 사용한다.
③ V벨트는 평벨트보다 전동 효율이 좋다.
④ 크랭크 축은 연삭기 등의 주축에 사용한다.

[해설] 크랭크 축은 자동차의 내연기관에서 피스톤의 왕복 운동을 회전 운동으로 변환할 때 사용된다.

34. 다음 중 축의 고장 원인으로 볼 수 없는 것은? [18-1]
① 축의 재질 불량
② 원동기의 회전 불량
③ 휘어진 축 사용으로 진동 발생
④ 풀리, 베어링 등의 끼워 맞춤 불량

정답 28. ④　29. ④　30. ③　31. ③　32. ①　33. ④　34. ②

35. 다음 중 축의 직접적인 고장 원인이 아닌 것은? [17-3]

① 윤활 불량　② 응력 분산
③ 키 홈 마모　④ 끼워 맞춤 불량

해설 축 고장의 자연 열화 원인과 대책

직접 원인	주요 원인	조치 요령
자연 열화	끼워 맞춤 부위 마모, 녹, 홈, 변형, 휨 등이 발생	외관 검사로 판명, 수리 또는 교체

36. 축의 손상이나 파손되는 형태의 여러 가지 요소 중 가장 많이 발생하는 고장 원인은 무엇인가? [10-2, 15-2]

① 불가항력　② 자연 열화
③ 설계 불량　④ 조립, 정비 불량

37. 축 고장의 원인 중 조립, 정비 불량에 속하지 않는 것은? [16-1]

① 급유 불량　② 휜 축 사용
③ 재질 불량　④ 끼워 맞춤 불량

해설 재질 불량은 설계 불량에 해당된다.

38. 축의 고장 중 설계 불량에 의한 고장 원인이 아닌 것은? [09-3]

① 재질 불량　② 치수 강도 부족
③ 급유 불량　④ 형상 구조 불량

해설 축 고장의 설계 불량 원인과 대책

직접 원인	주요 원인	조치 요령
재질 불량	마모, 휨은 단시간에 피로 파괴 발생	재질 변경 (주로 강도)
치수 강도 부족	마모, 휨은 단시간에 피로 파괴 발생	크기 변경
형상 구조 불량	노치 또는 응력 집중에 의한 파단	노치부 형상 개선
	한쪽으로 치우침, 발열 파단	개선

39. 다음 중 축의 급유 불량으로 나타나는 현상은? [18-1]

① 조립 불량
② 축의 굽힘
③ 강도 부족
④ 기어 마모 및 소음

해설 축의 급유 불량 시 기어 마모 및 소음, 베어링 부위에 발열이 나타난다.

40. 다음 중 끼워 맞춤부 보스의 수리법으로 틀린 것은? [18-2]

① 편 마모된 부분은 최소 한도로 깎아서 다듬질한다.
② 원래 구멍 이상으로 상당량 절삭할 경우는 부시를 삽입한다.
③ 보스의 외경이 작아서 강도가 부족할 시에는 링을 용접하여 사용한다.
④ 보스 내경에 부시를 압입할 경우는 중심내기 마무리를 한다.

해설 축 수리 방법 : 신작(新作) 교체, 마모부의 덧살 붙임 용접, 마모부를 잘라 맞춰 용접, 마모 부위를 잘라 버리고 비틀어 넣어 용접, 마모 부분 금속 용사, 마모 부분에 경질 크롬 도금해서 연삭 마무리, 마모 부분 다시 깎기, 마모부에 로렛 수리

정답 35. ②　36. ④　37. ③　38. ③　39. ④　40. ③

41. 축 끼워 맞춤부 보스의 내경을 상당량 깎아내고 부시를 끼울 때 보스와 부시의 끼워 맞춤은? [09-1]
① 헐거움 끼워 맞춤 ② 중간 끼워 맞춤
③ 억지 끼워 맞춤 ④ 틈새 끼워 맞춤

42. 축이 마모되어 수리할 때 보스에 부시를 넣어야 하는 경우의 작업 방법으로 옳은 것은? [08-1, 18-2]
① 마모 부분 다시 깎기
② 마모부에 금속 용사하기
③ 마모부에 덧살 붙임 용접하기
④ 마모부를 잘라 맞춰 용접하기

[해설] 보스에는 부시를 넣어 가늘어진 축 지름에 맞춘다.

43. 축 마모부의 수리는 보스 내경과의 관계를 고려하여 그 수리 방법을 결정해야 한다. 수리 방법의 판단 기준으로 적합하지 않은 것은? [12-3, 18-1]
① 외관 ② 신뢰성
③ 비용과 시간 ④ 수리 후의 강도

[해설] 수리 방법 결정 기준 : 강도, 신뢰성, 사고, 비용과 시간

44. 일반 산업 기계에서 축의 구부러짐으로 발생하는 현상으로 볼 수 없는 것은 어느 것인가? [14-3]
① 베어링의 발열 ② 기어의 이상 마모
③ 축의 경도 저하 ④ 축의 진동 및 소음

[해설] 축에 구부러짐이 있으면 기어에 흔들림이 발생되고 기어에 흔들림이 일어나면 진동 및 소음, 이의 이상 마모의 원인이 된다. 또한 커플링, 풀리, 스프로킷 등에서도 흔들림이 발생되어 베어링의 발열이 발생된다.

45. 구부러진 축을 현장에서 수리하여 사용할 수 있는 일반적인 경우로 옳은 것은 어느 것인가? [12-3, 18-1]
① 감속기가 고속 회전축일 경우
② 중하중용이고 고속 회전축일 경우
③ 단달림부에서 급하게 휘어져 있는 경우
④ 500rpm 이하이며 베어링 간격이 길 경우

[해설] 다단축, 고속 회전축, 중하중용의 축인 경우는 새로운 것과 교체하는 것이 무난하다. 500rpm 이하이고 베어링 간격이 길 경우에는 현장에서 수리 가능하다.

46. 500rpm 이하로 사용되던 길이 2m의 축이 구부러져 수정하고자 할 때 사용하는 공구는? [15-3, 19-3]
① 짐 크로(jim crow)
② 토크 렌치(torque wrench)
③ 임펙트 렌치(impact wrench)
④ 스크루 엑스트랙터(screw extractor)

[해설] 축이 휘었을 경우 짐 크로(jim crow)를 설치하여 수정을 가할 수 있다. 이 짐 크로에 의한 일반적인 축의 수정 한계는 0.1~0.2mm 정도이다.

47. 주철제 원통 속에 두 축을 맞대어 끼워 키로 고정한 축 이음은? [11-3, 15-2]
① 머프 커플링 ② 플랜지 커플링
③ 유체 커플링 ④ 플렉시블 커플링

[해설] 머프 커플링(muff coupling) : 주철제의 원통 속에서 두 축을 맞대어 맞추고 키로 고정하는 구조가 가장 간단한 커플링으로, 축 지름과 전단 동력이 아주 작은 기계의 축 이음에 사용되나, 인장력이 작용하는 축 이음에는 적합하지 않다.

정답 41. ③ 42. ① 43. ① 44. ③ 45. ④ 46. ① 47. ①

48. 고정 커플링 중 원통 커플링에 속하지 않는 것은? [14-1]
① 머프 커플링　② 플랜지 커플링
③ 셀러 커플링　④ 마찰 원통 커플링

해설 고정 커플링은 원통 커플링과 플랜지 커플링으로 분류된다.

49. 회전체에 연결한 커플링 중에서 윤활제를 사용하지 않는 것은? [09-2]
① 플랜지 커플링　② 체인 커플링
③ 기어 커플링　④ 유니버설 커플링

50. 두 축을 정확하게 결합시킬 수 있고, 확실하게 동력을 전달시킬 수 있어 지름이 200 mm 이상인 축과 고속 정밀 회전축 이음에 많이 사용되는 것은? [09-3]
① 올덤 커플링　② 플렉시블 커플링
③ 고무 커플링　④ 플랜지 커플링

51. 두 축의 중심선이 일치하지 않거나, 토크의 변동으로 충격 하중이 발생하거나, 진동이 많은 곳에 주로 사용하는 축 이음은 무엇인가? [15-1, 20-3]
① 머프 커플링　② 셀러 커플링
③ 올덤 커플링　④ 플렉시블 커플링

해설 플렉시블 커플링 : 두 축의 중심선을 일치시키기 어렵거나 또는 전달 토크의 변동으로 충격을 받거나, 고속 회전으로 진동을 일으키는 경우에 고무, 강선, 가죽 스프링 등을 이용하여 충격과 진동을 완화시켜 주는 커플링

52. 다음 커플링 중 플렉시블 커플링이 아닌 것은? [09-1, 11-2, 16-2]
① 기어 커플링　② 고무 커플링
③ 체인 커플링　④ 머프 커플링

해설 플렉시블 커플링 : 기어 커플링, 체인 커플링, 그리드 커플링, 고무 커플링, 죠 커플링

53. 다음 중 스틸 플렉시블 커플링(steel flexible coupling)이라고도 하며 축 유동 오차를 허용하여 동력을 전달시키는 커플링은? [12-1, 15-1]
① 체인 커플링
② 그리드 플렉시블 커플링
③ 기어 커플링
④ 플랜지 플렉시블 커플링

해설 그리드 플렉시블 커플링은 경강선으로 된 그리드의 탄성을 이용한 커플링으로 스틸 플렉시블 커플링이라고도 한다.

54. 플렉시블 커플링(flexible coupling)을 사용하는 이유로 적합하지 않은 것은 어느 것인가? [13-3, 17-2]
① 고속 회전으로 진동을 완화시킬 때
② 전달 토크의 변동으로 충격이 가해질 때
③ 두 축의 중심선을 완전히 일치시키기 어려울 때
④ 축 방향으로 인장력이 작용하는 긴 전동축에 사용할 때

해설 플렉시블 커플링은 두 축이 정확히 일치하지 않는 경우, 급격히 힘이 변화하는 경우, 완충 작용과 전기 절연 작용이 필요한 경우에 사용한다.

55. 다음 중 플렉시블 커플링에 대한 설명으로 틀린 것은? [13-2]

정답 48. ②　49. ①　50. ④　51. ④　52. ④　53. ②　54. ④　55. ①

① 두 축이 일직선상에 일치하는 경우에 사용한다.
② 완충 작용이 필요한 경우에 사용한다.
③ 그리드 플렉시블 커플링은 스틸 플렉시블 커플링이라고도 한다.
④ 고무 커플링은 방진고무의 탄성을 이용한 커플링이다.

해설 플렉시블 커플링은 두 축이 정확히 일치하지 않는 경우에 사용한다.

56. 축 이음의 종류에서 두 축의 관계 위치에 따라 종류를 연결한 것 중 관련이 없는 것은? [09-3, 14-3]
① 플렉시블 커플링-2개의 축이 서로 교차되는 것
② 그리드 플렉시블 커플링-경강선으로 된 그리드의 탄성을 이용한 것
③ 유니버설 조인트 이음-2개의 축이 어느 각도를 가지고 교차되는 것
④ 올덤 커플링 축 이음-2개의 축이 평행이고, 축선이 어긋나 있는 것

해설 플렉시블 커플링은 축이 동일 직선상에 없는 것이다.

57. 축 이음의 종류 중 2개의 축이 평행하고, 2축 사이가 비교적 가까운 경우의 동력을 전달시키고자 할 때 사용되는 축 이음 방식은? [16-1]
① 고정 커플링(rigid coupling)
② 올덤 커플링(Oldham's coupling)
③ 유니버설 조인트(universal joint)
④ 플렉시블 커플링(flexible coupling)

해설 올덤 커플링(Oldham's coupling) : 두 축이 평행하며, 두 축 사이가 비교적 가까운 경우에 두 축 사이에 직각 모양의 돌출부가 양면에 있는 중간 원판을 양쪽 축의 플랜지 홈에 끼워 움직이도록 한 축 이음

58. 축 이음 중 원활한 동력 전달이 되고 축의 연결이 용이하여 진동과 충격이 잘 흡수되는 장점이 있어 최근 자동차 및 선박 등 산업 분야에 널리 사용되는 것은? [15-3]
① 유체 커플링
② 스프링 축 이음
③ 플랜지형 축 이음
④ 분할 원통형 커플링

59. 운전 중에 두 축을 결합시키거나 떼어 놓을 수 있도록 한 축 이음은? [17-1]
① 클러치(clutch)
② 스플라인(spline)
③ 커플링(coupling)
④ 자재 이음(universal joint)

해설 커플링, 자재 이음은 두 축을 연결하는 고정 축 이음, 스플라인은 키의 일종이다.

60. 다음 중 축이나 커플링이 진원에서 편차가 얼마나 되었는지를 확인하는 축 정렬 준비사항은? [15-3, 20-3]
① 봉의 변형량(sag)의 측정
② 흔들림 공차(run out)의 측정
③ 커플링 면 갭(face gap)의 측정
④ 소프트 풋(soft foot) 상태의 측정

해설 흔들림 공차(런 아웃)는 축이 진원에서 얼마나 편차가 되었는가를 확인하는 방법으로 축이 휘거나 진원에서 편차된 양이 지나치게 크게 되면 축 정렬을 정확히 하는 것이 불가능하다.

정답 56. ① 57. ② 58. ① 59. ① 60. ②

61. 기계 운전 중에 가장 양호한 동심 상태를 유지하기 위한 작업은? [14-1]
① 분해 작업   ② 센터링 작업
③ 끼워 맞춤 작업   ④ 열박음 작업

해설 센터링(centering) 작업은 양호한 동심 상태를 유지하기 위한 것으로서 진동, 소음을 최소한으로 억제하고 기계의 손상을 적게 하여 설비의 수명을 연장하려는 것이다.

62. 축 이음 중심내기(alignment)에 사용되는 공구가 아닌 것은? [10-2]
① 테이퍼 게이지
② 틈새 게이지(thickness gauge)
③ 다이얼 게이지(dial gauge)
④ 하이트 게이지

해설 하이트 게이지는 길이 측정 시 사용된다.

63. 축 이음에서 센터링이 불량할 때 나타나는 현상이 아닌 것은? [18-2, 18-3]
① 진동이 크다.
② 축의 손상이 심하다.
③ 구동의 전달이 원활하다.
④ 베어링부의 마모가 심하다.

해설 센터링이 불량할 때의 현상
㉠ 진동이 크다.
㉡ 축의 손상(절손 우려)이 심하다.
㉢ 베어링부의 마모가 심하다.
㉣ 구동의 전달이 원활하지 못하다.
㉤ 기계 성능이 저하된다.

64. 다이얼 게이지를 이용한 축의 센터링 측정 준비 작업이 아닌 것은? [18-3]
① 커플링의 외면을 세척한다.
② 면간을 센터 게이지를 이용하여 측정한다.
③ 다이얼 게이지의 오차 및 편차를 구한다.
④ 커플링의 외면에 0°, 90°, 180°, 270°의 방향을 표시한다.

해설 면간(面間)을 틈새 게이지 또는 테이퍼 게이지를 이용하여 측정한다.

65. 두 축을 동시에 센터링할 때 측정 준비 작업이 아닌 것은? [14-3]
① 커플링의 외면을 세척한다.
② 다이얼 게이지의 오차 및 편차를 구한다.
③ 펌프 베이스 하단에 라이너를 삽입한다.
④ 커플링의 외면에 0°, 90°, 180°, 270°의 방향을 표시한다.

66. 회전축의 흔들림 점검, 공작물의 평행도 측정 및 표준과의 비교 측정에 이용되는 측정기기는? [08-1]
① 스트레인 게이지   ② 다이얼 게이지
③ 서피스 게이지   ④ 게이지 블록

67. 플랜지형 커플링의 센터링 작업을 할 때에 사용되는 다이얼 게이지 사용상 주의 사항으로 잘못된 것은? [12-2, 16-3]
① 커플링이 가열되었어도 즉시 측정한다.
② 사용 중에는 다이얼 게이지 스핀들(spindle)에 기름을 주지 않는다.
③ 다이얼 게이지 눈금을 읽는 시선은 측정 면과 직각 방향이어야 한다.
④ 다이얼 게이지 스핀들의 선단을 손가락 끝으로 가볍게 밀어올리고 가만히 내린다.

해설 다이얼 게이지의 사용상 주의사항
㉠ 다이얼 게이지의 선단을 손가락 끝으로 가볍게 밀어올리고 가만히 내린다.
㉡ 눈금을 읽는 시선은 측정 면과 직각 방향이어야 한다.
㉢ 단침(작은 바늘) 위치를 확인해 둔다.

정답 61. ② 62. ④ 63. ③ 64. ② 65. ③ 66. ② 67. ①

ㄹ 측정기와 피측정물은 깨끗이 한다.
ㅁ 측정 전에 측정 부분의 먼지 혹은 이물질을 제거한다.
ㅂ 사용 중 스핀들(spindle)에 기름을 주지 않는다.
ㅅ 가열된 것은 식은 후에 측정한다(정측정은 상온 20℃ 유지).
ㅇ 게이지 설치 후 손가락으로 작동시켜 지침이 제자리에 되돌아오는가 확인한다.
ㅈ 지지구는 변형되지 않고 안전성이 있는 것을 사용한다.
ㅊ 충격을 주거나 떨어뜨리지 않는다.
ㅋ 사용 후에는 보관에 특히 유의하여야 한다(먼지, 파손, 분리 보관).
ㅌ 지지 방법과 오차에 주의한다. 측정 면과 스핀들(spindle)의 운동 방향을 될 수 있는 한 직각이 되도록 지지한다.

68. 축 정렬 작업 시 사용하는 심 플레이트(shim plate)의 용도는? [17-3]
① 축의 직진도를 측정하는 게이지이다.
② 양 커플링 사이에 삽입하여 축의 간격 조정에 사용한다.
③ 커플링 면간을 측정하는 틈새 게이지의 일종이다.
④ 기초 볼트에 삽입하여 기계 등의 높낮이 조정에 사용한다.

[해설] 심 플레이트는 ㄷ자 형식으로 제작한다.

69. 축 정렬(centering)에 관한 설명으로 옳지 않은 것은? [16-1]
① 가능한 한 심(shim)의 개수를 최소화한다.
② 라이너는 높은 쪽의 축 기초 볼트에 삽입한다.
③ 심을 넣어 조정할 부위의 페인트나 녹은 반드시 제거한다.
④ 측정 시 커플링(coupling)을 회전 방향과 같은 방향으로 돌린다.

[해설] 라이너는 낮은 쪽의 축 기초 볼트에 삽입한다.

70. 축의 중심내기에 대한 설명으로 잘못된 것은? [13-2]
① 침형 커플링의 경우 스트레이트 에지를 이용하여 중심을 낸다.
② 체인 커플링의 경우 원주를 4등분한 다음 다이얼 게이지로 측정해서 중심을 맞춘다.
③ 플렉시블 커플링은 중심내기를 하지 않는다.
④ 플랜지의 면간 편차를 측정하여 중심 맞추기를 한다.

[해설] 플렉시블 축이라고 해도 정확한 중심내기가 되어 있어야 수명이 길어지므로 최적의 점을 찾아내야 한다.

71. 베어링의 주요 기능으로 가장 거리가 먼 것은? [12-3, 15-1]
① 동력 전달   ② 하중의 지지
③ 마찰 감소   ④ 원활한 구동

[해설] 베어링은 전동체를 고정체에 지지하거나 고정하는 역할을 하며, 동력 전달 기능은 없다.

72. 구름 베어링을 구성하는 기본 요소가 아닌 것은? [14-2, 18-3]
① 저널   ② 내륜
③ 회전체   ④ 리테이너

[해설] 구름 베어링을 구성하는 기본적인 요소는 회전체, 내륜(inner ring) 및 외륜(outer ring)과 리테이너이다.

정답 68. ④   69. ②   70. ③   71. ①   72. ①

73. 구름 베어링의 구성 요소 중 회전체 사이에 적절한 간격을 유지하여 마찰을 감소시켜 주는 것은? [18-1, 20-4]
① 임펠러 ② 마그넷
③ 리테이너 ④ 블레이드

74. 베어링의 안지름 기호가 08일 때 베어링의 안지름은 몇 mm인가? [06-3]
① 8 ② 16 ③ 40 ④ 80

해설 ㉠ 안지름 1~9mm, 500mm 이상 : 번호가 안지름
㉡ 안지름 10mm : 00, 12mm : 01, 15mm : 02, 17mm : 03, 20mm : 04
㉢ 안지름 20~495mm : 5mm 간격으로 안지름을 5로 나눈 숫자로 표시

75. 구름 베어링 6206 P6을 설명한 것 중에서 틀린 것은? [06-4]
① 6 : 베어링 형식
② 2 : 사용한 윤활유의 점도
③ 06 : 베어링 안지름 번호
④ P6 : 등급 번호

해설 2 : 베어링 계열 번호

76. 608C2P6으로 표시된 베어링의 호칭 번호의 설명 중 틀린 것은? [07-1]
① 60 : 베어링 계열 번호
② 8 : 치수 기호
③ C2 : 틈새 기호
④ P6 : 등급 기호

해설 8 : 안지름 기호

77. 깊은 홈 볼 베어링의 규격이 6200일 때 안지름은 얼마인가? [13-3, 19-3]

① 10mm ② 12mm
③ 15mm ④ 20mm

해설 00 : 10mm

78. 볼 베어링에서 베어링 하중을 1/2로 하면 수명은 몇 배로 되는가? [14-4, 21-2]
① 4배 ② 6배 ③ 8배 ④ 10배

해설 수명 $L_n = \left(\dfrac{C}{P}\right)^r \times 10^6$(회전수)에서 $r=3$, $P=\dfrac{1}{2}$ 이므로 수명은 8배가 된다.

79. 베어링 사용 시 주의할 점으로 옳지 않은 것은? [12-2, 15-1]
① 진동 또는 충격 하중에 견디도록 하여야 한다.
② 마찰에 의해서 발생하는 열을 흡수하여야 한다.
③ 베어링의 압력과 미끄럼 속도에 따라 윤활유의 종류를 선정하여야 한다.
④ 먼지 침입에 주의하여야 하고 윤활제의 열화에 적당한 조치를 하여야 한다.

해설 마찰에 의해 발생하는 열을 발산해야 한다.

80. 베어링을 적정한 틈새로 조립하기 위해 사용하는 것은? [08-3, 15-1]
① 부시 ② 라이너
③ 심 플레이트 ④ 베어링용 어댑터

81. 베어링의 축 방향으로 이동을 방지하기 위해 스냅 링을 보스나 축에 장착하는데, 이를 조립하거나 분해할 때 쓰이는 공구로 적절한 것은? [20-3]

정답 73. ③ 74. ③ 75. ② 76. ② 77. ① 78. ③ 79. ② 80. ④ 81. ②

① 조합 플라이어(combination plier)
② 스톱 링 플라이어(stop ring plier)
③ 롱 노즈 플라이어(long nose plier)
④ 워터 노즈 플라이어(water nose plier)

82. 펌프 축에 설치된 베어링에 이상 현상을 일으키는 원인이 아닌 것은? [06-1, 14-2]
① 윤활유의 부족
② 축 중심의 일치
③ 축추력의 발생
④ 베어링 끼워 맞춤 불량

83. 롤러 베어링을 축에 장착하는 방법으로 적당하지 않은 것은? [08-1, 11-3]
① 가열 유조에 의한 방법
② 고주파 가열기에 의한 방법
③ 프레스 압입에 의한 방법
④ 펀치에 의한 타격 방법

해설 베어링 장착 시 펀치로 타격하면 베어링이 손상될 우려가 있다.

84. 다음 중 베어링의 열박음 시 주의사항이 아닌 것은? [18-1]
① 깨끗한 광유에 베어링을 넣고 90~120℃로 가열한다.
② 축과 베어링 사이에 틈새가 발생되면 널링 작업 후 억지 끼워 맞춤을 한다.
③ 베어링 가열 온도는 경도 저하 방지를 위해 130℃를 초과해서는 안 된다.
④ 베어링 냉각 시 틈이 있을 경우 지그를 사용하여 축 방향에 베어링을 밀어 고정한다.

해설 열박음 방법에는 도금법, 용접 덧살법, 부시 삽입법 등이 있으며, 널링은 하지 않는다.

85. 베어링 온도는 정상 운전 상태에서 주위 온도보다 얼마를 초과하지 말아야 하는가? [12-1]
① 5~10℃   ② 20~30℃
③ 40~50℃   ④ 60~70℃

86. 열박음을 하기 위해 베어링을 가열 유조에 넣고 가열할 때 다음 중 적당한 온도는? [09-2, 19-2]
① 40℃ 정도   ② 100℃ 정도
③ 150℃ 정도   ④ 190℃ 정도

87. 열박음을 위해 베어링을 가열 유조에 넣고 가열할 때 몇 ℃ 이상에서 베어링의 경도가 저하되는가? [10-1, 16-2]
① 130℃   ② 180℃
③ 210℃   ④ 280℃

88. 베어링을 열박음할 때 130℃ 이상 가열하지 않는 가장 중요한 이유는? [07-3]
① 가열 유조 내의 열처리유의 특성 변환 때문에
② 열박음 중 화상 방지를 목적으로
③ 베어링 자체의 경도 저하 방지를 목적으로
④ 더 이상 팽창할 수 없는 열팽창의 한계 온도이므로

89. 하우징이 정지되어 있고 축이 회전하는 경우에 축이나 하우징에 레이디얼 베어링을 끼워 맞춤 시 올바른 방법은? [10-2]
① 내륜과 축의 중간 끼워 맞춤
② 내륜과 축의 헐거운 끼워 맞춤
③ 외륜과 하우징의 헐거운 끼워 맞춤
④ 외륜과 하우징의 억지 끼워 맞춤

정답 82. ②　83. ④　84. ②　85. ②　86. ②　87. ①　88. ③　89. ③

해설 일반적으로 내륜과 축은 단단한 끼워 맞춤을, 외륜과 하우징은 헐거운 끼워 맞춤을 사용한다.

90. 하우징에 베어링을 설치할 때 한쪽 또는 양쪽을 좌우로 이동할 수 있도록 하는 이유로 가장 적합한 것은? [13-3, 18-3]
① 베어링 마찰 감소
② 윤활유의 원활한 공급
③ 베어링의 끼워 맞춤 용이
④ 열팽창에 의한 소손 방지

91. 구름 베어링의 경우 간섭량이 적으면 원주 방향으로 미끄럼이 생겨 발생하는 결함은? [09-3, 16-3]
① 균열(crack) ② 크리프(creep)
③ 뜯김(scoring) ④ 플레이킹(flaking)

해설 크리프 현상은 간섭량 부족으로 발생하는 결함으로 끼워 맞춤의 수정 슬리브를 적당히 조정하는 것이 그 대책이다.

92. 다음 동력 전동 장치 중 직접 접촉에 의한 것은? [14-2]
① 기어 전동 장치
② 체인 전동 장치
③ 로프 전동 장치
④ V벨트 전동 장치

93. 기어 전동 장치에 대한 설명으로 틀린 것은? [19-2]
① 큰 동력을 일정한 속도비로 전달할 수 있다.
② 소형이면서 높은 효율로 큰 회전력을 전달할 수 있다.
③ 서로 맞물려 있는 한 쌍의 기어에서 잇수가 많은 것을 피니언이라 한다.
④ 연속적인 이의 물림에 의하여 동력을 전달하는 기계 요소를 기어라 한다.

해설 서로 맞물려 있는 한 쌍의 기어에서 잇수가 많은 쪽을 기어라 하고, 잇수가 적은 쪽을 피니언(pinion)이라 한다.

94. 기어에 대한 설명 중 옳지 않은 것은 어느 것인가? [13-3]
① 표준 스퍼 기어의 이 두께(circular thickness)는 원주 피치의 이다.
② 뒤틈(back lash)을 두는 이유는 원활한 윤활과 조립상의 오차 등을 고려하기 때문이다.
③ 뒤틈을 너무 크게 하면 소음과 진동의 원인이 된다.
④ 스퍼 기어에서 원주 피치의 값이 클수록 잇수는 커지고, 이의 크기는 작아진다.

해설 원주 피치가 클수록 잇수는 적어지고, 이의 크기는 커진다.

95. 두 축이 서로 평행한 기어는?
① 베벨 기어 [12-1, 16-2]
② 헬리컬 기어
③ 스파이럴 베벨 기어
④ 헬리컬 베벨 기어

해설 두 축이 서로 평행한 경우 : 스퍼 기어, 헬리컬 기어, 래크와 피니언, 내접 기어

96. 두 축이 만나는 기어가 아닌 것은?[09-2]
① 베벨 기어
② 스큐 베벨 기어
③ 스파이럴 베벨 기어
④ 헬리컬 기어

해설 두 축의 중심선이 만나는 경우 : 베벨 기어, 크라운 기어

정답 90. ④ 91. ② 92. ① 93. ③ 94. ④ 95. ② 96. ④

97. 다음 기어 중 두 축이 평행하지도 않고, 만나지도 않는 것은? [15-2, 19-3]
① 래크　　② 스퍼 기어
③ 웜 기어　　④ 헬리컬 기어

98. 이의 맞물림이 원활하여 이의 변형과 진동, 소음이 작고 큰 동력 전달과 고속 운전에 적합한 기어는? [13-1, 17-2]
① 웜 기어(worm gear)
② 스퍼 기어(spur gear)
③ 헬리컬 기어(helical gear)
④ 크라운 기어(crown gear)

해설 헬리컬 기어 : 이 끝이 나선형인 원통형 기어로 한 쌍의 이의 맞물림이 떨어지기 전에 다른 한 쌍의 이의 맞물림이 시작되므로 이의 맞물림이 원활하여 이의 변형과 진동 소음이 작고, 큰 동력의 전달과 고속 운전에 적합하다.

99. 다음 중 헬리컬 기어에 관한 설명으로 틀린 것은? [18-1]
① 축 방향의 반력이 발생한다.
② 큰 동력의 전달과 고속 운전에 적합하다.
③ 이의 맞물림이 원활하여 이의 변형과 진동 소음이 작다.
④ 이 끝이 직선이며 축에 나란한 원통형 기어로 감속비는 최고 1 : 6까지 가능하다.

해설 헬리컬 기어는 이를 축에 경사시킨 것으로 두 축이 서로 평행하고 교차한다.

100. 다음 중 헬리컬 기어에 대한 설명 중 틀린 것은? [10-2]
① 이가 잇면을 따라 연속적으로 접촉을 하므로 이의 물림 길이가 길다.
② 임의로 비틀림각을 선정할 수 있으므로 중심거리를 조정할 수 있다.
③ 웜 기어에 비해 작은 공간에서 큰 감속비를 얻을 수 있다.
④ 기하학적 형상으로 인하여 축 방향 하중이 발생한다.

해설 웜 기어는 웜과 웜 기어를 한 쌍으로 사용하며, 큰 감속비를 얻을 수 있다.

101. 그림과 같이 교차하는 두 축에 동력을 전달할 때 사용하며, 잇줄이 곡선이고 모직선에 비하여 비틀려 있고, 제작이 어려우나 이의 물림이 좋아 조용한 전동을 할 수 있는 기어는? [12-3, 15-1]

① 직선 베벨 기어　　② 크라운 베벨 기어
③ 제롤 베벨 기어　　④ 스파이럴 베벨 기어

102. 소음과 진동이 적고 역전을 방지하는 기능이 있으며 효율이 낮고 호환성이 없는 기어는 무엇인가? [13-2, 17-1]
① 웜 기어　　② 스퍼 기어
③ 베벨 기어　　④ 하이포이드 기어

해설 웜 기어(worm gear) 장치의 특성
㉠ 소형, 경량으로 역전을 방지할 수 있다.
㉡ 소음과 진동이 적고, 감속비가 크다(1/10 ~1/100).
㉢ 호환성이 없으며 값이 비싸다.
㉣ 미끄럼이 크고, 전동 효율이 나쁘다.
㉤ 중심거리에 오차가 있으면 마멸이 심해 효율이 더 나빠지고 웜과 웜 휠에 추력이 생긴다.
㉥ 항상 웜이 입력 축, 휠이 출력 축이 된다.

정답 97. ③　98. ③　99. ④　100. ③　101. ④　102. ④

103. 두 기어 사이에 있는 기어로 속도비에 관계없이 회전 방향만 변하는 기어는 무엇인가? [14-3, 20-2]
① 웜 기어   ② 아이들 기어
③ 구동 기어   ④ 헬리컬 기어

104. 다음 중 기어에 대하여 올바르게 설명한 것은? [10-4]
① 하이포이드 기어는 두 축의 중심선이 서로 교차한다.
② 웜 기어는 역회전이 가능하며 소음과 진동이 적다.
③ 피치면이 평행인 베벨 기어를 크라운 기어라고 한다.
④ 스큐 기어는 큰 힘을 전달하는데 적합하다.

[해설] 하이포이드 기어는 두 축이 평행하지도 않고 만나지도 않는 경우이며, 웜 기어는 소음과 진동이 적고 역전을 방지하는 기능이 있다. 스큐 기어는 큰 힘을 전달하는데 적합하지 않다.

105. 기어의 백래시(back lash)를 주는 이유로 틀린 것은? [09-3]
① 백래시를 가능한 크게 주어 소음 진동을 줄이기 위해서이다.
② 치형 오차, 피치 오차, 편심 가공 오차 때문이다.
③ 중하중, 고속 회전으로 발열되어 팽창되기 때문이다.
④ 윤활을 위한 잇면 사이의 유막 두께를 유지하기 위해서이다.

[해설] 한 쌍의 기어가 서로 물릴 때 기어 제작 오차, 중심거리 변동, 부하에 의한 이와 기어축 및 기어 박스의 변형과 온도차에 의한 열팽창 등에 의하여 원활한 전동을 할 수 없어 이의 물림 상태에서 이의 뒷면에 틈새를 준다. 이 틈새를 이면의 흔들림 또는 백래시(back lash)라 한다. 이 백래시는 윤활 유막 두께를 확보하는데 반드시 필요하다.

106. 기어의 언더컷 방지에 대한 설명으로 틀린 것은? [13-2]
① 이 높이를 높게 제작한다.
② 압력각을 증가시킨다.
③ 한계 잇수 이상으로 제작한다.
④ 전위 기어를 만들어 교체한다.

[해설] 기어의 이 높이를 낮게 제작한다.

107. 기어의 모듈이 M, 잇수를 Z라고 할 때 피치원 지름 D[mm]를 구하는 공식은 어느 것인가? [16-3]
① $D = \dfrac{Z}{M}$ ② $D = MZ$
③ $D = \dfrac{Z}{\pi M}$ ④ $F = \dfrac{\pi Z}{M}$

[해설] 이 크기 기준의 상호 관계
- $D[\text{mm}] = 25.4 D_{in}$
- $P = \dfrac{\pi D}{Z}[\text{mm}]$ 또는 $P = \dfrac{\pi D_{in}}{Z}$
- $M = \dfrac{D}{Z}$ 또는 $M = \dfrac{25.4 D_{in}}{Z}$
- $D_P = \dfrac{Z}{D_{in}}$ 또는 $D_P = \dfrac{25.4 Z}{D}$

여기서, D: 피치원 지름(mm), D_{in}: 피치원 지름(in), Z: 이의 수, P: 원주 피치, M: 모듈, D_P: 지름 피치

108. 기어 피치원의 지름을 D, 원주 피치를 P라고 하면 기어의 잇수 Z를 구하는 식은 어느 것인가? [14-1]

정답 103. ② 104. ③ 105. ① 106. ① 107. ② 108. ①

① $Z=\dfrac{\pi D}{P}$ ② $Z=\dfrac{25.4}{DP}$

③ $Z=\dfrac{25.4\pi}{P}$ ④ $Z=\dfrac{D}{\pi P}$

109. 기어의 파손 원인 중 윤활 문제로 발생하는 것은? [11-3, 16-3]

① 피칭 ② 스폴링
③ 피로 파괴 ④ 스코어링

해설 스코어링(scoring) : 운전 초기에 자주 발생하며, 고속 고하중 기어에서 이면의 유막이 파단되어 국부적으로 금속 접촉이 일어나 마찰에 의해 그 부분이 용융되어 뜯겨나가는 현상으로 마모가 활동 방향에 생긴다. 스코어링은 급유량 부족, 윤활유 점도 부족, 내압 성능 부족일 때 발생하며, 이 현상을 방지하는데는 축의 취부, 이면의 다듬질 등에 주의하여야 하지만 이면에 걸리는 하중과 활동 속도에 적합한 점도 및 극압성을 가진 윤활유를 선정하는 것도 매우 중요하다.

110. 기어 조립 후 운전 초기에 발생하는 트러블 현상이 아닌 것은? [07-3]

① 진행성 피칭 ② 스코어링
③ 접촉 마모 ④ 피로 파손

해설 피로 파손 : 이면의 열화에 의한 기어의 손상

111. 다음 중 기어 이의 열화 현상이 아닌 것은? [11-3]

① 과부하로 인한 파손
② 표면의 피로
③ 이면의 간섭
④ 습동 마모

해설 고장은 아니나 정상이 아닌 상태를 열화라 하며 파손은 고장 상태이다.

112. 기어의 치면 열화가 아닌 것은 다음 중 어느 것인가? [10-1, 12-1, 16-2]

① 습동 마모 ② 소성 항복
③ 표면 피로 ④ 균열 소손

해설 기어의 치면 열화에는 마모, 소성 항복, 용착, 표면 피로가 있고, 균열 소손은 이의 파손에 해당된다.

113. 기어의 표면 피로에 의한 손상으로 가장 적합한 것은? [12-3, 17-1]

① 습동 마모 ② 피이닝 항복
③ 파괴적 피팅 ④ 심한 스코어링

해설 습동 마모는 마모, 피이닝 항복은 소성 항복, 심한 스코어링은 용착 현상이다.

114. 기어의 이 부분이 파손되는 주 원인이 아닌 것은? [06-3, 19-2]

① 균열 ② 마모
③ 피로 파손 ④ 과부하 절손

해설 이의 파손 원인
㉠ 과부하 절손(over load breakage)
㉡ 피로 파손
㉢ 균열
㉣ 소손

115. 원형의 긴 끈으로 된 벨트로서 전달력이 작은 소형 공작기계의 전동 벨트로 사용되는 것은? [09-1]

① 보통 벨트 ② 링크 벨트
③ 레이스 벨트 ④ 타이밍 벨트

정답 109. ③ 110. ④ 111. ① 112. ④ 113. ③ 114. ② 115. ③

116. 벨트의 종류 중 고무 벨트에 대한 설명으로 옳지 않은 것은? [12-3, 15-1]
① 미끄럼이 적다.
② 비교적 수명이 짧다.
③ 습기에 잘 견디고 기름에는 약하다.
④ 무명에 고무를 입혀 만든 것으로 유연하다.

[해설] 고무 벨트는 가죽 벨트, 면질 벨트보다 수명이 길다.

117. 고무 벨트의 특징이 아닌 것은? [20-2]
① 유연하고 밀착성이 좋아 미끄럼이 적다.
② 열과 기름에 약하여 장시간 연속 운전에 손상되기 쉽다.
③ 내습성이 좋아 습기가 많은 곳에 사용하기에 알맞다.
④ 다른 벨트에 비해 수명이 길고 연신율이 작아 고정밀도의 큰 동력을 전달한다.

[해설] 고무 벨트는 연신율이 크기 때문에 고정밀도의 큰 동력 전달에는 부적당하다.

118. 주어진 V벨트 호칭법에서 80은 무엇을 의미하는가? [17-3]

일반용 V벨트 A80 또는 A2032

① 폭(mm)　　② 호칭 번호
③ 호칭 지름(mm)　　④ 인장강도(kgf/cm²)

119. 일반적인 V벨트 전동 장치의 특징으로 틀린 것은? [19-4, 22-2]
① 이음매가 없어 운전이 정숙하다.
② 지름이 작은 풀리에도 사용할 수 있다.
③ 홈의 양면에 밀착되므로 마찰력이 평벨트보다 크다.
④ 설치 면적이 넓으므로 축간 거리가 짧은 경우에는 적합하지 않다.

[해설] 평벨트에 비해 설치 면적이 작고, 축간 거리가 짧다.

120. V벨트에 대한 설명 중 틀린 것은 어느 것인가? [16-4]
① V벨트는 단면의 형상에 따라 6종류로 구분한다.
② 평벨트보다 미끄럼이 적어 큰 회전력을 전달할 수 있다.
③ V벨트는 V벨트 풀리의 바닥 홈에 접하고 있어야 한다.
④ 풀리에 홈 각을 V벨트보다 더 작은 각도로 가공해야만 동력 손실을 줄일 수 있다.

[해설] V벨트는 V벨트 풀리의 바닥 홈에 접하지 않아야 접촉 면적이 커서 미끄럼이 적어진다.

121. 다음 중 V벨트에 관한 설명으로 옳은 것은? [14-3, 18-1]
① V벨트는 벨트 풀리와의 마찰이 없다.
② V벨트의 종류는 M, A, B, C, D, E 여섯 가지이다.
③ 풀리의 홈 모양의 크기는 V벨트 크기에 관계없이 일정하다.
④ V벨트의 형상은 V벨트 풀리와 밀착성을 높이기 위해 38°(도)의 마름모꼴 형상이다.

[해설] V벨트는 벨트 풀리와의 마찰이 평벨트보다는 작지만 존재하고, 풀리의 홈 모양의 크기는 V벨트 크기에 비례하며, V벨트의 형상은 40°의 마름모꼴 형상이다.

122. 다음 중 V벨트에 대한 설명으로 틀린 것은? [14-1]

정답 116. ②　117. ④　118. ②　119. ④　120. ③　121. ②　122. ③

① V벨트는 속도비가 큰 경우의 동력 전달에 좋다.
② 비교적 작은 장력으로서 큰 회전력을 얻을 수 있다.
③ V벨트의 종류에는 A, B, C, D, E의 다섯 가지만 있다.
④ V벨트는 사다리꼴의 단면을 가지고, 이음매가 없는 고리 모양이다.

[해설] V벨트의 종류는 M, A, B, C, D, E 여섯 가지이다.

123. V벨트의 특징이 아닌 것은 어느 것인가? [11-1, 16-2]
① 벨트가 잘 벗겨진다.
② 고속 운전을 시킬 수 있다.
③ 미끄럼이 적고, 속도비가 크다.
④ 이음이 없어 전체가 균일한 강도를 갖는다.

[해설] V벨트는 잘 벗겨지지 않는다.

124. V벨트 전동 장치에서 V벨트를 선정하려 할 때 다음 중 고려하지 않아도 되는 것은? [10-1, 17-2]
① V벨트의 장력
② 소요 벨트의 가닥 수
③ V벨트의 종류 및 형식
④ V벨트 풀리의 형상과 지름

125. V-벨트 전동 장치에 사용되는 벨트에 관한 설명으로 옳지 않은 것은 어느 것인가? [12-2, 16-1]
① A등급이 가장 큰 허용 장력을 받을 수 있다.
② 벨트의 단면 규격도 표준 규격이 제정되어 있다.
③ 허용 장력의 크기에 따라 6종류로 규정하고 있다.
④ 벨트의 길이는 조정할 수가 없어 생산 시에 여러 가지 길이의 규격으로 제공한다.

[해설] V벨트의 종류는 M, A, B, C, D, E의 6종류가 있으며, M에서 E쪽 순서로 단면이 커진다.

126. V벨트 풀리의 홈 크기에 대한 규격 중 단면이 가장 큰 것은? [13-2, 17-3]
① M형 ② A형
③ E형 ④ Y형

[해설] V벨트 풀리의 홈 형상 표준 치수는 M, A, B, C, D, E의 6종류가 있으며, M에서 E쪽 순서로 단면이 커진다. 홈은 V벨트의 수명과 전동 효율에 큰 영향을 주므로 정하게 다듬질되어야 한다.

127. V벨트 풀리의 홈 각이 V벨트의 각도에 비해 작은 이유로 옳은 것은? [15-2]
① 고속 회전 시 풀리의 진동 및 소음 방지
② 미끄럼 발생 방지에 의한 동력 손실 감소
③ V벨트가 인장력을 받아 늘어났을 때 동력 손실 방지
④ 장기간 사용 시 마모에 의한 V벨트와 풀리 간 헐거움 방지

[해설] V벨트가 굽혀졌을 때 단면 변화에 따른 미끄럼 발생을 방지하기 때문이다.

128. V벨트 정비에 관한 사항 중 거리가 먼 것은? [10-2]
① 2줄 이상을 건 벨트는 균등하게 처져 있어야 한다.
② 홈 상단과 벨트의 상면이 일치하지 않아도 된다.
③ 벨트 수명은 이론적으로 보면 정장력이 옳다고 본다.

정답 123. ① 124. ① 125. ① 126. ③ 127. ② 128. ②

④ 베이스가 이동할 수 없는 축 사이에서는 장력 풀리를 쓴다.

해설 홈 상단과 벨트의 상면은 거의 일치되어 있어야 한다.

129. 벨트 풀리와 벨트 사이의 접촉면에 치형의 돌기가 있어 미끄럼을 방지하고 맞물려 전동할 수 있는 벨트는? [12-3, 19-1]
① 평벨트   ② V벨트
③ 타이밍 벨트   ④ 체인 벨트

해설 타이밍 벨트는 풀리와 벨트에 기어형의 돌기가 있어 미끄럼이 없이 동력을 전달할 수 있다.

130. 다음 중 타이밍 벨트(timing belt)에 대한 설명으로 틀린 것은? [13-4]
① 큰 힘의 전동에 적합하다.
② 굴곡성이 좋아 작은 풀리에도 사용된다.
③ 정확한 회전 각속도비가 유지된다.
④ 축간 거리가 짧아 좁은 장소에도 설치가 가능하다.

해설 타이밍 벨트는 미끄럼을 방지하기 위하여 안쪽 표면에 이가 있는 벨트로서 정확한 속도가 요구되는 경우의 전동 벨트로 사용된다.

131. 미끄럼이 거의 없어 변속비가 일정하게 유지되나 그 축이 평행한 경우에 한해서 사용되며 진동, 소음에 취약하여 고속 회전에는 사용하기 곤란한 전동 장치로 맞는 것은? [10-3, 16-2]
① 벨트 전동 장치
② 체인 전동 장치
③ 기어 전동 장치
④ 로프 전동 장치

132. 다음 중 체인 전동의 특징으로 옳지 않은 것은? [09-2, 15-1]
① 진동, 소음이 생기지 않는다.
② 유지 및 수리가 간단하고, 수명이 길다.
③ 미끄럼 없이 일정한 속도비를 얻을 수 있다.
④ 인장강도가 크므로 큰 동력을 전달할 수 있다.

해설 체인 전동 장치는 진동, 소음에 취약하다.

133. 다음 중 롤러 체인에 링크의 수가 홀수일 때 연결부로 사용되는 것으로 맞는 것은? [18-3]
① 핀 링크   ② 롤러 링크
③ 이음 링크   ④ 오프셋 링크

해설 링크 수가 짝수일 때는 각 링크가 정상적으로 조립되나 홀수일 경우에는 오프셋 링크 1개를 사용해야 링크 수가 나온다.

134. 삼각형 모양의 다리가 있는 특수한 형태의 강판을 여러 장 연결한 체인으로, 소임이 작아 고속 정숙 회전이 필요할 때 사용하는 체인은? [18-2]
① 링크 체인(link chain)
② 오프셋 링크(offset link)
③ 사일런트 체인(silent chain)
④ 스프로킷 휠(sprocket wheel)

해설 사일런트 체인 : 삼각형 모양의 다리로 운전이 원활하고, 전동 효율이 높으며 소음이 적어 정숙 운전이 가능하나 제작이 어렵고 무거우며 가격이 비싸다.

135. 롤러 체인은 스프로킷 휠과 체인이 마모하면 진동, 소음이 발생하는데 이러한 결점을 감소시킬 수 있으나 제작이 어렵고 무거우며 가격이 비싼 체인은? [12-1]

정답 129. ③   130. ①   131. ②   132. ①   133. ④   134. ③   135. ④

① 부시 체인(bush chain)
② 더블 롤러 체인(double roller chain)
③ 오프셋 체인(offset chain)
④ 사일런트 체인(silent chain)

[해설] 사일런트 체인은 전동 시 조용하다.

136. 롤러 체인을 스프로킷 휠이 부착된 평행축에 평행 걸기를 할 때 거는 방법으로 적합한 것은? [14-2, 20-3]
① 긴장 측에 긴장 풀리를 사용하여 건다.
② 이완 측에 이완 풀리를 사용하여 건다.
③ 긴장 측은 위로, 이완 측은 아래로 하여 건다.
④ 긴장 측은 아래로, 이완 측은 위로 하여 건다.

[해설] 이완 측에 긴장 풀리를 사용하여 건다.

137. 체인의 고속, 중하중용에 적합한 급유 방법은? [10-3, 17-2]
① 적하 급유
② 유욕 윤활
③ 강제 펌프 윤활
④ 회전판에 의한 윤활

[해설] ㉠ 적하 급유법 : 저속용
㉡ 유욕 윤활법 : 중·저속용
㉢ 버킷 윤활법 : 중·고속용
㉣ 강제 펌프 윤활법 : 고속, 중하중용

138. 장비 운전자가 매일 아침 오일러 스핀들을 세워서 1분 간격으로 5~10방울 정도 급유하는 체인 급유법은? [08-3]
① 적하 급유(저속용)
② 유욕 윤활(중·저속용)
③ 회전판에 의한 윤활(중·고속용)
④ 강제 펌프 윤활(고속, 중하중용)

[해설] 적하 급유법 : 비교적 저속 회전의 소형 베어링 등에 많이 사용되며, 기름통에 저장되어 있는 오일을 일정량으로 떨어지게 유량 조절을 하여 윤활하는 방식이다.

139. 체인의 검사 시기나 기준으로 적합하지 않은 것은? [11-3, 18-2]
① 과부하가 걸렸을 때
② 균열이 발생했을 때
③ 체인의 길이가 처음보다 5% 이상 늘어났을 때
④ 링(ring) 단면의 직경이 10% 이상 감소했을 때

140. 체인을 걸 때 이음 링크를 관통시켜 임시 고정시키고 체인의 느슨한 측을 손으로 눌러보고 조정해야 하는데 아래 그림에서 $S-S'$가 어느 정도일 때 적당한가?
[13-1, 17-1]

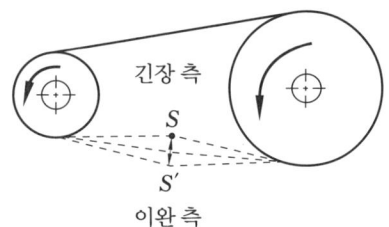

① 체인 폭의 1~2배
② 체인 폭의 2~4배
③ 체인 피치의 1~2배
④ 체인 피치의 2~4배

[해설] 축 사이의 거리에 따라 다르지만 느슨한 측을 손으로 눌러보고 $S-S'$가 체인 폭의 2~4배 정도면 적당하다.

141. 유체 스프링의 매개체로 사용하지 않는 것은 다음 중 어느 것인가?
① 공기 ② 물 ③ 기름 ④ 증기

142. 스프링의 종류 중 용도에 의한 분류가 아닌 것은?
① 완충 스프링 ② 가압 스프링
③ 동력 스프링 ④ 토션 바 스프링

[해설] 스프링 용도에 의한 분류
㉠ 완충용 스프링 ㉡ 측정용 스프링
㉢ 가압 스프링   ㉣ 동력 스프링

143. 충격 에너지를 흡수하여 완충, 방진을 목적으로 하는 스프링에 포함되지 않는 것은?
① 철도 차량용 현가 스프링
② 승강기의 완충 스프링
③ 자동차용 현가 스프링
④ 안전 밸브용 스프링

[해설] 안전 밸브용 스프링은 압력을 거는 목적으로 사용한다.

144. 다음 스프링 중에서 가장 작은 공간을 차지하면서 비교적 큰 힘을 받으며 재생(再生)이 용이한 스프링은?
① 핀 스프링   ② 코일 스프링
③ 접시형 스프링 ④ 스파이럴 스프링

145. 주로 굽힘 하중을 가장 많이 받는 스프링은?
① 겹판 스프링
② 압축 코일 스프링
③ 인장 코일 스프링
④ 스파이럴 스프링

146. 토션 바의 용도 중 가장 알맞은 것은?
① 시계의 태엽 스프링
② 자동차의 현가 스프링
③ 안전 밸브의 스프링
④ 힘의 측정용 스프링

147. 다음은 스프링의 기능을 나타낸 것이다. 맞지 않는 것은?
① 응력 집중 완화
② 하중의 측정 및 조정
③ 에너지의 축적
④ 진동 완화와 충격 에너지 흡수

148. 다음은 스프링 재료의 일반적인 성질이다. 틀린 것은?
① 탄성 한도와 비례 한도가 커야 한다.
② 부식이 잘 되지 않아야 한다.
③ 전성과 연성이 풍부해야 한다.
④ 담금질에 의해서 강도와 탄성 한도가 증가하여야 한다.

[해설] 스프링 재료의 구비 조건
㉠ 탄성 한도가 크고 영구 변형이 없을 것
㉡ 피로강도가 우수할 것
㉢ 가공 및 열처리가 쉬울 것
㉣ 표면 상태가 양호할 것
㉤ 부식에 강할 것

149. 탄성 한도 및 피로 한도가 높아 스프링을 만드는 재료로 가장 적합한 것은?
① SPS6   ② SKH4
③ STC4   ④ SS330

[해설] 스프링강의 기호는 SPS로 탄성 한계, 항복점이 높은 Si-Mn강이 사용되며 고급품에는 Cr-V강이 사용된다.

150. 철강재 스프링 재료가 갖추어야 할 조건으로 틀린 것은? [18-2, 19-4]

정답 142. ④ 143. ④ 144. ③ 145. ① 146. ② 147. ① 148. ④ 149. ① 150. ②

① 부식에 강해야 한다.
② 피로강도와 파괴 인성치가 낮아야 한다.
③ 가공하기 쉽고, 열처리가 쉬운 재료이어야 한다.
④ 높은 응력에 견딜 수 있고, 영구 변형이 없어야 한다.

해설 피로강도와 파괴 인성치가 높아야 한다.

151. 고무 스프링(rubber spring)의 특징에 대한 설명으로 옳은 것은? [16-2]
① 감쇠 작용이 커서 진동의 절연이나 충격 흡수가 좋다.
② 노화와 변질 방지를 위하여 기름을 발라두어야 한다.
③ 인장력에 강하지만 압축력에 약하므로 압축 하중을 피하는 것이 좋다.
④ 크기 및 모양을 자유로이 선택할 수 없고 여러 가지 용도로 사용이 불가능하다.

152. 엔진의 밸브 스프링과 같이 빠른 반복 하중을 받는 스프링에서는 그 반복 속도가 스프링의 고유 진동수에 가까워지면 심한 공진을 일으킨다. 이 현상은?
① 공명 현상   ② 캐비테이션
③ 서징   ④ 동진동

153. 코일의 평균 지름과 자유 높이의 비를 무엇이라 하는가?
① 스프링 지수   ② 스프링 종횡비
③ 스프링 상수   ④ 스프링 지름

154. 스프링에서 단위 변형량에 대한 하중의 크기로 나타내는 것을 무엇이라 하는가?

① 스프링 지름   ② 피치
③ 감김 수   ④ 스프링 상수

155. 코일 스프링에서 스프링 지수 C를 4 이하로 하는 것은 좋지 못하다. 다음 중 옳은 것은?
① 스프링의 종횡비를 크게 하여 좌굴을 발생시킨다.
② 왈의 응력 수정계수 K의 값을 작게 하여 인장력을 증가시킨다.
③ 스프링 상수 값을 적게 하여 변형량이 작아지기 때문이다.
④ 전단력을 크게 하는 결과가 되어 제작할 때 손상이 생기기 쉽다.

해설 스프링 지수가 작아지면 국부 응력이 커져 가공성이 나빠진다. 스프링 지수는 열간으로 성형하는 경우에는 4~15, 냉간으로 성형하는 경우에는 4~22의 범위에서 선택해야 한다.

156. 코일 스프링에서 스프링 지수 C의 값은 대체로 어느 범위 내에 있는가?
① 3~8   ② 4~10
③ 15~20   ④ 25~30

157. 스프링에 작용하는 힘을 W[kgf], 변위량을 δ[mm], 마찰계수를 μ, 스프링 정수를 k라 할 때 W를 구하는 식은?
① $W=k\delta$ ② $W=k/\delta$
③ $W=\mu k\delta$ ④ $W=k/\mu\delta$

158. 2개의 코일 스프링을 그림과 같이 연결했을 때 합성 스프링 상수는 얼마인가? (단, $k_1=0.1$ kgf/mm, $k_2=0.15$ kgf/mm 이다.)

정답 151. ① 152. ③ 153. ② 154. ④ 155. ④ 156. ② 157. ① 158. ①

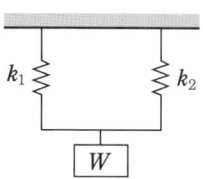

① 0.25 ② 0.5 ③ 8.3 ④ 16.7

해설 $k = k_1 + k_2$

159. 그림과 같은 스프링 장치에서 각 스프링의 상수 k_1=4kgf/cm, k_2=5kgf/cm, k_3=6kgf/cm이며 하중 방향의 처짐 δ=150mm일 때 하중 P는 얼마인가?

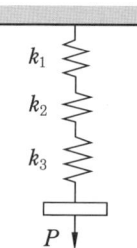

① P=251kgf ② P=225kgf
③ P=31.4kgf ④ P=24.3kgf

해설 $\dfrac{1}{k} = \dfrac{1}{k_1} + \dfrac{1}{k_2} + \dfrac{1}{k_3}$

$= \dfrac{1}{4} + \dfrac{1}{5} + \dfrac{1}{6} = \dfrac{37}{60}$, $k = \dfrac{60}{37}$ kgf/cm

$\therefore P = k\delta = \dfrac{60}{37} \times 15 \fallingdotseq 24.3$ kgf

160. 코일 스프링에서 스프링의 평균 지름을 2배로 하면 같은 축 방향의 하중에 의한 늘어남은 몇 배가 되는가 또 이때 선재에 생기는 최대 전단 응력은 몇 배로 되는가?

① 늘어남은 2배, 전단 응력은 4배
② 늘어남은 4배, 전단 응력은 2배
③ 늘어남은 4배, 전단 응력은 4배
④ 늘어남은 8배, 전단 응력은 2배

해설 $\tau = \dfrac{8Wd}{\pi d^3}$, $\delta = \dfrac{8n_a D^3 W}{G d^4}$

여기서, τ : 전단 응력(Pa), W : 하중(N), d : 소선의 지름(mm), δ : 스프링의 처짐(mm), G : 가로 탄성계수(GPa), n_a : 감김 수, D : 코일의 평균 지름(mm)

161. 압축 원통 코일 스프링에서 유효 감김 수만을 2배로 하면 같은 축하중에 대하여 처짐은 몇 배가 되는가?

① 2배 ② 4배 ③ 6배 ④ 8배

해설 $\delta = \dfrac{8n_a D^3 W}{G d^4}$

$\therefore$ 코일 스프링에서 유효 감김 수를 2배로 하면 축 하중의 처짐량도 2배가 된다.

162. 같은 체적일 때 코일 스프링은 겹판 스프링에 비해 약 몇 배의 에너지를 축적할 수 있는가?

① 1배 ② 2배 ③ 2.5배 ④ 3.9배

163. 스프링의 직경을 두 배로 하면 인장 강도는 몇 배로 변화되는가?

① 2배 ② 4배 ③ $\dfrac{1}{2}$배 ④ $\dfrac{1}{4}$배

164. 다음 브레이크 역할 중 틀린 것은?

① 운동 에너지 흡수
② 운동 에너지 방출
③ 기계 운동을 정지
④ 기계 운동을 감속

165. 브레이크 재료로 사용 시 마찰계수가 가장 큰 것은 어느 것인가? (단, 마찰 조건은 건조 상태이다.)

① 주철 ② 가죽
③ 연강 ④ 석면

해설 브레이크 재료의 마찰계수는 석면이 0.35~0.6으로 가장 크다.

166. 고정 원판식 코일에 전류를 통하면, 전자력에 의하여 회전 원판이 잡아 당겨져 브레이크가 걸리고, 전류를 끊으면 스프링 작용으로 원판이 떨어져 회전을 계속하는 브레이크는?
① 밴드 브레이크 ② 디스크 브레이크
③ 전자 브레이크 ④ 블록 브레이크

167. 브레이크 중 양 접촉 물체 사이에 마찰력이 생겨 브레이크 작용을 하게 되므로 보통 가죽 아스베이트 등을 붙여 사용하는 것은?
① 블록 브레이크 ② 축압 브레이크
③ 밴드 브레이크 ④ 유압 브레이크

168. 밴드 브레이크의 밴드 접촉각은?
① 180°~270° ② 360°~450°
③ 270°~360° ④ 450°~630°

169. 브레이크의 마찰면이 원판으로 되어 있고 원판의 수에 따라 단판 브레이크와 다판 브레이크로 분류되는 것은?
① 블록 브레이크 ② 밴드 브레이크
③ 드럼 브레이크 ④ 디스크 브레이크

해설 블록 브레이크는 회전하는 브레이크 드럼을 브레이크 블록으로 누르게 한 것으로 브레이크 블록의 수에 따라 단식 블록 브레이크와 복식 블록 브레이크로 분류한다.

170. 마찰면을 원뿔형 또는 원판으로 하여 나사나 지레 등으로 축 방향으로 밀어붙이는 형식의 브레이크는 어느 것인가?
① 축압 브레이크
② 밴드 브레이크
③ 자동 하중 브레이크
④ 블록 브레이크

해설 축 방향으로 밀어붙이는 형식 : 원판 브레이크, 원추 브레이크, 축압 다판식 브레이크

171. 다음 중 마찰 브레이크가 아닌 것은?
① 원판 브레이크 ② 밴드 브레이크
③ 폴 브레이크 ④ 블록 브레이크

해설 폴 브레이크 : 시계 태엽, 기중기 등 역전 방지 기구에 사용되는 브레이크

172. 하중에 의해서 자동적으로 제동이 걸리는 브레이크는?
① 원판 브레이크 ② 블록 브레이크
③ 밴드 브레이크 ④ 웜 브레이크

해설 자동 하중 브레이크 : 윈치, 크레인으로 짐을 올릴 때 클러치 작용을 하고 짐을 아래로 내릴 때 하물 자중에 의해 정지시키는 작용을 한다. 종류에는 웜 브레이크, 나사 브레이크, 원심 브레이크, 캠 브레이크, 코일 브레이크 등이 있다.

173. 다음 중 자동 하중 브레이크의 종류를 나타낸 것은?
① 웜 브레이크, 나사 브레이크, 코일 브레이크
② 블록 브레이크, 웜 브레이크, 캠 브레이크
③ 로프 브레이크, 밴드 브레이크, 원심력 브레이크
④ 밴드 브레이크, 나사 브레이크, 원추 브레이크

174. 자동 하중 브레이크에 대한 설명 중 틀린 것은?
① 정회전에는 저항이 없다.
② 정회전에는 자동적으로 브레이크가 걸린다.
③ 역회전에는 자동적으로 브레이크가 걸린다.
④ 역회전에는 저항이 있다.

175. 브레이크 라이닝의 구비 조건으로 적당하지 않은 사항은?
① 마찰계수가 작을 것
② 내마멸성이 클 것
③ 내열성이 클 것
④ 제동 효과가 양호할 것

176. 다음 중 브레이크 용량을 표시하는 식은?
① 마찰계수×속도×압력
② 마찰계수×속도 변화율
③ 마찰 압력계수×속도
④ 속도계수×마찰력

177. 다음 중 브레이크 용량을 표시하는 것은?
① $\dfrac{속도 \times 압력}{면적}$
② $\dfrac{마찰력 \times 속도}{면적}$
③ $\dfrac{마찰력 \times 면적}{속도}$
④ $\dfrac{마찰력 \times 압력}{마찰계수}$

178. 다음 중 브레이크 효율 η를 구하는 식은?
① $\eta = \dfrac{브레이크 압력의 실제값}{브레이크 압력의 이론값}$
② $\eta = \dfrac{브레이크 드럼의 길이}{브레이크 블록의 길이}$
③ $\eta = \dfrac{브레이크 제동 시간}{브레이크 조작 시간}$
④ $\eta = \dfrac{브레이크 배율}{브레이크 압력}$

179. 마찰 브레이크에서 브레이크에 작용하는 수직 압력을 W[kgf], 마찰계수를 μ라 할 때 마찰력 f를 구하는 공식은 어느 것인가?
① $f = \mu\pi W$
② $f = \mu W$
③ $f = 0.25\mu W$
④ $f = \mu/W$

180. 브레이크 드럼에서 브레이크 블록에 수직으로 밀어붙이는 힘이 1000N이고 마찰계수가 0.45일 때 드럼의 접선 방향 제동력은 몇 N인가?
① 150
② 250
③ 350
④ 450

[해설] $f = \mu Q$
$= 0.45 \times 1000 = 450\,\text{N}$
여기서, f : 제동력, μ : 마찰계수, Q : 블록 브레이크에서 밀어붙이는 힘

181. 밴드 브레이크의 긴장 측 장력 814 kgf, 두께 2mm, 허용 응력 8kgf/mm²일 때 밴드의 폭은?
① 약 40mm
② 약 5.1cm
③ 약 60mm
④ 약 7.1cm

[해설] $\sigma = \dfrac{T_1}{tb}$, $\therefore b = 50.875\,\text{mm}$
여기서, σ : 인장 응력, T_1 : 밴드의 긴장 측 장력, t : 밴드 두께, b : 밴드 폭

182. 브레이크 블록의 길이가 60mm, 폭이 30mm이고, 브레이크의 압력이

[정답] 174. ② 175. ① 176. ① 177. ② 178. ① 179. ② 180. ④ 181. ② 182. ④

0.02 kgf/mm² 일 때 브레이크 블록을 미는 힘은?

① 96 kgf ② 0.4 kgf
③ 40 kgf ④ 36 kgf

해설 $P = \dfrac{F}{A} = \dfrac{F}{bl}$

∴ $F = Pbl = 0.02 \times 30 \times 60 = 36\,\text{kgf}$

여기서, P : 브레이크 압력, F : 블록을 미는 힘, A : 블록의 면적, b : 블록의 폭, l : 블록의 길이

183. 브레이크 드럼의 지름이 400 mm, 브레이크 드럼에 작용하는 힘이 150 kgf인 경우 드럼에 작용하는 토크는 몇 kgf·mm인가? (단, $\mu = 0.2$이다.)

① 1200 ② 6000
③ 12000 ④ 60000

해설 $T = \dfrac{QD}{2} = \dfrac{\mu PD}{2} = \dfrac{0.2 \times 150 \times 400}{2}$
$= 6000\,\text{kgf·mm}$

여기서, T : 드럼에 작용하는 토크, μ : 마찰계수, P : 드럼에 작용하는 힘, D : 드럼의 지름

184. 다음 중 주철관에 대한 설명으로 틀린 것은? [20-2]

① 내식성이 풍부하다.
② 내수성이 우수하다.
③ 강관보다 가볍고 강하다.
④ 수도, 가스, 배수 등의 배설관으로 사용된다.

해설 주철관은 강관에 비해 무겁다.

185. 수도, 가스, 배수관 등에 사용하는 주철관이 강관에 비하여 우수한 점은 무엇인가? [11-1, 14-1, 19-2]

① 충격에 강하고 수명이 길다.
② 내약품성, 열전도성, 용접성이 좋다.
③ 비중이 작고 높은 내압에 잘 견딘다.
④ 내식성이 우수하고 가격이 저렴하다.

해설 주철관은 강관보다 무겁고 약하나, 내식성이 풍부하고, 내구성이 우수하며 가격이 저렴하여 수도, 가스, 배수 등의 배설관에 사용된다.

186. 일반 배관용 강관의 기호 중 배관용 탄소 강관을 나타내는 것은? [12-2, 16-3]

① SPA ② SPW ③ SPP ④ SUS

187. 압력 배관용 탄소 강관에서 스케줄 번호(schedule no)는 무엇을 나타내는가? [13-2]

① 관의 바깥지름 ② 관의 안지름
③ 관의 길이   ④ 관의 두께

188. 냉간 인발로 제작된 이음매 없는 관으로 값이 비싸고 고온 강도가 약한 단점이 있으나 내식성, 굴곡성이 우수하고 전기 및 열전도성이 좋고 내압성이 있어 열교환기, 급수, 압력계 배관, 급유관으로 널리 사용되는 관은? [12-3, 16-1]

① 주철관 ② 강관 ③ 가스관 ④ 동관

해설 동관은 냉간 인발로 제작된 이음매 없는 관으로 값이 비싸고, 고온 강도가 약한 결점이 있다.

189. 다음 중 관 이음(pipe joint)의 종류가 아닌 것은? [17-2]

① 나사 이음 ② 신축 이음
③ 수막 이음 ④ 플랜지 이음

해설 수막 이음이라는 관 이음은 없다.

정답 183. ② 184. ③ 185. ④ 186. ③ 187. ④ 188. ④ 189. ③

190. 배관 이음 중 용접 이음의 특징으로 옳지 않은 것은? [15-1]
① 설비비와 유지비가 적게 든다.
② 나사식 이음보다 문제 발생이 적다.
③ 누설의 조기 발견과 처치가 중요하다.
④ 정비를 위하여 중간에 유니언 이음쇠를 부착한다.

[해설] 유니언 이음쇠는 나사식 이음에서 사용한다.

191. 동관 이음을 할 때 관 끝 모양을 접시 모양으로 넓혀서 이음하는 방식은?
① 플랜지(flange) 이음 [08-3, 10-2]
② 나사(screw) 이음
③ 압축(compressed) 이음
④ 플레어리스(flareless) 이음

192. 생 이음이라고도 하며, 파이프에 나사를 절삭하지 않고 이음하는 것으로 숙련이 필요하지 않고 시간과 공정이 절약되는 관 이음은? [17-2]
① 신축 이음
② 턱걸이 이음
③ 패킹 이음
④ 고무 이음

193. 관의 직경이 비교적 크고, 내압이 비교적 높은 경우에 사용되며, 분해 조립이 편리한 관 이음은? [09-2, 11-2, 15-3, 19-2]
① 나사 이음
② 용접 이음
③ 플랜지 이음
④ 턱걸이 이음

[해설] 플랜지 이음
㉠ 부어 내기 플랜지 : 주철관이며, 관과 일체로 플랜지를 주물로 부어 내서 만들어진 것이다.
㉡ 나사형 플랜지 : 관용 나사로 플랜지를 강관에 고정하는 것이며, 지름 200 mm 이하의 저압 저온 증기나 약간 고압 수관에 쓰인다.
㉢ 용접 플랜지 : 용접에 의해 플랜지를 관에 부착하는 방법이고 맞대기 용접식, 꽂아 넣기 용접식 등이 있다.
㉣ 유합(遊合) 플랜지 : 강관, 동관, 황동관 등의 끝 부분의 넓은 부분을 플랜지로 죄는 방법이다.

194. 관의 이음에서 신축 이음(flexible joint)을 하는 이유로 부적당한 것은? [13-2]
① 온도 변화에 따라 열팽창에 대한 관의 보호
② 열 영향으로부터 관을 보호
③ 배관 측의 변위 고정, 진동에 대한 관의 보호
④ 매설관 등 지반의 부동침하에 따른 관의 보호

[해설] 신축 이음을 하는 이유
㉠ 열에 의한 관의 수축 허용
㉡ 팽창 열 응력으로부터 관의 보호
㉢ 축 방향의 과도한 응력 발생 방지
㉣ 매설관 등 지반의 부동침하에 따른 관의 보호

195. 다음 중 관 이음쇠의 기능이 아닌 것은 어느 것인가? [09-1, 11-3, 15-2, 19-3]
① 관로의 연장
② 관로의 곡절
③ 관로의 분기
④ 관의 피스톤 운동

[해설] 관 이음쇠의 기능
㉠ 관로의 연장

정답 190. ④ 191. ④ 192. ③ 193. ③ 194. ③ 195. ④

ⓒ 관로의 곡절
ⓒ 관로의 분기
ⓔ 관의 상호 운동
ⓜ 관 접속의 착탈

196. 펌프의 배관을 90도로 방향을 바꾸고자 할 때 사용하는 배관용 이음쇠는 무엇인가? [14-2, 19-2]
① 크로스(cross)   ② 유니언(union)
③ 엘보(elbow)   ④ 리듀서(reducer)

해설 ㉠ 크로스 : 3방향 분기 시 사용
ⓒ 유니언 : 직선 이음 시 사용
ⓒ 엘보 : 90도로 방향을 바꾸고자 할 때 사용
ⓔ 리듀서 : 배관경을 줄이거나 늘리는데 사용

197. 배관의 직선 연결 이음에 사용되지 않는 배관용 관 이음쇠는? [08-1]
① 유니언   ② 니플
③ 플러그   ④ 부싱

198. 배관 계통의 정비를 위하여 분해할 필요가 있는 곳에 사용하는 관 이음쇠로 맞는 것은? [10-3, 12-1, 17-1]
① 니플   ② 엘보우
③ 리듀서   ④ 유니언

199. 관의 안지름 1.2m, 평균 유속 3m/s인 도수관 1개를 사용할 때 이 도수관에 흐르는 유량은 약 몇 m³/s인가? [17-3]
① 3.39   ② 6.79
③ 33.93   ④ 67.85

해설 $Q[\text{m}^3/\text{s}] = AV$, $A = \dfrac{\pi d^2}{4}$

200. 배관 정비에서 누설에 관한 설명으로 틀린 것은? [13-3, 18-2]
① 나사부의 정비 등으로 탈·부착을 반복함으로써 나타난 마모는 누설과 관계가 없다.
② 나사부에서 증기, 물 등의 누설은 관의 나사 부분을 부식시켜 강도 저하, 균열, 파단의 원인이 된다.
③ 배관 이음쇠 용접부의 일부에 균열이 생겨 누설이 진행되면 파단에 이르기도 하므로 조기 발견이 중요하다.
④ 비틀어 넣기부 배관의 나사부에서 누설 시 그 상태로 밸브나 관을 더 조이면 반드시 반대 측의 나사부에 풀림이 생겨 누설 개소가 이동한다.

해설 반복적인 나사부 탈·부착에 의한 마모는 누설의 원인이 된다.

2. 기계 장치 보전

2-1 밸브의 점검 및 정비

(1) 밸브의 종류별 특성

① 밸브

   (가) 리프트 밸브(lift valve) : 유체 흐름의 차단 장치로 가장 널리 사용되는 스톱 밸브로 유체의 에너지 손실이 크나 작동이 확실하고, 개폐를 빨리 할 수 있으며, 밸브와 밸브 시트의 맞댐도 용이하고 가격도 저렴하다.

      ㉮ 글로브 밸브(globe valve) : 유체의 입구 및 출구가 일직선상에 있고 흐름의 방향이 동일한 밸브로, 보통 밸브 박스가 구형으로 만들어져 있으며 구조상 유로가 S형이고 유체의 저항이 크므로 압력강하가 큰 결점이 있다.

      ㉯ 앵글 밸브(angle valve) : 흐름의 방향이 90° 변화하는 밸브이다.

   (나) 게이트 밸브 : 밸브봉을 회전시켜 열 때 밸브 시트면과 직선적으로 미끄럼 운동을 하는 밸브로 밸브판이 유체의 통로를 전개하므로 흐름의 저항이 거의 없다. 그러나 1/2만 열렸을 때는 와류가 생겨서 밸브를 진동시킨다. 밸브를 여는데 시간이 걸리고, 높이도 높아져 밸브와 시트의 접합이 어려우며 마멸이 쉽고 수명이 짧다. 밸브의 경사는 1/8~1/15이고 보통 1/10이다.

   (다) 플랩 밸브와 나비형 밸브

      ㉮ 플랩 밸브(flap valve) : 관로에 설치한 힌지로 된 밸브판을 가진 밸브로 밸브판을 회전시켜 개폐를 한다. 스톱 밸브 또는 역지 밸브로 사용된다.

      ㉯ 나비형 밸브 : 원형 밸브판의 지름을 축으로 하여 밸브판을 회전함으로써 유량을 조절하는 밸브이나 기밀을 완전하게 하는 것은 곤란하다.

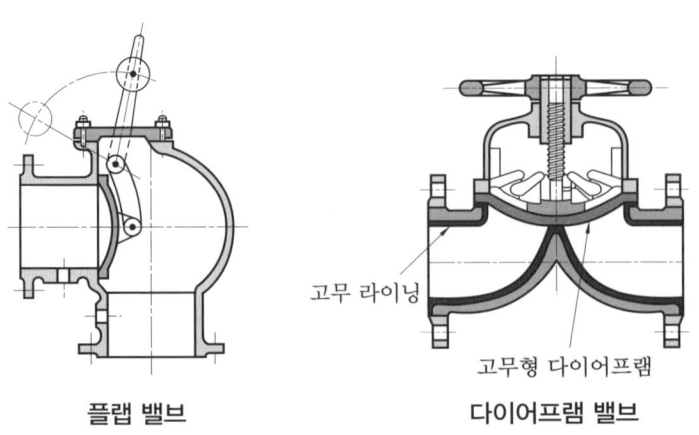

플랩 밸브   다이어프램 밸브

㈔ 다이어프램 밸브(diaphragm valve) : 산성 등의 화학약품을 차단하는 경우에 내약품, 내열 고무제의 격막판을 밸브 시트에 밀어붙이는 것으로 부식의 염려가 없다.
㈤ 체크 밸브 및 자동 밸브
  ㉮ 체크 밸브 : 유체의 역류를 방지하여 한쪽 방향으로만 흘러가게 하는 역류 방지 밸브이다.
  ㉯ 자동 밸브 : 펌프 등의 흡입, 배출을 행하여 피스톤의 왕복 운동에 의한 유체의 역류를 자동적으로 방지하는 밸브이다.
㈥ 감압 밸브 : 유체 압력이 사용 목적에 비하여 너무 높을 경우 자동적으로 압력이 감소되어 감압시키고 감소된 압력을 일정하게 유지시키는데 사용되는 밸브이다.
② 콕 : 콕은 구멍이 뚫려 있는 원통 또는 원뿔 모양의 플러그(plug)를 0~90° 회전시켜 유량을 조절하거나 개폐하는 용도로 사용한다.

(2) 밸브의 정비

① 밸브 관리의 중요사항
㈎ 플랜지부의 누설은 정확한 개스킷의 선정이 제일 중요하며 플랜지의 누설 방지를 위해서는 우선 적절한 종류와 약간 두꺼운 개스킷을 선정한다. 취급 유체가 일반 공장에 있어서 1MPa, 120℃ 이하의 물, 기름, 공기, 가스, 포화 증기라면 개스킷 1mm 두께 전후의 것을 정확히 잘라서 부착한다.
㈏ 플랜지 볼트의 죔을 적절히 한다.
㈐ 나사 이음의 경우는 테플론 실 테이프를 사용한다. 이것은 240~300℃까지의 유체에 적합하다.
㈑ 누설을 방지하려면 나사 이음을 정확히 해야 한다.

② 밸브의 정비
㈎ 핸들의 회전 방향을 정확히 확인한다.
㈏ 밸브를 여는 방법 : 처음에 약간 열고 유체가 흐르기 시작하는 소리 및 약간 진동을 느끼면 흐름 방향의 관이나 기기에 이상이 없음을 확인하고 핸들 바퀴가 정지될 때까지 회전시킨 후 약 1/2 회전을 닫음 방향으로 역전시켜 둔다.
㈐ 밸브를 닫는 방법 : 서서히 닫지만, 밸브 누르개의 부분이 마모된 글로브 밸브나 슬루스 밸브에서는 전폐에 가까워지면 밸브체가 내부에서 진동을 일으킬 때가 있다. 이 경우에는 빨리 닫아야 한다.
㈑ 이종(異種) 금속으로 만든 밸브 : 열팽창 차이에 주의한다.

2-2 펌프의 점검 및 정비

(1) 펌프의 종류

① 원리 구조상에 의한 분류

⑺ 비용적식 펌프 : 임펠러의 회전에 의한 반작용에 의하여 유체에 운동 에너지를 주고 이를 압력 에너지로 변환시키는 것으로, 토출되는 유체의 흐름 방향에 따라 원심형과 축류형 및 혼류형이 있는 프로펠러형으로 구분된다.

⑷ 용적식 펌프 : 왕복식과 회전식으로 구분되며, 왕복식은 원통형 실린더 안에 피스톤 또는 플런저를 왕복 운동시키고 이에 따라 개폐하는 흡입 밸브와 토출 밸브의 조작에 의해 피스톤의 이동 용적만큼의 유체를 토출하는 것이다. 회전식은 회전하는 밀폐 공간에 유체를 가두어 저압에서 고압으로 압송하는 것으로 점도가 높은 오일이나 기타 특수 액체용으로 사용되며 소형이 많다.

② 사용되는 재질에 따른 분류

⑺ 주철제 펌프 : 일반 범용 펌프는 대부분 이에 속하나 일부 임펠러 샤프트 메탈 등에 다른 재질을 사용한 것도 있다.

⑷ 전 주철제 펌프 : 특별히 접액부에 쇠 이외의 것을 사용하여서는 안 되는 액인 경우 구별하고 있다.

⑸ 요부 청동제 펌프, 요부 스테인리스 펌프 : 펌프의 특별히 중요한 부분, 예를 들면 임펠러 베어링 기어 샤프트에 포금 또는 스테인리스를 사용한 펌프이다.

⑹ 접액부 청동제 펌프, 접액부 스테인리스 펌프 : 액이 접촉되는 곳 전부를 포금 또는 스테인리스로 제작한 펌프이다.

⑺ 전 청동제 펌프, 전 스테인리스 펌프 : 펌프 본체 전부를 포금 또는 스테인리스로 제작한 펌프이다.

⑻ 경질 염비제 펌프 : 경질 염화비닐 또는 동일한 수지로 만든 펌프이며, 내식성이 우수하나 일반적으로 온도와 외력에 약한 결점이 있다.

⑼ 주강제 펌프 : 대단히 고압용에 사용되며 이에 준하여 덕타일 주철제도 사용한다.

⑽ 고규소 주철제 : 규소를 많이 함유한 내식성 있는 특수 주철제 펌프이다.

⑾ 고무 라이닝 펌프 : 내식 또는 내마모를 위해 접액부에 고무 라이닝을 한 펌프이다.

⑿ 경연 펌프 : 경연 또는 경연 라이닝을 한 펌프이다.

⒀ 자기제 펌프 : 접액부를 도자기로 만든 펌프이다.

⒁ 티탄 하스텔로이 탄탈 펌프 : 특수 금속제 펌프이다.

⒂ 테플론 플라스틱 펌프

③ 취급액에 의한 분류

(가) 청수용 펌프 : 얕은 우물용, 깊은 우물용

(나) 오수용 펌프(오물용) : 수세식 정화조

(다) 온수용, 냉수용 펌프 : 냉난방용 순환 펌프

(라) 특수 액용 펌프

(마) 오일 펌프

(바) 유압 펌프

④ 실에 의한 분류

(가) 그랜드(gland) 방식 펌프

(나) 메커니컬 실(mechanical seal) 방식 펌프

(다) 오일실(oil seal) 방식 펌프

(2) 펌프의 구조

① 원심 펌프(centrifugal pump)

(가) 원심 펌프의 구조와 특징 : 임펠러, 흡입관, 펌프 케이싱, 안내 깃, 와류실, 축, 패킹 상자, 베어링, 토출관으로 구성되어 있다.

㉮ 케이싱 : 임펠러에 의해 유체에 가해진 속도 에너지를 압력 에너지로 변환되도록 하고 유체의 통로를 형성해 주는 역할을 하는 일종의 압력 용기로 볼(bowl) 케이싱과 벌류트(volute) 케이싱으로 크게 분류한다.

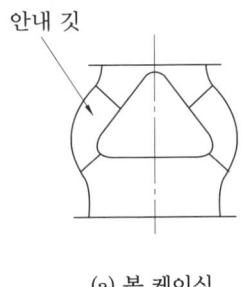
(a) 볼 케이싱

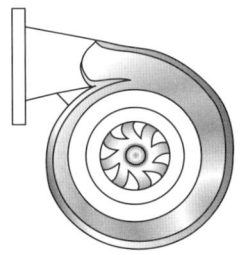
(b) 싱글 벌류트 케이싱

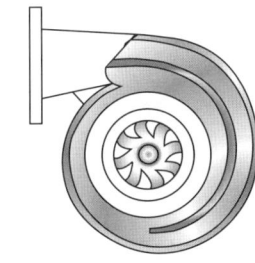
(c) 더블 벌류트 케이싱

케이싱

㉯ 안내 깃(guide vane) : 임펠러로부터 송출되는 유체를 와류실로 유도하며 유체 속도 에너지를 마찰저항 등 불필요한 에너지 소모 없이 압력 에너지로 전환되게 한다.

㉰ 임펠러(회전차) : 일정 속도로 회전하는 전동기에 의해 구동축이 회전을 하고 임펠러는 이 구동축에서 전달하는 동력을 유체에 전달하게 된다.

㉣ 밀봉 장치 : 축봉 장치라고도 하며, 축이 케이싱을 관통하는 부분에서 축 주위에 원통형의 스터핑 박스(stuffing box) 또는 실 박스(seal box)를 설치하고 내부에 실 요소를 넣어 케이싱 내의 유체가 누설되거나 케이싱 내로 공기 등의 이물질이 유입되는 것을 방지하는 장치이다.

㉤ 베어링 : 베어링은 힘과 자중을 지지하면서 마찰을 줄여 동력을 전달하는 기계 요소이다.

㉥ 축 : 강도뿐만 아니라 진동상의 안전도 고려하여 치수를 결정한다.

㉦ 커플링 : 동력을 원동축에서 종동축으로 전달하는 요소이다.

㉧ 스러스트 경감 장치 : 축추력은 원심 펌프에서만 발생한다. 축추력은 베어링에서만 받을 수 있도록 하는 것이 가장 효율적이나 고가의 베어링을 사용해야 하며 펌프의 체적도 커지기 때문에 추력을 경감시키는 방법을 사용해야 한다.

(나) 원심 펌프의 특징

㉠ 전동기와 직결하여 고속 회전 운전이 가능하다.

㉡ 유량, 양정이 넓은 범위에서 사용이 가능하다.

㉢ 다른 펌프에 비해 경량이고 설치 면적이 작다.

㉣ 맥동이 없이 연속 송수가 가능하다.

㉤ 구조가 간단하고 취급이 쉽다.

(다) 디퓨저 펌프와 벌류트 펌프

㉠ 디퓨저 펌프(diffuser pump) : 터빈 펌프라고도 하며, 안내 날개가 있는 펌프

㉡ 벌류트 펌프(volute pump) : 와류형이라고도 하며, 안내 날개가 없는 펌프

(라) 편흡입 펌프와 양흡입 펌프

㉠ 편흡입 펌프(single suction pump) : 임펠러의 한쪽으로만 액체가 흡입되는 펌프

㉡ 양흡입 펌프(double suction pump) : 흡입 노즐이 임펠러 양쪽으로 설치되고 임펠러, 축 등을 맞대게 해서 양쪽으로 액체가 흡입되는 펌프로 축추력을 제거하는 방식이며, 대용량을 필요로 하거나 가용 유효 흡입 수두(NPSH)가 적을 경우 사용된다.

(마) 수평형 펌프와 수직형 펌프

㉠ 수평형 펌프 : 펌프의 축이 수평인 펌프로 수직형보다 많이 사용된다.

㉡ 수직형 펌프 : 펌프의 축이 수직인 펌프로 설치 장소가 좁거나 흡입 양정이 높은 경우에 사용된다.

(바) 일체형 펌프와 분할형 펌프

㉠ 일체형 펌프 : 와류실부를 한 몸체로 만들고 그 한쪽을 커버형으로 만들어 임펠러를 넣는 형식

⊕ 수평 분할형(horizontal split type) 펌프 : 축심을 포함한 수평면에서 케이싱을 상하 분할하는 형식
⊕ 수직 분할형(vertical split type) 펌프 : 축심을 포함한 수직면에서 케이싱을 상하 분할하는 형식
⊕ 배럴형(barrel type) 펌프 : 고온 고압의 액체를 취급하는 발전소 등의 펌프에서 열팽창 및 압력에 의한 인장으로부터 펌프를 보호하기 위하여 펌프 케이싱 밖에 만들어 주는 또 하나의 케이싱인 배럴 형식
(사) 단단 펌프 : 임펠러의 수가 1개인 펌프
(아) 다단 펌프 : 임펠러 다단 펌프로 양정이 부족할 때 임펠러에서 나온 액체를 다음 단의 임펠러 입구로 이송하고 다시 임펠러로 에너지를 주면 양정이 높아지며, 더욱 단수를 겹칠수록 높은 양정을 만드는 펌프

② **프로펠러 펌프(propeller pump)** : 프로펠러의 형태와 그 작용에 따라 혼류형(mixed flow type)과 축류형(axial flow type)으로 나누어진다.

③ **왕복 펌프** : 실린더 안을 피스톤 또는 플런저가 왕복 운동을 하는 과정에서 토출 밸브와 흡입 밸브가 교대로 개폐하여 유체를 펌핑하는 펌프이다.
  (가) 피스톤 펌프(piston pump) : 고압 펌프이다.
  (나) 플런저 펌프(plunger pump) : 고압의 배출 압력이 필요한 경우에 사용되는 피스톤과 같은 모양의 왕복 플런저가 들어 있다.
  (다) 다이어프램 펌프(diaphragm pump) : 유연성 금속, 플라스틱 또는 고무로 된 격막을 가진 펌프이다.

④ **회전 펌프**
  (가) 기어 펌프 : 효율이 낮으며, 소음과 진동이 심하고 기름 속에 기포가 발생한다.
  (나) 베인 펌프 : 기어, 피스톤 펌프에 비해 토출 맥동이 적고 공회전이 가능하며, 베인의 선단이 마모되어도 체적 효율의 변화가 없다.
  (다) 나사 펌프(screw pump) : 퀸 바이 펌프(quin by pump)와 INO형 펌프가 있다.
  (라) 로브 펌프(lobe pump) : 케이싱 내 로브의 회전에 의해 흡입 측 공동으로 유체가 유입된 후 로브에 의해 토출 측으로 송출시킨다.

⑤ **특수 펌프**
  (가) 마찰 펌프 : 구조가 간단하고 제작이 쉬우며, 소형에 적당하고 유량이 적은 편이다.
  (나) 분류 펌프 : 노즐에서 높은 압력의 유체를 혼합실 속으로 분출시켜 혼합실로 보내진 송출 유체를 동반하여 확대관으로 송출 압력이 증가되면서 목적하는 곳에 수송되는 장치이다.
  (다) 기포 펌프 : 공기관에 의하여 압축공기를 양수관 속에 송입하면 양수관 속은 물보

다 가벼운 공기와 물의 혼합체가 되므로 관 외부의 물에 의한 압력을 받아 물이 높은 곳으로 수송되는 것이다.

(라) 수격 펌프 : 비교적 저낙차의 물을 긴 관으로 이끌어 그 관성 작용을 이용하여 일부분의 물을 원래의 높이보다 높은 곳으로 수송하는 양수기이다.

(3) 펌프의 이상 현상

① 캐비테이션

(가) 현상 : 압력차로 임펠러 입구에서 유체의 일부가 증발하여 기포가 발생하게 된다. 이때 생긴 기포는 임펠러 안의 흐름을 따라 펌프 고압부인 토출구로 이동하여 압력 상승과 함께 순간적으로 기포가 파괴되면서 급격하게 유체로 돌아온다. 이 현상을 캐비테이션(cavitation, 空洞現像)이라 한다.

(나) 영향

  ㉮ 소음과 진동이 수반되며 펌프의 성능이 저하되고 압력이 더욱 저하되면 양수가 불가능해진다. 또한 이러한 현상이 오래 지속되면 발생부 근처에 여러 개의 흠집의 점 침식(pitting)이 발생한다.

  ㉯ 펌프의 효율과 성능을 저하시키며, 흡입 압력이 더욱 저하되면 양수가 불가능한 상태에 이르게 된다.

(다) 발생 원인

  ㉮ 펌프의 흡입 측 수두가 큰 경우
  ㉯ 펌프의 마찰 손실이 클 경우
  ㉰ 펌프의 흡입관이 너무 작은 경우
  ㉱ 이송하는 유체가 고온일 경우
  ㉲ 펌프의 흡입 압력이 유체의 증기압보다 낮은 경우
  ㉳ 임펠러 속도가 지나치게 큰 경우

② 서징

(가) 현상 : 펌프 운전 중에 토출 측 관로의 하류에서 밸브를 천천히 닫으면서 유량을 감소시켜 가면 갑자기 압력계가 흔들리면서 토출량이 어떤 범위 내에서 주기적인 변동이 생기며 흡입, 토출 배관에서 주기적인 소음, 진동을 동반하는 현상을 서징(surging)이라 한다.

(나) 관로계에서 서징의 발생 조건

  ㉮ 펌프의 양정 곡선이 우측 상황의 경사인 경우
  ㉯ 배관 중에 수조가 있거나 이상이 있는 경우
  ㉰ 토출량을 조절하는 밸브 위치가 후방에 있는 경우

(다) 발생 원인
  ㉮ 펌프의 $H-Q$ 곡선이 우향 상승 구배 곡선일 때
  ㉯ 송출량이 Q_1 이하에서 운전할 때
  ㉰ 배관 도중에 수압 탱크 또는 공기통이 있을 때
  ㉱ 기체 상태가 있는 부분의 하류 측 밸브에서 토출량을 조절할 때
(라) 방지 대책
  ㉮ 저유량 영역에서 펌프를 운전할 때 펌프의 특성 곡선이 우향 하강 구배 곡선인 펌프를 사용한다.
  ㉯ 유량 조절 밸브를 펌프 토출 측 직후에 배치한다.
  ㉰ 바이패스관을 사용하여 운전점이 $H-Q$ 곡선 하강 구배 특성 범위에 있도록 조절한다.

③ **수격 현상(water hammer, 수주 분리)**
  (가) 특징
    ㉮ 관로에서 유속의 급격한 변화에 의해 관 내 압력이 상승 또는 하강하는 현상이다.
    ㉯ 펌프의 송수관에서 정전으로 펌프 동력이 급히 차단될 때 펌프의 급가동, 밸브의 급개폐 시 생긴다.
    ㉰ 수격 현상에 따른 압력 상승 또는 압력강하의 크기는 유속의 상태(펌프의 정지 또는 기동의 방법), 밸브의 닫힘 또는 열기에 필요한 시기, 관로 상태, 유속 펌프의 특성에 따라 변화한다.
  (나) 발생 원인
    ㉮ 토출 측에 밸브가 없는 경우
    ㉯ 토출 측에 체크 밸브가 있을 경우
    ㉰ 토출 측에 밸브를 제어할 경우

④ **재순환(recirculation) 현상** : 운전 중인 펌프 유량이 특정 값보다 감소할 경우, 펌프 임펠러를 통과하는 정상적인 유체 흐름 중 일부가 반대로 흐르면서 정상 흐름과 응력을 발생시켜 흐름 내에서 부분 폐색(local blocking)되어 결국 임펠러 내를 국부적인 소용돌이 상태로 이동하는 현상이다.

⑤ **펌프의 온도 상승**
  (가) 유량이 증가하면 온도 상승 비율은 급격히 감소한다.
  (나) 체절점으로 접근할수록 온도는 급격히 상승한다.
  (다) 고속 고압 펌프나 다단 펌프에서는 온도 상승이 문제가 되는 경우가 많기 때문에 특히 주의한다.

(4) 펌프의 방식법

① **부식 작용** : 금속의 부식은 금속이 특정 환경 내에서 물질과 불필요한 화학적 또는 전기 화학적 반응을 일으켜, 표면에서 변질하여 모양이 흐트러지거나 산화 현상으로 소모되는 것을 말한다.

② **방식 방법**

　(가) 내식성 재료를 주철, 청동, 합금강으로 한다.

　(나) 유체 속에 불순물의 금속이 있을 때 두 종류의 금속 간의 전기를 구성해서 저전위의 금속 표면이 이온화되어 흘러나와 부식된다. 활성이 큰 금속일수록 전위가 낮고, 활성이 작은 금속일수록 전위가 높다.

　(다) 내부식성 재료는 전극 전위가 높고 전기 활성이 작으며 이온화가 작다.

　(라) 활성이 작고 이온화 경향이 적은 순서 : Mg → Al → Zn → Cr → Fe → Ni → Sn → Cu → Ag → Au

　(마) 금속의 고유 전위 순서 : 백금(+0.33), 금(+0.18), 스테인리스(-0.04), 청동(-0.14), 황동(-0.15), 동(-0.17), 니켈(-0.27), 강, 주철(-0.5), 두랄루민(-0.61), 알루미늄(-0.78), 아연(-0.07)

　(바) 케이싱 내면에 고무 또는 합성수지 같은 내식성 물질로 코팅 라이닝을 한다.

③ **전기 방식법** : 외부로부터 피방식체에 방식 전류를 흘려보내 그 금속의 이온화를 억제하여 방식시키는 방법을 말하며, 외부 전원 방식과 전류 양극 방식으로 크게 나눌 수 있다.

(5) 펌프의 운전

① **펌프의 특성**

　(가) 에너지 보존의 법칙 : 유체는 높은 데서 낮은 곳으로, 압력이 높은 곳에서 낮은 곳으로 이동한다. 그러나 낮은 곳에서 높은 곳으로 이동하려면 역으로 에너지의 변화, 즉 에너지를 공급해야 한다. 에너지 보존의 법칙에 따라 유체가 갖고 있는 에너지는 위치 에너지(potential energy), 운동 에너지(kinetic energy), 압력 에너지(pressure energy)로 구분한다.

$$h_1 + \frac{v_1^2}{2g} + \frac{p_1}{\gamma} = h_2 + \frac{v_2^2}{2g} + \frac{p_2}{\gamma}$$

　(나) 전양정

　　㉮ 양정(head) : 펌프가 물을 끌어올려 위로 보낼 수 있는 수직 높이(m)

　　㉯ 전양정(全揚程 : total head) : 전양정(H_T)=압력 수두(H_p)+토출 실양정(H_{ad})+흡입 실양정(H_{as})+유속 양정(H_v)+관 손실 양정(H_f)

㉠ 압력 수두(pressure head) : 흡입, 송출 수면에 작용하는 압력과 유체의 밀도와의 관계를 환산한 높이

$$H_p = \frac{P_d - P_a}{\rho g}$$

여기서, P_d : 송출 수면에 작용하는 압력, P_a : 흡입 수면에 작용하는 압력, ρ : 밀도, g : 중력 가속도($9.81\,\text{m/s}^2$)

㉡ 실토출 수두(actual delivery head) : 펌프 중심에서 송출 수면까지의 높이

㉢ 실흡입 수두(actual suction head) : 펌프 중심에서 흡입 수면까지의 높이

㉣ 속도 수두(velocity head) : 흡입과 토출관의 지름 차이에서 생기는 것으로, 관의 지름이 같을 경우 $0(V_a = V_d)$이며 실제로 지름의 차이가 있어도 무시할 만큼 그 값이 작다.

$$H_v = \frac{V_d^2 - V_a^2}{2g}$$

여기서, V_d : 토출관에서의 평균 유속, V_a : 흡입관에서의 평균 유속

㉤ 마찰 손실 수두(friction head) : 펌프 배관 내에서 발생하는 마찰 손실(관과 유체, 유체와 유체 또는 곡관)

㈐ 물 펌프의 이론적 흡입 높이 : 흡입 수면에 기압($1.013 \times 10^5\,\text{N/m}^2$)이 미치고 있고 펌프의 흡입부가 완전 진공이라면, 그 압력 차에 상당하는 수두가 펌프의 이론적 흡입 높이 $H = 10.33\,\text{m}$가 된다.

㈑ 상사의 법칙 : 펌프 용량을 증대시키거나 임펠러를 가공할 때에 상사의 법칙(affinity law)을 적용하면 펌프 회전수나 임펠러 지름 변화에 따라 펌프 성능이 어떻게 변화하는지 알 수 있다. 에너지 절감을 위해 펌프의 용량을 낮추고자 할 때에는 펌프의 회전수를 낮추거나 임펠러 지름을 줄여 준다.

㈒ 비속도(specific speed, N_S) : 한 개의 임펠러를 형상과 운전 상태를 상사(相似)하게 유지하면서 그 크기를 변경시키면, 단위 토출량(1gpm)에서 단위 양정(수두 1m)을 발생시킬 때, 그 임펠러에 주어져야 할 매분 회전수(N)를 기준이 되는 처음의 임펠러(A)의 비속도 또는 비교 회전도라 한다.

$$N_S = \frac{N\sqrt{Q}}{H^{3/4}}$$

여기서, N : 펌프의 회전수[rpm], Q : 토출량(양흡입 시 적용)[gpm], H : 전양정(다단(Z단)일 경우 적용)[m]

② **펌프 이론**

㈎ 흡입 수두(NPSH : net positive suction head)

㉮ 압력강하에 의한 캐비테이션 발생 여부를 판단하기 위해서는 펌프의 흡입 조건에 따라 정해지는 유효 흡입 수두와 흡입 능력을 나타내는 필요 흡입 수두($NPSH_{re}$)의 계산이 필요하다.

㉯ 유효 흡입 수두($NPSH_{av}$, NPSH available) : 펌프가 이용할 수 있는 흡입 수두로, 펌프 임펠러 입구 직전의 압력이 액체의 포화 증기압보다 어느 정도 높은가를 나타내는 값이며, 유효 흡입 수두 값은 펌프 설치 위치에 따라 변한다.

$$NPSH_{av} = H_p \pm H_z - H_{vp} - H_f$$

여기서, H_p : 흡입 수면에서의 절대압
H_z : 펌프 중심에서 수면까지 높이(토출+, 흡입-)
H_{vp} : 액체의 증기압
H_f : 흡입 측 배관에서의 총 손실 수두

㉰ 필요 흡입 수두($NPSH_{re}$, NPSH required) : 임펠러 부근까지 유입된 액체는 가압되어 토출구로 나가는 과정에서 일시적인 압력강하가 일어나는데, 이에 해당하는 수두를 필요 흡입 수두라 한다.

㉱ 유효 흡입 수두와 필요 흡입 수두와의 관계 : 일반적으로 흡입은 $NPSH_{av} > NPSH_{re}$이면 되나, 펌프를 선정할 때에는 펌프의 안전 운전을 고려하여 흡입 조건에 약간의 여유를 주게 되므로 $NPSH_{av} \geq NPSH_{re} + 0.6$m이다.

㉲ 필요 흡입 수두 $NPSH_{re}$ 구하는 방법 : 펌프의 전양정을 H라 할 때, Thoma 캐비테이션 계수는 $\sigma = \dfrac{NPSH_{re}}{H}$이다.

㉯ 흡입 비속도(N_{SS}, suction specific speed) : 임펠러를 선정할 때 캐비테이션을 예측하도록 해 주는 것으로, 형태는 비속도 N_S와 유사하나 전양정 대신 필요 흡입 수두를 사용한다는 것이 다르다.

$$N_S = \dfrac{N\sqrt{Q}}{H^{3/4}}, \quad N_{SS} = \dfrac{N\sqrt{Q}}{NPSH_{re}^{3/4}}$$

여기서, N : 펌프의 회전수(rpm), $NPSH_{re}$: 20℃ 물을 기준으로 한 필요 흡입 수두 값,
Q : 임펠러 최대 지름의 BEP에서의 유량(gpm)이며, 양흡입 시 $Q - \dfrac{Q}{2}$를 적용

㉰ 펌프의 동력

㉮ 수동력(Lw, hydraulic horse power) : 펌프에 의해서 유체에 공급하는 동력을 펌프의 수동력이라 한다. 펌프의 유량을 $Q[\text{m}^3/\text{s}]$, 양정을 $H[\text{m}]$, 액체의 밀도를 $\rho[\text{kg/m}^3]$, 액체의 비중량을 $\gamma[\text{kg/m}^3]$, 중력 가속도를 $g[\text{m/s}^2]$이라고 하면 다음과 같다.

$$Lw = \rho g Q H [\text{W}] = \dfrac{\gamma Q H}{75}[\text{HP}]$$

단위 : $\dfrac{\text{kg}}{\text{m}^3} \cdot \dfrac{\text{m}}{\text{s}^2} \cdot \dfrac{\text{m}^3}{\text{s}} \cdot \text{m} = \dfrac{\text{kg} \cdot \text{m}}{\text{s}^2} \cdot \dfrac{\text{m}}{\text{s}} = \dfrac{\text{N} \cdot \text{m}}{\text{s}} = \dfrac{\text{J}}{\text{s}} = \text{W}$

㉯ 축동력(Ls, brake horse power) : 원동기에 의해서 펌프를 구동하는데 필요한 동력으로, 수동력을 펌프의 효율 η로 나눈 값이다.

$$Ls(\text{또는 } BHP) = \dfrac{Lw}{\eta} \text{[W]}$$

㉰ 출력 : $L\alpha = kL$

여기서, $L\alpha$: 원동기의 출력, k : 경험계수, L : 축동력

(라) 펌프의 효율

㉮ 체적 효율(η_v) : 펌프의 실제 토출량을 Q라 하면, 임펠러 내를 지나는 유량은 Q와 펌프 내부에서의 누설 유량 ΔQ의 합이다.

$$\eta_v = \dfrac{\text{펌프의 실제 유량}}{\text{임펠러를 지나는 유량}} = \dfrac{Q}{Q + \Delta Q}$$

㉯ 기계 효율(η_m) : 베어링 및 축봉 장치에 있어서 마찰에 의한 동력 손실을 ΔL_m, 임펠러 바깥쪽의 원판 마찰에 의한 동력 손실을 ΔL_d라 하면 펌프의 기계 효율 (mechanical efficiency) η_m은 다음과 같다.

$$\eta_m = \dfrac{\text{축동력} - \text{기계 손실}}{\text{축동력}} = \dfrac{L - (\Delta L_m + \Delta L_d)}{L}$$

㉰ 수력 효율(η_h) : $\eta_h = \dfrac{\text{펌프의 실제 양정}}{\text{이론 양정(깃수 유한)}} = \dfrac{H}{H_{th}} = \dfrac{H_{th} - \Delta H_{th}}{H_{th}}$

㉱ 펌프의 전효율(η) : $\eta = \dfrac{\text{수동력}}{\text{축동력}} = \dfrac{Lw}{Ls} = \eta_v \cdot \eta_m \cdot \eta_h$

(마) 펌프의 회전수 : 전동기의 극수를 P, 전원 주파수를 f[Hz]라 하면 등가속도 $\eta = \dfrac{120f}{P}$[rpm], 그러나 펌프를 운전할 때에는 부하가 걸리기 때문에 미끄럼(s, slip)이 생기게 되고, 이 미끄럼률 s[%]를 고려한 펌프 회전수 N은 다음과 같다.

$$N = \eta\left(1 - \dfrac{s}{100}\right) = \dfrac{120f}{P}\left(1 - \dfrac{s}{100}\right)$$

(바) 펌프의 성능 곡선 : 펌프의 성능은 펌프 성능 곡선(performance curve 또는 characteristic curve)으로 표시할 수 있으며, 이것은 펌프 제작사가 구매자에게 펌프 성능을 알려주는 방법 중의 하나이다. 펌프 성능 곡선은 펌프의 규정 회전수에서의 유량(Q), 전양정(H), 효율(η), 축동력(BHP), 필요 흡입 수두($NPSH_{re}$)와의 관계를 나타낸 것이다.

2-3 송풍기의 점검 및 정비

(1) 통풍기

① **개요 및 분류** : 통풍기를 압력에 의해 분류하면 통풍기(fan), 송풍기(blower), 압축기(compressor)로 대별하고, 작동 방식에 의한 분류에는 원심식, 왕복식, 회전식, 프로펠러(propeller)식 등으로 세분할 수 있다.

 (가) 원심식 : 외형실 내에서 임펠러가 회전하여 기체에 원심력이 주어진다.

 (나) 왕복식 : 기통 내의 기체를 피스톤으로 압축한다(고압용 압축비 2 이상).

 (다) 회전식 : 일정 체적 내에 흡입한 기체를 회전기구에 의해서 압송한다(원심식에 비해 압력은 높으나 풍량이 적다).

 (라) 프로펠러식 : 고속 회전에 적합하다.

② **정비**

 (가) 냉각 장치

  ㉮ 필요성 : 압력이 $19.6\,\text{kPa}(2\,\text{kgf/cm}^2)$ 이상일 때 온도 상승 방지 및 동력 절약 목적으로 필요하다.

  ㉯ 냉각법

   ㉠ 케이싱 벽을 이중으로 하여 그 사이에 냉각수를 유동시키는 방법

   ㉡ 별도 냉각기를 설치하여 압축 도중에 냉각하는 방법(중간 냉각 : inter cooling)

(2) 송풍기(blower)

① **개요**

 (가) 풍량(Q) : 토출 측에서 요구되는 경우라도 흡입 상태로 환산하는 것

 (나) 정압(P_s, static pressure) : 기체의 흐름에 평행인 물체의 표면에 기체가 수직으로 밀어내는 압력으로 그 표면의 수직 구멍을 통해 측정한다.

 (다) 동압(P_d, dynamic pressure, velocity pressure) : 속도 에너지를 압력 에너지로 환산한 값으로 송풍기의 동압은 $50\,\text{mmAq}$(약 $30\,\text{m/s}$)를 넘지 않는 것이 좋다.

 (라) 전압(P_t, total pressure) : 전압은 정압과 동압의 절대압의 합으로 표시된다.

$$P_t = P_s + P_d$$

 (마) 수두(H, head) : 송풍기의 흡입구와 배출구 사이의 압축 과정에서 임펠러에 의하여 단위 중량의 기체에 가해지는 가역적 일당량($\text{kgf}\cdot\text{m/kcal}$)을 말하며 기체의 기둥 높이로 나타낸다.

이론 수두 $H[\text{m}] = \dfrac{P_t}{r}$, 압력비 $= \dfrac{\text{토출구 절대 압력}(P_2)}{\text{흡입구 절대 압력}(P_1)}$

여기서, P_t : 전압(kgf/m^2), r : 비중량(kgf/m^3)

㈕ 비속도(N_s, 비교 회전도) : 송풍기의 기하학적으로 닮은 송풍기를 생각해서 풍량을 1m^3/min, 풍압을 수두 1m 생기게 한 경우의 가상 회전 속도이다.

$$N_s = N \times Q^{\frac{1}{2}} \times H^{\frac{3}{4}}$$

여기서, N : 송풍기의 회전 속도(rpm), Q : 풍량(m^3/min 또는 m^3/s), H : 수두(m)

㈐ 동력 계산

㉮ 이론 공기 동력 : $La = \dfrac{Q \times P_t}{6120}[\text{kW}]$

여기서, Q : 풍량(m^3/min), P_t : 전압(mmAq)

㉯ 축동력(black horse power) : $Lw = \dfrac{Q \times P_t}{6120 \times \eta}[\text{kW}]$

여기서, η : 송풍기 효율

② **분류** : 송풍기는 크게 터보형 송풍기와 용적형 송풍기로 나누어진다. 터보형 송풍기에는 회전차가 회전함으로써 발생하는 날개의 양력에 의하여 에너지를 얻게 되는 축류 송풍기와 원심력에 의해 에너지를 얻는 원심 송풍기로 나누어진다.

㈎ 임펠러(impeller) 흡입구에 의한 분류 : 편 흡입형(single suction type), 양 흡입형(double suction type), 양쪽 흐름 다단형(double flow multi-stage type)

㈏ 흡입 방법에 의한 분류 : 실내 대기 흡입형, 흡입관 취부형, 풍로 흡입형

㈐ 단수에 의한 분류 : 단단형(single stage), 다단형(multi stage)

㈑ 냉각 방법에 의한 분류 : 공기 냉각형(air cooled type), 재킷 냉각형(jacket cooled type), 중간 냉각 다단형(inter cooled multi-stage type)

㈒ 안내차(guide vane)에 의한 분류 : 안내차가 없는 형(blower without guide vane), 고정 안내차가 있는 형(blower with fixed guide vane), 가동 안내차가 있는 형(blower with adjustable guide vane)

㈓ 날개(blade)의 형상에 따른 분류

㉮ 원심형 : 시로코 팬(sirocco fan), 에어 포일 팬(air foil fan, limit load fan), 터보 팬, 레이디얼 팬

㉯ 축류형 : 프로펠러 팬, 덕트 붙이 축류 팬, 고정 깃 붙이 축류 팬

③ **운전 및 정지**

(가) 운전까지의 점검
  ㉮ 임펠러와 케이싱 흡입구, 케이싱, 베어링 케이스의 축 관통부와 축과의 틈새를 재점검한다.
  ㉯ 각부 볼트의 조임 상태, 특히 베어링 케이스 볼트를 테스트 해머(test hammer)로 확실히 점검한다.
  ㉰ 댐퍼 및 베인 컨트롤 장치의 개폐 조작이 원활한지를 재확인하여 전폐해 둔다.
(나) 기동 후의 점검
  ㉮ 이상 진동이나 소음의 발생 또는 베어링 온도의 급상승이 있을 때는 즉시 정지시켜 각부를 재점검한다.
  ㉯ 케이싱이 이상 진동을 하는 것은 축 관통부와 실이 축에 강하게 접촉되어 있는 경우가 많으므로 재점검한다.
  ㉰ 베어링의 온도가 급상승하는 경우 점검한다.
(다) 운전 중의 점검
  ㉮ 베어링의 온도 : 주위의 공기 온도보다 40℃ 이상 높으면 안 된다고 규정되어 있지만 운전 온도가 70℃ 이하이면 큰 지장은 없다.
  ㉯ 베어링의 진동 및 윤활유 적정 여부를 점검한다.
(라) 정지
  ㉮ 정지하면 댐퍼(또는 베인 제어)를 전폐로 한다.
  ㉯ 베어링 내의 영하 기상 조건의 경우에는 냉각수를 조금씩 흘려준다.
  ㉰ 고온 송풍기에서는 케이싱 내의 온도가 100℃ 정도로 된 후 정지한다.

2-4 압축기의 점검 및 정비

(1) 개요

① 종류와 원리

(가) 왕복식 압축기(reciprocating compressor) : 왕복식 압축기는 쉽게 고압을 얻을 수 있으나 피스톤의 왕복 운동에 의하여 진동이 일어나기 쉽다.
(나) 원심식 압축기 : 회전체의 원심력에 의하여 압송하는 기계이다.
(다) 회전식 압축기(rotary compressor) : 루츠형 압축기(roots compressor), 스크류 압축기(screw compressor), 가동익형 압축기(sliding vane compressor), 스크롤 압축기(scroll compressor)

(2) 부품 취급

① **밸브의 취급** : 운전 중 사고를 미연에 방지하기 위해 정기 점검은 반드시 실시하며, 1일 24시간의 연속 운전을 충분히 고려하여 표준적인 기간을 정해 하나의 지침을 삼는다.

㈎ 정기 점검 기간 : 1000시간마다 실시

㈏ 교환 기간 : 4000시간마다 실시

㈐ 밸브 플레이트, 밸브 스프링이 사용 한계의 기준값 내에서도 이상이 있으면 전부 교환한다.

㈑ 밸브 부품의 교환

  ㉮ 밸브 플레이트

   ㉠ 마모한계 또는 교환 시간이 되었으면 무조건 교환한다.

   ㉡ 마모된 플레이트는 뒤집어서 사용해서는 안 된다(두께가 0.3mm 이상 마모되면 교체).

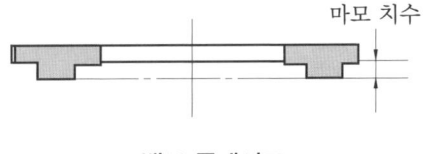

밸브 플레이트

  ㉯ 밸브 스프링

   ㉠ 자유 상태 하에서 높이가 규정값 이하로 되었을 때 교환한다.

   ㉡ 교환 시간이 되었을 때 탄성 마모가 없어도 교환한다.

   ㉢ 손으로 간단히 수정하여 사용해서는 안 된다.

  ㉰ 밸브 시트

   ㉠ 밸브 시트의 접촉면 Ⓐ가 상처에 의한 편 마모를 발생시켜 플레이트와의 접촉이 좋지 않으면 랩핑하여 맞춘다(시트면의 연마 랩핑제 #600~800).

   ㉡ 밸브는 너무 강한 힘으로 조이지 말아야 한다.

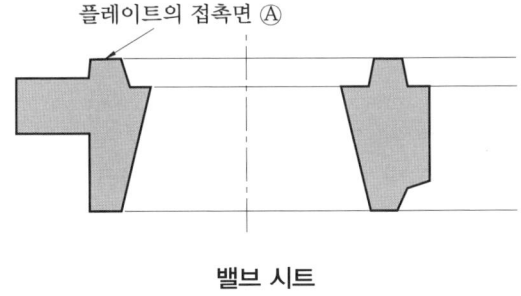

밸브 시트

② **그랜드 패킹의 취급**

㈎ 기체 누설 원인 및 손질

  ㉮ 내측 패킹의 폭이 0.1mm 마모되면 교환한다.

㉯ 가이드 스프링의 변형 또는 절손되었을 때는 교환한다.

㉰ 내측 패킹의 내면이 불량한 경우 피스톤 로드 외주면에 맞추며, 흠집과 파손이 있을 때는 교환한다.

㉱ 내외 패킹의 조립면의 밀착이 불량한 경우 변형된 틈새를 발생시킨 것은 교환한다.

㉲ 내외 패킹의 측면이 동일 측면이 아닌 경우 직각도에 주의하여 맞춘다.

(나) 패킹의 조립

㉮ 패킹은 세척용 기름으로 깨끗이 씻어낸 후 윤활유를 바르고 이물질이 부착되지 않도록 주의한다.

㉯ 패킹 케이스의 조립 순서 및 방향

㉠ 실린더 측의 패킹은 깨끗이 청소하여 시트 패킹의 양면에 잘 벗겨지는 실재를 도포해서 넣으며, 손상된 시트 패킹은 새것으로 교체하여 조립한다.

㉡ 오일 홈에 붙은 패킹 케이스의 조립 순서는 원칙적이고 안쪽에서 두 번째로 조립한다. 오일 홈의 출구가 피스톤 로드 상부가 되도록 조립해서 넣는다.

㉢ 랜턴 링(lantern ring)의 조립 위치는 정확한지 사용 기종의 경우를 고려하여 확인한다.

㉣ 오일 스프링 형식의 패킹은 코일 스프링의 탈락에 주의하여 조립한다.

㉤ 그랜드를 체결하는 볼트는 대칭으로 조이고 한쪽만 세게 조이지 않도록 주의한다.

③ **오일 웨이퍼 링의 취급** : 크랭크 케이스 내의 윤활유가 피스톤 로드를 흘러나와 외부로 누설됨을 방지하고자 오일 웨이퍼 링이 부착되어 있다.

(가) 웨이퍼의 접촉면 Ⓐ가 불량할 때 피스톤 로드의 외주면에 정확하게 절단하여 맞춘다. Ⓐ부에 상처, 파손이 있는 것은 교체한다.

(나) 피스톤 로드 습동면 Ⓐ부의 불량 시 상처, 편 마모의 정도에 따라 보수 또는 교체한다.

(다) 내면이 마모하여 컷(cut) 부분의 틈새 Ⓑ가 없어졌을 때 교체한다.

(라) 로크(lock) 핀이 탈락했을 때 컷 틈새 Ⓑ에 로크 핀을 넣어 조립한다.

(마) 가이드 스프링의 절손 및 변형이 있을 때 교체한다.

(바) 링에 이물이 혼입되었을 때 충분히 세척하여 조립한다.

(사) 조립 조정 불량 시는 3조의 링이 상하 방면으로 무리 없이 움직일 정도로 틈새 Ⓒ

를(기준치 : 0.05~0.10 mm) 패킹의 두께로 조정한다. 윤활유 배출구가 하부에 위치하도록 조립한다.

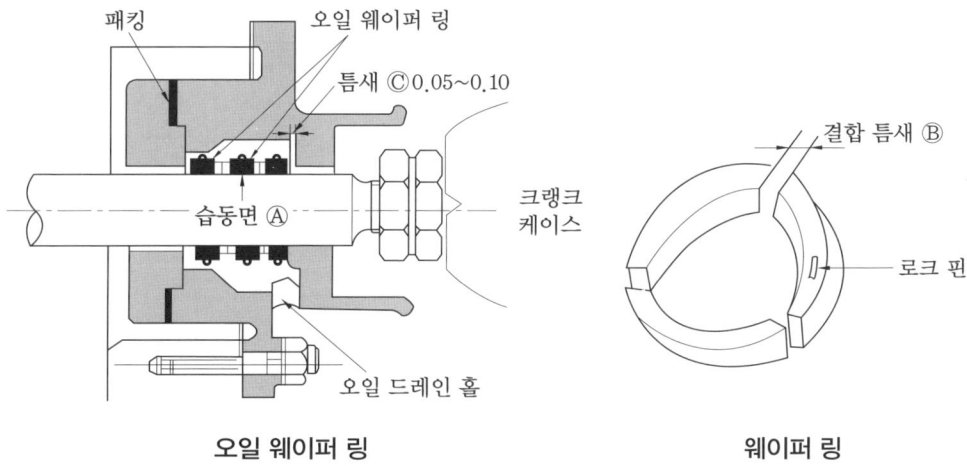

오일 웨이퍼 링   웨이퍼 링

2-5 감속기의 점검 및 정비

(1) 변속기

① **변속기의 정의** : 자동차 등의 원동기에서 출력 축의 회전 속도 및 회전력을 바꿔 주는 장치를 변속기(speed changer gear)라고 한다. 변속기에는 자동차에서 사용되는 기어식 수동, 자동 변속기와 선반에서 사용되는 기어식 변속 기어 장치 외에 마찰 바퀴식 무단 변속기, 체인식 무단 변속기, 벨트식 무단 변속기 등이 있다.

② **마찰 바퀴식 무단 변속기의 특징과 정비**

 (가) 종류와 특징

  ㉮ 가변 변속기 : 바이에르 변속기라고도 하며, 몇 장의 원추 판(圓錐 板)과 거기에 대응하는 플랜지 디스크(원추 달림)가 있고 플랜지 디스크는 페이스 캠과 스프링으로 눌러져 원추 판을 변속 핸들에 의해 그 속으로 밀어 넣어 접촉 부분의 반경을 무단계로 바꾸어 변속시키는 것이다.

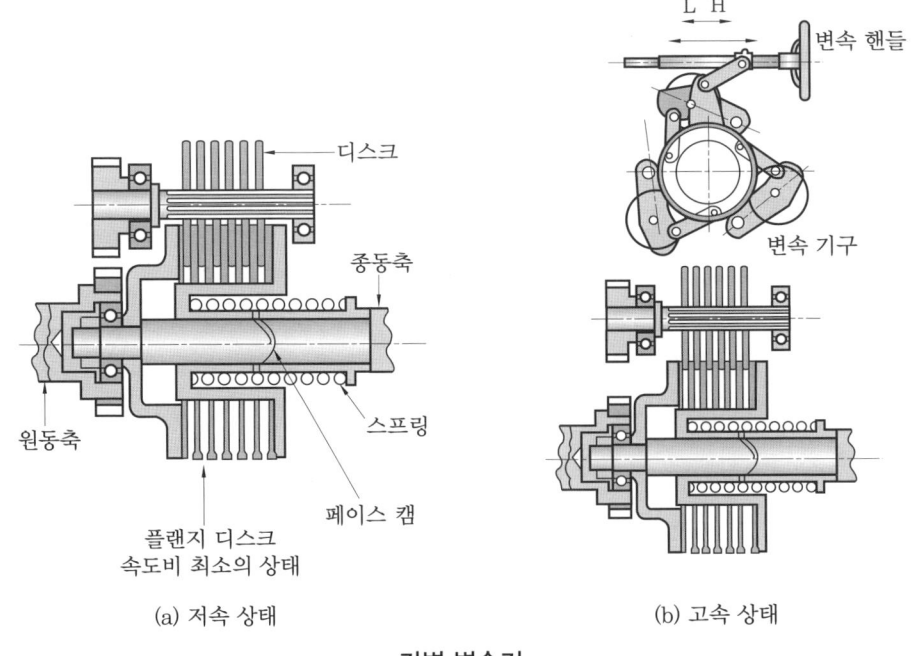

가변 변속기

㉯ 디스크 무단 변속기 : 유성 운동을 하는 원추 판을 반경 방향으로 이동시켜 접시형 스프링을 가진 한 쌍의 태양 플랜지와 접촉시켜 유성 원추 판이 공전하는 것으로, 소형이고 0.4~3.7kW 정도의 것이 보통이다.

㉰ 링 원추 무단 변속기 S형 : 원추 판과 외주 림을 가진 링을 스프링 및 자동 조압 캠에 의해 누르고 원추 판을 출력 축에 대해 화살표 방향으로 이동시킴으로써 변속한다. 3.7kW 정도로 소형이다.

㉱ 링 원추 무단 변속기 RC형 : 동일 테이퍼를 가진 원추 축을 번갈아 설치하고 그 원주에 링을 접촉시켜 화살표 방향으로 이동시킴으로써 증·감속을 하는 무단 변속기이다.

㉲ 링 원추 무단 변속기 유성 원추형 : 입력 축에 태양 콘을 비치하고, 출력 축에는 원주에 4개의 유성 콘을 부착한다.

㉳ 컵 무단 변속기 : 입력 축과 출력 축에 드라이브 콘을 비치하고 그 바깥 가장자리에 강구(드라이브 볼)를 접촉시키며, 이 강구는 경사 축에 의해 경사각을 변화시키면 입·출력 축의 드라이브 콘에 접촉하는 접촉 반경이 변화되어 무단 변속을 하게 된다.

㉴ 하이나우 H 드라이브 무단 변속기 : 서로 향하고 있는 콘이 입력 축과 출력 축에 1조씩 설치되고 그 사이에 링을 설치한 구조로 되어 있다.

㈏ 변속 조작상의 주의 : 무단 변속기의 변속 조작, 즉 변속 핸들을 움직이는 것은 보통 회전 중에 한다.

③ **체인식 무단 변속기의 구조와 정비**
㈎ 이 변속기는 보통 PIV라고도 하며, 얕은 홈이 있는 베벨 기어에 특수한 체인의 연결로 동력을 전달하는 것이다.
㈏ 체인식 무단 변속기의 취급
  ㉮ 이 변속기도 마찰 바퀴식과 마찬가지로 변속 조작은 회전 중에 한다.
  ㉯ 체인 플레이트의 마모가 심하고 마모분이 윤활유 속에 혼입되며 그것이 또한 베어링이나 습동 부분의 마모를 촉진시키므로 적정 브레이크 힘의 유지에 주의가 필요하다.
  ㉰ 보통의 사용 상태에서 거의 1000~1500시간마다 위의 뚜껑을 열어 체인을 손으로 당겨 느슨해진 양을 측정하여 지정 조건으로 유지한다.

④ **벨트식 무단 변속기의 특징과 정비**
㈎ 벨트식의 종류 : 기본적으로 표준 V벨트와 전용 광폭 V벨트
㈏ 벨트식 무단 변속기의 정비 : 가변기구 습동부는 고무의 마모분 등으로 오염되어 윤활 불량을 일으키기 쉬우며 6개월 내지 1년 이내에 분해 정비하지 않으면 접동부의 녹슬기, 작동 불량 등을 자주 일으킨다. 특히 광폭 벨트는 특수하므로 예비품 관리를 잘 해두어야 한다.

(2) 감속기

① **기어 감속기의 분류**
㈎ 평행 축형 감속기 : 스퍼 기어, 헬리컬 기어, 더블 헬리컬 기어
㈏ 교쇄 축형 감속기 : 직선 베벨 기어, 스파이럴 베벨 기어
㈐ 이물림 축형 감속기 : 웜 기어, 하이포이드 기어

② **기어 감속기의 정비**
㈎ 기어 정비
  ㉮ 적색 페인트로 체크한 이 닿는 면에 부하를 걸고 운전할 때 이의 휨, 베어링의 탄성 왜곡 등에 의해 약간 닿는 면이 이동하므로 미리 이동량을 알아둔다.
  ㉯ 닿는 중심을 이 폭의 내측으로 약 10% 정도 어긋나게 해둔다.
  ㉰ 웜 기어 감속기의 경우는 웜 휠의 이 간섭면을 약간 중심이 어긋나게 해둔다.
㈏ 유성 기어 감속기의 구조와 정비
  ㉮ 사이클로이드 감속기 : 잇수의 차가 1개인 내접식 유성 기어 감속기라고 할 수 있으며, 대단히 큰 감속비가 얻어지는 특징을 갖고 있다.

㉕ 유성 기어 감속기 : 1kW 이하의 소형에는 그리스를 사용하고 그 이상의 것은 유욕(油慾) 윤활 방법이 쓰인다.

2-6 전동기의 점검 및 정비

(1) 전동기의 종류와 용도

종류		특징	용도
유도 전동기	농형	• 노출 충전부가 없기 때문에 나쁜 환경에서도 사용 가능하다. • 구조가 간단하고 견고하다.	• 일반 정속 운전용 • 일반 산업기계용
	권선형	• 2차 권선 저항을 바꿈으로써 회전수를 바꿀 수 있다.	• 크레인, 펌프, 블로어, 공작기계 등
동기 전동기		• 전원 주파수와 동기하여 일정 속도로 회전한다. • 역률 효율이 좋다.	• 전동 발전기, 터보 압축기 등
직류 전동기		• 정밀한 가변 속도 제어가 가능하다.	• 압연기, 하역기계 등

(2) 3상 유도 전동기

① **3상 유도 전동기의 구조** : 3상 유도 전동기는 회전자의 구조에 따라 농형과 권선형으로 구분하며, 그 구조는 회전하는 부분의 회전자와 정지하고 있는 부분의 고정자로 되어 있다.

② **3상 유도 전동기의 정역 회로** : 전동기의 회전 방향을 바꾸는 것을 정역 제어라 하며, 3상의 선 중에서 2상을 서로 바꾸어서 연결하면 가능하다.

③ **3상 유도 전동기의 점검** : 전동기의 점검에는 전동기의 운전 중에 실시하는 일상 점검과 일시정지할 때에 실시되는 점검, 장시간 정지할 때 실시하는 정밀 점검으로 구분한다. 전동기의 운전 중에 점검하여야 할 것은 각 상 전류의 밸런스, 전원 전압, 베어링 진동 등이며, 정지할 때에는 절연저항 측정, 설치 상태, 벨트, 체인, 커플링의 이상 유무, 윤활유의 양, 변색, 이물 혼입 유무 등을 점검한다.

예 | 상 | 문 | 제

1. 다음 중 밸브의 기능으로 적당하지 않은 것은? [07-3, 10-2]
① 유량 조절 ② 온도 조절
③ 방향 전환 ④ 흐름 단속

2. 밸브의 호칭경과 단위에 대한 설명 중 옳지 않은 것은? [06-1, 13-3]
① 밸브의 크기는 호칭경으로 나타내며 강관이나 이음쇠의 호칭경 치수와 일치한다.
② 호칭경을 mm로 나타낸 것을 A열, 인치(inch) 단위로 나타낸 것을 B열이라고 한다.
③ 관과의 접속 끝이나 밸브 시트부의 유로경을 구경이라고 한다.
④ 대형, 고압, 선박용 밸브는 호칭경보다 구경을 약간 크게 한다.
[해설] 해당 밸브의 설계에 따라 다르다.

3. 유체의 유량, 흐름의 단속, 방향 전환, 압력 등을 조절할 때 사용하는 밸브의 종류가 아닌 것은? [06-1]
① 스톱 밸브 ② 슬루스 밸브
③ 안전 밸브 ④ 집류 밸브

4. 상승된 압력을 직접 도피시켜 계통을 보호하는 밸브는? [13-1]
① 안전 밸브 ② 체크 밸브
③ 유량 밸브 ④ 방향 밸브

5. 다음 중 리프트 밸브가 아닌 것은? [13-1]
① 나사 박음 글로브 밸브
② 나사 박음 앵글 밸브
③ 플랜지형 앵글 밸브
④ 플랜지형 버터플라이 밸브

6. 다음 중 감압 밸브에 관한 설명으로 옳은 것은? [11-1, 14-3, 19-2]
① 밸브의 양면에 작용하는 온도 차에 의해 자동적으로 작동한다.
② 피스톤의 왕복 운동에 의한 유체의 역류를 자동적으로 방지한다.
③ 내약품, 내열 고무제의 격막판을 밸브 시트에 밀어 붙인 밸브이다.
④ 유체 압력이 높을 경우에는 자동적으로 압력을 감소시키며 감소된 압력을 일정하게 유지한다.
[해설] 감압 밸브 : 유체 압력이 사용 목적에 비하여 너무 높을 경우 자동적으로 압력이 감소되어 감압시키고 감소된 압력을 일정하게 유지하는 밸브

7. 글로브 밸브에 관한 설명 중 옳지 않은 것은? [11-2]
① 유체의 저항이 적어 압력강하가 매우 적다.
② 관 접합에 따라 나사 끼움형과 플랜지 형이 있다.
③ 구조상 폐쇄(閉鎖)의 확실성을 장점으로 한다.
④ 밸브 디스크의 모양은 평면형, 반구형, 반원형 등의 형상이 있다.
[해설] 유체의 저항이 크므로 압력강하가 큰 결점이 있다.

[정답] 1. ② 2. ④ 3. ④ 4. ① 5. ④ 6. ④ 7. ①

8. 글로브 밸브의 일종으로 L형 밸브라고도 하며 관의 접속구가 직각으로 되어 있는 밸브는? [10-3, 13-3, 16-1, 17-1]
① 체크 밸브 ② 앵글 밸브
③ 게이트 밸브 ④ 버터플라이 밸브

9. 유체가 일직선으로 흐르고 유체 저항이 가장 적으며, 유체 흐름에 대하여 수직으로 개폐하는 밸브는? [11-2, 15-2, 16-2]
① 앵글 밸브(angle valve)
② 글로브 밸브(globe valve)
③ 슬루스 밸브(sluice valve)
④ 스윙 체크 밸브(swing check valve)

해설 슬루스 밸브 : 칸막이 밸브라고도 하며, 밸브체는 밸브 박스의 밸브 자리와 평행으로 작동하고 흐름에 대해 수직으로 개폐한다. 펌프 흡입 쪽에 설치하여 차단성이 좋고 전개 시 손실 수두가 가장 적다.

10. 게이트 밸브(gate valve) 일명 슬루스 밸브를 설명한 사항 중 틀린 것은? [09-1]
① 압력 손실이 글루브 밸브보다 적다.
② 유체의 흐름에 대해 수직으로 개폐한다.
③ 전개 전폐용으로 주로 쓰인다.
④ 밸브의 개폐 시 다른 밸브보다 소요 시간이 짧다.

해설 게이트 밸브는 밸브봉을 회전시켜 열 때 밸브 시트면과 직선적으로 미끄럼 운동을 하는 밸브로 밸브 판이 유체의 통로를 전개하므로 흐름의 저항이 거의 없다. 그러나 $\frac{1}{2}$만 열렸을 때는 와류가 생겨서 밸브를 진동시킨다. 밸브를 여는데 시간이 걸리고 높이도 높아져 밸브와 시트의 접합이 어려우

며 마멸이 쉽고 수명이 짧다. 밸브의 경사는 $\frac{1}{8} \sim \frac{1}{15}$ 이고 보통 $\frac{1}{10}$ 이다.

11. 소형 원심 펌프의 흡입관 끝에 사용되는 밸브는? [12-2]
① 풋 밸브 ② 슬루스 밸브
③ 글로브 밸브 ④ 로터리 밸브

해설 ②, ③, ④는 차단용 밸브이다.

12. 다음 중 펌프 흡입 밸브로 차단용이 아닌 것은? [14-3]
① 플랩 밸브(flap valve)
② 앵글 밸브(angle valve)
③ 글로브 밸브(globe valve)
④ 슬루스 밸브(sluice valve)

13. 관로에 설치한 힌지로 된 밸브판을 가진 밸브로 밸브판을 회전시켜 개폐를 하며, 스톱 밸브 또는 역지 밸브로 사용되는 밸브는? [08-3, 12-1, 16-1]
① 플랩(flap) 밸브 ② 게이트(gate) 밸브
③ 리프트(lift) 밸브 ④ 앵글(angle) 밸브

해설 플랩 밸브 : 관로에 설치한 힌지로 된 밸브판을 가진 밸브로 밸브판을 회전시켜 개폐를 한다. 스톱 밸브 또는 역지(逆止) 밸브로 토출관이 짧은 저양정 펌프(전양정 약 10m 이하)에 사용된다.

14. 폐수 처리 설비에 사용되는 화학약품에 적합한 밸브는? [14-2]
① 콕 밸브 ② 플립 밸브
③ 글로브 밸브 ④ 다이어프램 밸브

해설 다이어프램 밸브 : 산성 등의 화학약품

정답 8. ② 9. ③ 10. ④ 11. ① 12. ① 13. ① 14. ④

을 차단하는 경우에 내약품, 내열 고무제의 격막판을 밸브 시트에 밀어붙이는 것으로 부식의 염려가 없다.

15. 밸브의 무게와 양면에 작용하는 압력차로 작동하여 유체의 역류를 방지하는 밸브는? [12-3, 15-3, 20-3]
① 감압 밸브   ② 체크 밸브
③ 게이트 밸브 ④ 다이어프램 밸브

16. 다음 중 체크 밸브의 종류가 아닌 것은? [10-2]
① 글로브(globe)형 ② 스윙(swing)형
③ 풋(foot)형   ④ 리프트(lift)형

17. 유체의 역류를 방지하는 것으로 밸브체가 힌지 핀에 의해 지지되는 것은? [09-2]
① 스윙 체크 밸브
② 흡입형 체크 밸브
③ 리프트 체크 밸브
④ 코크 체크 밸브

해설 스윙 체크 밸브 : 리프트식과 마찬가지로 개폐(開閉)로 작용하게끔 밸브체는 힌지 핀에 의해 지지되어 있다. 이 밸브도 나사형은 청동제이며, 주철, 주강은 대형이고 플랜지형이 되며, 밸브 자리의 재질도 글루브 밸브와 같이 규격화되어 있다.

18. 유체의 역류를 방지하는 것으로 역류일 때 밸브체가 자중과 유체의 압력에 의해 자동적으로 닫히는 것은? [16-1]
① 코크 체크 밸브
② 흡입형 체크 밸브
③ 리프트 체크 밸브
④ 스프링 부하형 체크 밸브

19. 구멍이 있는 플러그를 회전시켜 유체의 통로를 간단히 개폐할 수 있고 작은 지름관로나 배출용으로 쓰이는 밸브는? [12-2]
① 언로드 밸브   ② 시퀀스 밸브
③ 메인 콕   ④ 이압 밸브

해설 콕은 구멍이 뚫려 있는 원통 또는 원뿔 모양의 플러그(plug)를 $0\sim90°$ 회전시켜 유량을 조절하거나 개폐하는 용도로 사용하는 것이다. 플러그는 보통 원뿔형이 많으며, 신속한 개폐 또는 유로 분배용으로 많이 사용된다. 콕에는 메인 콕과 그랜드 콕이 있다.

20. 유로 방향의 수로 분류한 콕의 종류가 아닌 것은? [10-1, 12-2, 18-1]
① 이방 콕   ② 삼방 콕
③ 사방 콕   ④ 오방 콕

해설 유로 방향수 : 이방 콕, 삼방 콕, 사방 콕

21. 다음 중 밸브에 대한 설명으로 옳은 것은? [13-2, 17-2, 19-3]
① 글로브 밸브는 밸브 박스가 구형으로 되어 있고 밸브의 개도를 조절해서 교축기구로 쓰인다.
② 슬루스 밸브는 유체의 역류를 방지하기 위한 밸브이며 리프트식과 스윙식이 있다.
③ 체크 밸브는 전두부(핸들)를 90도 회전시킴으로써 유로의 개폐를 신속히 할 수 있다.
④ 콕(cock)은 밸브 박스의 밸브 시트와 평행으로 작동하고 흐름에 대해 수직으로 개폐를 한다.

해설 슬루스 밸브는 밸브 박스의 밸브 시트와 평행으로 작동하고 흐름에 대해 수직으로 칸막이를 해서 개폐를 하는 밸브이며, 체크 밸브는 유체의 역류를 방지하기 위한 밸브로 리프트식과 스윙식이 있다. 콕은 핸들

정답 15. ② 16. ① 17. ① 18. ③ 19. ③ 20. ④ 21. ①

을 90° 회전시킴으로써 유로의 개폐를 신속히 할 수 있는 밸브이다.

22. 다음 중 일반적인 밸브의 취급 방법으로 틀린 것은? [09-3, 13-3, 18-2]
① 이종 금속으로 된 밸브는 열팽창에 주의하여 취급한다.
② 밸브를 열 때는 기기의 이상 유무를 확인하면서 천천히 연다.
③ 손으로 돌리는 밸브는 회전 방향을 정확히 확인한 후 핸들을 돌려 개폐한다.
④ 밸브를 열고 닫을 때는 누설을 방지하기 위해 빨리 조작한다.

해설 밸브를 열고 닫을 때와 누설 방지와는 관계가 없다.

23. 밸브 취급상의 일반적인 주의사항으로 옳지 않은 것은? [12-2]
① 밸브를 열 때는 처음에 약간 열고 기기의 상태를 확인하면서 소정의 열림 위치까지 연다.
② 밸브를 완전히 열 때는 개폐 손잡이를 정지할 때까지 회전시킨 후 손잡이를 잠궈 둔다.
③ 밸브를 닫을 때 밸브가 진동을 일으키면 빨리 닫는다.
④ 이종 금속으로 이루어진 밸브를 닫을 때는 냉각된 다음 더 죄기를 한다.

해설 핸들 바퀴가 정지될 때까지 회전시킨 후 약 1/2 회전을 닫음 방향으로 역전시켜 둔다.

24. 밸브의 정비에 관한 사항으로 옳은 것은? [16-2]
① 밸브 시트 접촉면이 편 마모되어 래핑하였다.
② 밸브 스프링의 탄성이 감소되어 손으로 수정하여 사용하였다.
③ 밸브 플레이트가 마모 한계에 달하였으나 파손되지 않아 그대로 두었다.
④ 밸브 부품의 사용 수명 기간이 초과했으나 성능에는 이상이 없어 교환하지 않았다.

해설 마모 한계 또는 사용 수명 기간이 되면 교환해야 하며, 스프링의 탄성이 감소되어도 교체해야 한다.

25. 밸브 시트부의 누설 원인으로 가장 거리가 먼 것은? [15-2]
① 본체의 변형
② 시트면의 손상
③ 시트면의 이물질 부착
④ 패킹 누르기의 과대 조임

해설 패킹 누르기의 과대 조임으로 밸브 개폐가 어려워진다. 밸브 부분의 누설은 플랜지 부분(또는 나사 체결 부분), 밸브 자리, 밸브 봉 패킹 부분의 3개소를 들 수 있다.

26. 다음 중 밸브 조립 불량에 의한 고장이 아닌 것은? [11-2]
① 밸브 홀더 볼트의 체결이 불량할 때
② 밸브 조립 순서의 불량
③ 밸브 분해 순서의 불량
④ 밸브 홀더 볼트의 조립이 불량할 때

27. 고가(高架) 탱크, 물탱크 등에 자동 운전을 위하여 사용되며, 부력을 이용한 것은 어느 것인가? [14-2]
① 유체 퓨즈
② 플로트 스위치
③ 압력 스위치
④ 유량 제어 스위치

정답 22. ④ 23. ② 24. ① 25. ④ 26. ③ 27. ②

28. 다음 중 펌프의 부착계기가 아닌 것은? [13-1, 19-2]
① 리밋 스위치
② 압력 스위치
③ 플로트 스위치
④ 액면 제어 스위치

29. 다음 중 용적형 펌프의 종류가 아닌 것은? [10-2]
① 기어 펌프 ② 베인 펌프
③ 나사 펌프 ④ 마찰 펌프

[해설] 용적형 펌프
㉠ 왕복 펌프 : 피스톤 펌프, 플런저 펌프, 다이어프램 펌프, 윙 펌프 등
㉡ 회전 펌프 : 기어 펌프, 편심 펌프, 나사 펌프, 베인 펌프 등

30. 펌프를 원리 구조상에 따라 분류할 때 용적형 회전 펌프의 종류에 해당되지 않는 것은? [10-3, 19-1]
① 기어 펌프 ② 나사 펌프
③ 편심 펌프 ④ 프로펠러 펌프

[해설] 비용적식 펌프 : 임펠러의 회전에 의한 반작용에 의하여 유체에 운동 에너지를 주고 이를 압력 에너지로 변환시키는 것으로, 토출되는 유체의 흐름 방향에 따라 원심형과 축류형 및 혼류형이 있는 프로펠러형으로 구분된다.

31. 다음 중 원심 펌프에 해당되는 것은 어느 것인가? [06-1, 07-3, 15-3, 18-3]
① 기어 펌프
② 플런저 펌프
③ 벌류트 펌프
④ 다이어프램 펌프

[해설] 원심 펌프

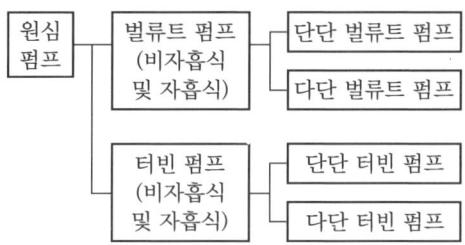

32. 다단 원심 펌프에서 수평 분할형과 수직 분할형에 대한 설명 중 옳은 것은 어느 것인가? [14-1]
① 수평 분할형은 분해 점검이 약간 불편하나 고압 용기에 적당하다.
② 수직 분할형은 분해 점검이 약간 불편하여 고압 용기에 부적당하다.
③ 수직 분할형은 분해 점검이 쉬우나 고압일 경우에는 위아래 면이 누설되기 쉽다.
④ 수평 분할형은 분해 점검이 쉬우나 고압일 경우에는 위아래 면이 누설되기 쉽다.

[해설] ㉠ 수평 분할형 : 분해 점검이 수월하지만 고압일 경우에는 위아래 면이 누설되기 쉽다.
㉡ 수직 분할형 : 분해 점검이 약간 불편하나 고압 용기에 적당하다.

33. 편흡입형 벌류트 펌프(volute pump)의 임펠러(impeller)에 작용하는 추력을 평형시키는 방법으로 가장 적절한 것은? [16-2]
① 고양정의 펌프(pump)로 만든다.
② 임펠러에 웨어링(wearing)을 부착한다.
③ 임펠러에 밸런스 홀(balance hole)을 만든다.
④ 레이디얼 베어링(radial bearing)을 사용한다.

정답 28. ①　29. ④　30. ④　31. ③　32. ④　33. ③

34. 원심 펌프 축의 밀봉 장치 요소로 옳은 것은? [14-3]
① 축 슬리브
② 스터핑 박스
③ 라이너 링
④ 케이싱 웨어링

해설 펌프의 밀봉 장치는 축봉 장치라고도 하며, 축 주위에 원통형의 스터핑 박스 또는 실 박스를 설치하고 내부에 실 요소를 넣어 케이싱 내의 유체가 외부로 누설되거나 케이싱 내로 공기 등의 이물질이 유입되는 것을 방지하는 장치이다.

35. 원심 펌프 스터핑 박스의 봉수 압력에 대한 설명으로 옳은 것은? [19-2]
① 흡입 압력보다 0.5~1 정도 높게 한다.
② 토출 압력보다 0.5~1.5 정도 낮게 한다.
③ 흡입 압력보다 1.5~2 정도 높게 한다.
④ 토출 압력보다 1~2 정도 낮게 한다.

36. 원심 펌프 내의 안내 깃의 역할을 설명한 것 중 가장 적합한 것은? [13-3]
① 유체의 흐름을 난류로 바꾸어 준다.
② 임펠러에서 나온 물의 운동 에너지 일부를 압력 에너지로 바꾼다.
③ 케이싱에 고정되어 강도를 증가시켜 준다.
④ 케이싱에 고정되어 유체의 흐름에 역류를 방지한다.

37. 펌프의 흡입관을 설치할 때 적절한 방법이 아닌 것은? [15-2, 19-3]
① 관의 길이는 짧고, 곡관의 수는 적게 한다.
② 흡입관에 편류나 와류를 적당히 발생시킨다.
③ 흡입관 끝에 스트레이너 또는 푸트 밸브를 사용한다.
④ 관 내 압력은 기압 이하로 공기 누설이 없는 관 이음으로 한다.

해설 흡입관에서 편류나 와류가 발생하지 못하게 한다.

38. 펌프 흡입관 배관 시 주의사항으로 맞지 않는 것은? [11-2, 20-2]
① 흡입관 끝에 스트레이너를 설치한다.
② 관의 길이는 짧고 곡관의 수는 적게 한다.
③ 배관은 펌프를 향해 $\frac{1}{100}$ 내림 구배한다.
④ 흡입관에서 편류나 와류가 발생하지 못하게 한다.

해설 배관은 공기가 발생하지 않도록 펌프를 향해 $\frac{1}{50}$ 올림 구배를 한다.

39. 펌프의 축추력을 제거할 수 있는 방법으로 적절한 것은? [08-3, 13-3, 20-3]
① 다단 펌프를 사용한다.
② 고양정 펌프를 사용한다.
③ 고유량 펌프를 사용한다.
④ 양흡입 펌프를 사용한다.

40. 펌프에 관한 설명 중 맞는 것은? [11-1]
① 다단 펌프는 유량을 증가시킨다.
② 양흡입 펌프는 양정을 증가시킨다.
③ 양흡입 펌프는 축추력이 발생되지 않는다.
④ 축 방향으로 유체를 흡입하고 반지름 방향으로 토출시키는 펌프는 축류식 펌프이다.

해설 임펠러, 축 등을 맞대게 해서 양흡입형으로 하여 사용함으로써 축추력을 제거하는 방식을 양흡입 펌프라 한다.

정답 34. ② 35. ③ 36. ② 37. ② 38. ③ 39. ④ 40. ③

41. 일반적인 펌프 성능 곡선에 나타나지 않는 내용은? [14-1, 19-1]
① 효율 ② 비교 회전도
③ 축동력 ④ 전양정

해설 펌프 성능 곡선(performance curve 또는 characteristic curve) : 펌프 제작사가 구매자에게 펌프 성능을 알려주는 방법 중의 하나이며, 펌프의 규정 회전수에서의 유량, 전양정, 효율, 축동력, 필요 흡입 수두와의 관계를 나타낸 것이다.

42. 용적형 회전 펌프로서 대유량의 기름을 수송하는데 적당하고 비교적 고장이 적고 보수가 용이한 것은? [07-1, 07-3, 16-1]
① 벌류트 펌프 ② 베인 펌프
③ 축류 펌프 ④ 수격 펌프

해설 베인 펌프 : 주로 기름을 취급하는데 사용하며 대유량의 기름의 수송에 적당하나 소형에서는 간극을 적게 하여 $100 kgf/cm^2$ 정도의 것도 사용된다.

43. 다음 중 편심 펌프가 아닌 것은? [06-3]
① 다단 펌프
② 베인 펌프
③ 롤러 펌프
④ 로터리 플랜지 펌프

해설 다단 펌프는 원심 펌프이다.

44. 펌프 임펠러와 와류실 사이에 안내 깃을 두고 임펠러에서 나온 물의 운동 에너지 일부를 압력으로 변환시키는 펌프는? [12-3]
① 기어 펌프 ② 편심 펌프
③ 프로펠러 펌프 ④ 단단 펌프

해설 단단 펌프에서 임펠러가 물속에서 외부의 동력에 의해 회전할 때 임펠러 속의 물은 외부에 흘러 임펠러를 나와 와류실 내에 모여서 토출구로 간다.

45. 다음 중 높은 토출 양정을 위해 사용하는 펌프는? [06-1, 10-2]
① 단단 펌프 ② 다단 펌프
③ 양흡입 펌프 ④ 추력 펌프

해설 다단 펌프 : 임펠러 다단 펌프로 양정이 부족할 때 임펠러에서 나온 액체를 다음 단의 임펠러 입구로 이송하고 다시 임펠러로 에너지를 주면 양정이 높아지며, 더욱 단수를 겹칠수록 높은 양정을 만드는 펌프이다.

46. 피스톤 또는 플런저의 왕복 운동에 의해서 액체를 흡입하여 소요 압력으로 압축 후 송출하는 것으로 송출량은 적으나 고압을 요구하는 경우에 적합한 펌프는? [08-3]
① 원심 펌프 ② 축류 펌프
③ 왕복 펌프 ④ 회전 펌프

47. 왕복 펌프의 종류가 아닌 것은? [17-1]
① 기어 펌프 ② 피스톤 펌프
③ 플런저 펌프 ④ 다이어프램 펌프

해설 기어 펌프는 회전 펌프이며, 왕복 펌프의 종류에는 피스톤 펌프, 플런저 펌프, 다이어프램 펌프, 윙 펌프 등이 있다.

48. 다음 중 기어 펌프의 특징으로 맞는 것은? [09-3, 18-3]
① 효율이 낮다.
② 소음과 진동이 적다.
③ 기름 속에 기포가 발생하지 않는다.
④ 점성이 큰 액체에서는 회전수를 크게 해야 한다.

정답 41. ② 42. ② 43. ① 44. ④ 45. ② 46. ③ 47. ① 48. ①

해설 기어 펌프 : 유압 펌프로 사용할 수 있으나 효율이 낮고 소음과 진동이 심하며 기름 속에 기포가 발생한다는 결점이 있다. 보통 송출량 2~5 m³/h, 모듈 3~5를 사용하고, 회전수 1200~900 rpm의 윤활유 펌프에 많이 이용되고 있으며 점성이 큰 액체에서는 회전수를 적게 해야 한다.

49. 프로펠러의 양력으로 액체의 흐름을 임펠러에 대한 축 방향으로 평행하게 흡입, 토출하는 것으로 대구경, 대용량이며, 비교적 낮은 양정(1~5m)이 필요한 곳에 사용되는 펌프는? [17-1, 20-3]
① 기어 펌프 ② 수격 펌프
③ 원심 펌프 ④ 축류 펌프

50. 다음 중 비속도가 가장 큰 펌프로 맞는 것은? [12-3]
① 원심 펌프 ② 벌류트 펌프
③ 사류 펌프 ④ 축류 펌프

해설 비속도란 단위 송출량에서 단위 양정을 내게 할 때 그 회전차에 주어져야 할 회전수이다.

51. 10m 이하의 저양정 펌프에서 토출량을 조절할 수 있는 밸브는? [07-1, 09-1, 15-1]
① 풋 밸브 ② 감압 밸브
③ 체크 밸브 ④ 나비형 밸브

해설 나비형 밸브 : 원형 밸브판의 지름을 축으로 하여 밸브판을 회전함으로써 유량을 조절하는 밸브이나 기밀을 완전하게 하는 것은 곤란하다.

52. 무동력 펌프라고도 하며, 비교적 저낙차의 물을 긴 관으로 이끌어 그 관성 작용을 이용하여 높은 곳으로 수송하는 양수기는? [15-3, 19-2]
① 마찰 펌프 ② 분류 펌프
③ 기포 펌프 ④ 수격 펌프

53. 원주면에 홈이 있는 원판상 회전체를 케이싱 속에서 회전시켜 이것이 접촉하는 액체를 유체 마찰에 의한 압력 에너지를 주어 송출하는 펌프는? [13-2, 16-1]
① 분류 펌프 ② 수격 펌프
③ 마찰 펌프 ④ 횡축 펌프

해설 마찰 펌프는 구조가 간단하고 제작이 쉬우며 소형에 적당하고 유량이 적은 편이다. 구조상 접촉 부분이 없으므로 운전 보수가 쉬우며 효율이 낮은 편이다.

54. 압력이 포화 수증기압 이하로 낮아지면서 기포가 발생하는 현상을 무엇이라 하는가? [06-1, 09-1, 11-1, 17-3]
① 공동 현상 ② 교축 현상
③ 수격 현상 ④ 채터링 현상

55. 펌프의 흡입 양정이 높거나 흐름 속도가 국부적으로 빠른 부분에서 압력 저하로 유체가 증발하는 현상은? [08-1, 18-2]
① 서징 현상
② 수격 현상
③ 압력 상승 현상
④ 캐비테이션 현상

해설 펌프의 내부에서도 흡입 양정이 높거나 흐름 속도가 국부적으로 빠른 부분에서 압력 저하로 유체가 증발하는 현상이 발생하게 되며, 펌프의 운전 불능 상태가 되기도 하는 현상을 캐비테이션(공동 현상)이라 한다.

정답 49. ④ 50. ④ 51. ④ 52. ④ 53. ③ 54. ① 55. ④

56. 압력계의 지침이 흔들리며 불안정한 경우의 원인으로 적합한 것은? [09-2, 16-3]
① 펌프의 선정 잘못
② 밸브나 관로가 막힘
③ 펌프가 공회전할 때
④ 캐비테이션이 발생하거나 공기 흡입

[해설] 캐비테이션이 발생하면 소음과 진동이 수반되며 펌프의 성능이 저하되고 더욱 압력이 저하되면 양수가 불가능해진다. 더욱 이러한 현상이 심하면 운전이 어렵게 된다. 또한 이 현상이 오래 지속되면 발생부 근처에 여러 개의 홈집이 생겨 재료를 손상시킨다. 이것을 점 침식이라 하며 이는 캐비테이션에 의해 생긴 여러 기포가 터질 때 충격의 반복으로 발생한다.

57. 다음 중 펌프에서 캐비테이션(cavitation)이 발생했을 때 그 영향으로 적절하지 않은 것은? [13-2, 20-3]
① 소음과 진동이 생긴다.
② 펌프의 성능에는 변화가 없다.
③ 압력이 저하하면 양수 불능이 된다.
④ 펌프 내부에 침식이 생겨 펌프를 손상시킨다.

[해설] 캐비테이션이 발생되면 압력 감소에 의하여 성능이 저하된다.

58. 펌프 운전 시 캐비테이션(cavitation) 발생 없이 펌프가 안전하게 운전되고 있는가를 나타내는 척도로 사용되는 것은 어느 것인가? [09-3, 10-2, 12-3, 19-3]
① 비속도
② 유효 흡입 수두
③ 전양정
④ 수동력

[해설] 유효 흡입 수두(NPSH) : 펌프 임펠러 입구 직전의 압력이 액체의 포화 증기압보다 어느 정도 높은가를 나타내는 값이며, 펌프 설치 위치에 따라 변한다.

59. 다음 중 공동 현상의 방지 대책이 아닌 것은? [10-1, 11-2, 19-1]
① 펌프 회전수를 낮게 한다.
② 양흡입형 펌프를 사용한다.
③ 펌프의 설치 위치를 높게 한다.
④ 임펠러의 재질을 침식에 강한 것으로 택한다.

[해설] ①, ②, ④ 외에 펌프의 설치 위치를 되도록 낮게 하고 흡입 양정을 작게 해야 하며, 흡입관은 짧게 한다. 또한 유효 흡입 수두(NPSH)를 필요 흡입 수두보다 크게 하고 흡입 측에서 펌프의 토출량을 줄이지 않는다.

60. 관로에서 유속의 급격한 변화 및 정전에 의한 펌프의 동력이 급히 차단될 때 관 내 압력이 상승 또는 하강하는 현상은?
① 서징(surging) 현상 [16-3, 17-2]
② 수격(water hammer) 현상
③ 베이퍼 록(vapor rock) 현상
④ 캐비테이션(cavitation) 현상

61. 수격 현상에서 압력 상승 방지책으로 사용되지 않는 것은? [18-1, 20-2]
① 밸브의 제어
② 흡수조의 사용
③ 안전 밸브의 사용
④ 체크 밸브의 사용

62. 수격 현상에서 압력 상승 방지책으로 사용되는 밸브는? [14-2, 18-3]
① 안전 밸브
② 슬루스 밸브
③ 셔틀 밸브
④ 언로딩 밸브

[정답] 56. ④ 57. ② 58. ② 59. ③ 60. ② 61. ② 62. ①

[해설] 상승된 압력을 직접 도피시켜 계통을 보호하는 밸브는 안전 밸브이다.

63. 다음 중 펌프의 수격 현상 방지책으로 틀린 것은? [15-2]
① 서지 탱크를 설치한다.
② 관로의 부하 발생점에 공기 밸브를 설치한다.
③ 관로의 지름을 크게 하여 관 내 유속을 감소시킨다.
④ 플라이 휠 장치를 사용하여 회전 속도를 급감속시킨다.

[해설] 플라이 휠 장치를 사용하여 회전 속도가 갑자기 감속되는 것을 방지한다.

64. 원심 펌프에서 수격 작용의 방지책이 아닌 것은? [06-3, 12-2]
① 펌프의 급가동을 하지 않는다.
② 배관 구경을 작게 한다.
③ 서지 탱크를 설치한다.
④ 밸브의 급개폐를 하지 않는다.

[해설] 배관 구경이 작아지면 유속이 증가하므로 수격 작용이 발생된다.

65. 펌프의 부식에 관한 설명 중 옳은 것은? [12-2, 17-3]
① 유속이 느릴수록 부식되기 쉽다.
② 온도가 낮을수록 부식되기 쉽다.
③ 유체 내의 산소량이 적을수록 부식되기 쉽다.
④ 재료가 응력을 받고 있는 부분은 부식이 생기기 쉽다.

[해설] ㉠ 부식 작용 요소
• 액의 성분 농도 pH값

pH 0 1 2 3 4 5 6 7 8 9 10 11 12 13 14
   └─산─┘ 중 └──알칼리──┘
          성

• 온도가 높을수록, pH값이 낮을수록 부식되기 쉽다.
• 유체 내의 산소량이 많을수록 부식되기 쉽다.
• 유속이 빠를수록 부식되기 쉽다.
• 금속 표면이 거칠수록 부식이 잘 된다.
• 재료가 응력을 받고 있는 부분은 부식이 생기기 쉽다.
• 금속 표면의 돌기부, 캐비테이션 발생 부위, 충격 흐름을 받는 부위는 부식이 잘 된다.

㉡ 방식 방법
• 내식성 재료를 주철, 청동, 합금강으로 한다.
• 임펠러 중량은 펌프의 중량보다 작으므로 이것을 스테인리스강과 같이 고급 재료로 해도 전체 가격이 비교적 적으나 중량이 큰 케이싱을 고급 재질로 한다는 것은 가격의 영향이 크므로 케이싱 내면에 고무 또는 합성수지 같은 내식성 물질로 코팅 라이닝을 한다.
• 전기 방식법
  – 전류 양극 방식 : 방식할 부분에 Zn, Mg 등을 장치하면 양극이 되어 점차 소모 용해되며, 피방식체는 음극이 되어 보호되고 양극이 될 금속은 순도 99.99%로 요구되며 확실하게 전기적 접촉을 유지하도록 장치한다.
  – 전기 화학적 부식 원리를 이용, 역전류를 외부에서 통제시켜 부식을 억제하는 방식이다.

66. 펌프 분해 검사에서 매일 점검 항목이 아닌 것은? [12-2, 15-1]

[정답] 63. ④ 64. ② 65. ④ 66. ④

① 베어링 온도
② 흡입 토출 압력
③ 패킹 상자에서의 누수
④ 펌프와 원동기의 연결 상태

해설 분기 점검 항목 : 펌프와 원동기의 연결 상태, 그랜드 패킹, 윤활유면과 변질의 유무, 배관 지지 상태 등

67. 펌프 점검 관리 항목 중 일상 점검 항목이 아닌 것은? [17-3]
① 누수량   ② 토출 압력
③ 베어링 온도   ④ 임펠러의 마모

68. 펌프를 시운전할 때의 주의사항이 아닌 것은? [09-2, 15-1]
① 회전 방향을 확인한다.
② 밸브 개폐에 주의한다.
③ 공운전을 먼저 실시한다.
④ 압력, 회전수 등을 확인한다.

해설 시운전 시 주의사항
㉠ 절대 공운전하지 말고 흡수의 확인
㉡ 회전 방향의 확인
㉢ 밸브 개폐에 주의(원심 펌프는 운전 후 천천히 연다), 점성이 크거나 피스톤 펌프는 전개(全開) 상태에서 운전하고 서서히 막아간다.
㉣ 압력, 진공, 전류계의 판독 회전수의 확인, 전압 사이클의 확인, 정격 전류의 확인
㉤ 소리, 진동, 베어링 온도에 주의

69. 펌프를 정격 유량 이하에서 운전할 때, 즉 부분 유량으로 운전 시 발생되는 현상이 아닌 것은? [11-2, 13-3]
① 차단점 부근에서 펌프 과열 현상 발생

② 임펠러에 작용하는 추력의 증가
③ 고양정 펌프는 차단점 부근에서 수온 저하 발생
④ 특성 곡선의 변곡점 부근에서 소음 및 진동 발생

70. 임펠러(impeller)의 진동 원인으로 볼 수 없는 것은? [17-1]
① 임펠러(impeller)의 부식 마모
② 임펠러(impeller)의 낮은 회전수
③ 임펠러(impeller)의 질량 불평형
④ 임펠러(impeller)에 더스트(dust) 부착

해설 임펠러가 부식 마모로서 침해되거나 먼지 등이 부착되면 불균형이 생기기 쉽고 이상 진동의 원인이 된다. 이물질의 부착에 의한 진동은 이것을 완전히 제거하고, 부식 마모의 경우는 보수하든지 교체해야 한다.

71. 원심 펌프가 기동은 하지만 진동하는 원인으로 옳지 않은 것은? [18-1]
① 축의 굽음   ② 회전수 저하
③ 캐비테이션 발생 ④ 볼 베어링의 손상

해설 펌프의 진동

현상	원인	대책
펌프가 이음, 진동한다.	• 축이 굽음 • 설치 불량 • 볼 베어링의 손상 • 캐비테이션 발생 • 임펠러 일부가 매여 있음	• 분해 수리 • 설치 상태 조사 • 볼 베어링 교환 • 전문가 상담 • 내부 점검

※ 모터 회전수 저하는 풍량, 풍압 저하로 나타난다.

정답 67. ④ 68. ③ 69. ③ 70. ② 71. ②

72. 원심 펌프의 이상 원인 중 시동 후 송출이 되지 않는 원인으로 적절하지 않은 것은? [20-3]

① 회전 방향이 다를 때
② 펌프 내 공기가 없을 때
③ 임펠러가 손상되었을 때
④ 임펠러에 이물질이 걸렸을 때

해설 시동 후 송출 정지의 원인
- 펌프 및 흡입관의 만수 불완전 시
- 흡입 양정이 너무 클 때
- 여분의 공기 또는 가스량 과대 시
- 흡입관에 공기 주머니가 있을 때
- 흡입관 도중에서 갑작스런 공기 침입
- 스터핑 박스로 공기 침입
- 흡입관 끝이 충분히 액체에 잠겨 있지 않을 경우
- 흡입 밸브 폐쇄나 부분적인 개방
- 흡입관의 필터나 스트레이너에 이물질 침입
- 풋 밸브가 너무 작을 때
- 축 봉에 대한 불충분한 냉각수 공급
- 렌더링과 봉관의 위치가 부정확한 경우
- 병렬 운전이 부적합할 때 병렬 운전 실시
- 회전차 내에 이물질이 걸렸을 때
- 회전차가 손상되었을 때
- 시방서에 명시된 운전 조건이나 시공업체가 다를 경우
- 메커니컬 실이 손상되어 있는 경우

73. 원심 펌프의 이상 현상 원인이 아닌 것은? [10-1, 17-2]

① 스터핑 박스로 공기 침입
② 펌프 내 회전 방향이 틀릴 때
③ 패킹과 주축 간의 과도한 틈새
④ 펌프 내 공기빼기를 하였을 때

해설 여분의 공기 또는 가스량 과대 시 이상 현상의 원인이 된다.

74. 펌프는 기동하지만 물이 안 나오는 원인으로 맞는 것은? [07-3]

① 공기가 흡입되고 있다.
② 마중물을 하지 않았다.
③ 웨어링이 마모되어 있다.
④ 토출 양정이 높다.

해설 원인
㉠ 마중물을 하지 않는다.
㉡ 제수 밸브가 닫힌다.
㉢ 양정이 지나치게 높다.
㉣ 회전 방향이 반대이다.
㉤ 임펠러가 매여 있다.
㉥ 흡입 양정이 높다.
㉦ 스트레이너, 흡입관이 꽉 막혀 있다.
㉧ 회전수가 저하된다.

75. 다음 중 펌프 운전 시 소음 발생 원인이 아닌 것은? [11-3]

① 캐비테이션 발생
② 흡입 측에 공기 유입
③ 그랜드 패킹의 누수
④ 베어링 불량

해설 소음 발생의 원인에는 캐비테이션 발생, 임펠러에 이물이 막혀 공기를 흡입하였을 경우, 임펠러의 맞닿음, 메탈 베어링 불량 등이 있으며, 그랜드 패킹의 누수는 물이 새는 원인이다.

76. 펌프 운전 시 기계식 밀봉 부위에서 소음이 발생하는 원인 중 가장 적절한 것은? [13-2]

① O-링(오링)의 파손
② 섭동면의 열 변형
③ 섭동면의 가공 불량
④ 섭동면의 불충분한 윤활 작용

정답 72. ② 73. ④ 74. ② 75. ③ 76. ④

해설 기계식 봉(mechanical seal)에서 섭동면에 윤활 작용이 되지 않으면 소음이 발생한다.

77. 펌프의 보수 관리에 있어서 베어링의 과열 현상을 일으키는 원인으로 가장 거리가 먼 것은? [15-2]
① 조립·설치 불량
② 흡입 유량의 부족
③ 윤활유 질의 부적합
④ 윤활유 및 그리스 양의 부족

78. 원심 펌프 운전에서 병렬 운전이 유리한 경우는? [15-3]
① 송출 유량의 변화가 클 때
② 송출 양정의 변화가 클 때
③ 송출 유량의 변화가 작을 때
④ 송출 양정의 변화가 작을 때

해설 송출 유량의 변화가 클 때는 2대 이상의 펌프를 병렬 운전한다.

79. 전양정이 약 100m 이하인 중·대형 원심 펌프에 사용되는 역류 방지 밸브는?
① 풋 밸브 [16-2]
② 플랩 밸브
③ 체크 밸브
④ 슬루스 밸브

80. 소형 원심 펌프에서 전양정 몇 m 이상일 때 체크 밸브를 설치하는가? [11-3, 20-3]
① 10m ② 20m ③ 50m ④ 100m

해설 소형 원심 펌프에서 전양정 100m 이상일 때 체크 밸브, 풋 밸브를 설치한다. 소구경(40mm 이하)에서는 스프링식 급폐 체크 밸브, 대구경(500mm 이상)에서는 중량 체크 밸브(weight check valve)가 사용된다.

81. 펌프를 중심으로 하여 흡입 수면으로부터 송출 수면까지 수직 높이를 무엇이라 하는가? [07-3, 10-3, 19-1]
① 전양정   ② 실양정
③ 흡입 양정 ④ 토출 양정

82. 펌프의 비속도(specific speed : N_S) 특성을 설명한 것 중 옳은 것은? [17-2]
① 양정과 토출량은 비속도와 관계가 없다.
② 양정이 낮고 토출량이 큰 펌프는 비속도가 낮아진다.
③ 양정이 높고 토출량이 적은 펌프는 비속도가 낮아진다.
④ 양정이 낮고 토출량이 적은 펌프는 비속도가 낮아진다.

해설 비속도는 터보 펌프의 모양이 설정되면 양정이 높고 토출량이 적은 펌프는 비속도가 낮아지고, 양정이 낮고 토출량이 큰 펌프는 비속도가 높아진다.

83. 펌프의 회전수를 변화시킬 때 양정은 어떻게 변하는가? [09-3, 16-1]
① 회전수에 비례한다.
② 회전수의 제곱에 비례한다.
③ 회전수의 세제곱에 비례한다.
④ 회전수의 네제곱에 비례한다.

해설 크기가 일정하고 회전수(N)만 변하는 경우 양정(H)은 회전수의 제곱에 비례한다.
$$H_2 = H_1 \left(\frac{N_2}{N_1}\right)^2$$

정답 77. ② 78. ① 79. ③ 80. ④ 81. ② 82. ③ 83. ②

84. 기름 펌프로 사용되는 펌프의 송출량 (Q) 계산식으로 옳은 것은? (단, Q : 송출량[l/min], h : 이의 높이[cm], b : 이의 폭[cm], N : 회전수[rpm], d : 피치원 지름[cm]) [10-1, 16-3]

① $Q = \dfrac{\pi bdhN}{1000}$ ② $Q = \dfrac{1000bN}{\pi hd}$

③ $Q = \dfrac{\pi hN}{1000bd}$ ④ $Q = \dfrac{1000bh}{\pi dN}$

85. 유량 1m³/min, 전양정 25m인 원심 펌프의 축동력은 약 몇 PS인가? (단, 펌프 전효율은 0.78, 물의 비중량은 1000kgf/m³이다.) [18-1]

① 5.5   ② 6.5   ③ 7.1   ④ 8.2

해설 $Ls = \dfrac{\gamma QH}{75\eta}$

$= \dfrac{1000 \times \dfrac{1}{60} \times 25}{75 \times 0.78} \fallingdotseq 7.1 \mathrm{PS}$

86. 100m 높이에 유량 240L/min으로 물을 보내고자 할 때 사용되는 펌프의 필요 동력은 약 몇 kW인가? (단, 물의 비중량은 1000kgf/m³이다.) [19-1]

① 1.8   ② 3.9   ③ 4.8   ④ 7.6

해설 $Ls = \dfrac{\gamma QH}{102\eta}$

$= \dfrac{1000 \times \dfrac{240}{1000 \times 60} \times 100}{102} \fallingdotseq 3.9 \mathrm{kW}$

87. 펌프의 전효율을 구하는 공식으로 맞는 것은? [18-3]

① 파이프의 단면적×인장 하중
② 압송 유량×누설량
③ 축동력×기계 손실
④ 수력 효율×기계 효율×체적 효율

해설 전효율 $\eta = \dfrac{수동력}{축동력} = \dfrac{Lw}{Ls}$

= 수력 효율 η_h × 기계 효율 η_m × 체적 효율 η_v

88. 통풍기의 압력 범위는? [20-3]

① 0.1kgf/cm² 이하
② 0.1~10kgf/cm²
③ 10kgf/cm² 이상
④ 20kgf/cm² 이상

해설 압력에 의한 분류

구분	압력		기압(atm) (표준)
	mAq(수두)	kgf/cm²	
통풍기	1 이하	0.1 이하	0.1
송풍기	1~10	0.1~1.0	0.1~1.0
압축기	10 이상	1.0 이상	1.0 이상

89. 원심형 통풍기 중 전향 베인으로 풍량 변화에 풍압 변화가 적고, 풍량이 증가하면 동력이 증가하는 통풍기는? [18-2]

① 터보 통풍기
② 용적식 통풍기
③ 시로코 통풍기
④ 플레이트 통풍기

90. 시로코 통풍기의 베인 방향으로 옳은 것은? [11-3, 14-3, 19-2]

① 경향 베인   ② 수직 베인
③ 전향 베인   ④ 후향 베인

정답 84. ①   85. ③   86. ②   87. ④   88. ①   89. ③   90. ③

해설 원심형 통풍기의 종류

종류	베인 방향	압력 (mmHg)	특징
시로코 통풍기 (sirocco fan)	전향 베인	15~200	• 풍량 변화에 풍압 변화가 적다. • 풍량이 증가하면 동력은 증가한다.
플레이트 팬(plate fan)	경향 베인	50~250	• 베인의 형상이 간단하다.
터보 팬 (turbo fan)	후향 베인	350~500	• 효율이 가장 좋다.

91. 원심형 통풍기의 종류 중 간단한 형상의 경향 베인을 사용하고 토출 압력이 50~250mmHg인 것은? [16-1, 18-3]

① 축류팬
② 실로코 팬
③ 터보 팬
④ 플레이트 팬

해설 90번 해설 참조

92. 원심형 통풍기의 정기 검사 항목에 해당되지 않은 것은? [15-2]

① 풍속과 흡기 온도
② 흡기·배기의 능력
③ 통풍기의 주유 상태
④ 덕트 접촉부의 풀림

해설 원심형 통풍기의 정기 검사 항목
㉠ 후드 덕트의 마모, 부식, 움푹 패임, 기타의 손상 유무 및 그 정도
㉡ 덕트 배풍기의 먼지 퇴적 상태
㉢ 통풍기의 주유 상태
㉣ 덕트 접촉부의 풀림
㉤ 통풍기 벨트의 작동
㉥ 흡기·배기의 능력
㉦ 여포식 제진 장치에서는 여포의 파손 또는 풀림
㉧ 기타 성능 유지상의 필요사항

93. 원심형 통풍기의 정기 검사 시 기록해야 할 사항이 아닌 것은? [20-3]

① 검사비
② 검사자
③ 검사 개소
④ 검사 방법

94. 냉난방 공조용으로 사용하는 통풍기의 필터 설치 위치는? [09-2]

① 통풍기의 흡기구에 설치한다.
② 통풍기의 배기구에 설치한다.
③ 열 교환기 앞에 설치한다.
④ 열 교환기 뒤에 설치한다.

해설 냉난방 공조용으로 사용할 경우는 흡기 측에 필터를 쓰는 것이 상식이다.

95. 공기의 유량과 압력을 이용한 장치를 압력에 의해 분류할 때 0.1~1.0kgf/cm² 압력으로 분류되는 장치는? [19-2, 19-3]

① 압축기
② 통풍기
③ 송풍기
④ 공기 여과기

해설 송풍기 압력

구분	압력		기압(atm) (표준)
	mAq(수두)	kgf/cm²	
송풍기	1~10	0.1~1.0	0.1~1.0

정답 91. ④ 92. ① 93. ① 94. ① 95. ③

96. 게이지 압력 0.5kgf/cm²의 압력으로 공기를 이송시키고자 한다. 적절한 공기기계는 어느 것인가? [13-1]
① 축류식 압축기
② 통풍기(fan)
③ 원심식 송풍기
④ 캐스케이드 펌프

97. 다음 중 용적형 공기기계의 종류는?
① 터보 블로어 [09-3]
② 루츠 블로어
③ 레이디얼 팬
④ 프로펠러 팬

해설 루츠 블로어(root blower)
㉠ 2개의 고리형 회전자를 90° 위상으로 설치하고 미소한 틈을 유지하며, 역방향으로 회전한다.
㉡ 비접촉형이므로 무급유, 소형, 고압 송풍 등에 사용된다.
㉢ 토크 변동이 크고, 소음이 큰 단점이다.

98. 다음 중 터보형 원심식 송풍기가 아닌 것은 어느 것인가? [15-1]
① 다익 팬 ② 한정 부하 팬
③ 터보 팬 ④ 레이디얼 팬

99. 다음 중 터보 팬(fan)에 관한 설명으로 옳은 것은? [15-1]
① 축류식 팬의 일종이다.
② 베인 방향이 전향 베인이다.
③ 원심 송풍기 중 가장 크고 효율이 높다.
④ 같은 주속도의 다른 팬보다 풍량이 적다.

해설 터보 팬은 날개가 회전차의 회전 방향에 대하여 뒤쪽으로 기울어져 있으며 원심 송풍기 중에서 가장 크고 효율이 좋다.

100. 효율이 높은 터보 팬의 베인의 방향으로 맞는 것은? [17-1]
① 사류 베인 ② 횡류 베인
③ 후향 베인 ④ 가변익 베인

해설 후향 베인은 송풍기의 케이스 흡입구에 붙인 가변 날개에 의해서 풍량을 조절하는 방법이다. 풍량이 큰 범위에서는(80% 전후까지) 송풍기의 회전을 변경시키는 방법보다도 효율이 좋고 오히려 더 경제적이나 다익형 날개를 갖는 송풍기에는 별로 효과가 없고 한정 부하 팬, 터보 팬에서는 효과가 좋다. 이 제어는 수동으로도 되나 온도, 습도에 따라서 자동으로 조절할 수 있다.

101. 송풍기의 분류 방법으로 맞지 않는 것은? [10-2]
① 임펠러의 흡입구에 의한 분류
② 흡입 방법에 의한 분류
③ 냉각 방법에 의한 분류
④ 흡입 압력에 의한 분류

해설 송풍기의 분류
㉠ 임펠러(impeller) 흡입구에 의한 분류
㉡ 흡입 방법에 의한 분류
㉢ 단수에 의한 분류
㉣ 냉각 방법에 의한 분류
㉤ 안내차(guide vane)에 의한 분류

102. 송풍기를 흡입 방법에 따라 분류할 때 포함되지 않는 것은? [15-1, 18-3, 19-2]
① 풍로 흡입형 ② 토출관 취부형
③ 흡입관 취부형 ④ 실내 대기 흡입형

103. 임펠러(impeller) 흡입구에 의하여 송풍기를 분류한 것이 아닌 것은?
① 편 흡입형 [14-1, 18-1]

정답 96. ③ 97. ② 98. ② 99. ③ 100. ③ 101. ④ 102. ② 103. ③

② 양 흡입형
③ 구름체 흡입형
④ 양쪽 흐름 다단형

104. 송풍기의 냉각 방법에 의한 분류 중 틀린 것은? [06-3, 09-3, 11-2]
① 공기 냉각형 ② 재킷 냉각형
③ 풍로 흡입 냉각형 ④ 중간 냉각 다단형

105. 다음 중 송풍기의 주요 구성품이 아닌 것은? [19-3]
① 임펠러 ② 케이싱
③ 이송 장치 ④ 풍량 제어 장치

106. 송풍기를 설치할 때 기초판 위에 넣어 높이를 조정할 수 있도록 하는 기계 요소는? [19-3]
① 코터 ② 평행 핀
③ 구배키 ④ 구배 라이너

107. 송풍기 축의 센터링을 검사할 때 사용되지 않는 것은? [06-1]
① 센터 게이지 ② 틈새 게이지
③ 다이얼 게이지 ④ 테이퍼 게이지

108. 송풍기(blower)의 중심 맞추기(centering)에 일반적으로 사용되는 측정기는 무엇인가? [12-1, 19-1]
① 센터 게이지 ② 게이지 블록
③ 높이 게이지 ④ 다이얼 게이지

해설 다이얼 게이지 : 래크와 기어의 운동을 이용하여 작은 길이를 확대하여 표시해 주는 비교 측정기

109. 송풍기의 축 설치와 조정 방법 중 옳은 것은? [17-1]
① 베어링 케이스와 축 관통부 축과의 틈새의 차가 0.5mm 이하이어야 한다.
② 베어링 케이스와 축 관통부 축과의 틈새의 차가 0.5mm 이상이어야 한다.
③ 전동기 축과 반전동기 축의 수평부에 수준기를 놓고 수준기의 좌·우의 구배의 차가 0.2mm 이하이어야 한다.
④ 전동기 축과 반전동기 축의 수평부에 수준기를 놓고 수준기의 좌·우의 구배의 차가 0.05mm 이하이어야 한다.

해설 축의 설치와 조정 : 임펠러가 붙여질 축(구름 베어링의 경우는 베어링 또는 베어링 케이스도 함께 붙여 둔다)을 설치한 후 전동기 축과 반전동기 축의 수평부에 수준기를 놓고 수준기의 좌·우의 구배의 차가 0.05mm 이하 또한 베어링 케이스와 축 관통부 축과의 틈새의 차가 0.2mm 이하로 되도록 베드 밑쪽에 라이너로 조정한다.

110. 고온 가스를 취급하는 송풍기에서 중심내기(alignment)를 할 때 우선적으로 고려해야 할 사항은? [11-2]
① 열팽창 ② 케이싱 균열
③ 가스 누출 ④ 강도 저하

해설 고온 가스를 취급하는 송풍기에서 중심내기를 할 때 특히 열팽창을 우선적으로 고려해야 한다.

111. 송풍기 축은 압축열이나 취급하는 가스의 온도 등의 영향으로 운전 중에 축 방향으로 신장하려고 한다. 다음 중 온도 상승에 의하여 송풍기 축의 길이가 변할 때의 대책으로 옳은 것은? [15-3]

정답 104. ③ 105. ③ 106. ④ 107. ① 108. ④ 109. ④ 110. ① 111. ③

① 신장되지 못하도록 제한한다.
② 축을 전동기 측 방향으로 신장되도록 한다.
③ 축을 전동기 측 반대 방향으로 신장되도록 한다.
④ 축을 전동기 측과 전동기 측 반대 방향 양쪽 모두 신장 되도록 한다.

112. 송풍기의 설치 장소 선정 시 고려사항으로 거리가 먼 것은? [13-3]
① 급수 장치
② 습도 및 부식성 가스
③ 보수 작업에 필요한 공간
④ 환기 및 소음

[해설] 송풍기 설치 장소
㉠ 급격한 온도 변화가 없는 곳
㉡ 진동 및 충격이 없는 곳
㉢ 눈과 비 등의 오염에 노출되지 않는 곳
㉣ 보수 작업을 위한 공간이 확보되는 곳

113. 송풍기를 설치하기 전 기초 작업으로 확인되어야 할 사항이 아닌 것은? [09-2]
① 기초 치수   ② 기초 볼트 위치
③ 부품 배치   ④ 베어링 조정

114. 송풍기 운전 중 점검사항이 아닌 것은? [19-1]
① 베어링의 온도
② 베어링의 진동
③ 임펠러의 부식 여부
④ 윤활유의 적정 여부

[해설] 임펠러의 부식 여부는 정지 중에 한다.

115. 다음 중 송풍기의 베어링 과열 원인이 아닌 것은? [10-2, 20-2]
① 베어링 마모
② 베어링 조립 불량
③ 임펠러(impeller)의 부식
④ 그리스(grease)의 과충전

[해설] 베어링(bearing)의 온도 : 주위의 공기 온도보다 40℃ 이상 높으면 안 된다고 규정되어 있지만, 운전 온도가 70℃ 이하이면 큰 지장은 없다. 베어링(bearing)의 진동 및 윤활유 적정 여부를 점검한다.

116. 송풍기 기동 후 베어링의 온도가 급상승하는 경우 점검사항이 아닌 것은 어느 것인가? [18-2]
① 윤활유의 적정 여부
② 베어링 케이스의 볼트 조임 상태 여부
③ 미끄럼 베어링의 경우 오일 링의 회전이 정상인지 여부
④ 관통부에 펠트(felt)가 쓰인 경우, 축에 강하게 접촉되어 있는지 여부

[해설] 베어링(bearing)의 온도가 급상승하는 경우의 점검사항
㉠ 윤활유의 적정 여부를 점검한다.
㉡ 관통부에 펠트(felt)가 쓰이는 경우는 이것이 축(shaft)에 강하게 접촉되어 있지 않은가, 축 관통부와 축 틈새가 균일한가 확인한다(구름 베어링의 경우 베어링이 눕는다든지 하면 이 틈새가 균일하지 못할 때가 있다).
㉢ 상하 분할형이 아닌 베어링 케이스(bearing case)의 경우는 자유 측의 커버(cover)가 베어링의 외륜을 누르고 있지 않은지 점검한다.
㉣ 구름 베어링은 궤도량(외륜 및 내륜)이나 진동체(볼 또는 롤러)에 흠집 여부를 점검한다.
㉤ 미끄럼 베어링(bearing)은 오일 링(ring)의 회전이 정상인가 또는 베어링 메탈

정답 112. ①   113. ④   114. ③   115. ③   116. ②

(bearing metal)과 축과의 간섭이 정상인가 점검한다(오일 링의 회전이 가끔 정지한다든지 옆 이행이 심할 때는 오일 링의 변형이 예상된다).

117. 송풍기 임펠러 축의 수평을 맞출 때 사용되는 것은? [12-3]
① 각도기 ② 수준기
③ 직각자 ④ 석면 패킹

[해설] 수준기는 수평 또는 수직을 측정하는 데 사용한다.

118. 송풍기 성능 저하의 원인이라고 할 수 없는 것은? [10-3]
① 내부 부식 및 더스트(dust) 부착
② 스트레이너의 막힘
③ 밀봉부의 누출
④ 시운전 전의 플러싱

119. 송풍기의 진동 원인으로 가장 거리가 먼 것은? [20-2]
① 축의 굽음
② 임펠러의 마모나 부식
③ 모터의 용량 증가
④ 임펠러에 더스트(dust) 부착

[해설] 송풍기의 진동 원인
㉠ 구부러진 베어링
㉡ 지지의 부족
㉢ 불균형 및 불일치
㉣ 임펠러의 마모, 부식 및 오염

120. 송풍기를 설치한 곳의 기초 지반이 연약할 때 가장 큰 영향을 미치는 고장 발생의 현상은? [09-1]
① 베어링의 과열
② 시동 시 과부하 발생
③ 진동 발생
④ 풍량 풍압 과소

121. 대형 송풍기의 V-벨트가 마모 손상되었을 때의 대책은? [11-3]
① 전체 세트로 교체한다.
② 손상된 벨트만 교체한다.
③ 손상된 벨트를 계속 사용한다.
④ 손상된 벨트를 수리한다.

[해설] V-벨트가 마모 손상되었을 때는 전체 세트로 교체한다(1개만 교체하면 불균일하게 되기 쉽기 때문이다).

122. 대기압의 공기를 흡입하여 1kgf/cm² 이상 압축하는 장치로 맞는 것은? [11-2]
① 송풍기 ② 터보 팬
③ 진공 펌프 ④ 압축기

[해설] 압축기 압력

구분	압력		기압(atm) (표준)
	mAq(수두)	kgf/cm²	
압축기	10 이상	1.0 이상	1.0 이상

123. 압축기의 작동 원리에 의한 종류가 아닌 것은? [12-1]
① 왕복식 압축기 ② 원심식 압축기
③ 회전식 압축기 ④ 배압식 압축기

124. 다음 원심식 압축기에 대한 설명 중 관계없는 것은? [08-1, 09-1, 17-3]
① 설치 면적이 비교적 작다.
② 윤활이 쉽다.
③ 압력 맥동이 없다.
④ 고압 발생이 쉽다.

정답 117. ② 118. ④ 119. ③ 120. ③ 121. ① 122. ④ 123. ④ 124. ④

해설 원심식 압축기는 회전체의 원심력에 의하여 압송하는 기계로 운전 시 어느 풍량 이하가 되면 서징(surging)이 발생한다.

125. 공기를 압축할 때 압력 맥동이 발생하며, 설치 면적이 넓고 윤활이 어려운 압축기는? [12-2, 18-3]
① 왕복식 압축기 ② 원심식 압축기
③ 축류식 압축기 ④ 나사식 압축기

해설 왕복식 압축기 : 모터로부터 구동력을 크랭크축에 전달시켜 크랭크축의 회전으로 실린더 내부의 피스톤 왕복 운동에 의해 흡입된 공기를 토출 밸브를 통하여 압송한다.

126. 일반적인 왕복식 압축기의 장점으로 옳은 것은? [06-3, 07-1, 10-1, 13-2, 18-2]
① 윤활이 어렵다.
② 설치 면적이 넓다.
③ 맥동 압력이 있다.
④ 고압을 발생시킬 수 있다.

해설 왕복식 압축기는 고압 발생이 가능한 장점이 있지만 설치 면적이 넓고, 윤활이 어려운 단점이 있다.

127. 공기 압축기의 흡입 관로에 설치하는 스트레이너(strainer)의 설치 목적으로 맞는 것은? [13-2, 20-3]
① 빗물이 스며들어 압축기에 들어가지 않도록 차단해 준다.
② 배관의 맥동으로 소음이 발생하는 것을 방지하기 위한 장치이다.
③ 나뭇잎 등의 큰 이물질이 압축기에 들어가지 않도록 차단해 준다.
④ 공기 중의 수분이 응축되어 압축기에 들어가지 않도록 제거하는 장치이다.

해설 스트레이너는 나뭇잎 등의 큰 이물질이 압축기에 들어가지 않도록, 돌 등이 펌프에 혼입되지 않도록 차단해 주는 장치이다.

128. 압축공기 저장 탱크의 하부에 설치되는 드레인 밸브의 설치 이유는? [09-2]
① 이물질의 혼입을 방지하기 위하여 설치한다.
② 압축공기가 역류하는 것을 방지하기 위하여 설치한다.
③ 압축기의 효율을 높이고 압축공기를 청정하게 저장하기 위하여 설치한다.
④ 저장 탱크 내의 응축된 수분을 배출하기 위하여 설치한다.

129. 압축기에 부착된 밸브의 조립에 관한 설명으로 틀린 것은? [13-3, 17-1, 19-3]
① 밸브 홀더 볼트는 각각 서로 다른 토크로 잠근다.
② 밸브 컴플릿(complete)을 실린더 밸브 홀에 부착한다.
③ 실린더 밸브 홈의 시트 패킹의 오물을 청소한 후 조립한다.
④ 시트 패킹을 물고 있지 않은가 밸브를 좌우로 회전시켜 확인한다.

해설 밸브 홀더 볼트는 같은 토크로 잠근다.

130. 압축기 부품 중 밸브의 분해 조립에 대한 설명으로 틀린 것은? [17-2]
① 밸브 볼트의 너트는 규정값으로 조인다.
② 밸브 볼트의 와셔는 재사용한다.
③ 스프링의 내외주가 스프링 홈 벽과 잘 맞는지 확인한다.
④ 밸브 플레이트의 리프트는 규정값에 들어 있는가를 틈새로 확인한다.

정답 125. ① 126. ④ 127. ③ 128. ④ 129. ① 130. ②

해설 와셔는 재사용 시 체결력이 떨어지므로 재사용하지 않는다.

131. 왕복동 압축기의 피스톤 앤드 간극의 측정에 대한 설명으로 옳은 것은? [17-3]
① 하부 간극보다 상부 간극을 크게 한다.
② 수평 게이지는 0.05mm/m 정도의 것을 사용한다.
③ 테이퍼 라이너를 사용하여 크로스 헤드를 조정한다.
④ 다이얼 게이지를 사용하여 90° 간격으로 편차가 0.03mm 이하로 한다.

해설 간극 치수는 1.5~3.0mm의 범위로 하부 간극보다 상부 간극을 크게 한다.

132. 토출 배관 중에 스톱 밸브를 부착할 경우 압축기와 스톱 밸브 사이에 설치되는 밸브는? [16-3]
① 안전 밸브
② 유량 제어 밸브
③ 방향 제어 밸브
④ 솔레노이드 밸브

133. 압축기 부품에서 밸브의 취급 불량에 의한 고장이라고 볼 수 없는 것은?
① 볼트의 조임 불량 [13-2, 16-2]
② 시트의 조립 불량
③ 그랜드 패킹의 과다 조임
④ 스프링과 스프링 홈의 부적당

134. 다음 중 압축기의 설치 장소로 적절하지 않은 것은? [20-3]
① 습기가 적은 곳
② 지반이 견고한 곳
③ 유해 물질이 적은 곳
④ 우수, 염풍, 일광이 있는 곳

해설 눈과 비 등의 오염에 노출되지 않는 곳에 설치하여야 한다.

135. 입력 축과 출력 축에 드라이브 콘을 설치하고 그 바깥 가장자리에 강구를 접촉시켜 변속하는 변속기는? [10-3, 14-3]
① 컵 무단 변속기
② 디스크 무단 변속기
③ 링 원추 무단 변속기
④ 플랜지 디스크 가변 변속기

136. 다음 변속기 중 유성 운동을 하는 원추 판을 반경 방향으로 이동시켜 접시형 스프링을 가진 한 쌍의 태양 플랜지와 접촉시켜 유성 원추 판의 공전을 출력 축으로 빼내는 구조로 된 것은? [17-3]
① 가변 변속기
② 컵 무단 변속기
③ 디스크 무단 변속기
④ 체인식 무단 변속기

137. 보통 PIV라고도 하며 한 쌍의 베벨 기어에 강제 링크 체인을 연결하여 유효 반경을 바꿈으로써 회전수를 조절하는 무단 변속기는? [11-3, 16-3]
① 벨트형 무단 변속기
② 체인형 무단 변속기
③ 링크형 무단 변속기
④ 디스크형 무단 변속기

해설 체인형은 무단 변속기 중에서 고토크 전달이 가능하다.

정답 131. ①　132. ①　133. ③　134. ④　135. ①　136. ③　137. ②

138. 체인식 무단 변속기의 변속 조작은 어떻게 하여야 하는가? [09-2]
① 정지 중에 한다.
② 회전 중에 한다.
③ 정지 또는 회전 중 아무 때나 한다.
④ 일시 정지 중에 한다.

[해설] 무단 변속기의 변속 조작은 회전 중에 한다.

139. 기어 감속기 중 평행 축형 감속기의 종류가 아닌 것은? [13-1, 14-1, 15-3, 19-2]
① 웜 기어 감속기
② 스퍼 기어 감속기
③ 헬리컬 기어 감속기
④ 더블 헬리컬 기어 감속기

[해설] 평행 축형 감속기 : 스퍼 기어, 헬리컬 기어, 더블 헬리컬 기어
※ 웜 기어 감속기 : 이물림 축형 감속기

140. 기어 감속기의 분류 중 교쇄 축형 감속기에 해당하는 것은? [10-1, 12-2, 16-1]
① 웜 기어
② 스퍼 기어
③ 헬리컬 기어
④ 스파이럴 베벨 기어

[해설] 교쇄 축형 감속기는 두 축이 서로 교차하며, 스트레이트 베벨 기어, 스파이럴 베벨 기어가 이에 속한다.

141. 사이클로이드 감속기의 윤활 방법 중 옳은 것은? [11-1, 14-1]
① 1kW 이하의 소형에는 그리스, 그 이상의 것은 적하 급유 방법이 사용된다.
② 1kW 이하의 소형에는 적하 급유 방법, 그 이상의 것은 그리스가 사용된다.
③ 1kW 이하의 소형에는 그리스, 그 이상의 것은 유욕(油慾) 윤활 방법이 사용된다.
④ 1kW 이하의 소형에는 유욕(油慾) 윤활 방법, 그 이상의 것은 그리스가 사용된다.

142. 벨트식 무단 변속기의 정비에 관한 사항으로 옳지 않은 것은? [12-1, 15-1]
① 벨트를 이동시킴에 있어서 무리가 발생될 수 있다.
② 가변 피치 풀리의 습동부는 윤활 불량이 되기 쉽다.
③ 광폭 벨트는 특수하므로 예비품 관리를 잘 해두어야 한다.
④ 벨트의 수명은 표준 벨트를 표준적인 사용 방법으로 운전할 때의 1~2배 정도이다.

[해설] 벨트의 수명은 표준적인 사용 방법으로 운전할 때의 1/3~2배 정도이다.

143. 다음 중 변속기를 분해할 때 유의사항이 아닌 것은? [13-1]
① 분해 전 취급 설명서 등을 확인한다.
② 스프링은 분해 전용 공구를 사용한다.
③ 무리한 힘을 가하지 않는다.
④ 가급적 경험에 의존하여 분해한다.

144. 교류 3상 유도 전동기의 회전 방향을 바꾸려면 어떻게 하는가? [09-1, 16-3]
① 접지선을 단락시킨다.
② 전원 3선 중 1선을 단락시킨다.
③ 전원 3선 중 1선을 교체하여 결선한다.
④ 전원 3선 중 2선을 서로 교체하여 결선한다.

정답 138. ② 139. ① 140. ④ 141. ③ 142. ④ 143. ④ 144. ④

145. 3상 220V 50Hz용 유도 전동기를 3상 220V 60Hz로 사용하면 어떻게 되는가? [13-1]
① 모터의 회전수가 감소한다.
② 모터가 회전하지 않는다.
③ 모터의 회전수가 증가한다.
④ 모터의 회전수 변화가 없다.

[해설] 주파수가 높을수록 동일한 크기의 유도 전동기의 속도가 빨라진다.

146. 소형(1kW 이하) 3상 유도 전동기에서 가장 많이 사용되는 급유 형태는? [10-1]
① 그리스 급유
② 유욕 급유
③ 강제 순환 급유
④ 적하 급유

[해설] 1kW 이하의 소형에는 그리스, 그 이상의 것은 유욕 급유 윤활 방법이 사용된다.

147. 1kW 이상의 3상 유도 전동기에서 가장 많이 사용되는 급유 형태는? [16-2]
① 적하 급유   ② 유욕 급유
③ 그리스 급유 ④ 사이펀 급유

148. 다음 중 유도 전동기에서 회전수(N_S), 극수(P) 및 주파수(F)의 관계식으로 옳은 것은? [09-3, 15-1, 20-2]
① $N_S = \dfrac{120F}{P}$ ② $N_S = \dfrac{120P}{F}$
③ $N_S = \dfrac{120}{PF}$ ④ $N_S = \dfrac{PF}{120}$

149. 흐르는 전류를 검출하여 전동기를 보호하는 것은? [10-1, 11-3]
① 전자 릴레이   ② 과전류 계전기
③ 전자 개폐기   ④ 누전 차단기

150. 전동기 과부하 시 회로 및 기기의 보호용으로 사용되는 것은? [08-3]
① 퓨즈   ② 타이머
③ 서머 릴레이   ④ 노 퓨즈 브레이크

151. 다음 중 전동기 본체의 점검항목이 아닌 것은? [18-3]
① 지침의 영점   ② 본체의 진동
③ 베어링의 이음 ④ 베어링부의 발열

152. 전동기의 운전 중 점검항목으로 볼 수 없는 것은? [12-2, 17-2]
① 전압 상태   ② 회전수 상태
③ 베어링 온도 상태 ④ 브러시 습동 상태

[해설] 브러시 습동 상태는 전동기 분해 후 점검항목이다.

153. 전동기의 고장 중 진동의 직접 원인에 해당되지 않는 것은? [11-2]
① 베어링의 손상
② 커플링, 풀리 등의 마모
③ 냉각 팬, 날개바퀴의 느슨해짐
④ 과부하 운전

[해설] 과부하 운전은 전동기 과열의 원인이 된다.

154. 윤활제의 부족에 의한 윤활 불량, 베어링 조립 불량, 체인, 벨트 등의 팽팽함, 커플링의 중심내기 불량이나 적정 틈새가 없어 추력을 받을 때 발생되는 전동기의 고장 현상은 무엇인가? [12-1, 15-3]

정답 145. ③ 146. ① 147. ② 148. ① 149. ② 150. ① 151. ① 152. ④ 153. ④

① 과열　　　　　② 코일 소손
③ 기동 불능　　④ 기계적 과부하

해설 과열 현상은 3상 중 1상의 퓨즈가 융단되므로 단상이 되어 과전류가 흐름, 과부하 운전, 빈번한 기동 및 정지, 냉각 불충분, 베어링부에서의 발열이 원인이며, 이 중 베어링부에서의 발열은 윤활제의 부족에 의한 윤활 불량, 베어링 조립 불량, 체인, 벨트 등의 지나친 팽팽함, 커플링의 중심내기 불량이나 적정 틈새가 없어 스러스트를 받을 때 발생되는 것이다.

155. 전동기 베어링 부분에서 발열이 발생할 때 주요 원인이 아닌 것은? [18-1, 18-2]
① 벨트의 장력 과다
② 커플링 중심내기 불량
③ 베어링의 조립 불량
④ 전동기 입력 전압의 변동

해설 154번 해설 참조

156. 전동기의 고장에서 과열 현상의 원인이 아닌 것은? [09-2]
① 서머 릴레이 작동
② 과부하 운전
③ 빈번한 기동 정지
④ 냉각 불충분

해설 서머 릴레이의 작동은 기동 불능의 원인이 된다.

157. 전동기의 고장 현상 중 기동 불능의 원인으로 거리가 먼 것은? [15-2, 20-2]
① 퓨즈 단락
② 베어링의 손상
③ 서머 릴레이 작동
④ 노 퓨즈 브레이크 작동

해설 베어링의 손상은 불규칙적인 기동이 된다.

158. 전동기의 고장 원인에서 기동 불능에 대한 원인으로 옳지 않은 것은?
① 퓨즈 융단　　　　　　　　[12-2, 16-3]
② 기계적 과부하
③ 서머 릴레이 작동
④ 전원 전압의 변동

해설 전원 전압의 변동은 전동기에 회전이 고르지 못한 현상으로 나타난다.

159. 전동기의 고장 현상과 원인의 연결이 틀린 것은? [16-1, 19-1]
① 기동 불능–공진
② 과열–과부하 운전
③ 진동–베어링 손상
④ 절연 불량–코일 절연물의 열화

해설 공진은 운전 중에 발생된다.

160. 전동기의 고장 원인과 그 대책으로 적합하지 않은 것은? [13-3]
① 시동 불능 : 단선–배선 등의 단선을 체크
② 과열 : 통풍 방해–냉각용 송풍기 설치
③ 진동, 소음 : 베어링 불량–베어링 교체
④ 절연 불량 : 코일 절연물의 열화–근본적인 원인의 배제

해설 전동기의 과열 : 전동기의 용량 적정 여부, 릴리프 밸브의 설정 압력 적정 여부 확인 등

정답 154. ①　155. ④　156. ①　157. ②　158. ④　159. ①　160. ②

제2장 | 기본 측정기 사용

1. 기본 측정기 사용

1-1 측정기 선정

(1) 측정의 종류
① **직접 측정**(direct measurement) : 측정기로부터 직접 측정치를 읽을 수 있는 방법으로 눈금자, 버니어 캘리퍼스, 마이크로미터 등이 있다.
② **비교 측정**(relative measurement) : 피측정물에 의한 기준량으로부터의 변위를 측정하는 방법으로 다이얼 게이지, 내경 파스 등이 있다.
③ **절대 측정**(absolute measurement) : 피측정물의 절대량을 측정하는 방법이다.
④ **간접 측정**(indirect measurement) : 나사 또는 기어 등과 같이 형태가 복잡한 것에 이용되며, 기하학적으로 측정값을 구하는 방법이다. 측정하고자 하는 양과 일정한 관계가 있는 양을 측정하여 간접적으로 측정값을 구한다. 사인 바에 의한 테이퍼 측정, 전류와 전압을 측정하여 전력을 구하는 방법이 있다.

(2) 공차와 정도
어떠한 제품을 설계할 경우에는 그 제품에 요구되는 기능과 경제성 등이 고려되어야 한다. 허용차가 작아지면 생산 원가가 높아지게 되므로 적절한 허용차를 부여하게 된다. 제품의 허용차에 따라 측정기의 선택도 달라져야 한다.

(3) 측정 대상의 선택에 따른 선정
① **측정물의 크기** : 아주 미세한 소형 부품(광학 측정기 등의 비접촉이 유리)에서 초대형의 부품
② **품종 및 수량** : 소품 다량 생산(측정의 자동화를 고려)일 경우에서 다품 소량 생산(비교 측정이 유리)일 경우

③ **재질** : 철 금속, 비철 금속, 비금속 등 경도가 높은 것으로부터 아주 부드러운 재질 (비접촉이 유리)까지 있어 특성에 적합한 측정기 선택
④ **형상** : 단순한 형상과 복잡한 형상(비접촉식의 3차원 측정기 등이 유리)일 경우
⑤ **측정 능률** : 측정 능률을 높이기 위해 측정의 자동화가 요구된다. 또한 개인 오차와 측정 시간을 줄이기 위해 눈금 읽기의 자동화와 측정값의 자동 통계 처리가 필요하다.
⑥ **경제성** : 측정의 경제성과 직접 관련이 있는 것은 측정기의 가격, 유지비, 측정에 소요되는 부대 비용이 있으며, 고가의 측정기는 유지비, 수리비 및 측정에 소요되는 비용 등이 측정 목적에 따라 깊이 고려되어야 한다.
⑦ **신뢰성**
⑧ **취급 및 보관성 등**

(4) 측정 방식에 따른 선정
① 측정 방식에는 영위법, 편위법, 치환법, 보상법, 합치법, 차등법 등이 있다.
② **편위법** : 측정량의 크기에 따라 지침이 영점에서 벗어난 양을 측정하는 방법이다. 응답이 빠르고 조작이 간단하나, 계기 오차가 발생되며 작동 에너지가 필요하다. 다이얼 게이지에 의한 길이 측정, 접시 지시 저울, 부르동관식 압력계, 회로 시험기 등이 있다.
③ **영위법** : 지침이 영점에 위치하도록 측정량을 기준량과 똑같이 맞추는 방법이다. 계기 오차가 극히 적어 고정도 측정이 가능하나, 측정 방식이 복잡할 수 있고 신속한 측정이 어려워 측정 시간이 소요된다. 마이크로미터에 의한 측정, 다이얼 게이지 테스트 인디케이터에 의한 비교 측정, 천평 등의 질량 측정 등이 있다.

(5) 측정기 선정 시 고려사항
① **제품 공차** : 제품 공차의 $\frac{1}{10}$보다 높은 정도의 측정기를 선택하는 것이 효율적이다.
② **제품의 수량** : 수량이 많은 경우 비교 측정, 한계 게이지에 의한 측정이 유리하다.
③ **측정 대상물의 재질** : 측정물이 금속이 아닌 고무, 종이, 합성수지 등과 같이 연질인 경우에는 비접촉식 측정기를 사용한다.
④ **측정 범위** : 측정 범위가 너무 크거나 작은 경우 비교 측정이 유리하다.

1-2 기본 측정기 사용

(1) 직접 측정기
① **길이 측정의 분류** : 길이 측정은 측정의 기초이며, 측정 빈도가 가장 많다.
  (개) 선도기 : 도구에 표시된 눈금선과 눈금선 사이의 거리로 측정
  (내) 단도기 : 도구 자체의 면과 면 사이의 거리로 측정

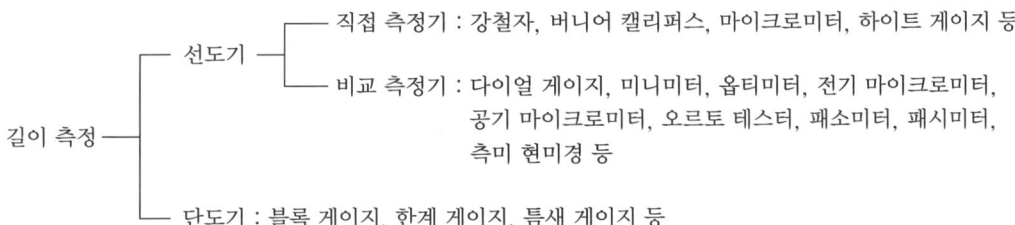

② **버니어 캘리퍼스**
  (개) 구조 : 길이 측정 및 안지름, 바깥지름, 깊이, 두께 등을 측정할 수 있다. 측정 정도는 0.05 또는 0.02 mm로 피측정물을 직접 측정하기에 간단하여 널리 사용된다.
  (내) 버니어 캘리퍼스의 종류
    ㉮ M1형 버니어 캘리퍼스
      ㉠ 슬라이더가 홈형이며, 내측 측정용 조(jaw)가 있고 300 mm 이하에는 깊이 측정자가 있다.
      ㉡ 최초 측정치는 0.05 mm 또는 0.02 mm(19 mm를 20등분 또는 39 mm를 20등분)이다.

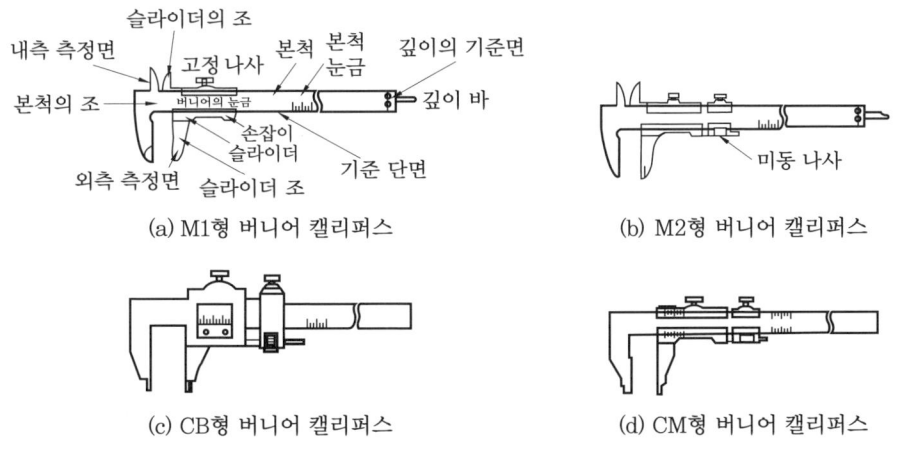

버니어 캘리퍼스의 종류

㉯ M2형 버니어 캘리퍼스
  ㉠ M1형에 미동 슬라이더 장치가 붙어 있는 것이다.
  ㉡ 최소 측정치는 0.02mm(24.5mm를 25등분)(1/50mm)이다.
㉰ CB형 버니어 캘리퍼스 : 슬라이더가 상자형으로 조의 선단에서 내측 측정이 가능하고 이송바퀴에 의해 슬라이더를 미동시킬 수 있다. CB형은 경량이지만 화려하기 때문에 최근에는 CM형이 널리 사용된다. 조의 두께로는 10mm 이하의 작은 안지름을 측정할 수 없다.
㉱ CM형 버니어 캘리퍼스 : 슬라이더가 홈형으로 조의 선단에서 내측 측정이 가능하고 이송바퀴에 의해 미동이 가능하다. 최소 측정치는 $1/50 = 0.02$mm로 CM형의 롱 조(long jaw) 타입은 조의 길이가 길어서 깊은 곳을 측정하는 것이 가능하다. 10mm 이하의 작은 안지름은 측정할 수 없다.
㉲ 기타 버니어 캘리퍼스의 종류에는 오프셋 버니어, 정압 버니어, 만능 버니어, 이 두께 버니어, 깊이 버니어 캘리퍼스 등이 있다.

㈐ 아들자의 눈금 : 어미자(본척)의 $n-1$개의 눈금을 n등분한 것이다. 어미자의 1눈금(최소 눈금)을 A, 아들자(부척)의 최소 눈금을 B라고 하면, 어미자와 아들자의 눈금차 C는 다음 식으로 구한다.

$(n-1)A = nB$이므로,

$$C = A - B = A - \frac{n-1}{n} \times A = \frac{A}{n}$$

M형의 버니어 캘리퍼스와 같이 어미자 19mm를 20등분하였다면 $C = \frac{1}{20}$mm가 되어 최소 측정 가능한 길이가 되는 것이다.

㈑ 눈금 읽는 법 : 본척과 부척의 0점이 닿는 곳을 확인하여 본척을 읽은 후에 부척의 눈금과 본척의 눈금이 합치되는 점을 찾아서 부척의 눈금 수에다 최소 눈금(예 M형에서는 0.05mm)을 곱한 값을 더하면 된다.

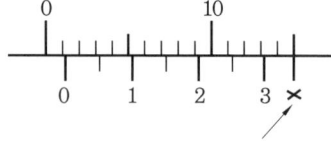

합치점은 이웃하는 두 눈금의 안쪽에 있다.

(a) 1.35mm의 판독(M형 1/20mm에서)
1+0.35=1.35mm

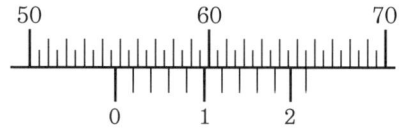

버니어 11번째 눈금이 합치되어 있다.

(b) 54.72mm의 판독(1/50mm에서)
54.5+(0.02×11)=54.72mm

버니어 캘리퍼스 눈금 읽기의 보기

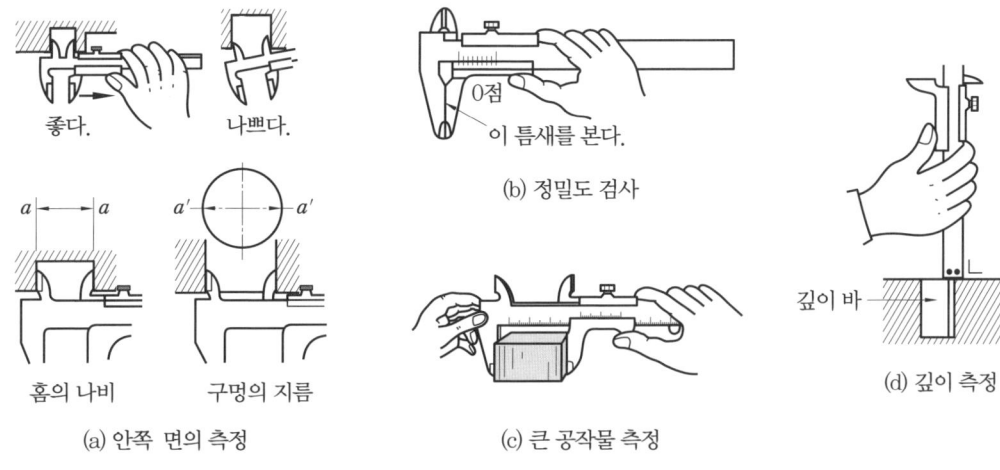

버니어 캘리퍼스에 의한 측정

③ **마이크로미터(micrometer)** : 마이크로 캘리퍼스 또는 측미기라고도 불린다. 나사가 1회전하면 1피치 전진하는 성질을 이용하며, 용도는 버니어 캘리퍼스와 같다.

㈎ 구조 : 다음 [그림]은 외측 마이크로미터로서 스핀들과 같은 축에 있는 1중 나사인 수나사([mm]식에서는 피치 0.5 mm가 많음)와 암나사가 맞물려 있어서 스핀들이 1회전하면 0.5 mm 이동한다.

  ㉮ 딤블은 슬리브 위에서 회전하며, 50등분되어 있다.
  ㉯ 딤블과 수나사가 있는 스핀들은 같은 축에 고정되어 있으며, 딤블의 한 눈금은 $0.5\,\text{mm} \times \dfrac{1}{50} = \dfrac{1}{100} = 0.01\,\text{mm}$이다. 즉, 최소 0.01 mm까지 측정할 수 있다.

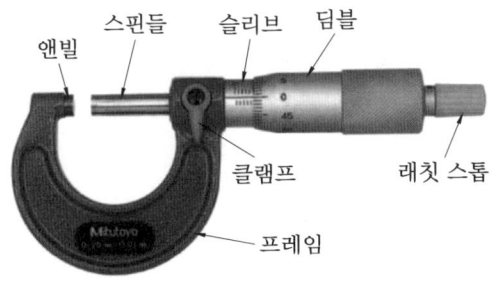

외측 마이크로미터의 구조

㈏ 측정 범위 : 외경 및 깊이 마이크로미터는 0~25, 25~50, 50~75 mm로 25 mm 단위로 측정할 수 있으며, 내경 마이크로미터는 5~25, 25~50 mm와 같이 처음 측정 범위만 다르다.

(다) 마이크로미터의 종류
  ㉮ 표준 마이크로미터(standard micrometer)
  ㉯ 버니어 마이크로미터(vernier micrometer) : 최소 눈금을 0.001mm로 하기 위하여 표준 마이크로미터의 슬리브 위에 버니어의 눈금을 붙인 것이다.
  ㉰ 다이얼 게이지부 마이크로미터(dial gauge micrometer) : 0.01mm 또는 0.001mm의 다이얼 게이지를 마이크로미터의 앤빌 측에 부착시켜서 동일 치수의 것을 다량으로 측정한다.
  ㉱ 지시 마이크로미터(indicating micrometer) : 인디케이트 마이크로미터라고도 하며, 측정력(測定力)을 일정하게 하기 위하여 마이크로미터 프레임의 중앙에 인디케이터(지시기)를 장치하였다. 이것은 지시부의 지침에 의하여 0.002mm 정도까지 정밀한 측정을 할 수 있다.
  ㉲ 기어 이 두께 마이크로미터(gear tooth micrometer) : 일명 디스크 마이크로미터라고도 하며 평기어, 헬리컬 기어의 이 두께를 측정하는 것으로서 측정 범위는 0.5~6모듈이다.
  ㉳ 나사 마이크로미터(thread micrometer) : 수나사용으로서 나사의 유효 지름을 측정하며, 고정식과 앤빌 교환식이 있다.
  ㉴ 포인트 마이크로미터(point micrometer) : 드릴의 홈 지름과 같은 골경의 측정에 쓰이며, 측정 범위는 (0~25mm)~(75~100mm)이고, 최소 눈금 0.01mm, 측정자의 선단 각도는 15°, 30°, 45°, 60°가 있다.
  ㉵ 내측 마이크로미터(inside micrometer) : 단체형, 캘리퍼형, 3점식이 있다.
(라) 눈금 읽는 법 : 다음 [그림]에서와 같이 먼저 슬리브 기선상에 나타나는 치수를 읽은 후에, 딤블의 눈금을 읽어서 합한 값을 읽으면 된다. 여기서는 최소 눈금을 0.01mm까지 읽은 것으로 보기를 들었지만, 숙련에 따라서는 0.001mm까지 읽을 수 있다.

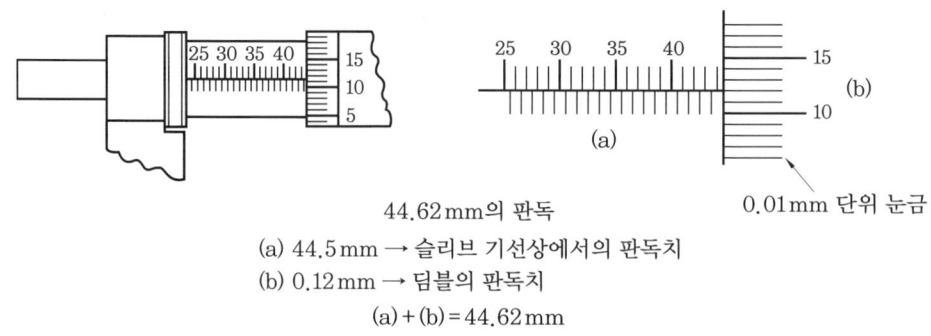

44.62mm의 판독
(a) 44.5mm → 슬리브 기선상에서의 판독치
(b) 0.12mm → 딤블의 판독치
(a) + (b) = 44.62mm

마이크로미터 눈금 읽기의 보기

(마) 사용상의 주의점
   ㉮ 스핀들은 언제나 균일한 속도로 돌려야 한다.
   ㉯ 동일한 장소에서 3회 이상 측정하여 평균치를 내어서 측정값을 낸다.
   ㉰ 공작물에 마이크로미터를 접촉할 때에는 스핀들의 축선에 정확하게 직각 또는 평행하게 한다.
   ㉱ 장시간 손에 들고 있으면 체온에 의한 오차가 생기므로 신속히 측정한다(스탠드를 사용하면 좋음).
   ㉲ 사용 후 보관 시에는 반드시 앤빌과 스핀들의 측정면을 약간 떼어 둔다.
   ㉳ 0점 조정 시에는 전용 훅 스패너를 사용하여 슬리브의 구멍에 끼우고 돌려서 조정한다.

④ **하이트 게이지(hight gauge)**
   (가) 구조 : 스케일(scale)과 베이스(base) 및 서피스 게이지(surface gauge)를 하나로 합한 것이 기본 구조이다. 여기에 버니어 눈금을 붙여 고정도로 정확한 측정을 할 수 있게 하였으며, 스크라이버로 금긋기에도 쓰인다. 일명 높이 게이지라고도 한다.

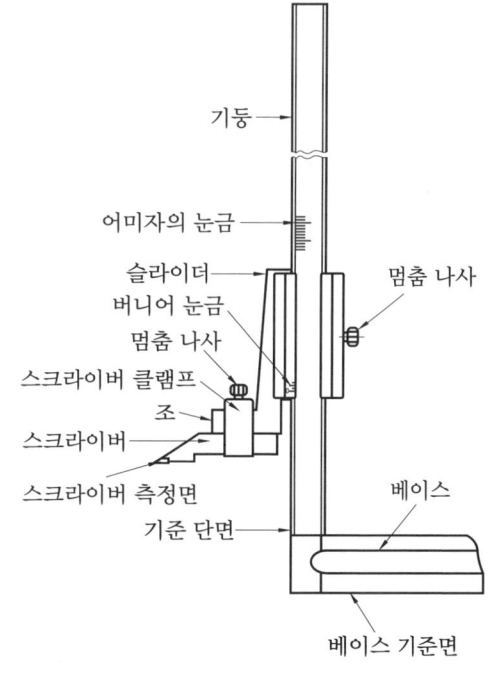

하이트 게이지

   (나) 하이트 게이지의 종류
       ㉮ HT형 하이트 게이지 : 표준형이며 본척의 이동이 가능하다.
       ㉯ HM형 하이트 게이지 : 견고하여 금긋기에 적당하며, 비교적 대형이다. 0점 조정이 불가능하다.
       ㉰ HB형 하이트 게이지 : 경량 측정에 적당하나 금긋기용으로는 부적당하다. 스크라이버의 측정면이 베이스면까지 내려가지 않는다. 0점 조정이 불가능하다.
       ㉱ 다이얼 하이트 게이지 : 다이얼 게이지를 버니어 눈금 대신 붙인 것으로 최소 눈금은 0.01mm이다.
       ㉲ 디지털 하이트 게이지 : 스케일 대신 직주 2개로 슬라이더를 안내하며, 0.01mm까지의 치수를 숫자판으로 지시한다.

㉥ 퀵세팅 하이트 게이지 : 슬라이더와 어미자의 홈 사이에 인청동판이 접촉하여 헐거움 없이 상하 이동이 되며 클램프 박스의 고정이 불필요한 형으로 원터치 퀵세팅이 가능하고 0.02mm까지 읽을 수 있다.

㉦ 에어플로팅 하이트 게이지 : 중량 20kgf, 호칭 1000mm 이상인 대형에 적용되는 형으로 베이스 내부에 노즐 장치가 있어 일정한 압축공기가 정반과 베이스 사이에 공기막을 형성하여 가벼운 이동이 가능한 측정기이다.

⑤ **측장기(measuring machine)** : 마이크로미터보다 더 정밀한 정도를 요하는 게이지류의 측정에 쓰이며, 0.001mm(μ)의 정밀도로 측정된다. 일반적으로 1~2m에 달하는 치수가 큰 것을 고정밀도로 측정할 수 있다.

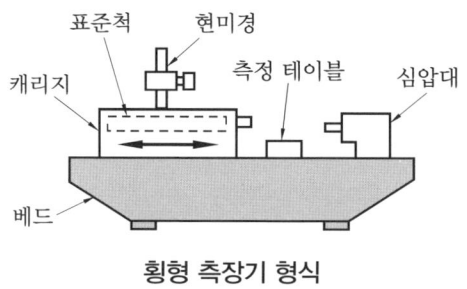

횡형 측장기 형식

㈎ 블록 게이지나 표준 게이지 등을 기준으로 피측정물의 치수를 비교 측정하여 그 치수를 구하는 비교 측장기(측미기, 콤퍼레이터)

㈏ 측장기 자체에 표준척을 가지고 이와 비교하여 치수를 직접 구할 수 있는 측장기

㈐ 빛의 파장을 기준으로 빛의 간섭에 의해 피측정물의 치수를 구하는 간섭계

(2) 비교 측정기(comparative measuring instrument)

① **다이얼 게이지(dial gauge)** : 기어 장치로서 미소한 변위를 확대하여 길이 또는 변위를 정밀 측정하는 비교 측정기이다.

㈎ 소형이고 경량이므로 취급이 용이하며 측정 범위가 넓다.

㈏ 연속된 변위량의 측정이 가능하다.

㈐ 다원 측정(많은 곳 동시 측정)의 검출기로서 이용이 가능하다.

㈑ 읽음 오차가 적다.

㈒ 진원도 측정이 가능하다(3점법, 반경법, 직경법).

㈓ 어태치먼트의 사용 방법에 따라서 측정 범위가 넓어진다.

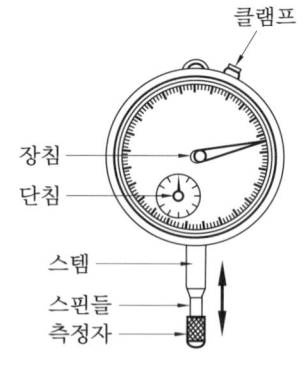

다이얼 게이지

② **기타 비교 측정기**

㈎ 측미 현미경(micrometer microscope) : 길이의 정밀 측정에 사용되는 것으로서 대물렌즈(對物 lens)에 의해서 피측정물의 상을 확대하여 그 하나의 평면 내에 실상을 맺게 해서, 이것을 접안렌즈로 들여다보면서 측정한다.

㈏ 공기 마이크로미터(air micrometer, pneumatic micrometer) : 보통 측정기로는 측정이 불가능한 미소한 변화를 측정할 수 있는 것으로서 확대율 만 배, 정도 $±0.1~1μ$이지만 측정 범위는 대단히 작다. 일정압의 공기가 두 개의 노즐을 통과해서 대기 중으로 흘러 나갈 때의 유출부의 작은 틈새의 변화에 따라서 나타나는 지시압의 변화에 의해 비교 측정된다.

　　공기 마이크로미터는 노즐 부분을 교환함으로써 바깥지름, 안지름, 진각도, 진원도, 평면도 등을 측정할 수 있다. 또한 비접촉 측정이라서 마모에 의한 정도 저하가 없으며, 피측정물을 변형시키지 않으면서 신속한 측정이 가능하다.

㈐ 전기 마이크로미터(electric micrometer) : 길이의 근소한 변위를 그에 상당하는 전기치로 바꾸고, 이를 다시 측정 가능한 전기 측정 회로로 바꾸어서 측정하는 장치로서 $0.01μ$ 이하의 미소한 변위량도 측정 가능하다.

㈑ 오르토 테스터(ortho tester) : 지렛대와 1개의 기어를 이용하여 스핀들의 미소한 직선 운동을 확대하는 기구로서, 최소 눈금 $1μ$, 지시 범위 $100μ$ 정도이지만 확대율을 배로하여 지시 범위를 $±50μ$으로 만든 것도 있다.

㈒ 미니미터(minimeter) : 지렛대를 이용한 것으로서 지침에 의해 100~1000배로 확대 가능한 기구이다. 부채꼴의 눈금 위를 바늘이 180° 이내에서 움직이도록 되어 있으며, 지침의 흔들림이 미소해서 지시 범위는 $60μ$ 정도이고, 최소 눈금은 보통 $1μ$, 정도(精度)는 $±0.5μ$ 정도이다.

㈓ 패소미터(passometer) : 마이크로미터에 인디케이터를 조합한 형식으로서 마이크로미터부에 눈금이 없고, 블록 게이지로 소정의 치수를 정하여 피측정물과의 인디케이터로 읽게 되어 있다. 측정 범위는 150 mm까지이며, 지시 범위(정도)는 0.002~0.005 mm, 인디케이터의 최소 눈금은 0.002 mm 또는 0.001 mm이다.

㈔ 패시미터(passimeter) : 기계 공작에서 안지름을 검사·측정할 때 사용되며, 구조는 패소미터와 거의 같다. 측정두는 각 호칭 치수에 따라서 교환이 가능하다.

㈕ 옵티미터(optimeter) : 측정자의 미소한 움직임을 광학적으로 확대하는 장치로서 확대율은 800배이며 최소 눈금 $1μ$, 측정 범위 $±0.1 mm$, 정도(精度) $±0.25μ$ 정도이다. 원통의 안지름, 수나사, 암나사, 축 게이지 등과 같이 고정도를 필요로 하는 것을 측정한다.

(3) 단도기

① **게이지 블록(gauge block)** : 면과 면, 선과 선의 길이의 기준을 정하는데 가장 정도가 높고 대표적인 것이며, 이것과 비교하거나 치수 보정을 하여 측정기를 사용한다.

  (가) 종류 : KS에서는 장방형 단면의 요한슨형(Johansson type)이 쓰이지만, 이 밖에 장방형 단면(각면의 길이 0.95″)으로 중앙에 구멍이 뚫린 호크형(hoke type), 얇은 중공 원판 형상인 캐리형(cary type)이 있다.

  (나) 특징
    ㉮ 광(빛) 파장으로부터 직접 길이를 측정할 수 있다.
    ㉯ 정도가 매우 높다(0.01μ 정도).
    ㉰ 손쉽게 사용할 수 있으며, 서로 밀착하는 특성이 있어 여러 치수로 조합할 수 있다.

  (다) 치수 정도(dimension precision) : 게이지 블록의 정도를 나타내는 등급으로 K, 0, 1, 2급의 4등급을 KS에서 규정하고 있다.

  (라) 밀착(wringing) : 측정면을 청결한 천으로 닦아낸 후 돌기나 녹의 유무를 검사한다.

(a) 두꺼운 것의 조합   (b) 두꺼운 것과 얇은 것의 조합   (c) 얇은 것의 조합

게이지 블록 밀착

② **한계 게이지(limit gauge)** : 제품을 정확한 치수대로 가공한다는 것은 거의 불가능하므로 오차의 한계를 주게 되며 이때의 오차 한계를 특정하는 게이지를 한계 게이지라고 한다. 한계 게이지는 통과 측(go side)과 정지 측(no go side)을 갖추고 있는데, 정지 측으로는 제품이 들어가지 않고 통과 측으로 제품이 들어가는 경우 제품은 주어진 공차 내에 있음을 나타내는 것이다. 한계 게이지에는 그 용도에 따라서 공작용 게이지, 검사용 게이지, 점검용 게이지가 있다.

  (가) 장·단점
    ㉮ 제품 상호 간에 교환성이 있다.
    ㉯ 완성된 게이지가 필요 이상 정밀하지 않아도 되기 때문에 공작이 용이하다.
    ㉰ 측정이 쉽고 신속하며 다량의 검사에 적당하다.

㉣ 최대한의 분업 방식이 가능하다.
㉤ 가격이 비싸다.
㉥ 특별한 것은 고급 공작기계가 있어야 제작이 가능하다.
(나) 종류
㉮ 봉형 게이지(bar gauge)
㉠ 게이지 블록으로 측정이 힘든 곳에 사용한다.
㉡ 게이지 블록과 같이 단면에 의하여 길이 표시를 한다.
㉢ 단면 형상은 양단 평면형, 곡면형이 있다.
㉣ 게이지 블록과 병용하며 사용법도 거의 같다.
㉯ 플러그 게이지(plug gauge)와 링 게이지(ring gauge)
㉠ 플러그 게이지는 구멍의 안지름을, 링 게이지는 구멍의 바깥지름을 측정하며, 플러그 게이지와 링 게이지는 서로 1조로 구성되어 널리 사용된다.
㉡ 캘리퍼스나 공작물 지름 검사에 쓰인다.
㉰ 터보 게이지(tebo gauge) : 한 부위에 통과 측과 불통과 측이 동시에 있다.

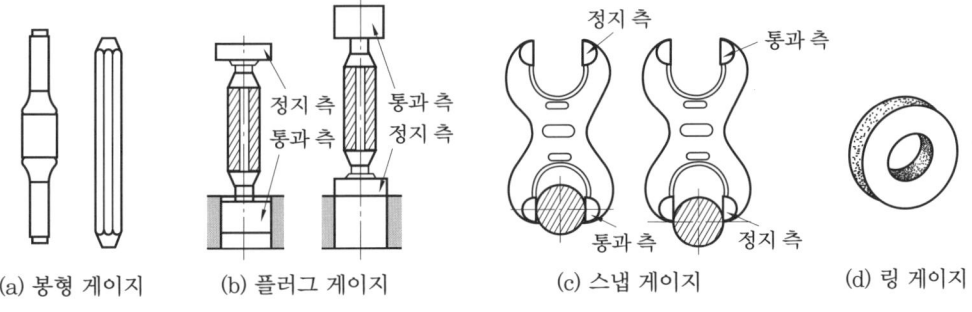

(a) 봉형 게이지   (b) 플러그 게이지   (c) 스냅 게이지   (d) 링 게이지

한계 게이지

(다) 테일러의 원리(Taylor's theory) : 한계 게이지에 의해 합격된 제품에 있어서도 축의 약간 구부림 형상이나 구멍의 요철, 타원 등을 가려내지 못하기 때문에 끼워 맞춤이 안되는 경우가 있다. 이러한 현상에 대해 테일러의 원리를 요약하면 다음과 같다.

> "통과 측의 모든 치수는 동시에 검사되어야 하고, 정지 측은 각 치수를 개개로 검사하여야 한다."

③ **기타 게이지류**
(가) 틈새 게이지(thickness gauge, clearance gauge, feeler gauge)
㉮ 미세한 간격, 틈새 측정에 사용된다[그림 (a)].

㉯ 박강판으로 두께 0.02~0.7mm 정도를 여러 장 조합하여 1조로 묶은 것이다.

㉰ 몇 가지 종류의 조합으로 미세한 간격을 비교적 정확히 측정할 수 있다.

(나) 반지름 게이지(radius gauge)

㉮ 모서리 부분의 라운딩 반지름 측정에 사용된다.

㉯ 여러 종류의 반지름으로 된 것을 조합한다[그림 (b)].

(다) 와이어 게이지(wire gauge)

㉮ 철사의 지름을 번호로 나타낼 수 있게 만든 게이지이다.

㉯ 구멍의 번호가 클수록 와이어의 지름이 작아진다[그림 (c)].

(라) 센터 게이지(center gauge)

㉮ 선반의 나사 바이트 설치, 나사깎기 바이트 공구각을 검사하는 게이지이다.

㉯ 미터 나사용(60°)과 휘트워드 나사용(55°) 및 애크미 나사용이 있다[그림 (d)].

(마) 피치 게이지(나사 게이지 pitch gauge, thred gauge) : 나사산의 피치를 신속하게 측정하기 위하여 여러 종류의 피치 형상을 한데 묶은 것이며, mm계와 inch계가 있다[그림 (e)].

(바) 드릴 게이지(drill gauge) : 직사각형의 강판에 여러 종류의 구멍이 뚫려 있어서 여기에 드릴을 맞추어 보고 드릴의 지름을 측정하는 게이지이다. 번호로 표시하거나 지름으로 표시하며, 번호 표시의 경우는 번호가 클수록 지름이 작아진다[그림 (f)].

(사) 테이퍼 게이지(taper gauge) : 테이퍼의 크기를 측정하는 게이지이다.

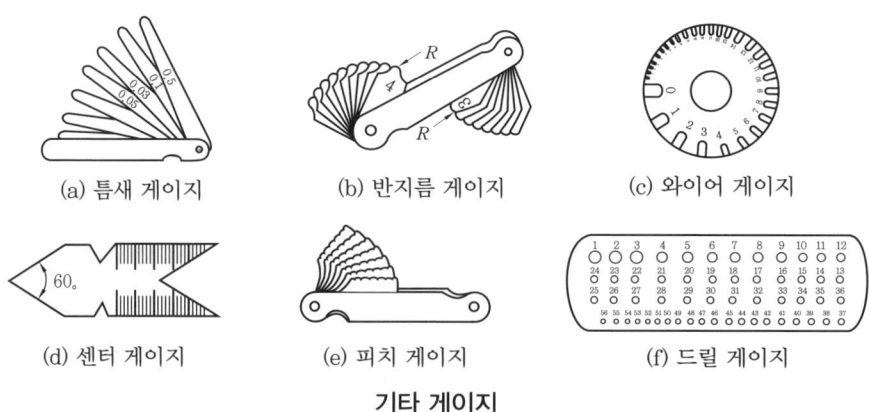

(a) 틈새 게이지   (b) 반지름 게이지   (c) 와이어 게이지
(d) 센터 게이지   (e) 피치 게이지   (f) 드릴 게이지

기타 게이지

(4) 각도, 평면 및 테이퍼 측정

① 각도 측정

(가) 분도기와 만능 분도기

㉮ 분도기(protractor) : 가장 간단한 측정 기구로서 주로 강판제의 원형 또는 반원형으로 되어 있다.

㉯ 만능 분도기(universal protractor) : 정밀 분도기라고도 하며, 버니어에 의하여 각도를 세밀히 측정할 수 있다. 최소 눈금은 어미자 눈금판의 23°를 12등분한 버니어가 있는 것이 5′이고, 19°를 20등분한 버니어가 붙은 것이 3′이다.

㉰ 직각자(square) : 공작물의 직각도, 평면도 검사나 금긋기에 쓰인다.

㉱ 콤비네이션 세트(combination set) : 분도기에 강철자, 직각자 등을 조합해서 사용하며, 각도의 측정, 중심내기 등에 쓰인다.

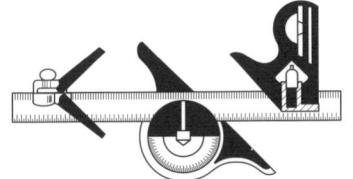

콤비네이션 세트

㈏ 사인 바(sine bar) : 사인 바는 블록 게이지 등을 병용하며, 삼각함수의 사인(sine)을 이용하여 각도를 측정하고 설정하는 측정기이다.

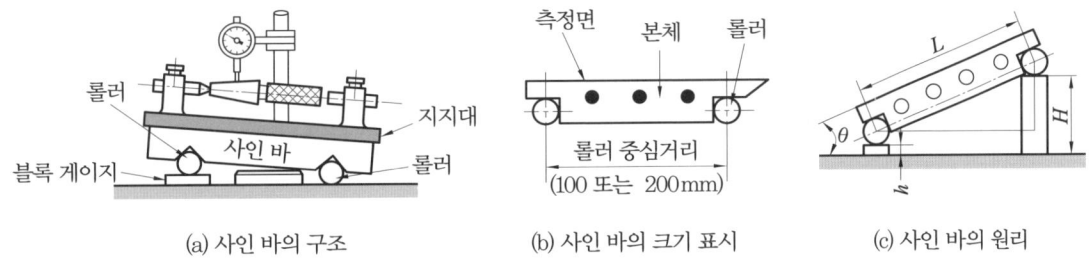

(a) 사인 바의 구조   (b) 사인 바의 크기 표시   (c) 사인 바의 원리

사인 바의 구조와 원리

㈐ 각도 게이지(angle gauge)

㉮ 요한슨식 각도 게이지(Johansson type angle gauge) : 지그, 공구, 측정 기구 등의 검사에 없어서는 안 되는 것이며, 박강판을 조합해서 여러 가지의 각도를 만들 수 있게 되어 있다.

㉯ NPL식 각도 게이지(NPL type angle gauge) : 길이 100mm, 폭 15mm의 측정면을 가진 쐐기형의 열처리된 블록으로 여러 가지 각도를 가진 9개, 12개 또는 그 이상의 게이지를 한 조로 한다.

㈑ 수준기 : 수준기는 수평 또는 수직을 측정하는데 사용한다. 수준기는 기포관 내의 기포 이동량에 따라서 측정하며, 감도는 특종(0.01mm/m(2초)), 제1종(0.02mm/m(4초)), 제2종(0.05mm/m(10초)), 제3종(0.1mm/m(20초)) 등이 있다.

㈒ 광학식 각도계(optical protracter) : 원주 눈금은 베이스(base)에 고정되어 있고, 원판의 중심축의 둘레를 현미경이 돌며 회전각을 읽을 수 있게 되어 있다.

㈓ 오토콜리메이터(auto collimator) : 오토콜리메이션 망원경이라고도 부르며, 공구나 지그 취부구의 세팅과 공작기계의 베드나 정반의 정도 검사에 정밀 수준기와 같이 사용되는 각도기이다.

② **평면 측정** : 기계 가공 후 가공된 면이 울퉁불퉁한 것을 거칠기라고 한다. 이러한 거칠기가 작은 것은 평면도가 좋다고 할 수 있다.
  (가) 평면도와 진직도의 측정
    ㉮ 정반에 의한 방법 : 정반의 측정면에 광명단을 얇게 칠한 후 측정물을 접촉하여 측정면에 나타난 접촉점의 수에 따라서 판단하는 방법이다.
    ㉯ 직선 정규에 의한 측정 : 진직도를 나이프 에지(knife edge)나 직각 정규로 재서 평면도를 측정한다.

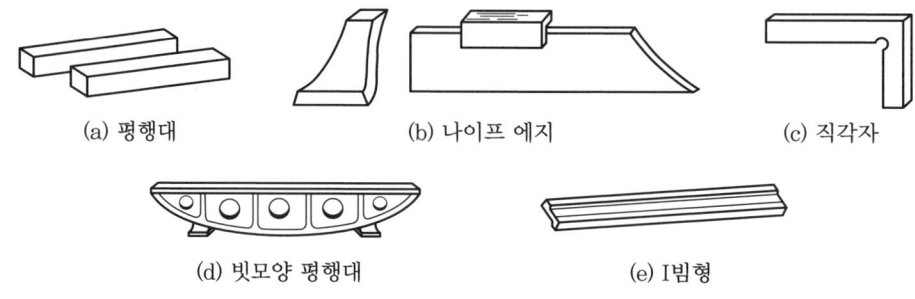

(a) 평행대   (b) 나이프 에지   (c) 직각자
(d) 빗모양 평행대   (e) I빔형

평면도 측정 공구

  (나) 옵티컬 플랫(optical flat) : 광학적인 측정기로서 비교적 작은 면에 매끈하게 래핑된 게이지 블록이나 각종 측정자 등의 평면 측정에 사용하며, 측정면에 접촉시켰을 때 생기는 간섭무늬의 수로 측정한다.
  (다) 공구 현미경(tool maker's microscope)
    ㉮ 용도
      ㉠ 현미경으로 확대하여 길이, 각도, 형상, 윤곽을 측정한다.
      ㉡ 정밀 부품 측정, 공구 치구류 측정, 각종 게이지 측정, 나사 게이지 측정 등에 사용한다.
    ㉯ 종류 : 디지털(digital) 공구 현미경, 레이츠(leitz) 공구 현미경, 유니언(union) SM형, 만능 측정 현미경 등이 있다.
  (라) 투영기(profle projector) : 광학적으로 물체의 형상을 투영하여 측정하는 방법이다.

예|상|문|제

1. 압력을 U자관 압력계로 수은주의 높이, 밀도, 중력 가속도를 측정해서 유도하여 압력의 측정값을 결정하였다. 이와 같은 측정의 종류는? [06-1, 11-2]
① 직접 측정　　② 간접 측정
③ 비교 측정　　④ 절대 측정

해설 절대 측정 : 정의에 따라서 결정된 양을 사용하여 기본량만의 측정으로 유도하는 측정 방법

2. 물체의 크기를 버니어 캘리퍼스로 측정하여 그 크기를 구하는 방식은? [07-3]
① 간접 측정　　② 직접 측정
③ 비교 측정　　④ 절대 측정

해설 직접 측정 : 측정하고자 하는 양을 직접 접촉시켜 그 크기를 구하는 방법

3. 측정의 기본 방법 중 눈금자를 직접 제품에 대고 실제 길이를 알아내는 것은? [20-3]
① 직접 측정　　② 간접 측정
③ 절대 측정　　④ 비교 측정

해설 직접 측정 : 측정하고자 하는 양을 직접 접촉시켜 그 크기를 구하는 방법

4. 직접 측정기가 아닌 것은? [17-1]
① 측장기　　② 마이크로미터
③ 다이얼 게이지　　④ 버니어 캘리퍼스

해설 다이얼 게이지는 비교 측정기이다.

5. 직접 측정의 장점이 아닌 것은? [20-2]

① 제품의 치수가 고르지 못한 것을 계산하지 않고 알 수 있다.
② 양이 적고 종류가 많은 제품을 측정하기에 적합하다.
③ 측정물의 실제 치수를 직접 잴 수 있다.
④ 측정 범위가 다른 측정 범위보다 넓다.

해설 ①은 비교 측정의 장점이다.

6. 측정기를 측정 방법에 따라 분류할 때 미니미터, 옵티미터, 공기 마이크로미터는 어디에 포함되는가? [09-1]
① 직접 측정　　② 비교 측정
③ 한계 게이지 측정　　④ 계량 측정

해설 비교 측정 : 표준 치수의 게이지와 비교하여 측정기의 바늘이 지시하는 눈금에 의하여 그 차이를 읽는 것이다. 비교 측정에 사용되는 측정기는 다이얼 게이지(dial gauge), 미니미터, 옵티미터, 공기 마이크로미터, 전기 마이크로미터 등이 있다.

7. 다음 중 비교 측정에 사용되는 것은? [12-1]
① 버니어 캘리퍼스　　② 마이크로미터
③ 측장기　　④ 전기 마이크로미터

해설 전기 마이크로미터, 미니미터, 다이얼 게이지 등은 비교 측정기이다.

8. 측정 방법 중 비교 측정의 장점으로 맞는 것은? [13-3, 17-3]
① 측정 범위가 넓다.
② 측정물의 치수를 직접 잴 수 있다.
③ 소량 다종의 제품 측정에 적합하다.

정답 1. ④　2. ②　3. ①　4. ③　5. ①　6. ②　7. ④　8. ④

④ 길이뿐 아니라 면의 모양 측정 등 사용 범위가 넓다.

해설 ④는 블록 게이지의 장점이다.

9. 측정하고자 하는 양과 일정한 관계가 있는 다른 종류의 양을 각각 직접 측정으로 구하여, 그 결과로부터 계산에 의해 측정량의 값을 결정하는 측정 방법은? [17-3]
① 일반 측정   ② 비교 측정
③ 절대 측정   ④ 간접 측정

해설 간접 측정 : 측정량과 일정한 관계가 있는 몇 개의 양을 측정하고 이로부터 계산에 의하여 측정값을 유도해 내는 측정 방법을 말하며, 예로서 변위와 이에 소요된 시간을 측정하여 속도를 구하는 경우와 사인 바에 의한 각도 측정 등이 있다.

10. 다음 중 미세한 측정 조건의 변동으로 인한 오차는? [11-3]
① 과실 오차   ② 우연 오차
③ 개인 오차   ④ 계기 오차

해설 우연 오차(random error) : 계측기 운동 부분의 마찰, 미세한 측정 조건의 변화, 측정자의 부주의 등에 의한 오차

11. 어떤 양을 수량적으로 표시하려면 그 양과 같은 종류의 기준이 필요한데 이 비교 기준을 무엇이라 하는가? [16-1]
① 오차 ② 측정 ③ 단위 ④ 보정

해설 단위 : 어떤 양을 측정하여 기준이 되는 양의 몇 배인가를 수치로 표시하기 위해 기준이 되는 일정한 크기를 정하는데 이때 비교의 기준으로 사용되는 일정 크기의 양

12. 국제단위계(SI)에서 기본 단위로 옳은 것은 어느 것인가? [19-2]
① 길이, 질량, 시간, 전압, 열역학적 온도, 물질량, 광속
② 길이, 질량, 시간, 전류, 열역학적 온도, 물질량, 광도
③ 길이, 질량, 시간, 저항, 열역학적 온도, 물질량, 광도
④ 길이, 질량, 시간, 전압, 열역학적 온도, 물질량, 광도

해설 국제단위계(SI) 기본 단위

양	명칭	기호	정의
길이	미터	m	빛이 진공에서 $\frac{1}{299,792,458}$초 동안 진행한 경로
질량	킬로그램	kg	국제 킬로그램 원기의 질량
시간	초	s	세슘 원자의 방사에 대한 9,192,631,770 주기의 계속 시간
전류	암페어	A	진공 중 평행 간격 1m, 도체의 길이 1m에 2×10^{-7}N의 힘이 미치는 일정 전류
온도	켈빈	K	물의 3중점 열역학 온도의 $\frac{1}{273.16}$
광도	칸델라	cd	주파수 540×10^{12} Hz, 방사 강도 $\frac{1}{683}$W의 광도
물질량	몰	mol	0.012kg의 탄소 12 원자수와 같은 요소 입자의 물질량

정답 9. ④ 10. ② 11. ③ 12. ②

13. 국제단위계(SI)에서 사용되는 기본 단위가 아닌 것은? [07-1, 17-2]
① 시간 ② 부피 ③ 질량 ④ 광도

14. 국제단위계(SI)의 기본 단위가 아닌 것은 어느 것인가? [19-1]
① 길이-미터 ② 전류-암페어
③ 질량-킬로그램 ④ 면적-제곱미터

15. SI 기본 단위계가 아닌 것은 어느 것인가? [16-2, 20-3]
① m ② K ③ cd ④ rad

16. 도수법으로 60도인 각도를 호도법(rad)으로 환산하면? [17-2]
① $\frac{\pi}{4}$ ② $\frac{\pi}{3}$ ③ $\frac{\pi}{2}$ ④ π

[해설] $1° = \frac{\pi}{180}$ [rad]

17. 계측기가 미소한 측정량의 변화를 감지할 수 있는 최소 측정량의 크기를 무엇이라 하는가? [08-1]
① 감도 ② 분해능
③ 과도 특성 ④ 정밀도

[해설] 계측기가 측정량의 변화를 감지하는 민감성의 정도를 그 기기의 감도(感度)라고 한다.

18. 감도를 나타내는 올바른 식은? [18-3]
① $\frac{지시량}{측정량}$ ② $\frac{측정량}{지시량}$
③ $\frac{지시량의 변화}{측정량의 변화}$ ④ $\frac{측정량의 변화}{지시량의 변화}$

19. 측정값이 참값에 얼마나 가까운지를 나타내는 것은? [20-2]
① 감도 ② 오차 ③ 정도 ④ 확도

[해설] ㉠ 감도 = $\frac{지시량의 변화}{측정량의 변화}$
㉡ 오차 = 측정값 - 참값
㉢ 정도 : 측정 또는 이론적 추정이나 근사 계산에 있어서의 정확성과 정밀도
㉣ 확도 : 계기 등에서의 측정의 정확성을 양적으로 나타내는 것, 즉 측정값의 평균과 참값의 차

20. 측정을 할 때 측정치와 참값과의 차를 오차라고 하는데 측정기에 의한 오차가 아닌 것은? [14-3]
① 지시 오차 ② 되풀림 오차
③ 흔들림 오차 ④ 탄성 변형 오차

[해설] 측정기에 의한 오차 : 측정기 자신이 갖고 있는 오차이며, 지시의 흐트러짐(되풀이 오차, 되돌림 오차), 지시 오차, 직선성 등으로 나타난다.

21. 기준량을 준비하고 이것을 피측정량과 평형시켜 기준량의 크기로부터 피측정량을 간접적으로 알아내는 방법은? [14-1, 18-2]
① 편위법 ② 영위법
③ 치환법 ④ 보상법

[해설] 영위법 : 측정하려고 하는 양과 같은 종류로서 크기를 조정할 수 있는 기준량을 준비하여 기준량을 측정량과 평형시켜 계측기의 지시가 0 위치에 나타날 때 기준량의 크기로부터 측정량의 크기를 간접적으로 측정하는 방식이다. 편위법보다 정도가 높은 측정을 할 수 있으며 마이크로미터나 휘트스톤 브리지, 전위차계 등에 사용된다.

정답 13. ② 14. ④ 15. ④ 16. ② 17. ① 18. ③ 19. ④ 20. ④ 21. ②

22. 피측정량을 직접 측정하지 않고, 피측정량에서 기지(旣知)의 일정량을 뺀 나머지 양을 측정하는 방법은? [15-3]
① 편위법 ② 영위법 ③ 치환법 ④ 보상법

23. 천평을 이용하여 물체의 무게를 구할 때 측정량의 크기와 거의 같은 미리 알고 있는 분동을 이용하여 측정량과 분동의 차이로 구하는 방법은? [13-2]
① 편위법 ② 영위법 ③ 치환법 ④ 보상법

24. 측정 방식에서 영위법 방식으로 많이 쓰이는 계기는? [11-3]
① 다이얼 게이지 ② 전위차계
③ 부르동관 압력계 ④ 가동 코일형 전압계

해설 영위법은 마이크로미터나 휘트스톤 브리지, 전위차계 등에 사용된다.

25. 나사의 회전각과 딤블(thimble) 지름의 눈금으로 확대하여 측정하는 측정기는 무엇인가? [07-3]
① 게이지 블록 ② 다이얼 게이지
③ 버니어 캘리퍼스 ④ 마이크로미터

해설 마이크로미터의 원리는 길이의 변화를 나사의 회전각과 딤블 지름의 눈금으로 확대한 것이다.

26. 마이크로미터에 관한 설명 중 옳은 것은 어느 것인가? [16-2]
① 측정 범위는 0~150mm, 0~300mm 등 150mm씩 증가한다.
② 본척의 어미자와 부척의 아들자를 이용하여 길이를 측정한다.
③ 딤블을 이용하여 측정 압력을 일정하게 하여 균일한 측정이 되도록 한다.
④ 외측 마이크로미터는 앤빌과 스핀들 사이에 측정물을 대고 길이를 측정한다.

해설 외측 마이크로미터는 아베의 원리에 적용되는 측정기로 앤빌과 스핀들 사이에 측정물을 접촉시켜 길이를 측정한다.

27. 마이크로미터를 설명한 사항 중 틀린 것은? [11-3]
① 보통의 마이크로미터 스핀들 나사의 피치는 0.5mm이고 딤블은 원주를 50등분하였다.
② 앤빌과 스핀들 사이에 측정물을 넣어 딤블을 가볍게 회전시켜 측정한다.
③ 마이크로미터의 측정 범위는 0~50mm, 50~100mm와 같이 50mm 간격으로 되어 있다.
④ 마이크로미터 래칫 스톱을 2회 이상 공전시킨 후 눈금을 읽는다.

해설 마이크로미터의 측정 범위는 25mm 간격으로 되어 있다.

28. 마이크로미터에서 측정압을 일정하게 하기 위한 장치는?
① 스핀들 ② 프레임
③ 딤블 ④ 래칫 스톱

29. 외측 마이크로미터를 0점 조정하고자 한다. 딤블(thimble)과 슬리브(sleeve)의 0점이 딤블의 한 눈금 간격에 1/2 정도 어긋나 있다면 어떻게 조정하는가? [14-2]
① 앤빌을 돌려서 0점을 맞춘다.
② 슬리브를 돌려서 0점을 맞춘다.
③ 스핀들을 돌려서 0점을 맞춘다.
④ 래칫 스톱을 돌려서 0점을 맞춘다.

해설 적은 범위 이내의 0점을 조정할 경우

정답 22. ④ 23. ④ 24. ② 25. ④ 26. ④ 27. ③ 28. ④ 29. ②

에는 훅 스패너를 이용하여 슬리브를 돌려서 0점을 맞춘다.

30. 아베의 원리(Abbes principle)에 어긋나는 측정기는? [07-1]
① 외측 마이크로미터 ② 내측 마이크로미터
③ 나사 마이크로미터 ④ 깊이 마이크로미터

해설 아베의 원리 : 측정 대상 물체와 측정 기구의 눈금은 측정 방향의 동일선상에 있어야 한다.

31. 키 맞춤을 위해 보스의 구멍 지름을 포함한 홈의 깊이를 측정할 때 적합한 측정기는 무엇인가? [14-1, 20-2]
① 강철자 ② 마이크로미터
③ 틈새 게이지 ④ 버니어 캘리퍼스

32. 버니어 캘리퍼스의 종류 중 부척(vernier)이 홈형으로 되어 있으며 외측 측정용 조(jaw), 내측 측정용 조(jaw), 깊이 바(depth bar)가 붙어 있는 것은? [15-2]
① M형 ② CB형 ③ CM형 ④ MT형

해설 ㉠ M형 : 내외측용 조가 붙어 있는 것
㉡ M1형 : 홈형 슬라이더, 내측 측정용 조
㉢ M2형 : M1형에 미동 슬라이더 장치 부착

33. 버니어 캘리퍼스의 크기를 나타낼 때 기준이 되는 것은?
① 아들자의 크기
② 어미자의 크기
③ 고정 나사의 피치
④ 측정 가능한 치수의 최대 크기

34. 회전축의 흔들림 점검, 공작물의 평행도 측정 및 표준과의 비교 측정에 이용되는 측정기기는? [06-1, 07-3, 08-1]
① 스트레인 게이지 ② 다이얼 게이지
③ 서피스 게이지 ④ 게이지 블록

해설 다이얼 게이지는 랙과 기어의 운동을 이용하여 작은 길이를 확대하여 표시하게 된 비교 측정기이며, 회전체나 회전축의 흔들림 점검, 공작물의 평행도 및 평면 상태의 측정, 표준과의 비교 측정 및 제품 검사 등에 사용된다.

35. 다음 중 다이얼 게이지를 응용한 측정이 아닌 것은? [12-3]
① 바깥지름 측정 ② 두께 측정
③ 피치 측정 ④ 높이 측정

해설 바깥지름, 높이, 두께, 길이, 직각도, 흔들림 등은 다이얼 게이지를 응용하여 측정한다.

36. 게이지 블록의 부속품 중 내측 및 외측을 측정할 때 홀더에 끼워 사용하는 부속품은? [13-1]
① 둥근형 조 ② 센터 포인트
③ 나이프 에지 ④ 베이스 블록

해설 ㉠ 센터 포인트 : 원을 그릴 때 중심을 지지하며 끝이 60°로 되어 있어 나사산을 검사할 때 사용
㉡ 베이스 블록 : 금긋기 작업이나 높이를 측정할 때 홀더와 함께 사용

37. 다음 블록 게이지 등급 중에서 특수 검 교정 실험실에서 사용되는 것은? [08-3]
① K급 ② 0급 ③ 1급 ④ 2급

해설 게이지 블록은 KS B 5201에 규정되어 있으며, 그 측정면이 정밀하게 다듬질된 블

정답 30. ② 31. ④ 32. ① 33. ④ 34. ② 35. ③ 36. ① 37. ①

록으로 되어 있다. 정밀도 등급은 K, 0, 1, 2가 있다.

38. 제품에 주어진 허용차 중 최대 허용 치수와 최소 허용 치수의 두 허용 한계 치수를 정하여 통과와 정지의 두 가지만으로 합격, 불합격을 판정하는 측정기는? [06-1]
① 측장기
② 미니미터
③ 한계 게이지
④ 앤빌 교환식 마이크로미터

39. 강재의 얇은 판으로 홈의 간극을 점검하고 측정하는데 사용하는 측정기는? [06-3]
① 틈새 게이지
② 높이(height) 게이지
③ 블록 게이지
④ 실린더 게이지

40. 선반에서 나사 절삭 바이트의 설치 및 측정에 사용되며 게이지 위에 있는 스케일은 인치당 나사수를 정하는데 사용되는 것으로 맞는 것은? [14-3]
① 블록 게이지
② 틈새 게이지
③ 센터 게이지
④ 스크루 피치 게이지

41. 마이크로미터 나사의 피치가 p[mm], 나사의 회전각이 α[rad]일 때, 스핀들의 이동거리 x[mm]는? [18-1]
① $p\dfrac{\alpha}{2\pi}$ ② $\dfrac{\alpha}{2\pi p}$ ③ $\dfrac{2\pi p}{\alpha}$ ④ $p\dfrac{\alpha}{\pi}$

42. 마이크로미터의 나사 피치가 0.5mm이고, 딤블(thimble)의 원주를 50등분하였다면 최소 측정값은 몇 mm인가?
① 0.1 ② 0.01 ③ 0.001 ④ 0.0001

[해설] $0.5\text{mm} \times \dfrac{1}{50} = \dfrac{1}{100} = 0.01\text{mm}$

43. 아래의 그림에서 버니어 캘리퍼스의 측정값은 얼마인가? [12-1]

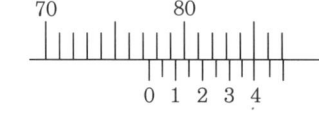

① 77.0mm ② 77.4mm
③ 7.04mm ④ 77.14mm

[해설] 측정값 = 77 + 0.4 = 77.4mm

44. 회전축을 1회전시켰을 때 다이얼 게이지 눈금이 0.6mm 이동하였다. 편심량은? [06-3]
① 0.3mm ② 0.6mm
③ 1.2mm ④ 0.06mm

[해설] 편심량은 눈금의 1/2이 된다.

45. V블록 위에 측정물을 올려 놓고 회전하였을 때, 다이얼 게이지의 눈금이 0.5mm 차이가 있었다면 진원도는 얼마인가? [09-2]
① 0.25mm ② 0.5mm
③ 1.0mm ④ 5mm

[해설] V블록 위에 측정물을 올려 놓고 회전하였을 때 지침의 최대 변위량의 1/2을 진원도로 정의한다.

46. 1mm에 대하여 감도 0.05mm의 수준기로 길이 3mm 베드의 수평도 검사 시 오른쪽으로 3눈금 움직였다면 이때 베드의 기울기는 얼마인가? [13-2]
① 오른쪽이 0.15mm 높다.
② 왼쪽이 0.3mm 높다.
③ 오른쪽이 0.45mm 높다.
④ 왼쪽이 0.75mm 높다.

[해설] 기울기 = 감도(mm) × 눈금수 × 전길이(m)
= 0.05 × 3 × 3 = 0.45mm

정답 38. ③ 39. ① 40. ③ 41. ① 42. ② 43. ② 44. ① 45. ① 46. ③

제3장 │ 탭·드릴·보링 가공

1. 탭 · 드릴 · 보링 가공

1-1 탭 · 드릴 · 보링 가공 작업

(1) 탭(tap) 가공

① 탭의 모양

　㈎ 탭은 보통 나사부와 섕크로 되어 있다.

　㈏ 선단의 테이퍼로 되어 있는 모따기부와 완전나사부, 그리고 자루부로 되어 있다.

　㈐ 다이스나 탭(핸드 탭)으로 낼 수 있는 나사의 바깥지름은 50mm까지이다.

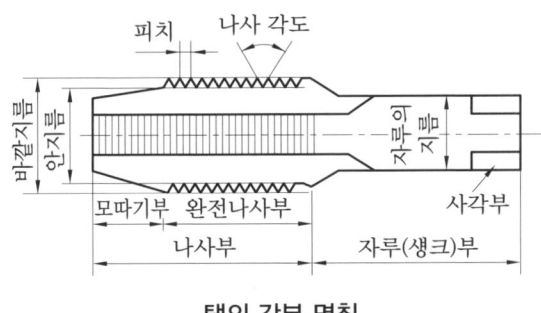

탭의 각부 명칭

② 탭의 종류

　㈎ 같은 지름의 수동 탭

　　㉮ 가장 많이 사용되며, 나사의 정밀도를 높이기 위해 1번 탭, 2번 탭, 3번 탭의 3개 1조로 번호가 높을 수록 정밀도가 높다.

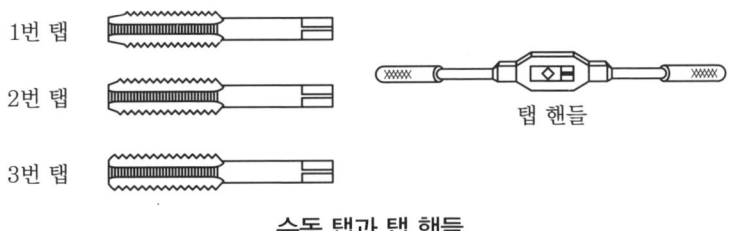

수동 탭과 탭 핸들

④ 나사부의 모따기 표준은 1번 탭 9산, 2번 탭 5산, 3번 탭 1.5산으로 되어 있다.
㉺ 탭의 가공률은 1번 탭이 55%, 2번 탭이 25%, 3번 탭이 20% 정도이다.
㈏ **기계 탭**(machine tap) : 드릴링 머신, 나사내기 머신, 선반 등에 장치하여 나사를 내는 탭
㈐ **파이프 탭**(pipe tap) : 오일 캡이나 가스 파이프 또는 파이프 이음 등의 내밀용이나 결합용 암나사 가공용

③ **탭 구멍** : 탭 구멍의 지름은 다음과 같은 식으로 구할 수 있다.

미터 나사 $d = D - p$

여기서, d : 탭 구멍의 지름(mm), D : 나사의 바깥지름(mm), p : 나사의 피치(mm)

④ **탭 작업 시 주의사항**
㈎ 공작물을 수평으로 단단히 고정시킬 것
㈏ 구멍의 중심과 탭의 중심을 일치시킬 것
㈐ 탭 핸들에 무리한 힘을 가하지 말고 수평을 유지할 것
㈑ 탭을 한쪽 방향으로만 돌리지 말고 가끔 역회전하여 칩을 배출시킬 것
㈒ 절삭유를 충분히 넣을 것

⑤ **탭 작업 중 탭이 부러지는 원인**
㈎ 나사 구멍이 작거나 구부러져 있을 경우
㈏ 탭이 구멍에 기울어져 들어갔을 경우
㈐ 탭이 마멸되어 2번각(여유각)이 닿기 때문에 절삭저항이 커진 경우
㈑ 탭이 지름에 비해 탭 핸들의 자루가 긴 것을 사용할 경우
㈒ 공작물의 재질이 단단한 경우
㈓ 막힌 구멍에 탭을 더 돌렸을 경우

(2) 드릴 가공

① 드릴 머신

드릴 머신의 종류와 특징

종류	특징
탁상 드릴링 머신 (bench drilling machine)	소형 드릴링 머신으로서 주로 지름이 작은 구멍의 작업 시에 쓰이며, 공작물을 작업대 위에 설치하여 사용한다.
레이디얼 드릴링 머신 (radial drilling machine)	비교적 큰 공작물의 구멍을 뚫을 때 쓰이며, 공작물을 테이블에 고정시켜 놓고 필요한 곳으로 주축을 이동시켜 구멍의 중심을 맞추어 사용한다.

다축 드릴링 머신(multiple spindle drilling machine)	많은 구멍을 동시에 뚫을 때 쓰이며, 공정의 수가 많은 구멍의 가공에는 많은 드릴 주축을 가진 다축 드릴링 머신을 사용한다.
직립 드릴링 머신 (up-right drilling machine)	주축이 수직으로 되어 있고 기둥, 주축, 베이스, 테이블로 구성 되어 있으며, 소형 공작물의 구멍을 뚫을 때 쓰인다. 크기는 스핀들(spindle)의 지름과 스윙으로 표시하며, 탁상 드릴 머신보다 크다.
심공 드릴링 머신 (deep hole drilling machine)	내연기관의 오일 구멍보다 더 깊은 구멍을 가공할 때 사용한다.
다두 드릴링 머신(multi-head drilling machine)	나란히 있는 여러 개의 스핀들에 여러 가지 공구를 꽂아 드릴링, 리밍, 태핑 등을 연속적으로 가공한다.

② 드릴 머신의 크기
  ㈎ 스윙, 즉 스핀들 중심부터 기둥까지 거리의 2배
  ㈏ 가공할 수 있는 구멍의 최대 지름
  ㈐ 스핀들 끝부터 테이블 윗면까지의 최대 거리

③ 드릴링 머신으로 할 수 있는 작업
  ㈎ 드릴링(drilling) : 드릴링 머신의 주된 작업으로서 드릴을 사용하여 구멍을 뚫는 작업이다.
  ㈏ 리밍(reaming) : 드릴을 사용하여 뚫은 구멍의 내면을 리머로 다듬는 작업이다.
  ㈐ 태핑(tapping) : 드릴을 사용하여 뚫은 구멍의 내면에 탭을 사용하여 암나사를 가공하는 작업이다.
  ㈑ 보링(boring) : 드릴을 사용하여 뚫은 구멍이나 이미 만들어져 있는 구멍을 넓히는 작업이다.
  ㈒ 스폿 페이싱(spot facing) : 너트 또는 볼트 머리와 접촉하는 면을 고르게 하기 위하여 깎는 작업이다.
  ㈓ 카운터 보링(counter boring) : 볼트의 머리가 일감 속에 묻히도록 깊게 스폿 페이싱을 하는 작업이다.

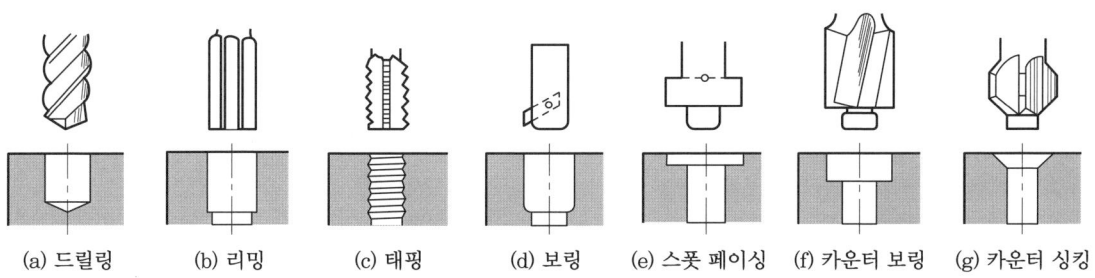

(a) 드릴링　　(b) 리밍　　(c) 태핑　　(d) 보링　　(e) 스폿 페이싱　　(f) 카운터 보링　　(g) 카운터 싱킹

드릴링 머신으로 할 수 있는 작업

(사) 카운터 싱킹(counter sinking) : 접시 머리 나사의 머리 부분을 묻히게 하기 위하여 자리를 파는 작업이다.

④ 드릴의 각부 명칭

(가) 드릴 끝(drill point) : 드릴의 끝 부분으로서 원뿔형으로 되어 있으며, 2개의 날이 있다.

(나) 날끝 각도(drill point angle) : 드릴의 양쪽 날이 이루고 있는 각도를 날끝 각도 또는 선단 각도라고 하며, 보통 118° 정도이다. 단단한 재료일수록 크게 한다.

(다) 날 여유각(lip clearance angle) : 드릴이 재료를 용이하게 파고들어갈 수 있도록 드릴의 절삭날에 주어진 여유각을 절삭날각이라고 하며, 보통 10~15° 정도이다.

(라) 비틀림각(angle of torsion) : 드릴에는 두 줄의 나선형 홈이 있으며, 이것이 드릴 축과 이루는 각도를 비틀림각이라고 한다. 일반적으로 비틀림각은 20~35° 정도이며, 단단한 재료에는 각도가 작은 것을, 연한 재료에는 큰 것을 사용한다.

(마) 백 테이퍼(back taper) : 드릴의 선단보다 자루 쪽으로 갈수록 약간씩 테이퍼가 되므로 구멍과 드릴이 접촉하지 않도록 한 테이퍼이다(끝에서 자루 쪽으로 0.025~0.5 mm/100 mm).

(바) 마진(margin) : 예비 날의 역할 또는 날의 강도를 보강하는 역할을 한다.

(사) 랜드(land) : 마진의 뒷부분이다.

(아) 웨브(web) : 홈과 홈 사이의 두께를 말하며 자루 쪽으로 갈수록 두꺼워진다.

(자) 탱(tang) : 드릴 소켓이나 드릴 슬리브에 드릴을 고정할 때 사용하며, 테이퍼 섕크 드릴 맨 끝의 납작한 부분이다.

(차) 시닝(thinning) : 드릴이 커지면 웨브가 두꺼워져서 절삭성이 나빠지게 될 때 치즐 포인트를 연삭하면 절삭성이 좋아지는데, 이와 같은 것을 시닝이라 한다.

(카) 드릴의 크기 표시 : 드릴 끝 부분의 지름을 [mm] 또는 [inch]로 표시하며 인치식의 작은 드릴의 경우 번호로 표시하기도 한다.

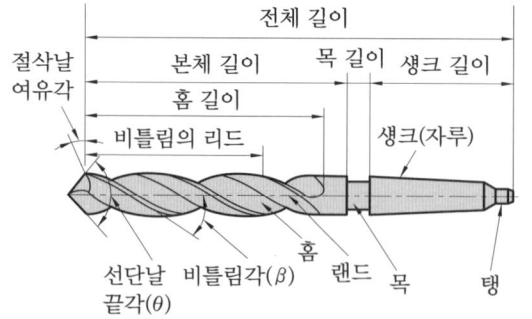 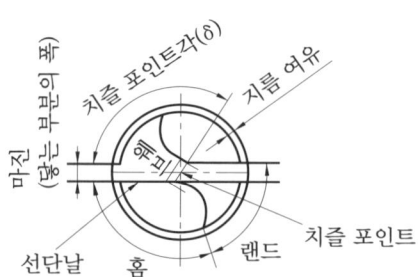

드릴의 각부 명칭

⑤ **드릴의 부속품**
  ㈎ 드릴 척 : 직선 자루 드릴(∅13 이하)을 고정하는 것으로서, 상부는 주축에 연결되고 드릴 고정은 드릴 핸들을 사용한다.
  ㈏ 드릴 소켓 : 테이퍼 자루 드릴을 고정하는 것으로, 드릴 제거 시에는 소켓 중간부의 구멍에 쐐기를 박아 뺀다.

⑥ **드릴의 절삭 속도와 이송 및 가공 시간**

$$V = \frac{\pi D n}{1000} [\text{m/min}]$$

  여기서, V : 절삭 속도(m/min), D : 드릴 지름(mm), n : 회전수(rpm)

$$T = \frac{t+h}{nf} = \frac{\pi D(t+h)}{1000 V f}$$

  여기서, T : 가공 시간(min), t : 구멍의 깊이(mm),
       h : 드릴의 원추 높이(mm), f : 드릴의 이송(mm/rev)

⑦ **드릴 작업**
  ㈎ 지름이 13mm 이하인 비교적 가는 곧은 자루의 드릴은 드릴 척에 고정하여 경 절삭에 사용된다.
  ㈏ 지름이 75mm인 비교적 큰 드릴인 모스 테이퍼 자루의 드릴은 스핀들의 테이퍼 구멍에 꽂아 사용하며 자루가 맞지 않을 경우 슬리브 또는 소켓을 사용한다.
  ㈐ 드릴은 합금 공구강, 고속도강으로 만들며, 절삭날 부분에만 초경 합금을 심은 것이 있다.

(3) 보링 가공

① **보링 머신에 의한 가공** : 보링의 원리는 선반과 비슷하나 일반적으로 공작물을 고정하여 이송 운동을 하고 보링 공구를 회전시켜 절삭하는 방식이 주로 쓰인다. 이 기계는 보링을 주로 하지만 드릴링, 리밍, 정면 절삭, 원통 외면 절삭, 나사깎기(태핑), 밀링 등의 작업도 할 수 있다.

② **보링 머신의 종류**
  ㈎ 수평 보링 머신(horizontal boring machine) : 주축대가 기둥 위를 상하로 이동하고, 주축이 동시에 수평 방향으로 움직인다. 공작물은 테이블 위에 고정하고 새들을 전후, 좌우로 이동시킬 수 있으며, 회전도 가능하므로 테이블 위에 고정한 공작물의 위치를 조정할 수 있다.
    보링 머신의 크기는 ㉮ 테이블의 크기 ㉯ 스핀들의 지름 ㉰ 스핀들의 이동 거리 ㉱ 스핀들 헤드의 상하 이동 거리 및 테이블의 이동 거리로 표시한다.

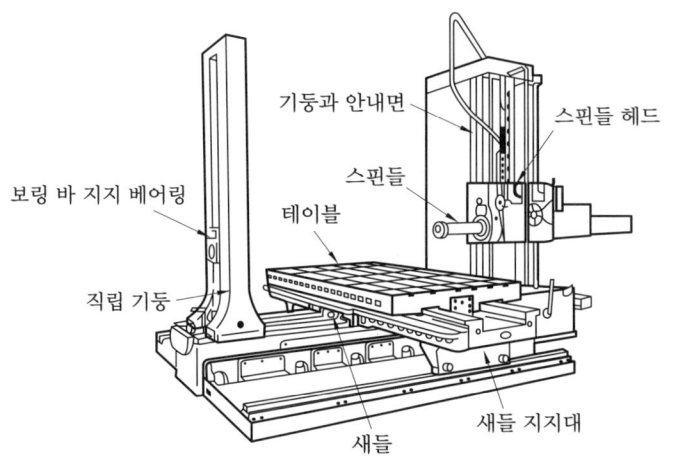

수평식 테이블 보링 머신

(나) 정밀 보링 머신(fine boring machine) : 다이아몬드 또는 초경 합금 공구를 사용하여 고속도와 미소 이송, 얕은 절삭 깊이에 의하여 구멍 내면을 매우 정밀하고 깨끗한 표면으로 가공하는데 사용한다. 크기는 가공할 수 있는 구멍의 크기로 표시한다.

(다) 지그 보링 머신(jig boring machine) : 주로 일감의 한 면에 2개 이상의 구멍을 뚫을 때, 직교 좌표 XY 두 축 방향으로 각각 2~10μ의 정밀도로 구멍을 뚫는 보링 머신이다. 크기는 테이블의 크기 및 뚫을 수 있는 구멍의 최대 지름으로 표시한다. 이 기계는 정밀도 유지를 위해 20℃ 항온실에 설치해야 한다.

③ **보링 공구**

(가) 보링 바이트(boring bite) : 보링 바이트의 재질은 다이아몬드, 초경 합금 등을 사용한다.

(나) 보링 바(boring bar) : 보링 바이트를 장치하는 봉으로 주축에 고정하는 쪽은 모스 테이퍼로 되어 있으며, 반대쪽은 보링 바 지지대로 지지하고 그 사이에 바이트를 고정한다. 주축에만 고정하는 것은 보링 헤드라고도 한다.

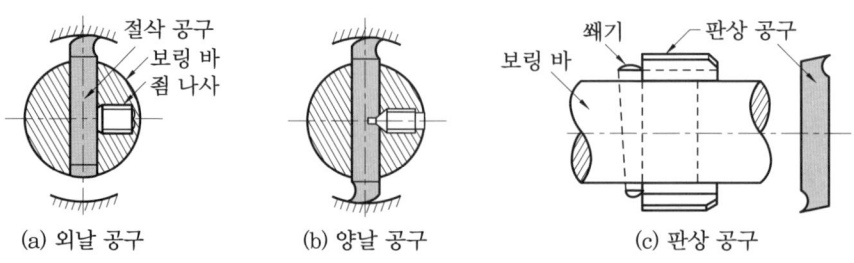

보링용 절삭 공구

1-2 절삭 공구의 특성과 종류

(1) 절삭 공구(cutting tool)
① **바이트** : 선반, 셰이퍼, 슬로터, 플레이너 등에서 사용하는 공구이다.
② **드릴(drill)** : 드릴링 머신에서 구멍을 뚫는 공구로서 $\phi 13\,mm$까지는 탁상 드릴링 머신의 척(chuck)에 끼워서 사용하고 드릴의 표준 선단각은 118°이다.
③ **커터(cutter)** : 밀링 머신에서 절삭 공구로 사용되며, 회전 절삭 운동을 한다.
④ **연삭 숫돌** : 연삭 입자를 결합재로 결합시켜 굳힌 것으로 고속 강력 절삭에 편리하다.
⑤ **탭, 리머, 보링 바** : 구멍에 나사를 내는 공구를 탭, 드릴 구멍을 정밀하게 다듬는 공구를 리머, 구멍을 더욱 크고 정밀하게 넓히는 공구를 보링 바라 한다.

(2) 절삭 공구 재료
① **공구 재료의 구비 조건**
　㈎ 피절삭재보다 굳고 인성이 있을 것
　㈏ 절삭 가공 중 온도 상승에 따른 경도 저하가 적을 것
　㈐ 내마멸성이 높을 것
　㈑ 쉽게 원하는 모양으로 만들 수 있을 것
　㈒ 값이 쌀 것
② **공구 재료**
　㈎ 탄소 공구강(STC)
　　㉮ 탄소량 0.6~1.5% 정도이며, 탄소량에 따라 1~7종으로 분류되고, 1.0~1.3% C를 함유한 것이 많이 쓰인다.
　　㉯ 열처리가 쉽고 값이 싸나 경도가 떨어져 고속 절삭용으로는 부적당하다.
　　㉰ 용도는 바이트, 줄, 펀치, 정 등에 쓰인다.
　㈏ 합금 공구강(STS)
　　㉮ 탄소강에 합금 성분인 W, Cr, W-Cr 등을 1종 또는 2종을 첨가한 것으로 STS3, STS5, STS11종이 많이 사용된다.
　　㉯ 700~850℃에서 급랭 담금질하고 200℃ 정도에서 뜨임으로 취성을 방지하여 내절삭성과 내마멸성이 좋다.
　　㉰ 용도는 바이트, 냉간, 인발, 다이스, 띠톱, 탭 등에 쓰인다.

㈐ 고속도강(SKH)
　㉮ 대표적인 것으로 W18-Cr4-V1이 있고, 표준 고속도강(하이스 : H.S.S)이라 고도 하며, 600℃ 정도에서 경도 변화가 있다.
　㉯ 담금질 온도는 1250~1300℃에서, 유랭 560~660℃에서 뜨임하여 사용한다.
　㉰ 용도는 강력 절삭 바이트, 밀링 커터, 드릴 등에 쓰인다.
㈑ 주조 경질 합금
　㉮ C-Co-Cr-W을 주성분으로 하며 스텔라이트(stellite)라고도 한다.
　㉯ 용융 상태에서 주형에 주입 성형한 것으로, 고속도강 몇 배의 절삭 속도를 가지며 열처리가 필요 없다.
　㉰ 800℃에서도 경도 변화가 없고, 주 용도는 Al 합금, 청동, 황동, 주철, 주강, 절삭에 쓰인다.
㈒ 초경 합금
　㉮ W, Ti, Ta, Mo, Co가 주성분이며, 고온에서 경도 저하가 없고 고속도강의 4배의 절삭 속도를 낼 수 있어 고속 절삭에 널리 쓰인다.
　㉯ 초경 바이트 스로어웨이 타입의 특징
　　㉠ 재연삭이 필요 없으나 공구비가 비싸다.
　　㉡ 공장 관리가 쉽다.
　　㉢ 취급이 간단하고 가동률이 향상된다.
　　㉣ 절삭성이 향상된다.
㈓ 세라믹 : 세라믹 공구는 무기질의 비금속 재료를 고온에서 소결한 것으로 최근 그 사용이 급증하고 있다. 세라믹 공구로 절삭할 때는 선반에 진동이 없어야 하며, 고속 경절삭에 적당하다.
　㉮ 세라믹의 특징
　　㉠ 경도는 1200℃까지 거의 변화가 없다(초경 합금의 2~3배 절삭).
　　㉡ 내마모성이 풍부하여 경사면 마모가 적다.
　　㉢ 금속과 친화력이 적고 구성 인선이 생기지 않는다(절삭면이 양호).
　　㉣ 원료가 풍부하여 다량 생산이 가능하다.
　㉯ 세라믹의 결점
　　㉠ 인성이 작아 충격에 약하다.
　　㉡ 팁의 땜이 곤란하다.
　　㉢ 열전도율이 낮아 내열 충격에 약하다.
　　㉣ 냉각제를 사용하면 쉽게 파손된다.

(사) 다이아몬드(diamond) : 다이아몬드는 내마모성이 뛰어나 거의 모든 재료의 절삭에 사용된다. 그 중에서도 경금속 절삭에 매우 좋으며, 시계, 카메라, 정밀기계 부품 완성에 많이 사용된다.

다이아몬드의 장·단점

장점	단점
• 경도가 크고 열에 강하다. • 잔류 응력이 적고 절삭면에 녹이 생기지 않는다. • 구성 인선이 생기지 않기 때문에 가공면이 아름답다. • 고속 절삭용으로 적당하고, 수명이 길다.	• 바이트가 비싸다. • 부서지기 매우 쉬우므로 날끝이 손상되기 쉽다. • 기계 진동이 없어야 하므로 기계 설치비가 많이 든다. • 전문적인 공장이 아니면 바이트의 재연마가 곤란하다.

(3) 바이트의 모양과 종류

① 바이트의 모양 및 각부 명칭

(가) 경사면 : 바이트에서 칩이 흐르는 면으로 경사각이 클수록 절삭저항이 작아진다.

(나) 여유면 : 바이트의 절삭날 이외의 부분이 공작물과 닿지 않도록 하기 위해 전면이나 측면에 여유를 준다.

(다) 칩 브레이커 : 절삭 시 발생되는 칩을 짧게 끊어주는 장치로 칩이 끊기지 않고 연속적으로 길어지면 작업자가 다칠 수 있으므로 작업 안전을 위해 중요하다.

(라) 노즈 반경 : 주절삭날과 부절삭날이 만나는 모서리 부분이 부서지지 않게 한다. 노즈 반경이 크면 공구의 수명은 길어지지만 절삭저항이 증가하고 떨림이 발생할 수 있다.

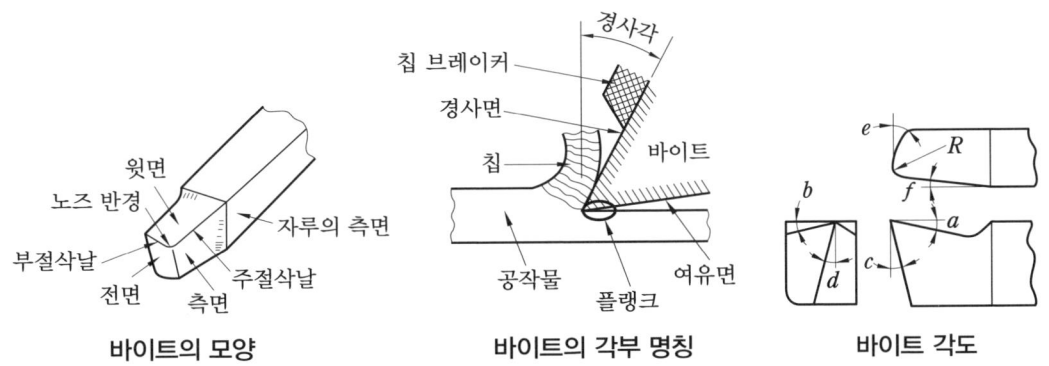

바이트의 모양   바이트의 각부 명칭   바이트 각도

바이트 각도의 명칭

각도명	기호	의미	작용
전방 경사각 (front rake angle)	a	자루의 중심선을 포함하는 수직인 단면상에 나타나는 경사면과 밑면에 평행인 평면과 이루는 각(6°)	• 칩의 유출 방향을 결정한다. • 떨림의 방지 등 절삭 안정성과 관계된다. • 다듬질면의 거칠기를 결정한다. • 날의 강도를 결정한다.
측면 경사각 (side rake angle)	b	자루의 중심선과 수직인 면 상에 나타나는 경사면과 밑면에 평행인 평면이 이루는 각(6°)	• 절삭저항의 증감을 결정한다. • 칩의 유동 방향을 결정한다. • 크레이터 마모의 가감을 결정한다. • 날의 강도를 결정한다.
전방각 (front angle)	e	부절삭날과 자루의 중심선과 수직인 면이 이루는 각	• 떨림의 방지 등 절삭 안정성과 관계된다. • 다듬질면의 거칠기를 결정한다. • 날의 강도를 결정한다. • 칩의 배출성을 결정한다.
전방 여유각 (front clearance angle)	c	바이트의 선단에서 그은 수직선과 여유면과의 사이 각도(5~10°)	• 날의 강도를 결정한다. • 다듬질면의 거칠기를 결정한다.
측면 여유각 (side clearance angle)	d	측면 여유면과 밑면에 수직인 직선이 형성하는 각(6°)	• 공구의 수명을 좌우한다.
측면각 (side cutting edge angle)	f	주절삭날과 자루의 측면이 이루는 각	• 날의 강도를 결정한다. • 날끝의 온도 상승을 완화한다. • 절삭저항의 증감을 결정한다.
노즈 반경 (nose radius)	R	주절삭날과 부절삭날이 만나는 곳의 곡률 반경(0.8mm)	• 다듬질면의 거칠기를 결정한다. • 날끝의 강도를 좌우한다.

1-3 공구 수명 및 마모

(1) 공구의 수명

공구의 수명이란 새로 연마한 공구를 사용하여 동일한 가공물을 일정한 조건으로 절삭을 시작하여 더 이상 깎여지지 않을 때까지 절삭한 시간으로 표시한다. 드릴의 경우는 절삭한 구멍 길이의 총계, 또는 더 이상 깎여지지 않을 때까지의 가공물 개수로 표시하기도 한다.

① **절삭 속도와 공구 수명 관계** : $VT^{\frac{1}{n}}=C$

여기서, V : 절삭 속도(m/min), T : 공구 수명(min), C : 상수,

$\frac{1}{n}$: 지수로서 보통의 절삭 조건 범위에서는 $\frac{1}{10} \sim \frac{1}{5}$ 의 값

② **공구 수명과 절삭 온도의 관계** : 공작물과 공구의 마찰열이 증가하면 공구의 수명이 감소되므로 공구 재료는 내열성이나 열전도도가 좋아야 하는 것은 물론이며, 온도 상승이 생기지 않도록 하는 방법도 공구 수명 연장의 한 방법이다. 고속도강은 600℃ 이상에서 급격히 경도가 떨어지며 공구 수명이 떨어진다.

③ **공구 수명 판정 방법**

㈎ 공구 날끝의 마모가 일정량에 달했을 때

㈏ 완성 가공면 또는 절삭 가공한 직후에 가공 표면에 광택이 있는 색조나 반점이 생길 때

㈐ 완성 가공된 치수의 변화가 일정 허용 범위에 이르렀을 때

㈑ 절삭저항의 주분력에는 변화가 없으나 배분력 또는 횡분력이 급격히 증가하였을 때

(2) 바이트 날의 손상

바이트 날 부분 손상의 대표적 형태

날 손상의 분류	날의 선단에서 본 그림	날 손상으로 생기는 현상
날의 결손 (치핑(chipping)이라고도 함)		바이트와 일감의 마찰 증가로 다음 현상이 생긴다. • 절삭면의 불량 현상이 생긴다. • 다듬면 치수가 변한다(마모, 압력, 온도에 의하여). • 소리가 나며 진동이 생길 수 있다. • 불꽃이 생긴다. • 절삭 동력이 증가한다.
여유면 마모 (플랭크 마모(flank wear)라고도 함)		
경사면 마모 (크레이터 마모(cratering)라고도 함)		처음에는 바이트의 절삭 느낌이 좋지만 그 후 시간이 경과함에 따라 손상이 심해진다. • 칩의 꼬임이 작아져서 나중에는 가늘게 비산한다. • 칩의 색이 변하고 불꽃이 생긴다. • 시간이 경과하면 날의 결손이 된다.

예|상|문|제

1. 탭(tap)의 파손 원인으로 관계가 먼 것은?
① 탭이 경사지게 들어간 경우
② 막힌 구멍의 밑바닥에 탭의 선단이 닿았을 경우
③ 나사 구멍이 너무 크게 가공된 경우
④ 탭의 지름에 적합한 핸들을 사용하지 않은 경우

[해설] 탭의 파손 원인
㉠ 나사 구멍이 작거나 구부러져 있을 경우
㉡ 탭이 구멍에 기울여져 들어갔을 경우
㉢ 탭이 마멸되어 2번각(여유각)이 닿기 때문에 절삭저항이 커진 경우
㉣ 탭이 지름에 비해 탭 핸들의 자루가 긴 것을 사용할 경우
㉤ 공작물의 재질이 단단한 경우
㉥ 막힌 구멍에 탭을 더 돌렸을 경우

2. 탭(tap)의 파손 원인으로 틀린 것은?
① 탭이 경사지게 들어간 경우
② 3번 탭으로 최종 다듬질 할 경우
③ 구멍이 너무 작거나 구부러진 경우
④ 막힌 구멍의 밑바닥에 탭의 선단이 닿았을 경우

[해설] 3번 탭으로 최종 다듬질해야 한다.

3. 드릴의 각부 명칭과 역할을 설명한 것으로 잘못 짝지어진 것은?
① 섕크(shank) - 드릴을 드릴 머신에 고정하는 부분
② 사심(dead center) - 드릴 끝에서 절삭날이 이루는 각도
③ 홈 나선각(helix angle) - 드릴의 중심축과 홈의 비틀림이 이루는 각
④ 마진(margin) - 드릴의 홈을 따라서 나타나는 좁은 날이며, 드릴을 안내하는 역할

[해설] ㉠ 사심 : 드릴 끝에서 절삭날이 만나는 점
㉡ 드릴 끝각 : 드릴 끝에서 절삭날이 이루는 각

4. 주축을 이동시키면서 대형의 공작물을 가공하기 편리한 드릴 머신은?
① 탁상 드릴 머신
② 직립 드릴 머신
③ 다축 드릴 머신
④ 레이디얼 드릴 머신

[해설] 레이디얼 드릴링 머신(radial drilling machine) : 비교적 큰 공작물의 구멍을 뚫을 때 쓰이며, 공작물을 테이블에 고정시켜 놓고 필요한 곳으로 주축을 이동시켜 구멍의 중심을 맞추어 사용한다.

5. 공작물에 일정한 간격으로 동시에 5개의 구멍을 가공 후, 탭 가공을 하려고 할 때 가장 적합한 드릴링 머신은?
① 다두 드릴링 머신
② 다축 드릴링 머신
③ 직립 드릴링 머신
④ 레이디얼 드릴링 머신

[해설] 다두 드릴링 머신(multi-head drilling machine) : 나란히 있는 여러 개의 스핀들에 여러 가지 공구를 꽂아 드릴링, 리밍, 태핑 등을 연속적으로 가공한다.

[정답] 1. ③ 2. ② 3. ② 4. ④ 5. ①

6. 드릴링 머신의 기본 작업이 아닌 것은?
① 스폿 페이싱(spot facing)
② 카운터 보링(counter boring)
③ 리밍(reaming)
④ 슬로팅(slotting)

해설 슬로팅은 슬로터로 작업하는 것이다.

7. 드릴링 머신에 의해 접시 머리 나사의 머리 부분이 묻히도록 원뿔 자리를 만드는 작업은?
① 스폿 페이싱 ② 카운터 싱킹
③ 보링 ④ 태핑

해설 ㉠ 스폿 페이싱 : 너트 또는 볼트 머리와 접촉하는 면을 고르게 하기 위하여 깎는 작업
㉡ 보링 : 드릴을 사용하여 뚫은 구멍이나 이미 만들어진 구멍을 넓히는 작업
㉢ 태핑 : 드릴을 사용하여 뚫은 구멍의 내면에 탭을 사용하여 암나사를 가공하는 작업

8. 드릴 가공 방법에서 구멍에 암나사를 가공하는 작업은?
① 다이스 작업 ② 태핑 작업
③ 리밍 작업 ④ 보링 작업

9. 큰 구멍의 다듬질에 사용되며 날과 자루가 별도로 되어 있어 조립하여 사용하는 리머로 맞는 것은?
① 셸(shell) 리머
② 브리지(bridge) 리머
③ 팽창(expansion) 리머
④ 조정(adjustable) 리머

해설 셸 리머는 자루를 끼워서 사용하며 큰 구멍의 다듬질용으로 쓰인다.

10. 리밍(reamming) 작업에 대한 설명으로 옳은 것은?
① 구멍의 내면에 나사를 내는 작업이다.
② 구멍에 나사의 납작 머리가 들어갈 부분을 가공하는 것이다.
③ 이미 뚫어져 있는 구멍을 필요한 크기로 넓히는 작업이다.
④ 뚫어져 있는 구멍을 정밀도가 높고, 가공 표면의 표면 거칠기를 좋게 하기 위한 작업이다.

해설 리밍(reming) : 드릴로 구멍을 가공 후 정밀 치수로 가공하기 위해 리머로 다듬는 작업

11. 드릴 머신에서 스윙이란 무엇인가?
① 주축단에서 테이블 윗면까지의 길이
② 주축단에서 베이스 윗면까지의 길이
③ 주축 중심에서 직주면까지의 길이의 두 배
④ 주축 중심에서 직주 중심까지의 길이

해설 드릴링 머신의 크기 표시로 스윙은 스핀들 중심부터 기둥까지 거리의 2배 정도가 된다.

12. 절삭 속도 $V=\pi Dn/1000$에서 D를 사용하는 기계에 따라 표시한 것 중 잘못된 것은?
① 드릴 – 공작물 지름
② 선반 – 공작물 지름
③ 밀링 – 커터의 지름
④ 리밍 – 리머 지름

해설 드릴은 드릴 지름을 표시한다.

13. 절삭 속도를 나타내는 단위는?
① m/min ② ft/cm² ③ cm²/h ④ in²/s

정답 6. ④ 7. ② 8. ② 9. ① 10. ④ 11. ③ 12. ① 13. ①

14. 드릴의 지름 6mm, 회전수 400rpm일 때, 절삭 속도는?
① 6.0 m/min   ② 6.5 m/min
③ 7.0 m/min   ④ 7.5 m/min

[해설] $V = \dfrac{\pi D n}{1000}$

$= \dfrac{\pi \times 6 \times 400}{1000} = 7.536 \,\text{m/min}$

15. 드릴 가공을 하였거나 주조품으로 이미 구멍이 뚫려 있는 경우, 구멍 내부를 확대하여 정확한 치수로 가공하는 가공법은?
① 탭 작업   ② 보링 작업
③ 셰이퍼 작업   ④ 플레이너 가공 작업

[해설] 보링(boring) : 드릴링된 구멍을 보링 바(boring bar)에 의해 좀 더 크고 정밀하게 가공하는 방법으로, 여기에 사용하는 기계를 보링 머신이라 한다.

16. 구멍을 넓히거나 구멍을 깨끗하게 가공할 때 사용하는 기계는?
① 드릴링 머신   ② 보링 머신
③ 브로칭 머신   ④ 성형 롤러

17. 다음 보링 머신 중에서 매우 빠른 절삭 속도를 주어 정밀도가 높은 가공면을 얻는 것은?
① 지그 보링 머신   ② 정밀 보링 머신
③ 수평 보링 머신   ④ 수직 보링 머신

[해설] 정밀 보링 머신 : 다이아몬드 또는 초경 합금 공구를 사용하여 고속도와 미소 이송, 얕은 절삭 깊이에 의하여 구멍 내면을 매우 정밀하고 깨끗한 표면으로 가공하는데 사용한다.

18. 정밀도가 매우 높은 공작기계로 항온실에 설치하며 주로 공구나 지그 가공을 목적으로 사용되는 보링 머신은?
① 수평형 보링 머신   ② 수직형 보링 머신
③ 지그 보링 머신   ④ 정밀 보링 머신

[해설] 지그 보링 머신 : 주로 일감의 한 면에 2개 이상의 구멍을 뚫을 때, 직교 좌표 XY 두 축 방향으로 각각 2~10μ의 정밀도로 구멍을 뚫는 보링 머신이다. 이 기계는 정밀도 유지를 위해 20℃ 항온실에 설치해야 한다.

19. 보링 머신에서 이미 뚫은 구멍을 필요한 크기나 정밀한 치수로 넓히는 작업에 사용되는 공구는?
① 면판   ② 돌리개
③ 방진구   ④ 보링 바

[해설] 보링 바는 바이트의 반지름을 정밀하게 조절할 수 있다.

20. 결정 구조의 구성이 붕소(B) 및 질소(N) 원자로 이루어져 있고 주철, 담금질강 등에 뛰어난 가공성을 가진 공구는?
① 입방정 질화 붕소(CBN)
② 다이아몬드(diamond)
③ 서멧(cermet)
④ 소결 초경 합금(sintered hard metal)

21. 금속 및 경질의 금속 간 화합물로 이루어지고, 그 경질상 중의 주성분이 WC인 것으로 독일의 위디아 제품을 시작으로 미국의 카볼로이, 영국의 미디아, 일본의 텅갈로이 등의 제품이 소개된 이것을 무엇이라 하는가?
① 탄화물 합금   ② 고속도강
③ 초경 합금   ④ 주조 경질 합금

정답 14. ④ 15. ② 16. ② 17. ② 18. ③ 19. ④ 20. ① 21. ③

해설 초경 합금은 금속 탄화물을 프레스로 성형·소결시킨 합금으로 종류에는 S종, D종, G종이 있다.

22. 탄화물 분말인 W, Ti, Ta 등을 Co나 Ni 분말과 혼합하여 고온에서 소결한 것으로 고온·고속 절삭에도 높은 경도를 유지하는 절삭 공구 재료는?
① 세라믹　　　② 고속도강
③ 주조 합금　　④ 초경 합금

해설 초경 합금 용도
㉠ S종 : 강절삭용　㉡ D종 : 다이스용
㉢ G종 : 주철용

23. WC를 주성분으로 TiC 등의 고융점 경질 탄화물 분말과 Co, Ni 등의 인성이 우수한 분말을 결합재로 하여 소결 성형한 절삭 공구는?
① 세라믹　　　② 서멧
③ 주조 경질 합금　④ 소결 초경 합금

해설 초경 합금은 탄화티타늄(TiC), 탄화탄탈럼(TaC), 탄화텅스텐(WC)과 같은 금속 탄화물을 Fe, Ni, Co 등의 철족 결합 금속으로 접합, 소결한 복합 합금을 말한다. 내마모성이 높고 고온에서 변형이 적으므로 절삭 공구, 금형 다이에 사용된다.

24. 소결 초경 합금 공구강을 구성하는 탄화물이 아닌 것은?
① WC　② TiC　③ TaC　④ TMo

25. 초경 합금의 특성에 대한 설명 중 올바른 것은?
① 고온 경도 및 내마멸성이 우수하다.
② 내마모성 및 압축강도가 낮다.
③ 고온에서 변형이 많다.
④ 상온의 경도가 고온에서 크게 저하된다.

해설 초경 합금은 내마모성이 높고 고온에서 변형이 적으므로 절삭 공구, 금형 다이에 사용된다.

26. 초경 합금에 대한 설명 중 틀린 것은?
① 경도가 HRC 50 이하로 낮다.
② 고온 경도 및 강도가 양호하다.
③ 내마모성과 압축강도가 높다.
④ 사용 목적, 용도에 따라 재질의 종류가 다양하다.

해설 초경 합금의 경도는 HRC 90 정도로 매우 높다.

27. 다음 절삭 재료 중 고온에서 경도가 제일 큰 것은?
① 탄소 공구강　② 고속도강
③ 초경질 합금　④ 세라믹

28. 다음 중 합금 공구강의 KS 재료 기호는?
① SKH　② SPS　③ STS　④ GC

해설 ① SKH : 고속도강
② SPS : 스프링강
④ GC : 회주철

29. 절삭 공구로 사용되는 재료가 아닌 것은?
① 페놀　　　② 서멧
③ 세라믹　　④ 초경 합금

해설 절삭 공구 재료의 종류에는 탄소 공구강(STC), 합금 공구강(STS), 고속도강(SKH), 주조 경질 합금, 초경 합금, 서멧, 세라믹, 다이아몬드 등이 있다.

정답 22. ④　23. ④　24. ④　25. ①　26. ①　27. ④　28. ③　29. ①

30. 절삭 공구 재료의 구비 조건으로 틀린 것은?
① 마찰계수가 클 것
② 고온 경도가 클 것
③ 인성이 클 것
④ 내마모성이 클 것

[해설] 절삭 공구 재료의 구비 조건
㉠ 가공 재료보다 경도가 클 것
㉡ 인성과 내마모성이 클 것
㉢ 고온에서도 경도를 유지할 것
㉣ 성형성이 좋을 것
㉤ 값이 쌀 것

31. 절삭 공구 재료의 구비 조건으로 틀린 것은?
① 피절삭재보다 연하고 인성이 있을 것
② 절삭 가공 중에 온도 상승에 따른 경도 저하가 적을 것
③ 내마멸성이 높을 것
④ 쉽게 바라는 모양으로 만들 수 있을 것

[해설] 공구는 깎으려는 재질보다 강한 것이어야 한다.

32. 공구 재료의 구비 조건으로 옳은 것은?
① 가격이 비쌀 것
② 인성이 적을 것
③ 내마모성이 클 것
④ 고온 경도가 적을 것

[해설] 절삭 가공을 할 때 공구와 공작물의 마찰에 의해서 높은 열이 발생한다. 대부분의 금속은 고온에서 경도가 저하된다. 공구 재료는 절삭할 때 발생되는 고온에서 경도가 유지되어야 하고 내마모성이 커야 한다.

33. 보전 현장에서 주로 쓰는 공구 중 수기 가공 공구가 아닌 것은?
① 스크레이퍼   ② 다축 드릴링 머신
③ 바이스   ④ 컴퍼스

34. 일감이 1회전하는 사이에 측면으로 바이트가 이동하는 거리를 무엇이라 하는가?
① 절삭량   ② 이송량
③ 회전량   ④ 회전 속도

[해설] 이송 속도는 시간당 1회전 또는 1왕복당 이송량으로 표시한다.

35. 노즈 반경이 크면 어떤 현상이 일어나는가?
① 떨림 발생   ② 절삭저항 감소
③ 절삭 깊이 증가 ④ 날의 수명 감소

[해설] 노즈 반경이 크면 공구의 수명은 길어지지만 절삭저항이 증가하고 떨림이 발생할 수 있다.

36. 바이트에서 경사각을 크게 하면 전단각과 칩은 어떻게 되는가?
① 전단각은 작아지고 칩은 두껍고 짧다.
② 전단각은 커지고 칩은 얇게 된다.
③ 전단각과 칩이 모두 커진다.
④ 전단각과 칩이 얇아진다.

[해설] 경사각과 전단각은 서로 비례한다. 그림과 같이 바이트로 절삭을 하는 경우 칩은 경사각이 클수록 두께가 얇아진다.

[정답] 30. ①   31. ①   32. ③   33. ②   34. ②   35. ①   36. ②

37. 절삭 공구 수명의 설명 중 틀린 것은?

① 절삭 속도가 느리면 길어진다.
② 이송이 느리면 길어진다.
③ 공구 경도가 높으면 짧아진다.
④ 공구 수명의 판정은 날끝의 마멸 정도로 정한다.

해설 공구 경도가 높으면 수명이 연장된다.

38. 절삭 공구를 재연삭하거나 새로운 절삭 공구로 바꾸기 위한 공구 수명 판정 기준으로 거리가 먼 것은?

① 가공면에 광택이 있는 색조 또는 반점이 생길 때
② 공구 인선의 마모가 일정량에 달했을 때
③ 완성 치수의 변화량이 일정량에 달했을 때
④ 주철과 같은 메진 재료를 저속으로 절삭했을 시 균열형 칩이 발생할 때

해설 공구 수명 판정 기준
㉠ 날끝 마모가 일정량에 달했을 때
㉡ 가공 표면에 광택 있는 색조나 반점이 생길 때
㉢ 완성품의 치수 변화가 일정 허용 범위에 있을 때
㉣ 주분력의 변화 없이 배분력, 횡분력이 급격히 증가했을 때

39. 공구에 발생하는 절삭저항 중 가장 큰 것은?

① 주분력
② 배분력
③ 마찰분력
④ 이송분력

해설 절삭저항 : 배분력과 이송분력(횡분력)보다 주분력이 현저히 크며 공구 수명과 관계가 깊다.

40. 절삭 공구의 절삭면에 평행하게 마모되는 것으로 측면과 절삭면의 마찰에 의해 발생하는 것은?

① 치핑
② 온도 파손
③ 플랭크 마모
④ 크레이터 마모

해설 플랭크 마모(여유면 마모)는 공구의 플랭크(측면)가 절삭면에 평행하게 마모되는 것을 말하며 마찰에 의하여 일어난다.

정답 37. ③ 38. ④ 39. ① 40. ③

제4장 | 기계 부품 조립

1. 기계 부품 조립

1-1 조립 작업 계획

(1) 조립 계획의 개요

  기계 조립 계획이란 기계 요소 부품을 설계도에 따라 결합하여 사람의 힘이나 동력을 공급하여 기계 시스템이 한정된 상대 운동을 하며 인간에게 유용한 에너지를 공급할 수 있도록 기계 장치를 구성하는 작업을 의미한다.

(2) 조립 공정

① 조립 순서 확인

  ㈎ 기초 공사 : 기초 계획은 기계를 설치할 때의 기준으로 한 번 설치한 후에는 지반의 침하나 기계의 기울어짐 등이 지형 형태인 암반지나 매립지 등의 조건에 따라 일어날 수 있으므로, 지반 상태의 조건에 맞추어 콘크리트의 두께 또는 깊이에 대한 기초 공사 도면과 기계 장착 기초도, 콘크리트 압축강도 등을 확인하여야 한다.

  ㈏ 작업 동선 관리 : 작업자의 작업 동선을 관리하기 위하여 컨트롤 박스 위치나 공작물 투입 위치 등이 기계 조립 조건에 적합한지 확인하여야 한다.

  ㈐ 전기 장치 : 기계 장치를 조립하기 위한 전원 용량(kW)과 전동 공구 전원 사용 전기 박스의 설치 여부를 확인하여야 한다.

  ㈑ 기계 장치 입고 : 기계 장치를 입고할 때 공장 설치 환경으로 시설물의 간섭 여부, 지반 상태, 가설물 설치 등과 조립 순서에 준하여 기계 구조물 입고 순서를 정하여야 한다.

  ㈒ 산업 안전 : 기계 장치를 입고 및 조립할 때에는 작업장의 위험이나 보건상 유해 물질의 반입에 따른 위험 방지 시설을 확인하여야 한다.

② 적합한 조립 계획의 수립

  ㈎ 작업 지시서 : 작업 지시서는 조립 매뉴얼로 표현하며, 작업 지시서에 따라 조립

절차, 조립 방법, 검사 방법 등의 내용을 검토하고 불합리한 사항이 발견되면 현장 설치 조건에 맞게 관련 부서 담당자와 협의하여 수정·보완할 수 있도록 검토하고 특이사항이 없을 때에는 작업 지시서에 따라 조립 계획을 수립한다.

㈏ 기계 조립도면 : 기계 장치의 부분 조립도와 전체 조립도를 해석하여 우선순위의 조립 절차를 세우고 부분 조립 기계 장치가 전체 기계 장치 어느 부분에 조립되는지, 부분 기계 장치의 중량은 얼마나 되는지를 파악하여 조립 방법에 따라 조립 기구 장치 사용 계획을 수립한다.

㈐ 전기·전자 조립도면 : 기계 장치의 원활한 작동과 오동작을 방지하기 위하여 전기·전자 도면을 검토하여 센서 위치나 각종 전기 부품의 부착 위치를 파악하여 기계를 조립 및 설치할 때 파손 가능성을 검토하고 기계 작동 중에 손상 가능성 여부를 파악하여 적합한 조립 계획을 수립한다.

㈑ 유공압 장치 관련 도면 : 기계 장치, 전자·전기 장치와 연동하여 유공압 장치가 기계의 간섭으로부터 오동작 발생 여부를 검토하고 유공압 장치가 작동할 때 전기 장치에 간섭을 초래하는지 적합한 조립 계획을 수립한다.

㈒ 기계 장치 리스트 : 기계 장치 우선순위 조립 절차에 따라 기계 장치 리스트를 확인하고, 조립 순서에 따라 기계 장치 배열 순서를 계획하여 기계 조립 작업이 최적의 조건을 가질 수 있도록 조립 계획을 수립한다.

1-2 도면 해독

(1) 기계 조립도면 해독

기계 조립도면(선반 가공, 밀링 가공, 연삭 가공, 특수 가공 등)을 보고 설계 목적과 기능을 파악하고, 조립도에 나타나 있는 형상과 크기 등을 고려하여 가공할 수 있는 장비를 선정하고 도면을 해독할 수 있어야 한다.

① **기계 조립도면 파악 개요** : 부품들은 상호 작용의 슬라이딩으로 볼트에 의한 정확한 위치에 조립이 이루어져야 한다. 회전축은 동력 전달을 하는 부품으로 강도와 아울러 흔들림이 없는 원통으로 가공하여야 한다. 또한 회전축과 접한 가공은 구멍 중심의 가공을 해야 하므로 공작기계 조작 능력이 매우 중요하다. 또한 원형 단면의 회전축은 원주 흔들림이 발생하지 않도록 정확한 끼워 맞춤이 되어야 하고 가공 정밀도와 표면 거칠기를 향상시켜야 한다. 작은 구멍의 면 접촉에 의한 슬라이딩 부분은 매끄럽게 가공하여야 하므로 드릴 프레스에서의 리머 작업 기술도 중요하다.

⑺ 기계 조립도면 부품 파악

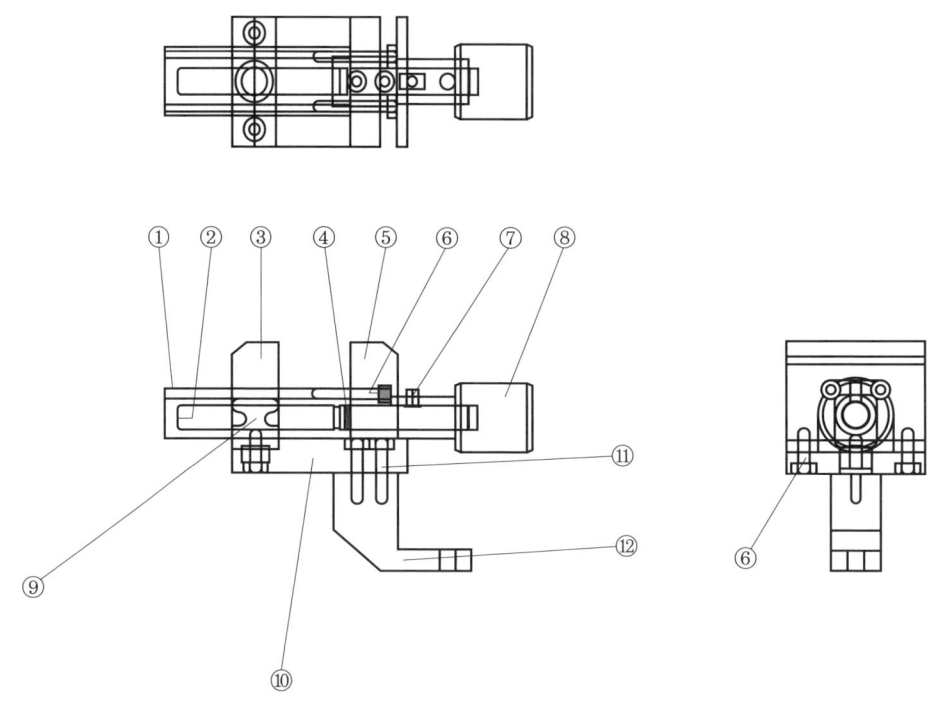

기계 조립도면(나사 탁상 바이스)

부품 리스트(예시)

품번	품명	규격	재질	수량
1	안내 커버	30×26×80	SM20C(기계구조용 강)	1
2	리드 나사축	12×125	SM20C	1
3	이동 조	58×48×22	SM20C	1
4	C형 멈춤링	ϕ12(축용)	KS B 1336	1
5	고정 조	58×53×52	SM20C	1
6	육각 홈붙이 볼트	M5×15	KS 규격품	2
7	홈붙이 멈춤 나사	M5×6	KS 규격품	1
8	핸들	34×57	SM20C	1
9	가이드 너트	18×34	SM20C	1
10	받침판	58×75×16	SM20C	1
11	육각 홈붙이 볼트	M5×25	KS 규격품	4
12	고정판	58×53×20	SM20C	1

㈏ 선반 가공 도면 파악 개요 : 기계 부품에는 회전체가 많고 회전체의 대부분이 선반에서 가공되므로 공작기계 중 가장 널리 이용된다.

㉮ 나사 제도 : 나사는 일반적으로 볼트와 너트에 주로 나선형 골을 만들어, 사용 목적에 따라 나선 단면을 삼각, 사각 및 둥근형 등으로 분류하며, 끼워 맞춤에 따른 결합 요소로서 회전 운동을 직선 운동으로 바꾸는 역할을 한다.

㉠ 리드 : 나사 곡선을 따라 축의 둘레를 한 바퀴 회전하였을 때 축 방향으로 이동하는 거리

㉡ 피치 : 서로 인접한 나사산과 나사산 사이의 축 거리

㉢ 일반 나사의 종류 및 호칭에 대한 표시 방법

구분	나사의 종류		나사 기호	호칭 표기
ISO 표준 나사	미터 보통 나사		M	M8
	미터 가는 나사			M8×1
	미니어쳐 나사		S	S0.5
	유니파이 보통 나사		UNC	3/8−16UNC
	유니파이 가는 나사		UNF	No.8−36UNF
	미터 사다리꼴 나사		Tr	Tr 10×2
	관용 테이퍼 나사	테이퍼 수나사	R	R 3/4
		테이퍼 암나사	Rc	Rc 3/4
		평행 암나사	Rp	Rp 3/4
	관용 평행 나사		G	G 1/2

㉣ 도면에서의 나사 관련 해독 예시

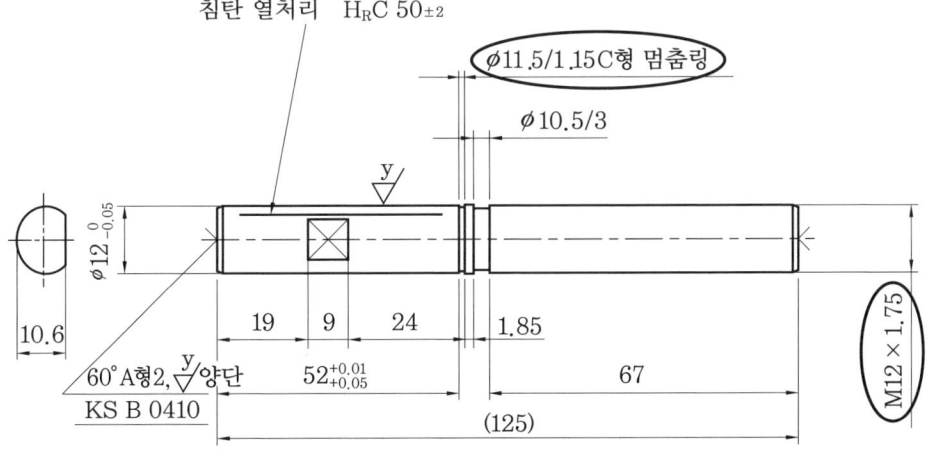

부품도(2번 리드 나사축)

[그림] 부품도(2번 리드 나사축)에서 "M12×1.75"에 대한 해독

M12×1.75
ⓐ ⓑ   ⓒ

ⓐ 나사의 종류 : 미터 보통 나사
ⓑ 나사의 지름 : 12mm
ⓒ 피치 : 1.75

㉮ 멈춤링 제도 : 멈춤링은 구멍용, 축용 멈춤링으로 나눌 수 있다.
　㉠ 구멍용 멈춤링 : 구멍이 관통되어 있는 곳의 내경 측에 사용되는 스냅링으로 구멍 안에 베어링 또는 부속물들이 밖으로 이탈하지 못하도록 하는 역할을 한다. 규격은 〈KS B 1336〉을 참조한다.
　㉡ 축용 멈춤링 : 축에 사용되어 고정하는 용도로 사용되며 축에 조립된 부품들을 고정시키거나 이탈하지 못하도록 방지하는 역할을 한다.

축용 멈춤링 KS 규격

축 치수 d_1	d_2 기준 치수	허용차	m 기준 치수	허용차	n 최소	멈춤링 두께 기준 치수	허용차
10	9.6	0 − 0.09	1.15	+0.14 0	1.5	1	±0.05
11	10.5	0 − 0.11					
12	11.5						
13	12.4						
14	13.4						
15	14.3						
16	15.2						
17	16.2						
18	17	0 − 0.21	1.35			1.2	±0.06
19	18						
20	19						
21	20						
22	21						
24	22.9						
25	23.9						
26	24.9						
28	26.6	0 − 0.25	1.75			1.6	
29	27.6						
30	28.6						
32	30.3						
34	32.3						
35	33						
36	34		1.95		2	1.8	±0.07
38	36						

ⓒ 도면에서의 멈춤링 관련 해독 예시

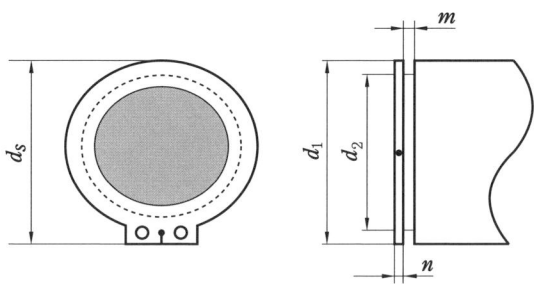

C형 멈춤링(축용 멈춤링)

[그림] 부품도(2번 리드 나사축)에서 "$\phi 11.5/1.15$C형 멈춤링"에 대한 해독

$$\underline{\phi 11.5}\ /\ \underline{1.15\text{C형 멈춤링}}$$
$$\quad\ \ ⓐ \qquad\qquad ⓑ$$

ⓐ 축 치수 d_1 : 11.5mm
ⓑ d_2 기준 치수가 11.5이므로 축 치수(d_1)는 12mm이고, 멈춤링이 끼워지는 사이 안쪽 치수(m)는 기준 치수가 1.15이므로 허용차는 $^{+0.14}_{\ \ 0}$, 멈춤링의 두께 기준 치수는 1이고 허용차는 ± 0.05mm이다.

㈐ 밀링 가공 도면 파악 개요 : 밀링 머신은 선반과 같이 많이 사용하는 공작기계 중 하나로 여러 개의 절삭날을 가진 밀링 커터라고 하는 절삭 공구를 주축에 고정하여 회전시키고, 테이블 위에 고정시킨 공작물에 절삭 깊이와 이송을 주어 절삭하는 공작기계이다. 밀링 머신은 평면 절삭, 곡면 절삭, 각종 홈 절삭을 하는 것 외에 기어, 캠 등의 절삭 가공도 능률적으로 할 수 있어 사용 범위가 넓은 공작기계이다.

㉮ 치수 보조 기호

기호 이름	기호	기호의 사용 방법
지름	ϕ	지름 치수의 치수 앞에 붙인다.
반지름	R	반지름 치수의 치수 앞에 붙인다.
구의 지름	Sϕ	구의 지름 치수의 치수 앞에 붙인다.
구의 반지름	SR	구의 반지름 치수의 치수 앞에 붙인다.
정사각형의 변	□4	정사각형의 모양이나 위치 치수 앞에 붙인다.
판의 두께	t=	판 두께의 치수 수치 앞에 붙인다.
45° 모따기	C	45° 모따기 치수의 치수 수치 앞에 붙인다.
참고 치수	( )	제작 치수에 사용하지 않는 치수에 사용한다.
이론적으로 정확한 치수	[10]	이론적으로 정확한 치수의 치수 수치를 사각형으로 둘러싼다.

㉯ 치수 보조 기호 사용 예시

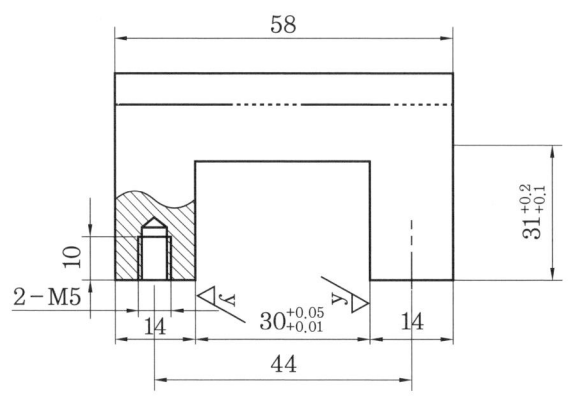
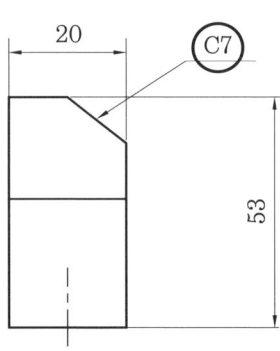

부품도(5번 고정 조)

> [그림] 부품도(5번 고정 조)에서 "C7"에 대한 해석
> C7 : 45° 모따기를 나타내는 것으로 가로×세로 길이가 7mm로 같다. 7×45°로 나타낼 수도 있다. (※ C4×3 : 가로 4mm×3mm로 모따기)

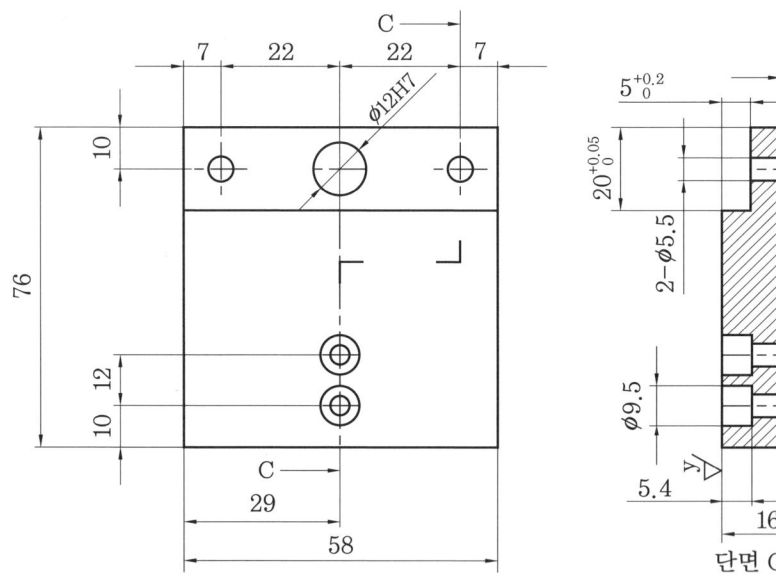

부품도(10번 받침판)

> [그림] 부품도(10번 받침판)에서 "2-ϕ5.5"에 대한 해석
> 2-ϕ5.5 : 지름이 5.5mm인 구멍이 두 개

(라) 유압 장치 도면 파악 개요(공유압 및 자동 제어편 참고)
(마) 전기 장치 도면 파악 개요

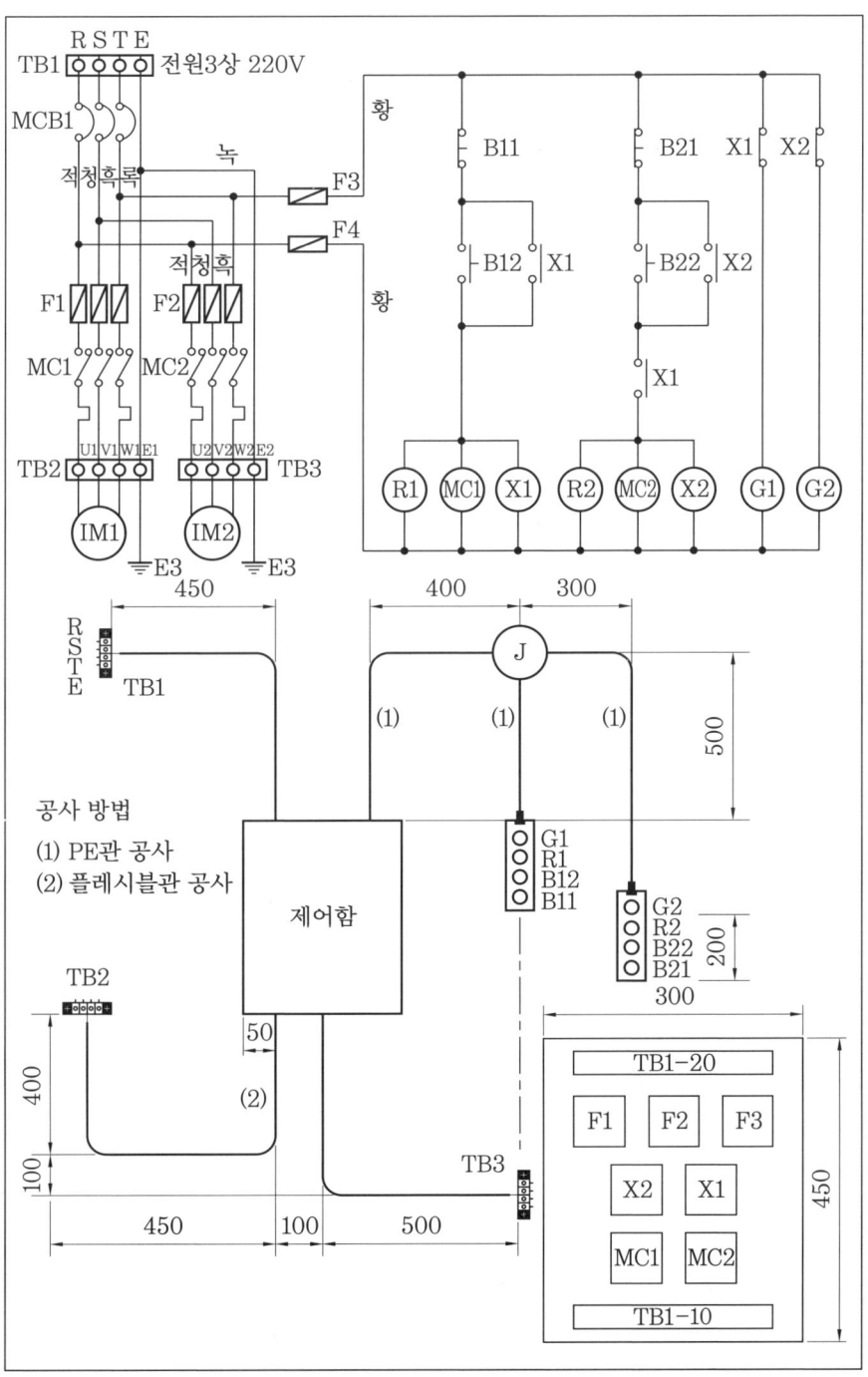

전기 장치 도면

전기 장치 도면 기호 파악

기호	명칭	기능	비고
MCB1	소형 전기 차단기	전기를 차단한다.	miniature circuit breaker
F1/F2/F3/F4	퓨즈	과전류 보호 장치의 하나로 단락 전류 및 과부하 전류를 자동적으로 차단하는 부품	fuse
MC	전력 계전기	전력 계통에서 전력의 흐름에 따라 움직이는 계전기로, 전력의 크기가 일정 값 이상이 되었을 때 작동하는 계전기	power relay
R, S, T	3상	위상이 120°씩 틀리는 각속도가 같은 3개의 정현파 교류	-
E	접지	감전 등의 전기 사고 예방 목적으로 전기기기와 대지를 도선으로 연결하여 기기의 전위를 0으로 유지하는 것	-
TB1, TB2	단자대	한 개 이상의 전기 커넥터를 넣고 있는 보통의 가늘고 긴 부품	terminal block

1-3 공구 활용

(1) 체결용 공구

① **양구 스패너**(open end spanner) : 나사 분해, 결합용 공구로 쓰이며, 규격은 입의 너비(입에 맞은 볼트 머리, 너트)의 대변 거리로 미터식은 5.5~60mm, 인치식은 1/8~3″가 있다.

② **편구 스패너**(single spanner) : 입이 한쪽에만 있는 것으로 규격은 양구 스패너와 동일하다.

③ **타격 스패너**(shock spanner) : 입이 한쪽에만 있고 자루가 튼튼하여 망치로 타격이 가능하다. 규격은 양구 스패너와 동일하다.

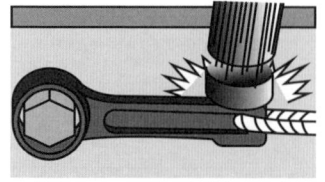

타격 스패너

④ 더블 오프셋 렌치(double off-set wrench, ring spanner) : 볼트 머리, 너트 모서리를 마모시키지 않고 좁은 간격에서 작업이 용이하며, 규격은 양구 스패너와 동일하다.
⑤ 조합 스패너(combination spanner) : 양구 스패너와 오프셋 렌치의 겸용으로 사용된다.
⑥ 훅 스패너(hook spanner) : 둥근 너트 등 원주면에 홈(notch)이 파져 있는 둥근 나사 등을 체결할 때 사용하는 공구이다.
⑦ 소켓 렌치(socket wrench) : 볼트나 너트 등을 조이고 푸는데 사용하는 공구로, 스패너의 일종이다.
　㈎ 종류 : 6point, 12point, 6.4mm 각, 9.5mm 각, 12.7mm 각, 19mm 각, 25.4mm 각
　㈏ 핸들 : 래칫 핸들, T형 플렉시블 핸들, 슬라이딩 T핸들, 스피드 핸들
　㈐ 부속 공구 : 연장 봉, 소켓 어댑터, 팁 소켓, 유니버설 조인트
⑧ 몽키 스패너(monkey spanner) : 입의 크기를 조정할 수 있는 공구이다.
⑨ L-렌치(hexagon bar wrench) : 육각 홈이 있는 볼트를 체결, 분해할 때 사용하고, 크기는 볼트 머리의 6각형 대변 거리이다.

(2) 분해용 공구

① 기어 풀러(gear puller) : 축에 고정된 기어, 풀리, 커플링 등을 빼낼 때 사용된다.
② 베어링 풀러(bearing puller) : 축에 고정된 베어링을 빼낼 때 사용된다.
③ 스톱 링 플라이어(stop ring plier) : 스냅 링(snap ring) 또는 리테이닝 링(retaining ring)의 부착이나 분해용으로 사용하는 플라이어이다.
④ 집게
　㈎ 조합 플라이어(combination plier) : 일반적으로 말하는 플라이어로 재질은 크롬강이고 규격은 전체의 길이로서 150, 200, 250mm 등이 있다.
　㈏ 롱 노즈 플라이어(long nose plier) : 끝이 가늘어 전기 제품 수리나 좁은 장소에서 작업이 적합한 것으로 규격은 전체 길이로 표시한다.

조합 플라이어　　　　　　　　롱 노즈 플라이어

　㈐ 워터 펌프 플라이어(water pump plier) : 이빨이 파이프 렌치처럼 파여져 둥근 것을 돌리기에 편리하다.

㈘ 콤비네이션 바이스 플라이어(combination vise plier, grip plier) : 쥐면 고정된 채 놓질 않도록 되어 있는 것으로 물건을 집는 턱의 옆날을 이용해서 와이어를 절단할 수도 있다. 크기는 몸통의 크기에 따른 대소로 나누어진다.

㈜ 라운드 노즈 플라이어(round nose plier) : 전기 통신기 배선 및 조립 수리에 사용하며, 규격은 전체 길이로 표시한다.

㈝ 와이어 로프 커터(wire rope cutter) : 와이어 로프 절단에 사용하며, 규격은 전체 길이로 표시한다.

(3) 배관용 공기구

① **파이프 렌치(pipe wrench)** : 파이프를 쥐고 회전시켜 조립 분해하는데 사용한다.
② **파이프 커터(pipe cutter)** : 파이프 절단용 공구이다.
③ **파이프 바이스(pipe vise)** : 파이프를 고정할 때 사용한다.
④ **오스터(oster)** : 파이프에 나사를 내는 공구이다.
⑤ **플레어링 툴 세트(flaring tool set)** : 파이프 끝을 플레어링하는 기구로 플레어 툴(flare tool), 콘 프레스(cone press), 파이프 커터(pipe cutter)로 구성되어 있다.
⑥ **파이프 벤더(pipe bender)** : 파이프를 구부리는 공구로 180° 이상도 벤딩이 가능하다.
⑦ **유압 파이프 벤더** : 지름이 큰 파이프 굽힘에 사용하며 유압 작동을 이용한 공구이다.

(4) 보전용 측정 기구

① **베어링 체커(bearing checker)** : 베어링의 윤활 상태를 측정하는 기구로, 그라운드 잭은 기계 장치 몸체에 부착하고 입력 잭은 베어링에서 제일 가까운 회전체에 회전을 시키면서 접촉하여 측정한다.

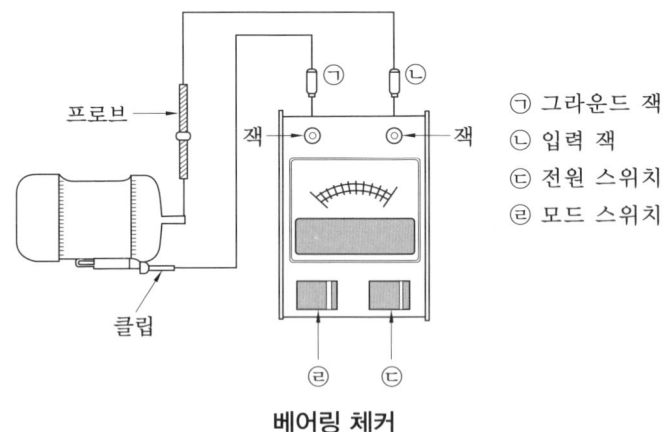

㉠ 그라운드 잭
㉡ 입력 잭
㉢ 전원 스위치
㉣ 모드 스위치

베어링 체커

② **진동계(vibro meter)** : 전동기, 터빈, 공작기계, 각종 산업기계, 건설기계, 차량 등 여러 가지 진동을 측정하는 것으로 휴대용 진동 측정기, 머신 체커 등이 있으며 주파수 분석까지 필요할 경우 FFT 분석기로 측정 및 분석을 한다.
③ **지시 소음계(sound level meter)** : 소리의 크기를 측정하는 계기로서 일반 목적에 사용되는 측정기이다. 측정 범위는 40~140dB이고, 주택 및 산업체에서 소음의 크기를 측정한다.
④ **회전계(tachometer)** : 기계의 회전축 속도를 측정하는 장치로 접촉식과 비접촉식 및 공용식이 있다.
⑤ **표면 온도계(surface thermo meter)** : 열전대(thermocouple)를 이용하여 물체의 표면 온도를 측정하는 측정기이다.

1-4 조립 측정 검사

(1) 조립 상태 확인
① **축과 베어링의 조립 상태 검사**
　㈎ 베어링의 조립과 검사
　　㉮ 베어링은 먼지가 없고 건조한 장소에서 조립하여야 한다.
　　㉯ 베어링의 포장은 조립 작업 직전에 풀어서 사용하되 베어링에 도포된 방청유는 닦아내지 않아도 된다.
　　㉰ 베어링이 조립될 부분은 청결하게 닦아야 하고, 사용할 그리스나 오일은 오염되지 않도록 주의해야 한다.
　㈏ 베어링의 조립 방법 : 프레스에 의한 방법과 열팽창에 의한 조립법이 있다.

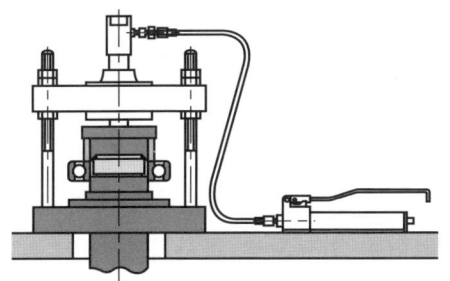

프레스에 의한 베어링 조립

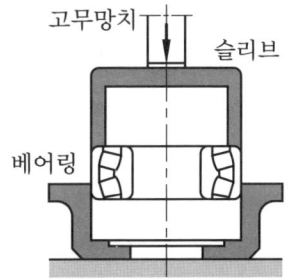

조립 공정구에 의한 베어링 조립

㉮ 프레스에 의한 방법 : 베어링은 정밀하게 조립되어야 하므로 소정의 프레스나 조립 고정구를 사용하여 조립하여야 한다.

베어링은 축이나 몸체에 소정의 프레스를 이용하여 그대로 조립하며, 적당한 프레스가 없는 경우에는 조립 공정구에 고무망치로 가볍게 두드려 조립한다. 이 경우에는 베어링에 균일하게 힘이 가해질 수 있도록 슬리브를 이용하면 좋다.

베어링의 내륜과 외륜을 동시에 조립할 때에는 내륜과 외륜이 동시에 설치되어야 하므로 그림 [내륜, 외륜 동시 조립]과 같이 홈이 파진 원판을 슬리브 밑에 대고 가압한다. 이 방법은 베어링에 손상을 일으킬 가능성이 크기 때문에 정밀한 끼워 맞춤의 경우나 큰 베어링의 조립 시에는 사용하지 않는 것이 좋다.

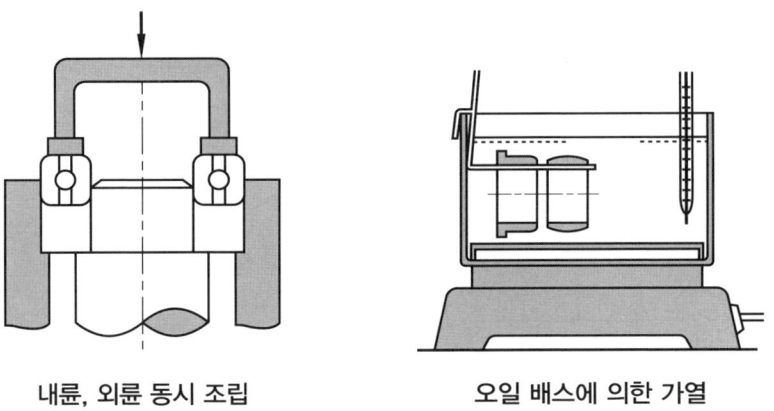

내륜, 외륜 동시 조립   오일 배스에 의한 가열

㉯ 오일 배스의 열팽창에 의한 방법 : 베어링이 크거나 간섭량이 커서 끼워 맞춤 압력이 커져 베어링에 손상이 생길 우려가 있을 때 베어링을 가열하여 팽창시킨 후 조립하는 방법이다.

베어링의 가열은 기름 온도 섭씨 80~120° 정도로 하여야 하며, 기름통 안에 망이나 갈고리를 넣어 베어링이 균일하게 가열되도록 하고 불순물이 침투되지 않도록 해야 한다. 가열 후에는 깨끗한 헝겊으로 닦아내고, 바로 조립될 부위에 기울지 않도록 설치하여 냉각된 후에 축의 턱과 베어링 사이에 틈이 생기지 않게 한다.

㉰ 베어링 조립 후 검사 : 베어링을 설치한 후에는 베어링이 올바르게 설치되었는지 검사해야 한다. 베어링의 설치가 잘못되어 있으면 베어링이 파손될 위험이 따르고, 윤활이 제대로 되어 있지 않으면 용착의 위험이 있으므로 검사할 때에는 갑자기 회전수를 높이지 말고 회전수를 서서히 증가시켜 검사해야 한다. 베어링 조립 후에 수행하는 검사는 다음과 같다.

㉮ 손으로 천천히 돌리면서 촉감으로 먼지나 흠집을 검사한다.
㉯ 손으로 돌리면서 회전 토크를 검사한다. 조립 불량의 경우 회전시키면 토크의 변화를 느낄 수 있다.
㉰ 동력을 연결하여 정상 운전을 하면서 다음 사항을 검사한다.
  ㉠ 소음 검사 : 베어링 조립 예압, 먼지, 흠집, 윤활 불량, 조립 불량에 의한 큰 클리어런스 등에 의해 소음이 발생한다.
  ㉡ 온도 상승 검사 : 베어링 조립 예압의 과대 등에 의한 조립 불량, 윤활유 부족, 과도한 그리스 주입, 부적합한 윤활유 사용 등에 의해 베어링의 온도가 상승한다.

(2) 구동 장치 동작 상태 확인

① **소형 기계 구동 장치의 동작 상태 검사** : 손으로 회전시키면서 원활히 회전하는지의 여부를 검사한다. 검사 대상 항목으로 회전 부위에 오물 부착 여부, 베어링 및 부품의 조립 상태, 베어링 궤도의 불량 여부, 베어링 내부 클리어런스, 오일실의 마찰력, 베어링 설치 부분의 가공 불량 여부, 끼워 맞춤 공차의 올바른 적용 등에 의해 회전의 원활성이 달라진다.

② **대형 기계 구동 장치의 동작 상태 검사** : 대형 기계 구동 장치는 하중을 가하지 않고 시동시킨 후 바로 동력을 끊고 회전 상태를 검사한다. 진동, 소음, 회전 부품의 간섭에 의한 이상 현상 등을 확인하고 운전을 시작한다.

(3) 구동 장치 상태 확인

① **축의 회전 상태 확인** : 소형 기계 구동 장치에서 베어링과 조립된 축의 회전 상태 검사는 동력 운전을 하기 전에 손으로 축을 돌리면서 회전의 원활성을 검사해 본다.

축의 회전 상태 검사 결과 및 불량 발생 원인과 대책

검사 방법	결과	불량 발생 원인	대책
손으로 돌리면서 회전 토크의 변화가 있는지를 검사한다.	토크의 변화가 있다.	회전부의 오물 퇴적	세척
		조립 불량	재조립
		베어링의 궤도 손상	베어링 교체
		베어링의 내부 클리어런스	베어링 교체, 예압 조정
		오일실의 마찰력 과다	윤활, 오일실 교체
		축 가공 불량	축 검사 후 교체
		끼워 맞춤 설계 잘못	죔새와 틈새 조건을 검토 후 재설계

② **축의 흔들림 검사** : 몸체에 베어링과 축을 조립한 후에 기어와 벨트 풀리를 조립하지 않은 상태에서 축의 흔들림을 검사한다. 축의 흔들림 검사는 축 방향 움직임 검사와 반경 방향의 흔들림을 검사한다. 축 방향의 움직임 검사는 앵귤러 콘택트 베어링은 검사하지만, 깊은 홈 볼 베어링은 하지 않고 반경 방향의 움직임만 검사하도록 하고 있다.

  ㈎ 반경 방향 움직임 검사 : 축과 몸체, 베어링이 조립된 상태에서 축 방향 검사는 무부하 상태에서 수행하는 무부하 검사와 벨트 풀리와 기어를 모두 조립한 상태에서 동력을 연결하고 수행하는 동력 운전 검사를 수행한다.

축의 반경 방향 움직임 검사 결과 및 불량 발생 원인과 대책

검사 방법		결과	원인	대책
무부하 검사	기계 구동 장치를 정반 위에 올려놓고 축의 오일실이 조립될 부위에 테스트 인디케이터를 대고 축을 가볍게 돌리면서 테스트 인디케이터의 지시량을 측정한다.	• 합격 : 측정값 $18\mu m$ (규정치는 KS B 2102에 준함) • 불합격 : 축의 반경 방향 움직임이 불량한 경우	베어링의 내부 클리어런스가 큰 경우	베어링 교체
			베어링과 몸체, 축과 베어링의 조립 공차 과대	검토 후 재조립
동력 운전 검사	기계 구동 장치에 벨트 풀리와 기어를 조립한 후 별도의 동력원(모터)과 벨트로 연결한다. 동력 구동을 시작하여 1시간 경과한 다음 무부하 검사와 같은 방법으로 검사한다.	합격 : 측정값 $10\mu m$	회전 속도의 변동, 진동, 소음 등이 발생되면 질량 불평형 및 축 오정렬 검사를 실시하고 센터링을 실시한다.	

(4) 구동 장치의 동력 운전 검사 방법

① **동력 운전의 시작** : 동력 운전을 할 때에는 무부하 상태에서 저속 운전으로 시작하여 서서히 정상 상태로 회전 속도를 증가시킨다.

② **무부하 운전 중의 검사 항목** : 시운전을 하면서 검사해야 할 항목은 이상음의 발생 여부, 비정상적으로 갑작스러운 온도의 증가, 진동, 윤활제의 누설과 변색 등이다.

③ **부하 운전 중의 검사 항목** : 기계 구동 장치의 부하 시험이란 구동 장치에 연결되는 모든 장치를 연결한 상태에서 1~2시간 정상 운전을 하면서 구동 상태를 검사하는 것을 말한다. 검사 항목은 회전 속도의 변동, 진동, 소음, 소모 전력의 변화, 토크의 변화, 윤활유의 누설 여부, 변색 등이다.

④ **온도 측정 요령** : 기계 구동 장치의 온도 측정은 무부하 운전이나 부하 중에 검사할 항목이다. 운전을 시작하여 서서히 회전 속도를 증가시키고, 1~2시간 이상 경과되어야 정상 상태의 온도가 된다.

온도 측정은 베어링이 조립된 몸체의 표면부터 측정하는 것이 일반적이지만, 가능한 한 베어링의 오일 주입구를 통하여 베어링의 온도를 직접 측정하는 것이 정확도를 높일 수 있다.

(5) 이상 발생의 원인과 대책

① **이상음의 발생** : 이상음에는 높은 금속음, 규칙적으로 발생하는 규칙음, 비규칙적으로 발생하는 불규칙음이 있다.

이상음의 발생 원인과 대책

운전 상태	원인(추정)	대책
높은 금속음	과도한 부하	축과 베어링, 몸체의 끼워 맞춤 공차의 설계 개선, 베어링의 예압 수정, 몸체와 베어링 조립부의 위치 수정
	조립 불량	축과 몸체의 가공 정밀도 검토, 조립 방법 개선
	윤활제의 부족, 부적당	윤활제의 보충, 적합한 윤활제의 선택
	긁히는 소음	클리어런스의 과대이며 클리어런스 적은 것으로 교체
	회전 부품끼리 접촉	회전 부품의 교체
규칙음	베어링 궤도의 흠집, 녹	베어링 교체, 부품의 세척, 깨끗한 윤활제 사용
	브리넬링(brinelling)	베어링의 궤도 손상이며 베어링 교체, 취급 방법 개선
	플레이킹(flaking)	베어링이 파손되는 현상으로 베어링 교체
불규칙음	내부 클리어런스 과다	끼워 맞춤 재설계, 예압량 조정
	이물질 침투	부품의 세척, 오일실의 교체, 깨끗한 윤활제 사용, 베어링 교체
	볼의 긁힘, 플레이킹	베어링 교체

② 이상 온도 상승

이상 온도 상승의 원인과 대책

운전 상태	원인(추정)	대책
이상 온도 상승	윤활제의 과다	경질 그리스 선택, 윤활제 감소
	부적합한 윤활제, 윤활제 부족	윤활제 보충, 적합한 윤활제 선택
	과도한 하중	끼워 맞춤의 수정, 클리어런스 검토, 예압 조정, 축과 몸체의 베어링 접합부의 턱 치수 수정
	조립 불량	축과 몸체의 베어링 조립부의 가공 정밀도 개선, 조립 방법의 개선
	끼워 맞춤 면의 크리프 현상, 오일실의 과다 마찰	끼워 맞춤 공차의 재설계, 오일실의 개선

③ **진동의 발생** : 회전체가 회전할 때 회전체의 편심, 밸런스 불균형 등으로 진동이 발생하게 되며 그 원인은 다음과 같은 요인이 있다.
  ㈎ 구동 장치 축과 동력원 축의 오정렬
  ㈏ 기계의 내부에서 각 구성 요소들의 오정렬
  ㈐ 베어링의 손상(브리넬링 : brinelling, 플레이킹 : flaking 등)
  ㈑ 동력원(모터) 회전자의 공극
  ㈒ 동력 전달 기어 손상
  ㈓ 축을 연결하는 커플링 손상
  ㈔ 기계적 이완
  ㈕ 벨트 구동 문제
  ㈖ 질량 불평형
  ㈗ 부하의 크기와 변동
  ㈘ 설치 문제

예상문제

1. 조립 작업을 계획할 때 확인해야 할 것 중 틀린 것은?
① 기초 공사 ② 작업 동선 관리
③ 산업 안전 ④ 제품 단가

해설 조립 순서 확인 : 기초 공사, 작업 동선 관리, 전기 장치, 기계 장치 입고, 산업 안전

2. 적합한 조립 계획 수립에 필요하지 않은 것은?
① 작업 지시서
② 기계 조립도면
③ 기계 장치 리스트
④ 작업자 인적사항

해설 적합한 조립 계획의 수립에는 작업 지시서, 기계 조립도면, 전기·전자 조립도면, 유공압 장치 관련 도면, 기계 장치 리스트 등이 필요하다.

3. 기계 조립 작업 시 주의사항으로 적절하지 않은 것은? [11-1, 14-3, 15-2, 20-3]
① 볼트와 너트는 균일하게 체결할 것
② 무리한 힘을 가하여 조립하지 말 것
③ 정밀기계는 장갑을 착용하고 작업할 것
④ 접합면에 이물질이 들어가지 않도록 할 것

해설 정밀기계 작업에서는 장갑 착용을 금할 것

4. 일반적인 기계 분해 작업 시 주의사항으로 틀린 것은? [19-1]
① 부착물 등을 파악하고 확인한다.
② 분해 중 이상이 없는지 점검한다.
③ 표면이 손상되지 않도록 주의한다.
④ 볼트와 너트를 조일 때는 균일하게 조인다.

해설 기계 분해 작업에서는 볼트와 너트를 조이는 것이 아니고 푸는 것이다.

5. 다음은 분해 작업 시 주의사항이다. 잘못된 것은? [11-3]
① 분해 순서를 정확히 지키고 작업한다.
② 마킹(marking)은 반드시 한다.
③ 길이가 긴 부품은 굽힘을 고려하여 세워서 보관한다.
④ 작은 부품은 분실되지 않도록 상자에 보관한다.

해설 길이가 긴 부품은 넘어질 확률이 높으므로 세워서 보관하지 않는다.

6. 가열 끼움에서 사용하는 가열법이 아닌 것은? [06-1, 09-2, 18-2, 18-3]
① 수증기로 가열하는 법
② 전기로로 가열하는 법
③ 가스 토치로 가열하는 법
④ 자연광으로 가열하는 법

해설 가열법
㉠ 가스 버너나 가스 토치로 가열
㉡ 열박음 노(爐)에서 가열
㉢ 전기로에서 가열
㉣ 수증기로 가열
㉤ 기름으로 가열
㉥ 고주파 유도 가열

7. 가열 끼워 맞춤 작업의 설명으로 잘못된 사항은? [09-1]

정답 1.④ 2.④ 3.③ 4.④ 5.③ 6.④ 7.④

① 가열 시에는 골고루 서서히 가열한다.
② 가열할 때는 200~250℃ 이하로 가열한다.
③ 베어링은 120℃ 이상 가열해서는 안 된다.
④ 조립 후 죔새를 유지하기 위해 급랭한다.

해설 둘레에서 중심으로 서서히 균일하게 가열하고 조립 후 냉각할 때 급랭해서는 안 된다.

8. 일반적으로 베어링을 열박음으로 장착할 때 몇 ℃ 이상으로 가열하면 베어링의 경도가 저하되는가? [19-1]

① 20 ② 80 ③ 100 ④ 130

해설 베어링의 경도가 저하되는 온도는 130℃이며, 베어링 조립 등을 위한 가열 최대 온도는 120℃, 최대 사용 온도는 100℃이다.

9. 열박음 가열 작업 시 주의사항으로 틀린 것은? [17-1]

① 조립 후 냉각할 때는 급랭해서는 안 된다.
② 중심에서 둘레로 서서히 균일하게 가열한다.
③ 대형 부품을 열박음할 때는 기중기를 사용한다.
④ 250℃ 이상으로 가열하면 재질의 변화와 변형이 발생한다.

해설 둘레에서 중심으로 서서히 균일하게 가열하여야 한다.

10. 축에 보스를 가열 끼움 시 가열 온도로 가장 적당한 것은? [10-3, 13-2, 18-1]

① 50~100℃ 이하
② 100~150℃ 이하
③ 200~250℃ 이하
④ 300~350℃ 이하

11. 가열 끼워 맞춤에서 가열 온도를 250℃ 이하로 하는 이유로 가장 적합한 것은 어느 것인가? [08-1, 17-3]

① 에너지 절감을 위해
② 끼워 맞춤 후 급랭을 위하여
③ 가열 시간 단축 위해
④ 재질의 변화 및 변형을 방지하기 위해

해설 가열 작업 시 주의사항 : 250℃ 이상으로 가열하면 재질의 변화 및 변형이 발생한다. 또한 조립 후 냉각할 때는 급랭해서는 안 된다.

12. 열박음 작업 중 가열 조립 작업 시 주의사항이 아닌 것은? [16-1]

① 천천히 정확하게 조립한다.
② 조립 후 냉각할 때는 급랭하지 않는다.
③ 둘레에서 중심으로 서서히 균일하게 가열한다.
④ 가열 도중 구멍 내경을 수시로 측정하여 팽창량을 점검한다.

해설 가열 도중 구멍 내경을 수시로 측정하여 팽창량을 점검하고 요구하는 팽창량을 얻었을 때 신속 정확하게 조립해야 한다.

13. 가열 끼움 작업 시 필요한 공구 및 기계가 아닌 것은? [07-1]

① 래버린스(labyrinth)
② 체인 블록
③ 마이크로미터
④ 써모미터(thermometer)

14. 열박음에서 끼워 맞춤 가열 온도를 구하는 식으로 옳은 것은? (단, T : 가열 온도, Δd : 죔새(축 지름－구멍 지름), α : 열팽창계수, D : 구멍 지름) [20-3]

정답 8. ④ 9. ② 10. ③ 11. ④ 12. ① 13. ① 14. ③

① $T = \dfrac{\Delta d}{D}$ ② $T = \dfrac{\alpha \times D}{\Delta d}$

③ $T = \dfrac{\Delta d}{\alpha \times D}$ ④ $T = \dfrac{D}{\Delta d}$

15. 파이프 지름 D[mm], 내압을 P[N/mm²], 파이프 재료의 허용 인장응력을 σa[N/mm²], 이음 효율 η, 부식에 대한 상수를 C[mm], 안전계수를 S라 할 때 파이프 두께 t[mm]를 구하는 식은? [15-4]

① $t = \dfrac{DPS}{2\sigma a\eta} + C$ ② $t = \dfrac{DPS\sigma a}{2\eta} + C$

③ $t = \dfrac{P\eta S}{2D\sigma a} + C$ ④ $t = \dfrac{\sigma a\eta S}{2DP} + C$

16. 다음 중 가는 실선의 용도가 아닌 것은? [18-1]
① 가상선   ② 치수선
③ 중심선   ④ 지시선

해설 가상선 : 2점 쇄선

17. 다음 단면도 중 주로 대칭인 물체의 중심선을 기준으로 내부 모양과 외부 모양을 동시에 표시하는 것은? [18-1]
① 온 단면도   ② 계단 단면도
③ 부분 단면도   ④ 한쪽 단면도

18. 축계 기계 요소의 도시 방법으로 옳지 않은 것은? [22-1]
① 축은 길이 방향으로 단면 도시를 하지 않는다.
② 긴 축은 중간을 파단하여 짧게 그리지 않는다.
③ 축 끝에는 모따기 및 라운딩을 도시할 수 있다.
④ 축에 있는 널링의 도시는 빗줄로 표시할 수 있다.

해설 긴 축은 중간을 파단하여 짧게 그린다.

19. 다음 그림의 밸브 기호 명칭으로 맞는 것은? [11-4]

① 게이트 밸브(gate valve)
② 체크 밸브(check valve)
③ 글로브 밸브(globe valve)
④ 버터플라이 밸브(butterfly valve)

20. 다음 기호의 명칭으로 옳은 것은? [14-2]

① 앵글 밸브   ② 볼 밸브
③ 체크 밸브   ④ 안전 밸브

21. 스퍼 기어의 제도에서 요목표에 없어도 되는 항목은? [07-4, 11-4, 17-2]
① 기어의 치형
② 기어의 모듈
③ 기어의 재질
④ 기어의 압력각

해설 기어의 재질은 부품표에 기입된다.

22. 스퍼 기어의 제도 시 요목표 기입사항이 아닌 것은? [09-4, 19-1]
① 잇수   ② 치형
③ 압력각   ④ 비틀림각

해설 항목표라고도 하며 압력각, 잇수, 치형, 모듈, 피치원 지름, 정밀도 등을 기입한다. 스퍼 기어에는 비틀림각이 없다.

정답 15. ① 16. ① 17. ④ 18. ② 19. ① 20. ② 21. ③ 22. ④

23. 기계 제도 중 기어의 도시 방법에 대한 설명으로 옳지 않은 것은? [21-1, 22-1]
① 잇봉우리원은 굵은 실선으로 표시한다.
② 피치원은 가는 1점 쇄선으로 표시한다.
③ 이골원은 가는 2점 쇄선으로 표시한다.
④ 잇줄 방향은 통상 3개의 가는 실선으로 표시한다.

해설 잇봉우리원(이끝원)은 굵은 실선, 이골원(이뿌리원)은 가는 실선으로 작도한다.

24. 베벨 기어의 제도 방법에 관하여 틀린 것은? [14-4]
① 정면도 잇봉우리선 : 굵은 실선
② 정면도 피치선 : 가는 이점 쇄선
③ 측면도 피치원 : 가는 일점 쇄선
④ 측면도 잇봉우리원 내단부와 외단부 : 굵은 실선

해설 피치원(정면도, 측면도) : 가는 일점 쇄선

25. 헬리컬 기어의 정면도에서 이의 비틀림 방향을 나타내는 선의 종류는? [13-4]
① 일점 쇄선   ② 이점 쇄선
③ 가는 실선   ④ 굵은 실선

26. 원통에 감긴 실을 잡아당기면서 풀 때 실이 그리는 곡선으로서, 대부분 기어에 사용되고 있는 곡선은? [14-4]
① 사이클로이드 치형 곡선
② 인벌류트 치형 곡선
③ 노비코프 치형 곡선
④ 에피사이클로이드 치형 곡선

해설 주어진 원(기초원, base circle) 위에 감긴 실을 팽팽히 잡아당기면서 풀 때, 실의 끝 점이 그리는 궤적을 인벌류트 곡선이라 한다. 인벌류트 곡선으로 만든 이의 윤곽을 인벌류트 치형이라 하며, 기초원의 내부에는 인벌류트 곡선이 존재하지 않는다. 이 치형으로 된 기어를 인벌류트 기어라 한다.

27. 벨트 풀리의 제도법을 설명한 내용 중 틀린 것은? [12-4]
① 벨트 풀리는 대칭형이므로 전부를 표시하지 않고 그 일부분만 표시할 수 있다.
② 아암은 길이 방향으로 절단하지 않는다.
③ 아암의 단면형은 도형의 밖이나 도형 내에 표시한다.
④ 테이퍼 부분의 치수는 치수선을 빗금 방향으로 표시해서는 안 된다.

해설 테이퍼 부분의 치수는 치수선을 빗금 방향(수평과 60° 또는 30°)으로 경사시켜 표시한다.

28. 코일 스프링의 작도법 중 옳지 못한 것은? [07-4]
① 무하중 상태에서 그리는 것을 원칙으로 한다.
② 하중과 높이(또는 길이) 또는 처짐과의 관계를 표시할 필요가 있을 때에는 선도 또는 표로 나타낸다.
③ 그림 안에 기입하기 힘든 사항은 표제란에 기입한다.
④ 그림에서 단서가 없는 코일 스프링이나 벌류트 스프링은 모두 오른쪽으로 감은 것으로 나타낸다.

해설 그림 안에 기입하기 힘든 사항은 요목표에 기입한다.

29. 스프링의 도시 방법을 설명한 내용 중 틀린 것은? [15-4]
① 겹판 스프링은 일반적으로 스프링 판이 수평인 상태에서 그린다.

정답 23. ③ 24. ② 25. ③ 26. ② 27. ④ 28. ③ 29. ④

② 조립도, 설명도 등에서 코일 스프링을 도시하는 경우에는 그 단면만을 나타내어도 좋다.
③ 코일 스프링, 벌류트 스프링, 스파이럴 스프링 및 접시 스프링은 일반적으로 무하중 상태에서 그린다.
④ 스프링의 종류 및 모양만을 간략도로 나타내는 경우에는 스프링 재료의 중심선만을 일점 쇄선으로 그린다.

해설 스프링의 종류 및 모양만을 간략하게 도시할 경우에는 스프링의 중심선을 굵은 실선으로 그린다.

30. 코일 스프링의 작도법 중 틀린 것은 어느 것인가? [21-2]
① 일반적으로 무하중 상태에서 그린다.
② 스프링이 왼쪽 감김일 경우 감긴 방향을 명기한다.
③ 스프링의 중간 부분 일부를 생략할 경우에는 생략하는 부분의 선지름의 중심선을 가는 1점 쇄선으로 나타낸다.
④ 스프링의 종류 및 모양만을 도시할 경우 굵은 1점 쇄선을 사용한다.

해설 생략한 부분은 가는 1점 쇄선, 간략도로 도시할 경우는 굵은 실선으로 그린다.

31. 다음 중 표면 거칠기 측정법으로 틀린 것은? [14-1]
① 수준기를 사용하는 법
② 광절단식 표면 거칠기 측정법
③ 비교용 표준편과 비교 측정하는 법
④ 촉침식 측정기 사용법

해설 ②, ③, ④ 외에 현미 간섭식 표면 거칠기 측정법이 있다.

32. 축이 휘었을 경우 짐 크로(jim crow)로 수정을 가할 수 있다. 이 짐 크로에 의한 일반적인 축의 수정 한계는 얼마인가?
① 0.01~0.02mm   ② 0.1~0.2mm
③ 0.05~0.1mm   ④ 0.5~1mm

해설 짐 크로(jim crow) : 500 rpm 이하로 사용되던 길이 2m의 축의 수정법으로 철도 레일을 굽히기 위한 방법이었으며, 신중히 하면 0.1~0.2mm 정도까지 수정할 수 있다.

33. 다음 열거하는 설비 결함을 가장 쉽게 발견할 수 있는 기기는? [09-4]

> 베어링 결함, 파이프 누설, 저장 탱크 틈새, 공기 누설, 왕복동 압축기 밸브 결함

① 초음파 측정기   ② 진동 측정기
③ 윤활 분석기   ④ 소음 측정기

34. 다음 중 체결용 공구가 아닌 것은?
① L-렌치   ② 기어 풀러
③ 양구 스패너   ④ 조합 스패너

해설 체결용 공구에는 양구 스패너(open end spanner), 편구 스패너(single spanner), 타격 스패너(shock spanner), 더블 오프셋 렌치(double off-set wrench, ring spanner), 조합 스패너(combination spanner), 훅 스패너(hook spanner), 박스 렌치(adjust box wrench), 몽키 스패너(monkey spanner), L-렌치(hexagon bar wrench)가 있으며, 기어 풀러는 분해용 공구이다.

35. 노치(notch) 붙음 둥근 나사 체결용으로 적합한 것은? [10-1]
① 훅 스패너   ② 더블 오프셋 렌치
③ 몽키 스패너   ④ 기어 풀러

해설 훅 스패너(hook spanner) : 둥근 너트 등 원주면에 홈이 파져 있는 부분을 체결할 때 사용하는 공구

36. 기어, 커플링, 풀리 등이 축에 고착되었을 때 분해하려고 한다. 다음 중 가장 적절한 방법은? [08-3, 10-1]
① 황동 망치로 가볍게 두드린다.
② 쇠붙이를 대고 쇠망치로 두드린다.
③ 풀러(puller)를 이용한다.
④ 가열하여 팽창되었을 때 충격을 주어 빼낸다.

해설 기어 풀러(gear puller) : 축에 고정된 기어 풀리, 커플링 등의 분해가 곤란할 때에 사용한다.

37. 스톱 링 플라이어에 대한 설명 중 틀린 것은? [07-1]
① 스냅 링의 부착이나 분해용으로 사용한다.
② 리테이너의 부착이나 분해용으로 사용한다.
③ 축용은 손잡이를 쥐면 벌어지는 것으로 S-0에서 S-8까지의 종류가 있다.
④ 구멍용은 손잡이를 쥐면 닫히는 것으로 H-0에서 H-8까지의 종류가 있다.

해설 스톱 링 플라이어(stop ring plier) : 스냅 링(snap ring) 또는 리테이닝 링(retaining ring)의 부착이나 분해용으로 사용하는 플라이어이다.

38. 정비용 공구 중 집게에 속하며 쥐면 고정된 채 놓지 않는 것은? [13-1]
① 조합 플라이어
② 롱 노즈 플라이어
③ 라운드 로즈 플라이어
④ 콤비네이션 바이스 플라이어

해설 ㉠ 조합 플라이어(combination plier) : 일반적으로 말하는 플라이어로 재질은 크롬강이고 규격은 전체 길이로서 150, 200, 250mm 등이 있다.
㉡ 롱 노즈 플라이어(long nose plier) : 끝이 가늘어 전기 제품 수리나 좁은 장소에서 작업이 적합한 것으로 규격은 전체 길이로 표시한다.
㉢ 라운드 노즈 플라이어(round nose plier) : 전기 통신기 배선 및 조립 수리에 사용하며 규격은 전체 길이로 표시한다.
㉣ 콤비네이션 바이스 플라이어(combination vise plier) : 쥐면 고정된 채 놓질 않도록 되어 있는 것으로 사용 범위가 넓다. 또한 물건을 집는 턱의 옆날을 이용해서 와이어를 절단할 수도 있다. 크기는 몸통의 크기에 따른 대소 이외에 두꺼운 것과 얇은 것이 있다.
㉤ 워터 펌프 플라이어(water pump plier) : 이빨이 파이프 렌치처럼 파여져 둥근 것을 돌리기에 편리하다.
㉥ 와이어 로프 커터(wire rope cutter) : 와이어 로프 절단에 사용하며, 규격은 전체 길이로 표시한다.

39. 공구 전체의 길이로 규격을 나타내지 않는 것은? [08-1]
① 스톱 링 플라이어 ② 몽키 스패너
③ 롱 노즈 플라이어 ④ 조합 플라이어

해설 스톱 링 플라이어는 스톱 링의 크기에 따라 선택하여 사용한다.

40. 공구 중 규격을 입의 너비의 대변 거리로 나타내지 않는 것은?
① 양구 스패너   ② 편구 스패너
③ 타격 스패너   ④ 몽키 스패너

정답 36. ③   37. ④   38. ④   39. ①   40. ④

해설 몽키 스패너(monkey spanner)는 조절 렌치라고 하며, 입의 크기를 조정할 수 있는 공구로 규격은 전체 길이로 표시한다.

41. 다음 중 배관용 공기구에 해당되지 않는 것은? [10-2]
① 오스터
② 기어 풀러
③ 플레어링 툴 세트
④ 유압 파이프 벤더

해설 ㉠ 플레어링 툴 세트(flaring tool set) : 파이프 끝을 플레어링하는 기구로서 플레어 툴(flare tool), 콘 프레스(cone press), 파이프 커터(pipe cutter)로 구성되어 있다.
㉡ 유압 파이프 벤더 : 지름이 큰 파이프 굽힘에 사용하며 유압 작동을 이용한 공구이다.
※ 기어 풀러는 분해용 공구이다.

42. 배관용 파이프에 나사를 가공하기 위하여 사용하는 공구는?
① 오스터(oster)
② 파이프 벤더(pipe bender)
③ 파이프 렌치(pipe wrench)
④ 플레어링 툴 세트(flaring tool set)

해설 오스터는 파이프에 나사를 내는 공구이다.

43. 다음 배관용 공기구 중 파이프를 구부리는 공구로 가장 적합한 것은? [19-4]
① 오스터
② 파이프 커터
③ 파이프 바이스
④ 파이프 벤더

해설 파이프 벤더(pipe bender)는 파이프를 구부리는 공구로 180° 이상도 벤딩이 가능하다.

44. 파이프를 절단하는데 주로 사용하는 공구는?
① 오스터
② 파이프 커터
③ 리머
④ 플레어링 툴 세트

해설 파이프 커터는 파이프 절단용 공구이다.

45. 베어링의 그리스 윤활 상태를 측정하는 측정 기구는? [16-2, 19-3]
① 회전계
② 진동계
③ 소음계
④ 베어링 체커

46. 정비용 측정기에 해당되는 것은? [11-3]
① 파이프 렌치(pipe wrench)
② 오스터(oster)
③ 베어링 체커(bearing checker)
④ 플레어링 툴 세트(flaring tool set)

해설 ①, ②, ④는 배관용 공구이며, 정비용 측정기 종류에는 베어링 체커, 진동 측정기, 지시 소음계, 표면 온도계 등이 있다.

47. 전동용 기계 요소 중 원통 마찰차 점검 결과 원동차와 종동차의 밀어붙이는 힘이 약해 전달이 안 되는 것을 확인하여 미끄러지지 않고 동력을 전달시키는 힘을 확인하려 할 때 알맞은 계산식은? (단, P : 밀어붙이는 힘, F : 전달력, μ : 마찰계수이다.)
① $F \leq \mu P$
② $P \leq \mu F$ [15-4]
③ $P \geq \mu F$
④ $F \geq \mu P$

48. 조립 정밀도에 의한 고장으로 볼 수 없는 것은? [14-2]
① 부착 기준면 불량에 의한 고장
② 연결부의 연결 상태 불량
③ 결합 부품의 편심으로 진동 발생
④ 열에 의해 부품의 마모

해설 열에 의한 부품의 마모는 설비 가동 중 발생한다.

정답 41. ② 42. ① 43. ④ 44. ② 45. ④ 46. ③ 47. ① 48. ④

제5장 | 용접 일반 이론

1. 아크 용접

1-1 용접의 총론

(1) 용접의 개요

금속 재료에 열이나 압력 또는 열과 압력을 동시에 가해 2개의 재료를 접합하는 기술을 용접이라 한다.

(2) 용접의 분류

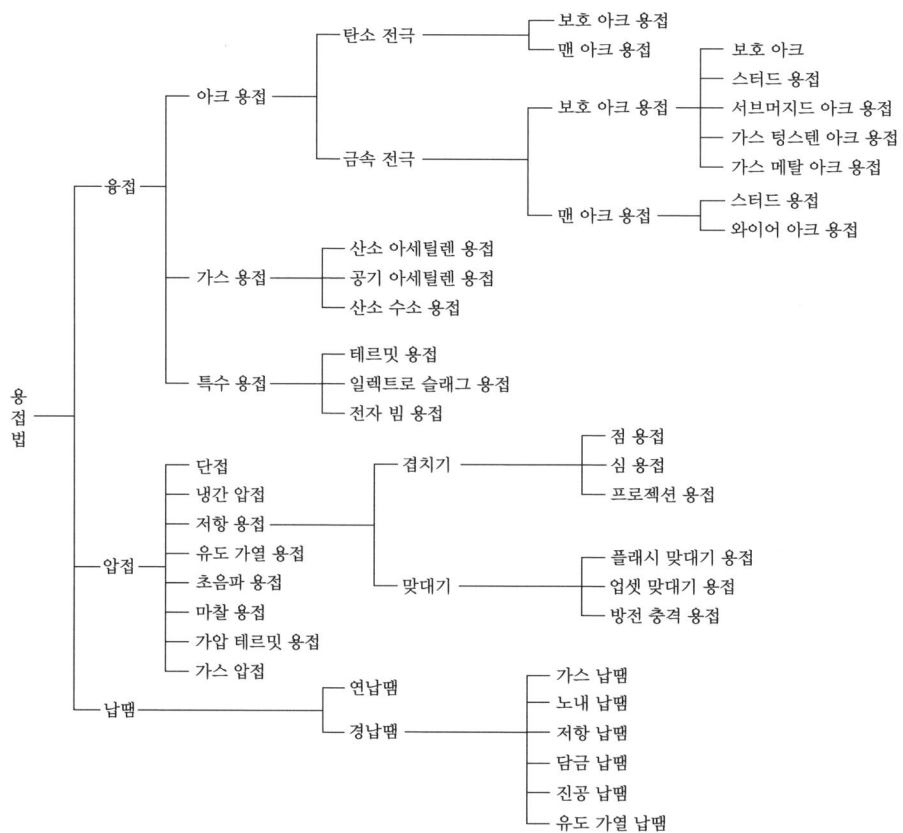

① **융접** : 접합부에 용융 금속을 생성 또는 공급하여 용접하는 방법으로 모재도 용융되나 가압(加壓)은 필요하지 않다.
② **압접** : 국부적으로 모재가 용융되나 가압력이 필요하다.
③ **납땜** : 모재가 용융되지 않고 땜납이 녹아서 접합면 사이에 표면장력의 흡인력이 작용되어 접합되며, 경납땜과 연납땜으로 구분된다.

(3) 용접 자세

① **아래보기 자세**(flat position, F) : 모재를 수평으로 놓고 용접봉을 아래로 향하여 용접하는 자세(용접선을 수평면에서 15°까지 경사시킬 수 있다)
② **수직 자세**(vertical position, V) : 수직면 또는 45° 이하의 경사를 가지며, 용접선은 수직 또는 수직면에 대하여 45° 이하의 경사를 가지고 상진으로 용접하는 자세
③ **수평 자세**(horizontal position, H) : 모재가 수평면과 90° 또는 45° 이하의 경사를 가지며, 용접선이 수평이 되게 하는 용접 자세
④ **위보기 자세**(overhead position, O) : 모재가 눈 위로 들려 있는 수평면의 아래쪽에서 용접봉을 위로 향하여 용접하는 자세
⑤ **전자세**(all position, AP) : 아래보기, 수직, 수평, 위보기 자세 중 2가지 자세를 조합하여 용접하거나 4가지 자세 전부를 응용하는 용접 자세

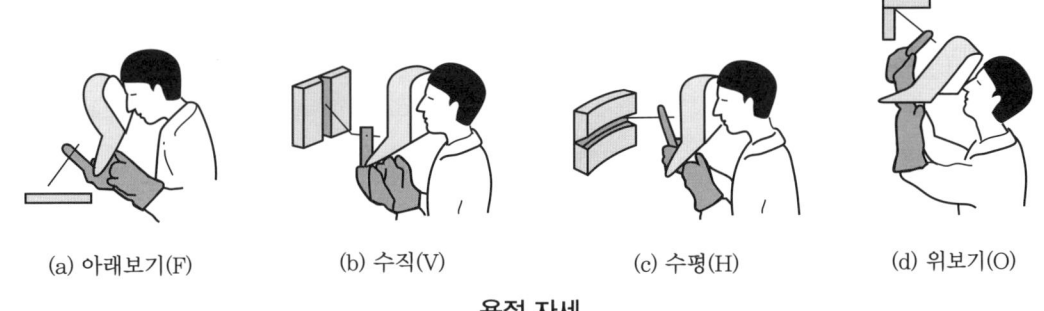

(a) 아래보기(F)   (b) 수직(V)   (c) 수평(H)   (d) 위보기(O)

용접 자세

(4) 용접의 장·단점

① **용접의 장점**
  ㈎ 재료가 절약되고, 중량이 감소한다.
  ㈏ 작업 공정 단축으로 경제적이다.
  ㈐ 재료 두께의 제한이 없다.
  ㈑ 이음 효율이 향상된다(기밀, 수밀, 유밀 유지).
  ㈒ 이종 재료 접합이 가능하다.

(바) 용접의 자동화가 용이하다.
(사) 보수와 수리가 용이하다.
(아) 형상의 자유화를 추구할 수 있다.

② **용접의 단점**

(가) 품질 검사가 곤란하다.
(나) 제품의 변형 및 잔류 응력이 발생 및 존재한다.
(다) 저온 취성이 생길 우려가 있다.
(라) 유해광선 및 가스 폭발의 위험이 있다.
(마) 용접사의 기량에 따라 용접부의 품질이 좌우된다.

1-2 피복 금속 아크 용접

(1) 피복 금속 아크 용접의 원리

① 피복 금속 아크 용접(shield metal arc welding : SMAW)은 피복제를 바른 용접봉과 모재 사이에 발생하는 아크의 열(약 300~5000℃)을 이용하여 모재와 용접봉을 녹여서 접합하는 용극식 방법으로 보통 전기 용접이라고 한다.

② 이 용접법은 용접봉과 모재 사이에 교류 또는 직류의 전압을 걸고 아크를 발생시키면 아크열에 의해 모재와 용접봉이 녹아서 금속 증기와 용적(globule)이 되어 아크 속을 지나고 용융지(molten weld pool)로 옮아가서 용착 금속을 만든다. 이때 모재가 녹은 깊이를 용입(pentration)이라 한다.

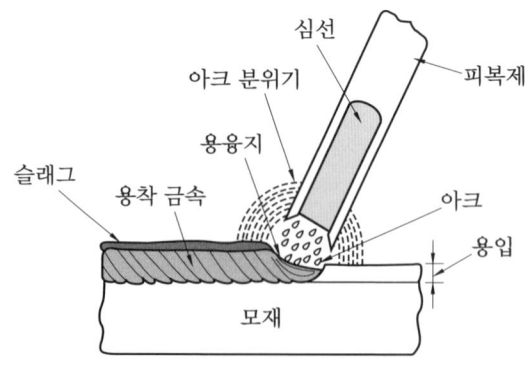

피복 아크 용접의 원리

(2) 장·단점

① 장점
- ㈎ 열효율이 높다.
- ㈏ 열의 집중성이 좋아 효율적인 용접을 할 수 있다.
- ㈐ 폭발의 위험성이 없다.
- ㈑ 가스 용접에 비해 용접 변형이 적다.
- ㈒ 기계적 강도가 양호하다.

② 단점
- ㈎ 전격(電擊)의 위험성이 있다.
- ㈏ 가스 용접에 비해 유해광선의 발생이 많다.

(3) 용접의 목적 달성 조건

① 금속 표면에 산화피막 제거 및 산화 방지를 한다.
② 금속 표면을 충분히 가열하여 요철을 제거하고 인력이 작용할 수 있는 거리로 충분히 접근시킨다.

(4) 아크의 발생

- 용접봉과 모재 사이에 직류 전류를 걸어서 접촉시켰다가 약간 떼면, 두 전극 사이에서 강력한 불꽃 방전이 일어나게 되는데 이 불꽃 방전을 아크(arc)라 한다.
- 이 아크를 통하여 10~500A의 전류가 흐르면 금속 증기와 그 주위의 각종 기체 분자가 해리되고 양전기를 띤 양이온과 음전기를 띤 전자(electron)로 분리되어 고속으로 이동하기 때문에 아크 전류가 발생된다.
- 아크 길이는 심선 지름(맨 철사 부분)의 1배 이하로 하는 것이 보통이다.
- 아크 길이와 전압은 거의 비례하고 용접 전류와는 반비례한다.

① **긴 아크** : 아크가 불안정하여 작업이 곤란하며, 열이 흩어져 용입이 나빠지고 스패터가 많이 생긴다. 오버랩의 원인이 되며, 공기와 접촉이 커져서 산화, 질화나 기공, 균열 등이 생기고 비드(bead)가 더럽게 된다.

② **짧은 아크** : 아크가 계속 연결되기 어렵고 열량도 적게 되며 용입이 불충분해진다. 용접봉이 자주 달라붙거나 슬래그와 접촉되어 아크가 묻힐 경우 슬래그 혼입의 원인도 된다.

③ **적당한 아크**
- ㈎ 아크의 길이가 적당할 때에는 "바작바작"하는 일정한 음률적인 유쾌한 소리가 난다.

(내) 불규칙적인 소리가 나거나 "푸푸포포"하는 탁한 소리가 날 때에는 아크 길이가 부적당한 것이다.

④ 아크 발생원
  (가) 찍기법 : 용접봉을 모재에 수직으로 찍듯이 접촉시켰다가 들어올리는 방법
  (내) 긁기법 : 용접봉을 모재에 살짝 긁는 방법

(5) 피복 아크 용접기

① 용접기의 분류

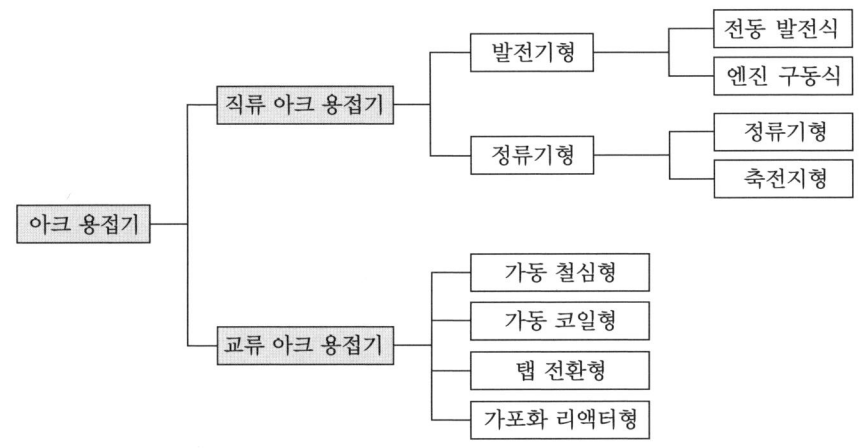

② 용접기의 구비 조건
  (가) 구조 및 취급이 간단해야 한다.
  (내) 전류 조정이 용이하고 일정한 전류가 흘러야 한다.
  (다) 아크 발생이 잘 되도록 무부하 전압이 유지되어야 한다.
  (래) 아크 발생 및 유지가 용이하고 아크가 안정되어야 한다.
  (매) 사용 중에 온도 상승이 작아야 한다.
  (배) 가격이 저렴하고 사용 유지비가 적게 들어야 한다.
  (새) 역률 및 효율이 좋아야 한다.

③ 용접기의 보수 및 점검
  (가) 습기나 먼지 등이 많은 장소는 용접기 설치를 가급적 피하며 환기가 잘 되는 곳을 선택해야 한다.
  (내) 2차 측 단자의 한쪽과 용접기 케이스는 접지(earth)를 확실히 해 둔다.
  (다) 가동 부분(회전부, 베어링, 축), 냉각팬을 점검하고 주유해야 한다.
  (래) 탭 전환의 전기적 접속부는 자주 샌드 페이퍼 등으로 잘 닦아준다.
  (매) 용접 케이블 등의 파손된 부분은 절연 테이프로 감아야 한다.

(6) 피복 아크 용접봉

① 피복 아크 용접봉의 분류 및 특성

　㈎ 피복 아크 용접봉

　　㉮ 아크 용접해야 할 모재 사이의 틈(gap)을 채우기 위한 것이다.

　　㉯ 용가재(filler metal) 또는 전극봉(electrode)이라 한다.

　　㉰ 맨(solid) 용접봉은 자동, 반자동에 사용한다.

　　㉱ 수동 용접에 사용하는 피복 아크 용접봉은 다음과 같다.

　　　　㉠ 심선 노출부 25mm, 심선 끝(끝 부분은 아크 발생을 좋게 하기 위한 물질이 있음) 3mm 이하 노출

　　　　㉡ 심선 지름 : 1~10mm

　　　　㉢ 길이 : 350~900mm

　㈏ 피복 아크 용접봉의 분류

　　㉮ 용접부의 보호에 따른 방식

　　　　㉠ 가스 발생식(gas shield type)

　　　　㉡ 슬래그 생성식(slag shield type)

　　　　㉢ 반가스 발생식(semi gas shield type)

　　㉯ 용적 이행에 따른 방식

　　　　㉠ 스프레이형(분무형 : spray type)

　　　　㉡ 글로뷸러형(입상형 : globular type)

　　　　㉢ 단락형(short circuit type)

　　㉰ 재질에 따른 종류 : 연강 용접봉, 저합금강(고장력강) 용접봉, 동합금 용접봉, 스테인리스강 용접봉, 주철 용접봉 등

　㈐ 성분 : 용착 금속의 균열을 방지하기 위한 저탄소, 유황, 인, 구리 등의 불순물과 규소량을 적게 함유한 저탄소 림드강

　㈑ 심선 제작 : 강괴를 전기로, 평로에 의하여 열간 압연 및 냉간 인발로 제작한다.

　㈒ 피복제의 작용

　　㉮ 용착 금속의 유동성을 증가시킨다.

　　㉯ 용착 금속의 탈산(정련) 작용을 한다.

　　㉰ 용융 금속의 산화, 질화 방지로 용융 금속을 보호한다(공기 중 산소 21%, 질소 78%).

　　㉱ 슬래그 생성으로 인한 용착 금속의 급랭 방지 및 전자세 용접이 용이하다.

　　㉲ 합금 원소의 첨가 및 용융 속도와 용입을 알맞게 조절한다.

　　㉳ 용적(globular)을 미세화하고 용착 효율을 높인다.

　　㉴ 파형이 고운 비드를 형성한다.

㈀ 스패터 발생 방지 및 피복제의 전기 절연 작용을 한다.
㈐ 아크 발생을 쉽게 하고 아크의 안정화를 가져온다.
㈑ 모재 표면의 산화물 제거 및 완전한 용접이 이루어진다.
㈑ 피복 배합제의 종류
㉮ 아크 안정제 : 피복제의 안정제 성분이 아크열에 의하여 이온화되어 아크가 안정되고 부드럽게 되며, 재점호 전압도 낮게 하여 아크가 잘 꺼지지 않게 한다.
㉯ 탈산제 : 용융 금속의 산소와 결합하여 산소를 제거한다.
→ 망간철, 규소철, 티탄철, 금속망간, Al분말 등
㉰ 합금제 : 용착 금속의 화학적 성분을 임의의 원하는 성질로 얻기 위한 것이다.
→ Mn, Si, Ni, Mo, Cr, Cu 등
㉱ 가스 발생제 : 유기물, 탄산염, 습기 등이 아크열에 의하여 분해되어 발생된 가스가 아크 분위기를 대기로부터 차단한다.
㉠ 유기물 : 셀룰로오스(섬유소), 전분(녹말), 펄프, 톱밥
㉡ 탄산염 : 석회석, 마그네사이트, 탄산바륨($BaCO_3$)
㉢ 발생 가스 : CO, CO_2, H_2, 수증기(H_2O) 등
㉲ 슬래그 생성제 : 슬래그를 생성하여 용융 금속 및 금속 표면을 덮어서 산화나 질화를 방지하고 냉각을 천천히 시킨다. 그 외의 영향으로 탈산 작용, 용융 금속의 금속학적 반응, 용접 작업 용이 등이 있다.
→ 산화철, 이산화티탄, 일미나이트, 규사, 이산화망간, 석회석, 장석, 형석 등
㉳ 고착제 : 심선에 피복제를 고착시키는 역할을 한다.
→ 물유리(규산나트륨 : Na_2SiO_3), 규산칼륨(K_2SiO_3) 등
㈒ 용접봉의 아크 분위기
㉮ 아크 분위기를 생성한다.
㉯ 피복제의 유기물, 탄산염, 습기 등이 아크열에 의하여 분해되어 많은 가스가 발생한다.
㉰ CO, CO_2, H_2, H_2O 등의 가스가 용융 금속과 아크를 대기로부터 보호한다.
㉱ 저수소계 용접봉 : H_2가 극히 적고, CO_2가 상당히 많이 포함된다.
㉲ 저수소계 외 용접봉 : CO와 H_2가 대부분 차지하며, CO_2와 H_2O가 약간 포함된다.

② **연강용 피복 아크 용접봉의 종류 및 특성**
㈀ 연강용 피복 아크 용접봉의 규격(KS D 7004에 규정) : 미국 단위는 파운드법에 의하여 E 43 대신에 E 60을 사용(60은 60000Lbs/in^2(=psi)), 심선 지름 허용 오차는 ±0.05mm이고, 길이 허용 오차는 ±3mm, 용접봉의 비피복 부위의 길이는 25±5mm이며, 700 및 800mm일 때는 30±5mm이다.

(나) 연강용 피복 아크 용접봉의 종류

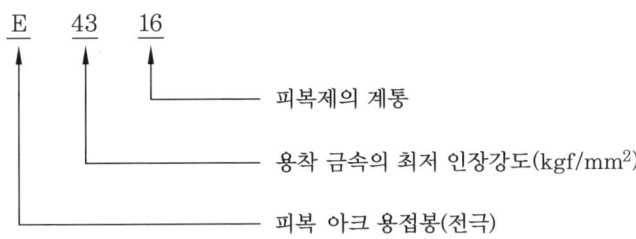

연강용 피복 아크 용접봉의 호칭법

연강용 피복 아크 용접봉의 종류 및 특성

종류/용접 자세/전원	주성분	특성 및 용도
E 4301 일미나이트계 F, V, O, H AC 또는 DC (±)	일미나이트 ($TiO_2 \cdot FeO$)를 약 30% 이상 포함	• 가격 저렴 • 작업성 및 용접성 우수 • 25mm 이상 후판 용접도 가능 • 수직·위보기 자세에서 작업성이 우수하며 전자세 용접 가능 • 일반 구조물의 중요 강도 부재, 조선, 철도, 차량, 각종 압력 용기 등에 사용
E 4303 라임티타니아계 F, V, O, H AC 또는 DC (±)	산화티탄(TiO_2) 약 30% 이상과 석회석($CaCO_3$) 이 주성분	• 작업성은 고산화티탄계, 기계적 성질은 일미나이트계와 비슷함 • 사용 전류는 고산화티탄계 용접봉보다 약간 높은 전류를 사용 • 비드가 아름다워 선박의 내부 구조물, 기계, 차량, 일반 구조물 등으로 사용 • 피복제의 계통으로는 산화티탄과 염기성 산화물이 다량으로 함유된 슬래그 생성식
E 4311 고셀룰로오스계 F, V, O, H AC 또는 DC (±)	가스 발생제인 셀룰로오스를 20~30% 정도 포함	• 아크는 스프레이 형상으로 용입이 크고 비교적 빠른 용융 속도 • 슬래그가 적어 비드 표면이 거칠고 스패터가 많은 것이 결점 • 아연 도금 강판이나 저합금강에도 사용되고 저장 탱크, 배관 공사 등에 사용 • 피복량이 얇고, 슬래그가 적어 수직 상·하진 및 위보기 용접에서 우수한 작업성 • 사용 전류는 슬래그 실드계 용접봉에 비해 10~15% 낮게 사용되고 사용 전에 70~100℃에서 30분~1시간 건조

종류/용접 자세/전원	주성분	특성 및 용도
E 4313 고산화티탄계 F, V, O, H AC 또는 DC (±)	산화티탄(TiO$_2$) 약 35% 정도 포함	• 용도로는 일반 경구조물, 경자동차 박강판 표면 용접에 적합 • 기계적 성질에 있어서는 연신율이 낮고, 항복점이 높으므로 용접 시공에 있어서 특별히 유의 • 아크는 안정되며 스패터가 적고 슬래그의 박리성도 매우 좋아 비드의 겉모양이 고우며 재아크 발생이 잘 되어 작업성이 우수 • 1층 용접에 의한 용착 금속은 X선 검사에 비교적 양호한 결과를 가져오나, 다층 용접에 있어서는 만족할 만한 결과를 가져오지 못하고 고온 균열(hot crack)을 일으키기 쉬운 결점
E 4316 저수소계 F, V, O, H AC 또는 DC (±)	석회석(CaCO$_3$) 이나 형석(CaF$_2$) 이 주성분	• 용착 금속 중의 수소량이 다른 용접봉에 비해서 1/10 정도로 현저하게 적은, 우수한 특성 • 피복제는 습기를 흡수하기 쉽기 때문에 사용하기 전에 300~350℃ 정도로 1~2시간 정도 건조시켜 사용 • 아크가 약간 불안하고 용접 속도가 느리며 용접 시점에서 기공이 생기기 쉬우므로 후진(back step)법을 선택하여 문제를 해결하는 경우도 있음 • 용접성은 다른 연강봉보다 우수하기 때문에 중요 강도 부재, 고압 용기, 후판 중구조물, 탄소 당량이 높은 기계 구조용 강, 구속이 큰 용접, 유황 함유량이 높은 강 등의 용접에 결함 없이 양호한 용접부가 얻어짐
E 4324 철분산화티탄계 F, H AC 또는 DC (±)	고산화티탄계 용접봉(E 4313)의 피복제에 약 50% 정도의 철분 첨가	• 작업성이 좋고 스패터가 적으나 얕은 용입 • 아래보기 자세와 수평 필릿 자세의 전용 용접봉 • 보통 저탄소강의 용접에 사용되지만, 저합금강이나 중·고탄소강의 용접에도 사용
E 4326 철분저수소계 F, H AC 또는 DC (±)	저수소계 용접봉(E 4316)의 피복제에 30~50% 정도의 철분 첨가	• 용착 속도가 크고 작업 능률이 좋음 • 아래보기 및 수평 필릿 용접 자세에만 사용 • 용착 금속의 기계적 성질이 양호하고, 슬래그의 박리성이 저수소계보다 좋음
E 4327 철분산화철계 F, H AC 또는 DC (±)	산화철에 철분을 30~45% 첨가하여 만든 것으로 규산염을 다량 함유	• 산성 슬래그 생성 • 비드 표면이 곱고 슬래그가 박리성이 좋음 • 아래보기 및 수평 필릿 용접에 많이 사용 • 아크는 스프레이형이고 스패터가 적으며, 용입도 철분산화티탄계(E 4324)보다 깊음

③ 연강용 피복 아크 용접봉의 선택과 관리
  (가) 저장(보관)
    ㉮ 2~3일분은 미리 건조하여 사용한다.
    ㉯ 건조된 장소에 보관 : 용접봉이 습기를 흡습하면 용착 금속은 기공이나 균열이 발생한다.
    ㉰ 건조 온도 및 시간
      ㉠ 일반봉 : 70~100℃, 30분~1시간
      ㉡ 저수소계 : 300~350℃, 1~2시간
  (나) 취급
    ㉮ 과대 전류를 사용하지 말아야 하며, 작업 중에 이동식 건조로에 넣고 사용한다.
    ㉯ 편심률(%) = $\dfrac{D'-D}{D} \times 100$
      (편심률은 3% 이내)

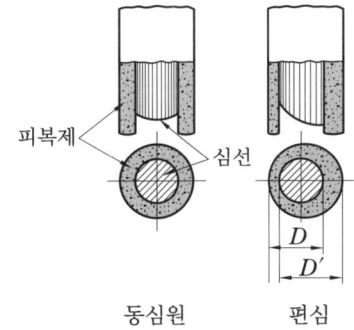

피복제의 편심 상태

④ 그 밖의 피복 아크 용접봉
  (가) 고장력강용 피복 아크 용접봉 : 고장력강은 연강의 강도를 높이기 위하여 연강에 적당한 합금 원소(Si, Mn, Ni, Cr)를 약간 첨가한 저합금강이다.
    ㉮ 강도, 경량, 내식성, 내충격성, 내마멸성을 요구하는 구조물에 적합하다.
    ㉯ 용접봉의 규격 : KS D 7006에 인장강도 50kg/mm^2, 53kg/mm^2, 58kg/mm^2으로 규정되어 있다.
    ㉰ 고장력강의 사용 이점
      ㉠ 재료의 취급이 간단하고 가공이 용이하다.
      ㉡ 판의 두께를 얇게 할 수 있고, 소요 강재의 중량을 상당히 경감시킨다.
      ㉢ 구조물의 하중을 경감시킬 수 있어 그 기초 공사가 간단해진다.
    ㉱ 용도 : 선박, 교량, 차량, 항공기, 보일러, 원자로, 화학기계 등

참고 이론적 최고 강도에 따른 균열 방지 대책

이론적 최고 강도(H_{max})	균열 방지 대책
200 이하	예열, 후열 필요 없음
200~250	예열, 후열(100℃ 정도)을 하는 것이 좋음 특히, 후판 구속이 크거나 추운 겨울의 용접
250~325	150℃ 이상의 예열, 650℃ 응력 제거 풀림 필요
325 이상	250℃ 이상의 예열, 용접 직후 650℃ 응력 제거 풀림 필요

(나) 표면 경화용 피복 아크 용접봉
　㉮ 표면 경화를 할 때 균열을 방지하는 것이 중요하다.
　㉯ 용접에 따른 균열 방지책
　　㉠ 예열, 층간 온도의 상승, 후열 처리 등 필요
　　㉡ 용착 금속의 탄소량, 합금량의 증가로 인한 균열에 대한 대책 필요
　㉰ 균열 방지책의 예열 및 후열의 온도 결정
　　㉠ 탄소당량(Ceq)=C+$\frac{1}{6}$Mn+$\frac{1}{24}$Si+$\frac{1}{40}$Ni+$\frac{1}{5}$Cr+$\frac{1}{4}$Mo+$\frac{1}{5}$V
　　㉡ 이론적 최고 경도
　　　• 필릿 용접 H_{max}=1200×Ceq-200
　　　• 맞대기 용접 H_{max}=1200×Ceq-250
　㉱ 내마모 덧붙임 용접봉의 용도
　　㉠ 덧붙임용(육성용) : 모재와 같은 성분인 용접봉
　　㉡ 밑깔기용(하성용) : 용착 금속을 많이 덧붙일 필요가 있을 때
　㉲ 시공상 주의사항
　　㉠ 용접 전에 경화층을 따내고 표면을 깨끗이 청소한 뒤에 충분히 건조된 용접봉을 사용할 것
　　㉡ 중·고탄소강 덧붙임 : 반드시 예열 및 후열을 할 것
　　㉢ 고합금강 덧붙임 : 운봉 폭을 너무 넓게 하지 말 것
　　㉣ 고속도강 덧붙임 : 급랭을 피하고 서랭하여 균열을 방지할 것
(다) 스테인리스강 피복 아크 용접봉
　㉮ 라임계 스테인리스강 용접봉
　　㉠ 주성분 : 형석(CaF_2), 석회석($CaCO_3$) 등
　　㉡ 아크가 불안정하고, 스패터가 많으며, 슬래그는 표면을 거의 덮지 않는다.
　　㉢ 아래보기, 수평 필릿은 비드 외관이 나쁘고, 수직, 위보기는 작업이 쉽다.
　　㉣ X-선 성능이 양호하며, 고압 용기나 대형 구조물에 사용한다.
　㉯ 티탄계 스테인리스강 용접봉
　　㉠ 주성분 : 산화티탄(TiO_2)
　　㉡ 아크가 안정되고 스패터는 적으며, 슬래그는 표면을 덮는다.
　　㉢ 아래보기, 수평 필릿은 외관이 아름답고, 수직, 위보기는 작업이 어렵다(직류 역극성 사용).
(라) 주철용 피복 아크 용접봉
　㉮ 연강 용접봉 : 저탄소

㈑ 주철 용접봉 : 열간 용접
㈐ 비철 합금용
　㉠ Fe-Ni봉 : 균열 발생이 적다.
　㉡ Ni과 Cu의 모넬 메탈 : 값이 싸나, 다층 용접 시 균열 발생의 우려가 있다.
　㉢ 순Ni봉 : 저전류, 저온
㈑ 용접 : 주물의 결함 보수나 파손된 주물을 수리하는데 이용하며, 주철은 매우 여리므로 용접이 곤란하다.
㈑ 동 및 동 합금 피복 아크 용접봉
　㉮ 순동(DCu) : 합금 원소 최대 4% 함유, 첨가에 따라 용접성이 향상된다.
　㉯ 규소 청동(DCuSi) : 규소 청동, 순동, 기타 동 합금의 용접에 우수하다.
　㉰ 인 청동(DCuSn) : 용접 그대로는 취화, 피닝 처리하면 성능이 향상되지만 규소 청동에 비하여 작업성이 떨어진다.
　㉱ 알루미늄 청동(DCuAl) : 용접 작업성, 기계적 성질이 우수하나 순동, 황동 용접은 곤란하다.
　㉲ 특수 알루미늄 청동(DCuAlNi) : 알루미늄 청동과 같은 성능이며, 균열 방지에 유의해야 한다.
　㉳ 백동(DCuNi) : 용접 작업성이 양호하고, 해수에 대한 내식성이 좋다.

(7) 전격방지기

① 반드시 용접기의 정격 용량에 맞는 누전 차단기를 통하여 설치한다.
② 1차 입력 전원을 OFF시킨 후 설치하여 결선 시 볼트와 너트로 정확히 밀착되게 조인다.
③ 방지기의 2번 전원 입력(적색캡)을 입력 전원 L1에 연결하고 3번 출력(황색캡)을 용접기 입력 단자(P1)에 연결한다.

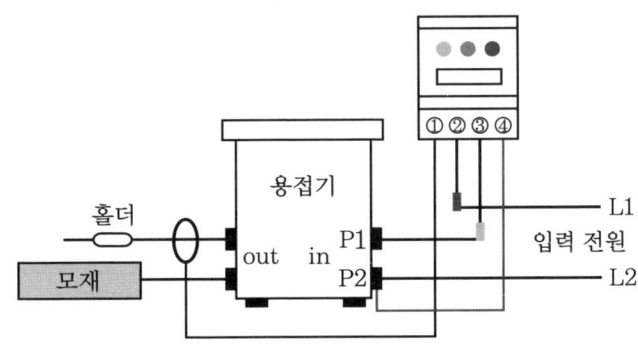

전격방지기 설치

④ 방지기의 4번 전원 입력(적색선)과 입력 전원 L2를 용접기 입력 단자(P2)에 연결한다.
⑤ 방지기의 1번 감지(C, T)에 용접선(P선)을 통과시켜 연결한다.
⑥ 정확히 결선을 완료하였으면 입력 전원을 ON시킨다.

(8) 용접봉 건조기
① **종류** : 저장용 용접봉 건조기, 휴대용 용접봉 건조기, 플럭스 전용 건조기 등
② **용접봉 건조기의 특징** : 용접봉은 적정 전류값을 초과해서 사용하면 좋지 않은 결과를 가져온다. 너무 과도한 전류를 사용하면 용접봉이 과열되어 피복제에는 균열이 생기고 피복제가 떨어지거나 많은 스패터를 유발시킨다.

특히 용접봉의 피복제는 습기에 민감하므로 습기가 흡수된 용접봉을 사용하면 기공이나 균열이 발생할 우려가 있어 반드시 용접봉을 재건조(re-baking)하여 사용하도록 제한하는 경우가 일반적이며, 보관은 건조하고 습기가 없는 장소에 하여야 한다.
　㈎ 높은 절연 내압으로 안정성이 탁월하다.
　㈏ 우수한 단열재를 사용하여 보온 건조 효과가 좋다.
　㈐ 안정된 온도를 유지하고 습기 제거가 뛰어나야 한다.

③ **용접봉의 건조 시간 및 사용 기준**
　㈎ 연강봉(일미나이트계 등) 및 플럭스(flux)의 1차는 건조(dry) 조건에 맞게 건조한다(일반봉은 70~100℃로 30분~1시간 정도로 건조).
　㈏ 저수소계 용접봉은 반드시 1차 건조를 실시해야 하며, 8시간 경과 시 재건조를 실시한다(저수소계는 300~350℃로 1~2시간 정도로 건조).
　㈐ 용접봉은 구입한 겉포장을 개봉한 후 바로 규정에 맞게 건조를 실시해야 하며 관리를 신중하게 한다.

1-3 서브머지드 아크 용접

(1) 서브머지드 아크 용접(SAW : submerged arc welding)의 원리

서브머지드 아크 용접은 용접하고자 하는 모재의 표면 위에 미리 입상의 용제를 공급관(flux hopper)을 통하여 살포한 뒤 그 용제 속으로 연속적으로 전극 심선을 공급하여 용접하는 자동 아크 용접법(automatic arc welding)으로, 아크나 발생 가스가 용제 속에 잠겨 있어 밖에서 보이지 않으므로 잠호 용접, 유니언 멜트 용접법(union melt welding), 링컨 용접법(Lincoln welding)이라고도 부르며 용제의 개발로 스테인리스강이나 일부 특수 금속에도 용접이 가능하게 되었다.

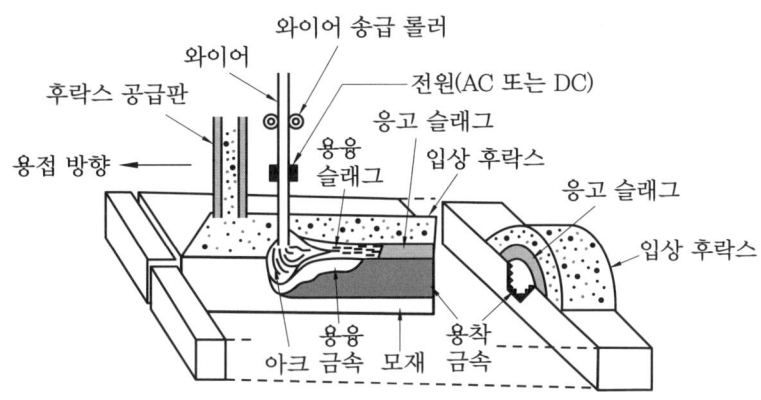

서브머지드 아크 용접의 아크 상태와 용착 상황

(2) 용접법의 특징

① 장점

(가) 용제(flux)는 아크 발생점의 전방에 호퍼에서 살포되어 아크 및 용융 금속을 덮어 용접 진행이 공기와 차단되어 행하여지므로 대기 중의 산소와 질소 등에 의한 영향을 받는 일이 적고, 스틸 울(steel wool)을 끼워서 전류를 통하게 하여 아크 발생을 쉽게 하거나 고주파를 이용하여 아크를 쉽게 발생시킨다.

(나) 용접 속도가 수동 용접의 10~20배(판 두께 12 mm에서 2~3배, 25 mm에서 5~6배, 50 mm에서 8~12배)나 되므로 능률이 높다.

(다) 용입이 매우 크고, 용접 능률이 매우 높으며 비드 외관이 아름답다.

(라) 대전류(약 200~4000 A)의 사용에 의한 용접의 비약적인 고능률화에 있다.

(마) 용접 홈의 크기가 작아도 상관이 없으므로 용접 재료의 소비가 적어 경제적이며, 용접 변형도 적어 용접 비용이 저감된다.

(바) 용접 조건을 일정하게 하면 용접공의 기술 차이에 의한 용접 품질의 격차가 없고, 강도가 좋아서 이음의 신뢰도가 높다.

(사) 유해광선이나 흄 등이 적게 발생되어 작업환경이 깨끗하다.

피복 아크 수동 용접과 서브머지드 아크 용접의 비교

항목		피복 아크 수동 용접	서브머지드 아크 용접
용접 속도		1	10~20배
용입 상태		1	2~3배
전체적인 작업 능률	판 두께 12 mm	1	2~3배
	판 두께 25 mm	1	5~6배
	판 두께 50 mm	1	8~12배

② 단점
   ㈎ 아크가 보이지 않으므로 용접의 좋고 나쁨을 확인하면서 용접할 수 없다.
   ㈏ 일반적으로 용입이 깊으므로 요구되는 용접 홈 가공의 정도가 심하다(0.8mm의 루트 간격 이상으로 넓을 때는 용락의 위험성이 있다).
   ㈐ 용입(용접 입열)이 크므로 변형을 가져올 우려가 있어 모재의 재질을 신중하게 선택해야 한다.
   ㈑ 용접선의 길이가 짧거나 복잡한 곡선에는 비능률적이고 용접 적용 장소가 한정된다.
   ㈒ 특수한 장치를 사용하지 않는 한 용접 자세가 아래보기나 수평 필릿에 한정된다.
   ㈓ 용제의 습기 흡수가 쉬워 건조나 취급이 매우 어렵다.
   ㈔ 설비가 비싸며 결함이 한 번 발생하면 대량으로 발생하기 쉽다.
   ㈕ 용접 재료가 강철계로 한정되어 있다.
   ㈖ 서브머지드 아크 용접에서 용융형 용제의 산포량이 너무 많으면 발생된 가스가 방출되지 못하여 기공의 원인이 되고 비드 표면에 퍽 마크가 생긴다.

(3) 용접 장치의 구성 및 종류

① **구성 장치** : 용접 전원(직류 또는 교류), 전압 제어 상자, 심선을 보내는 장치(wire feed apparatus), 접촉 팁(contact tip), 용접 와이어(와이어 전극, 테이프 전극, 대상 전극), 용제 호퍼, 주행 대차 등으로 되어 있으며 용접 전원을 제외한 나머지를 용접 헤드라 한다.

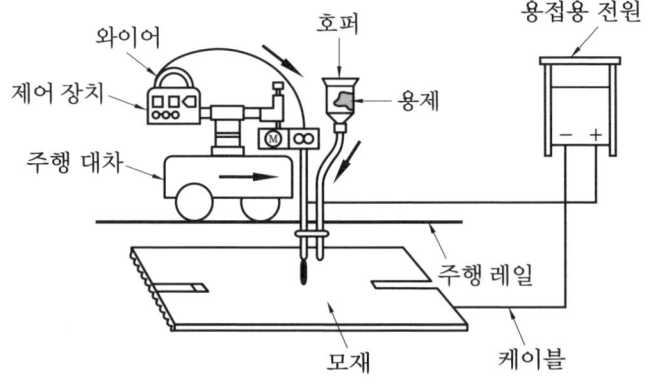

서브머지드 아크 용접기의 구조

② **종류**
   ㈎ 진공 회수 장치 : 용접 후에 미용융된 용제를 회수하는 장치

(나) 용접기의 종류
  ㉮ 대형 용접기 : 최대 전류 4000A로 판 두께 75mm까지 한 번에 용접 가능(M형)
  ㉯ 표준 만능형 용접기 : 최대 전류 2000A(UE형, USW형)
  ㉰ 경량형 용접기 : 최대 전류 1200A(DS형, SW형)
  ㉱ 반자동형 용접기 : 최대 전류 900A 이상의 수동식 토치 사용(UMW형, FSW형)

(4) 용접 전원

교류 또는 직류를 모두 사용하나 교류는 시설비가 싸고 자기불림이 매우 적어 많이 사용되며, 최근에는 정전압 특성의 직류 용접기가 사용되고 있다.

(5) 용접 재료

① **와이어** : 와이어는 비피복선이 코일 모양으로 와이어 릴에 감겨져 있는 것을 외부의 한끝을 조정하여 사용하며, 와이어의 표면은 접촉 팁과의 전기적 접촉을 원활하게 하고 또한 녹을 방지하기 위하여 구리로 도금하는 것이 보통이다. 와이어의 지름은 2.4, 3.2, 4.0, 5.6, 6.4, 8.0mm 등으로 분류되고, 코일의 표준 무게도 작은 코일(약칭 S)은 12.5kg, 중간 코일(M)은 25kg, 큰 코일(L)은 75kg으로 구별된다.

② **용제** : 용제는 용접 용융부를 대기로부터 보호하고, 아크의 안정 또는 화학적, 금속학적 반응으로서의 정련 작용 및 합금 첨가 작용 등의 역할을 위한 광물성의 분말 모양의 피복제이다. 상품명으로는 컴포지션(composition)이라고 부른다.

> **참고** 서브머지드 아크 용접
> ① 서브머지드 아크 용접의 기공 발생 원인
>   • 모재의 표면 상태 불량(녹, 기름, 수분 등)
>   • 용제의 흡습
>   • 용접 속도의 과대
>   • 용제의 산포량 과소 및 과대
> ② 서브머지드 아크 용접의 슬래그 섞임 원인
>   • 전층 슬래그 잔유 시 슬래그가 용접 중에 떠오르지 못했을 때
>   • 용접 속도가 느려 슬래그가 앞쪽으로 흐를 때
>   • 모재의 경사 시 하진 용접(슬래그가 앞쪽으로 흐름)
>   • 아크 전압이 높을 때(아크 길이가 길어져 비드 끝에 혼입)

예 | 상 | 문 | 제

1. 용접을 기계적 이음과 비교할 때 그 특징에 대한 설명으로 틀린 것은?
① 이음 효율이 대단히 높다.
② 응력 집중이 생기지 않는다.
③ 수밀, 기밀을 얻기 쉽다.
④ 재료의 중량을 절약할 수 있다.

해설 용접은 제품의 변형 및 잔류 응력이 발생 및 존재한다.

2. 용접의 목적 달성 조건이 아닌 것은?
① 금속 표면에 산화피막 제거 및 산화 방지를 한다.
② 금속 표면을 충분히 가열하여 요철을 제거하고 인력이 작용할 수 있는 거리로 충분히 접근시킨다.
③ 금속 원자가 인력이 작용할 수 있는 Å = 10^{-8}cm의 거리로 접근시킨다.
④ 금속 표면의 전자가 원활히 움직여 거리와 관계없이 접합된다.

해설 금속 표면을 충분히 가열하여 요철을 제거하고 인력이 작용할 수 있는 거리로 충분히 접근시켜야 한다.

3. 용접 접합의 인력이 작용하는 원리가 되는 1옹스트롬(Å)의 크기는?
① 10^{-5}cm ② 10^{-6}cm
③ 10^{-7}cm ④ 10^{-8}cm

해설 인력이 작용할 수 있는 거리(Å = 10^{-8} cm)로 충분히 접근시켜 접합한다.

4. 일반적인 용접의 특징으로 틀린 것은?
① 작업 공정수가 적어 경제적이다.
② 재료가 절약되고, 중량이 가벼워진다.
③ 품질 검사가 쉽고 변형이 발생되지 않는다.
④ 소음이 적어 실내에서의 작업이 가능하며 복잡한 구조물의 제작이 쉽다.

해설 품질 검사가 곤란하고, 제품의 변형 및 잔류 응력이 존재한다.

5. 다음 중 용접의 장점이 아닌 것은?
① 두께의 제한이 없다.
② 기밀성, 수밀성, 유밀성이 우수하다.
③ 재질의 변형 및 잔류 응력이 존재하지 않는다.
④ 공정수가 감소되고 시간이 단축된다.

해설 재질의 변형과 잔류 응력이 존재한다.

6. 리벳 이음에 비교한 용접 이음의 특징을 열거한 것 중 틀린 것은?
① 이음 효율이 높다.
② 유밀, 기밀, 수밀이 우수하다.
③ 공정의 수가 절감된다.
④ 구조가 복잡하다.

해설 리벳 이음에 비해 작업 공정을 적게 할 수 있다.

7. 용접 용어 중 용착부를 만들기 위해 녹여서 첨가하는 금속을 무엇이라 하는가?
① 용제 ② 융접 금속
③ 용가제 ④ 덧살

해설 용착 금속을 만들기 위해 녹여서 첨가하는 금속은 용가제이다.

정답 1. ② 2. ④ 3. ④ 4. ③ 5. ③ 6. ④ 7. ③

8. 다음 중 용접법 분류에서 융접에 속하는 것은?

① 전자 빔 용접　② 단접
③ 초음파 용접　④ 마찰 용접

해설 용접법은 융접(아크 용접, 가스 용접, 특수 용접, 전자 빔 용접 등), 압접(저항 용접, 단접, 초음파 용접, 마찰 용접 등), 납땜(연납, 경납)으로 분류한다.

9. 용접의 분류에서 압접에 속하는 것은?

① 스터드 용접
② 피복 아크 용접
③ 유도 가열 용접
④ 일렉트로 슬래그 용접

해설 압접은 2개의 클램프로 가열한 후 압력을 주어서 용접하는 방식으로 가스 압접, 초음파 용접, 마찰 용접, 냉간 압접, 저항 용접 등이 있다.

10. 일반적인 저항 용접의 특징으로 옳은 것은?

① 산화 및 변질 부분이 크다.
② 다른 금속 간의 결합이 용이하다.
③ 대전류를 필요로 하고 설비가 복잡하다.
④ 열손실이 크고, 용접부에 집중열을 가할 수 없다.

해설 저항 용접의 특징
㉠ 산화 및 변질 부분이 적다.
㉡ 다른 금속 간의 접합이 곤란하다.
㉢ 대전류를 필요로 하고 설비가 복잡하며 값이 비싸다.
㉣ 열손실이 적고, 용접부에 집중열을 가할 수 있다.

11. 다음 용접 방법 중 전기적 에너지에 의한 용접 방법이 아닌 것은?

① 아크 용접　② 저항 용접
③ 테르밋 용접　④ 플라즈마 용접

해설 테르밋 용접은 테르밋 반응에 의해 생성되는 열을 이용하여 금속을 용접하는 방법으로, 전기가 필요 없다.

12. 테르밋 용접법의 특징을 설명한 것이다. 맞는 것은?

① 전기가 필요하다.
② 용접 작업 후의 변형이 작다.
③ 용접 작업의 과정이 복잡하다.
④ 용접용 기구가 복잡하여 이동이 어렵다.

해설 테르밋 용접은 열원을 외부에서 가하는 것이 아니라 테르밋 반응에 의해 생기는 열을 이용한다.

13. 다음 중 전기저항 열을 이용한 용접법은?

① 일렉트로 슬래그 용접
② 잠호 용접
③ 초음파 용접
④ 원자 수소 용접

해설 일렉트로 슬래그 용접 : 용융 용접의 일종으로 아크열이 아닌 와이어와 용융 슬래그 사이에 통전된 전류와 저항열을 이용하여 용접하는 방식

14. 모재를 녹이지 않고 접합하는 것은?

① 가스 용접
② 피복 아크 용접
③ 서브머지드 아크 용접
④ 납땜

해설 납땜은 모재가 용융되지 않고 땜납이 녹는다.

정답 8. ①　9. ③　10. ③　11. ③　12. ②　13. ①　14. ④

15. 용접 자세에서 사용되는 기호 중 "F"가 나타내는 것은?

① 아래보기 자세 ② 수직 자세
③ 위보기 자세 ④ 수평 자세

해설 아래보기 자세(F), 수직 자세(V), 위보기 자세(O), 수평 자세(H), 전자세(AP)

16. 용접 자세를 나타내는 기호가 틀리게 짝지어진 것은?

① 위보기 자세 : O
② 수직 자세 : V
③ 아래보기 자세 : U
④ 수평 자세 : H

해설 아래보기 자세의 기호는 F이다.

17. 피복 아크 용접 작업에서 용접 조건에 관한 설명으로 틀린 것은?

① 아크 길이가 길면 아크가 불안정해져 용융 금속의 산화나 질화가 쉽게 일어난다.
② 좋은 용접 비드를 얻기 위해서 원칙적으로 긴 아크로 작업한다.
③ 용접 전류가 너무 낮으면 오버랩이 발생한다.
④ 용접부의 강도가 크다.

해설 좋은 용접 비드를 얻기 위해서는 아크 길이를 약 3mm 이하로 하고, 짧은 아크를 사용하는 것이 유리하다.

18. 피복 금속 아크 용접이 가스 용접법보다 우수한 장점이 아닌 것은?

① 열의 집중성이 좋다.
② 용접 변형이 적다.
③ 유해광선의 발생이 적다.
④ 용접부의 강도가 크다.

해설 유해광선은 피복 금속 아크 용접이 더 많이 발생한다.

19. 피복 금속 아크 용접에 대한 설명으로 잘못된 것은?

① 전기의 아크열을 이용한 용접법이다.
② 모재와 용접봉을 녹여서 접합하는 비용극식이다.
③ 용접봉은 금속 심선의 주위에 피복제를 바른 것을 사용한다.
④ 보통 전기 용접이라고 한다.

해설 모재와 용접봉을 녹여서 접합하는 용극식이다.

20. 피복 아크 용접 작업의 기초적인 용접 조건으로 가장 거리가 먼 것은?

① 오버랩 ② 용접 속도
③ 아크 길이 ④ 용접 전류

해설 피복 아크 용접 작업의 기초적인 용접 조건 : 모재의 종류 및 크기, 용접기의 종류와 용량, 아크 길이, 용접 속도, 용접 전류와 용접봉 등

21. 피복 아크 용접에서 용입에 영향을 미치는 원인이 아닌 것은?

① 용접 속도 ② 용접 홀더
③ 용접 전류 ④ 아크 길이

해설 피복 아크 용접에서 용입에 영향을 미치는 요소는 용접 전류, 아크 길이, 용접 속도 등이다.

22. 아크 용접기 취급 시 주의사항이 아닌 것은?

① 정격사용률 이상으로 사용할 때 과열되어 소손이 생긴다.

정답 15. ① 16. ③ 17. ② 18. ③ 19. ② 20. ① 21. ② 22. ②

② 가동 부분, 냉각팬을 점검하고 주유를 하지 않고 깨끗이 청소만 한다.
③ 2차 측 단자의 한쪽과 용접기 케이스는 반드시 접지한다.
④ 습한 장소, 직사광선이 드는 곳에서 용접기를 설치하지 않는다.

해설 ①, ③, ④ 외에 탭 전환은 아크 발생 중지 후 행하며, 가동 부분, 냉각팬을 점검하고 주유한다.

23. 피복 아크 용접기를 사용할 때 주의할 사항이 아닌 것은?
① 정격사용률 이상 사용하지 않는다.
② 용접기 케이스를 접지한다.
③ 탭 전환형은 아크 발생 중 탭을 전환시킨다.
④ 가동 부분, 냉각팬(fan)을 점검하고 주유해야 한다.

해설 탭 전환형은 탭 전환부에 소손이 심하여 아크 발생 중에는 가능한 탭을 전환하지 않는다.

24. 아크 용접기의 구비 조건으로 틀린 것은?
① 구조 및 취급 방법이 간단해야 한다.
② 큰 전류가 흘러 용접 중 온도 상승이 커야 한다.
③ 아크 발생 및 유지가 용이하고 아크가 안정해야 한다.
④ 사용 중에 역률 및 효율이 좋아야 한다.

해설 일정한 전류가 흘러 사용 중에는 온도 상승이 작아야 한다.

25. 아크 용접기 설치 시에 피해야 할 장소 중 틀린 것은?

① 휘발성 기름이나 가스가 있는 곳
② 수증기 또는 습도가 높은 곳
③ 옥외의 비바람이 치는 곳
④ 주위 온도가 10℃ 이하인 곳

해설 아크 용접기를 설치하지 않는 곳
㉠ 먼지가 매우 많은 곳
㉡ 옥외의 비바람이 치는 곳
㉢ 수증기 또는 습도가 높은 곳
㉣ 휘발성 기름이나 가스가 있는 곳
㉤ 진동이나 충격을 받는 곳
㉥ 주위 온도가 -10℃ 이하인 곳
㉦ 유해한 부식성 가스가 존재하는 장소
㉧ 폭발성 가스가 존재하는 장소

26. 용접기 적정 설치 장소로 맞지 않는 것은?
① 습기나 먼지 등이 많은 장소는 설치를 피하고 환기가 잘 되는 곳을 선택한다.
② 휘발성 기름이나 유해한 부식성 가스가 존재하는 장소는 피한다.
③ 벽에서 50 cm 이상 떨어져 있고 견고한 구조의 수평 바닥에 설치한다.
④ 진동이나 충격을 받는 곳, 폭발성 가스가 존재하는 곳을 피한다.

해설 아크 용접기는 벽에서 30 cm 이상 떨어져 있고 견고한 구조의 수평 바닥에 설치한다.

27. 아크 용접기의 규격 표시 중 AW 300은 무엇인가?
① 1차 전압이 300V임을 나타낸다.
② 2차 전압이 300V임을 나타낸다.
③ 정격 1차 전류가 300A임을 나타낸다.
④ 정격 2차 전류가 300A임을 나타낸다.

정답 23. ③ 24. ② 25. ④ 26. ③ 27. ④

해설 피복 아크 용접기에서 AW 300은 정격 2차 전류가 300A임을 뜻하며 조정 범위는 20~110%이다.

28. 직류와 교류 아크 용접기를 비교한 것으로 틀린 것은?

① 아크 안정 : 직류 용접기가 교류 용접기보다 우수하다.
② 전격의 위험 : 직류 용접기가 교류 용접기보다 많다.
③ 구조 : 직류 용접기가 교류 용접기보다 복잡하다.
④ 역률 : 직류 용접기가 교류 용접기보다 매우 양호하다.

해설 전격은 직류 용접기가 교류 용접기에 비해 한정적이다.

29. 교류 및 직류 아크 용접기의 특성을 비교 설명한 내용으로 틀린 것은?

① 교류 아크 용접기가 직류 아크 용접기보다 감전 위험성이 높다.
② 강전류일 때 자기쏠림 현상은 직류 아크 용접기가 심하다.
③ 무부하 전압은 교류 아크 용접기가 높다.
④ 아크의 안정성은 교류 용접기가 직류 용접기보다 우수하다.

해설 아크의 안정성은 직류 용접기가 우수하므로 박판 용접, 정밀 작업에는 직류 용접기를 사용한다.

30. 일반적인 교류 아크 용접기의 2차 측 무부하 전압은?

① 50~60V   ② 70~80V
③ 80~100V ④ 100~110V

해설 피복 아크 용접기의 무부하 전압은 직류가 40~60V, 교류가 70~80V이므로 직류보다 교류가 감전의 위험이 더 크다.

31. 직류 아크 용접기의 장점이 아닌 것은?

① 아크쏠림의 방지가 가능하다.
② 감전의 위험이 적다.
③ 아크가 안정하다.
④ 정극성의 변화가 가능하다.

해설 아크쏠림은 직류에서 자장 때문에 발생하며 방지책으로 후퇴법, 앤드 탭과 교류를 사용하는 방법이 있다.

32. 아크쏠림(arc blow) 현상을 방지하는 방법으로 틀린 것은?

① 아크 길이를 길게 한다.
② 접지점을 될 수 있는 대로 용접부에 멀게 한다.
③ 직류 용접으로 하지 않고 교류 용접으로 한다.
④ 용접봉 끝을 아크쏠림 반대 방향으로 기울인다.

해설 아크쏠림 방지 대책
㉠ 직류 용접을 하지 않고 교류 용접을 할 것
㉡ 접지점을 될 수 있는 대로 용접부에 멀리 할 것
㉢ 아크를 될 수 있는 대로 짧게 할 것
㉣ 용접봉 끝을 아크쏠림 반대 방향으로 기울일 것

33. 다음 중 직류 아크 용접기는?

① 가동 코일형 용접기
② 정류형 용접기
③ 가동 철심형 용접기
④ 탭 전환형 용접기

정답 28. ② 29. ④ 30. ② 31. ① 32. ① 33. ②

해설 ㉠ 직류 아크 용접기에는 발전기형(전동 발전식, 엔진 구동형)과 정류기형이 있다.
㉡ 교류 아크 용접기에는 가동 철심형, 가동 코일형, 탭 전환형, 가포화 리액터형이 있다.

34. 다음 중 직류 아크 용접기의 종류가 아닌 것은?

① 모터형 직류 용접기
② 엔진형 직류 용접기
③ 가포화 리액터형 직류 용접기
④ 정류기형 직류 용접기

해설 가포화 리액터형은 교류 아크 용접기로서 가변저항의 변화로 용접 전류를 조정하고 원격 조정과 핫 스타트가 용이하다.

35. 다음 중 교류 아크 용접기의 종류별 특성으로 가변저항의 변화를 이용하여 용접 전류를 조정하는 형식은?

① 가동 철심형　　② 가동 코일형
③ 탭 전환형　　　④ 가포화 리액터형

해설 가포화 리액터(saturable reactor)형 교류 아크 용접기
㉠ 원리 : 변압기와 직류 여자 코일을 가포화 리액터 철심에 감아 놓은 것
㉡ 특징
 • 마멸 부분과 소음이 없으며 조작이 간단하고 수명이 길다.
 • 원격 조정과 핫 스타트(hot start)가 용이하다.
㉢ 전류 조정 : 전기적 전류 조정으로서 가변저항의 변화로 용접 전류를 조정한다.

36. 아크 용접기 중 정류기형의 정류기는 셀렌(80℃), 실리콘(150℃), 게르마늄 등을 이용하는데 전류 조정으로 틀린 것은?

① 가동 철심형　　② 엔진형
③ 가동 코일형　　④ 가포화 리액터형

해설 정류기형의 전류 조정은 교류 측에서 행해지며, 가동 철심형, 가동 코일형, 가포화 리액터형이 있다.

37. 아크 용접기에 핫 스타트(hot start) 장치를 사용함으로써 얻어지는 장점이 아닌 것은?

① 기공을 방지한다.
② 아크 발생이 쉽다.
③ 크레이터 처리가 용이하다.
④ 아크 발생 초기의 용입을 양호하게 처리한다.

해설 핫 스타트 장치는 아크 부스터라고도 하며 초기 아크 발생 시에만 용접 전류를 크게 하여 용접 시작점에 생길 수 있는 기공이나 용입 불량의 결함을 방지해 준다.

38. 원격 제어 장치로는 유선식과 무선식이 있는데 다음 중 틀린 것은?

① 전동기 조작형은 소형 모터로 용접기의 전류 조정 핸들을 움직여 전류를 조정할 수 있다.
② 가포화 리액터형은 가변 저항기 부분을 분리시켜 작업자 위치에 놓고 용접 전류를 원격 조정한다.
③ 가포화 리액터형은 소형 모터로 작업자 위치에 놓고 용접 전류를 원격 조정한다.
④ 무선식은 제어용 전선을 사용하지 않고 용접용 케이블 자체를 제어용 케이블로 병용하는 것이다.

해설 가포화 리액터형은 용접기에서 멀리 떨어진 장소에서 전류를 조절할 수 있는 원격 제어 장치이다.

정답 34. ③　35. ④　36. ②　37. ③　38. ③

39. 직류 아크 용접기의 고장 원인 중 전원 스위치를 ON하자마자 전원 스위치가 OFF되는 현상으로 틀린 것은?

① 변압기 고장
② 정류 브릿지 다이오드의 고장
③ 전해 콘덴서의 고장
④ I, G, B, T 모듈의 고장

해설 변압기 고장은 퓨즈(fuse) 끊김 고장의 원인이다.

40. 교류 아크 용접기의 보수 및 정비 방법에서 아크가 발생하지 않을 때 고장 원인으로 맞지 않는 것은?

① 배전반의 전원 스위치 및 용접기 전원 스위치가 "OFF"되었을 때
② 용접기 및 작업대 접속 부분에 케이블 접속이 중복되어 있을 때
③ 용접기 내부의 코일 연결 단자가 단선이 되어있을 때
④ 철심 부분이 단락되거나 코일이 절단되었을 때

해설 용접기 및 작업대 접속 부분에 케이블 접속이 안 되어 있을 때 → 용접기 및 작업대의 케이블에 연결을 확실하게 한다.

41. 용접기의 발생음이 너무 높을 때 고장 원인이 아닌 것은?

① 용접기 외함이나 고정 철심, 고정용 지지 볼트, 너트가 느슨하거나 풀렸을 때
② 용접기 설치 장소 바닥을 고르게 할 때
③ 가동 철심, 이동 축 지지 볼트, 너트가 풀려 가동 철심이 움직일 때
④ 가동 철심과 철심 안내 축 사이가 느슨할 때

해설 용접기 설치 장소 바닥이 고르지 못할 때 → 용접기 설치 장소 바닥을 평평하게 수평이 되게 한 후 설치한다.

42. 용접기의 일상 점검이 아닌 것은?

① 케이블의 접속 부분에 절연 테이프나 피복이 벗겨진 부분은 없는지 점검한다.
② 케이블 접속 부분의 발열, 단선 여부 등을 점검한다.
③ 전원 내부의 송풍기가 회전할 때 소음이 없는지 점검한다.
④ 전원의 케이스에 접지선이 완전 접지되었는지 점검하고 이상 발견 시 보수를 한다.

해설 ①, ②, ③ 외에 용접 중에 이상한 진동이나 타는 냄새의 유무를 확인해야 하며, ④는 3~6개월 점검 내용이다.

43. 아크 용접기의 위험성으로 틀린 것은?

① 피복 금속 아크 용접봉이나 배선에 의한 감전 사고의 위험이 있으므로 항상 주의한다.
② 용접 시 발생하는 흄(fume)이나 가스를 흡입 시 건강에 해로우므로 주의한다.
③ 용접 시 발생하는 흄으로부터 머리 부분을 멀리하고 흄 흡입 장치 및 배기 가스 설비를 한다.
④ 인화성 물질이나 가연성 가스가 작업장에서 3m 내에 있을 때에는 용접 작업을 해도 된다.

해설 인화성 물질이나 가연성 가스 근처에서 용접을 금할 것(보통 용접 시 비산하는 스패터가 날아가 화재를 일으키는 거리가 5m 이상으로 5m 이내에는 위험이 있는 인화성 물질이나 유해성 물질이 없어야 하며 화재의 위험이 있어 가까운 곳에 소화기를 비치하여 화재에 대비할 것)

정답 39. ① 40. ② 41. ② 42. ④ 43. ④

44. 피복 아크 용접봉의 선택 시 고려해야 할 사항으로 틀린 것은?

① 아크의 안정성
② 용접봉의 내균열성
③ 스패터링
④ 용착 금속 내의 슬래그양

해설 아크 안정, 용접봉의 내균열성, 스패터링, 작업성 등을 고려하여 선택한다.

45. 단위 시간당 소비되는 용접봉의 길이 또는 중량으로 표시되는 것은?

① 용접 길이   ② 용융 속도
③ 용접 입열   ④ 용접 효율

해설 용융 속도=아크 전류×용접봉 쪽 전압강하

46. 용착 속도(rate of deposition)를 올바르게 설명한 것은?

① 용접 심선이 10분간에 용융되는 길이
② 용접 심선이 1분간에 용융되는 중량
③ 용접봉 또는 심선의 소모량
④ 단위 시간에 용착되는 용착 금속의 양

해설 용착 속도는 단위 시간당 용착되는 용착 금속의 양이며, 용착률은 용착 금속 중량과 사용 용접봉 전 중량의 비이다.

47. 피복 아크 용접에서 용접부의 보호 방식이 아닌 것은?

① 가스 발생식   ② 슬래그 생성식
③ 아크 발생식   ④ 반가스 발생식

해설 피복 아크 용접에서 용접부의 보호 방식에는 가스 발생식, 슬래그 생성식, 반가스(반슬래그) 발생식 3가지가 있다.

48. 아크 용접에서 흡인력 작용으로 용접봉이 용융되어 용적이 줄어들어 용융 금속이 비교적 큰 용적이 단락되지 않고 모재에 이행하는 방식은?

① 단락형
② 입상형
③ 분무형(스프레이형)
④ 열적 핀치 효과형

해설 입상형(globuler transfer type) : 흡인력 작용으로 용접봉이 오므라들어, 용융 금속이 비교적 큰 용적이 단락되지 않고 모재에 이행하는 방식(핀치 효과형)이다.

49. 피복 아크 용접봉에 탄소(C)량을 적게 하는 가장 주된 이유는?

① 스패터 방지   ② 용락 방지
③ 산화 방지   ④ 균열 방지

해설 피복 아크 용접봉에 탄소량이 많으면 용융 온도가 낮아지고 경도가 증가하며 연성이 감소하는 등으로 취성이나 균열이 발생한다.

50. 지름이 3.2mm인 피복 아크 용접봉으로 연강판을 용접하고자 할 때 가장 적합한 아크의 길이는 몇 mm 정도인가?

① 3.2   ② 4.0   ③ 4.8   ④ 5.0

해설 피복 아크 용접봉의 적합한 아크 길이는 용접봉 심선의 지름과 같거나 그 이하로 한다.

51. 피복 아크 용접봉의 피복제의 주된 역할로 옳은 것은?

① 스패터의 발생을 많게 한다.
② 용착 금속에 필요한 합금 원소를 제거한다.

정답 44. ④   45. ②   46. ④   47. ③   48. ②   49. ④   50. ①   51. ④

③ 모재 표면에 산화물이 생기게 한다.
④ 용착 금속의 냉각 속도를 느리게 하여 급랭을 방지한다.

해설 ① 스패터의 발생을 적게 한다.
② 합금 원소의 첨가 및 용융 속도와 용입을 알맞게 조절한다.
③ 모재 표면의 산화물을 제거한다.

52. 피복 아크 용접봉의 피복제 작용을 설명한 것으로 틀린 것은?
① 아크를 안정시킨다.
② 점성을 가진 무거운 슬래그를 만든다.
③ 용착 금속의 탈산 정련 작용을 한다.
④ 전기 절연 작용을 한다.

해설 피복제는 용착 금속의 급랭을 방지하고 탈산 정련 작용을 하며 용융점이 낮은 가벼운 슬래그를 만든다.

53. 교류 아크 용접기를 사용할 때 피복 용접봉을 사용하는 이유로 가장 적합한 것은?
① 전력 소비량을 절약하기 위하여
② 용착 금속의 질을 양호하게 하기 위하여
③ 용접 시간을 단축하기 위하여
④ 단락 전류를 갖게 하여 용접기의 수명을 길게 하기 위하여

해설 피복 용접봉을 사용하는 이유는 용착 금속의 질을 좋게 하고 아크의 안정, 용착 금속의 탈산 정련 작용, 급랭 방지, 필요한 원소 보충, 중성, 환원성 가스를 발생하여 용융 금속을 보호한다.

54. 피복 아크 용접에서 피복제의 성분에 포함되지 않는 것은?
① 피복 안정제   ② 가스 발생제
③ 피복 이탈제   ④ 슬래그 생성제

해설 피복 아크 용접에서 피복제의 성분은 아크 안정제, 가스 발생제, 슬래그 생성제, 탈산제, 고착제 등이 있다.

55. 연강용 피복 아크 용접봉의 피복제 계통에 속하지 않는 것은?
① 철분산화철계   ② 철분저수소계
③ 저셀룰로오스계 ④ 저수소계

해설 셀룰로오스계는 가스 발생식으로 고셀룰로오스계라 한다.

56. 아크 발생열에 의해 피복제가 분해되어 일산화탄소, 이산화탄소, 수증기 등의 가스 발생제가 되는 가스 실드식 피복제의 성분은?
① 규산화나트륨   ② 셀룰로오스
③ 규사   ④ 일미나이트

해설 피복 아크 용접봉의 피복제 중 가스 발생제는 셀룰로오스, 탄산바륨, 석회석, 톱밥, 녹말 등이다.

57. 아크 용접에서 피복 배합제 중 탈산제에 해당되는 것은?
① 산성 백토   ② 산화타이타늄
③ 페로망가니즈   ④ 규산나트륨

해설 탈산제로 금속 망가니즈, Al 분말로 철과 합한 페로망가니즈, 페로규소, 페로알루미늄 등이 사용된다.

58. 피복 아크 용접봉에서 용융 금속 중에 침투한 산화물을 제거하는 탈산 정련 작용제로 사용되는 것은?
① 붕사   ② 석회석
③ 형석   ④ 규소철

정답 52. ② 53. ② 54. ③ 55. ③ 56. ② 57. ③ 58. ④

해설 석회석과 형석은 아크 안정제, 붕사는 가스 용접과 납땜에 사용되는 용제이다.

59. 용접 피복제의 성분 중 아크 안정제 역할을 하는 것은?

① 알루미늄 ② 마그네슘
③ 니켈 ④ 석회석

해설 아크 안정제로는 규산칼륨, 규산나트륨, 산화타이타늄, 석회석 등이 있으며, 이온화하기 쉬운 물질을 만들어 재점호 전압을 낮추고 아크를 안정화시킨다.

60. 피복 아크 용접에서 피복 배합제 중 아크 안정제에 속하지 않는 것은?

① 석회석 ② 마그네슘
③ 규산칼륨 ④ 산화타이타늄

해설 마그네슘은 탈산제로 사용된다.

61. 스테인리스강 피복 아크 용접봉 종류에서 아크가 안정되고 주로 아래보기 및 수평 필릿에 사용되는 용접봉은?

① 라임계 용접봉
② 티탄계 용접봉
③ 저수소계 용접봉
④ 철분계 용접봉

해설 티탄계 용접봉은 아크가 안정되고 스패터는 적으며, 슬래그는 표면을 잘 덮고 아래보기, 수평 필릿의 전용 용접봉으로 외관이 아름다우나 수직, 위보기는 작업이 어렵다.

62. 연강용 피복 아크 용접봉의 종류에서 E 4303 용접봉의 피복제 계통은?

① 특수계 ② 저수소계
③ 일루미나이트계 ④ 라임티타니아계

해설 E 4303은 산화타이타늄(TiO_2)을 30% 이상 함유한 슬래그 생성제로 피복이 다른 용접봉에 비해 두꺼운 것이 특징이며 비드의 외관이 곱고 작업성이 좋다.

종류	피복제 계통	용접 자세
E 4301	일미나이트계	F, V, O, H
E 4303	라임티타니아계	F, V, O, H
E 4311	고셀룰로오스계	F, V, O, H
E 4313	고산화티탄계	F, V, O, H
E 4316	저수소계	F, V, O, H
E 4324	철분산화티탄계	F, H-Fil
E 4326	철분저수소계	F, H-Fil
E 4327	철분산화철계	F, H-Fil
E 4340	특수계	AP 또는 어느 한 자세

63. 피복제 중에 산화티탄을 약 35% 정도 포함하였고 슬래그의 박리성이 좋아 비드의 표면이 고우며 작업성이 우수한 특징을 지닌 연강용 피복 아크 용접봉은?

① E 4301 ② E 4311
③ E 4313 ④ E 4316

해설 피복제 중에 산화타이타늄을 E 4313 (고산화티탄계)은 약 35%, E 4303(라임티타니아계)은 약 30% 정도 포함한다.

64. 석회석($CaCO_3$) 등의 염기성 탄산염을 주성분으로 하고 용착 금속 중에 수소 함유량이 다른 종류의 피복 아크 용접봉에 비교하여 약 1/10 정도로 현저하게 적은 용접봉은?

① E 4303 ② E 4311
③ E 4316 ④ E 4324

정답 59. ④ 60. ② 61. ② 62. ④ 63. ③ 64. ③

해설 E 4316(저수소계)은 석회석($CaCO_3$)이 주성분이며, 용착 금속 중의 수소량이 다른 용접봉에 비해서 1/10 정도로 현저하게 적다.

65. 연강용 피복 아크 용접봉 중 저수소계(E 4316)에 대한 설명으로 틀린 것은?

① 석회석($CaCO_3$)이나 형석(CaF_2)을 주성분으로 하고 있다.
② 용착 금속 중의 수소 함유량이 다른 용접봉에 비해 $\frac{1}{10}$ 정도로 작다.
③ 용접 시점에서 기공이 생기기 쉬우므로 백스탭(back step)법을 선택하면 해결할 수도 있다.
④ 작업성이 우수하고 아크가 안정하며 용접 속도가 빠르다.

해설 아크가 약간 불안하고 용접 속도가 느려 작업성이 별로 좋지 않다.

66. 다음 [보기]와 같은 아크 용접봉의 지름은 얼마인가?

| 보기 |
E 4316-AC-5-400

① 5mm   ② 16mm
③ 43mm ④ 400mm

해설 E 4316은 저수소계 용접봉, AC는 교류 용접기, 5는 용접봉 지름, 400은 용접봉 길이를 말한다.

67. 고셀룰로오스계 용접봉에 대한 설명으로 틀린 것은?

① 비드 표면이 거칠고 스패터가 많은 것이 결점이다.
② 피복제 중 셀룰로오스계가 20~30% 정도 포함되어 있다.
③ 고셀룰로오스계는 E 4311로 표시한다.
④ 슬래그 생성계에 비해 용접 전류를 10~15% 높게 사용한다.

해설 고셀룰로오스계(E 4311)는 셀룰로오스가 20~30% 정도 포함되며, 가스 발생식으로 슬래그가 적으므로 비드 표면이 거칠고 스패터가 많은 것이 결점이다. 사용 전류는 슬래그 실드계 용접봉에 비해 10~15% 낮게 사용한다.

68. 가스 발생식 용접봉의 특징에 대한 설명 중 틀린 것은?

① 전자세 용접이 불가능하다.
② 슬래그 제거가 손쉽다.
③ 아크가 매우 안정된다.
④ 슬래그 생성식에 비해 용접 속도가 빠르다.

해설 ②, ③, ④ 외에 다공성이며 아크 전압이 높아지는 경향이 있고, 스패터가 많으며 유독가스(CO_2)가 발생하는 경우가 있다. 가스 발생식은 전자세 용접에 적당하다.

69. 연강용 피복 아크 용접봉 중 내균열성이 가장 좋은 용접봉은?

① 고셀룰로오스계
② 일미나이트계
③ 고산화타이타늄계
④ 저수소계

해설 내균열성은 저수소계 > 일미나이트계 > 고산화철계 > 고셀룰로오스계 > 타이타늄계 순으로 좋다.

70. 연강용 피복 아크 용접봉의 심선에 대한 설명으로 옳지 않은 것은?

정답 65. ④ 66. ① 67. ④ 68. ① 69. ④ 70. ②

① 주로 저탄소 림드강이 사용된다.
② 탄소 함량이 많은 것으로 사용한다.
③ 황(S)이나 인(P) 등의 불순물을 적게 함유한다.
④ 규소(Si)의 양을 적게 하여 제조한다.

해설 탄소 함량이 많은 것을 사용하면 용융 온도가 저하되고 냉각 속도가 커져 균열의 원인이 되기 때문에 적은 것을 사용한다.

71. 고장력강 피복 아크 용접봉의 설명 중 틀린 것은?

① 모재의 두께를 얇게 할 수 있다.
② 소요 강재의 중량을 상당히 증가시킬 수 있다.
③ 재료의 취급이 간단하여 가공이 쉽다.
④ 구조물의 하중을 경감시킬 수 있다.

해설 소요 강재의 중량을 상당히 경감시킨다.

72. 고장력강용 피복 아크 용접봉 중 피복제의 계통이 특수계에 해당되는 것은?

① E 5000   ② E 5001
③ E 5003   ④ E 5026

해설 고장력강용 피복 아크 용접봉 : 5001(일미나이트계), 5003(라임티타니아계), 5026(철분저수소계), 5000과 8000(특수계)

73. 표면 경화용 피복 아크 용접봉에 대한 설명 중 틀린 것은?

① 표면 경화를 할 때 균열 방지가 큰 문제이다.
② 중, 고탄소강의 표면 경화를 할 때 반드시 예열만 하면 된다.
③ 고합금강을 덧붙임 용접을 할 때 운봉 폭을 너무 넓게 하지 말아야 한다.
④ 고속도강 덧붙임 용접을 할 때는 급랭을 피하고 서랭하여 균열을 방지한다.

해설 중, 고탄소강의 표면 경화 용접을 할 때에는 반드시 예열 및 후열을 하여야 한다.

74. 용접 작업에 영향을 주는 요소 중 틀린 것은?

① 아크 길이는 보통 3mm 이내로 하며 되도록 짧게 운봉한다.
② 용접봉 각도는 진행각과 작업각을 유지해야 한다.
③ 아크 전류와 아크 전압을 일정하게 유지하며 용접 속도를 증가하면 비드 폭이 좁아지고 용입은 얕아진다.
④ 용접 전류가 낮아도 아크 길이가 길 때 아크는 유지된다.

해설 용접 전류값이 높을 때는 아크 길이가 길어도 아크가 유지되고, 전류값이 낮을 때는 아크가 소멸된다.

75. 피복 아크 용접 작업 중 스패터가 발생하는 원인으로 가장 거리가 먼 것은?

① 전류가 너무 높을 때
② 운봉이 불량할 때
③ 건조되지 않은 용접봉을 사용했을 때
④ 아크 길이가 너무 짧을 때

해설 아크 길이가 너무 길 때 스패터가 발생된다.

76. 아크 용접 시 용접 이음의 용융부 밖에서 아크를 발생시킬 때 모재 표면에 결함이 발생하는 것은?

① 아크 스트라이크   ② 언더필
③ 스캐터링   ④ 은점

정답 71. ② 72. ① 73. ② 74. ④ 75. ④ 76. ①

해설 아크 스트라이크(arc strike) : 용접 이음 부위 밖에서 아크를 발생시킬 때 아크열로 인해 모재에 결함이 생기는 것

77. 필터유리(차광유리) 앞에 일반유리(보호유리)를 끼우는 주된 이유는?
① 가시광선을 적게 받기 위하여
② 시력의 장애를 감소시키기 위하여
③ 용접 가스를 방지하기 위하여
④ 필터유리를 보호하기 위하여

해설 필터유리를 보호하기 위해 앞 뒤로 끼우는 유리를 보호유리라 한다.

78. 용접용 케이블 이음에서 케이블을 홀더 끝이나 용접기 단자에 연결하는데 사용되는 부품의 명칭은?
① 케이블 티그(tig) ② 케이블 태그(tag)
③ 케이블 러그(lug) ④ 케이블 래그(lag)

해설 케이블 커넥터는 케이블을 길게 연결할 때, 케이블 러그는 케이블 커넥터 중 케이블과 용접기 단자를 연결할 때 사용한다.

79. 용접기에 사용되는 전선(cable) 중 용접기에서 모재까지 연결하는 케이블은?
① 1차 케이블   ② 입력 케이블
③ 접지 케이블   ④ 비닐 코드 케이블

해설 용접기에서 모재로 연결되는 선은 접지 케이블이며, 직류에서 정극성과 역극성을 연결할 때에만 (+)와 (-)로 바뀐다.

80. 전격방지기의 입력선과 용접선으로 용접기의 용량이 300A에 알맞게 들어가는 것은?
① 입력선 14mm² 이상, 용접선 30mm² 이상
② 입력선 25mm² 이상, 용접선 35mm² 이상
③ 입력선 25mm² 이상, 용접선 50mm² 이상
④ 입력선 30mm² 이상, 용접선 50mm² 이상

해설 전격방지기의 입력선과 용접선의 규격

기종		입력선	용접선
용접기	방지기		
180A	300A	14mm² 이상	30mm² 이상
250A		25mm² 이상	35mm² 이상
300A		25mm² 이상	50mm² 이상
400A	500A	30mm² 이상	50mm² 이상
500A		35mm² 이상	70mm² 이상
600A	720A	35mm² 이상	70mm² 이상
720A		50mm² 이상	90mm² 이상

81. 전격방지기가 설치된 용접기의 가장 적당한 무부하 전압은?
① 25V 이하   ② 50V 이하
③ 75V 이하   ④ 상관없다.

해설 전격방지기는 아크를 발생할 때만 무부하 전압으로 승압시키고 평상시에는 안전 전압인 25V 이하로 유지한다.

82. 용접 흄은 용접 시 열에 의해 증발된 물질이 냉각되어 생기는 미세한 소립자를 말하는데 다음 중 옳지 않은 것은?
① 용접 흄은 고온의 아크 발생 열에 의해 용융 금속 증기가 주위에 확산됨으로써 발생된다.
② 피복 아크 용접에 있어서의 흄 발생량과 용접 전류의 관계는 전류나 전압, 용접봉 지름이 클수록 발생량이 증가한다.
③ 피복제 종류에 따라서 라임티타니아계에서는 낮고 라임알루미나이트계에서는 높다.

정답 77. ④ 78. ③ 79. ③ 80. ③ 81. ① 82. ④

④ 그 외 발생량에 관해서는 용접 토치(홀더)의 경사 각도가 작고 아크 길이가 짧을수록 발생량이 증가한다.

해설 그 외 발생량에 관해서는 용접 토치(홀더)의 경사 각도가 크고 아크 길이가 길수록 발생량이 증가한다.

83. 용접 설비 중 환기 장치(후드)는 인체에 해로운 분진, 흄 등을 배출하기 위하여 설치하는 국소 배기 장치인데 다음 중 틀린 것은?

① 유해 물질이 발생하는 곳마다 설치할 것
② 유해 인자의 발생 형태와 비중, 작업 방법 등을 고려하여 해당 분진 등의 발산원(發散源)을 제어할 수 있는 구조로 설치할 것
③ 후드(hood) 형식은 가능하면 포위식 또는 부스식 후드를 설치할 것
④ 내부식 또는 리시버식 후드는 해당 분진 등의 발산원에 가장 가까운 위치에 설치할 것

해설 외부식 또는 리시버식 후드는 해당 분진 등의 발산원에 가장 가까운 위치에 설치할 것

84. 분진 등을 배출하기 위하여 설치하는 국소 배기 장치인 덕트(duct)는 기준에 맞도록 설치하여야 하는데 다음 중 틀린 것은?

① 가능하면 길이는 짧게 하고 굴곡부의 수는 적게 할 것
② 접속부의 안쪽은 돌출된 부분이 없도록 할 것
③ 덕트 내부에 오염물질이 쌓이지 않도록 이송 속도를 유지할 것
④ 연결 부위 등은 외부 공기가 들어와 환기를 좋게 할 것

해설 연결 부위 등은 외부 공기가 들어오지 않도록 할 것

85. 국소 배기 장치에서 후드를 추가로 설치해도 쉽게 정압 조절이 가능하고, 사용하지 않는 후드를 막아 다른 곳에 필요한 정압을 보낼 수 있어 현장에서 가장 편리하게 사용할 수 있는 압력 균형 방법은?

① 댐퍼 조절법 ② 회전수 변화
③ 압력 조절법 ④ 안내익 조절법

해설 ㉠ 댐퍼 조절법(부착법) : 풍량을 조절하기 가장 쉬운 방법
㉡ 회전수 변화(조절법) : 풍량을 크게 바꿀 때 적당한 방법
㉢ 안내익 조절법 : 안내 날개의 각도를 변화시켜 송풍량을 조절하는 방법

86. 일반적으로 국소 배기 장치를 가동할 경우에 가장 적합한 상황에 해당하는 것은?

① 최종 배출구가 작업장 내에 있다.
② 사용하지 않는 후드는 댐퍼로 차단되어 있다.
③ 증기가 발생하는 도장 작업 지점에는 여과식 공기 정화 장치가 설치되어 있다.
④ 여름철 작업장 내에서는 오염물질 발생 장소를 향하여 대형 선풍기(선풍기)가 바람을 불어주고 있다.

해설 국소 배기 장치의 사용하지 않는 후드는 댐퍼로 차단되어 있다.

87. 다음 중 서브머지드 아크 용접의 다른 명칭으로 불리어지는 것이 아닌 것은?

① 잠호 용접   ② 불가시 아크 용접
③ 유니언 멜트 용접 ④ 가시 아크 용접

정답 83. ④ 84. ④ 85. ① 86. ② 87. ④

해설 서브머지드 아크 용접은 다른 이름으로 잠호 용접, 유니언 멜트 용접법(union melt welding), 링컨 용접법(Lincoln welding), 불가시 아크 용접이라고도 부른다.

88. 서브머지드 아크 용접의 장점에 해당하지 않는 것은?
① 용접 속도가 수동 용접보다 빠르고 능률이 높다.
② 개선각을 작게 하여 용접 패스수를 줄일 수 있다.
③ 콘택트 팁에서 통전되므로 와이어 중에 저항열이 적게 발생되어 고전류 사용이 가능하다.
④ 용접 진행 상태의 좋고 나쁨을 육안으로 확인할 수 있다.

해설 서브머지드 아크 용접의 특징
㉠ 용융 속도 및 용착 속도가 빠르며 용입이 깊다.
㉡ 특수한 지그를 사용하지 않는 한 아래보기나 수평 필릿에 한정된다.
㉢ 불가시 용접으로 용접 도중 용접 상태를 육안으로 확인할 수 없다.
㉣ 용접선의 길이가 짧거나 복잡한 곡선에는 비능률적이다.
㉤ 유해광선 발생이 적다.
㉥ 개선각을 작게 하여 용접의 패스수를 줄일 수 있다.
㉦ 열에너지의 손실이 적어 후판 용접에 적합하다.

89. 서브머지드 아크 용접법의 설명 중 잘못된 것은?
① 용접 속도와 용착 속도가 빠르며 용입이 깊다.
② 비소모식이므로 비드와 외관이 거칠다.
③ 모재 두께가 두꺼운 용접에 효율적이다.
④ 용접선이 수직인 경우 적용이 곤란하다.

해설 소모식이며 비드와 외관이 아름답다.

90. 잠호 용접의 장점에 속하지 않는 것은?
① 대전류를 사용하므로 용입이 깊다.
② 비드 외관이 아름답다.
③ 작업 능률이 피복 금속 아크 용접에 비하여 판 두께 12mm에서 2~3배 높다.
④ 용접 시 아크가 잘 보여 확인할 수 있다.

해설 잠호 용접은 아크가 플럭스 내부에서 발생하여 외부로 노출되지 않아 붙여진 이름이다.

91. 서브머지드 아크 용접(SAW)의 단점으로 틀린 것은?
① 아크가 보이지 않으므로 용접의 좋고 나쁨을 확인하면서 용접할 수가 없다.
② 일반적으로 용입이 깊으므로 요구되는 용접 홈 가공의 정도가 심하다.
③ 용입이 크므로 모재의 재질을 신중하게 선택한다.
④ 특수한 장치를 사용하지 않는 한 용접 자세가 아래보기, 수직, 수평 필릿에 한정된다.

해설 특수한 지그를 사용하지 않는 한 아래보기나 수평 필릿에 한정된다.

92. 서브머지드 아크 용접에 대한 설명 중 틀린 것은?
① 용접선이 복잡한 곡선이나 길이가 짧으면 비능률적이다.
② 용접부가 보이지 않으므로 용접 상태의 좋고 나쁨을 확인할 수 없다.
③ 일반적으로 후판의 용접에 사용되므로 루트 간격이 0.8mm 이하이면 오버랩

정답 88. ④ 89. ② 90. ④ 91. ④ 92. ③

(overlap)이 많이 생긴다.
④ 용접 홈의 가공은 수동 용접에 비하여 정밀도가 좋아야 한다.

해설 루트 간격이 0.8mm보다 넓을 때 처음부터 용락을 방지하기 위해 수동 용접에 의해 누설 방지 비드를 만들거나 뒷받침을 사용해야 한다.

93. 다음은 서브머지드 아크 용접의 용접 장치를 열거한 것이다. 용접 헤드(welding head)에 속하지 않는 것은?

① 심선을 보내는 장치
② 진공 회수 장치
③ 접촉 팁(contact tip) 및 그의 부속품
④ 전압 제어 상자

해설 용접 구성 장치는 용접 전원(직류 또는 교류), 전압 제어 상자(voltage control box), 심선을 보내는 장치(wire feed apparatus), 접촉 팁(contact tip), 용접 와이어(와이어 전극, 테이프 전극, 대상 전극), 용제 호퍼, 주행 대차 등으로 되어 있으며, 용접 전원을 제외한 나머지를 용접 헤드(welding head)라 한다.

94. 서브머지드 아크 용접의 용접 헤드에 속하지 않는 것은?

① 와이어 송급 장치
② 제어 장치
③ 용접 레일
④ 콘택트 팁

해설 용접 헤드에는 와이어 송급 장치, 제어 장치, 콘택트 팁, 용제 호퍼 등이 속한다.

95. 서브머지드 아크 용접기 중 경량형이라 불리는 것은?

① 4000A ② 2000A
③ 1200A ④ 900A

해설 서브머지드 아크 용접기의 종류
㉠ 대형 용접기 : 최대 전류 4000A로 판 두께 75mm까지 한 번에 용접 가능(M형)
㉡ 표준 만능형 용접기 : 최대 전류 2000A(UE형, USW형)
㉢ 경량형 용접기 : 최대 전류 1200A(DS형, SW형)
㉣ 반자동형 용접기 : 최대 전류 900A 이상의 수동식 토치 사용(UMW형, FSW형)

96. 다음은 서브머지드 아크 용접기를 전류 용량으로 구별한 것이다. 틀린 것은?

① 400A ② 900A
③ 1200A ④ 2000A

해설 용접기를 전류 용량으로 구별하면 최대 전류 900A, 1200A, 2000A, 4000A 등의 종류가 있다.

97. 다음 중 서브머지드 아크 용접에서 두 개의 와이어를 똑같은 전원에 접속하며 비드의 폭이 넓고 용입이 깊은 용접부가 얻어져 능률이 높은 다전극 방식은?

① 횡직렬식 ② 종직렬식
③ 횡병렬식 ④ 탠덤식

해설 다전극 용접기
㉠ 탠덤식(tandem process) : 두 개의 전극 와이어를 각각 독립된 전원에 연결하는 방식으로 비드의 폭이 좁고 용입이 깊다.
㉡ 횡직렬식 : 두 개의 와이어에 전류를 직렬로 흐르게 하여 아크 복사열에 의해 모재를 가열 용융시켜 용접하는 방식으로 용입이 매우 얕고 자기불림이 생길 수 있다.

정답 93. ② 94. ③ 95. ③ 96. ① 97. ③

ⓒ 횡병렬식 : 두 개의 와이어를 똑같은 전원에 접속하는 방식으로 비드의 폭이 넓고 용입이 깊은 용접부가 얻어져 능률이 높다.

98. 서브머지드 아크 용접에서 용접 전류가 낮을 때 일어나는 현상 중 틀린 것은?

① 용입 깊이가 부족하다.
② 비드(여성) 높이가 부족하다.
③ 비드 폭이 부족하다.
④ 비드 폭이 너무 넓게 된다.

해설 용접 전류가 낮으면 용입 깊이, 여성(餘盛) 높이나 비드 폭 등이 부족하고, 용접 전류가 높으면 비드 폭이 너무 넓게 되어 비드 높이가 낮고 고온 균열을 일으키기 쉽다 (Y형 개선에서 전류 과대의 경우 보이는 낮은 비드 형상을 배형 비드라고 한다).

99. 서브머지드 아크 용접에서 아크 전압에 관한 설명으로 틀린 것은?

① 아크 전압이 낮으면 용입이 깊고 비드 폭이 좁다.
② 아크 전압이 낮으면 균열이 발생하기 쉽다.
③ 아크 전압이 높으면 비드 폭이 넓은 형상이 되어 여성(餘盛) 부족이 되기 쉽다.
④ 아크 전압이 높으면 용입이 깊고 비드 폭이 좁아진다.

해설 아크 전압이 낮으면 용입이 깊고, 비드 폭이 좁은 배형 형상이 되기 쉬우며 균열이 생기고, 아크 전압이 높으면 용입이 얕고, 비드 폭이 넓은 형상이 되어 여성(餘盛) 부족이 되기 쉽다.

100. 다음은 서브머지드 아크 용접의 용접 속도에 관한 것이다. 틀린 것은?

① 용접 속도를 작게 하면 큰 용융지가 형성되고 비드가 편평하게 된다.
② 용접 속도를 작게 하면 여성(餘盛) 부족이 되기 쉽다.
③ 용접 속도가 과대하면 오버랩이 발생한다.
④ 용접 속도가 과대하면 용착 금속이 적게 된다.

해설 용접 속도가 과대하면 언더컷이 발생하고 용착 금속이 적게 된다.

101. 서브머지드 아크 용접에 대한 설명으로 틀린 것은?

① 용접 전류를 증가시키면 용입이 증가한다.
② 용접 전압을 증가하면 비드 폭이 넓어진다.
③ 용접 속도가 증가하면 비드 폭과 용입이 감소한다.
④ 용접 와이어 지름이 증가하면 용입이 깊어진다.

해설 서브머지드 아크 용접에서 전류 및 전압이 동일한 조건에서 용접 와이어 지름이 작으면 용입이 깊고, 비드 폭이 좁아진다. 와이어 지름이 증가하면 용입이 얕고, 비드 폭이 넓어진다.

102. 서브머지드 아크 용접에서 와이어 돌출 길이는 와이어 지름의 몇 배 전후가 적당한가?

① 2배　　② 4배
③ 6배　　④ 8배

해설 와이어 돌출 길이는 팁 선단에서부터 와이어 선단까지의 거리로 이 길이가 길면 와이어의 저항열이 많아져 와이어 용융량이 증가하고, 용입은 불균일에 다소 감소하므로 와이어 지름의 8배 전후가 좋다.

정답 98. ④　99. ④　100. ③　101. ④　102. ④

103. 서브머지드 아크 용접에 사용되는 용제가 갖추어야 할 성질 중 잘못된 것은?

① 아크 발생이 잘 되고 지속적으로 유지시키며 안정된 용접을 할 수 있을 것
② 용착 금속에 합금 성분을 첨가시키고 탈산, 탈황 등의 정련 작업을 하여 양호한 용착 금속을 얻을 수 있을 것
③ 적당한 용융 온도와 점성 온도 특성을 가지며 슬래그의 이탈성이 양호하고 양호한 비드를 형성할 것
④ 적당한 입도가 필요 없이 아크의 보호성이 좋을 것

해설 적당한 입도를 가져 아크의 보호성이 좋을 것

104. 다음은 서브머지드 아크 용접의 용제의 종류이다. 틀린 것은?

① 용융형 용제 ② 소결형 용제
③ 혼성형 용제 ④ 혼합형 용제

해설 ㉠ 용융형 용제(fusion type flux) : 원료 광석을 아크 로에서 1300℃ 이상으로 가열 융해하여 응고시킨 다음, 부수어 적당한 입자를 고르게 만든 것으로 유리와 같은 광택을 가지고 있다. 사용 시 낮은 전류에서는 입도가 큰 것을, 높은 전류에서는 입도가 작은 것을 사용하면 기공의 발생이 적다.
㉡ 소결형 용제(sintered type flux) : 광물성 원료 분말, 합금 분말 등을 규산나트륨과 같은 점결제와 더불어 원료가 융해되지 않을 정도의 비교적 저온(300~1000℃) 상태에서 소정의 입도로 소결한 것이다.
㉢ 혼성형 용제(bonded type flux) : 분말상의 원료에 점결제를 가하여 비교적 저온(300~400℃)에서 소결하여 응고시킨 것으로 스테인리스강 등의 특수강 용접 시에 사용된다.

105. 서브머지드 아크 용접의 용제에 대한 설명 중 용융형 용제의 특성이 아닌 것은?

① 비드 외관이 아름답다.
② 흡습성이 높아 재건조가 필요하다.
③ 용제의 화학적 균일성이 양호하다.
④ 용융 시 분해되거나 산화되는 원소를 첨가할 수 있다.

해설 용융형 용제는 흡습성이 작은 장점이 있다.

1-4 가스 텅스텐 아크 용접

(1) 원리 및 특징

불활성 가스 텅스텐 아크 용접(inert gas tungsten arc welding : GTAW, TIG)은 피복 아크 용접(SMAW)이나 가스 용접 등으로 곤란한 금속의 용접이나 비철 금속 또는 이종 재료의 용접에 널리 이용되고 있는 중요한 용접 방법 중의 하나이다.

① **원리** : 고온에서도 금속과의 화학적 반응을 일으키지 않는 불활성 가스(아르곤, 헬륨 등) 공간 속에서 텅스텐 전극과 모재 사이에 전류를 공급하고, 모재와 접촉하지 않아도 아크가 발생하도록 고주파 발생 장치를 사용하여 아크를 발생시켜 용접하는 방식이다.

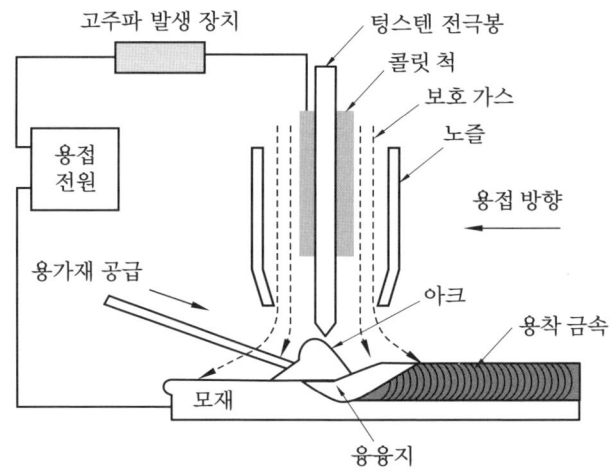

불활성 가스 텅스텐 아크 용접의 원리

② **특징** : 용접 입열의 조정이 용이하기 때문에 박판의 용접에 매우 효과가 있다. 특히 두께가 큰 구조물의 첫 층 용접 시 결함이 발생하는 것을 억제하기 위하여 불활성 가스 텅스텐 아크 용접이 이용되고 있으며, 거의 모든 종류의 금속 용접이 가능한 관계로 가장 많이 이용되는 용접 기법 중 하나이다.

㈎ 장점
  ㉮ 용접 시 불활성 가스 사용으로 산화나 질화가 없는 우수한 용접 이음이 가능하다.
  ㉯ 용제가 불필요하며, 가시 아크이므로 용접사가 눈으로 직접 확인하면서 용접이 가능하다(반드시 차광 렌즈를 착용해야 한다).
  ㉰ 가열 범위가 좁아 용접 시 변형의 발생이 적다.

㉔ 우수한 용착 금속을 얻을 수 있고, 전자세 용접이 가능하다.
㉕ 열의 집중 효과가 양호하다.
㉖ 저전류에서도 아크가 안정되어 박판의 용접에 유리하다.
㉗ 거의 모든 금속(철, 비철)의 용접이 가능하다.
(나) 단점
㉮ 후판의 용접에서는 소모성 전극 방식보다 능률이 떨어진다.
㉯ 용융점이 낮은 금속(Pb, Sn 등)의 용접이 곤란하다.
㉰ 옥외 작업 시 방풍 대책이 필요하다.
㉱ 텅스텐 전극의 용융으로 용착 금속 혼입에 의한 용접 결함이 발생할 우려가 있다.
㉲ 협소한 장소에서는 토치의 접근이 어려워 용접이 곤란하다.
㉳ 일반적인 용접보다 다소 비용이 많이 든다.

(2) 용접의 준비

① 용접기 설치 장소를 확인하고 정리정돈을 한다.
  (가) 용접기 설치를 위한 장소를 점검 및 확인한다.
  (나) 용접기 설치 장소를 깨끗이 청소하고 정리정돈을 한다.
  (다) 화재 방지를 위한 조치를 취한다.
  (라) 환기 대책을 세우고 환기 장치를 확인한다.
  (마) 용접 작업의 기타 안전 점검사항을 파악한다.
② 용접기의 용량을 선택하여 설치사항을 확인한다.
  (가) 가스 텅스텐 아크 용접기의 용량에 따른 사양을 참고하여 용접 작업에 적합한 용량의 용접기를 선택한다.
  (나) 용접기 용량에 맞는 부속 장치를 확인한다.
  (다) 용접기의 점검 및 정비를 실시한다.

가스 텅스텐 아크 용접기의 용량에 따른 사양

항목 \ 용량(A)	200	350	500
설비 용량(kVA)	6.3	14	19
정격사용률(%)	40	60	60
출력 전류 조정 범위(A)	10~200	10~350	20~500
출력 전압 조정 범위(V)	5~25	5~30	5~30
입력 측 케이블(mm)	5.5 이상	8.0 이상	14.0 이상
출력 측 케이블(mm^2)	38 이상	50 이상	60 이상

(3) 용접 장치 및 구성

주요 장치로는 전원을 공급하는 전원 장치(power source), 용접 전류 등을 제어하는 제어 장치(controller), 보호 가스를 공급, 제어하는 가스 공급 장치(shield gas supply unit), 고주파 발생 장치(high frequency testing equipment), 용접 토치(welding torch) 등으로 구성되고, 부속 기구로는 전원 케이블, 가스 호스, 원격 전류 조정기 및 가스 조정기 등으로 구성된다.

① **용접 전원 장치에 따른 용접기의 종류** : 불활성 가스 텅스텐 아크 용접기에는 직류 용접기, 교류 용접기, AC/DC 겸용 용접기, 인버터 용접기, 인버터 펄스 용접기 등 사용 용도에 따라 다양한 종류의 용접기가 사용된다.

㈎ 직류 용접기
  ㉮ 아크의 안정성이 좋아 정밀 용접에 주로 사용된다.
  ㉯ 모재의 재질이나 판재의 두께에 따라 전원 극성을 바꾸어 용접 이음의 효율을 증대시키는 특징이 있다.
  ㉰ 발전기를 구동하여 얻어지는 발전형과 교류 전류를 직류로 정류하여 얻어지는 정류기형으로 구분한다.
  ㉱ 주로 정류기형이 사용되며 정류기 종류에는 셀렌 정류기, 실리콘 정류기, 게르마늄 정류기 등이 있다.

㈏ 교류 용접기
  ㉮ 저주파를 이용한 교류 용접기와 고주파를 이용한 교류 용접기가 있다.
  ㉯ 아크가 불안정하므로 고주파를 병용하여 아크를 발생시켜 작업을 효율적으로 수행할 수 있다.
  ㉰ 교류 용접기를 사용하면 청정 효과가 발생하므로 청정 효과를 필요로 하는 금속의 용접에 주로 사용된다. 특히 알루미늄 및 그 합금의 경우 모재 표면에 강한 산화알루미늄(Al_2O_3 : 용융점 2050℃) 피막이 형성되어 있어 용접을 방해하는 원인이 되므로 용접 시 이 산화피막을 제거하는 청정 작용이 필요하다.

㈐ AC/DC 겸용 용접기
  ㉮ 경량화되고 있으며, 기능면에서도 금속의 재질에 따라 용접기의 선택을 달리할 필요 없이 전환 스위치를 이용한 펄스 기능 선택 및 AC/DC 변환 선택 등 다양한 기능을 갖추고 있다.
  ㉯ AC/DC 겸용 용접기는 가스 텅스텐 아크 직류 용접, 가스 텅스텐 아크 교류 용접, 피복 아크 직류 용접, 피복 아크 교류 용접 등 다양하게 활용되고 있다.

② **제어 장치** : 고주파 발생 장치, 용접 전류 제어 장치, 냉각수 순환 장치, 보호 가스 제어 장치 등이 있다.
  ㈎ 고주파 발생 장치
    ㉮ 교류 용접기를 사용하는 경우에는 아크의 불안정으로 텅스텐 전극의 오염 및 소손의 우려가 있다.
    ㉯ 고주파 전원을 사용하게 되면 전극이 모재와 접촉하지 않아도 아크가 발생하게 되므로 아크의 발생이 용이하고, 전극봉의 오염 및 수명이 연장된다.
    ㉰ 동일한 전극봉을 사용할 때 용접 전류의 범위가 크다.
  ㈏ 용접 전류 제어 장치
    ㉮ 전류 제어는 펄스 전류 선택과 크레이터 전류 선택으로 구분되어 있다.
    ㉯ 펄스 기능을 선택하면 주 전류와 펄스 전류를 선택할 수 있는데 전류의 선택 비율을 15~85%의 범위에서 할 수 있다.
    ㉰ 주 전류와 펄스 전류 사이에서 진폭과 펄스 높이를 조절하여 용접 조건에 맞도록 제어하는 것으로 박판이나 경금속의 용접 시 유리하다.
  ㈐ 보호 가스 제어 장치
    ㉮ 전극과 용융지를 보호하는 역할을 한다.
    ㉯ 초기 아크 발생 시와 마지막 크레이터 처리 시 보호 가스의 공급이 불충분하면 전극봉과 용융지가 산화 및 오염되므로 용접 아크 발생 전 초기 보호 가스를 수 초간 미리 공급하여 대기와 차단하는 역할을 한다.
    ㉰ 용접 종료 후에도 후류 가스를 수 초간 공급함으로써 전극봉의 냉각과 크레이터 부위를 대기와 차단시켜 전극봉 및 크레이터 부위의 오염 및 산화를 방지하는 역할을 한다.

③ **보호 가스 설치**
  ㈎ 가스 텅스텐 아크 용접용 가스 공급 장치
    ㉮ 액화 가스와 기체 가스를 고압 용기에 충전하여 공급하는 방식이 있다.
    ㉯ 공급하는 방식에 따라 중앙 공급 장치와 개별 용기를 사용하는 방법이 있다.
    ㉰ 액화 용기의 별도로 기화 장치가 필요하며, 온도 상승으로 인해 용기 내에서 자체적으로 기화되어 용기 내 가스 압력 상승에 대비한 안전 장치로서 가스 자동 배출 장치가 설치되어 있어야 한다.
  ㈏ 보호 가스 공급 방식
    ㉮ 개별 봄베(용기) 공급 방식 : 용접기의 수량이 적고 가스 소모량이 적을 때 각각의 용기에 레귤레이터를 설치한 다음 호스를 통하여 용접 장치에 공급한다.

④ 중앙 집중 공급 방식
　㉠ 액화 가스와 용기를 연결하여 배관 설비를 통해 공급하여 사용하는 방식이 있다.
　㉡ 가스 용기와 액화 아르곤 교차 사용 방식이 있고, 액화 가스가 다 소모되면 임시로 용기를 이용하여 사용할 수 있다.
㈐ 가스 조정기(gas regulator)와 레귤레이터(아르곤 게이지)
　㉮ 레귤레이터는 사용되는 가스의 종류에 따라 유량 측정 및 조절 장치가 부착된 전용 레귤레이터를 선택하여 사용하는데, 설치 시는 가스 공급 호스 또는 배관 라인에서 누설되는 가스가 없도록 부착 후 비눗물로 누설 검사를 한다.
　㉯ 유량 조절은 선택된 노즐의 규격에 따라 유량계의 가스 유량을 적절하게 조절하여 공급한다.

용접 전류에 따른 가스 노즐과 가스 유량의 관계

용접 전류(A)	직류 정극성 용접		교류 용접	
	노즐 지름(mm)	가스 유량(L/min)	노즐 지름(mm)	가스 유량(L/min)
10~100	4~9.5	4~5	8~9.5	6~8
100~150	5~9.5	4~7	9.5~11	7~10
150~200	6~12	6~8	11~13	7~10
200~300	8~13	8~9	13~16	8~15
300~500	13~16	9~12	16~19	8~15

④ **용접 토치 설치**
㈎ 토치는 토치 바디, 노즐, 콜릿 척, 콜릿 바디, 캡, 보호 가스 호스, 전원 케이블과 수랭식의 경우는 냉각수 공급 호스 등으로 구성되어 있다.
㈏ 토치는 용접 장치에 따라 수동식, 반자동식, 자동식이 있고, 냉각 방식에 따라 수랭식과 공랭식으로 구분되며, 형태는 직선형, 커브형, 플렉시블형 등 다양하다.
㈐ 토치의 종류와 용도
　㉮ 수동식 토치 : 용접 시 텅스텐 전극을 끼워 토치에 부착되어 있는 리밋 스위치(고주파 발생 장치 가동)를 작동하여 용접을 하게 된다.
　㉯ 반자동식 토치 : 수동식 토치에 와이어를 자동으로 공급할 수 있는 장치가 부착되어 작업자가 토치의 스위치를 작동하면 반자동 GMAW 용접 장치와 같이 용접이 되는 원리이다.
　㉰ 자동식 토치 : 토치를 자동으로 이송하는 이송 장치가 부착되어 있는 것과 로봇 프로그램에 의해 작동되는 것이 있다.

⑤ **용접기의 전원 특성** : 가스 텅스텐 아크 용접(GTAW)에서는 직류(DC, direct current)와 교류(AC, alternating current) 전원 모두 사용이 가능하며, 용접 모재의 종류에 따라 사용 전원이 선택되어지고, 직류 전원 선택 시는 직류 정극성(DCSP)과 직류 역극성(DCRP) 중에 사용 모재의 재질에 따라 전원을 달리 선택한다.

㉮ 직류(DC) 전원

㉠ 직류 정극성

㉠ 직류 정극성(DCSP, direct current straight polarity 또는 DCEN, direct current electrode negative)은 모재에 양극(+)을 연결하고 전극봉에 음극(-)을 연결하는 방식이다.

㉡ 전자는 모재 표면에 강하게 충돌하여 높은 열을 발산하게 되므로 용접부는 용입이 깊어지고 비드 폭이 좁아지는 용접 결과를 얻게 된다.

㉡ 직류 역극성

㉠ 직류 역극성(DCRP, direct current reverse polarity 또는 DCEP, direct current electrode positive)은 모재에 음극(-)을 연결하고 전극봉에 양극(+)을 연결하는 방식이다.

㉡ 전자는 전극봉과 충돌하여 전극봉이 모재보다 열을 많이 받게 되어 용접부는 용입이 얕아지고 비드 폭이 넓어지는 용접 결과를 얻게 된다.

㉢ 전극봉은 과열로 인한 소손이 우려되어 정극성보다 약 4배 정도 굵은 것을 사용해야 한다.

㉣ 아르곤 가스에 의한 직류 역극성을 사용하면 가스 이온이 모재 표면과 강하게 충돌을 일으켜 화학 작용에 의한 금속 표면의 산화피막을 파괴하는 청정작용이 일어난다.

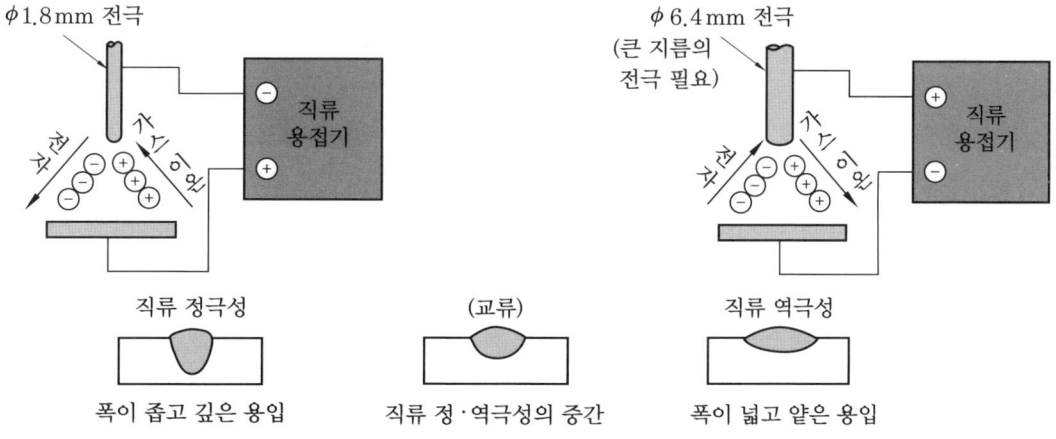

직류 정극성과 역극성의 결선도

㈏ 교류(AC) 전원
  ㉮ 고주파에 의한 교류 전원은 청정 작용을 필요로 하는 알루미늄 또는 마그네슘과 같은 경금속 용접에 적합한 용접 전원이다.
  ㉯ 직류 정극성과 역극성의 중간 형태의 결과를 얻을 수 있으며, 청정 작용을 필요로 하는 금속의 용접 시에 주로 사용된다.

⑥ 구조물의 조립을 위한 가용접의 중요성
 ㈎ 가용접(tack welding) : 본 용접을 실시하기 전에 모재의 홈 가공부를 잠정적으로 고정하기 위한 짧은 용접으로서 용접 구조물의 조립 작업에 있어서 매우 중요한 작업이다.
 ㈏ 구조물의 조립을 위한 가용접
  ㉮ 구조물의 본 용접에 매우 큰 영향을 미치므로 가용접의 위치, 길이 등을 적절하게 선정해야 한다.
  ㉯ 가용접이 적절하지 못하면 본 용접에서 변형이나 용접 품질에 악영향을 주어 작업 능률이 저하되는 원인을 제공한다.
 ㈐ 구조물의 조립을 위한 가용접의 주의사항
  ㉮ 본 용접사와 동등한 기량을 가진 용접사가 가용접을 실시한다.
  ㉯ 본 용접과 같은 온도에서 예열 작업을 실시한다.
  ㉰ 본 용접 시 홈 내의 가용접부는 그라인더로 완전히 제거한다.
  ㉱ 구조물의 모서리 부분은 용접부가 겹치는 부분이므로 가능한 가용접을 피한다.
  ㉲ 구조물의 조립 상태에서 시작점과 끝점은 결함 발생이 쉬워 가능한 가용접을 피한다.
 ㈑ 용접 구조물의 조립 순서 : 구조물의 변형 또는 잔류 응력을 최소화하는 용접 순서를 고려하여 조립 순서를 결정한다.
  ㉮ 동일 평면 내에서 가능한 자유단 쪽으로 용접에 의한 수축이 발생하도록 조립한다.
  ㉯ 구조물의 중심선에서 대칭적으로 용접이 되도록 한다.
  ㉰ 용접선이 직각 단면 중심축에서 수축 모멘트가 상호 상쇄되도록 한다.
  ㉱ 맞대기 이음과 동시에 발생하면 수축 변형이 큰 맞대기 용접을 먼저 한다.
  ㉲ 구조물 중앙에서 끝 방향으로 용접을 하며, 용접 구조물의 조립에 있어서 가능한 여러 가지 가접용 지그를 활용한다.
  ㉳ 파이프의 용접 순서는 하단에서 위보기 자세로 시작하여 상단의 아래보기 자세에서 끝나고 다시 위보기 자세로 시작하여 아래보기 자세에서 끝낸다.

(마) 가용접 위치와 길이의 선정
  ㉮ 구조물의 모서리 부분은 용접부가 겹치는 부분으로서 응력 집중이 생기기 쉬우며 취약한 부분으로, 용착 상태가 불량하므로 가용접의 위치로는 적절하지 않다.
  ㉯ 가용접의 간격은 판 두께의 15~30배 정도로 하는 것이 좋다.
  ㉰ 가용접의 길이는 판 두께가 3.2 mm 이하는 30 mm, 3.2~25 mm까지는 40 mm, 25 mm 이상은 50 mm 이상의 길이로 해주어야 한다.
(바) 가용접의 주의사항
  ㉮ 작은 용착부가 형성됨으로써 급랭하기 쉽고 응력에 의해 균열이 생기는 경우도 있다.
  ㉯ 홈 내의 가용접 부위에 균열이 발생되었을 때에는 그라인더 혹은 정으로 충분히 제거한 후 용접해야 한다.

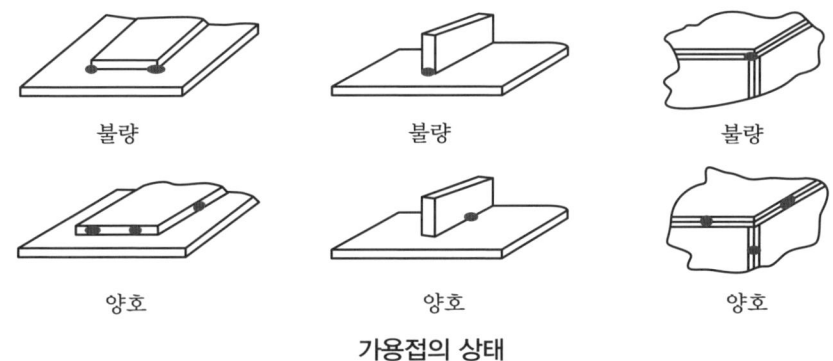

가용접의 상태

  ㉰ 가용접의 지그류를 이용할 때에는 언더컷 등이 발생되면 즉시 보수해야 한다.
  ㉱ 본 용접에 일부분이 되는 것을 피하기 위해 분리용 피스를 쓰거나, 스트롱 백(strong back)을 사용하여 가용접하는 것도 고려해 볼 수 있다.

1-5 가스 금속 아크 용접

(1) 원리

불활성 가스 금속 아크 용접(inert gas metal arc welding : GMAW, MIG)법은 용가재인 전극 와이어를 연속적으로 보내어 아크를 발생시키는 방법으로서 용극 또는 소모식 불활성 가스 아크 용접법이라고도 하며, 상품명으로는 에어코매틱(air comatic) 용접법, 시그마(sigma) 용접법, 필러 아크(filler arc) 용접법, 아르고노트(argonaut) 용접법 등이 있고 전자동식과 반자동식이 있다.

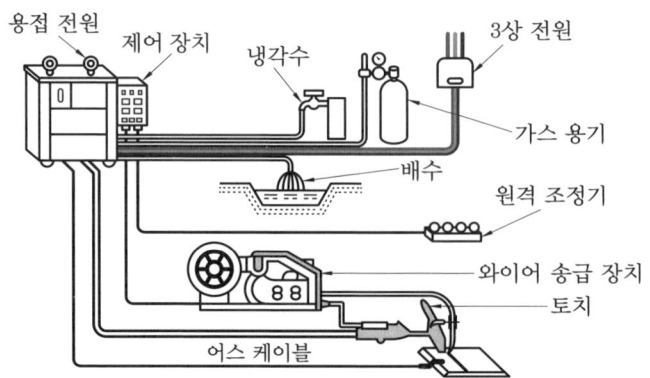

불활성 가스 금속 아크 용접 회로

(2) 특성 및 장치

① MIG 용접은 직류 역극성을 사용하며 청정 작용이 있다.
② MIG 용접기는 정전압 특성 또는 상승 특성의 직류 용접기이다.
③ MIG 용접은 자기 제어 특성이 있으며, 헬륨 가스 사용 시는 아르곤보다 아크 전압이 현저하게 높다.
④ 전극 와이어는 용접 모재와 같은 재질의 금속을 사용하며 판 두께 3mm 이상에 적합하다.
⑤ 전류밀도가 피복 아크 용접의 4~6배, TIG 용접의 2배 정도로 매우 크며, 서브머지드 아크 용접과 비슷하다.
⑥ 전극 용융 금속의 이행 형식은 주로 스프레이형으로 아름다운 비드가 얻어지나 용접 전류가 낮으면 구적 이행(globular transfer)이 되어 비드 표면이 매우 거칠어진다.
⑦ MIG 용접 장치 중 와이어 송급 장치는 푸시식(push type), 풀식(pull type), 푸시풀식(pushpull type)의 3종류가 사용된다.
⑧ MIG 용접 토치는 전류밀도가 매우 높아 수랭식이 사용된다.

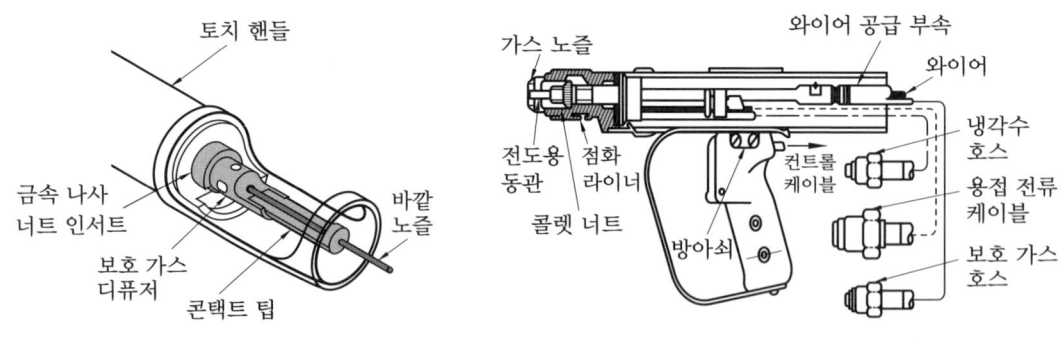

MIG 용접 토치의 구조   MIG 용접 토치의 단면도(수랭식)

⑨ MIG 용접은 스테인리스강이나 알루미늄재에 적용할 수 있다는 장점을 갖고 있으나 연강재에는 비용이 높다.
⑩ 펄스 전원과의 조합에 의하여 특히 저전류역(스프레이화 임계 전류 이하)으로부터의 미려한 용접 비드를 얻을 수 있고 용접 마무리에 고부가 가치화를 실현할 수 있다.

MIG 용접의 장단점

장점	단점
• 용접봉을 갈아 끼우는 작업이 불필요하기 때문에 능률적이다. • 슬래그가 없으므로 슬래그 제거 시간이 절약된다. • 용접 재료의 손실이 적으며 용착 효율이 95% 이상이다(SMAW : 약 60%). • 전류밀도가 높기 때문에 용입이 크다.	• 용접 장비가 무거워서 이동이 곤란하고, 구조의 복잡, 고장률이 높으며 고가이다. • 용접 토치가 용접부에 접근하기 곤란한 조건에서는 용접이 불가능하다. • 바람이 부는 옥외에서는 보호 가스가 보호 역할을 충분히 하지 못하므로 방풍막을 설치하여야 한다.

MIG 용접에 사용하는 차폐(shield) 가스(보호 가스)

구분	차폐 가스 (shielding gas)	적용되는 용접 금속(모재)
불활성 가스를 사용할 모재	아르곤(argon)	사실상의 모든 금속
	헬륨(helium)	알루미늄과 동 합금 – 보다 많은 열과 기공의 최소화
	75% Ar+25% He~25% Ar+75% He	헬륨과 동일 – 안정된 아크와 소음 감소
	He+10% Ar	high–nickel alloys(고–니켈 합금)
절약 가스를 사용할 모재	질소(nitrogen)	동 – 매우 강한 아크 발생(일반적으로 사용되지 않음)
	Ar+25~30% N_2	동 – 강한 아크 발생, 순수 질소 사용 시 보다 아크 관리가 요구됨(드물게 사용)
산화 가스를 사용할 모재	Ar+1~2% O_2(산소)	탄소 합금강, 스테인리스강
	Ar+3~5% O_2	탄소강, 합금과 스테인리스강 – 산화철 wire 사용
	Ar+5~10% O_2	강철 – 산화철 wire 사용
	Ar+20~30% CO_2	강철 – 주로 short circuiting arc(단락 아크) 사용
	Ar+5% O_2+CO_2	강철 – 산화철 wire 사용
	탄산가스 (carbon dioxide)	연강, 탄소강 – 산화철 wire 사용
	CO_2+3~10% O_2	강철 – 산화철 wire 사용
	CO_2+20% O_2	강철

1-6 플럭스 코어드 아크 용접

(1) 원리

플럭스 코어드 아크 용접(flux cored arc welding : FCAW)은 탄산가스 아크 용접에서 솔리드 와이어를 사용하면 스패터 발생이 많고 작업성과 용접 품질이 떨어지므로 단점을 보완해 주는 아크 용접이다. 플럭스 코어드 아크 용접은 전자세 용접이 가능하고 탄소강과 합금강의 중, 후판의 용접에 가장 많이 사용되며, 용착 속도와 용접 속도가 상당히 크다.

① 전류밀도가 높아 필릿 용접에서는 솔리드 와이어에 비해 10% 이상 용착 속도가 빠르고 수직이나 위보기 자세에서는 탁월한 성능을 보인다.
② 일부 금속에 제한적(연강, 합금강, 내열강, 스테인리스강 등)으로 적용되고 있다.
③ 용접 중에 흄의 발생이 많고, 복합 와이어는 가격이 같은 재료의 와이어보다 비싸다.

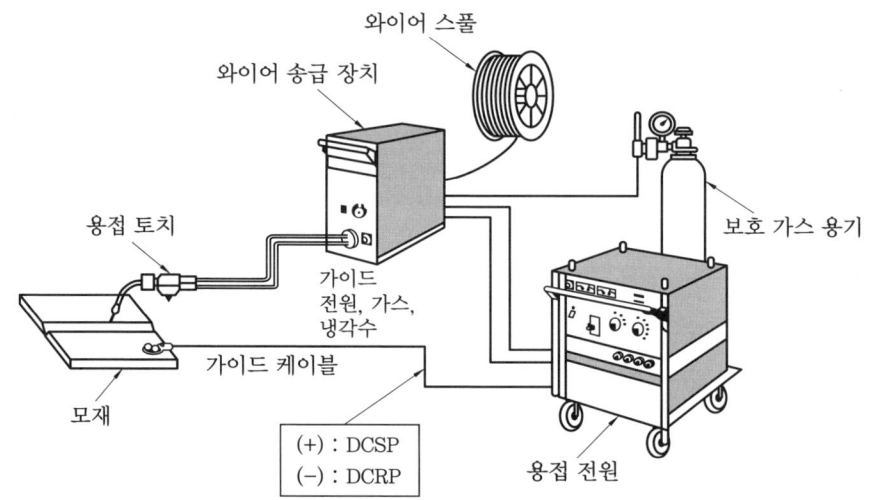

플럭스 코어드 아크 용접 장비와 가스 아크 용접의 과정

(2) 종류

① **가스 보호 플럭스 코어드 아크 용접(gas shielded flux cored arc welding)**
　㈎ 탄산가스 또는 혼합 가스를 플럭스 코어드 와이어와 함께 동시에 사용하는 용접 방식으로 이중(플럭스와 가스 보호)으로 보호한다는 의미로서 듀얼 보호(dual shield) 용접이라고도 한다.
　㈏ 전자세 용접을 할 수 있는 방법이 개발되어 3.2mm 정도의 박판까지도 용접이 가능하다.

㈐ 용입 및 용착 효율이 다른 용접 방식에 비해 현저하게 높아 인건비를 절감할 수 있어 자동화에 맞추어 수요가 점차 증가하고 있다.
㈑ 용접의 큰 단점인 스패터 및 흄 가스의 발생으로 인한 용접 결함을 보완할 수 있는 데 의의가 있다.
㈒ 장점
  ㉮ 용착 속도가 빠르며 전자세 용접이 가능하다.
  ㉯ 모든 연강, 저합금강 등의 용접이 가능하다.
  ㉰ 용입이 깊기 때문에 맞대기 용접에서 면취 개선 각도를 최소 한도로 줄일 수 있고, 용접봉의 소모량과 용접 시간을 현저하게 줄일 수 있다.
  ㉱ 용접성이 양호하며 사용하기 쉽고, 스패터가 적으며, 슬래그 제거가 빠르고 용이하다.
  ㉲ 다른 용접에 비해 이중 보호로 인하여 용착 금속의 대기 오염 방지를 효과적으로 할 수 있다.
  ㉳ 용착 금속은 균일한 화학 조성 분포를 가지며, 모재 자체보다 양호하게 균일한 분포를 갖는 경우도 있다.

② **자체 보호 플럭스 코어드 아크 용접**(self shielded flux cored arc welding)
  ㈎ 혼합 가스(예 75% Ar과 25% CO_2)를 사용할 때 언더컷이 축소되고, 모재 결합부 가장자리를 따라 균일한 용융이 일어나는 웨팅 작용(wetting action : 오버랩이 아닌 비드 끝 부분을 계속 적시는 것)이 증가하고, 아크가 안정되며 스패터가 감소된다.
  ㈏ 플럭스 코어드 와이어에는 탈산제와 탈질제(denitrify)로 알루미늄을 함유하고 있어 용접 금속 중에 알루미늄이 포함되면 연성과 저온 충격강도를 저하시키므로 덜 중요한 용접에만 일반적으로 사용한다.
  ㈐ 장점
    ㉮ 사용이 간편하고 적용성이 크며, 용접부 품질이 균일하다.
    ㉯ 용접 작업자가 용융지를 볼 수 있고 용융 금속을 정확하게 조정할 수 있다.
    ㉰ 전자세 용접이 가능하고 옥외의 바람이 부는 곳에도 용접이 가능하다.
    ㉱ 용접 토치가 가볍고 조작이 쉬우므로 용접 중 용접사의 피로도가 최소로 되어 작업 능률이 향상된다.
    ㉲ 높은 전류를 사용하기 때문에 용착 속도와 용접 속도가 증가하여 용접 비용이 절감된다.

(3) 용접봉 속의 플럭스 작용

① 용접봉 속에 플럭스 양은 전체 무게의 15~20% 정도로 되어 있고 탈산제 역할과 용접 금속을 깨끗이 한다.
② 용접 금속이 응고하는 동안에 용접 금속 위에 슬래그를 형성하여 보호한다.
③ 아크를 안정시키고 스패터를 감소시키며 용접 중 플럭스가 연소하여 보호 가스를 형성한다.
④ 합금 원소의 첨가로 강도를 증가시키나 연성과 저온 충격강도를 감소시킨다.
⑤ 플럭스 안에는 불화칼슘, 불화바륨 등의 불화물, 탄산칼슘 등의 탄산염, 마그네슘 등의 저비점 금속 및 각종 산화물 등이 충전되어 아크열에 분해하거나 또는 슬래그화하고, 용융 전극이나 용융지를 대기에서 보호한다.
⑥ 공기 중에서 침입하는 산소나 질소에 의한 기공(blow hole)이나 인성의 저하 등 용접 금속에 악영향을 막기 위해 알루미늄, 티탄 및 니켈 등이 사용된다.

(4) 특징

① 야외에서 용접할 때 풍속 10m/s 정도까지는 바람에 의한 영향이 적으므로 풍속 15 m/s까지 적용이 가능하여 현장 용접에 적합하다.
② 보호 가스나 플럭스를 별도로 사용하지 않기 때문에 용접기와 와이어를 준비하면 좋고, 용접 준비가 간단하다.
③ 피복 아크 용접에 비해 아크 타임률이 향상되고, 와이어 돌출부가 줄열 가열에서 용착 속도가 빨라지며 피복 아크 용접의 1.5~3배 능률 향상을 기대할 수 있다.
④ 가스 보호 플럭스 코어드 용접에서는 돌출 길이가 최소 길이 12~19mm 범위이고, 최대는 39mm 정도로, 돌출 길이가 너무 길면 스패터, 불규칙한 아크 현상, 약간의 보호 가스 손실을 가져오며, 반대로 짧으면 노즐과 전류 접촉 팁에 스패터가 빨리 쌓이게 되어 가스의 흐름에 영향을 미치게 한다.
⑤ 용입이 약간 얕으며, 내균열성은 비교적 양호하고, 미세 와이어에서는 반자동 가스 보호 아크 용접과 같이 전체의 용접이 가능하다.
⑥ 용접 시에 용접 흄 발생량이 많고 실내 용접이나 좁은 곳에서의 용접에서는 용접 흄 배기 대책을 요구한다.
⑦ 건전한 용접 금속을 얻기 위해서는 아크 길이 제어가 우수한 용접기가 필요하고, 와이어에 적합하면서도 정확한 용접 전류, 전압, 속도, 운봉법 및 와이어 돌출 길이의 관리가 필요하다.

1-7 기타 아크 용접

(1) 이산화탄소 가스 아크 용접
① 용접의 원리

㈎ CO_2 용접법은 코일(coil) 형상으로 감겨진 와이어(wire)가 와이어 송급 모터(wire feeding motor)에 의해 자동으로 송급되면서 용접 전원에서 콘택트 팁(contact tip)에 의해 통전되어 와이어 자체가 전극이 되며, 모재와 와이어 사이에 아크(arc)를 발생시켜 모재와 와이어를 용융 접합하는 용접 방법이다.

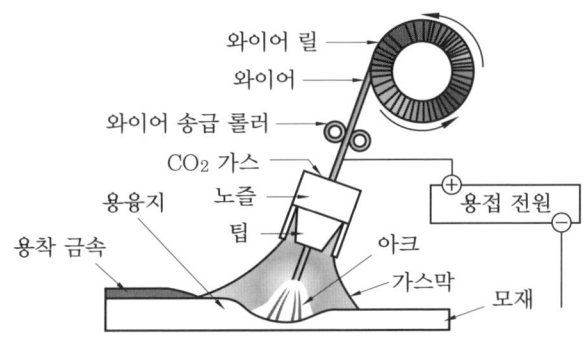

CO_2 용접의 원리

㈏ 용착 금속이 대기 중의 질소, 산소의 영향을 받지 않도록 노즐(nozzle)로부터 CO 가스를 배출하여 보호하는데, 사용되는 CO 가스는 아크열에 열해리(분해)되어 다음과 같은 반응이 일어난다.

$2CO_2 \Leftrightarrow 2CO + O_2$

이 반응은 강한 산화성을 나타내게 되어 용융 금속의 주위를 산성 분위기로 만들기 때문에 용융 금속에 탈산제가 없으면 산화철이 된다.

$Fe + O \Leftrightarrow FeO$

이 산화철(FeO)이 용융강에 함유된 탄소와 화합하여 일산화탄소가 발생한다.

$FeO + C \Leftrightarrow Fe + CO$

이 반응은 응고점 가까이에서 극도로 일어나기 때문에 CO 가스가 빠져나가지 못하여 용착 금속에는 산화된 기포가 많이 발생하게 된다. 따라서 이것을 제거하는 방법으로 와이어에 탈산제인 망가니즈, 규소 등을 첨가하면 다음과 같은 반응에 의하여 용융강 중에 FeO를 적당히 감소시켜 기포를 방지할 수 있다.

$$FeO+Mn \Leftrightarrow MnO+Fe$$
$$2FeO+Si \Leftrightarrow SiO_2+2Fe$$

㈐ CO_2 용접기는 일반적으로 직류 정전압 특성(DC constant voltage characteristic) 이나 상승 특성(rising characteristic)의 용접 전원이 사용된다.

㈑ 와이어 송급은 정속도 송급 방식이 사용되고 있으며, 정속도 송급 방식이란 와이어 송급 속도를 한 번 조정하면 균일한 속도로 송급되는 방식을 말하며, 용접 전류는 와이어 송급 속도와 관계없이 와이어 돌출 길이에 따라 변화하여 아크 길이를 제어한다.

② **용접의 분류**

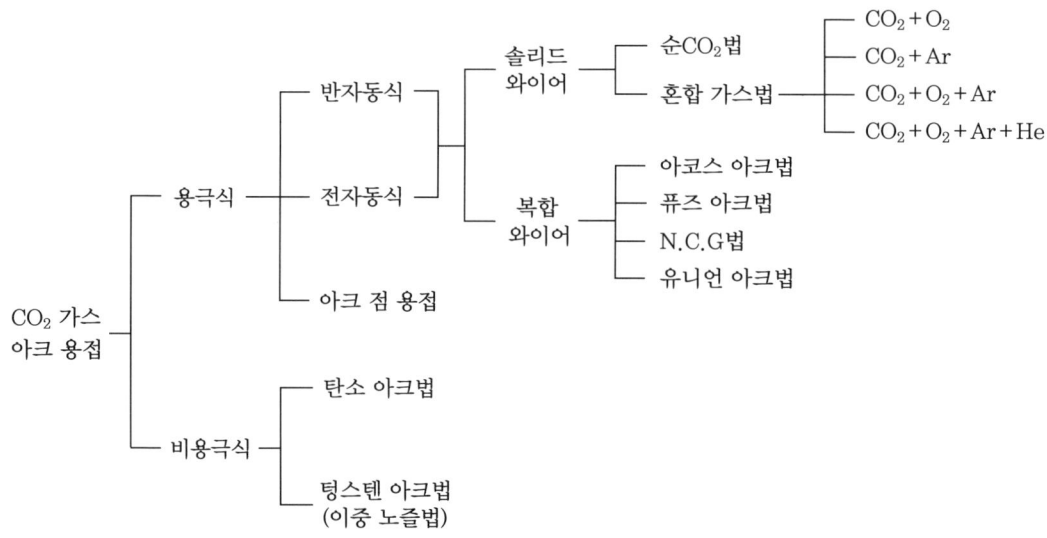

CO_2 용접의 분류

③ **용접법의 특성**

㈎ 정전압 특성과 상승 특성 : 전류가 증가하여도 아크 전압이 일정하게 유지되는 특성을 정전압 특성(constant voltage characteristic)이라 하고, 전류가 증가할 때 전압이 다소 높아지는 특성을 상승 특성(rising characteristic)이라 하며 불활성 가스 금속 아크 용접(MIG)이나 이산화탄소 용접 등과 같이 전류밀도가 매우 높은 자동, 반자동 용접에 필요한 특성이다.

㈏ 용접의 장점과 단점

㉮ 장점
  ㉠ 전류밀도가 높아 용입이 깊고 용접 속도를 빠르게 할 수 있다.

ⓒ 용착 금속 중 수소량이 적으며, 내균열성 및 기계적 성질이 우수하다.
ⓒ 단락 이행에 의하여 박판도 용접이 가능하며 전자세 용접이 가능하다.
ⓔ 아크 발생률이 높으며, 용접 비용이 싸기 때문에 경제적이다.
ⓜ 용제를 사용하지 않아 슬래그 혼입의 결함 발생이 없고, 용접 후의 처리가 간단하다.

㉯ 단점
ⓐ 바람의 영향을 받으므로 풍속 2m/s 이상에서는 방풍 대책이 필요하다.
ⓑ 적용되는 재질이 철 계통으로 한정되어 있다.
ⓒ 비드 표면이 피복 아크 용접이나 서브머지드 아크 용접에 비해 거칠다(복합 와이어 방식을 적용하면 좋은 비드를 얻을 수 있다).

④ **용접 장치의 구성**

㉮ CO_2 아크 용접법에는 반자동식, 전자동식, 수동식이 있으며 수동식은 거의 사용하지 않고, 반자동식과 전자동식이 많이 사용된다.

㉯ 용접 장치에는 주행 대차(carriage) 위에 용접 토치와 와이어 등을 탑재한 전자동식과 용접 토치만을 수동으로 조작하고 나머지는 기계적으로 조작하는 반자동식이 있다.

㉰ CO_2 용접 장치의 주요 장치는 용접 전원, 제어 장치, 보호 가스 공급 장치, 토치, 냉각수 순환 장치 등으로 구성되어 있으며, 와이어 송급 방식에는 사용 목적에 따라 푸시(push)식, 풀(pull)식, 더블 푸시(double push 또는 푸시-풀(push-pull)식)으로 나눈다.

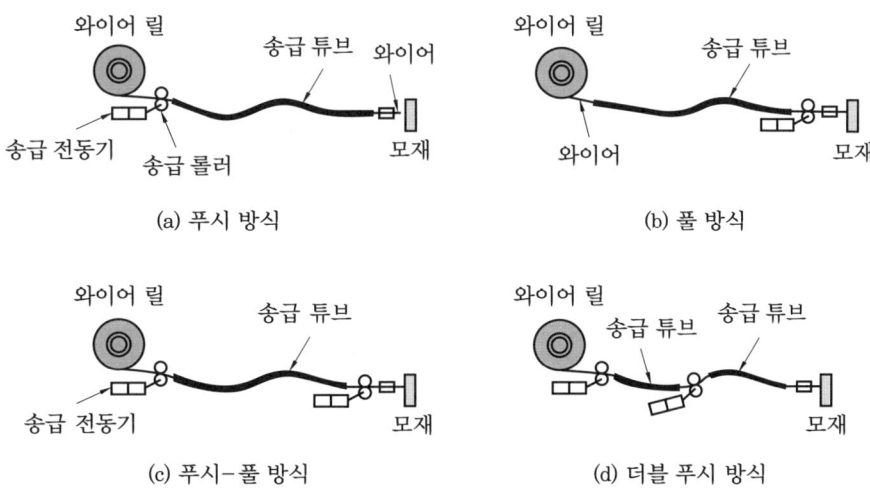

와이어 송급 방식

㈑ 부속 기구로 거리가 먼 곳에 용접 시 와이어 송급 장치를 용접 현장에 가까이 할 수 있는 원격 조절 장치(remote control box) 등이 필요하다. 그 밖에 이산화탄소, 산소, 아르곤 등의 유량계가 장착된 조정기와 유량계의 동결(이산화탄소는 기화되어 나오는 가스로 동결이 쉬움)을 예방하기 위한 히터(heater) 등의 보호 가스 공급 장치가 있다.

(2) 플라스마 아크 용접

① **플라스마 제트 용접(plasma jet welding)** : 파일럿 아크 스타팅(pilot arc starting) 장치로 기체를 가열하여 온도를 높여 주면 기체 원자가 열운동에 의해 양이온과 전자로 전리되어 충분히 이온화되면서 전류가 통할 수 있는 혼합된 도전성을 띤 가스체를 플라스마(plasma)라고 한다. 약 10000℃ 이상의 고온에 플라스마를 적당한 방법을 이용하여 한 방향으로 소구경 노즐(컨스트릭팅 노즐 : constricting nozzle(구속 노즐))에 고속으로 분출시키는 것을 플라스마 제트라 부르고 각종 금속의 용접, 절단 등의 열원으로 이용하며 용사에도 사용한다. 이 플라스마 제트를 용접 열원으로 하는 용접법을 플라스마 제트 용접이라 한다.

② **용접법의 특징**
  ㈎ 용접 전원으로는 수하 특성의 직류가 사용된다.
  ㈏ 일반적인 유량은 1.5~15 L/min으로 제한한다.
  ㈐ 이행형 아크는 플라스마 아크 방식으로 전극과 모재 사이에서 아크를 발생시키고, 핀치 효과를 일으키며 냉각에는 Ar 또는 Ar-H의 혼합 가스를 사용한다. 열 효율이 높고 모재가 도전성 물질이어야 한다.

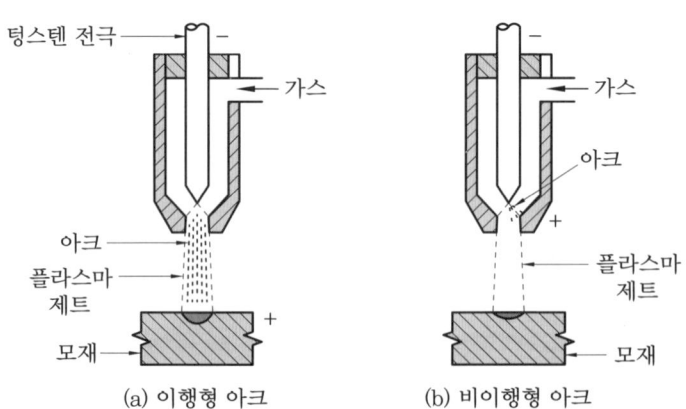

플라스마 아크의 종류

㈘ 비이행형 아크는 플라스마 제트 방식으로 아크의 안정도가 양호하며 토치를 모재에서 멀리하여도 아크에 영향이 없고 또한 비전도성 물질의 용융이 가능하나 효율이 낮다.

㈜ 중간형 아크는 반이행형 아크 방식으로 이행형 아크와 비이행형 아크 방식을 병용한 방식이며, 파일럿 아크는 용접 중 계속적으로 통전되어 전력 손실이 발생한다.

㈝ 아크는 노즐 및 플라스마 가스의 열적 핀치력에 의해 좁아진다(플라스마 아크의 넓어짐은 작고 TIG 아크의 약 1/4 정도에서 전류밀도가 현저하게 높아진 아크가 된다).

㈞ 아크가 좁아지는 플라스마 아크의 전압은 대·중전류역에서 TIG 아크에 비해 높지만 소전류역에서는 반대로 낮아지고, 예를 들어 TIG 아크는 20A 이하가 되면 현저한 부특성을 나타내지만, 플라스마 아크는 파일럿 아크 등의 작용으로 아크 소전류로 되어도 전압의 상승은 적어 아크가 안정하게 유지된다.

③ 용접의 장점과 단점

㈎ 장점
  ㉮ 플라스마 제트는 에너지 밀도가 크고, 안정도가 높으며 보유 열량이 크다.
  ㉯ 비드 폭이 좁고 용입이 깊다.
  ㉰ 용접 속도가 빠르고 용접 변형이 적다.
  ㉱ 아크의 방향성과 집중성이 좋다.

㈏ 단점
  ㉮ 용접 속도가 크게 되면 가스의 보호가 불충분하다.
  ㉯ 보호 가스가 2중으로 필요하므로 토치의 구조가 복잡하다.
  ㉰ 일반 아크 용접기에 비하여 높은 무부하 전압(약 2~5배)이 필요하다.
  ㉱ 맞대기 용접에서는 모재 두께가 25mm 이하로 제한되며, 자동에서는 아래보기와 수평 자세로 제한하고 수동에서는 전자세 용접이 가능하다.

④ 플라스마의 전류 파형과 극성으로의 분류

㈎ 직류 정극성 플라스마 용접 : 일반적인 플라스마 용접법으로 용접 전류 20A 정도를 경계로 하여 소, 중, 대전류로 나눈다.
  ㉮ 중, 대전류 플라스마 용접에서는 플라스마 아크가 발생하면 파일럿 아크가 정지한다.
  ㉯ 소전류 플라스마 용접에서는 아크를 안정하게 유지하기 때문에 플라스마 아크가 발생해도 파일럿 아크는 그대로 유지된다.

㈎ 직류 역극성 플라스마 용접 : 텅스텐 대신에 수랭 동전극을 쓰고 봉 플러스(EP)의 극성으로 행하는 방법이며, 클리닝 폭 제어를 목적으로 보호 가스에 극히 미량의 산소를 첨가한다.

㈐ 펄스 플라스마 용접 : TIG 용접 등과 같이 일정 주기로 용접 전류의 증감을 반복하면서 용접하는 방식으로 피크(최대치) 전류 범위에서 모재를 용융하고, 베이스 전류 범위에서 용융 금속의 냉각, 응고를 행한다.

㈑ 핫 와이어 플라스마 용접 : 용가재의 용융 속도 향상을 목적으로 통전 가열한 용가재(wire)를 첨가하는 방법이며 통전 가열하지 않은(cold wire) 경우의 2~3배의 용착량이 얻어진다.

㈒ 교류 플라스마 용접 : 알루미늄 등의 키 홀(key hold) 용접을 목적으로 개발된 방법으로 봉 플러스(EP) 범위에서 클리닝 작용과 봉 마이너스(EN) 범위에서 심 용입의 양방을 활용한다. 비교적 새로운 플라스마 용접법이다.

⑤ **용접 기기 및 장치**

㈎ 플라스마 용접 장치 : 직류 전원, 제어 장치(고주파 전압 발생 회로, 시퀀스 제어 회로, 플라스마 및 보호 가스 제어 회로), 용접 토치, 용가재 송급 장치, 출력 전류 등의 조정기, 자기 주위 조작 상자, 냉각수 순환 장치 등으로 구성되어 있다.

㈏ TIG 용접 전원 등과 같이 수하 특성, 정전류 특성이지만, 정격 부하 전압은 높고 TIG 용접 전원의 1.5~2배로 되어 있다.

예|상|문|제

1. 불활성 가스 텅스텐 아크 용접법의 명칭이 아닌 것은?
① 비용극식 불활성 가스 아크 용접법
② 헬륨-아크 용접법
③ 아르곤 아크 용접법
④ 시그마 용접법

해설 시그마(sigma) 용접법은 MIG 용접법의 상품명으로 그 외에 에어코매틱(air comatic) 용접법, 필러 아크(filler arc) 용접법, 아르고노트(argonaut) 용접법 등이 있다.

2. 불활성 가스 텅스텐 아크 용접의 특징으로 틀린 것은?
① 보호 가스가 투명하여 가시 용접이 가능하다.
② 가열 범위가 넓어 용접으로 인한 변형이 크다.
③ 용제가 불필요하고 깨끗한 비드 외관을 얻을 수 있다.
④ 피복 아크 용접에 비해 용접부의 연성 및 강도가 우수하다.

해설 가열 범위가 적어 용접으로 인한 변형이 적고 열의 집중 효과가 양호하며, 우수한 용착 금속을 얻을 수 있고, 전자세 용접이 가능하다. 저전류에서도 아크가 안정되어 박판의 용접에 유리하며, 거의 모든 금속(철, 비철)의 용접이 가능하다.

3. 불활성 가스 텅스텐 아크 용접에 대한 설명으로 틀린 것은?
① 직류 역극성으로 용접하면 청정 작용을 한다.
② 가스 노즐은 일반적으로 세라믹 노즐을 사용한다.
③ 불가시 용접으로 용접 중에는 용접부를 확인할 수 없다.
④ 용접용 토치는 냉각 방식에 따라 수랭식과 공랭식으로 구분된다.

해설 불활성 가스 텅스텐 아크 용접은 가시 아크이므로 용접사가 눈으로 직접 확인하면서 용접이 가능하다.

4. TIG 용접기 설치를 위한 장소에 대한 설명 중 틀린 것은?
① 휘발성 가스나 기름이 있는 곳을 피한다.
② 습기 또는 먼지 등이 많은 장소는 용접기 설치를 피한다.
③ 벽에서 5cm 이상 떨어지고, 바닥면이 견고하고 수평인 곳을 선택한다.
④ 비, 바람이 치는 옥외 또는 주위 온도가 -10℃ 이하인 곳은 피한다.

해설 벽에서 30cm 이상 떨어지고, 바닥면이 견고하고 수평인 곳을 선택한다.

5. TIG 용접에서 교류 전원 사용 시 발생하는 직류 성분을 없애기 위하여 용접기 2차 회로에 삽입하는 것 중 틀린 것은?
① 정류기　　② 직류 콘덴서
③ 축전지　　④ 컨덕턴스

해설 교류에서 발생되는 불평형 전류를 방지하기 위해서 2차 회로에 직류 콘덴서(condenser), 정류기, 리액터, 축전지 등을 삽입하여 직류 성분을 제거한다.

정답 1. ④　2. ②　3. ③　4. ③　5. ④

6. 용접 작업에서 아크를 쉽게 발생하기 위하여 용접기에 들어가는 장치는?
① 전격 방지기
② 원격 제어 장치
③ 무선식 원격 제어 장치
④ 고주파 발생 장치

해설 고주파 발생 장치는 아크의 안정을 확보하기 위하여 상용 주파수의 아크 전류 외에 고전압 3000~4000 V를 발생하여 용접 전류를 중첩시키는 부속 장치이다.

7. 불활성 가스 텅스텐 아크 용접에서 전극을 모재에 접촉시키지 않아도 아크 발생이 되는 이유로 가장 적합한 것은?
① 전압을 높게 하기 때문에
② 텅스텐의 작용으로 인해서
③ 아크 안정제를 사용하기 때문에
④ 고주파 발생 장치를 사용하기 때문에

해설 고주파 발생 장치의 고주파 전원을 사용하게 되면 전극이 모재와 접촉하지 않아도 아크가 발생하게 되므로 아크의 발생이 용이하고, 전극봉의 오염 및 수명이 연장된다.

8. TIG 용접 시 교류 용접기에 고주파 전류를 사용할 때의 특징이 아닌 것은?
① 아크는 전극을 모재에 접촉시키지 않아도 발생된다.
② 전극의 수명이 길다.
③ 일정 지름의 전극에 대해 광범위한 전류의 사용이 가능하다.
④ 아크가 길어지면 끊어진다.

해설 아크가 길어져도 끊어지지 않는다.

9. 직류 정극성에 대한 설명으로 올바르지 못한 것은?

① 모재를 (+)극에, 용접봉을 (-)극에 연결한다.
② 용접봉의 용융이 느리다.
③ 모재의 용입이 깊다.
④ 용접 비드의 폭이 넓다.

해설 직류 정극성(DCSP)은 모재에 양극(+), 전극봉에 음극(-)을 연결하여 양극에 발열량이 70~80%, 음극에서는 20~30%로 모재 측에 열 발생이 많아 용입이 깊게 되고 음극인 전극봉(용접봉)은 천천히 녹는다. 역극성은 반대로 모재가 천천히 녹고 용접봉은 빨리 용융되어 비드가 용입이 얕고 넓어진다.

10. 직류 역극성(reverse polarity)을 이용한 용접에 대한 설명으로 옳은 것은?
① 모재의 용입이 깊다.
② 용접봉의 용융 속도가 느려진다.
③ 용접봉을 음(-), 모재를 양극(+)에 설치한다.
④ 얇은 판의 용접에서 용락을 피하기 위하여 사용한다.

해설 직류 역극성(DCRP)은 모재에 음극(-), 용접봉에 양극(+)을 연결하여 열량은 용접봉이 70%, 모재가 30%로 용입이 얕고 비드 폭이 넓다.

11. TIG 용접기에서 직류 역극성을 사용하였을 경우 용접 비드의 형상으로 맞는 것은?
① 비드 폭이 넓고 용입이 깊다.
② 비드 폭이 넓고 용입이 얕다.
③ 비드 폭이 좁고 용입이 깊다.
④ 비드 폭이 좁고 용입이 얕다.

정답 6. ④ 7. ④ 8. ④ 9. ④ 10. ④ 11. ②

해설 역극성은 모재에 음극(-), 용접봉에 양극(+)을 연결하는 것으로 비드 폭이 넓고 용입이 얕으며, 산화 피막을 제거하는 청정 작용이 있다. 정극성으로 용접하면 비드 폭이 좁고 용입이 깊다.

12. TIG 용접에서 직류 역극성이 정극성보다 전극봉의 과열로 인한 소손이 우려되어 정극성보다 약 몇 배 정도 굵은 것을 사용해야 하는가?
① 2배 ② 3배
③ 4배 ④ 6배

해설 직류 역극성 사용 시 전극봉은 과열로 인한 소손이 우려되어 정극성보다 약 4배 정도 굵은 것을 사용해야 한다.

13. 가스 텅스텐 아크 용접기의 용접 장치 및 구성 중 틀린 것은?
① 전원 장치
② 제어 장치
③ 가스 공급 장치
④ 전격 저주파 방지 장치

해설 가스 텅스텐 아크 용접기의 주요 장치로는 전원을 공급하는 전원 장치(power source), 용접 전류 등을 제어하는 제어 장치(controller), 보호 가스를 공급, 제어하는 가스 공급 장치(shield gas supply unit), 고주파 발생 장치(high frequency testing equipment), 용접 토치(welding torch) 등으로 구성되고, 부속 기구로는 전원 케이블, 가스 호스, 원격 전류 조정기 및 가스 조정기 등으로 구성된다.

14. 불활성 가스 텅스텐 아크 용접을 할 때 주로 사용되는 가스는?

① H_2 ② Ar
③ CO_2 ④ C_2H_2

해설 불활성 가스 텅스텐 아크 용접에 이용되는 가스는 주로 Ar과 He이다.

15. TIG 용접 시 보호 가스로 쓰이는 아르곤과 헬륨의 특징을 비교할 때 틀린 것은?
① 헬륨은 용접 입열이 많으므로 후판 용접에 적합하다.
② 헬륨은 열 영향부가 아르곤보다 좁고 용입이 깊다.
③ 아르곤은 헬륨보다 가스 소모량이 적고 수동 용접에 많이 쓰인다.
④ 헬륨은 위보기 자세나 수직 자세 용접에서 아르곤보다 효율이 떨어진다.

해설 헬륨은 수소 다음으로 가벼운 기체이므로 위보기 자세나 수직 자세 용접에서 아르곤보다 효율이 높다.

16. TIG 용접 장소에서 환기 장치를 확인하는데 틀린 것은?
① 흄 또는 분진이 발산되는 옥내 작업장에 대하여는 국소 배기 시설과 같이 배기 장치를 설치한다.
② 국소 배기 시설로 배기되지 않는 용접 흄은 이동식 배기팬 시설을 설치한다.
③ 이동 작업 공정에서는 이동식 배기팬을 설치한다.
④ 용접 작업에 따라 방진, 방독 또는 송기 마스크를 착용하고 작업에 임하고 용접 작업 시에는 국소 배기 시설을 반드시 정상 가동시킨다.

해설 국소 배기 시설로 배기되지 않는 용접 흄은 전체 환기 시설을 설치한다.

정답 12. ③ 13. ④ 14. ② 15. ④ 16. ②

17. TIG 용접에서 용접 전류는 150~200A를 사용하는데 직류 정극성 용접을 할 때 노즐 지름(mm)과 가스 유량(L/min)의 적당한 규격으로 맞는 것은? (단, 앞이 노즐 지름, 뒤가 가스 유량이다.)

① 5~9.5-4~5
② 5~9.0-6~8
③ 6~12-6~8
④ 8~13-8~9

해설 용접 전류가 150~200A일 때 직류 정극성 용접 시 노즐 지름 6~12mm, 가스 유량 6~8L/min이고, 교류 용접 시 노즐 지름 11~13mm, 가스 유량 7~10L/min이다.

18. TIG 용접에서 토치의 형태 중 틀린 것은?

① 직선형
② 커브형
③ 플렉시블형
④ 치차형

해설 토치의 형태는 직선, 커브, 플렉시블형 등이 있다.

19. TIG 용접 토치의 내부 구조에 가스 노즐 또는 가스 컵이라고도 부르는 세라믹 노즐의 재질의 종류가 아닌 것은?

① 세라믹 노즐
② 금속 노즐
③ 석영 노즐
④ 티타늄 노즐

해설 가스 노즐은 재질에 따라 세라믹 노즐, 금속 노즐, 석영 노즐 등이 있다.

20. TIG 용접법으로 판 두께 0.8mm의 스테인리스 강판을 받침판을 사용하여 용접 전류 90~140A로 자동 용접 시 적합한 전극의 지름은?

① 1.6mm
② 2.4mm
③ 3.2mm
④ 6.4mm

해설 스테인리스 강판 0.8mm 자동 용접인 경우는 전극이 1.6mm이고 수동인 경우는 1~1.6mm를 사용하며, 용접 전류는 자동인 경우는 90~140A, 수동인 경우는 30~50A이다.

21. 다음은 TIG 용접에 사용되는 토륨-텅스텐 전극에 대한 설명이다. 틀린 것은?

① 저전류에서도 아크 발생이 용이하다.
② 저전압에서도 사용이 가능하고 허용 전류 범위가 넓다.
③ 텅스텐 전극에 비해 전자 방사 능력이 현저하게 뛰어나다.
④ 교류 전원 사용 시 불평형 직류분이 작아 바람직하다.

해설 토륨-텅스텐 전극은 교류 전원 사용 시 불평형 직류 전류가 증대하여 바람직하지 못하다.

22. TIG 용접에 사용되는 전극봉의 재료는 다음 중 어느 것인가?

① 알루미늄봉
② 스테인리스봉
③ 텅스텐봉
④ 구리봉

해설 TIG 용접에 사용되는 전극봉은 보통 연강, 스테인리스강에는 토륨이 함유된 텅스텐봉, 알루미늄은 순수 텅스텐봉, 그 밖에 지르코늄 등을 혼합한 텅스텐봉이 사용된다.

23. TIG 용접의 용접 조건으로서 틀린 것은?

① 원격 전류 조정기 또는 용접기 본체 전면 패널의 전류 조정기에 의해 조정할 수 있다.
② 용접 속도는 일반적으로 수동 용접의 경우 5~100cm/min 정도의 범위에서 움직이는 것이 안정된 아크의 상태를 유지할 수 있다.

정답 17. ③ 18. ④ 19. ④ 20. ① 21. ④ 22. ③ 23. ②

③ 용접 속도가 지나치게 빠르면 모재의 언더 컷이 발생하는 경우가 있다.
④ 아크 길이를 길게 하면 아크의 크기가 커져 높은 전압을 필요로 한다.

해설 용접 속도는 일반적으로 수동 용접의 경우 5~50 cm/min 정도의 범위에서 움직이는 것이 다른 용접에 비해 안정된 아크의 상태를 유지할 수 있다.

24. TIG 용접으로 Al을 용접할 때 가장 적합한 용접 전원은?
① DC SP
② DC RP
③ AC HF
④ AC RP

해설 고주파를 병용한 교류(AC HF)를 사용하면 반파에 청정 작용이 있고, 용접도 양호하다.

25. 구조물의 조립을 위한 가용접의 주의사항 중 틀린 것은?
① 본 용접사와 동등한 기량을 가진 용접사가 가용접을 실시한다.
② 본 용접과 같은 온도에서 후열 작업을 실시한다.
③ 구조물의 모서리 부분은 용접부가 겹치는 부분이므로 가능한 가용접을 피한다.
④ 구조물의 조립 상태에서 시작점과 끝점은 결함 발생이 쉬워 가능한 가용접을 피한다.

해설 본 용접과 같은 온도에서 예열 작업을 실시한다.

26. 가용접 위치와 길이의 선정 시 틀린 것은?
① 가용접의 간격은 판 두께의 15~30배 정도로 하는 것이 좋다.
② 판 두께가 3.2mm 이하는 30mm로 한다.
③ 판 두께가 3.2~25mm까지는 50mm로 한다.
④ 판 두께가 25mm 이상은 50mm 이상의 길이로 해주어야 한다.

해설 가용접의 길이는 판 두께가 3.2mm 이하는 30mm, 3.2~25mm까지는 40mm, 25mm 이상은 50mm 이상의 길이로 해주어야 한다.

27. TIG 용접기의 일반적인 고장 방지 방법 중 틀린 것은?
① 1, 2차 전선의 결선 상태를 정확하게 체결하고 절연이 되도록 한다.
② 용접기의 용량에 맞는 안전 차단 스위치를 선택한다.
③ 용접기를 정격사용률 이하로 사용하고, 허용사용률을 초과해도 괜찮다.
④ 용접기 내부의 고주파 방전 캡, PCB 보드 등에 함부로 손대지 않도록 한다.

해설 ①, ②, ④ 외에 다음과 같다.
㉠ 용접기를 정격사용률 이하로 사용하고, 허용사용률을 초과하지 않도록 한다.
㉡ 용접기 내부에 먼지 등의 이물질을 수시로 압축공기를 사용하여 제거한다.

28. 불활성 가스 금속 아크 용접의 특징 설명으로 틀린 것은?
① TIG 용접에 비해 용융 속도가 느리고 박판 용접에 적합하다.
② 각종 금속 용접에 다양하게 적용할 수 있어 응용 범위가 넓다.
③ 보호 가스의 가격이 비싸 연강 용접의 경우에는 부적당하다.
④ 비교적 깨끗한 비드를 얻을 수 있고 CO_2 용접에 비해 스패터 발생이 적다.

정답 24. ③ 25. ② 26. ③ 27. ③ 28. ①

[해설] TIG 용접에 비해 반자동, 자동으로 용접 속도 외 용융 속도가 빠르며 후판 용접에 적합하다.

29. 불활성 가스 아크 용접법의 장점이 아닌 것은?

① 불활성 가스의 용접부 보호와 아르곤 가스 사용 역극성 시 청정 효과로 피복제 및 용제가 필요 없다.
② 산화하기 쉬운 금속의 용접이 용이하고 용착부의 모든 성질이 우수하다.
③ 저전압 시에도 아크가 안정되고 양호하며 열의 집중 효과가 좋아 용접 속도가 빠르고 또 양호한 용입과 모재의 변형이 적다.
④ 두꺼운 판의 모재에는 용접봉을 쓰지 않아도 양호하고 언더컷(undercut)도 생기지 않는다.

[해설] 얇은 판의 모재에는 용접봉을 쓰지 않아도 양호하고 언더컷(undercut)도 생기지 않는다.

30. 불활성 가스 아크 용접법의 특성 중 틀린 것은?

① 아르곤 가스 사용 직류 역극성 시 청정 효과(cleaning action)가 있어 강한 산화막이나 용융점이 높은 산화막이 있는 알루미늄(Al), 마그네슘(Mg) 등의 용접이 용제 없이 가능하다.
② 직류 정극성 사용 시는 폭이 좁고 용입이 깊은 용접부를 얻으며 청정 효과도 있다.
③ 교류 사용 시 용입 깊이는 직류 역극성과 정극성의 중간 정도이고 청정 효과가 있다.
④ 고주파 전류 사용 시 아크 발생이 쉽고 안정되며 전극의 소모가 적어 수명이 길고 일정한 지름의 전극에 대해 광범위한 전류의 사용이 가능하다.

[해설] 직류 정극성 사용 시는 폭이 좁고 용입이 깊은 용접부를 얻으나 청정 효과가 없다.

31. 불활성 가스 아크 용접법의 특징으로 틀린 것은?

① 아크가 안정되어 스패터가 적고 조작이 용이하다.
② 높은 전압에서 용입이 깊고 용접 속도가 빠르며, 잔류 용제 처리가 필요하다.
③ 모든 자세 용접이 가능하고 열 집중성이 좋아 용접 능률이 높다.
④ 청정 작용이 있어 산화막이 강한 금속의 용접이 가능하다.

[해설] 높은 전압에서 용입이 깊고 용접 속도가 빠르며, 잔류 용제 처리가 필요한 것은 서브머지드 아크 용접법의 특징이다.

32. MIG 용접법의 특징에 대한 설명으로 틀린 것은?

① 전자세 용접이 불가능하다.
② 용접 속도가 빠르므로 모재의 변형이 적다.
③ 피복 아크 용접에 비해 빠른 속도로 용접할 수 있다.
④ 후판에 적합하고 각종 금속 용접에 다양하게 적용시킬 수 있다.

[해설] MIG 용접법은 전자세 용접이 가능하다.

33. 미그(MIG) 용접 등에서 용접 전류가 과대할 때 주로 용융풀 앞 기슭으로부터 외기가 스며들어, 비드 표면에 주름진 두터운 산화막이 생기는 것을 무엇이라 하는가?

① 퍼커링(puckering) 현상
② 퍽 마크(puck mark) 현상
③ 핀 홀(pin hole) 현상
④ 기공(blow hole) 현상

[정답] 29. ④ 30. ② 31. ② 32. ① 33. ①

해설 ㉠ 퍽 마크(puck mark) : 서브머지드 아크 용접에서 용융형 용제의 산포량이 너무 많으면 발생된 가스가 방출되지 못하여 기공의 원인이 되고 비드 표면에 퍽 마크가 생긴다.
㉡ 핀 홀(pin hole) : 용접부에 남아 있는 바늘과 같은 것으로 찌른 것 같은 미소한 가스의 기공이다.

34. MIG 용접에 사용되는 실드 가스가 아닌 것은?
① 아르곤+헬륨 ② 아르곤+탄산가스
③ 아르곤+수소 ④ 아르곤+산소

해설 MIG 용접에 사용되는 실드 가스로 아르곤+(헬륨, 탄산가스, 산소, 탄산가스+산소)의 혼합 가스를 이용한다.

35. 불활성 가스 아크 용접법에서 실드 가스는 바람의 영향이 풍속(m/s) 얼마에 영향을 받는가?
① 0.1~0.3 ② 0.3~0.5
③ 0.5~2   ④ 1.5~3

해설 실드 가스는 비교적 값이 비싸고 바람의 영향(풍속이 0.5~2m/s 이상이면 아르곤 가스의 보호 능력이 떨어진다)을 받기 쉽다는 결점이 있으며, 용착 속도가 작은 것부터 고속, 고능률 용접에는 그다지 적합하지 않다.

36. 불활성 가스 아크 용접으로 용접을 하지 않는 것은?
① 알루미늄   ② 스테인리스강
③ 티타늄 합금 ④ 선철

해설 불활성 가스 아크 용접에 해당되는 금속은 연강 및 저합금강, 스테인리스강, 알루미늄과 합금, 동 및 동 합금, 티타늄(Ti) 및 티타늄 합금 등이며 선철은 용접하지 않는다.

37. MIG 용접은 TIG 용접에 비해 능률이 높기 때문에 두께 몇 mm 이상의 알루미늄, 스테인리스강 등의 용접에 사용되는가?
① 3mm ② 5mm ③ 6mm ④ 7mm

해설 TIG는 3mm 이내가 좋고, MIG는 3mm 이상의 후판에 이용되고 있다.

38. MIG 용접에서 토치의 노즐 끝 부분과 모재와의 거리를 얼마 정도 유지하여야 하는가?
① 3mm 정도 ② 6mm 정도
③ 8mm 정도 ④ 12mm 정도

해설 MIG 용접의 아크 발생은 토치의 끝을 약 15~20mm 정도 모재 표면에 접근시켜 토치의 방아쇠를 당기어 와이어를 공급하여 아크를 발생시킨다. 노즐과 모재와의 거리는 12mm 정도 유지시키고 아크 길이는 6~8mm가 적당하다.

39. 불활성 가스 금속 아크 용접에서 이용하는 와이어 송급 방식이 아닌 것은?
① 풀 방식   ② 푸시 방식
③ 푸시-풀 방식 ④ 더블-풀 방식

해설 MIG나 MAG 용접에서 와이어 송급 방식에는 풀, 푸시, 푸시-풀 방식 3가지가 있다.

40. 다음은 플럭스 코어드 아크 용접에 대한 설명이다. 틀린 것은?
① 전자세의 용접이 가능하고 탄소강과 합금강의 용접에 가장 많이 사용된다.

정답 34. ③ 35. ③ 36. ④ 37. ① 38. ④ 39. ④ 40. ②

② 전류밀도가 낮아 용착 속도가 빠르며 위보기 자세에는 탁월한 성능을 보인다.
③ 일부 금속에 제한적(연강, 합금강, 내열강, 스테인리스강 등)으로 적용되고 있다.
④ 용접 중에 흄의 발생이 많고 복합 와이어는 가격이 같은 재료의 와이어보다 비싸다.

해설 전류밀도가 높아 필릿 용접에서는 솔리드 와이어에 비해 10% 이상 용착 속도가 빠르고, 수직이나 위보기 자세에서는 탁월한 성능을 보인다.

41. 가스 보호 플럭스 코어드 아크 용접의 특징 중 틀린 것은?

① 이중으로 보호한다는 의미로 듀얼 보호(dual shield) 용접이라고도 한다.
② 전자세 용접을 할 수 있는 방법이 개발되어 3.2mm 정도의 박판까지도 용접이 가능하다.
③ 용입 및 용착 효율이 다른 용접 방식에 비해 현저하게 높아 인건비를 절감할 수 있어 자동화에 맞추어 수요가 점차 증가하고 있다.
④ 용접의 큰 단점인 스패터 및 흄 가스의 발생으로 인한 용접 결함이 발생할 수 있다.

해설 용접의 큰 단점인 스패터 및 흄 가스의 발생으로 인한 용접 결함을 보완할 수 있는 데 의의가 있다.

42. 자체 보호 플럭스 코어드 아크 용접의 특징 중 틀린 것은?

① 혼합 가스(75% Ar과 25% CO_2)를 사용할 때 언더컷이 축소되고, 아크가 안정되며 스패터가 감소된다.
② 플럭스 코어드 와이어에는 탈산제와 탈질제(denitrify)로 알루미늄을 함유하고 있어 덜 중요한 용접에만 일반적으로 사용한다.
③ 사용이 간편하지 않고 적용성이 작으나, 용접부 품질이 균일하다.
④ 용접 작업자가 용융지를 볼 수 있고 용융 금속을 정확하게 조정할 수 있다.

해설 사용이 간편하고 적용성이 크며, 용접부 품질이 균일하다.

43. 플럭스 코어드 아크 용접의 특징으로 틀린 것은?

① 야외에서 용접할 때 풍속 10m/s 정도까지는 바람에 의한 영향이 적으므로 풍속 15m/s까지 적용이 가능하여 현장 용접에 적합하다.
② 보호 가스나 플럭스를 사용하지 않기 때문에 용접기와 와이어를 준비하면 좋고, 용접 준비가 간단하다.
③ 피복 아크 용접에 비해 아크 타임률이 향상되고, 와이어 돌출부가 줄열 가열에서 용착 속도가 빨라지며 피복 아크 용접의 1.5∼3배 능률 향상을 기대할 수 있다.
④ 용입이 약간 깊고, 내균열성은 비교적 양호하며, 미세 와이어에서는 반자동 가스 보호 아크 용접과 같이 전체의 용접이 가능하다.

해설 용입이 약간 얕으며, 내균열성은 비교적 양호하고, 미세 와이어에서는 반자동 가스 보호 아크 용접과 같이 전체의 용접이 가능하다.

44. CO_2 아크 용접에 대한 설명 중 틀린 것은?

① 전류밀도가 높아 용입이 깊고 용접 속도를 빠르게 할 수 있다.
② 용접 장치, 용접 전원 등 장치로서는 MIG 용접과 같은 점이 있다.

정답 41. ④ 42. ③ 43. ④ 44. ④

③ CO_2 아크 용접에서는 탈산제로서 Mn 및 Si를 포함한 용접 와이어를 사용한다.
④ CO_2 아크 용접에서는 차폐 가스로 CO_2에 소량의 수소 가스를 혼합한 것을 사용한다.

해설 혼합 가스는 CO_2-산소, CO_2-아르곤, CO_2-산소-아르곤 등이 있다.

45. 일반적인 탄산가스 아크 용접의 특징으로 틀린 것은?
① 가시 아크이므로 시공이 편리하다.
② 바람의 영향을 받지 않으므로, 방풍 장치가 필요 없다.
③ 전류밀도가 높아 용입이 깊고 용접 속도를 빠르게 할 수 있다.
④ 용제를 사용하지 않아 슬래그의 혼입이 없고, 용접 후의 처리가 간단하다.

해설 이산화탄소 아크 용접의 단점
㉠ 바람의 영향을 받으므로 풍속 2m/s 이상에서는 방풍 대책이 필요하다.
㉡ 적용되는 재질이 철 계통으로 한정되어 있다.
㉢ 비드 표면이 피복 아크 용접이나 서브머지드 아크 용접에 비해 거칠다(복합 와이어 방식을 적용하면 좋은 비드를 얻을 수 있다).

46. 일반적인 탄산가스 아크 용접의 특징으로 틀린 것은?
① 용접 속도가 빠르다.
② 전류밀도가 높아 용입이 깊다.
③ 가시 아크 용접이므로 용융지의 상태를 보면서 용접을 할 수 있다.
④ 후판 용접은 단락 이행 방식으로 가능하고 비철 금속 용접에 적합하다.

해설 단락 이행에 의하여 박판도 용접이 가능하다. 전자세 용접이 가능하지만 비철 금속 용접은 불가능하다.

47. CO_2 용접에서 일반적으로 허용되지 않는 풍속은 얼마 이상일 때 방풍막으로 바람을 차단하여야 하는가? (단, 단위는 m/s이다.)
① 2.0 ② 1.5
③ 1.0 ④ 0.8

해설 풍속이 2m/s 이상일 때에는 방풍막으로 바람을 차단하여 용접을 해야 한다.

48. 용접기의 특성에 있어 수하 특성의 역할로 가장 적합한 것은?
① 열량의 증가
② 아크의 안정
③ 아크 전압의 상승
④ 저항의 감소

해설 수하 특성(drooping characteristic)
㉠ 부하 전류가 증가하면 단자 전압이 저하하는 특성
㉡ 아크 길이에 따라 아크 전압이 다소 변하여도 전류가 거의 변하지 않는 특성
㉢ 피복 아크 용접, TIG 용접, 서브머지드 아크 용접 등에 응용한다.

49. 아크 용접기의 특성 중 아크 길이에 따라 전압이 변동하여도 전류값은 거의 변하지 않는 특성은?
① 정전압 특성 ② 부하 특성
③ 정전류 특성 ④ 상승 특성

해설 수하 특성 중 아크 길이에 따라 전압이 변동하여도 아크 전류가 거의 변하지 않는 특성은 정전류 특성이다.

정답 45. ② 46. ④ 47. ① 48. ② 49. ③

50. CO_2 용접기의 특성으로 적합한 것은?

① 수하 특성　② 부특성
③ 정전압 특성　④ 정전류 특성

해설 CO_2 용접기는 일반적으로 직류 정전압 특성(DC constant voltage characteristic)이나 상승 특성(rising characteristic)의 용접 전원이 사용된다.

51. CO_2 아크 용접기에서 교류를 직류로 정류할 때 발생하는 거친 파형의 직류 출력 전력을 평활한 출력 전력으로 조정하는 역할을 하는 부품은?

① 리액터　② 제어 장치
③ 송급 장치　④ 용접 토치

해설 리액터(reacter) : 교류를 직류로 정류할 때 발생하는 거친 파형의 직류 출력 전력을 평활한 출력 전력으로 조정하는 역할

52. CO_2 가스 아크 용접에서 솔리드 와이어에 비교한 복합 와이어의 특징으로 틀린 것은?

① 양호한 용착 금속을 얻을 수 있다.
② 스패터가 많다.
③ 아크가 안정된다.
④ 비드 외관이 깨끗하며 아름답다.

해설 스패터가 적고, 비드 외관이 깨끗하며 아름답다.

53. CO_2 가스 아크 용접에서 아크 전압이 높을 때 나타나는 현상으로 맞는 것은?

① 비드 폭이 넓어진다.
② 아크 길이가 짧아진다.
③ 비드 높이가 높아진다.
④ 용입이 깊어진다.

해설 아크 전압과의 관계

아크 전압이 낮을 때	아크 전압이 전류에 비하여 높을 때
• 볼록하고 좁은 비드를 형성한다. • 와이어가 녹지 않고 모재 바닥에 부딪치며 토치를 들고 일어나는 현상이 발생한다. • 아크가 집중되기 때문에 용입은 약간 깊어진다.	• 아크가 길어지고 와이어가 빨리 녹아 비드 폭이 넓어지며 높이는 납작해지고 기포가 발생한다. • 용입은 약간 낮아진다.

54. CO_2의 유연한 토치 케이블을 통하여 공급되는 와이어, 가스, 전력을 토치 바디로 전달하는 장치로서 가공 규격이 정확하게 관리되어야 하는 부품은?

① 라이너
② 커런트
③ 어댑터 플러그
④ 토치 인슐레이터

해설 커런트(current) : 유연한 토치 케이블을 통하여 공급되는 와이어, 가스, 전력을 토치 바디로 전달하는 장치로서 가공 규격이 정확하게 관리되어야 한다.

55. 이산화탄소 아크 용접에서 일반적인 용접 작업(약 200A 미만)에서의 팁과 모재 간 거리는 몇 mm 정도가 가장 적당한가?

① 0~5　② 10~15
③ 30~40　④ 40~50

해설 이산화탄소 아크 용접에서 팁과 모재 간의 거리는 저전류(약 200A 미만)에서는 10~15 mm 정도, 고전류 영역(약 200

A 이상)에서는 15~25 mm 정도가 적당하며, 일반적으로 용접 작업에서의 거리는 10~15 mm 정도이고 눈으로 보는 실제 거리는 눈이 바로 보는 시각의 차이로 5~7 mm 정도이다.

56. CO_2-O_2 가스 아크 용접에서 용적 이행에 미치는 영향으로 적합하지 않은 것은?
① 핀치 효과
② 증발 추력
③ 모세관 현상
④ 표면장력

해설 용접 이행에 미치는 영향은 ①, ②, ④ 외에 중력, 전자기력, 플라스마 기류, 금속의 기화에 의한 반발력 등이 있다.

57. CO_2 용접법에서 와이어 송급을 일정하게 하는데 통전이 되는 부품은?
① 송급 모터
② 콘택트 팁
③ 노즐
④ 송급 롤러

해설 코일(coil) 형상으로 감겨진 와이어(wire)가 와이어 송급 모터(wire feeding motor)에 의해 자동으로 송급되면서 용접 전원에서 콘택트 팁(contact tip)에 의해 통전되어 와이어 자체가 전극이 된다.

58. CO_2 용접 토치 부속 장치의 연결 순서로 맞는 것은?
① 노즐 → 팁 → 절연관 → 가스 디퓨져 → 토치 바디
② 노즐 → 팁 → 가스 디퓨져 → 절연관 → 토치 바디
③ 노즐 → 절연관 → 팁 → 가스 디퓨져 → 토치 바디
④ 팁 → 절연관 → 노즐 → 가스 디퓨져 → 토치 바디

해설 CO_2 용접 토치 부속 장치의 연결은 끝에서부터 노즐 → 팁 → 절연관 → 가스 디퓨져 → 토치 바디 순서이다.

59. CO_2 토치를 조립하는 것 중 틀린 것은?
① 노즐에 부착된 스패터를 제거하며 부착 방지를 위하여 노즐 클리너를 사용한다.
② 오리피스는 스패터의 내부 침입을 막아주고 가스 유량을 균일하게 한다.
③ 토치 케이블은 가능한 직선으로 펴서 사용하고 구부려 사용하면 R200 이상이 되도록 한다.
④ 와이어 직경에 적합한 팁을 끼운다.

해설 토치 케이블은 가능한 직선으로 펴서 사용하며 구부려 사용하면 와이어 송급이 일정하지 않으므로 부득이하게 구부려 사용할 경우는 반경이 R300 이상이 되도록 해야 한다.

60. CO_2 용접 토치에 대한 설명 중 틀린 것은?
① 스프링 라이너는 3주에 1회 압축공기를 이용하여 내부의 먼지를 깨끗이 제거해 주어야 한다.
② 스프링 라이너가 토치 케이블에서 돌출된 길이를 확인하여 3 mm 정도 돌출하도록 한다.
③ 팁 구멍의 마모 상태를 확인한다.
④ 와이어 직경에 적합한 팁을 끼운다.

정답 56. ③ 57. ② 58. ① 59. ③ 60. ①

해설 스프링 라이너는 1주일에 1회 압축공기를 이용하여 내부의 먼지를 깨끗이 제거해 주어야 한다.

61. 50℃ 이하인 액화가스를 충전하기 위한 용기로 단열재로 피복하여 용기 내의 가스 온도가 상용의 온도를 초과하지 않는 용기인 것은?
① 이음매 없는 용기
② 용접 용기
③ 초저온 용기
④ 납 붙임 또는 접합 용기

해설 초저온 용기 : 50℃ 이하인 액화가스를 충전하기 위한 용기로 단열재로 피복하여 용기 내의 가스 온도가 상용의 온도를 초과하지 않는 용기로서 액화산소, 액화질소, 액화 아르곤, 액화 천연가스 등을 충전하는데 사용된다.

62. CO_2 용기의 조정기에 대한 설명으로 틀린 것은?
① 압력 조정기, 히터, 유량계 및 가스 연결용 호스 등으로 구성된다.
② 가스 유량은 소전류 영역에서는 5~20 L/min이 필요하다.
③ 가스 유량은 대전류 영역에서는 15~20 L/min이 필요하다.
④ CO_2 가스 압력은 용기 내부 압력으로부터 조정기를 통해 나오면서 배출 압력으로 낮아지고 이때 상당한 열을 주위로부터 흡수하여 조정기와 유량계가 얼어버린다.

해설 CO_2 가스의 유량은 200A 이하(소전류 영역)에서는 10~15L/min, 200A 이상(대전류 영역)에서는 15~20L/min 정도가 적당하다.

63. CO_2 와이어 송급 롤러가 와이어를 끌어당길 때 최소한의 인장력을 유지하면서 와이어를 풀어주는 브레이크(brake) 역할을 하는 것은?
① 와이어 송급 모터&변속기
② 와이어 송급 롤러
③ 와이어 가이드 롤 및 컨트롤 레버
④ 와이어 릴 허브 및 축

해설 와이어 릴 허브 및 축(wire reel hub & shaft) : 와이어 릴을 설치할 수 있는 장소 제공 및 와이어 송급 롤러가 와이어를 끌어당길 때 최소한의 인장력을 유지하면서 와이어를 풀어주는 브레이크(brake) 역할을 한다.

64. 다음 중 와이어 송급 장치의 특성으로 틀린 것은?
① 송급 장치는 와이어를 릴에서 뽑아 용접 토치 케이블을 통해 용접부까지 일정한 속도로 공급하는 장치이다.
② 송급 장치는 자유로운 속도로 나오는 것이 중요하다.
③ 송급 장치는 직류 전동기, 감속 장치, 송급 기구, 송급 제어 장치로 구성되어 있다.
④ 송급 방식은 푸시, 풀, 더블 푸시(푸시-풀) 방식이 있다.

해설 송급 장치는 정속도로 나오는 것이 중요하다.

65. CO_2 와이어 송급 속도에 관한 설명 중 틀린 것은?
① 변수가 일정한 경우는 와이어 송급 속도가 증가하면 용접 전류도 증가한다.
② 용접 전류는 와이어의 송급 속도가 증가함에 따라 제곱근 함수적으로 증가한다.

정답 61. ③ 62. ② 63. ④ 64. ② 65. ③

③ 콘택트 팁과 모재 간 거리가 증가하면 용접 전류도 증가된다.
④ 콘택트 팁과 모재 간 거리가 증가하면 와이어 돌출 길이가 길어진다.

해설 콘택트 팁과 모재 간 거리가 증가하면 용접 전류는 감소한다.

66. 와이어 송급 장치에서 인칭(inching) 스위치의 역할로 맞는 것은?

① 불균일한 송급을 바로 잡아주는 역할을 한다.
② 본 용접에 앞서 와이어를 조금씩 내보내어 송급 장치의 작용을 확인한다.
③ 와이어 굵기에 따라 갈아 끼워야 한다.
④ 와이어가 정속도로 나오게 하는 장치이다.

해설 일반적으로 와이어 송급 장치에는 인칭 스위치가 있어 본 용접에 앞서 와이어를 조금씩 내보내어 송급 장치의 작용을 확인한다.

67. CO_2 와이어 돌출 길이의 설명 중 틀린 것은?

① 와이어 송급 속도는 일정하기 때문에 와이어 돌출 길이를 길게 하면 용접 전류는 커진다.
② 아크 길이가 약간 길어지면 아크 안정성이 나쁘고 스패터의 발생이 증가한다.
③ 아크 길이가 약간 길어지면 비드 외관도 나쁘게 되고 용입도 감소한다.
④ 아크 길이가 약간 길어지면 가스의 보호 효과도 나쁘게 되어 기공 등의 결함이 생긴다.

해설 와이어 송급 속도는 일정하기 때문에 와이어 돌출 길이를 길게 하면 용접 전류는 감소한다.

68. CO_2 와이어 돌출 길이를 짧게 하면 발생하는 현상으로 틀린 것은?

① 아크 길이가 조금 길어진다.
② 용접 전류가 증가한다.
③ 와이어가 용융지 속으로 돌입한다.
④ 아크가 불안정하게 된다.

해설 아크 길이가 조금 짧게 되어 용접 전류가 증가한다.

69. CO_2 와이어 직경에 따른 설명으로 틀린 것은?

① 같은 전류에서 와이어 직경이 커지면 용입이 깊어진다.
② 같은 전류에서 와이어 직경이 작아지면 와이어의 용착 속도가 증가한다.
③ 같은 전류에서 와이어 직경이 작아지면 용접 속도에도 영향을 준다.
④ 수직과 위보기 용접에서는 직경이 작은 것이 효과적이다.

해설 같은 전류에서 와이어 직경이 작아지면 용입이 깊어지고, 와이어의 용착 속도가 증가하므로 용접 속도에 영향을 준다. 수직과 위보기 용접에서는 직경이 작은 것이 효과적이며, 표면 덧살 용접 같은 곳에는 직경이 큰 것이 좋다.

70. CO_2 용접 와이어에 대한 설명 중 옳지 않은 것은?

① 심선은 대체로 모재와 동일한 재질을 많이 사용한다.
② 심선 표면에 구리 등의 도금을 하지 않는다.
③ 용착 금속의 균열을 방지하기 위해서 저탄소강을 사용한다.
④ 심선은 전 길이에 걸쳐 균일해야 한다.

정답 66. ② 67. ① 68. ① 69. ① 70. ②

해설 심선은 탄소강으로 표면의 부식을 방지하기 위해 구리 도금을 한다.

71. CO₂ 용접에서 아크를 발생하는 방법이 아닌 것은?
① 토치를 잡고 모재 위를 겨냥하여 진행각을 90°로 유지한다.
② 토치를 잡고 모재 위를 겨냥하여 작업각을 90°로 유지한다.
③ 와이어 돌출 길이는 10~15mm가 되도록 유지한다.
④ 토치에 있는 스위치를 누르면 용접 전류의 통전에 의해 아크가 발생되며, 스위치를 놓으면 소멸된다.

해설 토치를 잡고 모재 위를 겨냥하여 작업각을 90°, 진행각은 75~80°로 유지한다.

72. CO₂ 가스에 O₂(산소)를 첨가한 효과가 아닌 것은?
① 슬래그 생성량이 많아져 비드 외관이 개선된다.
② 용입이 낮아 박판 용접에 유리하다.
③ 용융지의 온도가 상승한다.
④ 비금속 개재물의 응집으로 융착강이 총결해진다.

해설 CO_2 가스에 O_2(산소)를 첨가하면 용융지의 온도가 상승하며, 용입이 깊어 후판 용접에 유리하다.

73. 다음 중 CO₂ 용접의 일상 점검이 아닌 것은?
① 특이한 진동이나 타는 냄새의 유무를 확인하고 단선 여부 등을 점검한다.
② 전원 내부의 송풍기가 회전할 때 발생하는 소음을 확인하고 점검한다.
③ 케이블의 접속 부분에 피복이 벗겨진 부분이 없는지 확인하고 테이프를 이용하여 절연한다.
④ 접지선이 전원 케이스에 완전히 접지되었는지를 점검한다.

해설 ④는 3~6개월 점검 내용 중 하나이다.

74. 다음 중 CO₂ 용접에서 3~6개월 점검 사항이 아닌 것은?
① 전원의 입력 측, 출력 측 용접 케이블 접속 부분의 절연 테이프 해체 상태, 접촉의 불량, 절연 상태를 점검한다.
② 정류기 냉각팬 및 변압기 권선 간에 먼지가 쌓이면 방열 효과가 저하되므로 측면 및 상면을 열어 압축공기를 이용하여 먼지를 깨끗이 제거한다.
③ 송급 장치의 롤러 마모 상태, 라이너 속의 이물질, 토치 스위치 작동 상태를 점검한다.
④ 제어 컨트롤 PCB의 제어 릴레이 손상 및 부품의 열화 상태를 확인 후 교체 및 수리한다.

해설 ④는 연간 점검 내용이다.

75. 다음 중 가스가 나오지 않거나 불량한 원인으로 틀린 것은?
① 용접기 전원 또는 메인 스위치가 OFF되어 있다.
② 압력 용기에 가스가 없거나 밸브가 닫혀 있다.
③ CO₂ 조정기의 가열기가 너무 높게 되어 있다.
④ 가스 호스가 터지거나 막혀 있다.

해설 CO_2 조정기의 가열기(heater)가 결빙되어 있는 것이 원인이다.

정답 71. ① 72. ② 73. ④ 74. ④ 75. ③

76. 다음 중 CO_2 아크가 발생되지 않는 고장 원인에 따른 보수 및 정비 방법이 아닌 것은?

① 용접기 전원 스위치가 OFF되어 ON(접속)한다.
② 토치 또는 모재 측 케이블 불량, 단선이 됐을 때 전선을 연결한다.
③ 이상 표시등에 불이 켜져 있으면 기기의 이상 유무를 확인하기 전에 전원 스위치를 OFF하였다가 다시 ON시킨다.
④ PCB 접촉 불량일 때에는 PCB를 교체한다.

해설 이상 표시등에 불이 켜져 있으면 기기의 이상 유무를 확인하고 점검한다.

77. 다음 중 CO_2 가스가 계속 방류되는 원인으로 틀린 것은?

① 용접기의 가스 점검으로 스위치가 선택되었다.
② 가스 전자 밸브에 이상이 있다.
③ 전원 케이블이 단선되었다.
④ PCB 기판에 이상이 있다.

해설 CO_2 가스가 계속 방류되는 원인과 보수

원인	보수 및 정비 방법
가스 점검(시험, 가스 조정)으로 스위치가 선택되었다.	가스 점검을 용접으로 전환한다.
가스 전자 밸브에 이상이 있다.	가스 전자 밸브를 교환한다.
PCB 기판에 이상이 있다.	용접기 전원, PCB를 점검 및 교체한다.

78. 핀치 효과에 의해 열에너지의 집중도가 좋고 고온이 얻어지므로 용입이 깊고 비드 폭이 좁은 접합부가 형성되며, 용접 속도가 빠른 것이 특징인 용접은?

① 플라스마 아크 용접
② 테르밋 용접
③ 전자 빔 용접
④ 원자 수소 아크 용접

해설 플라스마 아크 용접에서 이행형 아크는 전극과 모재 사이에서 아크를 발생시키고 핀치 효과를 일으키며, 열 효율이 높고 모재가 도전성 물질이어야 한다.

79. 일반적인 플라스마 아크 용접의 특징으로 틀린 것은?

① 아크의 방향성과 집중성이 좋다.
② 설비비가 적게 들고 무부하 전압이 낮다.
③ 단층으로 용접할 수 있으므로 능률적이다.
④ 용접부의 기계적 성질이 좋고 변형이 적다.

해설 플라스마 아크 용접(PAW)은 플라스마 아크의 열을 이용하는 용접으로 가스 텅스텐 아크 용접(GTAW)과 유사한 아크 용접 공정이며, 전기 아크는 전극과 공작물 사이에서 형성된다. 설치비가 고가이고 무부하 전압이 높다.

80. 플라스마 용접에 관한 설명 중 틀린 것은?

① 단층으로 용접할 수 있어 능률적이다.
② 용접부가 대기로부터 보호되어 기계적 성질이 좋다.
③ 특수한 재료의 용접만 가능하며, 용접 시 숙련된 기술이 필요하다.
④ 열에너지의 집중도가 좋아 고온을 얻을 수 있고, 용입이 깊고, 용접 속도가 빠르다.

해설 플라스마 아크 용접은 각종 재료의 용접이 가능하다.

정답 76. ③ 77. ③ 78. ① 79. ② 80. ③

81. 플라스마 아크 용접법의 장단점 중 틀린 것은?
① 플라스마 제트는 에너지 밀도가 크고, 안정도가 높으며 보유 열량이 크다.
② 비드 폭이 좁고 용입이 깊고 용접 속도가 빠르며 용접 변형이 적다.
③ 용접 속도가 크게 되면 가스의 보호가 불충분하다.
④ 일반 아크 용접기에 비하여 높은 무부하 전압(약 1~2배)이 필요하다.
해설 일반 아크 용접기에 비하여 높은 무부하 전압(약 2~5배)이 필요하다.

82. 플라스마 절단에서 더블 아크(double arc) 현상에 대한 설명으로 틀린 것은?
① 전류값이 증가함에 따라 어느 한도의 전류값에 오르면 노즐을 끼워 시리즈 아크가 발생하고, 이것이 주 아크와 공존하게 되는 더블 아크 상태가 된다.
② 더블 아크 상태가 되어 이러한 현상에서 절단 능력은 크게 저하되고 노즐 및 전극의 손상을 초래하게 된다.
③ 더블 아크 발생의 한계 전류보다 조금 높은 전류로 설정하는 것이 바람직하다.
④ 한계 전류는 노즐 지름이 작을수록, 노즐 구속 길이가 길수록 낮아진다.
해설 더블 아크 발생의 한계 전류보다 조금 낮은 전류로 설정하는 것이 바람직하다.

83. 플라스마 아크의 종류에 해당되지 않는 것은?
① 이행형 아크
② 단락형 아크
③ 비이행형 아크
④ 중간형 아크
해설 플라스마 아크에는 이행형, 비이행형, 중간형의 3가지가 있다.

84. 플라스마 아크 용접에 적당한 재료가 아닌 것은?
① 알루미늄 합금
② 스테인리스강
③ 탄소강
④ 니켈 합금
해설 알루미늄 합금은 불활성 가스 아크 용접(TIG)법으로 용접한다.

85. 플라스마의 전류 파형과 극성으로 분류한 것 중 틀린 것은?
① 직류 정극성 플라스마 용접
② 직류 역극성 플라스마 용접
③ 펄스 플라스마 용접
④ 콜드 와이어 플라스마 용접
해설 플라스마의 전류 파형과 극성으로의 분류에는 직류 정극성 플라스마 용접, 직류 역극성 플라스마 용접, 펄스 플라스마 용접, 핫 와이어 플라스마 용접, 교류 플라스마 용접 등이 있다.

정답 81. ④ 82. ③ 83. ② 84. ① 85. ④

제6장 용접 시공

1. 용접 시공 및 검사

1-1 용접 이음과 결함의 종류

(1) 용접 이음의 종류

① 용접 이음의 기본 형식
  - ㈎ 덮개판 이음(한면, 양면, strap joint)
  - ㈏ 겹치기 이음(lap joint)
  - ㈐ 변두리 이음(edge joint)
  - ㈑ 모서리 이음(corner joint)
  - ㈒ T 이음(tee joint)
  - ㈓ 맞대기 이음(한면, 양면, butt joint)

[한면 홈 이음]

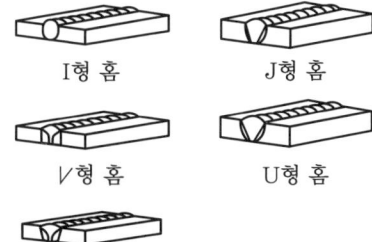

I형 홈   J형 홈
V형 홈   U형 홈
V형 홈

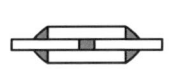 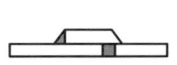 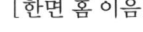

(a) 덮개판 이음   (b) 겹치기 이음   (c) 겹친 맞대기 이음

 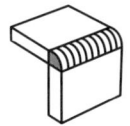 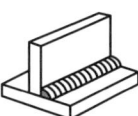

(d) 변두리 이음   (e) 모서리 이음   (f) T 이음

[양면 홈 이음]

양면 I형 홈   양면 J형 홈

K형 홈   H형 홈

X형 홈

(g) 맞대기 이음

용접 이음의 종류

② **용접부 형상에 따른 종류**

㈎ 맞대기 이음 용접 : I형, V형, ⋁형, U형, J형, X형, K형, H형, 양면 J형 등

㈏ 필릿 용접(fillet weld) : 겹쳐 놓은 이음의 필릿 부분을 용접하는 것으로 단속, 연속 필릿 용접이 있다.

㈐ 플러그 용접(plug weld) : 접합하려는 한쪽 모재에 원형 또는 타원형의 구멍을 뚫고 판의 표면까지 가득 차도록 용접하여 다른 쪽 모재와 접합하는 용접이다.

㈑ 슬롯 용접(slot weld) : 접합하기 위해 겹쳐 놓은 두 모재의 한쪽에 둥근 구멍 대신 좁고 긴 홈을 만들어 그곳에 용접하는 것이다.

㈒ 플레어 용접(휨홈 용접 flare groove weld) : 두 모재 사이의 휨 부분을 용접하는 것이다.

㈓ 플랜지 용접(flanged weld) : 플레어부 뒤쪽에 해당되는 부분을 용접하는 것이다.

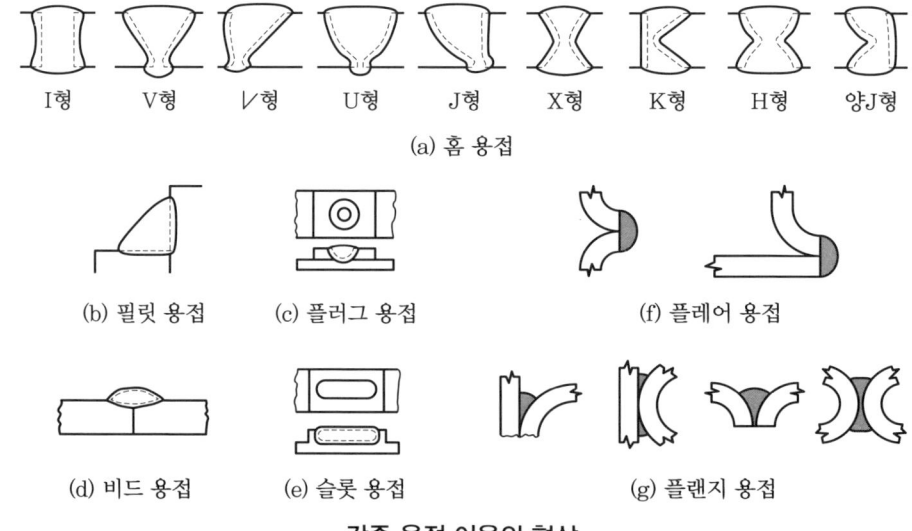

각종 용접 이음의 형상

㈔ 용접선의 방향과 응력 방향에 따른 필릿 용접의 종류

㉮ 전면 필릿 용접 : 용접선 방향과 하중 방향이 직각인 것

㉯ 측면 필릿 용접 : 용접선 방향과 하중 방향이 평행인 것

㉰ 경사 필릿 용접 : 용접선 방향과 하중 방향이 경사진 것

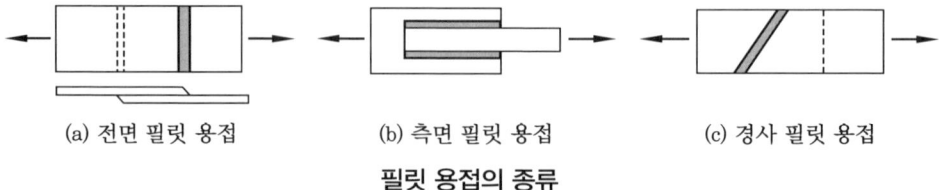

필릿 용접의 종류

(2) 용접 이음의 준비
① 홈 가공
   (가) 피복 아크 용접의 홈 각도 : 54~70° 정도가 적합하다.
   (나) 용접 균열 방지 : 루트 간격을 작게 선택하는 것이 좋다.
   (다) 능률면 : 용입이 허용되는 한 홈 각도를 작게 하고 용착 금속량을 적게 하는 것이 좋다.
   (라) 서브머지드 아크 용접의 준비
      ㉮ 루트 간격 : 0.8mm 이하
      ㉯ 루트 면 : 7~16mm
      ㉰ 표면 및 뒷면 용접 : 3mm 이상 겹치도록 용접(용입)하는 것이 좋다.

② 용접 조립 및 가공
   (가) 조립(assembly)
      ㉮ 수축이 큰 맞대기 용접 이음을 먼저 용접한 후 다음에 필릿 용접 순으로 한다.
      ㉯ 큰 구조물에서는 구조물의 중앙에서 끝으로 용접을 실시하며 대칭으로 용접한다.
   (나) 가접(tack welding)
      ㉮ 용접 결과의 좋고 나쁨에 직접적인 영향을 준다.
      ㉯ 본 용접의 작업 전에 좌우의 홈 부분을 잠정적으로 고정하기 위한 짧은 용접이다.
      ㉰ 균열, 기공, 슬래그 잠입 등의 결함을 수반하기 쉬우므로 본 용접을 실시할 홈 안에 가접하는 것은 바람직하지 못하며, 만일 불가피하게 홈 안에 가접하였을 경우 본 용접 전에 갈아내는 것이 좋다.
      ㉱ 본 용접을 하는 용접사와 비등한 기량을 가진 용접사에 의해 실시되어야 한다.
      ㉲ 가접에는 본 용접보다 지름이 약간 가는 봉을 사용하는 것이 좋다.

③ 루트 간격 : 가접을 할 때에는 루트 간격이 소정의 치수(보통은 용가재의 지름과 같거나 지름의 ±0.1~1mm 정도)가 되도록 유의하여야 한다.
  루트 간격이 너무 좁거나, 클 때는 용접 결함이 생기기 쉽고 또한 루트 간격이 너무 크면 용접 입열 및 용착량이 커져 모재 재질의 변화 및 굽힘 응력 등이 생기므로 허용 한도 이내로 교정하고 서브머지드 아크 용접의 경우에는 용착을 방해하기 때문에 엄격히 제한되어 있다.
   (가) 맞대기 이음 홈의 보수
      ㉮ 루트 간격 6mm 이하 : 한쪽 또는 양쪽을 덧살 올림 용접을 하여 깎아내고, 규정 간격으로 홈을 만들어 용접한다[그림 (a)].
      ㉯ 루트 간격 6~16mm 이하 : 두께 6mm 정도의 뒤판을 대어서 용접한다[그림 (b)].

㉰ 루트 간격 16mm 이상 : 판의 전부 또는 일부(길이 약 300mm)를 대체한다[그림 (c)].

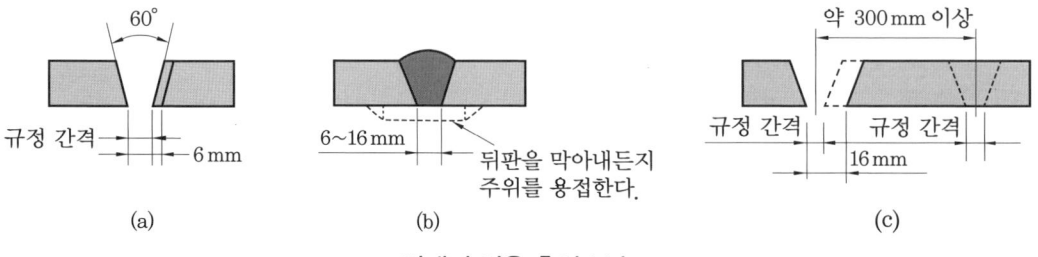

맞대기 이음 홈의 보수

(나) 필릿 용접 이음 홈의 보수

㉮ 루트 간격 1.5mm 이하 : 규정대로의 각장으로 용접한다[그림 (a)].

㉯ 루트 간격 1.5~4.5mm : 그대로 용접하여도 좋으나 넓혀진 만큼 각장을 증가시킬 필요가 있다[그림 (b)].

㉰ 루트 간격 4.5mm 이상 : 라이너(liner)를 끼워 넣든지, [그림 (d)]와 같이 부족한 판을 300mm 이상 잘라내서 대체한다[그림 (c), (d)].

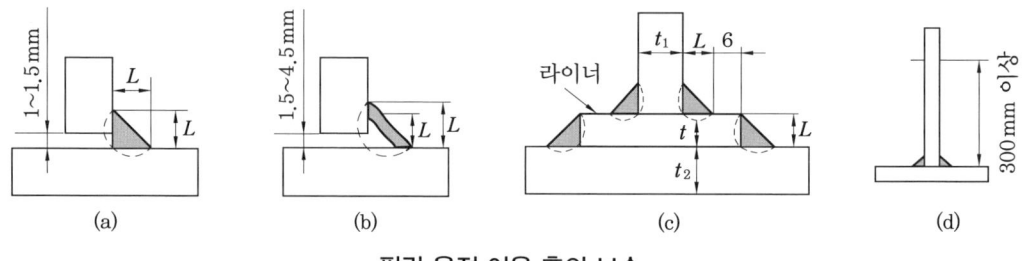

필릿 용접 이음 홈의 보수

④ **용접 이음부의 청정** : 이음부에 있는 수분, 녹, 스케일, 페인트, 기름, 그리스, 먼지, 슬래그 등은 기공이나 균열의 원인이 되므로 이들을 제거하는데는 와이어 브러시, 그라인더(grinder), 쇼트 블라스트(shot blast) 등의 사용과 화학약품 등이 사용되며, 자동 용접인 경우 고속 용접으로 불순물의 영향이 커 용접 전에 가스 불꽃으로 홈의 면을 80℃ 정도로 가열하여 수분, 기름기를 제거한다.

(3) 용접 결함의 종류

① **여러 가지 용접 결함** : 용접법은 짧은 시간에 고온의 열을 사용하는 야금학적 접합법이므로 어떤 일부의 조건에 이상이 발생하면 다음 그림과 같은 용접 결함이 발생되므로 시공 시에 정확한 작업 조건을 갖추어야 좋은 용접부를 얻을 수 있다.

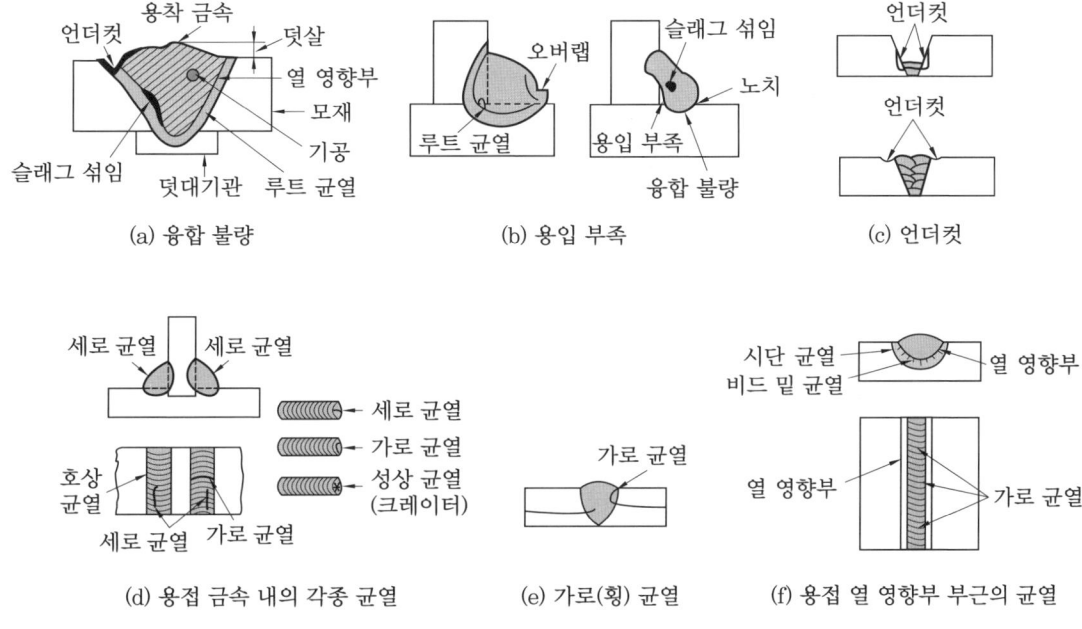

여러 가지 용접 결함

② 용접부의 결함 종류에 따른 검사법

구분	결함의 종류	시험과 검사법
치수상의 결함	변형	적당한 게이지를 사용한 외관 육안 검사
	용접 금속부 크기 부적당	용접 금속용 게이지를 사용한 육안 검사
	용접 금속부 형상 부적당	
구조상의 결함	기공	방사선 검사, 전자기 검사, 와류 검사, 초음파 검사, 파단 검사, 현미경 검사, 마이크로 조직 검사
	비금속 또는 슬래그 섞임	
	융합 불량	
	용입 불량	
	언더컷	굽힘 시험, 외관 육안 검사, 방사선 검사
	균열	외관 육안 검사, 방사선 검사, 초음파 검사, 현미경 검사, 마이크로 조직 검사, 전자기 검사, 침투 검사, 형광 검사
	표면 결함	굽힘 시험, 외관 육안 검사, 기타
성질상의 결함	인장강도의 부족	전용착 금속의 인장 시험, 맞대기 용접의 인장 시험, 필릿 용접의 전단 시험, 모재의 인장 시험
	항복강도의 부족	전용착 금속의 인장 시험, 맞대기 용접의 인장 시험, 모재의 인장 시험
	연성의 부족	전용착 금속의 인장 시험, 굽힘 시험, 모재의 인장 시험

성질상의 결함	경도의 부적당	경도 시험
	피로강도의 부족	피로 시험
	충격에 의한 파괴	충격 시험
	내식성의 불량	부식 시험
	화학 성분의 부적당	화학 분석

1-2 용접 변형과 잔류 응력

(1) 용접 변형

① **용접 변형의 원인** : 용접 열에 의한 것과 용접 이음의 외적 구속에 의한 것이 있다.
  (가) 용접 열에 의한 것 : 용접 전류, 아크 전압, 용접 속도, 용접봉의 종류와 지름, 용접 층수, 이음의 개선 형상과 치수, 용착 순서, 수동 또는 자동 용접의 차이, 뒷면 따내기 혹은 뒷면 용접 유무 등의 영향
  (나) 용접 이음의 외적 구속에 의한 것 : 부재 치수, 이음 주변 지지 조건, 가접의 크기, 피치, 구속 지그의 적용법, 용접 순서 등의 영향

② **수축 변형** : 외적 구속을 크게 하면 수축 변형은 감소한다.

- 면 내의 수축 변형 ─┬─ 수축 변형 : 가로 방향 수축, 세로 방향 수축
　　　　　　　　　　└─ 회전 변형
- 면 외의 디플렉션 변형 ─┬─ 굽힘 변형 : 가로 방향 굽힘 변형(각 변형), 세로 방향 굽힘 변형
　　　　　　　　　　　　├─ 좌굴 변형
　　　　　　　　　　　　└─ 비틀림 변형

  (가) 가로 방향 수축 : 필릿 이음의 가로(횡) 수축량은 맞대기 이음에 비하여 매우 적다. 가로 방향 수축량은 용착 금속량 또는 필릿 크기가 클수록 크게 된다.

  ㉮ 연속 필릿 용접 : 수축 = $\dfrac{\text{다리 길이}}{\text{판 두께}}$ [mm]

  ㉯ 단속 필릿 용접 : 수축 = $\dfrac{\text{다리 길이}}{\text{판 두께}} \times \dfrac{\text{용접 길이}}{\text{전 길이}}$ [mm]

  ㉰ 겹치기 이음(양면 필릿) : 수축 = $\dfrac{\text{다리 길이}}{\text{판 두께}} \times 1.5$ [mm]

  (나) 세로 방향 수축 : 용접 길이의 1/1000 정도로 가로 방향 수축에 비해 그 양이 적

다. 이것은 비드의 수축이 모재에 의하여 억제되기 때문이다.
  ⒟ 회전 변형
    ㉮ 용접되지 않은 개선 부분이 면재에서 내측 또는 외측으로 회전하는 변형을 말한다.
    ㉯ 손 용접일 경우 개선이 좁아지는 경향이 있으며 회전 변형은 제1층 용접에서 제일 크게 나타나고 제2층 이상에서부터는 비교적 적게 나타난다.
    ㉰ 일렉트로 슬래그 용접의 경우도 좁아지며 특히 시작할 때 회전 변형이 일어나기 쉬우므로 주의해야 한다.
    ㉱ 서브머지드 아크 용접의 경우에는 반대로의 현상이 있다.
    ㉲ 후퇴법, 대칭법, 비석법의 활용은 회전 변형 방지에 상당한 효과가 있다.
  ⒠ 굽힘 변형
    ㉮ 맞대기 이음의 각 변형
      ㉠ 후판 용접에서 온도 분포가 비대칭이므로 가로 판의 표면과 이면이 달라져 각 변형이 된다.
      ㉡ V형 이음에서는 각 변형이 한 방향에서만 일어난다.
      ㉢ X형 이음에서는 이면 용접에서 각 변형이 반대 방향이므로 어느 정도 상쇄되어 전체적인 각 변화는 작아진다.
    ㉯ 필릿 용접의 각 변형 : T형 필릿 용접은 미리 반대 방향으로 판을 휘어 놓으면 각 변화를 경감시킬 수 있다.
  ⒡ 좌굴 변형 : 박판 용접에서 용접살 방향으로 작용하는 압축 응력에 의한 좌굴 변형이 일어나기 쉬우므로 이음 주변 면의 변형을 구속하거나 용착 순서를 고려하여 열량을 분산시키는 것이 변형 방지책이다.
  ⒢ 비틀림 변형
    ㉮ 기둥이나 보같은 가늘고 길이가 긴 구조에서 재료 고유의 비틀림이나 용접 수축량에 의한 불균형의 비틀림이 발생되기 쉽다.
    ㉯ 변형이 일어나면 변형 교정이 거의 불가능하므로 용접 전 적당한 보강재로 보강하여 비틀림 강성 증가에 대처하는 대책이 필요하다.
  ⒣ 구조물에서의 변형 : 기본 변형과 수축 변형이 혼합된 복잡한 변형이 발생된다.

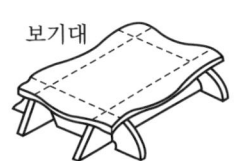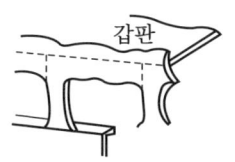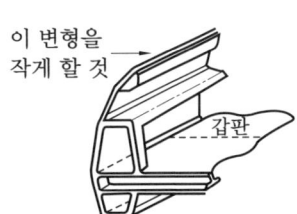

용접 구조물의 변형

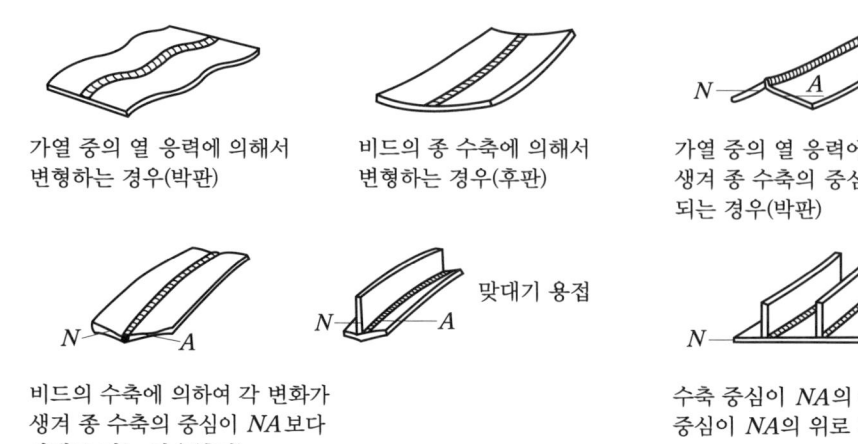

각종 용접 변형

(2) 용접 잔류 응력

① 잔류 응력의 발생 및 영향

㈎ 이음 형상, 용접 입열, 모재의 두께 및 크기, 용착 순서, 외적 구속 등이 큰 영향을 준다.

㈏ 모재가 쉽게 변형되는 박판은 잔류 응력은 적지만 용접 변형이 크다.

㈐ 잔류 응력 측정법

㉮ 분류

㉯ 응력 이완법은 정량적으로 측정하는 X선을 이용하는 경우를 제외하고 절삭, 천공 등 기계 가공에 의해 응력을 제거함으로써 발생하는 탄성 변형을 전기적 또는 기계적 변형 도기를 사용하여 측정하며, 주로 스트레인 게이지가 많이 사용된다.

㈐ X선을 이용하여 잔류 응력을 측정하면 시험물을 전혀 손상시키지 않고 매우 작은 면적의 응력까지 측정할 수 있으므로 다른 기계적 또는 전기적인 방법에 비해 우수하다.

② **잔류 응력의 경감과 완화**
  ㈎ 용접 시공법에 의한 경감
    ㉮ 용착 금속의 양을 가능한 줄일 것
    ㉯ 적당한 용착법과 용접 순서를 정할 것
    ㉰ 적당한 포지셔너(용접 지그)를 이용할 것
    ㉱ 예열을 이용할 것
  ㈏ 잔류 응력의 완화
    ㉮ 용접부를 가열하는 방법 : 노내 풀림법, 국부 풀림법, 저온 응력 완화법 등
    ㉯ 기계적 처리 : 피닝법 등
  ㈐ 응력 제거 풀림의 효과
    ㉮ 용접 잔류 응력 제거
    ㉯ 치수 틀림 방지
    ㉰ 열 영향부 템퍼링 연화
    ㉱ 응력 부식에 대한 저항력의 증대
    ㉲ 충격 저항 증대
    ㉳ 강도 증대(석출 경화)
    ㉴ 크리프 강도 향상
    ㉵ 용착 금속 중의 수소 제거에 의한 연성 증대

1-3 용접 결함의 생성과 특성 및 방지 대책

결함	원인	방지 대책
기공 (블로우 홀)	• 용착부의 급랭 • 아크 길이와 전류가 부적당할 때 • 용접봉에 습기가 있을 때 • 모재 속에 황(S)이 많을 때	• 예열 및 후열을 한다. • 전류 조정과 긴 아크를 사용한다. • 용접봉과 모재를 건조시킨다. • 저수소계 용접봉을 사용한다.
슬래그 섞임	• 슬래그 제거 불완전 • 운봉 속도가 **빠를** 때 • 전류 과소, 운봉 조작이 불완전할 때	• 슬래그를 철저히 제거한다. • 운봉 속도와 전류를 조절한다.

결함	원인	방지 대책
용입 불량	• 전류가 낮을 때 • 홈 각도와 루트 간격이 좁을 때 • 용접 속도가 빠르거나 느릴 때	• 전류를 적당히 높인다. • 각도와 루트 간격을 크게 한다. • 용접 속도를 적당히 조절한다.
언더컷	• 전류가 높을 때 • 아크 길이가 너무 길 때 • 운봉이 잘못되었을 때 • 부적당한 용접봉을 사용할 때	• 낮은 전류를 사용한다. • 운봉에 주의한다. • 적합한 용접봉을 사용한다.
오버랩	• 전류가 낮을 때 • 운봉이 잘못되었을 때 • 용접 속도가 느릴 때	• 적정 전류를 선택한다. • 운봉에 주의한다. • 용접 속도를 알맞게 조절한다.
균열	• 모재의 이방성 • 이음의 급랭 수축 • 용접부에 수소가 많을 때 • 전류가 높고, 용접 속도가 빠를 때 • C, P, S의 함량이 많을 때 • 용접부에 기공이 많을 때	• 저수소계 용접봉을 사용한다. • 재질에 주의한다. • 예열 및 후열을 충분히 한다. • 기공을 방지한다.
선상 조직, 은점	• 냉각 속도가 빠를 때 • 모재에 C, S의 함량이 많을 때 • H_2가 많을 때 • 용접 속도가 빠를 때	• 예열 및 후열을 한다. • 재질에 주의한다. • 저수소계 용접봉을 사용한다. • 용접 속도를 느리게 한다.
스패터	• 전류가 높을 때 • 아크 길이가 너무 길 때 • 아크 블로우 홀이 클 때 • 건조되지 않은 용접봉을 사용했을 때	• 낮은 전류를 사용한다. • 아크 길이를 알맞게 조절한다. • 아크 블로우 홀을 방지한다. • 용접봉을 건조한다.
피트	• 후판 또는 급랭되는 경우 • 모재 가운데 C, Mn 등의 합금 원소나 S의 함량이 많을 때 • 습기가 많거나 기름, 페인트, 녹이 묻었을 때	• 예열을 한다. • 저수소계 용접봉을 사용한다. • 용접봉을 건조시킨다. • 이음부를 청소한다.

예|상|문|제

1. 겹쳐진 두 부재의 한쪽에 둥근 구멍 대신 좁고 긴 홈을 만들어 그곳을 용접하는 것은?
① 겹치기 용접   ② 플랜지 용접
③ T형 용접   ④ 슬롯 용접

[해설] 슬롯 용접 : 접합하기 위해 겹쳐 놓은 두 모재의 한쪽에 둥근 구멍 대신 좁고 긴 홈을 만들어 그곳에 용접하는 것

2. 맞대기 용접 이음 홈의 종류가 아닌 것은?
① 양면 J형   ② C형
③ K형   ④ H형

[해설] 맞대기 이음 용접 홈 : I형, V형, ∨형, U형, J형, X형, K형, H형, 양면 J형 등

3. 맞대기 용접에서 변형이 가장 적은 홈의 형상은?
① V형 홈   ② U형 홈
③ X형 홈   ④ 한쪽 J형 홈

[해설] 변형이 가장 적은 것은 대칭 양면 V형인 X형이나 H형상이다.

4. V형에 비해 홈의 폭이 좁아도 작업성이 좋으며 한쪽에서 용접하여 충분한 용입을 얻으려 할 때 사용하는 이음 형상은?
① U형   ② I형
③ X형   ④ K형

[해설] U형의 홈은 두꺼운 판의 양면 용접을 할 수 없는 경우에 가공하는 방법으로 V형에 비해 홈의 폭이 좁아도 되고, 루트 간격을 0으로 해도 작업성과 용입이 좋으며, 용착 금속의 양도 적으나 홈 가공이 다소 어렵다.

5. 다음 맞대기 용접 이음 홈의 종류 중 가장 두꺼운 판의 용접 이음에 적용하는 것은?
① H형   ② I형
③ U형   ④ V형

[해설] 판 두께에 따른 맞대기 용접의 홈 형상

홈 형상	판 두께
I형	6mm 이하
V형, ∨형, J형	6~19mm
X형, K형, 양면 J형	12mm 이상
U형	16~50mm
H형	50mm 이상

6. 그림과 같은 맞대기 용접 이음 홈의 각부 명칭을 잘못 설명한 것은?

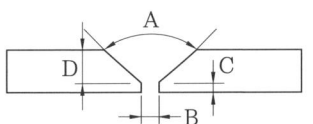

① A-홈 각도   ② B-루트 간격
③ C-루트 면   ④ D-홈 길이

[해설] A : 홈 각도, B : 베벨 각도, C : 루트 간격, D : 루트 면, E : 홈 깊이

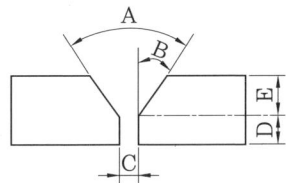

[정답] 1.④ 2.② 3.③ 4.① 5.① 6.④

7. 용접 이음의 준비사항으로 틀린 것은?

① 용입이 허용하는 한 홈 각도를 작게 하는 것이 좋다.
② 가접은 이음의 끝 부분, 모서리 부분을 피한다.
③ 구조물을 조립할 때에는 용접 지그를 사용한다.
④ 용접부의 결함을 검사한다.

해설 용접부의 결함 검사는 용접 후에 처리할 사항이다.

8. 용접 이음부의 홈 형상을 선택할 때 고려해야 할 사항이 아닌 것은?

① 완전한 용접부가 얻어질 수 있을 것
② 홈 가공이 쉽고 용접하기 편할 것
③ 용착 금속의 양이 많을 것
④ 경제적인 시공이 가능할 것

해설 용접 홈을 선택할 때에는 용접 이음이 한 곳으로 집중되지 않아야 하고, 용착 금속의 양도 가능한 적어야 한다.

9. 용접 이음을 설계할 때 주의사항으로 옳은 것은?

① 용접 길이는 되도록 길게 하고, 용착 금속도 많게 한다.
② 용접 이음을 한 군데로 집중시켜 작업의 편리성을 도모한다.
③ 결함이 적게 발생되는 아래보기 자세를 선택한다.
④ 강도가 강한 필릿 용접을 주로 선택한다.

해설 용접 이음을 설계할 때에는 아래보기 용접을 많이 하도록 한다. 필릿 용접을 가능한 피하고 맞대기 용접을 하며, 용접부에 잔류 응력과 열 응력이 한 곳에 집중하는 것을 피하고, 강도상 중요한 이음에서는 완전 용입이 되게 한다.

10. 용접 이음 설계상 주의사항으로 옳지 않은 것은?

① 용접 순서를 고려해야 한다.
② 용접선이 가능한 집중되도록 한다.
③ 용접부에 되도록 잔류 응력이 발생되지 않도록 한다.
④ 두께가 다른 부재를 용접할 경우 단면의 급격한 변화를 피하도록 한다.

해설 용접 이음을 한 곳으로 집중되지 않게 설계하고, 맞대기 용접에는 양면 용접을 할 수 있도록 하여 용입 부족이 없게 한다.

11. 용접 이음 성능에 영향을 주는 요소로서 고온의 분위기에서 용접 이음이 사용될 경우에 발생되는 현상은?

① 상온 특성 현상   ② 스캘럽 현상
③ 저온 특성 현상   ④ 크리프 현상

해설 크리프(creep) 현상 : 금속 등이 고온에서 일정한 하중을 받을 경우 시간이 지남에 따라 변형이 증가하면서 결국 파단되는 현상

12. 용접 이음의 내식성에 영향을 미치는 인자로서 틀린 것은?

① 이음 형상   ② 플럭스(flux)
③ 잔류 응력   ④ 인장강도

해설 인장강도는 단면적과 하중에 대한 것이다.

13. 필릿 용접 이음부의 강도를 계산할 때 기준으로 삼아야 하는 것은?

정답 7. ④ 8. ③ 9. ③ 10. ② 11. ④ 12. ④ 13. ③

① 루트 간격　　② 각장 길이
③ 목의 두께　　④ 용입 깊이

해설 용접 설계에서 필릿 용접의 단면에 내접하는 이등변 삼각형의 루트부터 빗변까지의 수직 거리를 이론 목 두께라 하고 보통 설계할 때 사용된다. 용입을 고려한 루트부터 표면까지의 최단 거리를 실제 목 두께라 하여 이음부의 강도를 계산할 때 기준으로 한다.

14. 용접물을 용접하기 쉬운 상태로 위치를 자유자재로 변경하기 위해 만든 지그는?

① 스트롱 백(strong back)
② 워크 픽스쳐(work fixture)
③ 포지셔너(positioner)
④ 클램핑 지그(clamping jig)

해설 포지셔너는 아래보기 자세로 용접하기 편리하도록 제작된 용접 지그이다.

15. 용접부의 이음 효율 공식으로 옳은 것은?

① 이음 효율 = $\dfrac{\text{모재의 인장강도}}{\text{용접 시험편의 인장강도}}$

② 이음 효율 = $\dfrac{\text{용접 시험편의 충격강도}}{\text{모재의 인장강도}}$

③ 이음 효율 = $\dfrac{\text{모재의 인장강도}}{\text{용접 시험편의 충격강도}}$

④ 이음 효율 = $\dfrac{\text{용접 시험편의 인장강도}}{\text{모재의 인장강도}}$

해설 용접부의 이음 효율(%)
$= \dfrac{\text{용접 시험편의 인장강도}}{\text{모재의 인장강도}} \times 100$

16. 용접 결함의 종류 중 구조상 결함에 속하지 않는 것은?

① 슬래그 섞임　　② 기공
③ 융합 불량　　　④ 변형

해설 용접 결함의 종류
㉠ 치수상 결함 : 변형, 치수 및 형상 불량
㉡ 구조상 결함 : 기공, 슬래그 섞임, 언더컷, 오버랩, 균열, 용입 불량, 융합 불량 등
㉢ 성질상 결함 : 인장강도의 부족, 연성의 부족, 화학 성분의 부적당 등

17. 다음 중 용접 시 용접부에 발생하는 결함이 아닌 것은?

① 기공
② 텅스텐 혼입
③ 슬래그 혼입
④ 라미네이션 균열

해설 라미네이션(lamination) 균열은 모재의 재질 결함으로 설퍼 밴드와 같이 층상으로 편재되어 있고 내부에 노치를 형성하며 두께 방향의 강도를 감소시킨다. 딜라미네이션은 응력이 걸려 라미네이션이 갈라지는 것을 말하며, 방지 방법으로 킬드강이나 세미 킬드강을 이용하여야 한다.

18. 용접사에 의해 발생될 수 있는 결함이 아닌 것은?

① 용입 불량　　② 스패터
③ 라미네이션　　④ 언더필

해설 라미네이션(lamination) 균열은 모재의 재질 결함으로 설퍼 밴드와 같이 층상으로 편재되어 있고 내부에 노치를 형성하며 두께 방향의 강도를 감소시킨다.

19. 용접 비드 부근이 특히 부식이 잘 되는 이유는 무엇인가?

① 과다한 탄소 함량 때문에

② 담금질 효과의 발생 때문에
③ 소려 효과의 발생 때문에
④ 잔류 응력의 증가 때문에

해설 잔류 응력의 증가에 의해 부식과 변형이 발생하며, 이때의 부식을 응력 부식이라 한다.

20. 용접의 내부 결함이 아닌 것은?
① 은점　　　　② 피트
③ 선상 조직　　④ 비금속 개재물

해설 내부 결함은 내부 균열, 기공, 슬래그 섞임, 비금속 개재물, 은점, 선상 조직 등이고, 피트는 외관에 나타나는 결함이다.

21. 용접부의 내부 결함 중 용착 금속의 파단면에 고기 눈 모양의 은백색 파단면을 나타내는 것은?
① 피트(pit)
② 은점(fish eye)
③ 슬래그 섞임(slag inclusion)
④ 선상 조직(ice flower structure)

해설 용착 금속의 파단면에 고기 눈 모양의 결함은 수소가 원인으로 은점과 헤어 크랙, 기공 등의 결함이 나타난다.

22. 용접 금속의 파단면에 매우 미세한 주상정(柱狀晶)이 서릿발 모양으로 병립하고, 그 사이에 현미경으로 보이는 정도의 비금속 개재물이나 기공을 포함한 조직이 나타나는 결함은?
① 선상 조직　　② 은점
③ 슬래그 혼입　④ 용입 불량

해설 선상 조직은 아크 용접부에 생기는 결함이다. 용접 금속의 냉각 속도가 빠르고 이것을 파단시켰을 때 조직의 일부가 아주 미세한 주상정으로 보이는 것으로 모재의 재질 불량 등의 원인이 된다.

23. 용접부 윗면이나 아랫면이 모재의 표면보다 낮게 되는 것으로 용접사가 충분히 용착 금속을 채우지 못하였을 때 생기는 결함은?
① 오버랩　　　② 언더필
③ 스패터　　　④ 아크 스트라이크

해설 언더필(underfil, 덧살 부족, 용착 부족) : 용융 금속이 모재 표면 높이 이하로 용가재 금속이 덜 채워진 형상, 즉 용접부의 외부 면이 완전히 채워지지 않은 상태를 말한다.

24. 일반적으로 용융 금속 중에 기포가 응고 시 빠져나가지 못하고 잔류하여 용접부에 기계적 성질을 저하시키는 것은?
① 편석　② 은점　③ 기공　④ 노치

해설 기공은 용착 금속 내의 가스로 인하여 남아 있는 구멍이다.

25. 용접부의 구조상 결함인 기공(blow hole)을 검사하는 가장 좋은 방법은?
① 초음파 검사　② 육안 검사
③ 수압 검사　　④ 침투 검사

해설 용접부의 구조상의 결함인 기공을 검사하는 방법은 방사선 투과 검사, 초음파 검사 등으로 하며, 육안 검사와 침투 검사는 외부 검사이고, 수압 검사는 항복점이나 인장강도, 내부 압력 등을 검사하는 방법이다.

26. 비드 바로 밑에서 용접선과 평행하게 모재 열 영향부에 발생하는 균열은?
① 층상 균열　　② 비드 밑 균열
③ 크레이터 균열　④ 라미네이션 균열

해설 비드 밑 균열 : 저합금의 고장력강에 쉽게 발생하며, 용접 비드 바로 밑에서 용접선과 근접하여 거의 평행하게 모재 열 영향부에 발생하는 균열

27. 용접 시 발생되는 균열로 맞대기 및 필릿 용접 등의 표면 비드와 모재의 경계부에서 발생되는 것은?
① 크레이터 균열 ② 비드 밑 균열
③ 설퍼 균열 ④ 토 균열

해설 토 균열은 용접에 의한 부재의 회전 변형을 무리하게 구속하거나 용접 후 곧바로 각 변형을 주면 발생한다.

28. 강의 내부에 모재 표면과 평행하게 층상으로 발생하는 균열로 주로 T 이음, 모서리 이음에 잘 생기는 것은?
① 라멜라 티어(lamella tear) 균열
② 크레이터(crater) 균열
③ 설퍼(sulfur) 균열
④ 토(toe) 균열

해설 라멜라 티어 균열은 모재의 비금속 개재물에 의한 것으로, 필릿 다층 용접 이음부와 같이 모재 표면에 직각 방향으로 강한 인장 구속 응력이 형성되는 경우 용접 열 영향부 및 그 인접부에 모재 표면과 평행하게 계단 형상으로 발생하는 균열이다.

29. 용접 금속의 응고 직후에 발생하는 균열로 주로 결정립계에 생기며 300℃ 이상에서 발생하는 균열은 무엇인가?
① 저온 균열 ② 고온 균열
③ 수소 균열 ④ 비드 밑 균열

해설 고온 균열은 황이 원인으로 발생한다.

30. 비드가 끊어지거나 용접봉이 짧아져 용접이 중단될 때 비드 끝 부분의 오목해진 부분을 무엇이라 하는가?
① 언더컷 ② 엔드탭
③ 크레이터 ④ 용착 금속

해설 크레이터 : 용접물이 부족하여 비드가 충분히 올라오지 않아 얇게 파인 모양

31. 용접부의 검사법 중 비파괴 검사(시험)법에 해당되지 않는 것은?
① 외관 검사 ② 침투 검사
③ 화학 시험 ④ 방사선 투과 시험

해설 화학 시험은 파괴 시험으로 부식 시험 등이 있다.

32. 다음 중 용접부에서 방사선 투과 시험법으로 검출하기 곤란한 결함은?
① 기공 ② 용입 불량
③ 슬래그 섞임 ④ 라미네이션 균열

해설 라미네이션 균열은 초음파 탐상 시험법으로 검출이 가능하다.

33. 용접부의 노치 인성을 조사하기 위해 시행되는 시험법은?
① 맞대기 용접부의 인장 시험
② 샤르피 충격 시험
③ 저사이클 피로 시험
④ 브리넬 경도 시험

해설 파괴 시험법 중 충격 시험은 샤르피식(U형 노치에 단순보(수평면))과 아이조드식(V형 노치에 내다지보(수직면))이 있고, 충격적인 하중을 주어서 파단시키는 시험법으로 흡수 에너지가 클수록 인성이 크다.

정답 27. ④ 28. ① 29. ② 30. ③ 31. ③ 32. ④ 33. ②

34. 용접 시 발생되는 용접 변형의 주 발생 원인으로 가장 적합한 것은?
① 용착 금속부의 취성에 의한 변형
② 용접 이음부의 결함 발생으로 인한 결함
③ 용착 금속부의 수축과 팽창으로 인한 변형
④ 용착 금속부의 경화로 인한 변형

해설 용접 가열 중 팽창과 냉각 중 수축으로 인해 변형이 발생된다.

35. 용접 시 수축량에 미치는 용접 시공 조건의 영향을 설명한 것으로 틀린 것은?
① 루트 간격이 클수록 수축이 크다.
② V형 이음은 X형 이음보다 수축이 크다.
③ 같은 두께를 용접할 경우 용접봉 지름이 큰 쪽이 수축이 크다.
④ 위빙을 하는 쪽이 수축이 작다.

해설 같은 두께를 용접할 경우 용접봉 지름이 큰 쪽이 수축이 작다.

36. 용접에서 수축 변형의 종류가 아닌 것은?
① 횡 굴곡   ② 역 변형
③ 종 굴곡   ④ 좌굴 변형

해설 역 변형은 변형의 크기, 방향을 예측하여 용접 전 미리 반대로 변형시키는 방법이며 탄성, 소성 변형의 두 종류가 있다.

37. 용접 변형의 종류에서 면의 변형의 종류에 속하는 것은?
① 세로 굽힘 변형   ② 수축 변형
③ 좌굴 변형   ④ 비틀림 변형

해설 ㉠ 면 내 변형 : 수축 변형(가로 방향 수축, 세로 방향 수축), 회전 변형
㉡ 면 외 변형(디플렉션) : 굽힘 변형(가로 방향 굽힘 변형(각 변형), 세로 방향 굽힘 변형), 좌굴 변형, 비틀림 변형

38. 필릿 용접 이음의 수축 변형에서 모재가 용접선에 각을 이루는 경우를 각 변형이라고 하는데, 각 변형과 같이 사용하는 용어는?
① 가로 굽힘   ② 세로 굽힘
③ 회전 굽힘   ④ 원형 굽힘

해설 가로 굽힘, 횡 굴곡, 각 변형은 같은 용어이다.

39. 용접 작업 시 발생한 각 변형의 방지 대책으로 틀린 것은?
① 용접 개선 각도는 작업에 지장이 없는 한 작게 한다.
② 구속 지그를 활용하고 속도가 빠른 용접법을 이용한다.
③ 판 두께와 개선 현상이 일정할 때 용접봉 지름이 작은 것을 이용하여 패스(pass)수를 많게 한다.
④ 역 변형의 시공법을 사용하도록 한다.

해설 각 변형을 억제하는 방법
㉠ 클램프, 두꺼운 밑판, 튼튼한 뒷받침, 용접 지그 등을 이용하여 용접물을 단단하게 고정시킨다.
㉡ 각을 미리 역변형시켜 준다.
㉢ 가접을 튼튼하게 한다.
㉣ 피닝을 한다.
㉤ 이음 양면에서 순서를 교대로 용착시킨다.
㉥ 패스의 수가 적을수록 각 변형이 줄어들며, 패스 중간마다 냉각시킨다.

40. 용접 수축에 의한 굽힘 변형 방지법으로 틀린 것은?

정답 34. ③ 35. ③ 36. ② 37. ② 38. ① 39. ③ 40. ②

① 개선 각도는 용접에 지장이 없는 범위에서 작게 한다.
② 판 두께가 얇은 경우 첫 패스 측의 개선 깊이를 작게 한다.
③ 후퇴법, 대칭법, 비석법 등을 채택하여 용접한다.
④ 역 변형을 주거나 구속 지그로 구속 후 용접한다.

해설 판 두께가 얇은 경우 패스 측의 개선 깊이를 작게 하면 수축량이 커진다.

41. 용접 준비사항 중 용접 변형 방지를 위해 사용하는 것은?

① 터닝 롤러(turning roller)
② 매니퓰레이트(manipulator)
③ 스트롱 백(strong back)
④ 엔빌(anvil)

해설 용접 작업 중에 각 변형 방지법으로 스트롱 백을 사용하는 방법이 있다.

42. 설계 단계에서 용접부 변형을 방지하기 위한 방법이 아닌 것은?

① 용접 길이가 감소될 수 있는 설계를 한다.
② 변형이 적어질 수 있는 이음 부분을 배치한다.
③ 보강재 등 구속이 커지도록 구조 설계를 한다.
④ 용착 금속을 증가시킬 수 있는 설계를 한다.

해설 용접 변형의 방지 대책 중 용접 요령으로 억제하는 방법
㉠ 이음의 용입이 적게 되도록 설계하고 맞춤의 이가 잘 맞도록 한다.
㉡ 후진법, 비석법 등 용착법의 요령을 이용한다.
㉢ 적당한 방법을 써서 모재를 냉각시킨다.

㉣ 용접을 중앙에서 시작하여 밖을 향해 진행한다.
㉤ 단면의 중측 또는 중심선 양쪽에 균형 있게, 용접부 단면이 대칭되도록 한다.
㉥ 필릿 용접부보다 맞대기 용접부를 먼저 용접한다.
㉦ 필릿 용접은 단속 용접 요령을 이용한다.
㉧ 이음의 각 부분은 오랫동안 최대 자유를 갖도록 용접 순서를 정하여 실행한다.
㉨ 용접물을 중간 조립체로 나누어 용접한다.
㉩ 이음의 크기는 요구되는 강도 이상의 크기가 되지 않도록 설계한다.
㉠ 용접도 설계에서 제시된 크기 이상의 용착을 하지 않는다.
㉤ 패스의 수가 적을수록 각 변형이 줄어들도록 한다.
㉣ 용접 속도를 빠르게 한다.
㉥ 이음에 들어가는 열 입력은 고르고 일정하게 퍼지도록 한다.

43. 다음 중 용접 변형 방지법의 종류에 속하지 않는 것은?

① 억제법   ② 역 변형법
③ 도열법   ④ 취성 파괴법

해설 ㉠ 용접 작업 전 변형 방지법 : 억제법, 역 변형법
㉡ 용접 시공에 의한 방법 : 대칭법, 후퇴법, 교호법, 비석법
㉢ 모재로의 입열을 막는 방법 : 도열법
㉣ 용접부의 변형과 응력 제거 방법 : 응력 완화법, 풀림법, 피닝법 등

44. 용접 변형을 경감하는 방법으로 용접 전 변형 방지책은?

① 역 변형법   ② 빌드업법
③ 캐스케이드법   ④ 점진 블록법

정답 41. ③   42. ④   43. ④   44. ①

[해설] 용접 변형의 방지 대책 중 용접 요령 이외의 유의사항
㉠ 판 가장자리가 밴딩되었을 때는 반대쪽으로 휘어지도록 용접한다.
㉡ 판의 치수가 커지는 것을 방지하기 위해 부분적으로 조절하여 용접한다.
㉢ 전체적으로 정밀도가 중요할 경우 각 부분의 정밀도를 높여 최종 조립 시 오차를 줄인다.
㉣ 가장 중요한 부위는 가장 나중에 용접이 되도록 한다.
㉤ 용착 금속의 수축률 허용치를 고려하여 용접한다.
㉥ 홈은 V형보다 X형 또는 H형으로 하고, 앞뒤 용착량 비를 6 : 6 또는 7 : 3이 되도록 한다.
㉦ 수축률 기타 한도를 너무 벗어났을 때에는 기계 가공 여유를 둔다.
※ 용접 전 변형 방지책으로는 억제법, 역변형법을 쓴다.

45. 용접 변형 방지법에서 역 변형법에 대한 설명으로 옳은 것은?
① 용접물을 고정시키거나 보강재를 이용하는 방법이다.
② 용접에 의한 변형을 미리 예측하여 용접하기 전에 반대쪽으로 변형을 주는 방법이다.
③ 용접물을 구속시키고 용접하는 방법이다.
④ 스트롱 백을 이용하는 방법이다.

[해설] 용접 변형 방지법 중 ①은 용접 전 보강재를 이용하는 방법, ②는 역 변형법, ③은 억제법, ④는 각 변형 방지법으로 스트롱 백을 이용하는 방법이다.

46. 용접 변형 방지법 중 용접부의 뒷면에 물을 뿌려주는 방법은?
① 살수법
② 수랭 동판 사용법
③ 석면포 사용법
④ 피닝법

[해설] 살수법 : 용접부의 뒷면에 물을 뿌려주는 용접 변형 방지법

47. 용접 변형의 경감 및 교정 방법에서 용접부에 구리로 된 덮개판을 두거나 뒷면에 용접부를 수랭시키고 또는 용접부 주변에 물기 있는 석면, 천 등을 두고 모재에 용접 입열을 막음으로써 변형을 방지하는 방법은?
① 롤링법
② 피닝법
③ 도열법
④ 억제법

[해설] 도열법 : 용접부에 구리 덮개판을 대거나 용접부 주위에 물을 적신 천 등을 덮어 용접열이 모재에 흡수되는 것을 방해하여 변형을 방지하는 방법

48. 용접 변형 교정법의 종류가 아닌 것은?
① 금속 재료에 이용하는 직선 수축법
② 얇은 판에 이용하는 곡선 수축법
③ 가열 후 해머질하는 법
④ 롤러에 의한 법

[해설] 용접 작업에서의 교정법 : 얇은 판에 이용하는 점 수축법, 금속 재료에 이용하는 직선 수축법, 가열 후 해머링하는 방법, 두꺼운 판을 가열 후 압력을 가하고 수랭하는 방법, 롤러에 거는 방법, 피닝법, 절단하여 변형시켜 재용접하는 방법 등

49. 용접 후처리에서 변형을 교정할 때 가열하지 않고 외력만으로 소성 변형을 일으켜 교정하는 방법은?
① 형재에 대한 직선 수축법
② 가열한 후 해머로 두드리는 법

정답 45. ② 46. ① 47. ③ 48. ② 49. ③

③ 변형 교정 롤러에 의한 방법
④ 박판에 대한 점 수축법

해설 가열하지 않고 외력만으로만 소성 변형을 일으켜 교정하는 방법은 롤러에 거는 방법이다.

50. 용접 작업 시 발생한 변형을 교정할 때 가열하여 열 응력을 이용하고 소성 변형을 일으키는 방법은?

① 박판에 대한 점 수축법
② 쇼트 피닝법
③ 롤러에 거는 방법
④ 절단 성형 후 재용접법

해설 박판에 대한 점 수축법 : 용접할 때 발생한 변형을 교정하는 방법으로 가열할 때 열 응력을 이용하여 소성 변형을 일으켜 변형을 교정하는 방법

51. 맞대기 이음 용접부의 굽힘 변형 방지법 중 부적당한 것은?

① 스트롱 백(strong back)에 의한 구속
② 주변 고착
③ 이음부에 역각도를 주는 방법
④ 수냉각법

52. 용접 구조물에서의 비틀림 변형을 경감시켜 주는 시공상의 주의사항 중 틀린 것은?

① 집중적으로 교차 용접을 한다.
② 지그를 사용한다.
③ 가공 및 정밀도에 주의한다.
④ 이음부의 맞춤을 정확하게 해야 한다.

해설 집중적으로 교차 용접을 하지 않고, 가장 중요한 부위는 가장 나중에 용접이 되도록 한다.

53. 용접 구조의 설계상 주의사항에 대한 설명으로 틀린 것은?

① 용접 이음의 집중, 접근, 및 교차를 피한다.
② 용접 치수는 강도상 필요한 치수 이상으로 용접하지 않는다.
③ 두꺼운 판을 용접하는 경우에는 용입이 얕은 용접법을 이용하여 층수를 늘린다.
④ 판면에 직각 방향으로 인장하중이 작용할 경우 이방성에 주의한다.

해설 두꺼운 판을 용접할 경우 용입이 깊은 용접법으로 층수를 줄인다.

54. 용접 후 구조물에서 잔류 응력이 미치는 영향으로 틀린 것은?

① 용접 구조물에 응력 부식이 발생한다.
② 박판 구조물에서는 국부 좌굴을 촉진한다.
③ 용접 구조물에서는 취성 파괴의 원인이 된다.
④ 기계 부품에서 사용 중에 변형이 발생되지 않는다.

해설 잔류 응력의 영향 : 잔류 응력은 허용 응력보다 값이 훨씬 크므로 구조물의 안정성에 영향을 준다.
㉠ 정적강도   ㉡ 취성 파괴
㉢ 피로강도   ㉣ 부식

55. 용접에 의한 잔류 응력을 가장 적게 받는 것은?

① 정적강도   ② 취성 파괴
③ 피로강도   ④ 횡 굴곡

해설 취성 파괴, 피로강도, 횡 굴곡 등은 용접 후의 결함이며, 정적강도의 경우에는 재료에 연성이 있어 파괴되기까지 소성 변형이 약간 있고 잔류 응력이 존재하여도 강도에는 영향이 적다.

정답 50. ① 51. ④ 52. ① 53. ③ 54. ④ 55. ①

56. 다음 중 용접 후 잔류 응력을 제거하기 위한 열처리 방법으로 가장 적합한 것은?
① 담금질 ② 노내 풀림법
③ 실리코나이징 ④ 서브 제로 처리

해설 잔류 응력을 제거하는 열처리는 풀림이다.

57. 응력 제거 열처리법 중에서 가장 잘 이용되고 있는 방법으로 제품 전체를 가열로 안에 넣고 적당한 온도에서 일정시간 유지한 다음 노내에서 서랭시켜 잔류 응력을 제거하는데, 연강류 제품을 노내에 출입시키는 온도는 몇 도를 넘지 않아야 하는가?
① 100℃ ② 300℃ ③ 500℃ ④ 700℃

해설 노내 풀림에서 연강류 제품의 노내 가열 온도는 300℃를 넘어서는 안 된다.

58. 용접부에 발생한 잔류 응력을 완화시키는 방법에 해당되지 않는 것은?
① 기계적 응력 완화법
② 저온 응력 완화법
③ 피닝법
④ 선상 가열법

해설 잔류 응력 제거법에는 노내 풀림법, 국부 풀림법, 저온 응력 완화법, 기계적 응력 완화법, 피닝법 등이 있다.

59. 잔류 응력 완화법이 아닌 것은?
① 기계적 응력 완화법
② 도열법
③ 저온 응력 완화법
④ 응력 제거 풀림법

해설 도열법은 용접 열이 모재로 흡수되는 것을 막아 변형을 방지하는 방법이다.

60. 가늘고 긴 망치로 용접 부위를 계속적으로 두들겨 줌으로써 비드 표면층에 성질 변화를 주어 용접부의 인장 잔류 응력을 완화시키는 방법은?
① 피닝법 ② 역 변형법
③ 취성 경감법 ④ 저온 응력 완화법

해설 피닝법 : 특수 구면상의 선단을 갖는 해머로 용접부를 연속적으로 타격하여 용접 표면상에 소성 변형을 주어 발생한 잔류 응력을 감소시키는 방법

61. 피닝(peening)의 목적으로 가장 거리가 먼 것은?
① 수축 변형의 증가
② 잔류 응력의 완화
③ 용접 변형의 방지
④ 용착 금속의 균열 방지

해설 피닝법 : 치핑 해머로 용접부를 연속적으로 타격하여 용접 표면상에 소성 변형을 주는 방법이다. 잔류 응력을 완화하여 변형을 줄이고 용접 금속의 균열을 방지하는 효과가 있다.

62. 잔류 응력의 측정법 중 정성적 방법이 아닌 것은?
① X선법 ② 부식법
③ 경도에 의한 방법 ④ 자기적 방법

해설 잔류 응력 측정법 중 정성적 방법에는 부식법, 응력 와니스법, 자기적 방법 등이 있다.

63. 잔류 응력 측정법의 분류에서 정량적 방법에 속하는 것은?
① 부식법 ② 자기적 방법
③ 응력 이완법 ④ 경도에 의한 방법

정답 56. ② 57. ② 58. ④ 59. ② 60. ① 61. ① 62. ① 63. ③

해설 잔류 응력 측정법 중 정량적 방법에는 응력 이완법, X선 회절법 등이 있다.

64. 용접부의 잔류 응력 측정 방법 중에서 응력 이완법에 대한 설명으로 옳은 것은?

① 초음파 탐상 실험 장치로 응력 측정을 한다.
② 와류 실험치로 응력 측정을 한다.
③ 만능 인장 시험 장치로 응력 측정을 한다.
④ 저항선 스트레인 게이지로 응력 측정을 한다.

해설 잔류 응력 측정법에는 정성적 방법(부식법, 응력 와니스법, 자기적 방법)과 정량적 방법(응력 이완법, X선 회절법 등)이 있으며, 스트레인 게이지는 응력 센서의 한 종류이다.

65. 용접부에 하중을 걸어 소성 변형을 시킨 후 하중을 제거하면 잔류 응력이 감소되는 현상을 이용한 응력 제거 방법은?

① 기계적 응력 완화법
② 저온 응력 완화법
③ 응력 제거 풀림법
④ 국부 응력 제거법

해설 기계적 응력 완화법 : 잔류 응력이 있는 제품에 하중을 주고 용접부에 약간의 소성 변형을 일으킨 다음 하중을 제거하는 잔류 응력 제거법

66. 용접선의 양측 너비 약 150mm를 정속으로 이동하는 가스 불꽃에 의하여 150~200℃로 가열한 다음 곧 수랭하여 주로 용접선 방향의 응력을 제거하는 방법은?

① 피닝법
② 기계적 응력 완화법
③ 저온 응력 완화법
④ 국부 풀림법

해설 저온 응력 완화법은 용접선 방향의 응력 완화법이다.

67. 제품이 너무 크거나 노내에 넣을 수 없는 대형 용접 구조물은 노내 풀림을 할 수 없으므로 용접부 주위를 가열하여 잔류 응력을 제거하는 방법은?

① 저온 응력 완화법
② 기계적 응력 완화법
③ 국부 응력 제거법
④ 노내 응력 제거법

해설 국부 응력 제거법 : 제품이 커 노내에 넣을 수 없을 때, 현장 용접된 것으로 노내 풀림하지 못하는 경우 용접선 25mm의 범위 또는 판 두께 12배 이상의 범위를 가스 불꽃 등으로 노내 풀림과 같은 온도 및 시간을 유지한 다음 서랭한다.

68. 응력 제거 풀림 처리 시 발생하는 효과가 아닌 것은?

① 잔류 응력을 제거한다.
② 응력 부식에 대한 저항력이 증가한다.
③ 충격 저항과 크리프 저항이 감소한다.
④ 온도가 높고 시간이 길수록 수소 함량은 낮아진다.

해설 응력 제거 풀림 처리의 효과
㉠ 용접 잔류 응력 제거
㉡ 치수 오차 방지
㉢ 응력 부식에 대한 저항력 증대
㉣ 열 영향부의 템퍼링 연화
㉤ 용착 금속 중의 수소 제거에 의한 연성 증대
㉥ 충격 저항 증대

정답 64. ④ 65. ① 66. ③ 67. ③ 68. ③

ⓢ 크리프 강도 향상
ⓞ 석출 경우 강도 증대

69. 용접 후 열처리(PWHT) 중 응력 제거 열처리의 목적과 가장 관계가 없는 것은?
① 응력 부식 균열 저항성의 증가
② 응력 변형을 방지
③ 용접 열 영향부의 연화
④ 용접부의 잔류 응력 완화

해설 응력 제거의 목적은 응력을 완화 및 제거하는 것이며, 응력 변형을 방지하는 것은 아니다.

70. 용접 잔류 응력의 완화법인 응력 제거 풀림에서 적정 온도는 625±25℃(탄소강)를 유지한다. 이때 유지 시간은 판 두께 25mm에 대하여 약 몇 시간이 적당한가?
① 30분
② 1시간
③ 2시간 30분
④ 3시간

해설 판 두께 25mm인 압연 강재, 용접 구조용 압연 강재, 일반 구조용 압연 강재, 탄소강의 경우 625℃에서 약 1시간 정도 노내 풀림을 유지하며, 600℃부터는 10℃ 내려갈 때마다 20분씩 길게 소요되도록 한다.

71. 구조물 용접에서 용접선이 만나는 곳 또는 교차하는 곳에 응력 집중을 방지하기 위해 만들어 주는 부채꼴 오목부를 무엇이라 하는가?
① 스캘럽(scallop)
② 포지셔너(positioner)
③ 매니퓰레이터(manipulator)
④ 원뿔(cone)

해설 스캘럽 : 용접선이 교차되는 것을 피하기 위해 교차부의 부재를 부채꼴로 도려낸 부분

72. 용접 전후의 변형 및 잔류 응력을 경감시키는 방법이 아닌 것은?
① 억제법
② 도열법
③ 역 변형법
④ 롤러에 거는 법

해설 ㉠ 용접부의 변형 및 잔류 응력을 제거하는 응력 제거 방법 : 노내 풀림법, 국부 풀림법, 저온 응력 완화법, 기계적 응력 완화법, 피닝법 등
㉡ 용접 작업 전 변형 방지법 : 억제법, 역변형법
㉢ 용접 시공에 의한 방법 : 대칭법, 후퇴법, 교호법, 비석법
㉣ 모재로의 입열을 막는 방법 : 도열법
※ 롤러에 거는 법은 변형 교정법이다.

73. 용접 전 길이를 적당한 구간으로 구분한 후 각 구간을 한 칸씩 건너뛰어서 용접한 후 다시금 비어 있는 곳을 차례로 용접하는 방법으로 잔류 응력이 가장 적은 용착법은?
① 후퇴법
② 대칭법
③ 비석법
④ 교호법

해설 비석법은 스킵법(skip method)이라고도 하며, 용접 비드 배치법으로 잔류 응력이나 변형이 적게 발생되도록 하는 용착법이며 용접선이 긴 경우에 적당하다.

74. 다음 중 산소에 의해 발생할 수 있는 가장 큰 용접 결합은?

정답 69. ② 70. ② 71. ① 72. ④ 73. ③ 74. ③

① 은점 ② 헤어 크랙
③ 기공 ④ 슬래그

해설 탄소강 중에 산소가 함유되면 페라이트 중에 고용되는 것 외에 FeO, MnO, SiO_2 등의 산화물로 존재하여 기계적 성질을 저하시키고 적열 취성, 또는 수소와 함께 기공의 원인이 된다.

75. 용접 결함 중 기공의 발생 원인으로 틀린 것은?

① 용접 이음부가 서랭할 경우
② 아크 분위기 속에 수소가 많을 경우
③ 아크 분위기 속에 일산화탄소가 많을 경우
④ 이음부에 기름, 페인트 등 이물질이 있을 경우

해설 기공 발생 원인
㉠ 아크 분위기 속에 수소가 많을 경우
㉡ 아크 분위기 속에 일산화탄소가 많을 경우
㉢ 이음부에 이물질이 있을 경우
㉣ 용접부가 급랭될 경우
㉤ 아크 길이와 전류가 부적당할 때
㉥ 용접봉에 습기가 있을 때
㉦ 모재 속에 황(S)이 많을 때

76. 용접 결함 중 언더컷(under cut)의 발생 원인 중 틀린 것은?

① 전류가 너무 높을 때
② 아크 길이가 너무 길 때
③ 용접 속도가 너무 늦을 때
④ 용접봉 선택 불량

해설 언더컷 발생 원인
㉠ 전류가 높을 때
㉡ 아크 길이가 너무 길 때
㉢ 용접 속도가 너무 빠를 때

㉣ 운봉이 잘못되었을 때
㉤ 용접봉 취급의 부적당

77. 용접 결함의 종류에 따른 원인과 대책이 바르게 묶인 것은?

① 기공 : 용착부가 급랭되었을 때-예열 및 후열을 한다.
② 슬래그 섞임 : 운봉 속도가 빠를 때-운봉에 주의한다.
③ 용입 불량 : 용접 전류가 높을 때-전류를 약하게 한다.
④ 언더컷 : 용접 전류가 낮을 때-전류를 높게 한다.

해설 ② 슬래그 섞임 : 운봉 속도가 빠를 때-운봉 속도를 조절한다.
③ 용입 불량 : 용접 전류가 낮을 때-전류를 적당히 높인다.
④ 언더컷 : 용접 전류가 높을 때-낮은 전류를 사용한다.

78. 용접 금속에 수소가 침입하여 발생하는 것이 아닌 것은?

① 은점 ② 언더컷
③ 헤어 크랙 ④ 비드 밑 균열

해설 용접 금속에서 수소의 영향으로 인한 균열에는 비드 밑 균열, 은점, 수소 취성, 미세 균열, 선상 조직, 헤어 크랙 등이 있다.

79. 용접 균열에 관한 설명으로 틀린 것은?

① 저탄소강에 비해 고탄소강에서 잘 발생된다.
② 저수소계 용접봉을 사용하면 감소한다.
③ 소재의 인장강도가 클수록 쉽게 발생한다.
④ 판 두께가 얇아질수록 증가한다.

해설 판 두께가 두꺼울수록 급랭에 의해 균열이 잘 발생된다.

정답 75. ① 76. ③ 77. ① 78. ② 79. ④

80. 다음 중 균열이 가장 많이 발생할 수 있는 용접 이음은?

① 십자 이음
② 응력 제거 풀림
③ 피닝법
④ 냉각법

해설 용접 이음 부분이 많을수록 열의 냉각이 빨라 균열이 생기기 쉽다.

81. 다음 중 균열의 원인이 아닌 것은?

① 용접부에 수소가 많을 때
② 낮은 전류, 과대 속도
③ C, P, S의 함량이 많을 때
④ 모재의 이방성

해설 균열 발생 원인
㉠ 모재의 이방성
㉡ 이음의 급랭 수축
㉢ 용접부에 수소가 많을 때
㉣ 전류가 높고, 용접 속도가 빠를 때
㉤ C, P, S의 함량이 많을 때
㉥ 용접부에 기공이 많을 때

82. 용접 균열의 발생 원인이 아닌 것은?

① 수소에 의한 균열
② 탈산에 의한 균열
③ 변태에 의한 균열
④ 노치에 의한 균열

해설 용접 균열의 원인은 인성이 극히 작을 때, 수소와 황 등이 존재할 때, 언더컷 같은 결함이 존재할 때, 노치와 변태에 의한 균열 등이다.

83. 용접부의 고온 균열 원인으로 가장 적합한 것은?

① 낮은 탄소 함유량
② 응고 조직의 미세화
③ 모재에 유황 성분이 과다 함유
④ 결정입자 내의 금속 간 화합물

해설 적열 취성(고온 취성, red shortness) : 유황(S)이 원인으로 강 중에 0.02% 정도만 있어도 인장강도, 연신율, 충격치 등이 감소하며, FeS은 융점(1193℃)이 낮고 고온에서 약하여 900~950℃에서 파괴되어 균열을 발생시킨다.

84. 용접 비드의 끝에서 발생하는 고온 균열로서 냉각 속도가 지나치게 빠른 경우에 발생하는 균열은?

① 종 균열
② 횡 균열
③ 호상 균열
④ 크레이터 균열

해설 크레이터 균열은 용접 비드의 끝에서 발생하는 고온 균열로 고장력강이나 합금 원소가 많은 강에서 볼 수 있다. 용접 금속의 수축력에 의해 별 모양, 가로 방향, 세로 방향의 형태로 균열이 나타나므로 아크를 끊을 때 반드시 아크 길이를 짧게 하여 비드의 높이와 최대한 같게 해준다.

85. 저온 균열의 발생에 관한 내용으로 옳은 것은?

① 용융 금속의 응고 직후에 일어난다.
② 오스테나이트계 스테인리스강에서 자주 발생한다.
③ 용접 금속이 약 300℃ 이하로 냉각되었을 때 발생한다.
④ 입계가 충분히 고상화되지 못한 상태에서 응력이 작용하여 발생한다.

해설 ㉠ 저온 균열은 보통 수소에 의한 지연 균열로 열 영향부의 결정립 내 및 입계에서 주로 발생하여 진행된다.

정답 80. ① 81. ② 82. ② 83. ③ 84. ④ 85. ③

ⓒ 저온 균열은 고온 균열과 달리 온도 300℃ 이하에서 많이 발생되는데 용접부에 잔류하는 수소가 주요 원인이며, 루트 균열, 비드 밑 균열, 지단 균열, 횡 균열 등이 있다.
ⓔ 저온 균열은 열 영향부의 조립부가 급열 급랭하고 소입 경화하여 발생하며 고장력강, 고탄소강, 저합금강 등에서 쉽게 발생하고 연강에서는 발생 빈도가 적다. 오스테나이트 스테인리스강이나 비철 합금에서는 거의 드물다.

86. 용접부에서 발생하는 저온 균열과 직접적인 관계가 없는 것은?
① 열 영향부의 경화 현상
② 용접 잔류 응력의 존재
③ 용착 금속에 함유된 수소
④ 합금의 응고 시에 발생하는 편석

87. 용접 균열은 고온 균열과 저온 균열로 구분된다. 크레이터 균열과 비드 밑 균열에 대하여 옳게 나타낸 것은?
① 크레이터 균열-고온 균열, 비드 밑 균열-고온 균열
② 크레이터 균열-저온 균열, 비드 밑 균열-저온 균열
③ 크레이터 균열-저온 균열, 비드 밑 균열-고온 균열
④ 크레이터 균열-고온 균열, 비드 밑 균열-저온 균열

해설 용접 균열에는 용접을 끝낸 직후에 크레이터 부분에 생기는 크레이터 균열, 외부에서는 볼 수 없는 비드 밑 균열 등이 있고, 크레이터 균열은 고온 균열, 비드 밑 균열은 저온 균열이다.

88. 다음 균열 중 모재의 열팽창 및 수축에 의한 비틀림이 주 원인이며, 필릿 용접 이음부의 루트 부분에 생기는 균열은?
① 힐 균열
② 설퍼 균열
③ 크레이터 균열
④ 라미네이션 균열

해설 힐 균열(heel crack) : 필릿 용접 이음부의 루트 부분에 발생하는 저온 균열로 모재의 열팽창 및 수축에 의한 비틀림이 원인이다. 방지법은 수소의 양을 조절하고 예열 및 용접 금속의 강도를 낮추거나 용접 입열을 적게하는 것이다.

89. 루트 균열에 대한 설명으로 거리가 먼 것은?
① 루트 균열의 원인은 열 영향부 조직의 경화성이다.
② 맞대기 용접 이음의 가접에서 발생하기 쉬우며 가로 균열의 일종이다.
③ 루트 균열을 방지하기 위해 건조된 용접봉을 사용한다.
④ 방지책으로는 수소량이 적고 건조된 용접봉을 사용한다.

해설 ⓞ 루트 균열은 맞대기 용접 이음의 가접 또는 첫 층에서 루트 근방의 열 영향부에서 발생하여 점차 비드 속으로 들어가는 균열로 저온 균열에서 가장 주의해야 하며, 비드 속으로 점차 성장하면서 며칠 동안 진행되기도 한다.
ⓒ 루트 균열의 원인은 열 영향부의 조직(강재의 경화성), 용접부에 함유된 수소량, 작용하는 응력 등이다.
ⓔ 루트 균열의 방지책은 용접부에 들어가는 수소량을 최소한으로 줄이고 건조된 용접봉을 사용하며, 예열과 후열 등을 정확히 실시해야 한다.

정답 86. ④ 87. ④ 88. ① 89. ②

90. 용착 금속 내부에 균열이 발생되었을 때 방사선 투과 검사 필름에 나타나는 것은?
① 검은 반점
② 날카로운 검은 선
③ 흰색
④ 검출이 안 됨

해설 방사선 투과 검사 결과 필름상에 균열은 그 파면이 투과 방향과 거의 평행할 때는 날카로운 검은 선으로 밝게 보이나 직각일 때에는 거의 알 수 없다.

91. 저온 균열을 방지하기 위한 대책으로 틀린 것은?
① 용접부의 탄소 당량을 높인다.
② 냉각 가속도를 될수록 느리게 한다.
③ 저수소계 용접봉을 사용한다.
④ 용접봉의 건조를 충분히 한다.

해설 저온 균열은 보통 수소에 의한 지연 균열로 열 영향부의 결정립 내 및 입계에서 주로 발생하여 진행되며 탄소와는 관계가 없다.

92. 다음 중 슬래그 섞임이 있을 때의 원인으로 맞는 것은?
① 운봉 속도는 빠르고 전류가 낮을 때
② 용착부의 급랭
③ 아크 길이, 전류의 부적당
④ 모재 속에 S이 많을 때

해설 슬래그 섞임의 원인
㉠ 슬래그 제거 불완전
㉡ 운봉 속도가 빠를 때
㉢ 전류 과소, 운봉 조작이 불완전할 때

93. 용접의 시점과 끝나는 부분에 용입 불량이나 각종 결함을 방지하기 위해 주로 사용되는 것은?

① 엔드텝   ② 포지셔너
③ 회전 지그   ④ 고정 지그

해설 엔드텝(end tab) : 용접 결함이 발생하기 쉬운 용접 비드의 시작과 끝에 부착하는 강판으로 수동 35mm, 반자동 40mm, 자동 70mm이고 엔드텝을 사용하는 경우 용접 길이를 모두 인정한다.

94. 엔드텝(end tab)에 대한 설명으로 틀린 것은?
① 모재를 구속시키는 역할도 한다.
② 모재와 다른 재질을 사용해야 한다.
③ 용접이 불량해지는 것을 방지한다.
④ 피복 아크 용접 시 엔드텝 길이는 약 30mm 정도로 한다.

해설 모재와 같은 재질을 사용해야 한다.

95. 용접 시점이나 종점 부근의 결함을 줄이는 설계 방법으로 가장 거리가 먼 것은?
① 주부재와 2차 부재를 전둘레 용접하는 경우 틈새를 10mm 정도로 한다.
② 용접부의 끝단에 돌출부를 주어 용접한 후에 엔드텝은 제거한다.
③ 양면에서 용접 후 다리 길이 끝에 응력이 집중되지 않게 라운딩을 준다.
④ 엔드텝을 붙이지 않고 한 면에 V형 홈으로 만들어 용접 후 라운딩한다.

해설 용접 시점이나 종점 부근의 결함을 줄이는 설계 방법은 용접부의 끝단에 돌출부를 주어 용접한 후 엔드텝을 제거하거나, 한 면에 V형 홈으로 만들어 용접 후 라운딩한다.

정답 90. ② 91. ① 92. ① 93. ① 94. ② 95. ①

제7장 │ 안전관리

1. 작업 안전관리

1-1 기계 작업 안전

(1) 공작 기계의 안전수칙
① 기계 위에 공구나 재료를 올려놓지 않는다.
② 이송을 걸어 놓은 채 기계를 정지시키지 않는다.
③ 기계의 회전을 손이나 공구로 멈추지 않는다.
④ 가공물, 절삭 공구의 설치를 확실히 한다.
⑤ 절삭 공구는 짧게 설치하고 절삭성이 나쁘면 일찍 바꾼다.
⑥ 칩이 비산할 때는 보안경을 사용한다.
⑦ 칩을 제거할 때는 브러시나 칩 클리너를 사용하고 맨손으로 하지 않는다.
⑧ 절삭 중 절삭면에 손이 닿아서는 안 된다.
⑨ 절삭 중이나 회전 중에는 공작물을 측정하지 않는다.

(2) 선반 작업
① 가공물을 설치할 때에는 전원 스위치를 끄고 바이트를 충분히 뗀 다음 설치한다.
② 돌리개는 적당한 크기의 것을 선택하고 심압대 스핀들이 지나치게 나오지 않도록 한다.
③ 공작물의 설치가 끝나면 척, 렌치류는 곧 떼어 놓는다.
④ 편심된 가공물을 설치할 때에는 균형추를 부착시킨다.
⑤ 바이트는 기계를 정지시킨 다음에 설치한다.
⑥ 줄 작업이나 사포로 연마할 때는 몸자세·손동작에 유의한다.

(3) 밀링 작업
① 절삭 공구 설치 시 시동 레버와 접촉하지 않도록 한다.
② 공작물 설치 시 절삭 공구의 회전을 정지시킨다.

③ 상하 이송용 핸들은 사용 후 반드시 벗겨 놓는다.
④ 가공 중에는 얼굴을 기계에 가까이 대지 않도록 한다.
⑤ 절삭 공구에 절삭유를 줄 때는 커터 위에서부터 주유한다.
⑥ 칩이 비산하는 재료는 커터 부분에 커버를 하거나 보안경을 착용한다.

(4) 연삭 작업

① 숫돌은 반드시 시운전에 지정된 사람이 설치해야 한다.
② 숫돌을 설치하기 전에 나무망치로 숫돌을 때려 조사한다(균열이 있으면 탁한 소리가 난다).
③ 숫돌차는 기계에 규정된 것을 사용한다.
④ 숫돌차의 안지름은 축의 지름보다 0.05~0.15mm 정도 커야 한다.
⑤ 플랜지는 좌우 같은 것을 사용하고 숫돌 바깥지름 이상의 것을 사용한다.

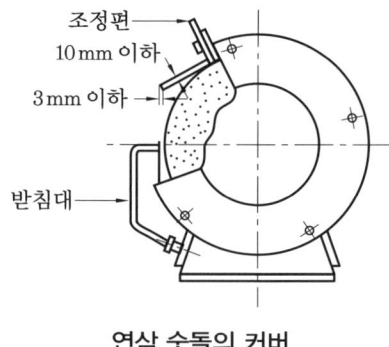

연삭 숫돌의 커버

⑥ 플랜지와 숫돌 사이에는 플랜지와 같은 크기의 패킹을 양쪽에 끼우고 너트를 너무 강하게 조이지 않도록 한다.
⑦ 숫돌은 3분 이상, 작업 개시 전에는 1분 이상 시운전한다. 이때 숫돌의 회전 방향으로부터 몸을 피하여 안전에 유의한다.
⑧ 숫돌과 받침대의 간격은 항상 3mm 이하(1.5mm 정도)로 유지한다.
⑨ 공작물과 숫돌은 조용하게 접촉하고, 무리한 압력으로 연삭해서는 안 된다.
⑩ 공작물은 받침대로 확실하게 지지한다.
⑪ 소형 숫돌은 측압에 약하므로 컵형 숫돌 외에는 측면 사용을 피한다.
⑫ 숫돌의 커버를 벗겨 놓은 채 사용해서는 안 된다.
⑬ 안전 차폐막을 갖추지 않은 연삭기를 사용할 때는 방진 안경을 착용한다.

(5) 드릴 작업

① 회전하고 있는 주축이나 드릴에 손이나 걸레를 대거나 머리를 가까이 해서는 안 된다.
② 드릴은 양호한 것을 사용하고, 섕크에 상처나 균열이 있는 것을 사용해서는 안 된다.
③ 가공 중에는 드릴의 절삭성이 나빠지면 곧 드릴을 재연삭하여 사용한다.
④ 드릴을 고정하거나 풀 때는 주축이 완전히 멈춘 후에 한다.
⑤ 작은 물건은 바이스나 고정구로 고정하고 직접 손으로 잡지 말아야 한다.
⑥ 얇은 물건을 드릴 작업할 때는 밑에 나무 등을 놓고 구멍을 뚫어야 한다.
⑦ 드릴 끝이 가공물의 맨 밑에 나올 때, 가공물이 회전하기 쉬우므로 이때는 이송을 늦춘다.
⑧ 가공 중 드릴이 가공물에 박히면 기계를 정지시키고 손으로 돌려서 드릴을 뽑아야 한다.
⑨ 드릴이나 소켓 등을 뽑을 때는 드릴 뽑개를 사용하며, 해머 등으로 두들겨 뽑지 않도록 한다.
⑩ 드릴 및 척을 뽑을 때는 주축과 테이블의 간격을 좁히고 테이블 위에 나무 조각을 놓고 받는다.

(6) 프레스(전단기) 작업

① 기계의 사용 방법을 완전히 익힐 때까지는 함부로 기계에 손대지 않는다.
② 작업 전에 급유하고 몇 번 운전하여 활동부의 움직임 및 작업 상태를 점검한다.
③ 형틀(die) 고정(교환) 후 시험 작업을 해 본다.
④ 안전 장치의 작동 상태를 점검하고 잘못된 것은 조정한다.
⑤ 운전 중 램 밑에 손이 들어가지 않게 주의한다.
⑥ 2명 이상이 작업할 때는 신호를 정확하게 하고 조작에 안전을 기한다.
⑦ 작업이 끝난 후 반드시 스위치를 내린다.
⑧ 페달을 불필요하게 밟지 않는다.
⑨ 손질, 수리, 조정 및 급유 시에는 기계를 멈추고 한다.
⑩ 이송 장치나 배출 장치를 사용하며, 손의 사용은 가급적 줄인다.
⑪ 다이의 구조를 고려하여 위험한 작업을 줄인다.

1-2 용접 및 가스 작업 안전

(1) 아크 용접의 안전

① **아크 용접기의 안전**
- (가) 용접기의 모든 설치 및 수리는 전기 기능 자격이 있는 자가 해야 한다.
- (나) 용접기에는 감전 사고 방지를 위하여 자동 전격 방지 장치를 설치하여야 한다.
- (다) 자동 전격 방지 장치는 도전체에 둘러싸인 장소, 현저하게 좁은 장소 또는 높이가 2m 이상의 장소에서 작업할 경우 필히 설치하여야 한다.
- (라) 용접기는 항상 접지되어야 한다.
- (마) 용접기의 단자와 케이블의 접속부는 반드시 절연물로 보호되어 있어야 한다.
- (바) 용접기의 케이스 상부나 외부에 무거운 물건 등을 놓지 말아야 한다.
- (사) 용접기의 내부는 건조한 압축공기로 1년에 1회 이상 청소한다.
- (아) 용접기는 비나 눈이 오는 옥외나 습기가 많은 곳, 부식성 기체나 액체가 있는 장소에는 설치하지 않아야 한다.
- (자) 용접기 내부의 회전 부분이나 작동 부분은 주기적으로 적당한 주유를 해야 한다.

② **아크 용접 작업의 안전**
- (가) 안전 홀더와 보호구를 착용해야 하며, 보호구는 건조된 것을 사용한다.
- (나) 용접 작업장 주위에는 인화성 및 폭발성 물질이 없도록 한다.
- (다) 아크광선을 맨눈으로 보지 말아야 하며, 작업자 이외에는 아크광선을 보지 않도록 용접 작업장에 차폐물을 설치한다.
- (라) 아크광선 내의 적외선은 열을 동반하므로 피부에 노출 시 화상을 입게 되므로 주의하여야 한다.
- (마) 전선 및 케이블은 전류 용량에 맞는 것을 사용해야 하며, 작업의 이동 시 용접 케이블을 땅에 끌거나 하여 피복이 벗겨지는 일이 없도록 한다.
- (바) 용접 케이블을 터미널을 이용하여 연결할 때는 터미널 압착 공구를 완전히 압착시켜서 사용 도중에 발열 저항이 일어나지 않게 한다.
- (사) 차광유리는 적합한 번호를 사용해야 한다. 용접 작업 중 탭 전환을 하지 않아야 하고, 작업을 중단할 때에는 항상 용접기의 스위치를 꺼야 한다.
- (아) 모재에 용접봉이 단락되었을 때는 홀더에서 분리시킨 뒤에 용접봉을 떼어내어야 하며, 홀더는 파손 없이 절연 및 연결 부분이 온전한 것을 사용한다.
- (자) 높은 장소에서의 용접 작업 시 추락 방지를 위하여 반드시 안전대를 착용한다.

㈐ 작업장은 통풍과 환기를 충분히 실시하여 유해 가스를 흡입하지 않도록 한다.
㈑ 아연 도금한 철판 및 관을 용접할 때는 유해 가스가 발생되므로 마스크를 가성소다(NaOH)액에 적시어 사용하거나 방독 마스크를 착용한다.
㈒ 아크로 인한 전기성 안염이 발생하였을 때 의사의 진찰을 받기 어려우면 붕산수 2% 수용액으로 눈을 닦고 냉습포를 하면 효과가 있다.
㈓ 폭발성 또는 인화성 물질을 충전하였거나 인화성 가스가 발생하였던 용기를 용접이나 절단 작업할 경우 작업 전에 다음과 같이 조치해야 한다.
  ㉮ 용기 내부를 증기 및 기타 효과적인 방법으로 완전히 세척하여야 한다.
  ㉯ 용기 내부의 공기를 채취하여 검사한 결과 혼합 가스나 증기가 전혀 없어야 한다.
  ㉰ 용기 내부의 완전 세척이 부득이하게 어려운 경우 용기 내부의 불활성 공기를 가스로 바꿔두어야 한다.
  ㉱ 불활성 가스를 사용할 시는 작업 중에 용기 안으로 계속 불활성 가스를 서서히 유입시켜야 한다.
㈔ 밀폐된 용기나 큰 탱크를 용접이나 절단 작업할 경우 다음과 같이 조치해야 한다.
  ㉮ 배풍기나 강압 통풍 장치 등으로 계속 적당한 환기를 하여야 한다.
  ㉯ 환기 목적으로 산소를 사용하여서는 안 된다.
  ㉰ 필요에 따라서는 보조자(안전 담당자)가 탱크 밖에서 용접공을 보호 감시해야 한다.
  ㉱ 근로자가 입었던 작업복의 먼지 등을 제거할 때 압축가스나 압축공기를 사용해서는 안 된다.

(2) 전기 용접의 안전

① 용접 시에는 소화기 및 소화수를 준비한다.
② 우천 시 옥외 작업을 금한다.
③ 홀더는 항상 파손되지 않은 것을 사용한다.
④ 용접봉을 갈아 끼울 때는 홀더의 충전부에 몸이 닿지 않도록 주의한다.
⑤ 작업 시에는 반드시 보호 장비를 착용한다.
⑥ 벗겨진 홀더는 사용하지 않도록 한다.
⑦ 작업 중단 시는 전원 스위치를 끄고 커넥터를 풀어준다.
⑧ 피용접물은 코드를 완전히 접지시킨다.
⑨ 환기 장치가 완전한 일정한 장소에서 용접한다.
⑩ 보호 장갑 및 에이프런(앞치마), 정강이받이 등을 착용한다.

(3) 가스 용접 및 절단의 안전

① 산소 및 아세틸렌 용기의 취급 안전

㈎ 아세틸렌 용기는 반드시 세워서 이용하여야 한다. 만약 눕혀서 저장 및 사용하면 용기 안의 아세톤이 흘러나와 기구를 부식시키고 불꽃을 나쁘게 한다.

㈏ 아세틸렌 용기는 구리 및 구리 합금(구리 62% 이상), 은, 수은 등과의 접촉을 피해 촉발을 방지해야 한다.

㈐ 아세틸렌 용기의 밸브는 1.5 회전 이상 열지 않도록 한다.

㈑ 아세틸렌 용기에 진동이나 충격을 주지 않아야 한다.

㈒ 산소 용기의 밸브 및 접촉 기구에 그리스나 기름이 묻어 있으면 화재의 우려가 있다.

㈓ 산소 및 아세틸렌 용기를 이동할 때는 반드시 밸브 보호 캡을 씌워야 한다.

㈔ 산소 및 아세틸렌 가스의 누출 검사는 반드시 비눗물로 한다.

㈕ 가스 용기는 직사광선을 피해 저장한다.

㈖ 가스 용기는 항상 40℃ 이하로 유지한다.

㈗ 가스 용기의 밸브가 얼었을 때는 끓지 않은 더운물로 녹인다.

㈘ 가스 용기는 작업장의 화기에서 5m 이상 떨어져야 한다.

㈙ 가스 용기를 운반할 때는 반드시 세워서 하고, 끌거나 옆으로 뉘어 굴리지 않는다.

㈚ 용기는 가연성 가스와 함께 두지 말고 충전 용기와 빈 용기를 구분하여 보관한다.

㈛ 용기 밸브 및 압력 조정기가 고장 나면 전문가에게 수리를 의뢰한다.

② 가스 용접 및 절단 작업의 안전

㈎ 작업장 부근에 인화물이 없어야 한다.

㈏ 토치의 점화에는 반드시 점화용 라이터를 사용한다.

㈐ 작업에 적합한 차광 안경을 선택하여 필히 착용한다.

㈑ 가스 용기는 반드시 세워서 고정시킨다.

㈒ 산소 및 아세틸렌 호스를 바꿔 사용하지 않는다.

㈓ 소화기는 작업장 가까이 눈에 잘 띄는 곳에 설치한다.

㈔ 작업장에는 유해한 가스가 많이 발생하므로 항상 환기를 시킨다.

㈕ 토치에 점화하거나 불을 끌 때는 항상 아세틸렌 밸브를 먼저 조작한다.

㈖ 압력 조정기가 조작된 상태에서 용기 밸브를 열면 압력 조정기가 파손될 염려가 있다.

㈗ 아세틸렌의 사용 압력은 130kPa(1.3kgf/cm^2)을 초과하지 않아야 한다.

㉮ 토치의 팁 구멍이 막히거나 이물질이 있을 때는 팁 구멍 크기보다 한 단계 낮은 팁 크리너를 사용하여 팁 구멍이 커지지 않게 청소한다.
㉯ 토치의 팁이 과열되어 물에 냉각할 때는 산소만 불출시켜 냉각한다.
㉰ 역류, 역화 현상이 발생했을 때는 우선 토치의 아세틸렌 밸브를 잠그고 적절한 조치를 한다.

③ 가스 용접의 기타 안전 대책

㉮ 산소 용기 밸브의 안전 밸브는 내압 시험 압력의 80% 이하 압력에서 작동할 수 있어야 한다[17 MPa(170 kgf/cm^2) 이상에서 작동한다].
㉯ 아세틸렌 용기에 설치된 퓨즈 플러그 내의 퓨즈 금속(B 53.9%, Sn 25.9%, Cd 10.2%의 합금)은 약 105±5℃에 도달하면 녹아야 한다.
㉰ 산소 및 아세틸렌 가스가 용기에서 새어나오는 경우에는 바람이 통하는 옥외로 빨리 대피시킨 다음 전문가에게 수리를 의뢰한다.
㉱ 안전기의 주요 부분에는 두께 2 mm 이상의 강판 또는 강관을 사용한다.
㉲ 안전기의 도입부는 수봉 배기관을 갖춘 수봉식으로 하고, 유효 수주는 정압용이 25 mm 이상, 중압용이 50 mm 이상을 유지한다.
㉳ 안전기는 수위를 용이하게 점검할 수 있는 점검창의 수면계 등을 갖춘다.
㉴ 중압용 안전기의 수봉 배기관은 안전기의 압력이 150 kPa(1.5 kgf/cm^2)에 도달하기 전에 배기시킬 수 있는 기능을 갖춘다.
㉵ 중압용 수봉식 안전기의 과열판은 안전기 내의 압력이 500 kPa(5 kgf/cm^2)에 도달하기 전에 파열하는 것이어야 한다. 단, 안전기 내의 압력이 300 kPa(3 kgf/cm^2)을 넘기 전에 작동하는 자동 배기 밸브가 갖추어진 구조일 때는 과열판의 과열 압력이 1000 kPa(10 kgf/cm^2) 이하이어야 한다.
㉶ 용해 아세틸렌 및 LP 가스에서는 건식 안전기를 사용하는 것이 좋다(건식 안전기는 소결 금속식과 우회로식이 사용된다).
㉷ 아세틸렌 용접 장치의 토치 1개마다 안전기를 1개씩 설치해야 하며, 토치에서 발생기까지의 가스 집합 장치인 경우 하나의 토치에 안전기가 2개 이상 설치되어야 한다.
㉸ 발생기 물의 온도가 60℃ 이상일 때는 환수시키도록 한다. 단, 습식 아세틸렌 발생기의 경우는 무압식으로 다년간 사용 시 부식이 심하고 반응열도 심하여 70℃를 넘지 않도록 주의하여 폭발을 미연에 방지하여야 한다.
㉹ 아세틸렌 용접 장치 및 가스 집합 용접 장치는 연 1회 자체적으로 검사 결과를 기록하여 기록 문서를 3년간 보관하여야 한다.

(4) 가스 작업 안전

① **연소 가스의 종류**
- ㈎ 가연성 가스 : 수소, 일산화탄소, 암모니아, 메탄, 에탄, 에틸렌, 아세틸렌, 프로판, 이황화탄소, 황화수소, 에테르, 시안화수소 등 폭발 한계의 하한이 10% 이하의 것과 폭발 한계의 상한과 하한의 차가 20% 이상의 것
- ㈏ 지연성 가스 : 산소, 염소, 불소, 일산화질소, 오존 등으로 가연성 가스를 연소시키도록 도와주는 가스
- ㈐ 불연성 가스 : 질소, 아르곤, 헬륨, 이산화탄소 등으로 연소하지도 않고 연소하는 것을 돕지도 않는 가스

② **가스의 폭발**

폭발의 종류	설명	해당 가스
혼합 가스 폭발	가연성 가스와 지연성 가스의 일정 비율의 혼합 가스가 발화 원인에 의해 생기는 폭발	공기, 프로판 가스, 수소 가스, 에테르 증기 중의 혼합 가스 폭발
가스의 분해 폭발	가스 분자의 분해 시에 발열하는 발화원으로부터의 착화	아세틸렌, 에테르 등의 분해에 의한 가스 폭발

1-3 전기 취급 안전

(1) 전기 위험 방지 기술

① **직접 접촉 형태** : 평상시 충전되어 있는 충전부에 인체의 일부가 직접 접촉하는 형태로 전기 작업 중 부주의 또는 타인의 전원 스위치를 투입하였을 때 자주 발생하는 형태
② **간접 접촉 형태** : 전선의 피복 절연 손상 또는 아크 발생에 의하여 평상시 충전되지 않은 기기의 금속제 외함 등에 누전되어 있는 상태에서 인체의 일부가 이 외함과 접촉하여 일어나는 형태
③ **안전 전압** : 회로의 정격 전압이 일정 수준 이하의 낮은 전압으로, 절연·파괴 등의 사고 시에도 인체에 위험을 주지 않게 되는 전압
④ **감전에 의한 재해** : 전기 재해 중 가장 빈도수가 높은 것으로 인체 일부 또는 전체에 전류가 흘렀을 때 인체 내에 일어나는 생리적인 현상으로 사망하거나 추락·전도 등 2

차적인 재해를 유발하는 현상이며, 인체가 감전되었을 때 위험도 순서는 다음과 같다.
  ㈎ 통전 전류의 크기(인체에 흐르는 전류값 [mA])
  ㈏ 통전 시간과 전격의 위상
  ㈐ 통전 경로
  ㈑ 전원의 종류

(2) 감전 재해 방지 대책

① **전기 기계·기구에 대한 감전 재해 방지 대책**
  ㈎ 직접 접촉에 의한 감전 방지
    ㉮ 충전부가 노출되지 않도록 폐쇄형 외함 구조로 제작한다.
    ㉯ 충전부에 방호망 또는 절연 덮개를 설치한다.
    ㉰ 발전소, 변전소 및 개폐소 등 구획되어 있는 장소로서 관계 근로자 외 사람은 출입이 금지된 장소에 설치한다.
    ㉱ 전주 및 철탑 위 등 격리되어 있는 장소로서 관계 근로자 외 사람이 접근할 우려가 없는 장소에 설치한다.
  ㈏ 간접 접촉에 의한 감전 방지
    ㉮ 작업 장소를 절연하고자 할 때는 작업자가 접촉될 수 있는 모든 도전성 금속을 절연 처리하며, 작업장 바닥도 절연물로 마감 처리한다.
    ㉯ 누전이 발생하더라도 안전 전압 이하로 감전 사고를 유발시키지 않는다.
    ㉰ 발생되는 위험한 전압을 감소시킨다.
  ㈐ 설치상의 안전 대책
    ㉮ 전기 기계류의 구조는 그 사용 장소의 환경에 적합한 형식을 설치하여야 한다.
    ㉯ 운전, 보수 등을 위한 충분한 작업 공간 및 냉각이 잘 이루어질 수 있는 장소에 설치한다.
    ㉰ 리드선 접속은 기계 진동 등에 의한 스트레스를 받지 않도록 한다.
    ㉱ 전동기류 가동부에 의한 재해의 우려가 있는 기계의 조작부는 작업자의 위치에서 쉽게 조작 가능한 위치에 있어야 한다.

② **접지**
  ㈎ 접지의 목적 : 누전 시 인체에 가해지는 전압을 감소시켜 감전을 방지하고 지락 전류를 원활하게 흐르게 함으로써 차단기를 확실히 동작시켜 화재·폭발의 위험을 방지하기 위함이다.
  ㈏ 접지 공사의 종류 및 접지 저항

접지 공사 종류	기기 구분	접지 저항	접지선의 굵기
제1종 접지 공사	고압용 또는 특고압용	10Ω 이하	2.6mm 이상의 연선
제2종 접지 공사	특고압과 저압을 결합하는 변압기의 중성점. 단, 저압 측이 200V 이하에서 중성점에 하기 어려울 때는 저압 측의 1단자	• 150Ω 이하 • 300Ω 이하(단, 대지 전압이 150V를 초과하는 경우 1초 초과 2초 이내에 차단되는 경우) • 600Ω 이하(1초 이내에 차단되는 경우)	4mm 이상의 연선 단, 고압 변압기의 저압 측 단독 접지는 2.6mm 이상의 연선
제3종 접지 공사	400V 초과의 저압용의 것	10Ω 이하	1.6mm 이상의 연선
제4종 접지 공사	400V 이하의 저압용의 것	100Ω 이하	1.6mm 이상의 연선
이 외 접지할 곳 • 폭발 위험이 있는 장소에서의 전기 기계·기구 • 접지된 전기 기계·기구 등으로부터 수직 2.4m, 수평 1.5m 이내의 고정식 금속제 • 크레인 등 이와 유사한 장비의 고정식 궤도 및 프레임 • 고압 전기를 취급하는 변전소·개폐소 등 이와 유사한 장소를 구획하기 위한 방호망 등			

㈐ 접지 계통의 분류

㉮ 접지는 계통 접지와 기기 접지로 나눈다.

㉯ 일반 기기 및 제어반 : 변압기, 차단기, 발전기, 전동기 등의 접지 개소는 모두 연접선과 연결한다.

㉰ 피뢰기 및 피뢰침 : 동작 시 동작 전류에 의해 악영향을 미치므로 별도 계통한다.

㉱ 옥외 철구 : 변전소에 시설되어 있는 기계·기구 등의 접지와 연접 접지를 하는 것이 바람직하다.

㉲ 케이블 : 구내 동력 케이블은 금속 어스의 일단(부하 측)을 연접선에 연결하고 양자를 접지하지 않는다.

(3) 전기 설비의 방호 장치

① 누전 차단기

㈎ 사용 목적

㉮ 감전 보호
㉯ 전기 설비 및 전기기기의 보호
㉰ 누전 화재 보호
㉱ 기타 다른 계통으로의 사고 파급 방지

② **자동 전격 방지기**
　㈎ 사용 목적 : 단시간 내 용접기의 2차 무부하 전압을 안전 전압인 25 V 이하로 내려주는 전기적 방호 장치
　㈏ 설치 장소
　　㉮ 주위 온도가 -20℃ 이상 40℃ 이하일 것
　　㉯ 습기가 많지 않을 것
　　㉰ 비나 강풍에 노출되지 않도록 할 것
　　㉱ 이상 진동이나 충격이 가해질 위험이 없을 것
　　㉲ 분진, 유해 부식성 가스 또는 다량의 염분을 포함한 공기 및 폭발성 가스가 없을 것
　㈐ 부착 요령
　　㉮ 직각으로 부착할 것. 단, 불가능할 시 기울기가 20°를 넘지 않을 것
　　㉯ 용접기의 이동, 진동, 충격으로 이완되지 않도록 이완 방지 조치를 취할 것
　　㉰ 기기의 작동 상태를 알기 위한 표시등은 보기 쉬운 곳에 설치할 것
　　㉱ 기기의 테스트 스위치는 조작하기 쉬운 위치에 설치할 것

1-4 산업 시설 안전

(1) 안전 표지와 색채

① **녹십자 표지의 목적**
　㈎ 각종 산업 재해로부터 근로자의 생명권 보장
　㈏ 국가 산업 발전에 기여

② **안전 표지와 색채 용도**
　㈎ 적색 : 방화 금지, 정지 표시, 고도의 위험 등
　㈏ 오렌지색(주황색) : 위험, 일반 위험 등
　㈐ 황색 : 경고, 주의 표시(충돌, 장애물 등)
　㈑ 녹색 : 안전 위생 지도, 대피 장소, 구급 장소 위치, 비상구 등
　㈒ 백색 : 통로, 물품 보관소 등
　㈓ 보라색(자주색) : 방사능 위험 표시
　㈔ 청색 : 주의, 수리 중, 지시 표시(안전 보호구 착용 등)
　㈕ 흑색 : 위험 표지의 글자

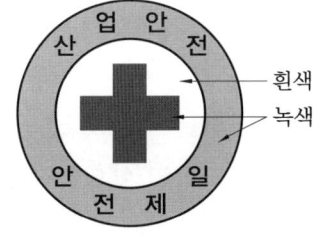

녹십자 표지

㈜ 충전 용기 : 산소(녹색), 수소(주황색), 액화 이산화탄소(파란색), 액화 암모니아(흰색), 액화 염소(갈색), 아세틸렌(노란색), 기타(회색)

(2) 작업환경

① **환기, 통풍**

㈎ 우리나라에서 가장 바람직한 온도, 습도, 기류는 다음과 같다.

㉮ 온도 : 여름은 25~27℃, 겨울은 15~23℃

㉯ 상대습도 : 50~60%

㉰ 기류(공기의 흐름) : 1 m/s

㈏ 재해와 습·온도와의 관계 : 작업환경에 있어서의 온도 및 습도는 4계절을 통하여 변화한다. 온도가 17~23℃ 정도일 때 재해 발생 빈도가 적고, 그보다 온도가 낮아져도 증가하게 되며, 온도가 높아지면 그 증가는 더욱 현저하다.

환기 장치의 예

㉮ 감각 온도(ET) : 기온, 습도, 기류로 분류하며, 쾌적한 감각 온도는 다음과 같다.

  ㉠ 지적 작업 : 60~65 ET ㉡ 경 작업 : 55~65 ET ㉢ 근육 작업 : 50~62 ET

㉯ 법정 온도

  ㉠ 가벼운 작업 : 34℃   ㉡ 보통 작업 : 32℃   ㉢ 중(重) 작업 : 30℃

㉰ 표준 온도

  ㉠ 가벼운 작업 : 20~22℃ ㉡ 보통 작업 : 15~20℃ ㉢ 중(重)작업 : 18℃

㉱ 불쾌지수 : 기온과 습도의 상승 작용에 의하여 인체가 느끼는 감각 정도를 측정하는 척도로 쓰인다. 불쾌지수는 감각 온도를 변형한 것으로 다음과 같은 식에 의하여 산출된다.

> • 섭씨(℃)인 경우 불쾌지수 $= 0.72 \times (t_a + t_w) + 40.6$
> • 화씨(℉)인 경우 불쾌지수 $= 0.4 \times (t_a + t_w) + 15$
> 여기서, t_a : 건구 온도, t_w : 습구 온도

② **소음** : 일반적으로 듣는 사람에게 불쾌한 느낌을 주는 소리이며, 허용 한계값은 학자에 따라 다르나 일반적으로 85~95dB(데시벨)로 정하고 있다.

③ **조명**

㈎ 자연광선인 태양광선(4500럭스)을 충분히 받아 조명하도록 한다.

(내) 1럭스(lux)는 1촉광의 광원으로부터 1m 떨어진 장소의 조명도이다.

조명도 값

공장	
장소	조명도(lux)
초정밀 작업	750 이상
정밀 작업	300 이상
보통 작업	150 이상
그 밖의 작업	75 이상

④ **보건관리인** : 100인 이상의 근로자를 사용하는 사업장에는 보건관리인 1명을 두어야 한다.

⑤ **옥내의 기적(氣籍)** : 지면으로부터 4m 이상의 높이를 제외하고 1인당 10m³ 이상으로 하여야 한다.

⑥ **탄산가스 함유량과 인체**

(개) 1~4% : 호흡이 가빠지며 쉽게 피로한 현상(두통, 뇌빈혈)

(내) 5~10% : 기절

(대) 11~13% : 신체 장애

(래) 15% 이상 : 위험 상태

(매) 30% 이상 : 극히 위험 상태(절명)

⑦ **채광 및 환기**

(개) 채광 : 창문의 크기 – 바닥 면적의 $\frac{1}{5}$ 이상

(내) 환기 : 창문의 크기 – 바닥 면적의 $\frac{1}{25}$ 이상

⑧ **작업환경의 측정 단위**

(개) 조명 : lux

(내) 오염도 : ppm

(대) 소음 : dB, phone

(래) 분진 : mg/m³

1-5 안전 보호구

(1) 보호구 일반

고열 작업(용접, 용해, 단조 등)과 먼지가 발생하는 작업장에서는 보호구를 사용해야 한다. 보호구에는 보호복, 보호 에이프런, 보호 장갑, 보호 장화, 안전화, 신발 커버, 안전모, 방진 두건, 방독 마스크, 귀마개, 보호 안경 등이 있다.

① **보호구의 종류**
  ㈎ 안전 보호구 : 안전대, 안전모, 안전화, 안전 장갑 등
  ㈏ 위생 보호구 : 마스크(방진, 방독, 호흡용), 보호의, 보안경(차광, 방진), 방음 보호구(귀마개, 귀덮개), 특수복 등

② **보호구 선택 시 유의사항**
  ㈎ 사용 목적에 알맞은 보호구를 선택(작업에 알맞은 보호구 선정)한다.
  ㈏ 산업 규격에 합격하고 보호 성능이 보장되는 것을 선택한다.
  ㈐ 작업 행동에 방해되지 않는 것을 선택한다.
  ㈑ 착용이 용이하고 크기 등 사용자에게 편리한 것을 선택한다.
  ㈒ 필요한 수량을 준비한다.
  ㈓ 보호구의 올바른 사용법을 익힌다.
  ㈔ 관리를 철저히 한다.

③ **보호구의 관리**
  ㈎ 정기적인 점검 관리를 할 것(적어도 한 달에 1회 이상 책임 있는 감독자가 점검)
  ㈏ 청결하고 습기가 없는 곳에 보관할 것
  ㈐ 항상 깨끗이 보관하고 사용 후 세척하여 둘 것
  ㈑ 세척한 후에는 완전히 건조시켜 보관할 것
  ㈒ 개인 보호구는 관리자 등에 일괄 보관하지 말 것

④ **보호구 사용을 기피하게 되는 이유**
  ㈎ 필요한 개수를 갖추지 않았을 때(지급 기피)
  ㈏ 보호구의 올바른 사용법을 모를 때(사용 방법 미숙)
  ㈐ 보호구의 사용 의의를 모를 때(이해 부족)
  ㈑ 보호구의 성능이 나쁠 때(불량품)
  ㈒ 보호구의 관리 상태가 나쁠 때(비위생적)

(2) 안전모

① 사용 목적에 따른 분류
　㈎ 일반 안전모 : 추락, 충돌, 물체의 비래 또는 낙하로 인한 머리 보호
　㈏ 전기 안전모 : 감전 방지

② 안전모의 종류

종류 (기호)	사용 구분	모체의 재질	내전압성
A	물체의 낙하 및 비래에 의한 위험을 방지 또는 경감시키기 위해 사용	합성수지, 알루미늄	비내전압성
B	추락에 의한 위험을 방지 또는 경감시키기 위해 사용	합성수지	비내전압성
AB	물체의 낙하 및 비래와 추락에 의한 위험을 방지 또는 경감시키기 위해 사용	합성수지	비내전압성
AE	물체의 낙하 및 비래와 머리 부위의 감전 위험을 방지 또는 경감하기 위해 사용	합성수지	내전압성
ABE	물체의 낙하 및 비래와 추락, 머리 부위의 감전 위험을 방지 또는 경감하기 위해 사용	합성수지	내전압성

③ 안전모의 각 부품에 사용하는 재료의 구비 조건
　㈎ 쉽게 부식하지 않는 것
　㈏ 피부에 해로운 영향을 주지 않는 것
　㈐ 사용 목적에 따라 내전압성, 내열성, 내한성 및 내수성을 가질 것
　㈑ 충분한 강도를 가질 것
　㈒ 모체의 표면 색은 밝고 선명할 것(빛의 반사율이 가장 큰 백색이 가장 좋으나 청결 유지 등의 문제점이 있어 황색이 많이 쓰임)
　㈓ 안전모의 모체, 충격 흡수 라이너 및 착장체의 무게는 0.44kg을 초과하지 않을 것

④ 안전모 착용
　㈎ 기계 주위에서 작업하는 경우에는 작업모를 쓸 것
　㈏ 여자와 장발자의 경우에는 머리를 완전히 덮을 것
　㈐ 모자 차양을 너무 길게 하여 시야를 가리지 말 것
　㈑ 모자 턱 조리개는 반드시 졸라 맬 것
　㈒ 머리 상부와 안전모 내부의 상단과는 25mm 이상 유지하도록 조절하여 쓸 것
　㈓ 작업에 적합한 것을 사용할 것(전기 공사에는 절연성이 있는 것을 사용)
　㈔ 안전모는 각 개인 전용으로 할 것

(3) 안전화

① **안전화의 종류** : 가죽제 발 보호 안전화, 고무제 발 보호 안전화, 정전기 대전 방지용 안전화, 발등 보호 안전화, 절연화, 절연 장화

② **강제 선심** : 발의 보호 성능을 높이기 위하여 경강(탄소 함량 0.6% 정도로 망간 함량이 다소 많은 것)으로 된 선심을 넣는데, 땀이나 수분 등에 의하여 부식되면 선심과의 접촉면 가죽이나 헝겊이 상함은 물론 선심 자체의 강도가 저하하여 안전화의 수명을 짧게 한다.

③ **안전화 사용 시 유의사항**

㈎ 창에 징을 박는 것은 위험하다(못에 의한 감전 재해 또는 걸을 때 징에서 발생하는 불꽃에 의한 화재 폭발 위험).

㈏ 고열물 접촉이나 열원에 주의한다(꿰맨 실이 끊어진다).

㈐ 가죽의 손상을 방지하기 위한 주의사항은 다음과 같다.

　㉮ '탄닌' 무두질 가죽에는 산화철(녹)의 접촉을 피한다.

　㉯ 가성소다의 침투를 방지한다(가성소다 함유 절삭유 등).

　㉰ 땀에 젖은 안전화는 즉시 말린다(땀 속의 염분과 황산 등이 가죽에 악영향).

　㉱ 젖은 안전화는 그늘에서 말리고 완전히 마르기 전에 구두약을 칠해 둔다.

㈑ 샌들 사용을 금한다.

㈒ 맨발은 절대로 금한다.

㈓ 기계 공장에서는 안전화를 사용한다.

㈔ 감전의 위험에 대비하여 바닥은 고무로 된 것을 사용한다.

④ **안전화의 성능 조건** : 내마모성, 내열성, 내유성, 내약품성

(4) 보안경

① **보안경의 종류**

㈎ 유리 보호 안경　　㈏ 플라스틱 보호 안경

㈐ 도수 렌즈 보호 안경　　㈑ 방진 및 차광 안경

② **차광 안경의 종류** : 안경형, 헬멧형(helmet type), 실드형(shield type)

③ **차광 렌즈 및 플레이트의 광학적 특성**

㈎ 가시광선을 적당히 투과할 것 : 아크의 주변 상황을 식별하고 피로가 적으며, 신경을 자극하지 않는 색상을 사용할 것(이상적인 색은 순도가 높지 않은 녹색과 자색, 즉 청색이 가미된 색이다)

㈏ 자외선을 허용치 이하로 약화시킬 것

㈐ 적외선을 허용치 이하로 약화시킬 것

(5) 호흡용 보호구

① **호흡용 보호구 사용 시 유의사항**
  ㈎ 호흡용 장비 사용자에게 요구되는 능력을 먼저 표로 만들어 파악할 것
  ㈏ 유지 보존 조건을 파악할 것
  ㈐ 작업 위험 방지에 적합한 성능이 있는 것을 사용할 것
  ㈑ 주 용도 이외에 사용하지 말 것

② **방진 마스크의 여과 효율 및 통기 저항에 따른 등급**

구분	특급	1급	2급	비고
여과 효율	99.5% 이상	95% 이상	85% 이상	일반적인 검정품은 70% 이상 성능 보유
흡·배기 저항	8 mmH$_2$O 이하	6 mmH$_2$O 이하	6 mmH$_2$O 이하	

③ **방진 마스크의 종류**
  ㈎ 구조 형식에 따라 : 직결식, 격리식
  ㈏ 사용 용도에 따라 : 고농도 분진용($H_1 \sim H_4$), 저농도 분진용($L_1 \sim L_4$)

④ **방진 마스크의 구비 조건**
  ㈎ 여과 효율이 좋을 것
  ㈏ 흡·배기저항이 낮을 것
  ㈐ 사용적이 적을 것
  ㈑ 중량이 가벼울 것(직결식 120g 이하)
  ㈒ 시야가 넓을 것(하방 시야 50° 이상)
  ㈓ 안면 밀착성이 좋을 것
  ㈔ 피부 접촉 부위의 고무질이 좋을 것

⑤ **방독 마스크의 종류** : 연결관의 유무에 따라 직결식과 격리식으로 나누며, 모양에 따라 전면식, 반면식, 구명기식(구편형)이 있다.

⑥ **방독 마스크 사용 시 유의사항**
  ㈎ 방독 마스크를 과신하지 말 것
  ㈏ 수명이 지난 것은 절대로 사용하지 말 것
  ㈐ 산소 결핍(일반적으로 16%를 기준) 장소에서는 사용하지 말 것
  ㈑ 가스의 종류에 따라 용도 이외의 것을 사용하지 말 것

⑦ **방독 마스크에 사용하는 흡수제** : 활성탄, 실리카 겔(silica gel), 소다라임(sodalime), 호프칼라이트(hopcalite), 큐프라마이트(kuperamite)

(6) 보호복과 귀마개 및 장갑

① 보호복
(가) 산, 알칼리, 화학약품, 가스에 의하여 피부를 상하게 할 경우는 고무, 비닐 등으로 된 보호복, 보호구를 착용할 것
(나) 몸에 맞는 가벼운 것을 착용할 것
(다) 실밥이 풀리거나 터진 것은 즉시 꿰매도록 할 것
(라) 반바지 착용을 금하고 넥타이나 반지를 하지 말 것
(마) 상의의 소맷부리와 하의의 옷자락을 조이고, 또한 상의의 끝을 내지 말고 바지 속에 넣을 것
(바) 더운 시기나 더운 장소에서도 절대 옷을 벗어 살을 드러내고 작업하지 말 것
(사) 항상 청결하게 유지할 것. 특히 기름이 밴 작업복은 화재의 위험이 크므로 사용하지 말 것
(아) 전기를 취급하는 작업에서는 젖은 작업복을 착용하지 않을 것(감전 위험)
(자) 착용자의 직종, 연령, 성별 등을 고려하여 적절한 것을 선정할 것

② 귀마개
(가) 소음이 심한 작업장에서 사용할 것
(나) 귓구멍에 적합하고 오랜 시간 사용하여도 압박감이 없을 것
(다) 피부에 자극을 주지 않을 것

③ 장갑
(가) 날물, 공구, 가공품 등 회전하는 기계 작업, 목공 작업 등을 할 때는 장갑을 끼지 말 것. 특히 손가락으로 하는 작업(드릴링 머신, 프레스, 목공용 수동 대패, 기계 대패, 수평형 둥근톱, 대톱)에서는 장갑을 끼는 것이 재해의 원인
(나) 손이나 손가락이 상하기 쉬운 작업을 할 때는 작업에 대하여 적당한 장갑, 토시, 손가락 없는 장갑을 사용할 것
(다) 고열 작업, 불꽃을 받는 작업에는 석면재, 기타 내화성 장갑을 착용할 것
(라) 용접 작업 시는 가죽 장갑을 착용할 것

1-6 산업안전보건법령

[총칙]

- **제1조(목적)**
이 법은 산업안전·보건에 관한 기준을 확립하고 그 책임의 소재를 명확하게 하여 산업재해를 예방하고 쾌적한 작업환경을 조성함으로써 근로자의 안전과 보건을 유지·증진함을 목적으로 한다.

- **제2조(정의)**
이 법에서 사용하는 용어의 뜻은 다음과 같다.
  1. "산업재해"란 노무를 제공하는 사람이 업무에 관계되는 건설물·설비·원재료·가스·증기·분진 등에 의하거나 작업 또는 그 밖의 업무로 인하여 사망 또는 부상하거나 질병에 걸리는 것을 말한다.
  2. "중대재해"란 산업재해 중 사망 등 재해 정도가 심하거나 다수의 재해자가 발생한 경우로서 고용노동부령으로 정하는 재해를 말한다.
  3. "근로자"란 「근로기준법」 제2조 제1항 제1호에 따른 근로자를 말한다.
  4. "사업주"란 근로자를 사용하여 사업을 하는 자를 말한다.
  5. "근로자대표"란 근로자의 과반수로 조직된 노동조합이 있는 경우에는 그 노동조합을, 근로자의 과반수로 조직된 노동조합이 없는 경우에는 근로자의 과반수를 대표하는 자를 말한다.
  6. "도급"이란 명칭에 관계없이 물건의 제조·건설·수리 또는 서비스의 제공, 그 밖의 업무를 타인에게 맡기는 계약을 말한다.
  7. "도급인"이란 물건의 제조·건설·수리 또는 서비스의 제공, 그 밖의 업무를 도급하는 사업주를 말한다. 다만, 건설공사 발주자는 제외한다.
  8. "수급인"이란 도급인으로부터 물건의 제조·건설·수리 또는 서비스의 제공, 그 밖의 업무를 도급받은 사업주를 말한다.
  9. "관계수급인"이란 도급이 여러 단계에 걸쳐 체결된 경우에 각 단계별로 도급받은 사업주 전부를 말한다.
  10. "건설공사발주자"란 건설공사를 도급하는 자로서 건설공사의 시공을 주도하여 총괄·관리하지 아니하는 자를 말한다. 다만, 도급받은 건설공사를 다시 도급하는 자는 제외한다.
  11. "건설공사"란 다음 각 목의 어느 하나에 해당하는 공사를 말한다.
      가. 「건설산업기본법」 제2조 제4호에 따른 건설공사

나. 「전기공사업법」 제2조 제1호에 따른 전기공사

다. 「정보통신공사업법」 제2조 제2호에 따른 정보통신공사

라. 「소방시설공사업법」에 따른 소방시설공사

마. 「문화재수리 등에 관한 법률」에 따른 문화재수리공사

12. "안전보건진단"이란 산업재해를 예방하기 위하여 잠재적 위험성을 발견하고 그 개선 대책을 수립할 목적으로 조사·평가하는 것을 말한다.

13. "작업환경측정"이란 작업환경 실태를 파악하기 위하여 해당 근로자 또는 작업장에 대하여 사업주가 유해 인자에 대한 측정 계획을 수립한 후 시료(試料)를 채취하고 분석·평가하는 것을 말한다.

- **제3조(적용 범위)**

이 법은 모든 사업에 적용한다. 다만, 유해·위험의 정도, 사업의 종류, 사업장의 상시 근로자 수(건설공사의 경우에는 건설공사 금액을 말한다. 이하 같다) 등을 고려하여 대통령령으로 정하는 종류의 사업 또는 사업장에는 이 법의 전부 또는 일부를 적용하지 아니할 수 있다.

- **제4조(정부의 책무)**

① 정부는 제1조의 목적을 달성하기 위하여 다음 각 호의 사항을 성실히 이행할 책무를 진다.

1. 산업 안전 및 보건 정책의 수립 및 집행
2. 산업재해 예방 지원 및 지도
3. 「근로기준법」 제76조의2에 따른 직장 내 괴롭힘 예방을 위한 조치 기준 마련, 지도 및 지원
4. 사업주의 자율적인 산업 안전 및 보건 경영체제 확립을 위한 지원
5. 산업 안전 및 보건에 관한 의식을 북돋우기 위한 홍보·교육 등 안전문화 확산 추진
6. 산업 안전 및 보건에 관한 기술의 연구·개발 및 시설의 설치·운영
7. 산업재해에 관한 조사 및 통계의 유지·관리
8. 산업 안전 및 보건 관련 단체 등에 대한 지원 및 지도·감독
9. 그 밖에 노무를 제공하는 사람의 안전 및 건강의 보호·증진

② 정부는 제1항 각 호의 사항을 효율적으로 수행하기 위하여 「한국산업안전보건공단법」에 따른 한국산업안전보건공단(이하 "공단"이라 한다), 그 밖의 관련 단체 및 연구기관에 행정적·재정적 지원을 할 수 있다.

- **제4조의2(지방자치단체의 책무)**

지방자치단체는 제4조 제1항에 따른 정부의 정책에 적극 협조하고, 관할 지역의 산업재해를 예방하기 위한 대책을 수립·시행하여야 한다.

• 제4조의3(지방자치단체의 산업재해 예방 활동 등)
  ① 지방자치단체의 장은 관할 지역 내에서의 산업재해 예방을 위하여 자체 계획의 수립, 교육, 홍보 및 안전한 작업환경 조성을 지원하기 위한 사업장 지도 등 필요한 조치를 할 수 있다.
  ② 정부는 제1항에 따른 지방자치단체의 산업재해 예방 활동에 필요한 행정적·재정적 지원을 할 수 있다.
  ③ 제1항에 따른 산업재해 예방 활동에 필요한 사항은 지방자치단체가 조례로 정할 수 있다.
• 제5조(사업주 등의 의무)
  ① 사업주(제77조에 따른 특수형태 근로 종사자로부터 노무를 제공받는 자와 제78조에 따른 물건의 수거·배달 등을 중개하는 자를 포함한다. 이하 이 조 및 제6조에서 같다)는 다음 각 호의 사항을 이행함으로써 근로자(제77조에 따른 특수형태 근로 종사자와 제78조에 따른 물건의 수거·배달 등을 하는 사람을 포함한다. 이하 이 조 및 제6조에서 같다)의 안전 및 건강을 유지·증진시키고 국가의 산업재해 예방 정책을 따라야 한다. 〈개정 20. 5. 26.〉
  1. 이 법과 이 법에 따른 명령으로 정하는 산업재해 예방을 위한 기준
  2. 근로자의 신체적 피로와 정신적 스트레스 등을 줄일 수 있는 쾌적한 작업환경의 조성 및 근로 조건 개선
  3. 해당 사업장의 안전 및 보건에 관한 정보를 근로자에게 제공
  ② 다음 각 호의 어느 하나에 해당하는 자는 발주·설계·제조·수입 또는 건설을 할 때 이 법과 이 법에 따른 명령으로 정하는 기준을 지켜야 하고, 발주·설계·제조·수입 또는 건설에 사용되는 물건으로 인하여 발생하는 산업재해를 방지하기 위하여 필요한 조치를 하여야 한다.
  1. 기계·기구와 그 밖의 설비를 설계·제조 또는 수입하는 자
  2. 원재료 등을 제조·수입하는 자
  3. 건설물을 발주·설계·건설하는 자
• 제6조(근로자의 의무)
  근로자는 이 법과 이 법에 따른 명령으로 정하는 산업재해 예방을 위한 기준을 지켜야 하며, 사업주 또는 「근로기준법」 제101조에 따른 근로감독관, 공단 등 관계인이 실시하는 산업재해 예방에 관한 조치에 따라야 한다.
• 제7조(산업재해 예방에 관한 기본계획의 수립·공표)
  ① 고용노동부장관은 산업재해 예방에 관한 기본계획을 수립하여야 한다.
  ② 고용노동부장관은 제1항에 따라 수립한 기본계획을 「산업재해보상보험법」 제8조

제1항에 따른 산업재해보상보험 및 예방심의위원회의 심의를 거쳐 공표하여야 한다. 이를 변경하려는 경우에도 또한 같다.

- **제8조(협조 요청 등)**
  ① 고용노동부장관은 제7조 제1항에 따른 기본계획을 효율적으로 시행하기 위하여 필요하다고 인정할 때에는 관계 행정기관의 장 또는 「공공기관의 운영에 관한 법률」 제4조에 따른 공공기관의 장에게 필요한 협조를 요청할 수 있다.
  ② 행정기관(고용노동부는 제외한다. 이하 이 조에서 같다)의 장은 사업장의 안전 및 보건에 관하여 규제를 하려면 미리 고용노동부장관과 협의하여야 한다.
  ③ 행정기관의 장은 고용노동부장관이 제2항에 따른 협의 과정에서 해당 규제에 대한 변경을 요구하면 이에 따라야 하며, 고용노동부장관은 필요한 경우 국무총리에게 협의·조정 사항을 보고하여 확정할 수 있다.
  ④ 고용노동부장관은 산업재해 예방을 위하여 필요하다고 인정할 때에는 사업주, 사업주단체, 그 밖의 관계인에게 필요한 사항을 권고하거나 협조를 요청할 수 있다.
  ⑤ 고용노동부장관은 산업재해 예방을 위하여 중앙행정기관의 장과 지방자치단체의 장 또는 공단 등 관련 기관·단체의 장에게 다음 각 호의 정보 또는 자료의 제공 및 관계 전산망의 이용을 요청할 수 있다. 이 경우 요청을 받은 중앙행정기관의 장과 지방자치단체의 장 또는 관련 기관·단체의 장은 정당한 사유가 없으면 그 요청에 따라야 한다.
  1. 「부가가치세법」 제8조 및 「법인세법」 제111조에 따른 사업자등록에 관한 정보
  2. 「고용보험법」 제15조에 따른 근로자의 피보험자격의 취득 및 상실 등에 관한 정보
  3. 그 밖에 산업재해 예방사업을 수행하기 위하여 필요한 정보 또는 자료로서 대통령령으로 정하는 정보 또는 자료

- **제9조(산업재해 예방 통합정보시스템 구축·운영 등)**
  ① 고용노동부장관은 산업재해를 체계적이고 효율적으로 예방하기 위하여 산업재해 예방 통합정보시스템을 구축·운영할 수 있다.
  ② 고용노동부장관은 제1항에 따른 산업재해 예방 통합정보시스템으로 처리한 산업안전 및 보건 등에 관한 정보를 고용노동부령으로 정하는 바에 따라 관련 행정기관과 공단에 제공할 수 있다.
  ③ 제1항에 따른 산업재해 예방 통합정보시스템의 구축·운영, 그 밖에 필요한 사항은 대통령령으로 정한다.

- **제10조(산업재해 발생건수 등의 공표)**
  ① 고용노동부장관은 산업재해를 예방하기 위하여 대통령령으로 정하는 사업장의 근로자 산업재해 발생건수, 재해율 또는 그 순위 등(이하 "산업재해발생건수등"이라 한다)을 공표하여야 한다.

② 고용노동부장관은 도급인의 사업장(도급인이 제공하거나 지정한 경우로서 도급인이 지배·관리하는 대통령령으로 정하는 장소를 포함한다. 이하 같다) 중 대통령령으로 정하는 사업장에서 관계수급인 근로자가 작업을 하는 경우에 도급인의 산업재해발생건수등에 관계수급인의 산업재해발생건수등을 포함하여 제1항에 따라 공표하여야 한다.

③ 고용노동부장관은 제2항에 따라 산업재해발생건수등을 공표하기 위하여 도급인에게 관계수급인에 관한 자료의 제출을 요청할 수 있다. 이 경우 요청을 받은 자는 정당한 사유가 없으면 이에 따라야 한다.

④ 제1항 및 제2항에 따른 공표의 절차 및 방법, 그 밖에 필요한 사항은 고용노동부령으로 정한다.

- **제11조(산업재해 예방시설의 설치·운영)**

  고용노동부장관은 산업재해 예방을 위하여 다음 각 호의 시설을 설치·운영할 수 있다. 〈개정 20. 5. 26.〉

  1. 산업 안전 및 보건에 관한 지도시설, 연구시설 및 교육시설
  2. 안전 보건 진단 및 작업환경 측정을 위한 시설
  3. 노무를 제공하는 사람의 건강을 유지·증진하기 위한 시설
  4. 그 밖에 고용노동부령으로 정하는 산업재해 예방을 위한 시설

- **제12조(산업재해 예방의 재원)**

  다음 각 호의 어느 하나에 해당하는 용도에 사용하기 위한 재원(財源)은 「산업재해보상보험법」 제95조 제1항에 따른 산업재해 보상보험 및 예방기금에서 지원한다.

  1. 제11조 각 호에 따른 시설의 설치와 그 운영에 필요한 비용
  2. 산업재해 예방 관련 사업 및 비영리법인에 위탁하는 업무 수행에 필요한 비용
  3. 그 밖에 산업재해 예방에 필요한 사업으로서 고용노동부장관이 인정하는 사업의 사업비

- **제13조(기술 또는 작업환경에 관한 표준)**

  ① 고용노동부장관은 산업재해 예방을 위하여 다음 각 호의 조치와 관련된 기술 또는 작업환경에 관한 표준을 정하여 사업주에게 지도·권고할 수 있다.

  1. 제5조 제2항 각 호의 어느 하나에 해당하는 자가 같은 항에 따라 산업재해를 방지하기 위하여 하여야 할 조치
  2. 제38조 및 제39조에 따라 사업주가 하여야 할 조치

  ② 고용노동부장관은 제1항에 따른 표준을 정할 때 필요하다고 인정하면 해당 분야별로 표준 제정위원회를 구성·운영할 수 있다.

  ③ 제2항에 따른 표준 제정위원회의 구성·운영, 그 밖에 필요한 사항은 고용노동부장관이 정한다.

예|상|문|제

1. 기계 작업에서 적당하지 않은 것은?
① 구멍 깎기 작업 시에는 기계 운전 중에도 구멍 속을 청소해야 한다.
② 운전 중에는 다듬면 검사를 하지 않는다.
③ 치수 측정은 운전 중에 하지 않는다.
④ 베드 및 테이블의 면을 공구대 대용으로 쓰지 않는다.

해설 운전 중에는 구멍 속을 청소하지 않는다.

2. 다음 중 기계를 운전하기 전에 해야 할 일이 아닌 것은?
① 급유   ② 기계 점검
③ 공구 준비   ④ 정밀도 검사

해설 ㉠ 가공 재료를 확인한다.
㉡ 기계의 각 부분을 점검하고 급유한다.
㉢ 공구 및 측정기를 준비한다.

3. 기계와 기계의 간격은 최소한 얼마 이상으로 해야 하는가?
① 0.5m   ② 0.8m
③ 1.2m   ④ 1.4m

4. 선반 작업 시 일반적으로 심압축은 어느 정도 나와야 좋은가?
① 10~20mm   ② 30~50mm
③ 50~70mm   ④ 50mm 이상

5. 선반 작업할 때 바지가 감기기 쉬운 곳은 어느 것인가?
① 주축대   ② 텀블러 기어
③ 리드 스크루   ④ 바이트

6. 연삭 숫돌을 고정시킬 때 플랜지의 크기는 연삭 숫돌 바퀴 바깥지름의 얼마로 하는 것이 안전한가?
① $\frac{1}{2}$ 이상   ② $\frac{1}{3}$ 이상
③ $\frac{1}{5}$ 이상   ④ $\frac{1}{10}$ 이상

7. 숫돌 바퀴를 교환할 때 나무 해머로 숫돌의 무엇을 검사하는가?
① 기공   ② 크기   ③ 균열   ④ 입도

8. 연삭 숫돌 바퀴에 부시를 끼울 때 주의해야 할 점 중 틀린 것은?
① 부시의 구멍과 숫돌의 바깥둘레는 동심원이어야 한다.
② 부시의 구멍은 축 지름보다 1mm 크게 해야 한다.
③ 부시의 측면과 숫돌의 측면은 일치해야 한다.
④ 부시의 빌릿 두께가 고른 것을 사용한다.

해설 연삭기의 숫돌을 축에 고정할 때 숫돌의 안지름은 축의 지름보다 $0.05~0.15$mm 크게 한다.

9. 회전 중인 숫돌의 위험 방지를 위한 적절한 안전 장치는?
① 급정지 장치를 한다.
② 집진 장치를 한다.
③ 기동 스위치에 시정 장치를 한다.
④ 복개 장치를 한다.

정답 1.① 2.④ 3.② 4.② 5.③ 6.② 7.③ 8.② 9.④

해설 회전 중인 연삭 숫돌이 근로자에게 위험을 미칠 우려가 있는 경우에는 그 부위에 덮개를 설치하여야 한다.

10. 숫돌 바퀴의 교환 적임자는?
① 관리자
② 숙련자
③ 기계 구조를 잘 아는 자
④ 지정된 자

해설 숫돌은 반드시 시운전에 지정된 사람이 설치·교환해야 한다.

11. 탁상용 연삭기에서 공작물을 잡고 가공할 수 있는 크기는 얼마 이상이어야 하는가?
① 50mm ② 40mm ③ 30mm ④ 20mm

12. 연삭 작업의 경우 작업 시작 전 및 연삭 숫돌 교체 후 시험 운전 시간으로 옳은 것은?
① 작업 시작 전 : 1분 이상, 연삭 숫돌 교체 후 1분 이상
② 작업 시작 전 : 1분 이상, 연삭 숫돌 교체 후 2분 이상
③ 작업 시작 전 : 1분 이상, 연삭 숫돌 교체 후 3분 이상
④ 작업 시작 전 : 2분 이상, 연삭 숫돌 교체 후 5분 이상

해설 연삭 숫돌을 사용하는 작업의 경우 작업을 시작하기 전 1분 이상, 연삭 숫돌을 교체한 후에는 3분 이상 시험 운전을 하고 해당 기계에 이상이 있는지를 확인하여야 한다.

13. 다음 연삭기 중 안전 커버의 노출 각도가 가장 큰 것은?
① 평면 연삭기   ② 휴대용 연삭기
③ 공구 연삭기   ④ 탁상 연삭기

해설 연삭기 방호 장치 덮개의 설치 각도는 휴대용 연삭기가 180° 이내로 가장 크다.

14. 드릴 작업에서 드릴링할 때 공작물과 드릴이 함께 회전하기 쉬운 때는?
① 작업이 처음 시작될 때
② 구멍이 거의 뚫릴 무렵
③ 구멍을 중간쯤 뚫었을 때
④ 드릴 핸들에 약간의 힘을 주었을 때

15. 프레스에서 가장 많이 존재하는 대표적인 위험 요소는?
① 협착점   ② 접선 물림점
③ 물림점   ④ 회전 말림점

해설 협착점은 프레스의 상하 금형 사이, 전단기 날과 베드 사이와 같이 왕복 운동을 하는 운동부와 고정부 사이에 형성되는 위험점이다.

16. 프레스에 양수 조작식 방호 장치를 설치하는 경우 누름 버튼의 상호 간 내측 거리는 얼마 이상이어야 하는가?
① 100mm   ② 200mm
③ 300mm   ④ 400mm

해설 양수 조작식 방호 장치를 설치하는 경우 누름 버튼 또는 조작 레버의 상호 간 내측 거리는 300mm 미만일 경우 작업자가 한 손으로 조작할 위험성이 있어 300mm 이상으로 한다.

17. 프레스의 작업 시작 전 점검사항이 아닌 것은?
① 권과 방지 장치의 기능

정답 10. ④ 11. ③ 12. ③ 13. ② 14. ② 15. ① 16. ③ 17. ①

② 클러치 및 브레이크의 기능
③ 전단기의 칼날 및 테이블의 상태
④ 칼날에 의한 위험 방지 기구의 기능

[해설] 프레스 등을 사용하여 작업을 할 때
㉠ 클러치 및 브레이크의 기능
㉡ 크랭크축 · 플라이휠 · 슬라이드 · 연결봉 및 연결 나사의 풀림 여부
㉢ 1행정 1정지기구 · 급정지장치 및 비상정지장치의 기능
㉣ 슬라이드 또는 칼날에 의한 위험 방지 기구의 기능
㉤ 프레스의 금형 및 고정 볼트 상태
㉥ 프레스 방호 장치의 기능
㉦ 전단기(剪斷機)의 칼날 및 테이블의 상태

18. 셰이퍼 작업 시 작업자의 위치로 가장 부적당한 곳은?

① 앞과 옆　　② 뒤와 옆
③ 앞과 뒤　　④ 양 옆

[해설] 셰이퍼는 작동될 때 램이 앞뒤로 움직이기 때문에 앞이나 뒤는 작업자에게 매우 위험하다.

19. 공구 안전 수칙이 아닌 것은?

① 실습장(작업장)에서 수공구를 절대 던지지 않는다.
② 사용하기 전에 수공구 상태를 늘 점검한다.
③ 손상된 수공구는 사용하지 않고 수리를 하여 사용한다.
④ 수공구는 각 사용 목적 이외에 다른 용도로 사용할 수 있다.

[해설] 공구 안전 수칙
㉠ 실습장(작업장)에서 수공구를 절대 던지지 않는다.
㉡ 사용하기 전에 수공구 상태를 늘 점검한다.
㉢ 손상된 수공구는 사용하지 않고 수리를 하여 사용한다.
㉣ 수공구는 각 사용 목적 이외에 다른 용도로 사용하지 않는다(몽키 스패너를 망치로 사용하지 않는다).
㉤ 작업복 주머니에 날카로운 수공구를 넣고 다니지 않는다(수공구 보관주머니 등 각 수공구 가방 안전 벨트를 허리에 찬다).
㉥ 공구 관리 대장을 만들어 수리나 폐기되는 내역을 기록하여 관리한다.

20. 다음 중 정 작업 시 정을 잡는 방법으로 옳은 것은?

① 꼭 잡는다.
② 가볍게 잡는다.
③ 재질에 따라 다르다.
④ 두 손으로 잡는다.

21. 정으로 홈을 파내려고 할 때 안전 작업이 아닌 것은?

① 장갑을 끼고 작업한다.
② 파편이 튀지 않게 칸막이를 한다.
③ 해머에 쐐기를 박는다.
④ 정의 거스러미를 제거하여 사용한다.

[해설] 손가락으로 하는 작업에서는 장갑을 끼는 것이 재해의 원인이 된다.

22. 정 작업을 하면 안 되는 재료는?

① 연강
② 구리
③ 두랄루민
④ 담금질된 강

[해설] 정 작업으로 담금질된 재료를 가공해서는 안 된다.

정답 18. ③　19. ④　20. ②　21. ①　22. ④

23. 스패너 사용 시 주의하여야 할 사항으로 옳지 않은 것은?

① 스패너의 입이 너트의 치수에 맞는 것을 사용한다.
② 스패너 자루에 파이프를 끼워서 사용하는 것을 피한다.
③ 스패너를 해머로 두드리거나 해머 대신 사용하지 않는다.
④ 처음에는 너트에 스패너를 약간 물려서 돌리고 점차 깊이 물려서 돌린다.

해설 스패너 사용 시 주의사항
㉠ 해머 대용으로 사용하지 말 것
㉡ 너트에 꼭 맞게 사용할 것
㉢ 조금씩 돌릴 것
㉣ 벗겨져도 손을 다치거나 넘어지지 않는 자세를 취할 것
㉤ 작은 볼트에 너무 큰 몽키 렌치를 쓰지 말 것
㉥ 스패너에 파이프를 끼우거나 해머로 두들겨서 돌리지 말 것
㉦ 몸 앞으로 잡아당길 것
㉧ 스패너와 너트 사이에 물림쇠를 끼우지 말 것

24. 일반적으로 스패너 작업 시 가장 좋은 방법은?

① 몸 쪽으로 당겨서 사용한다.
② 몸 반대쪽으로 밀어서 사용한다.
③ 필요에 따라 임의로 양쪽 모두 사용한다.
④ 두 개를 잇거나 자루에 파이프를 이어서 사용한다.

해설 스패너 작업 시 몸 앞으로 잡아당길 것

25. 다음은 스패너나 렌치 사용 시 주의사항이다. 잘못 설명한 것은?

① 너트에 맞는 것을 사용할 것
② 가동 조에 힘이 걸리게 할 것
③ 해머 대용으로 사용하지 말 것
④ 공작물을 확실히 고정할 것

해설 고정 조에 힘이 걸리게 할 것

26. 탱크 등 밀폐 용기 속에서 용접 작업을 할 때 주의사항으로 적합하지 않은 것은?

① 환기에 주의한다.
② 감시원을 배치하여 사고의 발생에 대처한다.
③ 유해 가스 및 폭발 가스 발생을 확인한다.
④ 위험하므로 혼자서 용접하도록 한다.

해설 밀폐 용기 속에서 용접 작업을 할 때는 반드시 감시원 1인 이상을 배치하여 사고를 예방하고, 사고 발생 시 즉시 조치를 할 수 있도록 한다.

27. 다음 중 용접에 관한 안전사항으로 틀린 것은?

① TIG 용접 시 차광 렌즈는 12~13번을 사용한다.
② MIG 용접 시 피복 아크 용접보다 1m가 넘는 거리에서도 공기 중의 산소를 오존(O_3)으로 바꿀 수 있다.
③ 전류가 인체에 미치는 영향에서 50mA는 위험을 수반하지 않는다.
④ 아크로 인한 염증을 일으켰을 경우 붕산수(2% 수용액)로 눈을 닦는다.

해설 교류 전류가 인체에 통했을 때
㉠ 1mA : 전기를 약간 느낄 정도
㉡ 5mA : 상당한 고통
㉢ 10mA : 견디기 어려울 정도의 고통
㉣ 20mA : 심한 고통과 강한 근육 수축
㉤ 50mA : 상당히 위험한 상태
㉥ 100mA : 치명적인 결과

정답 23. ④ 24. ① 25. ② 26. ④ 27. ③

28. 아크 용접 보호구가 아닌 것은?
① 핸드 실드 ② 용접용 장갑
③ 앞치마 ④ 치핑 해머

해설 치핑 해머는 작업용 공구이다.

29. 아크 용접을 할 때 작업자에게 가장 위험한 부분은?
① 배전관 ② 용접봉 홀더 노출부
③ 용접기 ④ 케이블

해설 용접 작업 중 용접봉 홀더의 노출부가 있으면 작업자가 감전될 수 있다.

30. KS C 9607에 규정된 용접봉 홀더 종류 중 손잡이 및 전체 부분을 절연하여 안전 홀더라고 하는 것은 어떤 형인가?
① A형 ② B형 ③ C형 ④ S형

해설 용접봉 홀더의 종류
㉠ A형(안전 홀더) : 전체가 완전 절연된 것으로 무겁다.
㉡ B형 : 손잡이만 절연된 것이다.

31. 피복 아크 용접 시 안전 홀더를 사용하는 이유로 옳은 것은?
① 고무장갑 대용
② 유해 가스 중독 방지
③ 용접 작업 중 전격 예방
④ 자외선과 적외선 차단

해설 용접 작업 중이나 휴식 시간에도 전격 (감전) 예방을 위해 노출부가 절연되어 있는 안전 홀더를 사용한다.

32. 다음 중 전격 위험성이 가장 적은 것은?
① 젖은 몸에 홀더 등이 닿았을 때
② 땀을 흘리면서 전기 용접을 할 때
③ 무부하 전압이 낮은 용접기를 사용할 때
④ 케이블 피복이 파괴되어 절연이 나쁠 때

해설 전격 위험은 무부하 전압이 높은 교류가 더 크다.

33. 다음 중 용접 작업에서 전격 방지책으로 틀린 것은?
① 무부하 전압이 높은 용접기를 사용한다.
② 작업을 중단하거나 완료 시 전원을 차단한다.
③ 안전 홀더 및 완전 절연된 보호구를 착용한다.
④ 습기 찬 작업복 및 장갑 등은 착용하지 않는다.

해설 무부하 전압이 낮은 용접기를 사용한다.

34. 아크 빛으로 인해 눈에 급성 염증 증상이 발생하였을 때 우선 조치하여야 할 사항으로 옳은 것은?
① 온수로 씻은 후 작업한다.
② 소금물로 씻은 후 작업한다.
③ 냉습포를 눈 위에 얹고 안정을 취한다.
④ 심각한 사안이 아니므로 계속 작업한다.

해설 아크 빛으로 인해 눈에 급성 염증 증상이 발생하였을 때 우선 냉습포를 눈 위에 얹고 안정을 취한 뒤 병원에 방문해 치료를 받는다.

35. 핸드 실드 차광 유리의 규격에서 100~300A 미만의 아크 용접을 할 때 가장 적합한 차광도 번호는?
① 1~2 ② 5~6
③ 7~9 ④ 10~12

정답 28. ④ 29. ② 30. ① 31. ③ 32. ③ 33. ① 34. ③ 35. ④

해설 차광도 번호와 용접 전류

차광도 번호	용접 전류(A)	용접봉 지름
8	45~75	1.2~2.0
9	75~130	1.6~2.6
10	100~200	2.6~3.2
11	150~250	3.2~4.0
12	200~300	4.0~6.4
13	300~400	6.4~9.0
14	400 이상	9.0~9.6

36. 가스 용접에 쓰이는 토치의 취급상 주의사항으로 틀린 것은?

① 팁을 모래나 먼지 위에 놓지 말 것
② 토치를 함부로 분해하지 말 것
③ 토치에 기름, 그리스 등을 바를 것
④ 팁을 바꿀 때에는 반드시 양쪽 밸브를 잘 닫고 할 것

해설 토치의 취급상 주의사항
㉠ 팁 및 토치를 작업장 바닥이나 흙 속에 방치하지 않는다.
㉡ 점화되어 있는 토치를 아무 곳에나 방치하지 않는다.
㉢ 토치를 망치 등 다른 용도로 사용하지 않는다.
㉣ 팁 과열 시 아세틸렌 밸브를 닫고 산소 밸브만 약간 열어 물속에서 냉각시킨다.
㉤ 팁을 바꿀 때에는 반드시 양쪽 밸브를 모두 닫은 다음 행한다.
㉥ 작업 중 발생하기 쉬운 역류, 역화, 인화에 항상 주의하여야 한다.

37. 가스 용접 시 사용하는 가스 집중 장치는 화기를 사용하는 설비로부터 얼마의 간격을 유지하여야 하는가?

① 약 5m 이상 ② 약 4m 이상
③ 약 3m 이상 ④ 약 2m 이상

해설 가스 집중 장치는 화기를 사용하는 설비에서 5m 이상 떨어진 곳에 설치한다.

38. TIG 용접 시 안전사항에 대한 설명으로 틀린 것은?

① 용접기 덮개를 벗기는 경우 반드시 전원 스위치를 켜고 작업한다.
② 제어 장치 및 토치 등 전기 계통의 절연 상태를 항상 점검해야 한다.
③ 전원과 제어 장치의 접지 단자는 반드시 지면과 접지되도록 한다.
④ 케이블 연결부와 단자의 연결 상태가 느슨해졌는지 확인하여 조치한다.

해설 용접기 덮개를 벗기는 경우 반드시 전원 스위치를 끄고 작업해야 감전을 예방할 수 있다.

39. 산소 및 아세틸렌 용기 취급에 대한 설명으로 옳은 것은?

① 산소 병은 60℃ 이하, 아세틸렌 병은 30℃ 이하의 온도에서 보관한다.
② 아세틸렌 병은 눕혀서 운반하되 운반 도중 충격을 주어서는 안 된다.
③ 아세틸렌 충전구가 동결되었을 때는 50℃ 이상의 온수로 녹여야 한다.
④ 산소병 보관 장소에 가연성 가스를 혼합하여 보관해서는 안되며 누설 시험 시에는 비눗물을 사용한다.

해설 산소 병, 아세틸렌 병 모두 항상 40℃ 이하의 온도에서 보관, 아세틸렌 병은 반드시 세워서 보관 및 운반해야 하고, 아세틸렌 충전구가 동결되었을 때는 40℃ 이상의 온수로 녹여야 한다.

정답 36. ③ 37. ① 38. ① 39. ④

40. 아세틸렌 용접 장치의 안전에 관한 것 중 틀린 것은?
① 출입구의 문은 두께 1.5mm 이상의 철판이나 그 이상의 강도를 가진 구조로 해야 한다.
② 발생기실은 화기를 사용하는 설비로부터 1.5m를 초과하는 장소에 설치하여야 한다.
③ 옥외에 발생기실을 설치할 경우 그 개구부는 다른 건축물로부터 1.5m를 초과하는 장소에 설치하여야 한다.
④ 용접 작업 시 게이지 압력이 127kPa을 초과하는 압력의 아세틸렌을 발생시켜 사용해서는 안 된다.

[해설] 가스 용접의 안전 대책
㉠ 발생기실의 출입구의 문은 불연성 재료로 하고 두께 1.5mm 이상의 철판이나 그 이상의 강도를 가진 구조로 하여야 한다.
㉡ 발생기실은 건물의 최상층에 위치하여야 하며, 화기를 사용하는 설비로부터 3m를 초과하는 장소에 설치하여야 한다.
㉢ 발생기실을 옥외에 설치한 경우에는 그 개구부를 다른 건축물로부터 1.5m 이상 떨어지도록 하여야 한다.
㉣ 아세틸렌 용접 장치를 사용하여 금속의 용접·용단 또는 가열 작업을 하는 경우에는 게이지 압력이 127kPa을 초과하는 압력의 아세틸렌을 발생시키지 않아야 한다.

41. CO_2 가스 취급 시 유의사항으로 틀린 것은?
① 용기 밸브를 열 때에는 반드시 압력계의 정면에 서서 용기 밸브를 연다.
② 용기 밸브를 열기 전에 조정 핸들을 반드시 되돌려 놓아 주어 가스가 급격히 흘러 들어가지 않도록 한다.
③ 사고 발생 즉시 밸브를 잠가 가스 누출을 막을 수 있도록 밸브를 잠그는 핸들과 공구를 항상 주위에 준비한다.
④ 고압 가스 저장 또는 취급 장소에서 화기를 사용해서는 안 된다.

[해설] 용기 밸브를 열 때에는 반드시 압력계의 정면을 피해 서서히 용기 밸브를 연다(용기 밸브를 급속히 여는 것은 압력계 폭발 사고의 원인이 되어 매우 위험하므로 절대 급속히 개방하는 일이 없도록 한다).

42. CO_2 가스 아크 용접 시 이산화탄소의 농도가 3~4%이면 일반적으로 인체에는 어떤 현상이 일어나는가?
① 두통, 뇌빈혈을 일으킨다.
② 위험 상태가 된다.
③ 치사(致死)량이 된다.
④ 아무렇지도 않다.

[해설] 이산화탄소가 인체에 미치는 영향
㉠ 3~4% : 두통, 뇌빈혈
㉡ 15% 이상 : 위험 상태
㉢ 30% 이상 : 극히 위험 상태

43. 공기 중의 탄산가스의 농도가 몇 %이면 중독 사망을 일으키는가?
① 30%   ② 35%   ③ 25%   ④ 20%

44. 밀폐된 장소 또는 환기가 극히 불량한 좁은 장소에서 행하는 용접 작업에 대해서는 다음 내용에 대한 특별 안전 보건 교육을 실시한다. 이 중 틀린 것은?
① 작업 순서, 작업 자세 및 수칙에 관한 사항
② 용접 흄, 가스 및 유해광선 등의 유해성에 관한 사항
③ 환기 설비 및 응급처치에 관한 사항
④ 관련 MSDS(material safety data sheet : 물질 안전 보건 자료)에 관한 사항

[정답] 40. ② 41. ① 42. ① 43. ① 44. ①

해설 ②, ③, ④ 외에 작업 순서, 작업 방법 및 수칙에 관한 사항, 작업환경 점검 및 기타 안전 보건상의 조치가 있다.

45. 다음은 가스 폭발을 방지하는 방법이다. 옳지 않은 것은?

① 점화 전에 노내를 환기시킨다.
② 점화 시에 공기 공급을 먼저 한다.
③ 연소량을 감소시킬 때 공기 공급을 줄이고 연료 공급을 감소시킨다.
④ 연소 중 불이 꺼졌을 경우 노내를 환기시킨 후 재점화한다.

해설 ㉠ 연소량을 증가시킬 때에는 먼저 공기 공급을 증대한 후 연료 공급을 증대시켜야 한다.
㉡ 연소량을 감소시킬 때에는 먼저 연료 공급을 감소하고 공기 공급을 감소시켜야 한다.

46. 갱내 작업장에 있어서 산소의 농도는 몇 % 이상이어야 하는가?

① 8% ② 12% ③ 16% ④ 32%

47. 다음 중 암모니아 가스의 제독제로 올바른 것은?

① 물   ② 가성소다
③ 탄산소다 ④ 소석회

해설 암모니아는 물에 약 800~900배 용해된다.

48. 연소의 3요소가 아닌 것은?

① 산소   ② 질소
③ 점화원 ④ 가연성 물질

해설 연소의 3요소는 가연성 물질, 산소, 점화원으로 이것 중 한가지라도 없으면 화재는 발생하지 않는다.

49. 연소 가스의 폭발이 발생되는 가장 큰 원인은?

① 물이 지나치게 많을 때
② 증기 압력이 지나치게 높을 때
③ 중유가 불완전 연소할 때
④ 연소실 내에 미연소 가스가 충만해 있을 때

50. 폭발 한계 농도의 하한값이 10% 이하 또는 상한값과 하한값의 차이가 20% 이상인 가스를 무엇이라 하는가?

① 가연성 가스 ② 폭발성 가스
③ 인화성 가스 ④ 산화성 가스

해설 가연성 가스 : 수소, 일산화탄소, 암모니아, 메탄, 에탄, 에틸렌, 아세틸렌 등 폭발 한계의 하한이 10% 이하의 것과 폭발 한계의 상한과 하한의 차가 20% 이상의 것

51. 다음 중 누전 차단기 설치 방법으로 틀린 것은?

① 전동기계, 기구의 금속제 외피 등 금속 부분은 누전 차단기를 접속한 경우에 가능한 접지한다.
② 누전 차단기는 분기 회로 또는 전동기계·기구마다 설치를 원칙으로 할 것. 다만 평상 시 누설 전류가 미소한 소용량 부하의 전로에는 분기 회로에 일괄하여 설치할 수 있다.
③ 서로 다른 누전 차단기의 중성선은 누전 차단기의 부하 측에서 공유하도록 한다.
④ 지락 보호 전용 누전 차단기(녹색 명판)는 반드시 과전류를 차단하는 퓨즈 또는 차단기 등과 조합하여 설치한다.

해설 서로 다른 누전 차단기의 중성선이 누전 차단기의 부하 측에서 공유되지 않도록 한다.

정답 45. ③ 46. ③ 47. ① 48. ② 49. ④ 50. ① 51. ③

52. 누전 차단기의 사용 목적이 아닌 것은?

① 단선 방지
② 감전으로부터 보호
③ 누전으로 인한 화재 예방
④ 전기 설비 및 전기기기의 보호

53. 코드와 플러그를 접속하여 사용하는 전기 기계·기구 중 노출된 비충전 금속체에 접지를 하여야 하는 것이 아닌 것은?

① 전동기계·기구
② 사용 전압이 대지 전압 75V인 것
③ 냉장고·세탁기 등의 고정형 전기기계·기구
④ 물을 사용하는 전기기계·기구, 비접지형 콘센트

해설 전기기계·기구의 접지
㉠ 사용 전압이 대지 전압 150V를 넘는 것
㉡ 냉장고·세탁기·컴퓨터 및 주변 기기 등과 같은 고정형 전기기계·기구
㉢ 고정형·이동형 또는 휴대형 전동기계·기구
㉣ 물 또는 도전성(導電性)이 높은 곳에서 사용하는 전기기계·기구, 비접지형 콘센트
㉤ 휴대형 손전등

54. 전기기계·기구의 조작 부분을 점검하거나 보수하는 경우에는 안전하게 작업할 수 있도록 전기기계·기구로부터 폭은 몇 센티미터(cm) 이상의 작업 공간을 확보하여야 하는가?

① 3cm ② 50cm ③ 70cm ④ 100cm

해설 전기기계·기구의 조작 부분을 점검하거나 보수하는 경우에는 안전하게 작업할 수 있도록 전기기계·기구로부터 폭 70cm 이상의 작업 공간을 확보하여야 한다. 단, 작업 공간을 확보하는 것이 곤란하여 근로자에게 절연용 보호구를 착용하도록 한 경우에는 그러하지 아니하다.

55. 산업 안전 보건 표지 중 지시 표지의 색채로 옳은 것은?

① 바탕-흰색, 관련 그림-녹색
② 바탕-녹색, 관련 그림-흰색
③ 바탕-파란색, 관련 그림-흰색
④ 바탕-흰색, 관련 그림-빨간색

해설 지시 표지의 종류별 용도·설치·부착 장소, 형태 및 색체

지시 표지	보안경 착용	보안경을 착용해야만 작업 또는 출입할 수 있는 장소	그라인더 작업장 입구	파란색 바탕 관련 그림 흰색
	방독 마스크 착용	방독 마스크를 착용해야만 작업 또는 출입할 수 있는 장소	유해물질 작업장 입구	
	방진 마스크 착용	방진 마스크를 착용해야만 작업 또는 출입할 수 있는 장소	분진이 많은 곳	
	보안면 착용	보안면을 착용해야만 작업 또는 출입할 수 있는 장소	용접실 입구	

56. 다음 중 그림과 같은 '수리중'의 표식판 색깔은?

① 녹색 바탕에 빨간 글씨
② 흰 바탕에 흰 글씨
③ 청색 바탕에 흰 글씨
④ 빨간 바탕에 청색 글씨

57. 보건 표지의 색채에서 바탕은 노란색이고, 기본 모형, 관련 부호 및 그림은 검은색으로 되어 있는 표지판은 무슨 표지인가?
① 금지 표지　　② 경고 표지
③ 지시 표지　　④ 안내 표지

해설 경고 표지(위험 장소 경고)

58. 안전 색채의 선택 시 고려하여야 할 사항이 아닌 것은?
① 순백색을 사용한다.
② 자극이 강한 색은 피한다.
③ 안정감을 내도록 한다.
④ 밝고 차분한 색을 선택한다.

해설 작업장의 안전 색채 선택 시 순백색은 피한다.

59. 바닥에 통로를 표시할 때 사용하는 색깔은 어느 것인가?
① 적색　② 흑색　③ 황색　④ 백색

해설 백색 : 통로, 물품 보관소 등

60. 안전 표지 중 응급 치료소, 응급 처치용 장비를 표시하는 색은?
① 적색　② 백색　③ 녹색　④ 흑색

해설 녹색 : 안전 위생 표식

61. 사람의 시각을 가장 강하게 자극하고 긴장과 피로를 쉽게 느끼게 되는 색은?
① 흰색　② 적색　③ 보라색　④ 녹색

해설 적색 : 유해·위험 경고를 나타내는 색으로 작업장에서 전기 유해 가스 및 위험한 물건이 있는 곳을 식별하기 위한 색

62. 공사 중이거나 번잡한 곳의 출구를 표시한 안전등의 빛깔은 무엇인가?
① 빨강　② 노랑　③ 초록　④ 자주색

해설 노란색이 주의를 잘 끈다.

63. 산소 용기는 고압 가스법에 어떤 색으로 표시하도록 되어 있는가? (단, 일반용)
① 녹색　② 갈색　③ 청색　④ 황색

해설 공업용 용기의 도색
㉠ 암모니아 : 백색　　㉡ 산소 : 녹색
㉢ 탄산가스 : 청색　　㉣ 수소 : 주황색
㉤ 아세틸렌 : 황색　　㉥ 염소 : 갈색
㉦ 기타 가스 : 회색

64. 가스 용접에서 충전 가스 용기의 도색을 표시한 것으로 틀린 것은?
① 산소-녹색　　② 수소-주황색
③ 프로판-회색　④ 아세틸렌-청색

해설 아세틸렌은 황색, 탄산가스는 청색이다.

65. 유기 용제 구분의 표시사항이 틀린 것은?
① 제1종 유기 용제 : 적색
② 제2종 유기 용제 : 황색
③ 제3종 유기 용제 : 청색
④ 제4종 유기 용제 : 흑색

해설 제4종 유기 용제는 지정하지 않는다.

정답　57. ②　58. ①　59. ④　60. ③　61. ②　62. ②　63. ①　64. ④　65. ④

66. 우리나라에서 가장 바람직한 상대 습도는 얼마인가?
① 40~50%   ② 50~60%
③ 60~70%   ④ 70~80%

67. 작업장과 외부의 온도차는?
① 3℃   ② 7℃   ③ 12℃   ④ 15℃

해설 사람의 신체적 기능 중 스스로 온도차를 제어할 수 있는 온도차는 7℃이며, 재해 발생 빈도가 가장 낮은 온도는 20℃ 내외이다.

68. 색을 식별하는 작업장의 조명색으로 가장 적절한 것은?
① 황색   ② 황적색
③ 황녹색   ④ 주광색

해설 물건을 정확하게 보기 위해서는 ①, ②, ③의 광원색이 좋으나, 색의 식별은 주광색(晝光色)이 좋다.

69. 근로자가 상시 정밀 작업을 하는 장소의 작업면 조도는 몇 럭스(lux) 이상이어야 하는가?
① 75 lux   ② 150 lux
③ 300 lux   ④ 750 lux

해설 근로자가 상시 작업하는 장소의 작업면 조도(照度)
㉠ 초정밀 작업 : 750 lux 이상
㉡ 정밀 작업 : 300 lux 이상
㉢ 보통 작업 : 150 lux 이상
㉣ 그 밖의 작업 : 75 lux 이상

70. 채광에 대한 다음 설명 중 옳지 않은 것은?
① 채광에는 창의 모양이 가로로 넓은 것 보다 세로로 긴 것이 좋다.
② 지붕창은 환기에는 좋으나 채광에는 좋지 않다.
③ 북향의 창은 직사 일광은 들어오지 않으나 연중 평균 밝기를 얻는다.
④ 자연 채광은 인공 조명보다 평균 밝기의 유지가 어렵다.

해설 지붕창이 보통창보다 3배의 채광 효과가 있다.

71. 작업장에 조명을 하는데 필요한 조건으로 틀린 것은?
① 광원이 흔들리지 않아야 한다.
② 작업 성질에 따라 빛의 질이 적당하여야 한다.
③ 작업 장소와 그 주위의 밝기의 차이가 커야 한다.
④ 작업 장소와 바닥 등에 너무 짙게 그림자를 만들지 않아야 한다.

해설 작업 장소와 그 주위의 밝기는 같아야 한다.

72. 광원으로부터의 발산 광속의 40~60%가 위로 향하게 하는 조명 방식은?
① 간접 조명   ② 직접 조명
③ 반간접 조명   ④ 전반 확산 조명

해설 ㉠ 직접 조명 : 90~100%가 아래로
㉡ 반직접 조명 : 60~90%가 아래로
㉢ 간접 조명 : 90~100%가 위로
㉣ 반간접 조명 : 60~90%가 위로

73. 다음 중 안전 보호구가 아닌 것은?
① 안전대   ② 안전모
③ 안전화   ④ 보호의

해설 보호의는 위생 보호구이다.

정답 66. ②　67. ②　68. ④　69. ③　70. ②　71. ③　72. ④　73. ④

74. 다음 중 보호구의 선택 시 유의사항이 아닌 것은?

① 사용 목적에 알맞는 보호구를 선택한다.
② 검정에 합격된 것이면 좋다.
③ 작업 행동에 방해되지 않는 것을 선택한다.
④ 착용이 용이하고 크기 등 사용자에게 편리한 것을 선택한다.

해설 KS나 검정에 합격되었다 하여도 전수 검사를 받은 것이 아니고, 또한 제품의 변질을 고려하여 선택 시 보호 성능이 보장된 것을 선택한다.

75. 보호구의 사용을 기피하는 이유에 해당되지 않는 것은?

① 지급 기피 ② 이해 부족
③ 위생품 ④ 사용 방법 미숙

해설 비위생적이거나 불량품인 경우에도 사용을 기피하게 된다.

76. 다음 중 안전모 성능 시험의 종류에 해당하지 않는 것은?

① 외관 ② 내전압성
③ 난연성 ④ 내수성

해설 안전모 재료 구비 조건 : 내부식성, 내전압성, 피부에 무해, 내열, 내한, 내수성, 강도 유지, 밝고 선명할 것(흰색은 빛의 반사율이 매우 좋으나 청결 유지에 문제점 있어 황색 선호), 충격 흡수 라이너 및 착장체의 무게 0.44 kg을 초과하지 않을 것

77. 안전모를 쓸 때 모자와 머리끝 부분과의 간격은 몇 mm 이상 되도록 조절해야 하는가?

① 20 mm ② 22 mm
③ 25 mm ④ 30 mm

해설 모체와 정부의 접촉으로 인한 충격 전달을 예방하기 위하여 안전 공극이 25 mm 이상이 되도록 조절하여 쓴다.

78. 안전모나 안전대의 용도로 가장 적당한 것은?

① 작업 능률 가속용
② 전도(轉倒) 방지용
③ 작업자 용품의 일종
④ 추락 재해 방지용

해설 추락, 충돌 시 머리를 보호할 수 있는 안전모와 안전대를 착용한다.

79. 가죽제 안전화의 구비 조건으로 맞지 않는 것은?

① 신는 기분이 좋고 작업이 쉬울 것
② 잘 구부러지고 신축성이 있을 것
③ 가능한 가벼울 것
④ 디자인, 색상 등은 고려하지 말 것

해설 기능이 편하고 가벼운 디자인으로 고려한다.

80. 다음 중 고무 장화를 사용하여야 할 작업장은 어디인가?

① 열처리 공장 ② 화학약품 공장
③ 조선 공장 ④ 기계 공장

해설 화학약품 공장에서는 고무 장화를 착용함으로써 약품이 스며드는 것을 막아주어야 한다.

81. 방진 안경의 빛의 투과율은 얼마가 좋은가?

① 70 % 이상 ② 75 % 이상
③ 80 % 이상 ④ 90 % 이상

정답 74. ② 75. ③ 76. ① 77. ③ 78. ④ 79. ④ 80. ② 81. ④

[해설] 렌즈의 구비 조건
㉠ 줄이나 홈, 기포, 비틀어짐이 없을 것
㉡ 빛의 투과율은 90% 이상이 좋고, 70% 이하가 아닐 것
㉢ 광학적으로 질이 좋아 두통을 일으키지 않을 것
㉣ 렌즈의 양면은 매끈하고 평행일 것

82. 다음은 보호 안경 재질의 구비 조건을 설명한 것이다. 잘못된 것은?

① 면체는 규격 기준에 의한다.
② 핸드 클립은 전기 도체로 비난연성이어야 한다.
③ 필터 플레이트 및 커버 플레이트는 차광 안경과 같다.
④ 면체 이외의 플라스틱 부품은 실용상 지장이 없는 강도이어야 한다.

[해설] 핸드 클립은 전기 부도체로 난연성이어야 한다.

83. 다음 중 1mm 두께의 보통 유리로 차단할 수 있는 것은?

① 300μm 이하의 자외선
② 300~400μm의 자외선
③ 400~700μm의 가시광선
④ 700~4000μm의 자외선

[해설] 300μm 이하의 자외선과 4000μm 이상의 적외선은 1mm 두께의 보통 유리로 차단된다. 따라서, 이를 목적으로 보통 유리를 차광 렌즈 또는 플레이트와 같이 사용하는 것이다.

84. 다음 중 방진 마스크 선택상의 유의사항으로서 옳지 못한 것은?

① 여과 효율이 높을 것
② 흡기, 배기저항이 낮을 것
③ 시야가 넓을 것
④ 흡기저항 상승률이 높을 것

[해설] 방진 마스크를 사용함에 따라 흡·배기저항이 커지며, 따라서 호흡이 곤란해지므로 흡기저항 상승률이 낮을수록 좋다.
㉠ 여과 효율(분진 포집률)이 좋을 것
㉡ 중량이 작은 것(직결식의 경우 120g 이하)
㉢ 안면의 밀착성이 좋은 것
㉣ 안면에 압박감이 되도록 적은 것
㉤ 사용 후 손질이 용이한 것
㉥ 사용적(死容積)이 적은 것
㉦ 시야가 넓은 것(하방 시야 50° 이상)

85. 방독 마스크를 사용해서는 안 되는 때는 언제인가?

① 공기 중의 산소가 결핍되었을 때
② 암모니아 가스의 존재 시
③ 페인트 제조 작업을 할 때
④ 소방 작업을 할 때

[해설] 방독 마스크 사용 시 주의사항
㉠ 방독 마스크를 과신하지 말 것
㉡ 수명이 지난 것은 절대로 사용하지 말 것
㉢ 산소 결핍(일반적으로 16%를 기준) 장소에서는 사용하지 말 것
㉣ 가스의 종류에 따라 용도 이외의 것을 사용하지 말 것

86. 방독 마스크를 선택할 때 주의를 요하는 사항은 무엇인가?

① 얼굴에 대한 압박감
② 온도 조절
③ 흡수 필터가 유효한 대상 가스
④ 기상 조건

[해설] 방독 마스크는 유해 가스로부터 호흡을 보호하기 위함이다.

정답 82. ② 83. ① 84. ④ 85. ① 86. ③

87. 기계 작업의 작업복으로서 적당하지 않은 것은?
① 계측기 등을 넣기 위해 호주머니가 많을 것
② 소매를 손목까지 가릴 수 있을 것
③ 점퍼형으로서 상의 옷자락을 여밀 수 있을 것
④ 소매를 오므려 붙이도록 되어 있는 것

[해설] 계측기 등을 주머니에 넣고 다니면 안 된다.

88. 다음은 귀마개의 재질 조건을 설명한 것이다. 잘못 설명한 것은?
① 내습, 내열, 내한, 내유성을 가진 것이어야 한다.
② 피부에 유해한 영향을 주지 말아야 한다.
③ 적당한 세정이나 소독에 견디는 것이어야 한다.
④ 세기나 탄력성 없이 꼭 끼는 것이어야 한다.

[해설] 귀에 압박감을 주어서는 안 된다.

89. 일반적으로 보호구인 장갑을 사용해서는 안 되는 작업은?
① 고열 작업　　② 드릴 작업
③ 용접 작업　　④ 가스 절단 작업

[해설] 선반, 드릴, 목공기계, 연삭, 해머, 정밀기계 작업 등에는 장갑 착용을 금한다.

90. 제독 작업에 필요한 보호구의 종류와 수량을 바르게 설명한 것은?
① 보호복은 독성가스를 취급하는 전 종업원 수의 수량을 구비할 것
② 보호 장갑 및 보호 장화는 긴급 작업에 종사하는 작업원 수의 수량만큼 구비할 것
③ 소화기는 긴급 작업에 종사하는 작업원 수의 수량을 구비할 것
④ 격리식 방독 마스크는 독성가스를 취급하는 전 종업원의 수량만큼 구비할 것

91. 안전관리의 정의로 옳은 것은?
① 인간 존중의 정신에 입각한 과학적이며 생산성 향상 활동
② 생산성 향상과 고품질을 최우선 목표로 하는 계획적인 활동
③ 사고로부터 인적, 물적 피해를 최소화하기 위한 계획적이고 체계적인 활동
④ 재해로부터 인간의 생명과 재산을 보호하기 위한 계획적이고 체계적인 제반 활동

[해설] 안전관리의 정의 : 비능률적인 요소인 재해가 발생하지 않는 상태를 유지하기 위한 활동, 즉 재해로부터 인간의 생명과 재산을 보호하기 위한 계획적이고 체계적인 제반 활동

92. 설비의 설계상 결함으로 산업재해가 발생하였을 때 재해 발생 원인 중 해당 요인은?
① 인적 요인　　② 설비적 요인
③ 관리적 요인　④ 작업·환경적 요인

[해설] 재해 발생 원인
㉠ 인적 요인 : 무의식 행동, 착오, 피로, 연령, 커뮤니케이션 등
㉡ 설비적 요인 : 기계·설비의 설계상 결함, 방호 장치의 불량, 작업 표준화의 부족, 점검·정비의 부족 등
㉢ 작업·환경적 요인 : 작업 정보의 부적절, 작업 자세·동작의 결함, 작업 방법의 부적절, 작업환경 조건의 불량 등
㉣ 관리적 요인 : 관리 조직의 결함, 규정·매뉴얼의 불비·불철저, 안전 교육의 부족, 지도 감독의 부족 등

93. 산업안전보건법의 목적에 해당되지 않는 것은?

정답 87. ①　88. ④　89. ②　90. ④　91. ④　92. ②　93. ④

① 산업안전보건 기준의 확립
② 근로자의 안전과 보건을 유지·증진
③ 산업재해의 예방과 쾌적한 작업환경 조성
④ 산업안전보건에 관한 정책의 수립 및 실시

해설 산업안전보건법은 산업안전보건에 관한 기준을 확립하고 그 책임의 소재를 명확하게 하여 산업재해를 예방하고 쾌적한 작업환경을 조성함으로써 근로자의 안전과 보건을 유지·증진함을 목적으로 한다.

94. 산업 안전 보건 법령상 사업주의 의무가 아닌 것은?

① 근로 조건의 개선
② 쾌적한 작업환경의 조성
③ 근로자의 안전 및 건강을 유지
④ 산업재해에 관한 조사 및 통계의 유지, 관리

해설 사업주 등의 의무 : 사업주는 다음 각 호의 사항을 이행함으로써 근로자의 안전 및 건강을 유지·증진시키고 국가의 산업재해 예방 정책을 따라야 한다.
㉠ 이 법과 이 법에 따른 명령으로 정하는 산업재해 예방을 위한 기준
㉡ 근로자의 신체적 피로와 정신적 스트레스 등을 줄일 수 있는 쾌적한 작업환경의 조성 및 근로 조건 개선
㉢ 해당 사업장의 안전 및 보건에 관한 정보를 근로자에게 제공

95. 안전 점검표(check list)에 포함되어야 할 사항이 아닌 것은?

① 점검 항목   ② 점검 시기
③ 판정 기준   ④ 점검 비용

해설 안전 점검표에는 점검 대상, 점검 부분, 점검 항목, 점검 시기, 판정 기준, 조치 사항 등이 포함되어야 한다.

96. 건설물, 기계, 기구, 설비, 원재료, 가스, 증기, 분진, 근로자의 작업 행동 또는 그 밖의 업무로 인한 유해 위험 요인을 찾아내어 그 위험성의 크기가 허용 가능한 범위인지를 평가하는 것을 무엇이라고 하는가?

① 유해성 평가   ② 위험성 평가
③ 안전 보건 진단   ④ 작업환경 측정

해설 위험성 평가의 실시 : 사업주는 건설물, 기계·기구·설비, 원재료, 가스, 증기, 분진, 근로자의 작업 행동 또는 그 밖의 업무로 인한 유해·위험 요인을 찾아내어 부상 및 질병으로 이어질 수 있는 위험성의 크기가 허용 가능한 범위인지를 평가하여야 하고, 그 결과에 따라 이 법과 이 법에 따른 명령에 따른 조치를 하여야 하며, 근로자에 대한 위험 또는 건강 장해를 방지하기 위하여 필요한 경우에는 추가적인 조치를 하여야 한다.

97. 산업재해를 예방하기 위하여 잠재적 위험성을 발견하고 그 개선 대책을 수립할 목적으로 조사·평가하는 것을 무엇이라고 하는가?

① 작업환경측정   ② 위험성 평가
③ 안전보건진단   ④ 건강진단

해설 "안전보건진단"이란 산업재해를 예방하기 위하여 잠재적 위험성을 발견하고 그 개선 대책을 수립할 목적으로 조사·평가하는 것을 말한다.

98. 해당 근로자 또는 작업장에 대해 사업주가 유해 인자에 대한 측정 계획을 수립한 후 시료를 채취하고 분석·평가하는 것을 무엇이라고 하는가?

정답 94. ④ 95. ④ 96. ② 97. ③ 98. ②

① 안전보건진단   ② 작업환경측정
③ 위험성 평가   ④ 건강검진

해설 "작업환경측정"이란 작업환경 실태를 파악하기 위하여 해당 근로자 또는 작업장에 대하여 사업주가 유해 인자에 대한 측정 계획을 수립한 후 시료(試料)를 채취하고 분석·평가하는 것을 말한다.

99. 고용노동부장관이 안전 보건 개선 계획을 수립 및 시행하여 명할 수 있는 사업장에 해당하지 않는 것은?

① 직업성 질병자가 연간 2명 발생한 사업장
② 95dB(A)의 소음이 2시간 발생하는 사업장
③ 사업주가 안전조치를 이행하지 않아 중대 재해가 발생한 사업장
④ 산업 재해율이 같은 업종의 규모별 평균 산업 재해율보다 높은 사업장

해설 안전 보건 개선 계획의 수립 및 시행 명령 : 고용노동부장관은 대통령령으로 정하는 사업장의 사업주에게 안전 보건 진단을 받아 안전 보건 개선 계획을 수립하여 시행할 것을 명할 수 있다.
㉠ 산업 재해율이 같은 업종의 규모별 평균 산업 재해율보다 높은 사업장
㉡ 사업주가 필요한 안전 조치 또는 보건 조치를 이행하지 아니하여 중대 재해가 발생한 사업장
㉢ 직업성 질병자가 연간 2명 이상 발생한 사업장
㉣ 소음 노출 기준(충격 소음 제외)을 초과한 사업장

1일 노출 시간(H)	소음 강도[dB(A)]
8	90
4	95
2	100
1	105
1/2	110
1/4	115

100. 산업 안전 보건 법령상 중대 재해가 아닌 것은?

① 사망자가 2명 발생한 재해
② 부상자가 동시에 10명 발생한 재해
③ 직업성 질병자가 동시에 5명 발생한 재해
④ 3개월의 요양이 필요한 부상자가 동시에 3명 발생한 재해

해설 중대 재해의 범위
㉠ 사망자가 1명 이상 발생한 재해
㉡ 3개월 이상의 요양이 필요한 부상자가 동시에 2명 이상 발생한 재해
㉢ 부상자 또는 직업성 질병자가 동시에 10명 이상 발생한 재해

101. 중대 재해가 발생할 경우 사업주가 재해 발생 상황을 관할 지방고용노동관서의 장에게 전화, 팩스 등으로 보고하여야 할 시기는?

① 지체 없이   ② 24시간 이내
③ 72시간 이내   ④ 7일 이내

해설 산업안전보건법 시행규칙 제67조(중대 재해 발생 시 보고)
사업주는 중대재해가 발생한 사실을 알게 된 경우에는 법 제54조제2항에 따라 지체 없이 다음 각 호의 사항을 사업장 소재지를 관할하는 지방고용노동관서의 장에게 전화·팩스 또는 그 밖의 적절한 방법으로 보고해야 한다.
1. 발생 개요 및 피해 상황
2. 조치 및 전망
3. 그 밖의 중요한 사항

정답 99. ② 100. ③ 101. ①

102. 산업안전보건법령상 자율 검사 프로그램에 포함되어야 하는 내용이 아닌 것은?
① 안전 검사 대상 기계 보유 현황
② 안전 검사 대상 기계의 검사 주기
③ 작업자 보유 현황과 작업을 할 수 있는 장비
④ 향후 2년간 안전 검사 대상 기계의 검사 수행 계획

해설 자율 검사 프로그램의 내용
㉠ 안전 검사 대상 기계 등의 보유 현황
㉡ 검사원 보유 현황과 검사를 할 수 있는 장비 및 장비 관리 방법(자율안전검사기관에 위탁한 경우에는 위탁을 증명할 수 있는 서류를 제출)
㉢ 안전 검사 대상 기계 등의 검사 주기 및 검사 기준
㉣ 향후 2년간 안전 검사 대상 기계 등의 검사 수행 계획
㉤ 과거 2년간 자율 검사 프로그램 수행 실적(재신청의 경우만 해당)

103. 안전관리자를 두어야 할 사업의 종류는 무엇으로 정하는가?
① 문화체육관광부령 ② 보건복지부령
③ 국토교통부령   ④ 대통령령

해설 안전관리자를 두어야 할 사업의 종류·규모, 안전관리자의 수·자격·업무·권한·선임 방법, 그 밖에 필요한 사항은 대통령령으로 정한다.

104. 다음 중 안전관리자의 직무가 아닌 것은?
① 재해 발생 시 원인 조사 및 대책 강구
② 소화 및 피난 훈련
③ 안전에 관한 전반적인 책임
④ 안전 교육 및 훈련

해설 안전에 관한 전반적인 책임은 안전보건관리 책임자의 직무이다.

105. 안전관리자의 자격이 아닌 것은?
① 고졸 후 2년 실무 경험자
② 대졸 후 1년 실무 경험자
③ 중졸 후 7년 실무 경험자
④ 안전관리 기술 자격 취득자

106. 안전보건관리 책임자를 두어야 하는 사업장이 아닌 것은?
① 상시근로자 100명의 농업
② 공사 금액 20억 원의 건설업
③ 상시근로자 50명의 1차 금속업
④ 상시근로자 150명의 육가공 제조업

해설 안전보건 총괄 책임자를 지정하는 업종
㉠ 건설업(공사 금액 20억 원 이상)
㉡ 제조업 중 제1차 금속 산업
㉢ 조립 금속 제품 기계 및 정비 제조업, 선박 건조업
㉣ 기타 광업 중 토사석 채취업
㉤ 1차 금속 산업과 조립 금속 제품 기계 및 정비 제조업, 선박 건조 사업 외의 업종 중 근로자 50인 이상인 업체(단, 제조업인 경우 100인 이상)
※ 상시근로자 300명 이상의 농업

107. 산업재해가 발생한 경우 산업재해 조사표를 작성하여 관할 지방고용노동관서의 장에게 제출하여야 하는 기간은 발생일로부터 언제까지인가?
① 지체 없이
② 1주 이내
③ 2주 이내
④ 1개월 이내

정답 102. ③ 103. ④ 104. ③ 105. ① 106. ① 107. ④

[해설] 사업주는 산업재해로 사망자가 발생하거나 3일 이상의 휴업이 필요한 부상을 입거나 질병에 걸린 사람이 발생한 경우에는 법 제57조 제3항에 따라 해당 산업재해가 발생한 날부터 1개월 이내에 별지 제30호 서식의 산업재해 조사표를 작성하여 관할 지방고용노동관서의 장에게 제출(전자문서로 제출하는 것을 포함한다)해야 한다.

108. 산업재해가 발생한 때에 기록 및 보존할 사항이 아닌 것은?

① 피해 규모
② 재해 재발 방지 계획
③ 재해 근로자의 인적사항
④ 재해 발생의 원인 및 과정

[해설] 사업주는 산업재해가 발생한 때에는 다음을 기록·보존해야 한다. 다만, 산업재해 조사표의 사본을 보존하거나 요양 신청서의 사본에 재해 재발 방지 계획을 첨부하여 보존한 경우에는 그렇지 않다.
㉠ 사업장의 개요 및 근로자의 인적사항
㉡ 재해 발생의 일시 및 장소
㉢ 재해 발생의 원인 및 과정
㉣ 재해 재발 방지 계획

109. 우리나라 근로기준법에서 신체 장해 등급은 몇 등급으로 구분되어 있는가?

① 7등급
② 8등급
③ 9등급
④ 14등급

[해설] 근로기준법에서 신체 장해 등급은 14등급으로 구분되어 있으며, 가장 심하게 신체에 재해가 있을 경우가 1급에 해당된다.

110. 사무직 종사 근로자가 아니며, 판매 업무에 직접 종사하는 근로자가 받아야 하는 정기 안전·보건 교육은 매반기 몇 시간 이상인가?

① 3시간
② 6시간
③ 8시간
④ 16시간

[해설] 안전·보건 정기교육(개정 23. 9. 27)

교육 대상		교육 시간
사무실 종사 근로자		매반기 6시간 이상
사무직 종사자 외의 근로자	판매 업무에 직접 종사하는 근로자	매반기 6시간 이상
	판매 업무에 직접 종사하는 외의 근로자	매반기 12시간 이상
관리감독자의 지위에 있는 사람		연간 16시간 이상

111. 다음 용어에 대한 정의가 틀린 것은?

① 도급이 여러 단계에 걸쳐 체결된 경우에 각 단계별로 도급받은 사업주 전부를 "관계도급인"이라고 한다.
② 건설공사를 도급하는 자로서 건설공사의 시공을 주도하여 총괄·관리하지 아니하는 자를 "건설공사발주자"라고 한다.
③ 산업재해 중 사망 등 재해 정도가 심하거나 다수의 재해자가 발생한 경우로서 고용노동부령으로 정하는 재해를 "중대재해"라 한다.
④ 노무를 제공하는 사람이 업무에 관계되는 건설물·설비·원재료·가스·증기·분진 등에 의하거나 작업 또는 그 밖의 업무로 인하여 사망 또는 부상하거나 질병에 걸리는 것을 "산업재해"라고 한다

[해설] ㉠ "도급"이란 명칭에 관계없이 물건의 제조·건설·수리 또는 서비스의 제공, 그

정답 108. ① 109. ④ 110. ② 111. ①

밖의 업무를 타인에게 맡기는 계약을 말한다.
ⓒ "관계수급인"이란 도급이 여러 단계에 걸쳐 체결된 경우에 각 단계별로 도급받은 사업주 전부를 말한다.

112. 다음 중 MSDS의 목적은?

① 근로자의 알 권리 확보
② 경영자의 경영권 확보
③ 화학물질 제조상 비밀정보 확보
④ 화학물질 제조자의 정보 제공

해설 MSDS란 물질 안전 보건 자료로 근로자의 취급 화학물질에 대한 알 권리와 안전하고 쾌적한 작업환경을 조성함에 그 배경이 있다.

113. 사업장의 근로자 산업재해 발생 건수, 재해율 등을 공표하여야 하는 사업장에 해당하지 않는 것은?

① 사망 재해자가 연간 2명 발생한 사업장
② 중대 재해 발생률이 규모별 같은 업종의 평균 발생률 이상인 사업장
③ 산업재해의 발생에 관한 보고를 최근 3년 이내 2회 하지 않은 사업장
④ 산업재해 발생 사실을 은폐한 사업장

해설 공표 대상 사업장
㉠ 사망 재해자가 연간 2명 이상 발생한 사업장
㉡ 사망만인율(死亡萬人率 : 연간 상시근로자 1만 명당 발생하는 사망 재해자 수의 비율)이 규모별 같은 업종의 평균 사망만인율 이상인 사업장
㉢ 중대 산업사고가 발생한 사업장
㉣ 산업재해 발생 사실을 은폐한 사업장
㉤ 산업재해의 발생에 관한 보고를 최근 3년 이내 2회 이상 하지 않은 사업장

114. 공정 안전 보고서의 작성 대상인 위험 설비 및 시설에 해당하지 않는 시설은?

① 원유 정제 처리 시설
② 질소질 비료 제조 시설
③ 농업용 약제 원제(原劑) 제조업
④ 액화 석유가스의 충전 · 저장 시설

해설 공정 안전 보고서의 제출 대상
㉠ 원유 정제 처리업
㉡ 질소질 비료 제조업
㉢ 복합 비료 제조업(단순 혼합 또는 배합에 의한 경우는 제외)
㉣ 화학 살균 · 살충제 및 농업용 약제 원제(原劑) 제조업
㉤ 화약 및 불꽃 제품 제조업

115. 안전 검사 대상 기계의 안전 검사 주기가 틀린 것은?

① 곤돌라 : 최초 설치일부터 3년, 이후 2년마다
② 건설용 크레인 : 최초 설치일부터 6개월마다
③ 컨베이어 : 최초 설치일부터 3년, 이후 2년마다
④ 공정 안전 보고서를 제출하여 확인받은 압력 용기 : 3년마다

해설 안전 검사의 주기와 합격 표시 및 표시 방법
㉠ 크레인(이동식 크레인은 제외), 리프트(이삿짐 운반용 리프트는 제외) 및 곤돌라 : 사업장에 설치가 끝난 날부터 3년 이내에 최초 안전 검사를 실시하되, 그 이후부터 2년마다(건설 현장에서 사용하는 것은 최초로 설치한 날부터 6개월마다) 실시
㉡ 이동식 크레인, 이삿짐 운반용 리프트 및 고소 작업대 : 신규 등록 이후 3년 이내에

최초 안전 검사를 실시하되, 그 이후부터 2년마다 실시
ⓒ 프레스, 전단기, 압력 용기, 국소 배기 장치, 원심기, 롤러기, 사출 성형기, 컨베이어 및 산업용 로봇 : 사업장에 설치가 끝난 날부터 3년 이내에 최초 안전 검사를 실시하되, 그 이후부터 2년마다(공정 안전 보고서를 제출하여 확인을 받은 압력 용기는 4년마다) 실시

116. 화학 설비 및 그 부속 설비의 사용 전 안전 검사 내용을 점검한 후 해당 화학 설비를 사용해야 하는 경우에 해당하지 않는 경우는?

① 수리를 한 경우
② 작업자가 변경될 경우
③ 처음으로 사용하는 경우
④ 계속하여 1개월 이상 사용하지 아니한 후 다시 사용하는 경우

해설 ㉠ 처음으로 사용하는 경우
ⓒ 분해하거나 개조 또는 수리를 한 경우
ⓒ 계속하여 1개월 이상 사용하지 아니한 후 다시 사용하는 경우

117. 위험물 안전관리 법령상 위험물의 운반에 관한 기준으로 틀린 것은?

① 고체 위험물은 운반 용기 내용적의 95% 이하의 수납률로 수납할 것
② 액체 위험물은 운반 용기 내용적의 98% 이하의 수납률로 수납할 것
③ 기계로 하역하는 금속제 운반 용기의 수납은 2.5년 이내에 실시한 기밀 시험에서 이상이 없을 것
④ 액체 위험물을 수납하는 경우에는 55℃의 온도에서 증기압이 160kPa 이하가 되도록 수납할 것

해설 ㉠ 위험물은 운반 용기에 다음 기준에 따라 수납하여 적재하여야 한다.
- 고체 위험물은 운반 용기 내용적의 95% 이하의 수납률로 수납할 것
- 액체 위험물은 운반 용기 내용적의 98% 이하의 수납률로 수납하되, 55℃의 온도에서 누설되지 않도록 충분한 공간 용적을 유지하도록 할 것
- 액체 위험물을 수납하는 경우에는 55℃의 온도에서의 증기압이 130kPa 이하가 되도록 수납할 것

ⓒ 기계에 의하여 하역하는 구조로 된 운반 용기에 대한 수납 중 금속제의 운반 용기, 경질 플라스틱제의 운반 용기 또는 플라스틱 내 용기 부착의 운반 용기에 있어서는 다음에 정하는 시험 및 점검에서 누설 등 이상이 없을 것
- 2년 6개월 이내에 실시한 기밀 시험(액체의 위험물 또는 10kPa 이상의 압력을 가하여 수납 또는 배출하는 고체의 위험물을 수납하는 운반 용기에 한한다)

118. 유해 물질 저장 용기의 표시사항이 아닌 것은?

① 유해 물질의 명칭
② 성분 및 함유량
③ 인체에 미치는 영향
④ 압력 방출 장치의 성능

119. 압력 용기에 파열판을 설치할 경우가 아닌 것은?

① 정변위 압축기
② 안지름이 100mm인 압력 용기
③ 반응 폭주 등 급격한 압력 상승 우려가 있는 경우

정답 116. ② 117. ④ 118. ④ 119. ②

④ 운전 중 안전 밸브에 이상 물질이 누적되어 안전 밸브가 작동되지 아니할 우려가 있는 경우

해설 파열판의 설치(①, ③, ④ 외)
㉠ 급성 독성 물질의 누출로 인하여 주위의 작업환경을 오염시킬 우려가 있는 경우
㉡ 압력 용기(안지름이 150mm 이하인 압력 용기는 제외하며, 압력 용기 중 관형 열 교환기의 경우에는 관의 파열로 인하여 상승한 압력이 압력 용기의 최고 사용 압력을 초과할 우려가 있는 경우만 해당)
㉢ 정변위 펌프(토출 축에 차단 밸브가 설치된 것만 해당)
㉣ 배관(2개 이상의 밸브에 의하여 차단되어 대기 온도에서 액체의 열 팽창에 의하여 파열될 우려가 있는 것으로 한정)
㉤ 그 밖의 화학 설비 및 그 부속 설비로서 해당 설비의 최고 사용 압력을 초과할 우려가 있는 것

120. 이동식을 제외한 국소 배기 장치의 덕트(duct) 설치 기준으로 틀린 것은?
① 가능하면 길이는 길게 하고 굴곡부의 수는 적게 할 것
② 접속부의 안쪽은 돌출된 부분이 없도록 할 것
③ 덕트 내부에 오염물질이 쌓이지 않도록 이송 속도를 유지할 것
④ 연결 부위 등은 외부 공기가 들어오지 않도록 할 것

해설 가능하면 길이는 짧게 하고 굴곡부의 수는 적게 할 것

121. 로봇의 운전으로 인한 근로자의 위험을 방지하기 위하여 일반적으로 설치하여야 하는 울타리의 높이는 얼마 이상인가?

① 1.3m ② 1.5m ③ 1.8m ④ 2.1m

해설 사업주는 로봇의 운전으로 인하여 근로자에게 발생할 수 있는 부상 등의 위험을 방지하기 위하여 높이 1.8m 이상의 울타리(로봇의 가동 범위 등을 고려하여 높이로 인한 위험성이 없는 경우에는 높이를 그 이하로 조절할 수 있다)를 설치하여야 한다.

122. 회전하는 압연 롤러 사이에 물리는 것에 해당하는 재해 형태는?
① 깔림 ② 맞음 ③ 끼임 ④ 압박

해설 ㉠ "깔림·뒤집힘(물체의 쓰러짐이나 뒤집힘)"이라 함은 기대여져 있거나 세워져 있는 물체 등이 쓰러져 깔린 경우 및 지게차 등의 건설기계 등이 운행 또는 작업 중 뒤집어진 경우를 말한다.
㉡ "맞음(날아오거나 떨어진 물체에 맞음)"이라 함은 기계 등에 고정되어 있던 물체가 중력, 원심력, 관성력 등에 의하여 고정부에서 이탈하거나 또는 설비 등으로부터 물질이 분출되어 사람을 가해하는 경우를 말한다.
㉢ "끼임(기계설비에 끼이거나 감김)"이라 함은 두 물체 사이의 움직임에 의하여 일어난 것으로 직선 운동하는 물체 사이의 끼임, 회전부와 고정체 사이의 끼임, 롤러 등 회전체 사이에 물리거나 또는 회전체·돌기부 등에 감긴 경우를 말한다.

123. 다음 중 안전 인증 대상 기계에 해당하는 것은?
① 리프트 ② 연마기
③ 분쇄기 ④ 밀링

해설 ㉠ 안전 인증 대상 기계 및 설비 : 프레스, 전단기 및 절곡기(折曲機), 크레인, 리

정답 120. ① 121. ③ 122. ③ 123. ①

프트, 압력 용기, 롤러기, 사출 성형기(射出成形機), 고소(高所) 작업대, 곤돌라 등
ⓒ 자율 안전 확인 대상 기계 및 설비 : 연삭기(硏削機) 또는 연마기(휴대형은 제외), 산업용 로봇, 혼합기, 파쇄기 또는 분쇄기, 식품 가공용 기계(파쇄 · 절단 · 혼합 · 제면기만 해당), 컨베이어, 자동차 정비용 리프트, 공작기계(선반, 드릴기, 평삭 · 형삭기, 밀링만 해당), 고정형 목재 가공용 기계(둥근톱, 대패, 루터기, 띠톱, 모떼기 기계만 해당), 인쇄기 등

124. 롤러기의 복부 조작식 급정지 장치는 밑면에서 (㉠)m 이상 (㉡)m 이내이어야 하는가?

① ㉠ : 0.6, ㉡ : 0.9
② ㉠ : 0.7, ㉡ : 1.0
③ ㉠ : 0.8, ㉡ : 1.1
④ ㉠ : 0.9, ㉡ : 1.2

해설 급정지 장치의 종류

종류	설치 위치	비고
손 조작식	밑면에서 1.8m 이내	위치는 급정지 장치 조작부의 중심점을 기준으로 한다.
복부 조작식	밑면에서 0.8m 이상 1.1m 이내	
무릎 조작식	밑면에서 0.6m 이내	

125. 유해 · 위험 방지를 위해 방호조치가 필요한 기계 · 기구가 아닌 것은?

① 원심기   ② 예초기
③ 롤러기   ④ 래핑기

해설 유해 · 위험 방지를 위한 방호조치가 필요한 기계 · 기구 : 예초기, 원심기, 공기 압축기, 금속 절단기, 지게차, 포장기계(진공 포장기, 래핑기로 한정한다)

126. 다음 중 안전 인증 대상 방호 장치가 아닌 것은?

① 절연용 방호구
② 전단기 방호 장치
③ 압력 용기 압력 방출용 안전 밸브
④ 교류 아크 용접기용 자동 전격 방지기

해설 안전 인증 대상 방호 장치
㉠ 프레스 및 전단기 방호 장치
ⓒ 양중기용(揚重機用) 과부하 방지 장치
ⓒ 보일러 압력 방출용 안전 밸브
ⓔ 압력 용기 압력 방출용 안전 밸브
ⓜ 압력 용기 압력 방출용 파열판
ⓗ 절연용 방호구 및 활선 작업용(活線作業用) 기구
ⓢ 방폭 구조(防爆構造) 전기기계 · 기구 및 부품
ⓞ 추락 · 낙하 및 붕괴 등의 위험 방지 및 보호에 필요한 가설 기자재
ⓩ 충돌 · 협착 등의 위험 방지에 필요한 산업용 로봇 방호 장치

127. 다음 중 작업장에서 통행의 우선권 순서로 맞는 것은?

① 기중기-부재를 운반하는 차-빈 차-보행자
② 보행자-기중기-부재를 운반하는 차-빈 차
③ 부재를 운반하는 차-기중기-보행자-빈 차
④ 부재를 운반하는 차-빈 차-기중기-보행자

128. 안전대 사용 시 주의사항을 설명한 것 중 옳지 않은 것은?

① 훅을 D고리에 걸 때 확실히 걸렸는가 확인한다.

정답 124. ③   125. ③   126. ④   127. ①   128. ④

② 사용 전에 점검을 철저히 한다.
③ 로프는 작업 전보다 높게 매달아 사용한다.
④ 쇠가죽제 벨트는 강도가 크므로 안전하다.

[해설] 안전대(安全帶)는 높이 또는 깊이 2m 이상의 추락할 위험이 있는 장소에서 하는 작업에 착용한다. 쇠가죽은 가죽 부위에 따라 강도 차이가 크므로 특별한 주의를 요한다.

129. 추락 등의 위험을 방지하기 위하여 안전 난간을 설치하는 경우 상부 난간대는 바닥면·발판 또는 경사로의 표면으로부터 몇 cm 이상의 지점에 설치하는가?

① 30cm ② 60cm ③ 90cm ④ 120cm

[해설] 안전 난간의 구조 및 설치 요건
㉠ 상부 난간대, 중간 난간대, 발끝막이판 및 난간 기둥으로 구성할 것(단, 중간 난간대, 발끝막이판 및 난간 기둥은 이와 비슷한 구조와 성능을 가진 것으로 대체할 수 있다)
㉡ 상부 난간대는 바닥면·발판 또는 경사로의 표면(이하 "바닥면등"이라 한다)으로부터 90cm 이상 지점에 설치하고, 상부 난간대를 120cm 이하에 설치하는 경우에는 중간 난간대를 상부 난간대와 바닥면등의 중간에 설치하여야 하며, 120cm 이상 지점에 설치하는 경우에는 중간 난간대를 2단 이상으로 균등하게 설치하고 난간의 상하 간격은 60cm 이하가 되도록 할 것(단, 난간 기둥 간의 간격이 25cm 이하인 경우에는 중간 난간대를 설치하지 않을 수 있다)
㉢ 발끝막이판은 바닥면 등으로부터 10cm 이상의 높이를 유지할 것(단, 물체가 떨어지거나 날아올 위험이 없거나 그 위험을 방지할 수 있는 망을 설치하는 등 필요한 예방조치를 한 장소는 제외한다)
㉣ 난간 기둥은 상부 난간대와 중간 난간대를 견고하게 떠받칠 수 있도록 적정한 간격을 유지할 것
㉤ 상부 난간대와 중간 난간대는 난간 길이 전체에 걸쳐 바닥면 등과 평행을 유지할 것
㉥ 난간대는 지름 2.7cm 이상의 금속제 파이프나 그 이상의 강도가 있는 재료일 것
㉦ 안전 난간은 구조적으로 가장 취약한 지점에서 가장 취약한 방향으로 작용하는 100kgf 이상의 하중에 견딜 수 있는 튼튼한 구조일 것

130. 다음 중 크레인의 안전 장치에 속하지 않는 것은?

① 베레스트
② 권과 방지 장치
③ 비상 정지 장치
④ 과부하 방지 장치

[해설] 크레인의 안전 장치 : 권과 방지 장치, 비상 정지 장치, 과부하 방지 장치, 충돌 방지 장치, 훅 해지 장치 등

131. 정차 또는 운반 중 앞차와의 간격은 얼마인가?

① 1~1.5m 이상
② 2m 이상
③ 5m 이상
④ 7m 이상

132. 운반 차량의 구내 속도는 얼마인가?

① 5km/h
② 8km/h
③ 10km/h
④ 20km/h

정답 129. ③ 130. ① 131. ③ 132. ②

133. 중량물을 운반하는 기중기 운반에 대한 주의점이다. 이 중 옳지 못한 것은?

① 규정된 제한 하중 이상을 매달지 말 것
② 기중기 훅은 하물의 중심 직선상에 내릴 것
③ 와이어 로프로 훅의 중심에 걸고 매다는 각도를 작게 할 것
④ 감아올린 물건은 지상에서 30 cm 정도로 들어 올려 이동시킬 것

해설 지상에서 10 cm 이상 30 cm 이하의 높이까지 들어 올려야 한다.

134. ILO 기준에 적합한 안전대의 규격 기준은?

① 폭 10 cm, 두께 5 mm, 파단강도 1100 kgf
② 폭 11 cm, 두께 6 mm, 파단강도 1150 kgf
③ 폭 12 cm, 두께 6 mm, 파단강도 1200 kgf
④ 폭 12 cm, 두께 6 mm, 파단강도 1150 kgf

해설 ④의 규격에 맞아야 하고, 끈은 상질의 마닐라 로프 또는 동등 이상의 강도를 지닌 재료로서 1150 kgf의 최대 파단강도를 지녀야 한다.

135. 다음 중 고소 작업 시 추락 방지를 위한 구명줄 사용상의 안전수칙이 아닌 것은?

① 구명줄의 설치를 확실히 한다.
② 한 번 큰 낙하 충격을 받은 구명줄은 사용하지 않는다.
③ 구명줄은 낙하 거리가 2.5 m 이상 되지 않게 한다.
④ 끊어지기 쉬운 예리한 모서리에 접촉을 피한다.

해설 구명줄은 낙하 거리가 2 m 이상이 되지 않게 한다.

136. 안전대용 로프의 구비 조건에 맞지 않는 것은?

① 부드럽고 되도록 매끄럽지 않을 것
② 충분한 강도를 가질 것
③ 완충성이 높을 것
④ 마모성이 클 것

해설 내마모성이 크고 습기나 약품에 잘 견디며, 내열성도 높아야 한다.

137. 다음 기인물의 설명 중 맞지 않는 것은?

① 재해를 발생시킨 기계 장치를 말한다.
② 기인물은 동력기계, 운반기계, 기타 장치로 분류한다.
③ 인적 요인의 불안전한 행동을 말한다.
④ 재해를 일으킨 근원이 되는 물체를 말한다.

해설 재해를 일으킨 동력원을 기인물로 분류하고, 신체와 직접 접촉·부딪힌 물체는 가해물로 분류한다.

138. 각재를 목재 가공용 둥근톱으로 절단하던 중 파편이 날아와 몸에 상해를 입힌 경우 기인물과 가해물이 맞게 연결된 것은?

① 기인물-둥근톱, 가해물-각재
② 기인물-절단편, 가해물-각재
③ 기인물-절단편, 가해물-둥근톱
④ 기인물-둥근톱, 가해물-절단편

해설 산업 재해 기록, 분류에 관한 지침:『맞음』재해는 물체를 지탱하고 있던 물체 또는 장소의 불안전한 상태, 물체가 떨어지거나 날아오는 재해를 일으킨 동력원 등을 기인물로 분류하고, 신체와 직접 접촉·부딪힌 물체는 가해물로 분류한다.

정답 133. ④ 134. ④ 135. ③ 136. ④ 137. ③ 138. ④

139. 작업으로 인하여 물체가 떨어지거나 날아올 위험이 있는 경우 위험을 방지하기 위한 조치사항이 아닌 것은?

① 출입 금지 구역의 설정
② 방호 선반 설치
③ 수직 보호망 설치
④ 건널 다리

해설 『맞음』 재해에 의한 위험의 방지 : 사업주는 작업으로 인하여 물체가 떨어지거나 날아올 위험이 있는 경우 낙하물 방지망, 수직 보호망 또는 방호 선반의 설치, 출입 금지 구역의 설정, 보호구의 착용 등 위험을 방지하기 위하여 필요한 조치를 하여야 한다.

140. 다음 중 도수율을 계산하는 식은 어느 것인가?

① $\dfrac{재해 \ 건수}{연 \ 근로 \ 시간 \ 수} \times 1000000$

② $\dfrac{재해 \ 건수(연계)}{근로자 \ 수(평균)} \times 10000$

③ $\dfrac{총 \ 손실일 \ 수}{연 \ 근로 \ 시간 \ 수} \times 1000$

④ $\dfrac{재해 \ 건수(연계)}{근로자 \ 수(평균)} \times 1000$

해설 상해의 정도를 표시하는데는 상해 건수, 상해로 말미암아 휴양할 일수(손실일수), 보상액 등을 숫자로 표시하는 경우가 있으나, 일반적으로 다음과 같은 공식에 의해서 계산된 재해 발생률이 흔히 쓰이고 있다.

㉠ 연천인율 $= \dfrac{재해 \ 건수}{재적 \ 근로자 \ 수} \times 1000$

(근로자 천 명에게서 발생하는 재해 건수)

㉡ 도수율 $= \dfrac{재해 \ 건수}{연 \ 근로 \ 시간 \ 수} \times 10^6$

(백만 근로 시간 중에 발생하는 재해 건수)

㉢ 강도율 $= \dfrac{근로 \ 손실일 \ 수}{연 \ 근로 \ 시간 \ 수} \times 1000$

설비보전산업기사

부록

제1회 CBT 대비 실전문제
제2회 CBT 대비 실전문제
제3회 CBT 대비 실전문제
제4회 CBT 대비 실전문제
제5회 CBT 대비 실전문제

제1회 CBT 대비 실전문제

설비보전 산업기사

제1과목 공유압 및 자동 제어

1. 압력의 크기가 다른 것은? [18-3]
① 1bar
② 14.5psi
③ 10kgf/cm²
④ 750mmHg

해설 1bar=14.5psi=100kPa
=1.01972kgf/cm²=0.986923atm
=10197.1626mmH₂O=750.062mmHg

2. 실린더 동작 중 속도를 변화시키거나 부하가 큰 경우에 정지나 방향 전환 시 충격을 방지하는 경우 사용되는 밸브는? [09-2]
① 엑셀레이터 밸브
② 급배기 밸브
③ 압력 보상형 유량 제어 밸브
④ 디셀러레이션 밸브

해설 디셀러레이션 밸브의 구조는 방향 제어 밸브이나, 기능은 유량 제어 밸브이다.

3. 그림에서 제시한 2압 밸브의 특성으로 옳지 않은 것은? [14-2]

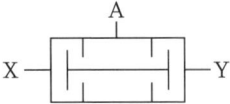

① AND의 논리를 만족한다.
② 먼저 들어온 고압 압력 신호가 출구 A로 나간다.
③ 압축공기가 2개의 입구 X, Y에 모두 작용할 때에만 출구 A에 압축공기가 흐른다.
④ 2개의 압력 신호가 다른 압력일 경우에는 낮은 압력 쪽의 공기가 출구 A로 출력된다.

해설 2압 밸브(two pressure valve) : 저압 우선형 셔틀 밸브, AND 밸브라고도 한다. AND 요소로서 두 개의 입구 X와 Y 두 곳에 동시에 공압이 공급되어야 하나의 출구 A에 압축공기가 흐르고, 압력 신호가 동시에 작용하지 않으면 늦게 들어온 신호가 A 출구로 나가며, 두 개의 신호가 다른 압력일 경우 낮은 압력 쪽의 공기가 출구 A로 나가게 되어 안전 제어, 검사 등에 사용된다.

4. 압축공기의 건조에 사용되는 흡착식 건조기에 대한 설명 중 올바른 것은? [08-1]
① 외부 에너지 공급이 필요하지 않다.
② 사용되는 건조제는 염화리튬 수용액, 폴리에틸렌 등이다.
③ 일시적으로 사용한다.
④ 물리적 방식을 사용하여 반영구적으로 사용할 수 있다.

해설 흡착식 공기 건조기 : 습기에 대하여 강력한 친화력을 갖는 실리카겔, 활성 알루미나 등의 고체 흡착 건조제를 두 개의 타워 속에 가득 채워 습기와 미립자를 제거하여 초건조 공기를 토출하며 건조제를 재생(제습 청정)시키는 방식이다. 최대 -70℃ 정도까지의 저노점을 얻을 수 있다.

5. 전자 계전기를 사용할 때 주의사항이 아닌 것은? [19-3]
① 계전기의 설치 높이를 확인한다.

정답 1.③ 2.④ 3.② 4.④ 5.④

② 정격 전압 및 정격 전류를 확인한다.
③ 본체 취부 시 확실히 고정하여야 한다.
④ 2개 이상의 계전기를 사용할 때 적당한 간격을 유지하여야 한다.

[해설] 전자 계전기는 계전기의 위치에 무관하다.

6. 사축식과 사판식으로 분류되며 고압 출력에 적합한 유압 펌프는? [20-2]
① 기어 펌프   ② 나사 펌프
③ 베인형 펌프 ④ 피스톤 펌프

[해설] 피스톤 펌프(piston pump, plunger pump) : 사축형과 사판형 두 형태가 있으며, 피스톤을 실린더 내에서 왕복시켜 흡입 및 토출을 하는 것으로 고정 체적형이나 가변 체적형 모두 할 수 있다. 효율이 매우 좋고 균일한 흐름을 얻을 수 있어 성능이 우수하며 고속, 고압에 적합하나 복잡하여 수리가 곤란하고 값이 비싸다.

7. 밸브의 조작력 또는 제어 신호가 걸리지 않을 때 밸브 몸체 위치는? [11-1, 17-3]
① 초기 위치   ② 작동 위치
③ 과도 위치   ④ 노멀 위치

[해설] 노멀 위치(normal position) : 조작력 또는 제어 신호가 걸리지 않을 때의 밸브 몸체의 위치

8. 유압 프레스를 설계하려고 한다. 사용 압력은 24MPa, 필요한 힘은 500kN일 경우 유압 실린더의 직경(cm)으로 가장 적합한 것은? [11-2, 18-3]
① 17   ② 27   ③ 37   ④ 47

[해설] $F = PA$ 이므로

$$d = \sqrt{\frac{4F}{\pi P}} = \sqrt{\frac{4 \times 500 \times 10^3}{\pi \times 24}}$$
$$= 163 \, mm \coloneqq 17 \, cm$$

9. 다음 기호는 무엇을 나타내는가? [12-3]

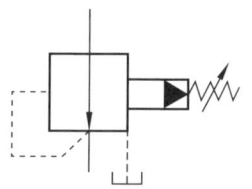

① 파일럿 작동형 감압 밸브
② 릴리프 붙이 감압 밸브
③ 일정 비율 감압 밸브
④ 파일럿 작동형 시퀀스 밸브

10. 다음 회로의 명칭으로 적합한 것은? [10-1]

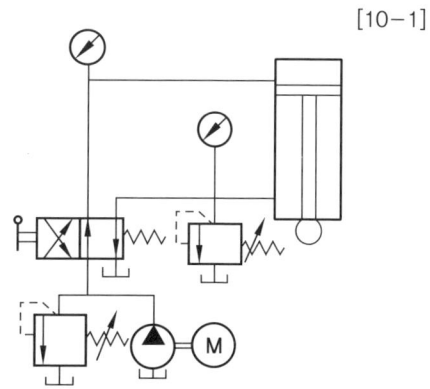

① 최고 압력 제한 회로
② 블리드 오프 회로
③ 무부하 회로
④ 증압 회로

[해설] 릴리프 밸브는 주로 회로의 최고 압력을 결정하는데 사용되며, 실린더의 하강, 상승의 최고 압력을 별개로 설정하여 각각의 기능을 하도록 한다. 고압과 저압의 2종의 릴리프 밸브를 사용하여 상승 중에는 저압용 릴리프 밸브로 제어하여 동력의 절약, 발

열 방지, 과부하 방지 등의 역할을 하고, 실제로 일을 하는 하강에서는 고압용 릴리프 밸브로 회로 압력을 제어한다.

11. 다음 설명 중 시퀀스 제어의 정의는 어느 것인가? [12-3]
① 이전 단계 완료 여부를 센서를 이용하여 확인 후 다음 단계의 작업을 수행하는 제어
② 어떤 신호가 입력되어 출력 신호가 발생한 후에는 입력 신호가 없어져도 그 때의 출력 상태를 유지하는 제어
③ 시스템 내의 하나 또는 여러 개의 입력 변수가 약속된 법칙에 의하여 출력 변수에 영향을 미치는 공정
④ 제어하고자 하는 하나의 변수가 계속 측정되어서 다른 변수, 즉 지령치와 비교되며 그 결과가 첫 번째의 변수를 지령치에 맞추도록 수정을 가하는 것

해설 ②-메모리 제어, ③-제어, ④-자동 제어

12. 잔류 편차를 제거하기 위해 사용하는 제어계는? [17-1]
① 비례 제어   ② ON-OFF 제어
③ 비례 적분 제어   ④ 비례 미분 제어

해설 비례 적분 제어는 복합 루프 제어계가 아닌 제어로 잔류 편차를 제거하기 위해 사용한다.

13. 굵은 전선이나 케이블을 절단할 때 사용되는 공구는?
① 클리퍼   ② 펜치
③ 나이프   ④ 플라이어

해설 클리퍼(clipper, cable cutter) : 굵은 전선을 절단할 때 사용하는 가위

14. 연산 증폭기의 구조(동작 흐름)이다. ( ) 안에 알맞은 것은? [15-1]

"V_i(입력) → ( ) → 전치 증폭기 → 완충 증폭기 → 주 증폭기 → V_0(출력)"

① 가산기   ② 감산기
③ 차동 증폭기   ④ 전압 비교기

해설 차동 증폭기(differential amplifier)는 연산 증폭기의 입력단으로 작용하며 공통 이미터 회로로 구성된다.

15. 다음 중 회로 시험기를 사용하여 측정할 수 없는 것은? [10-2]
① 전류 측정   ② 직류 전압 측정
③ 접지저항 측정 ④ 교류 전압 측정

해설 접지저항 측정은 저저항 측정기로 측정한다.

16. 다음 중 계측된 신호를 전송할 때 발생하는 노이즈의 원인과 거리가 먼 것은 어느 것인가? [07-1, 09-2, 14-2]
① 전도   ② 정전 유도
③ 중첩   ④ 온도 변화

해설 노이즈의 발생 원인 : 전도, 정전 유도, 전자 유도, 중첩, 접지 루프, 접합 전위차

17. 온도계나 컬러 TV의 색 차이 방지용 온도 보상에 사용되는 것으로 열팽창계수 차이가 있는 두 금속을 접합한 것은? [10-2]
① 바이메탈   ② 세라믹
③ 도전성 고무 ④ 자기 저항 소자

해설 바이메탈 : 열팽창계수가 다른 두 개의 금속판을 접합시켜 온도 변화에 따른 변형 또는 내부 응력의 변화를 이용한 온도 센서

정답 11. ① 12. ③ 13. ① 14. ③ 15. ③ 16. ④ 17. ①

18. 다음 중 노이즈 대책에 대한 설명으로 알맞은 것은? [09-3]
① 실드에 의한 방법은 자기 유도를 제거 할 수 있다.
② 관로를 사용하면 정전 유도를 제거할 수 있다.
③ 연선을 사용하면 자기 유도를 제거할 수 있다.
④ 필터를 사용하면 접지와 라인 사이에서 나타나는 일반 모드(common mode)의 노이즈를 제거할 수 있다.

해설 연선을 사용하면 자기 유도가 제거되고 케이블의 접속 부분은 2in 정도가 적당하다.

19. 산업용 로봇의 관절 기구같이 임의의 회전각을 제어하기 위하여 주로 사용되고 있는 모터는? [10-3]
① 동기 전동기　② 농형 유도 전동기
③ 스테핑 모터　④ 리니어 모터

해설 스테핑 모터는 구조가 간단하고 완전한 브리스 모터로 견고하며 신뢰성이 높고, 펄스수에 비례하는 회전 각도를 얻을 수 있다. 일정한 회전각 위치 제어가 필요한 경우 사용하며 D/A 변환기, 디지털 플로터, 정확한 회전각이 요구되는 CNC 공작기계 등에 이용되고 있다.

20. 직류 전동기가 과열하는 원인이 아닌 것은? [18-1]
① 저전압
② 과부하
③ 핸들 이송 속도가 느림
④ 저항 요소 또는 접촉자의 단락

해설 직류 전동기의 과열 원인 : 과부하, 스파크, 베어링 조임 과다, 코일 단락, 브러시 압력 과다, 이송 핸들 속도 부적당 등

제2과목　설비 진단 및 관리

21. 효율적으로 설비 보전 활동을 위하여 설비의 열화나 고장, 성능 및 강도 등을 정량적으로 관측하여 그 장래를 예측하는 것은 무엇인가? [09-3, 17-2]
① 신뢰성 기술　② 정량화 기술
③ 설비 진단 기술　④ 트러블 슈팅 기술

해설 설비 진단 기술의 개념

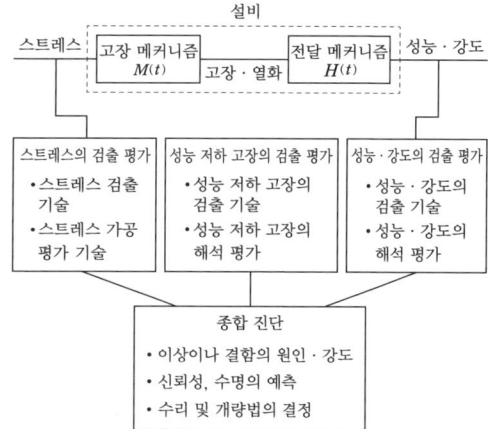

22. 정현파 신호에서 진동의 크기를 표현하는 방법으로 피크값의 2/π인 값은 어느 것인가? [09-3, 18-1]
① 편진폭　② 양진폭
③ 평균값　④ 실효값

해설 평균값(ave) : 순간 측정값 자체의 시간 평균을 구하는 것이며, 정현파의 경우 $\dfrac{2A_p}{\pi}$이고, 시간에 대한 변화량을 표시하지만 실제적으로 사용 범위가 국한되어 있다.

정답 18. ③　19. ③　20. ①　21. ③　22. ③

23. 진동 픽업(vibration pickup) 중 비접촉형에 해당하는 것은? [12-3]
① 압전형 ② 서보형
③ 동전형 ④ 와전류형

해설 변위 센서는 와전류식, 전자광학식, 정전 용량식 등이 있고 비접촉식이다.

24. 음파가 한 매질에서 타 매질로 통과할 때 구부러지는 현상을 무엇이라 하는가?
[06-1, 10-1, 13-3, 18-1, 19-2]
① 파면 ② 음선
③ 음의 굴절 ④ 음의 회절

해설 음이 다른 매질을 통과할 때 구부러지는 현상을 음의 굴절이라 한다.

25. 사람이 가청할 수 있는 최대 가청음의 세기(W/m²)는? (단, W : 음향 출력, m² : 표면적) [11-2, 19-1]
① 10^{-12} ② 10 ③ 10^{10} ④ 20^{10}

해설 사람이 가청할 수 있는 최대 가청음의 세기는 $10 W/m^2$, 최소 가청음의 세기는 $10^{-12} W/m^2$이다.

26. 진동 방지의 일반적인 방법에 해당되지 않은 것은? [09-3]
① 진동 차단기 사용
② 질량이 큰 경우 거더(girder)의 이용
③ 2단계 차단기의 사용
④ 가진기 사용

해설 가진기는 진동을 만드는 장치이다.

27. 진동 차단기의 외부에서 들어오는 진동 주파수와 시스템 고유 주파수의 비가 1에 근접할 때 진동 차단 효과는? [12-1]
① 증폭 ② 낮음
③ 보통 ④ 높음

해설 외부에서 들어 오는 진동 주파수와 시스템 고유 주파수의 비가 1에 근접하면 공진이 발생하므로 진동이 증폭된다.

28. 다음 중 재료의 흡음률(α)을 나타내는 것은? [11-3]
① $\alpha = \dfrac{입사\ 에너지}{흡수된\ 에너지}$

② $\alpha = \dfrac{흡수된\ 에너지}{입사\ 에너지}$

③ $\alpha = \dfrac{흡수된\ 에너지}{투과\ 에너지}$

④ $\alpha = \dfrac{입사\ 에너지}{투과\ 에너지}$

29. 다음 중 회전기계에서 발생하는 진동을 측정하는 경우 측정 변수를 선정하는 내용에 대한 설명으로 맞는 것은? [09-1, 20-3]
① 주파수가 높을수록 변위의 검출 감도가 높아진다.
② 진동 에너지나 피로도가 문제가 되는 경우 측정 변수는 속도로 한다.
③ 회전축의 흔들림이나 공작기계의 떨림 현상이 문제가 되는 경우 측정 변수로 가속도를 이용한다.
④ 낮은 주파수에서는 가속도, 중간 주파수에서는 속도, 높은 주파수에서는 변위를 측정 변수로 한다.

해설 높은 주파수에서는 가속도, 중간 주파수에서는 속도, 낮은 주파수에서는 변위를 측정 변수로 한다. 또한 회전축의 흔들림이나 공작기계의 떨림 현상이 문제가 되는 경우 측정 변수로 변위를 이용한다.

정답 23. ④ 24. ③ 25. ② 26. ④ 27. ① 28. ② 29. ②

30. 구름 베어링 결함에 대한 설명으로 맞는 것은? [15-3]
① 1X 성분의 조화파가 많이 나타난다.
② 1X 성분이 수직 및 수평 방향에서 뚜렷하게 나타난다.
③ 수직 방향에서 1X 성분이 나타나고 수평 방향에서 2X, 3X 성분이 나타난다.
④ 고주파 영역에서 비동기 성분의 피크값이 나타나고 시간 파형에서 충격파형 형태로 관찰된다.

31. 방청유의 종류에 해당되는 것은? [09-2]
① 절삭유   ② 연삭유
③ 압연유   ④ 지문 제거형

[해설] 지문 제거형 방청유(KS M 2210) : 기계 일반 및 기계 부품 등에 부착된 지문 제거 및 방청용

종류	기호	막의 성질	주 용도
1종	KP-0	저점도 유막	기계 일반 및 기계 부품

32. 산소 가스를 압축할 때 사용하는 윤활제는? [14-1]
① 점도가 높은 압축기유를 사용한다.
② 점도가 낮은 압축기유를 사용한다.
③ 황 성분이 적은 윤활유를 사용한다.
④ 급유를 하지 않거나 물을 사용한다.

[해설] 산소는 기름과 접촉하면 고압에서 폭발의 위험이 있으므로 무급유 압축기 또는 윤활제로 물이나 글리세린을 사용한다.

33. 시스템을 구성하는 요소 중 피드백에 속하는 것은? [15-1]
① 원료
② 제품
③ 제품 특성의 측정치
④ 설비 시스템

[해설] 구성 요소는 투입, 산출, 처리기구, 관리, 피드백이며, 제품 특성의 측정치가 피드백에 속한다.

34. 다음의 설비 관리 조직은? [16-3]

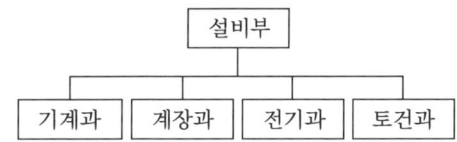

① 공정별 조직   ② 기능별 조직
③ 제품별 조직   ④ 전문 기술별 조직

35. 설비 배치 계획이 필요한 경우가 아닌 것은? [17-1]
① 시제품 제조   ② 작업장 축소
③ 새 공장 건설   ④ 작업 방법 개선

[해설] 설비 배치 계획이 필요한 경우
㉠ 새 공장의 건설   ㉡ 새 작업장의 건설
㉢ 작업장의 확장   ㉣ 작업장의 축소
㉤ 작업장의 이동   ㉥ 신제품의 제조
㉦ 설계 변경   ㉧ 작업 방법의 개선 등

36. 신뢰성의 평가 척도에 관한 설명으로 잘못된 것은? [13-1]
① 평균 고장 간격이란 전 고장 수에 대한 전 사용 시간의 비이다.
② 평균 고장 시간이란 사용 시간에 대한 평균 고장 시간의 비율이다.
③ 평균 고장 간격은 고장률의 역수이다.
④ 고장률은 일정 기간 중 발생하는 단위 시간당 고장 횟수이다.

정답 30. ④ 31. ④ 32. ④ 33. ③ 34. ④ 35. ① 36. ②

해설 평균 고장 시간 : 시스템이나 설비가 사용되어 최초 고장이 발생할 때까지의 평균 시간

37. 정비 계획을 수립할 때 주어진 조건을 조합하여 최적 보수 비용, 최적 수리 시간 등을 결정한다. 이때 주어진 조건이 아닌 것은? [17-1]
① 계측 관리 ② 생산 계획
③ 설비 능력 ④ 수리 형태

해설 정비 계획 수립 시 고려할 사항
㉠ 정비 비용 ㉡ 수리 시기
㉢ 수리 시간 ㉣ 수리 요원
㉤ 생산 및 수리 계획
㉥ 일상 점검 및 주간, 월간, 연간 등의 정기 수리

38. 설비 보전 표준 설정의 직접 기능에 속하지 않는 것은? [06-3, 08-1, 11-3, 19-3]
① 설비 검사 ② 설비 정비
③ 설비 수리 ④ 설비 교체

해설 직접 기능은 설비 검사, 설비 정비, 설비 수리의 3가지로 대별된다.

39. 설비 보전의 효과로서 적합하지 않은 것은? [06-1, 08-1]
① 설비 불량으로 인한 정지 손실이 감소한다.
② 예비 설비가 줄어들어 투자 비용이 절감된다.
③ 고장으로 인한 납기 지연이 적어진다.
④ 가동률이 향상되나 보전비가 증가한다.

해설 보전비가 감소한다.

40. 생산 설비나 시스템의 생애 주기 동안에 회사의 모든 조직과 기능이 설비의 효율 극대화를 위하여 추진하는 전사적인 생산 보전을 무엇이라고 하는가? [12-2]
① 6Sigma ② PQC
③ TPM   ④ LCC

해설 종합적 생산 보전(TPM)이란 설비의 효율을 최고로 높이기 위하여 설비의 라이프 사이클을 대상으로 한 종합 시스템을 확립하고, 설비의 계획 부문, 사용 부문, 보전 부문 등 모든 부문에 걸쳐 최고 경영자로부터 제일선의 작업자에 이르기까지 전원이 참가하여 동기 부여 관리, 다시 말해서 소집단의 자주 활동에 의하여 생산 보전을 추진해 나가는 것을 말한다.

제3과목 기계 보전, 용접 및 안전

41. 나사의 피치가 2mm이고, 2줄 나사일 때 리드는 몇 mm인가? [17-1]
① 1 ② 2
③ 3 ④ 4

해설 $L = np$

42. 관의 이음에서 분해 조립이 편리하고, 산업 배관에 많이 사용되며, 관의 지름이 비교적 클 경우, 내압이 높을 경우에 볼트와 너트를 사용하는 이음은? [14-1]
① 신축 이음 ② 유니언 이음
③ 플랜지 이음 ④ 턱걸이 이음

43. 원심형 통풍기 중 고속도로 터널 환풍기에 사용되며 효율이 가장 좋은 통풍기는 무엇인가? [07-3, 09-1, 17-2]
① 터보 통풍기 ② 실로코 통풍기
③ 용적식 통풍기 ④ 플레이트 통풍기

정답 37. ① 38. ④ 39. ④ 40. ③ 41. ④ 42. ③ 43. ①

44. 기어 감속기의 분류 중 평행 축형 감속기가 아닌 것은? [09-3, 15-2]
① 스퍼 기어
② 헬리컬 기어
③ 더블 헬리컬 기어
④ 스트레이트 베벨 기어

해설 베벨 기어는 교쇄 축형 감속기이다.

45. 3상 유도 전동기의 구조에 속하지 않는 것은? [10-2, 13-2, 19-2]
① 정류기   ② 회전자 철심
③ 고정자 철심   ④ 고정자 권선

해설 3상 유도 전동기는 회전자의 구조에 따라 농형과 권선형으로 구분하며, 그 구조는 회전하는 부분의 회전자와 정지하고 있는 부분의 고정자로 되어 있다.

46. 다음 마이크로미터에 나타난 측정값은 얼마인가? [09-3]

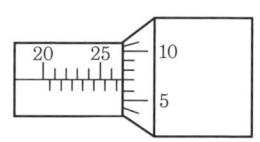

① 26.07mm   ② 27.07mm
③ 27.00mm   ④ 25.07mm

해설 측정값 = 27 + 0.07 = 27.07 mm

47. 절삭 공구 재료 중에서 가장 경도가 높은 재질은?
① 고속도강   ② 세라믹
③ 스텔라이트   ④ 입방정 질화붕소

해설 입방정 질화붕소(CBN : cubic boron nitride)는 다이아몬드 다음으로 단단한 물질이다.

48. 절삭 공구 수명의 설명 중 틀린 것은?
① 절삭 속도가 느리면 길어진다.
② 이송이 느리면 길어진다.
③ 공구 경도가 높으면 짧아진다.
④ 공구 수명의 판정은 날끝의 마멸 정도로 정한다.

해설 절삭 속도와 공구 수명은 서로 반비례하며, 경도가 높을수록 수명은 길어진다.

49. 축의 도시 방법으로 틀린 것은? [09-4]
① 축이나 보스의 끝 구석 라운드 가공부는 필요시 확대하여 기입하여 준다.
② 축은 일반적으로 길이 방향으로 절단하지 않으며 필요시 부분 단면은 가능하다.
③ 긴 축은 단축하여 그릴 수 있으나 길이는 실제 길이를 기입한다.
④ 원형 축의 일부가 평면일 경우 일점 쇄선을 대각선으로 표시한다.

해설 원형 축의 일부가 평면일 경우 가는 실선을 대각선으로 표시한다.

50. 축 정렬 작업을 위하여 그림과 같이 다이얼 게이지를 설치하고 두 축을 동시에 회전시켜 상, 하(0°, 180°)를 측정하였더니 10μm 눈금의 차이가 발생했다면 두 축의 상, 하 편심량은?

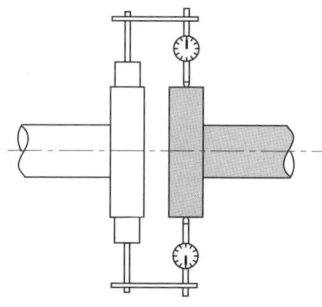

① 0μm   ② 5μm   ③ 10μm   ④ 20μm

정답 44. ④ 45. ① 46. ② 47. ④ 48. ③ 49. ④ 50. ②

해설 편심량 = $\frac{10\mu m}{2}$ = $5\mu m$

51. 일반적인 용접의 특징으로 틀린 것은?
① 용접사의 기량에 따라 용접부의 품질이 좌우된다.
② 재료 두께의 제한이 있고, 이종 재료의 용접이 어렵다.
③ 용접 준비 및 작업이 비교적 간단하고 용접의 자동화가 용이하다.
④ 소음이 적어 실내에서 작업이 가능하며 복잡한 구조물 제작이 쉽다.

해설 용접은 두께의 제한이 없고 이종 금속 재료의 용접이 가능하다.

52. 모재 표면 위로 전극 와이어보다 앞에 미세한 입상의 용제를 살포하면서 이 용제 속에 용접봉을 연속적으로 공급하여 용접하는 방법은?
① 서브머지드 용접
② 불활성 가스 용접
③ 탄산가스 아크 용접
④ 플로그 용접

해설 서브머지드 아크 용접은 용제속으로 전극 심선을 연속적으로 공급하여 용접하는 자동 용접으로 아크나 발생 가스가 용제 속에 잠겨 보이지 않으므로 잠호 용접이라고도 한다.

53. 다음 중 MIG 용접의 특징이 아닌 것은?
① 아크 자기 제어 특성이 있다.
② 정전압 특성, 상승 특성이 있는 직류 용접기이다.
③ 반자동 또는 전자동 용접기로 속도가 빠르다.
④ 전류밀도가 낮아 3mm 이하 얇은 판 용접에 능률적이다.

해설 MIG 용접은 CO_2 가스 아크 용접에 비해 스패터의 발생이 적어 깨끗한 비드를 얻고, 수동 피복 아크 용접에 비해 용접 속도가 빠르며, 전류밀도가 매우 크고, 판 두께 3mm 이상에 적합하다.

54. 가스 보호 플럭스 코어드 아크 용접의 장점 중 틀린 것은?
① 용착 속도가 빠르며 전자세 용접이 불가능하다.
② 용입이 깊기 때문에 맞대기 용접에서 면취 개선 각도를 최소 한도로 줄일 수 있고, 용접봉의 소모량과 용접 시간을 현저하게 줄일 수 있다.
③ 용접성이 양호하며 사용하기 쉽고, 스패터가 적으며, 슬래그 제거가 빠르고 용이하다.
④ 용착 금속은 균일한 화학 조성 분포를 가지며, 모재 자체보다 양호하게 균일한 분포를 갖는 경우도 있다.

해설 용착 속도가 빠르며 전자세 용접이 가능하다.

55. 용접 이음의 기본 형식이 아닌 것은?
① 맞대기 이음
② 모서리 이음
③ 겹치기 이음
④ 플레어 이음

해설 용접 이음의 기본 형식
㉠ 덮개판 이음(한면, 양면, strap joint)
㉡ 맞대기 이음(한면, 양면, butt joint)
㉢ 변두리 이음(edge joint)
㉣ 모서리 이음(corner joint)
㉤ 겹치기 이음(lap joint)
㉥ T 이음(tee joint)

정답 51. ② 52. ① 53. ④ 54. ① 55. ④

56. 용접부의 기공 검사는 어느 시험법으로 가장 많이 하는가?

① 경도 시험
② 인장 시험
③ X선 시험
④ 침투 탐상 시험

해설 비파괴 시험으로서 X선 투과 시험은 균열, 융합 불량, 슬래그 섞임, 기공 등의 내부 결함 검출에 사용된다.

57. 선반 바이트에 있는 안전 장치는 다음 중 어느 것인가?

① 칩 브레이커
② 경사각
③ 여유각
④ 절삭각

해설 초경 합금으로 연강을 고속 절삭할 때는 칩의 처리가 곤란하다. 즉, 연속적으로 생성되는 칩을 적당한 길이로 절단하기 위하여 바이트의 경사면에 칩 브레이커를 설치한다.

58. 나이프 스위치를 개폐하는데 알맞은 것은 어느 것인가?

① 왼손으로 빨리 한다.
② 오른손으로 빨리 한다.
③ 왼손이나, 오른손 어느 쪽이라도 좋다.
④ 막대기로 빨리 한다.

59. 다음 중 검정 대상 보호구가 아닌 것은?

① 안전대
② 안전모
③ 산소 마스크
④ 안전화

해설 검정 대상 보호구 : 안전대, 안전모, 방진 마스크, 안전화, 귀마개, 보안경, 보안면, 안전 장갑, 방독 마스크

60. 고용노동부장관이 실시하는 안전 및 보건에 관한 직무 교육을 반드시 받아야 하는 대상자는?

① 사업주
② 설계직 종사자
③ 안전관리자
④ 생산직 종사자

해설 산업안전보건법 제32조(관리책임자 등에 대한 교육) : 다음 각 호의 자는 고용노동부장관이 실시하는 안전·보건에 관한 직무교육(이하 "직무교육"이라 한다)을 받아야 한다.
1. 관리책임자, 제15조에 따른 안전관리자 및 제16조에 따른 보건관리자
2. 재해예방 전문지도기관의 종사자

정답 56. ③ 57. ① 58. ② 59. ③ 60. ③

제2회 CBT 대비 실전문제

제1과목 공유압 및 자동 제어

1. 다음 중 공압 시스템의 특징으로 틀린 것은? [20-2]
① 과부하에 대하여 안전하다.
② 에너지로서 저장성이 있다.
③ 사용 에너지를 쉽게 구할 수 있다.
④ 방청과 윤활이 자동으로 이뤄진다.

[해설] 공압 시스템에 방청과 윤활이 되려면 윤활기에서 오일이 공급되어야 한다.

2. 공기 압축기의 설치 조건으로 적합하지 않은 것은? [13-3]
① 지반이 견고한 장소에 설치하여 소음, 진동을 예방한다.
② 고온, 다습한 장소에 설치하여 드레인 발생을 많게 한다.
③ 빗물, 바람, 직사광선 등에 보호될 수 있도록 한다.
④ 예방 정비가 가능하도록 충분한 공간을 확보한다.

[해설] 압축기의 설치 조건
㉠ 저온, 저습 장소에 설치하여 드레인 발생을 억제한다.
㉡ 지반이 견고한 장소에 설치한다($5t/m^2$를 받을 수 있어야 되고, 접지 설치).
㉢ 유해 물질이 적은 곳에 설치한다.
㉣ 압축기 운전 시 진동을 고려한다(방음, 방진벽 설치).
㉤ 우수, 염풍, 일광의 직접 노출을 피하고 흡입 필터를 부착한다.

3. 공압 제어 밸브의 연결구 표시 방법이 틀린 것은? [19-3]
① 압축공기 공급 라인 : P 또는 1
② 작업 라인 : A, B, C 또는 1, 2, 3
③ 배기 라인 : R, S, T 또는 3, 5, 7
④ 제어 라인 : Y, Z, X 또는 10, 12, 14

[해설] 밸브의 기호 표시법

라인	ISO 1219	ISO 5509/11
작업 라인	A, B, C -	2, 4, 6 -
공급 라인	P	1
배기구	R, S, T	3, 5, 7
제어 라인	Y, Z, X	10, 12, 14

4. 2개의 복동 실린더가 1개의 실린더의 형태로 조립되어 실린더 출력이 2배로 큰 힘을 얻는 것은? [11-2, 15-2, 16-3]
① 충격 실린더   ② 탠덤 실린더
③ 양로드 실린더 ④ 다위치 실린더

[해설] 탠덤형 실린더 : 하나의 피스톤 로드에 두 개의 피스톤을 부착하여 실린더 전진 운동 시 수압 면적이 두 배가 될 수 있어 같은 크기의 다른 실린더에 비하여 두 배 크기의 힘을 낼 수 있는 실린더

5. 다음 기호의 설명으로 적합한 것은 어느 것인가? [09-1]

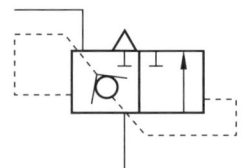

[정답] 1. ④ 2. ② 3. ② 4. ② 5. ①

① 공압 장치의 배기 시 저항을 줄여 액추에이터의 속도를 증가시키게 한다.
② 공압 장치의 벤트 포트를 열어 무부하 운전이 용이하도록 한다.
③ 공압 장치의 맥동 현상을 방지하는 특수 밸브이다.
④ 공압 장치의 파일럿 작동에 의한 작은 힘으로 작동하여 작동 압력을 줄일 수 있다.

해설 급속 배기 밸브(quick release valve or quick exhaust valve) : 액추에이터의 배출 저항을 적게 하여 실린더의 귀환 행정 시 일을 하지 않을 경우 귀환 속도를 빠르게 하는 밸브이다. 가능한 액추에이터 가까이에 설치하며, 충격 방출기는 급속 배기 밸브를 이용한 것이다.

6. 다음 그림의 논리 회로에서 램프에 불이 들어올 수 있는 경우를 S_1, S_2의 순서로 표시한 것으로 맞는 것은? [12-3]

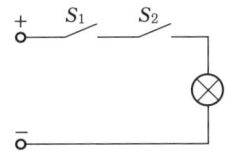

① 0, 0 ② 0, 1 ③ 1, 0 ④ 1, 1

해설 두 스위치가 동시에 눌러져야 램프에 불이 들어온다.

7. 유체의 성질에 대한 설명 중 옳은 것은 어느 것인가? [17-3]
① 유체의 속도는 단면적이 큰 곳에서는 빠르다.
② 유속이 느리고 가는 관을 통과할 때 난류가 발생한다.
③ 유속이 빠르고 굵은 관을 통과할 때 층류가 발생한다.
④ 점성이 없는 비압축성의 유체가 수평관을 흐를 때 압력, 위치, 속도 에너지의 합은 일정하다.

8. 내경 32mm의 실린더가 10mm/s의 속도로 움직이려 할 때 필요한 최소 펌프 토출량은 약 몇 l/min인가? [06-1, 18-1]
① 0.48 ② 1.04
③ 1.52 ④ 2.17

해설 ㉠ $A = \dfrac{\pi d^2}{4} = \dfrac{\pi \times 32^2}{4} = 804.25 \, mm^2$
㉡ $Q = AV = 804.25 \times 10 = 8042.5 \, mm^3/s$
$= \dfrac{8042.5 \times 60}{10^6} ≒ 0.48 \, l/min$

9. 압력 릴리프 밸브의 용도에 따른 분류가 아닌 것은? [18-2]
① 감압 밸브   ② 안전 밸브
③ 압력 시퀀스 밸브 ④ 카운터 밸런스 밸브

해설 감압 밸브는 압력을 일정하게 유지하는 기기이다.

10. 다음 실린더 중 피스톤이 없이 로드 자체가 피스톤 역할을 하는 실린더는? [08-3]
① 탠덤 실린더   ② 양로드형 실린더
③ 램형 실린더   ④ 로드리스 실린더

해설 램형 실린더 : 피스톤 지름과 로드 지름의 차가 없는 가동부를 갖는 구조, 즉 피스톤 없이 로드 자체가 피스톤의 역할을 하게 된다. 로드는 피스톤보다 약간 작게 설계한다. 로드의 끝은 약간 턱이 지게 하거나 링을 끼워 로드가 빠져 나가지 못하도록 한다. 이 실린더는 피스톤형에 비하여 로드가 굵기 때문에 부하에 의해 휠 염려가 적으며, 패킹이 바깥쪽에 있기 때문에 실린더 안벽

정답 6. ④ 7. ④ 8. ① 9. ① 10. ③

의 긁힘이 패킹을 손상시킬 우려가 없고, 같은 크기의 실린더일 때 로드의 좌굴 하중을 가장 크게 받을 수 있는 실린더로 공기 구멍을 두지 않아도 된다. 공압용으로는 사용 빈도가 적다.

11. 스트레이너는 어느 위치에 설치하는가? [10-1]
① 유압 실린더와 방향 제어 밸브 사이
② 방향 제어 밸브의 복귀 포트
③ 유압 펌프의 흡입관
④ 유압 모터와 방향 제어 밸브 사이

12. 다음 그림의 회로 명칭으로 맞는 것은? [11-1, 13-3]

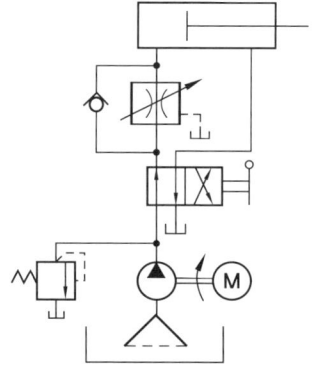

① 미터-아웃 회로 ② 미터-인 회로
③ 블리드-아웃 회로 ④ 블리드-인 회로

해설 미터-인 회로는 실린더에 직렬로 유량 제어 밸브를 실린더의 입구 측에 달아 유량을 조절하며, 항상 실린더의 소요 유량 이상의 압유를 송출해야 한다. 속도 제어에 필요한 압유 이외의 기름은 릴리프 밸브를 통해 탱크로 돌아간다. 실린더에 인장 하중의 작용 시 카운터 밸런스 회로를 필요로 하며, 전진 운동 시 실린더에 작용하는 부하 변동에 따라 속도가 달라진다.

13. 다음 중 강관 배관 시 주의사항으로 옳지 않은 것은? [15-2]
① 실링 테이프는 1~2산 정도 남기고 감는다.
② 액체 실을 사용할 경우 암나사부에 바른다.
③ 나사 전용기로 정확하게 나사를 가공하고 내부 청소를 깨끗이 한다.
④ 기기의 점검과 보수를 위하여 부분적으로 플랜지, 유니언 등을 사용한다.

해설 액체 실을 암나사부에 바르면 배관 시에 실재가 기기 내부로 들어갈 위험이 있다.

14. 블록 선도에서 블록을 잇는 선은 무엇을 표시하는가? [11-3, 17-1]
① 변수의 흐름   ② 상의 흐름
③ 공정의 흐름   ④ 신호의 흐름

해설 블록 : 입출력 사이의 전달 특성을 나타내는 신호 전달 요소로 4각의 블록과 화살표 선을 가지고 있다.

15. PLC(programmable logic controller)가 갖추어야 할 조건이 아닌 것은? [16-2]
① 점검 및 보수가 용이할 것
② 제어반 설치 면적이 클 것
③ 안정성 및 신뢰성이 높을 것
④ 프로그램 작성 변경이 용이할 것

해설 PLC 제어반 설치 면적은 작아야 한다.

16. 내접압 시험법을 설명한 것 중 아닌 것은?
① 온도 시험 직후 절연저항 측정을 하고 나서 내전압 시험하는 것이 보통이다.
② 기기의 충전 부분과 대지 간 또는 충전 부분 상호 간의 절연물의 세기를 보증하기 한 시험이다.

정답 11. ③ 12. ② 13. ② 14. ④ 15. ② 16. ③

③ 직류 전압을 인가했을 때의 절연물의 흡습, 도전성 불순물의 흡입, 생성, 오손과 절연물의 결함 등을 판정하는 시험으로 성극 지수 시험이라고도 한다.
④ 절연저항 시험처럼 자주 실시해서는 안 된다.

[해설] 직류 전류 시험 : 직류 전압을 인가했을 때의 전류-시간 특성으로부터 절연물의 흡습, 도전성 불순물의 흡입, 생성, 오손과 절연물의 결함 등 절연물의 상태를 판정하는 시험으로 성극 지수 시험이라고도 한다.

17. 다음 중 서미스터에 대한 설명으로 맞지 않는 것은? [11-2]
① 온도 변화를 전압으로 출력한다.
② NTC는 부(-)의 온도계수를 갖는다.
③ PTC는 주로 온도 스위치로 사용한다.
④ CTR은 서미스터의 한 종류이다.

[해설] 서미스터(thermistor) : 온도 변화에 의해서 소자의 전기저항이 크게 변화하는 표적 반도체 감온 소자로 서미스터 자체가 기본적인 저항값을 갖고 있으며, 발열체로도 동작하기 때문에 전력 용량을 표시하는 등의 열에 민감한 저항체이다.

18. 스텝 전동기를 여자 상태로 하여 출력축을 외부에서 회전시키려고 했을 때, 이 힘에 대항하여 발생하는 최대 토크는?
① 탈출 토크(pull out torque) [20-3]
② 홀딩 토크(holding torque)
③ 풀 인 토크(pull in torque)
④ 디텐트 토크(detent torque)

[해설] 탈출 토크 : 동기 전동기에서 정격 전압, 정격 주파수 조건에서 여자를 일정하게 유지하고 부하를 서서히 증가할 경우 견딜 수 있는 최대 부하 토크

19. 단락 보호와 과부하 보호에 사용되는 기기는?
① 전자 개폐기
② 한시 계전기
③ 전자 릴레이
④ 배선용 차단기

[해설] 배선용 차단기(molded case circuit breaker) : 과부하 및 단락 보호를 겸한 차단기

20. 직류 전동기에서 자속을 감소시키면 회전수는? [09-1, 18-3]
① 증가
② 감소
③ 정지
④ 불변

[해설] $N = \dfrac{E}{\phi} = K\dfrac{V - I_a R_a}{\phi}$ [rpm]

제2과목 설비 진단 및 관리

21. 다음 중 설비 진단 기법이 아닌 것은 어느 것인가? [13-1, 17-3]
① 응력법
② 진동법
③ 오일 분석법
④ 사각 탐상법

[해설] 설비 진단의 기법은 진동 분석법, 오일 분석법, 응력법으로 분류한다.

22. 진동 에너지를 표현하는 값으로 정현파의 경우 피크값의 $\dfrac{1}{\sqrt{2}}$ 배에 해당되는 것은 어느 것인가? [08-3, 18-3]
① 피크값
② 실효값
③ 평균값
④ 피크-피크

[해설] 실효값(rms) : 시간에 대한 변화량을 고려하고, 에너지량과 직접 관련된 진폭을 표시하는 것으로 진동의 에너지를 표현하는

정답 17. ① 18. ① 19. ④ 20. ① 21. ④ 22. ②

데 가장 적합한 값이다. 정현파의 경우는 피크값의 $\frac{1}{\sqrt{2}}$배이다.

23. 진동 측정용 센서 중 접촉형은 어느 것인가? [09-1, 15-1]
① 압전형　　　② 용량형
③ 와전류형　　④ 전자광학식

해설 변위 센서는 비접촉식으로 와전류식, 전자광학식, 정전 용량식 등이 있고, 그 외는 접촉형이다.

24. 소음의 물리적인 성질에 대한 설명 중 올바른 것은? [09-3, 11-3]
① 음원에서 모든 방향으로 동일한 에너지를 방출할 때 발생하는 파는 정재파이다.
② 대기 온도차에 의한 음의 굴절은 온도가 높은 쪽으로 굴절한다.
③ 음파가 한 매질에서 다른 매질로 통과할 때 구부러지는 현상을 음의 회절이라 한다.
④ 서로 다른 파동 사이의 상호 작용은 음의 간섭이다.

해설 음원에서 모든 방향으로 동일한 에너지를 방출할 때 발생하는 파는 구형파이고, 대기 온도차에 의한 음의 굴절은 온도가 낮은 쪽으로 굴절하며, 음파가 한 매질에서 다른 매질로 통과할 때 구부러지는 현상은 음의 굴절이라 한다.

25. 기계 진동 방지 대책으로 거더(girder)를 이용하는 주된 이유는? [20-3]
① 강성을 높인다.
② 균형을 맞춘다.
③ 설치 면적을 넓힌다.
④ 고유 진동수를 낮춘다.

해설 진동 차단기가 기본적으로 갖춰야 할 조건
㉠ 강성이 충분히 작아서 차단 능력이 있어야 한다.
㉡ 강성은 작되 걸어준 하중을 충분히 지지할 수 있어야 한다.
㉢ 온도, 습도, 화학적 변화 등에 의해 견딜 수 있어야 한다.
㉣ 차단하려는 진동의 최저 주파수보다 작은 고유 진동수를 가져야 한다.

26. 공압 밸브에서 나오는 배기 소음을 줄이기 위하여 사용되는 소음 방지 장치로 가장 적당한 것은? [12-1]
① 진동 차단기　　② 차음벽
③ 댐퍼　　　　　④ 소음기

해설 관로를 통과할 때 나오는 소음을 방지하는 장치로 소음기를 사용한다.

27. 2대의 기계가 각각 90dB의 소음을 발생시킨다면 2대가 동시에 동작할 때의 소음도는 얼마인가? [14-1, 19-2]
① 90dB　　　　② 93dB
③ 135dB　　　 ④ 180dB

해설 같은 소음도를 발생하는 기계가 동시에 동작되면 소음도는 3dB 증가한다.

28. 회전기계의 진단 방법으로 가장 폭넓게 많이 이용되는 것은? [13-3]
① 진동법　　　② 오일 분석법
③ 응력법　　　④ 음향법

29. 회전기계 장치에서 회전수와 동일한 주파수가 검출되었을 때 진동을 발생시키는 주 원인은? [08-3]

정답 23. ①　24. ④　25. ④　26. ④　27. ②　28. ①　29. ①

① 언밸런스(unbalance)
② 풀림
③ 오일 휩(oil whip)
④ 캐비테이션(cavitation)

해설 언밸런스(unbalance) : 진동 중 가장 일반적인 원인으로 모든 기계에 약간씩 존재한다. 진동 특성은 다음과 같다.
㉠ 회전 주파수의 1f 성분의 탁월 주파수가 나타난다.
㉡ 언밸런스 양과 회전수가 증가할수록 진동 레벨이 높게 나타난다.
㉢ 높은 진동의 하모닉 신호로 나타나지만 만약 1f의 하모닉 신호보다 높으면 언밸런스가 아니다.
㉣ 수평·수직 방향에 최대의 진폭이 발생한다. 그러나 길게 돌출된 로터(rotor)의 경우에는 축 방향에 큰 진폭이 발생하는 경우도 있다.

30. 윤활유의 작용으로 틀린 것은? [19-2]
① 감마 작용
② 방청 작용
③ 냉각 작용
④ 마찰 작용

해설 윤활유의 작용 : 감마 작용, 방청 작용, 냉각 작용, 응력 분산 작용, 청정 작용 등

31. 다음 중 윤활유의 점도에 관한 설명으로 잘못된 것은? [13-2]
① 점도란 윤활유가 유동할 때 나타나는 내부 저항의 크기를 나타낸 것이다.
② 동점도는 윤활유의 절대 점도에 윤활유의 밀도를 곱한 값으로 구할 수 있다.
③ 절대 점도를 표시할 때 푸아즈(poise)를 사용한다.
④ 동점도는 스토크스(stokes)를 사용하며 cm^2/s로 나타낸다.

해설 절대 점도=동점도×밀도로 계산한다.

32. 윤활제의 공급 방식에서 비순환 급유법에 속하는 것은? [19-3]
① 원심 급유법
② 패드 급유법
③ 유륜식 급유법
④ 사이펀 급유법

해설 비순환 급유법 : 이 급유법은 윤활유의 열화가 쉽게 발생되는 경우나 고온으로 인하여 윤활유의 증발이 쉽게 생길 경우 또는 기계의 구조상 순환 급유법을 채용할 수 없는 경우 등에 사용된다. 급유법에는 손 급유법, 적하 급유법, 사이펀 급유법, 가시부상(可視浮上) 유적 급유법 등이 있다.

33. 유틸리티 설비와 관계없는 것은? [20-3]
① 급수 설비
② 하역 설비
③ 수처리 시설
④ 증기 발생 장치

해설 유틸리티 설비 : 증기 발생 장치 및 배관 설비, 발전 설비, 공업용 원수·취수(原水取水) 설비, 수처리 시설(식수용 등), 냉각탑 설비, 펌프 급수 설비 및 주 배분관 설비, 냉동 설비 및 주 배분관 설비, 질소 발생 설비, 연료 저장·수송 설비, 공기 압축 및 건조 설비 등

34. 동일한 공정의 기계를 한 곳에 배치시켜 다품종 소량 생산에 적합한 설비 배치 형태는? [09-2]
① 제품별 설비 배치
② 라인별 설비 배치
③ 기능별 설비 배치
④ 제품 고정형 설비 배치

해설 기능별 배치(process layout, functional layout) : 일명 공정별 배치라고도 하는 이 배치는 주문 생산과 표준화가 곤란한 다품

정답 30. ④ 31. ② 32. ④ 33. ② 34. ③

종 소량 생산일 경우에 알맞은 배치 형식으로 생산 효율을 극대화하기 위해서 운반 거리의 최소화가 주안점이 된다. 이 배치는 동일 공정 또는 기계가 한 장소에 모여진 형으로, 동일 기종이 모여진 경우를 갱 시스템(gang system)이라고 하고, 제품 중심으로 그 제품을 가공하는데 소요되는 일련의 기계로 작업장을 구성하고 있을 경우에는 이를 블록 시스템(block system)이라고 한다.

35. 설비의 고장률에 관한 설명으로 올바른 것은? [12-1, 19-1]
① 설비의 도입 초기에는 고장이 없다.
② 마모 고장기에서 예방 정비의 효과가 크다.
③ 설계 불량으로 인한 고장은 우발 고장기에 주로 발생한다.
④ 우발 고장기의 고장률 곡선은 고장 증가형이다.

[해설] 설비 도입 초기에는 고장률이 감소하고, 우발 고장기에는 고장률이 일정하며, 설계 불량으로 인한 고장은 초기 고장기에 주로 발생한다.

36. 설비의 경제성 평가 방법 중 설비의 내구 사용 기간 사이의 자본 비용과 가동비의 합을 현재 가치로 환산하여 내구 사용 기간 중의 연평균 비용을 비교하여 대체안을 결정하는 방법은? [11-1]
① 자본 회수법
② 평균 이자법
③ 연평균 비교법
④ 자본 회수 기간법

[해설] 연평균 비교법 : 설비의 내구 사용 기간 사이의 자본 비용과 가동비의 합을 현재 가치로 환산하여 내구 사용 기간 중의 연평균 비용을 비교하여 대체안을 결정하는 방법

37. 제조 원가는 크게 직접비와 간접비로 구분된다. 다음 중 직접비에 포함되지 않는 비용은 무엇인가? [16-1, 16-2, 20-3]
① 제품 재료비
② 기술 지원 인건비
③ 제품 생산 인건비
④ 외주 및 임가공 비용

[해설] 기술 지원 인건비는 간접 노무 비용으로 구분된다.

38. 다음 그림과 같은 보전 조직은? [18-1]

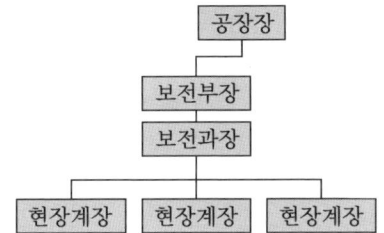

① 지역 보전
② 집중 보전
③ 부문 보전
④ 절충 보전

[해설] 집중 보전(central main) : 모든 보전 작업 및 보전원을 한 관리자 밑에 두며, 보전 현장도 한 곳에 집중된다. 또한 설계나 공사 관리, 예방 보전 관리 등이 한 곳에서 집중적으로 이루어진다.

39. 보전 효과 측정 방법에서 항목에 따른 공식이 잘못된 것은? [14-1]
① 설비 가동률 $= \dfrac{\text{가동 시간}}{\text{부하 시간}} \times 100$

② 고장 강도율 $= \dfrac{\text{고장 정지 시간}}{\text{부하 시간}} \times 100$

③ 고장 도수율 $= \dfrac{\text{고장 건수}}{\text{부하 시간}} \times 100$

④ 예방 보전 수행률 $= \dfrac{\text{고장 수리 시간}}{\text{예방 보전 건수}} \times 100$

정답 35. ② 36. ③ 37. ② 38. ② 39. ④

해설 예방 보전 수행률
$= \dfrac{\text{예방 보전 건수}}{\text{예방 보전 계획 건수}} \times 100$

40. "설비에 강한 작업자를 육성"하는 목적으로 7단계의 활동 내용을 가지고 있는 TPM의 활동은 무엇인가? [13-1]
① 개별 개선   ② 자주 보전
③ 계획 보전   ④ 품질 보전

해설 자주 보전은 설비에 강한 작업자를 육성하고 자신의 설비는 자기가 지킨다는 목적으로 초기 청소, 발생된 곤란한 요소 대책, 청소 급유 기준서 작성, 총 점검, 자주 점검, 자주 보전의 시스템화, 철저한 목표 관리 등의 7단계 활동을 가지고 있다.

제3과목 기계 보전, 용접 및 안전

41. 핀(pin)에 대한 설명 중 잘못된 것은 어느 것인가? [20-2]
① 핀은 주로 인장력이나 압축력으로 파괴된다.
② 종류에는 평행 핀, 스프링 핀, 분할 핀 등이 있다.
③ 분할 핀은 코터 이음 및 너트의 풀림 방지용으로 사용된다.
④ 경하중의 기계 부품을 결합하거나 위치 결정용에도 사용된다.

해설 핀은 주로 전단력으로 파괴된다.

42. 두 축의 중심을 정확히 일치시키기 어려울 때 사용되며 고무, 강선, 가죽, 스프링 등을 이용하여 충격과 진동을 완화시켜 주는 커플링은? [19-2]

① 올덤 커플링   ② 고정식 커플링
③ 플랜지 커플링   ④ 플렉시블 커플링

해설 플렉시블 커플링 : 두 축의 중심선을 일치시키기 어렵거나, 또는 전달 토크의 변동으로 충격을 받거나, 고속 회전으로 진동을 일으키는 경우 고무, 강선, 가죽, 스프링 등을 이용하여 충격과 진동을 완화시켜 주는 커플링

43. 다음 밸브 중 밸브 박스가 구형으로 만들어져 있으며, 구조상 유로가 S형이고 유체의 저항이 크고 압력강하가 큰 결점은 있지만, 전개까지의 밸브 리프트가 적어 개폐가 빠르고 구조가 간단한 밸브는 어느 것인가? [13-1, 18-2]
① 체크 밸브
② 글로브 밸브
③ 플러그 밸브
④ 버터플라이 밸브

44. 물의 낙차를 이용하여 흐르는 물을 갑자기 차단함으로써 순간적으로 관 내의 압력이 상승하게 되는데 이와 같이 압력을 이용하여 낮은 곳의 물을 높은 곳으로 퍼 올리는 그림과 같은 펌프는? [13-1]

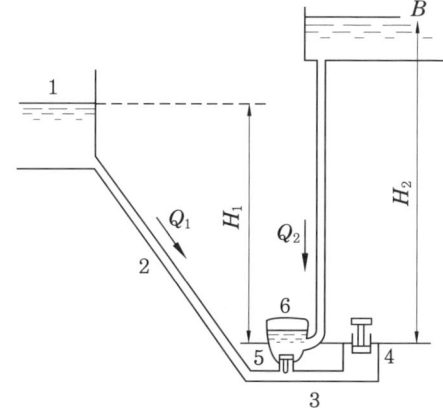

정답 40. ② 41. ① 42. ④ 43. ② 44. ①

① 수격 펌프　　② 베인 펌프
③ 피스톤 펌프　　④ 진공 펌프

해설 수격 펌프는 무동력 펌프라고도 하며, 비교적 저낙차의 물을 긴 관으로 이끌어 그 관성 작용을 이용하여 높은 곳으로 수송하는 펌프이다.

45. 사용 압력이 1 kgf/cm² 이상으로 가장 큰 압력으로 기체를 송출시키는 기기는?　[16-2]
① 왕복식 압축기
② 양흡입형 송풍기
③ 터보 팬(turbo fan)
④ 시로코 통풍기(sirocco fan)

해설 왕복식 압축기는 쉽게 고압을 얻을 수 있으나 피스톤의 왕복 운동에 의하여 진동이 일어나기 쉽다.

46. 저전압 전동기가 고장 났을 시 고장 진단 방법으로 옳지 않은 것은?　[14-2]
① 전류를 측정한다.
② 권선저항을 측정한다.
③ 절연저항을 측정한다.
④ 손으로 전동기를 돌려본다.

해설 정지 중에 측정할 수 있는 방법이 필요하며, 고장이 난 상태에서 전동기를 운전하여 부하 전류를 측정하기는 곤란하다. 현재 상태에서 고장이므로 돌릴 수가 없기 때문이다.

47. 비틀림 드릴 날끝의 표준 각도는 얼마인가?
① 118°　　② 100°
③ 130°　　④ 170°

48. 현재 많이 사용되는 인공 합성 절삭 공구 재료로 고속 작업이 가능하며 난삭 재료, 고속도강, 담금질강, 내열강 등의 절삭에 적합한 공구 재료는?
① 초경 합금
② 세라믹
③ 서멧
④ 입방정 질화붕소(CBN)

해설 세라믹은 주성분이 Al_2O_3(알루미나)이며 무기질의 비금속 재료이므로 금속과 친화력이 없어 절삭면이 좋으나 충격에 약하다.

49. 기계를 분해할 때 주의하여야 할 사항으로 옳지 않은 것은?　[12-2, 15-1]
① 무리한 힘을 가하지 않는다.
② 기계 구조를 충분히 검토한다.
③ 작은 부품은 상자나 통에 보관한다.
④ 정비 후 기어 박스에 오일을 가득 채운다.

해설 적정량의 오일을 채워야 한다.

50. 베어링 체커의 사용에 대한 설명으로 맞는 것은?　[11-4, 19-2]
① 회전을 정지시키고 사용한다.
② 그라운드 잭은 지면에 연결한다.
③ 동력 전달 상태를 알 수 있다.
④ 입력 잭을 베어링에서 제일 가까운 곳에 접촉시킨다.

해설 베어링 체커는 베어링의 그리스 양을 측정하는 것으로 회전 중에 그라운드 잭은 기계의 몸체에, 입력 잭은 축에 접촉시켜 사용한다.

51. 금속과 금속의 원자 간 거리를 충분히 접근시키면 금속 원자 사이에 인력이 작용하여 그 인력에 의하여 금속을 영구 결합시키는 것이 아닌 것은?

정답 45. ①　46. ①　47. ①　48. ②　49. ④　50. ④　51. ④

① 융접　　② 압접
③ 납땜　　④ 리벳 이음

해설 리벳 이음은 기계적 결합 방법이다.

52. 현장에서 용접 작업을 하는 경우 용접기가 멀리 떨어져 있을 때 사용하는 장치는?

① 전격 방지기　　② 원격 제어 장치
③ 핫스타트 장치　　④ 아크 부스터

해설 원격 제어 장치는 용접 작업 위치가 멀리 떨어져 있는 경우 용접 전류를 조절하는 장치로 유선식과 무선식이 있다.

53. 텅스텐 전극봉을 사용하는 용접법은?

① TIG 용접
② MIG 용접
③ 피복 아크 용접
④ 산소-아세틸렌 용접

해설 TIG 용접은 텅스텐 전극봉을 사용하는 용접법이다.

54. MIG 용접 시 사용되는 전원은 직류의 무슨 특성을 사용하는가?

① 수하 특성　　② 동전류 특성
③ 정전압 특성　　④ 정극성 특성

해설 MIG 용접은 직류 역극성을 이용한 정전압 특성의 직류 용접기를 사용한다.

55. CO_2 용접의 장점 중 틀린 것은?

① 전류밀도가 높아 용입이 낮고 용접 속도를 빠르게 할 수 있다.
② 용착 금속 중 수소량이 적으며, 내균열성 및 기계적 성질이 우수하다.
③ 단락 이행에 의하여 박판도 용접이 가능하며 전자세 용접이 가능하다.
④ 적용되는 재질이 철 계통으로 한정되어 있다.

해설 CO_2 용접의 장점
㉠ 전류밀도가 높아 용입이 깊고 용접 속도를 빠르게 할 수 있다.
㉡ 용착 금속 중 수소량이 적으며, 내균열성 및 기계적 성질이 우수하다.
㉢ 단락 이행에 의하여 박판도 용접이 가능하며 전자세 용접이 가능하다.
㉣ 아크 발생률이 높으며, 용접 비용이 싸기 때문에 경제적이다.
㉤ 용제를 사용하지 않아 슬래그 혼입의 결함 발생이 없고, 용접 후의 처리가 간단하다.

56. 맞대기 용접 이음에서 각 변형이 가장 크게 나타날 수 있는 홈의 형상은?

① H형　　② V형　　③ X형　　④ I형

해설 V형 홈 가공은 비교적 쉬우나 판의 두께가 두꺼워지면 용착 금속의 양이 증가하고 각 변형이 발생될 위험이 있어 판재의 두께에 따른 홈 선택에 신중해야 한다.

57. 연삭 작업을 할 때 유의하여야 할 사항으로 옳지 않은 것은?

① 연삭 작업은 숫돌의 측면에 서서 한다.
② 연삭기에는 반드시 안전 덮개를 설치하여야 한다.
③ 숫돌 바퀴와 받침대 사이의 간격은 8mm 이내로 한다.
④ 연삭 숫돌의 회전 속도는 규정 이상으로 빠르게 하지 않는다.

해설 숫돌 바퀴와 받침대 사이의 간격은 1~3mm 이내로 한다.

정답 52. ②　53. ①　54. ③　55. ①　56. ②　57. ③

58. 교류 아크 용접기의 방호 장치는?
① 급정지 장치
② 자동 전격 방지기
③ 비상 정지 장치
④ 리밋 스위치

해설 전격 방지기는 용접기의 무부하 전압을 25~30V 이하로 유지하고, 아크 발생 시에는 언제나 통상 전압(무부하 전압 또는 부하 전압)이 되며, 아크가 소멸된 후에는 자동적으로 전압을 저하시켜 감전을 방지하는 장치이다.

59. 기중기의 주요 부분이나 작업장의 위험 표시, 또는 위험이 게재된 기둥 지주, 난간 및 계단을 표시하는데 사용되는 색은 어느 것인가?
① 황색과 보라색
② 적색
③ 흑색과 백색
④ 녹색

60. 산업재해 보상보험법령상 업무상 재해로 볼 수 없는 것은?
① 퇴근 후 동호회 활동 중 발생한 사고
② 춘계 사내 체육대회 참석 중 발생한 사고
③ 사업장 내 탁구장에서 휴게시간 중 발생한 사고
④ 통근 버스를 이용한 출퇴근 중 발생한 교통 사고

해설 업무상의 재해의 인정 기준
1. 업무상 사고
   ㉠ 근로자가 근로 계약에 따른 업무나 그에 따르는 행위를 하던 중 발생한 사고
   ㉡ 사업주가 제공한 시설물 등을 이용하던 중 그 시설물 등의 결함이나 관리 소홀로 발생한 사고
   ㉢ 사업주가 주관하거나 사업주의 지시에 따라 참여한 행사나 행사 준비 중에 발생한 사고
   ㉣ 휴게시간 중 사업주의 지배 관리 하에 있다고 볼 수 있는 행위로 발생한 사고
2. 출퇴근 재해
   ㉠ 사업주가 제공한 교통 수단이나 그에 준하는 교통 수단을 이용하는 등 사업주의 지배 관리 하에서 출퇴근하는 중 발생한 사고
   ㉡ 그 밖에 통상적인 경로와 방법으로 출퇴근하는 중 발생한 사고
3. 업무상의 재해의 구체적인 인정 기준은 대통령령으로 정한다.

정답 58. ② 59. ① 60. ①

제3회 CBT 대비 실전문제

설비보전 산업기사

제1과목 공유압 및 자동 제어

1. 면적이 10cm²인 곳을 50kgf의 무게로 누르면 작용 압력은? [06-3]
① 5kgf/cm² ② 10kgf/cm²
③ 15kgf/cm² ④ 50kgf/m²

해설 $P = \dfrac{F}{A}$

2. 토출되는 압축공기가 왕복 운동을 하는 피스톤과 직접 접촉하지 않아 주로 깨끗한 환경에 사용되는 압축기는? [12-2, 17-1]
① 격판 압축기 ② 베인 압축기
③ 스크류 압축기 ④ 피스톤 압축기

3. 공기 탱크와 공압 회로 내의 공기압을 규정 이상으로 상승되지 않도록 하며 주로 안전 밸브로 사용되는 밸브는? [13-2, 17-1]
① 감압 밸브 ② 교축 밸브
③ 릴리프 밸브 ④ 시퀀스 밸브

해설 릴리프 밸브 : 직동형 압력 제어 밸브에 보완 장치를 갖춘 것으로 시스템 내의 압력이 최대 허용 압력을 초과하는 것을 방지해 준다. 교축 밸브의 아래쪽에는 압력이 작용하도록 하여 압력 변동에 의한 오차를 감소시키며, 주로 안전 밸브로 사용된다.

4. 서비스 유닛을 구성하는 기기의 순서가 올바른 것은? [15-3]
① (유입 측)-필터-윤활기-압력 조절기(유출 측)
② (유입 측)-필터-압력 조절기-윤활기-(유출 측)
③ (유입 측)-압력 조절기-필터-윤활기-(유출 측)
④ (유입 측)-압력 조절기-윤활기-필터-(유출 측)

5. 그림의 변위-단계 선도에서 실린더 A, B의 작동 순서는? [15-1]

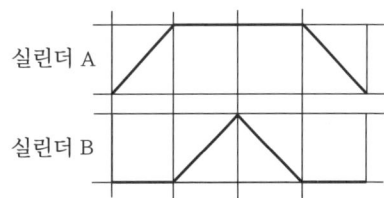

① 실린더 A 전진-실린더 A 후진-실린더 B 전진-실린더 B 후진
② 실린더 A 전진-실린더 B 전진-실린더 A 후진-실린더 B 후진
③ 실린더 B 전진-실린더 B 후진-실린더 A 전진-실린더 A 후진
④ 실린더 A 전진-실린더 B 전진-실린더 B 후진-실린더 A 후진

6. 공압 타이머에서 제어 신호가 존재함에도 출력 신호가 발생하지 않았을 때 점검해야 할 사항은? [16-3]
① 탱크가 더러운지 확인한다.
② 서비스 유닛이 잠겨 있는지 확인한다.
③ 윤활유에 수분이 섞여 있는지 확인한다.

정답 1. ① 2. ① 3. ③ 4. ② 5. ④ 6. ④

④ 유량 조절용 밸브의 조절 나사를 완전히 열고 공기의 새는 소리를 확인한다.

해설 제어 신호가 존재한다는 것은 공압이 서비스 유닛을 통과하였다는 뜻이다.

7. 높은 압력과 많은 토출량을 필요로 하는 유압 장치에 적합한 펌프는? [14-3]
① 기어 펌프 ② 나사 펌프
③ 베인 펌프 ④ 회전 피스톤 펌프

해설 피스톤 펌프는 고압 대유량에 좋다.

8. 유압기기 중 불필요한 오일을 탱크로 방출시켜 펌프에 부하가 걸리지 않도록 하는 밸브는? [17-3]
① 감압 밸브 ② 교축 밸브
③ 무부하 밸브 ④ 카운터 밸런스 밸브

해설 무부하 밸브 : 계통의 압력이 설정값에 달하면 펌프를 무부하로 하고, 또한 계통 압력이 설정값까지 저하되면, 다시 계통으로 압력 유체를 공급하여 동력의 절감과 유온 상승을 피할 수 있는 압력 제어 밸브

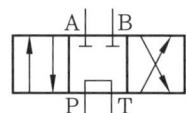

9. 유압 모터의 특징으로 틀린 것은? [12-2]
① 소형 경량으로도 큰 출력을 낼 수 있다.
② 토크 제어의 기계에 사용하면 편리하다.
③ 최대 토크를 제한하는 기계에 사용하면 편리하다.
④ 회전 속도는 쉽게 변화시킬 수 있으나 역회전을 할 수 없다.

해설 기어 모터, 베인 모터 등은 역회전이 가능하다.

10. 어큐뮬레이터(accumulator)의 일반적인 기능이 아닌 것은? [16-3]
① 맥동 제거용 ② 압력 감소
③ 충격 완충 ④ 에너지 축적

해설 어큐뮬레이터(accumulator)의 일반적인 기능 : 유압 에너지의 축적, 서지압 흡수, 압력 보상, 맥동 제거, 충격 완충, 액체의 수송, 유체의 반송 및 증압

11. 다음 유압기기 그림의 기호로 옳은 것은 어느 것인가? [18-2]

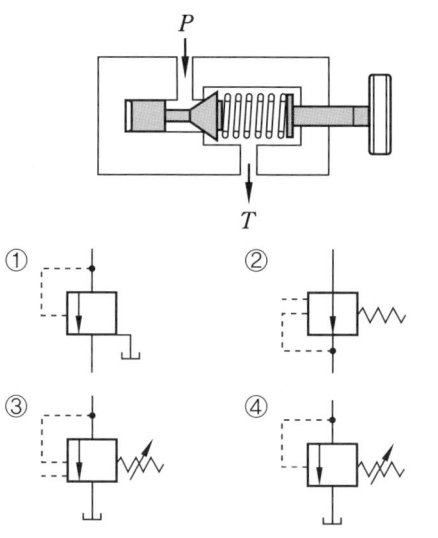

해설 문제의 밸브는 릴리프 밸브이다.

12. 다음 중 유압 펌프 소음 발생 원인으로 가장 적합한 것은? [16-1]
① 작동유의 오염
② 에어 필터의 막힘
③ 내부 누설의 증가
④ 외부 누설의 증가

해설 펌프 소음 결함의 원인 : 펌프 흡입 불량, 공기 흡입 밸브 필터 막힘, 이물질 침입,

정답 7. ④ 8. ③ 9. ④ 10. ② 11. ④ 12. ②

작동유 점성 증대, 구동 방식 불량, 펌프 고속 회전, 외부 진동, 펌프 부품의 마모, 손상

13. 시간 종속 순차 제어 시스템에 해당되는 것은? [09-3]
① 프로그램 벨트 ② 엘리베이터
③ 카운터 ④ 플립플롭

해설 시간 종속 시퀀스 제어계(time sequence control system) : 순차적인 제어가 시간의 변화에 따라서 행해지는 제어 시스템

14. 다음 보드 선도의 이득 특성 곡선은 어떤 제어기에 해당되는가? [07-3]

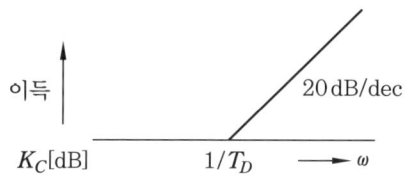

① 비례 제어
② 비례 적분 제어
③ 비례 미분 제어
④ 비례 미분 적분 제어

해설 절점 주파수를 초과하면 게인은 20dB/decade의 점근선에 따라 상승된다. 이로 인하여 약간의 설정값 변경, 측정값 변화나 잡음에 대해 출력이 크게 변하여 좋지 않다.

15. 다음 중 이상적인 연산 증폭기의 특성이 아닌 것은? [20-3]
① 입력 저항은 무한대이다.
② 전압 이득은 무한대이다.
③ 대역폭은 0이다.
④ 출력 저항은 0이다.

해설 이상적인 연산 증폭기의 특징
㉠ 무한대의 전압 이득을 가지므로 아주 작은 입력이라도 큰 출력을 얻을 수 있다.
㉡ 무한대의 대역폭을 가지므로 모든 주파수 대역에서 동작된다.
㉢ 입력 임피던스가 무한대이므로 구동을 위한 공급 전원이 연산 증폭기 내부로 유입되지 않는다.
㉣ 출력 임피던스가 0이므로 부하에 영향을 받지 않는다.
㉤ 동상 신호 제거비(CMRR)가 무한대이므로 입력단에 인가되는 잡음을 제거하여 출력단에는 나타나지 않는다.

16. 전자 유도에 의한 잡음 대책인 것은?
① 편조 케이블을 사용한다.
② 실드 케이블을 사용한다.
③ 트위스트 케이블을 사용한다.
④ 습기나 수분을 제거한다.

해설 노이즈 대책

대책	효과
실드 사용	정전 유도 제거
관로 사용	자기 유도 제거
연선 사용	자기 유도 제거
저임피던스 신호원 사용	CMNR의 증대
신중한 배선	유도 장애의 경감
필터의 사용	정상 모드 노이즈의 제거

17. 클램프 미터(clamp meter)의 용도를 바르게 설명한 것은? [13-2]
① 교류 전류를 측정할 수 없다.
② 절연저항을 측정할 수 있다.
③ 반드시 도선을 1선만 클램프시켜 전류를 측정한다.
④ 반드시 도선에 2선을 클램프시켜 전류를 측정한다.

정답 13. ① 14. ③ 15. ③ 16. ③ 17. ③

18. 직류 전동기의 구성 요소로 토크를 발생하여 회전력을 전달하는 요소는? [17-2]
① 계자　　② 전기자
③ 정류자　　④ 브러시

해설 코일은 전기자의 한 부분이다.

19. 3상 유도 전동기의 기본적인 회로 구성품 중 과부하 발생 시 전동기의 코일 소손 방지 목적의 안전 장치는 무엇인가?
① MCCB　　② MC
③ THR　　④ PBS

해설 3상 유도 전동기의 기본적인 회로 구성은 저압 배선 보호 및 동력 차단 목적의 배선용 차단기(MCCB)와 부하 개폐 목적의 유도형 계전기(MC), 과부하 발생 시 전동기의 코일 소손 방지 목적의 부하 보호기(THR) 등의 과부하 보호 장치를 사용하거나 경보를 발생시키는 장치를 사용해야만 안전하다.

20. 모터의 운전 시 브러시로부터 스파크가 일어나는 경우가 아닌 것은? [05-1]
① 전기자 리드선 결선 착오
② 보극의 극성 불량
③ 과부하
④ 계자 회로의 단선

해설 스파크의 원인
㉠ 정류자와 브러시 접촉 불량
㉡ 운모 돌출
㉢ 계자 회로 단선
㉣ 계자 권선 단선, 단락 또는 접지
㉤ 전기자 리드선 결선 착오
㉥ 정류자편 오손
㉦ 보극 극성 불량
㉧ 브러시 고정 불량
㉨ 브러시 지지기에서의 접지

제2과목　설비 진단 및 관리

21. 다음 중 간이 진단의 기능과 거리가 먼 것은? [08-3]
① 설비에 걸리는 스트레스의 경향 관리
② 설비에 걸리는 스트레스의 측정 계산 및 평가
③ 설비의 열화나 고장의 경향 관리와 이상의 조기 발견
④ 설비의 성능 효율 등의 경향 관리와 이상의 조기 발견

해설 설비 진단 기술의 기본 시스템

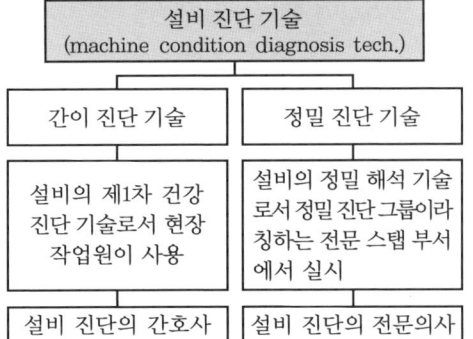

22. 정현파 진동에서 진동의 상한과 하한의 거리를 무엇이라 하는가? [10-3, 17-2]
① 변위　　② 속도
③ 가속도　　④ 진동수

해설 변위(displacement) : 진동의 변위량 상한과 하한의 거리(양진폭 혹은 변위 P-P) 혹은 중립점에서 상한 또는 하한까지의 거리(편진폭 : P)

23. 다음 중 가속도 센서로 가장 널리 사용되는 형식은? [10-3]
① 압전형 가속도 센서
② 와전류형 가속도 센서

정답　18. ②　19. ③　20. ③　21. ②　22. ①　23. ①

③ 용량형 가속도 센서
④ 광학형 가속도 센서

해설 와전류식, 전자광학식, 정전 용량식은 변위 센서이다.

24. 여러 파동이 마루는 마루끼리 골은 골끼리 서로 만나 엇갈려 지나갈 때 그 합성파의 진폭이 크게 나타나는 음의 현상은 무엇인가? [19-1]
① 맥놀이   ② 보강 간섭
③ 소멸 간섭   ④ 마스킹 효과

해설 보강 간섭 : 여러 파동이 마루는 마루끼리 골은 골끼리 서로 만나 엇갈려 지나갈 때 그 합성파의 진폭이 크게 나타나는 현상

25. 다음의 진동 방지 방법 중 고주파 진동 제어에는 효과적이나 저주파 진동 제어에서는 역효과를 줄 수 있는 방법은?
① 진동 차단기 사용   [09-1, 16-2]
② 거더(gorder)의 사용
③ 2단계 차단기의 사용
④ 기초의 진동을 제어하는 방법

해설 2단계 진동 제어는 고주파 진동 제어에 대단히 효과적이지만, 저주파 진동 제어에는 역효과를 줄 수 있다.

26. 소음 투과율의 정의로 알맞은 것은?
① $\dfrac{투과된\ 에너지}{입사\ 에너지}$ [07-1]

② $10\log\left(\dfrac{입사\ 에너지}{투과된\ 에너지}\right)$

③ $\dfrac{입사\ 에너지}{투과된\ 에너지}$

④ $10\log\left(\dfrac{투과된\ 에너지}{입사\ 에너지}\right)$

해설 ㉠ 소음 투과율 $\tau = \dfrac{투과된\ 에너지}{입사\ 에너지}$
㉡ 재료의 투과 손실(transmission loss, TL)은 투과율 τ를 이용하여 구할 수 있다.
$$TL = 10\log\left(\dfrac{1}{\tau}\right)$$

27. 내부에 형성되어 있는 하나 혹은 그 이상의 챔버(chamber)에 의해서 입사 소음 에너지를 반사하여 소멸시키는 장치는 무엇인가? [15-3, 19-3]
① 반사 소음기   ② 회전식 소음기
③ 흡음식 소음기   ④ 흡진식 소음기

해설 반사 소음기 : 내부에 형성되어 있는 하나 혹은 그 이상의 챔버(chamber)에 의해서 입사 소음 에너지를 반사하여 소멸시키는 장치

28. 소음원으로부터 거리를 2배 증가시키면 음압도(dB)는 어떻게 변하는가?
① 2배 증가한다.   [15-1, 19-2]
② 1/2로 감소한다.
③ 6dB 증가한다.
④ 6dB 감소한다.

해설 음압 레벨(음압도, sound pressure level, SPL)
$$SPL = 20\log\left(\dfrac{P}{P_0}\right) = 20\log\left(\dfrac{1}{2}\right) \fallingdotseq -6.02\,\text{dB}$$

29. 회전기계의 열화 시 발생되는 주파수 특성에서 언밸런스(unbalance)에 의한 특성으로 맞는 것은? [13-3]
① 휨 축이거나 베어링의 설치가 잘못되었을 때 나타난다.
② 축의 회전 주파수 f와 그 고주파 성분($2f$, $3f$, …)이 나타난다.

정답 24. ② 25. ③ 26. ① 27. ① 28. ④ 29. ③

③ 회전 주파수의 1*f* 성분의 탁월 주파수가 나타난다.
④ 회전 주파수의 분수 주파수 성분(1/2*f*, 1/3*f*, 1/4*f*, …)이 나타난다.

해설 언밸런스는 수평 방향의 진동값이 크게 나타나며, 회전 주파수의 1*f* 성분의 탁월 주파수가 나타난다.

30. 시스템에 공진 상태가 존재할 때 제거하는 방법이 아닌 것은? [14-1]
① 회전수를 변경한다.
② 기계의 강성과 질량을 변경한다.
③ 고유 진동수와 일치한 주파수의 강제 진동을 가한다.
④ 우발력을 없앤다.

해설 고유 진동수와 일치한 주파수의 강제 진동을 가하면 공진이 발생한다.

31. 유체 윤활 상태가 유지될 때 마찰에 가장 큰 영향을 주는 윤활유의 성질은? [09-3]
① 비중   ② 유동점
③ 점도   ④ 인하점

해설 점도(viscosity)는 윤활유의 물리·화학적 성질 중 가장 기본이 되는 성질 중의 하나이고, 점도의 의미는 액체가 유동할 때 나타나는 내부 저항을 말한다. 기계 윤활에 있어서 기계의 조건이 동일하다면 마찰 손실, 마찰열, 기계적 효율이 점도에 의해 크게 좌우된다.

32. 축면에 나선상의 홈을 만들고 축의 회전에 따라 나선상의 기름 홈을 통해서 윤활유가 급유되는 방식은? [11-3, 20-3]
① 나사 급유법
② 원심 급유법
③ 유욕 급유법
④ 롤러 급유법

해설 나사 급유법(screw oiling) : 축면에 나선 홈을 만들고 축을 회전시키면 기름이 홈을 따라 올라가 급유되는 방법

33. 사용 중인 설비의 고장, 정지 또는 유해한 성능 저하를 가져오는 상태를 발견하기 위한 보전은? [13-2, 20-2]
① 개량 보전   ② 보전 예방
③ 사후 보전   ④ 예방 보전

해설 예방 보전 : 고장, 정지 또는 유해한 성능 저하를 가져오는 상태를 발견하기 위하여 설비의 주기적인 검사를 통해 초기 단계에서 제거 또는 복구시키기 위한 보전 방법으로 일상 보전, 장비 점검, 예방 수리로 구성되어 있다. 이것은 특정 운전 상태를 계속 유지시키는 계획 보전 방법이다.

34. 다음 그림과 같은 설비 관리 조직의 형태를 무엇이라 하는가? [11-3, 18-2]

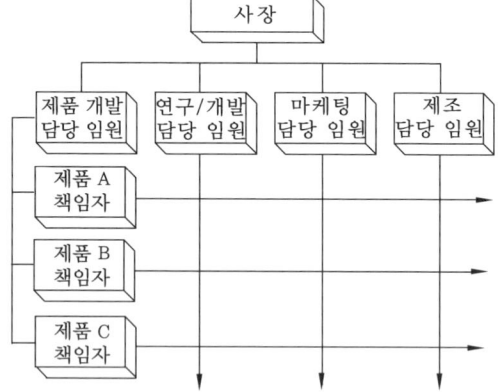

① 기능 중심 매트릭스(matrix) 조직
② 제품 중심 매트릭스(matrix) 조직
③ 대상별 조직
④ 전문 기술별 조직

정답 30. ③ 31. ③ 32. ① 33. ④ 34. ②

해설 매트릭스 조직을 제품별 중심으로 한 조직이다.

35. 공정별 배치(process layout)의 장점으로 틀린 것은? [11-3]
① 기계의 이용률이 높아져 적은 수의 기계를 요구하게 된다.
② 특정한 임무를 위한 장비나 인원의 배정에 대한 융통성이 높다.
③ 기계에 비교적 적은 투자를 요구하게 된다.
④ 단순한 생산 계획과 통제 체계가 가능하다.

해설 공정별 배치는 기능별 배치이며, ④는 제품별 배치(product layout)의 장점에 해당하는 내용이다.

36. 신뢰도와 보전도를 종합한 평가 척도로 "설비가 어느 특정 순간에 기능을 유지하고 있는 확률"로 정의할 수 있는 용어는 무엇인가? [09-2, 18-3]
① 유용성 ② 보전성
③ 경제성 ④ 설비 가동률

해설 ㉠ 보전성(保全性, maintainability) : 보전에 대한 용이성(容易性)을 나타내는 성질
㉡ 고장률 : 일정 기간 중에 발생하는 단위 시간당 고장 횟수로 1000시간당의 백분율
㉢ 신뢰성(reliability) : 어떤 특정 환경과 운전 조건 하에서 어느 주어진 시점 동안 명시된 특정 기능을 성공적으로 수행할 수 있는 확률
㉣ 유용성(availability) : 어떤 보전 조건 하에서 규정된 시간에 수리 가능한 시스템이나 설비 제품 부품 등이 기능을 유지하여 만족 상태에 있을 확률

37. 특수한 고장 이외에는 사용하지 않는 예비품은? [20-2]
① 부품 예비품
② 라인 예비품
③ 단일 기계 예비품
④ 부분적 세트(set) 예비품

해설 예비품에는 부품 예비품, 부분적 세트 예비품, 단일 기계 예비품, 라인 예비품 등이 있다. 라인 예비품은 특수한 고장을 제외하면 없으나, 단일 기계 예비품은 전 공장에 영향을 미치는 동력 설비에서 많이 볼 수 있다.

38. 집중 보전의 장점이 아닌 것은? [16-2]
① 노동력의 유효 이용
② 보전 책임의 명확성
③ 현장 감독의 용이성
④ 보전용 설비 공구의 유효 이용

해설 보전 요원이 공장 전체에서 작업을 하기 때문에 적절한 관리 감독이 어렵다.

39. 설비 열화를 방지하기 위한 대책으로 잘못된 것은? [06-1]
① 열화 방지 ② 열화 측정
③ 열화 회복 ④ 열화 개선

해설 설비 열화의 대책에는 열화 방지(일상 보전), 열화 측정(검사), 열화 회복(수리)이 있다.

40. 다음 중 만성 로스의 대책으로 틀린 것은? [17-2]
① 현상의 해석을 철저히 한다.
② 관리해야 할 요인계를 철저히 검토한다.
③ 원인이 명확하므로 표면적인 요인만 해결한다.

정답 35. ④ 36. ① 37. ② 38. ③ 39. ④ 40. ③

④ 요인 중에 숨어 있는 결함을 표면으로 끌어낸다.

해설 만성 로스의 대책
㉠ 현상의 해석을 철저히 한다.
㉡ 관리해야 할 요인계를 철저히 검토한다.
㉢ 요인 중에 숨어 있는 결함을 표면으로 끌어낸다.

제3과목 기계 보전, 용접 및 안전

41. 두 축이 같은 평면 내에 있으면서 그 중심선이 어느 각도로 교차하고 있을 때 사용하는 축 이음으로 자동차, 공작기계 등에 사용되는 것은? [12-1]
① 플렉시블 커플링
② 플랜지 커플링
③ 유니버설 조인트
④ 셀러 커플링

해설 플렉시블 커플링은 두 축의 중심선을 완전히 일치시키기 어려운 경우나 고속 회전으로 진동을 일으키는 경우, 내연기관 등에 사용하며, 플랜지 커플링을 가장 널리 사용한다.

42. 다음 V-벨트의 종류 중 단면이 가장 작은 것은? [09-3, 17-1]
① A형   ② B형   ③ E형   ④ M형

해설 V벨트는 M, A, B, C, D, E의 여섯 가지가 있으며 M형의 단면적이 제일 작다(KS M 6535).

43. 스프링 지수(C)를 나타내는 공식은 어느 것인가? (단, 코일의 평균 지름(D), 소선의 지름(d)이라 한다.) [10-1]
① $C=Dd$ ② $C=D/d$
③ $C=d/D$ ④ $C=\pi D/d$

44. 관의 이음 중 열에 의한 관의 팽창 수축을 허용하는 이음 방법은? [08-3]
① 용접 이음   ② 신축 이음
③ 유니언 이음   ④ 플랜지 이음

해설 신축 이음 : 온도에 의해 관의 신축이 생길 때 양단이 고정되어 있으면 열 응력이 발생한다. 관이 길 때는 그 신축량도 커지면서 굽어지고, 관뿐만 아니라 설치부와 부속 장치에도 나쁜 영향을 끼쳐 파괴되거나 패킹을 손상시킨다. 따라서 적당한 간격 및 위치에 신축량을 조정할 수 있는 이음이 필요한데, 이것을 신축 이음이라 한다.

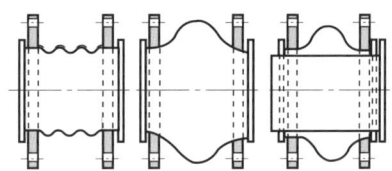

(a) 파형 파이프 조인트

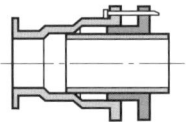

(b) 슬라이드 조인트

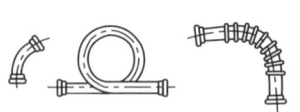

(c) 밴드 조인트

45. 벌류트 펌프(volute pump) 시운전할 시 체크하여야 할 항목으로 옳지 않은 것은? [16-2, 19-3]

정답 41. ③   42. ④   43. ②   44. ②   45. ①

① 토출 밸브를 열어 둔다.
② 각종 게이지를 확인 후 기록해 둔다.
③ 공기빼기 코크를 열고 마중물을 넣는다.
④ 펌프를 손으로 돌려 회전 상태를 확인한다.

해설 벌류트 펌프의 경우 반드시 토출 밸브를 닫아 두어야 한다.

46. 송풍기의 회전수를 변화시키는 방법이 아닌 것은? [16-2, 20-2]
① 가변 풀리에 의한 조절
② 정류자 전동기에 의한 조절
③ 극수 변환 전동기에 의한 조절
④ 열동 과전류 계전기에 의한 조절

해설 송풍기의 회전수를 변화시키는 방법
㉠ 유도 전동기의 2차 측 저항 조절
㉡ 정류자 전동기에 의한 조절
㉢ 극수 변환 전동기에 의한 조절
㉣ 가변 풀리에 의한 조절
㉤ V벨트 풀리 지름비를 변경하는 조절

47. 다음 그림은 기어 감속기에 부착된 명판이다. 이 감속기의 출력 회전수는 약 얼마인가? [10-2, 14-2, 18-1]

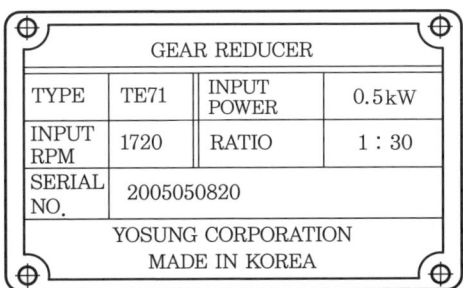

① 27.3 rpm   ② 57.3 rpm
③ 516 rpm   ④ 860 rpm

해설 $i = \dfrac{N_2}{N_1} = \dfrac{1}{30} = \dfrac{N_2}{1720}$

∴ $N_2 ≒ 57.3$ rpm

48. 버니어 캘리퍼스의 용도로서 적합하지 않은 것은? [13-1, 19-1]
① 물체의 길이 측정
② 구멍의 내경 측정
③ 구멍의 깊이 측정
④ 나사의 유효 직경 측정

해설 버니어 캘리퍼스 : 어미자와 아들자의 눈금을 이용하여 길이, 바깥지름, 안지름, 깊이 등을 하나의 측정기로 측정할 수 있다.

49. 버니어 캘리퍼스의 사용상 주의점이 아닌 것은? [06-3, 11-1]
① 측정 시 측정면의 이물질을 제거한다.
② 눈금을 읽을 때 눈금으로부터 직각 위치에서 읽는다.
③ 측정 시 본척과 부척의 영점 일치 여부를 확인한다.
④ 정압 장치가 있으므로 측정력은 제한이 없다.

해설 측정하고자 할 때 측정력이 제한이 없으면 오차가 커진다.

50. 다음 절삭 공구용 재료가 가져야 할 기계적 성질 중 맞는 것을 모두 고르면?

㉮ 고온 경도(hot hardness)
㉯ 취성(brittleness)
㉰ 내마멸성(resistance to wear)
㉱ 강인성(toughness)

① ㉮, ㉯, ㉰   ② ㉮, ㉯, ㉱
③ ㉮, ㉰, ㉱   ④ ㉯, ㉰, ㉱

해설 공구 재료의 구비 조건
㉠ 피절삭재보다 굳고 인성이 있을 것

정답 46. ④ 47. ② 48. ④ 49. ④ 50. ③

ⓒ 절삭 가공 중 온도 상승에 따른 경도 저하가 작을 것
ⓒ 내마멸성이 높을 것
ⓔ 쉽게 원하는 모양으로 만들 수 있을 것
ⓜ 값이 저렴할 것

51. 배관의 도시법에 대한 설명으로 틀린 것은? [21-4]
① 관 내 흐름의 방향은 관을 표시하는 선에 붙인 화살표의 방향으로 표시한다.
② 관은 원칙적으로 1줄의 실선으로 도시하고, 동일 도면 내에서는 같은 굵기의 선을 사용한다.
③ 관은 파단하여 표시하지 않도록 하며, 부득이하게 파단할 경우 2줄의 평행선으로 도시할 수 있다.
④ 표시항목은 관의 호칭 지름, 유체의 종류·상태, 배관계의 식별, 배관계의 시방, 관의 외면에 실시하는 설비·재료 순으로 필요한 것을 글자·글자 기호를 사용하여 표시한다.

[해설] 관을 파단할 경우 1줄의 파단선으로 도시한다.

52. 피복 아크 용접봉의 편심도는 몇 % 이내이어야 용접 결과를 좋게 할 수 있겠는가?
① 3% ② 5% ③ 10% ④ 13%

[해설] 피복 아크 용접봉의 편심률은 3% 이내이어야 한다.

53. 서브머지드 아크 용접은 수동(피복 아크 용접) 용접보다 몇 배의 용접 속도의 능률을 갖는가?
① 2~3배 ② 5~7배
③ 2~10배 ④ 10~20배

[해설] 서브머지드 아크 용접은 용접 속도가 피복 아크 용접보다 10~20배, 용입은 2~3배 커진다.

54. 다음 중 MIG 용접의 특징에 대한 설명으로 틀린 것은?
① 반자동 또는 전자동 용접기로 용접 속도가 빠르다.
② 정전압 특성 직류 용접기가 사용된다.
③ 상승 특성의 직류 용접기가 사용된다.
④ 아크 자기 제어 특성이 없다.

[해설] MIG 용접의 특징은 반자동 또는 전자동으로 직류 역극성을 사용하며, 청정 작용이 있고 정전압 특성 또는 상승 특성의 직류 용접기를 사용한다. 인버터 방식의 용접기는 아크 자기 제어 특성을 갖고 있다.

55. CO_2 용접기를 설치할 때 맞지 않는 것은?
① 가연성 표면 위나 CO_2 용접기 주변에 다른 장비를 설치하지 않는다.
② 습기와 먼지가 적은 곳에 설치한다.
③ 벽이나 다른 장비로부터 30 cm 이상 떨어져 설치한다.
④ 주위 온도는 −10~70℃를 유지하여야 한다.

[해설] 주위 온도는 −10~40℃를 유지하여야 한다.

56. 맞대기 용접 이음의 피로강도 값이 가장 크게 나타나는 경우는?
① 용접부 이면 용접을 하고 표면 용접 그대로인 것
② 용접부 이면 용접을 하지 않고 표면 용접 그대로인 것

③ 용접부 이면 및 표면을 기계 다듬질 한 것
④ 용접부 표면의 덧살만 기계 다듬질 한 것

해설 용접부에 용접 결함이 존재할 때 항복점보다 훨씬 낮은 응력이 작용해도 피로 파괴가 일어나므로 피로강도를 높이려면 노치가 없는 용접부를 만들어야 한다.

57. 용접 시 발생하는 일차 결함으로 응고 온도 범위 또는 그 직하의 비교적 고온에서 용접부의 자가 수축과 외부 고속 등에 의한 인장 스트레인과 균열에 민감한 조직이 존재하면 발생하는 용접부의 균열은?
① 루트 균열 ② 저온 균열
③ 고온 균열 ④ 비드 밑 균열

해설 용착 금속의 응고 과정에서 일어나는 고온 균열 현상으로 주물의 고온 파열 등이 원인으로 고온에서 연성이 부족한 저융점 불순물이 생긴 결정립계가 수축 응력에 의해 당겨지는데 황, 수소 등의 원소들에 의해 쉽게 발생한다.

58. 가스 절단기 및 토치의 사용에 관한 설명으로 옳지 않은 것은?
① 토치의 점화는 토치 점화용 라이터를 사용한다.
② 토치에 기름이나 그리스를 바르지 않는다.
③ 팁을 청소할 때에는 반드시 팁 클리너를 사용한다.
④ 토치가 가열되었을 때는 산소를 잠그고 아세틸렌만 분출시킨 상태로 물에 식힌다.

해설 토치가 가열되었을 때는 아세틸렌을 잠그고 산소만 분출시킨 상태로 물에 식힌다.

59. 인체에 흐르면 치명적으로 사망하게 되는 전류값은 얼마인가?
① 10mA ② 20mA
③ 50mA ④ 100mA

해설 10mA는 조금 고통을 느끼는 정도이고, 20mA는 심한 고통을 느끼며 자기 의사대로 행동이 안 되고 근육 수축이 오며, 50mA 감전 시는 사망할 위험이 상당히 크다. 여기서, 1mA는 1/1000A이며 인체의 저항은 아주 커서 1.2~3kΩ까지이므로 사람에 따라 같은 전기라도 감전 감도가 다르다.

60. 칩(chip)의 비산이나 유해물의 비말 등에 의한 눈의 보호를 위하여 사용하는 보호구는 무엇인가?
① 차광 안경 ② 방진 안경
③ 방진 마스크 ④ 방독 마스크

해설 ㉠ 방진 안경 : 칩(chip) 등의 비산이나 유해물의 비말에 의한 눈의 보호
㉡ 차광 안경 : 유해광선으로부터 눈의 보호

정답 57. ③ 58. ④ 59. ③ 60. ②

제4회 CBT 대비 실전문제

설비보전 산업기사

제1과목 공유압 및 자동 제어

1. 공유압 회로 손실에 대한 설명으로 틀린 것은? [09-3]
① 층류와 난류의 경계는 $Re=1320$이다.
② 레이놀즈 수에 따라 층류와 난류로 구별된다.
③ 손실 수두는 유체의 운동 에너지에 비례한다.
④ 손실 수두는 마찰계수와 직접적인 관계가 있다.

해설 관을 흐르는 유체는 레이놀즈 수(Reynolds number)에 따라 층류와 난류로 구별되며 레이놀즈 수가 작은 경우, 즉 상대적으로 유속과 지름이 작거나 점성계수가 큰 경우에 층류가 되고, 레이놀즈 수가 큰 경우에는 난류가 된다. 그 경계값은 보통 $Re=2320$ 정도이다.

2. 다음의 진리표와 관계있는 밸브는 다음 중 어느 것인가? [14-3, 16-2]

S1	S2	H
0	0	0
0	1	0
1	0	0
1	1	1

① 2압 밸브 ② OR 밸브
③ 교축 밸브 ④ 체크 밸브

해설 AND 논리는 2개의 입력을 가질 때 연결도 가능하며, 이때에 모든 입력 신호가 만족되어야만 출력이 발생한다.

3. 큰 운동 에너지를 얻기 위해 설계된 것으로 리벳팅, 펀칭, 프레싱 작업 등에 사용하는 실린더는? [18-1]
① 충격 실린더
② 양로드 실린더
③ 쿠션 내장형 실린더
④ 텔레스코프형 실린더

해설 충격 실린더(impact cylinder) : 실린더 내에 있는 공기 탱크에서 피스톤에 공기 압력을 급격하게 작용시켜 피스톤에 충격 힘($25\sim500\,\text{N}\cdot\text{m}$ 정도)을 고속인 속도 에너지로 이용하게 된 실린더이다. 보통 실린더는 성형 작업을 할 때에 추력에 제한을 받게 되므로 운동 에너지를 얻기 위해 이 실린더를 설계하였으며, 속도를 $7.5\sim10\,\text{m/s}$까지 얻을 수 있고 프레싱, 플랜징, 리베팅, 펀칭 등의 작업에 이용한다.

4. 다음의 기호가 나타내는 것은? [11-1]

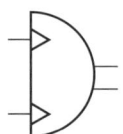

① 요동형 공기압 펌프
② 요동형 공기압 모터
③ 요동형 공기압 압축기
④ 요동형 공기압 실린더

5. 공압 배관 연결 작업이나 용접 작업 시 발생되는 이물질이 공압 시스템으로 유입되어 고장이 발생하는데, 이로 인한 고장으로 가장 거리가 먼 것은? [14-3]

정답 1. ① 2. ① 3. ① 4. ② 5. ①

① 압력 스프링 손상으로 누설이 생긴다.
② 슬라이드 밸브의 고착 현상이 생긴다.
③ 포핏 밸브의 시트부에 융착되어 누설이 생긴다.
④ 유량 제어 밸브에 융착되어 속도 제어를 방해한다.

6. 단단 펌프 2개를 1개의 본체 내에 직렬로 연결시킨 펌프로, 고압의 출력이 요구되는 액추에이터의 구동에 적합한 펌프는? [11-1]
① 2단 베인 펌프
② 단단 베인 펌프
③ 2연 베인 펌프
④ 복합 베인 펌프

해설 2단 베인 펌프(two stage vane pump) : 베인 펌프의 단점인 고압을 가능하게 하기 위해 용량이 같은 단단 펌프 2개를 1개의 본체 내에 직렬로 연결시킨 것으로 고압 출력이 필요한 곳에 사용하나 소음이 발생한다. 정지 압력은 14MPa, 최대 압력은 21MPa까지도 발생할 수 있으며, 회전수는 600~1500rpm 정도이다.

7. 유압 회로의 최고 압력을 제한하여 회로 내의 과부하를 방지하며, 유압 모터의 토크나 실린더의 출력을 조절하는 밸브는? [11-3]
① 릴리프 밸브
② 시퀀스 밸브
③ 언로딩 밸브
④ 스로틀 밸브

해설 릴리프 밸브 : 실린더 내의 힘이나 토크를 제한하여 부품의 과부하(over load)를 방지하고 최대 부하 상태로 최대의 유량이 탱크로 방출되기 때문에 작동 시 최대의 동력이 소요된다.

8. 유압 모터 중 가장 간단하며 출력 토크가 일정하고 정·역회전이 가능하지만 정밀 서보기구에는 부적합한 모터는? [19-1]
① 기어 모터
② 베인 모터
③ 레디얼 피스톤 모터
④ 액시얼 피스톤 모터

해설 기어 모터(gear motor) : 유압 모터 중 구조면에서 가장 간단하며 유체 압력이 기어의 이에 작용하여 토크가 일정하고, 또한 정회전과 유체의 흐름 방향을 반대로 하면 역회전이 가능하다. 기어 펌프의 경우와 같이 체적은 고정되며, 압력 부하에 대한 보상장치가 없다.

9. 방향 전환 밸브의 포트 수와 위치 수가 그림과 일치하지 않는 것은? [15-2]
① 2포트 2위치 :
② 3포트 2위치 :
③ 4포트 2위치 :
④ 4포트 3위치 :

10. 다음 회로의 명칭은? [18-2]

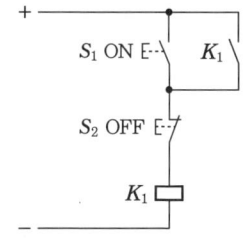

① ON 반복 회로
② ON 우선 회로
③ OFF 반복 회로
④ OFF 우선 회로

정답 6. ① 7. ① 8. ① 9. ② 10. ④

[해설] ㉠ ON 우선 자기 유지 회로 : ON 스위치와 OFF 스위치를 같이 작동시킬 때 릴레이가 OFF 스위치와는 관계없이 ON 스위치에 의해 작동되는 회로
㉡ OFF 우선 자기 유지 회로 : ON 스위치와 OFF 스위치를 같이 작동시킬 때 릴레이가 ON 스위치와 관계없이 OFF 스위치에 의해 작동될 수 없는 회로로 OFF 신호가 ON 신호보다 우선되어야 하며, 자기 유지 회로로 이 방식이 많이 이용되고 있다.

11. 다음 그림이 의미하는 시스템은? [14-3]

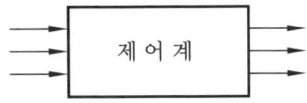

① 서보 시스템(servo system)
② 피드백 제어 시스템(feedback control system)
③ 개회로 제어 시스템(open loop control system)
④ 폐회로 제어 시스템(closed loop control system)

[해설] 개회로 제어 시스템은 출력이 제어 자체에 아무런 영향을 미치지 않는다.

12. 그림과 같은 블록 선도가 의미하는 요소는? [16-1]

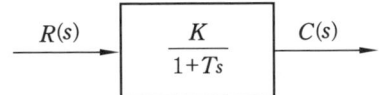

① 1차 빠른 요소   ② 미분 요소
③ 1차 지연 요소   ④ 2차 지연 요소

13. 직류기의 3대 요소는? [19-3]
① 계자, 전기자, 보주
② 전기자, 보주, 정류자
③ 계자, 전기자, 정류자
④ 전기자, 정류자, 보상 권선

[해설] 직류 발전기의 3요소
㉠ 자속을 만드는 계자(field)
㉡ 기전력을 발생하는 전기자(armature)
㉢ 교류를 직류로 변환하는 정류자(commutator)

14. 다음 중 교류 전류계의 일반적인 지시값은? [06-3]
① 순시치 ② 최대치 ③ 평균치 ④ 실효치

[해설] 실효값(effective value) : 교류 전류 i를 저항에 임의의 시간 동안 흘렸을 때의 발열량이 같은 저항 R에 직류 전류 $I[A]$를 같은 시간 동안 흘렸을 때의 발열량과 같을 때, 그 교류 i를 실효값이라고 하며, 순싯값의 제곱에 대한 평균값의 제곱근으로 표현한다.

15. 만능 회로 시험기를 사용하여 AC 전압에 관련된 시험 측정의 설명 중 틀린 것은?
① 저압 전로 개폐기 차단 후 정전 확인한다.
② 감전 재해 조사 시 인체 접촉부(두 지점 사이)의 전압(전위차)을 측정한다.
③ 교류 아크 용접기는 2차 측 무부하 전압을 측정한다.
④ 검사 대상 설비의 출력 전압을 측정한다.

[해설] 검사 대상 설비의 입력 전압을 측정한다.

16. 도체에 변형을 가하면 길이와 단면적의 변화에 의해 저항률이 바뀌는 원리를 이용하여 압력 센서로 사용되는 것은? [16-2]
① 홀 센서   ② 서미스터
③ 리드 스위치   ④ 스트레인 게이지

[정답] 11. ③ 12. ③ 13. ③ 14. ④ 15. ④ 16. ④

17. 신호 전송의 노이즈에 대한 대책으로 전력선 용량 중 전압이 250V이면 전력선과 신호선관의 최저 격리 거리는? [11-3]
① 300mm ② 460mm
③ 610mm ④ 1200mm

18. 직류 전동기의 회전 방향을 바꾸는 방법으로 적합한 것은? [10-3, 10-4, 18-2]
① 콘덴서의 극성을 바꾼다.
② 정류자의 접속을 바꾼다.
③ 브러시의 위치를 조정한다.
④ 전기자 권선의 접속을 바꾼다.

[해설] 직류 전동기의 회전 방향을 반대로 하려고 할 때 전동기의 단자 전압의 극성을 바꾸어도 역전되지 않는다. 그 이유는 자속 ϕ와 전기자 전류 I_a의 방향이 동시에 반대가 되기 때문이다. 따라서 자속 ϕ와 전기자 전류 I_a 중 하나만 반대로 해야 한다. 즉, 계자 회로나 전기자 회로 중 어느 하나만 바꾸면 된다.

19. 직류 전동기에서 별도의 계자 전원이 필요한 전동기는? [10-2]
① 직권 전동기
② 분권 전동기
③ 복권 전동기
④ 타여자 전동기

[해설] 타여자 전동기는 여자 전원과 전기자 전원이 독립되어 있는 경우에 사용된다.

20. 직류 전동기의 속도 제어법이 아닌 것은? [14-1, 16-1, 19-2]
① 저항 제어 ② 극수 제어
③ 계자 제어 ④ 전압 제어

제2과목 설비 진단 및 관리

21. 설비 진단 기법 중 진동법으로 알 수 없는 것은? [11-1]
① 송풍기의 언밸런스
② 베어링의 결함
③ 플라이 휠의 언밸런스
④ 윤활유에 포함된 이물질의 양

[해설] 진동법을 응용한 진단 기술
㉠ 회전기계에 생기는 각종 이상(언밸런스·베어링 결함 등)의 검출, 평가 기술
㉡ 블로우·팬 등의 밸런싱 진단·조정 기술
㉢ 유압 밸브의 리크 진단 기술
㉣ 진동 이외의 파라미터(온도, 압력 등)의 설비 이상 원인의 해석 기술 등

22. 고속으로 회전하는 기어 및 베어링 등에서 충격력 등과 같이 힘의 크기가 문제로 되는 이상의 진단 시 일반적으로 사용되는 측정 변수는? [12-3, 18-1]
① 변위 ② 속도
③ 가속도 ④ 위상각

[해설] 고속 회전하는 시스템에서의 진동 측정 시 진동 가속도를 측정한다.

23. 측정 반복성이 양호하고, 사용 주파수의 영역이 넓으며, 먼지, 습기, 온도의 영향이 적어 장기적 안정성이 좋은 진동 센서 설치 방법은? [14-3, 17-2, 18-1, 19-1]
① 손 고정 ② 밀랍 고정
③ 나사 고정 ④ 영구 자석 고정

[해설] 가속도 센서 부착 방법을 주파수 영역이 넓은 순서로 나열하면 나사>에폭시 시멘트>밀랍>자석>손이다.

[정답] 17. ② 18. ④ 19. ④ 20. ② 21. ④ 22. ③ 23. ③

24. 소음에서 마스킹(masking)에 대한 설명으로 틀린 것은? [18-2]
① 저음이 고음을 잘 마스킹한다.
② 두 음의 주파수가 비슷할 때는 마스킹 효과가 대단히 커진다.
③ 공장 내의 배경음악, 자동차의 스트레오 음악 등이 있다.
④ 발음원이 이동할 때 그 진행 방향 쪽에서는 원래 발음원의 음보다 고음으로 나타난다.

해설 마스킹의 특징
㉠ 저음이 고음을 잘 마스킹한다.
㉡ 두 음의 주파수가 비슷할 때는 마스킹 효과가 대단히 커진다.
㉢ 두 음의 주파수가 거의 같을 때는 맥동이 생겨 마스킹 효과가 감소한다.
※ ④는 도플러 효과에 대한 설명이다.

25. 진동 차단기의 기본 요구 조건 중 틀린 것은? [18-1]
① 온도, 습도, 화학적 변화 등에 대해 견딜 수 있어야 한다.
② 차단하려는 진동의 최저 주파수보다 큰 고유 진동수를 가져야 한다.
③ 차단기의 강성은 그에 부착된 진동 보호 대상체의 구조적 강성보다 작아야 한다.
④ 강성은 충분히 작아 차단 능력이 있되 작용하는 하중을 충분히 받칠 수 있어야 한다.

해설 진동 차단기의 기본 요구 조건
㉠ 강성이 충분히 작아서 차단 능력이 있어야 한다.
㉡ 강성은 작되 걸어준 하중을 충분히 받칠 수 있어야 한다.
㉢ 온도, 습도, 화학적 변화 등에 의해 견딜 수 있어야 한다.
㉣ 차단기의 강성은 그에 부착된 진동 보호 대상체의 구조적 강성보다 작아야 한다.
㉤ 차단하려는 진동의 최저 주파수보다 작은 고유 진동수를 가져야 한다.

26. 직접 오는 소음은 소음원으로부터 거리가 2배 증가함에 따라 약 얼마나 감소하는가? [09-1, 19-1]
① 2dB ② 4dB ③ 6dB ④ 8dB

해설 음압 레벨(음압도, sound pressure level, SPL)
$$SPL = 20\log\left(\frac{P}{P_0}\right) = 20\log\left(\frac{1}{2}\right) \fallingdotseq -6.02\,dB$$

27. 회전기계의 이상 현상에서 고주파의 발생에 따른 이상 현상으로 적합한 것은 어느 것인가? [13-2]
① 오일 휩   ② 미스얼라인먼트
③ 언밸런스 ④ 유체음

해설 고주파 : 공동 현상(cavitation), 유체음 등

28. 모터와 펌프의 두 축심을 어긋난 상태로 연결했을 때 발생하는 이상 진동 현상으로 회전 주파수의 $2f(2X)$ 성분이 크게 발생하는 것은? [09-2]
① 언밸런스(unbalance)
② 미스얼라인먼트(misalignment)
③ 기계적 풀림(looseness)
④ 공동(cavitation)

해설 미스얼라인먼트(misalignment)는 커플링 등에서 서로의 회전 중심선(축심)이 어긋난 상태로서 일반적으로는 정비 후에 발생하는 경우가 많다. 이때 야기된 진동은 항상 회전 주파수의 $2f(3f)$의 특성으로 나타나며, 높은 축 진동이 발생한다. 어긋난 축이 볼 베어링에 의하여 지지된 경우 특성 주

정답 24. ④ 25. ② 26. ③ 27. ④ 28. ②

파수가 뚜렷이 나타나며 미스얼라인먼트의 주요 발생 원인은 다음과 같다.
㉠ 휨 축이거나 베어링의 설치가 잘못되었을 경우
㉡ 축 중심이 기계의 중심선에서 어긋났을 경우

따라서 미스얼라인먼트 측정은 축 방향에 센서를 설치하여 측정되므로 축 진동의 위상각은 180°가 된다.

29. 롤링 베어링에 발생하는 진동의 종류가 아닌 것은? [07-1, 10-1, 16-2]
① 다듬면의 굴곡에 의한 진동
② 베어링 구조에 기인하는 진동
③ 베어링의 손상에 의한 진동
④ 베어링 선형성에 의한 진동

해설 롤링 베어링에서 발생하는 진동
㉠ 베어링의 구조에 기인하는 진동
㉡ 베어링의 비선형성에 의하여 발생하는 진동
㉢ 다듬면의 굴곡에 의한 진동
㉣ 베어링의 손상에 의하여 발생하는 진동

30. 다음 중 윤활유의 작용으로 감마 작용을 설명한 것은? [07-3]
① 마찰로 발생한 열을 흡수하여 역으로 방출하는 작용
② 마찰을 감소하고 마모와 소착을 방지하는 작용
③ 활동 부분에 작용하는 힘을 분산하여 균일하게 하는 작용
④ 윤활 개소의 혼입 이물을 무해한 형태로 바꾸는 작용

해설 감마 작용 : 윤활 개소의 마찰을 감소하고 마모와 소착을 방지한다. 결과로서 소음 방지도 한다.

31. 그리스를 가열했을 때 반고체 상태의 그리스가 액체 상태로 되어 떨어지는 최초의 온도로 그리스의 내열성을 평가하는 기준이 되는 것은? [19-3]
① 이유도
② 적하점
③ 침투점
④ 산화 안정도

해설 적하점은 그리스의 내열성 및 사용 온도를 결정하는 기준이다.

32. 기름을 회전체에 떨어뜨려 미립자 또는 분무 상태로 만들어 급유하는 밀폐부의 급유법은? [07-3, 13-1]
① 링 급유법
② 나사 급유법
③ 중력 급유법
④ 비말 급유법

해설 비말 급유법 : 기계 일부의 운동부가 기름 탱크 내의 유면에 접촉하여 기름의 미립자 또는 분무 상태로 급유하는 방법

33. 다음 중 윤활유의 열화 방지법이 아닌 것은? [11-1]
① 고온은 가능한 피한다.
② 기름의 혼합 사용은 극력 피한다.
③ 신기계 도입 시는 충분히 세척 후 사용한다.
④ 교환 시는 열화유를 조금 남기고 교환한다.

해설 윤활유의 열화 방지법
㉠ 고온은 가능한 피한다.
㉡ 기름의 혼합 사용은 극력 피한다.
㉢ 신기계 도입 시는 충분히 세척(flushing)을 행한 후 사용한다.
㉣ 교환 시 열화유를 완전히 제거한다.
㉤ 협잡물(挾雜物)(수분, 먼지, 금속 마모분, 연료유) 혼입 시는 신속히 제거한다.
㉥ 연 1회 정도는 세척을 실시하여 순환 계통을 청정하게 유지한다.

정답 29. ④ 30. ② 31. ② 32. ④ 33. ④

ⓒ 사용유는 가능한 원심 분리기 백토 처리 등의 재생법을 사용하여 재사용한다.
ⓓ 경우에 따라 적당한 첨가제를 사용한다.
ⓔ 급유를 원활하게 한다.

34. 다음 중 설비의 분류가 바르게 연결된 것은? [12-1, 19-3]
① 관리 설비-인입선 설비, 도로, 항만 설비, 육상 하역 설비, 저장 설비
② 유틸리티 설비-기계, 운반 장치, 전기 장치, 배관, 조명, 냉난방 설비
③ 판매 설비-서비스 스테이션(service station), 서비스 숍(service shop)
④ 생산 설비-건물, 공장 관리 설비 및 보조 설비, 복리 후생 설비

[해설] ㉠ 관리 설비-건물, 공장 관리 설비 및 보조 설비, 복리 후생 설비
㉡ 유틸리티 설비-증기, 전기, 공업 용수, 냉수, 불활성 가스, 연료 등
㉢ 생산 설비-기계, 운반 장치, 전기 장치, 배관, 계기, 배선, 조명, 냉난방 설비
㉣ 수송 설비-인입선 설비, 도로, 항만 설비, 육상 하역 설비, 저장 설비

35. 설비 배치에서 설비의 요소 면적 결정 방법이 아닌 것은? [18-1]
① 변환법 ② 계산법
③ 이분법 ④ 비율 경향법

[해설] 소요 면적의 결정 방법에는 계산법, 변환법, 표준 면적법, 개략 레이아웃법, 비율 경향법 등이 있으나, 계산법과 변환법이 많이 사용되고 있다.

36. 다음의 상황은 그림과 같은 그래프에서 어느 구역의 고장기에 해당하는가? [19-2]

펌프를 사용하던 중 축봉부의 누설로 인해 목표한 양정이 되지 않음을 발견하여 메커니컬 실을 교체한 후 계속 정상 가동하였다.

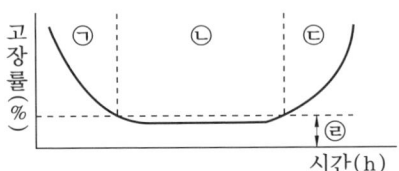

① ㉠ 구역   ② ㉡ 구역
③ ㉢ 구역   ④ ㉣ 구역

[해설] 우발 고장기 : 이 기간 동안은 고장 정지 시간을 감소시키는 것이 가장 중요하므로 설비 보전원의 고장 개소의 감지 능력을 향상시키기 위한 교육 훈련이 필요하게 된다. 또한 거의 일정한 고장률을 저하시키기 위해서 개선, 개량이 절대 필요하며, 예비품 관리가 중요하게 된다.

37. 설비 경제성 평가 방법 중 평균 이자법에서 연간 비용 산출식으로 옳은 것은 어느 것인가? [18-2]
① 연간 비용=정액 상각비+세금+연평균 가동비
② 연간 비용=설비 구입비+평균 이자+연평균 가동비
③ 연간 비용=정액 상각비+평균 이자+연평균 가동비
④ 연간 비용=정액 상각비+평균 이자+정지 손실비

[해설] 평균 이자법 : 연간 비용으로서 정액제에 의한 상각비와 평균 이자 및 가동비를 취한 방법이며, 연간 비용은 상각비+평균 이자+가동비로 구한다.

정답 34. ③ 35. ③ 36. ② 37. ③

38. 설비의 정비 계획 시에 주간 보전 계획의 6S 활동이 아닌 것은? [08-1]
① 정리 ② 의식화
③ 분석 ④ 청소

해설 정기 점검은 기계 정지 중에 주로 행해지며 각종 계측기를 사용하여 설비의 정도 유지, 부품의 사전 교환을 목적으로 정비원을 중심으로 행해진다. 각 설비마다 점검표(check list)를 작성하고 그 점검 결과를 자료로 저장하여 이 자료들을 해석하고 검토하여 교환 주기, 분해 점검 주기 등을 정확히 판단해서 정비 계획을 경제성이 높게 수립하는 것이 정비원에게 부여된 중요한 임무이다. 6S 활동은 정리, 정돈, 청소, 청결, 습관화, 안전 운동을 말한다.

39. 배관 교체, 기타 변경 공사 등 조업상의 요구에 의해서 하는 공사는? [17-2]
① 개수 공사
② 예방 수리 공사
③ 보전 개량 공사
④ 일반 보수 공사

해설 개수 공사 : 조업상의 요구에 의해서 하는 개량 공사(배관 교체, 기타 변경 공사 등)

40. 설비 효율화를 저해하는 로스(loss)에 해당하지 않는 것은? [09-3, 18-2]
① 고장 로스
② 속도 로스
③ 가동 로스
④ 작업 준비·조정 로스

해설 6대 로스 : 고장 로스, 작업 준비·조정 로스, 일시 정체 로스, 속도 로스, 불량·수정 로스, 초기·수율 로스

제3과목 기계 보전, 용접 및 안전

41. 결합이나 위치 결정보다 볼트 너트의 풀림 방지에 쓰이며, 큰 강도가 요구되지 않는 곳에 사용되는 핀은 무엇인가? [08-3]
① 평행 핀
② 분할 핀
③ 테이퍼 핀
④ 슬롯 테이퍼 핀

해설 분할 핀의 경우는 결합이나 위치 결정이라기보다 이음 핀의 빠짐 방지나 볼트 너트의 풀림 방지 등에 쓰며 큰 강도를 기대할 수 없다. 한 번 쓴 것은 사용하지 않아야 하며 부착할 때는 넓혀 둘 것 등에 주의하고, 빠짐 방지의 분할 핀이 빠지거나 혹은 넣는 것을 잊어버리면 사고를 일으키는 원인이 된다. 볼트 또는 기계 부품의 위치 결정용은 평행 핀이다.

42. 축의 회전수가 1600rpm일 때 센터링 기준값으로 적정한 것은? [08-1, 13-1]
① 원주 간 방향 0.03mm, 면간 차 0.01mm
② 원주 간 방향 0.06mm, 면간 차 0.03mm
③ 원주 간 방향 0.08mm, 면간 차 0.05mm
④ 원주 간 방향 0.10mm, 면간 차 0.08mm

해설 센터링 기준값

	센터링 기준	
RPM	1800까지	3600까지
A	0.06 mm/m	0.03 mm/m
B	0.03 mm/m	0.02 mm/m
C	3~5 mm/m	3~5 mm/m

A : 원주 간 방향
B : 면간 차
C : 면간

정답 38. ③ 39. ① 40. ③ 41. ② 42. ②

43. 다음 중 기어의 치면 열화가 아닌 것은? [07-1, 10-1]

① 습동 마모
② 소성 항복
③ 표면 피로
④ 과부하 절손

해설 이면의 열화

마모	정상 마모, 습동 마모, 과부하 마모, 줄 흔적 마모
소성 항복	압연 항복(로징), 피닝 항복, 파상 항복
용착	가벼운 스코어링, 심한 스코어링
표면 피로	초기 피칭, 파괴적 피칭, 피칭(스폴링)
기타	부식 마모, 버닝, 간섭, 연삭 파손

44. 브레이크의 설명 중 맞는 것은?

① 기계의 전기적 에너지를 운동 에너지로 바꾼다.
② 밴드 브레이크는 큰 제동력을 얻기 어렵다.
③ 운동 속도를 감속하거나 정지시킨다.
④ 블록 브레이크는 큰 제동력을 얻는다.

45. 배관 정비에서 누설에 관한 설명으로 틀린 것은? [13-3, 18-2]

① 나사부의 정비 등으로 탈·부착을 반복함으로써 나타난 마모는 누설과 관계가 없다.
② 나사부에서 증기, 물 등의 누설은 관의 나사 부분을 부식시켜 강도 저하, 균열, 파단의 원인이 된다.
③ 배관 이음쇠 용접부의 일부에 균열이 생겨 누설이 진행되면 파단에 이르기도 하므로 조기 발견이 중요하다.
④ 비틀어 넣기부 배관의 나사부에서 누설 시 그 상태로 밸브나 관을 더 조이면 반드시 반대 측의 나사부에 풀림이 생겨 누설 개소가 이동한다.

해설 반복적인 나사부 탈·부착에 의한 마모는 누설의 원인이 된다.

46. 송풍기의 토출 측 압력 게이지가 200 mmHg일 때 절대 압력은 얼마인가? (단, 대기압은 표준 대기압으로 한다.) [08-3]

① $1.8 kgf/cm^2$
② $1.3 kgf/cm^2$
③ $0.7 kgf/cm^2$
④ $0.5 kgf/cm^2$

해설 절대압(kgf/cm^2로 환산)=게이지압+대기압=$0.271902+1.033≒1.30 kgf/cm^2$

47. 압축기에서 발생한 고온의 압축공기를 그대로 사용하면 패킹의 열화를 촉진하거나 기기에 나쁜 영향을 주므로 이 압축공기를 냉각하는 기기는? [07-1]

① 애프터 쿨러
② 필터
③ 공기 건조기
④ 방열기

해설 공기 냉각기(애프터 쿨러)는 압축기에서 나온 뜨거운 압축공기를 냉각함으로써 수증기의 약 60% 정도를 제거한다.

48. 전동기의 고장 중 과열의 원인으로 틀린 것은? [12-3, 17-3]

① 과부하 운전
② 냉각팬에 의한 발열
③ 빈번한 기동 및 정지
④ 베어링부에서의 과열

해설 전동기에 설치되어 있는 냉각팬은 열을 억제하는 역할을 담당한다.

49. 다이얼 게이지 인디케이터를 "0"점에 맞추는 시기로 적합한 것은? [12-3, 15-3]

정답 43. ④ 44. ③ 45. ① 46. ② 47. ① 48. ② 49. ②

① 하루에 한 번
② 매 측정하기 전에
③ 인디케이터 교정 시
④ 처음 측정하기 전에 한 번

해설 인디케이터 하우징의 힘을 조정하여 바늘이 정확히 0점에 오도록 다이얼을 맞추는 절차를 인디케이터 0점 조정(zeroing)이라 하고 매 측정하기 전에 0점 조정을 실시한다.

50. 드릴링 머신에 의한 가공 방법 중에서 육각 구멍 붙이 볼트, 둥근 머리 볼트의 머리를 공작물에 묻히게 하는 가공은?

① 카운터 싱킹 ② 리밍
③ 카운터 보링 ④ 스폿 페이싱

해설 드릴링 머신 작업

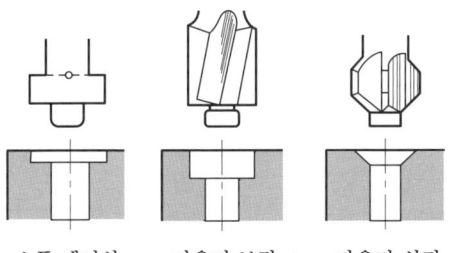

스폿 페이싱   카운터 보링   카운터 싱킹

51. 공구의 마멸 형태 중에서 주철과 같이 메짐이 있는 재료를 절삭할 때 생기는 것은?

① 경사면 마멸
② 여유면 마멸
③ 치핑(chipping)
④ 확산 마멸

해설 ㉠ 치핑(chipping)
• 공구 날 모서리의 미소한 결손
• 공작기계의 진동, 단속 절삭 등의 기계적 작용에 의해 발생

• 깨지기 쉬운 초경 공구나 세라믹 공구에 잘 생기며, 고속도강 공구에서는 드물게 발생
㉡ 경사면 마멸(크레이터 마멸, crater wear)
• 공구 경사면 상에 움푹 패이는 마멸
• 칩과 경사면의 마찰에 의해 고온·고압으로 생긴 열적 마멸
㉢ 여유면 마멸(플랭크 마멸, flank wear)
• 공구 여유면이 후퇴하는 마멸
• 노즈 반경부의 마멸 폭이 크게 되어 노즈 마멸이라고 함
• 노즈 마멸이 크게 되는 것은 일반적으로 고속 절삭의 경우에 많이 발생

52. 용접 용어에 대한 정의를 설명한 것으로 틀린 것은?

① 모재 : 용접 또는 절단되는 금속
② 다공성 : 용착 금속 중 기공이 밀집한 정도
③ 용락 : 모재가 녹은 깊이
④ 용가재 : 용착부를 만들기 위하여 녹여서 첨가하는 금속

해설 ㉠ 용락 : 모재가 녹아 쇳물이 떨어져 흘러내리면서 구멍이 생기는 것
㉡ 용입 : 모재가 녹은 깊이

53. 맞대기 용접 이음에서 홈의 루트 간격이 중요하다. 특히 서브머지드 아크 용접의 경우는 잘못하면 용락되기 쉬우므로 이를 제한하는데 어느 정도로 제한하는가?

① 0.8mm 이하 ② 1.0mm 이하
③ 1.2mm 이하 ④ 1.5mm 이하

해설 서브머지드 아크 용접의 루트 간격은 0.8mm 이내이며, 그 이상으로 넓을 때는 용락의 위험성이 있다.

정답 50. ③ 51. ② 52. ③ 53. ①

54. 다음은 TIG 용접의 특징과 용도를 설명한 것이다. 틀린 것은?

① MIG 용접에 비해 용접 능률은 뒤지나 용접부 결함이 적어 품질의 신뢰성이 비교적 높다.
② 작은 전류에서도 아크가 안정되어 후판의 용접에 적합하다.
③ 박판의 용접 시에는 용가재를 사용하지 않고 용접하는 경우도 있다.
④ 비용극식에는 전극으로부터의 용융 금속의 이행이 없어 아크의 불안정, 스패터의 발생이 없으므로 작업성이 매우 좋다.

[해설] TIG 용접법은 작은 전류에서도 아크가 안정되고 박판의 용접에 적합하여 주로 0.6~3.2 mm의 범위의 판 두께에 많이 사용된다.

55. CO_2 용접 시 박판, 중판, 후판의 용접에 사용되는 적정한 와이어의 직경(mm)이 아닌 것은?

① 박판 : 0.5~0.89
② 중판 : 0.9~3.2
③ 중판 : 1.2~1.6
④ 후판 : 3.2

[해설] 중판에서 와이어의 직경은 1.2~1.6 mm이다.

56. 용접 열 영향부에 생기는 균열에 해당되지 않는 것은?

① 비드 밑 균열(under bead crack)
② 세로 균열(longitudinal crack)
③ 토 균열(tor crack)
④ 라멜라 티어 균열(lamella tear crack)

[해설] 세로 균열 : 용접 방향과 같거나 평행하게 발생하는 균열이다. 보통 용접선의 중심에 나타나며, 주로 크레이터 균열의 확장 때문에 발생하고 용접부가 냉각할 때 표면으로의 확장이 발생한다.

57. 용접 변형을 최소화하기 위한 대책 중 잘못된 것은?

① 용착 금속량을 가능한 적게 할 것
② 용접부의 구속을 작게 하고 용접 순서를 일정하게 할 것
③ 포지셔너 지그를 유효하게 활용할 것
④ 예열을 실시하여 구조물 전체의 온도가 균형을 이루도록 할 것

[해설] 용접 변형의 방지 대책
㉠ 용접 전 변형의 발생을 경감시키는 조치가 필요하다.
㉡ 일반적으로 면 내 변형에 대한 대책은 용이하지만 면 외 변형 방지는 곤란한 경우가 많다. 구속력을 크게 하고 변형을 저지하는 것이 가장 효과적이지만, 이것에 의해 잔류 응력이 크게 되고 용접 균열이 발생된다.
㉢ 용접 작업 전 변형 방지법 : 억제법, 역변형법
㉣ 용접 시공에 의한 방법 : 대칭법, 후퇴법, 스킵법, 스킵 블록법
㉤ 모재로 입열을 막는법 : 도열법
㉥ 용접부의 변형과 응력 제거 방법 : 응력 완화법, 풀림법, 피닝법 등

58. 드릴 머신에서 얇은 판에 구멍을 뚫을 때 가장 좋은 방법은?

① 손으로 잡는다.
② 바이스에 고정한다.
③ 판 밑에 나무를 놓는다.
④ 테이블 위에 직접 고정한다.

[정답] 54. ② 55. ② 56. ② 57. ② 58. ③

[해설] 얇은 판에 구멍을 뚫을 때 밑에 나무를 놓고 뚫으면 판이 갈라지거나 회전하는 일이 적다.

59. 조명 장치 설계 시 고려하여야 할 요소가 아닌 것은?

① 가급적 많은 광도
② 광원이나 작업 표면의 광도
③ 손놀림에 적당한 광도
④ 과업에 대해 균일한 광도

[해설] 작업에 따라 알맞은 광도가 좋다.

60. 안전 검사 대상 기계가 아닌 것은?

① 곤돌라　　② 용접기
③ 압력 용기　　④ 컨베이어

[해설] 안전 검사 대상 기계
㉠ 프레스 및 전단기
㉡ 크레인(정격 하중 2톤 미만인 것은 제외)
㉢ 리프트 및 곤돌라
㉣ 압력 용기 및 컨베이어
㉤ 국소 배기 장치(이동식은 제외)
㉥ 원심기(산업용만 해당)
㉦ 롤러기(밀폐형 구조 제외)
㉧ 사출 성형기(형 체결력 294 kN 미만은 제외)
㉨ 고소 작업대(화물 자동차 또는 특수 자동차에 탑재한 고소 작업대로 한정)

정답 59. ①　60. ②

| 설비보전 산업기사 | **제5회 CBT 대비 실전문제** |

제1과목 공유압 및 자동 제어

1. A_1의 면적은 30 cm²이고 유속 V_1은 2m/s이다. A_2의 면적이 10cm²일 때 유속 V_2[m/s]는 얼마인가? [18-2]

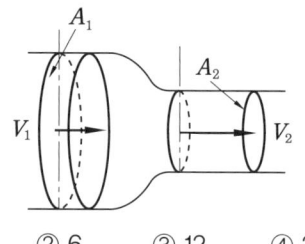

① 3   ② 6   ③ 12   ④ 24

해설 $Q = A_1 V_1 = A_2 V_2$

2. 압축기는 변동하는 공기의 수요에 공급량을 맞추기 위해 적절한 조절 방식에 의해 제어된다. 다음 중 무부하 조절 방식이 아닌 것은? [06-1]

① 배기 조절 방식
② 흡입량 조절 방식
③ 차단 조절 방식
④ 그립-암 조절 방식

해설 무부하 조절 방식에는 배기 제어, 차단 제어, 그립-암 제어가 있다.

3. 공압 모터의 장점이 아닌 것은? [10-2]

① 회전수와 토크를 자유롭게 조정할 수 있다.
② 다른 원동기에 비해 온도, 습도의 영향이 적다.
③ 에너지 변환 효율이 매우 높다.
④ 폭발의 위험성이 있는 곳에서도 안전하다.

해설 공압 모터의 특징

㉠ 장점
- 값이 싼 제어 밸브만으로 속도, 토크를 자유롭게 조절할 수 있어 속도 범위가 크다.
- 과부하 시에도 아무런 위험이 없고, 폭발성도 없다.
- 시동, 정지, 역전 등에서 어떤 충격도 일어나지 않고 원활하게 이루어진다.
- 에너지를 축적할 수 있어 정전 시 비상용으로 유효하다.

㉡ 단점
- 에너지의 변환 효율이 낮고, 배출음이 크다.
- 이물질에 민감하고, 공기의 압축성 때문에 제어성이 그다지 좋지 않다.
- 부하에 의한 회전 때문에 변동이 크고, 일정 속도를 높은 정확도로 유지하기가 어렵다.

4. 공압기기에서 비접촉식 감지 장치가 아닌 것은? [15-2]

① 압력 증폭기
② 반향 감지기
③ 배압 감지기
④ 공기 배리어(barrier)

해설 비접촉식 감지 장치를 공압에서는 근접 감지 장치라 하고, 이의 원리에는 자유 분사 원리(free jet principle)와 배압 감지(back pressure sensor) 원리의 두 가지가 있다.

정답 1. ② 2. ② 3. ③ 4. ①

5. 제어 시스템에서 신호 발생 요소의 작동 상태를 알 수 있으며 시퀀스 상의 간섭 유무를 판별할 수 있는 것은? [18-1]

① 논리도　　② 제어 선도
③ 내부 결선도　　④ 변위 단계 선도

해설 제어 선도(control diagram) : 신호 발생 요소의 신호 영역을 프로그램 플로 차트의 기호 ON-OFF 표시 방식으로 표현함으로써 각 신호 발생 요소의 작동 상태를 알 수 있으며, 각 신호 발생 요소 간의 신호 간섭 현상을 예측할 수 있다. 이 선도는 제어 시스템에 발생되는 신호 간섭의 원인 파악이 가능하여 간섭 해결의 방안을 모색할 수 있다.

6. 유압 장치의 구성 요소와 해당 기기의 연결이 옳은 것은? [19-3]

① 동력원-전동기, 엔진, 윤활기
② 동력 장치-오일 탱크, 유압 모터
③ 구동부-실린더, 유압 펌프, 요동 액추에이터
④ 제어부-압력 제어 밸브, 유량 제어 밸브, 방향 제어 밸브

해설 ㉠ 동력원-전동기, 엔진
㉡ 동력 장치-오일 탱크, 유압 펌프
㉢ 구동부-실린더, 유압 모터, 요동 액추에이터

7. 유압 장치의 특성에 대해 잘못 설명된 것은? [12-3]

① 큰 힘을 낼 수 있다.
② 공압에 비해 작업 속도가 빠르다.
③ 무단 변속이 가능하다.
④ 균일한 속도를 얻을 수 있다.

해설 작업 속도는 유압에 비해 공압이 빠르다.

8. 다음은 3위치 4포트 밸브 중 클로즈 센터형 밸브에 대한 설명이다. 밸브의 설명으로 옳지 않은 것은? [07-1]

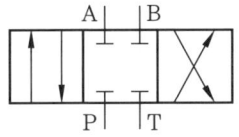

① 실린더를 임의의 위치에서 정지시킬 수 있다.
② 중립 위치에서 펌프를 무부하시킬 수 있다.
③ 1개의 펌프로 2개 이상의 실린더를 작동시킬 수 있다.
④ 급격한 밸브 전환 시 서지압(surge pressure)이 발생된다.

해설 클로즈 센터형 밸브는 중립 위치에서 펌프를 무부하시킬 수 없다.

9. 유압 작동유의 구비 조건으로 맞지 않는 것은? [12-3]

① 비압축성이어야 한다.
② 적절한 점도가 유지되어야 한다.
③ 발생되는 열을 잘 보관, 저장하여야 한다.
④ 녹이나 부식이 생기지 않고 장시간 사용에도 화학적으로 안정되어야 한다.

해설 열에 의하여 점도가 변하는 것을 방지하기 위해 유압 작동유의 발생열을 잘 방출하여야 한다.

10. 유압 펌프가 기름을 토출하지 않고 있다. 다음 중 검사 방법이 적합하지 않은 것은? [17-3]

① 펌프의 온도를 측정한다.
② 펌프의 흡입 쪽을 검사한다.
③ 펌프의 상태를 검사한다.
④ 펌프의 회전 방향을 확인한다.

정답 5. ②　6. ④　7. ②　8. ②　9. ③　10. ①

해설 ㉠ 펌프의 회전 방향 확인
㉡ 흡입 쪽 검사 : 오일 탱크에 오일량의 적정량 여부, 석션 스트레이너의 막힘 여부, 흡입관으로 공기를 빨아들이지 않는지, 점도의 적정 여부
㉢ 펌프의 정상 상태 검사 : 축의 파손 여부, 내부 부품의 파손 여부를 위한 분해·점검, 분해 조립 시 부품의 누락 여부

11. 전기회로에서 일어나는 과도 현상은 그 회로의 시정수와 관계가 있다. 이 사이에 관계를 바르게 표현한 것은? [09-2, 19-2]
① 시정수는 과도 현상의 지속 시간에는 상관하지 않는다.
② 시정수가 클수록 과도 현상은 빨라진다.
③ 회로의 시정수가 클수록 과도 현상은 오래 지속된다.
④ 시정수의 역이 클수록 과도 현상은 천천히 사라진다.

해설 시정수(time constant) : 물리량이 시간에 대해 지수 관수적으로 변화하여 정상치에 달하는 경우, 양이 정상치의 63.2%에 달할 때까지의 시간이며, 회로의 시정수가 클수록 과도 현상은 오래 지속된다.

12. 조절계에서 PID 제어와 관계없는 것은? [13-3]
① 비례 제어   ② 적분 제어
③ 미분 제어   ④ ON-OFF 제어

해설 조절계에서 PID 제어란 비례-적분-미분 제어를 말한다.

13. 다음 중 SCR의 올바른 전원 공급 방법인 것은? [16-3]

① 애노드 (−)전압, 캐소드 (+)전압, 게이트 (−)전압
② 애노드 (−)전압, 캐소드 (+)전압, 게이트 (+)전압
③ 애노드 (+)전압, 캐소드 (−)전압, 게이트 (−)전압
④ 애노드 (+)전압, 캐소드 (−)전압, 게이트 (+)전압

해설 게이트에 전압을 공급하지 않고 애노드에 (+)전압, 캐소드에 (−)전압을 가하면 역방향 전압이 되어 애노드로부터 캐소드로 전류가 흐르지 못한다. 이때를 SCR의 순저지 상태라 한다.

14. 누전 검사를 하고자 할 때 사용되는 계기는?
① 메가   ② 멀티테스터
③ 후크 미터   ④ 만능 회로 시험기

해설 누전 검사는 메가를 이용한다.

15. 계측계의 동작 특성 중 다음 그림과 같이 시간 지연에 의해 임의의 순간에 입력 신호값과 출력 신호값의 차(E)가 발생하는 동특성은? (단, I : 입력 신호, M : 출력 신호) [10-1]

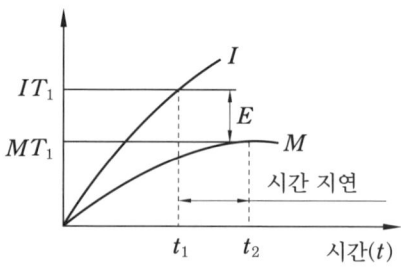

① 시간 지연과 동오차
② 시간 지연과 정오차
③ 히스테리시스 오차
④ 입출력 신호의 직선성

해설 동오차 : 임의의 순간에 참값과 지싯값 사이의 차

16. 변위, 길이 등을 감지 대상으로 하는 센서가 아닌 것은? [18-2]
① 로드 셀 ② 퍼텐쇼미터
③ 차동 트랜스 ④ 콘덴서 변위계

해설 로드 셀의 특징
㉠ 중량을 전기 신호로 변환해서 높은 정밀도(1/1000~1/5000)의 측정이 가능하며, 동적으로 측정할 수 있다.
㉡ 수 g에서부터 수백 ton의 것까지 제작 가능하다.
㉢ 구조가 간단하고 가동부가 없어 수명이 반영구적이다.
㉣ 검출 방식이 전기식이므로 임의의 장소에 하중을 신호로 전송할 수 있으며 아날로그 표시, 디지털 표시, 제어 등을 자유로이 할 수 있다.
㉤ 보통 완전히 밀폐된 구조로 되어 있어 내부의 스트레인 게이지가 습도의 영향을 받지 않도록 되어 있다. 그러나 최근에는 여러 형태의 방습 방법이 취해져 완전히 밀폐 구조가 아닌 것도 있다.

17. 정보의 정의역이 어느 구간에서 모든 점으로 표시되는 신호로서 시간과 정보가 모두 연속적인 신호는? [14-2, 17-1]
① 연속 신호 ② 이산 시간 신호
③ 디지털 신호 ④ 아날로그 신호

18. 다음 설명 중 틀린 것은? [16-3]
① 오버슈트는 응답 중에 생기는 입력과 출력 사이의 편차량을 말한다.
② 지연 시간(delay time)이란 응답이 최초로 희망값의 30% 진행되는데 요하는 시간이다.
③ 상승 시간(rise time)이란 응답이 희망값의 10%에서 90%까지 도달하는데 요하는 시간이다.
④ 정정 시간(settling time)은 응답의 최종값 허용 범위가 5~10% 내에 안정되기까지 요하는 시간이다.

해설 지연 시간(delay time)이란 응답이 최초 희망값의 50% 진행되는데 요하는 시간이다.

19. 스텝각 1.8°인 스테핑 모터의 제원이 그림과 같을 때 기어비를 구하면 얼마인가? (단, 스텝 이동량 $d=0.01$ mm/pulse 이다.) [05-3]

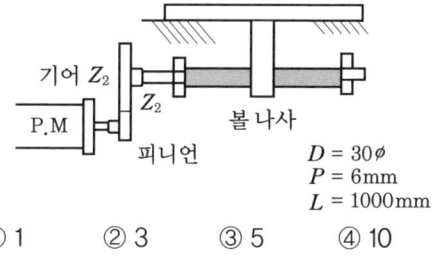

① 1 ② 3 ③ 5 ④ 10

해설 $\frac{360}{1.8}=200$,

$200 \times 0.01 = 2$, ∴ $\frac{2}{P(6)} = \frac{1}{3}$

20. 회전하고 있는 전동기를 역회전되도록 접속을 변경하면 급정지한다. 압연기의 급정지용으로 이용되는 제동 방식은?
① 플러깅 제동 ② 회생 제동
③ 다이나믹 제동 ④ 와류 제동

해설 플러깅 제동을 역상 제동이라 한다.

제2과목　설비 진단 및 관리

21. 설비 진단 기술을 도입함으로써 얻을 수 있는 일반적인 효과로 보기 어려운 것은? [13-2]
① 경험적인 지식을 활용하여 설비를 평가하기 때문에 고장의 정도를 정량화하기 위한 노력이 불필요하다.
② 경향 관리를 실행함으로써, 설비의 수명을 예측하는 것이 가능하다.
③ 돌발적인 중대 고장 방지를 도모하는 것이 가능하다.
④ 정밀 진단을 실행함에 따라 설비의 열화 부위, 열화 내용 정도를 알 수 있기 때문에 오버홀이 불필요해진다.

해설 점검원이 경험적인 기능과 진단기기를 사용하면 보다 정량화할 수 있어 누구라도 능숙하게 되면 동일 레벨의 이상 판단이 가능해 진다.

22. 외력이나 외부 토크가 연속적으로 가해짐으로써 생기는 진동은? [06-1, 06-3, 15-2]
① 공진　② 강제 진동
③ 고유 진동　④ 자유 진동

해설 어떤 계가 연속적으로 외력을 받고 진동한다면 강제 진동이다.

23. 질량 m에 의해 인장 스프링의 길이가 δ만큼 늘어날 때 δ가 인장 스프링에 비례한다면 질량(m)과 늘어난 길이(δ), 고유 진동수(W_n)의 관계가 올바르게 설명된 것은? [10-2]
① 질량 m이 클수록 고유 진동수가 높아진다.
② 늘어난 길이 δ가 작을수록 고유 진동수가 낮아진다.
③ 늘어난 길이 δ가 클수록 고유 진동수가 높아진다.
④ 늘어난 길이 δ가 클수록 고유 진동수가 낮아진다.

24. 진동을 측정할 때 회전하는 축을 기준으로 진동 센서를 부착하여 측정하려고 한다. 진동 측정 방향이 아닌 것은? [17-2]
① 축 방향　② 수직 방향
③ 경사 방향　④ 수평 방향

해설 진동 센서를 이용하여 기계 설비의 진동을 측정하는 경우에 H방향, V방향, A방향으로 측정한다.

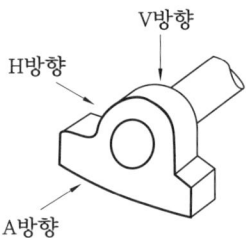

25. 일반적으로 사람이 들을 수 있는 주파수의 범위는? [09-2, 12-1, 14-3, 20-3]
① 0.2~30000 Hz
② 0.1~10000 Hz
③ 10~30000 Hz
④ 20~20000 Hz

해설 가청 주파수는 20 Hz~20 kHz이다.

26. 음의 지향 지수(DI)에 대한 설명 중 틀린 것은? [14-2]
① 음원이 자유 공간에 있을 때 DI는 0 dB이다.
② 반자유 공간(바닥 위)에 음원이 있을 때 DI는 +3 dB이다.

정답 21. ①　22. ②　23. ④　24. ③　25. ④　26. ④

③ 두 면이 접하는 구석에 음원이 있을 때 DI는 +6dB이다.
④ 세 면이 접하는 구석에 음원이 있을 때 DI는 +12dB이다.

해설 세 면이 접하는 구석에 음원이 있을 때 DI는 +9dB이다.

27. 진동 차단기로 이용되는 패드의 재료로서 적합하지 않은 것은? [08-1, 14-2]
① 스펀지 고무 ② 파이버 글라스
③ 코르크 ④ 알루미늄 합금

해설 진동 차단기 재료 : 강철 스프링, 천연 고무 혹은 합성고무 절연재, 패드(스펀지 고무, 파이버 글라스, 코르크)

28. 다음 중 진동 소음에 관한 설명으로 옳은 것은? [14-1, 20-2]
① 소음은 진동과 전혀 상관없다.
② 공진은 고유 진동수와 상관없다.
③ 투과 손실은 반사값만 계산한다.
④ 이론상으로 차음벽 무게를 2배 증가시키면 투과 손실은 6dB 증가한다.

해설 이론상으로 차음벽 무게를 2배 증가시키면 투과 손실은 6dB 증가하나 실제로는 4~5dB 증가한다.

29. 측정된 진동값에 대하여 정상값인지 이상값인지를 판정하는 기준의 종류가 아닌 것은? [11-3, 17-3]
① 절대 판정 기준 ② 절충 판정 기준
③ 상대 판정 기준 ④ 상호 판정 기준

해설 설비의 판정 기준으로는 절대 판정 기준, 상대 판정 기준 및 상호 판정 기준이 있다.

30. 유체기계에서 국부적 압력 저하에 의하여 기포가 생기며 고압부에 도달하면 파괴되어 일반적으로 불규칙한 고주파 진동 음향이 발생하는 현상은? [08-3]
① 언밸런스 ② 미스얼라인먼트
③ 풀림 ④ 공동

해설 이상 현상의 특징

발생 주파수	이상 현상	진동 현상의 특징
고주파	공동 (cavitation)	유체기계에서 국부적 압력 저하에 의하여 기포가 생기며 고압부에 도달하여 파괴하여 일반적으로 불규칙한 고주파 진동 음향이 발생한다.
	유체음, 진동	유체기계에서 압력 발생 기구의 이상, 실기구의 이상 등에 의하여 발생하는 와류의 일종으로 불규칙성의 고주파 진동 음향이 발생한다.

31. 그리스(grease) 윤활이 유(oil) 윤활에 비해 나쁜 점은? [09-3]
① 냉각 작용 ② 누설
③ 급유 간격 ④ 먼지 칩입

해설 유 윤활이 냉각 효과가 더 크다.

32. 다음 급유법 중 가장 이상적인 급유법은 어느 것인가? [07-1]
① 유욕 급유법
② 적하 급유법
③ 강제 순환 급유법
④ 수 급유법

정답 27. ④ 28. ④ 29. ② 30. ④ 31. ① 32. ③

해설 강제 순환 급유법(forced circulation oiling) : 고압 고속의 베어링에 윤활유를 기름 펌프에 의해 강제적으로 밀어 공급하는 방법으로 고압($1\sim4\,kgf/cm^2$)으로 몇 개의 베어링을 하나의 계통으로 하여 기름을 강제 순환시키는 것이다. 즉, 배출된 기름은 다시 기름 탱크에 모이고 여과 냉각 후에 다시 기어 펌프로 순환된다. 내연기관 특히 고속도의 비행기, 자동차 엔진, 증기 터빈, 공작기계 등의 고급기관에 사용된다.

33. 구입 또는 설치된 설비가 사용자의 환경 변화나 또는 요구를 효율적 및 경제적 측면으로 만족시켜 주지 못할 때 설계 또는 부품의 일부를 공학적 또는 기술적인 방법으로 개조시키는 설비 보전 활동은 무엇인가? [11-2, 16-2]
① 개량 보전 ② 사후 보전
③ 예방 보전 ④ 보전 예방

해설 개량 보전 : 설비 자체의 체질 개선으로 수명이 길고 고장이 적으며, 보전 절차가 없는 재료나 부품을 사용할 수 있도록 개조, 갱신을 하여 열화 손실 또는 보전에 쓰이는 비용을 인하하는 방법

34. 연속 조업을 하는 공장에서 휴지 공사로 인한 보전의 최고 부하를 줄이는 방법으로 잘못된 것은? [09-2]
① 현장용 진동계를 이용하여 운전 중 검사한다.
② 바이패스 관로를 이용하여 운전 중에 밸브를 교환 수리한다.
③ 계통에 따라 순차적으로 기계를 정지시키고 수리한다.
④ 고장 부품은 교체하지 않고 즉시 정비한다.

해설 회전기계는 정기적으로 검사하여 회전부에 이상이 발생하면 즉시 수리한다. 회전기계는 설비의 운전 중에 진동 등을 측정하고 설비의 상태를 파악한다. 계측기 감속기 등은 예비품을 보유하고, 이상이 발생되면 교체하고 수리하여 예비품으로 보유한다.

35. 제품별 배치 형태의 장점을 설명한 것은? [10-2]
① 수요 변화가 있는 경우에 설비 변경이 어렵다.
② 단순 작업으로 인하여 작업자의 직무 만족이 떨어진다.
③ 생산 라인 중에서 한 부분이 고장나거나 원자재가 부족한 경우 전체 공정에 영향을 준다.
④ 재공품 재고의 수준이 낮고, 보관 면적이 적다.

해설 ①, ②, ③은 제품별 배치 형태의 단점이다.

36. 고장 분석에서 설비 관리의 목적인 최소 비용으로 최대 효율을 얻기 위해 계획, 진행하는 것과 관계없는 것은? [15-3, 20-3]
① 경제성의 향상 : 가능한 비용을 절감한다.
② 신뢰성의 향상 : 설비의 고장을 없게 한다.
③ 유용성의 향상 : 설비의 가동률을 높인다.
④ 보전성의 향상 : 고장에 의한 휴지 시간을 단축한다.

해설 유용성(有用性, availability) : 신뢰도와 보전도를 종합한 평가 척도로서 '어느 특정 순간에 기능을 유지하고 있는 확률'

37. 설비 보전 내용을 기록하였을 때 장점으로 가장 거리가 먼 것은? [06-1, 10-2, 14-3]

정답 33. ① 34. ④ 35. ④ 36. ③ 37. ③

① 설비 수리 주기의 예측이 가능하다.
② 설비 수리 비용의 예측 및 판단 자료가 된다.
③ 설비에서 생산되는 생산량을 파악할 수 있다.
④ 설비 갱신 분석의 자료로 활용할 수 있다.

38. 다음은 설비 보전 조직의 기본형과 특징을 설명한 것이다. 맞는 것은? [06-3]
① 집중 보전은 공장의 작업 요구에 대하여 충분한 인원을 동원할 수 있다.
② 지역 보전은 대수리 작업 처리가 쉽다.
③ 부분 보전은 보전비의 획득과 관리가 쉽다.
④ 절충 보전은 일정 작성이 곤란하다.

해설 보전 조직의 분류

분류	조직상	배치상
집중 보전	집중	집중
지역 보전	집중	분산
부분 보전	분산	분산
절충 보전	조합	조합

39. 설비를 만족한 상태로 유지하여 막을 수 있었던 생산상의 손실을 기회 손실이라 하는데 이러한 기회 손실에 해당하지 않는 것은? [06-1, 15-1]
① 휴지 손실   ② 준비 손실
③ 회복 손실   ④ 재고 손실

해설 기회 손실에는 생산량 저하 손실, 휴지 손실, 준비 손실, 회복 손실, 납기 지연 손실, 안전 재해에 의한 재해 손실 등이 있다.

40. 품질 개선 활동 시 사용하는 현상 파악 방법 중 공정에서 취득한 계량치 데이터가 여러 개 있을 때 데이터가 어떤 값을 중심으로 어떤 모습으로 산포하고 있는가를 조사하는데 사용하는 방법은? [17-1]
① 산정도   ② 그래프
③ 파레토도   ④ 히스토그램

제3과목 기계 보전, 용접 및 안전

41. 키(key) 맞춤 시 기본적인 주의사항으로 틀린 것은? [13-1, 16-1]
① 키 홈은 축심과 평행되지 않게 가공한다.
② 충분한 강도를 검토하여 규격품을 사용한다.
③ 키는 측면에 힘이 작용하므로 폭, 치수의 마무리가 중요하다.
④ 키의 각 모서리는 면 따내기를 하고, 양단은 큰 면 따내기를 한다.

해설 키 홈은 축심과 평행되게 가공한다.

42. 죔새가 있는 베어링을 축에 설치할 경우, 베어링의 적정 가열 온도는? [19-3]
① 90∼120℃
② 130∼150℃
③ 160∼180℃
④ 190∼210℃

해설 보통 90∼120℃로 가열, 베어링의 안지름을 팽창시켜 조립한다.

43. 수격 현상에 의해 발생되는 피해 현상이 아닌 것은? [12-1, 14-3, 18-2, 19-1]
① 압력 강하에 따른 관로가 파손 발생
② 펌프 및 원동기의 역회전 과속에 따른 사고 발생
③ 수격 현상 상승압에 따라 펌프, 밸브, 관로 등의 파손 발생

정답 38. ① 39. ④ 40. ④ 41. ① 42. ① 43. ④

④ 관로의 압력 상승에 의한 수주 분리로 낮은 충격압 발생

해설 관로의 압력 강하에 따른 높은 충격압이 발생한다.

44. 압축기 플레이트 교환에 관한 내용으로 틀린 것은? [06-3, 08-3, 19-1]
① 두께가 0.3mm 이상 마모되면 교체한다.
② 마모된 플레이트는 뒤집어서 재사용한다.
③ 교환 시간이 되면 사용 한계의 기준치 내에서도 교환한다.
④ 마모 한계에 달하였을 때는 파손되지 않아도 교환한다.

해설 밸브 플레이트
㉠ 마모 한계에 달하였을 때는 파손되지 않았어도 교환한다.
㉡ 교환 시간이 되었으면 사용 한계의 기준치 내라 할지라도 교환한다.
㉢ 마모된 플레이트는 뒤집어서 사용해서는 안 된다(두께가 0.3mm 이상 마모되면 교체한다).

45. 송풍기의 회전수가 1200 rpm, 풍량이 2400 m³/min일 때, 회전수를 1800 rpm으로 변화시키면 풍량은 몇 m³/min인가?
① 3000　　② 3200　　[17-2]
③ 3400　　④ 3600

해설 $1200 : 2400 = 1800 : Q$
$Q = \dfrac{2400 \times 1800}{1200} = 3600 \, m^3/min$

46. 정비용 측정기구 중 베어링의 윤활 상태를 측정하는 기구는? [09-3, 16-3]
① 록 타이트　　② 그리스 컵
③ 베어링 체커　　④ 스트로브스코프

해설 베어링 체커(bearing checker) : 베어링의 그리스 윤활 상태를 측정하는 측정기구로서 운전 중에 베어링에 발생하는 윤활 고장을 알 수 있다. 안전, 주의, 위험의 세 단계로 표시하며, 그라운드 잭은 기계 장치 몸체에 부착하고, 입력 잭은 베어링에서 제일 가까운 회전체에 회전을 시키면서 접촉하여 측정한다.

47. 탭 및 다이스 가공에 대한 설명 중 틀린 것은?
① 탭 작업은 구멍에 암나사를 가공하는 공작법이다.
② 보통 탭과 다이스에 의한 작업은 지름 25cm 정도까지 할 수 있다.
③ 환봉의 바깥쪽에 수나사를 가공할 때 사용하는 공구는 다이스이다.
④ 탭은 1~3번의 3개가 1조로 구성되어 있고, 작업은 번호 순서대로 탭을 사용하여 가공한다.

해설 탭 및 다이스는 작은 부품을 가공하는 데 주로 사용되며, 지름 25cm보다 작은 부품을 가공할 때 사용된다.

48. 바이트의 공구각 중 바이트와 공작물과의 접촉을 방지하기 위한 것은?
① 경사각　　② 절삭각
③ 여유각　　④ 날끝각

49. 베어링 외, 탄소강 재질의 기계 부품을 가열 끼움 작업할 때 다음 중 가열 온도로 가장 적합한 것은? [10-2, 12-3, 16-2]
① 100~150℃　　② 200~250℃
③ 400~450℃　　④ 500~600℃

정답 44. ②　45. ④　46. ③　47. ②　48. ③　49. ②

50. 다음 중 분해용 공구가 아닌 것은 어느 것인가? [11-2]
① 기어 풀러 ② 베어링 풀러
③ 오일 건   ④ 스톱링 플라이어

해설 오일 건은 윤활용 공구이다.

51. 조립 정밀도에 의한 고장으로 볼 수 없는 것은?
① 부착 기준면 불량에 의한 고장
② 연결부의 연결 상태 불량
③ 결합 부품의 편심으로 진동 발생
④ 열에 의해 부품의 마모

해설 열에 의한 부품의 마모는 설비 가동 중 발생한다.

52. 피복제 중에 석회석이나 형석을 주성분으로 사용한 것으로 용착 금속 중의 수소 함유량이 다른 용접봉에 비해 약 1/10 정도로 현저하게 적은 피복 아크 용접봉?
① E 4301   ② E 4311
③ E 4313   ④ E 4316

해설 저수소계(E 4316)는 용착 금속 중의 수소 함유량이 다른 용접봉에 비해 약 1/10 정도로 현저하게 적다.

53. TIG 용접 재료 중 마그네슘 합금의 특성으로 틀린 것은?
① 마그네슘 합금은 화학적으로 매우 활성이기 때문에 용접에 있어서 불활성 가스로 대기를 차단할 필요가 있으며, 모재 표면의 오염이나 산화 피막을 제거해야 한다.
② 산화 피막 제거는 와이어 브러시에 의한 기계적인 방법, 유기 용제 탈지 후 5% 정도의 NaOH으로 세정하고 크로뮴산, 질산나트륨, 불화칼슘 등의 혼합산에서 산 세척하는 등의 화학적인 방법이 있다.
③ 표면에 산화 피막으로 대부분의 용접은 청정 작용을 위해 교류 전원 또는 직류 정극성을 적용한다.
④ 두께 5mm 이하에는 직류 역극성을 적용하기도 하지만 두꺼운 판에 깊은 용입을 얻기 위해서는 교류 전원을 선택한다.

해설 표면에 산화 피막으로 대부분의 용접은 청정 작용을 위해 교류 전원 또는 직류 역극성을 적용한다.

54. MIG 용접 제어 장치에서 용접 후에도 가스가 계속 흘러나와 크레이터 부위의 산화를 방지하는 제어 기능은?
① 가스 지연 유출 시간(post flow time)
② 번 백 시간(burn back time)
③ 크레이터 충전 시간(crate fill time)
④ 예비 가스 유출 시간(preflow time)

해설 ㉠ 번 백 시간 : 크레이터 처리 기능에 의해 낮아진 전류가 서서히 줄어들면서 아크가 끊어지는 기능으로 이면 용접부가 녹아내리는 것을 방지한다.
㉡ 크레이터 처리 시간 : 크레이터 처리를 위해 용접이 끝나는 지점에서 토치 스위치를 다시 누르면 용접 전류와 전압이 낮아져 크레이터가 채워짐으로써 결함을 방지하는 기능이다.
㉢ 예비 가스 유출 시간 : 아크가 처음 발생되기 전 보호 가스를 흐르게 하여 아크를 안정되게 함으로써 결함 발생을 방지하기 위한 기능이다.

55. 플라스마 용접 장치의 특징 중 틀린 것은?

정답 50. ③ 51. ④ 52. ④ 53. ③ 54. ① 55. ④

① 중간형 아크는 반이행형 아크 방식으로 이행형 아크와 비이행형 아크 방식을 병용한 방식이며, 파일럿 아크는 용접 중 계속적으로 통전되어 전력 손실이 발생한다.
② 아크는 노즐 및 플라스마 가스의 열적 핀치력에 의해 좁아진다.
③ 플라스마 아크의 넓어짐은 작고 TIG 아크의 약 1/4 정도에서 전류밀도가 현저하게 높아진 아크가 된다.
④ 아크가 좁아지는 플라스마 아크의 전압은 대·중전류역에서 TIG 아크에 비해 낮지만 소전류역에서는 반대로 높아진다.

[해설] 아크가 좁아지는 플라스마 아크의 전압은 대·중전류역에서 TIG 아크에 비해 높지만 소전류역에서는 반대로 낮아진다.

56. 용접 잔류 응력을 경감하는 방법이 아닌 것은?

① 피닝을 한다.
② 용착 금속량을 많게 한다.
③ 비석법을 사용한다.
④ 수축량이 큰 이음을 먼저 용접하도록 용접 순서를 정한다.

[해설] 용접 잔류 응력을 경감하려면 용착 금속량을 적게 하고 예열을 해야 하며, 이 경우 변형도 적어진다.

57. 피복 아크 용접에서 언더컷(undercut)의 발생 원인으로 가장 거리가 먼 것은?

① 용착부가 급랭될 때
② 아크 길이가 너무 길 때
③ 아크 전류가 너무 높을 때
④ 용접봉의 운봉 속도가 부당할 때

[해설] 언더컷 발생 원인
㉠ 전류가 너무 높을 때
㉡ 아크 길이가 너무 길 때
㉢ 용접 속도가 너무 빠를 때
㉣ 운봉이 잘못되었을 때
㉤ 용접봉 취급의 부적당

58. 인화성 가스를 저장하는 화학 설비 및 시설 간의 안전 거리에 관한 것으로 틀린 것은?

① 단위 공정 시설로부터 다른 설비의 사이-설비의 바깥 면으로부터 20m 이상
② 플레어스택으로부터 위험 물질 저장 탱크 사이-플레어스택으로부터 반경 20m 이상
③ 위험 물질 저장 탱크로부터 단위 공정 시설 사이-저장 탱크의 바깥 면으로부터 20m 이상
④ 연구실로부터 단위 공정 시설 사이-연구실 등의 바깥 면으로부터 20m 이상

[해설] 안전 거리
㉠ 단위 공정 시설 및 설비로부터 다른 단위 공정 시설 및 설비의 사이 : 설비의 바깥 면으로부터 10m 이상
㉡ 플레어스택으로부터 단위 공정 시설 및 설비, 위험 물질 저장 탱크 또는 위험 물질 하역 설비의 사이 : 플레어스택으로부터 반경 20m 이상. 다만, 단위 공정 시설 등이 불연재로 시공된 지붕 아래에 설치된 경우에는 그러하지 아니한다.
㉢ 위험물 저장 탱크로부터 단위 공정 시설 및 설비, 보일러 또는 가열로의 사이 : 저장 탱크 바깥 면으로부터 반경 20m 이상. 다만, 저장 탱크의 방호벽, 원격 조정화 설비 또는 살수 설비를 설치한 경우에는 그러하지 아니한다.
㉣ 사무실·연구실·실험실·정비실 또는 식당으로부터 단위 공정 시설 및 설비, 위험물 저장 탱크, 위험물 하역 설비, 보일

러 또는 가열로의 사이 : 사무실 등의 바깥 면으로부터 반경 20m 이상. 다만, 난방용 보일러의 경우 또는 사무실 등의 벽을 방호 구조로 설치하는 경우에는 그러하지 아니한다.

59. 감전(感電 : electric shock)을 나타내는 것 중 틀린 것은?

① 전기 흐름의 통로에 인체 등이 접촉되어 인체에서 단락 또는 단락 회로의 일부를 구성하여 감전되는 것을 직접 접촉이라 한다.
② 전선로에 인체 등이 접촉되어 인체를 통하여 지락 전류가 흘러 감전되는 것을 말한다.
③ 누전 상태에 있는 기기에 인체 등이 접촉되어 인체를 통하여 지락 또는 섬락에 의한 전류로 감전되는 것을 직접 접촉이라고 한다.
④ 전기의 유도 현상에 의하여 인체를 통과하는 전류가 발생하여 감전되는 것 등으로 분류한다.

해설 누전 상태에 있는 기기에 인체 등이 접촉되어 인체를 통하여 지락 또는 섬락에 의한 전류로 감전되는 것을 간접 접촉이라고 한다.

60. 인체에 침입하여 전신 중독을 일으키는 물질은?

① 산소
② 납
③ 석회석
④ 일산화탄소

해설 중금속 물질인 납(Pb), 구리(Cu), 수은(Hg), 크롬(Cr) 등은 인체에 많은 해를 미친다.

정답 59. ③ 60. ②

2025 설비보전산업기사 필기 총정리

2025년 1월 10일 인쇄
2025년 1월 15일 발행

저자 : 설비보전시험연구회
펴낸이 : 이정일

펴낸곳 : 도서출판 **일진사**
www.iljinsa.com

(우) 04317 서울시 용산구 효창원로 64길 6
대표전화 : 704-1616, 팩스 : 715-3536
이메일 : webmaster@iljinsa.com
등록번호 : 제1979-000009호(1979.4.2)

값 34,000원

ISBN : 978-89-429-1988-8

* 이 책에 실린 글이나 사진은 문서에 의한 출판사의 동의 없이 무단 전재 · 복제를 금합니다.